Arnold Sommerfeld
Wissenschaftlicher Briefwechsel
Band 1: 1892 – 1918

herausgegeben von
Michael Eckert und Karl Märker

Arnold Sommerfeld

Wissenschaftlicher Briefwechsel

Band 1: 1892 – 1918

herausgegeben von

Michael Eckert und Karl Märker

Deutsches Museum

Verlag für Geschichte der
Naturwissenschaften und der Technik

Berlin · Diepholz · München 2000

Die Deutsche Bibliothek – CIP-Einheitsaufnahme

Sommerfeld, Arnold:
Wissenschaftlicher Briefwechsel / Arnold Sommerfeld.
Hrsg. von Michael Eckert und Karl Märker. Deutsches
Museum. – Berlin ; Diepholz ; München : Verl. für
Geschichte der Naturwiss. und der Technik
    ISBN 3-928186-44-2

Bd. 1. 1892 – 1918. – 2000
    ISBN 3-928186-49-3

Dieses Werk wurde mit Unterstützung der DFG gedruckt.
Hergestellt mit alterungsbeständigem Papier.

Abbildungsnachweis: Deutsches Museum

Satz mit LaTeX 2_ε und X$_Y$-Pic.

ISBN 3-928186-49-3

Inhaltsverzeichnis

Einleitung

Werkausgaben und Briefeditionen konzentrieren sich traditionell auf die epochalen Entdeckungen und bahnbrechenden Ideen der Wissenschaft. Im Spiegel solcher Editionen zeigt sich die Physikgeschichte als eine Parade wissenschaftlicher Umbrüche: Nicolaus Copernicus und Johannes Kepler markieren die Wende zum neuzeitlichen Weltbild; Galileo Galilei und Isaac Newton schaffen die physikalischen Begriffe und Theorien, auf denen die Physik der folgenden Jahrhunderte aufbaut; Max Planck und Albert Einstein erschüttern dieses ‚klassische' Fundament und begründen die ‚moderne' theoretische Physik.

Daß dieses grobe Schema der Entwicklung der Physik nicht gerecht wird, ist offensichtlich. Tatsächlich lassen sich mit Editionen viel komplexere Strukturen im wissenschaftlichen Wandel aufzeigen und andere Fragen beantworten: Wie kommt es zu einer Breitenwirkung und institutionellen Verankerung neuer Disziplinen? Auf welche Weise wirken dabei Ideen und gesellschaftliche Entwicklungen aufeinander ein? Diese in der neueren Wissenschaftsgeschichte vorrangig untersuchten Themen fanden bislang bei der Herausgabe von Quellen wenig Widerhall. Diesem Mangel abzuhelfen, ist ein Ziel der hier vorgelegten Briefedition Arnold Sommerfelds. Bei kaum einem anderen theoretischen Physiker des 20. Jahrhunderts kommen jene Aspekte so deutlich zum Ausdruck.

An Sommerfeld fasziniert weniger das singuläre Genie als seine Rolle bei der Entwicklung der theoretischen Physik und die schulbildende Kraft seiner Persönlichkeit.[1] Stehen etwa bei Einstein oder Bohr die ideengeschichtliche Genese der Relativitäts- und Quantentheorie im Vordergrund, stellt die wissenschaftliche Korrespondenz Sommerfelds eine einzigartige Quelle für die Untersuchung des Aufstiegs der theoretischen Physik zu einer eigenständigen Disziplin dar. Die Briefe enthalten genauso wichtige Hinweise zur Entstehung von Lehrbüchern wie zur Schaffung und Besetzung neuer Professuren.

---

[1] [Benz 1975], [Eckert et al. 1984], [Eckert 1993].

Diese Edition beschränkt sich auf eine Auswahl der wissenschaftlichen Korrespondenz von Arnold Sommerfeld. Seine wichtigsten Publikationen wurden bereits anläßlich des 100. Geburtstages in einer vierbändigen Sammlung von Nachdrucken veröffentlicht.[1] Eine Bearbeitung der umfangreichen Manuskripte und Vorlesungsmitschriften, die insbesondere für das Verständnis der sechsbändigen *Vorlesungen über theoretische Physik* von großem Interesse wäre, muß einem zukünftigen Projekt vorbehalten bleiben.

Struktur

Der wissenschaftliche Briefwechsel Sommerfelds wurde – soweit er uns zur Verfügung stand – vollständig in einer Datenbank erfaßt.[2] Etwa ein Viertel der Korrespondenz wurde ‚roh' transkribiert, d. h. ohne Kommentierung und Annotation, um über einen möglichst großen Bestand eine Volltextsuche zu ermöglichen. Nur knapp 10 Prozent der erfaßten Briefe werden in die zwei gedruckten Bände dieser Ausgabe aufgenommen. Ausgewählt wurden diese Briefe in erster Linie nach ihrer wissenschaftlichen Relevanz, insbesondere im Zusammenhang mit dem Leitthema des jeweiligen Zeitabschnitts. (Für einige Briefe, etwa von Peter Debye, bekamen wir leider keine Genehmigung für einen vollständigen Abdruck.) Ein dritter CD-ROM-Band soll das im Internet zugängliche Material aller erfaßten Briefe mit seinen vielfältigen Suchmöglichkeiten netzunabhängig zur Verfügung stellen sowie möglichst viele Briefe als eingescannte Bilder und – soweit vorhanden – deren Transkriptionen enthalten.[3] Zur Zeit sind dies – außer den Briefen von Arnold Sommerfeld - nur die Briefe, für die das Urheberrecht erloschen ist und die sich im Archiv des Deutschen Museums befinden.

Die für die Druckfassung ausgewählten Briefe werden in chronologischer Reihenfolge ungekürzt in der Originalsprache abgedruckt. Der erste Band umfaßt mit den Jahren 1892 bis 1918 den Zeitraum, in dem Sommerfelds wissenschaftliche Karriere – von den ersten Anfängen nach Abschluß seines Studiums in Königsberg bis zur Publikation seiner wichtigsten atomtheoretischen Arbeiten – ihren Höhepunkt erreichte. Der zweite Band beginnt mit der ersten Auflage seines Standardwerks *Atombau und Spektrallinien* und

---

[1] [Sommerfeld 1968b].

[2] Ein Überblick über das Projekt und alle bisher erfaßten Briefe findet sich im Internet: `http://www.lrz-muenchen.de/~Sommerfeld/`

[3] Dies ist ohne urheberrechtliche Genehmigung nur möglich, wenn der Briefschreiber seit mindestens 70 Jahren tot ist. Zusätzlich ist die Genehmigung des Archivs erforderlich.

endet mit den durch seinen Tod 1951 unterbrochenen, von seinen Schülern posthum fertiggestellten *Vorlesungen über theoretische Physik*. Steht im ersten Band Sommerfelds eigene Arbeit und seine Karriere als theoretischer Physiker im Vordergrund, gilt im zweiten Band das Hauptinteresse seinen publizistischen Aktivitäten, seiner Rolle bei Berufungsfragen sowie den politischen Angriffen gegen die theoretische Physik im Nationalsozialismus. Die Bände sind jeweils in Zeitperioden von 5 bis 10 Jahren untergliedert, denen ein vorherrschendes Thema zugeordnet werden kann.

Die Kommentierung der Briefe erfolgt auf drei Ebenen. Zunächst wird dem Briefteil jeder Zeitperiode ein ausführlicher Essay vorangestellt, der das Hauptthema dieser Epoche erläutert und ein *allgemeines* Verständnis der nachfolgend abgedruckten Briefe dieses Zeitraums ermöglicht. Wo es notwendig erscheint, werden auf einer zweiten Ebene im Briefteil Zwischenkommentare eingefügt, die mit Hilfe von Exzerpten aus nicht edierten Briefen und anderen Quellen den *speziellen* Kontext einzelner Briefe näher aufbereiten. Schließlich wird durch eine möglichst knapp gehaltene Annotation in Form von Fußnoten die *Detailinformation* gegeben, die sich auf Personen oder Ereignisse innerhalb des einzelnen Briefes bezieht; die Lebensdaten der in den Briefen erwähnten Personen finden sich im Register, Kurzbiographien der Briefpartner im Anhang. Ziel dieser differenzierten Kommentierung ist, die Briefe möglichst für sich sprechen zu lassen und dennoch ein tieferes Verständnis zu erreichen.

Transkriptionsgrundsätze

Die Wiedergabe der Briefe erfolgt nach den üblichen Kriterien historischer Quelleneditionen,[1] wobei die Grundsätze gegenüber Ausgaben von primär philologischem oder literarischem Interesse der vorwiegend auf die moderne Physik ausgerichteten Thematik angepaßt wurden. Hierfür konnten die Editionen zu Niels Bohr, Wolfgang Pauli und Albert Einstein als Beispiele herangezogen werden;[2] insbesondere die *Collected Papers of Albert Einstein* gaben wertvolle Hinweise.

Die Transkription folgt dem Grundsatz, die Briefe vollständig[3] und möglichst buchstabengetreu wiederzugeben. Rechtschreibfehler, Inkonsistenzen, falsche und fehlende Interpunktion sowie zeittypische Schreibwei-

---

[1] [Kline 1987].

[2] Vgl. etwa [Bohr 1981], [Pauli 1995], [Einstein 1993].

[3] Nur in den Essays und den Zwischentexten werden Briefe auch auszugsweise wiedergegeben.

sen (wie „dass" statt „daß") werden also belassen, um die in solchen Details aufscheinenden Eigenheiten zu erhalten. Im einzelnen gelten der leichteren Lesbarkeit wegen folgende Ausnahmen:

Briefanfang und -ende: Datums- und Ortsangabe werden in der vom Brief-schreiber gewählten Form wiedergegeben und (unabhängig von der Plazie-rung im Original) rechtsbündig an den Briefanfang gesetzt. Bei gedruckten Briefköpfen wird im Regelfall nur der Ort übernommen. Briefunterschriften werden rechtsbündig und vom Brieftext getrennt an das Briefende gesetzt. Bei fehlenden Orts- und Datumsangaben werden diese nach Möglichkeit dem Poststempel entnommen. Absender- und Empfängeradressen werden nicht übernommen.

Layout und archivalische Zusätze: Transkription und Kommentierung sind auf den Textinhalt begrenzt und erfassen keine graphischen Details (z. B. Zeilen- und Seitenumbruch, Format des Briefpapiers usw.); archivalische Zusätze oder eventuelle Aufschriften von dritter Hand werden nicht tran-skribiert und nur in besonderen Fällen im editorischen Kommentar erwähnt; Archivnachweis und Angabe von Dokumentart, Zahl der Briefseiten und Schriftart (etwa lateinische oder deutsche Schreibschrift) erfolgen in Form einer Fußnote zum Korrespondenten.

Einfügungen: Editorische Ergänzungen werden durch einfache eckige Klam-mern gekennzeichnet: [Ergänzung]; der Grund der Einfügung wird nur aus-nahmsweise als editorischer Kommentar hinzugefügt; es werden keine Ein-fügungen vorgenommen, wenn die Auslassungen einer zeit- oder situations-typischen Schreibweise entsprechen.

Durchstreichungen: Durchgestrichene Verschreibungen oder Textpassagen werden nur transkribiert, wenn sie gegenüber der Endfassung eine aussage-kräftige Information enthalten; in diesen Fällen wird der durchgestrichene Brieftext entsprechend gesetzt: ~~durchgestrichener Text~~.

Hervorhebungen: Zwischen Einfach- und Mehrfachunterstreichungen wird nicht unterschieden; jede Hervorhebung wird durch Kursivdruck wiederge-geben. In besonderen Fällen wird in Fußnoten auf die Hervorhebung einge-gangen. Wechsel der Schrift zählt nicht als Hervorhebung.

Abkürzungen und Ergänzungen: Falls die Vervollständigung nicht offensicht-lich aus dem unmittelbaren Briefkontext hervorgeht, wird die Ausschrei-bung durch eckige Klammern kenntlich gemacht (zum Beispiel „L.[iebisch]" statt „L."); die Abkürzungen von häufig gebrauchten Wörtern („u." statt

„und") werden jedoch beibehalten. Durch Lochung oder Beschädigung fehlende Wörter (bzw. Teile) werden ergänzt und nur in Zweifelsfällen durch eckige Klammern gekennzeichnet.

Klammern: Mit Ausnahme der mathematischen Formeln werden Klammern des Briefschreibers unabhängig von ihrer Form als runde Klammern wiedergegeben; eckige Klammern im Brieftext weisen stets auf editorische Ergänzungen hin.

Verdopplung von m und n durch Querstrich: Eine Ausschreibung von m̄ zu mm bzw. n̄ zu nn wird stillschweigend vorgenommen.

Scharfes ß und ss: In lateinischer Schrift wird ein aus zwei verschiedenen s-Buchstaben bestehendes Doppel-s als ß wiedergegeben, auch wenn (wie häufig bei Sommerfeld) das erste ein lateinisches s, das zweite ein deutsches langes s ist.

Unsichere Lesart: Nicht entzifferte Wörter werden durch in eckigen Klammern eingeschlossene Fragezeichen gekennzeichnet, wobei ein Fragezeichen ein Wort, zwei Fragezeichen zwei Wörter und drei Fragezeichen drei oder mehr Wörter bedeuten: [??] zwei nichtentzifferte Wörter. Zweifelhafte Lesarten werden durch angehängte Fragezeichen innerhalb eckiger Klammern ausgewiesen: [unsicher?].

Fußnoten: Im Original vorhandene Fußnoten des Briefschreibers werden mit hochgestelltem Sternchen * markiert und am Briefende angehängt; editorische Erläuterungen werden durch hochgestellte Fußnotenzahlen und am unteren Seitenrand ausgeführte Fußnotentexte ergänzt;[1] die Numerierung beginnt auf jeder Seite neu.

Wiederholungen: Wurde ein Wort wegen Seitenwechsels vom Briefschreiber wiederholt, so wird es nur einmal transkribiert.

Abbildungen: Skizzen sind in der Regel dem Original nachgebildet, sonst – vgl. Brief [68] – reproduziert, Beschriftungen meist neu gesetzt.

Literaturangaben: Die im Hauptteil angegebenen abgekürzten Literaturangaben finden sich im Anhang. Daten aus üblichen Nachschlagewerken – wie etwa dem *Deutschen Biographischen Archiv* – werden nicht nachgewiesen.

---

[1] Beispiel für eine editorische Erläuterung.

Danksagung

Die Verwirklichung dieser Briefedition und der elektronischen Brieferfassung wurde durch ein von der Deutschen Forschungsgemeinschaft (DFG) finanziertes fünfjähriges Projekt ermöglicht, der hierfür unser besonderer Dank gebührt. Für die Bereitstellung der aus Projektmitteln allein nicht zu beschaffenden Computerausstattung danken wir dem Deutschen Museum, dessen Hauptabteilung Programme (Prof. Dr. Jürgen Teichmann) das Projekt beherbergte. Dem Forschungsinstitut des Deutschen Museums (Prof. Dr. Helmuth Trischler) sei gedankt für die halbjährige Finanzierung einer studentischen Hilfskraft, die uns in der Person von Herrn Sebastian Remberger wertvolle Dienste geleistet hat. Den Antragstellern Herrn Prof. Dr. Jürgen Teichmann, Prof. Dr. Arnulf Schlüter und Prof. Dr. Harald Fritzsch gebührt unser Dank dafür, daß sie immer ein offenes Ohr für unsere Fragen und Probleme hatten. Besonderen Dank schulden wir Frau Bodenmüller vom Lehrstuhl Prof. Fritzsch an der Sektion Physik der LMU München für die Transkription vieler Briefe sowie den Herren Michael Schüring und Dr. Horst Kant vom MPI für Wissenschaftsgeschichte in Berlin für weitere Transkriptionen und sachdienliche Diskussionen. Ferner danken wir Prof. Dr. Jürgen Renn, Direktor des MPI für Wissenschaftsgeschichte, und seinen Mitarbeitern für ihr großes Interesse, mit dem sie uns auch in technischen Fragen hilfreich zur Seite standen. Für letzte Recherchen und überaus gründliches Korrekturlesen danken wir Dorothea Deeg und Matthias Ostermann.

Bei der Vielzahl der Personen und Archive, die auf unsere Anfragen nach Sommerfeldbriefen geantwortet und uns ungeachtet der Kosten und des Zeitaufwandes mit Briefkopien versorgt haben, ist es unmöglich, allen einzeln an dieser Stelle unseren Dank auszusprechen. Die Liste der Archive im Register spricht für sich. Besonders hervorzuheben ist jedoch das Archiv des Deutschen Museums, das den wissenschaftlichen Nachlaß Arnold Sommerfelds beherbergt und uns die darin enthaltenen Briefe für die Edition und die computergestützte Bearbeitung zugänglich gemacht hat; Herrn Dr. Wilhelm Füßl, dem Leiter des Archivs, und seinen Mitarbeiterinnen und Mitarbeitern sei dafür herzlich gedankt.

1892–1899

„Physikalische Mathematik"

Arnold Sommerfeld als Assistent
am Mineralogischen Institut der Universität Göttingen (1893/94)

„Physikalische Mathematik"

Welche Traditionen prägten den jungen Sommerfeld? Wie wurde aus dem 1868 in Königsberg geborenen Arztsohn ein theoretischer Physiker? Wie erlangte er die herausragende Rolle, die er für die Entwicklung dieses Faches im 20. Jahrhundert spielen sollte?

Die frühesten erhaltenen Briefe Arnold Sommerfelds zeigen, wie er sich in den 1890er Jahren nach dem Studium an der Universität seiner Heimatstadt die ersten wissenschaftlichen Verdienste bei dem Mathematiker und Wissenschaftsorganisator Felix Klein in Göttingen erwarb. Zuerst machte er sich auf einem Gebiet einen Namen, das am besten mit dem Begriff „physikalische Mathematik"[1] charakterisiert werden kann. Dabei handelt es sich nicht um theoretische Physik im Sinne unseres modernen Verständnisses, sondern um eine mathematische Tradition aus dem 18. und 19. Jahrhundert. Ihr verdankte Sommerfeld seine große wissenschaftliche Breite; daher konnte er später als Lehrer der theoretischen Physik seinen Schülern die unterschiedlichsten Themen als Seminar- und Doktorarbeiten stellen.

Sommerfelds außergewöhnliche Karriere ist jedoch nicht nur aus den wissenschaftlichen Traditionen zu erklären, denen er als Student begegnete. Zufälle, unvorhersehbare Möglichkeiten und verpaßte Chancen hatten ihren Anteil daran ebenso wie das gesellschaftliche Umfeld, das dem gesamten Wissenschaftsbetrieb jener Jahre in Deutschland ein besonderes Gepräge gab.

Studium in Königsberg

Sommerfelds Schul- und Studienzeit in den 1880er Jahren fällt in eine Zeit des Aufbruchs in Deutschland, während der sich die Universitäten und Technischen Hochschulen stark ausweiten konnten. Im ostpreußischen Königsberg mit seiner durch Kant berühmt gewordenen Universität wurde das Erbe der Klassik gegenüber den neu aufkommenden technischen Bereichen

---

[1] Vgl. Seite 30.

höher bewertet. Nach wie vor galt der Besuch eines humanistischen Gymnasiums – im Gegensatz zu den Realgymnasien mit ihrer Betonung lebender Sprachen und der Naturwissenschaften – als der übliche Weg zu einem Universitätsstudium. Neben den allgemeinen Zeitströmungen und den lokalen Königsberger Traditionen darf das häusliche Milieu, in dem Sommerfeld aufwuchs, nicht zu gering bewertet werden. Erste wissenschaftliche Anregungen erfuhr Sommerfeld schon im Elternhaus.

Sein Vater war Arzt, „ein leidenschaftlicher Sammler von Naturalien" und „großer Freund der Naturwissenschaften".[1] In einem Brief an die Eltern nannte Sommerfeld direkt nach seiner Habilitation die „Einwirkung im Elternhause" auf seinen Werdegang „bestimmender als alles andere"; das Vorbild des Vaters, der „aus reiner Freude am Arbeiten u. Wissen jeden Abend hinter den Büchern sass", und der Mutter, die „aus blossem Bedürfnis der Pflichterfüllung sich Tag aus Tag ein abarbeitete", habe ihm von frühester Kindheit an ein Gefühl für des „Lebens ernste Führung" eingepflanzt.[2] Doch kamen bei dieser Erziehung Lebensfreude, Gemüt und der Sinn für die Kunst nicht zu kurz. Biswilen entsprechen die Äußerungen Sommerfelds eher einem barocken, südländisch geprägten Temperament als einer ostpreußischen Erziehung. Eine Kostprobe gab er bei der Schilderung von Reiseeindrücken aus Bayern und Südtirol nach Abschluß seines Studiums: „In den Alpen! Ihr kennt ja den Zauber, der in dem Worte liegt," begann er einen sechsseitigen Brief an die Eltern, aus dem auch ein geselliges Naturell und ein Blick für das Detail spricht:[3]

> Heute zum ersten Male ausgewandert u. auch zum ersten Male bis auf die Haut nassgeworden. Als ich heut Nachmittag hier ankam, zeigte mir die Zugspitze gnädig ihr freilich etwas düsteres Antlitz, dann aber, Schwapp! Nebelvorhang wie im Bayreuther Theater.

Über das gemütliche und kunstsinnige München der Prinzregentenzeit geriet er ins Schwärmen:

> Ich habe einen himmlischen Eindruck von München bekommen. Dass ich hier nicht studirt habe!! Nur das Biertrinken hätte ich mir angewöhnt, denn das Zeug schmeckt ja! [...] Zunächst führten mich meine Schritte von ungefähr in die Glyptothek.

---

[1] [Sommerfeld 1968a, S. 673].
[2] Brief [9].
[3] *A. Sommerfeld an die Eltern, 25. August 1892. München, Privatbesitz.*

> Eine herrliche Sammlung. Ich habe sie in 3 Stunden mit dem
> grössten Genuss zur Hälfte durchgesehn.

Das Würmbad[1] mit seinen „verschiedensten Bassins, Grotten, Springbrun-
nen verschiedener Temperatur, angefüllt mit dem klaren Wasser der Würm"
erinnerte ihn in seiner Üppigkeit an ein Gemälde des romantischen Malers
Arnold Böcklin, dessen Bilder er zuvor in der Schack-Galerie besichtigt
hatte.

> Danach setzte ich mich zu einem jungen Münchener, nettes be-
> scheidenes Menschchen. Er plapperte allerliebst in seinem Kau-
> derdeutsch u. erzählte mir alles, was ich nur wissen wollte. Ich
> war den Abend über mit ihm zusammen in verschiedenen Bräus.

Er schloß die Schilderung mit einem Vergleich zwischen München und der
Reichshauptstadt: „In München ist alles so viel ruhiger, vernünftiger, in
Berlin mehr geschäftlich, prahlerisch."

Als Schüler hatte Arnold Sommerfeld keine einseitigen Interessen für
Mathematik oder Physik gezeigt; seine Lehrer am Altstädtischen Gymnasium in Königsberg bescheinigten ihm in allen Fächern gewöhnlich die
Bestnote „gut". Dem Reifezeugnis zufolge hatte er die Absicht, „sich dem
Studium des Baufaches zu widmen".[2] Doch begann er sein Studium nicht
an einer Technischen Hochschule, sondern immatrikulierte sich an der Königsberger Universität. Im ersten Semester (Winter 1886/87) hörte er volks-
wirtschaftliche, mathematische und zoologische Vorlesungen, verlegte dann
aber sein Hauptinteresse auf die Mathematik. Sein Studienabgangszeugnis
weist ihn vom Sommersemester 1887 bis zum Sommersemester 1891 als regelmäßigen Hörer der Mathematikvorlesungen von Ferdinand Lindemann
(8 Semester), Adolf Hurwitz (5 Semester) und David Hilbert (4 Semester)
aus, während er für die Vorlesungen über theoretische Physik von Paul
Volkmann (5 Semester) und dessen Assistenten Emil Wiechert (2 Semester) deutlich weniger Zeit aufwandte.[3]

Wiechert und Hilbert, nur wenige Jahre älter als Sommerfeld, standen
noch ganz am Anfang ihrer akademischen Karrieren. Sie wurden ihm zu Vor-
bildern und Freunden, mit beiden blieb er über die Königsberger Zeit hinaus
in dauerndem Kontakt – wovon eine umfangreiche, über Jahrzehnte hinweg

---

[1] An der Stelle des heutigen Ungererbades in Schwabing.

[2] *Reifezeugnis des Altstädtischen Gymnasiums zu Königsberg i. Pr., 15. September 1886.*
München, DM, Archiv NL 89, 016.

[3] *Studienabgangszeugnis der Königlichen Albertus Universität Königsberg, 14. November*
1891. München, DM, Archiv NL 89.

aufrechterhaltene Korrespondenz zeugt. Er sei „der älteste Schüler Hilberts",
schrieb Sommerfeld in seinem Nachruf auf Hilbert, und er bezeichnete sich
als dessen „ältesten, durch Jugenderinnerungen und Landsmannschaft verbundenen Freund[e]".[1] Wiechert habe sich „in der Königsberger Stille zu
einem tiefen mathematisch-physikalischen Denker ausgebildet", und er sei
ihm in seinen späteren Semestern „als höchstes Vorbild" vorgeschwebt.[2]
Sommerfeld lernte die theoretische Physik aber nicht nur als ein Fach stil-
ler Denker kennen. Durch Wiechert wurde ihm die Königsberger Tradition
nahegebracht. Sie geht auf Franz Neumann zurück, den Lehrer Volkmanns,
der das Institut begründet hatte. Dabei wurde die theoretische Physik als
eine eng mit dem Experiment verbundene Wissenschaft aufgefaßt; zu deren Geschäft gehörte insbesondere der Umgang mit Instrumenten und die
Analyse konkreter Meßdaten.[3] Die anderen Physiker in Königsberg, der
Experimentator Carl Pape und der Theoretiker Paul Volkmann, hinterlie-
ßen bei Sommerfeld keinen besonders guten Eindruck. Nach dem frühen und
unerwarteten Tod des 37jährigen Heinrich Hertz am 1. Januar 1894 schrieb
Sommerfeld in seiner spontanen, bisweilen drastischen Art aus Göttingen
an die Eltern:[4]

> Habt Ihr gelesen, dass Hertz gestorben ist? Jammervoll! Der
> Mann hat vor 5 Jahren seine glänzenden experimentellen Un-
> tersuchungen angefangen. Die Hälfte aller Physiker geht augen-
> blicklich in seinen Fusstapfen u. arbeitet über Hertz'sche Schwin-
> gungen. Es giebt wenige Entdeckungen, die seinen elektroma-
> gnetischen Lichtwellen an die Seite zu stellen sind. Hätte da
> nicht, wenn es gerade ein Physiker sein sollte, einer von den
> nichtsnutzenden Pape, Volkmann etc. darauf gehen können?

Dennoch verdankte Sommerfeld der Königsberger Tradition im allgemeinen und Wiecherts praktischer Instrumentenkenntnis im besonderen
seine erste wissenschaftliche Arbeit: Konstruktion und Bau eines „harmonischen Analysators".[5] Anlaß war eine Preisaufgabe der Physikalisch-ökonomischen Gesellschaft zu Königsberg[6] über das Problem der Wärmeleitung,
einem der großen Themen der mathematischen Physik im 19. Jahrhundert.

---

[1] [Sommerfeld 1944].

[2] [Sommerfeld 1968a, S. 674].

[3] [Olesko 1991].

[4] *A. Sommerfeld an die Mutter, 5. Januar 1894. München, Privatbesitz.*

[5] [Sommerfeld 1891b]. Ein harmonischer Analysator ist eine spezielle Integriermaschine
zur Berechnung von Fourierkoeffizienten.

[6] Zur Geschichte der Physikalisch-ökonomischen Gesellschaft siehe [Stieda 1890].

Es diente als eine Art Leitmotiv für die Untersuchung partieller Differentialgleichungen, besaß aber auch praktische Bedeutung. Die Preisaufgabe forderte die Auswertung von jahrelangen Meßreihen der in verschiedener Tiefe gemessenen Bodentemperaturen, die in einer kleinen Station im Königsberger Botanischen Garten gesammelt worden waren, um zuverlässige Aussagen über die Wärmeleitung im Erdboden zu erhalten.[1] (Die Tragweite solcher Untersuchungen läßt sich an der Ablehnung der Darwinschen Evolutionstheorie durch Kelvin erkennen: Das von ihm aus der Wärmeleitungsgleichung abgeleitete Erdalter von weniger als 40 Millionen Jahren ließ der Evolution nicht genügend Zeit, um die beobachtete Artenvielfalt hervorzubringen.)[2]

Nachdem Sommerfeld sich „einige Zeit mit den Beobachtungen der hiesigen Thermometerstation beschäftigt" hatte, kam er zu der Überzeugung, daß „eine gründliche Behandlung derselben nur dann zu erreichen sein würde, wenn die Entwicklung der Temperaturfunktion in Fourierreihen, wie die Theorie sie verlangt, wirklich ausgeführt werden könnte"; die mit Wiecherts Hilfe gebaute Integriermaschine kam aber wegen ungenügender „praktischer Kenntnis des Apparates", wie er einräumte, nicht zum Einsatz, so daß er seine Arbeit auf die theoretische Durchdringung des Problems beschränken mußte.[3] Auch dabei sah er sich mit Schwierigkeiten konfrontiert, die seine Kräfte überstiegen:[4]

> Die von mir eingereichte Preisarbeit enthielt methodisch manch
> Eigenes und, wie mir damals schien, Neues, war aber in einem
> wesentlichen Punkte bei der Erfüllung der Randbedingungen
> inkorrekt und mußte daher von mir zurückgezogen werden.

Immerhin regte diese Arbeit Sommerfeld zu seiner Dissertation über *Die Willkürlichen Functionen in der Mathematischen Physik*[5] an. Das konkrete Problem der Erdtemperaturen ist darin nicht mehr erkennbar, aber der von Sommerfeld zugrunde gelegte Ansatz zeugt von der früheren Beschäftigung mit der Wärmeleitungsgleichung. Sommerfeld demonstrierte seine intime Kenntnis der Fourierreihen und -integrale, der Theorie der Zylinder-

---

[1] *Schriften der Physikalisch-ökonomischen Gesellschaft zu Königsberg, Band 31, S. 7.*

[2] Kelvins Auffassungen, denen in der theoretischen Physik des 19. Jahrhunderts eine maßgebende Bedeutung zukam, werden in [Smith und Wise 1989] umfassend dargestellt; allgemein zur Diskussion über die Erdwärme siehe [Burchfield 1975].

[3] *Undatiertes Manuskript, vermutlich 1891. München, DM, Archiv NL 89.*

[4] [Sommerfeld 1968a, S. 674].

[5] [Sommerfeld 1891a].

und Kugelfunktionen. Sein Grundgedanke war, die üblichen Integraldarstellungen beliebiger Funktionen (zum Beispiel mittels Fourierintegral) durch Hinzunahme eines „Convergenzfaktors" zu modifizieren. 1891 wurde Sommerfeld mit dieser Arbeit zum Dr. phil. promoviert. Später machte ihn Felix Klein darauf aufmerksam, daß Karl Weierstraß schon früher den gleichen Gedanken verfolgt hatte.[1]

Den Abschluß seiner Königsberger Studienzeit bildete das im folgenden Jahr erfolgreich bestandene Lehramtsexamen, in dem Sommerfeld die „Erlangung der Unterrichtsfähigkeit in Mathematik, Physik, Chemie und Mineralogie für alle Klassen" bescheinigt wurde. Als schriftliche Ausarbeitung für das Fach Mathematik wurde seine Dissertation anerkannt; für die Physik, dem zweiten schriftlichen Prüfungsfach, legte er eine Arbeit *Ueber Veranschaulichung durch mechanische Repräsentationen in der Physik nach neueren Arbeiten von Sir W. Thomson* vor.[2] Vermutlich ging es dabei um die von Kelvin entwickelte Vorstellung eines mechanischen, aus Zellen aufgebauten Äthers, der sich wie eine inkompressible Flüssigkeit verhielt und gleichzeitig (durch Kreiselwirkungen in den Zellen) eine Quasistarrheit wie ein Festkörper besaß. Mit solchen Modellvorstellungen versuchten Physiker, die Maxwellschen Gleichungen – und damit die Elektrodynamik – auf eine mechanische Grundlage zurückzuführen. Eine Variation des Kelvinschen Äthermodells bildete den Gegenstand von Sommerfelds erster Publikation in den *Annalen der Physik*.[3] „Das Wertvollste an dieser Arbeit war für mich," urteilte er später, „daß sie mir das Interesse Boltzmanns eintrug; daß im übrigen bei derartigen mechanischen Erklärungsversuchen nicht viel herauskomme, wurde mir bald klar."[4]

Mineralogie contra Mathematik

Daß Boltzmann nicht nur brieflich, sondern auch in Publikationen auf diese Anfängerarbeit einging, bedeutete für den 24jährigen Sommerfeld einen großen Ansporn. Er hoffte auf eine Universitätskarriere; jedenfalls wechselte er nicht in den Schuldienst. Ein Angebot von Adolf Hurwitz, der gerade als Ordinarius der Mathematik an die ETH Zürich berufen worden war, hätte der Beginn der Hochschullaufbahn sein können. „Eine derartige Assistenstenstelle würde ganz meinen Wünschen entsprechen", antwortete Sommer-

---

[1] [Sommerfeld 1949, S. 289], [Weierstraß 1885].
[2] *Lehramtszeugnis, Königsberg, 25. Juni 1892. München, DM, Archiv NL 89, 016.*
[3] [Sommerfeld 1892].
[4] [Sommerfeld 1968a, S. 675]; vgl. die Briefe [2] und [3].

feld auf die Anfrage von Hurwitz, doch da er auf Reisen gewesen war und seine Mutter glaubte, er müsse nach dem Abschluß des Studiums zuerst seinen Militärdienst ableisten, konnte er nicht rechtzeitig zusagen.[1] So rückte Sommerfeld im Herbst 1892 erst einmal als „Einjährig-Freiwilliger" beim 43. Infanterie-Regiment in Königsberg ein, um seiner Wehrpflicht nachzukommen.[2]

Nach diesem Jahr suchte er in Göttingen, „dem Orte mathematischer Hochkultur", sein Glück. „Persönliche Beziehungen fügten es, daß ich zunächst Assistent am Mineralogischen Institut bei Theodor Liebisch wurde", schrieb Sommerfeld in einer autobiographischen Skizze; sein eigentliches Interesse habe aber der Mathematik und dem ob seiner „hochgesteigerten Vortragskunst" weithin berühmten Felix Klein gegolten.[3]

Die am 1. Oktober 1893 angetretene Assistentenstelle wurde Sommerfeld schon nach wenigen Wochen leid. „Mein Verhältnis zu Liebisch ist nicht recht in Ordnung", teilte er im November 1893 seiner Mutter mit. Er mußte für ein von Liebisch verfaßtes Lehrbuch „stumpfsinnig Correctur lesen" und litt unter der „Brummigkeit" seines Dienstherrn stille Qualen, die er sich nur in den Briefen an seine Mutter von der Seele schrieb.[4] Es „ist für mich viel besser, wenn ich die beste Zeit des nächsten Semesters nicht mit Krystallmessen und Register-Kleben zubringe, sondern con amore arbeiten kann."[5] Sommerfeld sehnte sich nach der Mathematik, die er in den Vorlesungen Felix Kleins genoß, und wünschte die Zeit herbei, da ihm „der mineralogische Zeitmord" bei Liebisch wie ein „schlimmer Traum" erscheinen werde.[6] Als dieser Zustand nach einem Jahr endlich erreicht war, empfand er für Liebisch nur noch mitleidiges Bedauern:[7]

> Er thut mir wirklich leid. Was hat er nun von seinem ewigen Schinden. Keine Freude am Leben, keine Freude am Schaffen.

---

[1] Brief [1].

[2] *Personalakte Sommerfelds, München, UA, E-II-N.*

[3] [Sommerfeld 1968a, S. 675]. Klein war seit 1886 Ordinarius für Mathematik, Liebisch für Mineralogie an der Universität Göttingen. Zu Beginn von Sommerfelds Studienzeit in Königsberg hatte Liebisch 1884 bis 1887 dort Mineralogie gelehrt und zum engeren Bekanntenkreis von Lindemann und Volkmann gehört. Es bestanden auch private Beziehungen zwischen der Familie Sommerfeld und Liebischs Ehefrau Adelheid.

[4] Brief [4].

[5] Brief [6].

[6] *A. Sommerfeld an die Mutter, 27. Juni 1894. München, Privatbesitz.*

[7] *A. Sommerfeld an die Mutter, 3. Oktober 1894. München, Privatbesitz.* In einem Nachruf auf Liebisch wird Sommerfeld jedoch zu den Assistenten gezählt, die Liebisch während seiner Göttinger Zeit „besonders hoch schätzte" [Schulz 1922, S. 420].

Er fühlt, dass er nichts leistet u. dass er in einer schiefen Stellung zur ganzen Welt steht. Das Beste in seinem Leben, was er natürlich am wenigsten verdient hat, ist seine Frau. So eine brave Frau hat er wahrhaftig nicht verdient. Ich glaube aber sicher, dass er mit keiner anderen ausgekommen wäre. Zum Kreischen war neulich unser Institutsdiener. Er brachte mir meinen Arbeitsrock nach Hause u. ich merkte ihm an, dass er mir sein Herz ausschütten wollte. (Solange ich im Dienst, habe ich natürlich kein Wort mit ihm über heikle Fragen geredet). „Ja, Herr Dr., Sie haben es gut. Aber für mich ist es nicht auszuhalten. Wenn nur dieses ewige ‚Streben' nicht wäre! Auf einmal redet der Herr Prof. kein Wort u. man weiss nicht weshalb. Es ist ja aber Niemand von den Herren länger wie ein Jahr dageblieben. Wenn ich nur auch fort wäre["] etc.– Ich redete ihm natürlich gut zu u. sagte, dass L. doch ein vortrefflicher Herr wäre.

Die positiven Ereignisse in diesem für Sommerfeld so enttäuschenden ersten Göttinger Jahr waren die Begegnungen mit Felix Klein. Wann immer er darüber nach Königsberg berichtete, fand er rasch zu einer optimistischen Stimmung zurück; so schrieb er im Oktober 1893 übermütig an seine Mutter:[1]

Ist es nicht eine schlimme Sache mit der Berühmtheit? Als [ich] zu Klein komme, sagt er: Ich kenne Ihren Namen schon seit einiger Zeit, Sie sind der Mann mit dem harmonischen Analysator. Ich werde nächstens incognito reisen müssen.

In Klein erkannte Sommerfeld mehr und mehr einen Mentor, der seinen weiteren Werdegang bestimmen würde. „Mein Verhältnis zu Klein ist ausgezeichnet", schrieb er im Januar 1894 nach Königsberg:[2]

Neulich bekam ich ein Billet doux von ihm: Ich sollte ihn besuchen, er will Arbeiten mit mir besprechen. Nächstens soll ich wieder vortragen, über neuere französ. Arbeiten. Klein organisirt alles um sich herum, er hat nicht Zeit diese Dinge alle zu lesen u. will sich darüber vortragen lassen.

Auch bei seinem inzwischen nach München berufenen Königsberger Mathematikprofessor Ferdinand Lindemann hatte Sommerfeld wegen einer Assistentenstelle angefragt:[3]

---

[1] *A. Sommerfeld an die Mutter, 29. Oktober 1893. München, Privatbesitz.*

[2] *A. Sommerfeld an die Mutter, 5. Januar 1894. München, Privatbesitz.*

[3] *A. Sommerfeld an die Mutter, 5. Januar 1894. München, Privatbesitz.*

Fr.[au] Lindemann[1] schickte mir eine Münchener Bierkarte, als
Erwiderung auf einen Brief von mir an Prof. Lind. Es thut mir
jetzt fast leid, dass ich ihn geschrieben. Ich erzählte ihm allerlei
von Göttinger Verhältnissen, deutete zum Schluss die Schwierigkeiten in meiner Stellung an u. fragte, ob er mich brauchen
kann. Das hatte eigentlich keinen Sinn. Sie schreibt darauf, dass
sie mit Dyck von mir gesprochen habe u. nicht aufhören werde
etc etc. Gott beschütze mich vor meinen Freunden kann ich vielleicht sagen. [...] Leider bleibt sehr wenig Zeit für das mathem.
Lesezimmer übrig. Meine Amtsstunden lauten von 9–1 und von
3–6, das ist viel zu viel für einen anständigen Menschen.

Dennoch behielt sein mathematischer Ehrgeiz die Oberhand. Nach einer
erneuten Vorsprache bei Klein berichtete er nach Hause:[2]

Gestern bei Klein gewesen, ganz voll davon! Er hat mich mit
herrlichen Problemen bedacht u. mir leider zum nächsten Dienstag wieder einen Vortrag aufgebrummt. Er ist ein grossartiger
Kerl. Wir stehen ausgezeichnet. Er will mich durchaus zum mathematischen Physiker machen. Die vielen Probleme, die ihm
sich hier geboten u. die er nicht (aus Mangel an Zeit) behandeln kann, möchte er von anderen machen lassen. Nach meinen
letzten etwas deprimirten Briefen ist jetzt wieder Hochflut u.
glückliche Fahrt!

Im März 1894 stellte Klein Sommerfeld eine Assistentenstelle in Aussicht,
was Liebisch prompt mit der Aufkündigung des bestehenden Arbeitsver-
hältnisses quittierte.[3] Die Kündigung wurde allerdings nicht vollzogen,
und zunächst blieb alles beim alten. Im Juni 1894 bot Woldemar Voigt,
Ordinarius für theoretische Physik, Sommerfeld eine Assistentenstelle am
physikalischen Institut an:[4]

Er sagte: Ich wollte über Ihre Zukunftspläne sprechen. Meine
Assistentenstelle wird wahrscheinlich 1. Oktober frei. Sie haben
bei mir fast garnichts zu thun. 2 Vormittage u. einen Nachm.

[1] Lisbeth Lindemann gab zusammen mit ihrem Mann unter anderem Werke der fran-
zösischen Mathematiker Émile Picard und Henri Poincaré in deutscher Übersetzung
heraus. Sie war eng mit Adelheid Liebisch und Margarete Erdmann befreundet.
[2] *A. Sommerfeld an die Mutter, 20. Februar 1894. München, Privatbesitz.*
[3] Brief [6].
[4] *A. Sommerfeld an die Mutter, 15. Juni 1894. München, Privatbesitz.*

Es steht nichts im Wege, dass Sie Sich unterdessen für Mathematik habilitiren. Was die Leute blos für ein Zutrauen zu mir haben. Ich verstehe doch nichts vom Experimentiren u. habe es Voigt gesagt. Ich fürchte mich zu blamiren. Er will bald Antwort haben. Was soll ich machen? Voigt ist ein netter Herr. Wissenschaftlich würde ich nicht sehr viel von ihm haben. Dass fast nichts zu thun, bestätigen seine früheren Assistenten. Die Sache mit Klein ist noch nicht entschieden. Ich verlange eigentlich keinen Rat von Euch, denn Ihr könnt das doch nicht beurteilen, immerhin wäre mir Eure Meinung lieb.– Diese Schufterei bei Liebisch ist doch zu blödsinnig. Es thut mir schon herzlich leid. Er bemüht sich übrigens, liebenswürdig zu sein. Er hat eine wahre Sammelwut auf Wandtafeln. Ich habe schon einige Dutzend gezeichnet.

Sommerfeld nahm Voigts Angebot nicht wahr. Er habe „bei Voigt gestern abgelehnt", schrieb er kurz darauf seinen Eltern, denn er wolle nicht „wieder in eine schiefe Stellung" geraten und sich mit Dingen abgeben, „die ich doch nicht ganz für meine Aufgabe ansehe"; außerdem könne die Kleinsche Assistentenstelle im Oktober frei werden: „Dann bin ich besetzt u. Kl.[ein] muss sich einen andern suchen."[1]

Um so mehr Mühe gab er sich, Klein von seinen mathematischen Fähigkeiten zu überzeugen. „Er hat sich für mich ein bestimmtes Arbeitsgebiet sehr geschickt ausgedacht", freute sich Sommerfeld nach einem seiner ersten Vorträge bei Klein, die vermutlich die Königsberger Arbeiten über die Wärmeleitung zum Inhalt hatten. „Über meinen vorigen Vortrag soll ich eine kurze Abhandlung in die Mathem. Annalen baldigst schreiben."[2] Sein Vorgehen in der Theorie der Wärmeleitung weise „eine geradezu lächerliche Ähnlichkeit" mit dem auf, was Klein selbst auf diesem Gebiet herausgefunden habe.[3] Dabei stellte Sommerfeld fest, daß er bei seiner erfolglosen Inangriffnahme der Königsberger Preisaufgabe an die Grenzen des Bekannten gestoßen war. Voller Zuversicht, diese unter Kleins Obhut zu überwinden, versuchte er sich erneut an der Lösung der mit diesem Problem verbundenen partiellen Differentialgleichung. Die Schwierigkeit lag in der Art der Randbedingung: Die Wärmeleitungsgleichung mußte für einen Raum gelöst werden, der durch zwei unter einem gegebenen Winkel aneinanderstoßende Ebenen begrenzt wurde; entlang dieser Ebenen war die

[1] *A. Sommerfeld an die Eltern, 27. Juni 1894. München, Privatbesitz.*
[2] *A. Sommerfeld an die Mutter, 5. Januar 1894. München, Privatbesitz.*
[3] Brief [4].

Temperatur in Abhängigkeit der Zeit vorgegeben. Analog zur Kelvinschen Spiegelungsmethode der Elektrostatik führte Sommerfeld „Temperaturpole" ein, durch deren Spiegelung an den Grenzflächen er die Randbedingungen der Wärmeleitungsgleichung erfüllen konnte. Die Lösung ließ sich dann nach dem Greenschen Satz in Integralform angeben. Problematisch waren jedoch solche Fälle, bei denen durch wiederholte Spiegelung an den Grenzflächen keine vollständige Überdeckung des Raumes erreicht wurde. Das Neue bei Sommerfeld war, daß er die Spiegelung vom „physikalischen" Raum auf einen geeigneten „mathematischen" (Riemannschen) Raum ausdehnte:[1]

> Betrachten wir das einfache ebene Gebiet, welches von zwei sich schneidenden Geraden begrenzt wird. Ist der Winkel der Geraden gleich π/n, so läßt sich die Green'sche Function für dieses Gebiet nach dem Symmetrieprincip sofort angeben. Ist der Winkel aber gleich $m\pi/n$, so führt die symmetrische Wiederholung des Ausgangsgebietes zu einer m-fachen Ueberdeckung der Ebene. Die zugehörige Green'sche Function wird daher eindeutig nur auf einer Fläche mit einem m-fachen Windungspunkt.

Bei einfacher Überdeckung der Ebene (d. h. bei einem Winkel π/n) war schon früher eine Reihenlösung mit Besselschen Funktionen abgeleitet worden. Nach Sommerfelds Argumentation ergab sich nun die Verallgemeinerung für mehrfache Überdeckungen ($m = 2, 3, \dots$) einfach dadurch, daß die Besselschen Funktionen vom Index n durch solche mit gebrochenem Index n/m ersetzt wurden.

Bei Klein fand dieser Ansatz großen Anklang. Er entsprach seiner Tendenz einer stärkeren mathematischen Durchdringung der verschiedensten Wissenschaften, die Klein weit über sein eigenes Fach hinaus in den 1890er Jahren mit großer Energie vorantrieb. Es lag auf der Hand, daß Sommerfeld mit dem bei der Wärmeleitung erprobten Verfahren auch in anderen Bereichen neue Lösungsmöglichkeiten aufzeigen konnte. Am Ende des Sommersemesters 1894 referierte er „eine Stunde lang über die Anwendung der mehrdeutigen Lösungen von $\Delta u + k^2 u = 0$ in der mathem. Physik". Als praktisches Ergebnis konnte er die Beugung des Lichts „mal ordentlich mathematisch" behandeln, wie er voller Stolz berichtete. Bei dieser Gelegenheit schilderte er seinen Eltern auch die Umstände, die seinem Vortrag die richtige Würze gaben:[2]

---

[1] [Sommerfeld 1894b, S. 274].

[2] *A. Sommerfeld an die Eltern, 3. August 1894. München, Privatbesitz.*

Also heute ist der grosse Vortrag gestiegen, zu allgemeinster Befriedigung. Ich redete wie ein Wasserfall, war sehr gut präparirt u. es schien allgemein zu interessiren. Klein sagte, das wäre ein schöner Semesterschluß. Vor mir redete ein American Gentleman, der weder Deutsch noch Mathematik kann, sein Vortrag wurde nur dadurch relativ geniesbar, dass Klein von Zeit zu Zeit das sagte, was jener sagen wollte. (Klein versteht nämlich Alles, selbst was ein anderer sagen *will*, u. was der Andre selbst nicht versteht). Ich hatte den Vortrag vorgestern Walter[1] gehalten, der ganz geduldig zuhörte. Dabei merkte ich, dass ich noch gehörig stockte u. habe das nachgeholt. Es ging aber heute sehr flott. [...] Also es war die Beugung des Lichtes, mal ordentlich mathematisch behandelt. Den Physikern, die die Sache bisher immer falsch angefasst haben, habe ich ordentlich auf den Zopf gegeben.

Auch wenn Sommerfeld mit der Assistentenstelle bei Klein rechnete, schloß er andere Möglichkeiten nicht von vornherein aus. Aufgeregt schrieb er eines Abends nach Königsberg, er sei von Boltzmann als dessen möglicher Nachfolger auf dem Lehrstuhl für theoretische Physik in München „an 7ter oder 8ter Stelle" in Betracht gezogen worden – zu dieser Zeit keine realistische Position für Sommerfeld; doch eine Assistentenstelle bei Boltzmann in Wien konnte er sich durchaus vorstellen.[2]

Assistent bei Klein

Zum 1. Oktober 1894 trat Sommerfeld die Stelle eines „Assistenten bei der Sammlung mathematischer Instrumente und Modelle" an.[3] Kleins Betriebsamkeit war weithin bekannt, so daß in Königsberg geargwöhnt wurde, er werde von seinem neuen Dienstherrn womöglich noch mehr in Anspruch genommen als von Liebisch. Selbstsicher schob Sommerfeld diese Befürchtung beiseite:[4] „Klein u. Aussaugen! Ich habe genau das Umgekehrte vor."

Zunächst stand die Habilitation an. Nach dem erfolgreichen Vortrag über Beugungstheorie machte sich Sommerfeld in dieser Hinsicht keine Sorgen:[5]

---

[1] Arnold Sommerfelds Bruder, der sich gerade zu Besuch in Göttingen aufhielt.

[2] Brief [7].

[3] *Göttingen, UA, Kuratoriumsakte 4 V k, 14*; Brief [8].

[4] *A. Sommerfeld an die Mutter, 24. August 1894. München, Privatbesitz.*

[5] *A. Sommerfeld an die Mutter, 24. August 1894. München, Privatbesitz.* Vgl. auch

> Ich kann jetzt, glaube ich, einliefern was ich will, ich werde doch
> accepirt. Im Übrigen bin ich noch lange nicht fertig u. werde nur
> Stückwerk einliefern. Es gibt dann im Oktober eine vorläufige
> Mitteilung in den Götting. Nachrichten u. dann über Jahr und
> Tag eine lange Abhandlung.

Dennoch fiel ihm die Umstellung von der Mineralogie zur Mathematik nicht ganz leicht:[1] „Nun habe ich den ganzen Tag für mich u. ich kann wohl sagen: manchmal reagirt mein Schädel mit Schädelbrummen auf das beständige Drucksen. Das anhaltende Arbeiten muss auch gelernt werden, zumal nach dem Zeit-Verdösen mang die Steine"; was das ins Auge gefaßte Habilitationsthema betraf, die Beugungstheorie, war er voller Optimismus: „Ich habe die grösste Lust den früheren Kitt umzuschmeissen u. durch besseren zu ersetzen." Der klassischen, auf Gustav Kirchhoff zurückgehenden Beugungstheorie seine neue gegenüberzustellen, bereitete Sommerfeld keine Probleme, aber „der Herr Kirchhoff" mache ihm „Sorge", er habe „die gegründete Ansicht, dass das Alles Humbug u. Redensarten sind, was dieser mathematisch gründlichste unter den Physikern in der Optik gemacht hat. Aber das kann ich doch nicht in der Arbeit ohne Weiteres sagen. Jedenfalls muss ich ihn funditus lesen." Zum zeitlichen Ablauf der Habilitation meinte er gelassen: „Ich kann mich zu jeder Tages- u. Jahreszeit habilitiren. Es ist nur die Frage, ob ich eine Vorlesung zu Stande bringe, wenn ich es nach dem 1. November thue. Ich würde es gern beeilen, aber ich kann doch nichts Halbes abgeben. Warten wir nur ein Weilchen, es wird schon Alles werden."[2]

Unabhängig vom wissenschaftlichen Gehalt war eine Habilitation in der Kleinstadt Göttingen auch eine gesellschaftliche Angelegenheit. Sommerfeld kolportierte die bei Göttinger Professoren nicht selten anzutreffende Einschätzung:[3] „[D]er Student wird hier als ein notwendiges Übel von der Universität angesehen, das Wort wird immer mit einem mitleidigen Beigeschmack ausgesprochen; bei manchen Professoren hat sogar das Wort Privatdocent noch einen verächtlichen Beigeschmack". Um als angehender Universitätslehrer akzeptiert zu werden, mußten selbst nebensächlich erscheinende Umstände wie die Wohnungsfrage mitbedacht werden: „Soll ich

---

[Sommerfeld 1894a] und [Sommerfeld 1896].

[1] *A. Sommerfeld an die Mutter, 3. Oktober 1894. München, Privatbesitz.*

[2] *A. Sommerfeld an die Mutter, 3. Oktober 1894. München, Privatbesitz.* Die auf dem Huygensschen Prinzip aufbauende Kirchhoffsche Beugungstheorie war 1891 in Lehrbuchform publiziert worden [Kirchhoff 1891].

[3] *A. Sommerfeld an die Eltern, 3. August 1894. München, Privatbesitz.*

nun bis dahin in den etwas beschränkten Räumen meiner 75 M.[ark]-Bude
wohnen bleiben? Sie scheint mir nicht geeignet, um die Gegenbesuche der
Bontzen beim Habilitiren zu empfangen."[1] Kurz vor dem Habilitations-
vortrag im März 1895 berichtete Sommerfeld seinen Eltern, wie er sich bei
einem „Zauberfest" im Hause der Göttinger Künstler- und Professorenfami-
lie Vischer auch in gesellschaftlicher Hinsicht seines akademischen Aufstiegs
versicherte:[2]

> Halb-Göttingen war anwesend. Alle Spitzen: Prorector,[3] Cura-
> tor etc. Es wurde ein richtiges Concert. $1\frac{1}{2}$ Stunde Musik. Ein
> grosses künstlerisch ausgeführtes Programm orientirte zunächst
> die Gäste über die bevorstehenden Genüsse. Es gab 7 Lieder,
> 2 Arien, 3 Duette, ein Trompeterlied, ein vierhändiges, ein zwei-
> händiges Stück. Mein alt-bewährter Chopin machte sich auf dem
> schönen Flügel sehr brav. Ich habe ihn zwar schon besser ge-
> spielt, aber er machte auch so Furore, natürlich auswendig, ohne
> Steckenbleiben. Auch der Liederbegleitungen habe ich mich mit
> Anstand entledigt. Mein Ruf als Musikus steht hier bomben-
> fest. Der Hauptcoup kam aber später. Um 10 Uhr durfte die
> Gesellschaft etwas essen. Es war Buffet u. alles sass zwanglos u.
> höchst fidel durcheinander. Da klingte Frau Vischer ans Glas u.
> brachte einen allerliebsten Toast in Versen auf ihre „Künstler"
> aus. Nun hiess es, darauf antworten. Offenbar blieb es auf mir
> hängen. Da muss ich Euch nun gestehen: ich hatte mich bereits
> darauf präparirt, hatte so einen Animus gehabt, dass ein Toast
> auf die „Künstler" ausgebracht werden würde u. hatte mir eine
> kleine Rede ausgedacht, in der ich gerade an dieses Wort an-
> knüpfen wollte. Also ich nicht faul, klinge auch bald darauf ans
> Glas u. halte meinen wohldurchdachten Speech. Ich lehnte das
> Verdienst von den Künstlern ab u. schob es auf den künstleri-
> schen Geist des Hauses Vischer, spielte auf die Marmorbüste des
> Dichters V.[4] an, welche vor mir stand, sagte der Frau Vischer
> einige köstliche Elogen u. toastete auf das Haus V. Da ich mich
> so gut an den vorhergehenden Toast anlehnen konnte, mach-
> te sich die Sache durchaus extemporirt. Kurz, ich stand gross

---

[1] *A. Sommerfeld an die Mutter, 24. August 1894. München, Privatbesitz.*

[2] *A. Sommerfeld an die Eltern, Februar 1895. München, Privatbesitz.*

[3] Formal war der Regent des Herzogtums Braunschweig, Prinz Albrecht von Preußen,
Rektor der Universität.

[4] Der 1887 verstorbene Friedrich Theodor Vischer war der Vater des Hausherrn.

da. Vielleicht haben sich die Oberbonzen u. Würdenträger darüber geärgert, dass ich als jüngster ihnen die Rede weggenommen habe. Liebisch, der auch da war, hat sich natürlich über Alles geärgert. Möge er! Herr v. Willamowitz-Möllendorf,[1] der nächst Klein die grösste Leuchte der Universität ist, sagte, wie ich heute hörte, zu seinem Nachbar: „Gespielt hat er gut, geredet hat er auch nicht schlecht, ich denke, wir können ihm das Colloquium schenken". Ihr könnt Euch denken, dass ich den Rest des Abends, an dem ich auf solche Weise die Hauptrolle spielte, in grösster Fidelität verbrachte.

Auch von dem Ambiente des Habilitationskolloquiums gab Sommerfeld seinen Eltern eine detailreiche Schilderung.[2] Was Sommerfeld um diese Zeit wissenschaftlich besonders bewegte, schrieb er Felix Klein, der sich gerade in Montreux erholte.[3] Über den in der Habilitationsschrift behandelten Fall der Beugung an einer Halbebene hinaus dachte Sommerfeld schon an weitere Anwendungen seiner Methode – insbesondere an die Lösung des Beugungsproblems für den Spalt und das Gitter. Auch wenn diese Hoffnung nicht in Erfüllung ging, galt Sommerfelds Methode unter Mathematikern als ein vielversprechender Weg, um physikalische Differentialgleichungen befriedigender als bisher zu behandeln. Sommerfelds Habilitationsschrift, die in den *Mathematischen Annalen* erschien,[4] lieferte im Unterschied zu Kirchhoff eine exakte Lösung der Wellengleichung, d. h. sie löste das Beugungsproblem als eine Randwertaufgabe *ohne* Rückgriff auf das Huygenssche Prinzip. „Dieses Princip ist an sich völlig exact", führte Sommerfeld dazu aus, „nicht exakt aber ist seine Anwendung in der Beugungstheorie, auch nicht nach der etwas verschärften Methode von Kirchhoff." Wolle man nämlich mit dem Huygensschen Prinzip an irgendeiner Stelle im Raum einen Funktionswert der gebeugten Welle berechnen, müßten die Randwerte der Funktion samt ihren räumlichen Ableitungen auf dem Beugungsschirm bekannt sein. Werden diese auf der einen Schirmseite gleich Null gesetzt, müßten nach einem Satz aus der Theorie der Differentialgleichungen auch die Funktionswerte identisch im ganzen Raum verschwinden. Es sei „sehr merkwürdig, daß trotz dieser erheblichen Bedenken die Formeln so gut die Beobachtungen wiedergeben."[5]

---

[1] Ulrich von Wilamowitz-Moellendorff, Altphilologe.
[2] Brief [9].
[3] Brief [10].
[4] [Sommerfeld 1896].
[5] [Sommerfeld 1894a, S. 341].

Sommerfeld erhielt in Anlehnung an die Wärmeleitungstheorie, wo mit Hilfe von „Temperaturpolen" die Lösung in Gestalt einer Integraldarstellung gewonnen werden konnte, auch für die Beugung des von einem „leuchtenden Punkt" ausgehenden Lichtes eine Integraldarstellung; für bestimmte Werte konnte er das Integral auswerten und zeigen, daß die Kirchhoffschen Ergebnisse in seinen Formeln als Grenzfälle enthalten waren. „Wir kommen somit zu dem merkwürdigen Resultat, dass wir die Ergebnisse der älteren Beugungstheorie in gewissem Umfange bestätigen können, während wir die Methode, durch welche sie abgeleitet werden, als ganz unzulässig erklären müssen."[1] Darüber hinaus konnte die Sommerfeldsche Theorie erstmals den Gültigkeitsbereich präzisieren, innerhalb dessen die Theorie Kirchhoffs zu richtigen Ergebnissen führte. Als Klein im August 1895 dem Mitherausgeber der *Mathematischen Annalen* Walther Dyck „die seit lange in Aussicht stehende Arbeit von Sommerfeld über die Diffraction" schickte, kommentierte er sie mit der Bemerkung:[2]

> Dieselbe ist mir besonders erfreulich, weil es wohl das erste Mal ist, dass einer unserer jungen Leute einen wirklichen Fortschritt in der math.[ematischen] Physik begründet. Ich hatte, als S.[ommerfeld] den Gegenstand im vergangenen März als Habilitationsschrift einreichte, Voigt um ein Correferat gebeten, und dieser hat sich darüber ebenso erfreut geäussert, wie noch neulich Poincaré.

Poincaré, der sich ebenfalls mit dem Beugungsproblem beschäftigt hatte, sprach höchst anerkennend von der „travail très important de M. Sommerfeld" und nannte dessen Vorgehen „une méthode extrêmement ingénieuse".[3]

Daß Sommerfeld sich mit physikalischen Themen als Mathematiker profilieren konnte, bei Poincaré und Klein ebenso Anklang fand wie bei dem theoretischen Physiker Voigt, ist ein Hinweis auf die um die Jahrhundertwende noch reichlich diffuse Grenzziehung zwischen diesen Disziplinen. Viele Mathematiker jener Jahre betrachteten die Physik als eine Quelle neuer Erkenntnisse. Insbesondere für Klein war die Physik weit mehr als ein interessantes Anwendungsgebiet mathematischer Methoden: „Viele sogenannte Untersuchungen ueber mathematische Physik sind rein mathematische Untersuchungen [...] und man sollte sie lieber in eine andere Kategorie, in die Kategorie der physicalischen Mathematik verweisen",

---

[1] [Sommerfeld 1896, S. 373].
[2] *F. Klein an W. Dyck. 3. August 1895. München, BSB, Dyckiana, Schachtel 5.*
[3] [Poincaré 1897].

hatte er zum Beispiel 1872 in seiner Antrittsrede in Erlangen ausgeführt.[1] Auch Sommerfelds Arbeiten gehören zu dieser Kategorie, denn es ging dabei primär um die zur Lösung partieller Differentialgleichungen entwickelte Mathematik. Bei seiner Erweiterung der Kelvinschen Spiegelungsmethode bediente sich Sommerfeld insbesondere der Methoden der Riemannschen Funktionentheorie, wo Klein eine besonders enge Verbindung mit der Physik sah. Eine Vorlesung über „Riemannsche Flächen" leitete er mit den Worten ein: „Von der *Potentialtheorie* aus (die in die mathematische Physik gehört) schreiten wir zunächst zur *Funktionentheorie*," die er bei dieser Gelegenheit „als Substrat der Potentiale" bezeichnete.[2] Bei anderer Gelegenheit betonte er, daß auch für Riemann die Physik immer wieder den Ausgangspunkt seiner mathematischen Arbeiten gebildet habe, und „daß Riemann im Gebiete der Mathematik und Faraday im Gebiete der Physik parallel stehen".[3] Sommerfeld stellte sich ganz in diese Tradition, wenn er die Wiederbelebung von „Riemanns Geist" durch Klein und „die besondere Kraft der Riemannschen Methode aus ihrer Durchtränkung mit der Denkweise der mathematischen Physik" rühmte.[4]

Die Verehrung für Klein („Unter den Lebenden ist Klein doch der grösste Mathem.[atiker] und ganz gewiss der vortrefflichste Mensch"[5]) ließ Sommerfeld auch die intellektuell weniger anspruchsvollen Assistentenpflichten im Kleinschen Institut leichter ertragen als noch im Vorjahr bei Liebisch. Dazu gehörte insbesondere, das „mathematische Lesezimmer" in Ordnung zu halten.[6] Ihm galt Kleins besondere Aufmerksamkeit. Außerdem hatte sich Sommerfeld um die schriftliche Ausarbeitung der Kleinschen Vorlesungen zu kümmern, die dann von Klein „zum Zweck autographischer Vervielfältigung durchkorrigiert wurde."[7]

Im Herbst 1895 trat der frischgebackene Privatdozent Sommerfeld erstmals vor die wissenschaftliche Öffentlichkeit. Die Gesellschaft deutscher Naturforscher und Ärzte traf sich in diesem Jahr in Lübeck zu ihrer Jahrestagung. Gleichzeitig hielt auch die Deutsche Mathematiker-Vereinigung, der Sommerfeld nun als Mitglied Nr. 224 beitrat, ihr Jahrestreffen ab.[8] In

---

[1] [Rowe 1985, S. 133].

[2] [Klein 1985, S. 17].

[3] [Klein 1923a, S. 484].

[4] [Sommerfeld 1919b, S. 300].

[5] Brief [9].

[6] Vgl. Brief [10]. Es wurde zum Vorbild moderner Institutsbibliotheken, vgl. auch [Frewer 1979].

[7] [Sommerfeld 1949, S. 289].

[8] *Jahresberichte der Deutschen Mathematiker-Vereinigung Bd. 6, 1897, S. 18.*

gemeinsamen Abteilungssitzungen mit den ‚Naturforschern' konnten sich so auch die Mathematiker über die neuesten Entwicklungen in den naturwissenschaftlichen Disziplinen orientieren. Vor diesem Forum präsentierte Sommerfeld in knapper Form die Ergebnisse seiner Habilitationsarbeit, wobei er rhetorisches Talent an den Tag legte und die für Physiker interessanten Aspekte ansprach.[1] Hier lernte er Boltzmann persönlich kennen und erlebte eine der großen Debatten der zeitgenössischen Physik: die Auseinandersetzung um die Energetik, wonach alle Erscheinungen der Physik allein aus dem Energiesatz der Mechanik abzuleiten seien.[2] Boltzmann und Klein erschütterten in Lübeck mit ihren Argumenten die Grundpositionen der Energetik, die vor allem von Georg Helm und Wilhelm Ostwald vertreten wurden, so nachhaltig, daß sich Sommerfeld noch ein halbes Jahrhundert später lebhaft daran erinnerte:[3]

> Die Argumente Boltzmanns schlugen durch. Wir damals jüngeren Mathematiker standen alle auf der Seite Boltzmanns; es war uns ohne weiteres einleuchtend, daß aus der einen Energiegleichung unmöglich die Bewegungsgleichungen auch nur eines Massenpunktes, geschweige denn eines Systems von beliebigen Freiheitsgraden gefolgert werden könnten.

Sommerfelds erste Kontakte mit den großen Persönlichkeiten und Themen der theoretischen Physik führten aber nicht dazu, daß er sich nun mit ganzer Kraft diesem Fache zuwandte. Klein hatte für seinen Assistenten andere Aufgaben vorgesehen.

Kleins Ziel war nicht nur eine Annäherung zwischen Universität und Technischer Hochschule, sondern er wollte die Mathematik als umfassenden Kulturfaktor etablieren.[4] Im Wintersemester 1895/96 hielt er eine zweistündige Vorlesung über die Theorie des Kreisels, die – ähnlich wie eine vorangegangene Vorlesung über elementare Geometrie – als Demonstration der „Beziehungen unseres Universitätsbetriebes zu den massgebenden Potenzen des praktischen Lebens, in erster Linie zur Technik, dann aber auch zu den drängenden Fragen des allgemeinen Unterrichtswesens" dienen sollte.[5] Klein hatte seine *Elementargeometrie*[6] zu Pfingsten 1895

---

[1] [Sommerfeld 1895a].
[2] Vgl. [Hiebert 1971], [Deltete 1983].
[3] [Sommerfeld 1944, S. 25], vgl. die Schilderung Helms in [Ostwald 1961, S. 118-120].
[4] [Pyenson 1983], [Manegold 1970], [Tobies 1991], [Tobies 1994].
[5] [Klein 1977, S. 4].
[6] [Klein 1895].

dem Verein zur Förderung des mathematischen und naturwissenschaftlichen Unterrichts als „Festschrift" überreicht, gleichsam als Auftakt seines in den kommenden Jahren immer umfassenderen Engagements für eine Reform des Gymnasialunterrichts. Ähnliches hatte er nun mit der Theorie des Kreisels vor: „Taktik: Der Kreisel war als 2. Festschrift gedacht".[1] Die Umsetzung übertrug er Sommerfeld.

Daher bedeutete die *Theorie des Kreisels* für Sommerfeld mehr als die übliche Ausarbeitung einer Vorlesung zur autographischen Vervielfältigung und Auslage im Lesezimmer. Klein selbst benutzte das Kreiselthema bei Gastvorlesungen in den Vereinigten Staaten. Es ging ihm dabei zuerst um die Mathematik, die sich am Beispiel der Kreiselbewegungen aufzeigen ließ, und erst in zweiter Linie um Anwendungen der Kreiseltheorie in der Technik. Klein wollte vor Augen führen, welchen Nutzen Mechanik, Astronomie und Physik aus der reinen Mathematik ziehen können, wenn sie sich, wie er seinen amerikanischen Studenten gegenüber ausführte, „the more intimate association with the modern pure mathematics" bewußt machten.[2]

Entsprechend heißt es in der Einleitung des von Klein und Sommerfeld 1897 veröffentlichten ersten „Heftes" (196 Seiten!) *Über die Theorie des Kreisels*: Der Leser werde „eine gewisse Vertrautheit mit den Methoden der Funktionentheorie nicht entbehren können", doch würden die benötigten speziellen funktionentheoretischen Begriffe so anschaulich erläutert, daß man das Werk „auch zu einer ersten orientierenden Einführung in das Gebiet der elliptischen Funktionen" verwenden könne.[3] Daß aus der zweistündigen Vorlesung am Ende ein in vier „Heften" von 1897 bis 1910 publiziertes Mammutwerk mit fast tausend Seiten werden würde, hatten weder Klein noch Sommerfeld vorausgesehen.

Zu den Korrespondenten Sommerfelds zum Thema Kreisel zählten allein in den Jahren 1897 bis 1899 Mathematiker und theoretische Physiker (wie Heinrich Burkhardt, George Greenhill, Diederik Korteweg, Arthur Schönflies, Carl Runge, Ludwig Boltzmann und Max Abraham) genauso wie Anwender der Kreiseltheorie, etwa der Ballistiker Carl Cranz oder der Torpedoingenieur Carl Diegel.[4] Aus den Briefen wird deutlich, wie Sommerfeld verschiedenen Interessen gerecht werden wollte – und wie sich aus einer Festschrift für Gymnasiallehrer im Laufe der Jahre ein immer umfangreicheres Unternehmen mit diffusem Charakter entwickelte. Am Ende empfand selbst

---

[1] [Klein 1977, S. 18].
[2] [Klein 1922b, S. 618].
[3] [Klein und Sommerfeld 1897, S. 6].
[4] Briefe [22] und [29].

Klein das Werk als etwas aus den Fugen geraten, wenn er die „eigentümliche Disposition" mit teils rein mathematischen und teils sehr anwendungsnahen Kapiteln eher als Ergebnis des komplizierten Entstehungsprozesses denn als Folge einer inneren Logik darstellte.[1]

Die Kreiseltheorie nahm Sommerfeld jedoch nicht so stark in Anspruch, daß er weitere Verpflichtungen ausgeschlagen hätte. 1896 kam – dank Kleins Initiative – das Projekt der *Encyklopädie der mathematischen Wissenschaften* in Gang, an dem sich Sommerfeld sogleich durch die Übernahme eines Artikels über partielle Differentialgleichungen beteiligte.[2] Im selben Jahr ließ er sich auch noch von Dyck, der mit Klein zusammen als Herausgeber der *Mathematischen Annalen* fungierte, in die Pflicht nehmen, um für die ersten 50 Bände ein Register zu verfassen. Klein sah dies gar nicht gern. Tadelnd schrieb er Dyck:[3]

> Wann aber soll Sommerfeld Zeit haben? Er muß jetzt vor allen Dingen mit mir die *Vorlesungen über den Kreisel* fertig machen, an denen ich seit Jahresfrist laboriere. Offenbar kann er nicht vor Ostern beginnen. Und auch dann wird es starken Druckes von meiner Seite bedürfen. Ich schreibe das nicht, um S.'s Mitwirkung abzulehnen, sondern nur um zu sagen, dass das Unternehmen noch keineswegs gesichert ist und es gut ist, immer noch nach anderen Möglichkeiten Ausschau zu halten [...]

Sommerfeld übernahm diese Verpflichtung trotz Kleins Einwand. Im Juli 1896 hatte er sich mit der Tochter des Kurators der Göttinger Universität verlobt, die ihm nun einen Teil der Arbeit abnahm: „Sommerfeld, oder vielmehr seine Braut, Frl. Johanna Höpfner (Tochter unseres Curators), ist langsam über dem Annalenregister, indem sie Zettelkatalog anlegt. Daher der Name: Hannalenregister", amüsierte sich Klein.[4]

Sommerfelds Assistentenstelle war nicht Bestandteil des regulären Etats und mußte zu Ostern eines jeden Jahres vom Kuratorium der Universität neu bewilligt werden. Anfang April 1896 ersuchte Sommerfeld Klein und den Kurator der Göttinger Universität, sein Gehalt für das ihm noch zustehende Sommersemester letztmalig zu bewilligen.[5] Im Anschluß an seine Assistentenstelle spekulierte Sommerfeld auf eine freiwerdende Mathe-

---

[1] [Klein 1922c, S. 658-659].

[2] [Sommerfeld 1904b], siehe auch Brief [11]. Zur Entstehungsgeschichte der *Encyklopädie* vgl. [Tobies 1994] und [Hashagen in Vorbereitung].

[3] *F. Klein an W. Dyck, 25. Dezember 1896. München, BSB, Dyckiana, Schachtel 5.*

[4] *F. Klein an W. Dyck, 6. April 1897. München, BSB, Dyckiana, Schachtel 5.*

[5] *A. Sommerfeld an E. Höpfner, 1. April 1896; A. Sommerfeld an F. Klein, 5. April*

matikprofessur – möglichst in Göttingen, wenn die vor ihm habilitierten Mathematiker Heinrich Burkhardt und Arthur Schönflies Rufe erhalten haben würden: „In Greifswald ist ein Mathem. gestorben. Könnte nicht Schönfliess dorthin gerufen werden u. Burkhardt nach Zürich oder Kiel? Zapfe doch Deinen Vater mit einer schönen Empfehlung von mir darauf an",[1] schrieb er seiner Braut. Erklärend fügte er in einem weiteren Brief hinzu:[2] „Natürlich war die Combination Schönfliess–Burkhardt so gemeint, dass sich daraus die Combination Sommerfeld–Göttingen ergibt. Ich bin überzeugt, dass ich die Göttinger Stelle bekomme, wenn meine beiden Vorgänger versorgt sind. [...] Das sind aber alles ganz dumme Zukunftspläne, für welche zur Zeit gar kein Schatten eines Grundes vorliegt."

Die erhoffte „Combination Sommerfeld–Göttingen" erfüllte sich nicht. Unterdessen bestimmten Kleins Interessen weiterhin Sommerfelds Privatdozentenalltag. Insbesondere wollte Klein rasche Fortschritte bei der Ausarbeitung seiner Vorlesung über die Theorie des Kreisels sehen. Einmal seufzte Sommerfeld in einem Brief an seine Braut:[3] „Ich kann Dir wirklich nicht alle Tage schreiben. Die Klein'sche Hetzpeitsche sitzt ziemlich dicht hinter mir".

Berufung nach Clausthal

Bei einem so einflußreichen Mentor wie Felix Klein konnte es nur eine Frage der Zeit sein, bis Sommerfeld einen Ruf erhalten würde. Die private Beziehung zum Kurator der Göttinger Universität, Sommerfelds künftigem Schwiegervater, tat ein Übriges. Höpfner gehörte wie Klein zum Kreis der Vertrauten von Friedrich Althoff, dem allmächtigen Ministerialdirektor und Leiter des Universitätsreferats im preußischen Kultusministerium.[4] Hier liefen die Fäden zusammen, an denen das berufliche Schicksal aller Hochschullehrer in Preußen hing. Sommerfeld konnte sich bald zum Kreis derer rechnen, die das Wohlwollen Althoffs besaßen, was sich schon bei der Be-

1896. Göttingen, UA, Kuratoriumsakte 4 V k, 14. Sein Nachfolger auf der Assistentenstelle wurde Heinrich Liebmann.

[1] *A. Sommerfeld an J. Höpfner, 3. September 1896. München, Privatbesitz.* Bernhard Minnigerode war seit 1885 Ordinarius für Mathematik an der Universität Greifswald gewesen.

[2] *A. Sommerfeld an J. Höpfner, 6. September 1896. München, Privatbesitz.*

[3] *A. Sommerfeld an J. Höpfner, 16. Januar 1897. München, Privatbesitz.*

[4] [Manegold 1970], [Brocke 1980].

willigung seines Privatdozentenstipendiums 1897 bemerkbar machte:[1] „Ich gehe wohl nicht fehl, wenn ich annehme, dass diese mich sehr erfreuende Maassnahme in erster Linie durch das Wohlwollen und die gute Meinung veranlasst worden ist, mit welcher Sie mich zu beehren die Güte haben. Ich erlaube mir daher, Ihnen meinen ganz gehorsamsten Dank auszusprechen." Auch als er im Sommer seine erste Berufung auf die Professur für Mathematik an der Bergakademie Clausthal erhielt, wußte Sommerfeld, wem er dies letztendlich zu danken hatte.[2]

Der Ablauf der Berufung zeigt freilich auch, daß es nicht allein auf Beziehungen ankam. Als das Oberbergamt Clausthal im April 1897 dem für die Bergakademie zuständigen Ministerium für Handel und Gewerbe in Berlin mitteilte, daß ein Nachfolger für den nach Königsberg berufenen Mathematikprofessor Franz Meyer gesucht werde, reichte man dort die Angelegenheit an das Kultusministerium weiter und erhielt eine Liste mit drei Kandidaten zurück. Sommerfeld wurde nach dem Mathematiker und Kristallographen Arthur Schönflies an zweiter Stelle genannt. Zur Person Sommerfelds, „der mit einer Tochter des dortigen Universitäts-Kurators verlobt ist", wurde angemerkt: „Zu seiner zweifellosen Qualifikation als Mathematiker und Lehrer der Mathematik kommt hinzu, daß er früher mineralogischer Assistent war".[3] In Clausthal wurde die mit eigenen Vorschlägen erweiterte Liste umgruppiert: Sommerfeld blieb an zweiter Stelle, nun nach einem Bremer Hauptschullehrer und vor Schönflies sowie zwei weiteren Kandidaten.[4] Das Berliner Ministerium kam zu dem Schluß: „Nach reiflicher Prüfung der Verhältnisse dürfte Sommerfeld den Vorzug verdienen", denn er habe nicht nur bessere Zeugnisse als seine Rivalen, sondern er sei mit 29 Jahren auch zehn Jahre jünger als der Erstplazierte, dem man ein viel höheres Dienstalter anrechnen und zu alledem auch noch Umzugskosten bezahlen müsse. Was die Angaben zur Qualifikation Sommerfelds angehe, so seien diese „dem Referenten von Herrn Ministerial-Direktor Dr. Althoff" übergeben worden.[5] In Clausthal folgte man der Anregung und trat mit Sommerfeld in Ver-

---

[1] *A. Sommerfeld an F. Althoff, 1. April 1897. Berlin, GSA, I. HA. Rep. 92, Althoff B, Nr. 178, Bd. 2.*

[2] Brief [15].

[3] *Schreiben des Ministeriums der geistlichen, Unterrichts- und Medicinal-Angelegenheiten an das Ministerium für Handel und Gewerbe, 7. Mai 1897. Berlin, GSA, Akte I, HA Rep. 121 DII, Sekt. 6, Nr. 102, Bd. 4.*

[4] W. Grosse, M. Köppen und Th. Habben (die beiden letzteren waren wissenschaftliche Hilfslehrer am Köllnischen Gymnasium in Berlin bzw. am königlichen Realgymnasium in Leer).

[5] *Aktennotiz vom 25. Juni [1897]. Berlin, GSA, Akte I HA Rep. 121 DII, Sekt. 6, Nr. 102, Bd. 4.*

handlungen. Sommerfeld akzeptierte ohne langes Zögern. Am 20. Juli 1897 konnte das Oberbergamt Clausthal nach Berlin melden, daß man „den Privatdocenten an der Universität Göttingen, Dr. phil. A. Sommerfeld vom 1. Oktober d. J. ab als Professor der Mathematik an der Königlichen Bergakademie zu Clausthal unter Bewilligung des Mindestgehaltes der Stelle von 3 800 Mk und eines Wohnungsgeldzuschusses von 480 Mk" anstellen werde.[1]

Kurz vor dem Umzug reiste Sommerfeld zu der Ende September 1897 in Braunschweig stattfindenden Naturforscherversammlung, wo er über ein Theorem aus der Vektoranalysis referierte und „allerlei Leute" kennenlernte, nach denen er sich „schon lange wissenschaftlich gebangt" habe, wie er seiner Braut schrieb.[2] Nach der dort erfahrenen Anerkennung bedeutete Clausthal eine Ernüchterung. „Am Ende bin ich doch für Clausthal zu schade", schrieb er schon wenige Wochen nach dem Antritt seiner Professur an Johanna nach Göttingen. Offenbar stieß er bei seinen Clausthaler Kollegen wie auch unter den Studenten des Bergwesens nicht auf annähernd soviel wissenschaftliches Interesse, wie er es von Göttingen her gewohnt war: „Meine schönen Gött. Collegs [...] Das war ein ander Ding, wie diese Quälerei mit Lappalien, die nachher nicht verstanden werden."[3] Außerdem mußte er feststellen, „dass der Ostwald'sche Charlatanismus die hiesigen Köpfe arg verwirrt" und wissenschaftliche Diskussionen mit seinen Kollegen „fast immer in der Energetik" endeten.[4] Um so lieber vertiefte er sich daher in wissenschaftliche Themen, über die er mit seinen Freunden in Göttingen diskutieren konnte. Ein Beispiel ist die Ausarbeitung einer Idee Hilberts über die Grundgleichungen der Hydrodynamik, bei der es um den Druck bei inkompressiblen Flüssigkeiten ging. Problematisch war das Auftreten des Drucks in diesen Gleichungen, weil als Folge der Inkompressibilität jede von einem Druck bewirkte Volumenänderung von vornherein ausgeschlossen ist. Sommerfeld klärte diese Frage, indem er den Druck als einen Lagrangeschen Multiplikator darstellte; eine rein mathematische Konstruktion, über deren physikalische Bedeutung er sich nicht den Kopf zerbrechen wollte:[5]

Denn bei den zahllosen Drucken, die in der theor.[etischen] Mechanik bei ganz allgemeinen Lagrangeschen Coordinaten ein-

---

[1] *Königliches Oberbergamt in Clausthal an Ministerium für Handel und Gewerbe, 20. Juli 1897. Berlin, GSA, Akte I HA Rep. 121 D II, Sekt. 6, Nr. 102, Bd. 4.*

[2] Brief [14]; vgl. auch [Sommerfeld 1897b].

[3] *A. Sommerfeld an J. Höpfner, 9. November 1897. München, Privatbesitz.*

[4] Brief [18].

[5] Brief [19]; vgl. auch die Briefe [20] und [21].

geführt werden, kann man beim besten Willen nicht verlangen,
daß man sich etwas physikalisch Realisirbares darunter denken
könnte. Diese Drucke sind eben wirklich nur Rechnungsgrössen.

Ein wichtiger Ansprechpartner für Sommerfeld war Emil Wiechert, sein
Freund aus Königsberger Studentenzeiten, der sich in Göttingen mit Arbeiten zur Elektrodynamik und Geophysik sowohl als theoretischer wie auch
praktischer Physiker einen Namen machte. Nach einem Besuch Wiecherts
in Clausthal schrieb Johanna Sommerfeld – Arnold und Johanna hatten im
Dezember 1897 geheiratet – an ihre Schwiegermutter:[1] „Für Arnold ist ein
solcher Besuch einer fühlenden oder wissenschaftlich fühlenden Seele immer ein Festtag [...] Wiechert ist ein netter lieber Mensch, bei allerhand
possierlichen Eigenheiten." Mit Wiechert diskutierte Sommerfeld vor allem
über die gerade sehr aktuellen Grundlagen der Elektrodynamik. Das Auslo-
ten der Maxwellschen Theorie war ein verbreitetes Anliegen jener Jahre. So
hatte Klein bei der Braunschweiger Naturforscherversammlung die Deutsche Mathematiker-Vereinigung dazu veranlaßt, bei ihrem nächsten Jahrestreffen 1898 in Düsseldorf „die mathematische Theorie der modernen Elektrodynamik in den Mittelpunkt" zu rücken; dazu sollten auch bedeutende
Wissenschaftler des benachbarten Auslandes wie Hendrik Antoon Lorentz
eingeladen werden, was dieser Konferenz zusätzlich Gewicht verlieh.[2] Für
Sommerfeld brachte diese Tagung neben der ersten Begegnung mit Lorentz,
der für seine Hinwendung zur Physik eine entscheidende Rolle spielen sollte,
eine Fülle neuer Anregungen. Mit seinem in Düsseldorf gehaltenen Vortrag
Über einige mathematische Aufgaben aus der Elektrodynamik[3] entsprach
er ganz dem Wunsche Kleins nach einer thematischen Fokussierung auf
das gerade aktuellste Teilgebiet der Physik. Der Vortrag behandelte die
Frage der Ausbreitung elektromagnetischer Wellen längs eines Drahtes und
zeigte, wie die Fortpflanzungsgeschwindigkeit und die Dämpfung der Drahtwellen von der Dicke sowie der Leitfähigkeit des Drahtes abhingen. Einen
mathematisch interessanten Teilaspekt dieser Arbeit ließ er über Hilbert
der Göttinger Akademie vorlegen und in ihren *Nachrichten* publizieren; die
ausführliche Fassung erschien 1899 in den *Annalen der Physik*.[4] Wie schon

---

[1] *J. Sommerfeld an C. Sommerfeld, 31. Oktober 1898. München, Privatbesitz.*

[2] Die fundamentalen Fragen der Elektrodynamik und Optik aus dem Blickwinkel der
Maxwellschen Theorie (insbesondere in Bezug auf bewegte Medien) wurden in Refe-
raten von H. A. Lorentz, W. Wien, W. Voigt und M. Planck behandelt; siehe dazu
den *Jahresbericht der Deutschen Mathematiker-Vereinigung 1898.*

[3] [Sommerfeld 1898e].

[4] [Sommerfeld 1898b], [Sommerfeld 1898a].

bei seiner Habilitation kritisierte er auch in diesen Arbeiten die von Physikern ohne ausreichende mathematische Analyse gewonnenen Ergebnisse; er widerlegte die Ansicht, daß sich Drahtwellen längs eines Leiters mit Lichtgeschwindigkeit ausbreiten. Unter bestimmten Verhältnissen (z. B. bei sehr dünnen Drähten) pflanzen sie sich nur mit halber Lichtgeschwindigkeit fort: „Dies Resultat wird wohl den Physikern eine kleine Gänsehaut verursachen", schrieb er an Carl Runge.[1]

Kurz darauf versuchte sich Sommerfeld an einem anderen Thema der aktuellen physikalischen Forschung, den Röntgenstrahlen. Die Natur dieser 1895 entdeckten Strahlung war noch völlig unklar. Sommerfeld schloß sich der Auffassung Wiecherts an, wonach Röntgenstrahlen durch impulshafte Ätherstörungen (hervorgerufen durch den Aufprall eines Kathodenstrahlteilchens auf die Anode in der Röntgenröhre) entstehen, die sich dann nach den Gesetzen der Maxwellschen Theorie ausbreiten. Nach dieser Vorstellung sollten sich bei Röntgenstrahlen die für Wellen charakteristischen Beugungsphänomene nachweisen lassen. Die niederländischen Physiker Hermanus Haga und Cornelis Wind glaubten, diese Beugungserscheinungen beim Durchgang von Röntgenstrahlen durch einen extrem schmalen Spalt nachgewiesen zu haben, und Sommerfeld hoffte, mit seiner Beugungstheorie diesen Experimenten auch das nötige theoretische Fundament geben zu können.[2] Im Nachhinein erwies sich die Deutung der Beobachtungen von Haga und Wind als zweifelhaft; Sommerfelds Theorie fehlte damit die experimentelle Bestätigung. Immerhin ermöglichte sie erstmals eine Abschätzung der Größenordnung für die zu erwartende Wellenlänge der Röntgenstrahlen (genauer: der „Impulsbreite").[3]

Wieder erntete Sommerfeld Anerkennung. Voigt hielt die „schöne Arbeit" über Röntgenbeugung für so vielversprechend, daß er nach Sommerfelds Berufung auf den Lehrstuhl für Mechanik an die TH Aachen „für die theoretische Physik einen großen Verlust" befürchtete.[4] Aber die Anwendung der Spiegelungsmethode auf weitere Fälle wie die Beugung am Spalt und Gitter oder in der Potentialtheorie[5], auf die Sommerfeld seit seiner Habilitation die größte Hoffnung gesetzt hatte, entzog sich hartnäckig einer Lösung. „Wegen der ‚Verzw.[eigten] Pot.[entiale]' habe ich ein sehr schlechtes Gewissen; ich wünschte, ich hätte sie nicht geschrieben", schrieb Sommerfeld an

---

[1] Brief [26].

[2] [Sommerfeld 1897a], [Sommerfeld 1899b], [Sommerfeld 1900a], [Sommerfeld 1900c], [Sommerfeld 1901].

[3] Vgl. Seite 149.

[4] Brief [45].

[5] Vgl. Brief [12].

Tullio Levi-Civita nach einer fehlerhaften Publikation zu diesem Thema.[1] Trotz – oder wegen – dieser Rückschläge wurde die „Herstellung verzweigter Lösungen", wie die erweiterte Spiegelungsmethode auch genannt wird, für Sommerfeld zu einer Art Sport, in dem sich auch seine Schüler gelegentlich versuchten.[2]

Encyklopädie der mathematischen Wissenschaften

Im Sommer 1898 konfrontierte Klein seinen früheren Assistenten mit einer neuen Aufgabe, der Redaktion des physikalischen Teils der *Encyklopädie der mathematischen Wissenschaften*. Franz Meyer und Heinrich Burkhardt redigierten die Mathematikbände (Band I–III); Burkhardt sollte ursprünglich auch noch die Anwendungen der Mathematik in Naturwissenschaft und Technik betreuen. Für sie hatte Klein zwar weitere Bände vorgesehen, jedoch noch kein Konzept. „Ich habe mir für die nächsten Wochen Franz Meyer eingeladen, um das gesamte bei ihm eingelaufene Material mit ihm durchzusprechen", schrieb Klein 1897 dem Mitinitiator der *Encyklopädie* Dyck, als er wieder einmal unzufrieden mit dem Stand der Dinge war:[3] „Nach anderer Seite ist offenbar wichtig, dass wir Beide demnächst ausführlich mit Burkhardt conferieren, nämlich betreffs der angewandten Bände. B. scheint da wirklich mangelhaft orientiert zu sein". Als Klein sich damit eingehender zu beschäftigen begann, ging er von drei ‚angewandten' Bänden mit je einem Redakteur aus, „einen für Mechanik (Nr. 1), einen für Physik (Nr. 2), einen für Astronomie (Nr. 3). In dieser Hinsicht habe ich die eine positive Zusage, dass Schönflies bereit sein würde, Nr. 1 zu übernehmen. Wegen Nr. 2 rechne ich auf Sommerfeld oder vielleicht doch auf Wien. Nr. 3 aber könnte vermutlich Burkhardt festhalten."[4]

Sommerfeld wollte zuerst das ihm von Klein zugedachte Los an Wilhelm Wien abtreten, da er sich schon mit der *Theorie des Kreisels* ausgelastet fühlte; als Wien absagte, fügte er sich in sein Schicksal und übernahm die Redaktion von Band V (Physik).[5] Bei den Bänden IV (Mechanik) und VI (Astronomie) herrschte noch länger Unklarheit. Schließlich beteiligten sich an der Redaktion von Band VI, der um die Geodäsie und Geophysik erweitert wurde, neben Burkhardt weitere Forscher wie Emil Wiechert und der

---

[1] Brief [43].
[2] [Frank und Mises 1935, S. 808–875], [Rubinowicz 1966].
[3] *F. Klein an W. Dyck, 5. Juli 1897. München, BSB, Dyckiana, Schachtel 5.*
[4] *F. Klein an W. Dyck, 25. April 1898. München, BSB, Dyckiana, Schachtel 5.*
[5] Vgl. die Briefe [23] und [24].

Astronom Rudolph Lehmann-Filhés. Klein selbst übernahm schließlich die Mechanik, um die er sich schon wegen seines Interesses für die Annäherung an die Technik besonders sorgte. Noch über ein Jahr später äußerte er sich sehr zurückhaltend:[1]

> Ich möchte nun weiter den Wunsch aussprechen, dass die neue Redaction: Klein, Sommerfeld, Burkhardt und Wiechert vorläufig noch nicht dem Publicum vorgeführt wird. Ebensowenig natürlich Schönflies, Sommerfeld, Burkhardt. Denn ich betrachte die neuen Redactionsverhältniße noch keineswegs als stabil und habe von diesem ewigen Wechsel der Namen, wenn ich mich als unbeteiligtes Publicum denke, einen sehr schlechten Eindruck.

Mit Sommerfeld war er von Anfang an sehr zufrieden: Sommerfeld sei „willig und tüchtig", schrieb er Dyck im August 1898,[2] kurz nachdem Sommerfeld definitiv zugesagt hatte. Der beschrieb die auf ihn zukommende Aufgabe in einem Brief an seine Mutter, die offenbar Querelen mit dem Mathematikredakteur Franz Meyer befürchtete, der jetzt in Königsberg lehrte:[3]

> Eh bien! Mit dem *mathematisch-physikalischen* Teil hat Meyer gar nichts zu thun. Ich werde diesen in demselben Sinne redigiren (nur hoffentlich etwas friedsamer, ohne mit sämtlichen Mitarbeitern Krakehl zu bekommen) wie er den algebraischen und geometrischen Teil redigirt. Ebenso wenig wie er mein Unterarbeiter in diesen Teilen, bin ich der seinige im späteren Bande. Ich werde allerdings sehr viel weniger zu thun haben wie Meyer, weil meine Verantwortlichkeit nur circa 1/2 Band umfasst, die Meyer'sche dagegen 2. Klein wird sich insofern der beiden letzten von Schönfliess, Burkhardt u. mir herauszugebenden Bände noch mehr annehmen, wie der ersten, als er bei einer 1/4 jährlichen Reise durch Italien, Frankreich, Holland, England die geeignetsten Mitarbeiter kennen lernen und der Redaction namhaft machen will. Es wird dieses deshalb gut sein, weil namentlich in dem von Schönfliess herauszugebenden technischen Teil die Fachmänner sehr verstreut sind. Die Verhältnisse sind mit Klein alle ganz klar abgesprochen. Eine Zweideutigkeit liegt

---

[1] *F. Klein an W. Dyck, 12. Oktober 1899. München, BSB, Dyckiana, Schachtel 5.*
[2] *F. Klein an W. Dyck, 20. August 1898. München, BSB, Dyckiana, Schachtel 5.*
[3] *J. und A. Sommerfeld an die Mutter, 8. Juli 1898. München, Privatbesitz.*

nicht vor. Ich vertrage mich dauernd gut mit ihm. Letzten Sonn-
ab.[end] u. Sonnt.[ag] habe ich ca. 6 Stunden mit ihm conferirt.
Ich glaube durch die Encyklopädie mit vielen Leuten in wissenschaftlichen Verkehr treten zu werden.

Wie bei der *Theorie des Kreisels* hatte Sommerfeld auch in diesem
Fall das tatsächliche Ausmaß weit unterschätzt. Der anfänglich vorgesehene Umfang der Encyklopädieartikel mußte in fast allen Fällen deutlich
nach oben korrigiert werden. Allein aus dem Band V (Physik) wurden drei
dicke Teilbände, und von der Konzeption des ersten Artikels bis zum Druck
des letzten vergingen mehr als 25 Jahre.[1] Die einzelnen „Artikel" besaßen
nicht selten den Charakter eines Lehrbuchs, etwa der 1903 abgeschlossene
Beitrag von Lorentz zur Elektronentheorie.[2] Die Darstellung lieferte auf
144 Seiten ein gleichermaßen aktuelles wie abgerundetes Bild – kurz bevor
dieses ‚klassische' Gebiet der theoretischen Physik der Jahrhundertwende
durch die Relativitäts- und Quantentheorie ein neues Fundament erhielt.

Dank der Koryphäen, die Klein und seine Redakteure verpflichten konnten, fand die *Encyklopädie* allmählich die Anerkennung, die Klein sich er-
hofft hatte – auch und insbesondere die physikalischen Teilbände. Im Stadium der Planung waren die Meinungen weit auseinandergegangen. Die einen
hielten das Vorhaben für äußerst verdienstvoll, andere urteilten eher ablehnend, wie Volkmann, bei dem Sommerfeld in Königsberg seine ersten
Vorlesungen in theoretischer Physik gehört hatte und der auch Autor einer
Einführung in das Studium der theoretischen Physik[3] war. Volkmann arg-
wöhnte, die *Encyklopädie* werde die theoretische Physik an ein „mathematisches Gängelband" legen.[4] Vor diesem Hintergrund ist es interessant zu
beobachten, wie Sommerfeld zunächst in enger Abstimmung mit Klein, im
Laufe der Zeit immer selbständiger und engagierter mit den Autoritäten
der Mathematik und Physik verkehrte.

Eine gemeinsame Reise mit Klein in die Niederlande im September 1898
war der Auftakt von Sommerfelds Redakteurstätigkeit für die *Encyklopädie*.
Klein hatte in Vorbereitung dieser Reise an Lorentz geschrieben:[5]

Mein Wunsch wäre, vor allen Dingen mit Ihnen selbst den ganzen mathematisch-physikalischen Abschnitt durchzusprechen

---

[1] [Sommerfeld 1904-1926].

[2] [Lorentz 1904b].

[3] [Volkmann 1900].

[4] Brief [38].

[5] *F. Klein an H. A. Lorentz, 5. September 1898. AHQP/LTZ-1.*

und übrigens durch Ihre Vermittelung die holländischen mathematisch-physikalischen Kreise näher kennen zu lernen. An unseren Besprechungen würde, wenn Sie es gestatten, Prof. *Sommerfeld* teilnehmen, der die Redaction des math. phys. Abschnitts in die Hände nehmen wird [...]

Im August 1899 unternahmen Klein und Sommerfeld eine weitere gemeinsame Reise, diesmal nach Großbritannien und Irland. Das Augenmerk galt vor allem den Autoren englischer Lehrbücher wie Lord Kelvin, Peter Guthrie Tait oder Augustus Edward Hough Love, deren anwendungsnahe mathematisch-physikalische Auffassung Klein besonders imponierte.[1] „Heute und morgen will ich mit Sommerfeld über mathematische Physik und englische Reise conferieren", schrieb er am 2. Juli 1899 an Dyck.[2] Sieben Wochen später berichtete er aus London:[3]

Wir sind eben zwei Tage in Dublin gewesen [...] Sommerfeld nimmt einen ziemlich selbständigen Aus[druck], so dass wir ihm die Bearbeitung der Physik ebenso überlassen können, wie etwa Bd. 1 und 3 Franz Meyer (trotzdem es S. verschiedentlich noch an Kenntnißen, insbes. historischer Art mangelt, was ja nicht anders sein kann). Mechanik betr. habe ich einige werthvolle Mitarbeiter gewonnen: Darwin ist bereit, womöglich mit Hough zusammen, die *tides*[4] zu bearbeiten. Love nimmt die *Hydrodynamik*, Whittaker (der gerade bez. Referat für die British Ass.[ociation] vorbereitet) die *theoretische Astronomie*. Andere Namen habe ich vorgemerkt [...]

Sommerfeld fand der anfänglichen Skepsis zum Trotz an seiner Aufgabe als Encyklopädieredakteur rasch Gefallen. Humorvoll hatte er kurz vor Reiseantritt Klein eine Kostprobe seiner Englischkenntnisse gegeben – und auch gleich angedeutet, wie dieser sich erkenntlich zeigen könne: Klein solle ihn für eine Professur auf einen Lehrstuhl für Mechanik in Aachen empfehlen, „because, as German people says, ‚eine Liebe‘ (Kreisel + Encyclop.) ‚der anderen wert ist‘ (Aachen-recommandation)".[5] Nach der gemeinsamen Englandreise stellten Klein und Sommerfeld eine erste Gliederung der Mechanik- und Physikbände zusammen, die sie im Anschluß an die im

---

[1] [Klein 1922a, S. 508].

[2] *F. Klein an W. Dyck, 2. Juli 1899. München, BSB, Dyckiana, Schachtel 5.*

[3] *F. Klein an W. Dyck, 20. August 1899. München, BSB, Dyckiana, Schachtel 5.*

[4] Vgl. [Darwin 1898] und [Darwin und Hough 1908].

[5] Brief [34]. Zur Berufung Sommerfelds nach Aachen siehe Teil 2, insbesondere Seite 127.

September 1899 in München tagende Naturforscherversammlung auf einer
kleinen „Encyclopädieconferenz" zur Diskussion stellen wollten. „Sommerfeld und ich lassen eben für Bd. IV und V einen ausführlichen Entwurf autographieren, den wir auch nächster Tage versenden wollen und der die betr.
Berathungen in München hoffentlich erleichtern wird", schrieb Klein Ende
August 1899 an Dyck.[1] Sommerfeld nahm noch vor der Münchner Tagung
den im Vorjahr mit Lorentz hergestellten Kontakt wieder auf, um ihn zur
definitiven Übernahme von Encyklopädieartikeln zu überreden.[2] Im Briefwechsel Sommerfelds jener Wochen mit Lorentz, W. Wien, Boltzmann und
Klein zeigt sich besonders deutlich, worauf es bei der Redaktionstätigkeit,
über das wissenschaftliche Bearbeiten der künftigen Artikel hinaus, ankam:
Organisatorisches wie die Festlegung von Gliederungen, Bogenanzahl und
Ablieferungsfristen mußten mit den persönlichen Eigenheiten der Autoren
und ihren unterschiedlichen Interessen in Einklang gebracht werden – wobei Sommerfeld nicht nur die Redaktion seines Physikbandes übernahm,
sondern auch Ratgeber für den von Klein redigierten Mechanikband war.

Es verwundert nicht, daß Sommerfeld rasch mit dem Lehrbuch- und
Zeitschriftenwesen seiner Disziplin sowie den wissenschaftlichen Verlagen in
Kontakt kam, war er doch ein aufstrebender Mathematiker und Virtuose auf
dem Gebiet der partiellen Differentialgleichungen der Physik, ein kontakt-
freudiger und geselliger Universitätslehrer sowie ein Kleinschüler mit Sinn
für dessen weitreichende wissenschaftsorganisatorische Anliegen. S. Hirzel
wollte ihn als Autor eines Lehrbuchs über „die praktischen Differentialgleichungen" gewinnen,[3] der Mathematiker Heinrich Weber versuchte ihn für
„eine neue Ausgabe der Riemannschen Vorlesungen über partielle Differentialgleichungen" zu interessieren, und der Verlag Teubner verpflichtete ihn
als wissenschaftlichen Berater für sein mathematisch-physikalisches Lehr-
buchprogramm.[4]

Angesichts solcher Anerkennung fühlte sich Sommerfeld zu einer ange-
seheneren Stellung berechtigt. Die Gelegenheit schien günstig, als 1899 die
Nachfolge des nach Königsberg berufenen Arthur Schönflies anstand, der in
Göttingen ein Extraordinariat für Darstellende Geometrie bekleidet hatte.
Gern wäre Sommerfeld „persönlicher Ordinarius" neben Klein und Hilbert
geworden, doch Schönflies konnte ihm nur mitteilen:[5]

[1] *F. Klein an W. Dyck, 31. August 1899. München, BSB, Dyckiana, Schachtel 5.*

[2] Brief [35].

[3] Brief [30].

[4] Brief [25]. bzw. die Briefe [27] und [31] sowie Seite 105.

[5] *A. Schönflies an A. Sommerfeld, 20. September 1899. München, DM, Archiv HS 1977-*

Was nun die Hauptsache betrifft, auf die ich sofort antworte, so kommt Ihr Brief vielleicht einen Tag zu spät. Sie kennen ja das amerikanische Tempo des Meisters [...] Mittwoch Mittag war ich wieder hier, Abends suchte ich Klein auf, Donnerstag Nachmittags war bereits Spaziergang mit Hilbert und mir, um die Frage der Nachfolge zu erledigen, Donnerstag Abend bereits officielle Conferenz der Seminardirectoren, um die definitiven Beschlüße zu faßen. Die Sache geht nämlich nicht durch die Facultät.

Wer der in erster Linie ins Auge gefaßte Nachfolger ist, werden Sie ja wißen; ich glaube kaum, daß ich indiscret bin, indem ich seinen Namen ‚Scheffers' hierhersetze.[1] Kommt er, so ist die Sache erledigt [...] Wenn er aber in Darmstadt bleibt – vielleicht erreicht er dort durch den Ruf ein Ordinariat! – so beginnt hier die Traurigkeit und die Sachlage wird penibel. Für diesen Fall allein könnte also auch Ihr heute erhaltener Brief in Frage kommen. Nun ist ja evident, daß ich in den nächsten Tagen an Hilbert, der Sie sicher *gern* hier hätte, seinen Inhalt mitteilen werde. Aber ich vermute, daß die Bedingung des persönlichen Ordinariats die Sache illusorisch macht. Klein will einen jüngeren Mann, der in ihm eine Art Vorgesetzten sieht; [...] Selbst die Art, wie hier diesem Nachfolger Lehrauftrag und Lehrtätigkeit festgesetzt sind, läßt dies ganz ausgeschloßen erscheinen; ich halte es daher meinerseits für richtiger, Klein zunächst nichts von Ihrem Brief zu sagen; ich lese auch aus diesem Brief heraus, daß ich damit jedenfalls warten soll, bis Klein etwa von selbst wieder sich auf die Suche begiebt, und sein Blick dabei nach Clausthal streift.

Klein gegenüber ließ Sommerfeld von diesen Wünschen nichts verlauten. Statt dessen eröffnete sich ihm mit der Berufung an die Technische Hochschule in Aachen eine andere Perspektive, die zwar gegenüber einem Ruf an die Göttinger Universität nur ein bescheidener Ersatz sein konnte, im Vergleich zu Clausthal aber eine deutliche Verbesserung bedeutete. Er

---

28/A, 311.

[1] Georg Scheffers, seit 1896 Extraordinarius an der TH Darmstadt, lehnte ab. Der Ruf ging dann an den Kleinschüler Friedrich Schilling, seit 1897 außerordentlicher Professor an der TH Karlsruhe. 1904 erhielt Schilling einen Ruf als Ordinarius an die TH Danzig. Die Göttinger Professur wurde in ein Ordinariat für angewandte Mathematik umgewandelt – das erste dieser Art in Deutschland – und mit Carl Runge besetzt.

werde also „in Aachen annehmen", schrieb er an Klein mit einem Unterton des Bedauerns:[1] „Es heisst dies ja allerdings von vorn anfangen u. die nächsten Jahre colossal lernen, statt die Früchte in productiver Arbeit zu ernten."

---

[1] *A. Sommerfeld an F. Klein, 29. November 1899. Göttingen, NSUB, Klein 11.*

Briefe 1892–1899

[1] *An Adolf Hurwitz*[1]

                              Königsberg den   September [1892][2]

Sehr verehrter Herr Professor!

Erlauben Sie zunächst, dass ich Ihnen für die grosse Güte, mit der Sie meiner gedacht haben, meinen herzlichsten Dank ausspreche. Eine derartige Assistentenstelle würde ganz meinen Wünschen entsprechen, da ich einerseits eine zu grosse Liebe zum wissenschaftlichen Arbeiten habe, um auf jeden Connex mit der Gelehrsamkeit von vorn herein zu verzichten, und ich andrerseits zu jung bin und zu wenig studirt habe, um an habilitiren denken zu können. Ich hätte daher, wenn ich in Königsberg gewesen wäre, Ihr Anerbieten mit beiden Händen ergriffen. Meine Mutter ging in ihrem Briefe von der Voraussetzung aus, dass mein Dienstjahr[3] nicht aufgeschoben werden könnte. Sobald ich zurückgekommen war, hatte ich nichts Eiligeres zu thun, als mich bei der Behörde über diesen Punkt zu erkundigen. Ich hörte, dass es dennoch möglich sei. Sofort telegraphirte ich an Sie; aber zu meinem grossen Kummer war es zu spät. Ihre Assistentenstelle wäre mir noch aus einem zweiten Grunde sehr erwünscht gewesen. Ich hätte dann nämlich die kommende mathematische Ausstellung besuchen und die Königsberger Integrirmaschine vorführen können,[4] was für mich natürlich einen grossen Reiz gehabt hätte und was während des Dienens jedenfalls nicht möglich sein wird.

Es bleibt mir so nichts Anderes übrig, als diejenigen Tage zu verwünschen, die ich zu lange auf Reisen gewesen bin, und Sie zu bitten, auch in Zukunft bei einer Vacanz an mich zu denken. Besonders lieb wäre mir eine Stelle natürlich gleich nach dem Dienstjahr, also zum Oktober 93. Wenn es nicht zu unbescheiden ist, möchte ich Sie fast um eine Mitteilung bemühen, ob sich mir für diesen Termin irgend welche Aussichten bieten.

Indem ich Sie und Ihre Frau Gemahlin bitte, mich in freundlichem Andenken zu behalten, bleibe ich mit nochmaligem aufrichtigen Danke hochachtungsvollst

                                                        Ihr ganz ergebener
                                                        A. Sommerfeld

---

[1] Brief (4 Seiten, lateinisch), *Göttingen, NSUB, Math. Arch. 79.*

[2] Platz für den Tag freigehalten; das Jahr folgt aus dem bevorstehenden Dienstjahr.

[3] Sommerfeld leistete seinen Militärdienst vom 1. Oktober 1892 bis zum 30. September 1893 in Königsberg ab, vgl. *Personalakte Sommerfeld, München, UA, E-II-N.*

[4] Die Ausstellung war für die bevorstehende Tagung der Deutschen Mathematiker-Vereinigung in Nürnberg vorgesehen gewesen, wurde aber um ein Jahr verschoben [Dyck 1892], [Dyck 1894]; zur Integriermaschine vgl. Seite 18.

Sommerfeld hatte die Zeit nach Abschluß des Studiums, die er „zu lange auf Reisen" war, in Bayern und Südtirol verbracht. Aus der Zeitung erfuhr er, daß die für Ende September geplante Ausstellung mathematischer Instrumente, bei der er seine Integriermaschine vorführen wollte, wegen einer drohenden Choleraepidemie abgesagt worden war: „Ich dehne meine Tyr.[oler] Tour daraufhin auf einige Tage aus".[1] Zurück in Königsberg konnte er feststellen, daß nicht nur sein mathematisches Talent Beachtung fand, sondern auch die physikalische Abschlußarbeit über das Kelvinsche Äthermodell.

[2] *Von Ludwig Boltzmann*[2]

München, den 17/11 1892.

Hochgeehrter Herr Doctor!

Für Ihren letzten Brief sage ich Ihnen meinen besten Dank. Ich habe meiner letzten Abhandlung, welche nächstens in Wiedemanns Annalen abgedruckt wird,[3] zu diesem Zwecke ein Paar Notizen beigegeben; darunter auch eine Bemerkung, welche meine Einwände gegen Ihre Abhandlung[4] enthält; natürlich ganz in dem Sinne, daß ich die Bedeutung Ihrer Betrachtungsweise anerkenne, und gerade ihrer Wichtigkeit wegen auf [allenoch?][5] unklaren Puncte darin aufmerksam mache. Ich glaube, dass Sie mit der Fassung vollkommen zufrieden sein werden.

Hochachtungsvoll Ihr ergebenster
Ludwig Boltzmann.

Nach Ableistung seines Militärdienstes konnte Sommerfeld im Herbst 1893 in Göttingen die Assistentenstelle am Mineralogischen Institut bei Theodor Liebisch antreten.

[3] *An die Mutter*[6]

Göttingen den 7ten Nov. [1893][7]

Mein liebes Muttschchen!

Seid Ihr auch gesund? Ich fürchte, dass Du Dich während der Krankheit[8] wieder sehr angestrengt hast u. bin etwas in Sorge. Dein psychisches

---

[1] *A. Sommerfeld an die Eltern, September 1892. München, Privatbesitz.*

[2] Brief (1 Seite, deutsch), *München, DM, Archiv HS 1977-28/A,31.*

[3] In [Boltzmann 1893] werden mechanische Deutungen der Maxwellschen Gleichungen diskutiert. Die *Annalen der Physik* wurden von Gustav Wiedemann herausgegebenen.

[4] [Sommerfeld 1892], vgl. Seite 20.

[5] Lochung.

[6] Brief (4 Seiten, lateinisch), *München, Privatbesitz.*

[7] Poststempel.

[8] Vermutlich von Sommerfelds Großmutter, vgl. Ende des Briefes.

Gleichgewicht wirst Du schon wieder finden, aber der Leib ist schwach, auch
wenn der Geist stark ist.

Es ist wohl nicht ganz leicht, zwei Nachrichten-hungrige Söhne[1] abzu-
speisen? Immerhin, wenn Du mir auf einem Postkärtchen schreibst, dass
Ihr wohl seid, wäre es mir eine grosse Beruhigung. Von Walter habe ich
einen sehr netten Brief bekommen. Er scheint ja ganz zufrieden.

Wenn Du wieder in Ruhe bist, wäre es mir angenehm, wenn Du gelegentlich zu Wiechert angingest. Ich würde gern wissen, ob der Analysator
gut angekommen ist u. ob er Fracht gekostet hat.[2] Dyck wusste nichts Bestimmtes darüber. In 4 Wochen soll ich im hiesigen math. Colloquium über
den Analysator u. meine Doctorarbeit vortragen. Denkt Euch, Klein hat
einen der englischen Apparate von Henrici[3] gekauft für die Modellsamm-
lung der Universität. Derselbe wird von Conradi in Zürich[4] in mehreren
Exemplaren verfertigt. Wenn wir unser Ding hätten vervielfältigen lassen,
hätten wir vielleicht ein Geschäft damit machen können. Gekauft hätten sie
unsern jedenfalls lieber als jenen. Frage bitte W.[iechert], ob er die Sache
für ausgeschlossen hält. Für seine elastische Nachwirkung[5] habe ich schon
bei den jüngeren Docenten Propaganda gemacht, bes. bei Drude[6], mit dem
ich in einem Hause wohne, ein sehr frischer u. liebenswürdiger Herr.

Jetzt ist ein 2. Teil Boltzmann Elektricität erschienen.[7] Ich bin gleich
im ersten Capitel erwähnt. Interessanter als dieses war mir aber, dass B.
seine damalige Arbeit, die der meinigen diametral entgegengesetzt war, aus-
drücklichst zurücknimmt u. meiner Anschauung sich allerdings nicht anschliesst, aber ihr ein gutes Stück entgegenkommt. Ich werde hierüber doch
wohl nochmal das Wort ergreifen müssen, besonders da die Sache jetzt
durch B.[oltzmanns] Buch, das jeder anständige Mensch liest u. kauft, im

---

[1] Arnolds Bruder Walter hatte gerade eine Stelle als Arzt an einer Klinik in Hattenheim
am Rhein angetreten.

[2] Der zusammen mit Emil Wiechert konstruierte harmonische Analysator war im September 1893 auf der von Walther Dyck veranstalteten Ausstellung mathematischer
Instrumente in München gezeigt worden [Dyck 1894], [Dyck 1892], [Dyck 1893]; er
wurde auch auf der Weltausstellung 1893 in Chicago präsentiert, *A. Sommerfeld an
die Eltern, Ende Februar 1895. München, Privatbesitz.*

[3] Olaus Henrici war von 1884 bis 1911 Professor für Mathematik und Mechanik am City
and Guilds Central Technical College in London, vgl. [Lindemann 1927].

[4] Gemeint ist Gottlieb Coradi, ein bekannter Hersteller wissenschaftlicher Instrumente.
Der harmonische Analysator und seine Funktionsweise sind in [Dyck 1892, S. 125-136,
213] und [Henrici 1894] beschrieben.

[5] [Wiechert 1889], [Wiechert 1893].

[6] Paul Drude war von 1890 bis 1894 Privatdozent in Göttingen.

[7] [Boltzmann 1893]. Sommerfelds Arbeit wird auf S. 6 erwähnt.

Mittelpunkt des Interesses steht. Ich weiss nur noch nicht recht, wo mit ich beginnen soll, ob ich für Liebisch, Klein, Boltzm. etc. etc. arbeiten soll.

Ich esse jetzt zu Mittag an dem Privatdocententisch. Das giebt jeden Tag eine Stunde sehr angenehmer Unterhaltung. Es ist aber nicht ganz billig 1 M – 1.20 M. aber da ich sonst sehr frugal lebe, schadet das am Ende nichts. Am Sonntag wird einem ein wahres Diner aufgetischt. Geld habe ich natürlich massenhaft. Allerdings habe ich neulich für 40 M Bücher bezahlt.– Heute hat es geschneit. Liebisch war heute sehr brummsch. Seine Frau, glaube ich, kam gestern zu spät nach Hause. Ich bin deshalb heute nicht mit ihm spazieren gegangen. Nun lebt mir herzlich wohl. Schreibe mir bitte gelegentl. etwas von dem Begräbnis.[1]

Gute Nacht! Arnold.

[4] *An die Mutter*[2]

[19. November 1893][3]

Liebstes Muttchen!

Weil doch heute Sonntag ist u. mir so recht schreibselig u. zärtlich zu Mute, nehme ich den grössesten Briefbogen zur Hand, um Euch lieben Alten zu sagen, dass ich an Euch denke.

Vielen Dank für Deinen letzten Brief, an dessen Ende erfreulicher Weise mit der Schere geschrieben war: Fortsetzung folgt! Schreibe übrigens immer nur dann, wenn Dir danach zu Mute ist u. schreibe auch an Walter häufiger als an mich. Ich will gerne seinetwegen auf die Freude, etwas von Euch zu hören, verzichten; denn eine Freude ist es mir jedesmal, wenn ich Abends in mein gemütliches Stübchen eintrete, u. auf dem Tische ein Liebeszeichen mit Deiner Handschrift vorfinde. Ich will mich also in Zukunft nicht ängstigen, wenn ich längere Zeit nichts von Euch höre, so ganz unrecht hatte ich diesmal aber nicht mit meiner Besorgnis; denn Du scheinst doch von Ochens Tode[4] mehr mitgenommen zu sein, als ich wünschte. Du bist eben doch sehr nervös durch Alles angegriffen. Aber es wird schon Alles vorübergehen u. dann bist Du wieder meine forsche, *junge* Mutter.

Gestern nachmittag bekam ich so recht das Bangen. Ich hatte gerade nichts zu thun. Im Institut wurde reingemacht, mein Zimmer war kalt. Und

---

[1] Am 31. Oktober 1893 war Sommerfelds Großmutter Ottilie Matthias, die Mutter von Cäcilie Sommerfeld, im Alter von 82 Jahren gestorben.

[2] Brief (4 Seiten, lateinisch), *München, Privatbesitz*.

[3] Die Datierung ergibt sich aus einem nicht abgedruckten Brief vom 14. November 1893.

[4] Cäcilies Mutter wurde „Oo" oder „Ochen" genannt, vgl. Brief [3].

da ging ich nach dem Mittagessen auf einer Chaussee gen Westen ganz
allein, u. dachte an Vielerlei u. wie ein recht schönes Abendrot am Himmel
aufstieg, da wurde mir sehr weich zu Mute u. ich hätte gar zu gerne einen
Menschen gehabt, der mir lieb ist. Da bangte ich mich recht von Herzen nach
Euch. Ich kehrte erst um, wie das schöne Abendroth u. meine wehmütige
Gemütsstimmung vorbei waren u. kam ganz im Dunkeln in der Stadt der
Weisheit an. Prof. Liebisch hatte an diesem Tage das Nachsehn. Das kann
aber nur am Sonnabend passiren. Sonst werden die Dienststunden streng
eingehalten.

Du musst Dir meine Stimmung übrigens keineswegs trübselig vorstellen.
Im Gegenteil ich war gestern Abend, um den rechten Wochenabschluss zu
haben, im Stadtpark (das Mittagslokal) wo ich von $\frac{1}{2}$ 10–12 mit den Privatdocenten. Es ist eine äusserst angenehme, lustige u. anregende Gesellschaft.
Heute nach dem Essen einen dito-Spaziergang mit einigen der Herren gemacht, wobei viel gefachsimpelt u. Ulk gemacht wurde. A propos Essen.
Ich lebe wie ein Schlemmer: Heute gab es, höre u. staune: Oxtail-Suppe,
Russische Eier, Carbonade[1] u. Teltower Rüben, Wildschweinbraten, Pud-
ding, Butter u. Käse. Für 1,10 M. Es ist ja eigentlich ein Unsinn, solch
einen Herren-Tag zu leben. Ich thue es natürlich nur der angenehmen Gesellschaft wegen, würde diese aber nicht gerne missen. An Alltagen ist das
Menu natürlich kürzer. Ich glaube auch, dass ich anderswo nicht viel billiger
essen würde.

Heute vormittag musste ich 3 Stunden lang stumpfsinnig Correctur lesen.[2] L.[iebisch] erwartet, dass ich es nachm. im Institut fortsetze, ich
werde mir das aber sehr überlegen. Mein Verhältnis zu Liebisch ist nicht
recht in Ordnung. Nach seiner anfänglichen Liebenswürdigkeit hat mir seine
Brummigkeit, über die ich Euch schrieb, doch viel zu denken gegeben. Es
ist mir so sehr gegen die Natur, mich mit einem Menschen anders zu stellen
als rein menschlich u. doch ist es bei ihm geraten, vorsichtig zu sein. Er
ist jetzt wieder durchaus liebenswürdig, aber ich will es nicht wieder zu einem latenten Gewitter kommen lassen. Er ist ein ganz eigenartiger Mensch.
Eine äusserst energische, selbstständige Natur, der seinen nicht immer be-
rechtigten Instinkten rücksichtslos folgt. Im Grunde, glaube ich, von einer
völligen Ehrlichkeit u. Wahrheitsliebe. Sein grosses Ideal, Bismark,[3] steht
ihm auch menschlich sehr nahe. Er ist in seinem Kreise ein Selbstherrscher,
wie jener im deutschen Reiche, u. Widerstand können sie beide nicht ver-

---

[1] Kotelett.

[2] Für Liebischs kristallographisches Lehrbuch [Liebisch 1896].

[3] Otto von Bismarck, nach der Reichsgründung bis 1890 Kanzler.

tragen. Frau L.[iebisch] hat es wahrhaftig nicht leicht. Ich würde sehr gerne
mehr mit ihr zusammen sein, aber es lässt sich nicht machen, gerade dieses
lässt sich nicht machen. Es liegt wohl in meiner Natur begründet, dass ich
einen Menschen brauche, mit dem ich völlig rückhaltlos verkehren kann.
Frau L. wäre ganz dazu geeignet. Ich stehe mit ihr so freundschaftlich, wie
möglich, aber wir bekommen uns nicht zu sehen. Mündlich, im Frühjahr
mehr darüber. Eins aber müsst ihr mir versprechen: Über Alles, was ich in
diesem u. dem vorigen Briefe von L. geschrieben, nicht zu sprechen, aber
auch wirklich nicht, am liebsten auch nicht zu Frau Erdmann[1]. Ich hätte
es ja eigentlich für mich behalten sollen, aber ich bin nun einmal mitteilsam
u. es ist bei Euch ja in guten Händen.

Die ehemaligen Kleinschen Vorlesungen interessiren mich auf's Äusser-
ste. Man kann sie im Lesezimmer einsehen.[2] Im vergangenen Jahr hielt er
eine Vorlesung über physikalische Differentialgleichungen, deren eines Capitel eine geradezu lächerliche Ähnlichkeit mit dem hat, was ich seiner Zeit
über Wärmeleitung gearbeitet habe.[3] Dies beweist für mich leider nicht im
Entferntesten, dass ich ein Klein bin, sondern dass man mit dieser Methode gerade so weit kommen kann, wie er u. ich gekommen bin. In der That
sind meine Versuche, einen Schritt darüber hinaus zu thun, bisher erfolglos
geblieben. Es würde mir lieb sein, wenn Du unter meinen Papieren die entsprechenden Sachen herausfinden könntest. Weil ich damals glaubte, dass
sie des Interesses entbehrten, habe ich sie nicht mitgenommen. Ich würde sie
übrigens nur der Curiosität des Vergleiches wegen haben wollen. Einen Wert
hat es nicht mehr, da Klein sie immerhin besser vorgetragen hat. Auch finden sich an anderen Stellen ähnliche Dinge; diese kannte ich aber alle nicht.
In meiner damaligen Thermometerarbeit waren diese Dinge allerdings teilweise auch enthalten, aber etwas sehr confuse u. stellenweise fehlerhaft. Die
Blätter, die ich meine, müssen mit jener Arbeit zusammenliegen. Es muss
in den ersten Zeilen das Wort: Potentialtheorie: vorkommen. Wenn Du sie
nicht findest, kann es ruhig unterbleiben. Eine Aufgabe, die er mir noch
nicht fortgenommen hat, will ich im Colloquium nächstens vortragen, um
ihm zu imponiren.[4] (Ob mir das glücken wird??) Viel wird bei dem ganzen
Krempel nicht herauskommen; vielleicht bei Euch ein erhebendes Gefühl,
bei mir auch dieses nicht.

---

[1] Vermutlich die Freundin von Adelheid Liebisch, die Sommerfeld die Stelle vermittelt
hatte.

[2] Vgl. Seite 31.

[3] Preisaufgabe der Physikalisch-ökonomischen Gesellschaft, vgl. Seite 18.

[4] Vermutlich handelte es sich um ein Problem aus der Theorie der Wärmeleitung, das
er 1894 in den *Mathematischen Annalen* veröffentlichte [Sommerfeld 1894b].

Habe ich schon geschrieben, dass ich die Controllversammlung[1] auf ein
Haar vergessen hätte. Ich hörte bei Mittag im letzten Moment zufällig davon. Es ging aber Alles glatt. Gern würde ich einmal an Onkel Adalbert
u. an die Erdmannchens schreiben.[2] Wenn ich mich aber zum Schreiben
hinsetze, wird immer nur ein Brief an Dich daraus. An Wiechert schreibe
ich selbstverständlich, wenn der harmonische Analysator angekommen ist.
Vielleicht hörst Du etwas davon, wie dem Grafen Westarp die Beschwerde
über den General bekommen ist. Im Kriegsfalle bin ich nach einem Schreiben des hiesigen Bezirkskommandos Compagnie-Offizier. Ich soll für meine
Ausrüstung sorgen. Wie mache ich das? Meinen Besuch bei Walter führe ich
sicher aus. Das wird mein Assisten[ten]gehalt doch wohl abwerfen.– Hast
Du auch für Vater eine nette Whistpartie u. für Dich ein Lesekränzchen
arrangirt? Geht ihr auch einmal aus? Abends Bellevue, Mittwoch Nachmittags Julchenthal sehr zu empfehlen. Meine Freunde könnten wohl mal
schreiben! Grüsse herzlich alle, Vater, Amalie, Erdm.[ann] Schlodtm.[ann]
Rosenf.[eld] etc etc.[3]

In treuer Liebe Dein Arnold.

Frau L.[iebisch] lässt Euch sehr herzlich grüssen

[5] *An Franz Sommerfeld*[4]

[1. März 1894][5]

Augenblicklich lacht der blaueste Himmel über Göttingen. Ich habe soeben mit Klein gesprochen, über meine Zukunft. Ich wäre ihm mit meiner
Frage zuvorgekommen. Ob ich nicht Michaeli[6] bei ihm Assistent werden
möchte. Es ist nur ein Häkchen. Sein jetziger Assistent[7] will sich habiliti-

---

[1] Auf diesen Treffen, an denen Sommerfeld im Rahmen seiner Wehrpflicht teilzunehmen hatte, wurden zweimal im Jahr die Listen der Einheiten und die Militärpässe
überprüft.

[2] Adalbert Matthias war der Bruder von Cäcilie Sommerfeld; die Familien Erdmann
und Sommerfeld waren befreundet.

[3] Amalie Prawitz war als Kindermädchen in das Haus der Sommerfelds gekommen;
Erdmanns, Rosenfelds und Schlottmanns waren befreundete Familien.

[4] Brief (2 Seiten, lateinisch), *München, Privatbesitz.*

[5] Poststempel. Möglicherweise fehlt der Anfang. Briefumschlag adressiert an: Dr. Sommerfeld.

[6] 29. September.

[7] Ernst Ritter war von 1892 bis 1894 Assistent bei Felix Klein und habilitierte sich 1894
in Göttingen.

ren u. braucht dazu ein Stipendium. Wenn er das kriegt ist alles in Ordnung u. er giebt dann seine Stelle auf. Er bekommt es aber sehr wahrscheinlich, denn es ist gerade hier in Göttingen ein Stipendium erledigt. Das passt alles wie ausgerechnet. Ich soll mich dann in den Privatdocenten hinein wachsen u. die Ideen ausführen, zu denen Klein nicht Zeit hat. Heiohei! Die Frage, was dann, ist also einstweilen so erfreulich erledigt, wie möglich. Ich wüsste mir auf der ganzen Welt keine angenehmere Stelle. Wenig zu thun, 1200 M. Gehalt, täglicher Contakt mit Klein. Hurrah! Ade!

Arnold

[6] *An die Mutter*[1]

Göttingen den 4ten März [1894][2]

Liebes Muttchen!

Schönen Dank für Deinen Brief u. den Ausdruck der Freude u. des Stolzes. Es thut wohl, wenn man lieben Menschen eine Freude machen u. wehe, wenn man ihnen Unerfreuliches mitzuteilen hat. Letzteres muss ich in diesem Briefe nach 2 Richtungen hin thun. *Erstens* möchte ich Euren Stolz doch ein klein wenig dämpfen. Es ist nicht richtig, dass Klein eine grosse Auswahl von Assistenten hat. Auch hier ist die Zahl der Studenten klein. Sie wird nur durch die Ausländer auf anständiger Höhe gehalten (wir haben z. Z. einen Italiener, ca. 6 Americaner, eine Americanerin, eine Engländerin, einen Dänen, einen französ. Schweizer).[3] Ein zweiter Grund, dass er auf mich gekommen: Er will nach einem Jahre ein Colleg halten, welches sich in der Richtung wie meine Doctordissertation bewegt. Von der Art war auch der Vortrag, den er mir letzhin aufgepaukt hatte, u. den ich wohl zu ziemlicher Zufriedenheit erledigt habe. D. h. der Inhalt interessirte, die Form war mangelhaft. Ich wollte, um mit der Zeit auszukommen, alles ablesen. Und das ging noch mangelhafter, als das Freisprechen beim ersten Vortrag. Nun soll ich also innerhalb des nächsten Jahres vorarbeiten für die Vorlesung. Ein fernerer Punkt ist dieser: Klein sprudelt von Ideen, die er nicht selbst ausführen kann. Zu dem Zwecke will er ca. 6 Privatdocenten in Göttingen haben, deren jeder ein Gebiet haben soll u. deren jeden er befruchten will. So möchte er aus Göttingen eine mathematische Centrale machen. Augenblicklich ist nur ein Privatdocent u. ein ausserord. Prof.

---

[1] Brief (8 Seiten, lateinisch), *München, Privatbesitz.*
[2] Poststempel.
[3] Vgl. [Parshall und Rowe 1994, Kapitel 5].

hier (einer, Fricke, hat einen Ruf bekommen).[1] Nun wird sich Ritter habilitiren, er möchte aber auch für diejenige Mathem., die mit der Physik Fühlung erhält, einen Privatdoc. haben. Noch ein Punkt: der harmonische Analysator spielt hier eine riesige Rolle, jeder Mensch besieht u. bewundert ihn. Da ist es natürlich, dass ich eine gewisse Wichtigkeit erhalte. Übrigens ist der hiesige ein reizendes, kleines Apparätchen, gar kein solch Monstrum wie der Königsberger. Schliesslich hat auch noch Prof. Wallach[2] zu meinen Gunsten gewirkt. Auf diese Weise sehe ich das Ergebnis als das Resultat der verschiedensten günstigen Umstände an, u. nur zur kleineren Hälfte als Verdienst.

Noch eins: ich habe mir jedesmal, wenn ich mit Klein gesprochen habe, vorgenommen, ihm möglichst zu imponiren u. mein Licht nicht unter den Scheffel zu stellen. Eh bien! Der Zweck wäre erreicht. Ich freue mich über die Sache riesig, nur ist es mir noch bedenklich wegen dem Häkchen;[3] ich wünschte das Formular im Schiebfach zu haben. Alles in Allem: bitte, sprecht nicht zu viel von meinem Genie, auch schenkt mir, bitte, keinen Bücherschrank, denn ich habe keine Bücher hineinzusetzen u. möchte den Gelehrten wahrlich nicht früher markiren, als ich von seinen Fähigkeiten überzeugt bin, was immer noch nicht völlig der Fall. Mein Leben als Assistent bei Klein wird die reine Idylle werden, den köstlichen Artikel *Zeit* in Hülle u. Fülle.

Jetzt kommt der andere Punkt, der Euch nicht sonderlich angenehm sein wird. Als ich heute Liebisch von Kl.[eins] Vorschlag sagte (ich musste es ihm sagen, denn er konnte es anderswoher erfahren), sagte er mit seinem gewohnten freundlichen Lächeln: Sehr schön, mir wäre es aber viel lieber, wenn Sie die Stelle zu April aufgeben möchten. Ich werde in diesem Sinne beim Curator eine Eingabe machen. Ich sagte natürlich: „ganz wie Sie wünschen, Herr Prof." u. fühlte mich plötzlich herausgeschmissen u. weggejagt! Also die Assistentenfreude ist vorbei, schwaps! Wenn nun die Geschichte von dem Adler auf dem Dach u. dem Spatzen in der Hand eintritt!?! (Doch davon kann ja nicht die Rede sein. Ich sage Euch nochmals, dass das Häkchen nur ein kleines ist u. dass *sehr* wahrscheinlich, vielleicht wie 10 zu 1, das Gewünschte eintritt). Nun kommt aber die Frage, was mache ich in dem Sommer mit mir. Ich halte es für richtig, ich fahre im Juni nach Göttingen

---

[1] Privatdozent war Heinrich Burkhardt, Extraordinarius Arthur Schönflies; Robert Fricke erhielt 1894 eine Professur an der TH Braunschweig.

[2] Der spätere Nobelpreisträger Otto Wallach, ein entfernter Vetter Sommerfelds, war von 1889 bis 1915 Ordinarius für Chemie an der Universität Göttingen.

[3] Zum Vorschlag Kleins wegen der Assistentenstelle vgl. Brief [5].

u. arbeite tüchtig. Ich leiste hier mehr, wie in Kön.[igsberg.] Auf die geringe Verbilligung eines Kön. Aufenthaltes darf man es eigentlich nicht ansehn, wenn man sich den Luxus erlaubt, mit der kostspieligen Universitätscarriere zu liebäugeln. Ich könnte allerdings das Semester benutzen, um beide Übungen[1] abzuleisten: Das würde bis in den August dauern, wenn ich sie hinter einander mache. Aber es sind 4 Monate, 4 Monate im bunten Rock u. den Büchern entrückt! Man kommt in so eine scheussliche Bummelei u. Faulheit herein, ich fürchte mich davor. Nach Verlauf eines Jahres, in den grossen Ferien 1895 ist es vielleicht eine ganz heilsame Abwechselung, Feldwebel zu spielen, im Anschluss an die erste Übung aber halte ich es für bedenklich. Ich würde also nur auf gewichtige Gründe von Euch diesen Plan ändern.

Unterdessen bin ich zum Abendbrot bei Wallach gewesen. Er ist ganz meiner Meinung: ich darf im Sommer nicht weit vom Schuss sein u. soll möglichst bald zurückkommen. Interessant war mir dieses: er hat Liebisch heute gesprochen, der von selbst über mich anfing. Er hielte es für mich besser, dass ich die Mineralogie gleich aufgebe, daher habe er mir gekündigt. Ich glaube allerdings nicht, dass dieses seine wahre Meinung, sondern meine, dass er mir im überströmenden Ärger den Laufpass geben wollte. Er benahm sich im Übrigen ganz anständig. Er hat ganz Recht: es ist für mich viel besser, wenn ich die beste Zeit des nächsten Semesters nicht mit Krystallmessen und Register-Kleben[2] zubringe, sondern con amore arbeiten kann. Er bringt sich aber selbst in Verlegenheit, denn er kriegt sicher keinen Assistenten auf der Stelle. Er thut mir herzlich leid. Ihm ist die ganze Geschichte sehr zu Herzen gegangen. Ich werde ihm wohl nochmals vorschlagen, dass ich bereit bin zu bleiben, wenn er mich braucht. Ich hoffe aber, dass er nicht darauf eingeht. Das ganze ist eine grosse Tragödie, d. h. für ihn tragisch. Ich habe die Conflicte immer teilweise komisch gefunden und habe augenblicklich vollsten Grund mir ins Fäustchen zu lachen.– Ich komme grässlich wenig zu meinen Arbeiten. Ich schreibe jetzt seit Wochen an einer Note für die Mathem. Annalen[3] (die bewusste, alte) u. bin noch immer nicht fertig. Die nächsten Tage, d. h. Abende wird auch nicht viel. Wir, die Tischgenossen,[4] geben nämlich am nächsten Donnerstag ein

---

[1] Als Angehöriger der Reserve hatte Sommerfeld an zwei achtwöchigen Militärübungen teilzunehmen. Er leistete sie vom 10. April bis 4. Juni 1894 als Unteroffizier und vom 6. August bis 30. September 1896 als Vizefeldwebel ab, bevor er Leutnant der Reserve wurde, vgl. *Personalakte Sommerfeld, München, UA, E-II-N*.

[2] Für das Lehrbuch [Liebisch 1896].

[3] [Sommerfeld 1894b].

[4] Vgl. Brief [4].

Fest, zu dem Bräute u. einige junge Ehepaare, welche Beziehungen zu der Tischgesellschaft haben, eingeladen werden. Dazu üben wir ein Trio ein. Das nimmt denn noch einige von den Abenden weg. So probten wir gestern bis 12. Ich blieb noch bis 2 auf u. stand heute aus Versehn eine Stunde zu früh auf. Der Erfolg ist, dass ich jetzt molsch bin u. schlafen muss.– Frau Wallach[1] feiert am Sonnabend ihren 70ten Geburtstag. Ich werde dazu ein Paar Worte schreiben. Er fährt herüber. Im Sommer sollst Du mich besuchen kommen. Prof. Wallach ladet Dich ein bei ihm zu wohnen. Das musst Du bestimmt annehmen. Er ist ein prächtiger Herr. Nach 8 Tagen fährst Du zu Walter weiter oder wir machen noch einen Abstecher in den Harz. Grossartig! Mit meiner lieben Mutter hier in diesem hübschen Nestchen zusammen zu bummeln.– Am Sonnabend war hier grosser Schrumm. Es waren 3 Professoren vom Polytechnikum in Hannover hergekommen. Sämtliche Physiker, Astronomen etc. zusammengetrommelt zu einer Festsitzung der mathematischen Gesellschaft,[2] die Klein mit einer Ansprache über das Zusammenwirken von Univers.[ität] u. Polytechn.[ikum] eröffnete. Von 6–8 Vorträge. Um 9 Uhr Zusammenkunft beim Biere an langer Tafel. Ihr seht, es lebt sich hier ganz bon!

Wenn ich bei Klein Assistent bin, habe ich die Ferien eo ipso frei. Die Übung 1895 macht dann also keine Schwierigkeit. Besten Dank für Deine Karte über Walter. Wenigstens sieht er doch seine Dummheiten ein u. verheimlicht sie nicht.[3] Auf den Geldpunkt hatte ich Dich vorbereitet. Er ist eben das Gegenteil von einem Finanzmann u. verkleckert es aus Noblesse oder Unbedachtsamkeit für Sachen von denen er nichts hat. Die Besorgnis, dass er krank ist, halte ich nach Allem, was ich weiss, für ganz unbegründet.– Hoffentlich ist Euch diese Liebisch'sche Kündigung nicht unangenehm. Mir garnicht! Wenn Ihr nicht wollt, braucht Ihr sie nicht allgemein zu erzählen. Glaubt mir, dass ich meine Zeit so nützlicher anwenden werde. Auf die 100 M pro Monat kann es in dem Falle gewiss nicht ankommen. Wallach hält es auch so am günstigsten.

In Liebe u. bestem Wohlergehen

Euer Arnold
Assistent a. D.

(100 Visitenkarten sind zu ermässigtem Preise abzugeben).

---

[1] Wahrscheinlich ist Wallachs Mutter Ottilie, geborene Thoma, gemeint, die im Dezember 1894 verstarb; Otto Wallach blieb unverheiratet.

[2] Vermutlich zum 25jährigen Bestehen des Göttinger Mathematischen Vereins.

[3] Arnolds Bruder war morphiumsüchtig.

Von dem Germanen[remblem?][1] bekam ich eine sehr späte Bierkarte. Danke Ella[2] u. Erdm.[ann] dafür! Als Wohnung stand drauf: Holzweg oder so 'was Ähnliches.[3]

Ich komme unter diesen Umständen gleich nach dem 1ten April zu Euch.

[7] *An die Mutter*[4]

Göttingen den 29ten [Juli 1894][5]

Liebes Muttchen!

Ich komme soeben von dem Stiftungsfest des mathematischen Vereins[6] u. fühle mich so munter, dass ich mich noch müde schreiben will. Ja, soll ich, oder soll ich nicht Euch erzählen, was ich da gehört habe. Eigentlich sollte ich lieber schweigen.

Also unter dem Siegel der Verschwiegenheit! Es war da aus München ein Abgesandter des M.[ünchener] mathem.[atischen] Vereins Herr Dr. Ignaz Schütz, der mir als Boltzmannscher Assistent bekannt war.[7] Ich bat ihn Grüsse an Lindemann zu bestellen. Er war sehr erstaunt, dass ich in G.[öttingen.] Er glaubte, dass ich in Kön.[igsberg] für theoretische Physik habilitirt wäre. Er war auch erstaunt, dass ich mich für Mathem. habilitiren wollte. Boltzmann, sagt er, wäre von meiner elektr. Arbeit[8] ganz entzückt gewesen. Jetzt kommt's! Stellt den Stuhl fest, damit Ihr nicht umfallt! Boltzmann hätte unter seinen Nachfolgern in München an 7ter oder 8ter Stelle mich genannt!!! (Boltzmann geht nämlich nach Wien an Stelle von Stefan).[9] Ich wäre zusammen mit Cohen (Strassb.), Ebert (Kiel), Drude genannt,[10] auf einem Zettel, schwarz auf weiss! Die Sache

---

[1] Sommerfeld war Mitglied der Burschenschaft Germania.

[2] Vermutlich Ella Zärtner, eine gute Bekannte der Sommerfelds.

[3] Sommerfeld wohnte im Hainholzweg.

[4] Brief (6 Seiten, lateinisch), *München, Privatbesitz.*

[5] Datierung Sommerfeld: 29. Juni; wegen des erwähnten Stiftungsfestes vermutlich Juli.

[6] Der Göttinger Mathematische Verein war eine Verbindung von Studenten der mathematisch-naturwissenschaftlichen Fächer; sein 25jähriges Bestehen feierte er vom 27. bis 29. Juli 1894 mit Beteiligung anderer mathematischer Vereine, vgl. *Bericht des Mathematischen Vereins an der Universität Göttingen über sein LI. Semester.*

[7] Ignaz Schütz hatte bei Boltzmann mit einer preisgekrönten Arbeit [Schütz 1894] promoviert, war aber in München nicht dessen Assistent.

[8] [Sommerfeld 1892]; vgl. dazu den Kommentar zu Brief [2].

[9] Josef Stefan war im Vorjahr verstorben. Zu Boltzmanns Berufung nach Wien siehe [Eckert und Pricha 1984].

[10] Gemeint sind Emil Cohn, 1884 bis 1918 außerordentlicher Professor für theoretische

ist zu verrückt. Dass der arme Boltzm. verrückt ist, ist ja sehr traurig. Trauriger aber ist, dass ich nun wieder zweifelhaft werde, ob ich doch lieber mich auf die Physik verlegen soll. Denn etwas Urteil muss ich dem armen verrückten B[oltzmann] doch zutraun. Klein wollte mich auch ev.[entuell] physikalisch habilitirt sehen. So geht es jedem, der auf einem Grenzgebiet arbeitet. Die Mathematiker halten mich für einen Physiker u. wenn ich Physiker werden sollte, würden die mich sicher für einen Mathem. halten. Ich habe den He[rrn] Schütz gebeten, Boltzmann zu sagen, dass ich hier Math.[ematiker] werden u. der Physik Lebe wohl sagen wollte. Wenn er mich in Wien als Assist. brauchen könnte, würde ich mitgehn u. Physiker werden. Sch.[ütz] sagte mir aber schon, dass Boltzm. die Wiener Assistenten übernehmen müsste. Der H.[err] Schütz hat um die Ehre gebeten, mir Montag Abend einen Besuch zu machen. Da werden wir die Dinge bereden. Vielleicht schreibe ich noch an B.[oltzmann], um seinen definit. Rat zu hören in meiner Habilitationsangelegenheit.–

Diese kleine Auffrischung war mir sehr nützlich. Es ist nämlich die letzten Tage nicht vorwärts gegangen mit meiner Beugungsarbeit, sondern in 2 Punkten zurück u. ich war stark verzagt. Der Vortrag musste auf Freitag in nächster Woche verschoben werden, weil Klein nicht Zeit hat. Also die Büffelei dauert weiter fort.

Walter ist wirklich sehr nett, Du würdest Deine Freude dran haben. Er hat leider bis jetzt noch nirgends Antwort bekommen.[1] Er wohnt Kleperweg 8, in einer scheusslichen Bude. Er hat noch keine kleinste Extravaganz verübt u. ist ruhig u. natürlich. Du musst nun aber bestimmt kommen, wenn ich mehr Zeit habe. Dass Du jetzt nicht kommst ist mir deshalb angenehm, weil ich später mich Dir in ganz anderer Weise widmen kann, also Du besuchst mich, in Gött.[ingen] oder Wien.

Das ist ja Alles furchtbarer Unsinn, Ich glaube, der Herr Schütz hat trotz aller zur Schau getragenen Hochachtung mich zum Besten gehabt, u. so fasst nur die Sache auch auf. Und vor Allem, sagt keinem Menschen davon!! Wir würden uns nur lächerlich machen. Ich schreibe Euch das nur, weil ich vor dem Schlafengehen meinem Herzen Luft machen u. Euch eine Freude nicht vorenthalten wollte. Denkt Euch mal, ich als Nachfolger des (nach Herz und Helmholtz Tode bez. Schlaganfall)[2] bedeutendsten deutschen Physikers.

Physik an der Universität Straßburg, Hermann Ebert, 1894 bis 1898 Ordinarius der Physik in Kiel, und Paul Drude, der im August 1894 nach Leipzig berufen wurde.

[1] Walter Sommerfeld war Arzt und auf Stellensuche.

[2] Heinrich Hertz war am 1. Januar gestorben, Hermann von Helmholtz erlitt am 12. Juli einen Schlaganfall, dem er im September erlag.

Es ist zu dumm. Schwamm drüber. Und ich werde doch Mathematiker. Aber dem Liebisch lasse ich diese Neuigkeit noch einmal zukommen per Frau. Diesen Possen spiele ich ihm, das wird ihn schön ärgern!– Deine Kiste war ja reizend, Walter hatte sie so liebevoll aufgebaut, dass ich im ersten Augenblick überzeugt, Du wärst da u. hättest eine Art Geburtstagstisch veranstaltet. ~~Warum hast Du blos eine neue Mütze gekauft. Die alte ist ja völlig gut.~~ Nun lebt wohl, schreibt mir, ob ich Physiker oder Mathem.[atiker] werden soll u. haltet alles, was in diesem Briefe steht für eine Dummheit, was es auch ist.

Euer Arnold.

Kurz darauf schilderte er seiner Mutter nochmals ausführlich, was es mit der Boltzmann-schen Angelegenheit auf sich habe:[1]

„Es ist Tatsache, dass Boltzmann mich unter den in Betracht kommenden Nachfolgern genannt hat, ebenso Thatsache ist es, dass ich natürlich nicht in Frage gekommen bin u. dass es von Boltzmann eine grosse Einseitigkeit ist, solchen Wert auf rein mathe-mat. Speculationen zu legen, wie ich sie damals in Wiedem. Annalen[2] veröffentlichte.– Liebisch nennt die entsprechenden Boltzmann'schen Arbeiten naturphilosophische Spie-lereien [...] Dass ich vom Oktober keine Einnahmen habe, scheint Dich peinlich zu berühren. Ja, wenn man die Docentenkarriere will, muss man auf Gelder von vorn herein verzichten. Die Stelle bei Klein aber ist mir sicher. Es ist für mich gleichgültig, ob ich sie vom Oktober 94 oder 95 an habe. Ein Jahr bei Voigt wäre nur um die Ohren geschlagene Zeit. Voigt hätte auch erwartet, dass ich Physiker werden sollte. Dann wären dieselben Conflikte, wie mit Liebisch (wenn auch wahrscheinlich nicht in so blödsinniger Form). Also glaubt mir, es ist dieses eine notwendige Consequenz von der Richtung, in die sich mein Lebensschifflein hier gedreht hat."

[8] *Von Felix Klein*[3]

Göttingen 5/x 94.

Lieber Hr. Doctor!

Ich erhalte heute früh die Nachricht, dass für Hrn. Dr. Ritter vom 1. Okt. beginnend das Privatdocentenstipendium bewilligt ist.[4] Damit ist ja die Voraussetzung für unsere frühere Verabredung gegeben. Immerhin schreibe ich noch an Dr. Ritter, damit er sich über seine persönliche Auffassung der Sache aeussert. Andererseits bitte ich Sie, vielleicht Montag 7 Uhr zu

---

[1] *A. Sommerfeld an die Mutter, 24. August 1894. München, Privatbesitz.*

[2] [Sommerfeld 1892].

[3] Brief [von Arnold Sommerfeld für Brief an die Mutter verwendet] (2 Seiten, lateinisch), *München, Privatbesitz.*

[4] Vgl. die Briefe [5] und [6].

mir zu kommen (ich reise in der Zwischenzeit noch erst zu Fricke nach Braunschweig).[1]

Ich würde wünschen, dass Sie in diesem Winter nicht [nur][2] an meiner Vorlesung theilnehmen, die in gewöhnlicher Weise ausgearbeitet werden muß, sondern auch an meinem Seminar, in welchem ich „reelle Functionen reeller Variabler" behandele, also gerade denjenigen Gegenstand, der Ihnen besonders wichtig sein muß. Das könnte dann vielleicht Einfluß auf Ihre Habilitation, bez. den Gegenstand haben, über den Sie lesen wollen!

Ihr sehr ergebener
F. Klein.

[9] *An die Eltern*[3]

Göttingen den 12. III. [1895][4]

Liebe Eltern!

Also der klügste oder der dümmste Schritt meines Lebens ist gethan. Ich nahm gestern die Bescheinigung in Empfang dass die Facultät beschlossen hätte, mich unter den Privatdocenten zu führen. Ich gehöre nun also ganz officiell zu den gelehrten Häusern Deutschlands. Wenn ich mir das überlege, finde ich es sehr komisch. Denn weder sind meine Kenntnisse danach angethan noch meine Befähigung sehr gross.

– Nun abwarten, es wird sich alles finden! Mein bisheriger wissenschaftl. Lebensweg ist ja so glatt gegangen, wie möglich. Wenn man sich durch Erfahrungen belehren lassen darf, so wird es vermutlich so weiter gehen. Man glaubt zu schieben u. man wird geschoben! Eigentlich habe ich zu dem Ereignis des gestrigen Tages sehr wenig gethan. Es sind einfach die Verhältnisse, die mich dazu gezwungen haben, ein wenig Lust u. Liebe zur Arbeit meinerseits u. der energische Wille eines bedeutenden Menschen. Doch halt! Das Beste vergesse ich dabei. Das ist die Einwirkung im Elternhause, die bestimmender als alles andere wirkt. Man wird wirklich nicht leicht ein Elternhaus finden können, das geeigneter zur Heranbildung eines Privatdocenten wäre, wie das unsrige. „Des Lebens ernste Führung" haben wir von Kind auf vor uns gesehen. Wenn unser Vater aus reiner Freude am Arbeiten u. Wissen jeden Abend hinter den Büchern sass, wenn unsere Mutter aus blossem Bedürfnis der Pflichterfüllung sich Tag aus Tag

---

[1] Robert Fricke, zuvor in Göttingen, hatte dort gerade eine Professur angetreten.

[2] Von Sommerfeld ergänzt: „Hier fehlt: nur".

[3] Brief (8 Seiten, lateinisch), *München, Privatbesitz.*

[4] Das Jahr ergibt sich aus der Habilitation.

ein abarbeitete, so musste das in uns Kindern gleichfalls ein ernstes Streben wecken. Walter hat auch stets ein ernstes Streben gehabt; sein Unglück fällt ganz gewiss nicht dem Elternhause zur Last. Umgekehrt aber verdanke *ich* meine bisherigen Erfolge ganz gewiss dem Elternhause. Glaubt nicht, dass Ihr umsonst gearbeitet habt, sondern seid überzeugt, dass für Alles, was mir einst gelingen wird, Ihr den Grund gelegt habt u. dass ich es Euch danken werde. Hoffentlich seid Ihr nun auch etwas froh darüber, dass es soweit gekommen, dass ich mich der Königin aller Wissenschaften geweiht habe u. noch dazu in ihrer wahren Haupt u. Residenzstadt Göttingen.

Nachdem ich Euch so das gest[r]ige Ereignis in die richtige Beleuchtung gerückt habe, sollt Ihr jetzt wissen, wie es im Einzelnen zugegangen. *1.* Zunächst nochmals die Arbeit. Auch der andere Physiker (Riecke) sprach sich über meine Arbeit sehr hochgradig lobend aus.[1] Gedruckt wird sie als Habilitationsschrift nicht, ich werde in den Ferien vielmehr 3 verschiedene Abhandlungen herausschneiden. Der Rest bleibt dann für eine spätere zusammenfassende Darstellung.[2]

2. Das Colloquium am Donnerstag wäre hübscher gewesen, wenn Klein mich geprüft hätte.[3] Weber[4] ist zwar ein reizender u. sehr gelehrter Herr. Aber er ist furchtbar ungeschickt. Er versteht nicht zu reden. Das Colloquium machte sich so, wie eine Art besseren Doctorexamens. Ich hatte gedacht, es sollte mehr wie eine collegiale Besprechung aussehen. Wenn er mich noch eingehender gefragt hätte, so würde er manche schöne Lücke mir entdeckt haben. Es ging so allerdings ganz glatt ab; aber es hätte vielleicht noch glatter gehen können. Dagegen *3.* Die Probevorlesung. Einfach grossartig. Zunächst ein glänzendes Auditorium. 8 Ordentl. Professoren, alles was von mathem. Studenten noch hier ist, 4 Missen, viele meiner hiesigen Bekannten, auch der Wirkl. Geh. Rat Dr. Höpfner, Curator der Universität.[5] Ich sprach ganz frei, wie ein Wasserfall. Man hatte wirklich das 3te Thema gewählt.[6] Am Tage vorher hatte ich Figuren an die Tafel gezeichnet, dazu

---

[1] Eduard Riecke war seit 1881 ordentlicher Professor für Physik in Göttingen. Zu Voigts Beurteilung der Arbeit vgl. Seite 30.

[2] [Sommerfeld 1895a], [Sommerfeld 1895c], [Sommerfeld 1895b], [Sommerfeld 1896].

[3] Klein war seit Februar erkrankt und erholte sich bei einem Kuraufenthalt in Montreux, vgl. Brief [10] und [Klein 1977].

[4] Heinrich Weber, 1892 bis 1895 Ordinarius für Mathematik in Göttingen.

[5] Ernst Höpfner, Kurator seit 1894, wurde später Schwiegervater von Sommerfeld.

[6] Ohne die Themen der Vorträge zu nennen, schrieb Sommerfeld seinen Eltern, daß Klein ihm die Wahl des dritten Vorschlags „unter dem Siegel der Verschwiegenheit mitgeteilt" habe, vgl. *A. Sommerfeld an die Eltern, Ende Februar 1895. München, Privatbesitz.*

die Photographien der Integrirmaschine. Dem ganzen hatte ich einen philosoph. Anstrich gegeben, indem ich mit Kant anfing; es war ein famoser Gedankengang drin u. vielerlei feine Pointen. Die Sache war gut eingepaukt u. wurde dreist u. gottesfürchtig vorgetragen. Es machte mir vielen Spass vor dieser auserwählten Gesellschaft zu predigen. Bei einer Gesellschaft am Abend unterhielten sich die Oberbonzen noch sehr anerkennend darüber. 2 Philologen, die sich kurz vor mir habilitirt, hatten sehr langweilige grammatikal.[ische] Untersuchungen abgelesen, während ich sehr amüsante Dinge frei vortrug. Der Herr Curator gratulirte mir darauf zu meinem Erfolge. Abends war ich zu Pockels zur Feier des Tages zu einer ausgezeichneten Flasche Wein mit Schütz u. Schönfliess geladen.[1] Wir haben getrunken, gescherzt sogar getanzt! Von dort schrieben wir die Bierkarte an Euch. Ich wurde von mehreren gefragt, ob ich Euch nicht telegraphirt hätte; das war doch kaum nötig, denn der Erfolg der Sache konnte nicht zweifelhaft sein, wenngleich ich einen so hübschen Erfolg nicht erwartet hätte.

Wenn meine Karten mit Privatdocent etc. gedruckt sind, werde ich mich 2 Tage damit amüsiren, bei allen Professoren im Frack zu Visiten herumzufahren. Man wird dabei nicht angenommen, sondern schickt durch den Lohndiener eine, oder wo man eingeladen zu werden wünscht, zwei Carten ins Haus. Letzteres muss ich leider bei sehr vielen Familien thun, da ich doch bereits mit viel Menschen bekannt bin. Im nächsten Winter werde ich auf diese Weise aus dem Frack kaum herauskommen. Bei Maskes[2] stellte ich mich heute bereits als Privatdocent vor. Sie fragten mich nach Walter in einem solchen Tone, dass ich merken konnte, sie waren orientirt u. ich antwortete ihnen, es ginge ihm nicht gut. Sie haben mich darauf mit weiteren Fragen verschont.–

Als ich von dem Probevortrag nach Hause kam, fand ich „zur Erholung von den Habilitationsstrapazen", von einem guten Bekannten Dr. Schlesinger,[3] Privatdoc. aus Basel, eine Flasche Danziger Goldwasser[4] bei mir vor. Ich habe mich in den 2 letzten Wochen übrigens garnicht sehr angestrengt, sondern bin täglich etwas spazieren gegangen, auch abends meistens von 10 ab mit meinem Obercollegen Schönfliess u. anderen beim Biere zusammen gewesen. Jetzt aber geht es wieder mit Dampf an die Arbeit, worauf ich mich sehr freue.

---

[1] Friedrich Pockels war von 1892 bis 1896 Privatdozent in Göttingen, zuvor war er u. a. auch Assistent am Mineralogischen Institut. Arthur Schönflies war 1892 bis 1899 außerordentlicher Professor für Darstellende Geometrie in Göttingen.

[2] Heinrich Mas[c]ke lebte seit den 1870er Jahren als Privatier in Göttingen.

[3] Otto Schlesinger war 1887 bis 1895 Dozent für Mathematik an der Universität Basel.

[4] Klarer Kräuterlikör mit Blattgoldflittern.

Klein erholt sich allmählich, ist aber noch angegriffen. Morgen gehe ich ihm von meinem Vortrage berichten.– Wegen der Privatstunden keine Bange! Es sind meistens alte Schachteln, die mathematischen Missen (mit Ausnahme einer); die philosophische, die ich nochnicht kenne, wird nicht besser sein. Die Stunden würde ich nur in den Ferien geben.– Das [Eheleben?] hat also nicht warten können! Um so besser! Sie hätte vermutl. auf mich beständig warten müssen. Mein Verhängnis wird doch wohl irgend eine (mir noch *gänzlich unbekannte*) Professorentochter werden. Unter meinen Bekannten grassirt augenblicklich die Verlobungskrankheit. Hildebrandt[1] hat sich mit einem reizenden jungen Mädchen verlobt, mit der auch ich bereits (z. B. vom Eise her) sehr gut Freund war.– Am Sonnabend bin ich umgezogen, nämlich mit unserer Bibliothek aus einem Zimmer in ein anders, unter Beihilfe zweier Scheuerfrauen.[2] Ich sah dabei auch wie ein Schornsteinfeger aus. Für die Thüren sorgt glücklicherweise ein Bauführer. Ich habe aber viel zu laufen, damit die Leute mit ihrer Arbeit beginnen. An W.[alter] habe ich vor etwa 8 Tagen geschrieben, doch noch nicht Antwort erhalten, ich will ihm noch gleich meine Rangerhöhung per Karte anzeigen.

Also Amalie wieder von ihrem Quälgeiste erlöst.[3] Hoffen wir nur, dass es auf länger ist! Du könntest Dir doch vorläufig, für die Dauer eines Monats mindestens ein Mädchen nehmen. Du kannst den Umzug wirklich nicht allein besorgen.[4] Ende April wird es sich ja dann entschieden haben, ob Amalie bleibt oder sich zur Ruhe setzt. Dass ich in den grossen Ferien auf längere Zeit nach Hause komme, ist ganz selbstverständl. Ich würde nach Lübeck übrigens auf der Rückreise nach Göttingen, weil Mathem.-Versamml. erst Ende September.[5] Ich glaube sicher, dass es Euch in Flora gefallen wird. Im Sommer wird es sehr nett u. viel belebter sein, wie auf dem Steindamm. Im Winter habt Ihr dann die grössere Wohnung, die Ihr Euch recht behaglich machen werdet u. die Euch dann über die Entfernung von der Stadt trösten wird. Meine Freunde werden in nächster Zeit alle einzeln ermahnt werden, Euch nicht zu vergessen.

Bis zum 1. April ist im Garten sicher Tauwetter. Hier beginnt es bereits nach Kräften.– Unserem Clavier wünsche ich viel Glück auf den Weg. Die Hängelampe schicke nur her. (An Vaterns Geburtstag habe ich noch nicht

---

[1] Möglicherweise der Chirurg Otto Hildebrand.

[2] Es handelt sich um die Renovierung des Mathematischen Lesezimmers, vgl. Brief [10].

[3] Amalie Prawitz; der „Quälgeist" war wohl ein Ischiasleiden.

[4] Die Familie Sommerfeld zog vom Steindamm in Königsberg in den Vorort Flora.

[5] Die Jahrestagung der Deutschen Mathematiker-Vereinigung fand gemeinsam mit der Versammlung Deutscher Naturforscher und Ärzte 1895 vom 16. bis 20. September in Lübeck statt.

mit Erfolg gedacht). Von Frau Liebisch habe ich aus dem einfachsten Grunde von der Welt nichts geschrieben, nämlich deshalb, weil ich nichts von ihr weiss. Bei Vischers[1] schien sie sich, dank der Argusaugen ihres Mannes von mir fernzuhalten, was ich dann auch that, zumal ich an dem Abende anderweitig vollauf in Anspruch genommen war.– Der Weierstrass-Annonce[2] stimme ich völlig bei. Klein würde ihm vor Allem den Preis zuerkannt haben. Weierstrass kommt aber unter den *lebenden* Mathematikern nicht mehr in Betracht, weil er bereits 80 Jahre alt ist u. längst nicht mehr arbeitet. Unter den Lebenden ist Klein doch der grösste Mathem. u. ganz gewiss der vortrefflichste Mensch. Adio liebe Eltern, das ist ein langes Ende geworden. Mein Probevortrag war besser stylisirt.

In Liebe
Euer Arnold
Privatdocent.

[10] *An Felix Klein*[3]

Göttingen den 25.ten März [1895][4]

Sehr verehrter Herr Professor!

Zunächst meine aufrichtigsten Glückwünsche zu Ihrer schnellen Genesung. Sie werden bei fortschreitender Gesundheit jedenfalls doch den Rocher de Naye[5] mitnehmen, auf den ja jetzt eine Eisenbahn führen soll. Die Aussicht ist sehr lohnend (ich war allerdings im dicksten Nebel oben).

Der Buchbinder hat sein Versprechen, mir am Sonnabend einige Autographien zu bringen, nicht gehalten. Sobald ich sie habe, werde ich Ihren diesbezüglichen Auftrag ausführen. Mit Prof. Hilbert[6] bin ich schon zweimal zusammengewesen. Ich gehe ihm morgen einen Vortrag über unser Seminar vom vorigen Semester halten. Auf meine Veranlassung wurde Ihnen das Manuskript von G. Cantor[7] und die Correcturen von Teubner nachgeschickt. Es war dieses wohl unvorsichtig bez. überflüssig. Vielleicht treffen Sie eine Bestimmung über ähnliche vorkommende Fälle.

---

[1] Zur Künstlerfamilie Vischer vgl. Seite 28.

[2] Möglicherweise im Zusammenhang mit der 1854 erfolgten Ehrenpromotion an der Universität Königsberg.

[3] Brief (8 Seiten, lateinisch), *Göttingen, NSUB, Klein 11*.

[4] Das Jahr ergibt sich u. a. aus dem Todesdatum (20. März 1895) von Ludwig Schläfli.

[5] Berg bei Montreux, wo sich Klein zur Kur aufhielt.

[6] David Hilbert, zuvor in Königsberg, trat 1895 die Nachfolge von Heinrich Weber an.

[7] Es handelt sich um ein Manuskript zur Mengenlehre für die von Klein herausgegebenen *Mathematische Annalen* [Cantor 1895].

Ich habe in den letzten Tagen einige Arbeiten von Schläfli, dessen Todes-
anzeige ich bei Ihnen vorfand, durchgesehen, da ich mich im Interesse meiner Beugung energisch mit Kugelfunctionen befasse. Sie sind eigentlich sehr
hübsch. Es wird Sie wohl interessiren, dass in einer Abhandlung (über die
zwei Heinischen Kugelfunctionen mit beliebigem Parameter und ihre ausnahmslose Darstellung durch bestimmte Integrale, Bern 1881, in den Aca-
demica von Bern)[1] klar und deutlich Doppelumläufe benutzt werden.

Im Lesezimmer ist die Hauptarbeit gethan. Es ist nur noch zu tapeziren
u. zu streichen. Die Beleuchtung ist auf Auer'sches Glühlicht zugeschnitten.
Ich habe für jeden Tisch nur 2 Gasarme anbringen lassen. (Die bisherigen
mittelsten sind fortgenommen). Im Ganzen 8 Flammen, jede à 10 M, macht
80 M für Auer'sches Glühlicht. Durch Vereinfachung der Gasanlage sind
aber 30 M gespart. Die mithin übrig bleibenden 50 M Mehrbetrag werden
meiner Meinung nach reichlich aufgewogen durch Verbesserung der Luft
und durch die jährliche Ersparnis an Gas.

Ferner möchte ich noch die Aufstellung Ihrer Separata zur Sprache
bringen. Dazu nebenan ein Plan des
Lesezimmers. Meine Angabe, dass im
erweiterten Lesezimmer weniger Platz
sein würde, hat sich als falsch her-
ausgestellt. Die Separata können vollständig untergebracht werden. Ich
denke mir die Sache so:

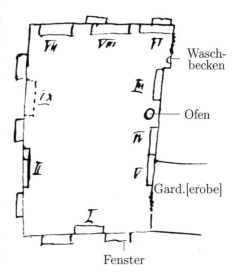

Die Schränke I u. II würden dasselbe enthalten, wie früher (Mathem.
Annalen etc, neue Einläufe v. [?]. An
der Ostseite haben 3 Schränke Platz.
Ich wollte hier die 3 Schränke mit Mo-
nographien (III, IV, V) hinstellen, die
früher im Hauptraum standen. Blei-
ben noch die zwei Doppelschränke, die früher im kleinen Zimmer waren.
Ich habe sie als VI und VII bezeichnet. Zwischen beiden ist noch für einen
congruenten Schrank Platz. Ich möchte vorschlagen, einen solchen anfertigen zu lassen u. hier die Separata unterzubringen, aus doppeltem Grunde:
1) damit wir, wie beabsichtigt, die Nordwand zustellen können, 2) aus ästhe-
tischen Rücksichten. U. zw. lässt man aus letzterem Grunde, meine ich,

---

[1] [Schläfli 1881]. Der 1881 gestorbene Jacobischüler Eduard Heine war Autor eines Stan-
dardwerkes über Kugelfunktionen [Heine 1861].

wieder einen Doppelschrank machen. Man muss dann allerdings klettern, aber es würde doch schlecht aussehen, wenn zwischen zwei hohen Schränken ein niedriger stände. (Falls Sie Letzteres vorziehen, würde man aus der Not eine Tugend machen und den Gauss in die Lücke stellen. Sehr schön kann ich das aber nicht finden. Ich glaube es würde ihm etwas beklommen zu Mute sein).

In einem Doppelschranke haben sämtliche Separata, welche augenblicklich vorhanden, Platz. Ich habe gemessen 4 m quart u. 8 m oktav.[1] Dabei aber habe ich die gleichfalls grau gebundenen Zeitschriften (Proceedings etc.) nicht mitgezählt, was jedenfalls Ihrer Absicht entspricht. Für spätere Zeiten kann noch ein
Schrank (IX) auf der Westseite aufgestellt werden. Mit seiner Anschaffung wartet man wohl, bis sich die Seminarkasse von ihrer augenblicklichen Anstrengung erholt hat u. bis er gebraucht wird. Ich verschiebe die Bestellung des Schrankes VIII noch einige Tage, für den Fall, dass Sie mir diesbezügliche Weisungen zukommen lassen wollen. Es eilt nicht sehr, da Fremdling[2] vorläufig an den Tischen u. Stühlen zu arbeiten hat.

Zum Schluss noch einige Worte über meine Beugerei.[3] Da bin ich in der angenehmen Lage ein Triumphgeheul anstimmen zu können. Die Sache wird viel schöner, als ich je gehofft habe. In wenigen Tagen kenne ich die „Spaltfunction", die „Gitterfunction" etc., kann überhaupt für jede Riemann'sche Fläche die geeignete Lösung meiner Differentialgleichung angeben. Damit ist dann die Beugung für zweidimensionale Probleme bei beliebig vielen (undurchsichtigen, ebenen) Schirmen allgemein erledigt. Den Weg dazu habe ich schon seit einem Semester im Auge. In den letzten Tagen aber habe ich mich erst überzeugt, dass er in den mir bekannten Fällen die mir bekannten Funktionen liefert. Die Methode ist aber ganz allgemeingültig.

Ich stütze mich dabei wesentlich auf Gedanken, welche in Ihrer Vorlesung über Lamé'sche Functionen unter der Überschrift „Ideen zur Weiterbildung der Potentialtheorie" enthalten sind.[4] Maxwell stellt aus der complexen Function $V = 1$, bez. dem Potential $1/r$ die Kugelfunctionen her, indem er nach Richtungen differentiirt. In Ihrer Vorlesung findet sich die Bemerkung, dass jede complexe Function so behandelt werden kann. Also auch die verzweigten! Durch jede Differentiation wird die Ordnung

---

[1] Buchformate: Achtel- bzw. Viertelbogengröße.

[2] Vermutlich Handwerker der Universität.

[3] Vgl. Seite 29.

[4] Diese Vorlesung hatte Klein im Wintersemester 1889/90 gehalten [Klein 1922b].

der Kugelfunction um 1 erniedrigt. Den m-fachen Differentialquotienten forme ich nach dem Cauchy'schen Satze in ein complexes Integral um. Nun sind bekanntlich complexe Integrale die gefügigsten und gutmütigsten Geschöpfe der Welt. Sie lassen sich sogar den Grenzübergang $m = \infty$ gefallen. Dabei gehen die Kugelfunctionen in Lösungen von $\Delta u + k^2 u = 0$ über. Man kommt so zu einem klaren Einblick in die Analogie der algebraischen Functionen u. der Beugungsfunctionen u. zu einer relativ mühelosen Herleitung der letzteren. Einige Proben:

$\Delta u = 0$-Ebene	Kugel	$\Delta u + k^2 u = 0$-Ebene
$\lg X$	Zonale Kugelf.	J_0
X^ν	ν^{te} tesserale Kugelf.	J_ν
$\lg(1 - X)$	Kugelf. mit m-fachem Pole im Aequator	Function der geraden Welle in der schlichten Ebene

(Der Pol $X = 1$ rückt nämlich, wie alle Punkte, welche nicht in unmittelbarer Nähe des 0-Punktes liegen, beim Grenzübergange ins Unendliche).

$\lg(1 - \sqrt{X})$	Verzweigte Kugelf.	Function der geraden Welle auf der einfachsten Riemann'schen Fläche
$\lg\left(1 - \sqrt{\frac{X-e}{X+e}}\right)$	„ „	Function des Spaltes von der Breite $2\,e$
	etc. etc.	

Es ist noch im Einzelnen Manches zu überlegen. Z. B. weiss ich noch nicht, wie ich den Pol beim Grenzübergange im endlichen festhalten soll, um auch „Functionen des leuchtenden Punktes" zu bekommen. Das sind aber verhältnismässig Kleinigkeiten. Vor Allem freue ich mich, dass ich jene unangenehmen Rechnungen, welche in der ersten Fassung figurirten, durch hübsche anschauliche Betrachtungen ersetzen kann. Sie werden unter diesen Umständen damit einverstanden sein, wenn die Annalenarbeit[1] so etwas länger ausfällt. Als Nebenprodukt könnte ich en passant eine ganze Menge Sachen über Kugelfunctionen herausziehen. (Das von Heine sog. Additionstheorem für die Kugelfunctionen ist z. B. weiter nichts als der binomische Lehrsatz in der $\Delta u = 0$-Ebene).

---

[1] Sommerfelds Habilitationsschrift wurde von Klein am 23. Juli 1895 für die *Mathematischen Annalen* zur Publikation angenommen [Sommerfeld 1896].

Bei dreidimensionalen Beugungsproblemen muss man, wie es im Princip auch bereits in Ihrer Vorlesung steht, von verzweigten Potentialformen
im Raume ausgehen. Die sind aber einstweilen noch unbekannt. Die Glauner'schen[1] sind nicht zu brauchen. Doch das sind curae posteriores[2]. Entschuldigen Sie, wenn mein Triumphgeheul etwas barbarisch geklungen hat.
Aber wes das Herz voll ist, des geht die Feder über. Mit der Bitte, mich
Ihrer Frau Gemahlin bestens zu empfehlen, verbleibe ich

Ihr dankbar ergebener A. Sommerfeld

Der Helmholtz–Bezold[3] folgt als Drucksache anbei.

Sommerfeld blieb bis 1897 Privatdozent in Göttingen. Neben der Ausarbeitung der Kleinschen Vorlesung über die Theorie des Kreisels[4] schrieb er auch einen Artikel über partielle Differentialgleichungen für die *Encyklopädie der mathematischen Wissenschaften.*

[11] *Von Emile Picard*[5]

Paris, 12 Juin 1896

Monsieur,

M. Burkardt[6] me dit que vous vous occupez de la section A, 7, *c* de
l'Encyclopédie mathématique.[7] Vous savez peut être que je m'occuperai
de la section voisine relative aux équations différentielles ordinaires. J'aurai
probablement besoin, quand je rédigerai mon article l'hiver prochain, de
vous demander quelques renseignements sur le vôtre; en attendant, je veux
vous dire combien je suis heureux d'entrer en relations avec un géomètre
aussi distingué que vous; vos derniers travaux sur la diffraction dans les
Mémoires de la Société de Göttingen[8] m'ont beaucoup intéressé.

---

[1] Theodor Glauner hatte 1893 bei Felix Klein mit einer funktionentheoretischen Abhandlung zur Potentialtheorie promoviert, vgl. [Glauner 1894].

[2] Spätere Sorgen.

[3] Gedächtnisrede Wilhelm von Bezolds auf den im Vorjahr verstorbenen und von Klein
sehr bewunderten Hermann von Helmholtz [Bezold 1895].

[4] Vgl. Seite 32.

[5] Brief (2 Seiten, lateinisch), *München, DM, Archiv NL 89, 012.*

[6] Heinrich Burkhardt war von Klein mit der Redaktion von Band I und II der *Encyklopädie* betraut worden, vgl. *F. Klein an W. Dyck, 24. Januar 1896. München, BSB,
Dyckiana, Schachtel 5.*

[7] Sommerfeld schrieb über *Randwertaufgaben in der Theorie der partiellen Differentialgleichungen* [Sommerfeld 1904b]. Der im folgenden angesprochene Artikel von Picard
kam nicht zustande.

[8] [Sommerfeld 1895b].

Je profite de l'occasion pour vous signaler quelques recherches que j'ai faites sur les équations aux dérivées partielles, et qui ne sont pas contenues dans mes mémoires du Journal de Math. (1890 et 1893) et du Journal de l'Ecole Polytechnique (1890).[1] L'une d'elles n'a qu'un intérèt historique, car c'est le premier article où je traitais de l'équation linéaire générale du seconde ordre (Comptes Rendus, 10 Décembre 1888).[2] Une seconde note dans les Comptes Rendus est plus récente et a pour objet d'étendre mon mémoire du journal de l'Ecole Polytechnique aux équations de tout ordre, vous la trouverez dans les Comptes Rendus (Juillet, 1895) et le titre de l'article est « Sur une classe étendue d'équations linéaires aux dérivées partielles dont toutes les intégrales sont analytiques ».[3] Plus récemment encore, j'appellerai votre attention sur une note[4] du 24 Février 1896, où je montre comment peuvent s'étendre à l'espace à trois dimensions les principaux résultats de mes recherches antérieures. Je me permettrai enfin de vous signaler un petit article sur ces questions que j'ai rédigé pour le tome IV des Leçons de Géométrie de M. Darboux, et qui vient de paraître dans le dernier fascicule de cet ouvrage.[5]

De votre côté, monsieur, si vous pouviez me communiquer quelques renseignements sur des travaux de géomètres allemands, se rapportant à la partie dont je dois m'occuper, je vous en serais très obligé.

Je vous prie de transmettre à M. Burkhardt mon meilleur souvenir, et veuillez croire à mes sentiments de très haute estime,

Emile Picard

[12] *An Felix Klein*[6]

Göttingen, den 18. III. 97

Sehr verehrter Herr Professor!

Sie haben sich jedenfalls gewundert, dass ich Ihnen noch immer nicht die bewusste Arbeit über die mehrwertigen Raumpotentiale geschickt habe.[7] Der Grund hiervon besteht darin, dass ich erstens die Anwesenheit von Burkhardt benutzt habe, um ein von uns gemeinsam übernommenes Re-

---

[1] [Picard 1890], [Picard 1893a] und [Picard 1893b].

[2] [Picard 1888].

[3] [Picard 1895].

[4] [Picard 1896].

[5] [Darboux 1896]. Sommerfeld zollte den hier angeführten Arbeiten reichlich Tribut.

[6] Brief (4 Seiten, lateinisch), *Göttingen, NSUB, Klein 11.*

[7] [Sommerfeld 1897a].

ferat für die Encyklopädie wenigstens im Plane fertig zu machen, dass ich zweitens von einem unserer Studenten,[1] der eins meiner Potentiale genau aufzuzeichnen versprochen hatte, bis vor kurzem im Stich gelassen bin und dass drittens meine Arbeit sehr viel erheblichere Dimensionen angenommen hat, als ich ursprünglich glaubte. Ich habe nämlich jetzt eine mich selbst überraschende Allgemeinheit erzielt. Die Zahl der Randwertaufgaben, die ich nach meiner erweiterten Thomson'schen Spiegelmethode lösen kann, ist sehr erheblich; ich nenne nur das Äussere der Halbkugel, den Spalt, das Gitter etc. Sie werden selbst hoffe ich Ihre Freude daran haben. Einige Tage habe ich aber noch damit zu thun. Wenn Sie es trotzdem so einrichten können, dass die Arbeit bald in einer englischen Zeitschrift, etwa der London Math. Soc. erscheinen kann, wäre es mir sehr lieb, weil die Engländer sie sonst doch nicht lesen. Aus dem reciproken Grunde möchte ich sie allerdings auch in einem deutschen Journal (Crelle?)[2] publiciren. Wenn es Ihnen also ohne grosse Umstände möglich ist, etwa mit Prof. Forsyth[3] hierüber eine Verabredung zu treffen, so würde ich Ihnen sehr verbunden sein. Jedenfalls warte ich mit der Absendung bis zu Ihrer Rückkehr.

Bei der Approximation der allgemeinen Kreiselbewegung durch die (reguläre) Präcession hat sich doch noch eine Schwierigkeit ergeben. Die Präcessionsaxe im Körper ist natürlich im Allgemeinen nicht die Figurenaxe. Daraus folgt, dass die einfachen Formeln für das Gyralmoment[4] $C\mu\nu$ etc nicht anwendbar sind. Überhaupt wäre der Nutzen des Satzes so einigermassen problematisch.

Im Allgemeinen muss ich leider gestehen, dass sich inzwischen der Kreisel bei mir wesentlich in dem allerdings ja sehr interessanten Stadium des „sleeping top"[5] befunden hat. Ich habe nämlich eigentlich nur die eingelaufenen Correcturen erledigt.

Ihr sehr ergebener
A. Sommerfeld

---

[1] Vermutlich handelt es sich um Hans von Schaper, dem Sommerfeld für eine Zeichnung in seiner Arbeit dankt; im folgenden Jahr wurde von Schaper Assistent Kleins.

[2] *Journal für reine und angewandte Mathematik*. Die Arbeit erschien nur in den *Proceedings of the London Mathematical Society*.

[3] Andrew Russell Forsyth war seit 1885 *Sadlerin* Professor für reine Mathematik am Trinity College in Cambridge, England.

[4] Drehmoment, wobei C das Trägheitsmoment des symmetrischen Kreisels bezüglich seiner Figurenachse ist, μ die Rotationsfrequenz (um die Figurenachse) und ν die Präzessionsfrequenz um eine raumfeste Achse, vgl. [Klein und Sommerfeld 1897, S. 47 und folgende sowie S. 193 und folgende.].

[5] Bezeichnung für das scheinbare Ruhen eines schnell rotierenden, aufrechten Kreisels ohne äußere Störung, vgl. [Klein und Sommerfeld 1897, S. 324].

Im Herbst 1897 drehte sich Sommerfelds „Lebensschifflein" durch seine Berufung an die Bergakademie Clausthal (vgl. Seite 36), die bevorstehende Heirat mit Johanna Höpfner und der damit zusammenhängenden Gründung eines eigenen Hausstandes in eine neue Richtung. Die Ende September in Braunschweig abgehaltene Naturforscherversammlung bot ihm eine willkommene Gelegenheit, sich nun auch im Kollegenkreis der Mathematiker und Physiker stärker zu profilieren. Klein, der das parallel damit stattfindende Jahrestreffen der Deutschen Mathematiker-Vereinigung organisierte, hatte gefordert, „jedenfalls einen Tag der Braunschweiger Versammlung speciell der *Mechanik* vorzubehalten"[1] Demzufolge waren es vorwiegend Themen aus diesem Umfeld, mit denen Sommerfeld bei dieser Gelegenheit konfrontiert wurde.

[13] *An Johanna Höpfner*[2]

Braunschweig den 20ten Sept. [1897][3]

Liebes Hannchen!

Einen schönen Gruß aus Braunschweig. Ich sitze in einem leeren Local bei einem Glase Bier u. denke Dein.

In Kreiensen hatte ich $\frac{1}{2}$ Stunde, in Seesen 1 St. Aufenthalt. In Börsum traf ich Franz Meyer.[4] Ich extrahirte von ihm Einiges über Examina u. erfuhr, dass meine Anstellung bereits bis Clausthal gelangt sei. Vielleicht kommt sie nun auch vor dem 1ten Okt. bis Göttingen.

Meine Wirtsleute befinden sich zur Zeit in Berlin, kommen aber wohl morgen zurück. Ich habe ein grosses Zimmer. Vorläufig fehlt aber noch Nötiges darin, die Lampe, das Dintenfass, das Handtuch, sehr bedauerlich für einen reinlichen Bräutigam, der abends nach vollbrachter Sitzung an seinen Schatz schreiben will.

In den Sitzungen ($3-\frac{1}{2}7$) redete Felix 2 Stunden geschäftliches. Dann 2 Vorträge von Stäckel u. Kneser (Mechanik u. Variationsr.)[5] Zu Letzterem forderte Klein mich auf, mich zu äussern, was ich that. Ich habe mich aber nicht sogleich mit dem betr. Herrn geeinigt. Vielleicht gelingt dies abends beim Bier. Wenn der Brief an Dich geschlossen, schreibe ich noch für meinen alten Gönner Boltzmann (Wien) die Lösung eines Problems auf, welches

---

[1] *F. Klein an W. Dyck, 6. Januar 1897. München, BSB, Dyckiana, Schachtel 5.*

[2] Brief (3 Seiten, lateinisch), *München, Privatbesitz.*

[3] Das Jahr ergibt sich aus der Naturforscherversammlung in Braunschweig.

[4] Sommerfelds Berufung als Nachfolger Franz Meyers an die Bergakademie Clausthal zum 1. Oktober 1897 stand bereits seit dem 20. Juli 1897 fest, vgl. *Berlin, GSA, I. HA, Rep. 121 D II Sekt. 6, Nr. 102, Bd. 4.*

[5] Paul Stäckel referierte über allgemeine Dynamik [Stäckel 1897]; Adolf Kneser trug zur zweiten Variation vor [Kneser 1897].

dieser vorgelegt hat.[1]

Morgen um 3 kommt Drude heran,[2] dem ich schon meinen Einwurf (über die Gravitation, vgl. Hängematte) mitgeteilt habe. Mein eigentlicher Vortrag ist für Donnerstag nachm. angesetzt (Vgl. [?] auf dem Vector).[3]

Braunschweig sieht nett aus, trotz des Schweinewetters. Theater schwänze ich heute, ebenso an den folgenden Tagen Ball, Festeßen, Fest … , Fest … . Das officielle Programm ist mit Donnerstag abend abgewickelt. Manche Leute sind hier, die mich interessiren.

Wie ich Dich kenne, verzichtest Du gerne auf Vollschreiben der letzten $1\frac{1}{2}$ Seiten zu Gunsten von Boltzmann u. giebst Dich mit der Versicherung zufrieden, dass ich bin u. bleibe

Dein Schatz

[14] *An Johanna Höpfner*[4]

Braunschweig den 22 Sept. [1897][5]

Mein liebes Schätzchen!

Dank für Deine beiden lieben Brieflein. Wie bedaure ich es, dass ich an dem Cron- und Lanz-Feste nicht teilnehmen konnte.[6] Mehr noch bedaure ich es, dass ich Euch beim Laden u. Packen nicht helfen konnte.[7] Doch – Letzteres ist eigentlich eine kleine Lüge.

Die Naturforschergesellschaft lässt sich fortgesetzt sehr nett an. Ich habe allerlei Leute intensiv gesprochen, nach denen ich mich schon lange wissenschaftlich gebangt habe: so, Wien (Aachen, Diffraction),[8] Föppl (München, Vectorenr.)[9] Kneser (Dorpat, Variationsr.)[10] u. namentlich Finsterwalder

---

[1] Ludwig Boltzmann sprach über „Kleinigkeiten aus dem Gebiete der Mechanik" [Boltzmann 1897]. Bei dem mit Sommerfeld diskutierten Problem handelte es sich um Fragen der Stabilitätsdefinition, vgl. Brief [16].

[2] Paul Drude referierte „Über Fernwirkungen" [Drude 1897].

[3] Sommerfelds sprach über ein Thema aus der Differentialgeometrie [Sommerfeld 1897b]; eine Publikation Sommerfelds über Gravitation ist nicht bekannt, „Hängematte" bezeichnet möglicherweise einen differentialgeometrischen Aspekt.

[4] Brief (4 Seiten, lateinisch), *München, Privatbesitz.*

[5] Vgl. Brief [13].

[6] Cron und Lanz ist ein 1876 gegründetes Café mit Konditorei in Göttingen.

[7] Johanna bereitete mit ihrer Mutter Sommerfelds Umzug nach Clausthal vor.

[8] Wilhelm Wien hielt zwar keinen Vortrag, beteiligte sich aber an den Diskussionen.

[9] [Föppl 1897]; August Föppl bekleidete seit 1894 das Ordinariat für technische Mechanik an der TH München.

[10] [Kneser 1897]; Adolf Kneser war 1889 bis 1900 Professor an der Universität Dorpat.

(München, Geometrie).[1] Mit F. verstehe ich mich besonders gut. Wir haben uns tüchtig angebiedert. B[urkhar]dt ist ganz fidel. Gestern stiessen wir innigst auf das Wohl der Unsrigen an. Schütz – – wird seit gestern von allen Leuten für etwas oder sehr verdreht gehalten. Sein Vortrag war auch zu toll.[2] Er brachte einen Globus mit, in dessen Innern sich ein zweiter Globus befand. Das Ganze sollte eine Theorie des Erdmagnetism[us] sein, die niemand verstand u. niemand geglaubt hat. Auch unser Freund Bohlmann wurde ein wenig gerupft, wegen seiner Herausgabe von Serrets Differentialr.[echnung][3] Das war aber nicht schlimm. Er hatte vorher einen sehr hübschen Vortrag gehalten.

Ich selbst bin bei Drude nicht zu Worte gekommen. Die Zeit war sehr knapp, man wünschte Einschränkung der Discussion. Da ich doch etwas Längeres hätte sagen müssen, so habe ich es mir ganz verkniffen. Dagegen habe ich meine Gravitation (Hängematte)[4] im engeren math. Kreise auseinandergesetzt u. habe lebhafte Zustimmung erfahren.

Ferner habe ich noch einmal im Anschluss an Boltzmann das Wort ergriffen.[5]

Doch das ist ja alles ziemlich langweilig für Dich. Was Dich allein interessiren kann ist dieses: Dass ich in Mathematik förmlich schwimme u. mich äusserst wohl fühle. Gestern dauerten die Sitzungen von 9 Uhr früh bis 8 Uhr abends mit einstündiger Mittagspause. Heute fängts um 10 Uhr an.

Meine Wirtsleute habe ich noch garnicht gesehen. Gestern war ich nicht, heute sind sie nicht zu Hause. Ich werde aber sehr freundlich behandelt. Beweis: Ein extra dick gestopftes Deckbett für die Nacht, und einen extra stark u. reichlich gebrauten Caffee des Morgens. Mehr kann der Mensch nicht verlangen.

B[urkhar]dt hat mir eine neue Einteilung der Encyclopädie gegeben, wonach wir unsere I A3c, II B5a, ... wieder teileweise umstossen müssen.[6] Ist das nicht stark.

---

[1] [Finsterwalder 1897a], [Finsterwalder 1897b]. Sebastian Finsterwalder, seit 1891 Ordinarius für Mathematik an der TH München, trug über Photogrammetrie und Flächenbiegung vor.

[2] [Schütz 1897].

[3] [Serret 1897]; Georg Bohlmann kommentierte die Entwicklung der Lehrbücher zur Differential- und Integralrechnung [Bohlmann 1897].

[4] Vgl. Brief [13].

[5] Vgl. den Diskussionbeitrag in [Boltzmann 1897].

[6] Das Generalregister der *Mathematischen Annalen* [Sommerfeld 1898d] hatte Sommerfeld zusammen mit Johanna erarbeitet, vgl. Seite 34.

Klein schwebt wieder als Herrscher über Allem u. drückt alles durch. Der Kreisel ist mehrfach rühmlichst erwähnt worden.[1] Er ist offenbar ein Buch, welches im Gegensatz zu den meisten anderen, gelesen wird.

Nun lebe wohl mein Schatz. Vermelde Deiner Mutter meine Grüße u. mein aufrichtigstes Mitgefühl, wenn sie in der Krone nicht gut schlafen kann.

Aller Voraussicht nach, Freitag auf Wiedersehn.

Das Wetter lässt sich erfreulicher Weise für Eure Fahrt gut an.

Immer der Deine.

[15] *An Friedrich Althoff*[2]

Göttingen, den 29ten September [1897][3]

Euer Hochwohlgeboren

beehre ich mich, nachdem ich soeben die Anstellung als Professor der Mathematik an der Bergacademie zu Clausthal erhalten habe, den ergebensten Dank für die mir bei dieser Gelegenheit zu teil gewordene Förderung auszusprechen, indem ich wohl mit Recht annehme, dass ich den für mich so erfreulichen Verlauf der Clausthaler Berufungsangelegenheit in erster Linie dem Wohlwollen Euer Hochwohlgeboren zuzuschreiben habe.

Mit der vorzüglichsten Hochachtung verbleibe ich
Euer Hochwohlgeboren ganz ergebenster
A. Sommerfeld.

[16] *Von Ludwig Boltzmann*[4]

Wien, am 10. October 1897

Hochgeehrter Herr!

Besten Dank für Ihre wertvollen Mittheilungen. Thomson spricht in art 355 allerdings ein Theorem aus, das meinem recht ähnlich klingt.[5] Ich finde aber eigentlich nicht, dass er es in 361 beweist. Was er dort sagt, bezieht sich immer auf geodätische Linien, während ich gerade auf den

---

[1] Kurz vorher war das erste Heft erschienen [Klein und Sommerfeld 1897].

[2] Brief (1 Seite, lateinisch), *Berlin, GSA, I. HA. Rep. 92, Althoff B, Nr. 178, Bd. 2.*

[3] Jahr wegen der Berufung Sommerfelds nach Clausthal zum 1. Oktober 1897.

[4] Brief (2 Seiten, deutsch), *München, DM, Archiv HS 1977-28/A,31.*

[5] Dies bezieht sich auf „ein mathematisches Kriterium für die Stabilität oder Instabilität" einer Bewegung in [Thomson und Tait 1871-1874]; vgl. auch die Briefe [13] und [14].

Fall Wert lege, wo die Kraftfunction nicht constant ist. Das ist erst echt physikalisch, das andere fast noch rein geometrisch.

Die Adam Prizeschrift Rouths[1] habe ich gar nicht zur Verfügung. Ich bin Ihnen daher besonders dankbar, dass Sie mich darauf aufmerksam machten und werde sie mir sofort verschaffen. Mit ausgezeichneter Hochachtung und den herzlichsten Grüßen

Ihr ergebenster
Ludwig Boltzmann.

Das von Ihnen und Prof. Klein geschriebene deutsche Buch über den Kreisel fand ich sofort nach meiner Rückkunft unter allen noch nicht durchgesehenen Büchern. Ich danke Ihnen besonders dafür, da ich gerade im 2. Theile meiner Mechanik[2] den Kreisel behandeln werde und bitte auch Prof. Klein meinen besten Dank dafür und an ihn, wie Voigt, Nernst, Riecke[3] etc. meine herzlichsten Grüße zu entrichten.

[17] *Von Wilhelm Wien*[4]

Aachen 19/10/97

Lieber Herr Kollege!

Besten Dank für Ihre interessante Abhandlung.[5] Mir ist bei der Lektüre eingefallen, ob Sie nicht die Integration der Maxwellschen Gleichungen durch führen können, wenn eine unendliche Ebene mit unendlich vielen gleich großen und äquidistanten leitenden Rechtecken bedeckt ist, wenn auf der einen Seite im unendlichen eine ebene Welle in der Normale der Ebene fortschreitet. Es würde von großem physikalischen Interesse sein, zu erfahren, wie viel Energie hindurch geht und wieviel reflektirt wird. Auch der Fall des Gitters wäre schon sehr interessant.

Die Rechtecke sind insofern wichtiger, weil es zweifelhaft ist, ob in solchem Falle eine Art Resonanz besteht, wenn die Dimensionen der Rechtecke

---

[1] [Routh 1877].

[2] [Boltzmann 1904].

[3] Woldemar Voigt war seit 1883 Ordinarius für theoretische Physik, Walther Nernst war seit 1894 ordentlicher Professor für physikalische Chemie und Eduard Riecke bekleidete seit 1881 den Lehrstuhl für Physik an der Universität Göttingen.

[4] Brief (2 Seiten, deutsch), *München, DM, Archiv HS 1977-28/A,369*.

[5] [Sommerfeld 1896]; Sommerfeld hatte Wien bei der Braunschweiger Naturforscherversammlung gesprochen, vgl. Brief [14].

auf die Schwingungszahl abgestimmt sind. Ich wollte mich schon einmal an
der Aufgabe versuchen, sie war mir aber zu schwer.

Hoffentlich gefällt es Ihnen in Clausthal.

Mit besten Grüßen
Ihr Wien

[18] *An Felix Klein*[1]

Clausthal, den 25. X. 97

Sehr geehrter Herr Professor!

Bei meinem gestrigen Besuche habe ich Sie leider nicht angetroffen. Ich
hatte auch nicht viel zu sagen. Die Bemerkung von Greenhill[2] werde ich ev.
bei den [?] berücksichtigen. Die Arbeit von Hayward[3] über Lagrangesche
Gl.[eichungen] wird uns für den Schluss sehr nützlich sein.

Soeben habe ich die Arbeiten von Tait mit bestem Danke erhalten. Tait
wird wohl eine Antwort haben wollen u. jedenfalls lieber von Ihnen wie von
mir. Er weist erstens auf eine chronologische Ungenauigkeit hin. Wir haben
die Formel $qvq^{-1} = v$ Cayley vindicirt. Nach Tait steht sie zwei Monate
früher bei Hamilton.[4] Dafür wird man ihm danken müssen. Ferner könnte
man Tait darauf hinweisen, daß seine Arbeit pag. 142 citirt wird.[5] Das
Studium dieser Stelle könnte, unter uns gesagt, Tait dringend empfohlen
werden, damit er sieht, was seine wüsten Quaternionensymbole eigentlich
für eine Bedeutung haben.–

Sehr gelungen ist die Note: On the Intrinsic Nature of the Quaternion
Method.[6] Hier vertritt T.[ait] mit vielem Geist den Standpunkt: Die Quaternionen sind nicht eine bequeme Darstellung der Raumgeometrie, sondern
sie *sind* die Raumgeometrie. Hamilton ist nicht der Erfinder des Quater-
nionencalculs sondern der Entdecker der Quaternionentheorie. Nun, das ist
Ansichtssache. Consequenter Weise wendet sich Tait scharf gegen die Hamilton'sche Darstellung mit den i, j, k's.–

---

[1] Brief (4 Seiten, lateinisch), *Göttingen, NSUB, Klein 11.*

[2] George Greenhill war seit 1876 Professor für Mathematik am Artillery College in
Woolwich bei London.

[3] [Hayward 1870].

[4] Vgl. dazu [Klein und Sommerfeld 1897, S. 64]; in den später veröffentlichten Zusätzen
[Klein und Sommerfeld 1910, S. 939] wurde Hamilton die Priorität zugesprochen. Zur
Geschichte der Quaternionen vgl. [Crowe 1967, S. 27-46].

[5] [Tait 1869].

[6] [Tait 1895].

Am interessantesten ist mir die dritte Note „on linear vector functions", d. h. wohl im wesentlichen „affine Transformationen".[1] Diese will ich gelegentlich noch genauer lesen.

Ich darf wohl die Arbeiten einstweilen hier behalten.

Den § über populäre Erklärungen habe ich inzwischen fertig gemacht. Ich erwarte noch von Hn. Prof. Cranz[2] Zusendung von Arbeiten eines Stuttgarter Schmidt,[3] in denen sich weitere kritische Bemerkungen über elementare Kreiseltheorien befinden sollen. Überhaupt werde ich mit Cranz in Correspondenz bleiben.[4]

An Cap. IV und V muß ich leider eine durchgreifende Änderung vornehmen, indem ich überall statt „C" „A" setze.[5] Das ist ja für den Kugelkreisel gleichgültig, aber für den Übergang zum symmetrischen Kreisel und für die Übereinstimmung mit der sonstigen Litteratur ganz wesentlich.

Die „Logarithm. Spirale" und zwei Bahncurven des stabilen Sleeping top habe ich genau gezeichnet.[6]

Ich komme über 8 oder 14 Tage wieder nach G.[öttingen] u. hoffe Ihnen dann das V. Capitel fertig vorzulegen. Ich werde mich schriftlich bei Ihnen anmelden u. Sie Sonntag vorm. um 11 um eine Besprechung bitten.

Meine Thätigkeit behagt mir ganz gut u. läßt mir viel freie Zeit. Wenn nur das Wetter nicht so schön und die Umgegend nicht so herrlich wäre!

Man ist hier sehr modern oder glaubt es zu sein. Der chemische College Hampe[7] fragte einen unglücklichen Academiker nach dem Helmschen Intensitätsgesetz[8] im Examen! Ich glaube aber, daß sich weder der Academiker noch der Professor darunter etwas Präciseres gedacht haben, wie Helm selbst. Überhaupt finde ich, daß der Ostwald'sche Charlatanismus die hiesigen Köpfe arg verwirrt. Hier gepflogene wissenschaftliche Gesprä-

---

[1] [Tait 1897a], [Tait 1897b].

[2] Carl Cranz war Professor für Physik und Chemie an der Friedrich-Eugen-Realschule und Privatdozent für Mathematik und Mechanik an der TH Stuttgart.

[3] August von Schmidt, von 1872 bis 1896 Professor am Realgymnasium Stuttgart, wurde anschließend Vorstand der württembergischen meteorologischen Zentralstation.

[4] Vgl. Brief [22].

[5] Hier wird die Bewegung des schweren symmetrischen Kreisels behandelt; C und A bezeichnen Trägheitsmomente, vgl. [Klein und Sommerfeld 1898, S. 198].

[6] [Klein und Sommerfeld 1898, § 5]; zum „Sleeping top" vgl. Seite 72.

[7] Wilhelm Hampe lehrte seit 1878 als ordentlicher Professor Chemie an der Bergakademie Clausthal.

[8] Georg Helm, nach Wilhelm Ostwald der wichtigste Verfechter der Energetik, war seit 1888 Professor für Mathematik an der TH Dresden. Zum Begriff der Intensität in der Energetik vgl. [Helm 1894, S. 25], allgemein zur Energetik siehe [Hiebert 1971] und [Deltete 1983].

che haben fast immer in der Energetik geendet, die den Leuten viel zu sehr imponirt.

Ihr sehr ergebener

A. Sommerfeld

[19] *An David Hilbert*[1]

Clausthal, den 13ten XII. [1897][2]

Lieber College (sit venia verbo)[3]!

Ihre Bemerkung über die hydrodynamischen Gleichungen hat mich ausserordentlich interessirt.[4] Sie sehen das daraus, daß ich gestern auf der Eisenbahn weiter darüber gegrübelt u. nach Hause gekommen die Angelegenheit, wenigstens für den einfachsten Fall ausgeführt habe. Ich kann Ihre Behauptung völlig bestätigen. Der Druck bei einer vollkommenen Flüssigkeit kommt wirklich als Lagrangescher Multiplicator heraus.[5]

Es handle sich um eine incompressible Flüssigkeit, für welche die Continuitätsgl.[eichung] lautet:

$$\frac{\partial u}{\partial x} + \frac{\partial v}{\partial y} + \frac{\partial w}{\partial z} = 0.$$

Eine solche Flüssigkeit hat nach Def. weiter keine dynamischen Eigenschaften wie Trägheit u. Raumausfüllung (letztere definirt durch die Bedingungsgl.) u. muß sich also wirklich nach den mechanischen Principien behandeln laßen.

Etwa nach dem Hamilton'schen Leb.[endige] Kraft:

$$T = \int \frac{dm}{2}(u^2 + v^2 + w^2)$$

---

[1] Brief (10 Seiten, lateinisch), *Göttingen, NSUB, Hilbert 379.*

[2] Vgl. die Briefe [20] und [21]. „Gestern ist der ganze Vormittag mit einem Brief an Hilbert hingegangen. Auf der Eisenbahn von G.[öttingen] nach Cl.[austhal] habe ich das Hilbert'sche Problem in Angriff genommen, in Cl. angekommen teilweise ausgeführt u. während des gestrigen Examens zu Papier gebracht. Das wird später wieder eine hübsche Arbeit, von der das Beste schon fertig." *A. Sommerfeld an J. Höpfner, 14. Dezember 1897. München, Privatbesitz.*

[3] Man verzeihe das Wort.

[4] Zu Hilberts frühem Interesse an der Physik vgl. [Corry 1997].

[5] Ausführlich in [Sommerfeld 1945, § 12]: Als „Zustandsgröße, die sich aber im Verhalten der Flüssigkeit, was ihre Raumerfüllung betrifft, nicht äußert", bedürfe diese Größe bei inkompressiblen Flüssigkeiten einer näheren Begründung, heißt es darin einleitend.

(das $\int$ genommen über die ganze Flüssigkeit).
    Potentielle Energie

$$U = \int V \, dm,$$

V eine Fu.[nktion] der Coordinaten des Teilchens dm.

Beim Ham. Princip muß man variiren, u. zw.: die Variable t bleibt ungeändert, den Coordinaten x, y, z der Teilchen werden virtuelle Zuwächse ξ, η, ζ erteilt, also den Geschw.[indigkeiten] u, v, w die Diff.[erential]-Qu.[otienten] der ξ, η, ζ nach der Zeit: ξ', η', ζ'. „Virtuelle" heisst solche Zuwächse, die mit den Bedingungsgl. verträglich sind. Das ergiebt für ξ, η, ζ die Beziehung:

$$\frac{\partial \xi}{\partial x} + \frac{\partial \eta}{\partial y} + \frac{\partial \zeta}{\partial z} = 0.$$

(Hierzu ist viel zu bemerken. Von der Variationsrechnung aus würde man Zunächst vielleicht die *Geschw.* der Zuwächse der Continuitätsgl. unterwerfen wollen, also $\frac{\partial \xi'}{\partial x} + \frac{\partial \eta'}{\partial y} + \frac{\partial \zeta'}{\partial z} = 0$ verlangen. Das dürfte aber mechanisch wenigstens im Allgemeinen (nicht holonome Systeme) zu falschen Resultaten führen. Hier kommt beides im Wesentlichen auf Dasselbe heraus. Die ganze Frage bedeutet: Die richtige (der Erfahrung entspr.[echende]) Formulirung des Hamiltonschen Principes.)

Die ξ, η, ζ sind nicht unabhängig. Man führt den Multipl. „p." ein, um sie wie unabhängige Grössen behandeln zu können.* Dann sagt Ham. aus: Man bilde die Differenz von $T - U$ für $x + \xi, y + \eta, z + \zeta$ u. für x, y, z; entwickle nach Taylor u. behalte nur die ersten Glieder bei. Das giebt

$$(T - U)_{x+\xi,..} - (T - U)_{x,..} =$$
$$\int dm \left\{ (u\xi' + v\eta' + w\zeta') - \frac{\partial U}{\partial x}\xi - \frac{\partial U}{\partial y}\eta - \frac{\partial U}{\partial z}\zeta \right\}$$

Nun verlangt Hamilton, wenn gesetzt wird $d\tau = dx\,dy\,dz$; $dm = \varrho\,d\tau$; ϱ Dichtigkeit:

$$\int dt \left\{ \int \varrho \left[(u\xi' + v\eta' + w\zeta') - \frac{\partial U}{\partial x}\xi - \frac{\partial U}{\partial y}\eta - \frac{\partial U}{\partial z}\zeta \right] + \right.$$
$$\left. p \left(\frac{\partial \xi}{\partial x} + \frac{\partial \eta}{\partial y} + \frac{\partial \zeta}{\partial z} \right) d\tau \right\} = 0 \tag{1}$$

Jetzt hat man nach dem Lagrangeschen Variationsalgorithmus durch partielle Integration solange umzuformen, bis nur noch ξ, η, ζ aber nicht mehr die Diff.-Qu. vorkommen. Man schreibt daher

$$\int p \cdot \frac{\partial \xi}{\partial x} d\tau = \int -\frac{\partial p}{\partial x} \xi d\tau + \int p \cdot \xi \cos(n,x) do$$

Das letzte Integral ist über die Begrenzung zu erstrecken.

Ebenso

$$\int dt \varrho\, u \xi' dt = -\int \frac{d\varrho\, u}{dt} \xi dt + LJ$$

Die Glieder LJ fallen fort, weil bei Hamilton für die Grenzen t_0, t_1 des Zeitintegrals nicht variirt werden soll.

Nun folgt aus (1):

$$0 = \int dt \int d\tau \left\{ \left(-\frac{d\varrho\, u}{dt} - \varrho \frac{\partial U}{\partial x} - \frac{\partial p}{\partial x} \right) \xi + \right.$$
$$\left. \left(-\frac{d\varrho\, v}{dt} - \varrho \frac{\partial U}{\partial y} - \frac{\partial p}{\partial y} \right) \eta + \left(-\frac{d\varrho\, w}{dt} - \varrho \frac{\partial U}{\partial z} - \frac{\partial p}{\partial z} \right) \zeta \right\} \qquad (2)$$

Man berücksichtige noch, dass ϱ unveränderlich nach der Zeit ist, d. h. jedes Volumelement behält bei der Bewegung die ursprüngliche Dichtigkeit bei, wegen der Incompressibilität. Vom Ort kann ϱ ev. abhängig sein, d. h. die Flüssigkeit braucht nicht homogen zu sein. Ferner führe man statt $-\frac{\partial U}{\partial x}$, $-\frac{\partial U}{\partial y}$, $-\frac{\partial U}{\partial z}$ die Componenten der (pro Masseneinheit berechneten) äusseren Kraft ein: X, Y, Z. Endlich berücksichtige man, dass ξ, η, ζ wie frei veränderliche Grössen behandelt werden dürfen. Dann folgt, wie in der Variationsr.[echnung] gezeigt wird, dass die Factoren von ξ, η, ζ verschwinden müßen, also

$$\left. \begin{array}{l} \varrho \frac{du}{dt} = \varrho X - \frac{\partial p}{\partial x} \\[4pt] \varrho \frac{dv}{dt} = \varrho Y - \frac{\partial p}{\partial y} \\[4pt] \varrho \frac{dw}{dt} = \varrho Z - \frac{\partial p}{\partial z} \end{array} \right\} \text{Vgl. Kirchhoff[1] oder sonst wen!}$$

In (2) habe ich die bei der partiellen Integration nach x, y, z übrig bleibenden Oberflächenintegrale weggelaßen. Diese kann man [so] schreiben:

$$\int pN do,$$

---

[1] [Kirchhoff 1897].

wo $N = \xi \cos(n,x) + \eta \cos(n,y) + \zeta \cos(n,z)$ die Verschiebung normal zur
Oberfläche bedeutet. Ist die Flüssigkeit in einem festen Gefäß, so ist $N = 0$
zu nehmen, ebenso wie die normale Geschw. Dann bleibt p an der Begrenzung willkürlich. Hat die Flüssigkeit sog. „freie Oberflächen", wo sie an
andere Flüssigkeiten (Luft) anstösst, so bleibt N willkürlich, weil hier die
Geschwindigkeit zunächst keiner Beschränkung unterworfen ist. Dann muß,
wegen des Ham.[ilton'schen] Principes, da doch die Variation verschwinden
soll, ~~für jede Oberfläche~~

$$\int p_1 N_1 do + \int p_2 N_2 do = 0$$

also, da $N_2 = -N_1$ ist (die Zuwächse ξ, η, ζ sollen continuirliche Fu. des
Ortes sein, das muß man ~~überhaupt für alle~~ wieder als Bestandteil der
Definition des Hamilton'schen Principes auffaßen) folgt

$$\int (p_1 - p_2) N_1 do = 0$$

u. da N_1 ganz willkürlich ist

$p_1 = p_2$. (Vgl. wieder Kirchhoff oder sonst wen,
wegen dieser „Oberflächenbed.[ingung]")–

Die Sache macht sich, wie Sie sehen, sehr befriedigend. Es bleibt allerdings noch Manches übrig. Namentlich ist die Frage, ob sich dieselbe
Methode auf compressible Flüssigk. ohne Hinzuziehung von Erfahrungs-
thats.[achen] machen lässt. Für elastische Körper muß man natürlich die
Annahme hinzunehmen, daß innere Kräfte vorhanden sind, welche von der
Deformation herrühren. Dabei ergiebt sich dann eine sehr erfreuliche Schei-
dung zwischen diesen „Deformationskr.[äften]" u. dem gewöhnl. Druck, welcher nur von der Eigenschaft der Raumausfüllung herkommt. Ich behalte
jedenfalls die Sache im Auge; sie ist eigentlich sehr interessant. Für's Erste
habe ich sie mir durch diesen Brief vom Herzen geschrieben. Im Grunde ist
es ganz u. gar nur die Ausführung Ihrer Idee.– Die compressible Flüssigkeit ist mir noch nicht klar, trotzdem ich gestern abend mich schon darum
bemüht habe.

Intereßant ist noch, was Wiechert sagte, daß man auch physikalisch
den Druck der vollkommenen Flüssigkeit nicht glatt definiren kann. Diese Schwierigkeit würde also hier mathematisch gehoben werden. Denn bei
den zahllosen Drucken, die in der theor. Mechanik bei ganz allgemeinen

Lagrangeschen Coordinaten eingeführt werden, kann man beim besten Willen nicht verlangen, daß man sich etwas physikalisch Realisirbares darunter denken könnte. Diese Drucke sind eben wirklich nur Rechnungsgrössen, „Multiplicatoren".

Vielleicht zeigen Sie Wiechert die vorliegenden Bemerkungen.

Sollten sie übrigens nicht doch irgendwo schon gemacht sein, bei Helmholtz?[1]

Ich schreibe vielleicht mal an Willy Wien, der Specialist für Hydrodynamik ist.[2]

Mit einem schönen Gruß an Ihre Frau bleibe ich mit der Bitte mir noch öfter solche „Fragen", d. h. eigentlich Belehrungen vorzulegen

Ihr sehr ergebener
A. Sommerfeld.

Inzwischen wird rechts u. links von mir ein Mann über Hüttenwesen u. Markscheidekunst examinirt.

* Eigentlich unendlich viele Multiplicatoren, für jedes Massenteilchen einen; d. h. p wird Fu. von x, y, z u. natürlich wie die Lagr. Multipl. überhaupt, von t. Der Factor $d\tau$ in $pd\tau$ ($d\tau$ = Volumelement) ist natürlich wegen der erforderlichen Integration über alle Maßen des Systems ~~erforderlich~~ hinzugefügt.

[20] *Von David Hilbert*[3]

Göttingen 16 Dec. 97.[4]

Lieber College.

Ihr langer wissenschaftlicher Brief[5] hat mich sehr erfreut. Es ist in der That sehr schön, dass der Druck, diese physikalisch etwas mysteriöse Grösse, mathematisch so rein herauskommt, und dass die Ableitung der hydrodynamischen Gleichungen ohne neue Axiome und ohne die knifflichen

---

[1] In Helmholtz' letzter Vorlesung vom Sommersemester 1894, die der „Dynamik continuirlich verbreiteter Massen" gewidmet war, ist davon keine Rede [Helmholtz 1902].

[2] Vgl. Brief [21]. Wilhelm Wien verfaßte um diese Zeit ein Lehrbuch der Hydrodynamik [Wien 1900b].

[3] Brief (4 Seiten, lateinisch), *München, DM, Archiv HS 1977-28/A,141.*

[4] In fremder Handschrift ergänzt: „Diktat an Frau Hilbert".

[5] Brief [19].

Betrachtungen im Unendlichkleinen möglich ist. Bezüglich der Litteratur bin ich in der mathematischen Gesellschaft am Dienstag, wo ich den Gegenstand zur Sprache brachte, von Klein auf die Lagrange'sche „Méchanique analytique", Werke Bd. 11–12 S. 273 etc und auf Greens Werke „Reflection des Lichtes['], S. 243 aufmerksam gemacht worden.[1] Doch habe ich hierin bisher die Auffassung des Druckes als Multiplikator nicht gefunden, nach einem freilich nur oberflächlichen Suchen.

Auch mit Wiechert, der gestern Abend bei mir war, habe ich Ihren Brief durchgeschrochen [sic]; auch ihm war die Ableitung neu. Er war mit mir der Meinung, dass Sie nun vor Allem die compressiblen Flüssigkeiten und dann die elastischen Körper ähnlich behandeln müssten. Auch, dass die Grenzbedingungen so schön herauskommen, hat mich sehr gefreut. Wie ist die Ableitung des schwingenden Fadens etc nach Hamilton?

Morgen Vormittag will ich noch im Lesezimmer Ihre Vorlesungen über Variationsrechnung zu Ende lesen. Wenn Sie etwas über Minimalflächen oder über den obigen Gegenstand in den Göttinger Nachrichten oder den Math. Ann. veröffentlichen wollen, so stehe ich selbstverständlich mit Vergnügen zu Ihren Diensten.[2]

Mit besten Grüssen
Ihr Hilbert

[21] *Von Wilhelm Wien*[3]

Charlottenburg, 23/12/97

Lieber Herr Kollege!

Die Ableitung der hydrodynamischen Gleichungen aus dem Hamiltonschen Prinzip habe ich selbst für die Hydrodynamik, die ich unter der Feder habe, durchgeführt.[4] Sonst ist es meines Wissens bisher nicht geschehen. Da ich aber die allgemeinen Gleichungen auch für compressible Flüssigkeiten ableite, so erscheint der Druck im allgemeinen Falle als die Kraft, welche bei der Variation des Volumenelements um $\frac{\partial \delta x}{\partial x} + \frac{\partial \delta y}{\partial y} + \frac{\partial \delta z}{\partial z}$, die potentielle Energie um $p(\frac{\partial \delta x}{\partial x} + \frac{\partial \delta y}{\partial y} + \frac{\partial \delta z}{\partial z})$ ändert.

---

[1] [Lagrange 1890], [Green 1842].

[2] Sommerfeld publizierte weder in den *Mathematischen Annalen* noch in den *Göttinger Nachrichten* über den hydrodynamischen Druck; er widmete jedoch in seiner Lehrbuchdarstellung diesem Thema einen ganzen Abschnitt [Sommerfeld 1945, § 12].

[3] Brief (3 Seiten, deutsch), *München, DM, Archiv HS 1977-28/A,369*.

[4] [Wien 1900b].

Im Grenzfalle für incompressible Flüssigkeiten ist dieser Beitrag Null und deshalb figurirt dieses Glied in der von Ihnen angegeben Form. In meiner Ableitung gestaltet sich die Ausführung der Variationen für den allgemeinen Fall ziemlich schwerfällig und ein geschickter Mathematiker würde die Ableitung wohl viel durchsichtiger ausarbeiten können. Ich werde das aber wohl nicht fertig bringen, zumal ich durch andere experimentelle Arbeiten über Kathodenstrahlen sehr in Anspruch genommen bin.

Zu Ihrer Hochzeit[1] sage ich Ihnen meine allerherzlichsten Glückwünsche und hoffe, daß es mir in nicht zu langer Zeit möglich sein wird, Ihre Frau Gemahlin kennen zu lernen, der ich mich angelegentlichst zu empfehlen bitte.

Indem ich Ihnen auch ein frohes Fest wünsche verbleibe ich mit bestem Gruß

Ihr
W. Wien

[22] *Von Carl Cranz*[2]

Stuttgart Palmsonntag 1898[3]

Geehrter Herr Professor!

Gestatten Sie mir, Ihnen hier das Manuskript einer ballistischen Arbeit zu übersenden, die sich auf die Kreiselbewegungen der Geschosse mit zahlreichen Beispielen bezieht u. für das Juniheft der „Zeitschrift für Mathem. u Physik" von Mehmke angenommen ist.[4] Sie haben seinerzeit ein weiteres Beispiel aus der militärischen Praxis gewünscht; ich kann Ihnen hier eine grössere Anzahl vorlegen. Auch über die Grösse der Amplituden finden Sie Einiges; Manuskr. pag 4 geschätzte Werte meiner Versuche, pag 5 unbestimmte Beobachtungen von Heydenreich; die einzigen exakten Messungsresultate von Neesen leg ich bei, samt einigen anderen Schriften, aus denen Sie ersehen können, wie wenig einheitlich über diese Dinge z. Th. von Offizieren gedacht wird.[5]

---

[1] Arnold Sommerfeld und Johanna Höpfner heirateten am 27. Dezember 1897.

[2] Brief (4 Seiten, deutsch), *München, DM, Archiv HS 1977-28/A,56.*

[3] 3. April 1898.

[4] Rudolf Mehmke war seit 1896 Mitherausgeber der *Zeitschrift für Mathematik und Physik.* Die dem Brief beigelegten Materialien liegen im Nachlaß nicht vor; die gedruckte Arbeit ist [Cranz 1898].

[5] [Heydenreich 1898]. Willy Heydenreich, 1893 bis 1898 Mitglied der Artillerieprüfungskommission in Berlin, wurde danach wieder Regimentskommandeur und ab 1903 Lehrer für Waffenlehre und Ballistik an der Militärtechnischen Akademie in Berlin. Fried-

Sehr bedauere ich, daß die weiteren Hefte Ihres Kreiselbuchs noch nicht erschienen sind, denn da Ihr Werk jedenfalls für diese Theorie auf lange hinaus maßgebend sein wird, so hätte ich gerne häufig auf dasselbe Bezug genommen, auch mich den ~~Bezeichnungen~~ Begriffen desselben angequemt; mit den Bezeichnungen war ich durch die in der Ballistik üblichen einigermaßen gebunden. Vielleicht haben Sie die Güte, beim Durchblättern mit [Blei]stift auf die leere Seite eine Bemerkung zu machen, wo u. wie ich einen Ihrer Begriffe verwenden könnte.–

Ich glaube nunmehr über die Geschoßpendelungen ins Klare gekommen zu sein,[1] die Einleitung wird Ihnen zeigen, daß dies keine leichte Sache war. In der Theorie erregen mir nur noch 2 Dinge Bedenken:

1) Bei Anfangsstoß Null fallen die Nutationen im Allgemeinen weg (pag 23), dagegen in [dem] spez. Fall einer geradlinigen Bewegung des [Schwer]punkt, wobei die Geschoßachse anfangs einen kleinen Winkel mit der Bewegungsrichtung bildete, stellen sich die Nutationen ganz so ein, wie in der gewöhnl. Kreiseltheorie (pag 27); also müßte ich folgern: wenn man einen Kreisel genau vertikal gestellt rotirt u. ohne Stoß losläßt u. wenn nun die Schwererichtung allmählich sich ändern würde, so würde der Präzessionskreis zu einer Spiralen werden, aber Nutationen wären nicht vorhanden.

2) bei mir tritt an einigen Stellen r statt den Cr/A der Kreiseltheorie auf, weßhalb ich [einige] Ausdrücke nach der Kreiseltheorie zu corrigieren mich genötigt sah (pag 19 Mitte, u. pag 37 bis Mitte).[2] Es scheint mir, daß an Beidem der Umstand die Schuld trägt, daß ich das System (14) u. (15) nur angenähert lösen konnte, wodurch gewisse unbekannte periodische Glieder in Wegfall kamen. Aber das ist nur eine Vermuthung.

Daß immer ein Anfangsstoß stattfand, wird mir immer sicherer (bitte auch die Folgerungen No 3 pag 51 zu lesen).

Die Versuche machten mir viel Freude.

– Ich wäre Ihnen dankbar, wenn Sie mir wenigstens das Manuskript in einigen Wochen zurücksenden wollten (nicht vor 22. April, da ich verreise);

---

rich Neesen war seit 1890 außerordentlicher Professor der Physik an der Universität und gleichzeitig Lehrer an der Artillerie- und Ingenieurschule Berlin.

[1] Cranz hatte auf der Naturforschertagung 1897 einen Vortrag über konische Geschoßpendelungen gehalten [Cranz 1897], vgl. auch [Cranz 1898].

[2] Die angegebenen Seitenzahlen stimmen nicht mit denen der gedruckten Arbeit [Cranz 1898] überein und beziehen sich wohl auf das Manuskript. r ist die Komponente der Rotationsgeschindigkeit der Granate bzgl. der Längsachse, C das Trägheitsmoment um die Längsachse, A das Trägheitsmoment um eine Achse senkrecht dazu. Die mit (14) und (15) bezeichneten Bewegungsgleichungen der Granate befinden sich in [Cranz 1898] auf S. 151.

Mehmke will dasselbe dann in Druck geben.

– Später erwarte ich das betr. Manuskript Ihres weiteren Kreiselhefts bezüglich der Ballistik, ich werde sehr gerne alles durchsehen u. nachrechnen, habe im Sommer auch genügend Zeit.

– Indessen hoffe ich, daß es Ihnen in Ihrem neuen Ehestand so gut gefällt wie mir u. daß Sie für Ihre Einberufungszeit[1] ein günstiges Wetter haben, das Ihnen besser gefällt als mir unser gegenwärtiges Schnee- u. Regenwetter.

In aller Hochachtung ganz ergebenst
C. Cranz.

Die Korrespondenz mit Cranz hatte ihren Ausgang auf der Braunschweiger Naturforscherversammlung genommen: „Kreisel gut vorwärts gegangen. [...] Einen sehr langen Brief habe ich noch an einen Stuttgarter zu schreiben, der die Bewegung der Granaten nach der Kreiselth. behandelt, aber leider in wesentl. Punkten falsch u. mich um Rat gefragt hat."[2] Ein Hauptproblem waren die Ansichten über die Rolle des Geschoßdralls und über die Begriffe „Nutation" und „Präzession": „Aus der weiteren Literatur habe ich mich reichlich überzeugt, daß hier der größte Wirrwarr herrscht, einer vom anderen abschreibt, ohne es zu sagen," schrieb Cranz an Sommerfeld.[3]

Auch mit Klein korrespondierte Sommerfeld in diesen Tagen intensiv über Kreiselprobleme: „Ihren Wünschen betr. Correctur bin ich durchweg nachgekommen. Ich habe mich selbst überzeugt, dass der Heßsche Fall sich analytisch doch mit viel weniger Worten erledigen lässt, wie vectoriell",[4] Als der Druck des zweiten Heftes der *Theorie des Kreisels* schon fast beendet war, erhielt Klein die Mitschrift einer Vorlesung von Weierstraß über „Anwendungen der elliptischen Funktionen" und sandte sie Sommerfeld zur Prüfung. „Was thun? Ich bin dafür, am Schluß von Heft 2 einen Nachtrag zu schreiben: ,Weierstrass wusste dies Alles' ", antwortete Sommerfeld.[5] Einige Tage später schickte er die Vorlesung zusammen mit einem Nachtrag an Klein zurück, in dem die Verdienste der Weierstraßschen Theorie gewürdigt wurden.[6]

Angesichts dieser Belastung verwundert es nicht, daß Sommerfeld an dem Wunsch Kleins, die Redaktion des geplanten Physikbandes der *Encyklopädie der mathematischen Wissenschaften* zu übernehmen (vgl. Seite 34), zunächst keinen Gefallen fand.

---

[1] Sommerfeld leistete vom 1. März bis 25. April als Leutnant der Reserve eine Wehrübung ab, vgl. *München, DM, Archiv NL 89, 016.*

[2] *A. Sommerfeld an J. Höpfner, 19. November 1897. München, Privatbesitz.*

[3] *C. Cranz an A. Sommerfeld, 23. April 1898. München, DM, Archiv HS 1977-28/A,56.*

[4] *A. Sommerfeld an F. Klein, 6. Mai 1898. Göttingen, NSUB, Klein 11.* Dem Heßschen Fall, einer besonderen Bewegungsform des schweren unsymmetrischen Kreisels, widmete er eine eigene Publikation [Sommerfeld 1898c]; vgl. auch [Klein und Sommerfeld 1898, S. 378 und folgende].

[5] *A. Sommerfeld an F. Klein, 16. Juli 1898. Göttingen, NSUB, Klein 11.*

[6] *A. Sommerfeld an F. Klein, 27. Juli 1898. Göttingen, NSUB, Klein 11.* Vgl. [Klein und Sommerfeld 1898, S. 511-512].

[23] *An Wilhelm Wien*[1]

Göttingen den 2.ten Juni 98

Sehr geehrter Herr College!

Bei der hier tagenden Conferenz der cartellirten Academien[2] hat es sich unter Anderem darum gehandelt, für Band IV und V. der Mathematischen Encyklopädie geeignete Redakteure zu finden. Während die ersten drei Bände reine Mathematik enthalten, sollen IV und V die Anwendungen bringen. Diese beiden Bände sind in drei Abteilungen zerlegt. Die erste (wohl der ganze Bd. IV) behandelt Mechanik u. Technik, die zweite mathematische Physik, die dritte Astronomie. Für die zweite Abth. wünscht Klein mich als Redacteur. Ich bin aber bisher u. noch längere Zeit in Zukunft mit der Herausgabe des Kreisels sehr stark beschlagnahmt u. möchte daher meinem Schicksal möglichst entgehen. Unter den von mir sonst vorgeschlagenen Redakteuren waren Sie der Einzige, den er gern acceptirte. Würden Sie sich dazu bereitfinden lassen? Ohne Frage sind Sie derjenige von allen Physikern u. Mathematikern Deutschlands, der am ehesten jener Aufgabe gewachsen ist. Ihre Aufgabe würde in Folgendem bestehen: Allgemeine Instruction der Referenten u. Abgrenzung des Stoffes. Gründliche Kritisirung der eingesandten Referate auf Vollständigkeit der Litteratur- und sachlichen Angaben. Überwachung des Druckes. Beginn etwa über ein Jahr. Honorar pro Bogen 40 M. Im ganzen etwa 20 Bogen. Klein selbst will in folgender Weise mitwirken. Er will einige Monate in der Welt herumreisen, um die allerwärts vorhandenen Fachleute zu sammeln (was namentlich bei den technischen Fächern, die Sie direkt nichts angehen würden, schwierig u. notwendig ist), mit diesen ein vorläufiges Program aufzustellen u. sie für die Mitarbeit breitzuschlagen. Er denkt namentlich an Italien, Holland u. wohl auch an England. Wenn diese vorbereitende Thätigkeit beendet ist, will er sich nur soweit beteiligen, dass er die Correcturen zugeschickt bekommt u. hierzu seine in keiner Weise bindenden Bemerkungen macht.

Das Schöne an der Sache ist, dass Sie Gelegenheit haben würden, der mathematischen Physik in einer für Jahrzehnte vielleicht maassgebenden Darstellung den Stempel Ihrer persönlichen Überzeugungen bis zu einem gewissen Grade aufzudrücken.

Ich hoffe, durch das Vorhergehende Ihnen bereits derart zu dem Unternehmen Lust gemacht zu haben, dass ich nichts mehr hinzuzufügen brauche

---

[1] Brief (4 Seiten, lateinisch), *München, DM, Archiv NL 56.*

[2] Es handelt sich um den 1892 initiierten Zusammenschluß der Akademien von Wien, München, Göttingen und Leipzig zur Koordination gemeinsamer Unternehmungen, vgl. [Meister 1947, S. 127-130].

u. sehe Ihrer bejahenden Antwort entgegen, die ich mit grosser Freude im Interesse der Sache u. in meinem eigenen Interesse begrüssen würde. Zu weiteren Auskünften bin ich natürlich sehr gerne bereit.

Ich bemerke noch ausdrücklich, dass für Mechanik u. Astronomie andere Leute in Aussicht genommen sind, so dass die auf Sie entfallende Redaktionsarbeit nicht gar zu gross werden würde.

Herzlichen Dank nochmals für Ihre freundliche Auskunft in Sachen der Hydrodynamik;[1] ich bin vorläufig leider nicht dazu gekommen, der Angelegenheit weiter nachzugehen.

Ihr sehr ergebener
A. Sommerfeld.

Adreße: Clausthal, Bergacademie.

[24] *Von Wilhelm Wien*[2]

Aachen 11/6/98

Sehr geehrter Herr College!

Für Ihren freundlichen Brief und das gute Vertrauen, das Sie mir durch Ihr Anerbieten bezeigen sage ich Ihnen meinen besten Dank. Leider bin ich nicht im Stande darauf einzugehen und ich will Ihnen die Gründe, denen ich folgen muß, genau auseinandersetzen.

Ich habe zunächst mit meiner Hydrodynamik noch auf länger zu thun,[3] so daß ich bevor sie fertig ist, keine neue Arbeit übernehmen kann. Dann ist es noch ein sehr persönlicher Grund, der von großem Gewicht ist. Die theoretische Physik liegt in Deutschland so gut wie vollständig brach. Das müßte ja nun eigentlich Veranlassung sein, wieder zu ihrer Belebung beizutragen aber die Sache ist schon soweit gekommen, daß selbst das Bedürfnis nach theoretischer Physik immer mehr schwindet. Die Gründe dafür liegen erstens darin, daß die Physiker so gut wie ausschließlich das reine Experiment pflegen und für die Theorie kaum Interesse hegen[,] zweitens daran daß die meisten Mathematiker sich den ganz abstrakten Gebieten zugewandt haben, sich um die Anwendungen aber nicht kümmern. Äußerlich zeigt sich das darin, daß reine theoretische Physik nur von zwei Lehrstühlen (Berlin und Göttingen) vorgetragen wird und ein so bedeutender Lehrstuhl

---

[1] Vgl. Brief [21].

[2] Brief (3 Seiten, deutsch), *München, DM, Archiv HS 1977-28/A,369.*

[3] *Lehrbuch der Hydrodynamik* [Wien 1900b].

wie München ganz eingegangen ist.[1] Die theoretische Physik findet gegenwärtig keine Abnehmer. Später wird das alles wieder anders werden, weil ja sonst die Physik überhaupt zu Grunde gehen würde, aber ich muß der Zeitströmung etwas Rechnung tragen, und mich eingehend mit rein experimentellen Arbeiten beschäftigen solange ich noch für die äußere Stellung zu arbeiten habe. Ich glaube, daß Sie mir hierin ohne weiteres Recht geben werden.

Mein Referat für Düsseldorf ist fertig.[2] Sie erhalten es nächstens gedruckt. Ich glaube, daß es auch für den Mathematiker einiges Interesse hat.

Wie steht es mit Ihrem Referat? Die Mathematiker Vereinigung wollte ja auch etwas dazu beitragen.

Mit den besten Grüßen
Ihr ergebener
W. Wien

Kurz darauf schrieb Klein dem Mitorganisator des Encyklopädieprojekts Walther Dyck:[3] „Wien (Aachen) hat die Beteiligung abgelehnt; dafür erklärt sich jetzt Sommerfeld direct zur Beteiligung bereit." Sommerfeld berichtete seinen Eltern von der Tagung der kartellierten Akademien aus Göttingen:[4] „Nach vielen glänzenden Reden von Klein u. Genossen habe ich mich bereit erklärt, mit zwiegeteiltem Herzen. Es ist ja auf der einen Seite sehr ehrenvoll, von 3 Academien als Redakteur auserwählt zu werden, auch bringt es, worauf es mir weniger ankommt, einen ganzen Batzen Geld. Andererseits ist die freie Musse der Arbeit ohne solche Verpflichtungen noch angenehmer. Nun, geschehen ist geschehen. Da man mich nicht entbehren zu können meinte, so habe ich im Interesse der Sache eingewilligt." Johanna war von der neuen Aufgabe für ihren Mann alles andere als begeistert:[5] „Meine Freude an der Sache ist sehr geteilt, erst war ich sehr dagegen; nun Arnold der Gedanke allmählich liebgeworden, find ich mich darin."
Weitere Aufgaben wollte Sommerfeld jedoch nicht übernehmen. Deshalb lehnte er das folgende Angebot Webers „rundweg" ab.[6]

---

[1] Den Lehrstuhl für theoretische Physik an der Berliner Universität bekleidete Max Planck, den in Göttingen Woldemar Voigt; in München blieb der Lehrstuhl für theoretische Physik nach Boltzmanns Weggang 1894 bis zur Neubesetzung durch Sommerfeld im Jahr 1906 unbesetzt. Wien läßt das Königsberger Ordinariat von Paul Volkmann unerwähnt; vgl. dazu [Forman et al. 1975, S. 30-32], [Jungnickel und McCormmach 1986].

[2] Auf der Naturforscherversammlung in Düsseldorf vom 19. bis 24. September 1898 bildete die Elektrodynamik den Themenschwerpunkt. Wien referierte über Bewegungen im Äther [Wien 1898], Sommerfeld über seine Theorie der Drahtwellen [Sommerfeld 1898e]; vgl. auch Brief [26].

[3] *F. Klein an W. Dyck, 15. Juni 1898. München, BSB, Dyckiana, Schachtel 5.*

[4] *A. Sommerfeld an die Eltern, 3. Juni 1898. München, Privatbesitz.*

[5] *J. Sommerfeld an die Schwiegereltern, 12. Juni 1898. München, Privatbesitz.*

[6] *J. und A. Sommerfeld an C. Sommerfeld, 8. Juli 1898. München, Privatbesitz.*

[25] *Von Heinrich Weber*[1]

Strassburg d. 18ten Juni 1898.

Sehr geehrter Herr College!

Nur vorläufig und vertraulich möchte ich Ihnen heute von einer Sache Mittheilung machen, bei der ich auf Ihre Unterstützung hoffe.

Mein Verleger Vieweg hat mir neulich den Wunsch ausgesprochen, dass ich eine neue Ausgabe der Riemannschen Vorlesungen über partielle Differentialgleichungen besorgen solle.[2] Ich habe mich noch nicht zu einer bestimmten Antwort entschlossen, da mir die Sache doch mancherlei Schwierigkeiten zu haben scheint, aber auf der anderen Seite mich die Sache reizte, einestheils wegen Riemann, anderen Theils auch wegen des Gegenstandes, für den ich immer eine besondere Vorliebe gehabt habe. Soviel steht nun aber jetzt fest, dass ich die Sache nicht allein unternehmen kann, und da wäre mir dann keine Hilfe willkommener und erwünschter, als die Ihrige. Ich weiss zwar durch Prof Klein, dass Sie eine grosse und weitausschauende Verpflichtung für die Encyclopaedie übernommen haben; ich wage aber trotzdem, auch noch mit diesem Vorschlag zu kommen, da doch die beiden Arbeiten sehr verwandt sind, und ihnen die eine bei der anderen nützlich sein wird. Auch brauchen wir ja nicht zu einem bestimmten Termin fertig zu werden, sondern können uns Zeit nehmen.

Meine Meinung über die Sache wäre etwa die, dass man die ursprünglichen Riemannschen Vorlesungen, von denen ich übrigens noch verschiedene Hefte besorgen könnte, nur als Grundlage benutzt, sich im übrigen Änderungen und Erweiterungen aller Art vorbehält, so dass man ein auch noch heute brauchbares und in seiner Art vollständiges Werk über die partiellen Differentialgleichungen der Physik erhält. Alles von vorwiegend physikalischem Interesse und Principielle würde bei Seite gelassen werden müssen, so dass die betreffenden Differentialgleichungen als etwas gegebenes betrachtet, nur etwa ihre Bedeutung etwas klar und anschaulich gemacht werden müsste. Ebenso aber wären die allzu mathematischen Existenzbeweise wegzulassen, und der Nachdruck hauptsächlich auf die für den Physiker brauchbaren Methoden der Integration zu legen, was hauptsächlich auf die Durchführung einzelner Probleme hinauskäme. Darin aber könnte man dann soweit gehen als möglich.

Ich denke dabei auch sehr an die Vermittlung mit unseren alten guten Königsberger Traditionen.[3] Wie schon gesagt, bin ich noch keineswegs

---

[1] Brief (4 Seiten, lateinisch), *München, DM, Archiv HS 1977-28/A,356.*

[2] Zur Herausgabe der Riemannschen Vorlesungen vergleiche [Klein 1926, S. 247].

[3] Weber hatte von 1875 bis 1883 das mathematische Ordinariat der Universität Königs-

entschlossen, was ich thun soll. Es wäre mir aber sehr erwünscht, einmal Ihre Meinung über diese Pläne zu hören. Sollten Sie Sich zur Mitarbeit entschliessen, so würde ich vorschlagen, dass wir Arbeit und Honorar, das ich mit Vieweg möglichst günstig zu vereinbaren suchen würde, zu gleichen Theilen theilen.

In der Erwartung Ihrer Antwort[1] bin ich mit freundlichem Gruss

Ihr ganz ergebener

H. Weber.

[26] *An Carl Runge*[2]

Clausthal, 3. XI. 98.

Sehr verehrter Herr College!

Durch die liebenswürdige Übersendung der beiden Helmholtz-Vorlesungen[3] haben Sie mir eine sehr grosse Freude gemacht. Sie können Sich denken, wie wertvoll für mich ihr Besitz ist. Fast noch wertvoller ist mir die freundliche Gesinnung, in welcher Sie mir dieses Geschenk gemacht haben.

Ich möchte mich gerne ein wenig revengiren. Leider sind die Freiexemplare von Heft 1 und 2 des „Kreisels" längst vergeben. Ich habe aber diesen Sommer noch ein Register zu Bd. 1–50 der Mathem. Annalen verbrochen[4] – übrigens mit thätiger Unterstützung meiner Frau. Sollten Sie nicht auf die Annalen abonnirt sein, so haben Sie vielleicht das Bändchen gerne zur Hand. Im anderen Fall können Sie vielleicht noch das vom Buchhändler gelieferte Exemplar zurückgeben. In jedem Fall würde ich mich sehr freuen, wenn Sie irgend eine Verwendung dafür haben.

Ich will durchaus nicht behaupten, dass das Sachregister mit dem denkbaren Maximum von Sorgfalt zusammengestellt ist, vielmehr bin ich bei der Lektüre und Einordnung mancher Arbeiten mit einem gewissen Leichtsinn verfahren. Ich hoffe aber wenigstens, dass die Einteilung des Sachregisters ein Maximum von Vernünftigkeit bei Erfüllung von allerlei vorgeschriebenen Nebenbedingungen darstellt.

Mit dem Gegenstande meines Düsseldorfer Vortrages,[5] über den ich

---

berg inne; zur „Königsberger Tradition" vgl. Seite 18.

[1] Nach Sommerfelds Absage publizierte Weber das Werk allein [Weber 1900–1901]. Sommerfeld beteiligte sich als Autor in den 1920er und 30er Jahren an den Neuausgaben [Frank und Mises 1925] und [Frank und Mises 1935].

[2] Brief (4 Seiten, lateinisch), *Berlin, SB, Nachlaß 141*.

[3] [Helmholtz 1897] und [Helmholtz 1898]; Runge war jeweils Mitherausgeber.

[4] [Sommerfeld 1898d].

[5] Er referierte auf der Naturforschertagung über Drahtwellen [Sommerfeld 1898e].

Ihnen und Planck kurz berichtete, bin ich in den letzten Wochen erheblich weiter gekommen. Ich habe mir geradezu ein Beispiel ausgeknobelt – den dünnsten heutzutage herstellbaren Platindraht, bei nicht gar zu grosser Schwingungsfrequenz –, wo sich die Drahtwelle mit der *halben* Lichtgeschwindigkeit fortpflanzt. Dies Resultat wird wohl den Physikern eine kleine Gänsehaut verursachen.

Den Besuch in Hannover[1] führe ich hoffentlich noch diesen Winter aus. Mit nochmaligem herzlichen Dank u. den besten Grüßen

Ihr sehr ergebener
A. Sommerfeld

[27] *Von Alfred Ackermann-Teubner*[2]

Davos-Platz, 12. XI. 98.

Sehr verehrter Herr Professor!

Ich komme erst heute auf eine Angelegenheit zu sprechen, über die Herr Geheimrat Klein auf meine Bitte hin mit Ihnen Rücksprache genommen hat: es handelt sich um die Wahl eines wissenschaftlichen Beraters für den Teubnerschen Verlag besonders nach der Richtung der „Anwendungen der mathematischen Wissenschaften" hin, u. ich habe in dieser Beziehung in erster Linie an Sie gedacht u. ob Sie wohl dieses Amt übernehmen möchten.[3] Es sind auf diesem Gebiete nicht nur wie selbstverständlich in unserem Verlage, sondern überhaupt in der betr. Litteratur [weite?] Lücken vorhanden, u[nd] diese Lücken möchte ich mit Ihrer Hilfe nach u[nd] nach so gut als möglich auszufüllen suchen. Wollen Sie mir hierbei behilflich sein? Ich denke mir, falls Sie auf meinen Plan eingehen wollen, Ihre Thätigkeit für meinen Verlag so, daß Sie die Litteratur dieses Gebietes durchgehen – im Grossen u[nd] Ganzen wird Sie Ihnen wohl bekannt sein, um mich dann auf nützliche u[nd] zeitgemäße Untersuchungen aufmerksam zu machen, mir gewissermassen beschreiben, mit welchem Antrag u[nd] an welchen Gelehrten ich mich wenden soll. Selbstverständlich muß ich mir dann die Freiheit vorbehalten, Ihren Plan mit anderen Gelehrten nat.[ürlich] auf vertrauliche Weise besprechen zu dürfen, was lediglich deshalb stattfinden muß, um auch andere Meinungen zu hören, an denen Ihnen ja auch selbst liegen wird. Im Großen u[nd] Ganzen wird das der Weg sein, der einzuschlagen ist; aber ich höre auch gerne Gegenvorschläge. An mir wird es nun, falls Sie auf

---

[1] Carl Runge war 1886 bis 1904 Ordinarius für Mathematik an der TH Hannover.

[2] Brief (4 Seiten, deutsch), *München, DM, Archiv NL 89, 005.*

[3] Auch Dyck wurde hinzugezogen; vgl. Brief [31].

meinen Plan einzugehen gedenken, liegen, Sie für Ihr Opfer an Zeit u[nd] Arbeit zu honorieren, u[nd] diese Frage macht mir, ganz offen gestanden, einiges Kopfzerbrechen. Soll ich Ihnen für jedes Unternehmen, das ich Ihrer Anregung zu verdanken habe, ein Honorar p[ro] Bogen des betr.[effenden] Werkes gewähren, etwa zehn Mark für den Druckbogen von 16 Seiten und die Hälfte bei etwaigen neuen Auflagen oder ein Fixum p[ro] Jahr, oder wie u[nd] was sonst? Ich glaube der erste Vorschlag wird der Ihnen genehmste sein. Daß Ihnen mein Verlag nach Auswahl zur Verfügung steht, sage ich Ihnen schon jetzt zu, ebenso wie die Besorgung fremden Verlages zum Buchhändlerpreise.

Nochmals um ganz offene Aussprache bittend, zeichne ich, Ihren Nachrichten mit Interesse entgegensehend

mit hochachtungsvollem Gruße
als Ihr sehr ergebener Alfred Ackermann

[28] *An Felix Klein*[1]

Clausthal, 16. XI. 98

Sehr verehrter Herr Professor!

Ich habe schon lange ein böses Gewissen Ihnen noch nicht für Ihre ausführlichen und interessanten Pariser Mitteilungen gedankt zu haben. Die betr. Zusendungen kann ich wohl hier behalten, bis ich in dem Kreiselbuche soweit bin. Die Arbeit von *Baule* schicke ich direkt an Mr. Hatt zurück,[2] wenn Sie sie nicht zu lesen wünschen. Mit Mr. Raveau habe ich einstweilen durch Übersendung von Arbeiten angeknüpft.

Ich bin diese ganze Zeit sehr viel mit Reisen und Briefen in persönlichen Angelegenheiten – meinem Bruder geht es wieder ganz schlecht – beschäftigt gewesen und habe im Übrigen noch viel mit dem Gegenstande meines Düsseldorfer Vortrags zu thun gehabt,[3] über den ich noch ganz neue und sehr überraschende Resultate gefunden habe, so unter gewissen Verhältnissen als Fortpflanzungsgeschw.[indigkeit] ca. $\frac{1}{2} V$ statt V (= Lichtgeschw.).

An Ball habe ich soeben Ihrem Wunsche entsprechend einige höfliche u. nichtssagende, an Koppe ~~einige~~ viele vielsagende u. dabei doch höfliche Worte geschrieben.[4] Ich finde das, was Koppe sagt, nur im Punkte der

---

[1] Brief (4 Seiten, lateinisch), *Göttingen, NSUB, Klein 11.*

[2] [Baule 1890], vgl. [Klein und Sommerfeld 1910, S. 919]. Philippe Hatt war Ingenieur und Mitglied der Académie des Sciences in Paris für Geographie und Schiffbau.

[3] Vgl. Brief [26].

[4] Robert Ball hatte über die Theorie der Schrauben geschrieben. Max Koppe nahm

Arroganz bemerkenswert, sonst mit wenigen Ausnahmen, flach oder irrtümlich. Überhaupt fand ich heute, als ich bei der Abfassung des Briefes
seine Arbeiten nochmals gründlich durchsah, diese viel schwächer wie früher. Die „inducirte Kraft", die Koppe so himmelhoch preist, ist nur bei der
pseudor.[egulären] Präc.[ession] brauchbar u. vom Standpunkte der Impulstheorie selbstverständlich.[1] Ich habe mich natürlich in dem Briefe an ihn
sehr gemässigt, schon damit er mir nicht eine langweilige litterarische Fehde
anhängt. Den Brief lege ich bei und bitte Sie davon ev. Kenntnis zu nehmen
und ihn dann abzuschicken.

Die Arbeiten von Koppe darf ich wohl einstweilen hier behalten; die
Briefe liegen bei (Wegen der Randbemerkungen beim letzten, bitte ich um
Entschuldigung, sie dienten nur zur eigenen Orientirung.) Die Briefe der
Gegner von Koppe (Schmidt[2] etc.) werden wohl noch viel gröber werden;
diese haben wenigstens Grund dazu. Die richtige Antwort an K.[oppe] wäre
von Ihnen aus nach berühmten Muster gewesen: „Im Übrigen will ich mir
den Ton Ihres Briefes ein für allemal verbeten haben".

Ackermann hat gestern in der Angelegenheit des wissenschaftl. Beirats
geschrieben. Ich werde wohl acceptiren. Er bietet als Entgelt 10 M pro Bogen
bei jedem durch mich zustandegebrachten Buche. *Natürlich muss meine
Stellung u. Thätigkeit dabei vollständig geheim bleiben.*

Unsere Rheinreise verlief sehr schön.[3]

Kurz nach Weihnachten gedenke ich auf ca. 1 Woche nach Göttingen
zu kommen, vorher kaum, wenn nicht besondere Gründe vorliegen.

Meine Frau sendet Ihnen und Ihrer Frau Gemahlin die ergebensten
Grüße, desgleichen

Ihr aufrichtig ergebener
A. Sommerfeld

Minkowski liest emsig den Kreisel u. schickte mir sehr anerkennende Worte
der Aufmunterung. Er fühlte sich dabei angenehm an seinen „Körper in
Flüssigkeit" erinnert.[4]

Anstoß an Begriffen der Kreiseltheorie, vgl. [Klein und Sommerfeld 1898, S. 315],
[Klein und Sommerfeld 1910, S. 945].

[1] Zum Impulsbegriff beim Kreisel siehe [Klein und Sommerfeld 1897, S. 93]; „pseudo-
reguläre Präzession" bringt zum Ausdruck, daß bei der Bewegung eines Kreisels im
Schwerefeld Präzession und Nutation stets gekoppelt auftreten: „eine wirkliche reguläre
Präcession ist durchaus unmöglich" [Klein und Sommerfeld 1897, S. 209].

[2] August von Schmidt publizierte eine elementare Behandlung des Kreiselproblems
[Schmidt 1886]; vgl. auch Brief [18] sowie [Klein und Sommerfeld 1898, S. 312].

[3] Er hatte sie mit seiner Frau vom 30. September bis 10. Oktober unternommen.

[4] [Minkowski 1888]. Hermann Minkowski war von 1896 bis 1902 Professor für höhere

Nachdem die beiden ersten Hefte der *Theorie des Kreisels* erschienen waren, trafen bei Klein und Sommerfeld in wachsender Zahl Reaktionen ein, etwa von George Greenhill aus England, der das Werk später in einer umfangreichen Rezension aus dem Blickwinkel des Mathematikers würdigte, oder von Heinrich Burkhardt, der vor allem die Stabilitätsproblematik ansprach.[1]

Am Beispiel des Kieler Torpedoingenieurs Carl Diegel wird deutlich, daß das Werk darüber hinaus auf Interesse stieß. Diegel hatte zuerst an Klein geschrieben,[2] wandte sich dann aber direkt an Sommerfeld.

[29] *Von Carl Diegel*[3]

Friedrichsort *bei Kiel*, den 7 Dezember 1898

Hochgeehrter Herr Professor!

Nachdem ich Ihren liebenswürdigen Brief vom 28. v. Mts durchgearbeitet habe, sage ich Ihnen nochmals herzlichst Dank für die Arbeit und Mühe, welcher Sie sich für mich unterzogen haben, obwohl Sie mich garnicht persönlich kennen. Es freut mich außerordentlich, daß Sie sich für die practische Anwendung des Apparates[4] interessiren, weil ich so hoffen darf, auch Ihnen dienlich sein zu können. Selbstverständlich bin ich zu jedem Gegendienste gerne bereit. Den besten Einblick würden Sie freilich bekommen, wenn es Ihnen möglich wäre, die angewandten Apparate hier im Schießgebrauch und bei den vorhergehenden Prüfungen zu sehen.[5] Einen solchen Einblick würde ich Ihnen recht gerne ermöglichen. Auch wäre ich zu einer Reise nach Clausthal bereit, doch würde Ihnen damit nicht so gut gedient sein, als wenn Sie gelegentlich einmal nach hier kommen könnten. Inwieweit das von Ihnen Gesehene nicht veröffentlicht werden dürfte, würde sich dann leicht besprechen lassen.

Auf den weiteren Inhalt Ihres freundlichen Schreibens eingehend führe ich noch Folgendes aus:

Mathematik an der ETH Zürich.

[1] [Greenhill 1899]; *G. Greenhill an A. Sommerfeld, 5. September 1898. München, DM, Archiv HS 1977-28/A,121. H. Burkhardt an A. Sommerfeld, 22. November 1898 und 16. Dezember 1898. München, DM, Archiv NL 89, 006.*

[2] *C. Diegel an F. Klein, 24. November 1898. München, DM, Archiv NL 89, 007*; Klein reichte die Anfrage an Sommerfeld zur Beantwortung weiter.

[3] Brief (7 Seiten, deutsch), *München, DM, Archiv NL 89, 007.*

[4] Gemeint ist eine auf den österreichischen Ingenieur Obry zurückgehende Kreiselsteuerung, die den Geradlauf von Torpedos steuern sollte, vgl. [Klein und Sommerfeld 1910, S. 782 und folgende].

[5] In Friedrichsort bei Kiel befand sich eine Versuchsstation der Kriegsmarine, bei der Diegel mit dem Test von Torpedos beschäftigt war.

1) Der Apparat kommt beim Torpedoschuß nicht mit Wasser in Berührung. Er ist vielmehr in einer Luftkammer eingebaut, welche beim Schuß immer trocken bleibt. Das Gyroskop steht in diesem Raume ganz frei. Die Schwungradachse liegt horizontal und parallel der Längsachse des Torpedos, der äußere Ring steht also quer im Torpedo. An dem äußeren Ringe ist oben, etwas seitlich von der vertikalen Drehachse ein Stift angebracht, welcher den Drehschieber eines kleinen Motors steuert. Letzterer wirkt auf ein Paar Seitenruder hinten am Torpedo. Der äußere Ring soll seine ursprüngliche Richtung beibehalten, welche mit der Anfangsrichtung des Torpedos einen Winkel von 90° bildet. Erfährt der Torpedo eine Ablenkung, dreht er sich also um den äußeren Ring des Gyroskops, so entsteht (da der Schieberhebel an seinem freien Ende von dem erwähnten Stift des äußeren Gyroskopringes festgehalten wird) eine Drehbewegung des Motorschiebers. Infolgedessen schlagen die Ruder aus und steuern den Torpedo wieder in die ursprüngliche Richtung. Das Gewicht des Schwungrades beträgt ca 0,73 kg. Dasselbe macht pro Minute ca 10 000 Umdrehungen, die nach ca 10 Minuten auf Null heruntergehen. Der äußere Ring wiegt 0,19 kg, der innere 0,175 kg.

2) Die Beschreibung des eigentlichen Apparates, welche die Marine-Rundschau bringen möchte,[1] ist noch nicht gemacht. Auch hat der Eigenthümer der Construction noch nicht seine Genehmigung zu der Veröffentlichung ertheilt. Ich sende Ihnen aber beifolgend eine Uebersetzung der Beschreibung des gleichen Apparates aus dem Engineering[2] mit Copien der zugehörigen Zeichnungen. Der erste Theil der Abschrift in Uebersetzung behandelt den Whitehead-Torpedo, der 2. Theil (Seite 21) auch den Obry-(Geradlauf) Apparat.

Alles, was in dieser Abschrift steht, dürfen Sie beliebig verwenden, da es ja im Engineering veröffentlicht ist. Leider ist die Beschreibung nicht gerade von einem Fachmann aufgestellt und daher nur wenig vollkommen.

3) Nach den Ausführungen oben unter 1 machen sich beim Schusse die störenden Wirkungen (Reibung im Motorschieber etc) *auf den äußeren Ring* des Gyroskops geltend. Der innere Ring mit Schwungrad wird nicht berührt. *Für die Torpedopraxis kommt daher nur das Verhalten des äußeren Ringes bei auf diesen einwirkenden Störungen in Frage.* Ein Drehstoß (oder auch eine kleine, kurze Zeit wirkende Kraft) auf den äußeren Ring lenkt thatsächlich nicht diesen ab, sondern ruft eine Drehung des inneren Ringes um seine

---

[1] [Diegel 1899].
[2] [Sears 1898].

ho..izontale Achse hervor. Vorausgesetzt dabei
ist, daß der innere Ring ganz leicht um seine horizontale Achse dreht. Die von Ihnen erwähnte
„conische Pendelung" der Figurenachse um den
neuen Impulsvector OR findet an dem Gyro-
skop practisch nicht statt.[1] Es tritt dies weder ein, wenn ein Drehstoß
auf den äußeren Ring ausgeübt wird, infolgedessen der innere Ring dreht,
noch im umgekehrten Falle. An einem Gyroskop, das ich Ihnen in den nächsten Tagen mit der Bitte um spätere Rückgabe übersende, wollen Sie sich
gefälligst davon überzeugen.

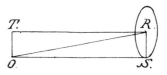

4) Ich kann mir nicht klar machen, daß der Impuls des Schwungrades

$$I = C^2\mu = MR^2\mu$$

ist. Ich komme immer nur auf

$$I = MR^2\mu^2 = \text{der lebendigen Kraft.}$$

Ich habe versucht, mir den Werth $MR^2\mu$ aus Ihrem Kreiselbuche abzuleiten,[2] es ist mir das aber nicht gelungen. Leider ist mir auch die höhere
Mathematik in den langen Jahren meiner Praxis mehr und mehr entschwun-
den, obwohl sie früher mein Lieblingsfach war, sodaß mir das Studium Ihres
Buches schwer wird.

5) Da sich der innere Ring sofort dreht, wenn der Praxis entsprechend
ein Drehstoß auf den äußeren Ring kommt, so erscheint doch das Beispiel
auf Seite 185 u. ff. mit der um die Erde gelegt gedachten Röhre – meiner unmaßgeblichen Ansicht nach – nicht ganz unzutreffend.[3] Diese Ihre
Ableitung ist außerdem wegen ihrer leichten Verständlichkeit so vorzüglich
zu dem Studium der Richtkraft geeignet, daß ich sie nicht gerne aufgeben möchte. Ich habe versucht, das Beispiel auf das Gyroskop anzuwenden.
Beifolgend übersende ich Ihnen das Ergebniß, dem auch Ihre mir gütigst
brieflich mitgetheilte Ableitung des vom Gyroskop ausgeübten Widerstandes hinzugefügt ist. Ich habe versucht, letztere Ableitung so umzuändern,
daß sie dem Drehstoß auf den äußeren Ring entspricht und bitte, das zu
controliren.

Diese beifolgende Abhandlung habe ich aus Ihrem Buche und Briefe in
erster Linie aufgestellt, um mir selbst die Sache klar zu machen. Wenn Sie es

---

[1] Vgl. Brief [22].

[2] Vgl. [Klein und Sommerfeld 1897, S. 185-189].

[3] [Klein und Sommerfeld 1897]; es geht um die Veranschaulichung der Corioliskraft.

gestatten, würde ich dieselbe indessen in der Marine-Rundschau mit veröffentlichen. Ich glaube aber auch, daß ich Ihnen am wenigsten Arbeit mache, wenn ich Sie bitte, die Abhandlung auf Richtigkeit durchzusehen und mich auf etwaige Irrthümer aufmerksam zu machen. Corrigiren Sie bitte auf die linke freie Seite beliebig hinein, was Ihnen nothwendig oder zweckmäßig erscheint und streichen Sie gütigst, was überflüssig oder unrichtig ist.

6) In der Abhandlung habe ich nahezu am Schlusse das numerische Beispiel Ihres Buches auf Seite 135 mit aufgenommen. (Absichtlich mit Ihren Zahlen). Ich komme dabei aber auf ein anderes Resultat.[1]

$$\text{Sie haben für} \qquad \text{tg } \alpha \;\; = \;\; \frac{3\cdot10^3}{15\cdot10^6}$$

$$\text{''} \;\; = \;\; \frac{1}{5\cdot10^3}$$

$$\text{während ich erhalte} \qquad \text{''} \;\; = \;\; \frac{9}{5\cdot10^3\,8}$$

Es hat dies seinen Grund einerseits darin, daß ich für R nicht 10 sondern $\frac{2}{3}10$ (den Halbmesser des Schwerkreises) angenommen habe, und andererseits haben Sie wohl C zu $\frac{1}{2}MR^2$ gesetzt. Daß Sie g fortgelassen und $M = G$ gesetzt, ist vielleicht zur Vereinfachung geschehen, weil das für das Endresultat gegenstandslos ist.

Ich bitte ganz ergebenst, mir über dies Beispiel thunlichst vollständigen Aufschluß zu geben (bezw. dasselbe auf der linken Seite zu berichtigen), weil ich danach meine hier erforderlichen Rechnungen ausführen möchte. Ein richtiges numerisches Beispiel giebt für die Praxis ja den besten Anhalt, hinsichtlich zutreffender Einsetzung aller Faktoren.[2]

7) Einen sehr wichtigen Punkt habe ich in meiner Abhandlung noch nicht berücksichtigt, weil ich mir darüber unklar bin. Das Gyroskop, wie wir es haben, behält (am äußeren Ring beobachtet) gut 3 Minuten lang seine ursprüngliche Richtung. Einer am äußeren Ringe wirkenden continuirlichen Kraft P von 2–10 gr[amm] widersteht es etwa 30–10 Sec lang, und zwar so lange, bis der innere Ring sich um $\alpha = $ ca 15° gedreht hat. Dann dreht auch der äußere Ring in der der Kraft P entsprechenden Richtung, und zwar um so schneller, je größer α wird. (An dem Modelle können Sie das selbst leicht feststellen). Letzteres ist ein Beweis dafür, daß die sogenannte Richtkraft des Gyroskops mit wachsendem Winkel α abnimmt, was auch insofern zutreffend erscheint, als die Richtkraft bei $\alpha = 90°$ thatsächlich gleich Null wird. (In der Stellung nach Fig. 2 Ihres Buches auf Seite 2). Mit

---

[1] α ist der Winkel SOR in der Skizze. Es handelt sich um die Präzession der Achse des Schwungrades.

[2] Sommerfeld kam dem Wunsch Diegels nach, vgl. [Diegel 1899, S. 534-541].

der Formel

$$\operatorname{tg} \alpha = \frac{P\, r \cdot g}{G\, R^2\, \mu}$$

läßt sich das aber nicht in Einklang bringen. Nach dieser müßte, da $\operatorname{tg} 90° = \infty$, auch der zur Erzielung einer weiteren Drehung des äußeren Ringes erforderliche Drehstoß bei $\alpha = 90°$ unendlich groß werden, während doch ein unendlich *kleiner* Stoß schon genügt. Allerdings habe ich mich von Ihrer Ableitung für $\operatorname{tg} \alpha$ entfernt, indem ich den Stoß Pr auf den äußeren Ring verlegte. Von praktischer Bedeutung ist nur der Grund dafür, daß die Richtkraft des Gyroskops von $\alpha = $ ca 15° ab beträchtlich abnimmt, während sie von $\alpha = 0$ bis $\alpha = $ ca 15° ziemlich constant zu sein scheint.

Indem ich hoffe, Ihnen mit meinen vielen Bitten und Wünschen nicht lästig zu fallen, verbleibe ich mit vorzüglichster Hochachtung und kameradschaftlichem Gruße

Ihr ganz ergebenster
Diegel
Torpedo-Ober-Ingenieur.

[30] *Von S. Hirzel*[1]

Leipzig den 8. December 98.

Hochgeehrter Herr!

Ueber ein Jahr ist vergangen, seit wir zuletzt über die praktischen Differentialgleichungen correspondirt haben.[2] In Ihrem letzten Briefe vom September des vorigen Jahres, schrieben Sie mir, dass vorerst die Theorie des Kreisels, an der Sie mit Professor Klein arbeiteten, abgeschlossen sein müsste, ehe Sie an neue Pläne denken könnten. Das zweite Heft dieser grossen Arbeit ist nun inzwischen erschienen und ich bitte Sie es nur nicht als Zudringlichkeit auslegen zu wollen, wenn ich mir heute erlaube nochmals bei Ihnen anzufragen, ob Sie meinem Plane näher zu treten nicht im Lauf des nächsten Jahres bereit wären, und mit mir einen Verlagsvertrag abschliessen wollten. Auf die Verpflichtung einer bestimmten Lieferfrist des Manuscripts würde ich im Vertrage nicht dringen, sondern Sie nur bitten einen ganz allgemeinen Zeitpunkt vorzuschlagen. Denn ich weiss aus Erfahrung, dass oft unvorhergesehene Störungen das Innehalten einer Verpflichtung unmöglich machen. Sie wären somit also nicht streng gebunden. Aber freuen würde

---

[1] Brief (3 Seiten, lateinisch), *München, DM, Archiv NL 89, 009.*
[2] Dieser Briefwechsel liegt nicht vor.

ich mich ausserordentlich, wenn Sie die praktischen Differentialgleichungen wieder ins Auge fassen würden, und ich Sie bereit fände über dieses Werk einen Vertrag abzuschliessen.

Ich habe wegen dieses Buches mich inzwischen an Niemanden anderes gewandt, weil ich die Hoffnung auf eine definitive Zusage Ihrerseits nicht aufgegeben habe, und es mir weniger auf die Zeit, als vielmehr auf den Verfasser des Werkes ankommt.

Vielleicht erscheinen Ihnen die Differentialgleichg. und ihre Bearbeitung jetzt verlockender als vor einem Jahre.[1]

Mit dieser Hoffnung schliesse ich und empfehle mich Ihnen mit vorzüglicher Hochachtung

als Ihr sehr ergebener
S. Hirzel.

[31] *Von Walther Dyck*[2]

München, den 29. Dezember 1898

Lieber Herr Kollege!

Besten Dank für Ihren Brief vom 24, den ich sogleich beantworte. Laßen Sie mich zunächst auch meinerseits meine Freude über eine Cooperation in Angelegenheit mathematischer Werke aussprechen;[3] ich bin überzeugt, daß wir uns aufs beste verständigen werden und möchte schon jetzt vorschlagen, daß wir bei allen Anträgen an Teubner gemeinsam vorgehen, in dem Sinne, daß wir von unseren gegenseitigen Plänen uns Mitteilung machen – und dies um so mehr, als Sie ja ebensowo[h]l rein mathematische ich aber gerade jetzt (wo sich an unserer Hochschule die technische Physik entwickeln muß)[4] auch physikalisch-technische Interessen habe*.

Der wesentliche Grund, der mich veranlaßt hat, das Teubner'sche Anerbieten anzunehmen, ist gerade der, daß es mir in der Tat wichtig erscheint, in planmäßiger Weise auf eine Ergänzung der in unserer Lehrliteratur vorhandenen Lücken hinarbeiten zu können. In *wie weit* durch bestimmte Vorschläge von Personen u. Themata's (bei denen ich noch im Unklaren bin, ob sich auch ein Einfluß auf Disposition des Inhaltes wird ermöglichen laßen)

---

[1] Sommerfeld schlug das Angebot aus, vgl. *A. Sommerfeld an S. Hirzel, 30. Juni 1924. München, DM, Archiv NL 89, 004.*

[2] Brief (4 Seiten, deutsch), *München, DM, Archiv NL 89, 007.*

[3] Vgl. Brief [27].

[4] Entsprechend der Ideen Kleins gründete Dyck an der TH München das erste „Institut für technische Physik", vgl. [Hashagen 1998].

hier eingegriffen werden kann, muß sich erst zeigen. Die Sache aber ist interessant und kann sich – wo wir doch durch die Verbindungen der Encyklopädie und redaktionelle Tätigkeit gerade nach persönlicher Seite mancherlei Erfahrung schon gesammelt haben – nützlich gestalten.–

Mit diesen Teubnerschen Plänen hängen noch zwei andere zusammen, die ich gleich nennen will: Einmal die Absicht, eine *Ausgabe einzelner Artikel der Encyklopädie in erweiterter Form* unter gemeinsamen Titel zu veranstalten – so zwar daß die betr. geeigneten Artikel in der Form von Lehrbüchern weiter ausgearbeitet würden –. T.[eubner] schreibt mir, daß er Ihnen von diesem Plane schon Mitteilung gemacht hat.[1] Er hat für denselben seiner Zeit mit Hilbert Beziehung gesucht, *wie es scheint,* will aber Hilbert, der nur einmal kurz an Teubner geschrieben hat, nicht weiter auf den Plan eingehen. Da nun aber Ackermann Teubner mich fragt, *ob* ich eventuell bereit wäre, die gesamte Redaktion dieser Separatausgabe zu übernehmen**, so möchte ich doch erst wissen, *wie* Hilbert zur Sache steht.[2] Ich vermute, daß Sie die Weihnachtsferien in Göttingen zubringen und Gelegenheit haben, mit Hilbert darüber zu sprechen und ich möchte Sie darum bitten – da solche Dinge doch am besten mündlich gemacht werden.– Ebenso möchte ich Sie bitten, doch auch mit Klein diese – und mit diesem auch die Sache des wissensch.[aftlichen] Beirates – ganze Angelegenheit zu besprechen. Kl.[ein] hat von allen diesen Dingen Kenntnis u. ich habe ihn schon von dem gegenwärtigen Brief an Sie avisirt.[3]–

Das zweite Teubner'sche Unternehmen sind Pläne für eine noch zu gründende Zeitschrift, bezüglich deren ich Ihnen einen Brief von Ackermann Teubner (*vertraulich*) beilege. Klein u. Hilbert kennen diesen Plan, der der Annalen Redaktion ebenso wie dem Vorstande der Mathematikervereinigung in dieser Form zunächst undurchführbar erscheint.[4] – Sie müßen aber jetzt (sofern Ihnen der Plan nicht überhaupt schon bekannt ist) davon wissen – oder kennen Sie den *Urheber* des Ganzen (Stäckel? Engel? ... ?)[5]

---

[1] *A. Ackermann-Teubner an A. Sommerfeld, 10. und 21. November 1898. München, DM, Archiv NL 89, 005.*

[2] Randnotiz von Sommerfeld: „Hilb.[ert] hat geschrieben, lehnt aber jede Redaction ab".

[3] Am 3. Januar 1899 schrieb Klein an Dyck: „Den von Ihnen an Sommerfeld in Sachen des Teubnerschen Verlages gerichteten Brief habe ich noch immer nicht erhalten; ich glaube aber, dass wir da von vornherein einverstanden sind". *München, BSB, Dyckiana, Schachtel 5.*

[4] Gemeint sind die *Mathematischen Annalen.* Zur Reorganisation des mathematischen Zeitschriftenwesens um die Jahrhundertwende siehe [Tobies 1986] und [Tobies 1987].

[5] Randnotiz Sommerfelds: „Stäckel weiss den Urheber nicht." Paul Stäckel war 1897 bis 1905 Professor in Kiel, Friedrich Engel 1892 bis 1904 in Leipzig. Beide galten bei Klein und Ackermann-Teubner als mögliche Kandidaten für redaktionelle Aufgaben bei der

Sie sehen, daß Teubner für die Neugestaltung seines Verlages Vieles organisiren will, u. es erscheint mir darum wichtig, hier mit Hand anzulegen, damit diese Sachen in richtige Bahnen gelenkt werden können.–

Ich komme zu einem zweiten Teile, den auch Sie berühren: zur Frage der *Honorirung*, die ich mir *vorläufig* [?] habe; es scheint mir der auf Teubner's Vorschlag von Ihnen gewählte Modus einer Honorirung der einzelnen Bogen der durch uns veranlaßten Werke – eigentlich *nicht* der richtige Weg zu sein. Ich faße die ganze Aufgabe, die wir uns hier gestalten müßen, allgemeiner auf – der Rat betr. eines speziellen Buches und dessen Verwirklichung durch einen von uns vorgeschlagenen Autor ist dabei ein zu spezielles Moment. Unsere Tätigkeit ist zuvörderst eine *allgemein orientirende*, dann aber eine negative abratende, ebenso wie eine positive zuratende. Zudem – wenn in der Tat die Sache in weiteren Kreisen bekannt würde (was trotz aller Vorsicht immerhin möglich ist, bei längerer Dauer unserer Tätigkeit sehr wahrscheinlich), dann ist diese Art der Honorirung für die Beurteilung durch Dritte die ungünstigste – weil wir nach dem Umfang der Einzelleistungen jener Autoren honorirt werden u. also diesen gegenüber nicht vollständig unparteiisch erscheinen. *Fürs erste* aber mag die gewählte Art einen Maaßstab der ungefähren Höhe unserer Leistung in materieller Beziehung abgeben;*** für später, wenn dieser Maßstab sich beurteilen läßt, würde mir eine generelle Honorirung richtiger erscheinen.

Genug für heute! Ich möchte Sie, nachdem Sie die erwähnten Punkte durchüberlegt, das betr. mit Hilbert bez. mit Klein durchgesprochen um eine ausführliche Antwort bitten.

Herzliche Grüße u. ein gutes neues Jahr das wir unter den Auspizien dieser gemeinsamen Arbeit beginnen!

Stets Ihr ergebener
W. Dyck

   * Ueber die leidige Honorirungsfrage später.

  ** es ist noch fraglich, ob es zweckmäßig ist, sie unter einheitlichem Titel erscheinen zu laßen –

*** Dabei scheint mir auch für jetzt richtig, reine Mathematik generell mir, angew. Math. Ihnen zuzuweisen – unbeschadet unserer gegenseitigen Bezugnahme in den beiderlei Gebieten.

Reorganisation des mathematischen Zeitschriftenwesens, vgl. [Tobies 1986, S. 23].

Nachdem Sommerfeld in die ihm zugedachte Beratungstätigkeit eingewilligt hatte,[1] teilte ihm Ackermann-Teubner sogleich seine Vorstellungen mit:[2] „Gegenseitige strengste Verschwiegenheit ist selbstverständlich, wenn es sich auch über kurz oder lang herumsprechen wird, daß Sie der Vertrauensmann der Firma Teubner für das betr. Gebiet sind. Für die ‚reine' Mathematik habe ich an Prof. Dyck gedacht, jedoch noch nicht an ihn geschrieben, da er zur Zeit ganz besonders stark beschäftigt ist."

In einem weiteren Brief sprach Ackermann-Teubner erste Projekte an, bei denen er Sommerfeld um Rat bat:[3] „Für Ihre freundliche Bereitwilligkeit, Routh's Statik bez. Dynamik des einzelnen Massenpunktes daraufhin genauer anzusehen, ob sich eine deutsche Ausgabe beider Werke wohl empfehlen würde, bin ich Ihnen sehr dankbar.[4] [...] An Dyck habe ich schon geschrieben ob er mir für den Verlag auf dem Gebiete der reinen Mathematik als wissenschaftlicher Berater zur Seite stehen wolle; hoffentlich sagt er zu."

Welchen Nutzen der Verlag Teubner aus seinen wissenschaftlichen „Vertrauensmännern" Sommerfeld und Dyck zog, läßt sich schwer abschätzen, da das Teubnersche Verlagsarchiv im Zweiten Weltkrieg zerstört wurde. Sommerfeld scheint dieser Beratungstätigkeit – wenn überhaupt – nur kurzfristig größere Aufmerksamkeit gewidmet zu haben; so wurde der Plan, einzelne Encyklopädieartikel zu Lehrbüchern umzugestalten, nach einer kurzen Erörterung Anfang 1899 nicht weiter verfolgt. Für Sommerfeld traten wieder die wissenschaftlichen Themen in den Vordergrund.

[32] *Von Tullio Levi-Civita*[5]

Padua den 22ten März 1899

Sehr geehrter Herr Kollege!

Ich sehe soeben in den Wiedemann's Annalen Ihre werthe Abhandlung «Über die Fortpflanzung elektrodynamischer Wellen längs eines Drahtes».[6] Was den eigentlichen Inhalt der Arbeit betrifft, so kann ich nur sagen, wenn Sie es mir gestatten, dasz ich Ihre sinnreiche und sorgfältige Darstellung mit grossem Interesse gelesen und wohl geschätzt habe.

Ich möchte aber Ihrem maszgebende Urteile eine kleine Bemerkung darzulegen, mit der glaube ich einer in der Einführung Ihrer Note gestellten Frage entgegenzukommen.

Es handelt sich um die Erklärung weszhalb näherungsweise die alte und

[1] Vgl. Brief [28].

[2] *A. Ackermann-Teubner an A. Sommerfeld, 21. November 1898. München, DM, Archiv NL 89, 005.*

[3] *A. Ackermann-Teubner an A. Sommerfeld, 11. Dezember 1898. München, DM, Archiv NL 89, 005.*

[4] Beide Werke wurden von Teubner in deutscher Übersetzung herausgebracht [Routh 1898].

[5] Brief (3 Seiten, lateinisch), *München, DM, Archiv HS 1977-28/A,200.*

[6] [Sommerfeld 1899a].

die Maxwell'sche Elektrodynamik zu denselben Resultaten führen.[1]

Wenn ich mich nicht irre, folgt dies unmittelbar aus meiner Note «Sulla riducibilitá delle equazioni elettrodinamiche di Helmholtz alla forma hertziana»,[2] wo es wird gezeigt dasz die Helmholtz'schen elektrodynamischen Gleichungen gehen in die Hertz'schen über durch Hinzufügung kleiner Korrektionsglieder (höchstens von der Ordnung der inversen Lichtgeschwindigkeit).

Ich nehme mir dabei die Freiheit Ihnen ein Exemplar der genannten Note zu übersenden und es wird mich sehr freuen wenn Sie so liebenswürdig sein werden mir Ihre Meinung mitteilen zu wollen.

Indessen bitte ich Sie um Entschuldigung wenn ich Sie gestört habe und empfehle mich mit vorzüglicher Achtung.

Ihr Ergebenster
T. Levi-Civita

P. S. Wollen Sie die Fehler verzeihen mit denen meine deutsche Prose wohl behaftet sein wird!

[33] *An Tullio Levi-Civita*[3]

Clausthal, 27. III. 99.

Hochgeehrter Herr College!

Das vorzügliche Deutsch, in dem Ihr Brief vom 22. h.[eutigen] abgefasst ist, giebt mir die Hoffnung, dass ich Ihnen weniger Mühe mache, wenn ich das Folgende in richtigem Deutsch, als in einem sehr schlechten Italienisch schreibe. Ich bemerke aber, für den Fall, dass Sie mich in Zukunft wieder durch eine Mitteilung erfreuen wollen, dass ich Italienisch ohne Schwierigkeit lesen (wenn auch nicht selbst schreiben) kann.[4]

Vor allen Dingen sage ich Ihnen meinen aufrichtigsten und ergebensten Dank für Ihr Interesse an meiner Arbeit über Drahtwellen und für

---

[1] Die „alte" Elektrodynamik bestand aus einem überwiegend auf dem Prinzip der Fernwirkung beruhenden Theoriengeflecht, die „neue" von Hertz begründete Elektrodynamik stellte axiomatisch die Maxwellschen Gleichungen an die Spitze und ging von einer einheitlichen Nahwirkungsvorstellung aus; den Annahmen über die zeitliche Ausbreitung elektrischer Wirkungen kam dabei eine Schlüsselrolle zu. Vgl. [Lorentz 1904a, S. 141-144]; [Kaiser 1981, S. 163-175].

[2] [Levi-Civita 1897].

[3] Brief (4 Seiten, lateinisch), *Rom, BANL, Levi-Civita.*

[4] Die (hier nicht edierten) nachfolgenden Briefe schrieb Levi-Civita in italienischer, Sommerfeld antwortete in deutscher Sprache.

Ihre äusserst lehrreiche Zusendung. Ihre Ausführungen über das Verhältnis der alten und neuen Elektrodynamik sind für mich völlig überzeugend; ich stimme Ihnen ohne Weiteres bei, dass die Übereinstimmung zwischen alter und neuer Methode durch Ihre Arbeit auf's Natürlichste erklärt wird. Die alleinige Hinzunahme der zeitlichen Ausbreitung ist überdies so einfach und so sehr in der Natur der Sache begründet, dass man sich – wie bei so vielen wichtigen Entdeckungen – nur wundern kann, dass dieser Weg nicht schon früher eingeschlagen ist. Am nächsten ist Ihrem Gedanken offenbar Riemann gekommen.[1]

Ich bitte Sie um Entschuldigung, wenn ich noch eine sehr selbstverständliche und Ihnen völlig geläufige Bemerkung hinzufüge: Der Nachweis, dass die Differentialgleichungen des Problems bei der einen und anderen Methode sich nur um kleine Correctionen von der Grössenordnung $\leq A$ unterscheiden,[2] ist noch nicht identisch damit, dass sich auch die Integrale nur um Grössen von derselben Ordnung unterscheiden. Ich bin zwar überzeugt, dass dieser Nachweis auch für die Integrale gelingen muss auf Grund der in Ihrer Arbeit niedergelegter Gedanken; es scheint mir aber, dass dies immerhin noch einige Entwickelungen erfordern kann. Das Problem der Drahtwellen eignet sich wegen seiner Einfachheit vielleicht besonders gut als Beispiel hierfür.

Bei einem Besuch in Göttingen habe ich Prof. E. Wiechert auf Ihre Note aufmerksam gemacht. Er interessirte sich besonders auch deshalb dafür, weil er damit beschäftigt ist, als Festschrift zu der im Juni stattfindenden Enthüllung eines Gauß-Weber-Denkmals in Göttingen, einen Aufsatz über das Verhältnis der alten u. neuen Electrodynamik abzufassen. Er wird Ihre Arbeit dabei sehr wesentlich zu berücksichtigen haben.[3] Es wäre sehr gütig, wenn Sie auch ihm einen Abzug zuschicken wollten. Wiechert ist Nachfolger von Schering und Vorsteher des Gauß-Observatoriums[4] (Adr: G.[öttingen], Weenderstr. 15)

Ihr Name ist mir von früher namentlich auch durch die Herausgabe der „Theorie des Kreisels" (Leipzig 1897) bekannt, wo wir auf pag. 377, wenn auch nur ganz kurz, auf Ihre wichtige Untersuchung über die Rotationsprobleme[5] eingegangen sind.

---

[1] [Riemann 1876, S. 313-336]; darin geht es um die Problematik der Zeitabhängigkeit in der Potentialtheorie.

[2] A bedeutet den Kehrwert der Lichtgeschwindigkeit, vgl. [Levi-Civita 1897, S. 95].

[3] Die Arbeit von Levi-Civita wird in [Wiechert 1899, S. 78 und folgende] zitiert.

[4] Ernst Schering, seit 1868 Direktor des Erdmagnetischen Observatoriums in Göttingen, war 1897 gestorben.

[5] In [Levi-Civita 1896] wird der Kreisel mit gruppentheoretischen Methoden behandelt.

Dass ich nicht schon vor der Abfassung meiner Studie über die Drahtwellen Ihre elektrodynamische Untersuchung gekannt habe, thut mir aufrichtig leid.

Es bleibt mir nur noch übrig, Ihnen für die wichtige Belehrung zu danken, die mir Ihre Arbeit und Ihr liebenswürdiger Brief gebracht hat.

Mit vorzüglichster Hochachtung Ihr ergebenster
A. Sommerfeld.

Einige ältere Arbeiten, die ich Ihnen kürzlich zuschickte, wollen Sie als Zeichen meiner Dankbarkeit freundlichst entgegennehmen.

[34] *An Felix Klein*[1]

Clausthal, 10th Jule[2] 1899

Dear Sire!

Being returned from Göttingen without stopping in the cursed place Kreiensen,[3] I find a letter arrived from my secret special correspondent at Aachen.[4] He told me, that the list of candidates is this:

1. Weihrauch,[5] 2. F. Kötter,[6] 3 Sommerfeld; the remark is added for the minister that my name is proposed not only for the purpose to accomplish the number 3.

Weihrauch, I think, likely may refuse. The match woud be, then, between Kötter and myself. E. Kötter, the geometer, shall have been very busy in agitating for his brother.– I write you that, to begg you, if you have any occasion, to do anything for me in Berlin. I am sure, that you will do so, first, because I am as good as Kötter and perhaps more able, to meet technical interests, secondly, because, as German people says, „eine Liebe" (Kreisel + Encyclop.) „der anderen wert ist" (Aachen-recommandation) and thirdly, because the redaction of the encyclopedia is very difficult for a

---

[1] Brief (3 Seiten, lateinisch), *Göttingen, NSUB, Klein 11.*

[2] Zum Kontext dieses Briefes vgl. Seite 43.

[3] Dorf am Schnittpunkt zweier Bahnlinien.

[4] Friedrich Klockmann, der 1899 von der Bergakademie Clausthal an die TH Aachen als Ordinarius für Mineralogie berufen wurde, vgl. *J. Sommerfeld an den Vater, undatiert, München, Privatbesitz.* Zur Berufung Sommerfelds nach Aachen vgl. Seite 127.

[5] Johann Jacob von Weyrauch war Ordinarius für Mechanik an der TH Stuttgart.

[6] Fritz Kötter wechselte 1900 von einer Professur für Mechanik an der Bergakademie Berlin an die TH Charlottenburg; sein Bruder Ernst hatte seit 1897 den Lehrstuhl für Darstellende Geometrie an der TH Aachen inne.

man living in Clausthal and very easier braught forward by the Aachener, as I hope, much better libraries.

At last, I must add, that I have gotten not at all an official advertisement from Aachen and that the news of my friend will be treated with some discretion.

Regarding the road, you will take for England, I begg you to deliver, if it is not nearer and cheaper to start from Cassel than from Hannover. I myself shall make requirements in this direction and will give you then information.

It would be very satisfactory for me, to leave Clausthal as soon as possible, because the Schnabelian conflicts[1] are able, to disgust one's working here.

Don't I write English as my native language?

Your very truly
A. Sommerfeld.

Nach der erfolgreichen Englandreise mit Klein nahm Sommerfelds Redaktionstätigkeit für den Physikband der *Encyklopädie* (Band V) konkrete Gestalt an. Daneben sollte er die vorläufige Disposition der Mechanik (Band IV) prüfen. Klein hatte gerade die Redaktion der Astronomie (Band VI) Emil Wiechert übertragen:[2] „Die 3 Einzeldispositionen zu Bd. 4, 5, 6 sollten wir, meine ich, wie ich schon neulich andeutete, getrennt machen und getrennt autographieren (wobei ich die Kosten kurzweg auf meine Sparkassengelder übernehmen will). Sie werden es für Bd. 5 sofort thun wollen, um wieder Exemplare zu haben. Ebenso dränge ich bei Wiechert auf Beschleunigung [...] Andererseits möchte ich mit Bd. 4 etwas warten, bis ich mich mit den Hauptreferenten einigermaßen verständigt habe." Einer der „Hauptreferenten" (neben Ludwig Boltzmann und Wilhelm Wien) für Band V wurde H. A. Lorentz.

[35] *An Hendrik A. Lorentz*[3]

Göttingen, 2. September [1899][4]

Hochverehrter Herr Professor!

Der Plan der mathematischen Encyclopädie, an der Sie vor einem Jahr

---

[1] Karl Schnabel war seit 1885 Ordinarius für Metallhüttenkunde an der Bergakademie Clausthal: „Unter den Collegen giebt es einen oberfaulen, Schnabel, einen alten Säufer u. unwürdigen Charakter", vgl. *A. Sommerfeld an die Mutter, 14. März 1899, München, Privatbesitz.*

[2] *F. Klein an A. Sommerfeld, 12. Oktober 1899. München, DM, Archiv HS 1977-28/A,170.*

[3] Brief (4 Seiten, lateinisch), *Haarlem, RANH, Lorentz inv.nr. 74.*

[4] Jahr der Naturforscherversammlung in München.

ein so freundschaftliches Interesse nahmen,[1] ist soweit herangereift, dass ich Ihnen anbei die Disposition von Mechanik und Mathem. Physik zuschicken kann. Ich brauche Sie nicht zu versichern, wie wertvoll es für unser Unternehmen sein wird, wenn wir Sie als Mitarbeiter gewinnen können. Ich hoffe, dass Sie Ihre in Leiden gegebene vorläufige Zusage jetzt definitiv machen wollen.

Da noch keine Verabredung über die Bearbeitung der Artikel getroffen ist, kann ich Ihnen die freie Auswahl anheimstellen. Besonders wertvoll wäre es mir, wenn ich einen Wunsch äussern darf, die Art. V 13 und V 20 in Ihren Händen zu wissen.[2] In diesen Artikeln würden ja hauptsächlich Ihre eigenen Arbeiten (zusammen mit denen von Wiechert u. Larmor[3]) darzustellen sein, so dass diese auf Ihr besonderes Interesse rechnen dürfen. Jedoch wird uns auch jeder andere Beitrag von Ihnen im höchsten Grade willkommen sein.

Die in unserer Disposition vorgesehene Abgrenzung des Stoffes kann, wenn Sie diesbezügliche Wünsche haben, abgeändert werden. Es wäre mir sehr lieb, wenn Sie (nach einiger Zeit) diejenigen Gegenstände ungefähr namhaft machen wollen, die Sie in den von Ihnen zu übernehmenden Artikeln bringen wollen. Für's Erste bitte ich Sie ganz ergebenst, mir mitteilen zu wollen, ob Sie an Band V der Encyclopädie mitzuarbeiten bereit sind, und welche Artikel Sie wählen. Je mehr es sind, desto lieber wird es mir sein. Das Honorar pro Bogen (16 Seiten) beträgt 75 Mark. Die meisten Artikel (speciell die oben genannten) sind auf 2 Bogen berechnet. Überschreitungen dieses Raumes sind zulässig, werden aber nur mit einem geringeren Satze honorirt. Da ich in München bei der Naturforschergesellschaft über den Stand des Unternehmens zu berichten haben werde,[4] erbitte ich mir Ihre Antwort bis zum 15ten September.

Die Artikel selbst brauche ich nicht vor 1. I. 1901.

Mit vorzüglicher Hochachtung Ihr sehr ergebener

A. Sommerfeld

Augenblickliche Adreße: Göttingen, Hainholzweg 15.

---

[1] Zur Reise von Klein und Sommerfeld in die Niederlande vgl. Seite 42.

[2] Nach späterer Zählung V 14 *Weiterbildung der Maxwellschen Theorie. Elektronentheorie* und V 22 *Beitrag über magneto-optische Phänomene*.

[3] Joseph Larmor war von 1885 bis 1903 Lecturer am Saint John's College in Cambridge.

[4] Im Tagungsbericht nicht abgedruckt. Im Anschluß an die Naturforschertagung fand eine „Conferenz der akademischen Commission und der Redaction der Encyklopädie" statt, bei der die Gliederung „der Bände über ,angewandte Mathematik' beraten wurde", vgl. *Jahresberichte der Deutschen Mathematiker-Vereinigung Bd. 8, 1899, S. 8.*

[36] *Von Hendrik A. Lorentz*[1]

Leiden, 12 September 1899.

Sehr verehrter Herr College,

Ich danke Ihnen bestens für die Zusendung der vorläufigen Disposition zu Band IV und V der Encyclopädie, die offenbar, wie mir übrigens schon bekannt war, mit der größten Sorgfalt zusammengestellt worden ist. Was meine Mitwirkung betrifft, so erheben sich zwei Schwierigkeiten. Zunächst weiß ich nicht ob es mir gelingen würde – diesen Zweifel äußerte ich schon bei unseren mündlichen Besprechungen – Ihrer Absicht, daß der Nachdruck auf die *mathematische* Seite der Theorien gelegt werde, gehörig zu entsprechen. Und dann bin ich bis Sept. 1900 Rector der Universität,[2] so daß meine Arbeitszeit sehr beschränkt sein wird, und ich nicht zu viel versprechen darf.

Am liebsten wäre es mir also wenn es meiner Mitwirkung nicht brauchte. Sollte es aber schwer halten, eine genügende Zahl von Mitarbeitern zu finden, so will ich mich dem Unternehmen nicht entziehen. In diesem Falle bin ich bereit die von Ihnen genannten Artikel V 13 und V 20 zu bearbeiten, denen ich dann noch V 19 hinzufügen möchte.[3] Wenn ich sage „bearbeiten", so verstehe ich das so, daß ich entweder selbst die Arbeit unternehme, oder Ihnen einen Stellvertreter vorschlage, der unter meiner Leitung die Artikel zusammenstellen könnte.

Sie werden wohl die Güte haben wollen, mir mitzutheilen ob Sie, nachdem die Besprechungen mit anderen Fachgenossen stattgefunden haben, meine Mitwirkung noch für nöthig halten, oder nicht.

Ich benutze diese Gelegenheit Ihnen zu danken für die werthvollen Arbeiten die Sie mir im Laufe des verfloßenen Jahres gütigst zukommen ließen.

Mit bestem Gruß und vorzüglicher Hochachtung.

Ihr sehr ergebener
H. A. Lorentz

---

[1] Brief (3 Seiten, lateinisch), *München, DM, Archiv HS 1977-28/A,208.*

[2] Lorentz war von 1877 bis 1912 Ordinarius für theoretische Physik an der Universität Leiden.

[3] Für V 13 und V 20 vgl. Brief [35]; bei V 19 dürfte es sich um den später von W. Wien verfaßten ersten Teil von V 22 *Elektromagnetische Lichttheorie* gehandelt haben; vgl. die Briefe [42] und [60].

[37] *An Hendrik A. Lorentz*[1]

Clausthal, 30. September 99

Hochverehrter Herr Professor!

Von München zurückgekehrt, beeile ich mich, Ihren freundlichen Brief vom 12. h.[eutigen] zu beantworten.

Von Gelehrten, welche statt Ihrer Art. V 13 und V 20 der Encyclopädie bearbeiten könnten, kämen wohl nur in Betracht: Larmor, Wiechert u. W. Wien. Larmor, den ich im August gesehn habe, hat die Mitwirkung abgelehnt, Wiechert ist durch die Redaction von Bd. VI (Geophysik etc) absorbirt, W. Wien ist bereit, V 13 *oder* V 20 zu behandeln. Ich möchte nun, um Ihrem Zeitmangel Rechnung zu tragen, mir erlauben, Ihnen folgenden Vorschlag zu machen: Wien übernimmt art. 20, in welchem Gebiete er ja wichtige Originalarbeiten gemacht hat. Sie selbst bitte ich recht inständig, art. 13 und, wenn irgend möglich, auch art. 12[2] zu schreiben. Art. 13 hoffe ich, werden Sie nicht ablehnen, da es sich ja um Ihre eigenste Theorie handelt. Um ferner meine Bitte betr. art. 12 annehmbar zu machen, diene Folgendes: Es ist sicher gut, wenn diese beiden eng zusammenhängenden Referate in einer Hand sind. Wegen V 12 hatte ich mich zuerst an Planck gewandt, der aber wegen zu grosser Arbeitslast ablehnte.[3] Er verwies mich auf Sie und Boltzmann. B. hat in sehr erfreulicher Weise die kinetische Gasth.[eorie] übernommen, die ein langes Referat (3 Bogen) abgeben wird.[4] Sicher wird V 12 einer der wichtigsten und vielgelesensten Teile werden, so dass wir ihn gerne einer besonders kundigen Hand anvertrauen möchten. Abgesehen davon sind wir Jüngeren der Maxwell'schen Theorie gegenüber in einer weniger günstigen Lage, wie Sie, da Sie das Durchdringen derselben selbst erlebt und gefördert haben. Was die Zeit des Einlaufs dieses Art. betrifft, so lässt sich dieselbe nach genauerer Überlegung bis zum 1. Juli 1901 herausschieben. Ich hoffe, dass wir auf diese Weise mit Ihrem Rectorate nicht collidiren werden. Noch möchte ich bit-

---

[1] Brief (8 Seiten, lateinisch), *Haarlem, RANH, Lorentz inv.nr. 74.*

[2] Vermutlich der nach späterer Zählung als V 13 bezeichnete Artikel über *Maxwells elektromagnetische Theorie.*

[3] „Mehrjährige Erfahrungen haben mich belehrt, daß ein Berliner Universitätsprofessor die Zeit, die ihm von den ewigen Sitzungen, Examina, Berichtabfassungen noch übrig bleibt, soweit sie nicht von den Vorlesungen in Anspruch genommen ist, bei richtiger Ueberlegung nur dazu benutzen darf, um sich selber u. die eigenen Forschungen weiter zu fördern, zusammenfassende Darstellungen aber auf das Katheder beschränken muß." *M. Planck an A. Sommerfeld, 11. September 1899. München, DM, Archiv HS 1977-28/A,263.*

[4] [Boltzmann und Nabl 1907].

ten, Sich an der Betonung der „mathematischen Seite der Theorie" nicht stossen zu wollen. Allerdings ist ja die E.[ncyklopädie] ihrem ganzen Plane nach für Mathematiker bestimmt, die daraus lernen sollen, welche Anwendungen ihrer Wissenschaft in der Physik gemacht und noch zu machen sind. Zu diesem Zwecke ist es aber offenbar nötig, eine ziemlich vollständige Schilderung der physikalischen Theorien zu geben und auch experimentelle Dinge, soweit sie fundamental sind, zu berücksichtigen. Ich glaube, dass Sie Ihren Interessen und Ihrer Darstellungsweise nicht den geringsten Zwang anzuthun brauchen, um auf's Vollkommenste den Zwecken der E. zu entsprechen. Auch bringt es die Einteilung der E. mit sich, dass z. B. in den Art. V 11–13 das Physikalische, in den Art. 14–17 das Mathematische prävalirt.[1]

Art 12 und 13 sind je auf 2 Bogen veranschlagt. Art 11 wird wahrscheinlich Prof. Wangerin–Halle, ein ehemaliger Schüler F. Neumanns, übernehmen.[2] Ich hoffe, dass Art. 11 so frühzeitig fertig gestellt werden kann, dass Sie ihn im Manuscript vor dem Abschluss Ihrer ev. Art. einsehen können.

Falls Sie eine jüngere Hilfskraft heranzuziehen wünschen, bitte ich jedenfalls darum, Ihren Namen neben dem Ihres ev. Mitarbeiters im Titel nennen zu wollen.

Prof. Boltzmann machte mich in München darauf aufmerksam, dass es ausser Maxwell noch andere Feldwirkungstheorien gäbe – Euler, Hankel, Edlund – u. dass auch diese eine Erwähnung in V 12 verdienten.[3] Ev. liessen sich diese auch, nebst anderen hydrodynamischen Äthertheorien, als ein Anhang dem Art. V 12 beifügen, so dass sie von einem besonderen Referenten (Korn?) behandelt werden könnten.[4] Dies aber nur unter der Voraussetzung, dass Sie einen diesbez. Wunsch haben.

---

[1] Nach der Disposition, die im folgenden Jahr im Anschluß an die Aachener Naturforscherversammlung publiziert wurde, behandelten die Artikel 12–14 die *Physikalische Grundlegung der Elektricitätslehre* und 15–20 *Mathematische Specialausführungen zur Elektricitätslehre*, vgl. [Klein 1900, S. 168]. Lorentz übernahm nach der endgültigen Zählung die Artikel V 13 [Lorentz 1904a], V 14 [Lorentz 1904b] und einen Teil von V 22 [Lorentz 1909].

[2] Albert Wangerin hatte von 1863 bis 1866 in Königsberg bei Franz Neumann studiert und war ab 1882 als Nachfolger Eduard Heines Ordinarius in Halle. Er übernahm den Artikel über die ältere Theorie der Optik [Wangerin 1909].

[3] [Edlund 1874], [Hankel 1865], [Hankel 1867]; vgl. auch [Boltzmann 1891, S. 2-3, 131]. Lorentz kam dieser Aufforderung „mangels an Raum" nicht nach, außerdem würden diese Arbeiten „mathematisch wenig Intereße bieten", vgl. *H. A. Lorentz an A. Sommerfeld, 24. März 1902. München, DM, Archiv HS 1977-28/208.*

[4] Vgl. [Korn 1892] und [Korn 1894]; Arthur Korn war 1895 bis 1903 Privatdozent an der Universität München.

Sie erwähnen in Ihrem Briefe noch den Art. V 19. Ich glaube Sie richtig
zu verstehn, wenn ich annehme, dass Sie diesen nur dann zu übernehmen
wünschen, wenn Sie V 20 schrieben, so dass bei meinem jetzigen Vorschlag
V 19 in Fortfall käme. Selbstverständlich ist dieser Vorschlag aber ganz un-
massgeblich. Sollten Sie 19 + 20 dem 12 + 13 oder dem 13 allein vorziehen,
so würde ich W. Wien um Art. 13 und womöglich auch um 12 bitten.

Zum Schluss empfehle ich meine Vorschläge Ihrer wohlwollenden Erwägung und bitte Sie, mir Ihre Entschlüsse baldtunlichst mitteilen zu wollen,
damit ich mit Wien definitive Verabredungen treffen kann. In jedem Falle
danke ich Ihnen, zugleich auch im Namen von Prof. Klein und Boltzmann,
für Ihre gütige bedingte Bereitwilligkeit und hoffe inständig, dass sie sich
in eine definitive umsetzen wird.

Mit vorzüglichster Hochachtung
Ihr aufrichtig ergebener
A. Sommerfeld

[38] *Von Paul Volkmann*[1]

Königsberg i. Pr. 3 October 99

Lieber, verehrter Herr College!

Von Ihrem Brief waren mir Ihre kurzen Mittheilungen über das Wohlergehen Ihrer werthen Familie der bei Weitem interessanteste und angenehmste Theil. Meine Frau und ich freuen uns auf den Tag, wo wir wieder
einmal zusammen sein können. Sie werden doch einmal wieder Ihre verehrten Eltern in Königsberg besuchen?

Was die Encyklopädie betrifft, so fühle ich mich viel zu sehr als theoretischer Physiker, um der dem Programm zu Grunde liegenden Mathe-
matisirung der Physik von Herzen zustimmen zu können. Die theoretische
Physik ist eine selbstständige Disziplin, die der Mathematik unendlich viel
zu verdanken hat, die darum aber noch kein mathematisches Gängelband
verträgt.

Die zu Grunde gelegte Systematik will ja allerdings einen physikalischen
Charakter tragen, aber gerade diese scheint mir dem Unternehmen einen
unnöthigen und keineswegs förderlichen Zwang zu auferlegen. Die Encyklo-
pädia Britannica mit ihren classischen physikalischen Artikeln,[2] die einfach
alphabetisch geordnet sind, hat mir hier immer als Muster einer encyklo-
pädischen Behandlung vorgeschwebt.

---

[1] Brief (4 Seiten, lateinisch), *München, DM, Archiv HS 1977-28/A,348.*
[2] Siehe beispielsweise [Rayleigh 1888].

Was die Capillarität betrifft, so kann ich sie weder zur Molecularphysik noch zur Hydrodynamik rechnen, sie gehört in das Gebiet der Hydrostatik, wie schon der Titel der classischen Arbeit von Gauss angiebt.[1] Die von Ihnen erwähnten „feineren" Untersuchungen von Van der Waals[2] – und ich kann ja auch Boltzmann hinzufügen[3] – lehren in Ihren Resultaten auch nichts anderes, als dass die Capillaritäts-Erscheinungen „gröbere" Erscheinungen sind, für welche es weder nöthig noch nützlich ist, den molekularen Apparat heranzuziehen. Ich habe gerade in den letzten Tagen den in diesem Sinne von mir bearbeiteten Theil des Manuscripts für meine bei Teubner erscheinende theoretische Physik nach Leipzig abgesandt.[4]

Sie sehen, lieber Herr College, mein wissenschaftlicher Standpunkt macht es mir unmöglich, Ihnen diesmal gefällig sein zu können. Was mich die abweichende Meinung von Ihnen, die ja freundschaftlich nichts zu bedeuten hat, leichter tragen lässt, ist der Gedanke, mich von einem Unternehmen fern halten zu können, als deren Vater ja Ihr Herr Vorgänger in Clausthal[5] gilt.

Ich habe mich wohl selten in einem Manne so getäuscht, wie in diesem, und ich muss mir bittere Vorwürfe machen entgegen der Warnung meines hochverehrten Freundes Hölder[6] zu seiner Berufung die Hand geboten zu haben. Ganz abgesehen von der Persönlichkeit, die unfähig ist die naturgemässen Mitarbeiter des Berufs als anständige Menschen anzusehen, muss ich die erwähnte Berufung in jeder Beziehung als ein Unglück für unsere Hochschule bezeichnen, deren Tragweite vorläufig noch gar nicht abzusehen ist. Wir haben selbstverständlich den Verkehr mit Familie Meyer vollständig abgebrochen.

Mit den herzlichsten Grüssen von Haus zu Haus.

Ihr ergebenster P. Volkmann.

---

[1] [Gauß 1830].

[2] [van der Waals 1894].

[3] [Boltzmann 1870].

[4] [Volkmann 1900]; darin ist ein ganzes Kapitel (§ 91) der „Bedeutungslosigkeit molekularer Anschauungen für eine mechanische Theorie der Hydrostatik" gewidmet; vgl. dazu die Behandlung der Kapillarität in dem schließlich von H. Minkowski verfaßten Encyklopädieartikel [Minkowski 1907].

[5] Franz Meyer war 1897 einem Ruf Königsberg gefolgt; zu seiner Rolle bei der *Encyklopädie* vgl. [Dyck 1904].

[6] Otto Hölder war von 1896 bis 1899 Ordinarius für Mathematik in Königsberg.

[39] *Von Ludwig Boltzmann*[1]

Wien, am 7. Oktober 1899

Hochgeehrter Herr College!

Ich habe einiges, was mir gerade einfiel, eingefügt;[2] natürlich kann davon weggelassen werden, was nicht mathematisch wichtig scheint. Selbstverständlich betrachte ich das Ganze als vorläufig rohes Brouillon[3], das Sie jetzt erst zu einer systematischen Eintheilung bearbeiten werden.

So steht jetzt ein ganz spezieller Fall der Polarisation des Lichts der Zeemaneffect unter 21, die Polarisation selbst unter 24, ich hatte keine Ahnung, wohin Fluoreszenz, Lichtfortpflanzungsgeschwind.[igkeit] passen.[4] Beugung ist unter 18 und unter 23. Eines der wichtigen Kapitel der Elektricitätslehre die Theorie der galvanischen Ketten, Elektrolyte und Polarisation ist schon vor „Elektricität". Daß man bei Kapiteln wie Wärmeerregung bei Deformation, Wärmeleitung mit Rücksicht auf die Deformation bei der Temperaturänderung, Beziehung zwischen Deformation und Magnetismus, Wärme und Magnetismus, Wärmeleitung bei gleichzeitiger Entwicklung elektrischer Stromwärme etc verweisen muß, ist wohl klar aber möglichste Systematik behufs leichter Auffindbarkeit wäre doch wünschenswert. Wohin kommt Thermoelektricität, Peltiereffect, Ettingshausen Nernsts Thermomagnetismus, Pyro- und Piezoelektricität, worüber auch manches gerechnet wurde?

Sonderbar erscheint es mir auch daß die ganze Akustik zB. Fortpflanzung und Dämpfung des Schalls in Röhren, Pfeifen, Resonanz, Consonanz, Combinationstöne etc. alles unter „19 Schwingungen elastischer Systeme" also noch vor „Hydrodynamik" kommen soll.[5]

---

[1] Brief (3 Seiten, deutsch), *München, DM, Archiv HS 1977-28/A,31.*

[2] Beilage nicht vorhanden. Boltzmann war als „Beirath in wissenschaftlichen Fragen" neben Walther Dyck, Gustav von Escherich, Heinrich Weber und Felix Klein von den beteiligten Akademien mit der Konzeption der *Encyklopädie der mathematischen Wissenschaften* betraut, vgl. [Dyck 1904] und [Tobies 1994, S. 15-16].

[3] Entwurf.

[4] Vgl. dazu die bei der Naturforscherversammlung in Aachen diskutierte Disposition [Klein 1900, S. 169]; im Anschluß daran wurden die Artikel 21–23 unter *Physikalische Grundlegung der Optik* und 24–26 unter *Mathematische Specialausführungen zur Optik* geführt. Vgl. auch Brief [37].

[5] Bezieht sich vermutlich auf den von Horace Lamb verfaßten Artikel 24 im Mechanikband über *Schwingungen, insbesondere Akustik.* (Wohl aufgrund dieser Kritik wurde die Reihenfolge im Mechanikband verändert, so daß nun die Artikel 15–20 unter *Hydrodynamik*, Artikel 21–25 unter *Elastizitätslehre* eingeordnet waren.) Vgl. [Klein 1900, S. 167].

Doch ich betrachte mich nur als „physikalischer Beirat". Ich weiß, dass ich die Sache immer zu sehr vom physikalischen Gesichtspuncte betrachte.

Mit ausgezeichneter Hochachtung
Ihr ergebenster
Ludwig Boltzmann.

[40] *Von Hendrik A. Lorentz*[1]

Leiden, 4 November 1899.

Hochverehrter Herr College,

Ich muß Sie um Verzeihung dafür bitten, daß ich Ihr freundliches Schreiben vom 30ten September so lange unbeantwortet gelaßen habe.[2] Ich wünschte mir die Sache noch einmal zu überlegen, und dazu bin ich leider nicht so bald gekommen.

Jetzt nehme ich gerne Ihren Vorschlag an, und werde also die Art. 12 und 13 schreiben, und dafür sorgen daß ich bis zum 1 Juli 1901 hiermit fertig bin.

Nur Eins möchte ich noch bemerken. Die Artikel 13 und 20 greifen vielfach ineinander. Wenn ich in 13 die Aberration behandle, so bin ich nicht mehr weit von der Dispersion und Absorption entfernt und die Röntgenstrahlen könnten wohl füglich in 20 besprochen werden. Ich möchte Ihnen nun vorschlagen daß ich, wenn wir unsere Arbeit anfangen, mich mit Herrn Wien in Verbindung setze, damit wir uns über die gegenseitige Abgrenzung der beiden Artikel verständigen.[3]

Was die Feldwirkungstheorien und Äthertheorien betrifft, von denen zwischen Ihnen und Prof. Boltzmann die Rede war, so möchte ich diese in 12 berücksichtigen, um hier ein vollständiges Bild aller dieser Anschauungen geben zu können.[4]

Mit bestem Gruß verbleibe ich hochachtungsvoll
Ihr sehr ergebener
H. A. Lorentz

---

[1] Brief (3 Seiten, lateinisch), *München, DM, Archiv HS 1977-28/A,208.*
[2] Brief [37].
[3] Vgl. Brief [42].
[4] Entgegen dieser Absicht verzichtete Lorentz auf die Wiedergabe einschlägiger Literatur; vgl. dazu die Fußnote in [Lorentz 1904a, S. 68].

[41] *An Hendrik A. Lorentz*[1]

Clausthal, 6. XI. 99

Hochverehrter Herr Professor!

Ihr heutiger Brief ist bei weitem die angenehmste Nachricht, die ich in
Sachen unserer Encyklopädie bekommen konnte. Ich bin Ihnen ganz ausserordentlich dankbar dafür und freue mich, diese beiden wichtigsten Artikel
in so berufenen Händen zu wissen.

Ich schreibe gleichzeitig an W. Wien und teile ihm Ihre Bemerkungen
mit. Ferner werde ich ihn bitten, Ihnen möglichst bald eine Disposition des
Stoffes, den er zu bringen beabsichtigt, einzuschicken[.] Auf dieser Grundlage werden Sie vermutlich leicht zu einer Verständigung kommen. Ich denke, W. Wien hat in Emission, Spectralanalyse etc reichlich Stoff, um Ihnen
gern etwas abzugeben. Sie sollen die Abgrenzung natürlich, bitte, ganz nach
Ihrem Gutdünken einrichten und mich nur nachträglich irgend wie davon
verständigen. Vielleicht ist es auch gut, wenn Pockels, der voraussichtlich
die Electromagnetische Lichtth.[eorie] übernimmt,[2] Ihnen ebenfalls seine
Disposition einschickt, damit Sie auch hier ev. Retouchen vornehmen können.

Ich bin mir bei der Disposition wohl bewusst gewesen, dass die Schei-
dung zwischen Electricität und Optik keine reinliche ist. Beide ganz zusam-
menzuwerfen, schien mir aber nicht thunlich. Um so mehr freue ich mich,
dass Sie selbst eine Correctur der Grenzlinie vornehmen wollen.

Man kann die Frage aufwerfen, ob nicht der Raum, der für Ihre Art.
vorgesehen war 4 Bogen, erweitert werden soll, wenn Sie Stoff aus dem
Wien'schen Art. übernehmen. Nun ist ja die Raumfrage überhaupt mehr
eine Geldfrage. Es ist nicht die Absicht, dass ein Art. auf den von der
Akademie-Commission bezeichneten Raum comprimirt werden *müsste*; ja
es scheint mir das überhaupt nicht wünschenswert, weil darunter die Lesbarkeit desselben leiden würde. Es war vielmehr nur die Meinung, dass
die Academien die ausgesetzten Geldmittel nicht überschreiten wollen, so
dass mehr als der festgesetzte Raum nicht mehr von den Academien mit
75 Mark, sondern allein von dem Verleger (u. zw. mit 33 M.) honorirt wird.
Es scheint mir aber nur billig, dass ich Wien vorschlage, seinen Art. auf $1\frac{1}{2}$
Bogen und die Ihrigen dafür auf $4\frac{1}{2}$ zu veranschlagen.

---

[1] Brief (4 Seiten, lateinisch), *Haarlem, RANH, Lorentz inv.nr. 74.*

[2] Friedrich Pockels schrieb diesen Artikel nicht; in [Pockels 1907] behandelte er die thermischen und elastischen Phänomene im Zusammenhang mit der Elektro- und Magnetostatik.

Wegen etwaiger Beschaffung von Litteratur werden Sie bei Teubner sicher das grösste Entgegenkommen finden. Wenn ich selbst Ihnen irgend wie nützlich sein kann, wird es mir zur besonderen Freude gereichen.

In den nächsten Wochen werde ich mir erlauben, Ihnen eine vorläufige Note über Röntgen-Beugung, d. h. über die Theorie derselben, einzuschicken, welche, wie ich hoffe, Sie und Ihre Herrn Collegen in Groningen interessiren dürfte.[1] Ferner werde ich Ihnen in einigen Tagen die auf Boltzmann's Ratschläge noch etwas veränderte Disposition u. sonstige redactionelle Mitteilungen zuzuschicken haben. Ihre Art. sind in der neuen Disp. Nr. 13 und 14.[2]

Mit ergebenstem Gruße u. aufrichtigem Dank
A. Sommerfeld

[42] *An Wilhelm Wien*[3]

Clausthal, 6. XI. 99.[4]

Sehr geehrter Herr College!

H. A. Lorentz hat zu meiner grossen Freude Maxwell'sche Theorie und Erweiterung derselben (Art. V 12 und 13 der vorläufigen Disposition) übernommen. Ich richte daher an Sie die definitive Bitte Art. V 20 Ihrem Anerbieten gemäss zu behandeln. Dabei will ich die folgende Anfrage nicht unterdrücken: Art. 19 hängt natürlich durch manche Fäden mit 20 zusammen. Würden Sie es, so wie Lorentz, vorziehen, beide Art. zusammen zu übernehmen? Die Sache würde dadurch wahrscheinlich gewinnen. Doch ich will Sie nicht gegen Ihren Wunsch und Willen hierzu drangsaliren. Ich habe sonst für 19 Pockels, ev. Voigt in der Reserve.[5] Art. 18 nimmt Wangerin.[6] Wollen Sie mir also bitte Ihre Meinung über 19 ganz kurz per Karte mitteilen, damit ich mich, wenn Sie ihn nicht mögen, definitiv an Pockels wenden kann.

---

[1] [Sommerfeld 1899b]; Hermanus Haga, Professor der Experimentalphysik an der Universität Groningen, und Cornelis Wind, seit 1895 Lektor für mathematische Physik, versuchten die Beugung von Röntgenstrahlen experimentell nachzuweisen; vgl. [Wheaton 1983, S. 31].

[2] [Lorentz 1904a] und [Lorentz 1904b]; vgl. auch Brief [39].

[3] Brief (4 Seiten, lateinisch), *München, DM, Archiv NL 56, 010.*

[4] Die Datierung lautet im Original XII., aber wegen Brief [41] dürfte es sich um eine Verschreibung handeln.

[5] Es handelt sich um die Magnetooptik, die von H. A. Lorentz als Zusatz zu Wiens Artikel behandelt wurde [Lorentz 1909].

[6] Vgl. Brief [37].

Lorentz schreibt ferner: „Die Art. 13 und 20 greifen vielfach in einander. Wenn ~~ich~~ er in 13 Aberration behandle, sei er nicht weit von Dispersion und Absorption entfernt und die Röntgenstrahlen könnten wohl füglich in 20 besprochen werden." Er möchte sich mit Ihnen über diese Fragen in Verbindung setzen.

Ich möchte Sie nun sehr bitten, eine Disposition desjenigen Stoffes, den Sie bringen wollen, anzufertigen, ev. mit Berücksichtigung dieser Lorentz'-schen Vorschläge und sie Lorentz baldmöglichst einzusenden. Sie werden sich dann von dieser Grundlage aus ohne Frage leicht über die beste Abgrenzung der beiden Gebiete einigen. Eine ganz befriedigende Abgrenzung ist sicher nicht möglich. Da kommt es schliesslich auf persönliche Wünsche und Concessionen an, auf die Sie einem Manne wie Lorentz gegenüber sicher gerne eingehen werden. Ich glaube, ich brauche mich weiter nicht in diese Frage zu mischen und lege ihre Entscheidung vertrauensvoll in Ihre vier Hände.

Noch eine Frage: Wenn Lorentz etwas von Ihrem Stoff übernimmt, soll dann seine Bogenzahl von 2 auf $2\frac{1}{2}$ heraufgesetzt u. die Ihre von 2 auf $1\frac{1}{2}$ herabgesetzt werden. Die Sache ist insofern irrelevant, als die Referenten den Raum ohnedies überschreiten können u. dann nur für die überschrittenen Bogen nach geringerem Satz bezahlt werden (statt mit 75 mit 33 M.). Für die elektrom.[agnetische] Lichtth.[eorie] sind auch $1\frac{1}{2}$ Bogen in Aussicht genommen.

Wegen Spectralanalyse ist Runge, der Art 1 schreiben wird,[1] gern erbötig, Ihnen Stoff u. Litteratur nachzuweisen, ev. auch seinerseits einen Beitrag speciell über Spectr.[al]-An.[alyse] zu schreiben, falls Sie es wünschen sollten. Doch ist der Einheitlichkeit wegen wohl wünschenswerter, dass der ganze Art. aus einer Feder fliesst. Ich denke, auch die Spectr.[alanalyse] wird Ihnen nicht zu viel Mühe machen.

Die neuesten Arbeiten von Planck werden Sie doch berücksichtigen.[2]

Als Ablieferungstermin schlage ich den 1. VII. 99 vor;[3] wenn sich der Termin herausschiebt, schicke ich Nachricht.

Die auf Boltzmann's Rat etwas umgearbeitete Disposition (mit Verschiebung der Numerirung) u. sonstiges Redactionelles sende ich nächstens ein. Mit bestem Gruss u. Dank im Voraus

Ihr ergebener
A. Sommerfeld

---

[1] *C. Runge an A. Sommerfeld, 11. September 1899. München, DM, Archiv HS 1976-31.*
[2] [Planck 1899a], [Planck 1899b].
[3] Offensichtliche Verschreibung, vgl. Brief [40].

Obwohl die Encyklopädie einen Großteil seiner Zeit einnahm, vergaß Sommerfeld darüber nicht die Forschung. Horatio S. Carslaw hatte im Sommer 1897 in Göttingen bei
Sommerfeld in einer Vorlesung dessen funktionentheoretisches Verfahren zur Lösung des
Problems der Beugung an einer Halbebene kennengelernt. In Vorbereitung einer Arbeit,
in der er die Sommerfeldsche Methode zu einem umfassenden Instrument für die Lösung von Randwertaufgaben auch in der Akustik und der Theorie der Wärmeleitung
ausbaute,[1] korrespondierte Carslaw mit Sommerfeld über die Frage, wie man Sommerfelds (vermeintliche) Lösung des Spaltproblems verallgemeinern könne.[2] Dabei fiel ihm
ein Fehler Sommerfelds auf, der diesen zu einer Korrektur seiner bereits publizierten
Ausführungen zwang.

[43] *An Tullio Levi-Civita*[3]

Clausthal, 7. XI. 99.

Lieber Herr College!

Es ist gut, dass Sie mich an die „Verzw.[eigten] Pot.[entiale]" erinnert
haben;[4] ich hätte es sonst wahrscheinlich vergeßen. Ich schicke sie zugleich
mit einer daran anknüpfenden Arbeit eines ehemaligen Göttinger Studenten, die eine Berichtigung von mir enthält.[5]

Wegen der „Verzw. Pot." habe ich leider ein
sehr schlechtes Gewissen; ich wünschte, ich hätte sie nicht geschrieben. § 5 ist nämlich falsch
u. die Berichtigung ist auch nicht richtig. Die
Function V der Berichtigung hat nämlich nicht
die zwei Geraden zur Verzweigungslinie, sondern
einen Kreis (s. Fig.), der sie berührt, wobei die

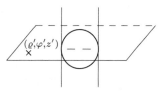

Ebene durch Pol (ϱ', φ', z') u. Berührungsp.[unkt] senkrecht zu den Geraden
steht. Function V führt also nicht zu der Green'schen Function des Spaltes
sondern der Kreisscheibe. Wenn Sie oder Ihr Schüler diese Lücke ausfüllen
könnten, was mir nicht gelungen ist, wenn Sie also die Green'sche Function
des Spaltes geben könnten, so würde mir dies eine grosse Freude sein. Sie
würden dann, bitte, bemerken, dass ich selbst den Fehler, aber nicht seine
Verbesserung, gefunden habe.–

Ein geeignetes Dissertationsthema wäre auch der ohne Beweis mitge-

[1] [Carslaw 1899].
[2] *H. Carslaw an A. Sommerfeld, 13. Oktober 1898 und 22. Januar 1899. München, DM, Archiv HS 1977-28/A,49.*
[3] Brief (4 Seiten, lateinisch), *Rom, BANL, Levi-Civita.*
[4] [Sommerfeld 1897a].
[5] [Carslaw 1899], [Sommerfeld 1899c].

teilte Satz 5 von pag. 405. Den Beweis habe ich nicht, der Satz[1] ist aber ohne Frage richtig.–

Ich würde Ihnen sehr dankbar sein, wenn Sie mir Ihre neueren Arbeiten, z. B. soweit sie die elektrischen Anwendungen betreffen [zusenden]. Dies wird schon deshalb gut sein, damit sie in Bd. V der Encykl. ihre Stelle finden. Sie sprachen von einer Umkehrung bestimmter Integrale. Ferner sah ich in den Fortschritten d. Math. eine Arbeit über Integration von $\frac{\partial^2 u}{\partial t^2} = \Delta u$, die mich sehr interessirt.[2]

Ich versuche in der Enc.[yklopädie] zunächst ohne Ihre Hülfe auszukommen; ob ich aber mich später nicht doch noch an Sie wenden muss, kann ich nicht sicher sagen.

Mit herzlichem Gruße Ihr aufrichtig ergebener

A. Sommerfeld.

[44] *Von Ludwig Boltzmann*[3]

[Wien, 13. 11. 99][4]

Hochgeehrter Herr!

Mit allem einverstanden. Über Größe und Wirkungssphäre der Moleküle und Nothwendigkeit der Molekularvorstellung und anderes damit zusammenhängendes würde ich sehr gerne schreiben. Aber: Natürl. System der Elemente, Stereochemie, Isomerie, fundamentale chemische Gesetze muss ich ablehnen. Nur weniges, was hinüberleiten würde könnte ich schreiben.[5]

Mit ausgezeichneter Hochachtung und den herzlichsten Grüßen

Ihr ergebenster

Ludwig Boltzmann.

---

[1] Es handelt sich um einen Satz über das Verhalten von Funktionen in Verzweigungspunkten [Sommerfeld 1897a].

[2] Möglicherweise eine Verwechslung mit dem Referateorgan *Fortschritte der Physik*, hierin werden mehrere Arbeiten zur Wellengleichung besprochen.

[3] Postkarte (1 Seite, deutsch), *München, DM, Archiv HS 1977-28/A,31*.

[4] Poststempel.

[5] Einer vorläufigen Disposition aus dem Jahr 1900 zufolge sollte Boltzmann *Einleitende Bemerkungen zur Atomistik* verfassen, die in einem Encyklopädieartikel *Grundvorstellungen über Atom und Molekül* einem Abschnitt über *Die mathematischen Grundlagen der Chemie* vorangestellt werden sollten [Klein 1900, S. 168]. Stattdessen wurde später ein Artikel über *Chemische Atomistik* ohne Boltzmanns Mitwirkung verfaßt [Hinrichsen et al. 1906].

[45] *Von Woldemar Voigt*[1]

Göttingen 3. XII. 99.

Verehrter Herr College!

Ihre Abhandlung in der phys. Zeitschrift habe ich mit großem Interesse gelesen.[2] (Was mag in diesem Falle das Huyghens'sche Princip (Kirchhoff!) ergeben?) Die schöne Arbeit läßt mich für die theoretische Physik einen großen Verlust fürchten, wenn Sie durch Ihre neue Thätigkeit aus der so glänzend begonnenen Bahn gedrängt werden sollten! Dies trübt mir die Freude an Ihrem Ruf,[3] zu dem ich Ihnen von Herzen gratulire! Wir haben leider wenig durchgebildete Mathematiker die Sinn für theor. Physik haben.– Nicht wahr, für die Encyklopädie greifen Sie *nur im äußersten Nothfall* auf mich zurück! Ich bin stets so ungeheuerlich belastet! Herzl. Grüße!

Ihr W. Voigt.

---

[1] Postkarte (1 Seite, lateinisch), *München, DM, Archiv HS 1977-28/A,347*.
[2] [Sommerfeld 1899b] behandelt die Beugung von Röntgenstrahlen.
[3] Sommerfeld wurde zum 1. April 1900 auf den Lehrstuhl für Mechanik an die TH Aachen berufen, siehe Seite 127.

1900 – 1906

Technik

Arnold Sommerfeld
im Kreise der „Physikalischen Gesellschaft Aachen" 1905/1906

von links nach rechts sitzend:
Dr. Amberg, Studienrat Kölzer, Jos. Drecker, Adolph Wüllner
dahinter stehend: Otto Grotrian, Otto Blumenthal, Professor Bornemann,
Arnold Sommerfeld, August Bernoulli, August Hagenbach, Dr. Nordmeyer

Technik

Um die Jahrhundertwende führte manche akademische Physiker- oder Mathematikerkarriere erst über eine als zweitrangig angesehene Technische Hochschule zu dem erstrebten Ziel eines Lehrstuhls an der Universität. Den Vertretern der Technikwissenschaften, die um die Gleichstellung ihrer Fächer mit den Universitätsdisziplinen kämpften, erschien dies nicht zu Unrecht als „Universitätshochmut".[1] Dabei stand die Mathematik im Zentrum der Auseinandersetzung: eine „antimathematische Bewegung" an den Technischen Hochschulen sprach der Universitätsmathematik pauschal ihren Nutzen für die Ingenieurwissenschaften ab. Vorlesungen sollten in erster Linie den Bedürfnissen der Technik Rechnung tragen.[2] Felix Klein nahm in diesem Streit zwischen Universitäten und Technischen Hochschulen eine zentrale Rolle ein.[3] Dadurch kam der Berufung von Sommerfeld an die Technische Hochschule Aachen inmitten dieser Auseinandersetzungen eine besondere Bedeutung zu.

Berufung nach Aachen

Im Sommer 1899 trat August Ritter, seit Gründung der TH Aachen Inhaber des Lehrstuhls für Mechanik, in den Ruhestand. Die Aufgaben der Professur umfaßten sowohl die Grundlagen der mehr mathematisch orientierten analytischen Mechanik als auch die besonderen Probleme der technischen Mechanik. Gleich zu Beginn der Nachfolgediskussion kam es zu einem Streit zwischen den drei Ingenieurabteilungen (I Architektur, II Bauingenieurwesen, III Maschineningenieurwesen) einerseits und der Abteilung für allgemeine Wissenschaften (V). Zur letzteren gehörten neben der Mechanik auch Mathematik, Physik, Darstellende Geometrie und Graphische Statik. Die Abteilung für allgemeine Wissenschaften schlug an erster Stelle Johann Jacob von Weyrauch vor, Ordinarius für technische Mechanik an der TH

---

[1] Brief [62].
[2] [Hensel et al. 1989, S. 55].
[3] [Manegold 1970].

Stuttgart. Er wurde auch von den Ingenieurabteilungen geschätzt. An zweiter und dritter Stelle standen Fritz Kötter und Arnold Sommerfeld von den Bergakademien Berlin bzw. Clausthal, beide mehr Mathematiker als Techniker. Es war abzusehen, daß Weyrauch den Ruf ablehnen würde. In diesem Falle würde „ein reiner Mathematiker den Lehrstuhl für Mechanik übernehmen", protestierten die technischen Abteilungen in einer Eingabe an das zuständige preußische Kultusministerium:[1]

> Eine derartige Lösung der Berufungsfrage scheint nun aber den unterzeichneten Abtheilungen nicht diejenige zu sein, welche am meisten Erfolg verspricht. [...] Es ist erforderlich, daß bei der Auswahl und der Gestaltung des Lehrstoffes die wirklichen Bedürfnisse der Technik in gebührend weitgehendstem Maße berücksichtigt werden. [...] Die Unterzeichneten Abtheilungen sind der Ansicht, daß zu einer derartigen wirklich nutzbringenden Behandlung der Mechanik an einer technischen Hochschule ganz überwiegend ein solcher Vertreter geeignet sei, welcher von Haus aus Techniker ist.

Die Abteilung für allgemeine Wissenschaften sah darin einen Eingriff in das ihr zustehende Vorschlagsrecht und beantragte im Senat der TH Aachen, den technischen Abteilungen dafür einen förmlichen Verweis auszusprechen und das entsprechende Votum dem Ministerium gegenüber nicht zu autorisieren – was mit knapper Mehrheit abgelehnt wurde. Daraufhin wandte sich die allgemeine Abteilung ebenfalls mit einem Sondervotum an das Ministerium, um ihre Liste zu bekräftigen:[2]

> Die Abtheilungen I, II, III begründen ihre Bitte um Nichtberufung der beiden von der Abtheilung V an zweiter und dritter Stelle vorgeschlagenen Herren lediglich damit, daß die genannten Herren gegenwärtig an den Bergakademien zu Berlin und Clausthal das Fach der Mathematik vertreten, aber sich mit den hochbedeutenden Leistungen der beiden vorgeschlagenen Herren auf dem Gebiete der theoretischen Mechanik und der mathematischen Physik vertraut zu machen, haben die Antragsteller nicht für nöthig gehalten. Auch dem im Bericht der Abtheilung V ausdrücklich hervorgehobenen Umstande, daß der

---

[1] *Die Vorsteher der Abt. I, II, III an Minister Bosse, 15. Juli 1899. Berlin, GSA, I. HA Rep. 76 V b, Sekt. 6, Tit. III, Nr. 6, Bd. III, Blatt 66-68.*

[2] *Bredt, Kötter, v. Mangoldt, Wüllner an Minister Bosse, 24. Juli 1899. Berlin, GSA, I. HA Rep. 76 V b, Sekt. 6, Tit. III, Nr. 6, Bd. III, Blatt 69-71.*

an zweiter Stelle genannte Herr sich mit Fragen der technischen Mechanik beschäftigt hat, schenken die Antragsteller keine Bedeutung, ebensowenig wie der Thatsache, daß Professor Klockmann auf Grund seines anderthalbjährigen Zusammenwirkens mit Professor Sommerfeld an der Bergakademie zu Clausthal über den letzteren in der günstigsten Weise urtheilt und ihn als ganz hervorragend geeignet bezeichnet. Sie betonen ferner in ganz einseitiger Weise den auf die technische Mechanik bezüglichen Theil des Lehrauftrags, der doch auch die theoretische Mechanik umfaßt. [...] Durch Anerkennung des Grundsatzes, daß bei Besetzung des Lehrstuhls der Mechanik nur Techniker in Frage kommen dürften würde für den zu Berufenden ein bestimmter Bildungsgang vorgeschrieben werden, ganz im Gegensatz zu der sonst bei Berufungen für Hochschulen bestehenden alt bewährten Gepflogenheit, nur nach den Fähigkeiten, Kenntnissen und Leistungen der Vorzuschlagenden zu fragen.

Sommerfelds ehemaliger Clausthaler Kollege, der 1899 nach Aachen berufene Mineraloge Friedrich Klockmann, auf dessen Votum die Abteilung für Allgemeine Wissenschaften besonders hinwies, war jener „secret special correspondent at Aachen", von dem Sommerfeld über die Interna der Berufung auf dem Laufenden gehalten wurde.[1] Das Ministerium folgte zunächst dem Wunsch der Techniker und forderte die TH Aachen auf, zwei weitere Kandidaten zu benennen.[2] Die Kandidaten der technischen Abteilungen waren ein Gewerbelehrer namens Max Tolle und zwei Regierungsbaumeister (Siegmund Müller, Bruno Schulz). Dagegen erhob die allgemeine Abteilung sofort scharfen Protest: „Über die letzteren Herren sind keinerlei Auskünfte beigebracht worden", heißt es in einem an das Ministerium gesandten Gegengutachten, und man könne „dieselben nicht in Vorschlag bringen, da dieselben allen Mitgliedern der Abtheilung unbekannt sind."[3]

Erwartungsgemäß lehnte Weyrauch den Ruf ab. Der zweitplazierte Fritz Kötter wurde ebenso übergangen wie die beiden von den Technikern vorgeschlagenen Alternativkandidaten, so daß der Ruf an Sommerfeld erging. Daraus auf eine Einflußnahme Kleins zu schließen, liegt nahe, ist aber nicht zwingend. Aus mehreren ministeriellen Anstreichungen in den Akten geht

---

[1] Vgl. Brief [34].

[2] *Kultusminister Studt an TH Aachen, 19. Juli 1899. Aachen, HA, ex886, Aktenzeichen UI. No. 22436.*

[3] *Gutachten der Abteilung V bezüglich Ministererlass No. 22436 T, 25. Juli 1899. Berlin, GSA, I. HA Rep. 76 V b, Sekt. 6, Tit. III, Nr. 6, Bd. III, Blatt 72-74.*

hervor, daß insbesondere die Warnung der allgemeinen Abteilung, die Forderung nach einem bestimmten Bildungsgang verstoße gegen traditionelle
Grundsätze bei Berufungen, Wirkung zeigte. Der Referent im preußischen
Kultusministerium lud Sommerfeld „wegen Besprechung der näheren Bedingungen" zur Vorsprache;[1] anschließend erklärte sich Sommerfeld zur
Annahme eines Rufes auf den Lehrstuhl für Mechanik an der TH Aachen
bereit, verband damit aber noch die Bitte an den Minister, ihm wegen der
höheren Lebenshaltungskosten in Aachen „eine Erhöhung des in Aussicht
gestellten Gehaltes von 5 500 auf 6 000 M., wenn irgend angängig, erwirken
zu wollen."[2] Der Bitte wurde stattgegeben, und so stand der Berufung
zum 1. April 1900 nichts mehr im Wege.[3] Sommerfeld sprach Althoff, auf
dessen Fürsprache er die Berücksichtigung seiner Wünsche letztendlich zu-
rückführte, „für das mir in dieser Angelegenheit geschenkte Wohlwollen"
seinen Dank aus, insbesondere auch „für die gütige Berücksichtigung meiner ergebenst geäusserten Bitte betreffend die Festsetzung des Gehaltes."[4]
In den Kreisen der Mathematiker wurde die Berufung Sommerfelds mit Genugtuung aufgenommen. Daß „ein aus den Universitäten hervorgegangener
Mathematiker Ritters Nachfolger wird," fand etwa Paul Stäckel in Kiel „bei
dem gegenwärtigen status rerum sehr erfreulich. [...] Ich bin überzeugt,
daß ein mit der modernen Mathematik vertrauter Mann gerade hier, in der
technischen Mechanik, ein sehr fruchtbares Arbeitsfeld finden wird, und so
rufe ich Ihnen denn aus persönlichen wie sachlichen Gründen ein herzliches
Glückauf zu."[5] Heinrich Weber in Straßburg verband seine Gratulation
mit der Hoffnung, daß „durch Ihre Berufung die strenge mathematische
Richtung an der technischen Hochschule eine Stärkung erhalten" möge.[6]

Besonders mit angewandten Mathematikern wie Runge oder Karl Heun
wußte sich Sommerfeld über viele Fragen einig, was das Verhältnis zur Technik anging. Heun zum Beispiel bestärkte Sommerfeld bei seiner Annäherung
an die Technik, wenn er die „unselige Sucht nach allgemeinen Quadratu-

---

[1] O. Naumann an A. Sommerfeld, 24. November 1899. München, DM, Archiv NL 89, 019.

[2] A. Sommerfeld an den Kultusminister Studt, 1. December 1899. Berlin, GSA, I. HA Rep. 76 V b, Sekt. 6, Tit. III, Nr. 6, Bd. III, Blatt 103-104.

[3] Bestallungsurkunde, 13. Januar 1900. Berlin, GSA, I. HA Rep. 76 V b, Sekt. 6, Tit. III, Nr. 6, Bd. III, Blatt 112-118.

[4] A. Sommerfeld an F. Althoff, 23. Januar 1900. Berlin, GSA, I. HA. Rep. 92 Althoff B, Nr. 178/2.

[5] P. Stäckel an A. Sommerfeld, 2. Februar 1900. München, DM, Archiv NL 89, 013.

[6] H. Weber an A. Sommerfeld, 4. Februar 1900. München, DM, Archiv HS 1977-28/A,356.

ren" vieler Mathematiker geißelte, die seiner Meinung nach nur dazu führe, „thatsächlich wichtige Probleme liegen zu lassen, und die Zeit an unfruchtbaren formalen Bestrebungen zu vergeuden. Sie haben sich durch Ihre intensive Beschäftigung mit Mechanik und theoretischer Physik schon seit Jahren concreteren Zielen zugewendet und dankbarere Aufgaben in Angriff genommen und mit Erfolg durchgeführt."[1] Aber auch aus den Technischen Hochschulen bekam Sommerfeld Unterstützung.[2]

Die neue Aufgabe bereitete ihm viel Arbeit: „Ich bin diese ganze Zeit fast nur zu technischer Mechanik gekommen, habe überhaupt mit meinen 10 Vorlesungsstunden furchtbar zu thun," stöhnte Sommerfeld gegenüber Wiechert.[3] Die früheren mathematischen und physikalischen Interessen mußten zurückstehen. Fast entschuldigend schrieb er an Schwarzschild, daß er sich nicht weiter um die Theorie der Beugung von Röntgenstrahlen kümmern könne, „da mir durch mein neues Amt beispielsweise die Hydrodynamik der Schmiermittel viel näher gelegt wird, wie die Electrodynamik des reinen Äthers."[4]

Annäherung an die Technik

Sommerfeld war sich der besonderen Schwierigkeit seiner Stellung als akademisch orientierter Mathematiker an einer Technischen Hochschule sehr wohl bewußt. Hinzu kam, daß er mit den Bestrebungen Felix Kleins identifiziert wurde, die aus dem Blickwinkel vieler Techniker als unerwünschte Einmischung in eigene Belange angesehen wurden. Entsprechend groß war die Neugier, mit der Klein die ersten Schritte Sommerfelds in Aachen verfolgte, und entsprechend ambitioniert waren Sommerfelds Bemühungen, dem Mißtrauen der Techniker durch Herausstellen seiner Kontakte zu Praktikern wie dem Ballistiker Carl Cranz oder dem Torpedoingenieur Carl Diegel von vornherein das Wasser abzugraben.[5]

Klein war die „Anfreundung mit den Technikern", die er aus den Briefen Sommerfelds herauslas, hochwillkommen. Im Frühjahr 1900 hatte Adolf Slaby, Professor der TH Charlottenburg, Kleins Bestrebungen auf höchster politischer Ebene an den Pranger gestellt.[6] Kurz zuvor waren an der

---

[1] *K. Heun an A. Sommerfeld, 17. Februar 1901. München, DM, Archiv NL 89, 009.*

[2] Vgl. die Briefe [46] und [47].

[3] *A. Sommerfeld an E. Wiechert, 17. Juni 1900. Göttingen, NSUB, Wiechert.*

[4] Brief [52].

[5] Briefe [48], [49] und [50].

[6] Zur sogenannten Slaby-Affäre vgl. [Manegold 1970, S. 205-215].

Universität Göttingen mit Unterstützung der Industrie auf Initiative von Klein neue Institute gegründet worden, in denen die Anwendung akademischer Wissenschaft auf die Technik demonstriert werden sollte. Wenn sich nach dem Kleinschen Vorbild die Universitäten auch der Technik annähmen, argumentierte Slaby, würde die technische Bildung zersplittert und eine Degradierung der Technischen Hochschulen die Folge sein. Klein reagierte mit einer nicht weniger scharfen Entgegnung, daß er keineswegs eine Schwächung der Technischen Hochschulen beabsichtige. Im Sommer kam es dann – durch Althoffs Vermittlung – zu einer Einigung zwischen Slaby und Klein, die in einem Schriftstück mit dem Titel *Das Studium der technischen Wissenschaften, Vereinbarung über die Abgrenzung zwischen Technischen Hochschulen und Universitäten* festgehalten wurde. Danach sollten allein die Technischen Hochschulen Ingenieure ausbilden, wobei in einem ministeriellen Zusatz noch ergänzt wurde, daß den Professoren der Technischen Hochschulen „die Möglichkeit zu selbständiger wissenschaftlicher Forschung durch entsprechende Einrichtungen und Anstalten zu gewähren" sei.[1]

Formal war damit der Streit zwischen Technischer Hochschule und Universität bereinigt, doch im akademischen Alltag waren die Meinungsverschiedenheiten noch lange nicht ausgeräumt. „Die meisten Techniker haben von physikalischer Forschung ebenso wenig eine Idee wie von mathematischer," urteilte Sommerfeld über das fehlerhafte Vorgehen eines Kollegen an der TH Dresden gegenüber Klein.[2] Aus dessen Sicht bestand jedenfalls kaum Veranlassung, in den Bemühungen um eine Annäherung an die Technik nachzulassen. Er drängte verstärkt auf eine zügige Realisierung der angewandten Bände der *Encyklopädie*, wobei ihm besonders die Mechanik am Herzen lag. Im September 1900 brachte er seine Anliegen noch einmal auf der Jahrestagung der Deutschen Mathematiker-Vereinigung zur Sprache, die zusammen mit der Versammlung deutscher Naturforscher und Ärzte in diesem Jahr an Sommerfelds neuer Wirkungsstätte Aachen stattfand.[3] Diese Naturforschertagung wurde auch für Sommerfeld zu einer ersten Gelegenheit, sein Bemühen um eine Annäherung an die Technik zu demonstrieren.

---

[1] [Manegold 1970, S. 213-214].

[2] Brief [56].

[3] *F. Klein an A. Sommerfeld, 15. August 1900. München, DM, Archiv HS 1977-28/A,170.*

Schmiermittelreibung

Er wählte dazu die Hydraulik, wo bekanntermaßen ein Gegensatz zwischen den theoretischen Resultaten der Hydrodynamik einerseits und den praktischen Erfahrungen aus der Technik andererseits bestand. Die Hydrodynamik war für Sommerfeld nicht neu, doch bislang hatte er das Gebiet aus einem ganz anderen Blickwinkel heraus betrachtet. Mit W. Wien hatte er die Ableitung der hydrodynamischen Bewegungsgleichungen aus dem Hamiltonschen Prinzip erörtert, und bei seiner Diskussion mit Hilbert stand der hydrodynamische Druck als Lagrangescher Multiplikator im Zentrum.[1] Als 1900 Wiens Lehrbuch über die Hydrodynamik erschien, schrieb Sommerfeld, er habe es zwar nicht so gründlich lesen können, wie er sich dies wünschte, denn „die technische Mechanik sitzt mir zu sehr auf den Fersen"; er deutete jedoch an, daß ihn die Hydrodynamik mit Blick auf die Technik beschäftigen werde: „Ich habe diese Dinge für mein Colleg studirt u. hoffe darüber weiterarbeiten zu können." Den Anknüpfungspunkt stellten die von Wien nur sehr unvollständig dargestellten Arbeiten von Osborne Reynolds dar:[2]

> Reynolds hat nicht nur prächtige Experimente zur Hydraulik gemacht, die Sie citiren, sondern auch eine *grossartige* Theorie, Phil. Trans. London R. S. Vol. 186 I (1895).[3] (R. geht wahrscheinlich viel tiefer wie Boussinesq,[4] den ich noch nicht gelesen habe. An R. knüpft an H. A. Lorentz, Amst. Academie 1897, Verslagen Bd. 6.)[5] Im Princip ist dort alles erklärt, speciell auch das hochinteressante experimentelle Kriterium von Reynolds, wann die Bewegung geradlinig, wann sie in Wirbeln und Blasen erfolgt. Im Einzelnen ist freilich noch viel zu thun. Ich halte diese Arbeit von R. für die grösste That auf dem Gebiete der Hydrodynamik seit der Aufstellung der Differentialgleichungen.

Die von Reynolds umrissene Theorie war allerdings schwierig. Selbst ein so renommierter Vertreter der technischen Physik wie August Föppl gestand, daß er „die theoretischen Betrachtungen von Reynolds nicht verstanden"

---

[1] Briefe [19], [20] und [21].

[2] *A. Sommerfeld an W. Wien, 30. Juni 1900. München, DM, Archiv NL 56, 010.* Vgl. auch [Wien 1900b, Kap. VII, § 6].

[3] [Reynolds 1895]. Vgl. dazu auch [Hopf 1927].

[4] [Boussinesq 1870], [Boussinesq 1871].

[5] [Lorentz 1898].

habe.[1] Mit um so größerem Ehrgeiz versuchte Sommerfeld, die Hydrodynamik von den Grundideen Reynolds' und Lorentz' ausgehend zu einer für
die Technik relevanten Theorie zu entwickeln. Ziel war die „Berechnung des
Reibungswiderstandes in einer Röhre". Er steigt mit wachsender Strömungs-
geschwindigkeit v und abnehmendem Rohrdurchmesser d, aber Theorie und
Praxis führten zu widersprüchlichen Aussagen über die Abhängigkeit: Die
herkömmliche hydrodynamische Theorie ergab eine Widerstandszunahme
proportional zu v/d^2, die Hydraulik v^2/d.[2] Sommerfeld wollte den turbulenten Zustand berechnen, der sich bei der Strömung einer Flüssigkeit durch
ein Rohr oberhalb einer kritischen Geschwindigkeit einstellt. In einer umfassenden Theorie sollten sowohl die laminare als auch die turbulente Strömung beschrieben und dann technische Anwendungen als Spezialfälle abgeleitet werden. Dieses Programm erwies sich als zu ehrgeizig.

Bei seinen Rechnungen, „die auf die Feststellung möglicher Bewegungen
oberhalb der kritischen Geschwindigkeit abzielten," hatte Sommerfeld „kläglich Schiffbruch gelitten", wie er Lorentz gestand.[3] Selbst der Versuch, auch
nur die kritische Geschwindigkeit für den Umschlag zur Turbulenz zu berechnen, scheiterte. Danach legte er das Thema für einige Zeit beiseite. Erst
im April 1902 näherte sich Sommerfeld wieder diesem Problemkreis. Föppl
dankte ihm für „die mir in Aussicht gestellte Zusendung Ihrer Arbeit über
Bremswirkung", worin Sommerfeld jedoch nur eine phänomenologische Beschreibung des Bremsprozesses ohne jeden hydrodynamischen Erklärungs-
versuch gab.[4] „Sie gehen ja ganz unter die Ingenieure", wunderte sich Max
Abraham über diese Arbeit.[5] Von der Phänomenologie der Eisenbahnbremsen war es jedoch nur ein kurzer Weg zu den fundamentaleren Fragen
nach der Natur der Reibungsprozesse, die je nach Ansatz (als „trockene"
oder als „Flüssigkeitsreibung") zu ganz unterschiedlichen Antworten führten. Wieder ging Sommerfeld von Reynolds aus. Bei der Untersuchung der
„Reibung in geschmierten Lagern von Maschinen" zeigte sich,[6]

dass für *grosse* Geschwindigkeiten die Reibung proportional der
Geschwindigkeit, unabhängig vom Druck wird, für *kleine* Ge-

---

[1] *A. Föppl an A. Sommerfeld, 7. Oktober 1900. München, DM, Archiv HS 1977-
28/A,97.*

[2] [Sommerfeld 1900d].

[3] *A. Sommerfeld an H. A. Lorentz, 10. Dezember 1900. Haarlem, RANH, Lorentz inv.nr.
74 sowie die Briefe* [54] *und* [55].

[4] *A. Föppl an A. Sommerfeld, 24. April 1902. München, DM, Archiv HS 1977-28/A,97.*
Vgl. [Sommerfeld 1902a].

[5] Brief [73].

[6] Brief [76].

schwindigkeiten dagegen unabhängig von der Geschw. und proportional dem Druck, mit welchem die Welle in dem Lager ruht. Für kleine Geschwindigkeiten ergiebt sich also, auch vom Standpunkte der hydrodynamischen Theorie, das Gesetz, das von Coulomb für irgend zwei auf einander gleitende Körper aufgestellt und das gewöhnlich auf alle technischen Reibungsvorgänge, insbesondere auf den Vorgang der Lagerreibung angewandt worden ist. Es scheint die Möglichkeit vorzuliegen, die „trockene" Reibung (nach Coulomb) aus der „Flüssigkeitsreibung" (von Schmiermittel oder Luft) zu erklären, trotzdem beide Gesetze scheinbar diametral entgegengesetzt sind.

Eine Konsequenz aus Sommerfelds hydrodynamischer Theorie ließ sich unmittelbar experimentell überprüfen. Die Stellen des maximalen Abriebs in den Lagerschalen sollten gerade in der entgegengesetzten Richtung wie bei Zugrundelegung der trockenen Reibung liegen. Ein früherer Student Sommerfelds, nun Ingenieur in einer Eisenbahnwerkstätte, untersuchte auf Anregung seines Lehrers die Abnützungserscheinungen bei Lokomotivachsen: „Ich kann Ihnen nun zu meiner großen Freude mitteilen, daß die Praxis Ihre Theorie zu bestätigen scheint," schrieb er nach Aachen.[1] So bestärkt konnte Sommerfeld im September 1903 auf der Naturforscherversammlung in Kassel zeigen,[2]

> dass auf dem Gebiete der technischen Mechanik ein reges wissenschaftliches Leben herrscht, dass dieses Gebiet überreich ist an Problemen, reich an harten, spröden Aufgaben, reich aber auch an schönen, fast gereiften Früchten, die nur der kundigen Hand warten, die sie zu pflücken versteht.
>
> Die Zeit ist gründlich vorüber, da der Physiker und Mathematiker sich von den Bestrebungen der Technik vornehm zurückhielt, da er in diesen Bestrebungen einen geringeren Grad wissenschaftlicher Bethätigung erblickte, als in den Arbeiten seines eigenen Ideenkreises.

Sommerfeld veröffentlichte seine Theorie der Lagerreibung 1904 in einer umfangreichen Abhandlung in der *Zeitschrift für Mathematik und Physik*.[3] Obwohl sie für Techniker wohl nur schwer verständlich war, fand sie auch in

---

[1] Brief [79].
[2] [Sommerfeld 1903, S. 781].
[3] [Sommerfeld 1904i].

diesen Kreisen Anerkennung. Der Schiffsbauer Hermann Frahm bescheinigte Sommerfeld, daß seine Theorie „auch durch meine Versuche im Princip Bestätigung zu finden" scheine.[1] Trotz des raschen Fortschritts der technischen Wissenschaften hinterließ sie bleibende Spuren, wie die „Sommerfeldsche Zahl" bezeugt, eine dimensionslose Größe, mit der die Eigenschaften verschiedener Lager verglichen werden können. Eine amerikanische Fachzeitschrift zählte Sommerfeld im Jahre 1955 zu den „Men of Lubrication".[2]

Festigkeitslehre und technische Schwingungsphänomene

Ein anderer Bereich der theoretischen Physik, von dem sich Sommerfeld eine Verbindung zur Technik erhoffte, war die Elastizitätstheorie. Ähnlich wie bei der Wärmeleitung, Hydrodynamik oder Potentialtheorie handelte es sich für den Theoretiker um die Lösung von partiellen Differentialgleichungen mit vorgegebenen Randbedingungen. Einem nicht verwirklichten Plan zufolge wollte Sommerfeld für Klein im Mechanikband der *Encyklopädie* den Artikel über die physikalischen Grundlagen der Elastizitätstheorie verfassen.[3] Als sich Sommerfeld im November 1900 über die Anschaffung von Demonstrationsapparaten für seine Vorlesungen über technische Mechanik Gedanken machte, führte er außer Apparaten zur Veranschaulichung der Hydraulik auch „Apparate zur Stabbiegung" und „einen Apparat zur Knickungsformel" an.[4] Doch auch hier erwies sich die Umsetzung theoretischer Ergebnisse aus der Elastizitätstheorie in die Technik als ein mühsamer Prozeß.

Im Juli 1901 hielt Sommerfeld vor Aachener Ingenieuren einen Vortrag über *Beiträge zum dynamischen Ausbau der Festigkeitslehre*,[5] wobei insbesondere das Demonstrationsexperiment beeindruckte. Bislang habe man die Erkenntnisse der Elastizitätstheorie immer nur bei Berechnungen der Statik in Betracht gezogen; sie müsse jedoch auch bei den vielfältigen Resonanzerscheinungen berücksichtigt werden, die „in den technischen Wissenschaften noch nicht diejenige Beachtung gefunden" hätten, die sie verdienten. Kürzlich sei ihm aus dem Bauingenieurwesen ein Beispiel vorgelegt worden, bei dem es um die Fundamentierung eines Gebäudes ging, das auf Trägern errichtet werden mußte, da es von Eisenbahnschienen unterquert

---

[1] *H. Frahm an A. Sommerfeld, 4. Juli 1904. München, DM, Archiv HS 1977-28/A,99.*

[2] *Lubrication Engineering, Volume 11, July/August 1955, S. 229.*

[3] *F. Klein an A. Sommerfeld, 15. August und 8. Oktober 1900. München, DM, Archiv HS 1977-28/A,170.* Vgl. die Disposition zur Mechanik in [Klein 1900, S. 167].

[4] Brief [57].

[5] [Sommerfeld 1902b].

wurde: Wie waren die Träger zu dimensionieren, um die Erschütterungen einer zehn Meter über dem Erdboden aufgestellten Dampfmaschine auszuhalten? Diese Anregung verwertete er für ein Demonstrationsexperiment, um den Unterschied von „statischer" und „dynamischer" Ausbiegung zu zeigen. Er ließ auf einem fest auf dem Podium verankerten Tisch einen Motor mit Unwucht laufen und erhöhte dessen Antriebsspannung, bis durch die Hin- und Herbewegung der Unwucht der Tisch heftig zu wackeln anfing. Nun verglich er die tatsächliche Auslenkung der Tischbeine in horizontaler Richtung mit derjenigen, die zu erwarten gewesen wäre, wenn der Tisch mit einer der Zentrifugalkraft der Unwucht entsprechenden Kraft statisch ausgelenkt worden wäre – mit dem Ergebnis, daß die tatsächliche „dynamische" Auslenkung um ein Vielfaches größer war.

Sommerfelds Forderung nach einer stärkeren Berücksichtigung dynamischer Phänomene in den Ingenieurwissenschaften erwies sich als fruchtbar. So war Föppl davon überzeugt, daß eine große, bislang unverstandene Eisenbahnkatastrophe „in erster Linie durch eine Resonanzwirkung von derselben Art, wie Sie sie besprachen, zu erklären" sei.[1] Zu dem dabei auftretenden Effekt schrieb ihm aus Innsbruck der Mathematiker Wilhelm Wirtinger: „Wir haben also Ihren Wackeltisch wirklich zu neuem Leben erweckt", nachdem er den Versuch vor Technikern vorgeführt hatte.[2] Kurz darauf teilte er weitere Einzelheiten mit. Man habe den Wackeltisch „von zwei kräftigen Männern" bei laufendem Motor anheben lassen, worauf die Tischbeine zu schwingen aufhörten und der Motor abrupt zu einer höheren Drehzahl überging.[3] Die Theorie dieses Phänomens veröffentlichte wenig später Wirtingers Kollege Michael Radakovic.[4]

Anders als bei der Schmiermittelreibung ergaben sich jedoch aus der Beschäftigung mit den mannigfaltigen „dynamischen" Ausbiegungserscheinungen keine bahnbrechenden Neuerungen auf dem Gebiet der Festigkeitslehre. Nur in zwei wissenschaftlichen Publikationen gab Sommerfeld zu erkennen, wie sehr ihm dieses Fach am Herzen lag: 1904 beschrieb er in einem Fest-

---

[1] *A. Föppl an A. Sommerfeld, 27. Oktober 1901. München, DM, Archiv HS 1977-28/A,97.* Bei einem durch einen Zug verursachten Brückeneinsturz bei Mönchenstein in der Nähe von Basel waren am 14. Juni 1891 mehr als 70 Menschen getötet worden [Hartmann 1892].

[2] Brief [67].

[3] *W. Wirtinger an A. Sommerfeld, 24. Dezember 1901. München, DM, Archiv HS 1977-28/A,373.* Weitere Briefe dazu erhielt Sommerfeld von Ludwig Gümbel und August Föppl, vgl. *München, DM, Archiv NL 89, 008* und *München, DM, Archiv HS 1977-28/A,97.* Zur Rezeption des Phänomens in der technischen Mechanik und zur physikalischen Interpretation siehe [Eckert 1996].

[4] [Radakovic 1903].

schriftartikel für den Aachener Physiker Adolf Wüllner eine originelle Methode zur Bestimmung des „Poissonschen Verhältnisses" (Querkontraktion zu Längsdehnung eines elastischen Materials).[1] Zwei Jahre später verallgemeinerte er die Eulersche Formel der Biegung eines Stabes auf den Fall der Plattenknickung. Als er sein umfangreiches Manuskript an Runge zur Veröffentlichung in der *Zeitschrift für Mathematik und Physik* schickte, bemerkte er:[2] „Sie erhalten hier eine Abhandlung, von der sie unschwer erkennen werden, dass viel Arbeit drinsteckt, nicht nur theoretische von mir sondern auch rechnerische von meinen Hilfskräften. Sie ist aus einem Gutachten hervorgegangen, das ich für den Verein deutscher Eisenhüttenl.[eute] abgeben sollte." Es tue ihm „leid dass die Arbeit wieder so lang geworden ist; ich schreibe aber immer so breit!" Aus dieser Arbeit bezog er die Anregung, sich nach dem erfolglosen Auftakt im Jahr 1900 wieder mit dem hydrodynamischen Problem der Rohrströmung zu beschäftigen: „Die Plattenknickung hat für mich noch ein Nachspiel gehabt", schrieb er an Runge.[3] Er habe nämlich bemerkt, „dass eine ähnliche Rechnung auch zur theoretischen Berechnung der kritischen Geschwindigkeit in der Hydrodynamik und zur Turbulenz führt. Vorläufig habe ich eine ziemlich wüste transcendente Gleichung, die noch der Discußion harrt."[4]

Auf ein anderes merkwürdiges Schwingungsphänomen wurde Sommerfeld durch Föppl aufmerksam gemacht, „nämlich über das in der Praxis sehr gefürchtete ‚Pendeln' parallel geschalteter Maschinen".[5] Beim Betrieb von parallel geschalteten Wechselstromerzeugern auf einem Stromkreis kam es zu einem An- und Abschwellen der elektrischen Leistung. Über die Ursache gingen die Meinungen weit auseinander. Sommerfeld erklärte sich das Pendeln dadurch, „daß durch den Antrieb eine erzwungene Schwingung in den Maschinensatz gegeben wird und daß andererseits das System einer freien Schwingung fähig ist, deren Periode von den mechanischen und elektrischen Konstanten der beiden Maschinen abhängt. Die besonderen Erscheinungen eines starken Pendelns treten auf, wenn beide Schwingungen in *Resonanz* stehen."[6] Föppl hatte demgegenüber das Pendeln als rein mechanisches Phänomen aufgefaßt und einem besonderen Bauteil der Dynamomaschi-

---

[1] [Sommerfeld 1905d].

[2] *A. Sommerfeld an C. Runge, 10. März 1906. München, DM, Archiv HS 1976-31.* Vgl. [Sommerfeld 1907g]; eine Kurzfassung davon erschien in [Sommerfeld 1906b].

[3] *A. Sommerfeld an C. Runge, 9. Juni 1906. München, DM, Archiv HS 1976-31.*

[4] Zur weiteren Entwicklung dieser Idee siehe Seite 282.

[5] *A. Föppl an A. Sommerfeld, 31. Januar 1902. München, DM, Archiv HS 1977-28/A,97.* Vgl. [Föppl 1902].

[6] [Sommerfeld 1904c, S. 273].

nen, dem sogenannten Regulator, die Hauptrolle zugewiesen.

Sommerfeld korrespondierte darüber mit dem Oberingenieur der Berliner Allgemeinen Elektrizitäts-Gesellschaft (AEG) Gustav Benischke, der ihm einen Abzug seiner gerade im Druck befindlichen Publikation darüber zukommen ließ und sich erbot: „Wenn Sie wieder nach Berlin kommen, wird es mich freuen, Sie in unserer Fabrik führen zu können."[1] Im weiteren Verlauf der Diskussion zwischen Föppl, Sommerfeld und Benischke offenbaren sich allerdings auch ihre unterschiedlichen Herangehensweisen gegenüber diesem im Grenzbereich zwischen Elektrotechnik und Mechanik angesiedelten Effekt: Föppl, der Experte der technischen Mechanik, kritisierte, „daß der Elektrotechniker als richtiger Specialist nur den elektrischen Teil ins Auge faßte, während ihm die damit gekoppelte Dampfmaschine nur als ein fremdes Ding vorschwebte, das ihn nicht weiter kümmerte".[2] Sommerfeld machte die Erfahrung, daß ihm beim raschen Aufblühen der Technikwissenschaften die Zeit für eine gründliche Auseinandersetzung fehlte. So glaubte Benischke der Sommerfeldschen Arbeit „entnehmen zu müssen, daß Ihnen die *letzte* Literatur über diesen Gegenstand nicht bekannt geworden" sei.[3]

Ganz ähnliche Themen standen auf der Tagesordnung der Naturforscherversammlung im September 1901 in Hamburg.[4] Hier lernte Sommerfeld den Schiffsmaschinentheoretiker Ludwig Gümbel „als einen originellen, wissenschaftlichen Menschen kennen", wie er an Runge schrieb – in der Hoffnung, Runge möge als Mitherausgeber der *Zeitschrift für Mathematik und Physik* Gümbels neueste Arbeit abdrucken.[5]

Wie allgegenwärtig Resonanzphänomene in der Technik waren, zeigt eine Aachener Dissertation über *Resonanzerscheinungen in der Saugleitung von Kompressoren und Gasmotoren*,[6] an der Sommerfeld einigen Anteil hatte. Angeregt durch eine Artikelserie in der *Zeitschrift des Vereins Deutscher Ingenieure* und in der Bergbauzeitschrift *Glückauf* wurde 1904 im Maschinenlaboratorium der TH Aachen begonnen, Versuche über die „mehrfach beobachtete auffällige Erscheinung in der Saugleitung eines

---

[1] *G. Benischke an A. Sommerfeld, 17. April 1902. München, DM, Archiv NL 89, 005.* [Benischke 1902].

[2] *A. Föppl an A. Sommerfeld, 24. April 1902. München, DM, Archiv HS 1977-28/A,97.*

[3] *G. Benischke an A. Sommerfeld, 20. April 1904. München, DM, Archiv NL 89, 005.* Vgl. dazu auch [Sommerfeld 1904c]. Da es um die Wirkungsweise von Maschinen ging, die durch neue Techniken bald überholt waren, erledigten sich die Kontroversen von selbst.

[4] Siehe z. B. [Frahm 1901], [Gümbel 1901b], [Lorenz 1901].

[5] Brief [66].

[6] [Voissel 1911].

Kompressors" anzustellen, „wo Schwingungen der Luft im Saugrohr eine
Erhöhung ihrer Spannung am Saughubende und damit des volumetrischen
Wirkungsgrades bewirken". Die Ursache für die periodischen Spannungs-
schwankungen habe „wohl zuerst Hr. Prof. Dr. Sommerfeld erkannt, indem
er sie als Resonanzerscheinung kennzeichnete", heißt es weiter; der Doktorand dankte Sommerfeld und „Dipl. Ing. Debye", der im Dezember 1904
Sommerfelds Assistent wurde, für die Erlaubnis, ihre theoretische Ausarbeitung benutzen zu dürfen, die sich an die Theorie der gedeckten Pfeife
aus der Akustik anschloß. Sommerfeld selbst publizierte zu diesem Thema
nichts.

Anwendungen der Kreiseltheorie

Von allen theoretisch-physikalischen Themen hätte sich die Kreiseltheorie
am ehesten dazu angeboten, als *das* Paradebeispiel für eine erfolgreiche Annäherung von abstrakter Theorie und praktischer Technik zu dienen. Nach
der Publikation der beiden ersten „Hefte" *Über die Theorie des Kreisels*
drängte Klein seinen (Mit-)Autor hartnäckig und mit wachsender Unge-
duld, das nächste Heft mit den Anwendungen der Kreiseltheorie fertigzustellen. „Ob Aachen oder Göttingen, ich halte natürlich daran fest, daß wir
nach der Versammlung ausführlich über den Kreisel conferieren", schrieb er
Sommerfeld kurz vor der Naturforscherversammlung 1900.[1] Wegen des Se-
mesterbetriebs ging die Arbeit nur schleppend voran. Er sei, entschuldigte
sich Sommerfeld bei Klein, „nur einen Sonnabend–Sonntag" zur Weiterar-
beit am Kreisel gekommen und wolle „das beste hoffen und nichts versprechen".[2]

Diese schleppende Bearbeitung bot Sommerfeld die Gelegenheit, praktische Anwendungen der Kreiseltheorie zu studieren. Er korrespondierte über
die „konischen Pendelungen" von Geschossen,[3] stattete der Torpedostation
in Kiel einen Besuch ab, „wo ein Kreiselapparat benutzt wird",[4] und kam
mit dem Schiffskonstrukteur Otto Schlick in eine lebhafte Diskussion über
die Möglichkeit, Schiffe durch große Kreisel zu stabilisieren.[5]

Bereits in der Korrespondenz mit dem Torpedoingenieur Carl Diegel war

---

[1] *F. Klein an A. Sommerfeld, 15. August 1900. München, DM, Archiv HS 1977-28/A,170.*

[2] Brief [56].

[3] *E. Erdmann an A. Sommerfeld, 28. Februar 1900, 17. November 1901 und 20. November 1901. München, DM, Archiv NL 89, 007.*

[4] *A. Sommerfeld an C. Runge, 25. August 1901. München, DM, Archiv HS 1976-31.*

[5] Briefe [68] und [69].

die Idee erörtert worden, Schiffsschwankungen „durch einen kleinen Apparat mit Gyroskop, der auf eine Maschine als Steuerung wirkt", zu verringern.[1] Diegel fühlte sich einer solchen Aufgabe jedoch nicht gewachsen. Hier müsse ein erfahrener Schiffbauer wie Otto Schlick hinzugezogen werden, der in der Tat dieser Idee in den folgenden Jahren beträchtliches Interesse widmete. An einem Modell demonstrierte Schlick, daß ein Kreisel auch direkt (also nicht nur als kleines Steuerinstrument, das auf die Schiffsruder wirkt) die störenden Roll- und Schlingerbewegungen von Schiffen vermindern kann. Derlei Versuche hatte es schon zuvor gegeben, wie Schlick in einem zusammenfassenden Rückblick 1909 ausführte: „Man erstrebte dieses Ziel nicht allein, um das Wohlbefinden der Passagiere und Mannschaften zu erhöhen, sondern man verfolgte auch den Zweck, die schnelle und sichere Ausführung der Manöver an Bord zu erleichtern und bei Kriegsschiffen besonders die Treffsicherheit der Geschütze zu erhöhen". Allerdings seien die meisten Vorschläge schon daran gescheitert, daß man „das Kreiselprinzip nicht richtig erkannt und folglich in ganz verkehrter Weise zur Anwendung gebracht" habe.[2] In dieser Hinsicht erhoffte er sich von Sommerfeld Hilfe, als es 1902 um die Analyse seiner ersten Modellversuche ging.

Schlick bezog in die Diskussion über den Schiffskreisel auch August Föppl und Hans Lorenz ein, der in Göttingen eine Professur für technische Physik bekleidete:[3]

> Ich hatte den Besuch des Herrn Prof. Lorenz von Göttingen und wir haben das Problem eingehend verhandelt. Es ergab sich, daß wir uns gegenseitig nicht verstanden. Was Sie als die Haupt-Erscheinung betrachten, nämlich die kleinen Schwingungen der Kreisel-Achse[,] ist für mich Neben-Erscheinung, die ich vernachlässigen muß, weil sie praktisch keine Bedeutung haben.
>
> Auch Prof. Lorenz wurde erst in der Sache nach der Beobachtung des Modells ganz klar, und ich halte es deshalb auch für sehr wünschenswerth, daß Sie das Modell einmal sehen, obgleich es recht mangelhaft ist.

Sommerfeld besuchte Schlick am 25. September 1902, um sich dessen Modell anzusehen, überließ jedoch die Ausarbeitung der Theorie Lorenz

---

[1] *C. Diegel an A. Sommerfeld, 4. Juni 1899. München, DM, Archiv NL 89, 007.*

[2] [Schlick 1909, S. 111-112.].

[3] *O. Schlick an A. Sommerfeld, 11. September 1902. München, DM, Archiv HS 1977-28/A,307.*

und Föppl.[1] Dem großtechnischen Einsatz des Schiffskreisels wurde die Föpplsche Theorie zugrunde gelegt, über die Schlick später kritisch urteilte:[2]

> Das Schwierige bei der theoretischen Behandlung des Problems besteht darin, daß man Annahmen und Voraussetzungen machen muß, die in der Praxis nicht annähernd zutreffen. Man muß z. B. einen Wellenzug von einer gewissen Regelmäßigkeit annehmen. Dies trifft aber niemals, selbst mit nur roher Annäherung zu und alles rechnen ist deshalb nur von geringem Wert. Ich muß offen sagen, daß mich die Behandlungsweise des Herrn Prof. Dr. Föppl garnicht befriedigt und ich würde in anderer Weise vorgehen, wenn ich die mathematischen Hilfsmittel genügend beherrschen könnte.

Im Juni 1902 berichtete Sommerfeld nach Göttingen, „dass Kreisel Cap. VII an Teubner abgegangen ist. Ich stehe im letzten § des Cap., Reibung beim Spielkreisel und habe da noch etwas Schwierigkeiten." Er wolle aber die nächsten Semesterferien „wesentlich auf den Kreisel" verwenden.[3] Das kurz vor seiner Vollendung stehende Heft 3 der *Theorie des Kreisels* war geophysikalischen und astronomischen Kreiselphänomenen wie der Präzession der Erdachse gewidmet. Klein bat Karl Schwarzschild, bei diesen Fragen zu helfen. Sommerfeld freute sich über diese Unterstützung, machte aber unmißverständlich klar, daß er sich das Konzept nicht aus der Hand nehmen lassen wolle. Wenn das Werk „aus einem Guß" sein solle, müsse es „schliesslich doch wohl von mir angefertigt werden".[4] Im Jahr 1903 erschien endlich das Heft mit dem Untertitel: „Die störenden Einflüsse. Astronomische und geophysikalische Anwendungen".[5] Die Anwendungen der Kreiseltheorie in der Technik, die zuerst ebenfalls einbezogen werden sollten, wurden weiter vertagt. Es wiederholte sich das Wechselspiel von Drängen und Vertrösten zwischen Sommerfeld und Klein. Der Eisenbahnkonstrukteur August von Borries habe ihn gebeten, mit ihm zusammen ein Lehrbuch über Lokomotivenbau zu verfassen, entschuldigte sich Sommerfeld bei

---

[1] *O. Schlick an A. Sommerfeld, 15. und 22. September 1902. München, DM, Archiv HS 1977-28/A,307.* Vgl. [Lorenz 1904], [Föppl 1904b].

[2] *O. Schlick an A. Sommerfeld, 8. Februar 1909. München, DM, Archiv HS 1977-28/A,307.* Vgl. auch [Schlick 1909].

[3] Brief [70].

[4] Brief [71].

[5] [Klein und Sommerfeld 1903].

Klein, versicherte ihm aber sogleich, „dass ich mit der Lokomotive erst beginnen kann, wenn der Kreisel fertig ist".[1] Borries dachte bei Sommerfelds
Mitarbeit „besonders an den mechanisch-theoretischen Theil, vielleicht auch
den wärmetheoretischen."[2] Sommerfeld sagte zu, worauf ihm Borries erste
Arbeitsunterlagen übersandte.[3] Der Plan zerschlug sich, da von Borries
kurz darauf schwer erkrankte und 1906 starb.

Mit Blick auf die Annäherung von Wissenschaft und Technik war Sommerfelds Beschäftigung mit der Kreiseltheorie keine Erfolgsgeschichte. Unter seinen wissenschaftlichen Publikationen der Aachener Jahre findet sich
keine, die einer technischen Kreiselanwendung gewidmet wäre. Eine mögliche Erklärung für dieses Desinteresse ist die Dynamik der technischen Entwicklung. Letztendlich war – wie bei den Resonanzwirkungen der Dynamo-
maschinen – dieses Thema schnell überholt. Sich mit einer nur kurzfristig
interessanten Theorie eingehender zu beschäftigen, hätte ihn gezwungen,
„ganz unter die Ingenieure" zu gehen. Dazu war Sommerfeld nicht bereit:
„Ich bin ja eigentlich kein technischer Professor, ich bin Physiker".[4] Aus
dieser Grundhaltung heraus war es naheliegender, den Kreisel ganz im Sinne
Kleins als ein „philosophical instrument" und nicht als Gerät der Ingenieure
aufzufassen.[5]

Zurück zur Physik

Bei der Themenfülle seiner Aachener Jahre wäre Sommerfeld ein tieferes
Eindringen in einzelne technische Teilgebiete auch kaum möglich gewesen.
Neben seinen Pflichten als Hochschullehrer bereitete ihm sein Amt als Encyklopädieredakteur zunehmend mehr Arbeit. Die ersten Artikel standen
vor ihrer Fertigstellung, erforderten teilweise aber noch starke Überarbeitung. Dadurch wuchs ihm eine Mittlerrolle zu, wenn es etwa darum ging,
Widersprüche und Überschneidungen zwischen den Autoren zu bereinigen.
Der damit verbundene Arbeitsaufwand läßt sich an der Korrespondenz ablesen: Rund ein Viertel aller Briefe aus dem Zeitraum von 1900 bis 1906
hat die Redaktion von Artikeln für den Physikband der *Encyklopädie* zum
Inhalt.

---

[1] Brief [88].

[2] *A. v. Borries an A. Sommerfeld, 12. Juni 1904. München, DM, Archiv NL 89, 006.*

[3] *A. v. Borries an A. Sommerfeld, 29. Oktober 1904. München, DM, Archiv NL 89,
006.*

[4] Brief [101].

[5] [Klein und Sommerfeld 1897, Vorwort S. IV].

Besonders wichtig waren Sommerfeld die beiden Artikel über die Max-
wellsche Elektrodynamik und Elektronentheorie von H. A. Lorentz, die 1901
Gestalt anzunehmen begannen und bis zu ihrer Fertigstellung 1903 von
einer regen Korrespondenz begleitet wurden.[1] Diese Artikel nahm er zum
Maßstab, wenn es um Fragen der Notation in der Elektrodynamik ging. Die
Bedeutung von Schreib- und Bezeichnungsweisen ging weit über die eigentliche Thematik der jeweiligen Encyklopädieartikel hinaus. Besonders in der
Vektoranalysis hatte sich ein Wildwuchs unterschiedlicher Bezeichnungsweisen und Gepflogenheiten breit gemacht. Auf Veranlassung von Felix
Klein und im Auftrag der Deutschen Mathematiker-Vereinigung sollte eine
„Vektorkommission" unter dem Vorsitz von Rudolf Mehmke eine Vereinheitlichung auch in offiziellem Rahmen herbeiführen. Sommerfeld gehörte
dieser Kommission an, und seine für die *Encyklopädie* erarbeiteten Vorschläge wurden schließlich von diesem Gremium angenommen: „Dieselben
sind bereits von den Bearbeitern der elektrischen und optischen Hauptar-
tikel, den Herrn H. A. Lorentz und W. Wien, gebilligt bez.[iehungsweise]
nach deren Wünschen abgeändert und erweitert worden", ließ er Mehmke
am Ende einer solchen Diskussion wissen.[2]

Eine besondere Rolle spielte diese Vereinheitlichung für Lehrbücher. Die
Autoren von Standardwerken wandten sich an Sommerfeld. Etwa Heinrich
Weber, der als Bearbeiter des „Riemann-Weber" schon früher mit ihm Kontakt aufgenommen hatte:[3] „Ihre Vorschläge wegen einer einheitlichen Bezeichnung in der Electrizitätslehre begrüsse ich mit Freuden. Schon der Versuch, eine Einheit herbeizuführen, ist sehr lobenswert, und ich werde mich
selbstverständlich, wenn ich je wieder eine neue Auflage der part.[iellen]
Diff[erential]gl.[eichungen] zu bearbeiten hätte, der Vereinbarung anschlies-
sen." Emil Cohn, Autor eines weit verbreiteten Buches über die Elektrodynamik,[4] nahm Sommerfeld besonders in die Pflicht; es sei geradezu *die*
Aufgabe des Encyklopädieredakteurs, hier für Ordnung zu sorgen.[5]

---

[1] Briefe [60], [61], [74], [75] und [76].

[2] *A. Sommerfeld an R. Mehmke, undatiert. Stuttgart, UB, SN 6 II.* Vgl. [Sommerfeld
1904f] und [Reich 1996].

[3] *H. Weber an A. Sommerfeld, 16. August 1901. München, DM, Archiv HS 1977-
28/A,356.* Vgl. auch Brief [25].

[4] [Cohn 1900].

[5] *E. Cohn an A. Sommerfeld, 3. Oktober 1901. München, DM, Archiv HS 1977-28/A,53.*

Elektronentheorie

Doch Sommerfeld beließ es nicht bei der redaktionellen Bearbeitung der Encyklopädieartikel. Er nahm sie auch zum Ausgangspunkt eigener Forschungen. Das galt insbesondere für das beherrschende Thema der theoretischen Physik um 1900, die Elektronentheorie. Dem Ausbau der Maxwellschen Elektrodynamik zu einer allgemeinen Theorie der Materie galt das Hauptinteresse nicht nur von Lorentz, auch Sommerfeld verschrieb sich diesem Gebiet.

Im Gegensatz zu den Theorien eines mechanischen Äthers, die von elastischen oder hydrodynamischen Prinzipien ausgingen, bildeten für die Elektronentheorie die „kleinen, mit elektrischen Ladungen ausgestatteten Teilchen, die sie in allen ponderablen Körpern voraussetzt", die fundamentale Grundlage.[1] Lorentz hatte aus der Annahme harmonischer Schwingungen von Elektronen im Atom die von Zeeman entdeckte Aufspaltung der Spektrallinien im Magnetfeld (Zeemaneffekt) abgeleitet und war zusammen mit dem Entdecker im Jahr 1902 mit dem Nobelpreis für Physik ausgezeichnet worden. In seinen Encyklopädieartikeln steckte er den Rahmen einer umfassenden Theorie der Materie ab, die in den Elektronen das Bindeglied zwischen Materie und Äther sah. Der Äther wurde zu einem masselosen Medium, das nichts mit dem mechanischen Äther des 19. Jahrhunderts gemein hatte und nur noch als eine Art Substrat für die Vermittlung der elektrodynamischen Wirkungen zwischen den darin eingebetteten Elektronen fungierte.

Galt es im Rahmen der mechanischen Äthermodelle, elektrodynamische Phänomene auf die Mechanik zurückzuführen, so verfolgte man nun das entgegengesetzte Ziel: „Ist die Trägheit des Elektrons vollständig durch die dynamische Wirkung seines elektromagnetischen Feldes zu erklären, oder ist es notwendig, außer der ‚elektromagnetischen Masse' noch eine von der elektrischen Ladung unabhängige ‚materielle Masse' heranzuziehen", frug sich zum Beispiel Abraham in einem Artikel über die *Prinzipien der Dynamik des Elektrons*. Falls ersteres der Fall sei, wäre die Dynamik des Elektrons „ohne Heranziehung einer materiellen Trägheit" zu verstehen – mit der „Perspektive auf eine elektromagnetische Begründung der gesamten Mechanik."[2]

Abraham, der mit Sommerfeld wegen eines Encyklopädieartikels über elektromagnetische Wellen in Verbindung stand, registrierte „das freundli-

---

[1] [Lorentz 1904b, S. 151].
[2] [Abraham 1903a, S. 105-106]; vgl. z. B. [Goldberg 1970].

che Interesse, welches Sie meiner Dynamik des Electrons schenken" wohl mit
einiger Verwunderung – angesichts der jüngsten Publikation Sommerfelds
über Eisenbahnbremsen.[1] Im Sommer 1903 begann auch Karl Schwarzschild, sich mit einer dreiteiligen Arbeit *Zur Elektrodynamik*[2] am Ausbau der Elektronentheorie zu beteiligen. Er war durch eine eher beiläufi-
ge Notiz Sommerfelds, der ihm den Korrekturabzug seines mit Reiff verfaßten Encyclopädieartikels zugesandt hatte, darauf aufmerksam geworden, daß eine Verallgemeinerung des Hamiltonschen Prinzips als Grundlage der Elektronentheorie dienen könne; Schwarzschild hatte angenommen,
daß Sommerfeld diese Verallgemeinerung schon gefunden habe oder wenigstens „derselben sehr nahe gewesen" sei, und wollte von ihm wissen,
ob er darüber schon etwas publiziert habe.[3] Sommerfeld fühlte sich aber
„ziemlich unschuldig"[4] und nannte es später das „Schwarzschildsche Prinzip
der kleinsten Wirkung". Das Produkt aus Ladungsdichte und elektrokine-
tischem Potential, das sich später als relativistisch invariant herausstellte,
bezeichnete er als „Schwarzschildsche Invariante" und bemerkte dazu: „Man
beachte das Erscheinungsjahr 1903! Schwarzschild hat also sechs Jahre vor
Minkowski das invariantentheoretische Postulat richtig herausgefühlt."[5]

Nachdem der Lorentzsche Artikel zur Elektronentheorie im Dezember
1903 druckreif war, konnte sich Sommerfeld seinen Forschungen dazu verstärkt widmen. Die jüngsten Arbeiten Abrahams und Schwarzschilds hatten
ihm gezeigt, daß man in Göttingen zielstrebig den Ausbau dieser Theorie
in Angriff nahm:[6] „Von Klein höre ich, dass Sie eine Elektronenarbeit inspirirt haben", wandte er sich an Schwarzschild. „Ich bitte Sie mir dieselbe
möglichst bald, vielleicht schon in der Correctur zukommen zu laßen, da
ich augenblicklich mit Volldampf an der allgemeinen beschleunigten Bewegung des Elektrons arbeite." Bei der von Schwarzschild angeregten Arbeit
handelte es sich um die Theorie von Gustav Herglotz, der – wie Sommerfeld
später hervorhob – „in einer außerordentlich eindringenden Arbeit" gezeigt
hatte, daß in der Elektronentheorie neben der gewöhnlichen kräftefreien
„Galilei'schen" Trägheitsbewegung auch kräftefreie Schwingungen verschiedenster Art möglich seien.[7] Nach Erhalt der Arbeit stellte Sommerfeld er-

---

[1] Brief [73].

[2] [Schwarzschild 1903a], [Schwarzschild 1903b] und [Schwarzschild 1903c].

[3] Brief [77].

[4] Brief [78].

[5] [Sommerfeld 1964, S. 254].

[6] *A. Sommerfeld an K. Schwarzschild, 10. Januar 1904. Göttingen, NSUB, Schwarzschild.*

[7] [Herglotz 1903] und [Sommerfeld 1904e, S. 367].

leichtert fest, „dass die Arbeit grundverschieden ist von dem was ich habe".[1]
Im März 1904 ließ er den ersten von insgesamt drei Teilen seiner Untersuchung *Zur Elektronentheorie* der Göttinger Gesellschaft der Wissenschaften
vorlegen. In „Note II", so schrieb er an Schwarzschild im Juni 1904, „wird
es erst Ernst, indem ich sowohl die Abraham'schen wie die Herglotz'schen
Resultate daselbst auf ganz neuem Wege wiederfinde und verallgemeinere."[2] Einen Monat später konnte er diesen, gegenüber dem ersten mehr als
doppelt so umfangreichen Teil zur Publikation vorlegen. Den dritten und
letzten Teil stellte er im Februar 1905 fertig.[3]

Im dieser dreiteiligen Arbeit präsentierte Sommerfeld die bis dahin wohl
umfangreichste Berechnung der Felder und Kraftwirkungen beliebig bewegter Elektronen. Dabei war er auf größtmögliche Allgemeinheit bedacht: Wo
andere einfach punktförmige Ladungen angenommen hatten, stellte Sommerfeld kugelförmige Elektronen mit endlichem Radius in Rechnung und
verglich den Fall einer gleichförmig über das Kugelvolumen verteilten Ladung mit dem einer reinen Oberflächenladung. Er untersuchte insbesondere die jeweils resultierenden „kräftefreien" Bewegungen des Elektrons, beispielsweise in Form von „Rotationsschwingungen", denn im Gegensatz zur
gewöhnlichen Mechanik konnte bei der „Elektronenmechanik" eine Rück-
stellkraft durch das Feld des bewegten Elektrons, d. h. ohne äußere Kraftein-
wirkung, hervorgerufen werden. Besonders interessant erschien ihm eine
sorgfältige Untersuchung einer eventuellen Elektronenbewegung bei Überlichtgeschwindigkeit. (Wenngleich die Relativitätstheorie kurz darauf die
Unmöglichkeit einer Überlichtgeschwindigkeitsbewegung im Vakuum auf-
zeigte, erlangten Sommerfelds Resultate dreißig Jahre später – durch die
Entdeckung der „Tscherenkow-Strahlung", die von ‚Überlichtgeschwindigkeitselektronen' in einem Medium hervorgerufen wird – eine gewisse Bedeutung.)[4]

Im Rückblick erscheint die Elektronentheorie als eine marginale Episode, der noch im Jahr ihrer größten Aktualität, als die Göttinger Theoretiker
diesem Thema ein Seminar widmeten,[5] durch Einsteins Relativitätstheorie die Grundlage entzogen wurde. Sommerfeld selbst urteilte darüber sehr
viel später, diese „schwierigen und langwierigen Studien, auf die ich an-

---

[1] Brief [80].

[2] Brief [83].

[3] [Sommerfeld 1904d], [Sommerfeld 1904e], [Sommerfeld 1905a].

[4] [Tscherenkow 1960, S. 138], [Afanasiev et al. 1996, S. 111-112].

[5] [Pyenson 1985, Kap. 5: Physics in the shadow of mathematics: the Göttingen electron-
theory seminar of 1905, S. 101-136].

fangs großen Wert legte", seien „zur Unfruchtbarkeit verurteilt" gewesen.[1]
Dieses nachrelativistische Resumé vernachlässigt die große Bedeutung der
Elektronentheorie in der Physik dieser Zeit. Sie war *das* Diskussionsthema
unter den Theoretikern, da sich darin von Detailfragen (Werden die Spektrallinien durch kräftefreie Elektronenschwingungen hervorgerufen? Sind γ-
Strahlen Überlichtgeschwindigkeitselektronen?) bis hin zu Grundlagenproblemen (Lassen sich die mechanischen Begriffe elektromagnetisch begründen?) ein Füllhorn interessanter Physik zeigte. Würde man alle Theoretiker aufzählen, die sich an den Diskussionen über elektronentheoretische
Fragen beteiligten, so ergäbe sich ein Querschnitt durch die theoretische
Physik der Jahrhundertwende – von Henri Poincaré als dem Repräsentanten „mathematischer Physik" bis zu dem theorie- und experimentierfreu-
digen Joseph John Thomson. Nicht zuletzt war auch der „absolute Äther"
und die Betrachtung elektrodynamischer Phänomene aus der Perspektive
bewegter Bezugssysteme erst im Rahmen der Elektronentheorie soweit pro-
blematisiert worden („Lorentz-Transformation"), daß die Situation für die
Relativitätstheorie reif wurde.[2]

Wie wichtig Sommerfeld seine Elektronentheorie nahm – auch hinsichtlich der wissenschaftlichen Anerkennung – verdeutlicht sein Bemühen um
Verbreitung auch im Ausland. „Es wäre mir eine Ehre, wenn Sie dieselbe
in der Amsterdamer Akademie vorlegen wollten", bat er Lorentz; es würde ihm auch „keine Schwierigkeit machen, eine holländische Übersetzung
anfertigen zu laßen, da ich einen Studenten habe, der sowohl Holländisch
wie Elektronentheorie versteht."[3] Der Student war sein Assistent Peter
Debye. Auch aus Debyes Erinnerung viele Jahre später geht noch hervor,
wie wichtig Sommerfeld die angemessene Präsentation seiner Vorstellungen
zur Elektronentheorie war: „So schrieb er eine neue Notiz und bat mich, sie
ins Holländische zu übersetzen, damit sie der Amsterdamer Akademie vorgelegt werden konnte. Das geschah, und H. A. Lorentz, zugleich im Namen
von H. Kamerlingh Onnes, bot sie am Samstag, den 26. November 1904,
der versammelten Akademie zum Drucke an." Lorentz tat dies wohl eher
gegen seine innere Überzeugung, denn im Rahmen seiner ein halbes Jahr

---

[1] [Sommerfeld 1968a, S. 677].

[2] [Darrigol 1996], [Staley 1998]. Man beachte auch Poincarés Schlußbemerkung seines
Vortrags bei der Weltausstellung in St. Louis 1904: „ [...] we should construct a whole
new mechanics, of which we only succeed in catching a glimpse, where inertia increasing
with the velocity, the velocity of light would become an impassable limit" [Poincaré
1986, S. 298]; eine Diskussion aus heutiger physikalischer Sicht gibt [Rohrlich 1997].

[3] *A. Sommerfeld an H. A. Lorentz, 6. November 1904. Haarlem, RANH, Lorentz inv.nr.*
74. Vgl. [Sommerfeld 1904a], [Sommerfeld 1904h].

vorher publizierten „Lorentz-Transformation" machte die Annahme einer Überlichtgeschwindigkeit keinerlei Sinn. „Sommerfeld wußte davon, als er seine Abhandlung schrieb, aber er konnte nichts damit anfangen", erinnerte sich Debye.[1]

Theorie und Experiment

Dank der Elektronentheorie kam Sommerfeld in enge Berührung mit experimentellen Untersuchungen, die den atomaren Aufbau der Materie betrafen. Dazu zählte vor allem die Frage nach der Natur der Röntgenstrahlen. Wilhelm Wien erhoffte sich aus einer Messung der Energie der Röntgenstrahlen entscheidende Aufschlüsse darüber, und Sommerfeld unterzog auf Wiens Wunsch „die Energieformel der Röntgenstrahlung" einer näheren Prüfung. Dabei ergaben sich aber keine neuen Anhaltspunkte. „Ich denke also, Sie dispensieren mich von der von Ihnen gewünschten genauen Theorie der Röntgenenergie", schrieb er danach resignierend an Wien. „Es ist eigentlich eine Schmach, daß man 10 Jahre nach der Röntgen'schen Entdeckung immer noch nicht weiß, was in den Röntgenstr.[ahlen] eigentl. los ist."[2] Sommerfelds Theorie der Röntgenbeugung am Spalt, die ihm von Theoretikern wie Voigt und Schwarzschild so große Bewunderung eingebracht hatte,[3] lieferte kaum mehr als die Größenordnung der sogenannten „Impulsbreite" eines Röntgenstrahls.[4] Je nach Vorstellung ihrer Natur läßt sich darunter die räumliche Ausdehnung der Wirkung bzw. die Wellenlänge von Röntgenstrahlen verstehen. Im Zusammenhang mit der Elektronentheorie entsprach dies der Weglänge, innerhalb welcher ein Elektron in der Anode einer Röntgenröhre von seiner anfänglichen Geschwindigkeit auf Null abgebremst wurde – sofern man diesen Abbremsvorgang als Mechanismus für die Entstehung der Röntgenstrahlen ansah. Aber die von Sommerfeld gefundene Größenordnung von 10^{-10} m paßte nicht gut zu den Energiemessungen Wiens, so daß damit der Bremsstrahlungscharakter der Röntgenstrahlung nicht zu verifizieren war. Allerdings waren die Beugungsaufnahmen von Haga und Wind, auf denen die Abschätzung beruhte, alles andere als eine sichere Ausgangsbasis für die Bestimmung der Impulsbreite. Zwar standen sie nicht wie andere Röntgenbeugungsexperimente im Verdacht, nur auf

---

[1] [Debye 1960, S. 568 und 570]. Die Längenkontraktion schloß ein starres, kugelförmiges Elektron aus, von dem Sommerfeld ausgegangen war.

[2] Brief [91].

[3] Vgl. die Briefe [45], [52], [53] und [63].

[4] Zur Impulstheorie der Röntgenstrahlen vgl. [Wheaton 1983, Kapitel 2].

einer optischen Täuschung zu beruhen,[1] doch konnten weder eine Wiederholung des Versuchs 1902 noch verbesserte Experimente die Ergebnisse bestätigen.

Diese Frage fesselte Sommerfeld so stark, daß er zusammen mit seinem Assistenten Peter Debye in Aachen selbst Experimente mit Röntgenstrahlen in Angriff nahm. Die Schwierigkeiten genauer Messungen hatte er offensichtlich unterschätzt, denn er fand nicht die von der Theorie geforderte Richtungsabhängigkeit der von gebremsten Elektronen ausgehenden Röntgenintensität. Wien teilte Sommerfelds Erwartung, „daß die Energie der Röntgenstrahlen nach verschiedenen Richtungen verschieden sein müßte", war beim Nachweis aber ebenfalls erfolglos.[2] Sommerfeld erinnerte an eigene Arbeiten, die „seit 7 Jahren in meinem Schreibtisch" lägen; die neuen Experimente könnten ihn „vielleicht veranlaßen, eine frühere Rechnung über den Einfluß des Materials bei der Beugung zu Ende zu führen" – was er jedoch nicht tat.[3]

Die Elektronentheorie konnte also die Frage nach dem Wesen der Röntgenstrahlen nicht beantworten. Noch viel schlechter stand es um die Aufklärung der Natur der γ-Strahlung. „Ich habe in letzter Zeit hauptsächlich über die Paschen'schen γ-Strahlen nachgedacht", schrieb Sommerfeld im Februar 1904.[4] Paschen vertrat die Auffassung, γ-Strahlen seien Elektronen. Bei seinen Versuchen mit den aus einer Radiumprobe austretenden γ-Strahlen lud sich der Probenbehälter immer positiv auf, so daß die Annahme nahelag, sie bestünden aus davonfliegenden negativ geladenen Teilchen. Andererseits ließen sie sich nicht im Magnetfeld ablenken, woraus Paschen auf eine extrem hohe Geschwindigkeit schloß. Handelte es sich bei den γ-Strahlen um die in der Elektronentheorie so lebhaft diskutierten Überlichtgeschwindigkeitselektronen?

Im Herbst 1904 fuhr Sommerfeld nach Tübingen, um sich Paschens Experimente vor Ort anzusehen. Dies wurde der Auftakt einer regen Korrespondenz.[5] Sommerfeld sah in den Paschenschen Messungen ein Indiz für die Existenz seiner Überlichtgeschwindigkeitselektronen. Auch Paschen

---

[1] Brief [57]; [Wheaton 1983, S. 35-40].

[2] *W. Wien an A. Sommerfeld, 14. Mai 1905. München, DM, Archiv HS 1977-28/A,369.* Einige Jahre später griff Sommerfeld diese Frage vor dem Hintergrund neuer Experimente wieder auf, vgl. Brief [155].

[3] *A. Sommerfeld an W. Wien, 20. Juni 1905. München, DM, Archiv NL 56, 010.* Der Einfluß des Materials bei der Beugung bildete 1914 den Gegenstand der Dissertation von P. S. Epstein, siehe Seite 441.

[4] Brief [81].

[5] Brief [85].

glaubte, „daß die γ-Strahlen sich in der That selbst beschleunigen, wie Sie vermuthen, und wie ich es nicht glauben wollte, bis einwandfreie Versuche mich überzeugt haben."[1] Das bestärkte Sommerfeld im Gegenzug in dem Vertrauen in seine Theorie, wie er an Lorentz mit Bezug auf „Note 2" seiner Elektronentheorie schrieb: „Gerade die absurden Resultate von pag. 408 scheinen sich übrigens in den Paschen'schen Beobachtungen über γ-Strahlen zu bewähren (noch nicht veröffentlicht)."[2] An dieser Stelle seiner Publikation hatte er sich noch sehr vorsichtig ausgedrückt: Die Frage „nach einer möglichen kräftefreien, quasibeschleunigten Bewegung mit Überlichtgeschwindigkeit" liege „durchweg außerhalb des Gültigkeitsbereichs" seiner Formeln und habe „somit keinen Anspruch auf Glaubwürdigkeit". Gleichwohl nannte er es mit Blick auf die Theorie der γ-Strahlen „bis zu einem gewissen Grade wahrscheinlich, daß diese Bewegung eine sehr rasch sich selbst beschleunigende ist."[3]

Doch Paschen war in der Beurteilung seiner Experimente schwankend. Hieß es einmal: „Ich muß also Alles zurücknehmen, was ich Ihnen darüber gesagt und geschrieben habe",[4] gab er sich kurz danach wieder selbstsicher: „Die Selbstbeschleunigung der γ-Strahlen halte ich jetzt für sicher nachgewiesen. Eine Störung kann nicht mehr vorhanden sein."[5] Allerdings lagen die Verhältnisse – was die theoretische Deutung der Experimente anging – so kompliziert, daß selbst unter den Eingeweihten die Meinungen weit auseinandergingen. Abraham bremste Sommerfelds Euphorie mit der Bemerkung, man könne „auf dieser Basis die Paschen'schen Versuche kaum deuten".[6] Angesichts der Interpretationsprobleme ergaben sich auch zwischen dem Experimentator Paschen und dem Theoretiker Sommerfeld Diskussionen über das gegenseitige Selbstverständnis. Paschen sah sich nicht als „reinen Beobachtungs-Künstler", sondern wollte „theoretisch experimentiren", wie er Sommerfeld schrieb. „Kundt z. B. konnte das sehr gut, ebenso Faraday, der wohl der größte Theoretiker seiner Zeit war."[7]

---

[1] *F. Paschen an A. Sommerfeld, 23. Oktober 1904. München, DM, Archiv HS 1977-28/A,253.*

[2] *A. Sommerfeld an H. A. Lorentz, 6. November 1904. Haarlem, RANH, Lorentz inv.nr. 74.*

[3] [Sommerfeld 1904e, S. 408-409].

[4] *F. Paschen an A. Sommerfeld, 14. November 1904. München, DM, Archiv HS 1977-28/A,253.*

[5] *F. Paschen an A. Sommerfeld, 6. Dezember 1904. München, DM, Archiv HS 1977-28/A,253.*

[6] Brief [86].

[7] *F. Paschen an A. Sommerfeld, 14. November 1904. München, DM, Archiv HS 1977-28/A,253.*

In seinen Publikationen ließ Sommerfeld die Frage der Überlichtgeschwindigkeitselektronen noch in der Schwebe: „Nach dem, was mir Paschen
über seine neuesten Versuche mitteilt, muß ich annehmen, dass bei den γ-
Strahlen wirklich Überlichtgeschwindigkeit realisirt wird. Ich wollte dies
ursprünglich in der holländischen Note erwähnen, habe es aber schliesslich
fortgelaßen, weil es mir nicht ganz sicher schien".[1] Nach einem Wechselbad
von Zuversicht und Selbstzweifeln stellte sich am Ende eine große Ernüchterung ein. Die positive Aufladung des Radiumbehälters, die Paschen als Beweis für die Identität von γ-Strahlen und Elektronen gewertet hatte, konnte
auch als Folge der von den γ-Strahlen ausgelösten Sekundärelektronen im
Behältermaterial erklärt werden.[2] Wo zuvor Hochgefühl über das gute Zu-
sammenspiel von Theorie und Experiment geherrscht hatte, regierte nun
Skepsis: Paschens Vertrauen in die Elektronentheorie als Richtschnur seiner Experimente war geschwunden. Sommerfeld besann sich angesichts der
Zweifel an der Elektronennatur der γ-Strahlen auf seine anfängliche Skepsis
und nannte die von ihm und Paschen zwischenzeitlich gehegte Überzeugung
eine „unberechtigte Extrapolation".[3] Er glaubte jetzt sogar, daß sich aus
seiner Theorie Argumente *gegen* die Elektronennatur der γ-Strahlen ins
Feld führen ließen, worauf Paschen entgegnete, daß ihn bloße theoretische
Überlegungen nicht mehr überzeugen könnten; er habe „ziemlich viel Zeit
mit diesen Sachen verloren" und wolle nun abwarten, bis die Frage durch
neue Experimente geklärt werde. Er habe aber aus alledem „nochmals die
eindringliche Lehre empfangen, daß man nichts behaupten darf, was man
nicht unwiderleglich beweisen kann."[4]

Die rasanten Fortschritte der Physik ließen die erfolglosen Spekulationen über die Natur der γ-Strahlen bald als eine unbedeutende Episode
erscheinen. Daß Paschen „theoretisch experimentiren" konnte und wollte,
und daß er in Sommerfeld dafür den richtigen Partner gefunden hatte, sollte sich 10 Jahre später auf spektakuläre Weise bestätigen (siehe Teil 4).
Sommerfeld seinerseits suchte und fand immer wieder den Kontakt zu Experimentatoren, ohne sich von Rückschlägen entmutigen zu lassen.

Er fand bei seinen Bemühungen, in der Physik Fuß zu fassen, auf der
Naturforscherversammlung Ende September 1905 in Meran auch öffentliche
Resonanz. Wilhelm Wien hatte mit Verweis auf die Sommerfeldschen Arbei-

---

[1] *A. Sommerfeld an H. A. Lorentz, 14. Dezember 1904. Haarlem, RANH, Lorentz inv.nr.
74.*

[2] Brief [89].

[3] [Sommerfeld 1905a, S. 202].

[4] Brief [92].

ten zur Elektronentheorie in seinem Vortrag ausgeführt:[1] „Dem von mir vor zwei Jahren ausgesprochenen Wunsche, eine genaue Analyse der Bewegung eines Elektrons zu erhalten, ist von Herrn Sommerfeld in sehr weitgehender Weise entsprochen worden." Er wies allerdings auch darauf hin, daß vieles „einer noch eindringenderen Bearbeitung" bedürfe, wobei er besonders die Überlichtgeschwindigkeitselektronen vor Augen hatte. Hierin fühlte sich Sommerfeld mißverstanden: „Daß die Verhältnisse bei Überlichtgeschwindigkeit nicht anders als absonderlich liegen können, dürfte von vornherein klar sein; ja wir dürften wohl alle darin übereinstimmen, dass die Überlichtgeschwindigkeitsbewegungen überhaupt nicht physikalisch realisierbar sind." Und mit einem Seitenhieb auf die Lorentzsche Kontraktionshypothese setzte er hinzu: „Was die Theorie des deformierbaren Elektrons betrifft, so wird man mit dieser füglich warten dürfen, bis B. [sic] Kaufmann das Resultat seiner diesbezüglichen Messungen bekannt gegeben hat."[2] Dazu teilte ihm Walter Kaufmann im November 1905 weitere Einzelheiten mit. Kaufmann wollte anhand der experimentell (aus Ablenkungversuchen in Magnetfeldern) bestimmten Abhängigkeit der Elektronenmasse von der Geschwindigkeit eine Entscheidung herbeiführen, welche der verschiedenen Elektronentheorien die richtige sei. Seine Ergebnisse führten zu keinem eindeutigen Entscheid, aber er glaubte – fälschlicherweise – gezeigt zu haben, „dass in jedem Fall das Lorentz'sche Elektron ausscheidet."[3]

Auch in der von Max Abraham angeregten Göttinger Dissertation von Paul Hertz spielte die Überlichtgeschwindigkeitsproblematik eine Rolle.[4] „Zusammenfassend meine ich, daß ich in zwei Punkten mit Ihnen übereinstimme und in zwei abweiche",[5] schrieb Hertz in einem 18seitigen Brief an Sommerfeld in Reaktion auf dessen Äußerungen bei der Meraner Naturforscherversammlung. Hertz ging es dabei um eine „allgemeine Theorie der unstetigen Kräfte",[6] für die er beim Übergang von Elektronen zur Überlichtgeschwindigkeit einen konkreten Anwendungsfall sah. Sommerfeld be-

---

[1] [Wien 1905b].

[2] [Sommerfeld 1905c, S. 16].

[3] *W. Kaufmann an A. Sommerfeld, 4. November 1905. München, DM, Archiv HS 1977-28/A,161.* [Hon 1995].

[4] [Hertz 1904a]. Hilbert resümierte als Erstgutachter: „Die mannigfaltigen Einzelresultate der Arbeit liefern jedenfalls einen Beitrag zu der Frage, welche Analogieen und Verschiedenheiten bei strenger Durchführung der Abraham–Lorentzschen Theorie zwischen den elektrischen Begriffen und denjenigen der gewöhnlichen Mechanik auftreten." *Göttingen, UA, Philosophische Fakultät, Nr. 190b, I/15.*

[5] *P. Hertz an A. Sommerfeld, undatiert. München, DM, Archiv NL 89, 009.*

[6] *P. Hertz an A. Sommerfeld, 9. September 1906. München, DM, Archiv NL 89, 009.*

wunderte die Hertzsche Arbeit, wie er Wien gegenüber einräumte: „Was bei mir mühsam errechnet wird, kommt bei ihm anschaulich u. elegant heraus."[1]

Ein anderer Experimentator, der sich in diesen Jahren an Sommerfeld wandte, war Johannes Stark. Er hatte schon 1904 versucht, Sommerfeld zur Mitwirkung an dem von ihm herausgegebenen *Jahrbuch der Radioaktivität und Elektronik* zu bewegen. Sommerfeld fühlte sich durch seine Encyklopädieverpflichtungen und sonstigen Tätigkeiten zu sehr in Anspruch genommen, um darauf einzugehen, und beließ es bei der Übersendung seiner ersten Elektronentheoriearbeit.[2] Jedoch als Stark wenig später den Dopplereffekt an Kanalstrahlen entdeckte und theoretischen Beistand für seine weitergehenden Experimente suchte, fand er in Sommerfeld einen immer diskussionsbereiten Kollegen.[3] Ohne eine befriedigende Erklärung wollte Stark seine Beobachtungen nicht publizieren und bat daher Sommerfeld:[4] „Sollte Ihnen die theoretische Begründung der Erscheinung glücken, so wäre ich Ihnen für Mitteilung Ihrer Resultate zu Dank verbunden; vielleicht könnten dann auch Ihre und meine Resultate gleichzeitig veröffentlicht werden. Wie mir scheint, muß die theoretische Begründung auf den Lichtdruck basiert werden."

Sommerfeld kündigte Stark daraufhin seinen Besuch an, um sich „nähere mündliche Aufschlüsse" von ihm zu erbitten. Schon vorweg jedoch machte er einen Kritikpunkt an der vorläufigen Starkschen Deutung der Experimente geltend:[5] „Sie erwähnen einen Satz von Lorentz, wonach sich Effekte 1. Ordnung bei gleichmässiger Translation herausheben. Dies bezieht sich aber auf einen *mitbewegten* Beobachter, während Sie doch an Stellen der ruhenden Umgebung die optischen Veränderungen messen. Wäre der Lorentz'sche Satz auf Ihre Beobachtungsweise anwendbar, so könnten Sie ja garnicht den Doppler-Effekt entdeckt haben können, der doch ein Effekt 1. Ordnung (abhängig von v/c ist)." Bei seinem Besuch sprach er die Vermutung aus, die von Stark beobachteten Erscheinungen könnten auch über eine Relativbewegung gegenüber dem Äther Aufschluß geben, was er jedoch bald als Fehler erkannte:[6] „Offenbar verliert Ihre Rotverschiebung, wenn meine Erklärung richtig ist, die grosse theoretische Bedeutung, die ich ihr zuerst zuzuschreiben geneigt war. Aber es bleibt ja in Ihren Beobachtun-

---

[1] Brief [98].

[2] *A. Sommerfeld an J. Stark, 14. Juli 1904. Berlin, SB, Nachlaß Stark.*

[3] *A. Sommerfeld an J. Stark, 20. Januar 1906. Berlin, SB, Nachlaß Stark.*

[4] *J. Stark an A. Sommerfeld, 7. März 1906. München, DM, Archiv HS 1977-28/A,329.*

[5] *A. Sommerfeld an J. Stark, 11. März 1906. Berlin, SB, Nachlaß Stark.*

[6] *A. Sommerfeld an J. Stark, 14. April 1906. Berlin, SB, Nachlaß Stark.*

gen genug des Wichtigen und Wunderbaren." Stark fand die Berechnungen Sommerfelds jedoch nicht in Einklang mit seinen Beobachtungen. Er fühlte sich in mehrfacher Hinsicht mißverstanden, insbesondere klagte er auch über die Unsicherheit der physikalischen Grundlagen:[1]

> Indem ich in das dunkle Gebiet der Relativbewegung von Äther und Materie eindringe, bin ich ganz ohne Stütze und Wegweiser. Versuche auf diesem Gebiete fehlen gänzlich und, soweit die Theorie beachtenswert ist, hat sie bis jetzt nur die Fitzgerald-Lorentz'sche Hypothese in Vorschlag gebracht. Soweit in dieser Hypothese lediglich eine Abhängigkeit der Kräfte in der Materie von ihrer Relativbewegung zum Äther behauptet wird, halte ich sie für gut. Wenn sie aber in spezieller quantitativer Hinsicht behauptet, alle Kräfte würden um Beträge in dem Maße v^2/c^2 verändert, so halte ich dies für zu weit gegangen.

Zu den unklaren physikalischen Grundlagen gesellte sich noch die unsichere persönliche Situation Starks. Er führte seine Experimente in Göttingen als Privatdozent ohne die Perspektive einer sicheren Zukunft als Experimentalphysiker durch und wartete auf eine Gelegenheit einer Berufung auf eine dauerhaftere Stelle. Diese ergab sich zufällig in Aachen, wo für den nach Basel berufenen August Hagenbach ein Nachfolger gesucht wurde:[2] „Ich habe natürlich kein großes Zutrauen zu weiteren Kaiser[3]-Schülern, nachdem Hagenbach für meinen Geschmack ziemlich versagt hat, NB. als Physiker, denn als Mensch mag ich ihn sehr. Ich protegire einstweilen den Göttinger Stark, dessen letzte Arbeiten mir arg imponiren; Hagenbach hält alles für falsch. Übrigens ist meine Vorliebe für Stark auch ganz jung; bei der vorigen Berufung hatte ich mich gegen ihn erklärt." Gleichzeitig hatte Stark jedoch einen Ruf an die TH Hannover erhalten, den er sofort annahm:[4] „Geheimrat Naumann teilt uns Ihre Berufung nach Hannover mit, ich gratulire Ihnen bestens u. bedaure nur, dass wir uns nicht früher gerührt haben u. dass Hannover uns zuvorgekommen ist", beglückwünschte ihn Sommerfeld.

---

[1] *J. Stark an A. Sommerfeld, 17. April 1906. München, DM, Archiv HS 1977-28/A,329.*
[2] *A. Sommerfeld an C. Runge, 5. Mai 1906. München, DM, Archiv HS 1976-31.*
[3] Gemeint ist der Spektroskopiker Heinrich Kayser.
[4] *A. Sommerfeld an J. Stark, 19. Mai 1906. Berlin, SB, Nachlaß Stark.*

Berufung nach München

Sommerfelds Hinwendung zum physikalischen Experiment erklärt sich aber
nicht nur aus der möglichen Anwendung von elektronentheoretischen Resultaten; sie war auch für seine akademische Zukunft, die er mehr und mehr
in der Physik suchte, eine unerläßliche Voraussetzung. Sommerfeld war als
Mathematiker mit einer Neigung zu Anwendungen nach Aachen gekommen,
hatte sich als Professor der Mechanik bewährt – und sich quasi nebenbei,
motiviert durch die Kontakte zu seinen Encyklopädieautoren, der theoretischen Physik verschrieben. Nicht daß er auf diesem Gebiet keine Vorkennt-
nisse gehabt hätte. Er konnte auf wichtige Publikationen zur Theorie der
Beugung und über Drahtwellen verweisen. Doch das allein genügte nicht
für eine Karriere als theoretischer Physiker.

Erstmals wurde das 1902 deutlich, als in Leipzig die Nachfolge Boltzmanns anstand, der nach nur zwei Jahren die für ihn geschaffene ordentliche Professur für theoretische Physik aufgab und in die österreichische
Hauptstadt zurückkehrte. Nachdem zuerst Wilhelm Wien und dann Paul
Drude, der schon als Extraordinarius zwischen 1895 und 1900 die theoretische Physik in Leipzig vertreten hatte, bevor er Ordinarius für Physik an der
Universität Gießen geworden war, die Übernahme dieser Professur ablehn-
ten, einigte sich die Berufungskommission nach „längerer Diskussion" auf
„Des Coudres (Würzburg), Bjerknes (Christiania), Wiechert (Göttingen)
und eventuell Cohn (Straßburg). Coll.[ege] Wiener wird mit der Abfassung
des Berichtes beauftragt. Die Reihenfolge der Vorgeschlagenen soll später
festgestellt werden." Kurz darauf wurde – vermutlich durch den Leipziger
Mathematiker Carl Neumann, der der Kommission angehörte – erwogen,
auch Runge und Sommerfeld als Kandidaten in Betracht zu ziehen. Schließlich kam man „mit 4 gegen eine Stimme" zu dem Beschluß, Bjerknes und
Cohn aus der Liste zu streichen: „Die Vorschläge an die Fakultät sollen
lauten 1. Des Coudres 2. Wiechert 3. Runge 4. Sommerfeld."[1]

Otto Wiener, der als Ordinarius für Physik und als Vorsitzender der
Berufungskommission dabei überstimmt worden war, gab sich damit jedoch nicht zufrieden. Er beantragte in einem Sondervotum „die Streichung
des Namens Sommerfeld", denn nach „der Äußerung des Professor Wien–
Würzburg würde er nicht im Stande sein ein Institut zu leiten und Schüler
zu physikalischen Arbeiten anzuleiten." Falls der Name Sommerfelds nicht

---

[1] *Kommissionssitzungen, betr. Wiederbesetzung der Professur für theoretische Physik, 6.
November, 20. November und 29. November 1902. Leipzig, Universitätsarchiv, UAL,
PA 410, Bl. 26 und 26v.*

gestrichen werde, fühle er sich gezwungen, der Regierung mitzuteilen, daß zwei geeignetere Kandidaten „gegen die Stimme des Vertreters der Experimentalphysik von der Liste abgesetzt worden seien, der eine weil er Jude, der andere weil er Ausländer ist."[1] Daraufhin wurden Runge und Sommerfeld wieder von der Berufungsliste gestrichen und nur Des Coudres und Wiechert dem Ministerium als Kandidaten genannt.[2] In weiteren – allerdings durchgestrichen – Passagen wurde Sommerfelds mangelnde Eignung näher begründet. Insbesondere sei von ihm ebensowenig wie von Runge „die Einführung grundsätzlich neuer physikalischer Gedanken in die Theorie zu erwarten":[3]

> Dafür steht er zu sehr auf rein mathematischem Boden. Eine experimentelle Untersuchung hat er nie ausgeführt. Zwar hat er gelegentlich eines Vortrags vor dem Ingenieurverein recht hübsche experimentelle Erläuterungen gegeben. Es erregt das die Hoffnung, daß er sein in theoretischer Hinsicht jedenfalls gutes, wenn auch vielleicht mehr zur Mathematik als zu grundsätzlich physikalischen Fragen hinneigendes Kolleg über theoretische Physik gelegentlich durch Demonstrationen zu fördern imstande wäre. Aber zur Leitung experimenteller Arbeiten würde ihm jegliche Erfahrung abgehen und es wäre daher zu befürchten, daß das neu zu begründende Institut für theoretische Physik abgesehen von der Sammlung unbenutzt bliebe.

Obwohl Sommerfeld von diesen Details nichts wußte, blieb er über die Leipziger Berufungsangelegenheit doch nicht völlig ahnungslos. „Sie werden vielleicht gehört haben, daß ich vor einiger Zeit mich der Hoffnung hingab, Sie hier in Leipzig zum Collegen zu erhalten", hatte ihm Carl Neumann im Mai 1903 bekannt.[4] Er habe „deswegen mit Wiener manche Auseinandersetzung gehabt", schrieb er weiter. Während ihm selbst die mathematische Durchdringung des Gegebenen vordringlich erscheine, müsse der theoretische Physiker nach Wieners Ansicht auch „zu neuen experimentellen Untersuchungen" beitragen können. Eine Einigung sei nicht möglich gewesen. „Und ich habe daher schließlich – in Anbetracht deßen, daß Wiener, als

---

[1] *Sonderbericht, 30. November 1902. Ibid. Bl. 32.*

[2] Der Ruf ging schließlich an den Erstplazierten Des Coudres.

[3] *Berufungsvorschlag, 6. Dezember 1902. Leipzig, Universitätsarchiv, UAL, PA 410, Bl. 34-42.*

[4] *C. Neumann an A. Sommerfeld, 22. Mai 1903. München, DM, Archiv HS 1977-28/A,243.*

Physiker bei der Berufung eines zweiten Physikers den Vorzug haben muß
– meine eigenen Ansichten nicht weiter zu verfolgen gesucht."

In der nächsten Zeit war Sommerfeld noch für weitere Berufungen an
Technische Hochschulen im Gespräch. Im August 1904 erfuhr er auf dem
Internationalen Mathematikerkongreß in Heidelberg, daß er für die Nach-
folge Runges, der in Göttingen ein Ordinariat für angewandte Mathematik
erhalten hatte, an der TH Hannover in Frage käme: „Die Hannover'sche
Sache wird besprochen", schrieb er seiner Frau.[1] „Es könnte sein (nach
Runge) daß man mich dort doch direkt für höhere Mech.[anik] haben will.
Nach Stäckel, mit dem ich ein komisch-diplom.[atisches] Gespräch hatte,
will Naumann mich aber nicht von Aachen fortlaßen. Also noch keine Bange!" Und am nächsten Tag:[2] „Ich denke es wird nichts aus Hannover. Sehr
wertvoll ist die Äußerung von Naumann die von Stäckel mir mitgeteilt wurde: Sommerfeld nehmen wir auf keinen Fall aus der technischen Mechanik
weg. Kiepert[3] will mich scheint es nicht. Aber die Techniker scheinen mich
mit Gewalt haben zu wollen."

Während es für Hannover zu keinem Ruf kam, konnte Sommerfeld für
die Ablehnung einer Professur für Mathematik und Mechanik an der Bergakademie Berlin[4] die Stelle eines Assistenten durchsetzen, die er mit Peter
Debye besetzte.[5] Er studierte an der TH Aachen Elektrotechnik und hatte
im Oktober 1903 das Vorexamen bestanden. Debye habe sich seither „in äusserst erfolgreicher Weise privatim in die höheren Teile der Mechanik und
theoretischen Physik hineingearbeitet", begründete Sommerfeld die unge-
wöhnliche Wahl eines Studenten ohne Studienabschluß zu seinem Assistenten.[6]

Für den lebensbestimmenden Ruf sorgte ausgerechnet Wilhelm Wien,
der Sommerfeld bei der Leipziger Berufung die Fähigkeit abgesprochen

---

[1] *A. Sommerfeld an J. Sommerfeld, 9. August 1904. München, Privatbesitz.*

[2] *A. Sommerfeld an J. Sommerfeld, 10. August 1904. München, Privatbesitz.* Otto Naumann war Referent für Hochschulangelegenheiten im preußischen Kultusministerium.

[3] Ludwig Kiepert war seit 1879 Professor der Mathematik an der TH Hannover.

[4] Der Mathematiker Adolf Kneser war zum 1. April 1905 an die Universität Breslau
berufen worden; das Angebot seiner Nachfolge erhielt Sommerfeld am 29. Oktober
1904. Durch die beabsichtigte Zusammenlegung von Mechanik und Mathematik sollte
erreicht werden, „dass für die Berg- und Hüttenleute die Mathematik der seitherigen
abstrakten Darstellung entzogen und mit der Lehre der Mechanik verbunden werden möchte". *Der Direktor der Bergakademie an A. Sommerfeld, 29. Oktober 1904.
München, DM, Archiv NL 89, 019.*

[5] Brief [88].

[6] *A. Sommerfeld an den Rektor der TH Aachen, 12. Dezember 1904. Aachen, HA,
Bestand 844.*

hatte, „ein Institut zu leiten und Schüler zu physikalischen Arbeiten anzuleiten". Wien muß seine Meinung bald geändert haben, denn drei Jahre nach diesem Votum war er es, der Sommerfeld als Nachfolger Boltzmanns an der Universität München empfahl. Im Jahr 1890 war hier (wie später in Leipzig) eine ordentliche Professur für theoretische Physik eingerichtet worden, um Boltzmann berufen zu können.[1] Nach Boltzmanns Weggang 1894 blieb der Lehrstuhl unbesetzt, bis 1905 durch Röntgen eine energische Initiative zur Wiederbesetzung der vakanten Stelle in Gang kam. Röntgens Wunschkandidat war Lorentz, doch der blieb seiner Stelle in Leiden treu. Nachdem Lorentz den Ruf abgelehnt hatte, nannte die Berufungskommission unter dem Vorsitz Röntgens „primo loco und ex aequo" Cohn und Wiechert sowie „secundo loco" Sommerfeld als Kandidaten. Auf Sommerfeld sei man von seiten „sehr namhafter theoretischer Physiker wie Boltzmann, Lorentz und Wien" aufmerksam gemacht worden; er werde „als liebenswürdiger Kollege und als ausgezeichneter Lehrer geschildert." Zwar sei er „dem Interessenkreis der theoretischen Physik" durch seine Aachener Stelle „und die verschiedenen wissenschaftlichen Probleme der Mechanik, die sich ihm aufdrängten," entzogen worden, „allein in den letzten Jahren konnte er wieder dazu zurückkehren, wobei er sich besonders der Elektronentheorie zuwandte."[2]

Sommerfeld war zuvor telegraphisch von Röntgen zur Einsendung einer Publikationsliste und eines Lebenslaufs aufgefordert worden.[3] Da er Wilhelm Wien für den „Urgrund dieses Ereignißes" hielt, wandte er sich an ihn mit der Bitte um nähere Auskünfte: „Würde denn, wenn etwas aus München wird, dieses schon zu Oktober werden? Würde ich Gelegenheit zu gelegentl. experimenteller Arbeit im Röntgen'schen Institut haben oder muß ich mit solchen Anforderungen sehr vorsichtig sein?" Wenn Sommerfeld früher in Wiens Augen experimenteller Arbeit gegenüber abgeneigt erschienen war, so erweckte er jetzt geradezu den gegenteiligen Eindruck.[4]

Kurioserweise drohte diesmal aber die Berufung Sommerfelds daran zu scheitern, daß einige seiner Arbeiten „wohl vom mathematischen Standpunkt aus nicht ganz einwandfrei" seien.[5] Dieses Votum ging auf Sommerfelds ehemaligen Lehrer an der Universität Königsberg, Ferdinand Lin-

---

[1] [Eckert und Pricha 1984].

[2] *Bericht der Berufungskommission, Philosophische Fakultät, 2. Sektion, 21. Juli 1905. München, UA, Personalakte Sommerfeld, E-II-N.*

[3] Telegramm [93].

[4] Brief [94].

[5] *Bericht der Berufungskommission, Philosophische Fakultät, 2. Sektion, 21. Juli 1905. München, UA, E-II-N.*

demann, zurück, der seit 1893 als Ordinarius der Mathematik in München
lehrte. Er hatte sich als einziges Mitglied in der Berufungskommission gegen
Sommerfeld ausgesprochen:[1]

> Bei der Besprechung des Kandidaten Sommerfeld ergaben sich
> in der Beurteilung der wissenschaftlichen Leistungen des Herrn
> Sommerfeld entgegengesetzte Anschauungen bei den Herren von
> Seeliger, Voß und Röntgen einerseits, Magnifizenz Lindemann
> andererseits. Da eine Verständigung noch nicht zu erzielen war,
> beschloß die Sektion, von einer weiteren Beratung der Angele-
> genheit Abstand zu nehmen und die Berufungsfrage an die in
> der vorigen Sitzung gewählte Kommission zurückzugeben.

Der Grund für Lindemanns Einwände läßt sich aus der Korrespondenz her-
auslesen, die er um dieselbe Zeit mit Sommerfeld führte. Er wollte an Hand
von Sommerfelds jüngster Arbeit zur Elektronentheorie das Versagen der
elektronentheoretischen Vorstellungen insgesamt demonstrieren, um auf der
Grundlage eines mechanischen Äthermodells eine Theorie der Spektrallini-
en aufzustellen, in der nicht die Elektronen, sondern die elastischen Eigenschwingungen geeignet geformter Körper im Äther die Ursache waren. Sommerfeld gab sich anfangs große Mühe, Lindemanns Einwänden zu begegnen.
Am Ende eines 8seitigen Briefes schloß er:[2]

> Es wäre mir sehr traurig, wenn gerade mein alter Lehrer den-
> ken sollte, daß ich mit dem mir seinerzeit von ihm überlieferten
> mathematischen Pfunde unrechtmässig umgegangen wäre.

Es entbehrt nicht der Ironie, daß Lindemann Sommerfeld auf dem Gebiete
der Mathematik Fehler vorwarf, die es nicht gab – er bezweifelte die Berechtigung verschiedener Randbedingungen – und in seinen eigenen Arbeiten
eine Vielzahl elementarer mathematischer Fehler beging, die er als vernachlässigbar darstellte.[3]

Lindemanns Einspruch besaß zusätzliches Gewicht, da er gerade Rektor
der Universität war. Offenbar trat nun erneut Wilhelm Wien als Fürsprecher auf, denn Sommerfeld bedankte sich bei ihm für die „Bemühungen bei

---

[1] *Sitzungsprotokoll, Philosophische Fakultät, 2. Sektion, 2. Juni 1905. München, UA,*
E-II-N.

[2] *A. Sommerfeld an F. Lindemann, 7. Juli 1905. München, IGN.*

[3] Brief [95] und Seite 261. Allgemein zur Kontroverse Lindemann–Sommerfeld [Eckert
1997]. Angesichts dieser Fehler wurde Lindemann später nicht mehr Ernst genommen.

dem Querkopf Lindemann". Was seine Chancen im Vergleich zum Erstplazierten betraf, schrieb er:[1] „Ich schätze Wiechert so hoch, daß es mir kein
Schmerz ist, wenn er mir vorgezogen wird. Er ist mir in sehr vielen Stücken
sehr viel überlegen. Auch wenn er ablehnt sehe ich die Sache für mich nicht
als besonders aussichtsvoll an". Als Sommerfeld von der Ablehnung des Rufes durch Wiechert erfuhr, setzte er sogleich Wien davon in Kenntnis, da
er in ihm „den Urheber, Förderer und Beschützer der Idee vermute, mich
nach München zu verpflanzen":[2]

> Wenn also mein Freund Lindemann nicht eine energische Ge-
> genaktion betreibt, so ist es wohl nach Lage der Dinge nicht
> unwahrscheinlich, dass ich gefragt werde und Ja sage.

Es ist nicht klar, ob der zusammen mit Wiechert an erster Stelle pla-
zierte Emil Cohn von sich aus eine Berufung ablehnte oder stillschweigend
übergangen wurde (möglicherweise wie in Leipzig als Folge des latenten
Antisemitismus). Am 17. Juli 1906 erhielt Sommerfeld von Röntgen die telegraphische Nachricht, daß seine Berufung unmittelbar bevorstehe.[3] Sommerfeld informierte umgehend das preußische Kultusministerium, daß er
dem Ruf nach München folgen werde, „da ich in der theoretischen Physik mein eigentliches Arbeitsgebiet sehe und die Münchener Tätigkeit mich
besonders anzieht".[4] Ein Antrag des Rektors der TH Aachen, ihm für die
Ablehnung eines gleichzeitigen Rufes für angewandte Mechanik an die Technische Hochschule Delft eine Gehaltserhöhung zu gewähren, erledige sich
damit von selbst.[5]

Mit dem Umzug nach München begann für Sommerfeld ein neuer Le-
bensabschnitt. Die Freude darüber wurde nur durch seinen Streit mit Lindemann etwas getrübt. Sommerfeld ließ sich aber nicht einschüchtern: „Das
ist doch schon mehr Gehirnerweichung", machte er sich darüber lustig.[6] In
den Briefen an Lorentz und Wien, seine wichtigsten Förderer auf seinem

---

[1] Brief [96].

[2] Brief [98].

[3] Telegramm [99].

[4] *A. Sommerfeld an O. Naumann, 29. Juli 1906. Berlin, GSA, I. HA. Rep. 121 D II,
Sekt. 6 Nr. 10.*

[5] Sommerfeld sollte, wie ihm der Vorstand der Abteilung für allgemeine Wissenschaften
der TH Delft vertraulich und kurz darauf im offiziellen Auftrag mitteilte, mit Wirkung
vom 1. April 1907 zum „Professor für angewandte (technische) Mechanik" berufen
werden *J. Cardinaal an A. Sommerfeld, 4. und 7. Juli 1906. München, DM, Archiv
HS 1977-28/A,48 bzw. NL 89, 019.* Siehe auch Brief [98].

[6] Brief [102].

Weg zur theoretischen Physik, zeigte er sich voller Zuversicht und Taten-
drang. Er freute sich über „eifrige Zuhörer" bei seiner Vorlesung; Röntgen,
der allgemein als mürrisch und unnahbar galt, sei „sehr freundlich". Mit
Neugier und Skepsis habe er „auch Einstein studirt", schrieb er an Lorentz.
„Ganz wohl ist mir allerdings bei seiner deformirten Zeit ebenso wenig wie
bei Ihrem deformirten Elektron."[1]

So sehr Sommerfeld in der theoretischen Physik sein „eigentliches Arbeitsgebiet" erkannte, so wenig konnte und wollte er seine Königsberger und
Göttinger Wurzeln in der „physikalischen Mathematik" und seine in Aachen
erworbene Nähe zur Technik und zum Experiment verleugnen. Sie prägten
seine Arbeit als Hochschullehrer und seinen persönlichen Forschungsstil für
den Rest seines Lebens.

---

[1] Brief [103].

Briefe 1900–1906

[46] *Von Carl Cranz*[1]

Stuttgart 24. 1. 1900.

Verehrter Herr Professor!

Zu Ihrer Berufung nach Aachen als Nachfolger von Geh.[eimer] R.[at] Ritter nehmen Sie meinen herzlichen Glückwunsch. Sie werden sich in dieses schöne Fach gewiß rasch einarbeiten; auch habe ich stets gefunden, daß die Berührung mit der Technik viele Anregung bietet.

– Ist Ihr Nachfolger schon ernannt?[2]

– A. v. Obermayer wird Ihnen wohl seine Arbeit über die Kreiselbewegung der Geschosse zugeschickt haben, (Mitteil. üb. Gegenst. des Artill. u. Geniewesens 1899, 11. Heft)[3]; wenn nicht, so möchte ich Sie darauf aufmerksam machen; Ihr Kreiselwerk ist dabei in anerkanntester u. nützlichster Weise beigezogen. Er hat auch Versuche im Großen angestellt, wodurch die Hauptresultate meiner Arbeit, (bei welcher Sie recht Gevatter zu stehen die Güte hatten), durchaus bestätigt sind.

Auch die experim. Arbeit, die ich hier mitsende u. an welcher ich mit Prof. Koch $2\frac{1}{2}$ Jahre arbeitete,[4] hat zu unserer Freude sehr gut eingeschlagen; es war neulich eine Offizierscommission aus Spandau hier, um nach unseren Methoden einige neuere Gewehre zu untersuchen, u. arbeitete mit uns eine Woche lang.

– An meinem Teil der Encyklopädie[5] arbeite ich fortwährend.

– Indem ich Ihnen zu Ihrem Umzug alles Glück wünsche, gestatte ich mir, Sie ergebenst zu grüssen,

Ihr C. Cranz.

[47] *Von Sebastian Finsterwalder*[6]

München, den 29. Jan. 1900!

Lieber Herr College!

Aus vollem Herzen gratuliere ich Ihnen und noch mehr den Aachenern zu Ihrer Berufung an die techn. Hochschule. Sie werden sicher dazu bei-

---

[1] Brief (2 Seiten, deutsch), *München, DM, Archiv HS 1977-28/A,56.*

[2] Jacob Horn, Privatdozent an der TH Charlottenburg, übernahm die Professur für Mathematik in Clausthal zum Sommersemester.

[3] [Obermayer 1899]. Albert von Obermayer lehrte an der Militärakademie Wien Physik.

[4] Karl Richard Koch war Professor an der TH Stuttgart. Die Arbeit [Cranz und Koch 1899] behandelt die durch das Geschoß angeregten Schwingungen eines Gewehrlaufs.

[5] [Cranz 1903].

[6] Brief (2 Seiten, lateinisch), *München, DM, Archiv NL 89, 008.*

tragen, den Respekt der Techniker vor der Theorie zu erhöhen und damit
den Ausgleich trauriger Gegensätze anbahnen helfen. Sie haben ein präch-
tiges Arbeitsfeld vor sich und kaum einen überlegnen Konkurrenten. Also
Glückauf. Mit herzlichen Grüssen

Ihr ergebenster

S. Finsterwalder

[48] *Von Felix Klein*[1]

Göttingen 25/IV [19]00.

Lieber College!

Es freute mich von Ihnen ersten Brief aus Aachen zu bekommen und ich
bin begierig zu hören, wie es da weiter geht. Ich bin seit meiner Rückkehr
besonders stark beschäftigt: Abwickelung der Encyclopädiereise und einer
Reiseinfluenza, Feriencurs für die Oberlehrer[2] und nun die Affaire Slaby,[3]
über die ich Ihnen nächster Tage Einiges zuschicken werde!

Dass Volterra Ihnen seine Bemerkungen noch nicht geschickt hat, ist
unverantwortlich;[4] ich habe ihm soeben dringend geschrieben, dass er es
sofort thun soll. (Vielleicht spielt auch die Unruhe durch Berufungsangelegenheiten – Tod von Beltrami[5] – mit). Es waren eine Reihe bestimmter
Einzelheiten. Die Existenz[theoreme?] der Elasticität, – so haben wir in
Mailand verabredet –, sollen von Tedone auch für den Fall, dass die Zeit t
vorkommt, behandelt, dann aber an den Artikel Lamb angehängt werden.[6]
Die scheiden also für Sie aus.

Teubner ist sehr bereit, Halbbände zu drucken und auch verschiedene
Halbbände nebeneinander zu drucken. Was ihm unbequem ist, ist dies, dass
man Artikel ausser der Reihe setzt und dann ∞ lange im Satz stehen lässt.

---

[1] Brief (4 Seiten, lateinisch), *München, DM, Archiv HS 1977-28/A,170.*

[2] In den Osterferien unternahm Klein eine Reise zur Organisation von Band IV, vgl.
*F. Klein an W. Dyck, 30. Dezember 1899 und 24. Februar 1900. München, BSB,
Dyckiana, Schachtel 5.* Bei den Ferienkursen handelte es sich um von Klein initiierte Lehrerfortbildungsveranstaltungen, deren erste 1892 in Göttingen stattfand [Klein
1977, S. 17]; sie wurden später auch an anderen Universitäten durchgeführt [Lorey
1916, S. 296-300].

[3] Zur sog. Slaby-Affäre vgl. Seite 131.

[4] Volterra hatte Klein Bemerkungen zu [Sommerfeld 1904b] versprochen, er übersandte
diese wenig später, vgl. *F. Klein an A. Sommerfeld, 2. April 1900. München, DM,
Archiv HS 1977-28/A,170* und *V. Volterra an A. Sommerfeld, 29. April 1900. München, DM, Archiv HS 1977-28/A,349.*

[5] Eugenio Beltrami war am 18. Februar 1900 in Rom gestorben.

[6] [Tedone 1907], [Lamb 1907].

Im Uebrigen ist es eine missliche Sache, den Beginn des Druckes lange Zeit vorher präcis festsetzen zu wollen. Ich selbst habe meinen Mitarbeitern gesagt, dass ich im Herbst mit den beiden Halbbänden Mechanik beginne, – ich werde mir, was mich persönlich angeht, auch alle Mühe geben, dies Ziel zu erreichen –, ob es aber dazu kommt und wie es dann weitergeht, stehe dahin. Die *Mitarbeiter sind zu verschiedenartig.* Ich möchte vorschlagen: Teubner druckt, sobald wir ihm Material zusenden, welches an den Anfang eines Teilbandes gehört.

Gravitation betr. würde ein ruhiger Mann, der die Literatur sammelt und objectiv beurteilt, mir zweckmässiger scheinen als eine hochsubjective Natur im Style Seeliger.[1] Ich habe jetzt Furtwängler, der strammen Dienst hat, noch nicht gesprochen, will aber demnächst die Sache mit ihm überlegen. Sie müssen nur bedenken, daß F. auch noch meinen Artikel 25 übernommen hat![2]

Herzlichen Gruß von Ihrem
F. Klein

[49] *An Felix Klein*[3]

Aachen 13. VI. [1900][4]

Sehr verehrter Herr Professor!

Darf ich Sie hier durch, ganz ergebenst und bescheiden, um Auskunft über die Wiener Encyklopädie-Sitzung bitten? Ich muß mir in Kürze ein Rundschreiben von Teubner drucken lassen, um die Verlegung des Druckbeginns, die namentlich durch Kamerlingh Onnes nötig geworden ist, den Ref.[erenten] zur Kenntnis zu bringen. Dabei möchte ich dann gleich die Liste der Ref. mitschicken.

Ich will der Bequemlichkeit wegen eine Reihe von Fragen stellen:
1) Sind die Ref. genehmigt?
2) Kann ich sie von Teubner publiciren laßen?
3) Sind die Bogenzahlen der einzelnen Art. genehmigt?

---

[1] Hugo von Seeliger, langjähriger Vorsitzender der Astronomischen Gesellschaft, war Direktor der Münchner Sternwarte.

[2] Der Kleinschüler Philipp Furtwängler, seit 1899 Assistent am geodätischen Institut in Potsdam, verfaßte den Encyklopädieartikel über mechanische Meßgeräte [Furtwängler 1904]. Als Autor für den Artikel über Gravitation gewann Sommerfeld später Jonathan Zenneck, vgl. Brief [64].

[3] Brief (4 Seiten, lateinisch), *Göttingen, NSUB, Klein.*

[4] Das Jahr ergibt sich aus Kleins Antwortbrief [50].

4). Ich möchte diese nicht dazu drucken laßen, um unbequeme Vergleiche zu vermeiden. Gedenken Sie Ihrerseits auch so zu verfahren?

5). Hat es sich machen laßen, dass ich zwei Bogen mehr bekomme und kann ich diese nach Gutdünken verteilen.

6). Sind Sie mit den Festsetzungen: Beginn des Drucks für Halbband I, Okt. 1901, für Halbband II Jan. 1902: einverstanden?

7) Hält Boltzmann seine Versprechen trotz Leipzig[1] aufrecht?

Von Fricke, der mich zu meiner Freude besucht hat, höre ich, daß Sie ganz durch Slaby u. Gen.[ossen] absorbirt sind. Ich hoffe, Sie werden mir trotzdem auf die obigen brennenden Fragen antworten.

Einer der hiesigen Collegen, einer der gescheitesten, sagte mir mit Bezug auf Sie: Timeo Danaos et dona ferentes.[2] Das scheint die Grundstimmung zu sein, auch bei einem so hervorragenden und ruhigen Mann wie Intze.[3] Ich habe kürzlich in einer allgemeinen Sitzung, in der von Ihren „Leitsätzen" und den Riedler'schen Bemerkungen dazu[4] die Rede war, energisch gegen das Mistrauen gegen Ihre Bestrebungen gesprochen. Näheres kann ich nicht mitteilen, da die Sache vertraulich war.

In unserem Docentenverein[5] habe ich vor einiger Zeit den ja jetzt sehr aktuellen Geradlaufapparat des Hn. Diegel und Walkers rotirende Steine demonstrirt.[6] Es war sozusagen eine Probevorlesung vor den technischen Collegen, die grossen Beifall fand. Mangoldt meinte, es wäre ein Schritt zur Verständigung zwischen mir und den Aachenern und zwischen den Universitäten und technischen Hochschulen gewesen.

Mit vielen Grüßen von meiner Frau an die Ihrigen

Ihr stets ergebener
A. Sommerfeld.

---

[1] Boltzmann hatte kurz zuvor einen Ruf als Ordinarius für theoretische Physik an die Universität Leipzig angenommen, vgl. [Ostwald 1961, S. 22-30].

[2] Ich fürchte die Danaer, auch wenn sie Geschenke bringen.

[3] Otto Intze, ab 1870 ordentlicher Professor für Baukonstruktion und Wasserbau an der TH Aachen und 1895 bis 1898 Rektor, war 1898 Mitglied des preußischen Herrenhauses geworden.

[4] Alois Riedler, seit 1889 Professor an der TH Charlottenburg, war der Gegenspieler Felix Kleins auf seiten der Techniker, vgl. [Manegold 1970, S. 151-155]. Siehe auch Seite 131.

[5] Vermutlich informeller Zusammenschluß der Aachener Dozenten.

[6] [Walker 1904]. Zu Diegel vgl. Brief [29].

[50] *Von Felix Klein*[1]

Göttingen 21/VI [19]00.

Lieber Hr. College!

Hoffentlich hat Ihnen Dyck jetzt nähere Nachricht gegeben. Die Programme sind genehmigt und nur wegen der Zusatzbogen wurde ein abweichender Beschluss gefasst, den ich aus dem Gedächtniß nicht mehr sicher reconstruire. Auch ich werde Programme drucken lassen, ohne die für den einzelnen Artikel in Aussicht genommene Bogenzahl hinzuzufügen. Boltzmann ist krank, d. h. er findet sich gegenüber der Alternative Wien–Leipzig (über die noch keineswegs endgültig entschieden war) in einem tiefdeprimierten Gemütszustande.[2] Hoffentlich wird das wieder anders. Es ist unmöglich, über seine Mitwirkung an der Encyclopädie (an der er übrigens selbst in fast rührender Weise festhält) ein Prognostikon zu stellen.

Was Sie mir über Anfreundung mit den Technikern sagen, ist mir natürlich sehr wichtig. Die Herren sind gegen uns so thöricht argwöhnisch, weil sie die Universität gar nicht kennen. Ich habe das noch neulich im Gespräch mit Intze gesehen: man denkt sich die Universität Göttingen als einen geschlossenen Organismus und fasst mich als den Sprecher der Gesammtheit, während es sich doch in Wirklichkeit um eine grosse Zahl frei neben einander herlaufender Bestrebungen handelt nach dem schönen Princip: Freiheit und Gleichgültigkeit. Sie schreiben von meinen „Leitsätzen". Ich habe gar keine solche Leitsätze aufgestellt, vermuthe vielmehr, dass es sich um die Sätze handelt, welche das Ministerium zum Zweck eines Abgleichs aufgestellt hat. Althoff sagte mir, dass er mit Slaby demnächst einmal herkommen und nach dem Rechten sehen wolle, – ob es geschieht, ist eine offene Frage, und jedenfalls erfahre ich vorläufig gar nichts von den Verhandlungen, die zwischen Aachen, Hannover und Charlottenburg in der Angelegenheit spielen. Wir haben unterdessen eine grössere Schrift über angewandte Math. und Physik und ihre Bedeutung an der Schule in Vorbereitung, von der ich Intze letzthin die ersten Bogen gab.* Die soll auch ein Beitrag für die etwaigen Discussionen bei der Aachener Versammlung sein.[3]

Ich habe mit grosser Verwunderung gesehen, dass Sie wirklich die Rönt-

---

[1] Brief (4 Seiten, lateinisch), *München, DM, Archiv HS 1977-28/A,170.*

[2] Boltzmann wurde am 4. August 1900 zum ordentlichen Professor für theoretische Physik an der Universität Leipzig berufen; 1902 trat er seine eigene Nachfolge in Wien an.

[3] In seinen autobiographischen Notizen vermerkte Klein: „Schwierige Verständigung bei der Aachener Naturforscherversammlung" [Klein 1977, S. 9]. Im Tagungsbericht ist keine Diskussion dazu erwähnt.

genarbeit für die Annalen[1] abgeschlossen haben; möge Ihnen diese Leistungsfähigkeit erhalten bleiben! Es grüsst bestens

Ihr sehr ergebener
F. Klein

* NB. ganz ohne Polemik

[51] *Von Karl Schwarzschild*[2]

München, 15. VII. 1900.

Hochgeehrter Herr Professor!

Durch Vermittlung von Herrn Prof. Dyk[3] beabsichtige ich in den Math. Annalen eine Arbeit „Über die Beugung und Polarisation des Lichts durch einen Spalt" zu veröffentlichen.[4] Sie haben in Ihrer grundlegenden Arbeit über die Diffraktionstheorie eine Bearbeitung auch dieses Thema's in Aussicht gestellt[5] und ich folge eigenem Empfinden, wie einem von Herrn Prof. Dyk geäußerten Wunsche, indem ich mir vor jeder Veröffentlichung meiner Untersuchung die Anfrage bei Ihnen erlaube, ob Sie diese Absicht inzwischen ausgeführt haben oder noch in ihrer Ausführung begriffen sind, um danach meine Publikation zurückzuhalten oder zu modifizieren.

Darf ich Ihnen kurz mein Verfahren andeuten? – Es ist ziemlich gewiß, daß die alte Kirchhoff'sche Beugungstheorie allgemein innerhalb der Gebiete, für welche sie überhaupt Gültigkeit beansprucht, eine gute Annäherung an die Lösung des strengen Beugungsproblems darstellt. Dies wollte ich für beliebige Öffnungen nachweisen, sah mich aber genötigt, mich zuerst mit einem spezielleren Problem vertraut zu machen und versuchte es mit dem Spalt.

Ist Z Ihre Lösung für den einen, Z' für den anderen Schirm, welche den Spalt begrenzen, und fällt das Licht aus dem Unendlichen senkrecht zur

---

[1] Die ausführliche Publikation sollte in den *Mathematischen Annalen* erscheinen, sie wurde jedoch in der *Zeitschrift für Mathematik und Physik* veröffentlicht [Sommerfeld 1901], vgl. Brief [52].

[2] Brief (6 Seiten, deutsch), *München, DM, Archiv HS 1977-28/A,318.*

[3] Walther Dyck war Herausgeber der *Mathematischen Annalen.*

[4] [Schwarzschild 1902].

[5] Sommerfeld versprach am Ende seiner Habilitationsarbeit, „demnächst" auch Lösungen anzugeben, die „auf einer Riemann'schen Fläche mit zwei im Endlichen gelegenen bez. mit unendlich vielen Verzweigungspunkten eindeutig sind" und somit der Beugungskonfiguration von Spalt bzw. Gitter entsprächen [Sommerfeld 1896, S. 374].

Schirmebene ein, so ist der Ausdruck:[1]

$$Y = Z + Z' - e^{-ikr \sin \varphi}$$

eine angenäherte Lösung des Spaltproblems, wenn der Spalt breit ist. Denn z. B. auf dem ersten Schirm ist $Z = 0$ und bei breitem Spalt sehr nahe $Z' = e^{-ikr \sin \varphi}$, sodaß nahe $Y = 0$ wird, wie es das Problem verlangt. Nennt man Y_1 den kleinen Rest, der in Wirklichkeit auf diesem ersten Schirm verbleibt, so kann man denselben beseitigen mit Hülfe der Funktion U und §. 6. pag. 351. Ihrer Arbeit. Denn diese ist die Green'sche Funktion für das Beugungsproblem an einem geraden Rand und der Ausdruck:

$$Y_2 = \frac{1}{2\pi} \int Y_1 \frac{\partial U}{\partial n} ds$$

(das Integral erstreckt über den ersten Schirm s) hat auf diesem Schirm die Randwerte: $Y_2 = Y_1$. Setzt man jetzt: $Y = Z + Z' - e^{-ikr \sin \varphi} - Y_2$ so wird Y auf dem einen Schirm null, es bleibt aber noch ein Rest auf dem anderen. Diesen kann man mit Hülfe der entsprechenden Green'schen Funktion für den zweiten Schirm U' beseitigen. Dabei entsteht aber wieder ein kleiner Fehler auf dem ersten Schirm, der, wie Y_1, mit Hülfe von U zu beseitigen ist u.s.f. Es entsteht so eine unendliche Reihe von Correctionsgliedern. Man kann sagen, daß das Verfahren aus einem fortwährenden Herüberwerfen der Randwerte von einer Seite des Spaltes auf die andere besteht. Die Convergenz des Verfahrens hat sich sehr leicht beweisen lassen und sie besteht merkwürdiger Weise für beliebig engen Spalt. Für einen Spalt, der mehrere Wellenlängen breit ist, ist die Convergenz rapid, und daraus ist dann leicht die Gültigkeit der Kirchhoffschen Theorie für kleine Beugungswinkel, große Entfernung vom Spalt und nicht zu engen Spalt herzuleiten.

Ich habe aber auch die Correctionsglieder, die sich zunächst als vielfache Integrale darstellen, auf eine berechenbare Form zu bringen gesucht. Was ich da erhalten habe, läßt sich freilich an Eleganz und Vollständigkeit nicht im Entferntesten mit Ihrer Lösung des Problems für den einfachen Rand vergleichen. Ich bekomme eine Entwicklung:[2]

$$Z = \sum A_\beta Y_\beta$$

---

[1] Das Beugungsproblem wird zweidimensional behandelt; r, φ sind die Polarkoordinaten eines Punktes der xy-Ebene; der Beugungsschirm schneidet die xy-Ebene senkrecht entlang der y-Achse; als Lösung wird eine Funktion $Z(r, \varphi)$ gesucht, die der Wellengleichung $\Delta Z + k^2 Z = 0$ genügt und entlang der Spur des Beugungsschirmes in der xy-Ebene vorgegebene Werte annimmt.

[2] In seiner Publikation gelangt Schwarzschild zu anderen Näherungsformeln, vgl. [Schwarzschild 1902, S. 210 und 220].

Darin sind die Y_β Funktionen von r und φ:

$Y_\beta(r,\varphi) =$

$$\text{Zahlenfaktor} \cdot \sin\varphi \cdot \int\limits_{1}^{\infty} \frac{d\eta}{R} e^{-ikR} \left(\frac{R - 2d}{r} - \eta \right)^{\beta - \frac{1}{2}} \frac{d^\beta}{d\eta^\beta} \left[\frac{\sqrt{1+\eta}}{\eta - \cos\varphi} \right]$$

$R^2 = r^2 + 4dr\,\eta + 4d^2$

$2d$ die Spaltbreite.

Die Coeffizienten A_β sind Funktionen der Spaltbreite und werden selbst durch mehrfache Summen dargestellt. Das Gute ist, daß die Entwicklungen alle rasch konvergieren, sodaß selbst noch für einen Spalt von einer Wellenlänge Breite die rechnerische Vergleichung zwischen Theorie und Beobachtung durchführbar wäre.

Indem ich hoffe, daß Ihnen diese Mitteilungen nicht unliebsam sind, verbleibe ich

Ihr hochachtungsvoll ergebener
K. Schwarzschild.

Privatdozent d. Astronomie a. d. Uni. München.

[52] *An Karl Schwarzschild*[1]

Aachen, 16. VII. [1]900

Sehr geehrter Herr College!

Sie können mir keine grössere Freude machen, als dadurch, dass Sie eine Arbeit über die Beugung am Spalt in dem angegebenen Sinne veröffentlichen. Meine damalige „Hoffnung", die ich leichtsinniger Weise aussprach, hat sich nicht erfüllt, trotz wiederholter Bemühungen. Diese sind wohl deshalb gescheitert, weil ich immer hoffte, durch Einführung von „Bipolarcoordinaten"[2] ($r = r_1/r_2$, $\varphi = \varphi_1 - \varphi_2$, $O_1\,O_2$ die beiden Spaltränder) zu einer Lösung in geschlossener Form zu kommen, die dann ohne Frage den Vorzug der Einfachheit haben würde. Ich bemerke aber, dass eine Lösung durch successive Annäherung meine volle Sympathie hat, sobald sie sich bis

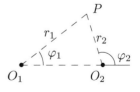

[1] Brief (8 Seiten, lateinisch), *Göttingen, NSUB, Schwarzschild.*
[2] Vgl. dazu die unten bei 5. angegebenen Hinweise.

in alle Details durchführen lässt, u. dass eine solche Lösung meiner Ansicht nach *mindestens* dasselbe theoretische Interesse hat, wie eine Lösung in geschlossener Form.

Ich habe mich zuletzt intensiv mit der Beugung von Impulsen beschäftigt – im Hinblick auf die Röntgenstrahlen –. Einen Bericht über einen Teil meiner Resultate schicke ich Ihnen gleichzeitig zu.[1] Auch hier sah ich mich vor das Problem des Spaltes gestellt. Ich habe dies schliesslich der Hauptsache nach im Sinne Kirchhoff's behandelt, nachdem ich mich vorher überzeugt hatte, dass diese Behandlung bei der Halbebene unter Voraussetzung hinlänglich kleiner „Impulsbreite" mit meiner „exakten" Lösung gut genug übereinstimmt. Eine zweite Note über diesen Gegenstand u. die in den M.[athematischen] Annalen erscheinende ausführl. Arbeit erhalten Sie später.[2]

Auch in Zukunft würde ich kaum wieder auf Ihr Problem zurückkommen, da mir durch mein neues Amt beispielsweise die Hydrodynamik der Schmiermittel viel näher gelegt wird, wie die Electrodynamik des reinen Äthers.

Sie sehen, ich habe allen Grund auf Ihre Arbeit freudig gespannt zu sein.

Erlauben Sie mir noch ein paar Bemerkungen zu Ihren mich sehr interessirenden Einzel-Andeutungen.

1). Ihre Ausgangsfunction $y = z + z' - e^{-ikr \sin \varphi}$ kommt auch in meiner schon abgegangenen Arbeit über Röntgenbeugung vor (nur dass es da allgemeiner statt $e^{-ikr \sin \varphi}$ heisst: $f(r \sin \varphi + Vt)$. Ich setze sie dort in die folgende Form $y = z - z'$, wobei sich z und z' auf die folgenden beiden Schirme beziehn: $O_1 \overline{\quad O_2 \quad}$ In der

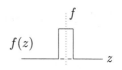

That kommt die Vertauschung der Schirme I (Ihr z') und II (mein z') auf eine Vertauschung des „oberen" und „unteren Blattes" also auf Ersetzung von z' durch $e^{-ikr \sin \varphi} - z'$ heraus. Ihre Schreibweise dieser Function y gefällt mir übrigens eigentlich beßer, wie meine. Ich werde bei der Correctur eine Anm. hinzufügen, dass Sie genau dieselbe angenäherte Lösung zu Grunde legen u. von da aus – was ich nicht thue – zur genauen Lösung fortschreiten. Sie könnten ja ev. einen ähnlichen Rückvermerk machen. Meine Arbeit wird dann wohl schon [Ihnen][3] gedruckt vorliegen.

---

[1] [Sommerfeld 1899b].

[2] [Sommerfeld 1900a]. Die ausführliche Arbeit [Sommerfeld 1901] erschien in der *Zeitschrift für Mathematik und Physik*, vgl. [Tobies 1986, S. 28].

[3] Nachträglich eingefügt.

2. Ihr Annäherungsverfahren leuchtet mir natürlich völlig ein. Ich habe wohl selbst öfter an etwas Ähnliches gedacht, aber nicht den Mut gehabt, ihm näher zu treten. Zu dem schönen Erfolge, den Sie dabei gehabt haben, meinen aufrichtigsten Glückwunsch.

3. Dass meine Function U, die mir seinerzeit viel Kopfschmerzen gemacht hat u. mit der ich hinterher nichts Rechtes anzufangen wusste bei Ihnen einen Daseinszweck gewinnt, freut mich besonders.

4. Mit dem folgenden sage ich Ihnen sicher nichts Neues: Es ist nicht $U(r, \varphi; r', \varphi')$ sondern

$$V = U(r, \varphi; r', \varphi') - U(r, \varphi; r', -\varphi')$$

die Green'sche Fu. für das durch einen Halbstrahl berandete Gebiet; denn die Green'sche Fu. soll doch für $\varphi = 0$ verschwinden. Es ist wohl nur eine abgekürzte Ausdrucksweise in Ihrem Brief, wenn Sie U selbst als Green'sche Fu. bezeichnen.

5. Dass Ihre numerischen Rechnungen bis zum Spalt von der Breite einer Wellenlänge brauchbar sind, ist sehr interessant. An die ganz schmalen Spalte bez. ganz grossen λ müsste man wohl durch Näherung von der *anderen* Seite heranzukommen suchen; das will heissen: man sollte mit ∞ langen Wellen (Potentialfunctionen) beginnen u. diese successive corrigiren. Über verzweigte Potentiale habe ich im Sinne meiner Beugungsarbeit in den Proceedings of the Lond. Math. Soc. Vol. 28. geschrieben.[1] Das Analogon zu der obigen Lösung U ist dort gegeben. Was ich dort über den Spalt gesagt habe, habe ich später leider als falsch erkannt.[2] Vielleicht interessirt Sie auch die Behandlung der Beugungsprobleme durch Herrn Carslaw, (Eben daselbst vol. 30)[3] der an die verzweigten Potentiale anknüpft. Die Beugung elektrischer Wellen an einem metallischen Gitter behandelt Lamb in der angedeuteten Weise von der Potentialth. aus.[4] Diese Arbeit wird jedenfalls einer Correction durch Ihre Methoden sehr bedürfen.

Besonders schwierig und interessant ist offenbar der Fall: Spaltbreite $= \lambda$, weil da eine Art „Resonanzerscheinung" auftreten dürfte.[5]

---

[1] [Sommerfeld 1897a, S. 420]. Sommerfeld unternimmt hier den erfolglosen Versuch, mit Bipolarkoordinaten das Spaltproblem zu lösen.

[2] [Sommerfeld 1899c], vgl. auch Brief [43].

[3] [Carslaw 1899]

[4] [Lamb 1898].

[5] Möglicherweise kam Sommerfeld zu dieser unzutreffenden Ansicht durch eine von Wien geäußerte Vermutung über die Beugung an einem Gitter aus Rechtecken, vgl. Brief [17].

6. Ich möchte Sie noch ausdrücklich darauf aufmerksam machen, dass unsere Grenzbedingung ($y = 0$) sich nicht mit dem Begriff des schwarzen Körpers deckt. Ich sage vorsichtiger Weise „undurchsichtiger Körper" Ich könnte auch sagen: „vollkommen reflectirender Körper". Der schwarze Körper lässt sich nicht durch Grenzbedingungen der gewöhnlichen Art definiren. Wollen Sie diesen Punkt jedenfalls berühren; in meiner Diffr-Arbeit[1] bin ich über dergl. principielle Punkte stillschweigend hinweggegangen. In der im Druck befindl. Arbeit über Röntgenstr. gehe ich aber ausführl. drauf ein. Vgl. auch die beifolgende Note.[2]

7. Wenn Sie meine Skrupel gegen die gewöhnl. Beugungsth. definitiv beseitigen können und zeigen würden, dass allemal für $\lambda <$ gew.[isse] Grösse, die durch die Dimensionen des Beugungsschirmes mitbestimmt wird, die gewöhnl. Methode zulässig ist, dann wird Niemand froher sein wie ich. Meine Überlegungen bleiben dann auf Hertz'sche Wellen beschränkt.[3]

Wenn ich Ihnen bei der Fertigstellung der Arbeit irgend wie nützlich sein kann, werde ich es gerne thun. Zum Schluß aufrichtigen Dank für das Interesse an meinen Arbeiten und für die schöne Vervollständigung derselben!

Ihr sehr ergebener
A. Sommerfeld.

[53] *Von Karl Schwarzschild*[4]

München, 19. VII. 1900.

Hochgeehrter Herr Professor!

Ihr freundlicher Brief hat mich durch die Teilnahme, die Sie meiner Arbeit schenken, außerordentlich erfreut. Auch danke ich Ihnen bestens für Ihren Aufsatz über die Beugung der Röntgenstrahlen, den ich bisher nur oberflächlich kannte und nun sorgfältiger studieren werde.

Erlauben Sie mir noch einige Bemerkungen zu den von Ihnen berührten Punkten. Haben Sie es, statt mit bipolaren, nie mit elliptischen Koordinaten versucht? Dann spielen die Funktionen des elliptischen Zylinders dieselbe Rolle für das Spaltproblem, wie die Besselschen Funktionen für den einfachen Rand, und die Funktionen des elliptischen Zylinders lassen sich

---

[1] [Sommerfeld 1896].

[2] [Sommerfeld 1899b, S. 107] und [Sommerfeld 1901, S. 13-15].

[3] Die Sommerfeldsche Beugungstheorie erlangte später vor allem bei Mikrowellen (Radar) neue Aktualität, vgl. [Bethe 1944], [Miles 1949] und [Horton und Watson 1950].

[4] Brief (5 Seiten, deutsch), *München, DM, Archiv HS 1977-28/A,318.*

durch einen Grenzübergang ganz ähnlich aus den Lamé'schen Funktionen ableiten, wie Sie die Besselschen aus den Kugelfunktionen gewinnen. Leider giebt es keinen einfachen Prozeß zur Herstellung Lamé'scher Funktionen hoher Ordnung, der dem Differentiationsverfahren bei den Kugelfunktionen entspräche. Ob das aber eine Schwierigkeit ist, die der Bewältigung des Spaltproblems von dieser Seite aus unüberwindliche Hindernisse in den Weg legt?[1]

Es wird mich freuen, wenn Sie meine Benutzung der Funktion $y = z + z' - e^{-ikr\sin\varphi}$ als Ausgangspunkt eines Näherungsverfahrens erwähnen wollen. Ich kann dann wegen der Eigenschaften dieses Ausdrucks vielleicht direkt auf Ihre neue Arbeit verweisen.

Wie Sie vermuten, habe ich natürlich nicht U selbst, sondern

$$U(r, \varphi, r', \varphi') - U(r, \varphi, r', -\varphi')$$

als Green'sche Funktion benutzt.

Es scheint mir, daß ich aus meinen Formeln auch Entwicklungen nach Potenzen von k herstellen oder wenigstens ihre Existenz beweisen kann $(\Delta^2 u + k^2 u = 0)$; doch habe ich das noch nicht ausgeführt. Dieselben würden dann eine Annäherung von der Seite der unendlich langen Wellen her bedeuten, wie Sie sie vorschlagen.

Meinen besten Dank für die Litteraturnachweise, die ich einsehn werde.

Etwas besonders Auffälliges für den Fall Spaltbreite = λ habe ich bisher noch nicht bemerkt, doch werde ich demselben, Ihrer Anregung folgend, meine besondere Aufmerksamkeit zuwenden.[2]

In Bezug auf den Begriff des schwarzen Körpers sind mir schon früher Ihre Bemerkungen in dem Artikel über Röntgenstrahlen aufgefallen. Auch habe ich den Eingang von Voigt's Aufsatz in den Gött.[inger] Mitth.[eilungen] gelesen.[3] Ich werde dem schwarzen Körper ganz aus dem Wege gehn und mich auf den vollkommen reflektierenden Schirm beschränken.

Es ist keineswegs meine Meinung, daß eine strenge Beugungstheorie nach Ihrem Vorbild jemals [auch für gew. Lichtwellen][4] überflüssig werden

---

[1] Auf diesem, auch von W. Wien und B. Sieger verfolgten Weg wurde das Spaltproblem später von M. J. O. Strutt gelöst. Vgl. *W. Wien an A. Sommerfeld, 14. Mai 1905. München, DM, Archiv HS 1977-28/A,369* und [Wien 1906a, S. 48-50], [Sieger 1908] sowie [Strutt 1931] und die numerische Durchführung in [Morse und Rubenstein 1938].

[2] Das von Sommerfeld vermutete Resonanzphänomen tritt nicht auf, vgl. [Schwarzschild 1902] und [Morse und Rubenstein 1938].

[3] [Voigt 1899b].

[4] Nachträglich eingefügt.

könnte, weil sie allein die Intensität und Polarisation für große Beugungswinkel, wie in Gouy's Experimenten,[1] richtig liefern kann. Nur für kleine Beugungswinkel vermute ich im Allgemeinen die Richtigkeit der alten
Theorie, habe aber [zu?] einem strengen Nachweis kaum erst den Ansatz
gemacht.[2] In dieser Beziehung habe ich neulich zu viel gesagt oder mich
wenigstens unklar ausgedrückt.

Von Ihrem liebenswürdigen Anerbieten, mir bei der Ausführung meiner
Arbeit ferner Ihren Rat spenden zu wollen, werde ich Gebrauch zu machen
Gelegenheit haben. Meine Arbeit macht mir erst recht Spaß, seitdem ich
Ihr Schreiben erhalten habe. Mit nochmaligem aufrichtigem Dank dafür

verbleibe ich Ihr ergebener
K. Schwarzschild.

[54] *Von Hendrik A. Lorentz*[3]

Leiden, den 6 October 1900.

Verehrter Herr College,

Nachdem ich verschiedene Arbeiten die mich hier bei meiner Rückkehr
erwarteten, erledigt habe, komme ich dazu Ihre Bemerkung über die Flüßig-
keitsbewegung in einem cylindrischen Rohr zu beantworten. Als ich meine
Abhandlung[4] zur Hand nahm, sah ich sogleich daß Sie vollkommen Recht
haben. Die Gleichung

$$\varrho\left(\frac{\partial u'}{\partial t} + \bar{u}\frac{\partial u'}{\partial x} + \bar{v}\frac{\partial u'}{\partial y} + \bar{w}\frac{\partial u'}{\partial z} + u'\frac{\partial \bar{u}}{\partial x} + v'\frac{\partial \bar{u}}{\partial y} + w'\frac{\partial \bar{u}}{\partial z}\right) =$$
$$= -\frac{\partial p'}{\partial x} + \mu\Delta u', \tag{a}$$

[1] [Gouy 1883], [Gouy 1884], [Gouy 1885] und [Gouy 1886]. Léon Gouy war Professor
der Physik an der Universität Lyon.

[2] Zum Gültigkeitsbereich der Kirchhoffschen Beugungstheorie vgl. [Schwarzschild 1902,
S. 243-246].

[3] Brief (4 Seiten, lateinisch), *München, DM, Archiv HS 1977-28/A,208.*

[4] [Lorentz 1898]. Darin wird die Bewegung einer Flüssigkeit durch ein Rohr (u, v, w sind
die Geschwindigkeitskomponenten in einem kartesischen x, y, z-Koordinatensystem) in
der Nähe des kritischen Umschlags von der laminaren zur turbulenten Strömung als
Überlagerung einer mittleren „Hauptströmung" ($\bar{u}, \bar{v}, \bar{w}$) und einer „Wirbelströmung"
(u', v', w') behandelt; p bezeichnet den hydrodynamischen Druck, μ die Viskosität und
ϱ die Dichte der Flüssigkeit. Darüber hatten Lorentz und Sommerfeld auf der Aachener
Naturforscherversammlung diskutiert.

welche ich für die „Wirbelbewegung" angab, ist nicht richtig. Es sind links die Glieder

$$\varrho\left[\frac{\partial(u'^2)}{\partial x}+\frac{\partial(u'v')}{\partial y}+\frac{\partial(u'w')}{\partial z}\right]-\varrho\left[\frac{\partial(\overline{u'^2})}{\partial x}+\frac{\partial(\overline{u'v'})}{\partial y}+\frac{\partial(\overline{u'w'})}{\partial z}\right] \quad \text{(b)}$$

hinzuzufügen.

Wie ich zu diesem Fehler gekommen bin, weiß ich mich nicht mehr zu erinnern. Vielleicht habe ich u', v', w' als sehr klein betrachtet, was auch erlaubt wäre, wenn man von einer Bewegung mit $u' = v' = w' = 0$, d. h. also von der dem Poiseuille'schen Gesetze entsprechenden Strömung ausgehen wollte, und nun untersuchen wollte, ob *kleine* Störungen dieses Zustandes anwachsen oder verschwinden werden. Dem widerspricht aber, daß ich in den weiteren Ausführungen oft von endlichen Werten von u', v', w' rede.

Glücklicherweise bleiben meine Folgerungen von dem Fehler unberührt, weil die Glieder (b) fortfallen, wenn man die drei Bewegungsgleichungen mit u', v', w' multipliziert, dann addiert und schließlich über einen Raum, an deßen Grenzen u', v', w' verschwinden, integrirt.

Man erhält nämlich aus der Größe (b) und den beiden analogen auf die y- und z-Achse bezüglichen Größen den Ausdruck

$$A - B,$$

$$\text{wo} \quad A = \varrho\int\left\{u'\left[\frac{\partial(u'^2)}{\partial x}+\frac{\partial(u'v')}{\partial y}+\frac{\partial(u'w')}{\partial z}\right]+\right.$$

$$+v'\left[\frac{\partial(u'v')}{\partial x}+\frac{\partial(v'^2)}{\partial y}+\frac{\partial(v'w')}{\partial z}\right]+$$

$$\left.+w'\left[\frac{\partial(u'w')}{\partial x}+\frac{\partial(v'w')}{\partial y}+\frac{\partial(w'^2)}{\partial z}\right]\right\}d\tau$$

$$\text{und} \quad B = \varrho\int\left\{u'\left[\frac{\partial(\overline{u'^2})}{\partial x}+\frac{\partial(\overline{u'v'})}{\partial y}+\frac{\partial(\overline{u'w'})}{\partial z}\right]+\right.$$

$$+v'\left[\frac{\partial(\overline{u'v'})}{\partial x}+\frac{\partial(\overline{v'^2})}{\partial y}+\frac{\partial(\overline{v'w'})}{\partial z}\right]+$$

$$\left.+w'\left[\frac{\partial(\overline{u'w'})}{\partial x}+\frac{\partial(\overline{v'w'})}{\partial y}+\frac{\partial(\overline{w'^2})}{\partial z}\right]\right\}d\tau.$$

Vermöge der Relation[1]

$$\frac{\partial u'}{\partial x} + \frac{\partial v'}{\partial y} + \frac{\partial w'}{\partial z} = 0$$

ist nun zunächst A zu ersetzen durch

$$A = \varrho \int \left\{ u' \left[u'\frac{\partial u'}{\partial x} + v'\frac{\partial u'}{\partial y} + w'\frac{\partial u'}{\partial z} \right] + \right.$$

$$+ v' \left[u'\frac{\partial v'}{\partial x} + v'\frac{\partial v'}{\partial y} + w'\frac{\partial v'}{\partial z} \right] +$$

$$\left. + w' \left[u'\frac{\partial w'}{\partial x} + v'\frac{\partial w'}{\partial y} + w'\frac{\partial w'}{\partial z} \right] \right\} d\tau =$$

$$= \frac{1}{2}\varrho \int \left\{ u'\frac{\partial(u'^2)}{\partial x} + v'\frac{\partial(u'^2)}{\partial y} + w'\frac{\partial(u'^2)}{\partial z} + \right.$$

$$+ u'\frac{\partial(v'^2)}{\partial x} + v'\frac{\partial(v'^2)}{\partial y} + w'\frac{\partial(v'^2)}{\partial z} +$$

$$\left. + u'\frac{\partial(w'^2)}{\partial x} + v'\frac{\partial(w'^2)}{\partial y} + w'\frac{\partial(w'^2)}{\partial z} \right\} d\tau =$$

$$= \frac{1}{2}\varrho \int \left(u'\frac{\partial k}{\partial x} + v'\frac{\partial k}{\partial y} + w'\frac{\partial k}{\partial z} \right) d\tau,$$

wenn man

$$u'^2 + v'^2 + w'^2 = k$$

setzt. Mittels partieller Integration wird dann schließlich

$$A = -\frac{1}{2}\varrho \int k \left(\frac{\partial u'}{\partial x} + \frac{\partial v'}{\partial y} + \frac{\partial w'}{\partial z} \right) d\tau = 0.$$

Was die Größe B betrifft, so ist Folgendes zu bemerken. Wenn man über einen größeren Raum integrirt (oder über eine längere Röhre), ich meine über einen Raum deßen Dimensionen viel größer sind als die Dimensionen der Wirbel, so darf man die zu integrirende Funktion

$$u' \left[\frac{\partial(\overline{u'^2})}{\partial x} + \frac{\partial(\overline{u'v'})}{\partial y} + \frac{\partial(\overline{u'w'})}{\partial z} \right] + \text{u.s.w.} \quad \ldots\ldots \quad (c)$$

---

[1] Sie folgt aus der Kontinuitätsgleichung für die Geschwindigkeitskomponenten $u = \bar{u} + u', v = \bar{v} + v', w = \bar{w} + w'$, vgl. [Lorentz 1898, Formel (5) und (11)].

durch ihren räumlichen Mittelwerth ersetzen. Unter „räumlichem" Mittelwert verstehe ich den Mittelwerth für einen kleinen Raum der eben groß
genug ist um in $\bar{u}, \bar{v}, \bar{w}$ die Geschwindigkeiten der Wirbelbewegung verschwinden zu laßen. Man darf nun wohl annehmen daß in einem derartigen
Raum, deßen Dimensionen von derselben Größenordnung sind wie die Di-
mensionen der Wirbel $\frac{\partial(\overline{u'^2})}{\partial x}, \frac{\partial(\overline{u'v'})}{\partial y}, \frac{\partial(\overline{u'w'})}{\partial z}$ als constant zu betrachten sind.
Da durch ergiebt sich für den Mittelwerth von (c)

$$\overline{u'} \left[\frac{\partial(\overline{u'^2})}{\partial x} + \frac{\partial(\overline{u'v'})}{\partial y} + \frac{\partial(\overline{u'w'})}{\partial z} \right] + \text{u.s.w.},$$

und dieses verschwindet wegen $\overline{u'} = \overline{v'} = \overline{w'} = 0$. Es ist also auch

$$B = 0.$$

Zu demselben Schluß kommt man wenn man bei dem Rohr die Mittelwerte
nicht über einen gewißen *Raum*, sondern über eine kleine der Rohrachse
parallele Strecke betrachtet.

In Folge des Verschwindens von A und B bleiben die von mir in meiner
Abhandlung gezogenen Schlüße bestehen.[1]

Bei unserem Gespräch über diesen Gegenstand kam die Rede auch
auf die Abhandlung von Emden und auf Untersuchungen von Kelvin. Der
Titel der Arbeit von Emden lautet: „Ueber die Ausströmungserscheinungen in permanenten Gasen" (Habilitationsschrift, Leipzig, Barth); dieselbe
erschien im Auszuge in Wied. Ann. Bd. 69, p. 264 und 426. Was Kelvin betrifft, meinte ich die Abhandlung „On stationary waves in flowing water["],
Phil. Mag. 5th series, Vol. 22, pp. 353, 445, 517, und Vol. 23, p. 52.[2]

Ich kann dieses Schreiben nicht schließen ohne Ihnen noch einmal herzlich zu danken für alle die Freundlichkeit die Sie mir in Aachen erwiesen
haben. Die „Printen",[3] die ich mitbrachte, wurden von den Kindern für
herrlich erklärt und wenn mein kleiner Junge schreiben könnte würde er
gewiß die liebenswürdigen Postkarten die Sie ihm neulich schickten sofort

---

[1] Ziel der in [Reynolds 1895] begründeten und von Lorentz hier erweiterten Theorie
war es, aus der zeitlichen Veränderung der Energie der „Wirbelbewegung" ein Kriterium für die Stabilität der Strömung zu erhalten, vgl. [Lorentz 1898, Formel (17) und
§ 11]. Obwohl diese „Energiemethode" später als Mißerfolg für die Bestimmung des
Umschlags von der laminaren zur turbulenten Strömung gewertet wurde, begründete
sie einen wichtigen Zweig für die Erforschung des Turbulenzproblems, vgl. [Schlichting
1982, Kapitel 16, v.a. S. 463-464], [Drazin und Reid 1981, S. 363 und 424-432].

[2] [Emden 1899], [Thomson 1886] und [Thomson 1887].

[3] Aachener Gebäckspezialität.

beantwortet haben. Aus denselben vernahmen wir daß wir im Laufe der Jahre noch einen zweiten Naturforscher Sommerfeld haben werden; möge er ein recht tüchtiger sein und nicht nur als Naturforscher sondern in jeder Hinsicht seinem Namen Ehre machen.[1]

Mit der Bitte, mich Ihrer Frau Gemahlin bestens zu empfehlen und mit vielen Grüßen auch von meiner Frau und den Kindern verbleibe ich Ihr ergebener

H. A. Lorentz

Die Formel $\bar{u} = \bar{u}$ auf p. 32 meiner Abhandlung soll natürlich lauten $\bar{\bar{u}} = \bar{u}$.[2]

[55] *An Hendrik A. Lorentz*[3]

Aachen 8. Oktober 1900

Hochgeehrter Herr Professor!

Haben Sie vielen Dank für Ihre so liebenswürdige und eingehende Beantwortung meiner kleinen Bemerkung. Ich stimme völlig bei, daß Ihre Schlüsse unangetastet bleiben. Für meine eigenen Bestrebungen, die ich vorläufig als gescheitert ansehen muss und die auf die Feststellung möglicher Bewegungen oberhalb der kritischen Geschwindigkeit abzielten, ziehe ich aber aus Ihrem Brief die Folgerung: dass es schliesslich bequemer ist, von den ursprünglichen Euler'schen Gleichungen auszugehn, als von den durch Sie und Reynolds umgeformten. Die grosse Schwierigkeit bei der Integration der hydrodynamischen Gleichungen liegt in dem Vorhandensein der quadratischen Glieder $u\frac{\partial u}{\partial x} + \cdots$, die bei den fraglichen „Wirbel"-Bewegungen sicher die Hauptrolle spielen. In Ihrer Abhandlung erscheinen nun die Gleichungen für u', v', w' linear in diesen Grössen; das wäre eine bedeutende Vereinfachung. Fügen wir aber die fragliche Correction hinzu, so hört dieser Vorzug auf. Daher dürften diese Gleichungen *für die Frage der wirklichen Integration der Bewegungen* keine Vereinfachung gegenüber den alten Differentialgleichungen darstellen. *Für die Entscheidung der Stabilitätsfrage* dagegen ist Ihre Gleichungsform äusserst geeignet,[4] wie Sie gezeigt haben.–

---

[1] Nach Ernst, geboren am 30. April 1899, war Margarethe am 5. August 1900 zur Welt gekommen.

[2] Vgl. [Lorentz 1898, § 5, Durchführung der räumlichen Mittelung].

[3] Brief (8 Seiten, lateinisch), *Haarlem, RANH, Lorentz inv.nr. 74*.

[4] Nach heutiger Auffassung kann die Energiemethode für die Stabilität einer Strömung nur eine grobe untere Grenze liefern [Reddy und Henningson 1993].

Erlauben Sie mir noch, eine allerdings vorläufig recht unbestimmte Bemerkung, eine Art mechanischer Analogie zu der Hydraulik, hinzuzufügen. Ich betrachte ein vertical herabhängendes Pendel und schreibe diesem als „Grenzbedingung" vor, dass es für $t = \pm\tau$ umkehren soll ($\frac{d\varphi}{dt} = 0$, wenn φ der Ausschlagswinkel ist). Ist $\tau < \frac{\pi}{2}\sqrt{l/g}$, so ist die Ruhe der einzig mögliche mit jener Bedingung verträgliche Zustand; ist dagegen $\tau \geq \frac{\pi}{2}\sqrt{l/g}$,* so kann Bewegung eintreten. Sie wird auch thatsächlich eintreten, da Bewegungsanregungen immer vorhanden sind. Die Ruhe wäre dann zwar noch ein möglicher aber kein wirklicher Zustand. Wir können $\tau = \frac{\pi}{2}\sqrt{l/g}$ das kritische Intervall nennen, oberhalb dessen die Ruhelage „instabil" wird – natürlich in anderem Sinne aufgefasst, wie man sonst von instabil spricht.

Der Variablen t beim Pendel vergleiche ich in der Hydraulik den Abstand r von der Röhrenaxe, der Grenzbedingung $\frac{d\varphi}{dt} = 0$ entsprechen zwei Grenzbedingungen $\frac{d\psi}{dx} = 0$, $\frac{d\psi}{dr} = 0$ für eine charakteristische Function ψ, durch die sich die axiale und radiale Componente der Geschwindigkeit darstellen lässt, dem Zeitintervall τ der Radius R der Röhre. Diese Parallelisirung wird durch die analytische Beschaffenheit der Gleichungen bis zu einem gewissen Grade nahegelegt. Was beim Pendel die Ruhe ist, würde hier die Poiseuille'sche geradlinige Bewegung sein. Diese wäre der einzig mögliche Bewegungszustand, solange τ bzw. R unterhalb ihrer kritischen Grösse liegen. (Ich stelle mir vor, dass die Grenzbedingungen jede Abweichung von dem geradlinigen Gesetz verhindern, einen Zwang auf die Flüssigkeit ausüben, der sie in die geraden Bahnen nötigt). Oberhalb der kritischen Grösse sind dagegen seitliche Schwingungsbewegungen möglich, welche ebenso wie beim Pendel vorherbestimmte (nicht beliebige) Geschwindigkeiten haben, worin sich die nicht lineare Natur der Differentialgleichungen beider Probleme ausspricht. (– Bei linearen Gleichungen ist ja die Amplitude der Schwingung und auch die der zugehörigen Geschwindigkeit willkürlich; in diesem Fall wäre ein allgemein gültiges Gesetz für die Reibungsverluste, wie es aus den Beobachtungen der Techniker hervorzugehen scheint, unerklärlich, da doch die Reibung von der Stärke der Wirbel abhängt, also von Fall zu Fall verschieden sein könnte, wenn die Stärke der Wirbel unbestimmt wäre, wie es bei linearen Bestimmungsgleichungen sein würde). Daß die kritische Grösse von R von der Geschwindigkeit der mittleren Strömung abhängt und daß man so zugleich zu einer kritischen Geschwindigkeit kommt, ist nicht wunderbar.–

Ich zweifle sehr, dass dieser ganz oberflächliche Vergleich Ihnen zutreffend erscheinen wird, für mich hatte er etwas Beruhigendes.[1]

---

[1] A. E. H. Love, der für den Mechanikband der *Encyklopädie* zwei Artikel zur Hydro-

Übrigens ist es interessant, daß in der Hydraulik einer jener Existenz-beweise, wie ihn die Mathematiker so lieben und die Physiker mit Recht so wenig interessant finden, am Platze wäre: nämlich der Nachweis, dass nicht-geradlinige Integrale der hydrodynamischen Gleichungen unter Um-ständen existiren. Dann hätte man sicheren Boden unter den Füssen, wäh-rend es einstweilen immer noch bezweifelt werden kann, ob die Bewegungen oberhalb der kritischen Geschwindigkeit noch den gewöhnlichen Differen-tialgleichungen genügen. Leider wird sich kein Mathematiker so bald an diesen Existenzbeweis heran wagen.

Ich werde mir demnächst erlauben, Ihnen einen Artikel aus der Ency-klopädie zuzuschicken, der hauptsächlich solche Existenzbeweise betrifft;[1] er ist für die Anwendungen recht überflüssig.–

Für Ihre weiteren Citate meinen aufrichtigen Dank! Ich werde sie dem-nächst nachlesen.–

Meine Frau erwidert Ihre und Ihrer Frau Gemahlin liebenswürdige Grüße auf's Herzlichste. Das Häschen hat, trotz der Bemühungen unse-res Kleinen, bisher noch nicht seinen Kopf verloren.

In aufrichtiger Verehrung Ihr ganz ergebener
A. Sommerfeld.

* Ich denke beim Pendel an die genaue Theorie mit elliptischen Integralen, nicht an die übliche trigonometrische.

[56] *An Felix Klein*[2]

Aachen 8. XI. 1900

Verehrter Herr Professor!

Ich wollte schon immer an Sie schreiben und das nicht eingegangene Ma-nuscript entschuldigen.[3] Seit den 3 Wochen, die bei uns die Vorlesungen dauern, bin ich nur einen Sonnabend–Sonntag an den Kreisel gekommen. Bei den gyroskopischen Termen war ich am Schluß der Ferien stehn geblie-ben. Da fand ich einige unerwartete Hinderniße. Der Stabilisirungsbeweis

---

dynamik verfaßte [Love 1901a], [Love 1901b], schrieb Sommerfeld, „the analogy with the problem of the stability of columns (Knickfestigkeit) is perhaps more striking than the analogy with the pendulum". *A. E. H. Love an A. Sommerfeld, 29. Januar 1901. München, DM, Archiv HS 1977-28/A,210.* Vgl. dazu auch Seite 138.

[1] Vermutlich [Sommerfeld 1904b].

[2] Brief (4 Seiten, lateinisch), *Göttingen, NSUB, Klein 11.*

[3] Das Manuskript zum dritten Heft der Kreiseltheorie [Klein und Sommerfeld 1903].

bei Thomson und Tait leuchtet mir noch garnicht ein.[1] Wann ich wieder zum Kreisel kommen werde? Die ganze nächste Woche sind fortgesetzt Examina. Ich will das beste hoffen und nichts versprechen.

Der Zwang des starren Körpers als Ganzes hat sich schliesslich sehr hübsch in dieser Form ergeben:[2]

$$Z = \frac{1}{M}\left(\left(\frac{d[X]}{dt}\right)^2 + \left(\frac{d[Y]}{dt}\right)^2 + \left(\frac{d[Z]}{dt}\right)^2\right)$$
$$+ \frac{1}{A}\left(\frac{dl}{dt}\right)^2 + \frac{1}{B}\left(\frac{dm}{dt}\right)^2 + \frac{1}{C}\left(\frac{dn}{dt}\right)^2.$$

Dabei ist $([X],[Y],[Z])$ gleich $M \times$ der Schwerpunktsgeschwindigkeit, l, m, n sind die Coordinaten des Drehimpulses, *bezogen auf Axen, die mit der jeweiligen Lage der Hauptträgheitsaxen zusammenfallen, aber bei der Differentiation im Raume als ruhend anzusehen sind.*

Wenn Sie es wünschen, schicke ich Ihnen gern den fertigen Teil des Manuscr. (7 §) zu; ich fürchte aber, Sie werden ohne Überblick über die Conception des ganzen Cap. nicht viel damit machen können.

Herr Pfarrer Dr. Maier in Schauffling (Bayern)[3] erkundigt sich auch nach dem Erscheinen von Heft III. Er ist seit Jahren damit beschäftigt, auf Anleitung von Lommel, ungezählte Beugungsstreifen auf Röntgenphotographien zu meßen, die, wie Wind nachgewiesen hat, sämtlich optische Täuschungen sind!![4]

Ein auf der Eisenbahn Bangor–London[5] besprochener Plan, H. A. Lorentz zur Publication seiner ges. Abhdlgen zu veranlaßen, hat zu meiner grossen Freude Erfolg gehabt.

Ich hatte in den letzten Wochen wiederholt den Eindruck, daß unsere Techniker sich mehr und mehr mit meiner Existenz befreunden.

[1] Es geht um das Phänomen der Stabilisierung von – einzeln betrachtet – labilen Freiheitsgraden durch die Wechselwirkung mit rotierenden Massen, welche in den Bewegungsgleichungen als „gyroskopische Terme" auftreten, vgl. [Thomson und Tait 1871-1874, Band 1, S. 315-317] und die Diskussion dazu in [Klein und Sommerfeld 1910, S. 771].

[2] Vgl. die Diskussion über den auf einer Unterlage beweglichen Kreisel in [Klein und Sommerfeld 1903, S. 515].

[3] Max Maier, seit 1893 Dorfpfarrer in Schaufling bei Deggendorf (Niederbayern), promovierte 1899 bei Eugen Lommel an der Universität München über „Beugungsversuche und Wellenlängenbestimmung der Röntgenstrahlen". Vgl. auch *M. Maier an A. Sommerfeld, 2. November 1900. München, DM, Archiv HS 1977-28/A,216.* Er verstarb im folgenden Jahr.

[4] Vgl. Brief [57].

[5] Vermutlich während der gemeinsamen Encyclopädiereise mit Klein im August 1899.

Grübler[1] hat neuerdings mit 2 Sandsteinprismen verschiedener Grösse, die aus demselben Block geschnitten waren, Dehnungsversuche gemacht und den Elasticitätsmodul des einen 20 mal so gross gefunden wie den des anderen. Das genirt ihn wunderbarer Weise garnicht; er rechnet mit beiden Werten munter weiter – statt sich zu sagen, daß solche Versuche nicht den geringsten Wert haben. Sicher liegt die Sache an der Einklemmung, daran, daß längs des Prismas nicht entfernt ein gleichmässiger Zug übertragen wurde. Die meisten Techniker haben von physikalischer Forschung ebenso wenig eine Idee wie von mathematischer.

Mit ergebensten Grüßen Ihr
A. Sommerfeld.

[57] *An Carl Runge*[2]

Aachen 14. XI. [1900][3]

Lieber Runge!

Ich habe soeben einen Fonds für eine mechanische Sammlung zu unserem nächsten Etat beantragt, für erste Anschaffungen 500 M., für laufende Ausgaben 200 M. Bei der näheren Begründung müsste ich die anzuschaffenden Vorlesungsapparate etwas näher specialisiren. Sie erwähnten kürzlich einmal, dass es Demonstrationsapparate zur Biegung des Stabes zu kaufen giebt. Ich würde Ihnen sehr dankbar sein, wenn Sie mir sagen könnten, wo. Ich würde mir dann die betr. Kataloge kommen laßen. Ich empfinde mehr und mehr das Missliche, die Mechanik ohne den zugehörigen Anschauungsunterricht vorzutragen.[4] Apparate zur Stabbiegung müssten natürlich mit Spiegelablesung sein. Ferner braucht man einen Apparat zur Knickungsformel, ferner einen zur Demonstration einer freien Axe. Auch die seitliche Ausbiegung des Stabes im Falle die Ebene des Biegungsmomentes keine Hauptaxe trifft, müsste man mit Spiegeldrehung nachweisen. Dazu kommen Apparate zur Hydraulik. Der Wunschzettel ist gross. Soll man alles nach eigenen Angaben machen lassen, so wird es zu teuer und zeitraubend. Andrerseits stehe ich Ihnen später mit meinen etwaigen Erfahrungen gern zu Diensten.

[1] Martin Grübler war Professor für Mechanik an der TH Dresden.
[2] Brief (4 Seiten, lateinisch), *München, DM, Archiv HS 1976-31.*
[3] Das Jahr ergibt sich aus der Diskussion über optische Täuschungen auf der Naturforschertagung in Aachen.
[4] Zur Ausstattung der Hochschulen mit Demonstrationsmodellen vgl. [Lorey 1916, S. 324-334] und [Dyck 1892, S. 307-359].

Ich habe gerade in letzter Zeit den Eindruck, dass sich die Techniker mehr und mehr mit meiner Existenz befreunden. Ich bemühe mich allerdings auch redlich, mich technisch zu acclimatisiren.

Sie haben ja auch die interessante Discussion Wind c[ontr]a. Quincke gehört,[1] über die optische Täuschung, die durch die folgenden Figuren dargestellt wird.

Fig. 1

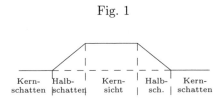

Wirkliche Intensitätsverteilung

Fig. 2

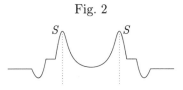

Scheinbare Intensitäts-Verteilung

Sie können die Erscheinung sehr leicht nachmachen, mit jeder ausgedehnten Lichtquelle, am besten mit zwei parallelen Spalten u. einem Projectionsschirm.[2] Einen objectiven Beweis der subjectiven Natur der hellen Streifen $S\,S$ hat ein H. Dr. Drecker,[3] Teilnehmer an unserm phys. Colloqu.[ium], dadurch erbracht, dass er während der Expositionszeit den einen Spalt erweiterte, so dass die wirkliche Intensitätsverteilung bei genau parallelem Licht die der Fig. 1 war; die scheinbare Wirkung auf der photogr. Platte war wieder genau die der Fig. 2.

Wind sagte mir, dass auch bei Spectraluntersuchungen im Falle von Bandenspectren leicht solche Täuschungen vorkommen können. Sollten vielleicht die Doppellinien der Spectren ‖ in Wirklichkeit nicht dieser _⎍⎍_ sondern dieser _/_ Intensitätsverteilung entsprechen?!? Die Marskanäle gehören sicher dahin![4] Die Täuschung ist so verblüffend, dass einige meiner Collegen noch nicht überzeugt sind.

Für Ihr freundl. Intereße an meiner dilettantischen Hydraulik[5] danke ich Ihnen sehr. Ich schicke Ihnen zugleich mit meiner Röntgenbeugung[6]

---

[1] Diese Diskussion fand während der Aachener Naturforschertagung statt [Wind 1900a, S. 26], [Wind 1900b] und [Sommerfeld 1900b].

[2] Dies entspricht dem Windschen Demonstrationsexperiment [Wind 1899].

[3] Jos. Drecker, Professor der Mathematik an der Oberrealschule in Aachen. Das Experiment ist beschrieben in [Drecker 1900].

[4] Die auf [Schiaparelli 1878] zurückgehende Diskussion über die „canali" wurde endgültig erst durch die Aufnahmen der Mariner-Raumsonden beigelegt; die Vermutung einer optischen Täuschung wurde zu dieser Zeit von dem Astronomen V. Cerulli aufgebracht, vgl. [Ley s. a., S. 329-342].

[5] [Sommerfeld 1900d].

[6] Vermutlich [Sommerfeld 1901].

die Institution Vorträge von Reynolds[1] mit. Ich bitte Sie, diese letzteren in aller Muße zu lesen, mir sie dann aber zurückzuschicken, da ich sie direkt von Reynolds habe u. sie sonst schwer erhältlich sind. Mit vielen Grüßen

Ihr A. Sommerfeld.

[58] *Von Ludwig Prandtl*[2]

Nürnberg, den 11. Febr. 1901.

Sehr geehrter Herr Professor!

Indem ich Ihnen verbindlichst danke für das Interesse, das Sie meiner Arbeit entgegenbringen, möchte ich Sie gleichzeitig wegen meines langen Schweigens um Entschuldigung bitten.

Die Theorie des Umkippens von auf Biegung beanspruchten Stäben ist in meiner Inaugural-Dissertation[3] enthalten, ich werde mir erlauben, Ihnen dieselbe in den nächsten Tagen zuzusenden.

Speziell über das Ausknicken von Laufkranträgern gedenke ich demnächst in der Zeitschrift des Vereins deutscher Ingenieure eine kleine Abhandlung zu veröffentlichen.[4]

Betreffs der Portalträger der Elber-felder Schwebebahn[5] habe ich seiner-zeit eine Näherungsformel für die Knick-last aufgestellt, ausgehend von der Torsi-onsbeanspruchung des Querbalkens. Die Sache wurde aber damals nicht weiter verfolgt.– Sollten Sie sich indes für die Rechnung näher interessieren, so werde ich mit Freude bereit sein, Ihnen eine Ab-schrift derselben mitzuteilen.

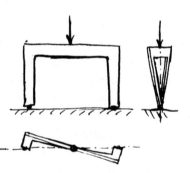

Mit vorzüglicher Hochachtung!

Dr. L. Prandtl,

Ingenieur.

---

[1] [Reynolds 1894].

[2] Brief (2 Seiten, deutsch), *München, DM, Archiv HS 1977-28/A,270.*

[3] [Prandtl 1901b].

[4] [Prandtl 1901a].

[5] Die am 1. März 1901 eröffnete (noch heute betriebene) elektrische Hängebahn entlang der Wupper galt als herausragende technische Leistung.

[59] *Von Max Abraham*[1]

Göttingen d. 23. 2. 01.

Lieber Herr Professor!

Anbei sende ich Ihre Notizen zu meiner Arbeit über den „frei endigenden Draht"[2] zurück. Was die Strahlungserscheinungen bei der Funkentelegraphie anbelangt, so ist durch die neuesten Versuche von Slaby[3] festgestellt, daß es sich hier um die *Eigenschwingungen* des ganzen Drahtes, nicht um die *erzwungenen Schwingungen* des freien Endes handelt, daß also nicht meine letzte Arbeit, sondern die ältere[4] hier Anwendung findet. Sie werden im nächsten Heft der Physik. ZS. einen Aufsatz finden,[5] in dem ich meine Auffassung von der Sache darlege, und auch eine neue Ableitung gebe, die, wie ich hoffe, für bessere Techniker und mittlere Physiker verständlich sein wird.

Nächstens will ich nun mit den Studien für meinen electrodynamischen Artikel beginnen.[6] Wenn die *Lorentz'sche* Bezeich[n]ung für Bd V allgemein maaßgebend sein soll, so würde es sich empfehlen, wenn jener Artikel[7] vorher cursieren würde, wenigstens bei den Referenten, welche die folgenden Kapitel zu bearbeiten haben. Mir wäre die Kenntnis des Lorentz'schen Artikels besonders erwünscht. Ich habe in meiner früheren Disposition u. A. auch *allgemeine Integrale der Maxwell'schen Gl.* aufgenommen. Ich vermute aber, daß z. B. der *Poynting'sche* Satz schon bei Lorentz stehen wird, ebenso der Satz von *Poincaré–Lorentz–Levi-Cività*,[8] der ja in den Electronentheorien von Wiechert und Descoudres jetzt zu Grunde gelegt wird. Auch Birkelands Lösung für leitende Körper würde vielleicht dorthin gehören.

Was sich auf bewegte Electronen bezieht, muß ich jedenfalls H. A. Lorentz überlassen, ich beschränke mich auf *ruhende, isotrope, normal dispergierende* Körper. (Anisotrope kommen zur Krystalloptik)

---

[1] Brief (4 Seiten, lateinisch), *München, DM, Archiv HS 1977-28/A,1.*
[2] [Abraham 1900].
[3] [Slaby 1901] und [Ruhmer 1901].
[4] [Abraham 1898].
[5] [Abraham 1901].
[6] [Abraham 1910].
[7] [Lorentz 1904a].
[8] Es handelt sich um eine vor der Relativitätstheorie nicht verständliche „Verletzung des Prinzips der Gleichheit von Wirkung und Gegenwirkung" bei den Kräften zwischen Äther und geladener Materie, vgl. [Lorentz 1904b]; die nachfolgend angesprochenen Themen werden in den beiden Lorentzschen Artikeln behandelt und blieben in [Abraham 1910] unberücksichtigt.

Was die Abgrenzung gegen Induktion[1] anbelangt, so ist diese mir noch nicht recht klar. Tauber wird wohl nicht umhin können, die älteren Arbeiten über Drahtwellen u. Kabel, z. B. von Kirchhoff und W. Thomson, zu besprechen,[2] ebenso die Frage der Stromverteilung bei Wechselstrom. Was speciell für Hertz'sche Schwingungen gerechnet worden ist, gehört ja sicher zu mir. Aber eine scharfe Grenze ist schwer zu ziehen. Vielleicht kann man das gelegentlich mündlich besprechen (? in Hamburg)[3]

Dagegen scheint mir für die Abgrenzung gegen *Strehl* folgendes das beste zu sein.[4] Kirchhoffs analytische Formulierung des Huyghens'schen Princips, die speciell zur Rechtfertigung der Methoden der alten Beugungstheorie gemacht worden ist, kommt zu Strehl; ebenso die Erörterung der hierbei auftretenden Schwierigkeiten. Ich kann mich dann damit begnügen, auf diese Bedenken hinzuweisen, und hervorzuheben, daß für die Beugung electrischer Wellen bezw. Röntgenstrahlen, wo man kein so reiches experimentelles Material zur Verfügung hat, eine exacte Theorie erwünscht ist, deren Besprechung in meinem Artikel erfolgt. So hoffe ich dann, etwas lesbares zu Stande zu bringen. Denn bei dieser Abgrenzung kann man eine bestimmte historische Entwickelung darstellen, deren Mittelpunct H. Hertz's Versuche sind[,] und das erleichtert die Sache ungemein.

Wie schwer es ist, ein Referat zu schreiben, in dem vereinigt sein soll, was zu den verschiedensten Zeiten von den verschiedensten Schulen gemacht worden ist, habe ich bei dem Vectorartikel[5] gesehen, der jetzt endlich fertig geworden ist. Alle, die denselben bisher gelesen haben, sind erbost auf mich, die Mathematiker, weil zuviel moderne physikalische Litteratur in den Vordergrund gestellt ist, die Physiker (z. B. Voigt), weil ein ihnen nicht geläufiger mathematischer Jargon zuweilen gebraucht wird.

Mit bestem Gruße verbleibe ich Ihr sehr ergebener

Dr. M. Abraham.

---

[1] Der Artikel über *Stationäre und langsam veränderliche Felder* war Alfred Tauber übertragen worden [Klein 1900, S. 168, Nr. 17]; er wurde später von Peter Debye geschrieben [Debye 1910c].

[2] [Kirchhoff 1857a], [Kirchhoff 1857b] und [Thomson 1855].

[3] In diesem Jahr fand die Naturforscherversammlung in Hamburg statt (22.-28. September).

[4] Karl Strehl, seit 1897 Gymnasiallehrer in Erlangen, war als Autor für den Artikel *Wellenoptik* vorgesehen [Klein 1900, S. 169, Nr. 25]; dieser Artikel wurde später zweigeteilt und von Max Laue und Paul Epstein verfaßt [Laue 1915].

[5] [Abraham 1904].

[60] *Von Hendrik A. Lorentz*[1]

Leiden, den 11 März 1901.

Hochgeehrter Herr College,

Daß ich erst jetzt dazu komme, Ihr Schreiben vom Ende des vorigen Jahres zu beantworten, hat wirklich seinen Grund nicht darin, daß ich auf daßelbe keinen hohen Werth legte. Im Gegentheil, ich bin Ihnen von ganzem Herzen dankbar für Ihre freundliche Gesinnung, für Ihre herzlichen Glückwünsche und für die gute – wohl all zu gute – Meinung, die Sie von mir haben.

Besten Dank auch für Ihre Bereitwilligkeit, an der mir überreichten Festschrift mitzuwirken.[2] Es hätte mich in hohem Maaße gefreut, wenn Sie einen Beitrag hätten liefern können; jetzt, da Ihnen das wegen Ihrer großen Arbeitslast unmöglich war, trage ich in Gedanken in das Inhaltsverzeichniß eine recht schöne und gelungene Arbeit von Sommerfeld ein, die an anderer Stelle publicirt werden wird.

Uebrigens brauche ich Ihnen wohl kaum zu sagen, wie es mich gerührt hat, daß so viele ausgezeichnete Fachgenoßen mir in dieser Weise den Tag meines Doctorjubiläum zu einem unvergeßlichen Festtage gemacht haben, und sich um meinet Willen so viele Mühe haben geben wollen. Sehr viel Glück haben mir die verfloßenen 25 Jahre gebracht, und dankbar erinnere ich mich der vielseitigen Anregung, die ich gefunden habe, und der freundschaftlichen Beziehungen zu so vielen älteren und jüngeren Männern, auf deren Urtheil ich hohen Werth lege.

Ein großes Fest haben wir nicht gefeiert; es war unseren Freunden wohl bekannt, daß wir lieber einige herzliche Worte hören möchten als eine stattliche Festrede. Zumal jetzt, da kurz vorher mein Schwiegervater verstorben war, in dem wir, obgleich er ein sehr hohes Alter erreicht hat, doch viel verloren haben.[3] Er wohnte hier in Leiden und seiner Krankheit wegen habe ich in den letzten Monaten des Jahres wenig arbeiten können. So habe ich auch leider mein Versprechen nicht gehalten, Ihnen schon damals mitzuthei-

---

[1] Brief (7 Seiten, lateinisch), *München, DM, Archiv HS 1977-28/A,208.*

[2] Lorentz wurde anläßlich seines 25jährigen Doctorjubiläums geehrt. Da Sommerfeld mit seiner Theorie zur Hydraulik nicht weitergekommen war, sah er sich zu seinem „grössten Leidwesen gezwungen, der Zahl Ihrer litterarischen Gratulanten fern zu bleiben", vgl. *A. Sommerfeld an H. A. Lorentz, 10. Dezember 1900. Haarlem, RANH, Lorentz inv.nr. 74.* Die Festschrift [Bosscha 1900] erschien als Sonderband der *Archives Néerlandaises.*

[3] Lorentz' Schwiegervater, der Zeichner und Kupferstecher Johan Wilhelm Kaiser, war von 1870 bis 1883 Professor an der Amsterdamer Kunstakademie gewesen und am 21. November 1900 im Alter von 87 Jahren verstorben.

len, wie ich meine beiden Artikel in der Encyclopädie einzurichten gedenke.
Entschuldigen Sie, bitte, die Verzögerung.

Ich erlaube mir jetzt, Ihnen anbei eine vorläufige Disposition des von
mir zu behandelnden Stoffes zukommen zu laßen,[1] „vorläufig", da natürlich
die Möglichkeit besteht, daß ich, wenn ich mich an die Ausführung mache,
hier oder dort etwas von dem Schema abweichen muß.

Da der Raum uns ziemlich knapp zugemeßen ist, so habe ich gemeint
auf eine geschichtliche Anordnung verzichten zu müßen; wenn ich mit der
Thür ins Haus falle, und von den Gleichungen des electromagnetischen Feldes ausgehe, komme ich natürlich viel weiter als wenn ich die Gleichungen
allmählich entstehen laßen sollte. Es scheint mir auch dem Zwecke der Encyclopädie zu entsprechen, wenn ich in dieser Weise das Mathematische in
den Vordergrund rücke.

Sie werden mir jetzt viel Vergnügen machen, wenn Sie mir mittheilen
wollen, ob Ihrer Meinung nach die nach diesem Plane abgefaßten Artikel
zu dem sonstigen Inhalte der Encyclopädie paßen werden, und ob ich, was
die Abgrenzung gegen andere Artikel betrifft, das richtige Maaß getroffen
habe. Natürlich bin ich gern zu Aenderungen bereit.

Ich möchte noch bemerken, daß ich Wien – dem ich ebenfalls diese
Disposition schicke – versprochen habe, zu seinem Artikel einen Abschnitt
über das Zeeman'sche Phänomen und über die Lichtbewegung in bewegten
Medien zu liefern.[2] Ich werde mich noch mit ihm darüber berathen, wer von
uns Beiden die Beziehungen zwischen Brechungsverhältniß und Dichte (und
chemische Zusammensetzung der Körper) übernehmen soll. Das Hall'sche
Phänomen gehört wohl zu 18 (Dießelhorst), die Deformation im electrischen
Felde (und auch die Piezo-Electricität) zu 16 (Pockels).[3] Im Allgemeinen
werde ich natürlich *specielle* Probleme den anderen Mitarbeitern überlaßen
müßen.

Ihnen wäre ich nun noch sehr verbunden, wenn Sie mir mittheilen wollten, ob Sie vielleicht schon, was die mathematische Bezeichnungsweise be-

---

[1] Die dreiseitige Beilage über die Stoffeinteilung der beiden Encyklopädieartikel [Lorentz
1904a] und [Lorentz 1904b] ist vorhanden, wird jedoch nicht abgedruckt.

[2] [Lorentz 1909] erschien als *Beitrag über magneto-optische Phänomene* zu dem Artikel
über *Elektromagnetische Lichttheorie* [Wien 1909a].

[3] Der aktuellen Planung zufolge sollten F. Pockels einen Artikel über *Beziehungen zwi-
schen Elektricität und elastischer Deformation* und H. Dießelhorst über *Beziehungen
der elektrischen Strömung zu Wärme und Magnetismus* verfassen [Klein 1900, S. 168,
Nr. 16 und 18]. In [Pockels 1907] werden auch thermische Probleme behandelt. Der
Artikel von Dießelhorst kam nicht zustande, es wurde jedoch 1922 ein Beitrag von R.
Seeliger über *Elektronentheorie der Metalle* aufgenommen [Seeliger 1922].

trifft, eine Verabredung getroffen haben. Speciell wüßte ich gerne ob bereits im mathematischen Theil des Werkes eine Schreibweise für die Begriffe der Vectorentheorie festgesetzt worden ist.[1]

Ich hoffe, es gehe Ihrer Frau Gemahlin und dem kleinen künftigen „Naturforscher" recht gut.[2] Mit herzlichen Grüßen für Sie beide, auch von meiner Frau, verbleibe ich

Ihr freundschaftlich ergebener
H. A. Lorentz

[61] *An Hendrik A. Lorentz*[3]

Aachen 21. III. 1901

Hochgeehrter Herr Professor!

Zunächst meinen herzlichen Dank für Ihren eingehenden Brief und für die Zusammenstellung der Disposition. Um Ihnen möglichst Zeit und Mühe zu sparen, möchte ich Sie sehr bitten, Correspondenzen mit anderen Referenten, wenn es Ihnen irgend bequem ist, durch mich besorgen zu laßen. So hätte ich es natürlich sehr gern übernommen, Ihre Disposition an W. Wien mitzuteilen.

Einige Punkte Ihrer Disposition, die Sie selbst zur Sprache bringen, möchte ich auch berühren.

Ich verstehe sehr wohl, dass es die Darstellung abkürzt, wenn Sie von den fertigen Feldgleichungen ausgehen, und daß dieses sich darum empfiehlt. Vielleicht ließe sich ein historischer Paragraph aber gleich hinterher (etwa als Nr. 3) einschalten, der die „Vorläufer Maxwell's" behandelt, also vor allem Faraday, vielleicht mit einem Hinweis auf Riemann, Hankel, Edlund, Mac Cullagh? (wobei ja allerdings Mac Cullagh wohl mehr in die Lichttheorie, Hankel mehr unter „Mechanismus" gehört).[4] Wahrscheinlich ist für Faraday Nr. 8 Ihrer Disposition vorgesehn („ältere Anschauungen"); ich

---

[1] Vgl. [Abraham 1904].

[2] Vgl. den Schluß von Brief [54].

[3] Brief (8 Seiten, lateinisch), *Haarlem, RANH, Lorentz inv.nr. 74.*

[4] Lorentz folgte dieser Empfehlung nicht, sondern erklärte in einem 11seitigen Begleitbrief zu dem im März 1902 übersandten ersten Manuskript des Artikels V 13, er habe „wegen Mangels an Raum über ältere Arbeiten (z. B. Euler, Hankel, Edlund), an die sich wohl keine weitere Entwicklung anknüpfen wird, und die mathematisch wenig Intereße bieten, nicht berichtet", *H. A. Lorentz an A. Sommerfeld, 24. März 1902. München, DM, Archiv HS 1977-28/208.* Bei den hier erwähnten Arbeiten handelt es sich um [Faraday 1859], [Riemann 1876], [Edlund 1874], [Hankel 1865], [Hankel 1867] und [MacCullagh 1939] sowie in [MacCullagh 1848]; vgl. auch [Boltzmann 1891, S. 2-3].

habe aber das Gefühl, dass dem historischen Standpunkt vielleicht besser Rechnung getragen wird, wenn dieser § mehr in den Anfang gerückt würde. Im Verfolg dieses historischen Rückblicks lässt sich dann vielleicht die Maxwell'sche Methode der allgemeinen Lagrange'schen Gleichungen anschließen (offenbar Nr. 4 Ihrer Disposition),[1] die außer von Maxwell beispielsweise noch von Lord Rayleigh bei der Berechnung des effectiven Widerstandes gegen schnelle Drahtwellen (Phil. Mag. 1886) erfolgreich gehandhabt worden ist. Das genauere über letzteren gehört natürlich in den Art. 19 (Abraham).[2]

Das Hall'sche Phänomen wird, wie Sie bemerken, von Diesselhorst gründlich zu behandeln sein. Dies würde aber nicht hindern, dass Sie bei der Elektronentheorie, falls Sie es dort nötig haben, als auf etwas Bekanntes darauf Bezug nehmen.[3]

Die Electrostriction wird Pockels zusammen mit Piezoelektricität darstellen.[4]

Was die Bezeichnungsweise angeht, so habe ich den an Ihren Art. anschliessenden Referenten (namentlich von 17, 18, 19)[5] empfohlen, sich an die von Ihnen zu wählenden Bezeichnungen anzuschliessen, soweit es möglich ist. Eine völlig einheitliche Bezeichnung lässt sich nicht durchführen, da die speciellen Aufgaben auch specielle Termini erfordern. Aber als allgemeine Directive werden naturgemäss Ihre Artikel gelten können. Jedenfalls würden Sie völlig frei die geeignetste Wahl treffen. Ein Artikel von Abraham über Vectoren aus Bd. IV ist schon gedruckt[6] und wird Ihnen als Separatabzug in den nächsten Wochen zugehn. Er behandelt mehr die allgemeinen und Symmetrie-Eigenschaften von Vector- und Tensorfeldern und ist nicht auf die elektrischen Aufgaben speciell zugeschnitten. Sehr erwünscht wäre es, wenn Sie mit diesem Art. eine gewisse Übereinstimmung aufrechthalten

---

[1] Nr. 4 lautete: „Ableitung der Gleichungen aus allgemeinen mechanischen Principien"; vgl. [Lorentz 1904a, S. 123].

[2] Abrahams Artikel wurde als Nr. 18 veröffentlicht [Abraham 1910]; die hier erörterte Thematik [Rayleigh 1886] wird dort unter der Überschrift *Eindringen des Feldes in zylindrische Leiter. Skin-Effekt* behandelt.

[3] Der Halleffekt wurde nur kurz in [Lorentz 1904b, S. 222] behandelt, ausführlich in [Seeliger 1922, S. 811-822].

[4] [Pockels 1907, S. 386-392].

[5] Nach der aktuellen Planung handelte es sich um „17. Stationäre und langsam veränderliche Felder (elektrische Ströme, Induction und Elektrodynamik im engeren Sinne). A. Tauber in Wien. 18. Beziehungen der elektrischen Strömung zu Wärme und Magnetismus. H. Diesselhorst in Berlin. 19. Rasch veränderliche Felder. M. Abraham in Göttingen." Erschienen sind [Pockels 1907], [Debye 1910c] und [Abraham 1910].

[6] [Abraham 1904].

könnten. So ist dort schon die Bezeichnung „curl" benutzt; ich würde daher diese beizubehalten empfehlen, trotzdem Ihre Bezeichnung „rot." eigentlich mehr für sich hat. In den 3 ersten Bänden (reine Mathem.) ist, soweit sie bisher vorliegen, nur etwas über Quaternionen erschienen, was nicht in Betracht kommt. Ob Sie Sich in der Bezeichnung der Vectoren für gothische (ev. fett gedruckte) Buchstaben entscheiden, steht ganz bei Ihnen. Die fett gedruckten Buchstaben sehen ja ziemlich unschön aus; wenn sie aber der Deutlichkeit wegen in Ihrem Artikel erforderlich sind, werden sich die anderen Referenten Ihnen anschließen.

Ferner bitte ich auch die Titel der beiden Aufsätze abzuändern, wenn Sie dafür bessere Bezeichnungen haben.[1] Vielleicht wollen Sie lieber Ionen statt Elektronen sagen. Ich habe seinerzeit Elektronen gewählt, weil man bei Ionen wohl zunächst an die Elektrolyse denkt, also an einen Inbegriff von ponderabelm und elektrischem Molekül.

Die experimentellen Ergebnisse über das Massenverhältnis von ponderabelm und elektrischem Molekül finden wohl auch Erwähnung.

Zu Nr. 13 Ihrer Dispos. („Spannungen im elektr. u. magn. Felde") möchte ich bemerken, dass wie mir scheint über Maxwell'sche Drucke immer noch eine grosse Unklarheit herrscht. So habe ich persönlich die grössten Bedenken gegen ihre Behandlung bei Larmor (Aether and matter)[2] und Walker (Aberration of light),[3] und bin geneigt, ihnen (d. h. den Drucken) kaum eine grössere Bedeutung beizulegen, wie den mechanischen Modellen des elektrischen Feldes. Sie sind wohl nur eine Connivenz gegen unsere mechanische Gewöhnung und verlieren ihre Bedeutung, wenn man die Elektricität als das Primäre, die Mechanik als das Sekundäre ansieht. Wenn dem so ist, so würde mir eine Klarlegung aus Ihrer Feder und eine Aufdeckung der mit Maxwell'schen Drucken begangenen Fehler sehr nützlich scheinen.[4] Lebedeff soll in Paris angegeben haben, dass er die Maxw.-Drucke beobachtet habe, was mir unmöglich scheint.[5] In jedem Fall, mag die Beobachtung richtig oder falsch sein, dürfte sie Erwähnung verdienen.*

Unter Nr. 5 wollen Sie auf die zahllosen mechanischen Äthermodelle ein-

---

[1] V 13 war ursprünglich überschrieben mit *Standpunkt der Feldwirkung: Maxwells Theorie und Verwandtes* (im Druck dann *Maxwells elektromagnetische Theorie*), V 12 trug den Titel *Standpunkt der Fernwirkung. Die Elementargesetze*, vgl. [Klein 1900, S. 168]. V 14 hieß *Weiterbildung der Maxwell'schen Theorie. Elektronentheorie.*

[2] [Larmor 1900].

[3] [Walker 1900].

[4] Vgl. [Lorentz 1904b, S. 161-164].

[5] Vom 6. bis 12. August 1900 fand in Paris ein internationaler Physikerkongreß statt, vgl. auch [Lebedew 1901].

gehn;[1] hoffentlich laßen Sie dem Leser über die geringe Wichtigkeit dieser Untersuchungen keinen Zweifel. Sie thun mir dabei die Ehre an, mich in der Disposition zu nennen. Wenn das auch im Artikel geschehen soll, so würde jedenfalls vor allem Lord Kelvin zu nennen sein, an den ich anknüpfte, u. Reiff, der meine Idee weiter und beßer ausführte.[2] Das Thomson'sche Kreiselmodell ist von Rankine (nach Larmor Aether and Matter) anticipirt. Das Modell von Fitzgerald scheint wohl das Vollkommenste seiner Art. Lord Kelvin giebt übrigens, wie ich in England hörte, noch heute nicht die Hoffnung auf einen mechanischen Äther auf.[3]

Unter hydrodynamischen Analogien kommt wohl auch der Wirbelschaum von Kelvin und Anschliessendes von Fitzgerald vor. Ein fanatischer Anhänger eines mechanisch erklärbaren Äthers ist Herr Korn, der sich kürzlich in einem Brief an Klein beschwert hat, daß die hydrodynamische Theorie des Äthers nicht gebührend in der Encyklopädie zur Geltung komme. Ich glaube, dass seine und Bjerknes Untersuchungen[4] nicht mehr als eine „mention honorable" in Ihrem Art. beanspruchen dürfen.

Schliesslich möchte ich Sie noch bitten, Sich wegen des Raumes keine zu grosse Beschränkung aufzuerlegen. Da besonders die Dinge des Art. 14 noch nirgends vollständig dargestellt sind und die aller interessantesten Fragen der modernen theoretischen Physik darstellen, so wäre hierbei zu grosse Kürze wohl bedauerlich.

Zum Schluß laßen Sie mich hoffen, daß Ihnen die Abfassung der Artikel nicht zu lästig fallen möge und daß Sie dabei einen Teil derjenigen Freude haben mögen, die Sie den Lesern und Redakteuren der Encyklopädie verursachen.

Die obigen Bemerkungen bitte ich natürlich als *ganz unmaassgebliche* Vorschläge aufzufaßen. Ich glaube, dass Ihre Disposition in der vorliegenden Form durchaus dem Zwecke der Encykl. entspricht.

Mit vielen Empfehlungen, auch von meiner Frau,

Ihr aufrichtig ergebener

A. Sommerfeld.

* Ohne irgend näher darauf einzugehn, könnten vielleicht diejenigen Hertz'schen Versuche, die für Maxwell's Th. ausschlaggebend waren, erwähnt werden. Das Genauere bleibt natürlich für Abraham.

---

[1] Die Überschrift lautete: *Vorstellungen über den Mechanismus: Theorien von Maxwell, Larmor, Boltzmann, Voigt, Sommerfeld u. A.* Vgl. [Lorentz 1904a, S. 136-140].

[2] [Sommerfeld 1892], [Thomson 1890, art. 99, 450], [Reiff 1893].

[3] Zu diesen Äthervorstellungen vgl. [Smith und Wise 1989, S. 400-402, 461-462].

[4] [Korn 1892], [Korn 1894] und [Bjerknes 1900, 1902].

[62] *An Wilhelm Wien*[1]

Aachen 29. V. 01.

Sehr geehrter H. College!

Ich habe, was die Bezeichnungen betrifft, den Referenten der elektr. Art. empfohlen,[2] sich nach Möglichkeit den von Lorentz zu wählenden Bezeichnungen anzupassen, da dieser die Hauptart. schreibt. Eine völlige Einhelligkeit wird sich nicht erzielen laßen, da jedes besondere Gebiet besondere Begriffe u. daher auch bes. Bezeichnungen ausbildet. Da ich nun aber mit Freuden sehe, daß Sie schon an den Gegenstand herantreten, also die Lorentz'schen Art. für Ihre Arbeit zu spät kommen würden, so beabsichtige ich einen Fragebogen rund zu schicken, auf dem ich selbst Bezeichnungsvorschläge mache u[nd] mir, namentlich von Lorentz u. Ihnen, sowie von Des Coudres, Abraham, Pockels, Gegenvorschläge ausbitte. Schliesslich werde ich zwischen den Gegenvorschlägen vermitteln u. „Normalien für die Bez." an die Ref. versenden. Dies soll im Laufe des Juni geschehen.[3]

Ich besitze ziemlich viel englische Litteratur, meist das Geschenk von dortigen Gastfreunden, z. B. Larmor, ges. Abhandl.[,] [Larmor], Aether and matter[,] G. T. Walker, Aberration of Light[,] Stokes, Math. and phys. papers.[4] Wenn Sie etwas davon brauchen können, steht es Ihnen mit Freuden zur Verfügung.

Von Aacheneriana könnte ich Ihnen melden, dass wir Bräuler zum nächsten Rektor gewählt haben,[5] dass die Architekten Mathem.[atik], Mech.[anik], Graphost.[atik]. abgeschafft u. durch eine einzige Vorlesung ersetzt haben, daß ich die Thätigkeit als technischer Mechaniker sehr interessant finde u. daß meine Bestrebungen, den technischen Collegen mich nützlich zu erweisen, von Erfolg gekrönt scheinen u. von ihnen dankbar

---

[1] Brief (4 Seiten, lateinisch), *München, DM, Archiv NL 56, 010.*

[2] Nach der vorläufigen Planung handelte es sich um *15. Elektrostatik und Magnetostatik* von H. MacDonald, um die bereits oben angeführten Artikel 16 bis 19 von F. Pockels, A. Tauber, H. Dießelhorst und M. Abraham sowie um *20. Elektrotechnik* von Th. Des Coudres [Klein 1900, S. 168].

[3] Die „Vorschläge für eine einheitliche Bezeichnung der elektromagnetischen Grössen", die Sommerfeld an die Encyklopädieautoren verschickte, liegen als Abschrift einem Brief an R. Mehmke bei, der im Rahmen der Deutschen Mathematiker-Vereinigung für eine einheitliche Bezeichnungsweise in der Vektorrechnung zu sorgen hatte, *A. Sommerfeld an R. Mehmke u. a., undatiert (zwischen 6. Juli und 16. August 1901). Stuttgart, UB, SN 6 II.*

[4] [Larmor 1929], [Larmor 1900], [Walker 1900], [Stokes 1880-1905].

[5] Ludwig Bräuler, seit 1892 ordentlicher Professor für Wege- und Eisenbahnbau, blieb bis 1904 Rektor der TH Aachen.

anerkannt werden. Ich werde nächstens zu den Titeln Prof. Dr. noch – nach englischem Muster – ‚Consulting engineer' hinzufügen, da ich mehr u. mehr als wissenschaftlicher Beirat bei praktischen Problemen herangezogen werde, sogar von dem grimmen Köchy,[1] der mir bisher der unzugänglichste schien. Überhaupt finde ich, dass mit den Technikern solange trefflich auszukommen [ist], als sie nicht auf unserer Seite Universitätshochmut wittern. In den meisten Fällen haben sie ja mit dieser Witterung recht, sowie auch mit ihrem Ärger darüber.

Mit vielen Grüßen
Ihr erg. A. Sommerfeld.

[63] *Von Karl Schwarzschild*[2]

München, 15. VI. 1901.

Hochgeehrter Herr Professor!

Vor kurzem erfreuten Sie mich durch die freundliche Übersendung Ihrer Abhandlung über die Beugung der Röntgenstrahlen[3] und fast zu gleicher Zeit erhielt ich Ihren vom September vorigen Jahres datierten Brief,[4] der mir damals nach Italien nachgeschickt worden war, in Florenz auf dem Postamt liegen blieb und nach unglaublichen Wanderungen jetzt endlich in meine Hände gelangt ist. Wie ich Sie damals in Rücksicht auf das [Getriebe?] d[er] Naturforscherversammlung[5] in Gedanken entschuldigte, so hoffe ich – werden Sie mir nun umgekehrt für das lange Ausbleiben meines Dankes und meiner Antwort Indemnität gewähren.

Ihre Abhandlung selbst habe ich mit größtem Interesse gelesen. Ganz abgesehen von der physikalischen Anwendung habe ich immer gewünscht, die Ausbreitung von Impulsen klargelegt zu sehen. Denn für mein Gefühl bleibt dies immer anschaulicher, als das Verfolgen der im Grunde stets komplizierten Wellenbewegungen.[6]

---

[1] Otto Köchy war 1891 bis 1914 Ordinarius für Maschinenbau an der TH Aachen.

[2] Brief (3 Seiten, deutsch), *München, DM, Archiv HS 1977-28/A,318.*

[3] [Sommerfeld 1901].

[4] Sommerfeld hatte darin Details seiner Röntgenbeugungsarbeit erläutert, *A. Sommerfeld an K. Schwarzschild, 24. September 1900. Göttingen, NSUB, Schwarzschild.*

[5] Sie hatte in Aachen vom 16. bis 22. September 1900 stattgefunden.

[6] Sommerfeld erörterte am Ende seiner Abhandlung die Problematik der Fourierzerlegung von Röntgenimpulsen; danach müßten auch sehr lange Wellen berücksichtigt werden, die nicht mehr im Rahmen der klassischen Beugungstheorie zu behandeln wären [Sommerfeld 1901, S. 95-97].

Inzwischen habe ich wiederum Veranlassung gehabt, mich mit einem Beugungsproblem zu beschäftigen, nämlich mit der Beugung an einer vollkommen reflektierenden Kugel. Dasselbe ließ sich lösen durch Entwicklungen nach Kugel- und Zylinderfunktionen, deren Koeffizienten sich explizit bestimmen ließen. Es scheint mir fast, als ob hier mehr Aussicht wäre, als beim Spalt, nach Ihrer Methode zu einer geschlossenen Formel zu gelangen? Meine Absicht war, den Maxwell'schen Druck des Lichts auf eine Kugel zu berechnen. Das leisteten auch (allerdings durch Rechnungen, wie sie nur hartgesottene Astronomen ausführen) diese Reihenentwicklungen. Ich fand, daß Arrhenius Recht hat mit seiner Behauptung, der Druck des Lichts reiche aus zur Erklärung der abstoßenden Kräfte, welche die Sonne sichtlich auf die Materie der Kometenschweife ausübt.[1]

Ich hoffe mich bald mit Kugel und Spalt[2] für Ihre „Impulse" verschiedener Art revanchieren zu können und verbleibe einstweilen mit nochmaligem besten Dank

Ihr aufrichtig ergebener
K. Schwarzschild.

[64] *An Karl Schwarzschild*[3]

Aachen 18. VI. [1901][4]

Sehr geehrter Herr College!

Es wird Ihnen jedenfalls entgangen sein, dass es eine Arbeit von Clebsch Crelle, Band 61, über die Reflexion an der Kugel giebt.[5] Clebsch ist auch ein ‚hartgesottener Rechner' u. wirft mit Reihen nach Kugel u. Cylinder-Fu.[nktionen] nur so um sich. Die Anwendung auf den Lichtdruck wird mich sehr interessiren.– Ich hoffe auf Ihre Unterstützung bei der Durchsicht eines Art. für Bd. V der Encykl. über Gravitation, wo Sie sachkundiger sind wie der Schreiber und ich.[6] Darf ich Ihnen diesen zur Begutachtung betr. Vollständigkeit nach einiger Zeit zuschicken?

Ihr erg. A. Sommerfeld.

---

[1] [Arrhenius 1900, S. 83].

[2] [Schwarzschild 1901] und [Schwarzschild 1902].

[3] Postkarte (1 Seite, lateinisch), *Göttingen, NSUB, Schwarzschild.*

[4] Poststempel.

[5] [Clebsch 1863].

[6] Sommerfeld hatte Jonathan Zenneck gewonnen, Assistent Ferdinand Brauns und Privatdozent an der Universität Straßburg, vgl. *J. Zenneck an A. Sommerfeld, 18. Mai 1900. München, DM, Archiv HS 1977-28/A,382* und [Zenneck 1903].

[65] *An Karl Schwarzschild*[1]

Aachen, den 29 Oktober 1901.

Sehr verehrter Herr College!

Laßen Sie mich Ihnen zunächst meinen herzlichsten Glückwunsch aussprechen zu den Aussichten, die Sie in Göttingen für die Nachfolge von Schur, oder sagen wir lieber von *Gauß* haben.[2] Ich bin über den Stand der Angelegenheit nicht weiter unterrichtet, weiss also nicht, ob es sich um eine Möglichkeit oder eine Wirklichkeit handelt. Es scheint mir aber auch schon der Glückwünsche wert zu sein, als möglicher Nachfolger von Gauß in Betracht zu kommen.

Ferner möchte ich Ihnen zu der Abschliessung Ihrer Beugungsarbeit I gratuliren.[3] Ich habe diese in den letzten Tagen mit grösstem Genuße studirt. Der Mut und die Sicherheit, mit der Sie an jene Rechnungen herangegangen sind, hat mir stark imponirt – mir hätten sie gefehlt. Vor allem aber möchte ich Ihnen danken für Ihr Interesse an meiner früheren Arbeit, die durch Ihre Weiterführung ganz wesentlich gewonnen hat. Es ist immer ein stolzes Gefühl, wenn man sieht, dass eigene Bemühungen von anderen fortgeführt werden, um so stolzer, wenn es in so meisterhafter Weise und von so berufener Seite geschieht.

Zunächst möchte ich mich Ihnen weiter zu Dank verpflichten. Ich schrieb Ihnen schon von Artikel Zenneck über Gravitation in der Enc. d. Math. Wiss.[4] Dieser ist eingelaufen u. scheint mir sehr schön zu sein. Zenneck wünscht selbst die Superkritik eines Astronomen u. ich hoffe, dass Sie diese übernehmen werden. Allerdings sind Sie durch die Göttinger Affaire ev. stark am Arbeiten behindert. Es wird Ihnen aber sicher keine Mühe machen, das Referat auf astronomische *Richtigkeit* durchzusehn. *Vollständigkeit* in astron. Hinsicht ist kaum erforderlich, da sich ja auch Bd. VI der Encykl. mit dem gleichen Thema auseinandersetzen muß.[5] Jedenfalls werden alle Bemerkungen von Ihnen, Hinweise u. Correcturen am Text, Hn Zenneck u. mir äusserst wertvoll sein. Darf ich Sie also bitten, mir bald kurz mitzutei-

---

[1] Brief (4 Seiten, lateinisch), *Göttingen, NSUB, Schwarzschild.*

[2] Am 1. Juli 1901 war Wilhelm Schur, Direktor der Göttinger Sternwarte, gestorben. Carl Friedrich Gauß hatte als Ordinarius für Astronomie an der Göttinger Universität und Direktor der Sternwarte das Ansehen dieses Observatoriums begründet. Die Berufung Schwarzschilds als außerordentlicher Professor an die Universität Göttingen und als Direktor der Sternwarte erfolgte am 19. Oktober 1901, vgl. [Voigt 1992, S. 8-10].

[3] [Schwarzschild 1902]. Teil II kam nicht zustande.

[4] [Zenneck 1903].

[5] [Helmert 1910], [Oppenheim 1922a] und [Oppenheim 1922b].

len, ob u. wohin ich Ihnen das Ms. zuschicken darf?

Zu Ihrer Beugungsarbeit noch folgende Bemerkungen:[1]

1) Ich habe mich lebhaft bemüht, Ihre merkwürdige Formel für $G(r_0, r)$ einfacher abzuleiten, aber vergeblich. Ich dachte an einen Beweis, wie ich ihn für $U(r_0, r, \pi) = \frac{1}{2} U_0$ gegeben habe. So direkt geht die Sache jedenfalls nicht. Meine Vereinfachungen sind zu unbedeutend, als dass ich sie Ihnen schreiben sollte. Bemerken möchte ich nur, dass ja

$$G(r_0, r) = \frac{4}{r} \frac{\partial U}{\partial \varphi}_{(\varphi - \varphi_0 = \pi)} \quad {}^* = \frac{1}{\pi\, ir} \int U_0 \left(k \sqrt{\quad}\right) \frac{\sin \frac{\alpha}{2}\, d\alpha}{\cos^2 \frac{\alpha}{2}}$$

ist, dass dann die Benutzung von $\cos \alpha/2$ und weiterhin von $\frac{\sqrt{4rr_0}}{r+r_0} \cos \alpha/2$ als Integrationsvar.[iablen] sehr nahe liegt.

2). Ich sehe zu meinem Schrecken, dass Ihre Definition von U_0 sich von der meinigen um $\pm i\pi J_0$ unterscheidet, dass dann, da Ihre Angaben jedenfalls richtig sein werden, *meine* Gl. $U_0 = K_0 - \frac{i\pi}{2} J_0$ falsch ist u. lauten müsste $U_0 = K_0 + \frac{i\pi}{2} J_0$. In der That kann ich *mein* U_0 bei reellem r zerlegen in

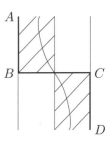

$$\underbrace{AB + \overbrace{BC}^{-\pi\, i\, J_0(kr)} + CD}_{\int_0^\infty e^{-i\, kr \cos\, iu}\, du}.$$

Ihre Definition von U_0 durch reellen Integr.[ations]-Weg gilt übrigens nur für reelles r u. liefert schlechtere Convergenz. Wie denken Sie hierüber?[2]

Ihr aufrichtig ergebener

A. Sommerfeld

* Aus der Symmetrie der Riemann'schen Fl.[äche] ist evident, dass $\left(\frac{\partial U}{\partial \varphi}\right)_{\varphi - \varphi_0 = \pi} = -\left(\frac{\partial U}{\partial \varphi}\right)_{\varphi - \varphi_0 = -\pi}$ wird.

---

[1] Im folgenden sind U bzw. G die Greensche Funktion der Schwingungsgleichung, J und K sind Besselfunktionen erster und zweiter Art.

[2] Ein Antwortbrief ist nicht erhalten, vgl. aber [Schwarzschild 1902, S. 187-189] und [Sommerfeld 1896, S. 351-353].

[66] *An Carl Runge*[1]

Aachen 31. X. [1901][2]

Lieber Runge!

Den Vortrag von Gümbel in Hamburg habe ich gehört; ausserdem habe ich ihn persönlich als einen originellen, wissenschaftlichen Menschen kennen gelernt.[3] Eine ältere Arbeit über Stabschwingungen (mit Rücksicht auf den Schiffbau) in den Mitteilungen der schiffbautechn.[ischen] Gesellschaft ist entschieden bedeutend. Der Gegenstand des Hamburger Vortrages ist auch von solider, gründlicher Beschaffenheit. Seine Methode ist ganz graphische Integration gewisser sonst nicht lösbarer Diffgl. u. Interpolation zwischen den ∞ vielen Integralcurven zum Zwecke der Erfüllung der Grenzbedingungen. Gümbel sollte, was er in der schiffbaut. Gesellschaft im Allgemeinen über seine Methode sagt, bei Ihnen wiederholen; denn dies scheint mir recht eigentlich in die Tendenz Ihrer Ztschr. zu passen.[4]

Zweifelhaft ist mir nur, ob die Resultate von Gümbel ganz neu sind. Ich sollte meinen bei Weyrauch, auch wohl bei Saalschütz (der transversal belastete Stab) muß sich ähnliches wie bei Gümbel finden.[5] In jedem Falle ist bei Gümbel neu die Betonung u. Herausarbeitung der praktischen Wichtigkeit einer genaueren Berücksichtigung des Zuges, der vermöge der Ausbiegung des Stabes auf die Stützen übertragen wird. Das Ms. genau zu prüfen, muß ich leider ablehnen, falls Sie es von mir wünschen sollten.*

Alles in Allem kann ich Ihnen nach oberflächlicher Kenntnis des Vortrages und nach genauerer Kenntnis des Mannes entschieden empfehlen, die Katze im Sack zu kaufen. Eine Ablehnung würde ich sehr bedauern.–

Ich hoffe also in 14 Tagen auf Ihren Artikel;[6] das erste Heft kann dann bald flott werden. Wegen meines Vortrages hatte ich auch an Ihre Ztschr. gedacht; ich muß mich aber mit Simon auseinandersetzen, dem ich ihn in Hambg für die Physikal. [Zeitschrift] zur Verfügung gestellt habe.[7]

Herzl. Grüße
Ihr A. Sommerfeld

* Hierzu sowie zur Klarstellung des historischen Sachverhalts empfehle ich Ihnen Prandtl.

---

[1] Brief (4 Seiten, lateinisch), *München, DM, Archiv HS 1976-31.*

[2] Jahr der Naturforscherversammlung in Hamburg.

[3] [Gümbel 1901b]. Die ältere Arbeit ist [Gümbel 1901a].

[4] In der *Zeitschrift für Mathematik und Physik* erschien der Artikel Gümbels nicht.

[5] [Weyrauch 1873], [Saalschütz 1880].

[6] [Runge 1903].

[7] [Sommerfeld 1902b]. Hermann Simon gab die *Physikalischen Zeitschrift* heraus.

[67] *Von Wilhelm Wirtinger*[1]

Innsbruck, 18. 12. 01.

Lieber Sommerfeld!

Wir haben also Ihren Wackeltisch wirklich zu neuem Leben erweckt und er[ ]hat alle Leute, denen ich denselben vorführte sehr interessirt. Ich habe auch von unsern Technikern allerlei interesantes darüber erfahren, so dass man ähnliches bei Locomotiven mit dem Schlingern beobachtet habe (Redtenbacher)[2] auch eine Theorie versucht habe, aber auf anderer Grundlage. Es sind mir genaue Nachweisungen versprochen worden und ich werde diese sicher an Sie weitergeben, sobald sie eintreffen und Sie interessiren. Wir haben das Experiment mit einem Gleichstrommotor gemacht und zwar einem Nebenschlussmotor. Genaueres über die Versuchsanordnung, wenn sie wünschen später, da ich jetzt sehr gedrängt bin, dann hoffe ich auch einen Hahn bezüglich Ihrer numerischen Angaben über die Torsionsschwingungen[3] mit Ihnen zu pflücken. Für heute lege ich nur eine Tabelle über die zwei besten Versuche bei, die wir gemacht haben, und was die Hauptsache ist, eine Arbeit von Radakovic,[4] der die Energieverhältnisse herausgerechnet hat und wirklich das typische der Erscheinung erwischt hat. Ein glücklicher Zufall hat es gefügt, dass Sie und ich jeder einen andern der beiden Typen der Energiecurve erwischt haben. Sollten Sie mit der Theorie von Radakovic einverstanden sein und wenigstens kein erhebliches Bedenken dagegen haben, so würde ich bitten, das Manuscript gleich an die Redaction der Zeitschrift für Mathematik und Physik weiterzugeben, damit es dort gedruckt wird. ich denke, das ist der beste Platz. Es kommt dann gleich mit dem Visum aller Betheiligten an die Redaction. Mit bestem Gruss und Dank für Ihren Brief Ihr

Wirtinger

[68] *Von Otto Schlick*[5]

Hamburg, den 15. Mai 1902

Sehr geehrter Herr Professor!

Vor Allem sage ich Ihnen meinen besten Dank für Ihr außerordentlich interessantes und ausführliches Schreiben vom 5. dss. Mts.

---

[1] Brief (1 Seite, Maschine), *München, DM, Archiv NL 89, 014.*
[2] [Redtenbacher 1855, Kap. VI: Die störenden Bewegungen einer Lokomotive].
[3] [Sommerfeld 1902b, S. 289-291].
[4] [Radakovic 1903]. Michael Radakovic war Dozent für theoretische Physik in Innsbruck.
[5] Brief (8 Seiten, deutsch), *München, DM, Archiv HS 1977-28/A,307.*

Zunächst möchte ich mir erlauben zu bemerken, daß mir Ihre Ansätze alle correct erscheinen, und daß auch Ihre sonstigen Bemerkungen ganz mit dem übereinstimmen was ich mir zurecht gelegt habe. Ich habe ja leider in der mathematischen Behandlung derartiger mechanischer Probleme gar keine Uebung und deshalb ist es meinerseits eine gewisse Anmaaßung wenn ich mir gestatte über Ihre Arbeiten überhaupt ein Wort zu sagen.

Ich muß mich in Ihre Auseinandersetzungen noch mehr vertiefen, sobald ich einmal eine ruhige Stunde zur Verfügung habe und ich bitte deshalb an das was ich hier noch zu sagen gedenke nicht eine strenge Kritik anzulegen, denn ich bin möglicherweise doch noch nicht ganz klar in dem was Sie mir schreiben.

Ihre Fragen kann ich Ihnen vorläufig nicht beantworten, da mein Modell nicht gestattet diese Beobachtungen zu machen von denen Sie sprechen. Sie werden sich auch mit meinem Modell niemals alle machen lassen, aber einige davon werde ich wohl nächstens durchführen können nachdem [ich] das Modell vervollkommnet habe.

Ich habe mein Modell nur zunächst zu dem Zweck machen lassen den gyroskopischen Effect anschaulich zu machen. Der Schwungring ist deshalb verhältnismäßig schwer und rotirt sehr schnell. Der Effect ist deshalb auch ganz verblüffend.

Ich bitte mir zu gestatten zu bemerken, daß mir Ihre Gleichung[1]

$$J \frac{d^2\varphi}{dt^2} + K \frac{d\varphi}{dt} + \left(M + 2\frac{G}{g} v^2 \right) \varphi = 0$$

einige Kopfschmerzen macht. Das zweite Glied in der Klammer, das also doch den gyroskopischen Effect darstellt, ist darin ebenso behandelt wie M, das aufrichtende Moment. Erstens habe ich dagegen einzuwenden, daß sich zwar der Gyroscopische Effect zwar als ein Moment m äußert, daß er aber nicht die Steifigkeit vergrößert, wie Sie sagen, sondern nur als Bremse resp. Dämpfung bei der Bewegung wirkt. Das m kann daher die Oscillationen (wenn überhaupt solche Auftreten) *nur* verzögern. Sie sagen in Ihrem

---

[1] Vermutlich sah die Modellkonfiguration wie folgt aus: Ein Schwungring mit einem Gewicht G rotiert mit einer Umfangsgeschwindigkeit v um eine zur Längs- und Querrichtung des Schiffes vertikale Achse, die in einem querschiffs gelagerten Rahmen wie ein Pendel in der vertikalen Längsebene des Schiffes schwingen kann und deren Auslenkung querschiffs (mit dem ganzen Schiffskörper) um den Winkel φ betrachtet wird. J ist das Trägheitsmoment des Schiffes bezüglich der Längsachse, K eine Dämpfungskonstante, M ein aus dem Auftrieb im Wasser resultierendes Drehmoment und g die Gravitationskonstante. Vgl. [Klein und Sommerfeld 1910, S. 794-845, insbesondere S. 798], eine theoretische Behandlung findet sich in [Föppl 1904b] und [Lorenz 1904].

Schreiben: „Dieses Moment (m) addirt sich nun in der Bewegungsgleichung einfach zu M (das ist das aufrichtende Moment) hinzu, so daß letztere lauten würde:[1]

$$J\frac{d^2\varphi}{dt^2} + K\frac{d\varphi}{dt} + \left(M + 2\frac{G}{g}v^2\right)\varphi = 0$$

Ich muß einräumen, daß die Gleichung augenscheinlich richtig ist, aber ich kann noch nicht mit meiner Vorstellung der Sache folgen. Der Werth $2\frac{G}{g}v^2\varphi$ muß nach meinem gegenwärtigen Eindruck immer das entgegengesetzte Vorzeichen von M haben, weil $2\frac{G}{g}v^2\varphi$ immer im entgegengesetzten Sinn von M wirkt. Wenn ich mir hingegen überlege, daß $2\frac{G}{g}v^2\varphi$ weiter nichts als eine Dämpfung bedeutet, so muß ich zugeben, daß das Vorzeichen in der Gleichung richtig ist.– Sie sehen ich schildere Ihnen ganz offen meine Schmerzen, selbst auf die Gefahr hin, daß Sie mich als einen sehr beschränkten Menschen ansehen.

Den Werth $2\frac{G}{g}v^2 = 7\,200$ Meter Tonnen hatte ich vorher auch ungefähr gefunden und ich bin stolz, daß Sie dasselbe finden. Die gyroskopische Wirkung ist eben ganz enorm. Die hierdurch bedingte Dämpfung ist größer als das aufrichtende Moment (was der elastischen Kraft bei der Schwingung entspricht) und *dennoch können Schwingungen im gewöhnlichen Sinne überhaupt nicht auftreten* und das ist ja gerade das was wir wollen. Das Modell hat mir das schon längst bewiesen. Ich habe also folgendes Experiment gemacht, das gewissermaßen einen *statischen* Charakter hat: Ich habe an den kleinen Mast des Modells seitlich ein Gewicht angehängt, das das Modell beinahe bis zum Volllaufen seitlich neigte, etwa 20 Grad, *wenn der Schwungring in Ruhe* war. Sobald nun das Gewicht entfernt wurde und das Schiff seine aufrechte Lage einnahm, und wenn bei genau aufrecht stehender Achse des Kreisels, dieser mit Hilfe eines kleinen electrischen Motor in Bewegung gesetzt wird (etwa 1 000 bis 1 200 Umdrehungen pro Minute) so bleibt so zusagen das Modell ganz ruhig aufrecht stehen, wenn man auch das erwähnte Gewicht wieder seitlich anhängt. Ganz langsam, so zusagen kaum für das Auge wahrnehmbar, neigt sich nun das

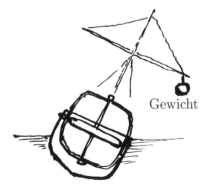

Gewicht

---

[1] In der Formel wurde M über ein nicht mehr erkennbares Zeichen geschrieben.

Modell, der Kreisel neigt dabei seine Drehachse langsam in der Symmetrie-Ebene des Schiffes. Nach einer langen Zeit etwa einer halben Minute oder noch länger neigt sich das Modell rascher und die Kreiselachse legt sich nahezu horizontal.– Das ist also Alles in bester Ordnung und ist garnicht anders zu erwarten.– Es ist mir auf keine Weise gelungen bei rotirendem Kreisel Rollbewegungen des Modelles hervorzubringen. Die durch die gyroskopische Wirkung hervorgebrachte Dämpfung ist eben größer, als das aufrichtende Moment; es können gar keine Schwingungen entstehen. Wenn der Kreisel kleiner ist oder wenn er sehr langsam läuft, so wird es natürlich denkbar sein, daß Schwingungen eintreten und es wird natürlich interessant sein zunächst die Verhältnisse zu bestimmen wo die Grenze ist, d. h. unter welchen Bedingungen Schwingungen, trotz rotirendem Kreisel, eintreten. Ich denke mir die Sache so:

Um ein Schiff mit ruhendem Kreisel, von der aufrechten Lage bis zu einem bestimmten Winkel zu neigen gehört eine gewisse mechanische Arbeit (man nennt dies die dynamische Stabilität). Um den rotirenden Kreisel um den gleichen Winkel von der aufrechten Lage angefangen zu neigen, gehört auch eine bestimmte Arbeit. Da wo diese beiden Arbeiten einander gleich sind muß nach meiner Idee die Grenze liegen. Es kommt nur noch darauf an ob das auch bei sehr kleinen Neigungswinkeln noch zutrifft.

Der Umstand, daß die Kreiselachse nicht so bereitwillig ist wieder in die aufrechte Lage zurück zukehren, wenn das Schiff die entgegengesetzte Rollbewegung macht, ist allerdings recht unangenehm. Ich glaube ich habe jedoch ein Mittel gefunden um über diese Schwierigkeit hinweg zukommen.

Ich komme allmählig immer mehr zu der Ansicht, daß sich der Schwungring bei manchen Schiffen doch anwenden lassen würde. Es ist deshalb von Wichtigkeit zu wissen, ob dieser Vorschlag schon einmal veröffentlicht worden ist. Da Sie doch jedenfalls die „Kreisel-Litteratur" sehr genau kennen, so können Sie mir vielleicht darüber Auskunft geben.[1] Es wird auch gut sein, wenn wir vorläufig nichts über diese Untersuchungen in die Oeffentlichkeit gelangen lassen. Ob man ein Patent nehmen soll und wie es gefaßt werden muß kann ich vor der Hand nicht sagen; es ist aber unter Umständen viel mit der Sache zu verdienen.

Ich werde meine Versuche noch fortsetzen und werde suchen Ihre Fragen zu beantworten. Wenn mein Modell dann ganz nach Wunsch arbeitet werden wir einmal zusammen kommen müssen.

Mit den besten Grüßen Ihr ganz ergebener
Otto Schlick.

---

[1] In [Klein und Sommerfeld 1910] finden sich keine Hinweise.

[69] *Von Otto Schlick*[1]

Hamburg, den 29. Mai 1902

Sehr geehrter Herr Professor!

Gestatten Sie mir Ihnen vor Allem meinen Dank auszusprechen für Ihr langes, interessantes Schreiben vom 18. dss. Mts.[2] Es ist im hohen Grade liebenswürdig von Ihnen, daß Sie sich die Mühe nehmen meine mangelhaften Kenntnisse zu vervollkommnen, und ich weiß gar nicht wie ich zu der Ehre komme, mir so viel Zeit zu widmen.

Ich muß Ihnen wiederholen, daß ich Ihre Gleichungen und Entwickelungen vollkommen verstehe. Sie sind ja ganz analog den Gleichungen für liniare, gedämpfte Schwingungen, wie sie unter Anderem auch Föppl in seiner Mechanik behandelt.[3] Mir ist die Sache nur noch nicht völlig in's Blut übergegangen, so daß ich den Vorgängen nicht ganz mit meiner Vorstellung folgen kann. Ich habe nämlich die Marotte nicht früher zufrieden zu sein, bis ich die Sache auch mit meiner Vorstellung vereinigen kann.

Ich bin leider in der letzten Zeit durch die laufenden Geschäfte ungemein in Anspruch genommen gewesen, so daß ich noch nicht in der Lage bin Ihnen ausführlich in der Sache schreiben zu können. Der Zweck meines gegenwärtigen Briefes ist daher nur hauptsächlich der, Ihnen meinen Dank auszusprechen und Sie nicht durch Stillschweigen zu der Annahme kommen zu lassen, daß ich Ihren so interessanten Auseinandersetzungen keine Aufmerksamkeit geschenkt hätte.

Die kleinen, schnellen Schwingungen, die ja nach Ihren Auseinandersetzungen vorhanden sein müssen, habe ich am Modell noch nicht beobachten können. Eine Verkürzung der Rollbewegung würde jedoch eine praktische Verwerthung des Principes ganz ausschließen. Es kommt in der Praxis darauf an die Schwingungen einzuschränken (die Amplitude zu verkleinern) und die Schwingungszeit zu verlängern.[4]

Nach dem Modellversuch ließe sich das aber erreichen. Wenn eine neigende Kraft auftritt (also wenn ein Neigungsmoment wirkt, wie z. B. ein

---

[1] Brief (3 Seiten, deutsch), *München, DM, Archiv HS 1977-28/A,307.*

[2] Hier nicht abgedruckte Notizen für diesen Antwortbrief finden sich auf der letzten Seite von Brief [68].

[3] [Föppl 1899].

[4] Nicht nur Sommerfeld leitete diese schnellen Schwingungen ab, sie wurden auch in [Föppl 1904b, S. 479] und [Lorenz 1904, S. 30] beschrieben; im Modellversuch verhinderte vermutlich die Reibung ihre Beobachtung. Beim technischen Einsatz mußten zusätzliche Bremsvorrichtungen am Rahmen des Schwungrades vorgesehen werden, um diese störenden Schwingungen zu verringern [Schlick 1906].

seitlich angehängtes Gewicht oder auch der neigende Effect einer Welle) so folgt das Schiff nur langsam der Folge der Kreiselwirkung, und wenn es geneigt ist und das neigende Moment verschwindet oder ein neues rückwärts neigendes auftritt, so richtet sich das Schiff nur langsam wieder auf. Hierin werden Sie mir doch zustimmen. Die Erscheinung ist also thatsächlich ebenso, als wenn ein ganz großer Kimmkiel[1] vorhanden wäre. Das ist die Veranlassung weshalb ich von „*Dämpfung*" sprach.

Ich kann heute auf die Sache leider nicht weiter eingehen und behalte mir das vor, wenn ich nächste Woche von einer Reise nach Düsseldorf zurückkomme.

Mit freundschaftlicher Hochachtung\
Otto Schlick.

[70] *An Felix Klein*[2]

Aachen 27. VI. 02

Sehr geehrter Herr Geh.[eimrat]!

Ich hatte mir eigentlich vorgenommen, Ihnen nicht eher auf Ihren letzten freundl. Brief zu antworten, als bis ich Ihnen melden könnte, dass Kreisel Cap. VII an Teubner abgegangen ist.[3] Ich stehe im letzten § des Cap., Reibung beim Spielkreisel und habe da noch etwas Schwierigkeiten. Die Schwerpunktsbewegung infolge Reibung ist viel erheblicher als man denkt. Lange habe ich aber nicht mehr damit zu thun, so daß spätestens Sonntag das M[anu]s[kript] abgeht.

Ich bin sehr dafür, die großen Ferien wesentlich auf den Kreisel zu wenden. Voraussichtlich bin ich Mitte August – Mitte September in Göttingen oder in der Nähe (Soden); das Genauere hängt noch von den Dispositionen meines Schwiegervaters ab, die ich noch nicht kenne. Dies wäre eine vorzügliche Gelegenheit, um die Correctur zu Cap. VII zu lesen und sonst Verständigung zu suchen. Wenn Ihre Reisedispositionen hiermit zusammenstimmen, so werde ich Teubner benachrichtigen, dass er in jener Zeit den Druck forcieren möchte.

Vielen Dank für Newcomb. Ich habe alles verglichen. Zenneck hat Newcomb[4] genau citirt und weicht von Ihrer freieren Wiedergabe N's wesentlich

---

[1] Spezielle Kielgestaltung, um die Schlingerbewegung zu vermindern.

[2] Brief (4 Seiten, lateinisch), *Göttingen, NSUB, Klein 11.*

[3] Kapitel VII ist überschrieben mit *Theorie und Wirklichkeit. Einfluß der Reibung, des Luftwiderstandes, der Elastizität von Material und Unterlage auf die Kreiselbewegung.*

[4] [Newcomb 1895], [Zenneck 1903, S. 36]. Es geht dabei um die Prüfung des Newtonschen

nur darin ab, daß er die auf Entfernungen von einigen Metern bis Erdradius-
länge sich beziehende Angabe $1/3$ weggelaßen hat, offenbar mit Recht, weil
für kleine Entfernungen die Laboratoriumsversuche viel genauere Resultate geben, wie die astron. Prüfung. Für Labor.-Entfernungen citirt Zenneck
Makenzie mit $1/500$ Genauigkeit. Übrigens hat Professor Oppenheim, der
Bearbeiter der Gravitation in Bd. VI,[1] der sonst einige Ausstellungen gemacht hat, gerade zu der von Ihnen beanstandeten Nr. die Randbemerkung
‚sehr richtig' gemacht.

Ich muß, wenn das Kreisel-Ms. fort ist, schleunigst an die Übersetzung
des Restes von Bryan gehn.[2] Das giebt viel Arbeit, weil die Übersetzung
zugleich weitgehende Controle verlangt.

Vielen Dank auch für die Nachrichten über Feriencurse.[3] Die betr.
Anträge sind gestellt aber noch nicht verhandelt. Ich gehe gern darauf ein,
durch verschiedene Wahl der Termine die Concurrenz zu vermeiden und das
Princip der offenen Thüren an die Stelle der vorgeschlagenen Abgrenzung
der Intereßensphären zu setzen. Ich werde auch meinen Collegen sagen, dass
Sie die ev. Einrichtung hiesiger Feriencurse freundig begrüßen.

Die Disposition für meinen Enc. Art. in Bd. IV hatte ich Ihnen schon
früher einmal eingeschickt. Ich schreibe sie noch einmal etwas ausführlicher
ab. Dieselbe kann dann bei Ovazza bleiben.[4]

Mit besten Grüßen
Ihr aufrichtig ergebener
A. Sommerfeld.

Gravitationsgesetzes. Vgl. auch *A. Sommerfeld an F. Klein, 9. Juni 1902. Göttingen,
NSUB, Klein 11.*

[1] [Oppenheim 1922a], [Oppenheim 1922b]. Samuel Oppenheim war seit 1899 Privatdozent an der deutschen Universität Prag, 1903 wurde er dort Titularprofessor für
Astronomie.

[2] [Bryan 1903].

[3] Sommerfeld hatte sich zuvor bei Klein über das Reglement für die Abhaltung von Ferienkursen an der Göttinger Universität erkundigt, die er in Aachen ebenfalls einführen
wollte. *A. Sommerfeld an F. Klein, 9. Juni 1902. Göttingen, NSUB, Klein 11.* Vgl.
auch [Lorey 1916, S. 296-300].

[4] Die im Teil *Elastizitätslehre* des Mechanikbandes der *Encyklopädie* geplanten Artikel
von Sommerfeld über die *Physikalische Grundlegung* und von E. Ovazza über *Die
Statik der Bauconstructionen* [Klein 1900, S. 167, Nr. 21 und 23] kamen nicht zustande;
die entsprechenden Themen wurden später auf vier Artikel aufgeteilt: [Müller und
Timpe 1907], [Tedone 1907], [Grüning 1907] und [Wieghardt 1907].

[71] *An Karl Schwarzschild*[1]

Aachen 26. VII. [1902][2]

Lieber Herr College!

Mit grösster Freude höre ich von Klein, daß Sie bereit sind, sich an den astr.[onomischen] Anwendungen der Kreiseltheorie thätig zu beteiligen. Ich brauche Ihnen nicht zu sagen, wie wertvoll mir dies Anerbieten ist. Ein erstes Ms. der betr. § liegt bei mir da; es ist vor $2\frac{1}{2}$ Jahren geschrieben. Während ich die nächste Woche verreise, könnte ich gut vom 5ten bis 15ten August das Ms. durchsehen und durchcorrigiren und es Ihnen dann in beßerer Form zusenden, als es sie augenblicklich hat. Wenn Sie aber wünschen, es auf der Stelle zu haben, so schreiben Sie bitte eine Karte *an meine Frau**, der ich das Ms. vor meiner Abreise übergebe und die es Ihnen zusenden wird, wenn Sie es schon jetzt zu haben wünschen.

Ich nehme an, dass Ihre Thätigkeit bei der Kreiselsache mehr eine kritisirende als eine produktive, „selbst schreibende" sein wird. Das Ms. muß, damit es aus einem Guß ist, schliesslich doch wohl von mir angefertigt werden. Wenn Sie indeßen sich dazu verstehen wollen, Teile selbst umzuschreiben, wobei mir die Begutachtung vor dem Drucke zustehen müsste, so wird Niemand froher sein wie ich.

Überhaupt freue ich mich auf ein Zusammenarbeiten mit Ihnen sehr und sage Ihnen im Voraus herzlichen Dank.

Ihr ganz ergebener
A. Sommerfeld.

* Aachen, Lousbergstr. 13

[72] *An Karl Schwarzschild*[3]

Aachen 12. VIII. 02

Lieber Herr College!

Ich mache von Ihrer frdl. Erlaubnis Gebrauch und schicke Ihnen anbei von Cap. VIII der Kreiselth.[eorie] das Ms. zu Abschnitt A und B, astronom. und geophys. Anwendungen zu.[4] Es wäre mir recht lieb, wenn Sie dasselbe

[1] Brief (4 Seiten, lateinisch), *Göttingen, NSUB, Schwarzschild.*
[2] Das Jahr ergibt sich aus Brief [72].
[3] Brief (4 Seiten, lateinisch), *Göttingen, NSUB, Schwarzschild.*
[4] Vgl. [Klein und Sommerfeld 1910, S. 633-759].

etwa bis zum 1ten Oktober durchgesehen haben könnten, weil bis dahin der Druck von Cap. VII beendet sein dürfte.

Wie Sie aus dem Ms. sehen werden, bin ich in der Astronomie garnicht zu Hause. Für die Bearbeitung des Ms. habe ich mir die notdürftige Sachkenntnis aus Tisserand und Newcomb angequält.[1] Immerhin habe ich es soweit gebracht, dass ich alle Rechnungen numerisch durchführen konnte. Ob allerdings die von mir zu Grunde gelegten Zahlen (Quelle Tisserand) dem Stande der astronomischen Wissenschaft entsprechen, ist mir zweifelhaft. Ich bitte Sie sehr, gerade meine Zahlenwerte kritisch zu controliren, desgl. die Benennungen (z. B. „tropisches Jahr," „drakonitische Umlaufzeit") die mir alle nicht geläufig sind.

Klein hat mir soeben die Protokolle Ihres Seminars zugeschickt, aus denen ich nichts wesentlich Neues entnehmen kann. Ich bin in der Detailausführung weiter gegangen wie Sie im Seminar.

Einige Punkte, die mir selbst problematisch sind.[2]

pg. 12 des Ms. Anm. ^{xx}

pg. 16 Anm. ^{x},

pg. 17a. Wie ist die Grösse g zu definiren? Ist Gl. (5) richtig oder ist darin statt M die siderische Winkelgeschw. des Mondes zu nehmen? Unter weßen Namen geht Gl. (5′); ich habe *Hansen* auf gut Glück geschrieben. Stimmt ev. meine Gl. (6′) auf 2 Glieder mit 5′ überein, bei genauerer Rechnung, indem man für M nicht $2\pi/T_2$ sondern $2\pi/T_2 - N\cos\vartheta_2$ setzt. Ich erhalte dadurch bei N/M neben dem Gliede mit $(T_2/T_1)^2$ nur ein solches mit $(T_2/T_1)^4$, nicht wie Gl. (5′) verlangt ein Glied mit $(T_2/T_1)^3$. Lässt sich das Letztere nicht durch genauere Rechnung hereinbringen?

pg. 17b–17d. Ist der Nachweis überflüssig, dass die Erde keinen merklichen Einfluß auf die Mondknoten ausübt?

pg. 18 u. ff. Ist dies genügend verständlich oder zu schwer?

p. 30. Sind die angegebenen Glieder für ψ und ϑ ausreichend?

p. 30a. „Gradmessungen, Mondstörungen". Ist diese Angabe hinreichend präcise?

Im zweiten Abschnitt handelt es sich besonders um die Polschwankungen. Wenn Sie glauben, dass hier etwas gestrichen werden kann, wird es mir

---

[1] [Tisserand 1891, § 192, 194 (Theorie der astronomischen Präzession) und art. 110-112 (Massenverteilung bei Rotation)], [Newcomb 1895, S. 133 (Trägheitsmomente der Erde)], [Newcomb 1892] und [Newcomb 1893].

[2] Vermutlich wurde das Manuskript noch erheblich verändert, da sich die nachfolgenden Angaben nicht dem gedruckten Text in [Klein und Sommerfeld 1903, S. 633 und folgende] zuordnen lassen.

lieb sein, da mir dieser Teil etwas zu breit ist. Der Gegenstand ist ja reichlich hypothetisch und die Darstellung bei mir, ähnlich wie die Constitution
des Erdinnern, mehr breiig-zähe als flüssig.

Ich bedaure Sie herzlich, dass Sie mein Ms. lesen wollen. Es ist durch
mehrfache Überarbeitung recht unsauber geworden.

Natürlich bitte ich um möglichst strenge Kritik. Je mehr Sie zusetzen,
streichen, verändern, um so besser wird es sein. Ihre Bemerkungen fügen
Sie vielleicht auf der Rückseite der Blätter zu oder auf besonderen Bogen.

Es grüsst Sie herzlich und dankt im Voraus

Ihr aufrichtig ergebener

A. Sommerfeld.

Vielleicht bin ich 2te Hälfte September einige Tage in Göttingen. Ist dies
der Fall, so benachrichtige ich Sie und bitte mir Ihre Bemerkungen z. Th.
mündl. aus.

[73] *Von Max Abraham*[1]

d. 9. 12. 02

Verehrter Herr Professor!

Besten Dank für das freundliche Interesse, welches Sie meiner Dynamik
des Electrons schenken. Ich werde mir demnächst erlauben, Ihnen die endgültige Zusammenfassung meiner Untersuchungen, die in den Annalen der
Physik erscheint, zu senden.[2]

Anbei sende ich eine Disposition meines Artikels.[3] Dieselbe schließt
sich an die Aufzeichnungen an, die ich im vorigen Jahre mir machte, als
ich im Colleg diese Dinge behandelte. Ich gedenke an die Ausarbeitung erst
dann heranzugehen, wenn ich die Artikel von Lorentz und M. Wien gelesen
habe,[4] da ich mich oft auf dieselben werde beziehen müssen. Sie werden
sich aber schon jetzt ein Bild davon machen können, wie der Artikel sich
gestalten wird, wenn ich bemerke, daß die Nummern 2. 6. 7. 8. recht kurz

---

[1] Brief (3 Seiten, lateinisch), *München, DM, Archiv HS 1977-28/A,1.*
[2] [Abraham 1903a].
[3] [Abraham 1910].
[4] Vermutlich sind die Encyklopädieartikel [Lorentz 1904a], [Lorentz 1904b] und der geplante Artikel Nr. 20 *Elektrotechnik* [Klein 1900, S. 168] gemeint, der von Theodor
Des Coudres verfaßt werden sollte, aber nicht zustande kam; Sommerfeld hatte wohl
vorübergehend Max Wien als Autor dafür vorgesehen, der von 1899 bis 1904 Professor
für Physik an der TH Aachen war.

ausfallen werden, da wenig interessantes hier vorliegt.[1] 2 würde ich gern an Wien abgeben.

Bei 8. könnte manches, was sich auf Energieübertragung durch Induction etc. bezieht, zu Wien kommen. Vielleicht aber können Wien und ich den Gegenstand zusammen behandeln, der eigentlich zu (20) (Electrotechnik) gehört.

Die Darstellung von III würde sich im wesentlichen mit der in meiner Arbeit über Drahtwellen einleitungsweise gegeben decken.[2]

Haben Sie die Preisschrift von Macdonald[3] über electrische Wellen gelesen? Dieselbe wimmelt von den gröbsten principiellen Fehlern und ist ein trauriges Zeichen des Verfalls der Schule von Cambridge. Ich werde in der physikalischen Zeitschrift das Buch kritisch besprechen.[4]

Für Ihre Eisenbahnbremsung[5] besten Dank! Sie gehen ja ganz unter die Ingenieure. Es grüßt Sie Ihr ergebenster

M. Abraham.

[74] *An Hendrik A. Lorentz*[6]

Aachen 6. I. 03

Hochverehrter Herr Professor!

Zunächst spreche ich Ihnen zur Verleihung des Nobel-Preises herzlichste Glückwünsche aus![7] Meine Frau und ich haben uns aufrichtig darüber gefreut.

Die letzten Tage habe ich wieder über der Correctur Bryan gesessen.[8] Ich habe mich dabei namentlich über dreierlei gewundert: 1) dass Herr Bryan eine in so vielen wesentlichen Punkten unklare und unvollständige Arbeit liefern konnte, 2) dass ich bei der Übersetzung so viele Fehler habe durchgehen laßen 3) daß Sie sich die Mühe genommen haben, alles in Ord-

---

[1] Im gedruckten Encyklopädieartikel [Abraham 1910] lauten diese Gliederungspunkte: 2. Geschichte und Begrenzung des Gebietes, 6. Elektrische Eigenschwingungen, 7. Sendeantennen der drahtlosen Telegraphie, 8. Elektrische Resonanz.

[2] [Abraham 1898, Teil III: Fortleitung elektrischer Wellen durch Drähte].

[3] [Macdonald 1902].

[4] [Abraham 1903b].

[5] [Sommerfeld 1902a].

[6] Brief (4 Seiten, lateinisch), *Haarlem, RANH, Lorentz inv.nr. 74.*

[7] Für ihre Untersuchungen zum Zeemaneffekt hatten Hendrik A. Lorentz und Pieter Zeeman den Physiknobelpreis des Jahres 1902 erhalten.

[8] [Bryan 1903].

nung zu bringen. Der zweite Punkt erklärt sich übrigens einfach daraus, dass ich niemals bisher ordentlich Thermodynamik getrieben habe.

Ich habe einen Teil Ihrer Bemerkungen erst jetzt bei der zweiten Correctur eingearbeitet, weil die erste Correctur zu verworren wurde. So habe ich namentlich die Nr. über die Stabilitätsbedingungen umgeschrieben. Ich melde dieses, weil Ihnen vielleicht durch Prof. Onnes die neue Correctur zugekommen ist[1] und Sie sich darüber wundern könnten, daß Ihre Bemerkungen bisher nicht vollständig darin berücksichtigt waren.

Der Artikel Reiff ist leider noch immer nicht gesetzt, obgleich er geraume Zeit in der Druckerei liegt.[2] Wenn er gesetzt ist, wäre es mir sehr lieb, auch Ihren ersten Artikel[3] sowie Ihre Entscheidung über die Einheiten zu haben, da Manches zu vereinheitlichen sein wird. Vorher brauche ich ihn nicht. Ich empfehle Ihnen übrigens, Ihre Zusendungen alsdann nur bis Vaels (holländisch) postlagernd zu dirigiren, von wo ich sie mir bequem per Rad oder Kleinbahn abholen kann, weil Sie sonst bei dem häufigen Hin- und Hersenden einen Teil des Nobelpreises in Briefporto anlegen müßen.

Die deutsche physikalische Gesellschaft beratschlagt jetzt, angeregt durch unsere Encyklopädiebezeichnungen, ebenfalls eifrig über Bezeichnungen. Vielleicht käme für uns von den dortigen Vorschlägen $\mathfrak{e}$ und $\mathfrak{m}$ für elektr. und magn. Maße in Betracht, damit e für Exponentialzahl und m für gewöhnliche Maße reservirt bleibt.[4]

Mit verehrungsvollem Gruß\
Ihr A. Sommerfeld.

[75] *Von Hendrik A. Lorentz*[5]

Leiden, den 24 Januar 1903.

Sehr verehrter Herr College,

Ich habe das Vergnügen Ihnen anbei den ersten Teil meines Manuskrip-

---

[1] Heike Kamerlingh Onnes verfaßte mit W. H. Keesom den Artikel *Die Zustandsgleichung* [Kamerlingh Onnes und Keesom 1912]. Bryan sprach mit Blick auf diesen Artikel von „some danger of ‚Concurrenz' in certain parts of the subject", vgl. *G. Bryan an A. Sommerfeld, 17. Dezember 1901. München, DM, Archiv HS 1977-28/A,45.*

[2] Der zunächst an R. Reiff vergebene Artikel *12. Standpunkt der Fernwirkung, die Elementargesetze* [Klein 1900, S. 168] erschien schließlich als Gemeinschaftsarbeit [Reiff und Sommerfeld 1904].

[3] [Lorentz 1904a].

[4] Diese Empfehlung wurde nicht weiterverfolgt, vgl. [Sommerfeld 1904f].

[5] Brief (4 Seiten, lateinisch), *München, DM, Archiv HS 1977-28/A,208.*

tes,[1] soviel ich sehe druckfertig, (bis zu p. 25 incl.) zukommen zu laßen. Sie werden aus demselben ersehen daß ich mich jetzt endgültig für das modificierte gemischte Maaßsystem entschieden habe;[2] daß nun in verschiedenen Formeln der Elektronentheorie die 4π wieder auftauchen[,] müßen wir uns nun gefallen laßen. Es scheint mir wünschenswert daß die Gleichungen, die man direkt auf Beobachtungen anwendet (also in der Elektronentheorie die Gleichungen für die Mittelwerte) eine möglichst einfache Gestalt haben; die Formeln welche sich auf theoretische Betrachtungen über den Mechanismus beziehen, dürfen schon etwas komplizirter sein. Auch ist es nicht unnatürlich daß der Factor 4π auftritt wenn man es mit in Punkten koncentrirten Ladungen zu thun hat. Man denkt ja hierbei sofort an eine um einen geladenen Punkt gelegte Kugelfläche. Zur Vermeidung jeder Undeutlichkeit habe ich § 5 die Einheiten schon festgelegt, und dann erst in dem neuen § 7, nachdem [in] § 6 die Hauptgleichungen angeführt worden sind,[3] die weiteren Bemerkungen zu den Maaßsystemen eingeschaltet. Diese letzteren schließen sich Ihrer Darstellung a durchaus an; ich habe aber an der Disposition derselben etwas geändert. Ihrer Seite 2a habe ich einen Paßus entnommen, den ich p. 2 hinzugefügt habe; das übrige scheint mir kaum nothwendig. Ihre Seiten 5a und 5b möchte ich gerne an der von Ihnen angegebenen Stelle in den Text einfügen.[4] Ich glaube Ihnen schon früher gesagt zu haben daß ich nicht weiß ob die Hilfssätze aus der Vectorentheorie schon irgendwo in der Litteratur vorkommen.

Was die Bezeichnungsweise betrifft, so möchte ich doch vorschlagen für anisotrope Körper wieder von dem $\mathfrak{A} = \nu(\mathfrak{B})$ zu dem $\mathfrak{A} = (\nu)\mathfrak{B}$ zurückzukehren.[5] Es ist nämlich in dieser Gleichung nicht $\mathfrak{B}$, sondern ν ein Complex, in welches verschiedene Größen zusammengefaßt werden, und diese Zusammenfaßung wird eben durch die Klammern ausgedrückt. Dazu

---

[1] [Lorentz 1904a].

[2] Einheiten und Maßsysteme werden in [Lorentz 1904a, § 7] diskutiert; vgl. auch [Sommerfeld 1904f, S. 469], wo die „Vereinfachung der Formeln als sehr beträchtlich" gerühmt wird, die das Lorentzsche Maßsystem mit sich bringe. Später kritisierte Sommerfeld die damit einhergehende „etwas künstliche Umrechnungsart", so daß sich dieses Maßsystem „trotz der Autorität von Lorentz" nicht durchgesetzt habe [Sommerfeld 1948a, Vorwort S. VII und § 8, besonders S. 46].

[3] Das sind die Maxwellgleichungen, die Lorentz sowohl in Integralform als auch in der Kurzform als vektorielle Differentialgleichungen (mit den seither gebräuchlichen Bezeichnungen rot, grad und div für die Rotation, den Gradient und die Divergenz eines Vektors) angibt.

[4] Diese und weitere Passagen sind am Rand angestrichen.

[5] Mit dieser Schreibweise wird angedeutet, daß $\mathfrak{A}$ eine lineare Vektorfunktion von $\mathfrak{B}$ bedeutet [Lorentz 1904a, S. 73]. ν ist eine Matrix mit konstanten Komponenten.

kommt daß in Ausdrücken wie

$$\mathfrak{J} = (\sigma)\left(\mathfrak{E} + \mathfrak{E}^{el}\right)$$

die letzten Klammern schon eine andere Bedeutung haben.

Wien hat mir neulich mitgeteilt daß er sich unserer Bezeichnungsweise gern im Ganzen anschließt; nur für die Leitfähigkeit schreibt er einen anderen Buchstaben vor, da σ schon für „Fläche" angewandt wird. Leider kann ich seinen Brief augenblicklich nicht finden; ich schreibe also darüber noch näher. Wir können wenn es nöthig ist, eine kleine Aenderung in der Korrektur machen.[1]

Das Wort „Korrektur" erinnert mich daran daß ich oft was die Orthographie betrifft, etwas im Unsichern bin. Sie wollen darüber wohl entscheiden.

Vielleicht werde ich in der Korrektur noch einige kleine Zusätze anbringen, aber jedenfalls nur wenige.

Wäre es nicht angemeßen, die Inhaltsübersicht und die Zusammenstellung der Formeln erst drucken zu laßen wenn der Artikel ganz fertig ist? Dagegen wird es bequem sein, wenn das Litteraturverzeichniß sofort gedruckt wird.

Sie waren so freundlich mir zu versprechen, die erste Correctur selbst zu lesen. Damit werden Sie mir einen großen Gefallen thun, obgleich ich auch gern bereit bin, diese Arbeit zu übernehmen, wenn Sie zu viel zu thun haben.

Jedenfalls würde es mich freuen wenn Sie mir mit der Correctur das Manuscript zurückschickten.

Den Artikel von Reiff werde ich bald lesen; den von Bryan in der neuen Gestalt habe ich noch nicht gesehen.[2]

Mit vielen Grüßen Ihr ergebener
H. A. Lorentz

Wäre es nicht gut, von der Regel daß die Titel der Abhandlungen nicht citirt werden sollen, in einigen der wichtigeren Fälle abzuweichen?[3]

Ich dankte Ihnen schon für Ihre freundlichen Glückwünsche zum Preise. Sie haben mir damit viele Freude gemacht.

---

[1] Hierüber korrespondierte Sommerfeld auch mit W. Wien, vgl. *A. Sommerfeld an W. Wien, 10. Januar 1903. München, DM, Archiv NL 56, 010.* Es blieb bei σ als Symbol für Leitfähigkeit und Fläche, wo es gewöhnlich nur als infinitesimales Flächenelement $d\sigma$ auftritt.

[2] [Reiff und Sommerfeld 1904], [Bryan 1903].

[3] Der Rat wurde befolgt. Die Zitierweise in der *Encyklopädie* ist entsprechend uneinheitlich.

[76] *An Hendrik A. Lorentz*[1]

Aachen 24. II. 03

Sehr verehrter Herr Professor!

Sie haben mich zum zweiten Male durch Ihre unerwartete Mitwirkung bei unserer Encyklopädie[2] auf's Höchste erfreut und auf's Tiefste beschämt. Wenn ich Ihnen doch irgendwie eine äquivalente Gegenleistung für die grosse aufgewandte Zeit und Mühe bieten könnte!

In Ihren Bemerkungen haben Sie alle diejenigen Punkte richtig gestellt, wegen deren ich bei der Niederschrift des Artikels ein schlechtes Gewissen hatte. Die Sinn- und Vorzeichenbestimmungen hatte ich damals überhaupt nicht überlegt und wollte sie bei der Correctur hinzufügen. Durch Ihre Bemerkungen haben Sie mir diese Mühe abgenommen. Es ist wirklich erstaunlich, wie durch die Festsetzung über die entsprechenden Normalen alles eindeutig wird. Man kann sagen, dass die Figur den Schlüßel zu allen Vorzeichen der mathemat. Physik enthält.[3] (Man kann dabei hinweisen auf das Verhältnis von Drehsinn und Fortschreitungsrichtung einer Rechtsschraube oder auf das Verhältnis Drehsinn der Uhrzeiger und Richtung Zifferblatt → Uhrwerk).

Die Sinnbestimmung bei Grassmann habe ich der Grassmann'schen Arbeit selbst entnommen;[4] sie ist aber falsch, wie Sie bemerkt haben, und würde bei stetiger Drehung des Elementes ds' eine unstetige Änderung der Kraftrichtung (Sprung um π) ergeben. Ich schreibe das Grassmann'sche

---

[1] Brief (8 Seiten, lateinisch), *Haarlem, RANH, Lorentz, inv.nr. 74.*

[2] Lorentz hatte ihm kurz zuvor seine Bemerkungen zu dem Manuskript von [Reiff und Sommerfeld 1904] zugeschickt und am gleichen Tag nachgefragt, ob diese auch angekommen seien, *H. A. Lorentz an A. Sommerfeld, 24. Februar 1903. München, DM, Archiv HS 1977-28/A,208.* Die folgende Auseinandersetzung Sommerfelds mit diesem zunächst allein von Reiff verfaßten Artikel war vermutlich der Anlaß, als dessen Koautor einzuspringen und das Manuskript in vielen Punkten neu zu gestalten.

[3] Auslöser dieser Diskussion war die Regel für die Bestimmung der Kraftrichtung um einen stromdurchflossenen Leiter nach dem Ampèreschen Gesetz, vgl. [Reiff und Sommerfeld 1904, S. 9-10].

[4] Der 1877 verstorbene Hermann Günther Graßmann, Mathematiker und Lehrer in Stettin, hatte eine alternative Formulierung für das von ihm kritisierte Ampèresche Gesetz der gegenseitigen Kraftwirkungen stromdurchflossener Leiter gegeben [Graßmann 1845], vgl. insbesondere den Kommentar in [Graßmann 1902, S. 247-251]. Die nachfolgenden Bezeichnungen finden sich gleichlautend in [Reiff und Sommerfeld 1904, S. 20] und werden dort erklärt. In der nachstehenden Skizze entspricht r dem (unbeschrifteten) Abstand zwischen ds und ds'.

Gesetz jetzt so:

$$|\mathfrak{F}| = \frac{ii'\,dsds'}{2r^2}\,\sin(r, ds)\,\sin(n, ds')$$

(rechterhand alles positiv gerechnet), wo n diejenige Normale zur Ebene (r, ds) bedeutet, die dem Umlaufsinne von ds um ds' entspricht. Die
Richtung der Kraft steht senkrecht auf der Ebene (ds', n) d. h. liegt in
der Ebene $(r, ds]$ und hat denjenigen Sinn, welche[r]
der kleinsten Drehung entspricht, durch die ds' in n
dem Sinne nach übergeführt wird.

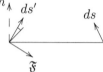

Die Bestimmung des Sinnes wird hinfällig nur
wenn die Richtung von ds' gleich der von n wird oder
wenn n selbst unbestimmt ist, d. h. wenn die Richtung
von $r =$ der von ds wird; dann aber verschwindet $\mathfrak{F}$.
Der Zusammenhang mit Ampère ist nun unmittelbar gegeben; führt man
nämlich den Vector der Direktrix dD ein, so ist

$$|dD| = \frac{ds\,\sin(r, ds)}{r^2}$$

und es hat dD Richtung und Sinn von n. Daher kann ich schreiben:

$$|\mathfrak{F}| = \frac{1}{2}ii'\,ds'\,|dD|\,\sin(dD, ds')$$

und $\mathfrak{F} = \frac{ii'}{2}\,[ds' \cdot dD]$.

Dass Grassmann bei der Sinnbestimmung einen Fehler gemacht hat, ist
sehr merkwürdig, da er wohl der erste war, der in der „Ausdehnungsleh-
re" über Rechts- und Linksschrauben etc tiefer nachgedacht hat. Übrigens
ist er in seinen Raumspeculationen ein wenig Mystiker, wie auch aus dem
Referate zu ersehen. Dass das Grassmann'sche Gesetz stark betont wird,
werden Sie billigen, da es wie mir scheint dasjenige ausspricht, was am
Ampère'schen Gesetz bleibenden Wert hat.

Ich habe die F. Neumann'schen Abh[an]dl[un]gen nochmals durchgesehen,[1] um festzustellen ob er Helmholtz bei der Energiebetrachtung anticipirt. Ich glaube nein. Die in dem Referat eingeschaltete Energiebetrachtung

---

[1] Franz Neumann hatte einheitliche Formulierungen für die zuvor isoliert betrachteten
Faradayschen Induktionsgesetze und die verschiedenen Gesetzmäßigkeiten bei elektrischen Strömen (Ohmsches Gesetz, Lenzsche Regel) aufgestellt [Neumann 1845], [Neu-
mann 1847].

ist nicht eigentlich aus Neumann entnommen. Ich habe daher hinzugefügt „wie später Helmholtz gezeigt hat".[1]

Man könnte vielleicht unterscheiden: elektrostatische und elektro*kinetische* Wirkungen[2] (um elektromotorisch zu vermeiden und die Antithese durch die Bezeichnung beßer zum Ausdruck zu bringen, als mit dem Wort induktorisch).

Um den (freilich nicht ganz stichhaltigen) Zusammenhang zwischen Clausius'schem und Vectorpotential zu rechtfertigen, wollte ich so sagen: Man erhält die Componente des Vectorpot. nach einer beliebigen Richtung, wenn man sich in dieser Richtung ein Teilchen e' so bewegt denkt, dass $e'v' = 1$. Die Analogie ist nur halb, weil 1) die zeitliche Ausbreitung bei Clausius fehlt und 2) das Vectorpotential auch auf ruhende Elektricität wirkt.

Ich beabsichtige noch eine Nr. über C. Neumann einzuschalten,[3] der eine höchst eigenartige zeitliche Ausbreitung hat, die ihn auf das Weber'sche Gesetz führt (eine Ausbreitung mit $\sqrt{2} \cdot c$ auf dem relativ veränderlichem Radiusvector r'.)

Endlich wegen der Ableitung der Kraft und Bewegung aus dem Potential. Damit haben Sie den Punkt berührt, dessentwegen ich ein besonders schlechtes Gewißen hatte. Ich habe inzwischen Einiges bei C. Neumann und Riemann darüber gelesen. (Clausius der die Sache auch berührt ist sich offenbar selbst nicht völlig klar darüber). Hiernach und auf Grund Ihrer Bemerkungen möchte ich jetzt so sagen:[4] Es sei irgend ein Potentialgesetz W für bewegte Elektricität gegeben, d. h. es sei, unter U das Coulomb'sche Potential verstanden:

$$T + U + W \text{ die gesamte Energie.}$$

---

[1] Durch das sog. „Neumannsche Potential", mit dem F. Neumann die elektrodynamische Wechselwirkung geschlossener Ströme aufeinander formulierte, wurde das Auftreten induzierter Ströme mit dem Begriff der mechanischen Arbeit in einen Zusammenhang gebracht. Den energetischen Aspekt hat jedoch erst Helmholtz thematisiert [Helmholtz 1854], vgl. [Reiff und Sommerfeld 1904, S. 29].

[2] Dies bezieht sich auf die von R. Clausius herrührende Zerlegung des Potentialausdrucks für die Wechselwirkung zweier Ströme als Summe eines statischen (Coulombschen) Bestandteils zweier Ladungen und eines dynamischen, von deren Geschwindigkeiten abhängigen Ausdrucks, dem „Clausiusschen Potential" [Clausius 1877, S. 85]. Die Sommerfeldsche Darstellung hierzu [Reiff und Sommerfeld 1904, S. 56-60] inspirierte Schwarzschild zur Einführung des „elektrokinetischen Potentials", vgl. Brief [77].

[3] Carl Neumann, Sohn von Franz Neumann, war 1868 bis 1911 Professor für Mathematik an der Universität Leipzig. Er hatte den Riemannschen Gedankengang einer zeitabhängigen Potentialtheorie weiterentwickelt [Neumann 1869], [Riemann 1867].

[4] Vgl. für das folgende [Reiff und Sommerfeld 1904, S. 47-50].

Wir verlangen dann nach Analogie mit der Mechanik oder auf Grund des allgemeinen Energiegesetzes dass

$$T + U + W = \text{const.} \tag{I}$$

Wir wollen weiter versuchen, ob wir die Analogie mit der Mechanik auch darin aufrechthalten können, dass wir die Bewegungsgleichungen nach dem Vorbilde der Gleichungen der Mechanik schreiben. Die allgemeinste Zusammenfassung derselben bilden die Variationsprincipe, z. B. das Princip von Lagrange (oder wie es auch fälschlich genannt wird von Hamilton)

$$\delta \int (T - U) dt = 0 \quad [\text{bei nicht-variirtem } t.]$$

Im vorliegenden Fall ist die geeignete Form dieses Principes erst zu suchen; jedenfalls muß sie so beschaffen sein, dass die Folgerungen der Gl (I) nicht widersprechen. Wir machen den Ansatz mit unbestimmten Vorzeichen:

$$\delta \int (T \mp U \pm W) dt = 0 \tag{II}$$

Die Variationsrechnung liefert in bekannter Weise:

$$\frac{d}{dt} \frac{\partial}{\partial \dot{x}} (T \mp U \pm W) = \frac{\partial}{\partial x} (T \mp U \pm W) \tag{III}$$

$$\text{u.s.w.}$$

Multiplicire dies Gleichungstripel mit $\dot{x}\,\dot{y}\,\dot{z}$ und beachte, dass

$$\dot{x} \frac{d}{dt} \frac{\partial}{\partial \dot{x}} (T \mp U \pm W) = \frac{d}{dt} \dot{x} \frac{\partial}{\partial \dot{x}} (T \mp U \pm W) - \ddot{x} \frac{\partial}{\partial \dot{x}} (T \mp U \pm W)$$

Man erhält durch Addition:

$$\begin{aligned}
\frac{d}{dt} \left\{ \left(\dot{x} \frac{\partial}{\partial \dot{x}} + \dot{y} \frac{\partial}{\partial \dot{y}} + \dot{z} \frac{\partial}{\partial \dot{z}} \right) (T \mp U \pm W) \right\} = \\
\left(\dot{x} \frac{\partial}{\partial \ddot{x}} + \cdots + \ddot{x} \frac{\partial}{\partial \dot{x}} + \cdots \right) (T \mp U \pm W)
\end{aligned} \tag{IV}$$

Die rechte Seite ist

$$\frac{d}{dt} (T \mp U \pm W),$$

die linke Seite wird, da T und W homogene Functionen 2ten, U eine homogene Function 0ten Grades von $\dot{x}\,\dot{y}\,\dot{z}$ ist:

$$2\frac{d}{dt}(T \pm W)$$

Mithin liefert Gl. (IV):

$$\frac{d}{dt}(T \pm U \pm W) = 0.$$

Soll dies dem Energiegesetz entsprechen, so muß beidemal das obere Vorzeichen gewählt werden. Dasselbe gilt von den vorangehenden Gleichungen (II) (III). Insbesondere liefert III mit Rücksicht auf die Bedeutung von T und U:

$$m\ddot{x} = X = -\frac{\partial U}{\partial x} + \left(\frac{\partial W}{\partial x} - \frac{d}{dt}\frac{\partial W}{\partial \dot{x}}\right) \tag{V}$$

u.s.w.

Das positive Vorzeichen von W in (II) lässt die Deutung zu, dass W als Bestandteil der kinetischen Energie aufgefasst werden darf.

Auch hier tritt die Willkür des Verfahrens, die Sie betonen, hervor. Sie wird dadurch gehoben, dass man 1) Erfüllung des Energiegesetzes und 2) möglichsten Anschluß an die Mechanik verlangt.

Um die Arbeit speciell der Kräfte elektrodynamischen Ursprungs bei einer virtuellen Bewegung $\delta x, \delta y, \delta z, \delta x', \delta y', \delta z'$ zweier Stromkreise (s) und (s') zu bestimmen, wobei i und i' fest gehalten wird, bilde nach (V)

$$\sum \left(X\delta x + \cdots + X'\delta x' + \cdots\right) = \sum \frac{\partial W}{\partial x}\delta x + \cdots - \sum \delta x \frac{d}{dt}\frac{\partial W}{\partial \dot{x}} + \cdots$$
$$+ \sum \frac{\partial W}{\partial x'}\delta x' + \cdots - \sum \delta x' \frac{d}{dt}\frac{\partial W}{\partial \dot{x}'} + \cdots \tag{VI}$$

Das Zeichen $\sum$ erstreckt sich auf die Combination irgend zweier elektrischer Teilchen des einen oder anderen Leiters. Die Variationen $\delta x, \ldots \delta x' \ldots$ sind ursprünglich gemeint als Verrückungen von Stellen des Stromleiter $(s), (s')$. Wir können uns aber auch denken, dass die an der betr. Stelle des Leiters vorhandenen Teilchen $\mathfrak{e}, \mathfrak{e}'$ diese Verrückungen $\delta x, \ldots \delta x', \ldots$ erhalten. Dadurch wird erreicht, dass von selbst der Bedingung festgehaltenen i oder i' genügt wird, weil alsdann genau dieselben Teilchen einen Querschnitt des variirten Leiters durchströmen, die den entsprechenden Querschnitt des ursprünglichen Leiters durchströmten. Gleichzeitig wird bei dieser Auffassung, wenn wir irgend ein bestimmtes Teilchen $\mathfrak{e}$ betrachten, $\delta x \ldots$ eine

Function von t, da das Teilchen beim Fortschreiten längs des Stromkreises zu Stellen kommt, die ein anderes δx.. haben und es wird $\frac{d}{dt}\delta x = \delta\dot{x}$.

Wir formen daraufhin in (VI) ähnlich wie oben um:

$$\sum \delta x \frac{d}{dt}\frac{\partial W}{\partial \dot{x}} + \cdots = \frac{d}{dt}\sum \delta x \frac{\partial W}{\partial \dot{x}} + \cdots - \sum \delta\dot{x}\frac{\partial W}{\partial \dot{x}} + \cdots$$

und erhalten statt VI:

$$\sum \left(X\delta x + \cdots + X'\delta x' + \cdots\right) =$$
$$\sum \left(\frac{\partial W}{\partial x}\delta x + \cdots + \frac{\partial W}{\partial \dot{x}}\delta\dot{x} + \cdots + \frac{\partial W}{\partial x'}\delta x' + \cdots + \frac{\partial W}{\partial \dot{x}'}\delta\dot{x}'\right)$$
$$- \frac{d}{dt}\sum \left(\delta x\frac{\partial W}{\partial \dot{x}} + \cdots + \delta x'\frac{\partial W}{\partial \dot{x}'} + \cdots\right)$$

Das letzte Glied verschwindet, weil die Elektr[onen]-Bewegung stationär ist, und es bleibt

$$\text{Virtuelle Arbeit} = \delta \sum W.$$

Die letzte und die halbe vorletzte Seite sind nur eine Repetition deßen, was Sie selbst geschrieben haben und könnten hier eigentlich fortgeblieben sein.

Nochmals sage ich Ihnen meinen allerherzlichsten Dank für Ihre grosse Güte. Die Privatvorlesung, die Sie mir in Ihren Bemerkungen gehalten haben, ist bei mir auf fruchtbaren Boden gefallen.–

In den letzten Wochen habe ich mich mit der Frage der Reibung in geschmierten Lagern von Maschinen beschäftigt und bin dabei zu Resultaten gekommen, die Sie vielleicht auch interessiren. Die Bewegung des Schmiermittels wird (ähnlich wie von Reynolds) als hydrodynamisches Problem untersucht.[1] Dabei zeigt sich, dass für *grosse* Geschwindigkeiten die Reibung proportional der Geschwindigkeit, unabhängig vom Druck wird, für *kleine* Geschwindigkeiten dagegen unabhängig von der Geschw. und proportional dem Druck, mit welchem die Welle in dem Lager ruht. Für kleine Geschwindigkeiten ergiebt sich also, auch vom Standpunkte der hydrodynamischen Theorie, das Gesetz, das von Coulomb für irgend zwei auf einander gleitende Körper aufgestellt und das gewöhnlich auf alle technischen Reibungsvorgänge, insbesondere auf den Vorgang der Lagerreibung angewandt worden ist. Es scheint die Möglichkeit vorzuliegen, die „trockene" Reibung (nach

[1] Vgl. die Briefe [54], [55] und [79]. Nach der experimentellen Prüfung seiner Theorie publizierte er sie in ausführlicher Form [Sommerfeld 1904i].

Coulomb) aus der „Flüssigkeitsreibung" (von Schmiermittel oder Luft) zu
erklären, trotzdem beide Gesetze scheinbar diametral entgegengesetzt sind.

Mit vielen Grüßen Ihr dankbar ergebener

A. Sommerfeld.

[77] *Von Karl Schwarzschild*[1]

Göttingen, den 29. III. 1903.

Lieber Sommerfeld!

Der Artikel über die elektrodynamischen Elementargesetze,[2] den ich in
Fahnen habe, ist vortrefflich geworden und ist mir, da ich in den letzten Wochen in der Elektrodynamik gesteckt habe, vom denkbar größtem Nutzen
gewesen. Heute finde ich einen Passus darin (Fahne 23),[3] nach welchem Sie
die folgende Bemerkung entweder gehabt haben oder derselben sehr nahe
gewesen sein müssen: Man kann die Elektronentheorie in folgender bündiger Weise aussprechen. Zur Berücksichtigung der elektrischen Wirkungen
ist unter das Integral des Hamilton'schen Prinzips die Summe über alle
elektrischen Ladungen e

$$\sum eL$$

einzusetzen, wobei:[4]

$$L = \int \frac{d\omega'}{r} \chi'(t - rV) \left[1 - v(t)v'(t - rV)\cos(vv')\right]$$

$d\omega'$ Raumelement

χ' Dichte der Elektrizität

v Geschwindigkeit im Aufpunkt

v' „   in $d\omega'$

Also genau das Clausius'sche Potential erweitert um das elektrostatische
unter Berücksichtigung der zeitlichen Ausbreitung.

---

[1] Brief (2 Seiten, deutsch), *München, DM, Archiv HS 1977-28/A,318.*

[2] [Reiff und Sommerfeld 1904].

[3] Vgl. Brief [76], Fußnote 2 auf Seite 217.

[4] In nachstehender Formel müßte es für die retardierte Zeit statt $t - rV$ heißen $t - r/v$,
wobei V die Lichtgeschwindigkeit bedeutet; derselbe Lapsus unterlief Schwarzschild in
seiner vorläufigen Publikation [Schwarzschild 1903d]. Später setzt Schwarzschild der
Einfachheit halber $V = 1$ [Schwarzschild 1903a].

Da ich in der Meinung, die Sache sei neu, bereits eine Notiz darüber an die physikalische Zeitschrift geschickt habe,[1] so wäre ich Ihnen sehr dankbar, wenn Sie mir umgehend mitteilen wollen, wie es damit steht. Ist es irgendwo bereits gedruckt, kommt es bei Lorentz und im betreffenden Enzyklopädieartikel vor?

Wie Klein sagte, kreiseln Sie nächstens wieder in Göttingen. Ich fürchte, Sie zu versäumen, da ich Mon[tag] frühe bis Freitag in München, Nordendstraße 7. sein werde, dann weiter 8–10 Tage in Badenbaden, Hotel de Russie.

Mit vielen Grüßen Ihr

K. Schwarzschild.

[78] *An Karl Schwarzschild*[2]

31. III. 03

Lieber Schwarzschild!

An Ihrer Formulirung der Elektronenth.[theorie] fühle ich mich ziemlich unschuldig. Was Lorentz betrifft, so hat er in der Correctur, die er auch erhielt, an meine Bemerkung auf F.[ahne] 23 ein Fragezeichen gemacht. Er fühlt sich also scheint es auch unschuldig. Was ich über Zusammenhang von Cl.[ausius]-'schen u. Vectorpot.[ential] meinte, habe ich in der zweiten Correctur etwas deutlicher gesagt. Es deckt sich aber auch hier nicht mit Ihrer präcisen Formulierung. Wenn Sie mir die Correctur Ihrer Note zuschicken laßen, kann ich vielleicht ein Citat darauf noch anbringen. Wenn Sie ein Gleiches thun, soll es mir recht sein.[3] Übrigens sollten Sie C. Neumann in den beifolgenden Bogen vergleichen.[4] In der 2ten Faßung ist der Art. wesentlich verbessert. Schade daß wir uns nicht sehen.

Ihr A. Sommerfeld.

---

[1] Die Arbeit [Schwarzschild 1903d] ist ebenfalls mit 29. März 1903 datiert.

[2] Postkarte (1 Seite, lateinisch), *Göttingen, NSUB, Schwarzschild.*

[3] In den beiden Arbeiten [Schwarzschild 1903d] und [Reiff und Sommerfeld 1904] wird nicht aufeinander verwiesen. Erst am Ende der ausführlichen Publikation [Schwarzschild 1903b, S. 140] steht in einer Fußnote, daß „Herr Sommerfeld die nahe Verwandschaft zwischen der Elektronentheorie und dem älteren Clausius'schen Potentialgesetz, sowie dem Grassmann'schen Elementargesetz" in dem besagten Encyklopädieartikel betont habe.

[4] Vgl. dazu den Abschnitt über Carl Neumann in [Reiff und Sommerfeld 1904, S. 51-55].

[79] *Von Ernst Becker*[1]

Witten, d. 3. IV. 03.

Sehr geehrter Herr Professor!

Leider kann ich mein Versprechen, Ihnen über meine Beobachtungen an Lokomotivachsen Mitteilung zu machen, erst heute
erfüllen, und zwar aus dem Grunde so spät, weil mir nicht soviel Beobachtungsmaterial zur Verfügung stand, als ich anfangs
erwartet hatte. Es e[r]wiesen sich nämlich die Lager der Tender-
achsen wegen ihrer eigenartigen Konstruktion von vornherein als
für die Untersuchung nicht geeignet: da sie die Achsschenkel nur
in 1/4 bis 1/3 ihres Umfanges umschliessen, so legen sie sich stets
voll und ganz an; aus dem Grunde ist die Ermittelung der Stelle,
wo der Druck am stärksten aufgetreten ist,[2] entweder sehr
erschwert, oder überhaupt nicht möglich. Ich war daher genötigt, meine Untersuchungen auf die Lager der
Laufachsen von Personen- u. Schnellzuglocomotiven
zu beschränken, die ihre Achsen halbkreisförmig umschliessen. Ich kann Ihnen nun zu meiner großen Freude mitteilen, daß die Praxis Ihre Theorie zu bestätigen
scheint, daß nämlich von 20 Lagern, die ich bisher untersuchte, 13 deutliche Spuren zeigten, daß die Achsen,
im Drehungssinne verlaufend, sich an ihre Lager legten, 4 trugen in der Mitte, bei zweien war die Ermitte-

lung infolge Heißlaufens der Achse unsicher und unbestimmt, während nur
in einem Fall ein Zurückbleiben der Achse, d. h. ein Anlegen derselben auf
der linken Seite der Mittelpunktsvertikalen V obiger Skizze, zu constatieren
war. Im allgemeinen muß man zufrieden sein, wenn man erkennen kann, ob
die Achse vor oder hinter der Mittelvertikale V getragen hat; Genauigkeit
und Güte der Arbeit beim Einpassen der Lager, ferner zwischen Achse und
Lager eindringende Schmutz- oder Sandteilchen, die sich an irgend einer
Stelle festsetzen und durch vermehrte Reibung oft dunkele Flecke erzeugen, verändern das Bild oft sehr und machen eine genaue Ermittelung der
Stelle, wo die Achse am engsten angelegen hat, oft unmöglich. Nichts desto
weniger glaube ich, daß das Resultat meiner Beobachtungen ein zufrieden-
stellendes ist, und daß auf jeden Fall damit *erwiesen ist, daß die Achse*

---

[1] Brief (4 Seiten, lateinisch), *München, DM, Archiv NL 89, 005.*

[2] Eine Folgerung der Sommerfeldschen Theorie besagte, daß der stärkste Abrieb im
Umdrehungssinn vor der Mittelpunktsvertikalen der Achse liegen sollte [Sommerfeld
1904i, S. 155].

nicht, wie bisher angenommen wurde, im Sinne der Drehungsrichtung zu-
rückbleibt. Leider bin ich nur bis zum 20. d. Monats hier thätig; bis dahin
werde ich die Sache noch weiter verfolgen und dann einen mir befreundeten
Collegen, der noch 5 Monate hier bleibt, bitten, daß er die Beobachtungen
fortsetzt.

Die Berechnung der Speichenbeanspruchungen bei Lokomotivachsen
habe ich bisher noch nicht durchgeführt, da die Direction auf den Bericht
hin, daß diese Arbeiten mehrere Wochen in Anspruch nehmen würden, von
vornherein darauf verzichtet hat. Doch hat diese Anregung, und vor allem
das Privatissimum, welches Sie mir gelesen haben, und wofür ich Ihnen
hierdurch nochmals bestens danke, das Gute gehabt, daß ich mich mit der
Theorie der kleinsten Formänderungsarbeit nach Föppl eingehend vertraut
gemacht habe.[1] Im übrigen hoffe ich, Ihnen bei meiner nächsten Anwesenheit in Aachen meine Aufzeichnungen über Lokomotivachsen vorlegen und
Ihnen darüber mündlich berichten zu können.

Mit freundlichem Gruß Ihr ergebener

Ernst Becker.

Sommerfelds Annäherung an die Technik fand auch Ausdruck in seiner Wahl als Vor-
standsmitglied des VDI. Sebastian Finsterwalder gratulierte:[2] „Ihre Wahl in den Vorstand des Ingenieurvereins begrüsse ich im Interesse der Sache sehr. Auch hier spüren
wir von der früheren Mathematikerhetze, die übrigens gar nicht weitere Kreise berührt
hat, nichts weiter mehr als eine gewisse Widerborstigkeit der Studenten bei schwieri-
geren Kapiteln der Mathematik. Ihrem Kreiselbuch III will ich einen Teil der Ferien
widmen". Wegen des Kreiselkompasses wandte sich der Göttinger Privatdozent der Philosophie Narziß Ach an Sommerfeld:[3] „Bereits seit längerer Zeit beschäftige ich mich mit
dem Problem des Ersatzes der Magnetnadel als Kompaß. Ich habe nun bereits geeignete
elektrisch angetriebene Gyroskope anfertigen lassen, und bin ich ganz bereit, bei Ihrem
gelegentlichen Hiersein Ihnen dieselben vorzuführen. Eine neue Einrichtung, die ich eben
ausführen lasse, dürfte wohl geeignet sein, uns der Lösung der Aufgabe nahe zu bringen,
da bei dieser Construction die Reibung völlig ausgeschaltet ist. Nach Unterredungen mit
Herrn Geheimrat Klein, welcher mich auf das 3. Heft Ihrer Theorie des Kreisels aufmerksam gemacht hat, möchte ich Sie fragen, ob Sie mir nicht einige Litteraturangaben
übermitteln können, welche sich speciell auf die vorliegende Frage beziehen."
Sommerfeld ließ sich von den mannigfachen Anregungen zu einer weiteren Vertiefung in
technische Probleme aber nicht abhalten, der Physik wieder verstärkte Aufmerksamkeit
zuzuwenden. Sein besonderes Interesse galt der Elektronentheorie:[4] „Von Klein höre

---

[1] Vgl. [Föppl 1914, S. 63-71].

[2] *S. Finsterwalder an A. Sommerfeld, 21. Dezember 1903. München, DM, Archiv NL
89, 008.*

[3] *N. Ach an A. Sommerfeld, 6. Januar 1904. München, DM, Archiv HS 1977-28/A,2.*
Zum Kreiselkompaß vgl. [Broelmann in Vorbereitung].

[4] *A. Sommerfeld an K. Schwarzschild, 10. Januar 1904. Göttingen, NSUB, Schwarzschild.*

ich, dass Sie eine Elektronenarbeit inspirirt haben", schrieb er an Schwarzschild. „Ich bitte Sie mir dieselbe möglichst bald, vielleicht schon in der Correktur zukommen zu laßen, da ich augenblicklich mit Volldampf an der allgemeinen beschleunigten Bewegung des Elektrons arbeite." Bei der von Schwarzschild angeregten Arbeit handelte es sich um die Theorie von Gustav Herglotz, der – wie Sommerfeld später hervorhob – „in einer außerordentlich eindringenden Arbeit" gezeigt hatte, daß in der Elektronentheorie neben der gewöhnlichen kräftefreien „Galilei'schen" Trägheitsbewegung auch kräftefreie Schwingungen verschiedenster Art möglich seien.[1]

[80] *An Karl Schwarzschild*[2]

Aachen 30. I [1904][3]

Lieber Schwarzschild!

Schönsten Dank für die Herglotz'sche Correktur.[4] Ich habe mich bisher nur überzeugt, dass die Arbeit grundverschieden ist von dem was ich habe, und möchte mich vorläufig nicht beeinflussen laßen. Ich habe eine Zauberformel, durch die ich das Feld bei *beliebiger* geradl.[iniger] Bewegung eines Elektrons bestimme, u. zw. streng u. sehr einfach. Ich habe alle bekannten Resultate über Elektronen daraus abgeleitet. Über Schwingungsvorgänge weiss ich aber noch nichts. Mein Elektron ist eine Kugel von beliebigem Radius. Ich schicke nächstens etwas für die Gött. Nachr.[5]

Ihr A. Sommerfeld.

[81] *An Wilhelm Wien*[6]

Aachen 18. II. 04

Lieber Herr College!

Soeben habe ich Ihre sehr interessante Arbeit über die Röntgen-Energie gelesen, wozu ich als Redaktions-Commißion wohl das Recht hatte.[7] Darf

---

[1] [Herglotz 1903] und [Sommerfeld 1904e, S. 367].

[2] Postkarte (1 Seite, lateinisch), *Göttingen, NSUB, Schwarzschild*.

[3] Poststempel.

[4] [Herglotz 1903].

[5] [Sommerfeld 1904d] wurde am 5. März 1904 der Göttinger Gesellschaft der Wissenschaften vorgelegt. Die „Zauberformel" ist vermutlich ein Ausdruck für das Potential eines Elektrons mit gleichförmiger Oberflächen- bzw. Volumenladung (Formeln (17), (18) bzw. (21), (22) obiger Arbeit), aus dem sich als erste Näherung in großem Abstand vom Elektron die retardierten Liénard-Wiechertschen Potentiale ergeben.

[6] Brief (10 Seiten, lateinisch), *München, DM, Archiv NL 56, 010*.

[7] Sommerfeld redigierte eine Festschrift für Adolf Wüllner, der an der TH Aachen Experimentalphysik gelehrt hatte und 1905 seinen 70. Geburtstag feierte. W. Wien, von

ich Ihnen einige Bemerkungen dazu machen? Ich glaube, daß Sie durch deren Berücksichtigung einige kleine Unklarheiten und Unsauberkeiten leicht vermeiden können.

1) Das von Ihnen S. 9 Gemeßene ist wohl eigentlich[1]

$$\frac{E_r}{E_k - E_r} \quad \text{nicht} \quad \frac{E_r}{E_k},$$

weil die von den Kathodenstrahlen erzeugte Wärme *vermehrt* um die Energie der Röntgenstrahlen erst die ganze Kathodenstrahl-Energie ausmacht. Im Übrigen berechtigt natürlich Ihr Ergebnis $9, 17 \cdot 10^{-4}$ sofort sofort dazu, E_r neben E_k zu vernachlässigen. Ich vermisse nur einen Hinweis der implicite gemachten Vernachlässigung.

2) Die Kleinheit von E_r/E_k war mir von dem grössten Intereße. Vielleicht wären Bemerkungen der folgenden Art am Platze: Wenn $E_r = E_k$ wäre, so würde die Arbeit beim Stoppen des Elektrons 0. Keine Wärme würde entwickelt und Impulsbreite wäre $= 2a$ (Elektr.-Durchmeßer). Theoretisch wäre die Energie der Röntgenstrahlen dann durch die mitgeführte Energie des β-Strahls zu berechnen $= \frac{m}{2}v^2$, wo m die energetische Maße des Elektrons, die der „transversalen" und „longitudinalen" bei großen Geschwindigkeiten verschieden, bei kleinen aber wesentlich damit identisch wird.[2] Je kleiner E_r gegen E_k, um so mehr Erwärmung an der Antikathode, um so größere Impulsbreite.

3) S. 15 wird ähnlich wie ad 1) von vornherein J_s gegen J_r und E_s gegen E_r vernachlässigt, was durch das Resultat gerechtfertigt wird.[3]

4). S. 19. Beim Übergang von der Abraham'schen zu der Formel in rationellen Einheiten muß 4π in den *Nenner* kommen. Es muß also heissen:[4]

$$\frac{e^2 \, v^3}{12 \, \pi \, c^3 \, \kappa^6 \, \lambda}$$

1896 bis 1899 in Aachen Wüllners Kollege, verfaßte dafür einen Artikel über die Energie der Röntgenstrahlen [Wien 1905c]. Die Wiensche Vorstellung über Röntgenstrahlen wird eingehend erörtert in [Wheaton 1983, S. 110-113].

[1] E_k und E_r bedeuten die Energie der Kathodenstrahlen bzw. der davon ausgelösten Röntgenstrahlen; Wien trug dem von Sommerfeld beanstandeten Kritikpunkt durch einen Zusatz Rechnung, vgl. [Wien 1905c, S. 5].

[2] Zum Begriff der „transversalen" und „longitudinalen" Masse des Elektrons siehe [Abraham 1903a, S. 148-153].

[3] J_r und J_s bedeuten die Intensität der Röntgenstrahlen pro Flächeneinheit bzw. die Intensität der davon ausgelösten Sekundärstrahlen, E_s die Energie der Sekundärstrahlen, vgl. [Wien 1905c, S. 8-10].

[4] Es bedeuten: e Elektronenladung, v Elektronengeschwindigkeit, c Lichtgeschwindigkeit, $\kappa = 1 - v^2/c^2$, λ = Impulsbreite, vgl. [Wien 1905c, S. 11-13].

Bei der nächsten Formel ist die 2 irrtümlich, es muß statt 2 heissen 1, wenn gewöhnliche Einheiten, $1/4\pi$, wenn rationelle gemeint sind. S. 20 muß in der ersten Formel statt 8π entweder 2 stehen (gewöhnl. Einheiten) oder $2/4\pi$ (rationelle). Die folgende Rechnung, die Sie offenbar in gewöhnlichen Einheiten ausgeführt haben, ist aber richtig. Ich bekomme denselben Zahlenwert $l = 1,23 \cdot 10^{-10}$ cm wie Sie.[1]

5). Ich würde die Formel $b = 2\,l\,\frac{c}{v}$ genauer ersetzen durch

$$b = l\left(1 + 2\frac{c}{v}\right)$$

und ich würde die Ableitung hinzufügen. (Übrigens habe ich seinerzeit die Impulsbreite λ genannt, um die Analogie zu der Wellenlänge hervortreten zu laßen, was eigentlich hübscher ist).[2] Die Ableitung lautet doch wohl so: Das Elektr. fängt sich in A zu verzögern an und kommt in B zur Ruhe. In A wird die Front des Impulses ausgesandt, in B die Rückseite. Zur gleichmässigen Verzögerung von v auf 0 wird die Zeit $2l/v$ erforderlich. In dieser Zeit pflanzt sich die Front von A nach C fort, um $c\frac{2l}{v}$. Daher ist die Impulsbreite $= CB = l\left(2\frac{c}{v} + 1\right)$.

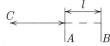

Diese Correktion bewirkt eine Vergrößerung der Impulsbreite im Verhältnis $5:4$. Wenn ich für e den Planck'schen Wert $4,7 \cdot 10^{-10}$ (Ann. 9 1902 p. 641) nehme, statt des Thomson'schen $3,4 \cdot 10^{-10}$,[3] so vergrößert sich die Impulsbreite weiter im Verhältnis $4:3$

6). Der Zahlenwert für die Geschwindigkeit beträgt $1,48 \cdot 10^{10}$ = ca. $\frac{1}{2}c$. (Ich habe ihn übrigens nicht recht verificiren können, was aber meine Schuld ist; es ist ja eine sehr bekannte Beziehung ($v = \sqrt{2\frac{e}{m} \cdot \text{Spannung}??}$)) Bei $v = \frac{1}{2}c$ ist e/m nicht mehr recht constant, also wären eigentlich noch ein oder 2 Correctionsglieder der Reihenentwickelung für m zu berücksichtigen.

6). [Sic] S. 21. Ich berechne aus den Beugungsbeobachtungen von Haga und Wind für die Impulsbreite[4] $0,13\,\mu\mu = 1,3 \cdot 10^{-8}$ cm.*

---

[1] l ist die Länge der Strecke, auf der das Elektron von seiner Anfangsgeschwindigkeit v_0 auf $v = 0$ abgebremst wird.

[2] Senkrecht zur Bewegungsrichtung des Elektrons gilt $\lambda = 2l\frac{c}{v}$; die mit b bezeichnete Größe entspricht der Impulsbreite in der der Bewegungsrichtung entgegengesetzten Richtung. Wien folgte Sommerfelds Empfehlung und gab eine kurze Ableitung für den allgemeinen Zusammenhang zwischen der Impulsbreite und Abbremsung der Kathodenstrahlen, vgl. [Wien 1905c, S. 13] und [Sommerfeld 1901, S. 49].

[3] Planck leitet in [Planck 1902a] den Wert von e aus seinem Strahlungsgesetz ab. Der Thomsonscher Wert findet sich in [Thomson 1904, S. 49] und wurde allgemein verwendet; er beruhte auf Messungen geladener Nebeltröpfchen.

[4] [Sommerfeld 1901, S. 93].

Ihr Wert ist 26 mal so klein; wenn Sie aber die obigen Correctionen $\frac{5}{4} \cdot \frac{4}{3}$ acceptiren, wird er nur 16 mal so klein. Nun ist zu beachten, daß die Beugungsbeobachtungen die Wirkung der breitesten Impulse vorwiegen laßen. Das Röntgenbündel ist doch wahrscheinlich sehr inhomogen, wie auch das erzeugende Kathodenbündel. Die kürzeren Impulse geben keinen merklichen Beitrag zum Beugungsbild. Deshalb *muß* Ihr Wert, der einer mittleren Breite entspricht, unter meinem Werte liegen. Übrigens haben auch Haga u. Wind neben der „Wellenlänge" von der Ordnung $1,3 \cdot 10^{-8}$ bereits weit kleinere berechnet, aus den wiederholten Verbreiterungen am unteren Ende des Spaltes.[1] Ich habe mich damals auf die grösste Impulsbreite beschränkt, habe aber p. 94 auf die mögliche Inhomogenität hingewiesen. Ich würde mich sehr freuen, wenn Sie den Schluß Ihrer Arbeit mehr in eine Bestätigung (der Größenordn[un]g nach) von Haga–Wind–Sommerfeld wie in einen Widerspruch ausklingen laßen würden.[2] Ich glaube, daß dies mehr der Natur der Sache entspricht.

7). Es scheint mir, daß Sie sich eine besonders interessante Schlußfolgerung entgehen laßen auf die Grösse des Elektronenradius a. Nehmen wir (in gewöhnlichen Einheiten)

$$E_r = \frac{e^2\, v^3}{3\, c^3\, \kappa^6 l}$$

$$E_k = \frac{m}{2}v^2 = \frac{1}{3}\frac{e^2}{a}\left(\frac{v^2}{c^2} + \cdots\right)$$

(z. B. Oberflächenladung; die nicht hingeschriebenen Glieder kommen erst bei großem v in Betracht) so wird

$$\frac{E_r}{E_k} = \frac{v}{c\kappa^6}\frac{a}{l} = \text{rund } \frac{32}{27}\frac{a}{l},\ \frac{a}{l} = 1,1 \cdot 10^{-3},$$

also mit Ihrem l:

$$a = 1,3 \cdot 10^{-13},$$

was recht einleuchtend ist.

---

[1] Wind nannte als Ergebnis seiner mit Haga unternommenen Beugungsversuche auf der Naturforscherversammlung 1900 in Aachen „Werte zwischen etwa $^1/_4$ bis $^1/_{100}\,\mu\mu$, welche wir in rohester Annäherung als Wellenlängen der Röntgenstrahlen hergeleitet haben" [Wind 1901, S. 292].

[2] Wien fügte zur Erklärung der Diskrepanz am Ende seiner Arbeit hinzu, „daß die große Abweichung vielleicht auf die Inhomogenität der Strahlen zurückzuführen ist" [Wien 1905c, S. 14].

Indem ich dies schreibe, sehe ich allerdings ein, daß damit eigentlich nichts Neues gewonnen ist; denn Ihre Bestimmung von l setzt die Kenntnis von e voraus, die schon allein zur Bestimmung von a genügt. Trotzdem ist vielleicht die Hervorhebung des Verhältnißes $a:l$ von Intereße, weil man hierdurch ein Urteil über die Langsamkeit der Verzögerung gewinnt. Hierdurch wird nachträglich die Berechtigung der Formel für E_r erwiesen. Diese Formel rührt übrigens nach Abraham selbst nicht von Abraham her sondern von Larmor, vgl. Lorentz Encykl. V, p. 187 (dort sehen Sie auch die Berechtigung meiner Bemerkung über rationelle Einheiten. Die Larmor'sche Formel unterscheidet sich von Ihrer allerdings um $\kappa^6 = $ ca. $1/2$.)[1]

Vielleicht schreiben Sie mir eine Karte, ob Sie es vorziehen, meine Bemerkungen, soweit Sie sie zutreffend finden, in der Correktur zu berücksichtigen, oder ob Sie das Ms. noch einmal haben wollen. Im letzteren Falle bitten wir Sie, das Ms. dann direkt an Teubner** zu schicken, um Zeitverlust zu vermeiden. Das Vorstehende habe ich natürlich nicht als „Redakteur" geschrieben, als welcher ich Ihre Arbeit unbesehen gedruckt hätte, sondern nur als „Elektroniker".

Ich habe in letzter Zeit hauptsächlich über die Paschen'schen γ-Strahlen nachgedacht.[2]

Ihre Arbeit wird als Nr 1 u. Renomirstück der Wüllner-Festschrift gedruckt.

Mit herzl. Gruß
Ihr ergebenster A. Sommerfeld.

* Ztschr. f. Math. u. Phys. 46 (1901) p. 93. Phys. Ztschr. 2 Nr. 4, pag. 59.

** Leipzig, Poststr. 3.

[82] *An Hendrik A. Lorentz*[3]

Aachen 29. V. 04.

Verehrter Herr Professor!

Zunächst möchte ich den Dank, den Sie mir in Ihrem Briefe aussprachen, Ihnen ganz zurückgeben. Sie haben mir bei Ihrem und auch bei den früheren Encyklopädie-Artikeln so ausserordentlich viel Freundlichkeit erwiesen und

---

[1] Vgl. [Lorentz 1904b, S. 187] und [Larmor 1897].
[2] Siehe Brief [85].
[3] Brief (4 Seiten, lateinisch), *Haarlem, RANH, Lorentz inv.nr. 74.*

mir soviel Belehrung zu teil werden laßen, daß ich mich in jeder Hinsicht als Ihr Schuldner fühle.

Ich habe mir erlaubt, Ihnen die Correktur einer kleinen Anzeige zugehen zu laßen, die ich verabred[et]er Maßen für die physikalische Zeitschrift verfasst habe.[1] Wenn Sie darin irgend etwas zuzusetzen oder zu verändern wünschen, wird es mir sehr lieb sein; ich darf wohl in einigen Tagen auf die ev. corrigirten Bogen rechnen. (Natürlich mache ich die formalen Correkturen selbst, und bitte Sie, die Sache nur dem Sinne nach zu lesen, soweit es auf Ihre Art. Bezug hat.[)]

Was meine Elektronennote betrifft,[2] so ist diese natürlich nur das Präludium zu weiteren Folgerungen. Ich habe auf Grund der dort gegebenen Felddarstellung die für eine beliebige Bewegung erforderliche Kraft berechnen können, und dabei nicht nur die (verhältnismässig auf der Oberfläche liegenden) Resultate von Abraham auf anderem Wege wiedergefunden und für den Fall nicht-quasistationärer Bewegung verallgemeinert, sondern auch die höchst merkwürdigen Resultate von Herglotz (Gött. Nachr. 1904).[3] Dieser untersucht die kleinen Schwingungen des Elektrons und findet z. B. für geradlinige, cirkulare sowie Drehschwingungen je unendlich viele Möglichkeiten, ohne daß eine äußere Kraft dabei thätig ist. Er ist mir damit zuvorgekommen. Ich denke aber, daß ich die Sache allgemeiner und einfacher werde faßen können. Die Spektrallinien sind zwar keineswegs damit erklärt, aber es ist doch eine gewisse Analogie dazu gewonnen.

Ich habe in den Pfingstferien eine Radtour nach Würzburg zu W. Wien gemacht und mit ihm ausgiebig über Elektronen geplaudert. Wir hätten Sie gerne in manchen Fragen als Schiedsrichter bei uns gehabt.

In aufrichtiger Verehrung
Ihr A. Sommerfeld.

[83] *An Karl Schwarzschild*[4]

Aachen 12. VI. 04

Lieber Schwarzschild!

Hier hat sich Dr. Wieghardt zur Habilitation gemeldet.[5] Seine Arbeit

---

[1] [Sommerfeld 1904g] gibt einen Überblick über die bisher erschienen Hefte des Physikbandes der *Encyklopädie*.

[2] [Sommerfeld 1904d].

[3] Vgl. [Sommerfeld 1904e, S. 367 und 406] sowie [Abraham 1903a] und [Herglotz 1903].

[4] Brief (4 Seiten, lateinisch), *Göttingen, NSUB, Schwarzschild*.

[5] Karl Wieghardt hatte 1903 bei F. Klein promoviert; am 26. Juli 1904 habilitierte er

ist sehr schön aber hochtheoretisch u. ohne rechten technischen Geist. Sie kennen ihn glaube ich aus dem Klein'schen Seminar. Was halten Sie von ihm. Klein lobt ihn. Können Sie ihn mir empfehlen namentlich nach folgenden Richtungen? 1) Hat er Sinn für die Wirklichkeit, so dass er bereit ist, auch weniger elegante Entwickelungen, wenn sie der Wirklichkeit entsprechen, schematisch-unwirklichen Untersuchungen vorzuziehn? 2) Hat er ausdauernde Arbeitskraft? 3) Hat er Sinn für das Experiment? Weiß er die Wichtigkeit desselben hochzuhalten? – Daß er eigenes Licht hat u. nicht nur das des Centralgestirns Klein wiederspiegelt, möchte ich nach seiner Habil-Arbeit annehmen. Wegen seines naturwissenschaftl.-techn. Geistes aber habe ich Bedenken; dieser scheint mir etwas von mathematisch-formalen Intereßen überwuchert.

Ihre famose Gratulation zu unserem Jüngsten[1] war nicht mehr ganz zeitgemäß, da die „gerade Bahn", auf der er voranschreiten sollte, sich bei meinen Elektronen bereits in eine beliebige krumme Bahn umgewandelt hatte. Leider bin ich noch immer nicht dazu gekommen, Note II abzuschließen.[2] Hier wird es erst Ernst, indem ich sowohl die Abrahamschen wie die Herglotz'schen Resultate daselbst auf ganz neuem Wege wiederfinde und verallgemeinere. Herglotz scheint ein ganz ausgezeichneter Mensch zu sein.

Herr Buchholz,[3] der Sie neulich ankontrahirte, ist ein ganz dummes Luder; behandeln Sie ihn nicht zu gut. Er will sich nur etwas aufspielen.

Herzl. Gruß u. Bitte um baldige Antwort
Ihr A. Sommerfeld

[84] *An Carl Runge*[4]

Aachen 12. VI. 04.

Lieber Runge!

Sie haben vielleicht gehört dass Mangoldt als Rektor nach Danzig geht.[5] Wir stehen also vor der Frage der Nachfolge. Wenn ich dabei meine Augen zu Ihnen zu erheben wage, so geschieht es mit einigem Zagen. Es

---

sich für Mechanik einschließlich graphische Statik. Bis 1906 blieb er Privatdozent an der TH Aachen und wurde dann als Extraordinarius an die TH Braunschweig berufen.

[1] Am 15. Februar 1904 war Arnold Lorenz Sommerfeld zur Welt gekommen.

[2] [Sommerfeld 1904e] wurde der Göttinger Akademie am 23. Juli 1904 vorgelegt.

[3] Möglicherweise der Hallenser Privatdozent der Astronomie Hugo Buchholz.

[4] Brief (4 Seiten, lateinisch), *München, DM, Archiv HS 1976-31.*

[5] Hans von Mangoldt, seit 1886 an der TH Aachen ordentlicher Professor der Mathematik, wurde 1904 als Ordinarius für Mathematik an die TH Danzig berufen.

ist eine Zumutung, daß Sie die blühendere Hochschule mit der kleineren vertauschen sollen, daß Sie Ihr schönes Haus aufgeben sollen etc. Andrerseits giebt es auch Manches, was in Ihrem Sinn für Aachen sprechen wird: Die Anwesenheit Ihrer Schwester,[1] das schöne Land, das Intereße an den anderen Verhältnißen u. Collegen – die Hannover'schen glaube ich kennen Sie hinreichend – außerdem sage ich mir: wenn Ihnen auch nur 1/10 soviel daran gelegen sein wird mit mir zusammen zu wirken, wie mir mit Ihnen, so kann das immer noch ins Gewicht fallen.

Die Sache wird schliesslich eine Geldfrage sein, ob der Minister Ihre Anforderungen befriedigen kann und ob Sie für Aachen höhere Anforderungen stellen würden wie für Hannover. Mehr als 6 000 M wird d. Minister wohl nicht hergeben. Ich bin überzeugt, dass wenn wir Sie haben können, wir uns alle sofort auf Ihre Candidatur vereinigen würden. Vorläufig haben wir in der Abteilung noch keine Vorbesprechung gehabt; diese findet Mittwoch vormittag statt. Ich möchte natürlich nicht, dass wir Vorschläge machen, die sofort in den großen Papierkorb des Cultusministeriums wandern. Deshalb bitte ich Sie sehr, mir recht bald mitzuteilen, ob Sie Lust haben würden zu kommen u. ob Sie nicht zu teuer sind, womöglich so, daß ich eine – natürlich unverbindliche – Nachricht schon bis Mittwoch früh habe.[2]

Ich stecke tief in der Elektronenth.[eorie] drin und habe eine neue Methode, um die kräftefreien Elektronenschwingungen von Herglotz zu behandeln. Sie werfen einiges vorläufiges Licht auf die Spektrallinien.[3] Möge Ihnen auch dieses ein Lockmittel für Aachen sein. Sie werden übrigens an Hagenbach (dem neuen Wien)[4] einen guten experim.[entellen] Mitarbeiter in Spektrallinien finden.

Herzlich Ihr A. Sommerfeld.

[85] *Von Friedrich Paschen*[5]

Tübingen 9. 10. [1904][6]

Hochgeehrter Herr College.

Nochmals besten Dank für Ihren ausführlichen Brief und Ihre Post-

---

[1] Vermutlich Runges jüngste Schwester Lily Trefftz, vgl. [Runge 1949, S. 139].

[2] Nachfolger Mangoldts wurde auf Betreiben Sommerfelds 1905 Otto Blumenthal.

[3] Vgl. [Sommerfeld 1904e, S. 436].

[4] August Hagenbach trat 1904 die Nachfolge von Max Wien als Dozent für Physik an.

[5] Brief (4 Seiten, deutsch), *München, DM, Archiv HS 1977-28/A,253.*

[6] Das Jahr ergibt sich aus den 1904 durchgeführten γ-Strahlenversuchen von Paschen und seinen weiteren Briefen, etwa Brief [87]. Vgl. auch [Wheaton 1983, S. 61-65].

karte. Meine Versuche mit dem Platinkeil sind noch nicht beendet.[1] Sie
sind zweierlei Art. Erstens handelt es sich um die von Ihnen auf der Karte
skizzirte Anordnung. Dabei erscheinen die γ[-]Strahlen bei der Anordnung
[Skizze links] schneller, als bei der Anordnung
mit horizontalem Radiumröhrchen [Skizze rechts].
Zweitens handelt es sich um Versuche, bei denen
die Entfernung der photographischen Platte von
dem Röhrchen geändert wird, welch letzteres entweder horizontal oder vertikal steht. Diese Versu-
che setze ich augenblicklich fort. Sobald ich ein definitives Resultat habe,
theile ich Ihnen dieses mit. Vorläufig erscheinen stets die Strahlen schneller, welche in der Richtung der Axe des Radium-Röhrchens austreten. Es
scheint mir aber außerdem auch, daß diese Strahlen nahe beim Radium
noch schneller sind, als weiter fort. Ich glaube, daß ich Ihnen die betreffenden Photographien gezeigt habe. Da diese Sache von Wichtigkeit zu sein
scheint, bin ich dabei, sie mit größter Sorgfalt zu studiren. Sollte eine Ver-
langsamung mit der Entfernung vom Radium eintreten, so würde das sehr
fein für die Theorie sein. Denn dann wäre es vielleicht möglich, daß die
Strahlen in einiger Entfernung doch noch magnetisch ablenkbar würden.
Bis zu einem Meter würde man sie mit einigen Kunstgriffen schon beobachten können.

Zu Ihrer interessanten letzten Rechnung, welche anknüpft an die Hypothese, daß zur Erzeugung der α- und γ-Strahlen der gleiche Impuls wirksam
ist,[2] möchte ich noch folgende Möglichkeit anführen: Es werden durch den
Stoß im Atom einerseits α-Strahlen, andererseits β-Strahlen einer gewissen
Geschwindigkeit erzeugt, sodaß der „Impuls" beider Arten von Strahlen und
zugleich die Anzahl positiver und negativer Quanten gleich ist.* Wenn man
nun annimmt, daß in dem Radium an vereinzelten Stellen, nämlich dort,
wo gerade ein Electron frei ist, hohe electrische Felder vorhanden sind, so
werden an diesen Stellen die hier gerade hindurch fliegenden Electronen
beschleunigt oder verzögert. Die beschleunigten sind die γ-Strahlen, die
verzögerten β-Strahlen. Nur wenn ein Electron ein solches Feld so trifft,

---

[1] Vgl. *F. Paschen an A. Sommerfeld, 23. Oktober 1904. München, DM, Archiv HS 1977-
28/A,253*. Die Ergebnisse wurden nicht publiziert. In früheren Versuchen benutzte
Paschen verschieden dicke Platinbleche, um die darin von den β- und γ-Strahlen des
Radiums ausgelöste Sekundärstrahlung zu beobachten.

[2] Sommerfeld hat darüber nichts veröffentlicht, vgl. aber seine Spekulationen über „eine
Art Modell für eine mögliche Konstitution des Radiumatoms", wonach sich die „β-
Bequerelstrahlen" möglicherweise als fortgeschleuderte Elektronen des Radiumatoms
deuten ließen [Sommerfeld 1905b, S. 426].

daß es einigermaßen parallel seinen Kraftlinien (aber entgegengesetzt gerichtet) hindurch fliegt kann es ein γ-Electron werden. Andererseits werden sehr viele der ursprünglichen Electronen in anderer Richtung an diesem Felde vorbeifliegen und dabei von ihrer ursprünglichen Richtung abgelenkt und verzögert werden können. So ungefähr könnte man sich vorstellen, wie viele β-Electronen und nur verhältnismäßig wenig γ-Electronen heraustreten. Haben die Strahlen längere Schichten Radium zu durchstreichen, so wächst die Möglichkeit, daß ein Electron durch mehrere Felder nacheinander beschleunigt wird. So ungefähr schwebt mir vor, könnte mein oben erwähnter Versuch möglicherweise verstanden werden. Auch würde dann eine Radiumschicht sehr kleiner Dicke senkrecht zu ihrer Fläche Strahlen aussenden müssen, welche weniger geändert sind, als die Strahlen einer dicken Schicht. Das ließe sich wiederum prüfen. Für die nach dieser Hypothese ursprünglich entstandenen β-Strahlen müßte e/m ungefähr von der Größenordnung 10^5 sein.[1]

Die Versuche schreiten leider nur sehr langsam voran, weil jede Photographie 12 Stunden währt. Zu dem magnetischen Ablenkungsversuch hoffe ich in diesem Winter noch zu kommen.[2] Es fehlen mir dazu vor Allem noch die Vacuum-Glasgefäße, welche seit 4 Monaten bestellt sind.

Mit bestem Gruß
Ihr ergebenster F. Paschen.

* Dies letztere muß man wohl annehmen, da sonst eine Aufladung des Radiums mit einer Electricitätsart Statt finden muß, bis solch Zustand eintritt, bei dem gleichviel + und − Electricität entweicht.

[86] *Von Max Abraham*[3]

14. 10. 04.

Lieber Herr College!

Für die Zusendung der Correcturen Ihrer höchst interessanten Arbeit danke ich Ihnen bestens; jetzt erst ist mir auch die erste Mitteilung über das Feld verständlich geworden;[4] die Zerlegung der Dichteverteilung in harmonisch veränderliche wird in der That für Ihre Methode wesentlich. In Ihren

---

[1] Zu den verschiedenen Meßergebnissen bzw. Abschätzungen der spezifischen Ladung e/m bei den β- und γ-Strahlen des Radiums siehe [Paschen 1904c].

[2] Paschen hat darüber nichts publiziert.

[3] Brief (4 Seiten, lateinisch), *München, DM, Archiv HS 1977-28/A,1.*

[4] In der ersten Arbeit [Sommerfeld 1904d] sind allgemeine Formeln für das skalare Poten-

Formeln steckt in der That Alles darin, obwohl es im einzelnen Fall große
Mühe macht, das Resultat herauszuschälen. Für die einfachen Fälle, die
ich seinerzeit behandelt habe, führt doch die von mir angewandte Methode
einfacher zum Ziele. Es ist aber ohne Zweifel nützlich und notwendig, die
verschiedensten Wege zu verfolgen, und zu sehen, wie weit sie führen. Ich
habe daher auch P. Hertz geraten, zu versuchen, ob er mit seiner Methode
noch weiter kommt.[1] Er wird, wenn dieses der Fall ist, nicht unterlassen,
Ihnen Mitteilung zu machen.

Am meisten haben mich die Ergebnisse betreffend Überlichtgeschwindigkeit interessiert.[2] Ich habe auf elementarem Wege für den Grenzfall
$\beta = \infty$ die Kraft berechnet, mit der ein gleichförmig electrisch geladenes
Parallelepiped (Kanten a, b, c), parallel der Kante a gleichförmig sich be-
wegend, sich selber hemmt.[3] Ich erhalte für diese Kraft: $2\pi e^2/bc$. Hiernach
bleibt die Kraft *endlich*, wenn ich die Kante a gleich Null setze, d. h. für eine
Scheibe, die senkrecht zu ihrer Ebene bewegt wird. Die Kraft wird hingegen
unendlich, wenn eine der zur Bewegungsrichtung senkrechten Kanten b, c
gleich null wird. Es ist also *nicht* die Eigenschaft *einer jeden* flächenhaf-
ten Electricitätsverteilung für Überlichtgeschw. eine unendliche Kraft auf
sich selbst auszuüben, sondern es hängt das von der Orientierung gegen
die Bewegungsrichtung (bezw. im allgemeinen Falle $1 < \beta < \infty$ gegen den
charakteristischen Kegel) ab. Für die Kugelfläche, wo die Orientierung eine
wechselnde ist, ist das logarithmische Unendlichwerden plausibel.

Hingegen ist mir nicht klar, wieso Sie Ihre Ergebnisse zu Gunsten der
Volumladung deuten zu sollen glauben.[4] Da bei Überlichtgeschwindigkeit
die Ablenkbarkeit so beträchtlich wird (bei Volumladung), so könnte man
auf dieser Basis die Paschen'schen Versuche kaum deuten;[5] auch die kräfte-

---

tial und das Vektorpotential eines beliebig bewegten, als starr und kugelförmig angenommenen Elektrons angegeben; erst in der am 23. Juli 1904 vorgelegten zweiten
Note [Sommerfeld 1904e] wurden die daraus resultierenden Kräfte auf das Elektron
berechnet.

[1] In den grundlegenden Arbeiten [Abraham 1902] und [Abraham 1903a] wird nur der
Fall eines gleichförmig bewegten Elektrons untersucht, vgl. [Goldberg 1970]. Paul Hertz
untersuchte in seiner Doktorarbeit auf Anregung Abrahams den Fall plötzlicher Ge-
schwindigkeitssprünge, vgl. [Hertz 1903], [Hertz 1904b] und [Hertz 1904a].

[2] Vgl. [Sommerfeld 1904e, § 15].

[3] β bedeutet das Verhältnis der Geschwindigkeit v des Elektrons zur Lichtgeschwindigkeit c, vgl. [Abraham 1903a].

[4] Vgl. [Sommerfeld 1904e, § 13].

[5] Paschen hatte aus dem Fehlen einer Ablenkung im Magnetfeld 1904 den Schluß gezogen, „daß die γ-Strahlen Kathodenstrahlen einer hohen konstanten Grenzgeschwin-
digkeit sind" [Paschen 1904a, S. 401].

freie Bewegung würde in dieser Hinsicht wohl kaum etwas anderes ergeben. Soweit bisher die Versuche über γ-Strahlen überhaupt etwas bestimmtes auszusagen erlauben, halte ich es für wahrscheinlich, daß man es hier mit *Flächenladung* zu thun hat, und mit Geschwindigkeiten, die nahezu, wenn auch nicht ganz, der Lichtgeschwindigkeit gleich sind. Es ist klar, daß hier die Electronen mit den bei ihrem Fortschleudern entsandten Wellen nahezu gleichzeitig eintreffen, und daß die Frage, ob die γ-Strahlen aus Wellenstrahlung oder Convectionsstrahlung bestehen, kaum richtig gestellt ist. Sie sind ein Gemenge von beidem, oder, besser gesagt, ein einziges electromagnetisches Feld von gegebener Energie und Bewegungsgrösse. Bei der Berechnung der Energie und der Bewegungsgröße hat man selbstverständlich die Wellen in Betracht zu ziehen; es wird aber schwer sein, ohne Angabe der Anfangsbedingungen hierüber etwas auszusagen.

Die Spectrallinien werden auf Grund der reinen Electronenmechanik wohl kaum zu deuten sein.[1] Man wird hier wohl eine neue Grundhypothese über die Einwirkung der Materie (bezw. der positiven Electricität) auf die Electronen hinzunehmen müssen. Und es kommt darauf an, diese in glücklicher Weise zu fassen. Ich hoffe aber kaum, daß die nächsten Jahre in dieser Richtung einen wesentlichen Fortschritt bringen werden.

Aber es ist besser, sich auf das prophezeien nicht so sehr einzulassen. Darum schliesse ich lieber.

Ich möchte nur noch bitten, das Exemplar von Föppl–Abraham,[2] das Ihnen demnächst durch Teubner zugesandt werden wird, freundlichst von mir annehmen, und mit der notwendigen Nachsicht beurteilen zu wollen.

Mit bestem Gruße Ihr ergebenster
M. Abraham.

[87] *Von Friedrich Paschen*[3]

Tübingen 26. 10. 04

Verehrter Herr College.

Besten Dank für Ihren freundlichen Brief vom 25ten 10. Selbstverständ-

---

[1] Sommerfeld hatte im Zusammenhang mit den von ihm und Herglotz gefundenen kräftefreien Rotationsschwingungen die Möglichkeit von „zur Zeit noch unbekannten Elektronenschwingungen" angedeutet, „welche den Spektrallinien entsprechen" [Sommerfeld 1904e, S. 436].

[2] Abraham hatte das bekannte Lehrbuch von A. Föppl zur Elektrizitätslehre überarbeitet und neu herausgegeben [Föppl 1904a]. Das Vorwort ist datiert „im Juli 1904".

[3] Brief (4 Seiten, deutsch), *München, DM, Archiv HS 1977-28/A,253.*

lich werde ich Ihre theoretische Voraussagung der Selbstbeschleunigung[1] vor Allem einer späteren Publikation zu Grunde legen: schon um mein Experiment nicht als ein unglaubliches Wunder erscheinen zu lassen. Ihre Deutung des Unterschiedes in den Radiumstellungen I und II möchte ich lieber nicht in diesem Zusammenhange erwähnen, da ich nicht glaube, daß hierfür die gewöhnliche Selbstbeschleunigung (ohne neue äußere Kräfte) ausreicht. Der Unterschied der Photographien des Platinkeiles ist dazu wohl zu bedeutend. Ob ich von meiner Ansicht über die Entstehung der γ-Strahlen, welche ich Ihnen im vorletzten Briefe andeutete,[2] und welche gerade durch die Experimente in Stellung I und II nahe gelegt war, etwas bringen werde, erscheint mir sehr zweifelhaft. Vielleicht behält man dergleichen vorerst als mögliche Arbeitshypothese für sich.

Für den Separat-Abzug[3] meinen besten Dank! Ich werde zwar das Mathematische kaum verstehen, um so mehr aber mich bemühen, den Sinn heraus zu bekommen. In diesem Sinne muß ich mich entschieden von denen ausschließen, von denen Sie sagen, daß sie die Theoretiker als unnütz erachten. Ich würde niemals arbeiten, wenn es nicht zum Zweck eines tieferen Eindringens in die Naturgeheimnisse sein könnte. Das richtige Verständniß hierbei kann immer nur die Theorie bringen. Ich glaube aber, daß andererseits eine Theorie nur dann fruchtbringend sein kann, wenn sie auch die wirklichen Erscheinungen berücksichtigt. Dann aber wird man kaum den Unterschied zwischen Theoretikern und Experimentatoren so scharf aufrecht erhalten können. Es sind eben Beide Physiker, beide gleich nothwendig und am Besten sich gegenseitig anregend und ergänzend. Auf die γ-Strahlen wäre ich nie aufmerksam geworden, wenn ich nicht die interessanten Diskussionen über die Möglichkeit der Lichtgeschwindigkeit gelesen hätte. Ich glaube, Des Coudres war einer der ersten, der diese Frage berührt hat.[4]

Entschuldigen Sie bitte diese Auseinandersetzung in Folge Ihrer Bemerkung über die Theoretiker. Ich glaube, den Experimentator kann nichts

---

[1] In seiner zweiten Elektronentheoriearbeit hatte Sommerfeld eine „sehr rasch sich selbst beschleunigende" Bewegung eines Elektrons mit Überlichtgeschwindigkeit als „bis zu einem gewissen Grade wahrscheinlich" bezeichnet [Sommerfeld 1904e, S. 409].

[2] Vgl. Brief [85].

[3] Vermutlich [Sommerfeld 1904e].

[4] Theodor Des Coudres, seit 1903 Ordinarius für theoretische Physik an der Universität Leipzig, hatte in seinem Beitrag zur Lorentzfestschrift 1900 „bei Erreichung und Überschreitung der Lichtgeschwindigkeit nach der Maxwell'schen Theorie höchst merkwürdige Erscheinungen" vorausgesagt [Des Coudres 1900, S. 652]. Weiter weist er auf Beiträge von Oliver Heaviside hin, in denen dieser schon 1888 im Zusammenhang mit Kathodenstrahlen die Überlichtgeschwindigkeitsfrage untersucht habe [Heaviside 1892, S. 494].

mehr interessiren, als eine neue theoretische Behandlung der Gegenstände, mit denen er sich beschäftigt. Es werden die meisten Physiker ebenso
denken.

Mit bestem Gruße
Ihr F. Paschen.

[88] *An Felix Klein*[1]

Aachen 8. XI. 04.

Verehrter Herr Geheimrat!

Wie recht Sie haben, mich an den Kreisel zu mahnen, geht daraus hervor, daß gleichzeitig mit dem Ihrigen ein Brief von v. Bories[2] eintraf, der
Wünsche wegen des Lokomotivbuches enthielt. Wie recht ich andrerseits
habe, noch nicht an den Kreisel zu denken, geht daraus hervor, dass Paschen
die absurdeste Folgerung meiner Übermechanik der Elektronen kürzlich mit
γ-Strahlen bestätigt hat, was bald publicirt werden wird.[3] Ich kann also
nicht so ohne Weiteres von den Elektronen los. Auch sonst giebt es viel zu
thun. Ich habe zunächst volkstümliche Hochschul-Curse abzuhalten[4] und
mit den Technikern manches zu bekramen.

Aber gemacht wird er doch, der Kreisel. Und zwar denke ich in der
Hauptsache diesen Winter.[5] Von Borries habe ich geschrieben, dass ich
mit der Lokomotive erst beginnen kann, wenn der Kreisel fertig ist.

Inzwischen habe ich einen kleinen Ruf an die Berliner Bergakademie
für Mathem. u. Mechanik (im Sinne der Beschlüße der Eisenhüttenleute zu
veramalgamiren) als Nachfolger von Kneser dankend abgelehnt.[6] Ich laße
mir dafür hier einen Assistenten bewilligen.[7]

Wieghardts[8] Vorlesungen hier scheinen gut zu gehen.

---

[1] Brief (2 Seiten, lateinisch), *Göttingen, NSUB, Klein 11.*

[2] Vgl. Seite 142. August von Borries bat Sommerfeld, „sich Ihrer freundl. Zusage gemäss"
nun näher mit dem geplanten Lokomotivenlehrbuch zu befassen, vgl. *A. v. Borries an
A. Sommerfeld, 29. Oktober 1904. München, DM, Archiv NL 89, 006.*

[3] Es kam zu keiner Publikation, vgl. Briefe [89] und [92].

[4] Eine entsprechende Veranstaltung ist im Vorlesungsverzeichnis nicht aufgeführt.

[5] [Klein und Sommerfeld 1910], Heft 4 der *Theorie des Kreisels*, erschien erst 1910.

[6] Der Mathematiker Adolf Kneser war zum 1. April 1905 an die Universität Breslau
berufen worden.

[7] Sommerfeld gab Peter Debye die Assistentenstelle, vgl. Seite 158.

[8] Vgl. Brief [83].

Besten Dank für die Zusendung der Unterrichtsdebatte,[1] die mich allmählich sehr interessirt.

Mit ergebenem Gruß auch von meiner Frau
Ihr A. Sommerfeld.

[89] *Von Friedrich Paschen*[2]

Tübingen 11. 1. 05

Sehr geehrter Herr College.

Besten Dank für Ihren freundlichen Brief vom 29. Dec., den ich erst heute beantworte, weil ich immer dachte, Ihnen ein Manuskript über die Schwärzungsversuche der β und γ-Strahlen senden zu können. Diese Versuche sind aber, wenn sie für die β-Strahlen brauchbare Resultate liefern sollen, nicht so schnell gemacht. Darum habe ich eine Veröffentlichung vorläufig bis zur Beendigung dieser Versuche hinausschieben müssen. Ein Schüler macht die Experimente mit mir zusammen.[3]

Noch ein anderer Grund liegt vor, weshalb ich mit weiterer Veröffentlichung über γ-Strahlen warten möchte. Eine Reihe von Autoren äußern Bedenken gegen die Kathodenstrahl-Natur der γ-Strahlen. Mc Clelland und Eve meinen,[4] die von mir beobachteten Ladungen seien secundär zu Stande gekommen. Die γ-Strahlen selbst sollen Röntgenstrahlen sein. Ihr Secundär-Effect aber soll positive Ladungen erzeugen. Obwohl die Beweise dafür mir nicht stichhaltig zu sein oder sogar zu fehlen scheinen, möchte ich doch die Entwickelung der Angelegenheit erst etwas abwarten.[5] Inzwischen lasse ich eine Reihe Versuche machen, welche vielleicht neue Thatsachen aufdecken. Es wäre sehr schön, wenn man theoretisch etwas über die magnetische Ablenkbarkeit bei Ueberlichtgeschwindigkeit aussagen könnte. Ich

---

[1] Vgl. [Klein und Riecke 1904]. Bei der im folgenden Jahr in Meran stattfindenden Naturforscherversammlung wurde unter wesentlicher Mitwirkung Kleins in der sogenannten „Meraner Reform" der mathematisch-naturwissenschaftliche Unterricht an Gymnasien modernisiert [Inhetveen 1976, S. 132-234].

[2] Brief (4 Seiten, deutsch), *München, DM, Archiv HS 1977-28/A,253.*

[3] Eine Publikation darüber erschien nicht; es dürfte sich um die Fortsetzung der Versuche gehandelt haben, von denen in Brief [85] die Rede war, vgl. auch [Paschen 1904b].

[4] [Eve 1904] und [McClelland 1904].

[5] Im vergangenen August hatte Paschen die in [McClelland 1904, S. 77] geäußerte Kritik als Mißverständnis seiner Versuchsanordnung abgetan: „Einen direkteren Beweis von der negativen Ladung giebt es meines Erachtens nicht, als den, dass man den γ-Strahl in Metall absorbirt und zeigt, dass das Metall dadurch negative Elektrizität zugeführt erhält." [Paschen 1904c, S. 568].

habe das Gefühl, als ob auch da eine Ablenkung nachweisbar sein müßte, da bei Lichtgeschwindigkeit nach Ihrer Theorie noch eine ganz bedeutende Ablenkung zu erwarten wäre. Wenn die Theorie zeigen würde, daß bei Überschreitung der Lichtgeschwindigkeit die Ablenkbarkeit sehr herabgesetzt sein muß, dann wäre ich beruhigt. Ist das aber nicht der Fall, dann wäre es ein Beweis gegen die Kathodenstrahl-Natur der γ-Strahlen.[1]

Wären die Schwierigkeiten in Bezug auf die Ablenkbarkeit zu groß, so ließe sich vielleicht die Energieberechnung sicher gestalten, um daraus einen Anhalt über die Art der γ-Strahlen zu gewinnen. Der stets wiederkehrende Einwand ist nämlich der, daß die γ-Strahlen magnetisch ablenkbar sein müßten, wenn es Kathodenstrahlen sein sollen.

Es hat mich sehr interessirt, daß Sie nun doch nicht nach Hannover gegangen sind.[2] Darin haben Sie zweifellos Recht, daß die Bedingungen für wissenschaftliche Thätigkeit in Aachen günstiger liegen.

Mit besten Grüßen
Ihr F. Paschen.

[90] *An Wilhelm Wien*[3]

Marienburg 15. IV. 05.

Lieber College!

Auf der Fahrt nach Königsberg noch etwas über Ihre Bestimmung der Impulsbreite.[4]

Ihrem Wunsche gemäß habe ich mir die Energieformel der Röntgenstrahlung genau überlegt u. sogar in einem Specialcolleg „Elektronenth.[eorie]" vorgetragen.

Ich habe dabei die von Ihnen benutzte, von Abraham angegebene Formel

$$\frac{2}{3} \frac{e^2 \dot{\mathfrak{q}}^2}{c^3 \kappa^6}$$

---

[1] Um diese Zeit muß Sommerfeld zu der entgegengesetzten Auffassung gekommen sein, denn in seiner am 25. Februar 1905 vorgelegten dritten Note schrieb er: „Die γ-Strahlen können nicht mit Überlichtgeschwindigkeit bewegte Ladungen sein, da solche Bewegungen im kräftefreien Felde überhaupt unmöglich sind" und auch „die Annahme, daß die γ-Strahlen Lichtgeschwindigkeitselektronen wären, läßt sich kaum halten" [Sommerfeld 1905a, S. 203-204].

[2] Siehe Seite 158.

[3] Brief (4 Seiten, lateinisch), *München, DM, Archiv NL 56, 010.*

[4] Vgl. Brief [81].

außer für ganz schnelle Beschleunigungen im Wesentlichen bestätigt,[1] finde aber, daß sie etwas anders aufzufaßen ist, als Sie es nach meiner Erinnerung thun.

Bei gleichförmiger Beschleunigung ist $\dot{\mathfrak{q}}$ constant, $\beta = \mathfrak{q}/c$ variabel, also auch $\kappa^2 = 1 - \beta^2$. Die obige Formel liefert nun die in der Zeit dt' ausgestrahlte Energie u. es ist die bei der Verzögerung im Ganzen ausgestrahlte Energie

$$W = \frac{2}{3}\frac{e^2\dot{\mathfrak{q}}^2}{c^3}\int\frac{dt'}{\kappa^6} = \frac{2}{3}\frac{e^2|\dot{\mathfrak{q}}|}{c^3}\int\limits_{0}^{q_0}\frac{dq}{\left(1-\frac{q^2}{c^2}\right)^3}\,,$$

wo q_0 die anfängliche Geschwindigkeit der Kathodenstrahlen ist. Hierführ kann ich schreiben:

$$W = \frac{2}{3}\frac{e^2|\dot{\mathfrak{q}}|}{c^2}\int\limits_{0}^{\beta_0}\frac{d\beta}{(1-\beta^2)^3}$$

Das Integral lässt sich leicht auswerten und liefert

$$\int\limits_{0}^{\beta_0}\frac{d\beta}{(1-\beta^2)^3} = \frac{1}{8}\left(\frac{3}{2}\log\frac{1+\beta_0}{1-\beta_0} + \frac{5\beta_0 - 3\beta_0^3}{\left(1-\beta_0^2\right)^2}\right)$$

somit

$$W = \frac{e^2|\dot{\mathfrak{q}}|}{8c^2}\left(\log\frac{1+\beta_0}{1-\beta_0} + \frac{\frac{10}{3}\beta_0 - 2\beta_0^3}{\left(1-\beta_0^2\right)^2}\right)$$

Nun ist, wenn b die Impulsbreite:

$$|\dot{\mathfrak{q}}| = \frac{c\,q_0}{b},\quad\text{daher}$$

$$W = \frac{e^2\beta_0}{8b}\left(\log\frac{1+\beta_0}{1-\beta_0} + \frac{\frac{10}{3}\beta_0 - 2\beta_0^3}{\left(1-\beta_0^2\right)}\right)^3$$

---

[1] Es bedeuten e die Elektronenladung, q (bzw. $\mathfrak{q}$) die Elektronengeschwindigkeit, c die Lichtgeschwindigkeit, $\kappa = \sqrt{1 - q^2/c^2}$, vgl. [Abraham 1903a, S. 156], [Wien 1905c, S. 11] (hier ist $\kappa = k$).

Ich übersehe nicht, ob sich hieraus eine wesentlich andere Impulsbreite b ergiebt, als Sie gerechnet haben. Ich vermute es aber. Denn Sie haben, wenn ich mich recht besinne, W so gerechnet, als ob dauernd die Geschwindigkeit q_0 bestände, während doch q von q_0 auf 0 abnimmt.[1] Danach müßten Sie die Ausstrahlung zu groß, also die Impulsbreite zu klein bekommen.

Sollte ich mich irren, so bitte ich im Voraus um Entschuldigung. Wie Sie diese Bemerkungen verwerten können, steht ganz bei Ihnen. Ich werde meine Ableitung, die von der Abraham'schen einigermaßen verschieden ist u. die sich auch für sehr schnelle Bremsungen durchführen lässt, aufschreiben und, wenn Sie sie lesen wollen, Ihnen zuschicken. Vielleicht schicken Sie mir eine Correctur zu, falls Sie ein überflüssiges Exemplar haben, nach Aachen, wo ich zu Ostern wieder eintreffen werde.

Die Wüllner-Festschrift wird recht hübsch werden. Ich gerire mich darin fast als experimenteller Physiker und Photograph auf elastischem Gebiet.[2]

Haben Sie eigentlich die Abhängigkeit der Röntgenstrahlung von dem Azimuth genauer untersucht? Auch darüber giebt die Rechnung bestimmte Aufschlüße.[3] Freilich wird der Vergleich mit dem Experiment erschwert durch die Inhomogenität der Kathodenstrahlung, die im Experiment zweifellos vorliegt.

Mit herzlichen Grüßen
Ihr A. Sommerfeld.

[91] *An Wilhelm Wien*[4]

Aachen, 13. V. 05

Lieber College!

Ich wollte Ihnen schon längst wegen der Röntgenstrahlen schreiben. Ich bin jetzt natürlich mit Ihrer Arbeit völlig einverstanden. Mein Hinweis auf

[1] Wien benutzte in seinem Festschriftbeitrag die hier skizzierte veränderliche Elektronengeschwindigkeit und erhielt dasselbe Ergebnis [Wien 1905c, S. 12].

[2] In [Sommerfeld 1905d] wird eine neue Methode zur experimentellen Bestimmung elastischer Materialkonstanten beschrieben.

[3] Wien antwortete: „Ihre Bemerkung, daß die Energie der Röntgenstrahlen nach verschiedenen Richtungen verschieden sein müßte ist mir auch schon aufgefallen und ich habe in einem kleinen, im Jahrbuch der Elektronik erschienenen Aufsatz bereits darauf hingewiesen", *W. Wien an A. Sommerfeld, 14. Mai 1905. München, DM, Archiv HS 1977-28/A,369.* Vgl. dazu [Wien 1904]. Eine experimentelle Messung dieser Asymmetrie wurde erst 1908 in einer von Röntgen betreuten Doktorarbeit gegeben [Bassler 1909], der Sommerfeld sogleich eine – jetzt auf die Relativitätstheorie begründete – theoretische Erklärung folgen ließ [Sommerfeld 1909d], vgl. Brief [155].

[4] Brief (6 Seiten, lateinisch), *München, DM, Archiv NL 56, 010.*

die Notwendigkeit der Integration der Abraham'schen Strahlungsformel war also überflüssig. Wie ich dazu kam, auf Grund der integrirten Formel eine längere Impulsbreite zu vermuten, ist mir schleierhaft. Es ist ganz klar, daß ich mit dieser Vermutung im Unrecht war.

Ich hatte begonnen, aus meinen Formeln eine in's Einzelne gehende Behandlung der Energie der Röntgenstrahlung mir aufzuschreiben. Ich habe die Sache aber aufgegeben und zwar aus zwei Gründen: 1) Komme ich für „langsame Verzögerung" genau zu der von Abraham und Ihnen benutzten Formel;[1] alle weiteren Terme, die sich noch ergeben, sind durchaus zu vernachlässigen. Dabei ist die Verzögerung solange als *langsam* zu behandeln, als der Verzögerungsweg größer ist als der Durchmeßer des Elektrons. Die schnellen Verzögerungen haben also gar kein physikalisches Intereße mehr. Für plötzliche Verzögerungen komme ich auf die Formeln von Hertz.[2] Das Einzige, was ich neu hinzuzufügen hätte, wäre die Construktion der Energiecurve zwischen „plötzlicher" und „langsamer Verzögerung". Diese ist aber ziemlich mühsam und lohnt sich wenig. Ich denke also, Sie dispensiren mich von der von Ihnen gewünschten genauen Theorie der Röntgenenergie. 2) kann ich diesen theoretischen Formeln überhaupt kein Vertrauen entgegenbringen, weil sie eine Abhängigkeit von der Richtung der Ausstrahlung enthalten, die sich im Experimente ganz und gar nicht bewährt. Ich habe solche qualitativen Experimente mit Hilfe meines tüchtigen Assistenten selbst gemacht.[3] Es ist so gut wie gar keine Abhängigkeit der Intensität der Röntgenwirkung von dem Richtungswinkel zwischen Röntgenstrahl und auffallendem Kathodenstrahl vorhanden, was Ihnen fraglos bekannt ist. Die Theorie verlangt dagegen eine Abhängigkeit von dem folgenden Charakter:[4]

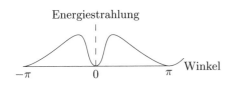

Energiestrahlung

−π   0   π   Winkel

Man muß hieraus schließen, daß das Elektron nicht geradlinig gebremst wird, sondern einen Zickzackweg beschreibt, indem sein *Feld* an die Felder der ruhenden Elektronen im Körper anstösst. Im Mittel des Zickzackweges kann sich die Abhängigkeit von

---

[1] Dieser Fall wird in Brief [81] berechnet; „langsam" ist hier als Gegensatz zu der unten diskutierten und von P. Hertz behandelten „unstetigen" Elektronenbewegung gemeint.

[2] [Hertz 1903, S. 851, Formel (7)].

[3] Darüber gibt es keine Publikation.

[4] Vgl. Fußnote 3, Seite 242, Brief [90]. Der hier skizzierte Verlauf stimmt qualitativ mit der später gemessenen und theoretisch berechneten Verteilung überein, vgl. [Sommerfeld 1909d].

der Richtung dann herausheben. Damit wird aber auch die Brauchbarkeit der Formel für die Gesamtenergie, die Abraham durch Integration über die Kugelfläche ableitet und die geradlinige Verzögerung voraussetzt, illusorisch.– Oder soll man aus der Unstimmigkeit mit der Richtung schließen, dass unsere Vorstellung von der Natur der Röntgenstrahlen noch nicht stimmt? Ich könnte mich schwer dazu entschließen, weil doch sonst alles dabei so folgerichtig und selbstverständlich ist.–

Ganz wesentlich wird die Untersuchung des Unterschiedes zwischen harten und weichen Röntgenstrahlen sein, wie sie erfreulicher Weise H.[err] Seitz begonnen hat.[1] Ich habe früher gemeint, was wohl allgemeine Ansicht ist: Harte Strahlen = Röntgeneffekt von schnellen Kathodenstr. = schmalen Impulsen, Weiche Strahlen = Röntgeneffekt von langsamen Kathodenstr. = breiteren Impulsen. Demgegenüber sage ich mir jetzt: Es ist garnicht zu sehen, weshalb schnelle Elektronen auf kürzerem Wege zur Ruhe kommen sollen, als langsame. Freilich ist das Feld des schnellen Elektrons etwas breiter (elliptisch mehr abgeplattet) als das kugelförmigere des langsameren Elektrons. Doch ist dieser Unterschied sehr gering und erst in der Nähe der Lichtgeschwindigkeit beträchtlich, die praktisch für Kathodenstr. nicht in Betracht kommt. Somit komme ich heute dazu, eher zu vermuten: Harte Strahlen = Röntgeneffekt von großer Energie, weiche Strahlen = Röntgeneffekt von geringer Energie. Die größere Absorptionsfähigkeit der weichen Strahlen müßte dann nur eine scheinbare sein und durch die geringere absolute Energie bedingt werden. Indeßen ist es mir sehr zweifelhaft, ob diese Ansicht mit den beobachteten Absorptionsverhältnißen übereinstimmt. Daß über die Beugung der harten und weichen Strahlen endlich Klarheit geschafft wird, ist sehr dankenswert. Hier scheint noch alles unsicher. Die Originale von Haga und Wind sahen allerdings sehr überzeugend aus. Eine fraglose Schwierigkeit liegt aber hier in den dicken Bleirändern.[2]

Es ist eigentlich eine Schmach, daß man 10 Jahre nach der Röntgen'schen Entdeckung immer noch nicht weiß, was in den Röntgenstr. eigentl. los ist. Ihre Energiemeßung wird zu den sichersten und wertvollsten Kenntnißen über Röntgenstrahlen gehören.

Mit besten Grüßen
Ihr A. Sommerfeld.

---

[1] [Seitz 1905b]. Wilhelm Seitz war seit 1901 Privatdozent in Würzburg und kam 1906 an die TH Aachen.

[2] 1903 hatten Haga und Wind nach Kritik von B. Walter ihre Beugungsversuche verbessert. Die detaillierte Beschreibung der Versuchsbedingungen findet sich in [Haga und Wind 1903].

[92] *Von Friedrich Paschen*[1]

Tübingen 12. 6. [1905][2]

Sehr geehrter Herr College.

Besten Dank für Ihren freundlichen Brief und das interessante Manuscript, welches ich nach Einsichtnahme zurücksende.[3]

Ich muß sagen, daß mich theoretische Erörterungen über diesen Gegenstand nicht zwingen würden, meine frühere Ansicht aufzugeben, schon weil Ihre Annahme der kugelförmig im Raume vertheilten Electricität ein Specialfall ist, über dessen Berechtigung wir nichts wissen. Andere Annahmen führen wohl zu wesentlich anderen Schlüssen.

Dagegen muß meine Ansicht, daß die γ-Strahlen schnell bewegte negative Electricität vorstellen, aufgegeben werden, wenn bewiesen wird, daß die von mir beobachtete Ladung anders entsteht. Dieser Beweis ist bisher in keiner Weise erbracht, könnte ja aber noch kommen.[4] Für die andere Anschauung, daß die γ-Strahlen Röntgenstrahlen sind, giebt es überhaupt keinen Beweis. Denn die theoretische Forderung, daß Röntgenstrahlen auftreten müßten, kann unmöglich ein Beweis dafür sein, daß die γ-Strahlen solche seien.

Sie scheinen die Thatsache, daß die γ-Strahlen nicht die bedeutende Energie besitzen, welche ich gefunden zu haben glaubte, als Beweis gegen die Electronennatur der γ-Strahlen anzusehen.[5] Aber auch das kann nicht schwer wiegen. Erstens kann die Energie immer noch sehr bedeutend sein. Die Experimente lassen das zu. Zweitens war die früher behauptete große Energie kaum ein Beweis für meine Ansicht. Denn man kann gar nichts darüber aussagen, wie die Energie bei Licht- oder Ueberlichtgeschwindigkeit sein müßte.

Die von mir und Anderen hier jetzt durchgeführte Untersuchung über die Abhängigkeit der Secundärstrahlen der β-Strahlen von ihrer Geschwindigkeit und der Platinblechdicke würden für die γ-Strahlen nur Geschwindigkeiten extrapoliren lassen von nahe Licht-Geschwindigkeit. Wenigstens zwingen die Versuche durchaus nicht dazu, mehr als Lichtgeschwindigkeit anzunehmen.

---

[1] Brief (4 Seiten, deutsch), *München, DM, Archiv HS 1977-28/A,253.*

[2] Vgl. Brief [89].

[3] Vermutlich die dritte Elektronentheoriearbeit [Sommerfeld 1905a].

[4] J. J. Thomson wies um dieselbe Zeit nach, daß es sich bei der von Paschen beobachteten positiven Aufladung des Probenbehälters um einen Sekundäreffekt handelte: Die γ-Strahlen schlagen aus dem Metall Elektronen heraus [Wheaton 1983, S. 65].

[5] [Sommerfeld 1905a, S. 203-204].

Soweit das Für und Wider auf Grund der Thatsachen. Weder die eine noch die andere Ansicht ist bisher bewiesen. Etwas Anderes ist es, wenn man fragt, auf Grund welcher Hypothese die γ-Strahlen am Besten zu verstehen sind. Bei meiner Hypothese bleibt dann sehr viel unverstanden übrig. Die Unablenkbarkeit müßte dann als Eigenschaft der schnellen Electronen trotz der Theorie angenommen werden. Die andere Hypothese scheint weniger Unbekanntes voraus zu setzen. Aber es bleibt als Frage offen, woher die Ladung rührt. Ihre Erklärung durch Eve etc. ist zum Mindesten nicht bewiesen, sondern eben eine neue Hypothese.[1]

Mich darüber zu äußern, was ich als das Wahrscheinliche ansehe, hat wohl keinen Zweck. Man wird warten müssen, für welche Ansicht der Versuch entscheidet.

Die Beobachtungen über die Selbstbeschleunigung lassen noch eine andere Deutung zu, nämlich die, daß die γ-Strahlen aus verschieden schnellen Strahlen bestehen. Die langsameren müßten in der Luft mehr zerstreut oder sogar absorbirt werden: Dann würden meine Beobachtungen zu verstehen sein.

Ich habe ziemlich viel Zeit mit diesen Sachen verloren, aber dafür nochmals die eindringliche Lehre empfangen, daß man nichts behaupten darf, was man nicht unwiderleglich beweisen kann. Solch Beweis ist aber meist sehr schwer zu erbringen.

Mit besten Grüßen
Ihr F. Paschen.

[93] *Von Wilhelm Conrad Röntgen*[2]

[München, 29. Juni 1905][3]

ich bitte sie um baldigste zusendung eines vollständigen verzeichnisses ihrer publicationen wenn möglich (gegen rückgabe) per publicationen selbst und einer vita

Röntgen

---

[1] [Eve 1904], siehe auch [Wheaton 1983, S. 62].

[2] Telegramm (1 Seite, lateinisch), *München, DM, Archiv HS 1977-28/A,288.*

[3] Nach den Angaben im Telegrammkopf rekonstruiert.

[94] *An Wilhelm Wien*[1]

Aachen, 4. VII. 05

Lieber College!

Ihre eben erhaltene Zusendung erinnert mich daran, daß ich Ihnen ein Wort über ein Ereignis der letzten Tage schuldig bin, umso mehr als Sie wohl der Urgrund dieses Ereignißes sind.

Röntgen telegraphirte Donnerstag an mich wegen Vita, Verzeichnis der Publikationen etc. Es scheint also in München etwas los zu sein.[2] Sonst habe ich nichts gehört.

Wenn Sie etwas Näheres wißen sollten, wäre ich Ihnen für Mitteilung sehr dankbar, aus verschiedenen Gründen: einmal ist man neugierig, zweitens hat man sich mit tausenderlei Dingen einzurichten, namentl. mit Reise- u. Arbeitsdispositionen. Würde denn, wenn etwas aus München wird, dieses schon zu Oktober werden? Würde ich Gelegenheit zu gelegentl. experimenteller Arbeit im Röntgen'schen Institut haben oder muß ich mit solchen Anforderungen sehr vorsichtig sein? Würde ich einen Assistenten in München haben resp. mitbringen können?

Übrigens laßen Sie alle diese Fragen unbeantwortet, wenn es gegen die Discretion ist.

Es würde mir schwerer werden von Aachen fortzugehn als man glauben sollte. Meine Tätigkeit und Stellung hier ist sehr angenehm und die Aachener Lebensbedingungen äußerst erfreulich.

Ihr A. Sommerfeld

[95] *Von Ferdinand Lindemann*[3]

München 5. Juli. 05

Lieber Sommerfeld.

Sie wissen dass ich meine früheren physikalischen Studien wieder aufgenommen habe, insbesondere diejenigen über die Spektren.[4] Nachdem ich endlich die Gesetze von Kaiser, Runge und Rydberg[5] auf Grund meiner

---

[1] Brief (3 Seiten, lateinisch), *München, DM, Archiv NL 56, 010.*

[2] Zur Vorgeschichte dieser Berufung siehe [Eckert und Pricha 1984].

[3] Brief (7 Seiten, lateinisch), *München, DM, Archiv HS 1977-28/A,203.*

[4] In [Lindemann 1901], [Lindemann 1903] und [Lindemann 1905] werden die Spektrallinien durch Eigenschwingungen verschieden geformter Körper erklärt, vgl. Seite 160.

[5] Zu den Seriengesetzen vgl. [Richenhagen 1985, S. 93-114]. Gemeint sind Heinrich Kayser, seit 1894 Nachfolger von H. Hertz in Bonn, Carl Runge, ab 1904 ordentlicher Professor für angewandte Mathematik an der Universität Göttingen und Johannes R.

Hypothese abgeleitet, lag mir natürlich an einem Vergleich mit anderen Theorien. Da kamen Ihre und Herglotz's Arbeiten[1] in erster Linie in Betracht, und so habe ich die lange gehegte Absicht eines näheren Studiums endlich ausgeführt.

Bei der Menge an Umformungen, die Sie nach einander vornehmen, ist es nicht leicht, den Faden im Auge zu behalten, der die Rechnungen verknüpft. An einer Stelle aber habe ich denselben gänzlich verloren. Es handelt sich um Ihren Grenzübergang $\omega = \infty$, bez. $\Omega = \infty$ auf S. 108 Ihrer Arbeit von 1904;[2] es gelingt mir nicht einzusehen, dass durch diesen Process die Gültigkeit Ihrer Formeln nicht wesentlich eingeschränkt oder modifizirt wird.

Ihre Funktion φ in Gleichung (16) genügt deshalb der partiellen Gleichung (2), weil

1) sie sich nach 5') aus einer Funktion φ' bildet, welche ihrerseits der partiellen Glchg 2') genügt

2) weil diese Gleichung 2') durch die Substitution 6) und 8) auf die gewöhnliche Diff.-Gleichung 9) reducirt wird, welche in 10) durch das $\int$

$$\frac{c}{s} \int_{-\omega}^{t} e^{-i(\mathfrak{s}\mathfrak{v}u)} \sin cs(t-u)du = \frac{c}{s} \int_{0}^{\Omega} e^{-i(\mathfrak{s}\mathfrak{v}t-\tau)} \sin cs\tau \, d\tau$$

integriert wird, wo $\Omega = -\omega + t$. Hierbei ist wesentlich, dass Ω von der Form $t + C$ ist; macht man nun $\Omega = \infty$, so genügt das $\int$

$$\frac{c}{s} \int_{0}^{\infty} e^{-i(\mathfrak{s}\mathfrak{v}t-\tau)} \sin cs\tau \, d\tau$$

der Glch 9) *nicht* mehr, aber auch φ' nicht der Gleichung 2'), also auch φ nicht der Glchg 2), deren Integration doch verlangt wird.

Allerdings kommen Sie S. 108 auf die Sache zurück. Die dortigen [bez. späteren][3] Umformungen ersetzen die Grenzen 0 und $\Omega = \infty$ durch endliche Grenzen τ' und τ'' (in Arbeit II);[4] letztere sind Funktionen von t, die

---

Rydberg, der von 1901 an das Ordinariat für Physik an der Universität Lund hatte.

[1] [Sommerfeld 1904d], [Sommerfeld 1904e], [Sommerfeld 1905a] und [Herglotz 1903].

[2] Ω bedeutet die obere Integrationsgrenze in einem Integral zur Berechnung des retardierten Potentials φ, bei dem die Zeit als Integrationsvariable auftritt; zur Bedeutung der unten angeführten Größen und zur Identifizierung der Formeln vgl. [Sommerfeld 1904d].

[3] Nachträglich eingefügt.

[4] [Sommerfeld 1904e].

als Wurzeln durch gewisse Gleichungen definirt sind; dadurch kommt unter die betr. mehrfachen Integrale das $\int$

$$\int_{\tau'}^{\tau''} \cdots d\tau,$$

welches aber der Gl. 2) auch nicht genügt, denn dazu müsste $\tau' = 0$ und $\tau'' = C_0 + t$ sein, was doch nicht der Fall ist. Ich sehe daher nicht, in wie weit Ihre Formeln den ursprünglichen Bedingungen des Problems genügen.

Um die Zweifel zu beheben, müsste man die Untersuchung durchführen, ohne $\Omega = \infty$ zu nehmen. Es wird dann natürlich alles viel complicirter, aber doch ausführbar. Für den Fall der Volumladung habe ich dies ziemlich weit durchgeführt, und da ergeben sich Resultate, die (soweit ich es bisher übersehe) von den Ihrigen abweichen.[1] Ehe ich aber weiter Zeit und Mühe auf diese Fragen verwende, hätte ich gern von Ihnen gehört, ob und in wieweit sich Ihr Verfahren vielleicht doch rechtfertigen lässt.

Entschuldigen Sie deshalb, wenn ich Sie mit dieser Anfrage belästige.

Aehnlich ist es mir noch mit einer anderen Arbeit gegangen. Abraham hat elektrische Schwingungen eines Stabes mittels Gleichungen behandelt,[2] die ich für die Spektrallinien der Ellipsoide brauchte. So habe ich auch Ihre Schwingungen von Drähten studirt.[3] Auch da stosse ich auf einen Zweifel. Sie finden die Wellenlänge (u. Dämpfung) einer Schwingung bestimmt durch Querschnitt und Material des Drahtes mittels einer transcendenten Gleichung. Wenn man aber Ihre Gleichungen genauer integrirt, so geht eine weitere Constante ein, die dann erlaubt bei *jedem* Draht *jede Schwingung* hervorzurufen, indem die Bessel'sche Differentialgleichung für das Innere des Drahtes dann auf der rechten Seite nicht Null, sondern die fragliche Constante stehen hat. Leider habe ich Ihre Arbeit nicht zur Hand um die betr. Stellen bezeichnen zu können.[4]

Meine Frau ist mit den Kindern ([Reinhart?] hatt[e] sich den Fuss gebrochen und bedurfte der Erholung) in [Crans?] und ich werde im August auch dorthin gehen.

Mit bestem Gruss der Ihrige

F. Lindemann

---

[1] Lindemann publizierte diese Rechnungen zwei Jahre später, siehe Seite 261.

[2] [Abraham 1898].

[3] [Sommerfeld 1899a].

[4] Sommerfeld nahm zu diesen Einwänden ausführlich Stellung, vgl. *A. Sommerfeld an F. Lindemann, 7. und 15. Juli 1905. München, IGN.*

[96] *An Wilhelm Wien*[1]

Aachen 5. XI. 05

Lieber College!

Ich danke Ihnen herzlich für Ihre freundlichen Mitteilungen sowie für Ihre Bemühungen bei dem Querkopf Lindemann.[2] Ich schätze Wiechert so hoch, daß es mir kein Schmerz ist, wenn er mir vorgezogen wird. Er ist mir in sehr vielen Stücken sehr viel überlegen. Auch wenn er ablehnt sehe ich die Sache für mich nicht als besonders aussichtsvoll an.

Wissen Sie schon, dass Kaufmann seine Messungen beendet hat, mit dem Erfolge, daß das starre Elektron glänzend gesiegt hat?[3] Die Lorentz'-schen Formeln für das deformirbare Elektron liegen ganz ausserhalb des möglichen Beobachtungsfehlers. Kaufmann war kürzlich hier.

Ich war in letzter Zeit technisch-elastisch beschäftigt.[4]

Übrigens wollten Sie mir etwas über Fu.[nktionen] d.[es] ellipt.[ischen] Cyl.[inders] schicken, bei denen ich Ihnen helfen zu können hoffe.[5]

Schade daß die Rechnungen von Seitz durch einen Fehler entstellt sind.[6] Er hat Ihnen wohl von meinem Briefe gesagt. Ihr Schwager Max Mehler[7] sagte mir gestern dass er sich wieder munter fühle, nachdem er sich vorher stark überarbeitet hatte.

Des Coudres, der Bösewicht, will wieder seinen Encyklopädie-Artikel nicht machen.[8]

Mit bestem Gruß auch an Ihre verehrte Gattin und herzlichem Dank

Ihr A. Sommerfeld

---

[1] Brief (4 Seiten, lateinisch), *München, DM, Archiv NL 56, 010.*

[2] Sommerfeld wurde gegen das Votum Lindemanns auf Platz zwei der Berufungsliste gesetzt; an erster Stelle standen gleichrangig Wiechert und Cohn, siehe Seite 159.

[3] Walter Kaufmann versuchte, durch Messung der Geschwindigkeitsabhängigkeit der Elektronenmasse eine Entscheidung zwischen den Elektronentheorien herbeizuführen. Am Tag zuvor hatte er Sommerfeld als Fazit mitgeteilt, „dass die Lorentz'sche Hypothese endgültig ausscheidet", *W. Kaufmann an A. Sommerfeld, 4. November 1905. München, DM, Archiv HS 1977-28/A,161.* Dies wurde auf der Naturforschertagung im Jahr darauf lebhaft diskutiert [Planck 1906a]. Spätere Experimente von Alfred Bucherer führten zum entgegengesetzten Schluß, daß nur die „Lorentz-Einsteinsche Theorie" mit den Ablenkversuchen in Einklang sei. Siehe auch [Fölsing 1993, S. 230-233].

[4] Vermutlich handelt es sich um die Plattenknickung [Sommerfeld 1906b].

[5] Im Zusammenhang mit der Beugung am Spalt; Wien vergab dazu wenig später eine Doktorarbeit, vgl. *W. Wien an A. Sommerfeld, 14. Mai 1905. München, DM, Archiv HS 1977-28/A,369.* Siehe auch [Wien 1906a, S. 48-50] und [Sieger 1908].

[6] Vermutlich [Seitz 1905a] über Drahtwellen im Anschluß an [Sommerfeld 1899a].

[7] Max Mehler war 1900 in die Aachener Maschinenbauanstalt seines Vaters eingetreten.

[8] Des Coudres' Artikel über Elektrotechnik, vgl. [Klein 1900, S. 168], kam nicht zustande.

[97] *An Wilhelm Wien*[1]

Aachen, 14. XII. 05

Lieber College!

Ich habe gerade die Correktur meiner Bemerkungen zu Ihrem Meraner Vortrag abgeschickt.[2] Dabei wurde es mir zweifelhaft, ob Ihnen die enge Koppelung zwischen Ihrem Referat und meinen Bemerkungen erwünscht ist, oder ob Sie ev. eine deutlichere Trennung vorziehen. Gutzmer wünschte für den Jahresbericht das Letztere.[3] Ich habe in dieser Hinsicht in der Correktur nichts geändert. Vermutlich wird Ihnen ebenso wie mir die Frage recht gleichgültig sein. Wenn Sie besondere Überschrift meiner Bemerkungen wünschen, schreiben Sie doch ein Wort an Hirzel.[4]

Am letzten Montag habe ich in unserer Naturwissenschaftl. Gesellschaft[5] über die Mechanik der Elektronen gesprochen, wobei ich sowohl Ihre „elektromagn. Begründung der Mechanik" wie Ihren Meraner allgemeinen Vortrag gut benutzen konnte.[6] Auch zeigte ich Originalphotographie von Kaufmann vor. Bucherer–Bonn, der keine Ahnung von mathem. Physik hat, ist sehr hoch, weil angeblich Kaufmann's neue Versuche mit seinem (oder Langevin's) deformirbarem incompressibeln ~~Ellipsoid~~ Elektron übereinstimmen.[7] So viel ich sehe, ist dies Elektron aber nach Lorentz's Theorie auszuschliessen.

Mit herzlichem Gruß und nochmaligem Dank für Ihre Bemühungen contra Lindemann

Ihr ergebenster
A. Sommerfeld

[1] Brief (3 Seiten, lateinisch), *München, DM, Archiv NL 56, 010.*

[2] Bei der Naturforscherversammlung vom 24. bis 30. September in Meran hatte W. Wien auf Sommerfelds elektronentheoretische Arbeiten Bezug genommen, vgl. [Wien 1905b] und [Sommerfeld 1905c].

[3] [Sommerfeld 1906a]. Alfred Gutzmer gab die *Jahresberichte der Deutschen Mathematiker-Vereinigung Mathematiker* heraus.

[4] Die Vorträge und Diskussionen erschienen auch in der *Physikalischen Zeitschrift*, die im Verlag von S. Hirzel erschien [Wien 1906b].

[5] Möglicherweise die „Physikalische Gesellschaft Aachen", vgl. Bild auf Seite 126.

[6] [Wien 1900a] und [Wien 1905a].

[7] [Langevin 1986] und [Bucherer 1905]. Paul Langevin war Préparateur de physique an der Sorbonne; Alfred Bucherer, Privatdozent der Physik an der Universität Bonn, wurde dort 1907 zum außerordentlichen Professor ernannt.

[98] *An Wilhelm Wien*[1]

Aachen, 5. VII. 06

Lieber College!

Da ich Sie als den Urheber, Förderer und Beschützer der Idee vermute, mich nach München zu verpflanzen, so eile ich Ihnen zu melden, dass Wiechert den Münchener Ruf abgelehnt hat, wie mir seine Mutter nach früherer Verabredung telegraphirt. Näheres weiss ich noch nicht. Wenn also mein Freund Lindemann nicht eine energische Gegenaktion betreibt, so ist es wohl nach Lage der Dinge nicht unwahrscheinlich, dass ich gefragt werde und Ja sage. Ich wünsche garnicht, dass Sie etwa meiner Neugier entgegenkommen oder für mich [wieder][2] etwas tun sollen. Garnicht. Laßen wir dem Dinge seinen natürlichen Lauf.– Gleichzeitig wünscht man mich an die Techn. Hochsch. Delft[3] zu haben.–

Ich stecke jetzt in der Hydrodynamik, Turbulenz, drin u. hoffe bis Stuttgart[4] die kritische Geschwindigkeit exakt berechnen zu können.– Haben Sie die Abhandlung von Van der Waals jr. in der Amst. Ak. über Überlichtgeschw. gesehen?[5] Er knüpft an meine allgemeinen Formeln an, hat einige richtige und feine Bemerkungen (z. B. dass auch unterhalb der Lichtgeschwindigkeit zu einem *plötzlichen* Kraftabfall keine zugehörige Lösung der Bewegungsgl. existirt), aber im übrigen unbewiesene Behauptungen, die teilweise mir widersprechend sein sollen. P. Hertz druckt jetzt eine Arbeit in den Gött. Nachr. die nach der Seite der mathem. Methode ein entschiedener Fortschritt ist.[6] Was bei mir mühsam errechnet wird, kommt bei ihm anschaulich u. elegant heraus.

Jedenfalls werde ich, wenn ich nach München fahren sollte, in Würzburg Station machen, um mich von Ihnen instruiren zu laßen.

Daß Seitz auf unserer Liste an 1. Stelle steht, wissen Sie doch.[7] Wir ha-

---

[1] Brief (4 Seiten, lateinisch), *München, DM, Archiv NL 56, 010.*

[2] Nachträglich eingefügt.

[3] Vgl. Seite 161.

[4] In Stuttgart fand vom 16. bis 22. September 1906 die Naturforscherversammlung statt, bei der Sommerfeld jedoch keinen Vortrag hielt. Die Erwartung einer Lösung des Turbulenzproblems trog, vgl. Brief [103].

[5] [van der Waals 1905]. Johannes Diderik van der Waals junior hatte 1900 promoviert und trat 1908 die Nachfolge seines Vaters als Professor für theoretische Physik an der Universität Amsterdam an.

[6] Es ging dabei um einen „analytischen Beweis für die Unmöglichkeit kräftefreier Überlichtgeschwindigkeitsbewegung“, *P. Hertz an A. Sommerfeld, 14. Mai 1906. München, DM, Archiv NL 89, 009* und [Hertz 1906].

[7] Wilhelm Seitz wurde 1906 hauptamtlicher Dozent an der TH Aachen.

ben aber aus Berlin noch keine Nachricht. Ich habe es nicht verhindern können, dass Hagenbach seinen Freund u. Spektroskopiker Konen an 3. Stelle gebracht hat u. da er Preusse ist, die beiden anderen aber Bayer u. Badenser, so ist das Endresultat nicht ganz sicher.

Mit herzlichen Grüßen Ihr

A. Sommerfeld.

[99] *Von Wilhelm Conrad Röntgen*[1]

[München, 17. Juli 1906][2]

nach meiner kenntnis der sachlage steht ihre berufung bevor habe ministerium um officielle auskunft gebeten die wegen abwesenheit des referenten etwas auf sich warten laszen wird ich hoffe sehr dass es gelingt sie zu gewinnen.[3]

= roentgen.+

[100] *Von David Hilbert*[4]

Göttingen d. 29. 7. 06.

Lieber Sommerfeld.

Die Nachricht, dass Sie den Ruf nach München erhalten haben und annehmen, hat mich aufs herzlichste gefreut. Wir hatten ja, als uns der Verlust von Wiechert drohte schon damit gerechnet, dass Sie hier seine Stelle vertreten würden.[5] Nun in München trifft es sich für Sie ja noch viel besser: Sie kehren dort ein bei der Physik, der Mutter aller Wissenschaften, in deren Schooss Sie sicher sich glücklich fühlen werden. Sie werden sich – durch die Erfahrungen, die ja jeder Gelehrte von Temperament macht, gewarnt, nun auch körperlich mehr schonen und Ueberarbeitung vermeiden.

---

[1] Telegramm (Maschine, 1 Seite), *München, DM, Archiv HS 1977-28/A,288.*

[2] Aus den Angaben im Telegrammkopf rekonstruiert.

[3] Die Berufung erfolgte mit Wirkung vom 1. Oktober 1906, die offizielle Berufungsurkunde trägt als Datum den 8. September 1906, *Personalakte Sommerfeld. München, UA, E-II-N.*

[4] Brief (2 Seiten, lateinisch), *München, DM, Archiv HS 1977-28/A,141.*

[5] Wiechert war seit 1898 Direktor des Göttinger Instituts für Geophysik, das aus dem renommierten Erdmagnetischen Observatorium der Göttinger Sternwarte hervorgegangen war; seit 1903 gehörte Wiechert auch dem Direktorium des Mathematisch-Physikalischen Seminars der Göttinger Universität an.

Auch Ihrer Frau bitte ich meine herzlichsten Glückwünsche zu übermitteln – auf Wiedersehen in Stuttgart.[1]

Ihr Hilbert.

[101] *Von Kurt Rummel*[2]

Aachen, den 3. 8. 06

Sehr geehrter Herr Professor,

Soeben lese ich, daß Sie Aachen verlassen wollen, und es drängt mich, Ihnen in dem Augenblicke, da Sie Ihr Wirken an der Hochschule abschließen, meinen persönlichen Dank für das zu sagen, was ich Ihnen schuldig bin. Ich wollte, ich wäre ein berufener Sprecher der deutschen Industrie;[3] dann wüßte ich Ihnen noch besseren Dank zu melden; ich würde Ihnen auch sagen, daß ich neben der Freude, Sie bald in einer Tätigkeit zu wissen, welche Ihrem inneren Drange ganz entspricht, ein – ich möchte fast sagen – wehmütiges Gefühl empfinde, Sie zugleich Ihre „mechanisch-technische" Wirksamkeit aufgeben zu sehen. Denn so sehr ich auch überzeugt bin, daß diese Entscheidung, die ja nicht zum erstenmal an Sie herantrat, Ihnen nicht leicht geworden ist, so sehr fürchte ich auch, daß Ihre neue Tätigkeit Sie ganz und gar fesseln und Ihnen kaum Zeit lassen wird, technische Probleme zu lösen. Sie haben mir ja selbst einmal gesagt: „Ich bin ja eigentlich kein technischer Professor, ich bin Physiker!".

Aber gerade solche Männer tun uns not, nicht nur weil sie uns helfen, technische Schwierigkeiten zu lösen, sondern weil sie den lauten Strom des praktischen Schaffens in Verbindung halten mit dem stilleren Quell der Wissenschaft, weil sie ein Gegengewicht bilden gegen den hastigen Zug der Zeit, der nur das für wertvoll hält, was schnell in bare Münze umgesetzt werden kann.

Freilich, Sie wissen ja, wie sehr ich die Praxis hochschätze, daß ich sie als die positive Kraft ansehe, welche die realen Werte schafft. Wenn ich nach Feierabend im Garten sitze und der gedämpfte Lärm von der Hütte zu mir herüber dringt, der Lärm, in dem ich jeden Ton – den Signalruf des steuernden Maschinisten, das Schneiden des erkaltenden Blocks, das Abblasen des überanstrengten Kessels – unterscheide, dann möchte ich für meine Empfindung das Bild brauchen, daß ich den Gesang werktätiger Arbeit zu

---

[1] Hier fand vom 16. bis 22. September 1906 die Naturforscherversammlung statt.

[2] Brief (4 Seiten, deutsch), *München, DM, Archiv NL 89, 012.*

[3] Nach seiner Promotion 1905 und einem Auslandsaufenthalt war Rummel Assistent an der TH Aachen.

hören glaube. Trotz alles zufriedenen Schaffens der Gelehrtenstube, es ist etwas Schönes um das warme, schlagende Leben, und es hat einen eigenen Reiz, selbst den Schalter zu bewegen, der die Kräfte der Natur zur Arbeit zwingt.

Ich wünschte, ich könnte das, was ich von der Physik weiß und lerne, einmal nutzbar machen, um anderen Kenntnis und Kunde zu geben von den offenen und geheimen Kräften die in unserem industriellen Leben spielen und ich träume davon, mich später einmal an einer Universität zu habilitieren, um in diesem Sinne zu wirken.

Ich fühle da eine Lücke in der Bildung unserer Zeit, die Lücke, daß unsere Juristen und auch die anderen Fakultäten bis selbst zum Theologen, viel zu wenig Wesentliches von dem wichtigen Faktor wissen, den die Industrie in unserem heutigen Kulturleben spielt, zu wenig um in vielen Fällen ihre Zeit überhaupt zu verstehen.

Noch ist es wohl zu früh für solche Ideen, aber der Anfang ist ja schon in Jena gemacht.[1]

Vielleicht führt mich dann der Zufall wieder in Ihre Nähe. Seien Sie jedenfalls versichert, daß meine Gedanken Ihnen und Ihrer Frau Gemahlin nach München folgen werden, der Stadt, die mir stets als ein Gemisch von idealem Streben nach Kunst und Schönheit verbunden mit behaglichem Lebensgenuß erschienen ist.

Ihr Kurt Rummel

[102] *An Wilhelm Wien*[2]

München, 23. XI. 06

Lieber Wien!

Ich möchte auf einige Punkte unseres letzten Gespräches zurückkommen, die Sie vielleicht noch interessiren.[3]

---

[1] Anspielung auf das Wirken der Carl-Zeiss-Stiftung, die beispielsweise 1902 unter der Bedingung der Durchführung von Volkshochschulkursen Geld für die Erhöhung der Professorengehälter bewilligte oder 1903 das Volkshaus eröffnete, das neben einer öffentlichen Bibliothek auch das Schaeffer-Museum mit einer Sammlung physikalischer Apparate beherbergte, vgl. [Michael 1997].

[2] Brief (4 Seiten, lateinisch), *München, DM, Archiv NL 56, 010.*

[3] In einem früheren Brief hatte Sommerfeld an Wien geschrieben, man habe ihm für seine Münchner Professur, die mit einem Konservatorenamt der Bayerischen Akademie der Wissenschaften verbunden war, „bereitwilligst die Einrichtung der Akademie-Räume mit Strom etc. zu Beobachtungszwecken bewilligt; auch noch 500 M zum Gehalt zugelegt"; weiteres wollte er bei der Stuttgarter Naturforscherversammlung besprechen, wo

Zunächst bin ich über Röntgen sehr glücklich. Er kommt mir wissenschaftlich u. amtlich äusserst freundlich entgegen. Sein Intereße an allen Problemen ist äusserst lebendig. Auch theoretisch ist er viel klarer wie Ebert,[1] der offenbar seine Grenzen nicht genügend kennt. Im Colloquium gab sich Ebert einige Blößen; Röntgen ist leider dafür vorläufig nicht zu haben. Alles in allem bin ich überzeugt, dass ich mit Röntgen glänzend auskommen werde. In der Akademie hat er neulich eine sehr interessante Rede gehalten, natürlich auch wieder einmal über scheinbare Masse der Elektronen. Daß Kaufmann's Versuche entscheidend gegen das Princip der Relativbewegungen sprächen, glaubt er nicht. So genau wären seine Beobachtungen nicht.[2]

Ich habe jetzt Einstein studirt, der mir sehr imponirt u. werde nächstens im Sohnke-Colloquium darüber vortragen.[3] Ich glaube, Sie sind im Irrtum, wenn Sie annehmen, daß Einsteins Theorie die elektromagn. Masse ausschließt. Vielmehr lässt sich die Trägheitswirkung der Ladung bei Einstein gerade so begründen wie bei Lorentz. Sein μ im letzten § kann gut elektromagn. Ursprungs sein.[4] Der Unterschied scheint mir nur der zu sein, daß die Veränderlichkeit des μ nicht gegen die ponderable Masse spricht. Im Übrigen müßen die Grundlagen der Einstein'sche[n] Theorie noch sehr ausgebaut werden, bevor man damit beliebige Elektronenbewegungen behandeln kann.

Wegen der Abraham'schen Schwingungen eines Ellipsoides können Sie sich völlig beruhigen. Die betr. Diss. von Dr. Fuchs ist grundfalsch.[5] Wenn Sie sich dafür interessiren, so sehen Sie sich § 4, die Grenzbedingungen (55) an.[6] Die letzte lautet

$$\varepsilon_L \frac{\partial X_L}{\partial z} = \varepsilon_J \frac{\partial X_J}{\partial z},$$

---

er einige Tage über Encyklopädieangelegenheiten zu konferieren habe, *A. Sommerfeld an W. Wien, 12. September 1906. München, DM, Archiv NL 56, 010.*

[1] Hermann Ebert war seit 1898 Ordinarius für Physik an der TH München.

[2] Vgl. Brief [96]. Röntgens Akademierede wurde nicht gedruckt.

[3] Zum von Leonhard Sohncke begründeten Kolloquium vgl. Seite 267.

[4] [Einstein 1905b]. § 10 trägt den Titel *Dynamik des (langsam beschleunigten) Elektrons.* Einstein stellt darin „in Anlehnung an die übliche Betrachtungsweise" die Frage „nach der ‚longitudinalen' und ‚transversalen' Masse des bewegten Elektrons", das er als punktförmig betrachtet [Einstein 1905b, S. 917-921, hier S. 918-919].

[5] Franz Fuchs war Doktorand bei F. Lindemann. In seiner Dissertation behandelte er in Anlehnung an [Abraham 1898], bei dem es um die Eigenschwingungen eines ideal leitenden gestreckten Rotationsellipsoids ging (Antenne), die elektrischen Schwingungen eines Ellipsoides endlicher Leitfähigkeit [Fuchs 1906].

[6] Vgl. [Abraham 1907, S. 86].

sie sollte aber heissen:

$$\varepsilon_L \frac{\partial X_L}{\partial z} + 4\pi\lambda X_L = \varepsilon_J \frac{\partial X_J}{\partial z}$$

Dass die Lösung mit der falschen Bedingung (55) nicht verträglich sein kann, ist klar. Die richtige Grenzbedingung dagegen ist überflüssig, da sie bereits in den Maxw. Gl. enthalten ist. *Aber noch mehr*: die erste Grenzbedingung (55)

$$Y_L = Y_J$$

wird in (59) so behandelt, dass $Y_L = 0$ $Y_J = 0$ gesetzt wird. Da außerdem auch $X_L = 0, X_J = 0$ auf der Oberfläche gesetzt wird, so ist in der Tat der Widerspruch unvermeidlich. Denn $Y = 0$ und $X = 0$ hat notwendig im ganzen Äußeren und im ganzen Innern zur Folge $Y = 0, X = 0$! Das ist doch schon mehr Gehirnerweichung. Es entgeht auch dem Duo Fuchs–Lindemann daß die Bedingung $Y_J = 0$ nichts anderes als das Senkrecht-Stehen der Kraftlinien bei Abraham bedeutet! Auch sonst ist noch einiges falsch. Abraham wird, wie ich höre, nächstens antworten.[1] Möge er diesmal seine Schnoddrigkeit am rechten Orte anwenden.– Sie brauchen mir hierauf nicht zu antworten.

Mit vielen Grüssen Ihr AS.

[103] *An Hendrik A. Lorentz*[2]

München, 12. XII 06.

Lieber und verehrter Herr Professor!

Mit dem reizenden Buch für unseren Jüngsten[3] haben Sie uns innig überrascht und beschämt. Wie haben wir all die Freundlichkeit von Ihnen verdient? Das Geheimnis mit dem Namen Lorenz, (den wir allerdings nicht ganz richtig schreiben) wollten wir vor Ihnen wie vor den anderen Menschen hüten. Aber als Sie meine Frau auf der Bahn begrüssten, konnte sie es Ihnen nicht verschweigen. Daß meine Frau, wie ich schon in Leiden sagte, Sie sehr

---

[1] *M. Abraham an A. Sommerfeld, 12. November 1906. München, DM, Archiv HS 1977-28/A,1.* Abraham kam in seiner Rezension der Fuchsschen Dissertation zu dem Schluß, daß die Arbeit, „die übrigens in mancher Hinsicht Herrn Lindemanns ‚Theorie der Spektrallinien' nachgebildet ist, in keiner Weise den physikalischen Bedingungen entspricht" [Abraham 1907, S. 86].

[2] Brief (4 Seiten, lateinisch), *Haarlem, RANH, Lorentz inv.nr. 74.*

[3] Arnold Lorenz Sommerfeld war zwei Jahre alt.

lieb hat, werden Sie hoffentlich auch aus ihren Versen entnehmen, auch wenn schon bessere in deutscher Sprache gemacht sind. Ich schliesse mich dem Inhalt dieser Verse von ganzem Herzen an.

Von meiner Münchener Tätigkeit kann ich Ihnen Erfreuliches berichten. Ich habe eifrige Zuhörer und in den zugehörigen Übungen stosse ich auf viel Interesse. Röntgen ist sehr freundlich zu mir; die vielverbreitete Meinung, als ob sein Interesse an der Physik nachgelassen hätte, ist ganz irrig. Er ist fortgesetzt an der Arbeit, nur sehr ängstlich im Publiciren, auch bei seinen Doctoranden und Assistenten. Neulich hielt er in der Akademie einen interessanten Vortrag „über die Entwickelung der physikalischen Institute", in dem er auch auf die brennenden Elektronenfragen einging. Die letzten Kaufmann'schen Messungen hält er nicht für beweisend gegen das Relativitätsprincip; dafür seien sie zu complicirt.[1]

Inzwischen habe ich auch Einstein studirt. Es ist merkwürdig zu sehn, wie er ganz zu den gleichen Resultaten kommt, wie Sie, (auch in Hinsicht auf seine relative Zeit), trotz seines ganz anderen erkenntnistheoretischen Ausgangspunktes. Ganz wohl ist mir allerdings bei seiner deformirten Zeit ebenso wenig wie bei Ihrem deformirten Elektron.[2]

Meine Vorlesung gab mir Gelegenheit,[3] das, was man sonst für Drahtwellen macht, auf elektromagnetische Oberflächenwellen zu übertragen, die sich an einer ebenen Trennungsfläche fortpflanzen, wo alles viel einfacher wird. Ich glaube, dass dieser Wellentypus mit der drahtlosen Telegraphie zusammenhängt. Die Frage der kritischen Geschwindigkeit in der Hydrodynamik habe ich leider noch nicht weiter fördern können.[4]

Nun bitte ich Sie noch, uns Ihrer verehrten Frau Gemahlin herzlich zu empfehlen.

In Dankbarkeit
Ihr A. Sommerfeld

Im Voraus möchte ich Sie bitten, ein Bildchen von unserem kleinen Lorenz freundlich entgegenzunehmen. Sie sollten es schon lange erhalten haben, aber der Photograph hat uns im Stiche gelassen.

---

[1] Vgl. Anmerkung zu Brief [102].
[2] Vgl. [McCormmach 1970].
[3] Das Thema der Vorlesung im Wintersemester 1906/07 lautete „Maxwellsche Theorie; Elektronentheorie", *Vorlesungsmanuskript. München, DM, Archiv NL 89, 028.*
[4] Vgl. Brief [98].

1907–1912
Die Anfänge der Sommerfeldschule

Die Anfänge der Sommerfeldschule

Aus vielen Würdigungen Sommerfelds spricht ein fast ehrfürchtiger Respekt gegenüber seiner Fähigkeit als Lehrer. Eine ganze Generation theoretischer Physiker verdankt seinem Münchner Lehr- und Forschungsbetrieb das Rüstzeug und die Begeisterung für diese neue Disziplin. Dabei ist nur selten von den frühen Jahren die Rede, in denen die theoretische Physik in München allmählich an Profil gewann. Mit Ausnahme des kurzen Aufenthalts von Ludwig Boltzmann 1890 bis 1894 wurde diesem Fach vor 1906 in München keine besondere Aufmerksamkeit zuteil. Sommerfeld ging in einer viele Jahre später niedergeschriebenen *Autobiographischen Skizze* mit wenigen Sätzen über die Anlaufschwierigkeiten hinweg, die mit seinem Wechsel von der Technik zur theoretischen Physik verbunden waren. Er habe „von Anfang an dahin gestrebt", hier eine „Pflanzstätte der theoretischen Physik zu gründen".[1] Die Briefe der frühen Münchner Zeit zeigen jedoch, daß der Weg zur Begründung einer erfolgreichen Schule der theoretischen Physik mit Hindernissen vielfältigster Art gepflastert war.

Eine „Pflanzstätte der theoretischen Physik"

Zu den unerfreulichen Angelegenheiten gehörte sein Streit mit Ferdinand Lindemann. Nun habe Lindemann „seine Elektronen in der Akademie abgelagert", schrieb Sommerfeld an W. Wien.[2] Lindemann ging es dabei weniger um die Elektronentheorie als darum, sein Gesicht gegenüber der Fakultät zu wahren, da er seine Einwände gegen die Berufung Sommerfelds bislang nicht näher begründet hatte. Dies holte er 1907 nach, indem er der Bayerischen Akademie der Wissenschaften eine Reihe von Ausarbeitungen unterbreitete, die in den Sitzungsberichten und Abhandlungen der Akademie umgehend publiziert wurden. Er könne „nach den Erörterungen in der

---

[1] [Sommerfeld 1968a, S. 677].

[2] Brief [104]. Zur Elektronentheorie Lindemanns und dessen Kontroverse mit Sommerfeld vgl. [Eckert 1997].

Fakultät", wandte er sich an Sommerfeld, „nicht anders handeln".[1] Sommerfeld sah sich genötigt, den Lindemannschen Ausführungen mit anfangs ausführlichen, dann nur noch lapidaren Erwiderungen zu begegnen. Die Kontroverse fand in der Korrespondenz des Jahres 1907 einen reichhaltigen Niederschlag und nahm gegen Ende des Jahres fast tragikomische Züge an.[2] Am 2. November 1907 gab Sommerfeld ein letztes Mal eine schriftliche Stellungnahme gegen die Lindemannschen Arbeiten ab: „Die Klaße beschließt die Aufnahme der Erklärung in die Sitzungsberichte", heißt es im Protokoll, „Herrn F. Lindemann wird eine Antwort darauf bewilligt. Damit soll aber die Angelegenheit in den Sitzungsberichten abgeschloßen sein."[3] Sommerfelds Entgegnung war ganze 20 Zeilen lang. Er habe Lindemanns Einwände in einem Manuskript, das er ihm übergeben habe, „vollständig widerlegt".[4] Lindemanns Entgegnung darauf erfolgte einen Monat später und erschöpfte sich erneut in langen Berechnungen, denen Sommerfeld jedoch keine Antwort mehr folgen ließ.[5] Zumindest nach außen hin war der Streit damit beendet: „Auch Ihr ‚beigelegter' Zank mit Lindemann hat mich, soweit ich eindringen konnte, sehr interessiert," schrieb ein Kollege an Sommerfeld, und in einer Fußnote setzte er hinzu: „Die ‚Beilegung' ist doch immer das Schönste an einem Zank. Hat denn L. wirklich auch beigelegt? D. h. die Waffen gestreckt?"[6]

Max Abraham hatte für Lindemann nur noch Spott übrig: „Ich gratuliere übrigens zur Ernennung unseres Faschingstheoretikers zum Geheimen Hofrat, das wahre Genie bricht sich, wie man sieht, stets Bahn."[7] Da sich Lindemann auch mit anderen fehlerhaften Arbeiten ins wissenschaftliche Abseits begeben hatte, gereichte die Kontroverse nicht zu Sommerfelds Schaden. Hilbert berichtete ihm, daß er die jüngsten mathematischen Arbeiten Lindemanns gar nicht mehr zur Kenntnis nehme.[8] Klein, zu dessen frühesten Schülern sich Lindemann zählen durfte, schrieb an Sommerfeld:[9]

---

[1] Brief [105].

[2] Briefe [107] bis [114].

[3] *Mathematisch-Physikalische Klasse: Protokolle samt Beilagen, 1904–1909. München, Akademie.*

[4] [Sommerfeld 1907d].

[5] [Lindemann 1907e].

[6] *R. Fricke an A. Sommerfeld, 11. Januar 1908. München, DM, Archiv HS 1977-28/A,104.*

[7] *M. Abraham an A. Sommerfeld, 28. Januar 1908. München, DM, Archiv HS 1977-28/A,1;* vgl. *Physikalische Zeitschrift* Band 9, 1908, S. 112.

[8] *D. Hilbert an A. Sommerfeld, undatiert (vermutlich Anfang 1908). München, DM, Archiv HS 1977-28/A,141.*

[9] *F. Klein an A. Sommerfeld, 20. November 1907. München, DM, Archiv HS 1977-28/A,170.*

Lindemann geht mir außerordentlich nahe. Das Resultat wäre also, daß Lindemann mangels geeigneter physikalischer Anschauung sich auf das bloße Rechnen verläßt und da in Folge gehäufter Rechenfehler in die Irre geht! Bei der zweifellos von Hause aus außerordentlich hohen Begabung von Lindemann ein tragisches Ende.

Bei dem Streit mit Lindemann um die Elektronentheorie ging es nicht zuletzt auch um das Verhältnis der theoretischen Physik zur Nachbardisziplin der Mathematik. Abgrenzungsprobleme ganz anderer Art gab es gegenüber der Experimentalphysik. Die Anstellung Sommerfelds als Professor der theoretischen Physik an der Universität München war verknüpft mit dem Amt eines „Konservators" der mathematisch-physikalischen Sammlung des Bayerischen Staates[1] – eine Funktion, die mit eigenen Räumlichkeiten für die Durchführung von Experimenten und für die Aufbewahrung von historischen Instrumenten sowie modernen Versuchsapparaturen, einer Mechaniker- und einer Assistentenstelle verknüpft war. Die historische Instrumentensammlung war 1905 dem gerade gegründeten Deutschen Museum übergeben worden. 1909 wurde der Rest in neue Räumlichkeiten der Universität verlegt, wo Sommerfeld nun seine Funktionen als Universitätsprofessor und Sammlungsvorstand unter dem einheitlichen Dach eines „Instituts für theoretische Physik" ausübte.

Sommerfeld verfolgte die verschiedenen Planungsphasen vor der Gründung seines Instituts kritisch. Besonderen Wert legte er auf einen für die Zwecke der Physik gut ausgestatteten Hörsaal, der „100 Personen faßen" sollte, und ein „besonderes Seminarzimmer zur Aufnahme der Handbibliothek etc."[2] Wie ernst er auch die Experimentiermöglichkeiten nahm, wird in seinem Briefwechsel mit Wilhelm Wien deutlich, den er wegen der Baumaßnahmen wiederholt um Rat bat. Mit ähnlichem Ehrgeiz, mit dem er sich 1900 der Technik genähert hatte, versuchte er nun in die Physik hineinzukommen. Abraham F. Joffe, ein Mitarbeiter Röntgens, schlug ihm vor,[3]

nach dem Frühstück in das Café zu kommen, wo wir täglich physikalische Fragen diskutierten. Mit der ihm eigenen Gewissenhaftigkeit erschien Sommerfeld täglich ungefähr eine Stun-

---

[1] *Berufungsurkunde, 8. IX. 1906. Personalakte Sommerfeld. München, UA, E-II-N.* Vgl. auch [Koch 1967].

[2] *A. Sommerfeld an den Akademischen Senat der Ludwig-Maximilian-Universität, 7. Februar 1907. München, DM, Archiv NL 89, 004.* Zum Institutsaufbau siehe *München, BHSA, Akte MK 11317.*

[3] [Joffe 1967, S. 39-40].

de im Café Hofgarten, wo sich eine Art Physikerclub gebildet
hatte [...] Sommerfeld nahm zunächst die Rolle des Schülers
auf sich. Bald wurde der Schüler zu einem Schöpfer der theoretischen Physik.

Dabei zeigte Sommerfeld nicht nur für sein eigentliches Fach, die theoretische Physik, sondern für die gesamte Physik einschließlich experimenteller Belange einen Enthusiasmus, der sich noch in den Antwortschreiben
seiner Briefpartner widerspiegelte, wenn die Rede auf die Münchner Physik kam. Sommerfelds Aachener Experimentalphysikkollege Adolph Wüllner etwa freute sich mit Sommerfeld über dessen „Behagen" an der neuen
Stelle:[1]

> Ich habe nie daran gezweifelt, daß Sie sich in München wohl
> fühlen würden; die große Universität läßt Sie mit Sicherheit auf
> ein gut besetztes Auditorium rechnen, wenn Sie Ihre Lieblings-
> themata vortragen, das ist doch das erste was man als Professor
> sich wünschen muß. Auch sonst bietet München viel Gutes und
> Schönes, wenn auch nicht alles Gold ist was glänzt.

Bei den ersten von Sommerfeld vergebenen Doktorarbeiten war es noch
üblich, daß der Kandidat den theoretischen Teil seiner Untersuchung mit
experimentellen Arbeiten vervollständigte, wofür jedoch nicht immer die
nötigen Voraussetzungen vorhanden waren. In einem Fall gab es deswegen
besondere Schwierigkeiten: „I have never before worked under such dis-
advantage in any other laboratory", beklagte sich ein amerikanischer Doktorand über die schlechte experimentelle Ausstattung im Sommerfeldschen
Institut.[2] Wie Sommerfeld später der Fakultät erklärte, war der Grund für
die Schwierigkeiten des Doktoranden die „Kürze seines hiesigen Aufenthaltes",[3] doch dies war nur ein Teil des Problems. Der weitere Briefwechsel
zeigt, daß die eigentliche Ursache eher in der unklaren Grenzziehung zwischen theoretischer und experimenteller Forschung zu suchen war.[4]

Es ist bezeichnend, daß Sommerfeld für die seinem Institut 1911 bewilligte zweite Assistentenstelle Walther Friedrich „angeworben" hatte, einen
frisch promovierten Experimentalphysiker aus dem benachbarten Institut
Röntgens, den er „zur Bearbeitung meiner Röntgenprobleme" einsetzen

---

[1] *A. Wüllner an A. Sommerfeld, 30. Januar 1907. München, DM, Archiv HS 1977-
28/A,376.*

[2] *F. W. Grover an A. Sommerfeld, 8. April 1908. München, DM, Archiv NL 89, 008.*

[3] *A. Sommerfeld an die Philosophische Fakultät, 2. Sektion, 30. Juni 1908. München,
UA, OC I 34p.*

[4] Brief [129].

wollte.[1] Bei diesen Forschungen handelte es sich um eine Fortsetzung der Röntgenbeugungsexperimente von Haga und Wind am Spalt, von denen sich Sommerfeld Aufschluß über die sogenannte „Impulsbreite" der Röntgenstrahlen erhoffte.[2] Auch in diesem Fall blieb der gewünschte Erfolg aus, denn aus den Ergebnissen ließ sich allenfalls eine untere Grenze für die Röntgenwellenlängen abschätzen. Dessen ungeachtet wollte Sommerfeld an seinem Institut Theorie *und* Experiment gedeihen und wachsen sehen. Wenn auch nicht ganz wie zunächst geplant, fand diese Auffassung 1912 bei der Entdeckung der Röntgeninterferenz an Kristallen eine großartige Bestätigung (siehe unten). Noch im Jahr 1926, als sein Institut längst Weltruhm als Theoretikerschmiede genoß, bezeichnete Sommerfeld diese experimentelle Entdeckung als das „wichtigste wissenschaftliche Ereignis in der Geschichte des Instituts".[3]

In seinen Vorlesungen war Sommerfeld sehr bemüht, bei allen mathematisch-physikalischen Höhenflügen auch die praktische Anschauung nicht zu kurz kommen zu lassen. Er kümmerte sich – wie schon in Aachen – um geeignete Demonstrationsgeräte, mit denen er seinen Studenten den Vorlesungsstoff möglichst augenfällig nahebringen konnte. Boltzmann hatte während seines Münchner Aufenthalts schon Maßstäbe gesetzt – etwa in Gestalt eines Differentialgetriebes („Bizykel"), an dem man elektrodynamische Phänomene durch eine mechanische Analogie begreifen konnte. Dieses Modell war Boltzmann so sehr ans Herz gewachsen, daß er es selbst in seinem gedruckten Vorlesungswerk minutiös beschrieb[4] und auch mit auf Reisen nahm, um es bei Vorträgen vorzuführen. Statt des Geräts fand Sommerfeld in München aber nur einen Zettel Boltzmanns vor, daß er das Modell entliehen habe. Er wandte sich daher an Stefan Meyer, der das Boltzmannsche Institut in Wien kommissarisch leitete, und erhielt die Antwort:[5]

> Es ist mir bekannt, daß das Boltzmannsche Bicykel-Modell den Münchenern gehört – allerdings hatte ich gehofft, diese hätten bereits daran vergessen [...] Nachdem Sie es aber nunmehr zurückverlangen, werde ich es in den nächsten Tagen an Sie absenden lassen und erbitte nach Ankunft freundlichst den Boltzmann'schen Schuldschein an mich gelangen zu lassen.

---

[1] *A. Sommerfeld an J. Sommerfeld, undatiert (22. Juli 1911). München, Privatbesitz.* Vgl. auch Brief [195].

[2] Siehe Seite 149.

[3] [von Müller 1926, S. 291].

[4] [Boltzmann 1891, Vierte Vorlesung, § 37-39].

[5] Brief [106].

Für wie wichtig Sommerfeld einen anschaulichen Vorlesungsbetrieb
hielt, zeigt sich an den Ratschlägen, die er 1909 dem auf seine Empfehlung nach Aachen berufenen Johannes Stark mit auf den Weg gab: Er solle
„bei der Vorlesung an die wirklichen Bedürfniße der Ingenieure" denken und
„an das, was sie assimiliren können".[1] Wenn Sommerfeld bei Berufungsfragen um eine Beurteilung der Kandidaten gebeten wurde, gehörten die
Vorlesungen immer wieder zu den wichtigen Qualitäten.[2]

Seine eigenen Vorlesungen baute Sommerfeld im Lauf der Zeit zu einem
kanonischen sechssemestrigen Zyklus aus: 1. Mechanik, 2. Mechanik der
deformierbaren Medien, 3. Elektrodynamik, 4. Optik, 5. Thermodynamik,
6. Partielle Differentialgleichungen der Physik. Im ersten Band seines erst
ab den 1940er Jahren gedruckten Vorlesungswerks schrieb er:[3]

> Es handelt sich hier um einführende Vorlesungen, die außer von
> den eigentlichen Physik-Studenten der Universität und Tech-
> nischen Hochschule von den zahlreichen Lehramtskandidaten
> mathematisch-physikalischer Fachrichtung etwa im vierten bis
> achten Semester sowie von Astronomen und einzelnen Physiko-
> Chemikern gehört wurden. Die Vorlesungen wurden viermal in
> der Woche gehalten und durch zweistündige Übungen unter-
> stützt.

Aus den ersten Kursvorlesungen Sommerfelds in München wird auch
deutlich, daß sich der feste Zyklus erst nach einer Anlaufzeit von etwa
fünf Jahren einstellte. Vom Wintersemester 1906/07 bis zum Sommersemester 1910 lauteten die Themen der Hauptvorlesungen: „Maxwellsche Theorie; Elektronentheorie", „Theorie der Strahlung", „Kinetische Gastheorie",
„Wärmeleitung, Diffusion und Elektrizitätsleitung", „Elektrodynamik, insbesondere Elektronentheorie", „Optik", „Vektoranalysis", „Partielle Differentialgleichungen der Physik". Sie wurden ergänzt durch ein regelmäßiges „Seminar" – wobei dieser Begriff dem Vorlesungsverzeichnis zufolge zumindest
in der Anfangszeit synonym mit „Übung" gebraucht wurde und das Thema
der Hauptvorlesung des jeweiligen Semesters betraf. Ferner gab es in jedem
Semester eine Spezialvorlesung, die oft einem aktuellen Forschungsthema
gewidmet war. Ab 1909 wurde das Lehrangebot noch um die Spezialvorlesungen der bei Sommerfeld habilitierten Privatdozenten bereichert.

---

[1] Brief [142].
[2] Vgl. etwa Brief [186].
[3] [Sommerfeld 1943, Vorwort].

Um diese Zeit wurde ein regelmäßiges Kolloquium der Münchner Physiker eingerichtet. Die Zweckbestimmung war anfangs etwas unklar und gewann erst im Lauf der Jahre ein deutlicheres Profil. Den Erinnerungen von Peter Paul Ewald zufolge hatte er um 1909 dazu den ersten Anstoß geliefert:[1]

> Actually in a way I was the founder of the Munich colloquium. You see when we went down for lunch to the Ludwigsstrasse, I didn't like the idea that Debye and Hondros and Hopf and Hörschelmann – all these elderly students[2] – talked about things I didn't understand at all. And so I said to Hondros, I urged very strongly: "Couldn't we get together to talk over things, so that we young people could learn a bit quicker what the problems of real actual interest were." Hondros agreed that would be a great plan. He talked to Debye, and Debye talked to Sommerfeld. Sommerfeld said: "Oh, that's fine," and Debye said yes. Sommerfeld said: "I will not be there, so you are quite among yourselves." Which I think was a very wise decision. But he bought a box of cigars to be put on the table and to be smoked during the colloquium, which was his gift to the colloquium.

Diese Erinnerung mag nicht in allen Einzelheiten zutreffen, denn auch der Assistent Röntgens Peter Paul Koch nahm für sich in Anspruch, daß er „als junger Privatdozent zusammen mit Debye und Wagner das ‚bonzenfreie' Kolloquium gründete, aus dem dann später das berühmte Sommerfeldkolloquium erwuchs".[3] Unabhängig davon existierte auch schon vorher ein von dem Physiker an der TH München Leonhard Sohncke begründetes und von allen Münchner Physikern gemeinsam einmal monatlich abgehaltenes Kolloquium, dem Sommerfeld sofort nach Antritt seiner Professur seine Aufwartung machte: „Ich habe jetzt Einstein studirt, der mir sehr imponirt u. werde nächstens im Sohnke-Colloquium darüber vortragen", schrieb er im November 1906 an Wilhelm Wien.[4] In München wie auch andernorts entsprach das Kolloquium einem allgemeinen Trend, um angesichts der rasch

---

[1] *P. P. Ewald, Interview, 8. Mai 1962. AHQP.*

[2] Zu Peter Debye, Demetrios Hondros, Ludwig Hopf und Harald von Hoerschelmann siehe unten.

[3] *P. P. Koch an A. Sommerfeld, 6. August 1944. München, Institut für theoretische Physik der Universität (Bibliothek).* Ernst Wagner hatte 1903 bei Röntgen promoviert und war seit 1911 Privatdozent an der Universität München.

[4] Brief [102].

zunehmenden Spezialisierung auf dem Laufenden über die Forschungen der Fachkollegen zu bleiben. Für gewöhnlich traf man sich an jedem Mittwoch während des Semesters, um einen einstündigen Vortrag über ein aktuelles Forschungsthema zu hören. Der Vortragende (üblicherweise einer der Assistenten, gelegentlich auch ein Physiker einer auswärtigen Universität) referierte dabei über eine neue Publikation in der physikalischen Fachliteratur oder über eigene noch unveröffentlichte Arbeiten. Was zunächst nur als informelles Treffen für einen lockeren Ideenaustausch gedacht gewesen sein mag, wurde binnen kurzem zu einer festen Institution.[1]

Die ersten Sommerfeldschüler

Schon in Göttingen hatte Sommerfeld erste Erfolge als Lehrer zu verzeichnen. Das bezeugt der Mathematiker Otto Blumenthal, der damals in Göttingen studierte und bei Sommerfeld Vorlesungen über Projektive Geometrie, über Differentialgleichungen in der Physik und über Variationsrechnung hörte. Er promovierte 1898 und habilitierte sich 1901 in Göttingen für Mathematik. Blumenthal zählt zu den bedeutendsten Schülern Hilberts. Er selbst nannte außer Hilbert auch Klein und Sommerfeld seine wichtigsten Lehrer. Über Sommerfelds Vorlesungen schrieb er in seinen Erinnerungen:[2]

> In den Vorlesungen von Sommerfeld war immer eine große Menge Stoff übersichtlich zusammengebracht, Anwendungen der verschiedensten Art, das machte sie außerordentlich anregend. Sowohl bei ihm wie bei Hilbert kann ich aber den Eindruck der Vorlesungen nicht von dem Eindruck des persönlichen Verkehrs trennen [...]

Auch in Aachen hatte Sommerfeld bei einigen seiner Studenten bleibende Eindrücke hinterlassen.[3] Dies traf besonders auf Walter Rogowski und Peter Debye zu, die „weit über den Lehrplan der Technischen Hochschule hinausgreifend" sich gemeinsam autodidaktisch und in persönlichen Gesprächen mit Sommerfeld die theoretische Physik aneigneten: „Wie oft saßen die wissenschaftlichen Zwillinge bei mir zu Hause, um Fragen zu stellen und Anregungen zu empfangen!"[4] Auch lange über die Aachener Studienzeit hinaus bezeugten Rogowski und Debye Sommerfeld ihre Verbundenheit.

---

[1] *Physikalisches Mittwoch-Colloquium. München, DM, Archiv Zugangsnr. 1997-5115.*
[2] [Lorey 1916, S. 352].
[3] Siehe zum Beispiel Brief [101].
[4] [Sommerfeld 1950a].

Peter Debye

Für Debye war die Begegnung mit Sommerfeld in Aachen der Auftakt einer beispiellos erfolgreichen Karriere. Als Physiker, der Theorie und Experiment gleichermaßen beherrschte, war Debye seinem Lehrer bald ein ebenbürtiger und oft überlegener Kollege. Aus dem Lehrer-Schüler-Verhältnis wurde im Lauf der Jahre eine persönliche und wissenschaftliche Freundschaft, die ein Leben lang anhielt und sich in dieser Intimität bei keinem anderen Sommerfeldschüler[1] wiederholte.

Schon als Sommerfeld den Ruf nach München erhielt, war es – wie er sich in seiner autobiographischen Skizze viele Jahre später erinnerte – „für mich und meinen damaligen Assistenten Debye selbstverständlich, daß dieser Ruf uns beiden galt, d. h. daß Debye mich nach München begleitete."[2] Daß Debye zu diesem Zeitpunkt noch nicht promoviert war, stellte keinen Hinderungsgrund dar. In Aachen hatte Sommerfeld daran gedacht, Debye bei Wilhelm Wien in Würzburg promovieren zu lassen: „Ich habe einen ganz genialen Assistenten, der einmal bei Ihnen den Doctor machen soll", hatte Sommerfeld im Juni 1905 an Wien geschrieben, als noch nicht klar war, daß er Debye bald selbst mit einem physikalischen Thema die Promotion würde ermöglichen können.[3] Das Thema für die Münchner Doktorarbeit Debyes ergab sich aus Diskussionen zwischen Sommerfeld und Schwarzschild über die Lichtbeugung an kleinen Kugeln, die Schwarzschild für den Grenzfall der vollkommenen Reflexion und mit Blick auf astronomische Anwendungen (Lichtdruck auf Kometenschweife) interessierte, von Sommerfeld und Debye jedoch auch für den Fall lichtdurchlässiger Kugeln (Theorie des Regenbogens) und im Hinblick auf die dabei anwendbaren mathematischen Methoden verfolgt wurde.[4]

Nach der Promotion im Sommer 1908 und der zwei Jahre darauf erfolgten Habilitation[5] wurde Debye im Frühjahr 1911 zum Nachfolger Einsteins als Extraordinarius für theoretische Physik an die Universität Zürich berufen. In Sommerfelds Empfehlungsschreiben heißt es:[6]

[1] Im folgenden wird die Bezeichnung „Sommerfeldschüler" auf die Doktoranden Sommerfelds angewandt, ausnahmsweise auch auf Personen, die allein von Sommerfelds Lehrveranstaltungen tief beeindruckt waren. Zum Begriff der „Wissenschaftsschule" allgemein vgl. die Beiträge in [Geison 1993].

[2] [Sommerfeld 1968a, S. 677].

[3] *A. Sommerfeld an W. Wien, 20. Juni 1905. München, DM, Archiv NL 56, 010.*

[4] Briefe [130], [131], [136], [137] und [148].

[5] Debye wählte als Habilitationsthema die Elektronentheorie der Metalle [Debye 1910b].

[6] *Dekan der philosophischen Fakultät der Univerität Zürich an den Regierungsrat, 30. März 1911. Zürich, StAZ, U 110b.2 Berufungsakte Debye.*

Ich bin überzeugt, dass Sie an Debye Ihre Freude haben werden. Mein Verhältnis zu ihm ist das denkbar innigste. Vor über 7 Jahren habe ich ihn als blutjungen Studenten der Elektrotechnik in Aachen entdeckt. Er war 2 Jahre bei mir in Aachen Assistent für Mechanik und ist jetzt $4\frac{1}{2}$ Jahre bei mir in München. In all dieser Zeit habe ich fast täglich mit ihm freundschaftlich und wissenschaftlich verkehrt. Ich schätze die absolute Zuverlässigkeit und Ehrlichkeit seines Charakters ebenso sehr wie seine Intelligenz, die ich mir oft überlegen fühle und seinen praktischen Blick und seine experimentelle Geschicklichkeit, in der ich mich ihm nicht vergleichen kann. Der Gedanke ist mir sehr schmerzlich, seine Hülfe und seinen Umgang in Zukunft vermissen zu müssen.

In seinen wissenschaftlichen Leistungen übertraf Debye Sommerfeld noch an Vielseitigkeit: Seine Arbeiten reichten von der Mathematik und der theoretischen Physik über die Experimentalphysik bis zur Chemie; in diesem Fach wurde er 1936 mit dem Nobelpreis ausgezeichnet. 1950 verlieh ihm die Deutsche Physikalische Gesellschaft ihre höchste Auszeichnung, die Planck-Medaille, und bei dieser Gelegenheit bekundete der greise Sommerfeld in einer sehr persönlichen Laudatio dem Lieblingsschüler noch einmal seine ganze Wertschätzung.[1] Selbst wenn er anderen Physikern höchstes Lob zollte und ihnen beste Empfehlungen ausstellte, wie etwa im Fall von Laue als Einstein-Debye-Nachfolger an der Universität Zürich – beim Vergleich mit Debye relativierte er sein Urteil, „denn schliesslich ist Debye doch noch eine andere menschliche und wissenschaftliche Persönlichkeit."[2] Bei anderer Gelegenheit schrieb er: „Debye überragt natürlich alle anderen, die nach Einsteins Ablehnung in Frage kommen können, bedeutend. Er ist ein wirklicher Physiker."[3]

Eine entsprechend wichtige Rolle übte Debye auch für die Meinungsbildung im Sommerfeldschen Institut bei aktuellen physikalischen Forschungsfragen aus. Die oben zitierte Darstellung Ewalds über die Anfänge des Münchner Kolloquiums gibt davon einen Eindruck. Als Debye wegberufen worden war, teilte er Sommerfeld per Brief seine physikalischen Einsichten mit – so etwa über das Plancksche Strahlungsgesetz oder über die Theorie der spezifischen Wärme fester Körper.[4] Daß Sommerfeld selbst um diese Zeit eine Pionierrolle auf dem Gebiet der Quantentheorie einzunehmen be-

---

[1] [Sommerfeld 1950c].

[2] Brief [186].

[3] Brief [189].

[4] Brief [167]; siehe auch Brief [193] von Sommerfeld an Schwarzschild.

gann (siehe unten), ist zu einem nicht geringen Teil dem Einfluß Debyes zuzuschreiben.

Demetrios Hondros

Zu den ersten, die in München durch Sommerfeld in die theoretische Physik eingeführt wurden, gehört der Grieche Demetrios Hondros. Auch in seinem Fall kam das Promotionsthema aus dem Umfeld der mehr mathematisch orientierten frühen Arbeiten Sommerfelds, der Theorie der Drahtwellen. Wie bei Debye erkannte Sommerfeld auch im Fall von Hondros das Hauptverdienst in der Bewältigung der dabei auftretenden mathematischen Probleme. „Die Schwierigkeit wurde dadurch erhöht, dass ich ursprünglich ein complicirteres (und wohl zu complicirtes) Thema gestellt hatte – Ausstrahlung der Drahtwellen von einem Knick der Leitung", erklärte er in seinem Votum über Hondros' Dissertation. Die Ergebnisse seien „für jeden, der sich tiefer für die mathematische Behandlung elektrodynamischer Probleme intereßirt, lehrreich und zum Teil überraschend". Neben den bisher untersuchten Drahtwellen „vom symmetrischen elektrischen Typus, hier Hauptwellen genannt", habe Hondros auch „Serien vom symmetrischen elektrischen und magnetischen Typus sowie von unsymmetrischem Typus, welche hier Nebenwellen genannt werden", gefunden; an diesen Nebenwellen sei ein Skineffekt zu beobachten, der sich anders als der gewöhnliche Skineffekt „nach dem Äußeren des Drahtes hin" ausbilde. Alles in allem zeige die Arbeit, „dass der Verf. ein vielseitig begabter und in gründlichen experimentellen und theoretischen Studien gereifter Kopf ist."[1]

Nach erfolgreichem Studienabschluß kehrte Hondros in sein Heimatland zurück. Daß der Einfluß Sommerfelds sich nicht auf die Physik beschränkte, zeigt ein Brief vom Weihnachtstag des Jahres 1909:[2]

> Jetzt scheint mir die schöne Münchner Zeit wie ein Traum. Als ob ich nie in Deutschland gewesen wäre. Nur die Sehnsucht bleibt immer lebhaft. Herzlichen Dank für den K. Meyer.[3] Ich glaube bald gewinnt mich auch die Begeisterung.

> Jetzt lese ich die Kritik der reinen Vernunft. Ich will sehen was Kant genau über Raum und Zeit denkt, obgleich ich ihm gar nicht beistimme.

---

[1] *A. Sommerfeld an die Philosophische Fakultät, 2. Sektion, 15. Juni 1909. München, UA, OC I 35p.*

[2] *D. Hondros an A. Sommerfeld, 24. Dezember 1909. München, DM, Archiv NL 89, 009.*

[3] Vermutlich ein Buch von C. F. Meyer, einem Lieblingsschriftsteller der Sommerfelds.

Auch ein anderes Buch habe ich in der Hand gehabt, das Sie
vielleicht interessiren würde. Chamberlain, die Grundlagen des
XIX Jahrhunderts.[1] Uns modernen Südvölkern tut er zwar ein
bischen Unrecht, indem er uns als Mischlinge und Mestizen zu
nichts tauglich hält, und die Welt den Germanen allein verheisst,
dennoch ist das Buch eigenartig und interessant, und sehr schön
und kräftig geschrieben.

[...] Ich hoffe jetzt Assistent im Chemischen Laboratorium zu
werden. Da im Physikalischen Institut keine Stelle frei ist muss
ich mich wohl oder übel damit begnügen.

Dieses Beispiel verdeutlicht, daß die im Sommerfeldschen Institut vermit-
telten Fähigkeiten auf dem Gebiet der theoretischen Physik keine Gewähr
für eine berufliche Zukunft in diesem Fach boten, das vor dem Ersten Weltkrieg noch kaum den Status einer eigenen Disziplin beanspruchen durfte.
Anfang 1911 erhielt Sommerfeld den Brief eines griechischen Kollegen von
der Universität Athen, der ihn an die „gemeinschaftliche Freundschaft für
H. Chondros" erinnerte und um einen Gefallen bat:[2]

Gegenwärtig sind die zwei Stühle der Physik an der Universität
unbesetzt: die experimentelle u. die theoretische oder mathematische Physik, und die Regierung ist gezwungen in kurzer Zeit
eine dieser Stellen zu besetzen.

Da jedoch Herr Chondros ganz unfähig ist, sich selbst zu bewer-
ben und sein Werth dem Minister nicht bekannt ist, so würde
es von großen Vortheil sein, wenn sein Lehrer, ein so hervor-
ragender Professor wie Sie, dem Minister die Tüchtigkeit und
Fähigkeit seines Schülers brieflich darstellen würde.

Sommerfeld kam dieser Bitte gerne nach. In der an „Se. Excellenz den
Herrn Premier Minister Ἐλευθέριος Βενιζέλος" gerichteten Empfehlung für
Hondros heißt es:[3]

Ich kenne und schätze Hn. Dr. Hondros von seinem Aufenthalt
in Deutschland 1907–1909. Er hat bei mir eine Doctorarbeit
aus der modernen Elektrodynamik verfasst, über die er auf dem
Naturforschertage in Salzburg vorgetragen hat. Arbeit und Vortrag haben bei meinen Collegen das grösste Interesse erregt. In

---

[1] [Chamberlain 1899], 1944 erschien das Werk in der 29. Auflage.
[2] *S. Miliarakis an A. Sommerfeld, 15. Januar 1911. München, DM, Archiv NL 89, 011.*
[3] *A. Sommerfeld an E. Venizelos, 24. Januar 1911. München, DM, Archiv NL 89, 001.*

meinem Institute wird daran gearbeitet, die von Dr. Hondros und Dr. Debye theoretisch vorausgesagten Wellen experimentell nachzuweisen. Die Arbeit von Hondros und die anschliessende Note von Hondros und Debye sind in den Annalen der Physik erschienen.[1] [...] Ich füge hinzu, dass Herr Dr. Hondros von meinem Schritt bei Euer Excellenz nichts ahnt und dass er die Freiheit, die ich mir nehme, vielleicht nicht billigen würde. Wollen Sie, sehr geehrter Herr Ministerpräsident, diese Freiheit entschuldigen mit dem warmen Interesse für einen hoffnungsvollen Schüler und mit dem Wunsche, unsere gemeinsame Wissenschaft an derjenigen Stätte würdig vertreten zu sehn, die einst die Mutter aller Wissenschaften war.

Auch wenn eine so überschwengliche Empfehlung nicht an der Tagesordnung war, so zeigt sie doch, wie Sommerfeld seinen erfolgreichen Schülern den Weg für eine Karriere in der theoretischen Physik zu ebnen suchte.

Ludwig Hopf

Wie weit die Themen gestreut waren, mit denen sich ein angehender Theoretiker bei Sommerfeld profilieren konnte, zeigt Ludwig Hopf, der nach Studienaufenthalten in Berlin und Paris seit dem Wintersemester 1906/07 in München studierte und 1909 seine Doktorarbeit abschloß. „Die Arbeit des Hn. Hopf zerfällt in zwei nur lose zusammenhängende Teile," leitete Sommerfeld sein Votum zu dieser Dissertation ein, „einen hauptsächlich *experimentellen* Teil: über Turbulenzerscheinungen an einem Fluß (Gerinne) und einen rein *theoretischen* Teil: über Schiffswellen." Zwar sei der Kandidat „experimentell nicht eigentlich geschickt", er habe jedoch eine „große Liebe zur Sache und seltene Ausdauer" bewiesen und gezeigt, „dass er sowohl auf theoretischen wie auf experimentellen Gebiete zur selbständigen wissenschaftlichen Forschung befähigt ist."[2]

Dieser doppelten Qualifikation auf theoretischem und experimentellem Gebiete kam wegen des Mangels an Theoretikerstellen durchaus Bedeutung zu. Hopfs beruflicher Werdegang als Aerodynamiker an der Technischen Hochschule in Aachen zeigt, daß nicht für alle Sommerfeldschüler die theoretische Physik zu ihrem dauerhaften Tätigkeitsfeld wurde, auch wenn sie in diesem Bereich gearbeitet hatten. Er publizierte zum Beispiel gemeinsam

---

[1] [Hondros 1909], [Hondros und Debye 1910].

[2] *A. Sommerfeld an die Philosophische Fakultät, 2. Sektion, 5. Juli 1909. München, UA, OC I 35p.* [Hopf 1910b] und [Hopf 1910a].

mit Sommerfeld eine vereinfachte Ableitung der funktionentheoretischen Methoden für die Theorie der Beugung.[1] Sommerfeld zollte den verheißungsvollen Anfängen seines Schülers Tribut, als er über dessen Münchner Zeit schrieb: „Er war ein begeisterter Hörer meiner ersten Münchener Vorlesungen. Im Seminar zeichnete er sich aus. Wenn es sich um einen schwierigen Vortrag handelte, verlangten die Mitglieder, daß Hopf ihn übernähme, der alles klar darzustellen verstehe."[2]

1910 übersiedelte Hopf nach Zürich, um Einsteins „Privatassistent" zu werden.[3] Als er im folgenden Jahr an der TH Aachen eine Assistentenstelle und die Möglichkeit zur Habilitation erhielt, war ihm dieses Milieu zunächst noch wenig vertraut. Er schrieb an Einstein:[4]

> Einstweilen studiere ich ein bisschen Elastizitätstheorie, darin muß ich nämlich Übungen abhalten, u. da sollen die Studenten nicht gleich merken, wie wenig ein Universitätsphysiker von diesen Dingen weiß. [...] Und wenn Sie einmal besonders nett sein wollen, so verehren Sie mir Ihr Bild, das dann neben Sommerfeld auf meinem Tische thronen kann.

Hopf fühlte sich zeitlebens als Schüler Sommerfelds, obwohl ihm seine künftige Laufbahn nur noch wenig Zeit ließ, den rasanten Fortschritten in der theoretischen Physik zu folgen. Daß ihm – wie manch anderem talentierten Sommerfeldschüler – der Weg über eine Assistentenstelle und eine Habilitation in theoretischer Physik versagt blieb, zeugt eher von der Begrenztheit des noch jungen Faches als von der Neigung oder Qualifikation Hopfs.

Max Laue

Laue zählt nicht zu den eigentlichen Sommerfeldschülern. Dennoch war er mit dem Sommerfeldschen Institut aufs engste verbunden, so daß eine Darstellung der frühen Jahre der Münchner theoretischen Physik ohne besondere Hervorhebung Laues unvollkommen wäre. Seit 1905 Assistent Plancks hatte er sich 1909 von Berlin nach München umhabilitiert – aus gesundheitlichen Gründen und nicht etwa aufgrund eines Zerwürfnisses mit Planck, wie Sommerfeld in einer Empfehlung für Laue klar machte:[5]

---

[1] [Hopf und Sommerfeld 1911].

[2] [Sommerfeld 1952].

[3] Vgl. [Einstein 1993, S. 639]. Aus der Zusammenarbeit mit Einstein resultierten die Publikationen [Einstein und Hopf 1910a] und [Einstein und Hopf 1910b].

[4] [Einstein 1993, Dokument 294].

[5] *A. Sommerfeld an A. Kleiner, 10. Juni 1912. Zürich, ETH, HS 412.*

In Berlin ging es ihm 1908 mit den Nerven schlecht, Schlaflosigkeit. Nur aus diesem Grunde habilitirte er sich nach München um; mit Planck steht er nach wie vor intim. In München haben wir ihn gern aufgenommen ohne neue Habilitationsschrift oder Colloquium zu verlangen.

Zur Begründung der Privatdozentur für Laue argumentierte Sommerfeld gegenüber der Fakultät, die „grosse Zahl und die verschiedenen Ansprüche unserer zum Teil älteren und von auswärts kommenden Studirenden" machten ein „reicheres Vorlesungsprogramm sehr erwünscht":[1]

Unter den jüngeren Collegen zeichnet sich Herr L. durch Produktivität und Schärfe des Urteils entschieden aus und genießt allgemeines Ansehen. Seine Untersuchungen liegen vornehmlich in der Arbeitsrichtung seines Lehrers Planck und betreffen die thermodynamische Seite der optischen Erscheinungen, die er in Hinsicht auf cohärente und interferirende Strahlen wesentlich gefördert hat. Diese Untersuchungen gehören zu den begrifflich schwierigsten und abstraktesten der heutigen theoretischen Physik.

[. . .] Von der Anwesenheit des Herrn L. verspreche ich mir hiernach nicht nur eine Förderung des Unterrichts sondern auch eine Bereicherung des wissenschaftlichen Lebens an unsrer Universität.

Im einzelnen trug Laue durch Spezialvorlesungen zur Elektronentheorie, Thermodynamik, Optik und Relativitätstheorie zur Vielfalt der Münchner theoretischen Physik zwischen 1909 und 1912 bei. „Laue hat sich bisher immer an einen kleinen Kreis von Studirenden gewandt, die wirklich etwas lernen wollen, und hat diese ausserordentlich gefördert."[2]

Der Höhepunkt von Laues wissenschaftlicher Laufbahn war die mit dem Physiknobelpreis ausgezeichnete Entdeckung der Beugung von Röntgenstrahlen an Kristallen, zu der er die entscheidende Anregung gab (siehe unten). Für Debye erfuhr dadurch seine und Sommerfelds frühzeitige Wertschätzung von Laues Qualitäten eine schöne Bestätigung. Gleichwohl fand er, daß bei der „Laueschen Entdeckung" auch der Zufall seine Hand im Spiel gehabt hatte.[3] Innerhalb des Physikerkreises um Sommerfeld gab es

---

[1] *A. Sommerfeld an die Philosophische Fakultät, 2. Sektion, 20. April 1909. München, UA, OC I 36.*

[2] Brief [186].

[3] *P. Debye an A. Sommerfeld, 13. Mai 1912. München, DM, Archiv HS 1977-28/A,61.*

Spannungen, die kaum nach außen drangen. Das Verhältnis zwischen Laue und Sommerfeld wurde durch ein Jahre dauerndes persönliches Zerwürfnis belastet. In einem Brief aus dem Jahr 1920 an Sommerfeld schreibt Laue:[1]

> Wenn ich manchmal mit einer gewissen Bitterkeit an die Münchener Zeit gedacht habe, so lagen die Gründe dazu nicht auf dem Gebiet der wissenschaftlichen Anregung; die habe ich kaum irgend wo anders so reichlich genossen. Wohl aber habe ich dort manch[e]s persönlich recht Unerfreuliche erfahren. Ich will nur einen Punkt, der nicht der schlimmste ist berühren. Warum haben Sie mich ausgeschloßen, als Sie mit Friedrich und Knipping und den anderen jüngeren Fachgenossen die Entdeckung der Röntgenstrahlinterferenzen feierten?

> Nun könnten Sie natürlich mit Recht darauf hinweisen, daß ich Ihnen gegenüber nicht immer korrekt aufgetreten war, namentlich kurz nach meiner Übersiedelung nach München. Aber Sie wußten doch, in welchem Gemütszustande ich kam. Hätten Sie mir ‚mildernde Umstände' bewilligt, so hätten Sie jedenfalls unsere persönliche[n] Beziehungen sehr wesentlich gebessert.

> Doch lassen wir das Vergangene ruhen; sagen wir ‚Schwamm darüber'. Es hat mich immer tief geschmerzt, mit einem Fachgenossen nicht gerade gut zu stehen, dessen Leistungen ich *so* hoch bewerten muß.

Daß es zu dieser brieflichen Aussprache erst 1920, mehr als 8 Jahre nach der Entdeckung und 6 Jahre nach der Nobelpreisverleihung an Laue kam (Anlaß des Briefes war die Übersendung der gedruckten Nobelpreisrede Laues), läßt auf die Tiefe des Zerwürfnisses schließen. Als Sommerfeld zum Beispiel 1916 zu einem kurzen Ferienaufenthalt in Wilhelm Wiens Landhaus bei Mittenwald reiste, wo sich immer wieder eine kleine Physikerrunde zu gemeinsamen Skitouren und Bergwanderungen zusammenfand, hoffte Sommerfeld, daß Laue nicht käme: „Ich fürchte, dass mein Behagen sehr unter seiner Anwesenheit leiden würde."[2] Die Gründe dafür lagen wohl im privaten Bereich.[3]

---

[1] *M. Laue an A. Sommerfeld, 3. August 1920. München, DM, Archiv HS 1977-28/A,197.*

[2] Brief [236].

[3] Siehe *P. Debye an A. Sommerfeld, 29. März 1912. München, DM, Archiv HS 1977-28/A,61* und Band 2.

Die „Schule" etabliert sich

Zumindest auf lokaler Ebene bekam die theoretische Physik als eigenständige Wissenschaft vor dem Ersten Weltkrieg immer deutlichere Konturen. An den Doktorarbeiten aus Sommerfelds „Pflanzstätte" zwischen 1910 und 1913 zeichnet sich immer klarer ein wachsendes disziplinäres Selbstverständnis ab. Vergleicht man etwa die Unsicherheiten im Zusammenhang mit der Dissertation des amerikanischen Gaststudenten Frederick W. Grover im Jahr 1908[1] mit den Dissertationen von Wilhelm Lenz und Wilhelm Hüter aus dem Jahr 1911, die alle demselben Themenkreis (Wechselstromwiderstand) gewidmet waren, so wird dies sehr deutlich. Auch bei den letzteren Arbeiten wollte Sommerfeld noch nicht auf die experimentelle Begleitung bei der theoretischen Durchdringung dieses Themas verzichten, aber er trennte diese Aufgabe ab und vergab sie als eigene Doktorarbeit. In seinem Votum über die theoretische Arbeit von Lenz schrieb er:[2]

> Die Arbeit von W. Lenz,[3] die im Laufe der letzten zwei Jahre verfasst ist, behandelt ein schwieriges Problem der rechnenden Elektrodynamik mit erfreulicher Gründlichkeit und unter Beherrschung aller in Betracht kommenden mathematischen Hülfsmittel. Eine dem gleichen Thema gewidmete experimentelle Arbeit ist von einem anderen Doktoranden beinahe durchgeführt und wird der Fakultät im nächsten Semester vorgelegt werden. [...] Um die Resultate der Arbeit für die Praxis namentlich bei höheren Wechselzahlen bequem brauchbar zu machen, sind umfängliche Tabellenberechnungen erforderlich. Diese werden noch einige Zeit in Anspruch nehmen und sollen durch einen anzustellenden Rechner ausgeführt werden mit Mitteln, die mir die Akademie der Wiss. in diesem Jahre bewilligt hat.

Neben der Abspaltung des experimentellen Teils sorgte sich Sommerfeld also auch um eine gesonderte numerische Auswertung der Theorie, was der zügigen Bewältigung des Doktorthemas entgegenkam. Die Möglichkeit dazu eröffnete ihm seine kurz zuvor erfolgte Wahl zum ordentlichen Mitglied der mathematisch-physikalischen Klasse der Bayerischen Akademie der Wissen-

---

[1] Brief [129].

[2] *A. Sommerfeld an die Philosophische Fakultät, 2. Sektion, 16. Februar 1911. München, UA, OC I 37p.*

[3] [Lenz 1912].

schaften.[1] Was die Betreuung der experimentellen Arbeit betraf, so verließ sich Sommerfeld auf Debye. In seinem Votum heißt es:[2]

> Die Dissertation von *W. Hüter*[3] hängt enge mit der der Fakultät im vorigen Semester vorgelegten Dissertation von *Lenz* zusammen. Die Diss. Lenz behandelt die Capacität (sowie Selbstinduktion und Widerstand) von Spulen theoretisch, die Diss. Hüter experimentell. [...] Die Arbeit ist unter der Leitung von *Hn. Debye* ausgeführt worden. [...] Die Arbeit stellt grosse Anforderungen an die Präcision der Messungen, da bei den hier verwandten Spulen und Schwingungszahlen Selbstinduktion und Capacität kleine Grössen sind.

Hier wird erkennbar, wie Sommerfeld durch Arbeitsteilung und Erschließung neuer Ressourcen die Produktivität und Effizienz seines Instituts zu steigern gedachte. Als seinem Institut eine zweite Assistentenstelle bewilligt wurde, vergab er diese an einen Experimentalphysiker (Walther Friedrich). Was die Theorie betraf, so konnte er neben seinem ersten Assistenten (die Nachfolge Debyes trat 1910 Wilhelm Lenz an) auf Privatdozenten wie Max Laue zählen.

Die Liste der von Sommerfeld betreuten Dissertationen und Habilitationen zeigt die eindrucksvolle Bilanz seines Instituts bis zum Ersten Weltkrieg; seit 1908 sind jährlich im Schnitt zwei Promotionen zu verzeichnen:

- 1908 Peter Debye, Frederick Warren Grover
- 1909 Demetrios Hondros, Rudolf Seeliger, Ludwig Hopf, Fritz Noether (bei Ferdinand Lindemann und von Sommerfeld mitbetreut)
- 1911 Harald von Hoerschelmann, Herman W. March, Wilhelm Lenz, Wilhelm Hüter, Valentin Scheidel
- 1912 Peter Paul Ewald, Eberhard Buchwald
- 1914 Alfred Landé, Paul S. Epstein, Walter Dehlinger

Hinzu kamen die Habilitationen seiner beiden ersten Assistenten Debye (1910) und Lenz (1914). Fast noch bemerkenswerter als diese Anzahl von

---

[1] Sommerfeld legte gleichzeitig mit seinem Dankschreiben für die Wahl zum Akademiemitglied am 3. Dezember 1910 einen Antrag auf Bewilligung von 800 Mark „zur Ausführung numerischer Rechnungen" bei, über deren Verwendung er am 2. Dezember 1911 Rechenschaft ablegte. *München, Akademie, Mathematisch-Physikalische Klasse, Protokolle samt Beilagen, 1910–1915.*

[2] *A. Sommerfeld an die Philosophische Fakultät, 2. Sektion, 1. Juli 1911. München, UA, OC I 37p.*

[3] [Hüter 1912].

Schülern ist die Spannweite der von ihnen bearbeiteten Themen: Sie umfaßte die Beugungstheorie (Debye, Epstein), die Theorie der Drahtwellen (Hondros) und des Wechselstromwiderstands (Grover, Lenz, Hüter), Probleme der drahtlosen Telegraphie (Hoerschelmann, March), Kristalloptik (Ewald), Hydrodynamik (Hopf), Theorie des festen Körpers (Debye, Seeliger, Dehlinger), Mechanik (Noether, Scheidel) bis hin zur Quantentheorie (Landé).

Forschungsschwerpunkte

Mit dem Begriff einer „Wissenschaftsschule" wird meist ein Forschungsprogramm assoziiert, das auf ein mehr oder weniger fest umrissenes Gebiet ausgerichtet ist. Demgegenüber zeigt jedoch die breite Themenstreuung in den Arbeiten der ersten Sommerfeldschüler, daß von einem zielgerichteten Programm in diesen frühen Jahren keine Rede sein kann. So breit die Themen über die verschiedenen Gebiete der Physik verteilt waren, so wenig läßt sich auch von einer einheitlichen Methode oder einem charakteristischen Stil der Sommerfeldschule sprechen. Sommerfeld gewährte dem individuellen Talent seiner Schüler freien Raum, solange es zu greifbaren Resultaten führte. Von seiten Sommerfelds wurde ein Student allenfalls zu einer gewissen Hartnäckigkeit hin erzogen, um bei den immer auftretenden mathematischen Schwierigkeiten nicht gleich die Flinte ins Korn zu werfen. „Was mir an Fischer besonders angenehm auffiel und was mir ein weiteres Arbeiten mit ihm zur Freude machen würde, ist, dass ich von ihm bei den paar Besprechungen nie das leidige ‚es geht nicht' gehört habe," schrieb er einmal an Wilhelm Wien.[1] Entsprechend unterschiedlich waren auch die wissenschaftlichen Charaktere der Sommerfeldschüler, vom pragmatisch orientierten Physiker bis zum abstrakten „reinen" Theoretiker war jeder Typ vertreten. Dessen ungeachtet und seiner eigenen mathematischen Herkunft zum Trotz war Sommerfelds Ideal der zupackende und selbst experimentierende Theoretiker vom Schlage eines Debye.[2]

Das Wesen der wissenschaftlichen Produktivität der Sommerfeldschule erschließt sich *nicht* aus einer spezifischen Fragestellung oder einer charakteristischen Herangehensweise an die jeweiligen Forschungsthemen. Daraus ist nicht zu folgern, die Themen der Arbeiten wären beliebig. Bei aller Breite zeigen sich – über einen längeren Zeitraum betrachtet – durchaus Schwerpunkte. Das Beispiel der Bohr-Sommerfeldschen Atomtheorie nach 1915

---

[1] Brief [170].
[2] Brief [189].

ist in dieser Hinsicht besonders aufschlußreich (siehe Teil 4). Sommerfeld
gehörte auch zu den frühesten Anhängern der Relativitätstheorie. Andere
Interessensgebiete sind die Ausbreitung elektromagnetischer Wellen (ausgehend von den Drahtwellen), die Theorie der Turbulenz, Probleme der frühen
Quantentheorie oder das Thema Röntgenstrahlen und Kristalle. Meist son-
dierte Sommerfeld zuerst das jeweilige Terrain durch eigene Forschungen,
bevor er es seinen Schülern zur vertieften Bearbeitung überließ.

Relativitätstheorie

Schon am Ende seiner Kontroverse mit Lindemann hatte Sommerfeld erklärt, daß „die Schwierigkeiten, die sich zur Zeit der Elektronentheorie ent-
gegenstellen, gar nicht auf dem Gebiete der mathematischen Durchführung, sondern auf dem Gebiete der physikalischen Grundlagen (insbesondere Michelson-Versuch) liegen."[1] Obwohl er den Einsteinschen Arbeiten
zuerst sehr skeptisch gegenüber stand („So genial sie sind, so scheint mir
doch in dieser unkonstruirbaren und anschauungslosen Dogmatik fast etwas Ungesundes zu liegen"),[2] verwandelte sich diese Haltung sehr rasch in
eine geradezu euphorische Begeisterung. Damit setzte er sich deutlich von
Gegnern der Relativitätstheorie wie Arthur Korn ab, der am Ende einer
Diskussion, ob eine Ableitung Sommerfelds mathematisch richtig sei, meinte:[3]

> [...] und an der Erfahrung haben Sie keine Stütze, wenn man
> natürlich auch die Erfahrungsthatsachen künstlich uminterpre-
> tieren kann. Und die Einstein'sche Theorie schließlich ist – wenn
> auch interessante Ideen darin sind – so großer Polemik nicht
> wert, da sie doch bald wieder von der Bildfläche verschwinden
> wird.

Vermutlich trug die Auseinandersetzung mit den Einsteinschen Gedanken
auch dazu bei, daß Sommerfeld nun den physikalischen Grundfragen ein
immer größeres Gewicht gegenüber mathematischen Finessen einräumte.
So schrieb er etwa an Levi-Civita: „Zur Zeit bin ich allerdings mehr mit
den realeren und specielleren Fragen der Physik beschäftigt, wie mit den
allgemeinen mathematischen Problemen, die Sie behandeln."[4]

---

[1] [Sommerfeld 1907d].

[2] Brief [115].

[3] *A. Korn an A. Sommerfeld, 31. Dezember 1907. München, DM, Archiv HS 1977-
28/A,177.*

[4] *A. Sommerfeld an T. Levi-Civita, 3. Januar 1908. Rom, BANL, Levi-Civita.*

Angesichts seiner eigenen elektronentheoretischen Arbeiten ist Sommerfelds Interesse an der Relativitätstheorie nicht verwunderlich; sie mußte auf ihn geradezu als eine Herausforderung wirken. In den ersten Jahren wurde sie vorwiegend aus einer elektrodynamischen Perspektive heraus betrachtet und auch als „Lorentz-Einstein"-Theorie bezeichnet, um damit gegenüber dem – von Abraham wie auch Sommerfeld früher verfochtenen – Modell des starren Elektrons die andersartige Massenabhängigkeit von der Elektronengeschwindigkeit zum Ausdruck zu bringen. Von daher bedeutete die Annahme der Einsteinschen Theorie für Sommerfeld in erster Linie eine Bekehrung zu einer rivalisierenden Anschauung. Als die experimentellen Bestimmungen der Geschwindigkeitsabhängigkeit der Elektronenmasse schließlich für die Lorentz-Einsteinsche Theorie und gegen die Vorstellung des „starren Elektrons" entschieden, richtete Sommerfeld an Lorentz die rhetorische Frage: „Darf man Ihnen zu dem von Bucherer erfochtenen Siege der Relativitätstheorie gratulieren?"[1] Ab 1908 kam Sommerfeld auch mit Einstein selbst in eine angeregte Diskussion, bei der es über die Relativitätstheorie hinaus immer wieder um die Grundfragen der Elektronentheorie ging:[2]

> Zuerst nun die Frage, ob ich die relativitätstheoretische Behandlung z. B. der Mechanik des Elektrons für eine endgültige halte. Nein, gewiss nicht. [...] Eine befriedigende Theorie sollte nach meiner Meinung so beschaffen sein, dass das Elektron als Lösung erscheint [...]

Sommerfelds frühes Interesse an der Relativitätstheorie zeigte sich aber nicht nur in seiner Korrespondenz. Bei der Naturforscherversammlung 1907 in Dresden widerlegte er einen von W. Wien erhobenen „Einwand gegen die Relativtheorie der Elektrodynamik", wonach bei der anomalen Dispersion die Phasengeschwindigkeit des Lichts größer als die Lichtgeschwindigkeit sei und somit eine Grundaussage der Relativitätstheorie verletze. Sommerfeld machte deutlich, daß die Signalgeschwindigkeit „nichts mit der Phasengeschwindigkeit zu tun" habe.[3] Bei der Naturforscherversammlung des Jahres 1909 in Salzburg demonstrierte Sommerfeld, wie man sich die relativistische Addition von Geschwindigkeiten im Anschluß an die vierdimensionale Geometrie der Raum-Zeit nach Minkowski veranschaulichen könne: Dafür „gelten nicht mehr die Formeln der ebenen, sondern der sphärischen

---

[1] Brief [140], vgl. auch [Darrigol 1996] und [Staley 1998].
[2] Brief [117].
[3] [Sommerfeld 1907e].

Trigonometrie."[1] Bei derselben Veranstaltung ergriff er auch das Wort, als Max Born den klassischen Starrheitsbegriff, wonach zwei Raumpunkte eines festen Körpers immer denselben räumlichen Abstand besitzen, zu einer lorentzinvarianten Definition erweiterte. Im Anschluß an diese Diskussion regte er Fritz Noether, der gerade bei Lindemann mit einer mathematischen Arbeit promoviert hatte, zu einer weiterführenden Untersuchung an.[2] Wie Sommerfeld im Januar 1910 an Lorentz schrieb, sei er „jetzt auch zur Relativtheorie bekehrt; besonders die systematische Form und Auffaßung Minkowski's hat mir das Verständnis erleichtert."[3] Daß dies kein bloßes Lippenbekenntnis war, unterstrich er noch im gleichen Jahr mit einer zweiteiligen Abhandlung über *Vierdimensionale Vektoralgebra* und *Vierdimensionale Vektoranalysis*.[4] Der dabei entwickelte Formalismus, der die Relativitätstheorie nun in den Begriffen von Vierer- und Sechservektoren behandelte, bildete die Grundlage für künftige Lehrbuchdarstellungen. „Ich wünsche", leitete Sommerfeld später den Abschnitt *Relativitätstheorie und Elektronentheorie* seines Vorlesungsbandes zur Elektrodynamik ein, „meinen Zuhörern den Eindruck zu verschaffen, daß die wahre mathematische Form dieser Gebilde erst jetzt hervortreten wird, wie bei einer Gebirgslandschaft, wenn der Nebel zerreißt."[5]

Das Turbulenzproblem

Der Umschlag vom laminaren in den turbulenten Strömungszustand war für Sommerfeld schon lange eine besondere Herausforderung. Bei seinen ersten Rechnungen dazu im Jahr 1900 hatte er „kläglich Schiffbruch gelitten".[6] 1906 vermutete er im Zusammenhang mit seiner Arbeit über die Plattenknickung, „dass eine ähnliche Rechnung auch zur theoretischen Berechnung der kritischen Geschwindigkeit in der Hydrodynamik und zur Turbulenz führt. Vorläufig habe ich eine ziemlich wüste transcendente Gleichung, die noch der Discußion harrt."[7] Zwei Jahre später heißt es in einem Brief an W. Wien: „Mit der Turbulenz habe ich mich fortgesetzt gequält und fast meine ganze Zeit darauf verwandt, ohne fertig geworden zu sein. Eine klei-

---

[1] [Sommerfeld 1909c, S. 828].

[2] Vgl. die Briefe [152], [154] und [164].

[3] Brief [163].

[4] [Sommerfeld 1910b], [Sommerfeld 1910c]; vgl. auch die Briefe [168] bis [170].

[5] [Sommerfeld 1948a].

[6] Siehe Seite 134.

[7] *A. Sommerfeld an C. Runge, 9. Juni 1906. München, DM, Archiv HS 1976-31.*

ne vorläufige Note erscheint in den römischen Verhandlungen".[1] Mit den
„römischen Verhandlungen" verwies er auf den Konferenzbericht des 4. Internationalen Mathematiker-Kongresses 1908 in Rom. Dort leitete er mit
der Methode der kleinen Schwingungen eine Instabilitätsbedingung her, die
den gesuchten Umschlag vom laminaren zum turbulenten Zustand in Gestalt einer transzendenten Gleichung enthielt. „Die gegenwärtige Mitteilung
führt nur bis zur Aufstellung jener Gleichung; ihre vollständige Diskussion, die mir den eigentlichen Inhalt des Problems der Turbulenz zu bilden
scheint, habe ich noch nicht beendigt", umriß er den Inhalt seiner „Note".
Künftigen Generationen von Turbulenzforschern wurde diese Gleichung als
‚Orr-Sommerfeld-Gleichung' zum Begriff.[2] Ihre Diskussion ist bis heute ein
aktuelles Forschungsthema.

Schon kurz nach dem Kongreß in Rom zeigte die Doktorarbeit von Ludwig Hopf, daß die Turbulenz in München weiter verfolgt wurde. Hopf machte
dieses Problem auch zum Thema seiner Habilitation. Das wesentliche Resultat präsentierte er schon 1911 bei der Naturforscherversammlung in Karlsruhe: Die für eine zweidimensionale Strömung mit linearem Geschwindigkeitsprofil vorgenommene Auswertung der Orr-Sommerfeldschen Gleichung
führte zu dem merkwürdigen und den Experimenten widersprechenden Resultat, „daß die Strömung sich gegen alle Störungen stabil verhält."[3] Mit
diesem paradoxen Ergebnis – denn reale Strömungen werden ab einer kritischen Reynoldszahl instabil – wurde die Turbulenz nicht nur wegen der
dabei auftretenden mathematischen Schwierigkeiten, sondern auch in physikalischer Hinsicht zum Problem. Die Sommerfeldschüler Fritz Noether und
Werner Heisenberg widmeten diesem Thema ausführliche Abhandlungen,
ohne zu einer definitiven Lösung zu gelangen.[4] Auf ein halbes Jahrhundert Turbulenzforschung zurückblickend, schrieb Sommerfeld im zweiten
Band seiner *Vorlesungen über theoretische Physik* beinahe resignierend:[5]

> Der Widerspruch mit dem Experiment erscheint also ekla-
> tant, sowohl bei der Hagen-Poiseuilleschen wie bei der Cou-
> etteschen Strömung.[6] Was sollen wir daraus schließen? Sollen

---

[1] Brief [135].

[2] [Sommerfeld 1909e], [Orr 1907]. Die beiden Arbeiten waren voneinander unabhängig.

[3] [Hopf 1914, S. 59].

[4] Vgl. [Chandrasekhar 1985].

[5] [Sommerfeld 1945, S. 267-268].

[6] Bei der Hagen-Poiseuillesche Strömung ist das Geschwindigkeitsprofil parabolisch, die
Couettesche Strömung besitzt ein lineares Geschwindigkeitsprofil und tritt bei Flüssigkeiten zwischen zwei koaxialen Zylindern auf, von denen der innere ruht und der
äußere rotiert.

wir die Methode der kleinen Schwingungen verdächtigen, die
sich doch in allen anderen Gebieten der Mechanik einschließlich
der Astronomie bewährt hat? Sollen wir annehmen, daß wir
beim Labilitätsnachweis nicht kleine, sondern *endliche Störungen* zum Vergleich mit der laminaren Bewegung heranziehen
müssen? [...] Oder sollen wir diese Diff. Gln. [die Navier-
Stokes-Gleichungen] als unzulänglich beschuldigen?

Mit dem Turbulenzproblem hatte Sommerfeld seiner Schule also gleich zu
Beginn eine fast unlösbare Jahrhundertaufgabe gestellt. Erst durch die Erforschung nichtlinearer Systeme und die dabei entwickelten neuen Ansätze
konnte das Stabilitätsparadoxon aufgeklärt werden.[1]

Wellenausbreitung in der drahtlosen Telegraphie

Nicht ganz so problematisch, aber fast ebenso langwierig und zeitweilig
heftig umstritten, war ein anderer Schwerpunkt der frühen Sommerfeldschule, die Ausbreitung elektromagnetischer Wellen über der Erdoberfläche.
Den Auftakt dafür markierten Sommerfelds frühe Arbeiten über Drahtwellen.[2] Er hatte dabei den Einfluß von Drahtdicke und Materialeigenschaften auf die Ausbreitungsgeschwindigkeit der elektromagnetischen Felder
entlang eines Drahtes berechnet. Aus dieser Arbeit ergaben sich Anknüp-
fungspunkte für die Doktorarbeiten von Hondros, Lenz und Hüter über das
mehr oder weniger tiefe Eindringen der elektromagnetischen Wechselfelder
bei aneinandergrenzenden Medien (Skineffekt); andererseits war es von den
Drahtwellen auch nur ein kleiner Schritt zu den Problemen der drahtlosen
Telegraphie: Sowohl die Aussendung elektromagnetischer Wellen von einer
stabförmigen Antenne, als auch ihre Ausbreitung über dem Erdboden konnten mit dem von Sommerfeld bei der Analyse der Drahtwellen entwickelten
Formalismus näher untersucht werden. Schon im Rahmen seiner ersten Vorlesung über Elektrodynamik in München versuchte Sommerfeld, „das, was
man sonst für Drahtwellen macht, auf elektromagnetische Oberflächenwellen zu übertragen, die sich an einer ebenen Trennungsfläche fortpflanzen, wo
alles viel einfacher wird. Ich glaube, dass dieser Wellentypus mit der drahtlosen Telegraphie zusammenhängt."[3] Jonathan Zenneck erinnerte sich, daß
bereits bei einem Besuch Sommerfelds in seinem Straßburger Labor (vermutlich im Jahr 1899), wo er als Assistent und Privatdozent von Ferdinand

---

[1] [Großmann 1995].
[2] Siehe Seite 38.
[3] Brief [103].

Braun seine Karriere als Pionier der Hochfrequenzphysik begann, die Fragen der drahtlosen Telegraphie im Mittelpunkt standen:[1]

> Im Institut erschien eines Tages ein junger Mann und sagte, er sei Sommerfeld. [...] Er interessierte sich lebhaft für die Probleme der damals noch neuen drahtlosen Telegraphie und schlug am Abend vor, wir sollten unsere Besprechung bei einer Vogesentour fortsetzen.

Sommerfeld blieb mit Zenneck danach sein Leben lang freundschaftlich und kollegial verbunden. Er übertrug ihm einen Encyklopädieartikel[2] und traf sich mit ihm zu gemeinsamen Skitouren. Als Zenneck 1907 eine grundlegende Arbeit *Über die Fortpflanzung ebener elektromagnetischer Wellen längs einer ebenen Leiterfläche und ihre Beziehung zur drahtlosen Telegraphie* verfaßte, bedankte er sich bei Sommerfeld für nützliche Hinweise und die Durchsicht des Manuskripts.[3] Zenneck nahm darin an, daß Radiowellen sich nach der Art von Oberflächenwellen über die Erde fortpflanzen. In seinem 1908 verfaßten *Leitfaden der drahtlosen Telegraphie* verdeutlichte er die Konsequenzen, die sich aus dieser Annahme ergaben: „Denn dann gleiten die Wellen längs der Erdoberfläche hin und folgen der Krümmung derselben. Die Ausbreitung der Wellen erfolgt also nicht geradlinig wie diejenige des Lichtes".[4] Folglich bedurfte es auch nicht jener von Oliver Heaviside und Arthur Edwin Kennelly wenige Jahre zuvor postulierten Reflexion der Radiowellen an einer ionisierten Schicht der Atmosphäre, um ihre lange Reichweite über die Erdkrümmung hinweg zu erklären, denn Oberflächenwellen konnten wie Erdbebenwellen auch einer gekrümmten Oberfläche folgen.

Zenneck hatte dabei nur mit ebenen Wellen gerechnet, wie sie allenfalls in sehr großem Abstand von einer Antenne abschnittsweise anzutreffen waren, und überdies die Erdoberfläche als einen guten Leiter idealisiert. Um wenigstens dem Einfluß der Leitfähigkeit des Erdbodens und der Geometrie der Ausstrahlung bei einer vertikalen Antenne Rechnung zu tragen – von einer Berücksichtigung der Erdkrümmung noch ganz zu schweigen – mußten die Überlegungen Zennecks in eine kompliziertere Theorie überführt werden. Sommerfeld, der Zenneck später als den „vornehmsten Vertreter

---

[1] *J. Zenneck: Persönliche Erinnerungen an Arnold Sommerfeld. Vortrag am 30. November 1951 in der Universität München;* wir danken Professor Karl B. Fischer für die Übersendung des Vortragsmanuskripts.

[2] Brief [65].

[3] [Zenneck 1907, S. 865].

[4] [Zenneck 1909, S. 221-222].

der technischen Physik in Deutschland" bezeichnete,[1] fand in dieser Theorie nun das geeignete Betätigungsfeld, bei dem er technische Relevanz und
mathematische Virtuosität in Einklang bringen konnte. Im Januar 1909 präsentierte er seine Ergebnisse in der Bayerischen Akademie der Wissenschaften;[2] kurz darauf publizierte er die ausführliche Theorie in den *Annalen
der Physik*.[3] In dieser Arbeit wurde erstmals die Abhängigkeit der Wellenausbreitung von den Eigenschaften des Bodens berechnet; mit dem neuen
Begriff der „numerischen Entfernung" wurde eine Rechengröße eingeführt,
die diese Abhängigkeit in kompakter Form zum Ausdruck brachte.

Sommerfelds Theorie wurde mit großem Interesse zur Kenntnis genommen. Schwarzschild schrieb begeistert: „Inzwischen habe ich nun auch noch
Ihre drahtlose Telegraphie durchgesehen. Die Lösung steht ja herrlich wie
mit einem Zauberschlag da."[4] Auch Voigt bedankte sich „für die Zusendung Ihrer schönen neuen Arbeit, deren wesentlichen Inhalt ich mir sogleich
angeeignet habe. Wie interessant u. schön ist das alles!"[5] Gerade in der
Verbindung von elementaren Grundlagenproblemen und technischer Anwendung lag ein besonderer Reiz dieser Forschungsrichtung. Je nach Fragestellung konnte das Thema als mathematisches, physikalisches oder techni-
sches Problem aufgefaßt werden. In der Doktorarbeit Harald von Hoerschel-
manns *Über die Wirkungsweise des geknickten Marconischen Senders in der
drahtlosen Telegraphie* ging es zum Beispiel über die bislang unverstandene Richtwirkung von Sendeantennen. Die Arbeit, erklärte Sommerfeld der
Fakultät, behandle[6]

> ein bisher ziemlich rätselhaftes Problem der drahtlosen Tele-
> graphie [...] Graf Arco sagte mir, dass seiner Meinung nach
> Marconi die Antenne nur deshalb horizontal führe, weil er sonst
> die grossen Drahtlängen nicht unterbringen könne und ein Ma-
> rineofficier des Funkenkommandos schrieb mir, dass er in der
> Umgebung einer solchen Marconistation keinen Richtungseffekt
> wahrgenommen hätte [...] Da also Marconi bei seinen Fern-

---

[1] Anläßlich seines Vorschlags für die Wahl Zennecks 1917 zum außerordentlichen Mitglied der Bayerischen Akademie der Wissenschaften, vgl. *Personalakte J. Zenneck.
München, Akademie.*

[2] Vgl. [Sommerfeld 1909b] und *Vortrag am 9. Januar 1909. Mathematisch-Physikalische
Klasse, Protokolle samt Beilagen, 1904–1909. München, Akademie.*

[3] [Sommerfeld 1909a].

[4] Brief [149].

[5] *W. Voigt an A. Sommerfeld, 9. April 1909. München, DM, Archiv HS 1977-28/A,347.*

[6] *A. Sommerfeld an die Philosophische Fakultät, 2. Sektion, 7. Januar 1911. München,
UA, OC I 37p.*

stationen jetzt durchweg die geknickten Sender benutzt und in sie ein bedeutendes Capital gesteckt hat, so ist eine Klärung ihrer Wirkungsweise eine wichtige Aufgabe der Theorie. Diese Aufgabe lag mir umso näher, als gerade hier der Einfluss des Untergrundes wesentlich werden muß, den ich bei der einfacheren Anordnung der symmetrischen Verticalantenne in einer früheren Arbeit untersucht habe. Verf. hat diese Vermutung vollständig bestätigt; er findet dass der Richtungseffekt sich in erheblichem Maaße nur über mässig leitendem Erdboden ausbilden kann; das gut leitende umgebende Mittel (Seewasser) übernimmt dann die Fernübertragung des Richtungseffektes. [...] Als anschauliches Hauptresultat ist hervorzuheben: Der Richtungseffekt entsteht durch vertikale Erdströme in der Nähe des Senders; diese wirken wie zwei in der Vorzugsrichtung aufgestellte fingirte Antennen von entgegengesetzter Phase; der Richtungseffekt entsteht aus ihrer Interferenz mit der wirklichen Antenne.

Während des Ersten Weltkriegs widmete sich Sommerfeld selbst intensiv den praktischen Fragen der Funktechnik im Zusammenhang mit U-Booten und Flugzeugen (siehe Teil 4). So bedeutsam die von Sommerfeld begründete Theorie für das Verständnis der Wechselwirkung von Wellenausbreitung und Bodeneigenschaften auch war – die Frage der Überwindung der Erdkrümmung wurde damit jedoch nicht gelöst. Die Zenneck-Sommerfeldsche Oberflächenwelle sollte sich als eine Schimäre erweisen. Kurioserweise war es aber gerade dieser Wellentypus, der die Theorie so attraktiv machte. Lorentz gratulierte Sommerfeld: „Ihre Entdeckung der ‚Oberflächenwellen‘, durch welche das Rätsel der Fortpflanzung auf größere Entfernungen gelöst ist, ist sehr schön."[1] Bestärkt durch diesen ‚Erfolg‘ vergab Sommerfeld später noch wiederholt Doktorarbeiten, in denen der Einfluß der Erdkrümmung genauer berechnet werden sollte. In seinem Votum über die erste dieser Dissertationen heißt es:[2]

> Die vorliegende Arbeit des Hn. *H. W. March*[3] stellt eine wichtige und zeitgemässe Erweiterung meiner eigenen Studien über die Ausbreitung der Wellen in der drahtlosen Telegraphie dar,

---

[1] *H. A. Lorentz an A. Sommerfeld, 21. März 1909. München, DM, Archiv HS 1977-28/A,208.*

[2] *A. Sommerfeld an die Philosophische Fakultät, 2. Sektion, 13. Juni 1911. München, UA, OC I 37p.*

[3] [March 1912].

zeitgemäss besonders deshalb, weil *Poincaré* und *Nicholson* in
einer Reihe von zum Teil sich widersprechenden Arbeiten zu Ergebnissen gelangt sind, nach denen die tatsächlichen Erfolge der
Praxis in der Überwindung der Erdkrümmung unerklärlich wären.[1] Während diese Anderen einen im Wesentlichen geradlinigen Strahlengang und einen durch die Erdkrümmung bedingten
geometrischen Schatten finden, kommt H. March zu dem bereits nach meinen Arbeiten zu erwartenden Resultat, dass die
Erdkrümmung durch eine *flächenhafte Ausbreitung* der Wellen
überwunden wird.

Poincaré machte Sommerfeld jedoch bald darauf aufmerksam, daß die
Arbeit von March einen Fehler aufwies.[2] Sommerfeld veranlaßte daraufhin
einen anderen Schüler, den Fehler zu korrigieren;[3] doch bald darauf erhob
A. E. H. Love neue Einwände, mit der Folge einer weiteren Dissertation
eines Sommerfeldschülers zu diesem Thema.[4] Als in den 1920er Jahren
der Nachweis einer leitenden Schicht in der Atmosphäre erbracht wurde,
gewann die Auffassung von einer geradlinigen Ausbreitung der Radiowellen, die durch Reflexion an dieser Schicht (und nicht als Oberflächenwellen)
die Erdkrümmung überwinden, allmählich die Oberhand. Auch Sommerfeld
bekannte sich schließlich dazu, wenngleich er den Fehler in seiner Theorie
aus dem Jahre 1909 nur unzureichend korrigierte. Der „früher als ‚Oberflächenwelle' gedeutete Bestandteil des Wellenkomplexes" spielte in der
Neuformulierung der Theorie nun keine Rolle mehr:[5]

> Infolgedessen können wir auch nicht die Überwindung der Erd-
> krümmung durch die Wirkung der Oberflächenwellen erklären
> [...] Zur Erklärung der unerwartet großen Reichweiten nimmt
> man [...] seit Kenelly und Heaviside (1900)[6] eine ionisierte
> und daher leitende obere Luftschicht an.

Ungeachtet der Irrtümer und Kontroversen um die „Zennecksche" und
„Sommerfeldsche" Oberflächenwelle wurden die von Sommerfeld und seinen
Schülern in den Arbeiten über drahtlose Telegraphie benutzten Methoden

---

[1] [Poincaré 1910a] und [Nicholson 1910a], [Nicholson 1910b], [Nicholson 1910c].

[2] *H. Poincaré an A. Sommerfeld, undatiert (vermutlich Anfang 1912). München, DM,
Archiv HS 1977-28/A,266.*

[3] [von Rybczinski 1913].

[4] [Love 1915] und [Laporte 1923].

[5] [Frank und Mises 1935, S. 932 und 976].

[6] Als Pionierarbeiten gelten [Kennelly 1902] und [Heaviside 1903].

wegweisend für die weitere Entwicklung der Hochfrequenzphysik. Sommerfeld selbst kam immer wieder mit eigenen Arbeiten auf dieses Thema zurück, zuletzt im Zweiten Weltkrieg, wo er zusammen mit einem Assistenten im Auftrag von Telefunken und der Marine spezielle Probleme der Ausbreitung von Radiowellen behandelte.

Röntgenstrahlen und Kristalle

Die „Schmach, daß man 10 Jahre nach der Röntgen'schen Entdeckung immer noch nicht weiß, was in den Röntgenstr. eigentl. los ist,"[1] ließ Sommerfeld keine Ruhe. Im Jahr 1900 hatte er im Rahmen seiner Beugungstheorie die Röntgenstrahlen als impulshafte Ätherstörungen aufgefaßt, die sich nach den Gesetzen der Maxwellschen Theorie durch den Raum ausbreiten. Als Stark 1909 aus der anisotropen Verteilung der Intensität der Röntgenstrahlen nach den verschiedenen Richtungen im Raum schloß, daß es sich um ein Quantenphänomen handeln müsse, fühlte sich Sommerfeld herausgefordert und wandte sich diesem Thema erneut zu. Er zeigte, daß die Anisotropie rein klassisch erklärt werden konnte – und geriet darüber mit Stark in eine erbitterte Kontroverse.[2] Nach Sommerfeld konnte die Entstehung der Röntgenstrahlen direkt aus der gewöhnlichen Elektrodynamik abgeleitet werden, wonach bei der Abbremsung der Elektronen im Anodenmaterial der Röntgenröhre elektromagnetische Wellen nicht isotrop, sondern je nach Heftigkeit des Bremsvorgangs mehr oder weniger stark gebündelt abgestrahlt werden. Obwohl es sich bei der Bremsstrahlungstheorie eigentlich nur um eine Anwendung der Maxwellschen Theorie handelte, wie sie zum Beispiel auch der Berechnung der (ebenfalls anisotropen) Abstrahlung eines Hertzschen Dipols zugrunde lag, waren die Konsequenzen dieser Theorie für das Verständnis der Röntgenstrahlung zuvor nicht so detailliert vor Augen geführt worden. Einstein reagierte begeistert: „Seit langem hat mir nichts Physikalisches solchen Eindruck gemacht wie jene Arbeit von Ihnen über die Verteilung der Energie der Röntgenstrahlung über die verschiedenen Richtungen."[3]

Sommerfelds Ausarbeitung war ein deutliches Plädoyer für die Wellennatur der Röntgenstrahlen. Er erklärte jedoch damit nur den Teil, der eine Polarisation aufwies und schon von daher die Annahme einer Wellennatur nahelegte. Daneben gab es die von Barkla 1906 entdeckte unpolarisierte

---

[1] Brief [91].

[2] Briefe [155] bis [162], [Sommerfeld 1909d]; vgl. auch [Hermann 1967] und [Wheaton 1983, S. 126-132].

[3] Brief [165].

Röntgenstrahlung, die auch als Eigenstrahlung oder Fluoreszenzstrahlung bezeichnet wurde und ihren Ursprung in den Atomen des Anodenmaterials zu haben schien. Andere Phänomene wie der Photoeffekt bereiteten einer Wellentheorie noch größere Schwierigkeiten: Wie sollten Röntgenstrahlen, deren Energie wellenförmig im Raum verteilt ist, Elektronen aus einer Metallplatte herausschlagen? Besaß, so fragte Einstein, die Platte „die Eigenschaft, Scherben von Röntgenkugelwellen sparsam aufzuspeichern, bis sie in der Lage ist, eines von ihren Elektronenkindern derart würdig mit Energie auszustatten, dass es seine Reise durch den Raum mit der seiner Röntgengeburt zukommenden Vehemenz, ausführen kann?"[1] William Henry Bragg machte ebenfalls auf die Schwierigkeiten aufmerksam, die die Wellenvorstellung der Röntgenstrahlung mit sich brachte. Auch wenn er Starks falsche Auffassung über die „Ätherwellenhypothese" nicht teilte und Sommerfelds Bremsstrahlungstheorie anerkannte, so war für ihn dennoch eine wellenförmige Röntgenausbreitung weniger plausibel als die Vorstellung, bei einem Röntgenstrahl handle es sich um „a selfcontained quantum which does not alter in form or any other way as it moves along".[2]

Sommerfeld hoffte demgegenüber, dem Welle-Teilchen-Dualismus durch eine „Vervollständigung" seiner klassischen Bremsstrahlungstheorie gerecht zu werden, indem er sie um das Postulat erweiterte, daß „der Bremsvorgang des Kathodenstrahlelektrons durch das Plancksche Wirkungsquantum h regulirt" werde:[3]

> Auf Grund dieser Hypothese kann man je nach der Geschwindigkeit des gebremsten Elektrons einen bestimmten Wert der Impulsbreite berechnen, wenigstens für den polarisierten Teil der Röntgenstrahlung, und kann diesen Wert zugleich als untere Grenze für den unpolarisierten Teil der Röntgenstrahlen ansehen. Aus diesem Grunde hat die Frage ein erhöhtes Interesse, ob man aus Beugungsbildern die Größe der Wellenlänge bestimmen oder wenigstens in Grenzen einschließen kann.

Zu diesem Zweck ließ er neue Messungen von Bernhard Walter und Robert W. Pohl über den Durchgang von Röntgenstrahlen durch einen sich verjüngenden Spalt von dem Röntgenschüler Peter Paul Koch photometrisch auswerten. Im Unterschied zu den älteren Experimenten von Haga und Wind, die auf eine Wellenlänge von der Größenordnung 10^{-8} cm hinwie-

---

[1] Brief [165].
[2] Brief [174]; siehe auch die Briefe [166] und [175].
[3] [Sommerfeld 1912a, S. 474].

sen, zog Sommerfeld nun den Schluß, „daß bei den Aufnahmen von Walter und Pohl etwa $\lambda = 4 \cdot 10^{-9}$ vorgelegen haben möge. [...] Jedenfalls wird es sich verlohnen, weitere sorgfältige Beugungsaufnahmen mit Rücksicht auf Röntgenstrahlen zu machen".[1]

Als Sommerfeld diese Sätze im Februar 1912 zu Papier brachte, dachte er nicht an die Beugung von Röntgenstrahlen durch Kristalle. Diese Idee kam seinem Privatdozenten Max Laue bei Unterhaltungen mit Peter Paul Ewald über dessen gerade abgeschlossene Dissertation zur Kristalloptik. Ewald schilderte viele Jahre später die Vorgänge:[2]

> In the early weeks of 1912 I was writing up my thesis and reviewing my work. Some conceptual difficulties which I had previously pushed aside arose again [...] I began telling Laue of my problem. I was astonished to find that he knew as much as nothing of the whole problem I had been working on for at least two years. I had to begin right at the start by explaining that I supposed the crystal to be essentially a regular array of resonators [...] To his next question: but what are the distances between the particles?, I had to answer that this depended on the assumptions concerning the nature of the particles, and that assuming their nature, the distances could be calculated from the density of the crystal [...] I tried to get Laue interested in my conceptual problems. It was rather disturbing to find that he asked again for the value of the distances. Instead of appreciating the expressions of the light field in the crystal, which I wrote down for him, he asked repeatedly: what would these expressions be if the wave-length of the light were much shorter to assume?

Motivation und Zielsetzung von Ewalds Dissertation beschrieb Sommerfeld in seinem Votum für die Fakultät:[3]

> Verf. hat sich sein Thema im Anschluß an eine Vorlesung über Optik gestellt, die ich im Sommer 1909 gehalten habe. [...] In meiner optischen Vorlesung 1909 hatte ich auszuführen, dass eine Optik ohne Kalkspat und Quarz sehr dürftig

[1] [Sommerfeld 1912a, S. 504 und 506].

[2] *P. P. Ewald: The setting for the discovery of x-ray diffraction by crystals. Rede vor der First General Assembly of the International Union of Crystallography, Harvard University, 2. August 1948. München, DM, Archiv NL 89.*

[3] *A. Sommerfeld an die Philosophische Fakultät, 2. Sektion, 16. Februar 1912. München, UA, OC I 38p. Siehe auch [Ewald 1912].*

wäre, und dass die bisherige Dispersionstheorie, gleichviel ob
in der Drude'schen, Planck'schen oder Lorentz'schen Form das
Problem der Krystalle überhaupt nicht anzugreifen wagt, indem sie von Anfang an mit einer mittleren ungeordneten Lage
der Schwingungscentren rechnet. Demgegenüber sollte hier erst-
malig versucht werden, die Dispersion und Doppelbrechung in
einem idealen rhombischen Elektronengitter zu berechnen.

Danach dürfte der weitere Gedankengang Laues nach seiner Unterhaltung
mit Ewald zu dem Schluß geführt haben: Wenn der Abstand der Schwingungszentren in einem solchen Elektronengitter von der gleichen Größenordnung ist wie die Wellenlänge der Röntgenstrahlen, was nach Sommerfelds
und Kochs Auswertung der Aufnahmen von Walter und Pohl nahelag, dann
sollten Röntgenstrahlen, die von diesen regelmäßig angeordneten Schwingungszentren ausgehen, Interferenzerscheinungen aufweisen. Wenn es also
gelänge, mit einem primären Röntgenstrahl die Schwingungszentren in einem Kristall zur Emission von Röntgenwellen anzuregen, dann sollten sich
auf einer Photoplatte neben dem Kristall Interferenzen zeigen.

Laue veranlaßte einen Doktoranden Röntgens, Paul Knipping, und den
künftigen ‚experimentellen‘ Assistenten Sommerfelds, Walter Friedrich, dazu, nach solchen Interferenzerscheinungen zu suchen – gegen den Willen
Sommerfelds, wie sich die Beteiligten erinnerten. Da Laue an eine Interferenz der Fluoreszenzstrahlung – nicht des im Kristall gebeugten Primärstrahls – dachte, ist Sommerfelds ablehnende Haltung plausibel, denn die
Fluoreszenzstrahlung ist nicht kohärent und deshalb auch nicht interferenz-
fähig. Es wurden aber auch andere Beweggründe (wie zum Beispiel die
Wärmebewegung der Kristallatome) angeführt, warum Sommerfeld nicht
an den Erfolg eines solchen Experiments geglaubt hatte. Fest steht, daß
Laue und seine Experimentatoren zunächst von der falschen Vorstellung
ausgingen, „es mit der Fluoreszenzstrahlung zu tun zu haben", wie sie selbst
in ihrer ersten Publikation angaben. Daran mag Debye gedacht haben, als
er dem Zufall eine nicht unerhebliche Rolle beim Hergang der Entdeckung
zumaß.[1] Debye war mit dieser Auffassung nicht allein. Auch Joffe, der
als regelmäßiger Mitarbeiter Röntgens ein intimer Kenner des Münchner
Physikerkreises jener Zeit war, äußerte sich in diesem Sinn. Zunächst habe
man, so erinnerte er sich an die erste Versuchsanordnung, die Photoplatte
seitlich des Kristalls angebracht, wo sie – ungestört vom Primärstrahl – die
rechtwinklig gestreuten Röntgenstrahlen feststellen sollte:[2]

---

[1] P. Debye an A. Sommerfeld, 13. Mai 1912. München, DM, Archiv HS 1977-28/A,61.
[2] [Joffe 1967, S. 40].

> Und Tag für Tag knisterte die Röntgenröhre ordentlich, aber
> die Platte blieb ungeschwärzt. Der im selben Zimmer arbeiten-
> de junge Physiker Knipping mußte das Labor in zwei bis drei
> Wochen verlassen, aber die pausenlos arbeitende Röhre störte
> seine Versuche. Um wenigstens irgend etwas auf der photogra-
> phischen Platte zu sehen, stellte er sie so auf, daß die Röntgen-
> strahlen darauffielen – und die große Entdeckung war da [...]

Als anläßlich der Fünfzigjahrfeier der Entdeckung der Hergang noch einmal aus der Sicht der Beteiligten aufgerollt wurde, ergaben sich neue Zweifel.[1] Was auch immer die Motive und Erwartungen vor der Durchführung
des Experiments gewesen sein mögen, nachdem die ersten Photoplatten
mit den Interferenzerscheinungen vorlagen, herrschte große Begeisterung:
„Laue wird jedenfalls mit Freuden die Gelegenheit wahrnehmen Ihnen die
wundervollen Interferenz-Aufnahmen mit Röntgenstrahlen an Krystallen
zu zeigen, die jetzt hier auf seine Veranlassung gemacht werden u. die uns
alle in Atem halten", schrieb Sommerfeld im Mai 1912 an Alfred Kleiner.[2] Auch wenn eine befriedigende Erklärung noch ausstand, so wurde
die Begeisterung über die Entdeckung doch von allen geteilt, die davon
schon vor der offiziellen Publikation unterrichtet wurden. Paul Ehrenfest
schrieb an Sommerfeld, nachdem ihm Laue „fast ohne Erklärung" eine In-
terferenzaufnahme geschickt hatte: „Wenn ich recht verstehe benützt er die
Krystallstructur als Beugungsgitter für Röntgenstrahlen. Dann ist das eine
wahrhaft wunder*schöne* und enorm *saftige*, folgenreiche [Entdeckung] um
die man ihn gründlich beneiden kann."[3] Zwischen der mit dem 21. April
1912 datierten Entdeckung und den ersten Publikationen, die am 8. Juni
und 6. Juli 1912 von Sommerfeld der Bayerischen Akademie der Wissenschaften vorgelegt wurden,[4] bestimmten die Interferenzerscheinungen den
Institutsalltag. „Das Ereignis des vorigen Semesters waren die Interferenz-
Erscheinungen mit Röntgenstrahlen, die in meinem Institut gemacht sind,"
schrieb Sommerfeld danach an Paul Langevin.[5]

Die Entdeckung der Röntgeninterferenzen wurde 1914 durch die Verleihung des Nobelpreises an Laue gewürdigt. Im folgenden Jahr wurden auch

---

[1] [Ewald 1962], [Forman 1969] und [Ewald 1969].

[2] Brief [191].

[3] Brief [194].

[4] *Mathematisch-Physikalische Klasse: Protokolle samt Beilagen, 1910–1915. München, Akademie.* Siehe [Friedrich et al. 1912] und [Laue 1912].

[5] *A. Sommerfeld an P. Langevin, undatiert (vermutlich August/September 1912). Paris, ESPC, Bestand Langevin.*

die weiterführenden Forschungen von William Henry Bragg und William Lawrence Bragg mit dem Nobelpreis ausgezeichnet, durch deren Beiträge erst ein allgemeines Verständnis des Phänomens und die breite Anwendung der Röntgenbeugung für die Kristallstrukturanalyse ermöglicht wurde. (Entgegen Laues erster Vorstellung spielt die Fluoreszenzstrahlung des Kristalls bei der Interferenz keine Rolle. Vielmehr werden im Kristall aus den verschiedenen Wellenlängen des einfallenden Primärstrahls durch Reflexion an den verschiedenen Gitterebenen entsprechend der ‚Bragg-Bedingung' jene Wellenlängen ausgesondert, deren Interferenzmuster dann beobachtet wird.) Das Interferenzmuster zeugt gleichzeitig von der Wellennatur der Röntgenstrahlen und der Gitterstruktur von Kristallen: Es erlaubt Rückschlüsse auf den Aufbau der bestrahlten Kristalle; umgekehrt eröffnete die Entdeckung das neue Gebiet der Röntgenspektroskopie, da Kristalle dazu benutzt werden konnten, monochromatische Röntgenstrahlen mit scharf definierter Wellenlänge herzustellen.

Das Thema Röntgenstrahlen und Kristalle wurde eines der meistbearbeiteten Forschungsthemen von Sommerfeldschülern. Ewald entwarf 1913 einen praktischen Formalismus für die Berechnung der Interferenzmuster (Ewaldkugel) und schuf mit seiner mitten im Ersten Weltkrieg angefertigten Habilitationsschrift die dynamische Theorie der Röntgenbeugung; Debye entwickelte zusammen mit Paul Scherrer 1916 eine Methode, mit der auch Röntgeninterferenzen von pulverisierten Substanzen gewonnen werden konnten; auf Debye geht auch die Abschätzung des Einflusses der Wärmebewegung des Kristallgitters auf die Interferenzerscheinung zurück. Diese Arbeiten zählen zu den Schulbeispielen in den Lehrbüchern der modernen Festkörperphysik.

Die frühe Quantentheorie

Der am Beispiel der Röntgenstrahlen hervortretende Welle-Teilchen-Dualismus war eine beständige Herausforderung, auch die Quantentheorie in den engeren Kreis der Forschungsthemen einzubeziehen. Nicht die später so intensiv erforschten Fragen über Atombau und Spektrallinien, sondern die Rätsel der Röntgenstrahlen waren dafür der erste Anlaß. Ein weiterer Stein des Anstoßes für eine intensivere Auseinandersetzung mit der Quantentheorie war das Plancksche Strahlungsgesetz. Sommerfeld hielt im Sommersemester 1907 eine Vorlesung über Strahlungstheorie. Vermutlich hatte er sich in diesem Zusammenhang erstmals über die „Plancksche Berechnungsweise" eingehendere Gedanken gemacht, denn Max Abraham leitete im Juni 1907 einen Brief an Sommerfeld unmittelbar mit diesem Themenkomplex ein.[1] Die Plancksche Strahlungsformel galt zwar als hervorragende Beschreibung der experimentellen Befunde, aber ihre theoretische Ableitung und ihre Interpretation gaben Rätsel auf. Für Einstein war die im Planckschen Strahlungsgesetz neben der Boltzmannkonstanten k auftretende „Lichtquantenkonstante h" eine besondere Herausforderung. In seinem ersten Brief an Sommerfeld im Januar 1908 begründete er das fehlende Verständnis der Grundlagen der Physik damit, daß es nicht gelungen sei, „die zweite universelle Konstante im Planck'schen Strahlungsgesetz in anschaulicher Weise zu deuten."[2] Sommerfeld selbst fühlte sich in dieser Frage wohl noch nicht sicher genug, denn in seinem Briefwechsel mit Planck Anfang 1908 wurde dieses Thema nicht angeschnitten.[3]

Nach einem Vortrag von Lorentz auf dem 4. Internationalen Mathematikerkongreß in Rom im April 1908 wurden die Grundlagen der Strahlungstheorie jedoch zu einem heftig debattierten Thema in den Korrespondenzen zwischen Sommerfeld, W. Wien, Lorentz, Planck, Einstein und anderen Theoretikern.[4] Die von Lorentz dargebotene Ableitung schloß – den experimentellen Befunden zum Trotz – eine andere als die Jeanssche Strahlungsformel aus, was als eine Provokation empfunden wurde und der Auftakt zahlreicher Erklärungsansätze für das Plancksche Strahlungsgesetz wurde. Sommerfeld schrieb ein Jahr nach dem Lorentzschen Vortrag an Wilhelm Wien: „Wer weiß, ob ich nicht auch nächstens etwas über Strahlung schw[a]fle. Es ist schade, dass immer nur Meinungen in dießer Diskußion gesagt werden, und keiner mathematisch anpackt."[5] In einem ersten – allerdings nicht ausgeführten – Ansatz erhoffte er sich die Auflösung des Dilemmas von der Elektronentheorie, deren Möglichkeiten er noch längst nicht für ausgeschöpft hielt. Eine Modifikation der Lorentzschen Theorie würde man beispielsweise schon erhalten, wenn die kräftefreien Elektronenschwingungen berücksichtigt würden, deren Existenz schon 1904 aufgezeigt worden sei. Der Strahlungstheorie müsse eine andere Statistik unterlegt werden als dies Lorentz in seinem römischen Vortrag getan habe, da eine wesentlich größere Anzahl von Freiheitsgraden dabei eine Rolle spiele: „Sie werden es hoffentlich nicht für vermessen halten, wenn ich ihrer [sic] Schlußfolgerung

---

[1] Brief [110].
[2] Brief [117].
[3] Briefe [118], [120] und [125].
[4] Briefe [132], [134], [135] und [140], vgl. [Kuhn 1978, S. 190-196] und [Hermann 1969, S. 47-55].
[5] Brief [150].

aus den obigen Gründen nicht zustimme und die Strahlungstheorie retten
zu können hoffe", schrieb Sommerfeld an Lorentz.[1]

Vermutlich überzeugte er sich rasch davon, daß auf diesem Weg dem
Problem nicht beizukommen war. Daß die Frage in München dennoch lebhaft weiterdiskutiert wurde, zeigt ein Brief Debyes vom März 1910 an Sommerfeld. Er ist ausschließlich der Planckschen Strahlungsformel gewidmet
und enthält – nach der Einschätzung Friedrich Hunds[2] – deren „vielleicht
kürzeste und durchsichtigste Ableitung".[3] Die „statistischen Überlegungen
betreffend Energieverteilung und Strahlungsimpuls" und die Frage nach der
„Konstitution der strahlenden Energie" bestimmten nun auch die Diskussion zwischen Einstein und Sommerfeld – zuerst im Briefwechsel, dann auch
bei einem persönlichen Treffen im August 1910 in Zürich: Sommerfeld habe
sich „in weitgehendem Mass meinen Gesichtspunkten über die Anwendung
der Statistik angeschlossen", schrieb Einstein nach dieser Begegnung an Jakob Laub.[4]

Auch wenn Sommerfeld die Diskussion um die Quantentheorie am Beispiel der Wärmestrahlung mit großem Interesse verfolgte, so lieferte er zu
dieser Debatte keine eigenen Beiträge. Seine ersten Publikationen zur Quan-
tenfrage galten anderen Gebieten; sie wurden angeregt durch eine Arbeit
Starks über *Neue Beobachtungen an Kanalstrahlen in Beziehung zur Lichtquantenhypothese.*[5] Sommerfeld bat Stark um ein „überflüssiges Spektrogramm Ihrer Quantenaufnahme", um es bei seinen Vorlesungen vorzuführen und „mich selbst definitiv zu der Planckschen fundamentalen Hypothese zu bekehren".[6] Starks „Quantenaufnahme" zeigte ein Intensitätsmi-
nimum zwischen der dopplerverschobenen „bewegten Intensität" und der
„ruhenden Intensität" der von Wasserstoffkanalstrahlen emittierten Spektrallinien: Stark setzte den Abstand der beiden Maxima gleich der Energie
eines Lichtquants, denn er interpretierte das Phänomen als einen Energie-
austausch zwischen der kinetischen Energie eines Kanalstrahlteilchens und
dem von ihm mitgeführten Oszillator, dessen Schwingungen die Lichtaus-
sendung verursachten und der seinen Schwingungszustand nur in ganzen

---

[1] *A. Sommerfeld an H. A. Lorentz, 20. Juni 1908. Haarlem, RANH, Lorentz inv.nr. 74.*
    Vgl. auch Brief [135].

[2] Zitiert nach [Hermann 1969, S. 125].

[3] Brief [167] und [Debye 1910a].

[4] Brief [169] und [Einstein 1993, Dokument 224].

[5] [Stark 1908].

[6] Brief [138]. Sommerfeld hatte offenbar schon früher die Absicht gehegt, solche Versuche
    in München durchführen zu lassen, war jedoch von Einstein darüber informiert worden,
    daß Stark „die Sache in Angriff nehmen" wolle, siehe Brief [117].

Energiequanten ändern könne. Einstein hielt „diese Anwendung der Quantentheorie für sehr wichtig".[1]

Im Gegensatz zu Stark und Einstein dachte Sommerfeld jedoch nicht an eine quantenhafte Natur der Strahlung selbst. Nachdem er seine Bremstheorie der Röntgenstrahlen veröffentlicht hatte, bekannte er sich gegenüber Lorentz als „altmodisch genug", sich „gegen die Lichtquanten in Einstein'scher Auffaßung vorläufig zu wehren. Die Stark'schen Lichtquanten, gegen die ich kürzlich das Wort ergriffen habe, werden Sie wohl auch nicht goutiren."[2] Gerade aufgrund seiner Bremstheorie war er überzeugt, daß im Rahmen der klassischen Elektrodynamik auch eine extreme Bündelung der Strahlung erklärbar sei. Bei der Abbremsung eines Elektrons von 99 Prozent der Lichtgeschwindigkeit auf Null werde die gesamte Energie in einen schmalen Kegel mit einem Öffnungswinkel von nur 5 Grad abgestrahlt – daraus und aus neuen „Schwankungsmessungen" über die Anisotropie von γ-Strahlen bezog er auch seine Zuversicht für eine Theorie *Über die Struktur der γ-Strahlen*,[3] die er am 7. Januar 1911 in der Münchner Akademie vortrug: „Wie üblich fassen wir den γ-Strahl als den die Aussendung des β-Strahls begleitenden Röntgenimpuls auf", begann er seine Ausführungen; dieser berechne sich „ganz ebenso wie der umgekehrte Vorgang, die Bremsung eines Kathodenstrahls, der zu den gewöhnlichen Röntgenimpulsen Anlaß gibt". Die extreme Lokalisierung der γ-Strahlen sei darauf zurückzuführen, daß die Beschleunigung der β-Elektronen innerhalb der Wirkungssphäre eines Atoms um so vieles größer sei als die Abbremsung der Kathodenstrahlen in der Anode einer Röntgenröhre. Um die beobachteten Energieverhältnisse von β- und γ-Strahlen zu erhalten, müsse man eine extrem kurze Beschleunigungsdauer annehmen. Erst an dieser Stelle kam die Quantentheorie ins Spiel: Sommerfeld machte den Ansatz, daß das Produkt aus Beschleunigungsdauer und emittierter Energie gleich dem Planckschen Wirkungsquantum sei. Damit gelang es ihm, „das Verhältnis E_β/E_γ durch lauter bekannte Größen auszudrücken und als reine Funktion der Geschwindigkeit" des β-Elektrons anzugeben. Indem er die „Fundamentalhypothese der Planckschen Strahlungstheorie auf die radioaktiven Emissionen" übertrage und annehme, „daß bei jeder solchen Emission gerade ein

---

[1] [Einstein 1993, Dokument 125; siehe auch Dokument 129]. Obwohl sich Starks Deutung als falsch herausstellte (die Zweiteilung bei Wasserstoffkanalstrahlen wurde später auf die unterschiedlichen Geschwindigkeiten der H- und der H_2-Ionen zurückgeführt), spielte sie in der Frühgeschichte der Quantentheorie eine große Rolle, vgl. [Hermann 1969, S. 86-89] sowie [Kuhn 1978, S. 222-225].

[2] Brief [163].

[3] [Sommerfeld 1911a].

Wirkungsquantum h abgegeben" werde, verschob er den Akzent der bisherigen Quantendiskussionen: „Die ‚Wirkung' einer Emission (Zeitintegral
der Energie)" sei die wesentliche Größe bei der Quantisierung, nicht die
Energie selbst. Des spekulativen Charakters dieser bald als h-Hypothese
bezeichneten Annahme war er sich durchaus bewußt; um ihre Plausibilität
zu unterstreichen, führte er aktuelle Messungen über die Ionisationswirkung
von β- und γ-Strahlen an, von denen er jedoch einräumen mußte, daß sie
„selbst keineswegs gesichert" seien.[1]

Im März 1911 schickte Sommerfeld die gedruckte Fassung seines Vortrags an Planck, der gerade eine ganz ähnliche „neue Strahlungshypothese"
aufgestellt hatte[2] und Sommerfelds Vorstellung mit seiner eigenen folgendermaßen in Beziehung setzte: Er selbst habe bislang „immer nur Oszillatoren von bestimmter Schwingungszahl ν betrachtet". Bei Sommerfeld sei die
„Bedeutung des h für unperiodische Vorgänge" das Entscheidende. Wenn
nicht mehr von einem bestimmten „Energieelement $h\nu$" eines Oszillators
ausgegangen werde, müsse man „auf die primäre Bedeutung von h zurückgehen."[3]

Sommerfelds wachsende Sensibilität in Bezug auf die Quantentheorie
kam kurz darauf auch bei seiner Empfehlung für die Wahl Plancks zum
korrespondierenden Mitglied der Bayerischen Akademie der Wissenschaften
zum Ausdruck:[4]

> Durch Einführung des Wirkungsquantums h eröffnete er der
> Naturforschung neue Bahnen, deren Ziel sich heute erst unbe-
> stimmt erkennen lässt. Wenn auch die Ableitung des Strahlungs-
> gesetzes, insbesondere die Verwendung der Boltzmann'schen
> Principien der Statistik, nicht als endgültig befriedigend angese-
> hen werden, so bleibt jedenfalls das auf diesem Wege gewonnene
> positive Ergebnis von fundamentalster Bedeutung.

Bei der weiteren Ausgestaltung seiner Quantenauffassung rückte Sommerfeld das Wirkungsquantum h immer stärker in den Mittelpunkt, wobei
er großen Wert darauf legte, nur den Wechselwirkungsprozeß quantentheoretisch zu behandeln, nicht die Strahlung selbst, die den klassischen Gesetzen gehorche: „Ein Molekül emittirt und absorbirt ein Elektron stets nach
einem Wirkungsprozeß h; die zugehörige elektromagnetische Ausstrahlung

---

[1] [Sommerfeld 1911a, S. 3, 24-26].
[2] [Planck 1911].
[3] Brief [172].
[4] *Votum von A. Sommerfeld, 1. Juli 1911. München, Akademie, Personalakte Planck.*

ist dadurch völlig gegeben."[1] Im Herbst 1911 stellte er auf der Naturforscherversammlung in Karlsruhe seine h-Hypothese in die Tradition der
großen Fundamentalprinzipien der Physik. Die bei solchen Emissions- und
Absorptionsprozessen entscheidende Größe

$$\int_0^\tau H dt = \frac{h}{2\pi},$$

das Integral über die Wechselwirkungszeit τ und die Differenz H aus kine-
tischer und potentieller Energie, sei dem Hamiltonschen Prinzip verwandt,
das er „mit Helmholtz–Planck" als den „obersten Grundsatz der Mechanik
und Physik" ansah. Die so hergestellte Verbindung des Planckschen Wirkungsquantums mit diesem Grundaxiom der Physik legte Sommerfeld auch
den Gedanken nahe, in h eine axiomatische Grundlage aller atomaren Vorgänge zu erkennen. „Eine elektromagnetische oder mechanische ‚Erklärung'
des h scheint mir ebensowenig angezeigt und aussichtsvoll, wie eine mechanische ‚Erklärung' der Maxwellschen Gleichungen", führte er am Ende
seines Referats aus. Man könne „das h nicht aus den Moleküldimensionen"
erklären, sondern müsse „die Existenz der Moleküle als eine Funktion und
Folge der Existenz eines elementaren Wirkungsquantums" auffassen.[2]

Damit setzte sich Sommerfeld an die Spitze der Quantenbewegung. Kurz
nach der Karlsruher Naturforscherversammlung fand in Brüssel der erste
Solvay-Kongreß statt, der als ein bedeutender Auftakt für die Entwicklung
der Quantenphysik in die Geschichte einging und bei dem Sommerfeld seine
h-Hypothese ein weiteres Mal zur Diskussion stellte.[3] Wie sehr Sommerfeld
die Quantentheorie ans Herz gewachsen war, zeigt auch sein Gratulations-
schreiben an Wilhelm Wien, der mit dem Physiknobelpreis für das Jahr
1911 ausgezeichnet worden war: „Dass er nicht in halben Quanten verteilt
ist, ist vom theoretischen und praktischen Standpunkt aus auch sehr befriedigend. Hoffentlich wird dann im nächsten Jahr wieder ein ganzes Quantum
für die moderne Strahlungstheorie frei."[4] An Lorentz schrieb er in doppel-
ter Anspielung auf seinen „Brüsseler h-Vortrage" und ein Goethe-Zitat: „Da
hilft nun weiter kein Bemühn, Sinds Rosen nun sie werden blühn."[5] Die
größten Hoffnungen setzte er dabei auf Debye, mit dem er eine ausführ-

---

[1] Brief [176].
[2] [Sommerfeld 1911c, S. 43 und 49].
[3] [Sommerfeld 1912d].
[4] Brief [183].
[5] Brief [184].

liche Theorie des Photoeffekts aufgrund der h-Hypothese plante. Debyes Berufung nach Utrecht verzögerte jedoch die gemeinsame Publikation.[1]

Daß die Quantentheorie auch unabhängig von der h-Hypothese neue Erfolge versprach, zeigten Debye sowie unabhängig davon Max Born und Theodor von Kármán um dieselbe Zeit mit einer Theorie der spezifischen Wärme fester Körper. Einstein hatte 1907 gezeigt, daß ein Gitter aus N Atomen eine Wärmeenergie von

$$3N \frac{h\nu}{e^{\frac{h\nu}{kT}} - 1}$$

aufweise, wenn man jedem Atom drei Schwingungsfreiheitsgrade mit je einem Energiequant $h\nu$ zuordne und die von Planck bei der Wärmestrahlung zugrunde gelegte Temperaturverteilung annehme.[2] Diese Formel wurde zwar der experimentell gefundenen Abnahme der spezifischen Wärme fester Körper bei tiefen Temperaturen gerecht, doch die quantitative Übereinstimmung ließ zu wünschen übrig. Einsteins Theorie sei „unrichtig, wie er selbst später erkannt hat", schrieb Debye im März 1912 an Sommerfeld, „denn von einer schwingenden Bewegung mit constanter Schwingungszahl kann nicht die Rede sein." Debye forderte stattdessen:[3]

1) Die Schwingungszahlen des Körpers mit Rücksicht auf seine Atomstructur auszurechnen, so wie es Jeans für den leeren Kubus macht

2) zu behaupten, dasz jeder Doppelfreiheitsgrad die Energie

$$\frac{h\nu}{e^{\frac{h\nu}{kT}} - 1} \qquad \text{hat.}$$

Die Combination ergiebt den gesuchten Energieinhalt des Körpers.

Das Problem 1) kann angenähert aus der Elastizit. Theorie gelöst werden. Die Annäherung genügt für sehr tiefe Temperaturen, weil da die höchsten Schwingungszahlen nicht mehr in Frage kommen. Man findet wie in der Strahlung bei Jeans [die] Anz.[ahl] [der] Schwing.[ungen] zwischen ν und $\nu + d\nu$ proportional $\nu^2 d\nu$ und damit Energieinhalt $\sim T^4$.

---

[1] Brief [173] und *P. Debye an A. Sommerfeld, 23. März 1912. München, DM, Archiv HS 1977-28/A,61.*

[2] [Einstein 1907a].

[3] *P. Debye an A. Sommerfeld, 29. März 1912. München, DM, Archiv HS 1977-28/A,61.*

Auf ganz ähnliche Weise erklärten kurz darauf auch Born und von Kármán das Tieftemperaturverhalten der spezifischen Wärme.[1] Sommerfeld
fand, diese Ausarbeitung gehe „mehr ins hypothetische Detail als wünschenswert", doch der quantentheoretische Grundgedanke sei „sicher der
einzig richtige, auf dem die Theorie des festen Körpers aufgebaut werden
muß."[2] Darin wußte er sich auch mit Einstein völlig einig, der aber hinzu-
setzte, daß die „Lösung der prinzipiellen Schwierigkeiten" in der Quanten-
frage dadurch „kaum gefördert" würde.[3]

Die von Sommerfeld und Debye gemeinsam erarbeitete Theorie des Photoeffekts – in den Grundzügen hatte sie Sommerfeld schon auf dem Solvay-
Kongreß vorgetragen – wurde erst 1913 publiziert.[4] Obwohl sie den Zeit-
genossen zunächst als äußerst erfolgreich erschienen war, zeigte sich doch
an diesem Beispiel am deutlichsten, daß die h-Hypothese den Erwartungen
nicht gerecht wurde.[5] Auch wenn der Sommerfeldsche Quantenansatz von
1911 im Nachhinein als ‚falsch' zu bewerten ist, so war er für die weitere Entwicklung der Quantentheorie doch nicht ohne Bedeutung; zum einen, weil
er für Sommerfeld selbst den ersten Schritt auf dem Weg in die Atomtheorie markierte (siehe Teil 4), zum andern, weil die Quantentheorie insgesamt
mit Sommerfelds Autorität an Ansehen gewann.[6] Sommerfeld hielt seine Spezialvorlesung im Wintersemester 1912/13 über „Ausgewählte Fragen
aus der Quantentheorie", und auch andernorts wurde die Quantentheorie
nun zum Vorlesungsstoff, so etwa bei Debye in Utrecht. Daran zeigt sich
auch, wie die in München geprägten Gepflogenheiten nun im Wortsinne
Schule machten. Debye organisierte z. B. ein Kolloquium, an dem auch die
Physiker aus dem benachbarten Leiden teilnahmen. Doch Debye ging es
nicht primär um die Grundfragen der Quantentheorie. Wolfgang Pauli fand
an Debyes physikalischer Orientierung wenig Gefallen: „Er macht immer so
schmierige Theorien", äußerte er sich Jahre später gelegentlich gegenüber
einem Kollegen.[7]

Zu Debyes Lieblingsgebieten gehörte zum Beispiel die kinetische Theorie
der Materie. So berichtete er in einem achtseitigen Brief an Sommerfeld
kurz nach Antritt seiner Utrechter Professur unter anderem, er habe jetzt
„das diëlectrische Verhalten einiger Gase auf Dipole untersucht und es zeigt

---

[1] [Born und von Kármán 1912].
[2] Brief [193].
[3] Brief [196].
[4] [Debye und Sommerfeld 1913].
[5] [Wheaton 1983, S. 188]. Vgl. auch [Stuewer 1975, S. 55-58].
[6] Vgl. dazu [Hermann 1969, S. 136].
[7] [Busch 1985, S. 24].

sich, dasz ihre electrische Susceptibilität (Diëlectricitätsconst. $-1 = \varepsilon - 1$)
zum allergröszten Teil den Dipolen zuzuschreiben ist." Das Ergebnis dieser
Überlegung war die Ableitung einer Formel für die Dielektrizitätskonstante
von Gasen und Flüssigkeiten als Funktion der Temperatur:[1]

Wären nur Dipole vorhanden, dann hätte man

$$\frac{\varepsilon - 1}{\varrho} = \frac{A}{T}$$

(ϱ = Dichte, A = Constante, T = absolute Temper.[atur]) Das
wäre also das Analogon zum Curie'schen Gesetz. Aber es giebt
nun zwei Dinge, welche die Sache etwas complizieren können.

  1) Sind sicher Verschiebungselektronen da, denn wir wissen,
     dasz der Brechungsexponent optisch gemessen nicht 1 ist
  2) Können bei genügend tiefen Temperaturen, die Moleküle
     wegen der elektrischen Kräfte zwischen den Dipolen sich
     assoziieren.

Die Ursachen 1) und 2) bedingen eine Abänderung in dem Sinne,
dasz jetzt

$$\frac{\varepsilon - 1}{\varrho} = a + \frac{A}{T} + \frac{B\varrho}{T^3}$$

Ursache 1) bedingt a, Ursache 2) $B\varrho/T^3$

Einstein hielt es mit Blick auf die bevorstehende Göttinger Wolfskehltagung, zu der gewöhnlich nur ein sehr illustrer Kreis physikalischer Promi-
nenz geladen wurde, „für gut, wenn Debije auch einmal bei einer derartigen
Gelegenheit zu Worte kommt",[2] und Debyes Vortrag über „Zustandsgleichung und Quantenhypothese mit einem Anhang über Wärmeleitung" zeigte einmal mehr, daß Debye es meisterhaft verstand, das neue Quantenkon-
zept und seine Vorliebe für „schmierige Physik" miteinander in Einklang zu
bringen.[3]

---

[1] *P. Debye an A. Sommerfeld, 3. November 1912. München, DM, Archiv HS 1977-*
    28/A,61. Vgl. [Debye 1912c].
[2] Vgl. Brief [196] und [Einstein 1993, Dokument 421]
[3] [Debye 1914].

Die frühe Attraktivität der Sommerfeldschule

Dennoch wäre es verfehlt, diesen Auftakt in Sachen Quantentheorie stärker zu gewichten als andere Gebiete der theoretischen Physik. Außer Debye beschäftigte sich vor 1912 kein anderer Sommerfeldschüler mit einem quantentheoretischen Thema. Bezeichnenderweise erklärte Sommerfeld selbst im darauffolgenden Jahr, als Niels Bohr sein quantisiertes Atommodell aufstellte, dieses Thema nicht sofort zum neuen Forschungsschwerpunkt. Vor dem Ersten Weltkrieg war die Sommerfeldschule noch kein Zentrum der neuen Quantenphysik. Als Sommerfeld im Juli 1912 nach Göttingen zu Gastvorträgen eingeladen wurde, trug er „nicht über Quanten sondern über unsere X-Strahl-Versuche" vor.[1] Auf der Naturforscherversammlung in Münster im Herbst 1912 referierte er über „Die Green'sche Funktion der Schwingungsgleichung für das Äussere eines beliebigen Gebietes"; bei dieser Gelegenheit formulierte er auch die später nach ihm benannte „Ausstrahlungsbedingung", die für die Eindeutigkeit der Lösung gewisser Randwertaufgaben sorgte.[2] „Die Rolle der Ausstrahlungsbedingung ist mir jetzt völlig klar geworden", gratulierte ihm Hermann Weyl, der damit wohl als erster die Bedeutung der Ausstrahlungsbedingung für die mathematische Physik zum Ausdruck brachte. Nur ganz beiläufig erwähnt Weyl darin auch eine „kleine Rechnung, die Elektronenbremsung betreffend". Dies läßt den Schluß zu, daß Sommerfeld mit Weyl auch über die h-Hypothese diskutiert hatte, jedoch wohl primär über mathematische Details und weniger über ihre physikalische Bedeutung.[3] Bei aller Euphorie für die Quantenphysik konnte und wollte Sommerfeld seine Liebe zur Mathematik nicht verleugnen.

Diese Kombination von physikalischer Vielfalt und mathematischer Virtuosität bei der Durchdringung anspruchsvoller Spezialprobleme machte Sommerfelds Münchner Wirkungsstätte schnell zur begehrten Adresse für aufstrebende Theoretiker. Hinzu kam die offene und umgängliche Art Sommerfelds, mit der er bei seinen talentierteren Studenten die Hemmschwelle für einen engen Austausch rasch abbaute. Einstein versicherte Sommerfeld im Januar 1908, als er noch am Patentamt in Bern arbeitete, „dass ich, wenn ich in München wäre und Zeit hätte, mich in Ihr Kolleg setzen würde,

---

[1] *A. Sommerfeld an K. Schwarzschild, undatiert (Juli 1912). Göttingen, NSUB, Schwarzschild.*

[2] [Sommerfeld 1912b]. Siehe dazu [Shot 1982].

[3] *H. Weyl an A. Sommerfeld, 3. Dezember 1912. München, DM, Archiv HS 1977-28/A,365.*

um meine mathematisch-physikalischen Kenntnisse zu vervollständigen."[1]
Als er Sommerfeld im folgenden Jahr bei der Naturforscherversammlung
in Salzburg persönlich kennenlernte, schrieb er: „Ich begreife es jetzt, dass
Ihre Schüler Sie so gern haben! Ein so schönes Verhältnis zwischen Professor und Studenten steht wohl einzig da. Ich will mir Sie ganz zum Vorbild
nehmen."[2]

Mit Sommerfeld und der Münchner Physik in engeren Kontakt zu kommen, setzte von seiten eines Studenten freilich auch einiges Selbstbewußt-
sein voraus. Paul Epstein schrieb kurz nach seiner Ankunft an Paul Ehrenfest, mit dem er zuvor in Moskau bekannt geworden war, Sommerfeld sei
bei der ersten Unterredung „sehr zurückhaltend" gewesen, da er befürchtet
habe, „in mir einen völlig ungeeigneten Menschen auf den Hals zu bekommen, da ich mich als ganz ohne theoretische Vorbildung einführte."[3] Doch
je mehr sich Epstein als ein begabter Student erwies, desto besser wurde er
in das Institutsleben integriert. Als Ehrenfest Ende 1910 über die unbefrie-
digenden Verhältnisse in Rußland klagte und mit dem Gedanken spielte,
ebenfalls für einige Zeit nach München zu kommen, fand Epstein dies „ausgezeichnet" und ermunterte ihn, „bedenken Sie nur, dass ich mit Debye,
Sommerfeld und Laue in *täglichem* Verkehr stehe. Und wenn Sie erst hier
sind, so wird der geistige Verkehr noch außerordentlich an Intensität gewinnen." Er habe seinen „Horizont ausserordentlich erweitert" und „eine Reihe
von Gebieten *gut durchdacht*", obwohl er noch „vor einem Jahr wenig oder
garnichts von theor. Physik verstanden" habe.[4]

Ehrenfest wäre gerne nach München gekommen, um sich bei Sommerfeld zu habilitieren. Dazu kam es jedoch nicht. Seine Versuche, an einer
deutschen Universität zu einem anerkannten Abschluß zu kommen, zeugen
von den Schwierigkeiten, mit denen sich selbst ausgewiesene Theoretiker
vor dem Ersten Weltkrieg auf dem Weg zu einer Universitätslaufbahn konfrontiert sahen.[5] Auf seine an Debye adressierte Anfrage, ob er in München
Privatdozent werden könne, erhielt Ehrenfest eine Absage, da Sommerfeld
„lieber der vorhandenen Nachzucht seiner Schule den Platz offen lassen
möchte". Sommerfeld wörtlich zitierend fuhr Debye fort: „Warum sollen wir
in München, wo wir fast als einzige Universität Privatdocents-Aspiranten
hervorbringen, diesen den Weg versperren, nachdem wir schon Laue, als

[1] Brief [117].

[2] Brief [152].

[3] *P. Epstein an P. Ehrenfest, 9. Februar 1910. AHQP/EHR 19.*

[4] *P. Epstein an P. Ehrenfest, 19. November 1910. AHQP/EHR 19.*

[5] [Klein 1970, S. 165-192].

einzigen Schüler von Planck, übernommen haben." Sonst wäre es für Sommerfeld schon „sehr anregend" gewesen, Ehrenfest in München zu haben, „seine Vorträge zu hören, wäre für mich ein ebensolcher Genuß, wie seine Arbeiten zu lesen, die lauter Leckerbissen sind."[1]

Da sich auch andernorts keine Habilitationsmöglichkeit ergab, richtete Ehrenfest an Sommerfeld als nächstes die Frage, ob er bei ihm wenigstens promovieren könne. (Seine Promotion bei Boltzmann in Wien wurde etwa von der Universität Leipzig nicht anerkannt, obwohl Boltzmann hier Professor gewesen war.) Er hoffe, dabei „speciell dieses zu lernen: wie man eine Arbeit die wirklichen Rechenaufwand erfordert zu Ende führt."[2] Der sich daran anschließende Briefwechsel offenbart Sommerfelds Bemühen, Ehrenfest doch noch eine Habilitation zu ermöglichen,[3] – gegen Debyes Bedenken, Ehrenfest mit seiner „bestrickenden Talmudlogik" könne einen schädlichen Einfluß auf das Institut ausüben.[4] Sommerfeld gewann von Ehrenfest jedoch nach dessen Besuch in München „den Eindruck eines sehr sympathischen, feinsinnigen Menschen" und ließ sich in seinem positiven Urteil über ihn nicht beirren.[5] Wenn Ehrenfest nicht in München Privatdozent wurde, so lag dies nicht an antisemitischen Vorurteilen: Er erhielt gleichzeitig aus Leiden das ehrenvolle Angebot, die Nachfolge von H. A. Lorentz anzutreten.

Fünf Jahre nach der Berufung Sommerfelds nach München war sein Institut zu einer begehrten Adresse für ambitionierte Theoretiker geworden. Redewendungen wie „Nachzucht seiner Schule" und sein als „einzig" empfundenes Verhältnis zu den Studenten lassen erkennen, daß die Münchner „Pflanzstätte" schon vor den Erfolgen in der Atomtheorie als eine bedeutende Theoretikerschule galt. Doch aus den Briefen geht auch hervor, wie unsicher die Karriereaussichten in diesem Fach noch waren. Das Beispiel der Berufung Laues nach Zürich läßt erahnen, daß ein Kandidat mit einer nicht so vornehmen wissenschaftlichen Herkunft und weniger beredten Empfehlungen wohl keine Chancen gehabt hätte.[6]

Wie schwierig die Situation andernorts für die theoretische Physik war, wird durch einen Brief deutlich, der im Januar 1913 an Sommerfeld und wohl auch an andere Theoretiker geschickt wurde; darin bat Johann Koenigsberger, Extraordinarius für mathematische Physik an der Universität

---

[1] *P. Debye an P. Ehrenfest, 30. Mai 1911. AHQP/EHR 19.*
[2] Brief [180].
[3] Briefe [181], [182], [190] und [194].
[4] *P. Debye an A. Sommerfeld, 29. März 1912. München, DM, Archiv HS 1977-28/A,61.*
[5] Brief [189].
[6] Briefe [186] und [191].

Freiburg, seine Kollegen um Auskunft darüber, „wie die mathematischen Physiker an andern Hochschulen gestellt sind", in der Hoffnung, damit seine eigene Situation verbessern zu können:[1]

> Von der Direktion des physikalischen Instituts[2] sind mir die 2 Zimmer, die ich seit mehreren Jahren für Doktoranden zur Verfügung hatte, vor 4 Wochen gekündigt worden. Das mathematisch-physikalische Institut besitzt dann nur noch *ein* Zimmer, das gleichzeitig als Arbeitszimmer, Direktionszimmer, Raum für Apparate und Lehrsammlung dienen soll.

> [...] Dadurch wird mir und meinen Doktoranden die experimentelle Prüfung theoretischer Ueberlegungen unmöglich gemacht werden. Der experimentelle Physiker in Freiburg i/Br. beansprucht aber für seine Assistenten und Doktoranden das Recht, mathematisch-physikalische Formeln zu entwickeln und zu verwenden.

Es dauerte noch lange, bis sich auch an den kleineren Universitäten die Situation der theoretischen Physik verbesserte. An den meisten Universitäten wurden die bestehenden außerordentlichen Professuren für theoretische Physik erst in den 1920er Jahren in Ordinariate verwandelt, die denen für Experimentalphysik ebenbürtig waren.

---

[1] *J. Koenigsberger an A. Sommerfeld, 8. Januar 1913. München, DM, Archiv NL 89, 010.*

[2] Franz Himstedt war seit 1895 Ordinarius für Physik in Freiburg.

Briefe 1907–1912

[104] *An Wilhelm Wien*[1]

München, den 15. I. 07

Lieber Wien!

Seeliger teilt mir Ihre Vorschläge mit und veranlasst mich, Sie nochmals in dieser Angelegenheit zu harangiren.[2] Nach meinem Geschmack steht Herglotz auch als Mathematiker weit über Ihren 3 Candidaten, Heßenberg, Liebmann, Dehn.[3] Sie würden gerade für Ihre Intereßen von Herglotz mehr haben wie von irgend einem. Im Übrigen ist Heßenberg gut. Dehn auch gut; wenn Sie aber auf Christlichkeit Wert legen, so sind Sie bei Dehn schlecht dran. Seine Schwester ist Frau von Emil Cohn[4] u. sieht sehr jüdisch aus, er wenig. Liebmann dagegen ist ein Schwachmathikus. Er hat nichts Originelles gemacht. Da ist der hiesige Weber[5] viel beßer wie Liebmann, Herglotz u. Zermelo[6] beßer als sie alle zusammen. Entschuldigen Sie diesen unerbetenen Rat. Sie können ihn natürlich ruhig ad acta legen.

Nun hat Lindemann auch seine Elektronen in der Akademie abgelagert.[7] Danach ist alles falsch, nicht nur Lorentz, Sie, ich, Abraham, auch die Maxwell'schen Gl. sind in sich mathematisch widerspruchsvoll. Ich habe mir übrigens seine Spektrallinien II angesehen. Dieselben haarigen Fehler wie bei Fuchs beherrschen auch diese eigenartige Theorie.

Colleg u. Übungen machen mir viel Freude; es geht alles amtlich recht nach Wunsch.

Ihr A. Sommerfeld.

Vielen Dank für den rechtzeitigen Rat mit den Steinpfeilern.[8] Es wird so gemacht: Steinplatten auf ein Gewölbe verlagert.

---

[1] Brief (2 Seiten, lateinisch), *München, DM, Archiv NL 56, 010.*

[2] 1906 wurde der Mathematiker Eduard Selling an der Universität Würzburg emeritiert. Da er seit 1879 zusätzlich Konservator der dortigen Sternwarte war, wurde auch der einflußreiche Münchner Astronom Hugo von Seeliger befragt.

[3] G. Herglotz wurde 1907 Extraordinarius für theoretische Astronomie in Göttingen (zuvor Privatdozent). Der Mathematiker Gerhard Hessenberg hatte sich 1901 an der TH Charlottenburg habilitiert und erhielt 1907 ein Ordinariat an der Landwirtschaftlichen Hochschule in Poppelsdorf. Heinrich Liebmann war seit 1905 außerordentlicher Professor der Mathematik in Leipzig. Max Dehn hatte sich 1901 in Münster habilitiert.

[4] Emil Cohn war mit Marie Goldschmidt verheiratet.

[5] Eduard von Weber, 1895 in München habilitiert, war dort nichtetatmäßiger Professor der Mathematik, bis er 1907 als Extraordinarius nach Würzburg berufen wurde.

[6] Ernst Zermelo war seit 1906 Titularprofessor in Göttingen.

[7] [Lindemann 1907a]; vgl. zum folgenden auch [Lindemann 1903] und Brief [102].

[8] Sommerfeld hatte wegen seiner Institutsräume im Universitätsneubau angefragt, vgl. *A. Sommerfeld an W. Wien, 7. Januar 1907. München, DM, Archiv NL 56, 010.*

[105] *Von Ferdinand Lindemann*[1]

München 24. IV 07.

Verehrter Herr Kollege.

Sie wissen, dass ich Ihren Untersuchungen über Elektronen nicht zustimmen kann, wenn ich auch den ersten Ansatz als werthvoll anerkenne. Ich folge der Aufforderung von verschiedenen Seiten, indem ich meine abweichenden Resultate veröffentliche; es hat das lange gedauert, da ich nicht blos negative sondern auch positive geben wollte. Obgleich es mir sehr unangenehm ist, Ihnen scheinbar gegenüber zu treten, konnte ich nach den Erörterungen in der Fakultät vor Ihrem Hierseien nicht anders handeln.[2]

Sie werden hoffentlich sehen, dass ich mich sachlich ausdrücke und persönliches vermeide im Gegensatze zu der unsinnigen Recension Abraham's über die Arbeit von Fuchs.[3]

Mit ergebenstem Gruss
F. Lindemann

[106] *Von Stefan Meyer*[4]

Wien, 13 Mai 1907.

Sehr geehrter Herr Professor!

Ihren freundlichen Brief vom ^{11}/v habe ich erhalten und da ich derzeit während der Vacanz der Boltzmannschen Lehrkanzel mit deren respective des Instituts Leitung betraut bin, bin ich auch die kompetente Stelle. Es ist mir bekannt, daß das Boltzmannsche Bicykel-Modell[5] den Münchenern gehört – allerdings hatte ich gehofft, diese hätten bereits daran vergessen oder nach dem mehr als 10jährigen Aufenthalt desselben in Wien dasselbe als von uns ersessen betrachtet.

Nachdem Sie es aber nunmehr zurückverlangen, werde ich es in den

---

[1] Brief (2 Seiten, lateinisch), *München, DM, Archiv NL 89, 050.*

[2] Röntgen gab im Vorfeld der Berufung Sommerfelds nach München zu Protokoll, daß es „in der Beurteilung der wissenschaftlichen Leistungen des Herrn Sommerfeld entgegengesetzte Anschauungen bei den Herren von Seeliger, Voß und Röntgen einerseits, Magnifizenz Lindemann andererseits" gegeben habe, *Sitzungsprotokoll Philosophische Fakultät, 2. Sektion München, UA, E-II-N.* Siehe dazu [Eckert und Pricha 1984].

[3] [Abraham 1907, S. 86].

[4] Brief (2 Seiten, deutsch), *München, DM, Archiv NL 89, 011.*

[5] Dieses Modell diente zur Veranschaulichung der Maxwellschen Gleichungen, siehe die Beschreibung in [Boltzmann 1891, S. 24-27 und Anhang, Tafel I und II].

nächsten Tagen an Sie absenden lassen und erbitte nach Ankunft freundlichst den Boltzmann'schen Schuldschein an mich gelangen zu lassen.

Ich bemerke dazu, daß zwei Amerikafahrten dem Instrumente nicht sehr gut getan haben. Ich habe zwar eigenhändig seiner Zeit die Hauptaxe ausgebügelt, aber ganz gerade ist sie nicht mehr geworden, so daß das Modell nicht immer einwandfrei funktioniert.

Indem ich mich Ihnen bestens empfehle mit ergebenstem Gruß

Hochachtungsvollst

Dr Stefan Meyer

[107] *An Johannes Stark*[1]

München, den 31. Mai 07

Sehr geehrter Herr College!

Sie waren so gütig, mir neben Ihren Arbeiten wieder eine Originalphotographie zu schenken,[2] wofür ich Ihnen herzlich danke. Da ich gerade ein kleines Colleg über thermodynamische Strahlung lese,[3] sollte mir eigentlich auch die Luminiscenz-Strahlung nicht zu fern liegen. Aber mit einer allgemeinen Theorie derselben sieht es wohl auf lange böse aus. Ihre Versuche werden jedenfalls wesentlich dazu beitragen. Augenblicklich muss ich mich mit Lindemann herumschlagen, der eine ganz neue Elektronen-Theorie aufgestellt hat.

Ihr sehr ergebener

A. Sommerfeld

[108] *An Ferdinand Lindemann*[4]

[Anfang Juni 1907][5]

Hochgeehrter Herr Profeßor!

Zu meinem lebhaften Bedauern kann mich die mir heute früh zugesandte Erklärung (mit Nachtrag von heute nachmittag) keineswegs zufrieden

---

[1] Brief (1 Seite, lateinisch), *Berlin, SB, Nachlaß Stark*.

[2] Möglicherweise [Stark 1907b] und [Stark 1907a], in letzterer zwei Photographien.

[3] Sommerfelds Vorlesung im Sommersemester 1907 war mit „Theorie der Strahlung" dreistündig angekündigt.

[4] Brief (1 Seite, lateinisch), *München, DM, Archiv NL 89, 050*.

[5] Wenige Tage vor dem 8. Juni 1907, dem Tag der Vorlage von [Sommerfeld 1907c].

stellen.[1] Dieselbe entspricht zu wenig dem Ergebnis der Besprechung, welche wir bei Hn. Collegen v. Seeliger hatten. Einer Vertagung der Diskußion und der damit verbundenen Aufregungen bis zum December kann ich leider nicht zustimmen. Ich sehe mich daher gezwungen, der Akademie am nächsten Samstag eine (kurz gefasste) Erklärung meinerseits vorlegen zu laßen[.][2]

In grösster Hochachtung
Ihr sehr ergebener AS.

[109] *Von Ferdinand Lindemann*[3]

München. 11. VI. 07.

Verehrter Herr College.

Besten Dank für Ihre Mittheilung betr. Ihre Entgegnung. Ich war erstaunt, dass Röntgen wünschte, sie solle in den Sitzungsberichten erscheinen;[4] denn nach sonstigem allgemeinen Usus gehört eine Entgegnung dorthin, wo die ursprüngliche Schrift erschienen war. Ich habe mich dabei beruhigt, nachdem beschlossen wurde, dass unmittelbar hinter Ihrer Abhandlung Platz für meiner Erwiderung bleiben solle. Nach einem Präcedenzfalle vor einigen Jahren hätte ich zu dem Zwecke verlangen Einsicht [sic] in Ihr Manuscript verlangen müssen; da Sie Selbst mir aber solches freundlichst anboten, habe ich davon abgesehen.

Was die Sache selbst anbelangt, so kann durch Ihr Zahlenbeispiel nichts bewiesen werden,[5] denn, wie ich schon seit einiger Zeit weiss und in der

---

[1] Nach einem Gespräch mit Sommerfeld bei Hugo von Seeliger, das offenbar der Schlichtung des Streits dienen sollte, hatte Lindemann neue Einwände vorgebracht und vorgeschlagen, die Angelegenheit bis Dezember zu vertagen, *F. Lindemann an A. Sommerfeld, undatiert. München, DM, Archiv NL 89, 050.*

[2] Am 8. Juni 1907 vermerkt das Protokoll die Vorlage von [Sommerfeld 1907c] durch Röntgen, vgl. *Mathematisch-Physikalische Klasse: Protokolle samt Beilagen, 1904–1909. München, Akademie.*

[3] Brief (4 Seiten, lateinisch), *München, DM, Archiv NL 89, 050.*

[4] [Lindemann 1907a] war in den für längere Abhandlungen vorgesehenen „Denkschriften" und nicht in den Sitzungsberichten der Akademie gedruckt worden. In der Sitzung vom 8. Juni entschied man, Sommerfelds Entgegnung solle „in die Sitzungsberichte aufgenommen werden, wenn auch Herr Lindemann Gelegenheit hat in den Sitzungsberichten sich zu äußern. Herr Lindemann und Herr Sommerfeld sollen hierüber miteinander ins Benehmen treten", vgl. *Mathematisch-Physikalische Klasse: Protokolle samt Beilagen, 1904–1909. München, Akademie.*

[5] Sommerfeld hatte [Lindemann 1907a, Formel (169a)] mit einem Beispiel ad absurdum geführt: Um eine geladene Kugel mit konstanter Geschwindigkeit von $3\,\mathrm{cm/s}$ dahinlau-

Sitzung sofort bemerkte, liegt bei dem Zahlenfactor ein Rechenfehler vor. Es kommt aber *nur* auf die reine Theorie an; und da glaube ich nicht, dass sich etwas an meinem Einwurfe wird ändern lassen.

In der nächsten Sitzung (6. Juli) werde ich diesen Rechenfehler verbessern (ich konnte es jetzt wegen längerer Abwesenheit von München noch nicht), und zwar nachdem die Rechnungen von einem auswärtigen Collegen geprüft sind. Vielleicht ist es deshalb empfehlenswerth, wenn Sie Ihr Zahlenbeispiel nur kurz erwähnen (denn es ist nun ja doch nicht entscheidend) und auf die Theorie das Hauptgewicht legen.

Ausführlicher werde ich dann im II. Theile meiner Arbeit darauf zurückkommen;[1] den muss ich jedenfalls zum Abschluss bringen, und so lange kann unsere Meinungsverschiedenheit vor der Oeffentlichkeit nicht verborgen werden.

Mit ergebenstem Gruss
F. Lindemann

[110] *Von Max Abraham*[2]

18. 6. 07.

Werter Sommerfeld!

Von einer Fußtour durch den Harz zurückkehrend, finde ich Ihren Brief vor, und beantworte ihn umgehend, um Sie nicht zu lange auf Antwort warten zu lassen. Eine der Planck'schen Berechnungsweise analoge müsste sich in der Tat auch im Falle des bewegten Spiegels anwenden lassen. Doch ist als Grenzbedingung in diesem Falle nicht $\mathfrak{E}_{\xi\eta} = 0$, sondern $\mathfrak{E}'_{\xi\eta} = 0$ anzusetzen (Vergl. Abraham II S. 325. Gl. 196)[3], weil nicht $\mathfrak{E}$, sondern $\mathfrak{E}' = \mathfrak{E} + \frac{1}{c}[\mathfrak{v}\mathfrak{H}]$ den Leitungsstrom im bewegten Metalle bestimmen soll. Eine auf dieser Grenzbedingung beruhende Betrachtung habe ich l. c. S. 335 gegeben, allerdings nur für senkrechte Incidenz; hier stimmt das Ergebnis durchaus

---

fen zu lassen, sei danach eine Arbeitsleistung von $2{,}25 \cdot 10^{16}$ PS erforderlich, während nach geltender physikalischer Lehrmeinung eine solche Bewegung kräftefrei sei [Sommerfeld 1907c, S. 161-162].

[1] [Lindemann 1907b].

[2] Brief (4 Seiten, lateinisch), *München, DM, Archiv HS 1977-28/A,1.*

[3] Abraham hatte im Anschluß an [Planck 1902b] die Wechselwirkung von Elektronen mit elektromagnetischen Wellen in ruhender Materie behandelt. In den hier angesprochenen Abschnitten geht es um die Erweiterung der Elektronentheorie auf bewegte Körper, insbesondere im Hinblick auf eine Erklärung des Strahlungsdrucks. $\mathfrak{E}$, $\mathfrak{H}$ bezeichnen das elektrische bzw. magnetische Feld einer Lichtwelle, $\mathfrak{v}$ die Geschwindigkeit eines bewegten Körpers, c die Lichtgeschwindigkeit [Abraham 1905, § 38, S. 329-336].

mit dem aus den Energie- und Impuls-Sätzen folgenden überaus. Ich zweifle, obwohl ich es nie nachgerechnet habe, nicht daran, daß auch bei schiefer Incidenz zwischen den Resultaten der beiden Methoden Übereinstimmung herrschen wird, da beide Methoden auf denselben Grundhypothesen beruhen.

Es freut mich, daß Sie Lindemann abführen wollen; ich hatte nicht die Absicht, auf dieses Herrn Bemerkungen über meine Arbeit einzugehen. (Er hat mir übrigens keinen Separatabdruck seiner Publikation gesandt, was ich zu verschmerzen versuchen werde) Doch ist es gut, wenn er öffentlich widerlegt wird. Denn „es ist nichts so dumm, es findet doch sein Publikum".

Was macht übrigens die Enzyklopädie? Bekomme ich nicht in diesem Semester die Korrekturen?[1] Das wäre doch eigentlich zu wünschen, zumal da ich im Winter vielleicht schon in Amerika sein werde,[2] wo mir die Litteratur nicht so zur Verfügung steht, wie hier in Göttingen.

Mit bestem Gruße bin ich Ihr zu weiterer Auskunft gern erbötiger

M. Abraham

[111] *Von Ferdinand Lindemann*[3]

München 19. VII. 07.

Verehrter Herr College.

Gegen die *Form* Ihrer Mitteilung[4] habe ich nichts einzuwenden, gegen den Inhalt aber sehr viel. Da Sie aber nun Vorschläge wegen der Form erwarten, so kann ich in der Sache zunächst nichts thun. Inhaltlich sind Ihre Bemerkungen nach meiner Auff[assu]ng sämtlich unrichtig (die letzte wegen den $\int d\Omega$ habe ich noch nicht geprüft, da sie nicht wesentlich ist). Eine sachliche Aend[eru]ng ist aber auch kaum möglich. So muss die Sache ihren Lauf gehen, und ich muss zu meinem Bedauern sofort meine Erwiderung folgen lassen.[5]

Mit ergebenstem Gruss

F. Lindemann

---

[1] [Abraham 1910].

[2] Max Abraham war seit 1900 Privatdozent in Göttingen; 1909 übernahm er eine Professur an der University of Illinois in Urbana/Champaign, kehrte aber nach einem Semester wieder nach Europa zurück.

[3] Brief (4 Seiten, lateinisch), *München, DM, Archiv NL 89, 050.*

[4] Wohl ein nicht nicht erhaltener Entwurf Sommerfelds, mit dem er die von Lindemann in der Sitzung vom 6. Juli 1907 geltend gemachten Punkte widerlegte.

[5] [Lindemann 1907c] wurde der Akademie am 6. August 1907 vorgelegt.

[112] *An Carl Runge*[1]

München, den 10. X. 07.

Lieber Runge!

Ich soll in diesem Monat die Artikel von Wangerin u. Willy Wien über Optik bekommen,[2] die dann sogleich gesetzt werden sollen. Also wird auch Ihr Art. über Spektralanalyse bald fällig,[3] ich meine bis ~~spätestens~~ etwa nächsten Ostern. Wird das möglich sein?

Dieser wird sich an den 2. Art. von Wien, Theorie der Strahlung etc, anschließen. Wir müssen uns wohl vor Allem über die Abgrenzung gegen Wien verständigen.

Sicherlich gehören in Ihren Beitrag die Seriengesetze (Rydberg, Runge, auch Ritz),[4] die Regelmässigkeiten in den Doppellinien, auch Einiges Speciellere über den Zeeman u. Stark-Effekt[5] (das Allgemeine darüber wird durch einen besonderen Beitrag von Lorentz bearbeitet),[6] ferner Allerlei Numerisches.

Sie sprachen auch von der Theorie des Rowland'schen Gitters.[7] Eigentlich gehört es ja nicht in diesen Art., sondern in den speciellen Beugungsart., Nr. 25.[8] Da Sie aber sicher mehr darüber zu sagen haben wie der Verf. des Art 25, Laue, so hätte ich auch nichts dagegen, das Gitter zu Ihnen zu nehmen. Wollen Sie darüber befinden!

Wie aber steht es mit einer allgemeinen Theorie der Spektrall.[inien]?

---

[1] Brief (4 Seiten, lateinisch), *München, DM, Archiv HS 1976-31*.

[2] [Wangerin 1909] und [Wien 1909a].

[3] Runge sollte im Anschluß an Wiens Artikel einen eigenständigen Beitrag über Spektralanalyse verfassen, vgl. *A. Sommerfeld an C. Runge, 2. Dezember 1901. München, DM, Archiv HS 1976-31*.

[4] In [Rydberg 1890] werden Linienspektren durch einen Serienterm der Form $R/(n+q)$ (R Rydbergkonstante, n, q ganze Zahlen) dargestellt. Zu den Seriengesetzen vgl. [Richenhagen 1985, S. 93-114]. Walther Ritz, Promotion 1903 bei W. Voigt in Göttingen, hatte in seiner Dissertation eine umfassende theoretische Analyse der Serienspektren versucht [Ritz 1903].

[5] Damit ist die von Stark 1905 gefundene Dopplerverschiebung der Spektrallinien bei Kanalstrahlen gemeint; die heute als Starkeffekt bezeichnete Aufspaltung der Spektrallinien im elektrischen Feld wurde erst 1913 entdeckt.

[6] [Lorentz 1909].

[7] Das in [Rowland 1883] beschriebene Beugungsgitter revolutionierte die Spektroskopie, vgl. [Kayser 1900, Einführung].

[8] Der Beitrag über spezielle Beugungsprobleme wurde als Zusatz dem Artikel Nr. 24 Max Laues über Wellenoptik angefügt und von Paul S. Epstein verfaßt [Laue 1915], [Epstein 1915].

Da soll es ein Buch von Garballo[1] geben. Viel wird ja wohl darüber nicht
zu machen sein. Es scheint mir aber, dass in der Enc. alle Ansätze, auch
die mislungenen – und das sind ja wohl alle – ausführlich discutirt werden sollten, abgesehen natürlich von den mathematisch-falschen, wie die
meines Freundes Lindemann.[2] Z. B. Betrachtungen über Summationslini-
en (Korteweg, Julius), auch die freien Elektronenschwingungen (Herglotz,
Sommerfeld, P. Hertz).[3] Wollen Sie das alles und Vieles Andere übernehmen, und *recht ausführlich* darstellen, so dass die künftigen Bearbeiter d.
Problems es leichter haben als die gegenwärtigen.

Wie steht es ferner mit dem Atommodell à la J. J. Thomson (versinn-
licht durch die schwimmenden Mayer'schen Magnete, vgl. Electricity and
Matter von J. J. Thomson).[4] Es wird darüber jetzt viel gearbeitet, z. B.
von Schott im Philos. Magazine.[5] Wenn Ihnen dieses zu fern liegt, könnte
auch W. Wien das Atommodell übernehmen; aber die besonderen spek-
tralanalyt. Folgerungen, sofern solche schon vorhanden sind, gehören doch
wohl zu Ihnen.[6] Bitte schreiben Sie mir doch bald Ihre Meinung hierüber.
Wien kommt Ende des Monats her, dann müssen diese Fragen entschieden
werden.

Und wenn Sie einmal die Feder oder Schreibmaschine zur Hand nehmen,
so sagen Sie mir doch auch Ihre Meinung über die hochinteressante Goldstein'sche Entdeckung der „Grundspektren".[7] Ich habe vergeblich versucht,
sie mit Ritz in Zusammenhang zu bringen, als Nebenspektren höherer Ordnung.[8] Ist das denkbar? Fredenhagen steht wohl ungefähr auf demselben

---

[1] [Garbasso 1906]. Antonio Garbasso war Direktor des physikalischen Instituts in Genua.

[2] [Lindemann 1901], [Lindemann 1903].

[3] [Korteweg 1898] behandelt Schwingungen von Systemen mit vielen Freiheitsgraden im
Zusammenhang mit Spektrallinien. In [Julius 1889] wird versucht, mittels Wahrschein-
lichkeitsüberlegungen Aussagen über das Auftreten von Spektrallinien zu gewinnen.
Im Rahmen der Elektronentheorie traten aufgrund von Rückkopplungen mit dem ei-
genen Feld z. B. Rotationsschwingungen ohne äußere Kräfte auf, vgl. [Herglotz 1903],
[Sommerfeld 1904e] und [Hertz 1906].

[4] [Thomson 1903, S. 114-117]. A. M. Mayer untersuchte im Hinblick auf Atommodelle
die Gleichgewichtslagen schwimmender Magnetnadeln verschiedener Zahl.

[5] [Schott 1906]

[6] W. Wien ging auf Atommodelle nicht ein, vgl. [Wien 1909b, S. 354-357].

[7] Ein „Grundspektrum" nach Goldstein enthielt nur Linien der ionisierten Atome (Funkenanregung), keine Linien von neutralen Atomen (Bogenlinien) [Goldstein 1907], vgl.
auch *E. Goldstein an A. Sommerfeld, 11. November 1907. München, DM, Archiv NL
89, 008.* Eugen Goldstein war seit 1888 Physiker an der Berliner Sternwarte.

[8] [Ritz 1903, S. 267].

Brett.[1] Und wie ist es mit Wood?[2] Es scheint mir, dass alle drei in Ihren Art. gehören, wenn sich auch zur Zeit noch nicht viel darüber sagen lässt.

Ich verstehe wohl, dass der Zeitpunkt zur Abfaßung eines zusammenfassenden klaßischen Artikels über Spektralanalyse nicht günstig ist, da mir auch hier wie in anderen Teilen der Physik die Grundvesten zu wanken scheinen. Aber was hilft's? Höchstens könnten wir, wenn Ihnen diese Entdeckungen wirklich sehr bedeutsam und umstürzend erscheinen, Ihren Artikel bis hinter Nr. 25 vertagen, in welchem Falle Sie noch 1–2 Jahre Zeit hätten. Ich würde dies aber nur als Auskunft in der Not ansehen, falls Sie wirklich eine Theorie der Spektrall. jetzt zu schreiben ausser Stande sind.[3]

Kommen Sie vielleicht in den Weihnachtsferien hierher, d. h. in's Gebirge, zum Skylaufen??

Voigt sagte mir in Dresden, dass Sie auch über einen Fehler bei Lindemann vorgetragen hätten.[4] Welches war der? Da ich Lindemann nochmals antworten muß, so könnte mir Ihr Fund von Nutzen sein. Einer allein kann L.'s Mathematik nämlich nicht verstehn, es gehören mehrere dazu.

Herzlich

Ihr A. Sommerfeld[5]

[113] *Von Hendrik A. Lorentz*[6]

Leiden, 13 November 1907.

Sehr verehrter Herr College,

Zu meinem Schrecken sehe ich, daß ich Ihren Brief schon einen Monat unbeantwortet gelaßen habe, und das während eine viel ältere Schuld mein Gewißen peinigte. Ich habe nämlich noch niemals meinen Dank ausgesprochen für die schönen Verse welche Ihre Frau Gemahlin mir im Dezember vorigen Jahres schickte, und für die ich ihr, obgleich sie mich wegen des unverdienten Lobs erröten machten, von ganzem Herzen dankbar bin, ebenso wie für das wie mir scheint vorzüglich gelungene Porträt meines kleinen

---

[1] [Fredenhagen 1906]. Der Nernstschüler Carl Fredenhagen war seit 1906 Privatdozent an der Universität Leipzig.

[2] Vgl. [Wood 1907]. Robert Williams Wood hatte 1901 die Nachfolge Rowlands als Professor der Experimentalphysik an der Johns Hopkins University angetreten.

[3] Durch die lange Verzögerung des Artikels [Runge 1925] erübrigte sich die Erörterung der hier angesprochenen Arbeiten, vgl. Brief [262].

[4] Vgl. Brief [114]; in Dresden hatte die Naturforschertagung stattgefunden.

[5] Der stenographische Antwortentwurf Runges entspricht weitgehend Brief [114].

[6] Brief (4 Seiten, lateinisch), *München, DM, Archiv HS 1977-28/A,208.*

Namensvetters.[1] Ich hoffe sehr, daß Sie beide mir das lange Stillschweigen verzeihen werden; zweifeln Sie nicht daran, daß ich auf Ihre mir so manchmal erwiesene freundliche Gesinnung den höchsten Wert lege.

Es freut mich sehr, daß es Ihnen in dem neuen Wohnort und dem neuen Wirkungskreise gut geht, und ganz besonders interessierte mich Ihre Mitteilung über die „Niedlichkeit" und „Frechheit" Ihres kleinen Knaben. Möge er immer der Mutter und Ihnen ebenso viel Freude machen wie er es jetzt offenbar tut.

Die einzige weniger erfreuliche Nachricht in Ihrem Schreiben war die, welche sich auf Ihr Verhalten zu Lindemann bezieht. Ich muß gestehen, daß ich seine Ausführungen nur ziemlich flüchtig gelesen habe, da ich keinen Augenblick fürchtete, wir Alle hätten uns so geirrt wie er behauptet. Hätte ich aber gewußt, daß der Streit noch ein Nachspiel zu Ihrer Berufung war, so hätte ich auf den Gedanken kommen können, daß es Ihnen vielleicht lieb gewesen wäre, wenn ich meinerseits eingriffe. Jetzt ist das wohl überflüßig geworden; Sie werden ohne jede Hilfe glänzend das Feld behaupten.

Was die Encyklopädie betrifft, so scheint es auch mir, daß es den Vorzug verdient, meinen Beitrag hinter den *ersten* Art. Wien zu drucken und werde ich also gern versuchen, *bis Ostern* fertig zu sein.[2] Was den Inhalt betrifft, so sind Sie wohl damit einverstanden, daß ich im allgemeinen die magneto-optischen Erscheinungen also auch die Drehung der Polarisationsebene und den Kerr-effekt behandle.[3] Es wird mir sehr lieb sein, sobald das möglich ist, einen Abzug von Wien's Artikel zu erhalten, damit ich mich demselben anschließen kann.

Mit herzlichen Grüßen von Haus zu Haus Ihr treu ergebener
H. A. Lorentz

Uns Allen geht es so gut wie wir nur wünschen können.

[114] *Von Carl Runge*[4]

Göttingen, den 16. 11. 07.

Lieber Sommerfeld,

Es ist recht gut, dass der von mir übernommene Artikel über Spectralanalyse nunmehr anfängt mir auf den Nägeln zu brennen. Ich habe mir

---

[1] Vgl. Brief [103].

[2] Vgl. [Wien 1909a], [Lorentz 1909].

[3] Dieser Satz ist am Rand angestrichen.

[4] Brief (1 Seite, Maschine), *München, DM, Archiv HS 1977-28/A,298.*

noch nichts davon überlegt und gar keine Vorarbeiten gemacht; denn wenn es nicht drängt, pflegt man dergleichen auf die lange Bank zu schieben. Ich hoffe in den Weihnachtsferien eine Arbeit, die ich für Teubner übernommen habe, fertig zu machen.[1] Das Manuscript ist beinahe fertig, und dann kann ich an die Spectralanalyse gehn. Da Sie einen besonderen Artikel über Beugung haben, so kann ich mir wohl die Gittertheorie schenken. Sobald Wiens Artikel in Fahnen steht, sind Sie wohl so gut ihn mir zu schicken.[2]

Ich weiss nicht, was Sie an Goldsteins Grundspectren so Merkwürdiges finden. Man weiss seit langem, dass man bei vielen Elementen andere Spectren bekommt, wenn man starke Flaschenentladungen betrachtet. Das hat er nun auch bei den Alkalien gefunden.[3] Oder ist mir etwa entgangen, was seiner Entdeckung eine fundamentale Bedeutung giebt?

Was den Fehler betrifft, den ich bei Lindemann erster Teil die translatorische Bewegung[4] gefunden habe, so bezieht er sich nur darauf, dass die Gleichung Seite 295 unten $39 - 30x - 7x^2 = 0$ zwei reelle Wurzeln hat und nicht wie Lindemann angiebt zwei imaginäre. Sein Schluss, dass die Kraft demnach andauernd negativ sein muss, ist daher falsch. Sie kann nach dieser Gleichung auch positiv sein. Ich schrieb ihm darüber und er erklärte die Folgerung, dass die Kraft andauernd negativ sein müsse, für ein Versehn. An dem Ganzen ändert sich dadurch garnichts, sagt er. „Statt dass Energie ausstrahlt, strahlt dann eben Energie aus dem Unendlichen ein". Ich habe ihm geantwortet, dass sich mir bei diesem Einstrahlen der Energie aus dem Unendlichen alle meine physikalischen Haare sträuben.

                                                                                        Ihr C. Runge

[115] *An Hendrik A. Lorentz*[5]

                                                                        München 26. XII. 07.

Lieber und verehrter Herr Profeßor!

Das war aber ein überraschender Besuch des heiligen Nikolas in diesem Jahr. Der kleine Lorenz[6] machte grosse Augen; seine Eltern erkannten sofort die Leidener Zugbrücke und hinter ihr den Leidener Lorentz. Inzwischen

---

[1] Vermutlich [Runge 1908].

[2] [Wien 1909b].

[3] Die Besonderheit bei Goldsteins Spektren lag in der isolierten Darstellung der Funkenlinien, vgl. Kommentar zu Brief [112].

[4] [Lindemann 1907a].

[5] Brief (4 Seiten, lateinisch), *Haarlem, RANH, Lorentz inv.nr. 74*.

[6] Arnold Lorenz Sommerfeld, vgl. Brief [103].

ist ein kleines Modell der Zugbrücke aus Pappe und Streichholzschachteln von unserem Ältesten hergestellt worden und inzwischen haben wir immer wieder an Ihre übergrosse Freundlichkeit denken und fast bedauern müssen, dass wir Sie in das Geheimnis der Namengebung eingeweiht haben. Sie dürfen sich aber wirklich wegen ihres Pseudonamensvettern nicht so grosse Mühe auferlegen. Bitte tun sie es nicht wieder! Sie beschämen uns zu sehr.

In ihrem letzten freundlichen Brief schrieben Sie von einem schlechten Gewissen gegen uns wegen unbeantworter Verse. Wir können ganz dasselbe sagen; denn wir haben für die Verdeutschung des Nikolas-Buches damals auch nicht gedankt. Wir stellen uns eines ihrer Töchterlein[1] als Verfasserin dieser übrigens vorzüglich geratenen deutschen Verse vor. Wollen sie freundlichst, wie dem auch sei, unseren herzlichsten Dank an die richtige Adresse bringen!

Ich gratulire bestens zur Beendigung des Bandes I Ihrer Abhandlungen.[2] Jetzt aber warten wir alle sehnlichst, dass Sie sich einmal zu dem ganzen Complex der Einstein'schen Abhandlungen äußern. So genial sie sind, so scheint mir doch in dieser unkonstruirbaren und anschauungslosen Dogmatik fast etwas Ungesundes zu liegen. Ein Engländer hätte schwerlich diese Theorie gegeben; vielleicht spricht sich hierin, ähnlich wie bei Cohn,[3] die abstrakt-begriffliche Art des Semiten aus. Hoffentlich gelingt es Ihnen, dies geniale Begriffs-Skelett mit wirklichem physikalischen Leben zu erfüllen.[4]

Aus den paar kleinen Abhandlungen, die ich Ihnen morgen schicke, werden Sie ersehen, daß meine Controverse mit Lindemann sehr unerfreulich weiter gegangen ist. Meine Mitteilung über die Fortpflanzung des Lichtes in dispergirenden Medien soll bald weiter ausgeführt werden u. verspricht ganz interessant zu werden.[5]

---

[1] Geertruida Luberta, geboren 1885, und Johanna Wilhelmina, geboren 1889.

[2] [Lorentz 1907].

[3] Emil Cohn.

[4] Eine Antwort von Lorentz darauf ist nicht erhalten. Seine Einschätzung der Einsteinschen Theorie im Vergleich zu seiner eigenen Elektronentheorie, die auf dem Gebiet der Elektrodynamik praktisch zu denselben Konsequenzen führte, war verhalten: „Welcher der beiden Denkweisen man sich anschließen mag, bleibt wohl dem einzelnen überlassen", äußerte er 1910 bei einem Vortrag [Fölsing 1993, S. 244], vgl. auch [Darrigol 1996, S. 310-312] und [Staley 1998, S. 268-274]. Zur Beziehung zwischen Einstein und Lorentz vgl. [Kox 1993].

[5] Vgl. Sommerfelds Vortrag bei der Dresdener Naturforscherversammlung [Sommerfeld 1907f] sowie die Darstellung in [Sommerfeld 1907a]; es ging dabei um eine Klärung des von W. Wien konstatierten vermeintlichen Widerspruchs bei der Lichtausbreitung in anomal dispergierenden Medien, wo die Lichtgeschwindigkeit größer als im Vakuum

Haben Sie auch herzlichen Dank für Ihre Bereitwilligkeit, die magnetooptischen Dinge für die Encyklopädie gegen Ostern zu schreiben. Die Artikel von Wangerin und Wien sind zum Druck gegeben.[1]

Zum Schluß wünschen wir Ihnen, Ihrer verehrten Gattin und Ihrer ganzen Familie von Herzen ein gesundes und glückliches Neues Jahr.

Ihr dankbarer
A. Sommerfeld.

[116] *Von Albert Einstein*[2]

Bern. 5. I. 08.

Hoch geehrter Herr Professor!

Meinen besten Dank für die Übersendung Ihrer neuesten Arbeiten, von welchen mich natürlich diejenige über die Signalgeschwindigkeit am meisten interessierte.[3] Letzten Sommer hatte ich in dieser Angelegenheit einen lebhaften Briefwechsel mit Herrn Prof. Wien, ohne das[s] es mir gelungen wäre ihn zu überzeugen.[4] Ich schloss damals aus dem Wiechert'schen Resultat, nach welchem die Maxwell-Lorentz'schen Gleichungen durch mit Lichtgeschwindigkeit (c) sich ausbreitende Fernwirkungen ersetzbar sind, dass ein Signal, welches seine Ausbreitung lediglich elektromagnetischen Wirkungen zwischen punktförmigen Teilchen verdankt, unmöglich sich mit Überlichtgeschwindigkeit ausbreiten könne.[5]

In letzter Zeit habe ich mich mit der Frage abgegeben, ob das Relativitätsprinzip auch auf gleichförmig beschleunigte Koordinatensysteme auszudehnen sei. Die Thatsache, dass im Gravitationsfeld alle Körper gleich beschleunigt werden, lädt nämlich sehr dazu ein, ein beschleunigtes Koordinatensystem und ein beschleunigungsfreies Koordinatensystem mit homogenem Schwerefeld als völlig gleichartige Dinge anzusehen. Man gelangt auf Grund dieser Annahme zu ganz plausibeln Folgerungen. Sobald ich Se-

---

sei. Sommerfeld stellte klar, daß die Phasengeschwindigkeit nicht gleichzusetzen sei mit der Signalgeschwindigkeit und somit kein Widerspruch zur Relativitätstheorie bestehe. Vgl. auch die spätere ausführliche Publikation [Sommerfeld 1912e].

[1] [Wangerin 1909] und [Wien 1909a].

[2] Brief (2 Seiten, lateinisch), *München, DM, Archiv NL 89, 007.*

[3] Vermutlich [Sommerfeld 1907f].

[4] Einsteins Korrespondenz mit Wilhelm Wien aus dieser Zeit ist abgedruckt in [Einstein 1993, Dokumente 49-53 and 55], vgl. auch die Erläuterungen in [Einstein 1993, S. 56-60: Einstein on Superluminal Signal Velocities].

[5] Einstein bezieht sich auf [Wiechert 1900].

paratabdrücke meiner hierauf bezüglichen Arbeit[1] erhalte, werde ich Ihnen einen zusenden.

Mit ausgezeichneter Hochachtung
Ihr A. Einstein.

[117] *Von Albert Einstein*[2]

Bern 14 I. 08.

Hoch geehrter Herr Professor!

Ihr Brief hat mir eine seltene Freude bereitet; so offen und wohlwollend zugleich ist mir wohl noch kein Physiker entgegengekommen. Deshalb kann ich nicht anders, als diesen Brief mit einer Bemerkung persönlicher Art beginnen. Infolge meines glücklichen Einfalles, das Relativitätsprinzip in die Physik einzuführen, überschätzen Sie (und andere) meine wissenschaftlichen Fähigkeiten ausserordentlich, sodass es mir etwas unheimlich dabei wird. Ich will Ihnen nicht mit einer Selbstkritik kommen; Selbstkritiken taugen selten etwas, und sind ja für andere auch wertlos. Aber ich versichere Ihnen, dass ich, wenn ich in München wäre und Zeit hätte, mich in Ihr Kolleg setzen würde, um meine mathematisch-physikalischen Kenntnisse zu vervollständigen.−

Zuerst nun die Frage, ob ich die relativitätstheoretische Behandlung z. B. der Mechanik des Elektrons für eine endgültige halte. Nein, gewiss nicht. Auch mir scheint es, dass eine physikalische Theorie nur dann befriedigen kann, wenn sie aus *elementaren* Grundlagen ihre Gebilde zusammensetzt. Die Relativitätstheorie ist ebensowenig endgültig befriedigend, wie es z. B. die klassische Thermodynamik war, bevor Boltzmann die Entropie als Wahrscheinlichkeit gedeutet hatte. Wenn uns nicht das Michelson-Morley'sche Experiment in die grösste Verlegenheit gebracht hätte,[3] hätte niemand die Relativitätstheorie als eine (halbe) Erlösung empfunden. Ich glaube übrigens dass wir noch weit davon entfernt sind, befriedigende elementare Grundlagen für die elektrischen und mechanischen Vorgänge zu besitzen. Zu dieser pessimistischen Ansicht komme ich hauptsächlich infolge endloser vergeblicher Bemühungen, die zweite universelle Konstante im Planck'schen Strahlungsgesetz in anschaulicher Weise zu deuten.[4] Ich

---

[1] [Einstein 1907c].

[2] Brief (7 Seiten, lateinisch), *München, DM, Archiv NL 89, 007.*

[3] Zur Rolle dieses Experiments für die Entstehung der Relativitätstheorie vgl. [Holton 1981, S. 255-371] und [Fölsing 1993, S. 246-249].

[4] Einstein gab wenig später eine Ableitung des Planckschen Strahlungsgesetzes, mit der

zweifle sogar ernstlich daran, dass man an der Allgemeingültigkeit der Maxwell'schen Gleichungen für den leeren Raum wird festhalten können.

Für Ihre Untersuchung über die Ausbreitung von Signalen würde ich mich sehr interessieren. Da ich nicht wusste, dass Sie diese Untersuchung veröffentlichen würden[1], hielt ich es beim Schreiben des letzten Briefes aber nicht für schicklich, Sie um weitere Mitteilungen darüber zu bitten, weil die Erfüllung jener Bitte für Sie einen Zeitverlust bedeuten konnte.

Es freut mich sehr, dass Sie den von Ihnen genannten Herrn Dr. Koch zur Ausführung jenes Kanalstrahlen-Versuches veranlassen wollen.[2] Aber ich muss Ihnen sagen, dass mir Herr J. Stark seinerzeit (vor etwa einem halben Jahre) mitteilte, er wolle die Sache in Angriff nehmen; allerdings schrieb er mir seitdem wiederholt, ohne die Sache wieder zu erwähnen. Wenn Herr Dr. Koch auf diese Untersuchung aus diesem oder einem anderen Grunde nicht einzugehen geneigt ist, so wüsste ich ihm noch eine andere experimentelle Arbeit, deren Ausführung mir sehr am Herzen liegt. Es handelt sich um ein elektrostatisches Maschinchen für Messzwecke, vermittelst dessen noch weit kleinere elektrische Mengen der Messung zugänglich gemacht werden sollen als, als dies bei den gegenwärtigen Elektrometern der Fall ist. Wenn Sie oder er sich dafür interessieren, will ich gerne ausführlichen Bericht über diese Sache geben.[3]

Ob die Energie eines ruhenden Elektrons nach meiner Meinung ausschliesslich elektrostatischer Natur sein kann?[4] Versieht man einen an sich masselosen starren Körper mit einer elektrischen Ladung, so erhält er nach der Relativitätstheorie eine Masse gleich elektrostatische Energie/c^2. Dies gilt unabhängig von der Gestalt des Körpers und von der Art, wie die Ladung verteilt ist. Aber man kann die Energie des bewegten Körpers nicht gleich der elektromagnetischen Energie desselben setzen, sondern man muss dem an

---

er andeutete, wie „die Lichtquantenkonstante h auf das Elementarquantum ε der Elektrizität zurückgeführt wird" [Einstein 1909, S. 192]. Die dabei erhaltene dimensionsmäßig richtige Beziehung $h = \varepsilon^2/c$ (nach heutiger Auffassung wird der Zusammenhang durch die Feinstrukturkonstante $\alpha = \varepsilon^2/\hbar c$ hergestellt) diente ihm als Indiz dafür, „daß die gleiche Modifikation der Theorie, welche das Elementarquantum ε als Konsequenz enthält, auch die Quantennatur der Strahlung als Konsequenz enthalten wird."

[1] [Sommerfeld 1907a].

[2] Peter Paul Koch war Assistent Röntgens. Es handelte sich um die Frequenzanalyse der von Kanalstrahlen ausgesandten Spektrallinien in Abhängigkeit von der Geschwindigkeit der Kanalstrahlteilchen. J. Stark, der diese Versuche unternahm, deutet die Meßergebnisse mithilfe der Quantenhypothese. Einstein und Sommerfeld schlossen sich dieser Deutung zunächst an, siehe [Hermann 1966] und [Hermann 1967].

[3] Zu „Einsteins Maschinchen" vgl. [Einstein 1993, S. 51-55] und [Einstein 1908].

[4] Vgl. Brief [102].

sich masselosen starren Körper, weil er von Seiten der elektrischen Massen Kräften ausgesetzt ist, eine träge Masse zuschreiben (Ann d. Phys. Band 23. 1907 S 371-379).[1] Das Unbefriedigende liegt natürlich daran, dass wir jenen Anteil der kinetischen Energie nicht zu lokalisieren, überhaupt nicht anschaulich zu deuten verstehen. Ob hier die Abstraktion, welche zur Aufstellung des Begriffs des starren Körpers führt, nicht mehr am Platze ist, oder ob wir hier einem Rätsel von thatsächlicher Bedeutung gegenüberstehen, ist mir noch nicht recht klar geworden.

Ich bin also der Meinung, dass wir die Masse des Elektrons als Masse ausschliesslich einer elektrostatischen Energie auffassen können, wenn wir wollen, wobei allerdings das Wesen der kinetischen Energie zum Teil dunkel bleibt. Aber mir gefällt eine solche Auffassung des Elektrons zunächst deshalb nicht, weil mir das starre Gerüst mit seiner elektrischen Imprägnierung überhaupt Misstrauen einflösst. Eine befriedigende Theorie sollte nach meiner Meinung so beschaffen sein, dass das Elektron als Lösung erscheint,[2] dass man also nicht äusserlicher Fiktionen bedarf, um nicht annehmen zu müssen, dass seine elektrischen Massen auseinanderfahren. In einer solchen Theorie müsste ausser der Lichtgeschwindigkeit c auch noch eine zweite universelle Konstante eine Rolle spielen, deren Wert es zuzuschreiben ist, dass die elektrische Elementarladung einen bestimmten und keinen andern Wert hat.

Ich kann Ihnen hier diese Meinung nicht begründen, hoffe aber, dies einmal mündlich nachholen zu können. Wenn ich nicht auf den nächsten Naturforscherkongress gehen kann,[3] würde ich gerne einmal nach München fahren, um mit Ihnen über physikalische Fragen sprechen zu können.

Mit aller Hochachtung
Ihr ergebener A. Einstein.

[118] *Von Max Planck*[4]

Grunewald, 18. I. 08.

Verehrter Hr. Kollege!

Heute komme ich wegen der Angelegenheit der Herausgabe der Boltzmannschen Schriften in offiziellem Auftrage zu Ihnen, da mir von unserer

---

[1] [Einstein 1907b].

[2] Vgl. [Einstein 1909, S. 192]: „Es ist nun daran zu erinnern, daß das Elementarquantum ε ein Fremdling ist in der Maxwell-Lorentzschen Elektrodynamik".

[3] Er fand vom 20. bis 26. September 1908 in Köln statt; Einstein nahm nicht daran teil.

[4] Brief (2 Seiten, deutsch), *München, DM, Archiv HS 1977-28/A,263.*

Akademie als dem gegenwärtigen Vorort der kartellirten Akademien[1] die
Sache zur weiteren Behandlung und Berichterstattung überwiesen worden
ist. Da handelt es sich nun vor Allem darum, ob Sie Sich bereit erklären, die Redaktion zu übernehmen, und diese Frage erlaube ich mir daher
jetzt an Sie zu richten.[2] Ich kann mich dabei in allen Punkten auf meinen
letzten Brief an Sie beziehen, in welchem ich Ihnen den Sachverhalt und
meine Stellungnahme dazu ausführlich auseinandergesetzt habe.[3] Hinzufügen will ich nur noch, daß auch unsere Akademie, als die Sache hier zur
Sprache kam, sich auf meinen Antrag mit dem Vorschlag der sächsischen
Akademie, Sie zum Redakteur zu nehmen, einverstanden erklärt hat. Wenn
Sie Sich also zur Annahme dieses Postens entschließen, ist von keiner Seite
eine Schwierigkeit zu erwarten.

Mit bestem Gruß Ihr ergebenster
M. Planck.

[119] *An Wilhelm Wien*[4]

München 1. II. 08.

Lieber Wien!

Ich habe jetzt ein gutes Stück ihres Artikels[5] studirt und habe eine
ganze Reihe von Bemerkungen dazu, ~~teils~~ meist redaktioneller und styli-
stischer Art. Wäre es nicht für beide Teile am bequemsten, wenn wir sie
mündlich erledigten? Wie wäre der nächste Sonntag (9. II) dazu? Ich würde
nach Würzburg kommen, entweder um 17 oder ~~10$\frac{30}{}$~~ 8^{27}, letzteres, wenn ich,
wie fast zu erwarten, mit meinen Collegpflichten etc nicht rechtzeitig fertig werde. Eine Vertagung um eine Woche ist mir natürlich auch recht. Von
Würzburg würde ich Sonntag nachm. oder abends zurückfahren. Sollten Sie
zu dem Art. Wangerin,[6] den Sie ja inzwischen von Voigt bekommen haben,
Erhebliches zu bemerken haben, so müssten wir ihn wohl auch erst dann
besprechen. Sehr viel lieber wäre mir aber, wenn ich ihn vorher fertig machen könnte. Ich bitte Sie, ihn mir also baldmöglichst zu schicken[,] wenn sie

---

[1] 1908 bestand das Akademiekartell aus den wissenschaftlichen Akademien von Wien,
     München, Göttingen, Leipzig und Berlin.
[2] Sommerfeld übernahm diese Aufgabe trotz anfänglicher Zusage nicht, vgl. die
     Briefe [120] und [125].
[3] Dieser Brief ist nicht erhalten.
[4] Brief (3 Seiten, lateinisch), *München, DM, Archiv NL 56, 010.*
[5] [Wien 1909a].
[6] [Wangerin 1909].

keine wesentl. Bedenken haben.* Meine Meinung ist natürlich nicht, daß sie
ihn gründlich lesen, sondern nur soweit, als er sie für Ihren Art. interessirt.

Dank für ihre letzte interessante Sendung!

Die Methode von Schott Elektr.[1] steht eigentlich schon bei Herglotz.[2]
Daß sie „strenger" ist, wie die Methode von „Sommerfeld u. Lindemann" (!)
finde ich nicht. Im Übrigen bin ich natürlich mit Schott ganz einverstanden.

Meine optische Untersuchung ist im Drange des Semesters nicht wesentlich fortgeschritten, nur habe ich meine Dresdener Resultate noch durch
etwas einfachere und schärfere Rechnungen bestätigt.[3]

Ich bin jetzt entschlossen in die Universität überzusiedeln und habe
auch mit dem Bau viel zu tun.[4]

Herzliche Grüsse an Sie und Ihre liebe Frau auch von der Meinigen

Ihr A. Sommerfeld.

* und wenn Sie Ihre Bemerkungen ohne grosse Mühe schriftlich machen
können.

[120] *Von Max Planck*[5]

Grunewald, 5. II. 08.

Verehrtester Hr. Kollege!

Es freut mich sehr, aus Ihrem werten Schreiben vom 27. v. M. entnehmen
zu dürfen, daß Sie im Prinzip geneigt sind, die Herausgabe der Boltzmannschen Schriften zu übernehmen.[6] Damit ist zugleich die Gewähr gegeben,
daß aus der Sache etwas Ordentliches wird.

---

[1] [Schott 1907]. Georg Adolphus Schott war Lecturer am University College in Aberystwyth. In einer durch den Streit zwischen Lindemann und Sommerfeld motivierten Abhandlung leitete er die Ergebnisse der „Abraham-Sommerfeldschen" Elektronentheorie
auf andere Weise her, ohne „von den verwickelten Integrationsverfahren" Gebrauch zu
machen, „die den Methoden von Sommerfeld und Lindemann eigen sind" (S. 63).

[2] [Herglotz 1903]. Hier wie in Schotts Arbeit geht es hauptsächlich um Reihenentwicklungen der retardierten Potentiale.

[3] [Sommerfeld 1907f] und [Sommerfeld 1907a], vgl. den Kommentar zu Brief [115].

[4] Am 24. November 1909 wurde die bislang in der Akademie beheimatete „mathematisch-physikalische Sammlung" umbenannt in „Institut für theoretische Physik" mit
Sitz in den neuen Räumlichkeiten der Universität München, vgl. *Personalakte Sommerfeld. München, UA, E-II-N*. Die zur „Sammlung" gehörigen historischen Instrumente waren schon zuvor dem Deutschen Museum übereignet worden [Koch 1967].

[5] Brief (3 Seiten, deutsch), *München, DM, Archiv HS 1977-28/A,263*.

[6] Vgl. Brief [118].

Was die weitere geschäftliche Behandlung der Angelegenheit betrifft, so kann die definitive Entscheidung natürlich, wie Sie auch hervorheben, erst auf der Kartell-Konferenz erfolgen. Da nun für dies Jahr die Berliner Akademie den Vorsitz im Kartell führt, so hat sie die Sache vorzubereiten, und ich bin, wie ich Ihnen schon schrieb, mit der Berichterstattung beauftragt. Daher habe ich die Absicht, die Verlagsbuchhandlung J. A. Barth aufzufordern, einen förmlichen Vertrags-Entwurf auszuarbeiten und einzureichen, der der Beratung der Akademien auf dem Kartelltag zu Grunde zu legen ist. Dieser Vertrag müßte alle wesentliche Dinge enthalten, also erstens die Art und die Höhe der Zuschüsse der Akademien, und zweitens die Ordnung der Redaktion.

In Bezug auf letzteren Punkt wollte ich Hrn. Meiner[1] ersuchen, sich mit Ihnen ins Benehmen zu setzen und Ihre Vorschläge entgegenzunehmen. Denn ich halte es doch für das richtigste, wenn Sie nach eigenem besten Ermessen diese Fragen regeln.

Das gilt namentlich auch in Bezug auf die von Ihnen in Ihrem Briefe aufgeworfenen Fragen (Abdruck sämtlicher oder nur der dauernd wertvollen Arbeiten, Umfang der Anmerkungen, u.s.w.) Denn ich bin sicher, daß dann das Werk am besten wird, wenn Sie es so machen, wie es Ihnen am liebsten ist. Auch wegen der eventuellen Mitarbeit des Hrn. Laue möchte ich Ihnen alles Einzelne überlassen.[2]

Ich will nicht sogleich an Hrn. Meiner schreiben, sondern erst in etwa 8 Tagen, damit Sie mir eventuell vorher noch irgend eine Mitteilung oder Andeutung zugehen lassen können.

Mit bestem Gruß Ihr ergebenster
M. Planck

[121] *Von Johannes Stark*[3]

Berlin, den 25. Februar 1908.

Sehr geehrter Herr Professor Sommerfeld!

Ich komme heute mit einer persönlichen Misère zu Ihnen und bitte Sie nachfolgende Zeilen als vertraulich behandeln zu wollen.

---

[1] Arthur Meiner hatte den Verlag J. A. Barth 1890 gekauft und zu neuer Blüte gebracht.

[2] Max Laue wurde im folgenden Jahr Privatdozent bei Sommerfeld; zu Laues Umhabilitation von Berlin nach München vgl. *A. Sommerfeld an die Philosophische Fakultät, 2. Sektion, 20. April 1909. München, UA, OC I 36.*

[3] Brief (1 Seite, deutsch), *München, DM, Archiv HS 1977-28/A,329.*

Sie werden erfahren haben, daß ich in Hannover Schwierigkeiten mit Herrn Prof. Precht hatte.[1] Aus diesem Grunde übernahm ich vergangenen Herbst die Vertretung von Prof. Starke in Greifswald, der auf ein Jahr nach Paris beurlaubt wurde.[2] Ich that dies in der Hoffnung (, die in Greifswald genährt wurde,) daß sich unterdes anderswo ein Unterkommen finden würde. Nun war ich zwar für Königsberg als dritter auf der Liste; indes hat Kaufmann die Stelle erhalten.[3] Für die frei werdende Stelle in Bonn komme ich leider nicht in Betracht, sondern es wird, wie mir eben im Ministerium mitgeteilt wurde, aller Wahrscheinlichkeit nach Pflüger an erster Stelle auf die Liste kommen.[4] Somit müßte ich im Herbst in meine auf die Dauer unhaltbare Stellung in Hannover zurückkehren.

Diese meine traurige Situation veranlaßt mich, mit der Anfrage an Sie mich zu wenden, ob Sie mich nicht als Assistenten für experimentelle Untersuchungen in der Akademie nehmen wollen. Freilich müßte mir die Möglichkeit geboten werden, mich an der Universität München habilitieren zu können, und hiermit müßte außer Ihnen wohl auch Herr Prof. Röntgen einverstanden sein. Falls es Ihnen möglich ist, mir an der Münchener Universität ein Unterkommen zu verschaffen, möchte ich Sie bitten mir beizustehen und mir zu raten, welche Schritte [ich z]u unternehmen habe.

Mit vorzüglich[er Hochachtung
J. Stark][5]

[122] *An Johannes Stark*[6]

[zwischen 25. und 29. Februar 1908][7]

Sehr geehrter Herr College[!]

Nach sofortiger Rücksprache [mit Röntgen] möchte ich Ihnen auf Ihren fr[eundlichen] Brief Folgendes mitteilen.

Es würde natürlich von Röntgen [wie auch] von mir freudigst begrüsst werden, wen[n Sie sich ent]schliessen würden, sich nach [München

---

[1] Julius Precht war Ordinarius für Physik an der TH Hannover. Zu Starks Problemen in Prechts Institut siehe [Stark 1987, S. 29-31].

[2] Hermann Starke war seit 1905 Extraordinarius an der Universität Greifswald.

[3] Walter Kaufmann war zuvor außerordentlicher Professor für theoretische Physik an der Universität Bonn.

[4] Alexander Pflüger, seit 1898 Privatdozent, war 1905 Extraordinarius an der Universität Bonn geworden.

[5] Bei den ergänzten Stellen ist der Briefrand zerstört.

[6] Brief (2 Seiten, lateinisch), *Berlin, SB, Nachlaß Stark*.

[7] Vgl. die Briefe [121] und [123]; Briefrand zerstört.

um]zuhabilitiren. Die dabei etwa [zu er]füllenden Formalitäten würden [selbstver]ständlich mit der grössten Laxheit zu handhaben sein.

Ferner würde Ihnen sehr gern das Röntgen'sche Institut mit seinen Mitteln zur Arbeit zur Verfügung stehen, nicht min[der] natürlich die Akademie, nur dass deren Mittel vergleichsweise recht bescheiden sind.

Was die Assistentenstelle betriff[t,] so beschämen Sie mich förmlich mit Ihr[em A]ngebot. Die Sache liegt so: Ich habe ei[nen Ass]istenten,[1] [der mit mir] von Aachen mitgekommen [ist und von dessen] wissenschaftlicher Zukunft [ich große E]rwartungen habe und der [sonst mittel]los ist. [Die] Stelle bringt 1 200 M! Ich würde es nicht über's [Herz bringen,] diesen vor die Tür zu setzen. [Es kommt h]inzu, daß ich immerhin einiger [??] Institut, Werkstatt, aber auch [??] durch verhältnismässig stumpf[sinnige Schrei]b- und Zeichenarbeit – nicht [?] [ka]nn und daß ich Ihnen diese natürlich nicht zumuten dürfte. Auch Röntgen hat für den Herbst keine Stelle frei; im Übrigen ist er von der Wichtigkeit Ihrer Arbeiten voll durchdrungen und sagte schon früher zu mir: Er bedaure sehr, daß Sie damals nicht in München geblieben und Ihren Dopplereffekt nicht im Münchener Institut gemacht haben.[2]

Ohne pekuniären Rückhalt würden Sie wohl kaum [nach] München kommen? Wie aber eine St[elle für] Sie schaffen oder nur vorübergehende [Abhilfe?] Hier geht alles sehr schwerfällig und d[??] Landtag.[3] In Preussen ist man bekan[ntlich beweg]licher.

[???] im Augenblick [???] zu klären, u. wir [???] Möglichkeit bieten [???]
[Ihr a]ufrichtig ergeben[er A. Sommerfeld.]

[123] *Von Johannes Stark*[4]

Greifswald, 29. II. 08.

Sehr geehrter Herr Professor Sommerfeld!

Haben Sie herzlichen Dank für Ihren Brief und Ihr schnelles Handeln. In einer Lage, wie die meinige ist, lernt man die Menschen kennen und die

---

[1] Peter Debye beendete 1908 seine Promotion bei Sommerfeld, vgl. Brief [137]. Er blieb bis 1911 Assistent bei Sommerfeld.

[2] Stark hatte in München Physik studiert und bei Röntgens Vorgänger Eugen von Lommel 1899 promoviert, bevor er 1900 nach Göttingen übersiedelte und Assistent bei Eduard Riecke wurde.

[3] Vgl. dazu auch die Klagen Röntgens: „Bayerns Kultusminister ist ein stumpfsinniger Bureaumensch" oder „Leider sind die Verhältnisse in Bayern keine – wenigstens für die Entwicklungen der Physik – sehr günstigen" [Röntgen 1935, S. 69 u. 92].

[4] Brief (4 Seiten, deutsch), *München, DM, Archiv HS 1977-28/A,329.*

wenigen doppelt schätzen, die zu einer wirklichen That bereit sind. Auch Herrn Prof. Röntgen bin ich für seine freundlichen Erklärungen zu Dank verbunden. Ich werde mir erlauben, in einem Brief mich direkt an ihn zu wenden.

Was die Assistentenfrage betrifft, so ist es für mich nach Ihren Mitteilungen selbstverständlich, daß in bestehenden Verhältnissen keine Änderung eintreten kann. Ich dachte nicht, daß Sie bereits über einen Assistenten verfügen, und ich muß Sie darum um Verzeihung bitten, daß ich mich Ihnen zur Verfügung stellte, ohne mich zuvor nach Ihrem Bedarf zu erkundigen.

Was die Einkommenfrage betrifft, so wäre es allerdings notwendig, daß ich [eine?] staatliche Unterstützung erhielte; denn leider sind meine Vermögensverhältnisse nicht derartig, daß ich darauf verzichten könnte. Wenn mir das bayerische Ministerium einen Lehrauftrag erteilte oder wenigstens in nahe Aussicht stellte, so wäre mir damit gedient. Ich werde über die pekuniäre Seite meiner eventuellen Übersiedlung nach München mit meiner Frau, die bereits zu ihren Eltern vorausgereist ist, nächste Woche Rat halten und mir dann gestatten mich noch einmal an Sie zu wenden.

Haben Sie noch einmal herzlichen Dank.

Mit ergebenem Gruß
Ihr
J. Stark.

[124] *An Johannes Stark*[1]

München 6. III. 08

Sehr geehrter Herr College!

Ich möchte Ihnen auf Ihre letzten Zeilen – ebenfalls nach Rücksprache mit Geheimrat Röntgen – sogleich nochmals schreiben. Es scheint uns bei der Art, wie hier Cultusminister[2] und Landtag zusammen arbeiten, ganz ausgeschloßen, daß Ihnen in absehbarer Zeit ein persönlicher Lehrauftrag verschafft werden kann. Besonders jetzt ist der Zeitpunkt so ungünstig wie möglich. Sie haben vielleicht von der Preßfehde Kenntnis erhalten, die Korn veranlasst hat, weil ihm anlässlich meiner Berufung keine Compensation in Gestalt eines Lehrauftrags gegeben ist.[3] Ohne Korn mit Ihnen als Physi-

---

[1] Brief (3 Seiten, lateinisch), *Berlin, SB, Nachlaß Stark*.

[2] Anton von Wehner war 1903 bis 1912 bayrischer Kultusminister.

[3] Arthur Korn, seit 1903 Extraordinarius an der Münchner Universität, hatte vergeblich die Erteilung eines Lehrauftrages und eine ordentliche Professur für angewandte Mathematik gefordert. Nach einer Rücktrittsdrohung wurde er amtsenthoben; die

ker vergleichen zu wollen, bin ich überzeugt, dass das Ministerium gerade jetzt jede derartige Anforderung glatt ablehnen würde. Wenn Sie sich also entschließen hierher überzusiedeln, was wir, wie ich Ihnen schrieb, sehr begrüßen würden, so müßen Sie – nicht nur officiell sondern auch innerlich – jede Hoffnung auf eine staatliche Unterstützung aufgeben. Eine solche würde sich sicher für Sie viel eher in Preussen erreichen laßen.

Mit ergebenstem Gruß

Ihr A. Sommerfeld.

[125] *Von Max Planck*[1]

Grunewald, 7. III. 08.

Verehrtester Hr. Kollege!

Die Veranlassung meines heutigen Briefes an Sie ist ein Schreiben, welches ich gestern von Hrn. Meiner empfing, u. in welchem er mir die Mitteilung macht, daß Sie die Herausgabe der Boltzmannschen Abhandlungen wahrscheinlich nicht übernehmen werden.[2] Wenn ich auch nicht glauben mag, daß dies schon eine definitive Entschließung von Ihrer Seite bedeutet, so möchte ich Sie doch umgehend, und ohne erst eine daraufbezügliche Mitteilung von Ihrer Seite abzuwarten, um eine nähere Aeußerung darüber bitten; denn die Zeit fängt nachgerade an zu drängen, und jede Woche Verzögerung kann für den gedeihlichen Fortschritt des geplanten Unternehmens verhängnisvoll werden. Ich kann nicht läugnen und will es Ihnen offen aussprechen, daß die Nachricht von der neuerlich aufgetauchten Schwierigkeit mir eine schwere Enttäuschung bereitet hat. Denn auf meine offizielle Anfrage bei Ihnen, die ich auf Grund der Correspondenzen zwischen den kartellirten Akademien u. im Auftrag unserer Akademie gestellt hatte, erklärten Sie sich im Prinzip mit der Uebernahme der Herausgabe einverstanden, und nun beginnt Ihre erste Correspondenz mit dem Verleger, den ich natürlich von Ihrem Entschluß benachrichtigt hatte, gleich mit dieser prinzipiellen Schwierigkeit.

Das Schlimmste bei der Sache ist aber, daß wir, wenn Sie wirklich Ihre Zusage wieder zurückziehen sollten (was ich nicht annehmen mag) viel kost-

---

Münchner Neuesten Nachrichten berichteten am 12. Februar 1908, vgl. [Litten 1993].

[1] Brief (4 Seiten, deutsch), *München, DM, Archiv HS 1977-28/A,263*.

[2] Vgl. die Briefe [118] und [120]. Planck nahm Sommerfelds endgültige Absage bedauernd, aber ohne „Ihnen persönlich etwas nachzutragen", zur Kenntnis; der schlug als möglichen Kandidaten u. a. F. Hasenöhrl vor, der die Aufgabe auch übernahm; vgl. *M. Planck an A. Sommerfeld, 11. März 1908. München, DM, Archiv HS 1977-28/A,263*.

bare Zeit verloren haben. Denn dann müßte die Wahl des Herausgebers wieder von Neuem überlegt werden, die Korrespondenz darüber zwischen den 5 Akademien[1] müßte wieder ihren Anfang nehmen u. würde wahrscheinlich nicht wieder so glatt verlaufen als das erste Mal. Denn was mich selber betrifft, so bin ich jetzt noch weniger als vor einem Monat in der Lage, mich der Herausgabe anzunehmen, da ich mich damals, gerade auf Ihre letzte Erklärung hin, mit meinen Dispositionen anders eingerichtet habe.

Wenn aber auf der Kartellkonferenz zu Pfingsten der Vertrag mit dem Verleger, der natürlich auch die Person des Herausgebers u. die hautpsächlichsten Bestimmungen über die Art der Herausgabe enthalten muß, nicht zu Stande kommt, dann ist die Ausführung des ganzen Unternehmens wiederum um ein Jahr mindestens verschoben, und Sie wissen ja, daß gerade für ein solches Werk das Interesse des Publikums mit der Zeit abnimmt und abnehmen muß.

Daher werden Sie es mir gewiß nicht verargen, wenn ich Sie jetzt um eine *bald* gefällige Äußerung darüber bitte, ob wir auch fernerhin auf Sie rechnen können, damit ich eventuell der Akademie darüber berichte; das müßte in der nächsten Sitzung geschehen. Das Eine erlaube ich mir noch zu bemerken: Wenn Sie sich entschließen, die Herausgabe beizubehalten u. es Pfingsten zum Abschluß des Vertrages kommt, dann drängt die Zeit durchaus nicht mehr; denn dann ist wenigstens die Sache überhaupt in Fluß. Wenn es aber Pfingsten noch nichts wird, dann geschieht ein ganzes Jahr lang überhaupt nichts.

Ich bitte Sie auch, die Mühe nicht zu überschätzen. Die Hauptsache ist doch eine getreue Wiedergabe der Boltzmannschen Untersuchungen. Die Anmerkungen des Herausgebers können auf das Alleräußerste beschränkt bleiben.

Mit bestem Gruß Ihr ergebenster
M. Planck

[126] *An Hendrik A. Lorentz*[2]

München 18. III. 08.

Sehr verehrter Herr Professor!

Es ist Ihnen wohl dieser Tage die Correktur des Encyklopädie-Artikels von W. Wien zugegangen.[3] Dies soll nicht bedeuten, dass wir Sie veran-

---

[1] Berlin, Göttingen, Leipzig, München und Wien.
[2] Brief (4 Seiten, lateinisch), *Haarlem, RANH, Lorentz inv.nr. 74.*
[3] [Wien 1909a].

laßen wollen, die Correktur zu lesen. Höchstens werfen Sie vielleicht einen Blick in Nr. 21,[1] die Sie betrifft, und versehen diese, falls Sie Ausstellungen haben, mit Randbemerkungen. Die Zusendung soll nur ein Signal sein, daß wir sehr gern Ihren Beitrag über magneto-optische Probleme (und elektro-optische?) hätten.[2] Allerdings werden Sie den Zeitpunkt sehr ungeschickt finden, da Sie sich gewiß für Rom vorbereiten. (Ich werde nicht hinkommen).[3] Sie sollen sich gewiß auch wegen der leidigen Encyklopädie Ihre Italien-Reise nicht kürzen, und wir können schließlich auch ~~etwas~~ warten. Aber Sie hatten selbst die Zeit um Ostern für Ihren Beitrag in Aussicht genommen. Selbstverständlich sehe ich diesen Termin nicht als ein Sie bindendes Versprechen an. Nur möchte ich Sie bitten, soweit Sie es mit Ihren sonstigen Dispositionen und Reiseplänen vereinigen können, ~~jetzt~~ allmählich an unser Anliegen zu denken.

Ich würde es am liebsten sehen, wenn Sie direkt an Wien anschließend mit Nr. 28 beginnen würden; auch die Gleichungen möchte ich fortlaufend mit Wien numeriren. Doch kann ich dergleichen Redaktionelles gern selbst besorgen.

Zu den magneto-optischen Phänomenen gehört doch auch die [natürliche?] Drehung der Polarisationsebene, die bei Wien nicht vorkommt?[4]

Ich hoffe in diesen Ferien meine alten Bemühungen um die „Turbulenz"[5] zum Abschluß zu bringen.

Viele Grüsse von meiner Frau!

In alter Verehrung
Ihr A. Sommerfeld

In der Länge wollen Sie sich bitte keine Beschränkung auferlegen. Je mehr Sie zu sagen haben, desto beßer wird es für die Encyklopädie sein.

---

[1] Darin wird die Lorentzsche Dispersionstheorie behandelt.

[2] [Lorentz 1909].

[3] Vom 6. bis 11. April 1908 fand in Rom der 4. Internationale Mathematiker-Kongreß statt. Lorentz referierte über das Plancksche Strahlungsgesetz, vgl. [Lorentz 1934]. Sommerfeld nahm doch daran teil.

[4] Dabei handelt es sich um die nicht magnetisch bedingte Drehung der Polarisationsebene des Lichts in bestimmten Kristallen und Flüssigkeiten, vgl. [Lorentz 1909, S. 270-273] und [Sommerfeld 1950b, S. 108 u. 166].

[5] Sommerfeld trug darüber in Rom vor, vgl. [Sommerfeld 1909e].

[127] *Von Johannes Stark*[1]

Greifswald, 25. III. 08.

Sehr geehrter Herr Professor Sommerfeld!

Ihren zweiten Brief[2] habe ich mit Dank erhalten. Nachdem ich nunmehr mit meiner Frau Rücksprache genommen habe, möchte ich Ihnen mitteilen, daß ich von einer Übersiedlung nach München absehen muß. Von der unerfreulichen Korn'schen Angelegenheit habe ich durch die Zeitung erfahren. Kürzlich fragte mich Herr Ministerial-Direktor Naumann[3] mündlich über den Fall und ich teilte ihm meine Ansicht über die wissenschaftliche Seite der Angelegenheit mit; er trug mir übrigens Grüße an Sie auf.

Für Ihr bereitwilliges und schnelles Handeln in meiner eigenen Angelegenheit möchte ich Ihnen noch einmal herzlich danken. Ich bedaure, daß es mir nicht möglich ist in Ihre und Röntgen's Nähe zu kommen.[4]

Mit freundlichem Gruß Ihr ergebener
J. Stark.

[128] *Von Hendrik A. Lorentz*[5]

Leiden, 27 März 1908.

Sehr verehrter Herr Kollege,

Es ist leider wirklich wie Sie fürchten; ich bin noch nicht mit dem Encyklopädieartikel fertig,[6] und habe es sogar nicht weiter gebracht als daß ich die Disposition im Allgemeinen festgesetzt habe. Die Vorbereitung des Vortrages in Rom,[7] wohin ich morgen mit meiner Frau reise, und viele andere Arbeit tragen Schuld an der Verzögerung. Indes hoffe ich sofort nach meiner Rückkehr (um Ostern) die Arbeit in Angriff zu nehmen und darf ich wohl versprechen, dann in höchstens zwei Monaten fertig zu sein.

Es gibt noch einen von mir unabhängigen Umstand, der eine Verspätung der Arbeit wünschenswert erscheinen läßt. Ich hörte nämlich von Voigt, daß er eine zusammenfaßende Behandlung der magneto-optischen Erscheinun-

---

[1] Brief (2 Seiten, deutsch), *München, DM, Archiv HS 1977-28/A,329*.

[2] Brief [124].

[3] Otto Naumann war Ministerialdirektor im preußischen Kultusministerium.

[4] Im folgenden Jahr wurde Stark mithilfe der Empfehlungen Sommerfelds als Nachfolger Adolph Wüllners an die TH Aachen berufen, vgl. Brief [138] und [139].

[5] Brief (3 Seiten, lateinisch), *München, DM, Archiv HS 1977-28/A,208*.

[6] Bis zum Abschluß des Artikels [Lorentz 1909] verging noch fast ein Jahr.

[7] [Lorentz 1934], vgl. Brief [126].

gen bei Teubner publiziert, und ich möchte dieses Buch in meinem Artikel berücksichtigen.[1]

Anbei laße ich Ihnen zwei Bogen aus Wien's Artikel zukommen. Das Übrige werde ich auch gern lesen (obgleich das natürlich überflüßig ist); jedoch muß auch dieses bis nach meiner Rückkehr warten.

Ich bin sehr gespannt auf Ihre Untersuchungen über die Turbulenz.[2] Es ist schön, daß Sie bereits in den ersten Jahren nach Ihrer Übersiedelung nach München zu so vieler Arbeit kommen; davon zeugen auch die Abhandlungen, die Sie mir von Zeit zu Zeit schickten, und für welche ich noch meinen Dank aussprechen muß.

Mit herzlichen Grüßen von Haus zu Haus

Ihr treu ergebener

H. A. Lorentz

In seiner Forschung befaßte sich Sommerfeld neben der Turbulenz auch mit eher technisch ausgerichteten elektrodynamischen Fragen wie dem Wechselstromwiderstand von Spulen.[3] Diesem Themenkreis ist die Doktorarbeit des US-Physikers Frederick W. Grover zuzurechnen. Auch Peter Debye, der bislang nur einen Ingenieursabschluß aus Aachen besaß, erwarb im Sommer 1908 den Doktorgrad. Sein Thema entstammte der mathematischen Theorie der Beugung.[4] Auf diesem Gebiet hatte auch Sommerfeld seine ersten Schritte in der theoretischen Physik unternommen, Nach vier Jahren Assistentenzeit bei Sommerfeld handelte es sich bei der Promotion Debyes nur um eine Formalität, bei Grover ergaben sich jedoch Schwierigkeiten.

[129] *Von Edward B. Rosa*[5]

München, April 6th 1908.

Dear Prof. Sommerfeld,–

Dr. Grover is writing to you regarding his work on his Arbeit[6] and I thought that perhaps some words of explanation from me might help you

---

[1] [Voigt 1908]. Dieser Satz ist am Rande angestrichen.

[2] [Sommerfeld 1909e].

[3] [Sommerfeld 1907b].

[4] Dies nahm Sommerfeld zum Anlaß, um die Diskussion mit Schwarzschild über die Beugungstheorie wieder aufzunehmen, siehe die Briefe [130], [131], [136] und [137].

[5] Brief (3 Seiten, Maschine), *München, DM, Archiv NL 89, 012.*

[6] Sommerfeld hatte Grover das Thema gestellt, „die Methode der Induktionswage zu entwickeln und sie zur quantitativen Bestimmung der Leitfähigkeit von Metallen zu benutzen, im Anschluß an bekannte Arbeiten von Max Wien. Zu dem Ende bedurfte es sowohl theoretischer wie experimenteller Untersuchungen", vgl. *A. Sommerfeld an die Philosophische Fakultät, 2. Sektion, 30. Juni 1908. München, UA, OC I 34p.* Zur Induktionswaage vgl. [Wien 1893].

to appreciate more fully his position in the matter. He resigned a position
at a salary of $ 1 800 in order to come over here to spend a year and get
the degree of Ph D. I wrote Prof. Röntgen in advance to see whether there
was likely to be any difficulty in his getting his degree in one year and he
replied favorably, encouraging him to come. In order to insure his Arbeit
he worked a large part of his time for nearly a year before coming on a very
important problem and obtained a large number of valuable results. I urged
him strongly on his departure not to do laboratory work over here, unless
it be merely to finish the work so fully carried out in Washington but to
devote himself to lectures and theoretical work. It was largely because he
appreciated (as I did) the opportunity of hearing you that he came here,
and he wanted to make the most of his one year here. But he had already
done so much experimental work and so much research work that he feels
as I do, that working in a laboratory so meagerly equipped with apparatus
for the work in hand is a waste of time. Now the serious question with him
is, what will happen if he fails to bring the work to a successful issue by the
end of July. He has waited so long for apparatus and still has only a part of
what is necessary, that it seems to me very doubtful whether he can finish
it in the time remaining. He must return to America this summer, as he
cannot be reinstated in his position if he is gone more than one year, and he
will feel that he has failed in his purpose if he does not get the degree. What
he desires is that he be allowed to take the examinations before leaving and
then finish up the Arbeit in Washington before printing it, in case it is
not finished in July. Then he could receive the degree without returning to
Germany.

If you will furnish him at once such additional apparatus as he needs he
will push the work along vigorously and try very hard to complete it. But
if you are unwilling to allow him to take the examination in case the work
is not entirely completed, and he must wait for apparatus during the next
four months as he has during the past five months, I shall advice him to go
to Berlin for the summer semester and devote himself entirely to lectures.

He has been in, and will return to, one of the best equipped laboratories
in the world.[1] For the kind of work he is doing probably the *very* best.
You can appreciate what a dissappointment it is to him to be obliged to
work here under such unfavorable circumstances.

Dr. Grover had already done when he came here as much advanced work
in physics as most men do for the degree of Ph D. Hence he ought not to
be treated as an ordinary student, who is expected to remain as long as

---

[1] Zum National Bureau of Standards siehe [Cochrane 1966, S. 103-110].

necessary to get his degree.

I hope that you will be able to give him some assurance that will justify him in going on with his work on the Arbeit, and that the necessary apparatus will be procured at once. He will furnish some of it himself, if the University cannot provide all. But it ought to be obtained at once.

With kindest regards and the hope that you will appreciate my reason for writing to you now, I am

Yours sincerely,

E. B. Rosa.

Hochg. H. College! [1]

Es tut mir sehr leid, daß ich die Absichten des Hn. Dr. Grover anfangs nicht richtig verstanden habe, wahrscheinlich weil er zu schlecht deutsch und ich zu schlecht englisch sprach. Erst jetzt erfahre ich aus Ihrem Briefe, daß er nach Ihrem Wunsche eine experimentelle Arbeit nicht unternehmen sollte. Schwerlich hätte ich ihm eine rein theoretische Arbeit geben können, da ich nicht glaube, dass seine mathematische Vorbildung dazu ausgereicht hätte, in einem Jahr eine solche Arbeit abzuschließen. Die jetzige Arbeit ist zwar zur größeren Hälfte experimentell, doch hat sie auch ihre theoretischen Seiten, die H. Grover mit meiner Unterstützung bereits ausgeführt hat.

Ich glaube übrigens, dass die experimentellen Schwierigkeiten jetzt der Hauptsache nach ~~beendet~~ überwunden sind. Nachdem H. Grover mir mitgeteilt hat, daß er sich doch entschloßen hat, im Sommer hierzubleiben, habe ich die Beschaffung der von ihm gewünschten Widerstände veranlasst. Daß er selbst hierzu beisteuert, ist durchaus nicht nötig. Es fehlt meinem Laboratorium durchaus nicht an Mitteln, wenn es auch mit Apparaten vorläufig nicht reichlich ausgestattet ist. Natürlich habe ich ihm in keiner Weise zugeredet, hierzubleiben.

Nach den Statuten der Universität ist es leider nicht möglich, die Prüfung abzunehmen, bevor die Arbeit fertig ist.[2]

Ich danke Ihnen nochmals verbindlichst für Ihren liebenswürdigen Besuch u. dafür, daß Sie sich in dieser Sache bemüht haben.

Hochachtungsvollst

Ihr sehr ergebener A. Sommerfeld

---

[1] Antwortentwurf Sommerfelds.

[2] [Grover 1908]. Die Prüfung erfolgte am 23. Juli 1908.

[130] *An Karl Schwarzschild*[1]

München, den 2. V. 08

Lieber Schwarzschild!

Man beschäftigt sich bei mir erfolgreich mit dem Lichtdruck auf Kugeln von durchläßigem Material.[2] Deshalb würde ich sehr gern von Ihnen erfahren, ob es nach Ihrer Arbeit[3] neuere Litteratur giebt, ob es ältere Litteratur giebt, die Sie nicht citirt haben – ich meine Litteratur, die sich mit dem mathematischen Problem befaßt; auf die astronomischen Folgerungen käme es mir weniger an.

Ich meine, Sie hätten mir einmal die Erweiterung Ihrer Arbeit auf durchlässige Medien als wünschenswert bezeichnet.[4] Auch sonst wird Manches in Ihren Rechnungen vereinfacht werden. Erwünscht scheint mir resp. meinem Doktoranden ferner, daß auch die Verhältniße für Kugelradius groß gegen Wellenlänge systematisch auf demselben Wege abgeleitet wird, wie für kleine ~~Wellen~~ Kugeln. Dies hat die Hauptarbeit gemacht.

Blumenthal hat meinen ungeteiltesten Beifall.[5]

Schade, dass wir uns im Frühjahr nicht sahen.

Mit herzlichem Gruß und Dank im Voraus

Ihr A. Sommerfeld.

[131] *An Karl Schwarzschild*[6]

[München, 9. Mai 1908][7]

Lieber Schwarzschild!

Natürlich war der Regenbogen unser eigentliches Ziel, der Lichtdruck ist nur Nebenprodukt. Der Regenbogen wird – hoffentlich – auch nicht zu lange auf sich warten laßen. Ich bin an der Arbeit ziemlich unschuldig.[8] Der

---

[1] Brief (2 Seiten, lateinisch), *Göttingen, NSUB, Schwarzschild.*

[2] Peter Debye promovierte am 23. Juli 1908 über dieses Thema, vgl. Sommerfelds Votum [137] und [Debye 1908a] sowie [Debye 1909a].

[3] [Schwarzschild 1901].

[4] Schwarzschilds Arbeit behandelte den Fall der „vollkommen reflektierenden Kugel", vgl. Brief [63].

[5] Otto Blumenthal war seit 1905 Ordinarius für Mathematik an der TH Aachen.

[6] Postkarte (1 Seite, lateinisch), *Göttingen, NSUB, Schwarzschild.*

[7] Poststempel.

[8] Die Gegenbriefe Schwarzschilds aus dem Jahr 1908 sind nicht erhalten. Zur Motivation für die Debyeschen Arbeiten [Debye 1908c] und [Debye 1909a] vgl. Sommerfelds Votum [137].

Doctorand ist ungewöhnlich selbständig u. tüchtig. Selbstverständlich sollten Sie sich garnicht hierdurch stören laßen, wenn wir Ihnen auch vielleicht zuvorkommen. Astronomisch wird Ihre Arbeit[1] sicher viel ausgiebiger wie die unsre.

Ihr A. Sommerfeld.

[132] *Von Wilhelm Wien*[2]

Würzburg, den $^{18}/_5$ [1908][3]

Lieber Sommerfeld!

Ich muß Ihnen nun schleunigst schreiben um Sie zu versichern, daß nicht im entferntesten davon die Rede sein kann, daß ich durch Ihren Brief gekränkt war.[4] Ich bin Ihnen im Gegentheil für Ihre Mühe immer dankbar gewesen. Ich wollte Ihnen nur unnütze Mühe ersparen indem ich noch erst die erste Korrektur nach dem Umbruch genau lesen wollte. Da Sie annahmen daß ich die Sache schon für druckreif hielt hatten Sie mit Ihren Bedenken ganz Recht. Schließlich wollte ich auch meine Art der Darstellung entschuldigen die gewiß mancherlei zu wünschen übrig läßt aber doch den Vortheil hat, daß man den Artikel wirklich benützen kann wenn er auch zur bloßen Lektüre weniger geeignet ist. Ich möchte Sie bitten [auch][5] weiter Ihre Äußerungen wie bisher ganz offen zu machen. Hoffentlich werden nun allmählich die Unebenheiten in dem Artikel entschwinden.

Der Vortrag, den Lorentz in Rom gehalten hat, hat mich schwer enttäuscht.[6] Daß er weiter nichts vorbrachte, als die alte Theorie von Jeans ohne irgend einen neuen Gesichtspunkt hineinzubringen finde ich etwas dürftig. Außerdem liegt die Frage ob man die Jeanssche Theorie für diskutabel halten soll auf experimentellem Gebiet. Seine Meinung ist hier nicht diskutabel weil die Beobachtungen enorme Abweichungen von der Jeansschen Formel geben in einem Gebiet, wo man leicht controlliren kann wie weit die Strahlungsquelle von einem schwarzen Körper abweicht. Was hat

---

[1] Es ist keine Publikation Schwarzschilds über astronomische Anwendungen der Beugungstheorie nach 1908 bekannt.

[2] Brief (3 Seiten, deutsch), *München, DM, Archiv HS 1977-28/A,369*.

[3] Das Jahr ergibt sich aus dem Mathematikerkongreß in Rom.

[4] Dieser Brief Sommerfelds ist nicht erhalten. Es dürfte sich um redaktionelle Änderungswünsche zu dem Encyklopädieartikel [Wien 1909a] gehandelt haben.

[5] Lochung.

[6] In diesem Beitrag machte Lorentz deutlich, daß die klassische Strahlungstheorie notwendigerweise immer auf das Rayleigh-Jeanssche Strahlungsgesetz führe [Lorentz 1934]; vgl. Seite 295.

es nun für einen Zweck, diese fragen [sic] den Mathematikern vorzutragen, von denen doch keiner gerade diesen Punkt beurtheilen kann?

Ferner kommt es mir etwas komisch vor den Vorzug der Jeansschen Formel, trotzdem sie mit Nichts stimmt, darin zu suchen, daß man die ganze unbegrenzte Mannigfaltigkeit der Elektronenschwingungen beibehalten kann. Und die Spektrallinien? Lorentz hat sich diesmal nicht als Führer der Wissenschaft erwiesen.

Sobald ich mit der Korrektur fertig bin, schicke ich sie Ihnen zu.

Mit besten Grüßen
Ihr W. Wien

[133] *An Wilhelm Wien*[1]

München 11. VI. [1908][2]

Lieber Wien!

Ich freue mich sehr, daß ich mit meiner Vermutung Unrecht hatte und daß Sie mir meine Bemerkungen nicht verübelt haben. Ich habe also Ihrem Wunsche gemäß auch diesmal bei der Correctur mitgewirkt,[3] wozu ich allerdings, da es mir viel Zeit gekostet hat, erst in den Pfingsttagen gekommen bin. Hoffentlich befinden Sie meine Verbeßerungen als richtig. Ich bitte Sie, sie zu prüfen und ev. durchzustreichen. Wo ich meiner Sache nicht ganz sicher war habe ich Bleistift-Bemerkungen gemacht.

Die etwas wichtigeren und längeren Bemerkungen habe ich auf besonderem Blatte beigefügt. Sie betreffen die letzten Nrn. über ponderomotorische Kräfte und Lichtdruck. Bei den p.[onderomtorischen] Kr.[äften] möchte ich gern eine Motivirung, weshalb der Gegenstand hier nochmals in specieller Form behandelt wird, nachdem er von Lorentz bereits zweimal (in Art. 13 und 14) ausführlichst besprochen ist.[4] Jedenfalls sollte der Unterschied in den Ableitungen hervorgehoben werden, wie ich es mit meiner ersten Rotstiftbemerkung beabsichtigte.

Die Bezeichnungen habe ich etwas auseinandergezogen, damit nicht der ganze Satz wieder verschoben zu werden braucht.

Die Anm. neu zu numeriren scheint mir nicht nötig. Der kleine Schönheitsfehler mit Anm. 11a) etc kommt auch sonst in der Encyklopädie vor.

---

[1] Brief (4 Seiten, lateinisch), *München, DM, Archiv NL 56, 010.*
[2] Antwort auf Brief [132].
[3] [Wien 1909a].
[4] Vgl. [Lorentz 1904a, S. 107-110] und [Lorentz 1904b, S. 161-164].

Wenn Sie aber auf seine Vermeidung Wert legen, so bitte ich Sie, es zu bemerken u. Teubner entsprechend anzuweisen.

Es sind mir gewiß noch manche kleine Ungenauigkeiten in den Formeln oder Inkonsequenzen in der Bezeichnung entgangen. Hoffentlich prüfen Sie alles noch einmal nach. Wo neue Zeichen benutzt werden, sollten sie wohl immer mit einem Wort erklärt werden. Ich habe aus diesem Grunde an ein paar Stellen Zusätze vorgeschlagen.

Viel Glück bei den Kanalstrahlen! Deren intermittirende Bewegung scheint also Ähnlichkeit zu haben mit der Elektronenbewegung in Metallen.[1]

Lorentz meinte, Ende Juni fertig zu werden.[2]

Mit besten Grüßen
Ihr A. Sommerfeld

Wegen der Figur soll Ihnen Teubner direkt Nachricht geben.[3]

[134] *Von Wilhelm Wien*[4]

Würzburg, den 15/6/08

Lieber Sommerfeld!

Ich habe die Correkturen zurückempfangen und Ihre Aenderungsvorschläge im wesentlichen angenommen. Ich schicke sie nun nach Leipzig und lese dann noch eine Revision. Dann wird wohl alles ziemlich in Ordnung sein obwohl erfahrungsgemäß immer noch kleine Druckfehler übersehen zu werden pflegen. Wollen Sie die Revision auch noch haben? Jedenfalls danke ich Ihnen für Ihre Mühewaltung.

Lorentz hat seinen Irrtum in Bezug auf die Strahlungstheorie eingesehen und daß die Annahme von Jeans unhaltbar ist.[5] Nun liegt allerdings der Fall insofern nicht ganz einfach, als in der That es so scheint als ob die Maxwellsche Theorie für die Atome verlassen werden müßte. Ich habe Ihnen

---

[1] 1908 begann Wien eine Reihe von Versuchen über Kanalstrahlen [Wien 1908b]. Dabei führte er deren „ungleichmäßige magnetische Ablenkung" darauf zurück, „daß die positiven Ionen verschieden lange im geladenen Zustand bleiben und immer wieder aufs neue sich laden und entladen" [Wien 1908a, S. 1041]. Vermutlich dachte Sommerfeld bei den Metallen daran, daß auch ein freies Leitungselektron zeitweise gebunden sei.

[2] Vgl. Brief [128].

[3] [Wien 1909a, S. 154].

[4] Brief (3 Seiten, deutsch), *München, DM, Archiv HS 1977-28/A,369.*

[5] Vgl. [Hermann 1969, S. 51].

daher wieder ein Problem zu stellen. Nämlich zu prüfen wie weit die statistische Mechanik und der Beweis von Lorentz fest begründet ist, daß ein den Maxwellschen Gleichungen (beziehentlich denen der Elektronentheorie) gehorchendes System auch dem Satz der „equipartition of energy" gehorchen muß, woraus eben das Jeanssche Gesetz zu folgern wäre.[1] Nämlich eine Beschränkung der Freiheitsgrade, wie sie das Plancksche Energieelement verlangt, müßte doch auch eine elektromagnetische Deutung verlangen. Nun sieht es mir fast so aus, als ob eine solche unmöglich wäre, als ob eben diese Beschränkung Zusatzkräfte erfordere (feste Verbindungen und dergleichen) die nicht ins Maxwellsche System passen. Wenn das wirklich so liegt, so brauchte man sich nicht weiter den Kopf über eine Deutung des Energieelements und eine Darstellung der Spektralserien auf elektromagnetischer Grundlage zu zerbrechen sondern müßte eine Ergänzung der Maxwellschen Gleichungen innerhalb der Atome zu finden suchen.

Mir ist die ganze statistische Mechanik nicht so geläufig, daß ich mir sicheres Urtheil über den Grad ihrer Zuverlässigkeit bilden könnte.

Ich habe Laub empfohlen die Lorentzsche Transformation auf die Dispersionstheorie anzuwenden.[2] Die Theorie des Mitführungskoeffizienten ist nämlich nicht streng da sie nur den Begriff der dielektr. Constanten nicht aber den der Dispersion benutzt. Natürlich muß auch die quasielastische Kraft der Relativität angepaßt werden.

Mit besten Grüßen
Ihr Wien

[135] An Wilhelm Wien[3]

München 20. VI. [1908][4]

Lieber Wien!

Ihr Brief hat mich sehr interessirt, da ich die letzten Tage intensiv über dem Lorentz'schen Vortrage geseßen habe.[5] Auch ich halte ihn nicht für be-

---

[1] Vgl. den Antwortbrief [135] und Sommerfelds Beitrag bei der Karlsruher Naturforschertagung 1911, wo er dem Problem „Strahlungstheorie und Statistik" große Beachtung schenkte – jedoch nicht mehr vor dem Hintergrund seiner Elektronentheorie, sondern als Vertreter des Quantenkonzepts [Sommerfeld 1911b].

[2] Jakob Laub war Wiens Assistent in Würzburg und ging 1909 nach Zürich als Assistent Einsteins, mit dem er bereits 1908 über die hier behandelte Frage korrespondierte, vgl. [Einstein 1989, Kommentar S. 570], [Einstein 1993, Dokument 77] und [Laub 1909].

[3] Brief (6 Seiten, lateinisch), *München, DM, Archiv NL 56, 010.*

[4] Antwort auf Brief [134].

[5] [Lorentz 1934].

weisend, u. zw. aus folgendem Grunde: Die Elektronenbewegung wird hier ganz quasistationär angesetzt. Es werden nämlich dem Elektron nur 6 Freiheitsgrade zugebilligt (6 Coordinaten q_2) und die Energie wird als quadratische Funktion der $\dot{q}_2$ angesehen. Das ist nach meinen Untersuchungen gewiß unzulässig. Der Zustand der Translation in einer Richtung z. B. kann nicht durch q und $\dot{q}$ gegeben werden. Vielmehr kommt die Vorgeschichte in einem endlichen Intervall von der Größenordnung Elektr.-Durchmeßer/Lichtgeschw. in Betracht; man muß also, um den Zustand zu definiren, auch $\ddot{q}$, $\dddot{q}$, ... geben. Dieser Freiheitsgrad zählt daher nicht als 1 sondern als ∞. Ich verweise namentlich auf die Existenz der freien Elektronenschwingungen, die von Herglotz, mir u. Hertz untersucht sind.[1] Da giebt es ein unendliches Spektrum von freien Schwingungsperioden (Translations- u. Rotationsperioden). Bei der Energieverteilung müßen diese unendlich vielen Freiheitsgrade genau so gut berücksichtigt werden, wie die Eigenschwingungen des Kastens. Die Möglichkeit des Energiegleichgewichtes scheint mir dadurch gegeben, und es muß für die kleinen λ ein Teil der Energie, die Lorentz dem Äther allein giebt, auf die Elektronen übergehen. Qualitativ muß dadurch wohl ein Maximum herauskommen. Die quantitative Ausführung aber ist mir noch unklar. Auch zweifle ich, ob unsere freien Schwingungen (ohne die Kräfte des Atomverbandes) ausreichen und das richtige Strahlungsgesetz liefern können. Lorentz betrachtet eigentlich nur das Gleichgewicht zwischen Äther und ungeladenen Atomen. Das ist unerlaubt, da ja erst die Elektronen den Energie-Austausch vermitteln. Bei diesem Energie-Austausch bleibt in den Elektronen ein Teil der umgesetzten Energie aufgespeichert.

Ich schreibe im gleichen Sinne an Lorentz.[2]

Die Revision Ihres Art.[3] werde ich nur noch flüchtig ansehen.

Die Theorie der Gruppengeschw.[indigkeit] habe ich jetzt näher studirt. Es handelt sich dabei immer um ein nahezu homogenes Bündel. *Citiren Sie doch bitte noch Gouy*, Ann. de chim. et phys. Bd. 16 1889, der das sehr

---

[1] Vgl. Brief [80] und folgende sowie [Herglotz 1903], [Sommerfeld 1904e] und [Hertz 1906].

[2] Neben analogen Ausführungen wie hier, schrieb er: „Sicher sind diese Bemerkungen sehr unfertig; es scheint mir aber, daß sie einen gesunden Kern enthalten. [...] Als ich einmal über die Theorie der Strahlung vortrug, glaubte ich dem Jeans'schen Paradoxon dadurch entgehen zu können, daß ich sagte, die Elektrodynamik ist nicht den mechanischen Gesetzen unterworfen. Ihre jetzigen Ausführungen scheinen mir ein vorzügliches Fundament zur Entscheidung dieser Frage." *A. Sommerfeld an H. A. Lorentz, 20. Juni 1908. Haarlem, RANH, Lorentz inv.nr. 74.* Siehe auch Seite 295.

[3] Der Encyklopädieartikel [Wien 1909a].

klar macht. Ein abgebrochener Wellenzug ist niemals nahezu homogen bei endlicher Länge.[1]

In meiner Dispersions-Aufgabe sehe ich jetzt Land, d. h. ich finde es mit meinen Rechnungen vereinbar, daß bei Fizeau und Foucault die Gruppengeschwindigkeit beobachtet wird.[2] Gruppengeschw. ist nichts Anderes als Geschwindigkeit der Fortpflanzung einer ~~Energie~~ Änderung der mittleren Energie bei einer fast homogenen Welle, d. h. bei einer partiellen Schwebung.

Mit der Turbulenz habe ich mich fortgesetzt gequält und fast meine ganze Zeit darauf verwandt, ohne fertig geworden zu sein. Eine kleine vorläufige Note erscheint in den römischen Verhandlungen.[3]

Mit herzlichem Gruß
Ihr A. Sommerfeld

Lindemann's Fermat'scher Satz ist bereits falsch. Auf seinen letzten Elektronenbrei gedenke ich nicht zu antworten.[4]

[136] *An Karl Schwarzschild*[5]

München, den 5. Juli 08

Lieber Schwarzschild!

Unser Lichtdruck ist heute abgeliefert.[6] Er ist recht schön geworden. Eine allgemeine Übersicht giebt der „Inhalt". Die Rechnungen werden für vollkommene Reflexion durchweg einfacher wie bei Ihnen. Die Hauptarbeit liegt natürlich im Anhang für den Fall kleiner Wellenlänge; Debye soll in Cöln den Naturforschern über die daraus folgende Theorie des Regenbogens vortragen.[7]

Es wird Sie intereßiren, daß bei Ihnen auf p. 332 Ihrer Lichtdruck-Arbeit der Punkt $2a/\lambda = 0{,}64$ irrtümlich sein muß.[8] Die anderen Punkte stimmen vollkommen mit Debye. Wenn Sie den einen Punkt höher rücken wird der

---

[1] Vgl. [Sommerfeld 1912e].

[2] Vgl. [Laue 1907c].

[3] [Sommerfeld 1909e].

[4] [Lindemann 1907d], vgl. auch Seite 262.

[5] Brief (2 Seiten, lateinisch), *Göttingen, NSUB, Schwarzschild.*

[6] [Debye 1908a], vgl. Brief [130] und Sommerfelds Votum [137].

[7] [Debye 1908d]. Die Naturforscherversammlung fand vom 20. bis 26. September 1908 in Köln statt.

[8] [Schwarzschild 1901, S. 332].

ganze Verlauf plausibler. Debye hat das – natürlich sehr verschämt – bemerkt.

Über brechende ~~u. absorb.~~ Kugeln im Bereiche „Brechungsexp.[onent]
zwischen ∞ und 2" folgende Angaben:[1] Maximum der Curve nicht mehr
als 6 % niedriger wie bei Ihnen; Asymptotenlage* bis 80 % niedriger wie bei
Ihnen (0,2 statt 1). Über absorbirende Körper liegen die Werte für Brechungsexp $= 1,57(1-i)$ vor: Maximum 20 % niedriger wie bei Ihnen; zur
Abscisse $2\pi a/\lambda = 1,5$ gehörig. Für kleine a/λ gilt nicht mehr Ihr Näherungs-
gesetz $\frac{14}{3}\left(\frac{2\pi a}{\lambda}\right)^4$ sondern Formel prop.[ortional] $2\pi a/\lambda$, wobei Prop.[ortiona-
litäts-]Faktor von der Absorption abhängt. Dies bewirkt, daß sich absorbi-
rende Teilchen qualitativ anders an der Sonne verhalten wie Ihre reflekti-
renden, daß sie nämlich bis zu den allerkleinsten Grössen herab abgestossen
werden.

Es wäre sehr schön, wenn Sie oder Ihr Doktorand sich für die astronomischen Folgerungen der Rechnung intereßiren würden. Daß Sie das Thema
fallen laßen, scheint mir nicht geboten.[2]

Mit herzlichen Grüßen
Ihr A. Sommerfeld.

* d. h. Ordinate der in Ihrem Maßstabe gezeichneten Curve für $2\pi a/\lambda = \infty$

[137] *An die Philosophische Fakultät, 2. Sektion*[3]

[23. Juli 1908][4]

Votum informativum.

Die vorliegende Arbeit von P. Debye[5] bedeutet nach mehreren Richtungen einen wichtigen Fortschritt.

Nachdem der Lichtdruck auf kleine Teilchen wiederholt für die Beantwortung kosmisch-physikalischer Fragen herangezogen worden ist, erschien
es nützlich und zeitgemäß, eine ältere Untersuchung von Schwarzschild vom

---

[1] a bezeichnet den Radius einer Kugel, an der Licht der Wellenlänge λ gebrochen wird.
   Der Verweis auf die Abbildungen bezieht sich auf [Schwarzschild 1901, S. 334].
[2] Schwarzschild kam in seinen publizierten Arbeiten nicht mehr darauf zurück.
[3] Votum (4 Seiten, lateinisch), *München, UA, OC-I-34p.*
[4] Promotionsverfahren für Peter Debye.
[5] [Debye 1908a].

Jahre 1901,[1] die den Lichtdruck auf vollkommen reflektirende Kugeln bestimmt, dahin zu ergänzen, dass ein beliebiges optisches Verhalten zu Grunde gelegt wird.

Hierzu muß in erster Linie das elektromagnetische Feld in der Umgebung der Kugel bestimmt werden (I. Cap.), was einer strengen Behandlung
der Beugungserscheinungen an dieser gleichkommt. Die Rechnung wird hier
durch Einführung von zwei geeignet gewählten Potentialfunktionen vereinfacht.

Sodann müßen aus den Feldstärken Energie und Ätherspannungen und
durch zeitliche und räumliche Mittelung der Lichtdruck, der aus jenen re-
sultirt, in allgemeinen Formeln berechnet werden (Cap. II).

Für die numerische Rechnung und figürliche Darstellung des Lichtdrucks
(Cap. III) sind zwei Fälle zu unterscheiden, je nachdem der Kugelradius
klein gegen die Wellenlänge des auffallenden Lichtes ist oder nicht.

Der erste Fall ist verhältnismässig leicht durchzuführen. Die bekannten
nach Kugel- und Bessel'schen Funktionen fortschreitenden Reihen conver-
giren um so besser, je kleiner das genannte Verhältnis[,] und geben in der
Grenze, wenn dies Verhältnis verschwindet, bei vollkommener Reflexion,
dielektrischer Brechung oder Absorption in Übereinstimmung mit bez. in
Erweiterung von Schwarzschild:

$$\frac{14}{3}\left(\frac{2\pi a}{\lambda}\right)^4, \quad \frac{8}{3}\left(\frac{\varepsilon-1}{\varepsilon+2}\right)^2\left(\frac{2\pi a}{\lambda}\right)^4, \quad 12\frac{\sigma}{(2+\varepsilon)^2+\sigma^2}\cdot\frac{2\pi a}{\lambda}$$

(a = Kugelradius, λ = Wellenlänge, ε = Dielektricitätsconst., σ = „Absorptionsfähigkeit"; der Lichtdruck in geeigneter Einheit gemeßen). Bemerkens-
wert ist der qualitative Unterschied zwischen der Formel für absorbirendes
und nicht-absorbirendes Material, welcher zur Folge hat, dass die Wirksamkeit des Lichtdrucks bei absorbirendem Material durch die Kleinheit
der Teilchen nach unten hin nicht begrenzt wird. Die oben genannten Reihen sind noch brauchbar bis etwa $2\pi a = 3\lambda$, bei welchen Kugelgrössen
das Maximum des Lichtdrucks bereits überschritten ist. Für dieses Maximum selbst ergiebt sich bei nicht zu kleiner dielektrischer Brechung oder
Absorption eine nur wenig kleinere Höhe wie die von Schwarzschild bei
vollkommener Reflexion gefunden, welche bestätigt wird.

Ganz neue Methoden aber macht der zweite Fall (a gross gegen λ) nötig. Nach den Methoden der geometrischen Optik, die ja in diesem Falle
anwendbar werden, lässt sich nur der Sonderfall vollkommener Reflexion

---

[1] [Schwarzschild 1901].

gut behandeln; unter allgemeineren Voraussetzungen würde die entsprechende elementare Berechnung zwar auch noch im Prinzip möglich, aber
wegen des unendlich oft gespiegelten Strahlenganges völlig unpraktikabel
sein. Dem Verf. gelingt es nun, den Grenzübergang zu kleinen Wellenlängen ohne Hinzunahme von Hülfsvorstellungen aus der geometrischen Optik
in Strenge auszuführen mittels gewisser Näherungsformeln der Bessel'schen
Funktionen für den Fall, daß Argument und Index derselben beide in's Unendliche wachsen.

Diese Formeln, welche im Anhange auf sehr elegantem funktionentheoretischen Wege abgeleitet werden, bilden wohl den wichtigsten Teil der
Arbeit.[1] Sie bieten die Möglichkeit, eine Reihe anderer optischer Probleme mit neuen und strengen Methoden zu behandeln, so das klaßische Problem des Regenbogens und die Frage nach dem Einfluß des Materials bei
der Beugung an einem cylindrischen Draht oder einer Kugel, wie denn die
vorliegende Arbeit ursprünglich nur einen Unterteil einer umfassenderen
Untersuchung der letztgenannten Probleme bilden sollte.

Die Zulaßung zum Rigorosum kann ich warm befürworten.

A. Sommerfeld.

[138] *An Johannes Stark*[2]

München 10. X. [1908][3]

Lieber Herr College!

Ich glaube, dass Ihre Aachener Aussichten sehr günstig sind;[4] als ich
neulich in Cöln sagte, dass Sie ja getrost zuwarten könnten, dachte ich
gerade an die Aachener Stelle. Ich bin naturgemäß von mehreren meiner
dortigen Kollegen schon vor einiger Zeit, als sich Wüllners Krankheit hoff-
nungslos gestaltete, und dann wieder ganz kürzlich über die Besetzung angefragt worden. Danach ist es mir nicht zweifelhaft, dass Sie auf der Liste
sein werden. Vielleicht kommt neben Ihnen ein mehr technisch gerichteter
Conkurrent in Frage. Doch zweifle ich nicht, dass die Regirung Sie nehmen

---

[1] Debyes Ableitung dieser asymptotischen Näherung beruhte auf der sogenannten Sat-
telpunktsmethode, die in der Folge zu einem gängigen Instrument der mathematischen
Physik wurde, vgl. [Debye 1909c] und [Debye 1910d].

[2] Brief (4 Seiten, lateinisch), *Berlin, SB, Nachlaß Stark.*

[3] Vgl. Brief [139].

[4] Auf der Abteilungssitzung am 14. November 1908 wurden als Nachfolger für den am
6. Oktober verstorbenen A. Wüllner aequo loco W. Seitz, J. Stark und J. Zenneck vorgeschlagen, vgl. *Aachen, HA, Votum der Abteilung V für allgemeine Wissenschaften,
19. November 1908*; Stark erhielt im folgenden Jahr die Stelle.

wird. Also seien Sie nur guten Mutes. Aachen ist sehr behaglich und der Collegenkreis recht angeregt.

Sehr dankbar wäre ich Ihnen über ein überflüssiges Spektrogramm Ihrer Quantenaufnahme,[1] das ich gern im Unterricht verwerten würde, vor allem aber dazu, mich selbst definitiv zu der Planck'schen fundamentalen Hypothese zu bekehren. Mit der Formulirung Debyes,* in dem *Bericht* der Phys. Ztschr. waren Sie hoffentlich einverstanden. Ihre ursprüngl. Erwiderung darauf werden Sie wohl daraufhin noch abändern?[2]

Mit besten Grüßen
Ihr A. Sommerfeld.

Ich sehe soeben Ihre Bemerkungen in der Correctur der Phys. Ztschr., womit meine letzte Frage erledigt ist.

* die Ihnen zur Ansicht geschickt werden sollte

[139] *Von Johannes Stark*[3]

Hannover-Waldhausen, 13. X. 08.
Sehr geehrter Herr Professor Sommerfeld!

Haben Sie herzlichen Dank für Ihren offenen freundlichen Brief. Dies scheint mir sicher: wenn ich die Aachener Professur erhalte, so habe ich es ganz allein Ihnen zu danken. Und ich hoffe in der That, daß Ihre Empfehlung in Aachen mich wenigstens auf die Vorschlagsliste bringen wird. Freilich bin ich noch nicht ganz frei von pessimistischen Befürchtungen. Die Aachener werden mit Rücksicht auf Seitz, der gegenwärtig Abteilungsvorsteher ist, in erster Linie Ordinarien vorschlagen.[4] Wahrscheinlich wird Zenneck in Vorschlag kommen und Simon wird alles thun, um ebenfalls auf die Liste zu kommen; an dritter Stelle endlich dürfte Seitz aus persönlicher Rücksichtnahme genannt werden. Und bin ich nicht auf der Liste, so kann das Ministerium selbst beim besten Willen nichts für mich thun.

---

[1] Vgl. Seite 296.

[2] Vgl. die Diskussion im Anschluß an Starks Vortrag [Debye 1908b].

[3] Brief (3 Seiten, deutsch), *München, DM, Archiv HS 1977-28/A,329.*

[4] Zur Berufungsliste vgl. Brief [138]. Wilhelm Seitz war seit 1906 hauptamtlicher Dozent an der TH Aachen, Jonathan Zenneck seit 1906 Professor der Experimentalphysik an der TH Braunschweig und Hermann Simon ordentlicher Professor für Physik und angewandte Elektrizitätslehre an der Universität Göttingen.

Ihr Brief hat mir und meiner Frau eine große seelische Erleichterung gebracht. Wenn wir auch, so lange die Berufung nicht thatsächlich erfolgt ist, aus dem qualvollen Wechselfieber von Fürchten und Hoffen nicht herauskommen, so giebt uns doch die Erinnerung an Sie immer wieder Mut und Zuversicht.

In Ergebenheit Ihr dankbarer
J. Stark.

Kopien von meinen wichtigeren Spektrogrammen werde ich Ihnen gerne im Laufe der nächsten 14 Tage senden. Mit Debye's Bemerkung bin ich natürlich einverstanden; die von ihm erkannte Relation ist mir dadurch entgangen, daß ich meine ganze Aufmerksamkeit auf die Zwei- und Dreiteilung konzentriert hielt.[1] Die zu überwindenden technischen Schwierigkeiten waren nämlich sehr groß. Als sich die Dispersion [als] kaum ausreichend erwies, war ich infolge physischer Erschöpfung schon geneigt, die Versuche abzubrechen; da hielt indes Steubing aus Unmut über die scheinbar verlorene Arbeit aus.[2] Als dann später nach vielen variierten Aufnahmen immer noch kein Erfolg kam, gab Steubing die Hoffnung auf; da arbeitete ich, nachdem ich die richtigen Versuchsbedingungen erkannt hatte, ungeniert durch sein skeptisches Lächeln ruhig weiter, bis der positive Erfolg unzweifelhaft war. Mehrere Spektrogramme erforderten 24 Stunden Expositionszeit bei steter Kontrolle der Versuchsbedingungen.

[140] *An Hendrik A. Lorentz*[3]

München, den 16. XI. 08

Sehr verehrter Herr Professor!

Seien Sie mir nicht böse, wenn ich mich nach der Encyklopädie erkundige. Ich will Sie nicht beschleunigen, sondern nur bitten, mir zu sagen, auf welchen Zeitpunkt ich mich wegen Ihres Beitrages einrichten soll. Es hängt davon die Fortsetzung des Druckes bei Wien, und des Art. Strahlungstheorie, ab.[4] Wien hat den Wunsch ihn bald zu drucken, weil er zu schnell veralten dürfte.

---

[1] Vgl. [Stark 1908] und [Debye 1908b].

[2] Walter Steubing hatte 1908 in Greifswald promoviert.

[3] Brief (2 Seiten, lateinisch), *Haarlem, RANH, Lorentz inv.nr. 74.*

[4] [Wien 1909a]; vgl. Brief [128]. Wenig später übersandte Lorentz einen ersten Teil seines Manuskripts von [Lorentz 1909], vgl. *H. A. Lorentz an A. Sommerfeld, 6. Januar 1909. München, DM, Archiv HS 1977-28/A,208.*

Halten Sie sich nicht damit auf, meinen Brief über Elektronenstatistik zu beantworten.[1] Sie werden mir entgegenhalten, daß die kleinen Wellenlängen – ultra-ultra-violett – nicht in's Wärmegebiet hineinspielen können. Aber den Beweis dafür vermiße ich.

Darf man Ihnen zu dem von Bucherer erfochtenen Siege der Relativitätstheorie gratuliren?[2] Aber es geht doch viel von der ursprünglichen Klarheit und Causalität der physikalischen Grundvorstellungen Ihrer ursprünglichen Theorie verloren.[3]

Mit ergebensten Grüßen
Ihr A. Sommerfeld

[141] *An Carl Runge*[4]

München, den 15. I. 09

Lieber Runge!

Diesen Brief sollten Sie schon längst haben. Nun ist die entsetzliche Nachricht von Minkowski eingetroffen. Woran er gestorben, hoffe ich durch Ihr Rp.[5] zu erfahren. Es ist wieder einmal eine von den ausgesuchten Brutalitäten des Schicksals, den körperlich und geistig gesündesten mitten in seinen besten Erfolgen sich auszusuchen. Auch wir haben Minkowski sehr lieb gehabt.

Ihre Anfrage wegen Lilienthal kann ich endlich beantworten.[6] Das Original im D.[eutschen] M.[useum] ist nicht gebrauchsfähig, war äusserst zerstört und zerbrochen eingeliefert, ist nur zum Anschaun zusammengebastelt, würde also Versuche nicht aushalten u. auch nicht dazu hergegeben werden. Bei den Versuchen müßte ja wohl auch der Körper drin sein? Was die Rechnung des Apparates betrifft, so sind maaßstäbliche Pläne in der

---

[1] *A. Sommerfeld an H. A. Lorentz, 20. Juni 1908. Haarlem, RANH, Lorentz inv.nr. 74.* Hierin widerlegte Sommerfeld mit elektronentheoretischen Argumenten die Lorentzsche Ableitung des Strahlungsgesetzes, vgl. Brief [135].

[2] Alfred Bucherer hatte die nach der Lorentztransformation theoretisch geforderte Abhängigkeit der Elektronenmasse von der Geschwindigkeit experimentell bestätigt, vgl. [Bucherer 1908] und [Miller 1981, S. 345-349].

[3] Vgl. den Kommentar zu Brief [96].

[4] Brief (3 Seiten, lateinisch), *München, DM, Archiv HS 1976-31.*

[5] Réponse payée (bezahlte Rückantwort bei Telegrammen); am 12. Januar 1909 war Hermann Minkowski in Göttingen völlig unerwartet einem Blinddarmdurchbruch erlegen.

[6] Carl Runge hatte Otto Lilienthal persönlich gekannt und dessen Flugversuche mit angesehen, woraus sich ein besonderes Interesse für die Luftfahrt entwickelte, vgl. [Runge 1949, S. 135-138].

Revue de l'aeronautique vor etwa 10 Jahren publicirt; (die wenigen Bände dieser Ztschr. sind selten; Finsterwalder hat sie).[1] Diese Angaben sind jedenfalls bequemer u. (wegen Renovationen am Apparat) auch zuverlässiger wie neue Meßungen. Ein Flieger der Ausstellung München[2] 1908 ist auf Trägheitsmom.[ent] u. Schwerpunktslage experimentell untersucht worden u. wird demnächst publicirt werden auf Veranlassung von Finsterwalder. Sollten Ihnen die Angaben der Revue nicht genügen, so will ich gern für Ergänzung sorgen.

Noch habe ich Ihnen wegen der Encykl. zu schreiben.[3] Ritz ist gewiß sehr gescheidt und originell.[4] Aber doch auch Eigenbrödler. Seine elektrodyn. Meinungen hat er jetzt wiederholt mit ziemlicher Verve ausgesprochen.[5] Man hat den Eindruck, daß er geneigt ist, die Wichtigkeit seines Standpunktes zu überschätzen. In einem Enc. Referat schreibt er, glaube ich, wieder seine ganze Auffaßung, die an die Stelle doch nicht hingehört. Andrerseits ist Ritz viel beßer über Spektrall. orientirt, wie irgend ein Anderer. Wie wäre es, wenn Sie beide cooperirten?[6] Das wäre mir das Liebste. Wenn Sie damit einverstanden sind, könnten Sie direkt mit Ritz das Nähere verabreden, wie Sie Arbeit und Honorar teilen etc. Ich würde dann auch direkt an Ritz schreiben. Wenn Sie absolut nicht wollen, würde ich ja doch auch Ritz allein akzeptiren müßen, aber mit erheblichen Bedenken. Ich würde versuchen, ihn strenge bei der Stange zu halten: Serien-Gesetze und Molekülbau. Das Bücherschreiben und Übersetzen müsste eigentlich verboten werden.[7] Ich denke, daß Sie doch noch auf Ihr früheres Versprechen zurückkommen. Laßen Sie mich mit der Antwort nicht so lange warten, wie ich Sie. Lorentz: Zeeman-Effekt ist gerade eingegangen. Als Anhang zu V 22.

---

[1] [Lauriol 1895]. Sebastian Finsterwalder war seit 1891 Ordinarius für Mathematik an der TH München.

[2] Leistungsschau zum 750jährigen Stadtjubiläum [Götz und Schack-Simitzis 1988, S. 114].

[3] Nachdem W. Wien seinen Encyklopädieartikel [Wien 1909a] abgeliefert hatte, drängte Sommerfeld Runge, nun „energisch an Ihren Beitrag über Spektralanalyse zu gehen", vgl. *A. Sommerfeld an C. Runge, 1. September 1908. München, DM, Archiv HS 1976-31* und Brief [112].

[4] Walther Ritz hatte kurz zuvor das nach ihm benannte Kombinationsprinzip der Serienspektren publiziert, vgl. [Ritz 1908b].

[5] Vgl. [Ritz 1908c].

[6] Der Plan, in den Runge und Ritz gerne einwilligten (*W. Ritz an A. Sommerfeld, 21. Februar 1909. München, DM, Archiv HS 1977-28/A,287*) zerschlug sich, da Ritz am 7. Juli 1909 in Göttingen an Tuberkulose starb.

[7] Runge und seine Frau übersetzten für Teubner das Aerodynamiklehrbuch [Lanchester 1909].

Ihr Beitrag soll entsprechend Anhang zu V 23, Theorie der Strahlung von W. Wien sein, im nächsten Sommer etwa fällig.[1]

Herzlich Ihr
A. Sommerfeld.

[142] *An Johannes Stark*[2]

München, den [Anfang 1909][3]

Lieber Herr College!

Ich freue mich ausserordentlich, daß Sie Aachen erhalten, wie ich eben höre. Nun habe ich aber eine Bitte an Sie: Nehmen Sie sich der technischen Interessen an; laßen Sie die Techniker niemals fühlen, daß Sie deren Forschung für etwas Geringeres ansehen, wie unsere; denken Sie bei der Vorlesung an die wirklichen Bedürfniße der Ingenieure und an das, was sie assimiliren können. Ich habe bei einigem guten Willen meinerseits viel Entgegenkommen und Anerkennung bei den Technikern gefunden und wünschte Ihnen sehr dieselbe Erfahrung.

[Ich] habe Ihnen noch garnicht für Ihre Platten mit der unterteilten Intensität gedankt.[4] Sie haben mich ganz besonders interessirt, auch in ihrer photometrischen Ausmeßung durch Dr. Koch.[5] Schade nur, daß Sie nicht einen photometrischen, absolut geaichten Vergleichsmaßstab mitphotographirt haben.

Alles Gute wünscht Ihnen und Aachen

Ihr sehr ergebener
A. Sommerfeld

Es kam nicht von ungefähr, daß Sommerfeld den nach Aachen berufenen Stark eindringlich bat, die Bedürfnisse der Techniker ernst zu nehmen. Trotz Quanten- und Relativitätstheorie ließ sich Sommerfeld auch als Professor der theoretischen Physik mit Begeisterung auf technische Herausforderungen ein, wenn ihm dies lohnend erschien. Dies traf um diese Zeit gerade auf die Probleme der drahtlosen Telegraphie zu, denen Sommerfeld beträchtliche Aufmerksamkeit widmete.[6] Außerdem ging in diesen Monaten auch der letzte Band *Über die Theorie des Kreisels* mit den technischen Anwendungen seiner

---

[1] [Lorentz 1909], [Wien 1909a], [Wien 1909b] und [Runge 1925].

[2] Brief (2 Seiten, lateinisch), *Berlin, SB, Nachlaß Stark*.

[3] Rand beschädigt; Datierung wegen Starks Berufung nach Aachen.

[4] Vgl. die Briefe [138] und [139].

[5] Vgl. Brief [117], Fußnote 2 auf Seite 322; in [Koch 1909] werden diese Photogramme nicht erwähnt.

[6] Siehe Seite 284.

Vollendung entgegen. Aus diesem Grund nahm Sommerfeld – nach mehr als sechsjähriger Unterbrechung – seine Korrespondenz mit dem Schiffskreiselerfinder Otto Schlick wieder auf, um auch noch die aktuelle Entwicklung dieser Kreiselanwendung in das Buch aufnehmen zu können.

[143] *Von Otto Schlick*[1]

Hamburg, den 8. Februar 1909.

Sehr geehrter Herr Professor!

Mit Ihrem Schreiben vom 3. dss. Mts. haben Sie mir eine große Freude bereitet, weil ich daraus ersehe, daß Sie sich meiner noch in so liebenswürdiger Weise erinnern und an meinen einfachen Arbeiten Anteil nehmen.[2]

Die Versuche mit dem Schiffskreisel sind jetzt insofern zu einem gewissen Abschluß gekommen, als er in 3 verschiedenen Schiffen zur Anwendung gekommen ist und er sich dabei in seiner Wirkung vollkommen bewährt hat. Finanziell ist das Ergebnis für mich außerordentlich ungünstig, indem mich die Sache sozusagen ein Vermögen gekostet hat, und keine Aussicht vorhanden ist die Erfindung in ausgedehnterer Weise praktisch zu verwerten. Das Haupthindernis ist, daß der Apparat für ein größeres Schiff zu teuer wird. Ich hatte dies schon längst erkannt; ich hielt mich aber dennoch für verpflichtet, die Sache weiter zu verfolgen, weil sie wissenschaftlich so interessant ist. Ich habe also schließlich der Wissenschaft das schuldige Opfer gebracht.

Es wird mich natürlich ganz außerordentlich interessiren von Ihrer Rechnung Kenntnis zu nehmen, die Sie mit Bezug auf den Schiffskreisel angestellt haben.[3] Ich fürchte nur, daß ich, nachdem ich solange Jahre die Mathematik vernachlässigt habe, nicht mehr in der Lage sein werde Ihren Entwickelungen folgen zu können.

Das Schwierige bei der theoretischen Behandlung des Problems besteht darin, daß man Annahmen und Voraussetzungen machen muß, die in der Praxis nicht annähernd zutreffen. Man muß z. B. einen Wellenzug von einer gewissen Regelmäßigkeit annehmen. Dies trifft aber niemals, selbst mit nur roher Annäherung zu und alles rechnen ist deshalb nur von geringem Wert. Ich muß offen sagen, daß mich die Behandlungsweise des Herrn Prof. Dr. Föppl[4] garnicht befriedigt und ich würde in anderer Weise vorgehen, wenn

---

[1] Brief (4 Seiten, deutsch), *München, DM, Archiv HS 1977-28/A,307.*

[2] Vgl. Seite 140.

[3] Vgl. dazu die Darstellung in [Klein und Sommerfeld 1910, S. 794-845].

[4] [Föppl 1904b].

ich die mathematischen Hilfsmittel genügend beherrschen könnte. Es ist von mir gewiß sehr anmaßend, wenn ich mich in dieser Weise äußere, und ich bitte das zu entschuldigen. Ich würde mich sehr freuen, wenn ich einmal Gelegenheit hätte mit Ihnen die Sache zu besprechen. Vielleicht findet sich Gelegenheit dazu, weil ich in den nächsten Tagen, wegen meiner schlechten Gesundheit nach Meran oder der Riviera reisen muß und ich auf meiner Rückkehr dann möglicherweise München besuchen werde. Professor Lorenz hat meinen Vorschlag als eine Annäherungsrechnung als zweckmäßig bezeichnet.[1]

In den nächsten Tagen erscheint der Sonderabdruck meines Vortrages vor der Schiffbautechnischen Gesellschaft[2] und ich werde mir erlauben Ihnen sofort ein Exemplar zu senden. Sie finden darin die Daten über die 3 bis jetzt ausgeführten Schiffskreisel, nämlich von den Dampfern „Seebär", „Silvana" u. „Lochiel". Leider sind nur die Daten über Seebär ganz vollständig, da sich bei den großen Kreiseln auf Silvana u. Lochiel nicht alle Werte durch Experimente bestimmen ließen. So läßt sich z. B. die Schwingungsperiode des Kreiselrahmens nicht ermitteln, weil der Rahmen trotz Kugellagern so viel Reibung hat, daß er nicht in's Schwingen zu bringen ist. Aus ähnlichen Gründen konnte ich auch die Schwerpunktslage durch Experimente nicht feststellen. Es ist ferner unmöglich die großen Schiffe durch einen Krahnen zu neigen und dann frei schwingen zu lassen um durch Abnahme der Amplitude die Dämpfung festzustellen.

Wenn Sie den Sonderabdruck meines Vortrages erhalten haben, so wollen Sie, bitte, mir nun noch sagen welche weiteren Angaben Sie noch wünschen und ich werde dann bemüht sein Alles zu beschaffen was für Sie von Interesse ist.

Mit Hochachtung ergebenst
Otto Schlick.

[144] Von S. Hirzel[3]

Leipzig, den 15. Februar 1909.

Hochgeehrter Herr!

Auf meiner letzten Geschäftsreise, die mich mit verschiedenen Physikern an Universitäten und Technischen Hochschulen zusammenbrachte, hörte ich wiederum von allen Seiten den Wunsch und das Bedürfnis aussprechen nach

---

[1] Nach [Lorenz 1904] sind keine Publikationen von Lorenz zu diesem Thema bekannt.
[2] [Schlick 1909].
[3] Brief (3 Seiten, Maschine), *München, DM, Archiv NL 89, 009.*

einem kurzen neuen, modernen Lehrbuch der Theoretischen Physik. Schon seit einem Jahr trage ich mich eigentlich mit dem Gedanken, zu versuchen ein solches Lehrbuch zu schaffen, ohne indessen irgend welche Schritte dafür getan zu haben. Jetzt, wo mir wiederum die Notwendigkeit von einen solchen Buche bestätigt wurde, möchte ich dem Plan doch nähertreten und, da es bei dem immerhin nicht geringen Umfange dieses Gebiets und der meist reich besetzten Zeit der wenigen Herren, die für die Abfassung in Betracht kommen könnten, kaum möglich ist, dass einer allein in kürzerer Zeit diese Aufgabe durchführen kann, hatte ich beabsichtigt, die Arbeit an diesem Lehrbuch zu teilen und in erster Linie an Sie und Herrn Professor Max Planck in Berlin gedacht. An den letzteren Herrn, mit dem ich seit Jahren in geschäftlicher Beziehung stehe,[1] wandte ich mich vor einigen Tagen und legte ihm meinen Plan vor sogleich mit dem Hinweis, oder richtiger der Anfrage, ob er bereit wäre ein solches Lehrbuch mit Ihnen gemeinsam zu verfassen. Heute erhalte ich zu meiner Freude von Herrn Professor Planck die Antwort, dass auch er es für durchaus notwendig hält, dass ein neues, im modernen theoretisch-physikalischen Geist geschriebenes Lehrbuch geschaffen wird und mit Freuden bereit ist, mit Ihnen die Arbeit zu übernehmen, falls Sie sich ebenfalls für den Gedanken erwärmen könnten. Natürlich denkt weder er noch ich daran, einem der beiden Herren eine gewisse Oberleitung zu übertragen, sondern Herr Planck schreibt mir ausdrücklich, dass er und Sie aequo loco als Verfasser zu figurieren hätten.

Ich erlaube mir deshalb die ergebene Anfrage bei Ihnen, ob Sie geneigt wären gemeinsam mit Herrn Professor Planck dem Plan näherzutreten. In diesem Falle möchte ich Sie bitten, sich direkt mit ihm in Verbindung zu setzen, um zunächst in den Hauptpunkten Klarheit zu schaffen, vor allem in wieweit die Anwendung der formalen Mathematik in dem Lehrbuch eine Rolle zu spielen hat.

Ueber das rein Geschäftliche werden wir uns mit Leichtigkeit einigen. Ich möchte es heute noch gar nicht erwähnen, sondern Sie nur nochmals bitten meinen Vorschlag zu erwägen und uns zu helfen, der physikalischen Wissenschaft dieses ersehnte Buch zu schenken.

In vorzüglicher Hochachtung

Ihr sehr ergebener

S. Hirzel.

---

[1] Als letztes war dessen am 9. Dezember 1908 an der Universität Leiden gehaltener Vortrag *Die Einheit des physikalischen Weltbildes* bei Hirzel erschienen [Planck 1909].

[145] *Von Max Planck*[1]

Grunewald, 24. II. 09.

Lieber Hr. Kollege!

Das ist ja Schade, daß Sie beim Lehrbuch der Theoretischen Physik nicht mitthun wollen. Ich hatte gerade gedacht, daß wir uns in gewissem Sinne gut ergänzen würden. Indeß ich muß mich natürlich Ihren Gründen fügen u. Ihnen in dem einen Punkte sogar Recht geben, daß die Einheitlichkeit eines solchen Werkes, die ja gerade sein Hauptvorzug sein soll, besser verbürgt ist, wenn ein Einziger das Ganze macht.

Ich beschäftige mich gerne mit dieser Idee, u. werde sie wohl noch einmal ausführen,[2] aber ich fühle gegenwärtig eigentlich noch viel mehr Lust, Einzelforschungen zu treiben, weil man da besser vorwärts kommt, als meine Hauptzeit auf rückschauende und sammelnde Arbeit zu verwenden. Viel Zeit bleibt in der Berliner Hetze ohnedies nie zum Arbeiten übrig. Dann bangt mir auch etwas vor der knappen Form des von Hirzel gewünschten Lehrbuchs. Die ganze theoretische Physik auf 40 Bogen! Das kann nur eine ganz sorgfältige Auslese werden. Einstweilen warte ich also noch etwas.

Mit bestem Gruß Ihr ergebenster
M. Planck.

[146] *Von Felix Klein*[3]

Göttingen 13. III. 09.

Lieber Hr. Kollege!

Sie können denken, wie sehr mich Ihr Brief erfreut hat. Also doch![4]

Ich habe auch gerade mein Kolleg über Mechanik mit Kreiselbetrachtungen geschlossen, die aber Ihnen kaum Neues bieten werden (ich schicke Ihnen sonst auf Wunsch bei Gelegenheit das Heft).

Andererseits ist immer noch möglich, dass ich – zunächst wegen der Kultur d. Gegenwart[5] – nächstens ein paar Tage nach München komme. Leider hat Dyck mir geschrieben, dass die Zeit, die ich hierfür in Aussicht genommen hatte: um den 4. April herum, so schlecht wie möglich passt;

---

[1] Brief (2 Seiten, deutsch), *München, DM, Archiv HS 1977-28/A,263.*

[2] Planck hat diese Absicht nicht verwirklicht. Vgl. dazu [Planck 1958].

[3] Brief (3 Seiten, lateinisch), *München, DM, Archiv HS 1977-28/A,170.*

[4] Vermutlich hatte Sommerfeld das Manuskripts für [Klein und Sommerfeld 1910] abgeschlossen.

[5] Klein war Herausgeber von Teil III (mathematische Wissenschaften) dieses Sammelwerkes [Klein 1912-1914], W. Dyck betreute die „technischen Kulturgebiete".

und ob ich sonst abkommen kann, ist angesichts der nun beginnenden Herrenhausverhandlungen völlig ungewiss.[1]

   Das Seminar-Protokollbuch soll Ihnen baldigst zugehen. Ich bezweifele übrigens, dass darin die Sache so schön herauskommt, wie sie gemeint war; die Studenten reproduzieren das, was ihnen ganz klar vorgetragen ist, oft nur sehr mangelhaft.

   Was den Ach'schen Kreisel angeht, so schickte mir Prof. Hartmann gelegentlich Photographieen zu vertraulicher Kenntnißnahme.[2] Er rühmt sich, dass er im Gegensatz zu Anschütz kein kompensierendes Uebergewicht brauche. Prandtl meint, dass es sich dabei wahrscheinlich um einen theoretischen Irrtum handele: man habe tatsächlich, bei der praktischen Aequilibrierung, ohne es zu wissen, ein für unsere Breiten zweckmässiges Uebergewicht angebracht.

   Was unser Zusammenarbeiten angeht, so ist es gewiß am förderlichsten, dass Sie das Ms. gleich an Teubner geben und mir erst die Fahnen (möglichst 4 Exemplare, da ich Dr. Pfeiffer[3] an der Korrektur beteiligen will) zuschicken. Da dürfen Sie dann freilich nicht übelnehmen, falls ich gelegentlich eine grössere Aenderung beantragen sollte.

Ihr ganz ergebener Klein.

[147] Von David Hilbert[4]

Alassio, le 10 April 1909

Lieber Sommerfeld.

   Vor Allem den herzlichsten Dank für Ihren teilnehmenden Brief zu Minkowski's Tode; Ihre Worte haben mir sehr wohlgethan. Es war entsetzlich, wie jäh das Alles hereinbrach; es war das Härteste, was mich bisher getroffen hat. Denn M. war mir ganz wie ein Bruder, der treueste Freund und zugleich aus meiner Generation der einzige Mathematiker, mit dem ich in Allem übereinstimmte. Wir hatten gerade für die Zukunft weitausschauende Pläne, wie [sic] wollten uns gemeinsam völlig in die theoretische Physik

---

[1] Klein war im Vorjahr als Vertreter der Universität Göttingen in das preußische Herrenhaus berufen worden.

[2] Narziß Ach war bis 1904 Privatdozent in Göttingen und seit 1907 Ordinarius für Philosophie in Königsberg. Er hatte sich bereits 1904 an Sommerfeld gewandt, vgl. *N. Ach an A. Sommerfeld, 6. Januar 1904. München, DM, Archiv HS 1977-28/A,2*, zu seiner Beziehung zum Kreiselkompaß vgl. [Broelmann in Vorbereitung]. Eugen Hartmann leitete in Frankfurt am Main eine Firma für elektrotechnische Meßgeräte.

[3] Friedrich Pfeiffer war 1908 bis 1910 in Göttingen und ab 1909 Assistent bei Klein.

[4] Brief (3 Seiten, lateinisch), *München, DM, Archiv HS 1977-28/A,141(5.*

hineinarbeiten und M. war wie selten so arbeitsfroh und zufrieden. Wie Sie vielleicht gehört haben werden, ist er aus frischer Gesundheit heraus im Laufe von 3 Tagen nach einer Blinddarmoperation gestorben. $6\frac{1}{4}$ Jahre hindurch hatten wir mit pünktlichster Regelmässigkeit Donnerstag 3 Uhr mit Klein und später auch mit Runge unsern mathematischen Spaziergang gemacht – auch noch den letzten Donnerstag vor seinem Tode, wo er mit besonderer Lebhaftigkeit von der Einfachheit des Wirkungsgesetzes zwischen 2 elektrischen Teilchen sprach – und den nächsten Donnerstag genau um 3 Uhr gingen wir drei ohne ihn – hinter seinem Sarge.

Seine Stelle ist schon wieder besetzt. Fakultät und Ministerium legten die Wahl ganz in meine Hände; ich hoffe, dass sie gut ausgefallen ist.[1]

Hier in Alassio ist es herrlich. Wir haben mit Beginn der Schulferien auch Franz nachkommen lassen.[2] Wir freuen uns zu dreien über das Meer und die Berge und den warmen Frühling hier. Ich bin glücklich, endlich an der Riviera den richtigen Ort zum Aufenthalt gefunden zu haben: ganz wie das alte Rauschen,[3] ländlich, einfach[,] staubfrei, das Hotel und die Zimmer direkt am Strande, der sich hier 8–10 km. lang feinsandig wie an der Ostsee hinzieht, so dass man nach beiden Seiten hin bequem spazieren gehen kann: sehr geeignet zu Luft- und Seebädern; Franz und ich geniessen beides in ergiebigster Weise. Dazu kommen die vielen Spaziergänge in die Berge, die mit Oliven und Pinienwäldern besetzt sind und auf denen man weit ins Land streifen kann auch auf kleinen schönen Fusswegen, ohne die Orientirung zu verlieren. Wir sind nun schon 3 Wochen hier und werden in der nächsten Woche abreisen müssen, da ich noch Hurwitz in Zürich einen Besuch machen möchte.[4]

In Göttingen erwartet uns dann ein etwas stürmischer Semester-Anfang: die Poincaré-Woche – werden Sie kommen?,[5] es ist ja auch mathematische Physik dabei und wir würden uns Alle sehr freuen, sie wiederzusehen – und in deren Mitte auf den Sonntag fällt Klein's 60jähriger Geburtstag.[6]

Ihnen geht es mit Ihrer Gesundheit doch hoffentlich ganz u. gar gut!

---

[1] Nachfolger Minkowskis wurde Edmund Landau, zuvor in Berlin.

[2] Franz war das einzige Kind der Hilberts.

[3] Strandbad in der Nähe von Königsberg.

[4] Adolf Hurwitz war seit 1892 Ordinarius für Mathematik an der ETH Zürich.

[5] Die erste der sogenannten „Wolfskehl"-Vortragswochen fand vom 22. bis 28. April 1909 statt, sie wurde aus Stiftungsgeldern finanziert; vgl. die Bekanntmachung in den *Göttinger Nachrichten* des Jahres 1908, S. 103; Henri Poincaré hielt sechs Vorträge über „ausgewählte Gegenstände der reinen Mathematik und der mathematischen Physik" [Poincaré 1910c].

[6] Am 25. April 1909.

und den Ihrigen auch! Grüssen Sie herzlich Ihre Frau und seien Sie selbst
ebenso gegrüsst von Ihrem

Hilbert.

[148] An Karl Schwarzschild[1]

München 16. IV. [1909][2]

Lieber Schwarzschild!

Für Zermelo winkt eine Berufung in Würzburg[3] und ich soll Auskunft
geben

1) ob er wieder ganz gesund ist

2) ob er einigermassen verständlich vorträgt.

So sehr ich Zermelo den Ruf wünschen würde, so wenig will ich Wien
anschwindeln. Würden Sie mir auf beide Fragen baldige freundliche Antwort
geben. Für den Anfänger-Unterricht ist Zermelo wohl nicht. Seine Vorträge
in der mathem.[atischen] Ges.[ellschaft] sind mir sehr gerühmt worden. Die
Hauptsache wird aber seine Gesundheit sein.

Schade, dass wir uns nicht noch ausgiebiger gesprochen haben. Bald
einmal wieder! Debyes Arbeit halten Sie doch auch für hervorragend?[4]
Vielleicht schreiben Sie, wenn die zusammenfassende Arbeit im Buch heraus ist, ein Referat in eine astronomische Zeitschrift. Ich habe Teubner
versprochen, in der physikal. Zeitschr. darüber zu referiren.[5]

Herzl. Grüße von
Ihrem A. Sommerfeld

[149] Von Karl Schwarzschild[6]

Göttingen, den 19. IV. 1909.

Lieber Sommerfeld!

Die Frage, ob Zermelo einigermaßen verständlich vorträgt, ist sehr glatt
zu beantworten, da er manchmal sogar ganz ausgezeichnet vorträgt. Er

---

[1] Brief (3 Seiten, lateinisch), *Göttingen, NSUB, Schwarzschild.*

[2] Vgl. Antwortbrief [149].

[3] Vgl. Brief [150]. Nach der Emeritierung F. Pryms erhielt der bisherige Extraordinarius
Eduard von Weber die ordentliche und Emil Hilb die außerordentliche Mathematik-
professur.

[4] [Debye 1909c].

[5] In der *Physikalischen Zeitschrift* wurde Debyes Arbeit nicht referiert.

[6] Brief (4 Seiten, deutsch), *München, DM, Archiv NL 56, 010.*

sieht blühend aus, hat sein Colleg durchgehalten und, soviel ich weiß, nicht
über seine Gesundheit geklagt. Ich vermute, daß er das kritische Alter für
Schwindsuchtskandidaten glücklich überwunden hat. Mehr kann ich Ihnen
leider nicht sagen, da ich die jüngeren Mathematiker im letzten Semester
sehr wenig zu Gesicht bekommen habe. Doch werden Sie auch von seinen
näheren Freunden (Hilbert inkl.) ehrliche Auskunft bekommen.–

Ich wollte vor dem Absenden des Briefes noch Positiveres über Zermelo
zu erfahren suchen, dies hat sich aber nicht unauffällig machen lassen.–

Poincaré hat hier über Hertz'sche Wellen vorgetragen,[1] d. h. er behandelte das Problem der [real?] reflektierenden Kugel, indem er genau
wie Debye in den Cylinderfunktionen zu asymptotischen Werten überging.
Debye hat es offenbar schöner gemacht – woraus Sie mein Urteil über des
letzteren Arbeit entnehmen mögen.[2] Was Poincaré mehr gethan, als bisher
Debye, ist, wenn ich nicht irre, daß er die Näherung für gegen den Kugelradius kurze Wellen soweit treibt, daß er nicht nur die geometrische Optik,
sondern auch die erste Beugungswirkung erhält. Leider hat sich Poincaré –
für mich wenigstens – trotz all meiner Verehrung für ihn als persönlich un-
genießbar ergeben – im Gegensatz zu der Münchner theoretischen Physik.
Inzwischen habe ich nun auch noch Ihre drahtlose Telegraphie durchgesehen.[3] Die Lösung steht ja herrlich wie mit einem Zauberschlag da. Die
Diskussion habe ich nur überflogen, fühle Ihnen aber nach, daß die Halblei-
tereigenschaft der Erde viel wichtiger ist als die Krümmung ihrer Oberfläche. Werden Sie nicht beides noch zusammen koppeln, um der Wirklichkeit
ganz gerecht zu werden?

Gestern war Klein's 60. Geburtstag, inoffiziell und halb geheim, aber
doch festlich mit Abendfeier bei Hilberts, der in alter kindlicher Heiterkeit
eine höchst verschlungene Polonaise anführte.

Über Debye werde ich später sehr genau referieren.[4]

Mit vielen Grüßen Ihr
K. Schwarzschild.

Lieber Wien! [5]

Hier die Antwort von Schwarzschild. Genügt sie Ihnen, oder soll ich
noch an Hilbert schreiben? Ich tue es sofort, wenn sie mir eine diesbez.

---

[1] [Poincaré 1910b], vgl. Brief [147], Fußnote 5 auf Seite 357.

[2] Vgl. [Debye 1909c].

[3] In [Sommerfeld 1909a] wird der Einfluß der Leitfähigkeit des Erdbodens („Halbleiterei-
genschaft") für die Ausbreitung elektromagnetischer Wellen bei ebener Erdoberfläche
erklärt. Zu den Berechnungen für eine gekrümmte Oberfläche siehe Seite 287.

[4] Dies scheint nicht geschehen, eventuell wegen Schwarzschilds Berufung nach Potsdam.

[5] Von Sommerfeld auf dem gleichen Brief weitergeschrieben; Datierung nach Brief [148].

Karte schreiben. Übrigens besinne ich mich, daß auch Minkowski gelegentlich die Vorträge Zermelos in der mathematischen Gesellschaft als besonders geistreich, klar und formvollendet rühmte. Sie werden also wohl mit gutem Gewißen behaupten können, daß Z. für *Vorgeschrittenere* ein sehr geeigneter Lehrer ist.

Der Schluß von Lorentz ist gesetzt und verlangt nur eine Correktur. Dann wird auch Ihr Artikel beliebig beschleunigt werden können.[1]

Den Brief von Schwarzschild brauche ich nicht mehr. Vielleicht intereßirt Sie auch, was er über Poincarés Göttinger Vorlesung schreibt.

Herzliche Grüße von
Ihrem A. Sommerfeld

[150] *An Wilhelm Wien*[2]

München, den 21. IV. 09.

Lieber Wien!

In der Berufungssache habe ich mich an Schwarzschild um Auskunft über Zermelos Gesundheit gewandt, aber noch keine Nachricht. Können Sie nicht vielleicht Einstein berufen? Die Prof. soll früher astronomisch gewesen sein.[3] Also gehört der Raum-Zeit-Theoretiker auf sie mindestens so gut wie ein Zahlen- oder Mengentheoretiker.

Lorentz hatte den Rest seines Art. vor Wochen geschickt.[4] Er wird jetzt gesetzt. Es wird sich also von da keine Verzögerung ergeben, nur daß zunächst die Erledigung Ihres Art. durch den von Lorentz zurückgedrängt wird.

Ihre Correktur habe ich leider etwas vertrödelt. Ich habe meine Bemerkungen in Bleistift gemacht. Sie können also diejenigen wegreiben, die Ihnen nicht richtig scheinen. Allerdings habe ich nicht sehr sorgfältig gelesen, namentlich nicht bei Mosengeil.[5]

S. 27 zwei Fragezeichen. Hier scheint der Text unverständlich. Auch fehlt eine von Ihnen beabsichtigte Correktur.

Es ist schade, daß Sie von Ihren allgemeinen Bemerkungen so viel wieder gestrichen haben. Wollen Sie nicht z. B. p. 35 den Paßus doch bestehen laßen?

---

[1] [Lorentz 1909], [Wien 1909b].
[2] Brief (2 Seiten, lateinisch), *München, DM, Archiv NL 56, 010.*
[3] Vgl. Kommentar zu Brief [104].
[4] [Lorentz 1909].
[5] Vgl. [Wien 1909b, S. 338].

p. 34 oben war es nötig zwischen Anzahl im Grammmolekül und im cm^3
zu unterscheiden. Die 4π's (p. 34) waren doch nicht richtig. Wahrscheinlich
ist auch an anderen Stellen darin noch Einiges zu corrigiren. Doch das bleibe
für die nächste Correktur.–

Wer weiß, ob ich nicht auch nächstens etwas über Strahlung schwefle
[sic].[1] Es ist schade, dass immer nur Meinungen in dießer Discußion gesagt
werden, und keiner mathematisch anpackt. Vieles bei Einstein leuchtet mir
sehr ein, z. B., daß das e kein Fremdling in der Theorie bleiben dürfe.[2]

Sonntag u. Montag bin ich am Chiemsee und nach Reichenhall geradelt.

Ihr A. Sommerfeld.

[151] *Von Wilhelm Wien*[3]

Würzburg 17/5/09

Lieber Sommerfeld!

Die weiteren Beobachtungen mit strömenden Flüssigkeiten haben ergeben, daß die Heruntersetzung der krit.[ischen] Geschw.[indigkeit] in der
That, wie ich vermuthete auf Rauhigkeiten der Oberfläche zurückzuführen
sind.[4] Eine innen auf gerauhte Glasröhre von $2\frac{1}{2}$ mm. Durchm. giebt auch
bei gleichen Geschwindigkeiten Abweichungen vom Poiseuilleschen Gesetz,
wo bei einer ganz glatten Röhre noch Uebereinstimmung besteht. Ich wollte
Sie nun bitten in Ihrer Rechnung zu versuchen[,] Strömungen von kleiner
Geschwindigkeit an der ganzen Oberfläche einzusetzen und zu sehen ob
dann die Bewegung noch stabil bleibt. Vielleicht darf man die quadratischen Glieder überhaupt vernachlässigen, doch wird die Bewegung dann
wohl immer stabil herauskommen. Vielleicht ergeben die Rechnungen Fin-
gerzeige für weitere Versuche.

Haben Sie die Correcturen erhalten.[5] Ich wäre Ihnen dankbar wenn
Sie sie mir gleich zurückschickten damit ich nun alles gleich erledigen kann.

Mit besten Grüßen

Ihr Wien

---

[1] Sommerfelds Überlegungen im Anschluß an den umstrittenen römischen Vortrag von
Lorentz zur Strahlungstheorie – vgl. Brief [132] – blieben unveröffentlicht.

[2] Vgl. Brief [117] und [Einstein 1909, S. 192].

[3] Brief (2 Seiten, deutsch), *München, DM, Archiv HS 1977-28/A,369.*

[4] Sommerfeld ließ dies in einer Dissertation prüfen (die kritische Reynoldszahl R_k bestimmt den Übergang zur turbulenten Strömung): „Eine Abhängigkeit der Größe R_k
von Material und Rauhigkeitsgrad der Grundfläche konnte nicht konstatiert werden"
[Hopf 1910b, S. 34].

[5] Vermutlich [Wien 1909b].

Die von Wien angesprochenen hydrodynamischen Fragen standen im Zentrum der Doktorarbeit von Ludwig Hopf,[1] den Sommerfeld im September 1909 mit auf die Naturforscherversammlung nach Salzburg nahm, wo sie zum ersten Mal mit Einstein zusammentrafen. Hopf wurde im folgenden Jahr Einsteins Mitarbeiter und „Privatassistent".[2]
Sommerfeld hatte in Salzburg „Über die Zusammensetzung der Geschwindigkeiten in der
Relativitätstheorie" referiert und sich an den Diskussionen über die verschiedenen Fragen
der Relativitätstheorie rege beteiligt.[3]

[152] *Von Albert Einstein*[4]

Bern. 29. IX. 09.

Hoch geehrter Herr Prof. Sommerfeld!

Es drängt mich dazu, Ihnen noch besonders zu danken für Ihre grosse
Freundlichkeit. Ganz besonders wird es mir unvergesslich bleiben, wie Sie
sich Donnerstag Abend meiner angenommen haben.[5] Es handelte sich übrigens nur um eine kleine Verstimmung meines Magens, den ich durch ganz
regelmässiges Leben etwas verwöhnt habe.–

Ich begreife es jetzt, dass Ihre Schüler Sie so gern haben! Ein so schönes
Verhältnis zwischen Professor und Studenten steht wohl einzig da. Ich will
mir Sie ganz zum Vorbild nehmen.[6]

Die Behandlung des gleichförmig rotierenden starren Körpers scheint
mir von grosser Wichtigkeit wegen einer Ausdehnung des Relativitätsprinzips auf gleichförmig rotierende Systeme nach analogen Gedankengängen,
wie ich sie im letzten § meiner in der Zeitschr. f. Radioaktivit. publizierten Abhandlung für gleichförmig beschleunigte Translation durchzuführen
versucht habe.[7]

Ihre Mitteilung, dass der Differenzialquotient der lichtelektrisch gewonnenen Energie nach ν gerade halb so gross sei, als zu erwarten ist, gibt mir
sehr zu denken. Wenn sich dies weiterhin als zutreffend erweist, dann ist es

---

[1] Siehe Seite 273.

[2] Vgl. [Einstein 1993, S. 639].

[3] [Sommerfeld 1909f].

[4] Brief (2 Seiten, lateinisch), *Washington, NMAH, MSS 122A*.

[5] Nach der vom 19. bis 25. September 1909 abgehaltenen Salzburger Naturforscherversammlung schrieb Einstein an Jakob Laub: „In Salzburg lernte ich mehrere Leute
kennen, darunter Planck, Wien, Rubens und Sommerfeld. In letzteren bin ich ganz
verliebt. Er ist ein prachtvoller Kerl" [Einstein 1993, Dokument 196].

[6] Einstein trat zum 15. Oktober 1909 seine erste Universitätsstelle als Extraordinarius
für theoretische Physik an der Universität Zürich an.

[7] [Einstein 1907c]; zur Problematik des starren Körpers siehe auch Brief [154] und Anmerkungen dazu.

nichts mit der Anordnung der Energie des Lichtes um diskrete, mit Lichtgeschwindigkeit bewegte Punkte. Man wäre genötigt, die Abhängigkeit der
Strahlungsentropie vom Gesamtvolumen der Strahlung in anderer Weise zu
deuten. Ich bin höchst neugierig, was für eine Genauigkeit jenen Versuchen
zukommt.[1]

Es grüsst Sie herzlich
Ihr ergebener A. Einstein.

[153] *An Paul Ehrenfest*[2]

[1. Oktober 1909][3]

Lieber Herr College!

Leider *kein* Exemplar mehr disponibel, nur den Auszug aus der Münchener Akademie kann ich Ihnen schicken, in zwei Tagen. Übrigens habe ich
die Annalenarbeit an Sie seiner Zeit zur Post gegeben. Sollte sie confiscirt
sein?![4] Ich bitte auch Sie sehr um regelmässige Sendung Ihrer Arbeiten.
Den Enc. Art.[5] habe ich im vorigen Sommer mit großem Intereße in Fahnen gelesen u. einige Bemerkungen an Klein darüber geschickt. Ihre kritische Darstellung wird sehr nützlich sein. Nur zum Schluß sind Sie wohl zu
kritisch gegen Gibbs und die Physiker.[6]

Beste Grüße von Ihrem A. Sommerfeld

[154] *An Wilhelm Wien*[7]

München, den 9. XI. 09.

Lieber Wien!

Von Mitgliedern der philosophischen Fakultät 1. und 2. Sektion habe
ich folgendes als Usus gehört: Universitätsjahre werden angerechnet, Tech-

---

[1] Vgl. Brief [169].

[2] Postkarte (2 Seiten, lateinisch), *Leiden, MB*.

[3] Poststempel.

[4] Ehrenfest lebte in Sankt Petersburg. Es handelt sich um Sommerfelds Arbeit zur drahtlosen Telegraphie, deren Kurzfassung in den Münchener Akademieberichten [Sommer-
feld 1909b] abgedruckt wurde; die ausführliche Darstellung erschien in den *Annalen
der Physik* [Sommerfeld 1909a].

[5] [Ehrenfest und Ehrenfest 1911].

[6] Ehrenfest lehnte die Gibbssche Betrachtungsweise ab und kritisierte allgemein die
mangelnde Strenge bei der Begründung der statistischen Mechanik [Ehrenfest und
Ehrenfest 1911, S. 74], vgl. [Klein 1970, Kapitel 6].

[7] Brief (2 Seiten, lateinisch), *München, DM, Archiv NL 56, 010*.

nische Hochschule nicht. Weder Heigel sind seine Jahre an einer Techn. Hochsch. gezählt, der sonst fast das älteste Mitglied der 1. Sektion wäre, noch mir;[1] ich stehe unten in der Reihe, trotzdem ich 9 Jahre in Clausthal u. Aachen Ordinarius war, was mir übrigens erst bei dieser Gelegenheit aufgefallen ist. Frankfurt wird man kaum anders rangiren.[2]

Dank für Ihren Hinweis auf Poincaré![3] Da heisst es, sich beeilen. Übrigens hat Poincaré nicht das Material drin, sonst bin ich mit ihm identisch, d. h. meine Formeln u. Methoden werden mit den seinen übereinstimmen.

Betr. den Relativ-starren Körper hat sich Folgendes ergeben:[4] Starrheitsdefinition: die vierdimensionalen Entfernungen zweier Punkte 1, 2 bleiben bei der Bewegung erhalten, also

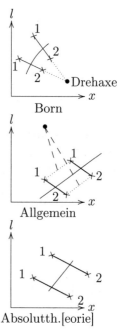

Born

Allgemein

Absolutth.[eorie]

$$(x_1 - x_2)^2 + (y_1 - y_2)^2 + (z_1 - z_2)^2 + (l_1 - l_2)^2 = \text{const.}$$

Die Born'sche Definition ist viel specieller und verlangt, daß sich der Körper um eine „Axe" dreht, die in seiner augenblicklichen Lage enthalten ist. Bei 2 Dimensionen x, l und gewöhnlicher Maaßbestimmung ergiebt sich folgendes Bild: Die allgemeine Starrheitsdefinition enthält ∞ viel mehr Bewegungen, da die Drehaxe ganz beliebig liegen kann. Auch der starre Körper der Absoluttheorie widerspricht ihr in keiner Weise, und ist nach anderer Richtung wie der Born'sche ein specieller Fall des relativ-starren Körpers. Meine Formeln gelten daher sämtlich für diese specielle

[1] Karl Theodor von Heigel war 1883 bis 1885 Professor für Handels- und Kulturgeschichte an der TH München, bevor er an die Universität wechselte. Wilhelm Wien selbst war 1896 bis 1899 Professor an der TH Aachen.

[2] Möglicherweise ist eine Anstellung am Physikalischen Verein in Frankfurt am Main gemeint.

[3] [Poincaré 1908], [Poincaré 1910b], vgl. Brief [149]. Poincaré deutete die Ausbreitung elektromagnetischer Wellen über die gekrümmte Erdoberfläche als Beugungsphänomen.

[4] Auf der Salzburger Naturforscherversammlung hatte Born die nicht lorentzinvariante klassische Starrheitsbedingung durch die Forderung ersetzt, daß jedes Volumenelement auch bei beschleunigten Bewegungen die zu seiner Geschwindigkeit gehörige Lorentzkontraktion erfährt, vgl. [Born 1909b] mit einer Diskussionsbemerkung von Sommerfeld, siehe auch [Miller 1981, S. 244-245].

Claße von Bewegungen. Die Vereinfachung, die Born erzielt, scheint lediglich an der Definition der *constanten* Beschleunigung zu liegen, die nicht als „Parabel"- sondern als „Hyperbelbewegung" anzusetzen ist.[1] Minkowski schrieb mir früher, dass meine Formeln für die *Hyperbelbewegung* ganz einfach werden.[2] Die von mir betrachtete Parabelbewegung ist eine im Sinn der Relativtheorie inconstant beschleunigte u. complicirte Bewegung.

Mit herzlichen Grüssen Ihr A. Sommerfeld.

[155] *An Johannes Stark*[3]

München 4. XII. 09.

Sehr geehrter Herr College!

Ihre letzte Arbeit über Röntgenstrahlen[4] hat mich veranlasst, Überlegungen zu publiciren, die mich seit Langem beschäftigen, die ich oft mit Röntgen besprochen habe und zu deren experimenteller Controle Röntgen ein Doctorthema im hiesigen Institut gestellt hat.[5] Meine Überlegungen fußen auf der reinen „Aetherwellenhypothese" und postuliren diejenigen Erscheinungen, auf die Sie durch das Experiment geführt sind. Übrigens habe ich schon im Jahre 1906, als die Haga'schen Polarisationsnachweise herauskamen, diesen gebeten, nach der Abhängigkeit der Intensität vom Azimuth zu suchen.[6] Er hat damals aber nichts gefunden. Wegen alles Näheren verweise ich Sie auf meine heute abgeschickte Note in der Physikal. Zeitschr., deren Correctur Ihnen zugehen soll.[7] Sie werden sich, wie ich

---

[1] Born vergleicht in Anlehnung an [Minkowski 1908] die gleichförmig beschleunigte Bewegung des „vertikalen Wurfs" nach der klassischen Mechanik in einem Weg-Zeit-Diagramm („Parabelbewegung") mit der relativistischen Bewegung, die der Bedingung $x^2 - c^2t^2 = $ const. („Hyperbelbewegung") gehorcht [Born 1909b, S. 815].

[2] Vgl. dazu [Sommerfeld 1910c, S. 670-682].

[3] Brief (4 Seiten, lateinisch), *Berlin, SB, Nachlaß Stark*.

[4] [Stark 1909a]. Darin lehnte Stark die klassische Bremsstrahlungstheorie („Ätherwellenhypothese", vgl. dazu Seite 289) als Erklärung für die Entstehung der Röntgenstrahlen ab, da sie seiner Ansicht nach eine isotrope Richtungsverteilung der Röntgenstrahlen postuliere und somit auch keine Bündelung von Energie nach einer Richtung ermögliche; eine Impulsübertragung von Röntgenstrahlung auf Elektronen, wie sie beim Photoeffekt stattfinde, sei damit nicht erklärbar. Vgl. [Hermann 1967].

[5] Polarisation und Richtungsverteilung der Röntgenstrahlen wurden schon in der Dissertation [Bassler 1909] untersucht. Die genauere Analyse der Richtungsverteilung machte Röntgen zum Thema einer zweiten Doktorarbeit [Friedrich 1912].

[6] Vgl. Brief [91] und *H. Haga an A. Sommerfeld, 12. Dezember 1906. München, DM, Archiv HS 1977-28/A,127.*

[7] [Sommerfeld 1909d].

hoffe, überzeugen, das[s] die Bremstheorie der Röntgenstrahlen alles das von selbst leistet, wozu Sie die (doch sehr hypothetische und unbestimmte) Lichtquantentheorie heranziehen. Nicht als ob ich an der Bedeutung des Wirkungsquantums zweifelte. Aber die Ausgestaltung, die Sie ihm geben, scheint nicht nur mir, sondern auch Planck sehr gewagt.

Weshalb ich hauptsächlich schreibe, ist Folgendes: Ihre Auffaßung der gewöhnlichen elektromagnetischen Ausstrahlung ist sicher vollkommen irrtümlich. Kein Mensch glaubt, dass ein beschleunigtes Elektron allseitig gleichmässig strahlt, ebensowenig wie ein Hertz'scher Oscillator. Im Abraham'schen Buch § 14, 15 und 25 finden Sie alles Nötige entwickelt, ebenso natürlich bei Lorentz, Planck oder wo Sie wollen.[1] Abraham berechnet auch die gesamte fortgeführte Bewegungsgröße und die Reaktionskraft auf das Elektron, die daraus folgt. Ihre Annahme einer gleichmässigen Strahlung führt, wie Sie selbst bemerken, zu dem ganz unmöglichen Resultat, daß die Beschleunigung ohne Kraftaufwand vor sich geht. Wenn die elektromagn. Theorie das wirklich lehrte, könnte sie sich begraben laßen. Alle Kathodenstrahlversuche lehren ja das Gegenteil. Wenn ein mit Recht so anerkannter Forscher wie Sie einen so schweren Irrtum begeht, sollte er im Intereße seiner weniger urteilsfähigen Leser ihn sogleich richtig stellen. Ich zweifle nicht, daß Sie dies in unzweideutiger Weise tun werden. Ich habe mich in meiner Note jeder Kritik enthalten und nur gesagt, dass Ihre Anschauungen mit der elektromagn. Theorie unvereinbar sind. Sie werden sich ohne Zweifel leicht ebenfalls davon überzeugen.

Mit besten Grüßen Ihr sehr ergebener
A. Sommerfeld.

[156] *An Wilhelm Wien*[2]

München 5. XII. [1909][3]

Lieber Wien!

Gestern hörte ich via Greifswald von Herwegh,[4] dass Sie eine schwere Krankheit durchgemacht haben und wieder in der Beßerung sind. Wir wussten hier alle nichts davon. Ich will Ihre liebe Frau, die jetzt Beßeres zu tun hat, nicht um Nachricht bemühen, sondern schreibe deshalb zugleich an

[1] [Abraham 1905], [Lorentz 1904b, S. 187-188].
[2] Brief (3 Seiten, lateinisch), *München, DM, Archiv NL 56, 010*.
[3] Das Jahr ergibt sich aus der Kontroverse Stark–Sommerfeld.
[4] Julius Herweg hatte 1905 bei Wien in Würzburg promoviert, bevor er 1907 als Assistent an das Physikalische Institut der Universität Greifswald ging.

Cantor.[1] Aufrichtig will ich wünschen, dass der Bösewicht Blinddarm heraus ist u. daß Sie ausser jeder Gefahr sind; auch dass der Frühjahrs-Skilauf nicht darunter leidet.[2]

Für den Fall, dass Sie schon für wissenschaftliche Dinge empfänglich sind, schreibe ich Ihnen, dass ich auf eine letzte Note von Stark in der Physikal. Zeitschr. a tempo eine Erwiderung losgelassen habe.[3] Stark beobachtet eine unsymmetrische Emißion von Röntgenstrahlen bei Kohlen-Antikathode von der Art, wie wir sie lange vermuten,[4] und knüpft daran höchst schwindelhafte Betrachtungen über Lichtquanten; auch beweist er eine sehr blamable Unkenntnis der Maxwell'schen Theorie. Ich habe dabei auch Ihre Bemerkung aus der Wüllner-Festschrift[5] aufgenommen über die ungleichmässige Härte der Röntgenstrahlen auf der Vorder- und Rückseite der Antikathode. Der positive Teil meiner Note zeigt, dass sich alles sehr schön in die gewöhnliche Theorie einordnet, namentlich die Versuche von Baßler.[6]

Mit Hn. Silberstein habe ich mich auf friedlichem Wege auseinandergesetzt. Unser Friedensprotokoll wird Ihnen bald für die Annalen zugehen.[7]

Mit herzlichen Wünschen für die baldige Genesung und freundschaftlichen Grüßen

Ihr A. Sommerfeld.

[157] Von Johannes Stark[8]

Aachen, den 6. Dezember 1909.

Sehr geehrter Herr Kollege!

Ich stimme Ihnen vollkommen bei, daß meine Beobachtungen an Röntgenstrahlen auch auf Grund der *Maxwell'schen Theorie* erklärt werden kön-

---

[1] Mathias Cantor war Extraordinarius für theoretische Physik in Würzburg.

[2] Wien und Sommerfeld trafen sich häufig mit befreundeten Physikern in einem Landhaus in Mittenwald zu Skiausflügen.

[3] [Sommerfeld 1909d].

[4] Vgl. Brief [91].

[5] [Wien 1905c].

[6] [Bassler 1909].

[7] Ludwig Silberstein war seit 1904 Dozent für mathematische Physik an der Universität Rom; er hatte an einem Detail der Sommerfeldschen Elektronentheorie Anstoß genommen, vgl. *L. Silberstein an A. Sommerfeld, 4. Oktober, 8. November und 25. November 1909. München, DM, Archiv HS 1977-28/A,325,* [Silberstein 1910] und [Sommerfeld 1910a].

[8] Brief (2 Seiten, deutsch), *Berlin, SB, Autogr. I/291/1.*

nen. Ich habe mich hiergegen auch gar nicht gewendet, sondern nur gegen die übliche Anschauung *(Ätherwellenhypothese)* der allseitigen Symmetrie der Emission von Intensität. Daß auch auf Grund der Maxwell'schen Theorie ein Strahlungsdruck bei der Emission existieren muß, ist selbstverständlich. Aber die Wellenfläche der emittierten Energie wird so kompliziert, daß ich für das Experimentieren die anschauliche Auffassung der Lichtquantentheorie vorziehe. Ich habe diese Dinge bereits vor 14 Tagen in unserem hiesigen Kolloquium vorgetragen und behielt mir ihre eingehende Diskussion am Schluße der von mir bereits angekündigten Arbeit über Dissymmetrie der Emission im Gebiete 450-250 $\mu\mu$ vor.[1] Leider bin ich aber durch eine Influenza und durch Institutsarbeit (80 Praktikanten) bis jetzt abgehalten worden meine Resultate zu Papier zu bringen. Es thut mir dies leid, weil ich nun wegen einer Ansicht von Ihnen angegriffen werde, die ich gar nicht habe. Und ich wäre Ihnen zu Dank verbunden, wenn Sie mir Gelegenheit geben würden in derselben Nummer der Physik. Zeitschrift hinter Ihrer Mitteilung[2] meine Ansicht über die Anwendbarkeit der *Maxwell'schen Theorie** auf das von mir beobachtete Phänomen zum Ausdruck zu bringen. Ich betone noch einmal, daß die Ätherwellenhypothese, gegen die ich kämpfe, gar nicht in der Maxwell'schen Theorie enthalten ist, und bin der Ansicht, daß die Maxwell'sche Theorie nicht unvereinbar mit der Lichtquantenhypothese ist, in dieser sogar ihren Abschluß finden wird.

Mit bestem Gruß Ihr sehr ergebener

J. Stark.[3]

* NB! *nicht der Ätherwellenhypothese*

[158] *An Johannes Stark*[4]

München [7.–9. Dezember 1909][5]

Sehr geehrter Herr College!

Besten Dank für Ihren Brief. Mit Rücksicht auf die von Ihnen geplante Erwiderung halte ich es für meine Pflicht, Sie auf folgendes aufmerksam

---

[1] Vgl. [Stark 1910].

[2] [Sommerfeld 1909d].

[3] Der vom abgesandten Brief [158] etwas abweichende, zweiseitige Antwortentwurf Sommerfelds ist in [Hermann 1967, S. 48] abgedruckt.

[4] Brief (4 Seiten, lateinisch), *Berlin, SB, Nachlaß Stark.*

[5] Briefrand zerstört; zwischen den Briefen [157] und [159].

zu machen: Die „Ätherwellenhypothese" (mit allseitig symmetrischer Aus-
strahlung) ist noch nie, an keiner Stelle von irgend einem sachkundigen
Autor geäussert worden. Sie sind also gänzlich im Irrtum, wenn Sie diese
Hypothese als üblich bezeichnen oder sagen, ziemlich allgemein herrsche
die Ansicht, etc. Die im Sinne der Feldgleichungen durchgeführte Wiechert-
Stokes'sche Hypothese[1] giebt keine allseitige Symmetrie.

Die Situation, in die Sie sich mit Ihrer Erwiderung begeben wollen,
ist wie Sie sehen etwas komisch: Sie ersinnen, ganz für sich allein, eine
„Ätherwellenhypothese" und bekämpfen [sie in W]ort und Tat, mit theoretischen Gründen [und] mit Beobachtungen. Die allgemein ver[bre]itete
Bremstheorie, die ich mit vielen anderen vertrete, dagegen erwähnen Sie
in Ihrer Arbeit mit keinem Wort. Wenn Sie die Frage an das Experiment
gestellt hätten, Lichtquanten oder Bremstheorie, so wäre das ein mögliches
Problem, aber die Antwort wäre zu ungunsten der Lichtquanten ausgefallen.
Die Frage, Lichtquanten oder Ätherwellenhypothese, ist gegenstandslos, da
die Ätherw. Hyp. nicht einen Vertreter in der Welt hat, nachdem ihr eigener
Vater sie desavouiert.

Ich möchte Sie gern – aus Respekt vor Ihren vergangenen und zukünftigen wissenschaftlichen Leistungen – vor dieser gewiß lächerlichen Situation
bewahren. Deshalb und aus keinem anderen Grunde schreibe ich Ihnen.
Wollte ich Sie angreifen, so würde ich diese Situation vor der Öffentlichkeit ausnutzen. Ich habe Sie aber garnicht angegriffen und nichts liegt mir
ferner, als mit Ihnen einen Streit anfangen zu wollen. Dieser wäre sehr un-
gleich. Denn in experimente[llen] Ideen sind Sie mir bei weitem über und in
theoretischer Klarheit ich Ihnen. Ich werde auch nur im äussersten Notfall
auf Ihre Erwiderung wieder eine Erwiderung setzen.

Glauben Sie nun nicht auch, dass eine Erwiderung von Ihnen (die Sie
aber doch wohl nicht gleich hinter meiner Note folgen laßen werden, sondern
besser bis nach dem ruhigen Überlegen meiner Note und der einschlägigen
Capitel des Abraham'schen Buches verschieben werden)[2] etwa so lauten
müsste?: Sie hätten sich darin geirrt, dass Ihre Ätherwellenhypothese mit
der Wiechert-Stokes'schen Hypothese identisch wäre. Ihre Ätherwellenhyp.
ist elektromagnetisch unmöglich und hat kein Intereße u. keine Anhänger;
es hat daher keinen rechten Sinn, sie durch Experimente zu widerlegen. In
der Hoffnung auf baldige Einhelligkeit [der Me]inungen bin ich

Ihr ergebenster
A. Sommerfeld.

---

[1] Vgl. die Literaturangaben Seite 289.
[2] Vgl. Brief [155]. [Stark 1910] erschien nicht im Anschluß an [Sommerfeld 1909d].

[159] *Von Johannes Stark*[1]

Aachen, 10. XII. 09.

Sehr geehrter Herr Kollege!

Ich danke Ihnen verbindlich für die Übersendung der Korrektur Ihrer Röntgenarbeit.[2] Aus der Thatsache der Übersendung habe ich mir die Erlaubnis abgeleitet an drei Stellen meine Interessen wahrzunehmen. Ich zweifle nicht daran, daß Sie so gerecht sein werden, mir in der Hypothese von der Fluoreszenzemission der Röntgenstrahlung die Priorität zuzugestehen.[3] Ebenso werden Sie wohl Ihr Mißverständnis meiner Anschauungen über das Verhältnis der elektromagnetischen Theorie zur Röntgenstrahlung beseitigen.

Ihre Einschätzung meines theoretischen Urteilsvermögens ist so wenig schmeichelhaft, daß ich ein wenig darüber lächeln muß. Gleichwohl werde ich es nicht unterlassen können, gelegentlich die physikalischen Grundlagen Ihrer Theorie der Röntgenstrahlung einer Analyse zu unterziehen. So sehr ich die mathematische Eleganz Ihrer Auseinandersetzungen über die Röntgenstrahlen bewundere, so kann ich doch die physikalischen Voraussetzungen, auf welche Sie Ihre Entwicklungen aufbauen und welche sie als ziemlich selbstverständlich behandeln, nicht als sicher, ja nicht einmal als wahrscheinlich anerkennen. Und es ist ein schwerer Irrtum von Ihrer Seite, wenn Sie glauben, Ihre Impulstheorie sei weniger hypothetisch als die Quantenhypothese. Es handelt sich um einen Kampf um die physikalischen Voraussetzungen. Und es würde nach meiner Ansicht der Forschung mehr gedient sein, wenn Sie als jüngerer Theoretiker voraussetzungsloser in den Kampf eintreten und weniger summarisch einer neuen Anschauung, die im Grunde nicht mehr hypothetisch ist als die offizielle, von den älteren Autoritäten abprobierte Anschauung, die Existenzberechtigung absprechen würden. Da Sie in Ihrem Briefe offen von meinem Irrtum sprechen, so darf ich wohl mit gleicher Offenheit über Ihren Standpunkt urteilen. Ich bin so kühn, zu hoffen, daß Sie ebenso wie gegenüber der Relativitätstheorie auch der Quantenhypothese gegenüber Ihren Standpunkt ändern werden,[4] und hoffe weiter, daß die Auseinandersetzungen zwischen uns der Anlaß dazu sein werden.

Mit bestem Gruß Ihr sehr ergebener

J. Stark.

---

[1] Brief (2 Seiten, deutsch), *Berlin, SB, Autogr. I/291/1.*
[2] [Sommerfeld 1909d].
[3] [Stark 1909a, S. 580]. Sommerfeld sprach die Priorität Barkla zu, vgl. Brief [161].
[4] Vgl. die Briefe [96], [102], [115] und [116].

[160] *Von Johannes Stark*[1]

Aachen, 12. XII. 09.

Sehr geehrter Herr Kollege!

Ihren zweiten Brief habe ich gestern erhalten,[2] kurz nachdem ich Ihre mit Glossen versehene Korrektur an Sie hatte abgehen lassen. Ich danke Ihnen für denselben und erlaube mir, einige Worte zu erwidern.

Wenn Sie glauben, daß ich mich in einer komischen Situation befände, welche Sie ausnutzen könnten, so möchte ich Sie bitten, keine Rücksicht auf mich zu nehmen, sondern mit aller Schärfe auf Unstimmigkeiten in meinem Räsonnement hinzuweisen.

In meinem ersten Briefe[3] glaubte ich Ihnen lediglich nach Lesen Ihres Briefes mitteilen zu können, daß ich mit Ihnen in der Ansicht übereinstimme, daß das von mir beobachtete Phänomen auch, wenn auch recht kompliziert, auf Grund der in dem Abraham'schen Buche enthaltenen Formeln erklärt werden könne. Nach Kenntnisnahme Ihres Artikels[4] selbst muß ich indes jene Vermutung als irrig zurücknehmen. Die Anwendung jener Formeln durch mich ist in der That verschieden von den Voraussetzungen, unter welchen Sie die Formeln anwenden. Und ich befinde mich nun gegenüber Ihren theoretischen Entwicklungen genau in derselben Lage, in der Sie sich gegenüber meinen theoretischen Darlegungen befanden. Ich halte Ihre Theorie für unwahrscheinlich, ja direkt unhaltbar in physikalischer Hinsicht, sowohl was ihre Voraussetzungen als was ihre Konsequenzen betrifft. Und da Ihre theoretische Autorität so groß ist, daß viele Kollegen ohne viel Kritik Ihre Ansichten akzeptieren werden, so erscheint es mir im Interesse einer hemmungsfreien Entwicklung der Forschung wünschenswert, daß Ihre Röntgenstrahlentheorie möglichst bald in physikalischer Hinsicht analysiert wird.

Obzwar ich ursprünglich mit der theoretischen Diskussion des Verhältnisses der Maxwell'schen Theorie zur Lichtquantenhypothese bis zur Veröffentlichung weiterer experimenteller Untersuchungen warten wollte, so ist es mir nunmehr durchaus erwünscht, in die Diskussion des Problems in seiner Beschränkung auf einen Spezialfall eintreten zu müssen. Und ich freue mich darüber, daß gerade Sie es sind, mit dem ich die Disputation zu führen habe. Denn unsere freundschaftlichen Beziehungen sind mir eine Gewähr

---

[1] Brief (3 Seiten, deutsch), *Berlin, SB, Autogr. I/291/1.*

[2] Vgl. Brief [158].

[3] Vgl. Brief [157].

[4] [Sommerfeld 1909d].

dafür, daß unsere Auseinandersetzungen rein sachlich sein werden; gleichzeitig darf ich von der Schärfe und Objektivität Ihres Urteils erwarten, daß unsere Diskussion ein positives Resultat ergeben wird.

Mit besten Grüßen, Ihr sehr ergebener
J. Stark.

[161] *An Johannes Stark*[1]

München 16. XII. [1909]

Sehr geehrter Herr College!

Besten Dank für die Durchsicht der Correktur. Daß Sie die Wellenlänge der Röntgenstrahlen vor Wien aus dem Elementarquantum berechnet hatten,[2] war mir entfallen. Ich habe es ergänzt.[3] Wegen der „Fluorescenzstrahlung" musste ich in erster Linie Barkla citiren; die betr. Arbeit aus den Cambridge Proc. (Mai 1909)[4] ist Ihnen jedenfalls nicht bekannt, auch ich bin nur zufällig darauf aufmerksam geworden. Auch bezüglich der „Ätherwellenhypothese" habe ich Ihrem Wunsche gemäß eine Anmerkung gemacht.[5] Der Sachverhalt kommt wohl etwas verschieft heraus (Aufstellung der Hypothese durch Sie und gleichzeitige Bekämpfung); lieber hätte ich es gesehn, wenn Sie, wie ich es ursprünglich vorschlug, hier selbst einen Irrtum konstatirt hätten.

Wenn Sie eine öffentliche Diskußion der physikalischen Grundlagen der Bremstheorie wünschen, so werde ich mich dieser nicht entziehen können; jedenfalls werde ich sie mit demjenigen Respekt vor Ihren Leistungen führen, den ich oft in Wort und Tat bekundet habe.

Ich sehe gerade im Phil. Mag. eine Arbeit von Royds über den Doppler-Effekt, wo das Gesetz $v\sqrt{\lambda_s} =$ const auf Stark und Steubing zurückgeführt wird.[6] Dies kommt wohl daher, weil in Ihrer definitiven Publikation in den Ann.[7] Debye auch nicht genannt ist. Vielleicht holen Sie dies bei irgend einer Gelegenheit nach; die kurze Mitteilung in der Physik. Ztschr. über-

---

[1] Brief (3 Seiten, lateinisch), *Berlin, SB, Nachlaß Stark.*

[2] [Stark 1907c], [Wien 1907].

[3] [Sommerfeld 1909d, S. 970].

[4] [Barkla 1909].

[5] Vgl. Fußnote 4 in [Sommerfeld 1909d, S. 970].

[6] [Royds 1909]. Es handelt sich um die Verschiebung zwischen der „ruhenden" und „bewegten" Intensität des von einem Kanalstrahlteilchen ausgesandten Lichts, siehe Briefe [138] und [139] sowie [Stark 1908] und [Debye 1908b].

[7] [Stark und Steubing 1909].

sieht man begreiflicher Weise. Jedenfalls sollte man doch einen talentvollen Anfänger wie Debye ermutigen.

Mit bestem Gruß Ihr ergebener

A. Sommerfeld.

[162] *Von Johannes Stark*[1]

Aachen, den 18. Dezember 1909.

Sehr geehrter Herr Kollege!

Ihren letzten Brief habe ich soeben erhalten und ich beeile mich in unserem beider Interesse, ihn zu beantworten.

Was die Ätherwellenhypothese betrifft, so habe ich in meiner ersten Röntgenstrahlenmitteilung[2] als ihren wesentlichen Inhalt die Annahme bezeichnet, daß von einem einzelnen Elektron weg nach allen Richtungen im Raume Energie emittiert wird. In dieser Formulierung wird, wie ich auch jetzt noch glaube, die Ätherwellenhypothese allgemein festgehalten. In meiner zweiten Mitteilung[3] gab ich als Extrapolation von der Emission einer großen Zahl von Emissionszentren auf diejenige eines einzelnen Elektrons der Ätherwellenhypothese noch den speziellen Zusatz, daß von einem einzelnen Elektron nach *allen* Richtungen *gleichviel* Energie emittiert werde. Wenn Sie sich dagegen gewandt hätten, daß ich diesen Zusatz der Ätherwellenhypothese als allgemein üblich bezeichne, so wäre ich gerne bereit gewesen, diese Ansicht über die Verbreitung eines Teiles der Ätherwellenhypothese als irrig zu bezeichnen. So aber geben Sie eine historisch durchaus unrichtige Darstellung von meinen theoretischen Anschauungen. Es ist nicht wahr, daß ich die dissymmetrische Emission von elektromagnetischer Bewegungsgröße und das Auftreten eines Strahlungsdruckes leugne. Im Gegenteil glaube ich mir etwas darauf zu gute thun zu können, daß ich als erster Experimentalphysiker den Begriff der elektromagnetischen Bewegungsgröße heuristisch verwertet habe. Und ebenso unrichtig ist Ihre summarische Behauptung, daß meine Anschauungen der „elektromagnetischen Theorie" widersprächen, wenigstens wenn man hierunter, wie es allgemein geschieht, die Maxwell'schen Feldgleichungen versteht. Wenn Sie Ihre etwas schulmeisterlich gehaltenen Äußerungen in dieser Hinsicht aufrecht erhalten wollen, dann müssen Sie auch den Beweis für ihre Richtigkeit antreten. Wenn Sie aber unter „der elektromagnetischen Theorie" die spezielle von

---

[1] Brief (3 Seiten, deutsch), *Berlin, SB, Autogr. I/291/4.*

[2] [Stark 1909a].

[3] [Stark 1909b].

Ihnen vertretene Theorie der Röntgenstrahlung verstanden wissen wollen,
dann sagen Sie dies, bitte, ausdrücklich. Dann kann ich Ihnen auch vollauf
zustimmen, daß meine Anschauungen nicht mit Ihrer elektromagnetischen
Theorie übereinstimmen.

Daß Sie einerseits meine Beobachtungen, die mit peinlicher Sorgfalt und
unter steter Kritik angestellt wurden und mir sehr viele Mühe machten, als
unzuverlässig hinstellen, daß Sie andererseits die Arbeiten naiver Anfänger,
welche den behandelten Erscheinungskomplex nicht zu durchblicken ver-
mochten, als zuverlässige Stütze Ihrer Theorie darstellen, entfremdet mich
in mehr als einer Hinsicht. Wenn man die Beobachtungen eines ernsthaften
Autors als unzuverlässig hinstellt, dann muß man nach meiner Ansicht auf
spezielle Fehlerquellen, auf die wirklichen Vorzüge der verglichenen Methoden hinweisen, sonst wird die Kritik willkürlich, subjektiv und persönlich.

Was die Priorität bezüglich der Hypothese der „Eigenstrahlung" einer
Antikathode betrifft, so danke ich Ihnen für den Hinweis auf den Artikel
von Barkla.[1] Leider sind mir hier die Proc. Cambr. Soc. nicht zugänglich,
ich habe mich indes sofort an Barkla um einen Separatabdruck gewandt
und werde nicht anstehen, Barkla die Priorität zuzuerkennen, falls dies den
Thatsachen entspricht. Vorderhand möchte ich aber bezweifeln, daß er jene
Hypothese aufgestellt hat. Denn er hat in seinen mir bekannten Arbeiten
nur die sekundären Röntgenstrahlen behandelt. Der Inhalt jener Hypothese,
welche gleichwertig neben die Wiechert-Stokes'sche zu setzen ist, ist die Annahme, daß außer den primären beschleunigten Kathodenstrahl[el]ektronen
(Wiechert-Stokes) auch *gebundene Atomelektronen* infolge des *Stoßes von
Kathodenstrahlen* zu Emissionszentren von *primären Röntgenstrahlen* werden können. Da Sie in Prioritätsfragen gerecht sein wollen, so darf ich wohl
erwarten, daß Sie auch historisch genau sind.

In diesem Sinne möchte ich Ihnen auch danken für den Hinweis auf
Debye's Priorität bezüglich der Abhängigkeit der Breite des Intensitätsmi-
nimums im Kanalstrahlen-Doppler-Effekt von der Wellenlänge. Das Gesetz
$v_m = \sqrt{2hc/am\lambda} = C/\sqrt{\lambda}$ ist ein integrierender Bestandteil der von mir ge-
gebenen Theorie des Intensitätsmininimums.[2] Eben im Anschluß und im
Hinweis auf diese Theorie hat Debye darauf aufmerksam gemacht, daß die
Beobachtungen im Einklang mit der Theorie sind. Daß Debye auf diese
Übereinstimmung zwischen der von mir gegebenen Theorie und den Beobachtungen aufmerksam gemacht hat, fand ich und finde ich verdienstvoll.
Und Ihrer Anregung folgend werde ich gerne bei der nächsten Gelegenheit

---

[1] [Barkla 1909].

[2] Vgl. [Stark 1908] und [Debye 1908b].

noch einmal auf das Verdienst des Herrn Debye aufmerksam machen.

Sehr geehrter Herr Kollege, ich darf Ihnen wohl versichern, daß mir alle unsere Auseinandersetzungen sehr wenig Freude machen, am wenigsten deswegen, weil sie sich zum Teil vor der Öffentlichkeit vollziehen. Es wäre der Forschung, Ihrem Interesse ebensowohl wie dem meinigen besser gedient gewesen, wenn Sie auf meinen Vorschlag eingegangen wären, die Auseinandersetzung in derselben Nummer der Physik. Zeitschr. erfolgen zu lassen. Dann hätte eine gegenseitige Korrektur unserer Abhandlungen vor der Publikation erfolgen können. Da Sie auf meinen Vorschlag nicht eingingen und da Ihre Ausführungen physikalisch unhaltbar sind, so bin ich genötigt, der von Ihnen beliebten Bewertung und Verwertung physikalischer Beobachtungen im Interesse Ihrer Theorie entgegenzutreten. Ein Korrekturabzug meiner Erwiderung[1] wird Ihnen zugehen.

Mit bestem Gruß Ihr ergebener
J. Stark.

Stark schrieb kurz darauf noch einmal, er habe nur „rein sachlich die Differenzen zwischen Ihrer und meiner Auffassung" erörtern wollen.[2] W. Wien war mit Sommerfelds Kritik an Stark „sehr einverstanden."[3] Einstein fand den Streit „unerquicklich. Stark hat wieder einmal gediegenen Mist produziert, Sommerfeld wohl die Beweiskraft jenes Phänomens überschätzt. Beim Streiten kommt nie etwas Vernünftiges heraus."[4]
Die Reaktionen auf diese Kontroverse zeigen, daß nun die Lichtquantenfrage und das Dilemma des Welle-Teilchen-Dualismus immer stärker in den Vordergrund traten.

[163] An Hendrik A. Lorentz[5]

München 9. Januar. [1910][6]

Verehrter Herr College!

Arnold Lorenz Sommerfeld kann noch nicht schreiben; sonst würde er sich selbst für die reizenden Bilder des kleinen Däumlings bedanken. Aber er kann malen, hat diese Bilder schön koloriert und sie als Wandfries zur Zierde des Kinderschlafzimmers angebracht. Er kann auch hämmern, hobeln, sägen, hat zu Weihnachten einen grossen Handwerkskasten bekommen und

---

[1] [Stark 1910].

[2] *J. Stark an A. Sommerfeld, 4. Januar 1910. Berlin, SB, Autogr. I/291/5.* Vgl. [Stark 1910].

[3] *W. Wien an A. Sommerfeld, 27. Dezember 1909. München, DM, Archiv HS 1977-28/A,369.*

[4] Brief an J. Laub vom 16. März 1910, [Einstein 1993, Dokument 199].

[5] Brief (4 Seiten, lateinisch), *Haarlem, RANH, Lorentz inv.nr. 74.*

[6] Im Jahr nach der Salzburger Naturforscherversammlung.

hält sich in allen befreundeten Familien das Recht aus, den Weihnachtsbaum zerkleinern zu dürfen. Er ist stämmig und gesund, ebenso wie seine
Geschwister, und ist seinem gütigen fernen Namensvetter sehr zugetan.

Lieber Herr College, sie sollten aber wirklich nicht so raumzeitlich weittragende Consequenzen aus der indiskreten Mitteilung meiner Frau ziehen!
Vgl. hierzu meine gleichlautende Bitte im vorigen und vorvorigen Jahre.

Ich bin jetzt auch zur Relativtheorie bekehrt; besonders die systematische Form und Auffaßung Minkowski's hat mir das Verständnis erleichtert.[1] Dagegen bin ich altmodisch genug, mich gegen die Lichtquanten in
Einstein'scher Auffaßung[2] vorläufig zu wehren. Die Stark'schen Lichtquanten, gegen die ich kürzlich das Wort ergriffen habe, werden Sie wohl auch
nicht goutiren. Einstein, der auf der Salzburger Naturforscher Versammlung
dies Jahr zum ersten Mal sich blicken liess,[3] ist ein ungemein sympathischer und bescheidener Mensch. Willy Wien hat sich kürzlich einer Blinddarmoperation unterziehen müssen und ist vollständig wiederhergestellt.

In der Hoffnung, dass Sie im neuen Jahr in alter Frische tätig sein mögen
und daß in Ihrer Familie alles gut gehe, bleibe ich mit herzlichen Grüssen
von meiner Frau

verehrungsvollst
Ihr A. Sommerfeld.

Wir haben 100 holländische Tulpen von Crelage im Keller und lesen den
neuesten van Eeden, die Nachtbraut, finden aber, dass die Tulpen eine
schönere Erinnerung an Ihr schönes Land sind, wie die Nachtbraut.[4]

[164] An Wilhelm Wien[5]

München 16. I. 10.

Lieber Wien!

Herr Silberstein legte grossen Wert darauf, sein Ms. via München nach
Würzburg zu schicken.[6] Ich habe die Arbeit gelesen und halte sie für richtig. Neu ist natürlich nur die Methode. Ob Sie sie haben wollen, wollen Sie

---

[1] [Minkowski 1908] und [Minkowski 1909].

[2] [Einstein 1905a].

[3] Vgl. auch [Einstein 1993, Dokument 196].

[4] [van Eeden 1909], ein zeitgenössischer Gesellschaftsroman.

[5] Brief (4 Seiten, lateinisch), *München, DM, Archiv NL 56, 010.*

[6] [Silberstein 1910] und [Sommerfeld 1910a]. Vgl. Brief [156] sowie *L. Silberstein an A.
Sommerfeld, 4. Oktober, 8. November und 25. November 1909. München, DM, Archiv
HS 1977-28/A,325.*

selbst entscheiden; ich brauche natürlich keine Benachrichtigung.

Der Relativtheorie ist ein klaßischer Zeuge entstanden: Michelson hat erklärt „ehe ich das Zeug glaube, glaube ich lieber, dass ich falsch beobachtet habe!"[1]

Fricke fragt mich wegen Harms als Nachfolger Zennecks an, der sich doch für die Salpetersäure hat einfangen laßen.[2] Ich habe Harms natürlich gehörig herausgestrichen. Also werden Sie wohl bald einen neuen ersten Assistenten suchen müßen.

Meine Erwiderung auf Stark ist geschrieben, aber leider nicht so kurz, wie Ihre damalige; er hat mir die Erwiderung nicht schwer gemacht.[3]

Bezüglich des starren Körpers in der Relativtheorie[4] erinnern Sie an die Erddrehung. Nöther und ich meinen dazu Folgendes:[5] Ein auf der Erdoberfläche aufgestellter Michelson'scher Versuch zeigt die Umfangsgeschw.[indigkeit] der Erde an dieser Stelle durch Contraktion an. Der Erdkörper werde als starr angenommen. Dann können wir zwei negative Behauptungen von ihm aufstellen:

1) der Erdkörper kontrahirt sich an der betr. Stelle, von einem nicht mitrotirenden System aus gesehen, anders wie der Arm, der den Michelson'schen Spiegel trägt.

2) Der Erdkörper hat, dem mitrotirenden Beobachter gegenüber, nicht seine Ruhgestalt (die Gestalt die ohne Rotation da wäre). Die entspr. positiven Behauptungen stellte Born auf.[6]

Wie er sich nun wirklich verhält (als starrer Körper) und wie sich weiterhin ein elastischer Körper verhält, ist uns noch nicht klar.

Beste Grüße von
Ihrem A. Sommerfeld.

---

[1] Michelsons Ablehnung der Relativitätstheorie war allgemein bekannt, vgl. [Livingston 1973, S. 334-335].

[2] Jonathan Zenneck hatte 1909 seine Professur für Experimentalphysik an der TH Braunschweig aufgegeben, um eine Stellung bei der BASF in Ludwigshafen anzunehmen. Robert Fricke war Professor der Mathematik an der TH Braunschweig, Friedrich Harms Assistent am Physikalischen Institut und seit 1904 Privatdozent in Würzburg.

[3] Stark hatte 1909 mit W. Wien eine Kontroverse über die Interpretation von Kanalstrahlversuchen, vgl. [Wien 1909c].

[4] Vgl. Brief [154]. Siehe auch die Anmerkung von Sommerfeld zu Minkowskis Vortrag auf der Kölner Naturforschersammlung 1908 in [Lorentz et al. 1915, S. 69].

[5] In [Noether 1910] wird im Anschluß an [Born 1909a] die Problematik der Rotation eines starren Körpers nach der Relativitätstheorie untersucht. Fritz Noether hatte 1909 bei F. Lindemann und Sommerfeld *Über rollende Bewegung einer Kugel auf Rotationsflächen* promoviert (*München, UA, OC I 35p*) und für Sommerfeld das 4. Kreiselheft [Klein und Sommerfeld 1910, Vorwort] fertiggestellt.

[6] Vgl. [Noether 1910, S. 941-944].

[165] *Von Albert Einstein*[1]

Zürich. 19. I. [1910][2]

Hoch geehrter Herr Prof. Sommerfeld!

Seit langem hat mir nichts Physikalisches solchen Eindruck gemacht wie jene Arbeit von Ihnen über die Verteilung der Energie der Röntgenstrahlung über die verschiedenen Richtungen.[3] Die theoretische Betrachtung, welche zur richtigen Verteilung des Beschleunigungsanteils der Röntgenstr. führt, bezieht sich ja auf einen einzigen Elementarprozess. Nach der Quantenauffassung aber wäre die elementare Emission im Wesentlichen *gerichtet*, sodass nicht zu sehen ist, warum bei Quantenstruktur der Strahlung die Verteilung der Energie im Mittel gerade die sein sollte, welche die jetzige Theorie ergibt. Man muss ja nach der Quantentheorie annehmen, dass die *Häufigkeit* des Auftretens gewisser Emissionsrichtungen die wahrzunehmende Energieverteilung über die Emissionsrichtungen bedinge. Diese Schwierigkeit scheint mir aber noch nicht die ärgste; am meisten alteriert mich folgende Überlegung: Das Elektron E werde an der Wand W aufgehalten. Ihre Betrachtungen scheinen ziemlich sicher darzuthun, dass die wirksame Verzögerung wirklich in der Hauptsache gradlinig erfolgt,* sodass der Elementarvorgang durch Elektron, Bewegungsrichtung desselben und Orientierung der Wand vollkommen bestimmt erscheint. Ich sehe daher gar kein Element, das verhindern könnte, dass der ganze Elementarvorgang inklusive der Röntgenemission (1. Anteil)[4] um diese Bewegungsachse vollkommen symmetrisch ausfällt. Die Voraussetzung einer seitlichen Emissionsrichtung passt aber gar nicht zu dieser Symmetrie, sondern verletzt dieselbe. Man möchte dies geradezu als einen *Beweis* gegen die Annahme gerichteter Emission ansehen.

Jetzt der Gegenadvokat! Nehmen Sie den vorigen Vorgang an, und noch dazu, dass das System durch eine für Röntgenstrahlung undurchlässige Kugelschale mit einem kleinen Loch umschlossen sei. Hinter dem Loch eine Metallplatte P. Wir wissen, dass die Metallplatte P in diesem Fall Sekundärstrahlen aussendet, deren kinetische Energie von derselben Grössenordnung ist wie die der auffallenden Elektronen E und unabhängig vom Lumen der Schirmöffnung. Besitzt die Platte P die Eigenschaft, Scherben von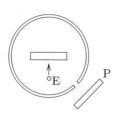

---

[1] Brief (7 Seiten, lateinisch), *München, DM, Archiv NL 89, 007.*

[2] Im Original: 09. Im Januar 1909 war Einstein aber noch in Bern. Außerdem ist die erwähnte Arbeit Sommerfelds erst im Dezember 1909 eingereicht worden.

[3] [Sommerfeld 1909d].

[4] Damit ist der Anteil der klassischen Bremsstrahlung gemeint.

Röntgenkugelwellen sparsam aufzuspeichern, bis sie in der Lage ist, eines von ihren Elektronenkindern derart würdig mit Energie auszustatten, dass es seine Reise durch den Raum mit der seiner Röntgengeburt zukommenden Vehemenz ausführen kann?[1]

Welcher Advokat ist der Spitzbube? Ich glaube, dass wie vor der Relativitätstheorie auch hier wieder ein Vorurteil der Ursprung der Schwierigkeiten ist. Ein derartiges Vorurteil, von dem ich aber nicht weiss, ob es wesentlich ist, kenne ich. Es ist nämlich die Lokalisation, welche wir der elektromagnetischen Energie in der Maxwell'schen Theorie geben, eine ganz willkürliche;[2] bis jetzt hat mir diese Erkenntnis aber zur Aufklärung der Frage wenig genützt. Oder ist vielleicht das Elektron nicht als ein so einfaches Gebilde aufzufassen, wie wir glauben? Was denkt man nicht alles zusammen in der Verlegenheit?

Jetzt zu dem anderen Schmerzenskind, dem starren Körper.[3] Mit diesem beschäftige ich mich wenig. Es scheint mir nämlich, dass die Erfahrungsdaten nicht hinreichen, um die Theorie beliebig beschleunigter Körper aufzustellen. Wenn der Fizeau'sche Versuch und die Messungen über die Vakuum-Lichtgeschwindigkeit nicht vorlägen, hätte das Material für die Aufstellung der Relativitätstheorie gefehlt; so ähnlich aber stehen wir nach meiner Meinung da der Beschleunigung gegenüber. Nur über unendlich langsam beschleunigte Systeme lässt sich nach meiner Meinung jetzt etwas aussagen. Immerhin sollte man versuchen Hypothesen über das Verhalten starrer Körper zu ersinnen, welche eine gleichmässige Rotation ermöglichen.[4] Ich habe jetzt wenig Zeit, weil mich mein neues Amt mehr in Anspruch nimmt als ich dachte;[5] mein schlechtes Gedächtnis ist daran schuld, sowie der Umstand, dass ich mich bis jetzt nur so als Dilettant mit meinem Fach beschäftigte[.]

Es grüsst Sie von Herzen
Ihr ganz ergebener A. Einstein

P. S. Was Sie mir in Ihrem Briefe über die Konstitution der durch Bremsung entstehenden Röntgenstrahlung sagen, bedeutet, soweit ich sehe, einen

---

[1] Zu Einsteins Auffassung vom Welle-Teilchen-Dualismus vgl. auch seine Korrespondenz mit H. A. Lorentz [Einstein 1993, Dokumente 153 und 163].

[2] Vgl. [Einstein 1910].

[3] Vgl. die Briefe [152], [154] und [164].

[4] Vgl. das Ehrenfestsche Paradoxon, wonach der Radius eines rotierenden Zylinders einerseits seine Länge beibehalten muß, da die Geschwindigkeit immer senkrecht dazu steht, andererseits sich der Umfang (und somit der Radius) verringern muß, da in tangentialer Richtung die Lorentzkontraktion wirkt [Ehrenfest 1909b].

[5] Einstein war zum 15. Oktober 1909 Extraordinarius für theoretische Physik an der Universität Zürich geworden. Vgl. auch [Fölsing 1993, S. 297-316].

Verzicht auf *die* elektromagnetische Erklärung der räumlichen Intensitätsverteilung der Röntgenstrahlung, die Sie in Ihrer schönen Abh. im Dezember (phys. Zeitschr) gegeben haben.[1] Abgesehen von diesem Verzicht kann
diese Auffassung nach meiner Meinung nur dann befriedigen, wenn eine derartige Konstruktion auch für das Licht gelingt. Denn die Erzeugung von Kathodenstrahlen durch Licht und durch Röntgenstrahlen beruht doch wohl
sicher auf prinzipiell gleichen Vorgängen (nur quantitativ verschieden).–
Unseren Institutsvorstand Prof. Kleiner[2] habe ich recht liebgewonnen. Die
Befürchtungen wegen des Laboratoriums waren ziemlich begründet. Indessen schadet mir dies vor der Hand nicht so viel, weil ich durch meine direkten
Pflichten ziemlich in Anspruch genommen bin.

* besser: „dass das Wirksame am Vorgang eine gradlinige Verzögerung ist"

[166] *Von William Henry Bragg*[3]

Feb 7th [1910][4]

My dear Sir

Will you pardon me for troubling you with a letter on the subject which
you have been discussing with Dr Stark in the Physikalische Zeitschrift?[5] I
need hardly say that I have been deeply interested in it, for I have thought
much about it, and spent much time in experimental work relating to it.

Without taking your time in long explanations, I may perhaps state my
position at once, in a general way.[6] When I do so, I can assure you that I
have no wish to dogmatise at all: I am only trying to state an alternative
view, which seems to me to possess great advantages in certain directions:
it may perhaps be only an approximation to the truth which we are all
seeking.

---

[1] Möglicherweise deutete Sommerfeld in diesem nicht erhaltenen Brief bereits die in der
späteren „h-Hypothese" formulierte Auffassung an, wonach der Bremsvorgang eines
auf die Röntgenanode prallenden Elektrons nach Maßgabe des Planckschen Wirkungsquantums erfolge. Vgl. Seite 298.

[2] Alfred Kleiner leitete seit 1885 das Physikalische Institut der Universität Zürich.

[3] Brief (6 Seiten, lateinisch), *München, DM, Archiv HS 1977-28/A,37*.

[4] Das Jahr ergibt sich aus der Auseinandersetzung zwischen Sommerfeld und Stark.

[5] Siehe Briefe [155] bis [162] sowie [Stark 1909a], [Sommerfeld 1909d], [Stark 1910] und
[Sommerfeld 1910d].

[6] Braggs Teilchenauffassung wird in [Wheaton 1983] ausführlich dargestellt.

I think it is not possible to work for days and months on the conversion of x ray energy into cathode ray energy and γ ray energy into β ray energy without seeing how simply and completely the whole behaviour is represented by the hypothesis, … "an electron may, by encounter with an atom, have its charge neutralised and its mass only slightly altered (relatively to its own): it then takes the form of the x ray or the γ ray as the case may be: it may again lose the neutralising complement and become a secondary cathode or β ray, the double transformation being accompanied by no very great change of speed".

At least this idea has the advantage of giving a simple working model, which correlates all the known facts and has led to further discovery. It fails only in being unable to give an obvious explanation of polarisation: but it is only just to say that the existence of polarisation is by no means fatal to it. Supposing it to be true, we may rather say, we have to discover the mechanism of the polarisation which is observed.

On the other hand, the pulse theory[1] fails in a far more important and fundamental particular, eg. that to which you allude in §8 (p 100) of your last paper.[2] Three years ago I felt this so strongly that I ceased to use the pulse theory as a guide to experimental research, and adopted the above theory instead, and I think I have been well rewarded, no matter whether this theory be true or not.

I see that you would minimise this difficulty for the pulse theory. You may of course be right in the end. But for the present it seems to me to be wrong to do so, and to dim the light which is guiding to so many useful results. You know of course that J J Thomson has abandoned the old pulse theory for this very reason: in The Phil. Mag. for February he outlines a new theory.[3] I can only say that it seems to be too fantastic

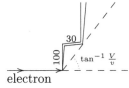

$V = \mathrm{vel^y}$ of light
$v = \mathrm{vel^y}$ of cathode ray

to be adopted. How can one seriously consider the x ray to be a "kink" (or elbow) in a tube of force, a kink which is about 30 cm long by the time it has reached a distance of 100 cm from the x ray tube? From my own point of view it seems to me that the modern attempts to force an explanation

---

[1] Damit ist die Sommerfeldsche Bremsstrahlungstheorie bzw. die Wiechert-Stokessche „Ätherwellentheorie" gemeint, die auch kurz als „Impulstheorie" bezeichnet wurde.

[2] In [Sommerfeld 1910d] wird die Schwierigkeit zugegeben, die von Röntgenstrahlung ausgelösten Elektronen hoher Energie zu erklären.

[3] [Thomson 1910].

of the x and γ rays from the electromagnetic pulse or wave theory, are only serving to wreck the old theory which has explained so much.

Please forgive me for stating my ideas so boldly. I need hardly assure you of the deep respect I have for all your work: and I feel considerable diffidence in stating my views to so great a master of mathematical analysis.

Of course I agree with you that Dr. Stark's quantum has nothing to do with Maxwell's equations or theory: it is a new thing.

Believe me very sincerely yours

W H Bragg.

I venture to send you a copy of an address given in Australia a year ago.

[167] *Von Peter Debye*[1]

München, den 2 März 1910

Sehr geehrter Herr Professor!

Mit meinen Ueberlegungen zur Strahlung bin ich jetzt so ziemlich auf einen festen Standpunkt angelangt und da ich glaube, dasz Ihnen einiges dabei, auch in Göttingen, möglicherweise interessieren kann, so will ich Ihnen schreiben, wie ich mir die Sache zurechtgelegt.[2] Nehmen Sie N Resonatoren deren *Momente resp. Geschwindigkeiten* durch φ resp. ψ gemessen, dann ist in üblicher Weise, wenn f die Verteilungsfunktion bedeutet, die Wahrscheinlichkeit eines bestimmten Zustandes

$$\text{const.} \int f \log f \, d\varphi d\psi$$

Der Faktor $f \log f$ beruht auf reiner Abzählung, der Faktor $d\varphi d\psi$, d. h. die Wahl der richtigen Coordinaten, bei mechanischen Gebilden durch den Liouville'schen Satz bestimmt, scheint mir hier in gewissem Sinne willkürlich. An dieser Bemerkung anknüpfend möchte ich vorschlagen die Grösze gleich wahrscheinlicher Wirkungselemente ($d\varphi d\psi$ ist von der Dimension des Planck'schen elementaren Wirkungsquantums) nicht durch $d\varphi d\psi$, sondern $d\Phi d\Psi$ zu messen, wobei über die in der Umrechnung $d\Phi d\Psi = \Delta \, d\varphi d\psi$ auftretende Funktionaldeterminante Δ zunächst noch nichts näheres bekannt ist. Man kann nun leicht Δ so wählen, dasz das Planck'sche Gesetz für

---

[1] Brief (4 Seiten, lateinisch), *München, DM, Archiv HS 1977-28/A,61*.

[2] Zum folgenden vgl. [Debye 1910a]. Göttingen ist möglicherweise eine Anspielung auf die Vorträge von Lorentz über Strahlungstheorie vom 24. bis 29. Oktober 1910, die er auf Einladung der Wolfskehlstiftung hielt [Lorentz 1910a].

die Energie eines Resonators herauskommt, dazu musz Δ in Abständen, die dem Planck'schen h entsprechen unendlich schmale Erhebungen vom Flächeninhalt 1 besitzen. Was für eine Verallgemeinerung des Planck'schen Gesetzes die obige Fassung nahe legt sehen Sie. Den Uebergang zur specifischen Intensität der Strahlung macht man ueber die Planck'sche Mittelwertsbildung, die ja absolut unverändert bleiben kann, da ja nicht ausgeschlossen wurde, dasz die Resonatoren jede beliebige *stetig* veränderliche Energiemenge annehmen. Die obige ~~Fassung~~ Verbindung zwischen Entropie und Wahrscheinlichkeit leistet aber mehr wie das obige. Zunächst kann man sich nämlich fragen, was tritt jetzt an Stelle der gleichmäszigen Energieverteilung. Die Antwort lautet nicht mehr jeder Freiheitsgrad bekommt gleich viel, sondern jeder Freiheitsgrad bekommt nach Maszgabe seiner Schwingungszahl ν die Energie

$$\frac{h\nu}{e^{\frac{h\nu}{kT}} - 1}.$$

Nimmt man nun dieses als Ausgangspunkt, so kann man die Jeans'sche Behandlung ohne weiteres übertragen, sie führt dann aber auf das Planck'sche Gesetz. Das schöne daran ist, dasz man weder die Resonatoren als Zwischenglied noch die Planck'sche Mittelwertsbildung braucht. Auszerdem sehen Sie, dasz auch zur Erklärung der beobachteten Werte von c_p/c_v eine Remedur geschaffen ist, denn Freiheitsgrade welche zu Schwingungszahlen sichtbaren Lichtes gehören erhalten bei gewöhnlicher Temperatur nur verschwindend kleine Energiemengen von der Gröszenordnung $e^{-h\nu/kT}$. Freilich würde uns auch diese Kleinheit nichts helfen, wenn die Freiheitsgrade, wie man z. B. zur Erklärung der Serien angenommen hat in unendlicher Anzahl vorhanden wären; die andere Auffassung worüber wir bei unserer Fahrt von Mittenwald nach Garmisch redeten, begegnet indessen, wie ich glaube, diese Schwierigkeit in genügender Weise.

Man kann nun die Art der obigen Darstellung als zu apodiktisch ansehen und verlangen, dasz man eine plausibele Erklärung für die eigenartige Messung der Entropie giebt durch Angabe der Eigenschaften der Resonatoren. Die Frage wird sicher verschiedene Antworten zulassen, eine besteht jedenfalls darin, dasz man erklärt: Hat ein Resonator der Schwingungszahl ν die Energie $nh\nu$ und soll diese stetig vermehrt werden, so tut er das sehr viel lieber so, dasz er seine Schwingungzahl stetig ändert, wie dasz er bei festgehaltener Schwingungszahl Amplitude und Geschwindigkeit ändert. Obwohl dann die Energieaufnahme vollständig stetig ist, sieht es doch, so lange man nur eine Schwingungszahl betrachtet vollständig so aus, als ob sie nach Elementarquanten verteilt wäre.

Ich schreibe Ihnen das alles, weil ich glaube, dasz das was ich zu sagen weisz in der obigen Form wohl vorläufig für mich ohne wesentliche Zusätze bestehen bleiben wird. Ob es sich lohnt die obigen Sachen nun auch öffentlich zu discutieren, das weisz ich allerdings nicht.[1] Jedenfalls wäre es mir sehr lieb, wenn Sie etwas Zeit finden würden sich eine Meinung darüber, d. h. über den Inhalt obiger Zeilen zu bilden. Von Sinz[2] höre ich, dasz Sie Mit[t]woch zurückkommen werden, ich hoffe, dasz Ihre Familie hier wieder im besten Wohlstand ankommt. Sagen Sie bitte Ihrer Frau Gemahlin noch meinen besten Dank für die Papageientulpen, eine blüht jetzt schon wirklich fabelhaft schön.

Mit herzlichen Grüszen
Ihr ergebener P. Debÿe

[168] *An Wilhelm Wien*[3]

München, den 30. V 1910.

Lieber Wien!

Betr. die immaturen „hervorragenden Leistungen" handhaben Baeyer und Göbel[4] die Doctorstatuten so,[5] daß sie eine ordentliche Arbeit, wenn sie von einem immaturen Apotheker kommt, als hervorragende Leistung bezeichnen, um der Form zu genügen, mit stillschweigender Billigung der Fakultät und unter gelegentlichem Protest des Wahrheitsfanatikers Röntgen. Neuerdings ist die Frage nicht in der Fakultät besprochen, auch nichts davon bekannt, dass das Ministerium ein Superarbitrium[6] beansprucht, das uns in jedem Falle nur unerwünscht sein kann. Wie ich die Fakultät kenne, wird sie auch hier gern von Fall zu Fall u. nach dem Grundsatz „quieta non movere"[7] entscheiden. Speciell darüber gesprochen habe ich

---

[1] Zur Bedeutung von [Debye 1910a] vgl. [Hermann 1969, S. 125-126] und [Kuhn 1978, S. 210].

[2] Wendelin Sinz war bis zu seinem Tode 1916 Mechaniker am Institut Sommerfelds.

[3] Brief (3 Seiten, lateinisch), *München, DM, Archiv NL 56, 010*.

[4] Der Nobelpreisträger Adolf von Baeyer war Ordinarius für Chemie, Karl Ritter von Goebel für Botanik an der Universität München.

[5] Vorbedingung zur Promotion war das Abitur sowie ein dreijähriges Studium; ersatzweise konnte eine „als hervorragende Leistung anzusehende Dissertation" eingereicht werden, „hiezu ist einstimmige Beschlussfassung der Sektion und Zustimmung des Senats sowie des kgl. Kultus-Ministeriums erforderlich." *München, UA, Promotionsordnung der Philosophischen Fakultät I und II von 1903.*

[6] Oberentscheid.

[7] „Was ruhig liegt, soll man nicht stören." Von Bismarck gern verwendetes Sprichwort.

nur mit Voß,[1] der jede Änderung dieses Zustandes, bei der das Ministerium mitzureden hat, für sehr unvorsichtig bezeichnet. Ostwald spricht von dem Chinesentum der Examina. Es kann ja auch vorkommen, daß man die Bestimmung der hervorragenden Leistung nicht auf einen Apotheker, sondern im strikten Wortsinn anwenden wollte (ich habe selbst jetzt einen jungen Techniker hier, der kein Matur hat u. sich vielleicht ganz gut macht). Dazu sollte die Möglichkeit offen bleiben. Natürlich ist all dieses nur meine resp. Voßens Meinung. Ich glaube aber, dass sich die Fakultät ähnlich äussern dürfte.

Wenn von Debyes Arbeit, über die ich sehr glücklich bin, vor Semesterschluß 1–2 Bogen gesetzt sein könnten, würde der Form genügt sein.[2] Doch hoffe ich, dass die Habilitation nicht aufgehalten wird, auch wenn Ihnen dies unmöglich ist.

Hopf's Arbeit ist bei Ihnen am 24. XII eingelaufen, wie von Ihnen darauf vermerkt.[3] Den Auszug für die Annalen haben wir im Februar festgestellt. Wahrscheinlich hat Hopf die Druckerei nicht genügend informirt. Er hat es inzwischen getan u. der fragliche Abzug wird Ihnen bald zugehn. Es dauert dann wohl nicht mehr lange bis zum Erscheinen*?

Noch möchte ich Sie wegen der Examensarbeit von Joh. Fischer anfragen (über Beugung in uncorrigirten Systemen), die in Ihrer Commißion ist, trotzdem sie ja eigentlich vor mein Forum gehört. Wenn Sie die Arbeit *selbst* censiren, ist es gut; dann hat Fischer noch den Vorteil, daß er von seinem mathem. Lehrer Rost geprüft werden kann.[4] Ich möchte aber nicht, dass die Censur an Grätz[5] fällt, der kaum das unvoreingenommene Verständnis dafür haben dürfte. Ich würde also, wenn Sie sie nicht selbst censiren, den Antrag stellen, Fischer in meine Commißion zu überweisen. Das Thema war nicht leicht, für die Kürze der Zeit auch kaum ganz zu erledigen. F. wird, wie ich hoffe, die Sache zur Dissertation ausbauen; ich werde versuchen, ihm dazu das Lamont-Stipendium[6] zu verschaffen, was wohl möglich

[1] Aurel Voss war seit 1902 Ordinarius für Mathematik an der Universität München.

[2] [Debye 1910b] ist seine Habilitationsarbeit (eingegangen am 28. Mai 1910).

[3] Die als Auszug in den *Annalen der Physik* veröffentlichte Dissertation Hopfs wurde dort mit dem Eingangsdatum 18. Februar 1910 versehen [Hopf 1910a].

[4] Georg Rost war seit 1906 Ordinarius für Mathematik an der Universität Würzburg. Zu Fischers Staatsexamensarbeit vgl. Brief [170].

[5] Leo Graetz, vor Sommerfelds Berufung langjähriger Extraordinarius für theoretische Physik an der Universität München, wurde 1906 zum Professor ernannt.

[6] Unterstützung für „Studirende, welche sich mit nachgewiesenem Erfolge den Studien der Astronomie, der mathematischen Physik oder der reinen Mathematik widmen", 1853 vom Direktor der Münchner Sternwarte Johann von Lamont gestiftet [Häfner 1990, S. 18].

ist, da er Baier u. Katholik ist u. trotzdem wissenschaftliche Intereßen hat. Er war Neuling in der mathematischen Physik, als er vor einem Jahr bei mir Optik hörte, hat aber soviel Freude daran gehabt, dass er seine mathematische Arbeit (bei Rost) liegen ließ. Ich möchte gern, dass er als mein erster Staatsexamens-Arbeiter nicht damit hereinfällt, ohne natürlich der Gerechtigkeit ein Bein stellen zu wollen.

Wenn Sie also die F.sche Arbeit nicht übernehmen können, schreiben Sie mir doch gleich.

Ich schreibe jetzt an Relativität II, sehr systematisch-vierdimensional, aber nicht absolut erfreulich.[1]

Born schreibt mir von einem neuen starren Körper von 6 Freiheitsgraden, der aber mir nicht viel besser scheint, wie der alte.[2]

Pfingsten war ich auf dem Hochfellen[3] am Chiemsee in tiefem Schnee. Hoffentlich ist Frau u. Tochter munter.

Ihr A. Sommerfeld.

* Diese Frage braucht keine Antwort, sondern ist „rhetorisch".

[169] *Von Albert Einstein*[4]

Zürich. Juli 10.

Hoch geehrter Herr Kollege!

Ich zögere so lange, bis ich an Sie schreibe, weil ich einerseits sehr gern hätte, wenn Sie in den Sommerferien wirklich nach Zürich kämen,[5] und weil es mir andererseits an Mut fehlt, Sie dazu zu ermuntern. Denn etwas einigermassen Geschlossenes über die Frage nach der Konstitution der strahlenden Energie habe ich nicht herausbringen können. Aber eines glaube ich doch sicher zu sehen; es scheint unabweisbar, dass Energie periodi-

---

[1] Im Anschluß an seine im März 1910 eingereichte erste Publikation [Sommerfeld 1910b] über die von Minkowski begründete vierdimensionale Formulierung der Relativitätstheorie erweiterte Sommerfeld in der im Juli eingereichten Fortsetzungsarbeit [Sommerfeld 1910c] die Differentialoperationen der Vektorrechnung sowie die Integralsätze von Gauß, Stokes und Green zu einer vierdimensionalen Vektoranalysis.

[2] Briefe Borns an Sommerfeld aus dem Jahr 1910 sind nicht erhalten. Noether und Herglotz hatten gezeigt, daß die Bornsche relativistische Starrheitsbedingung nur drei Freiheitsgrade erlaube. Vgl. Kommentar zu Brief [164].

[3] Hochfelln bei Ruhpolding.

[4] Brief (3 Seiten, lateinisch), *München, DM, Archiv NL 89, 007.*

[5] Sommerfeld besuchte Einstein in Zürich Ende August 1910, vgl. [Einstein 1993, Dokument 223].

schen Charakters, wo sie auch auftritt, stets in Energiequanten auftrete, welche Vielfache von $h\nu$ sind. Kleinere Energiemengen können prinzipiell nicht isoliert werden, weder als Strahlung noch als Schwingung materieller Gebilde. Irren ist menschlich; ich würde mich nicht wundern, wenn Sie in meinen Überlegungen einen schwachen Punkt fänden. Aber dies wäre dann wohl auch der rettende Gedanke, der aus dem Dilemma herausführt. Ich habe unzählige andere Möglichkeiten überlegt, bin aber immer wieder darauf zurückgekommen, dass man ohne die Hypothese von der endlichen Teilbarkeit der Energie periodischer Vorgänge nicht auskomme. Was H. A. Lorentz und M. Planck in den Annalen gesagt haben, war mir in keiner Weise neu.[1] Ich glaube auch nicht, dass jene grobmaterialistische Auffassung der Punktstruktur der Strahlung, die am einfachsten die statistischen Eigenschaften wiedergibt, sich durchführen lässt. Die Frage, ob die Maxwell'schen Gleichungen für das Vakuum aufrecht erhalten werden können, scheint mir deshalb nicht fundamental, weil diese Gleichungen erst zusammen mit dem Ausdruck für Energie und ponderomotorische Kraft einen physikalischen Inhalt haben. Planck hat gegen meine statistischen Überlegungen betreffend Energieverteilung und Strahlungsimpuls kein irgendwie stichhaltiges Argument vorgebracht und ist in der schriftlichen Diskussion der Angelegenheit verstummt (hat mir schliesslich nicht mehr geantwortet).[2] Dass sich die Moleküle fester Substanzen bezüglich Wärmeinhalt im Wesentlichen ähnlich verhalten wie Planck'sche Resonatoren, scheint nun ziemlich sicher. Nernst findet die Beziehung bei Silber bestätigt und noch einigen Körpern während ich neulich las, dass der Diamant wirklich ein aus seinem thermischen Verhalten zu erwartendes ultrarotes Absorptionsmaximum besitzt (Die Theorie ergab aus der spezifischen Wärme $\lambda = 11\mu$, beobachtet wurde $\lambda = 12\mu$).[3] Dass die Abhängigkeit des maximalen lichtelektrischen Effektes von ν noch nicht unabhängig von der Natur des Metalles herauskommt, macht mir bei der ausserordentlichen Schwierigkeit der Experimente keinen grossen Eindruck. Die Unabhängigkeit der maximalen Geschwindigkeit der emittierten Elektronen von der *Intensität* des erregenden Lichtes scheint mir vor der Hand schwerwiegender.[4]

Der Schwerpunkt der ganzen Frage scheint mir darin zu liegen: „Lassen sich die Energiequanten einerseits und das Huygens'sche Prinzip anderer-

---

[1] Es gibt keine entsprechende Arbeit von Lorentz in den *Annalen der Physik* 1910; in [Lorentz 1910b] und [Planck 1910a] werden die Lichtquanten sehr kritisch beurteilt.

[2] [Einstein 1993, Dokument 172].

[3] Vgl. [Einstein 1907a], [Nernst 1910] und den Kommentar zu [Einstein 1993, Dokument 199].

[4] Zur Diskussion über den Photoeffekt siehe [Ladenburg 1909].

seits vereinigen?" Der Schein ist dagegen, aber der Herrgott hat – wie es scheint – doch den Rank[1] gefunden.

Ihre neue Abhandlung[2] macht mir ausserordentliche Freude. Wie können Sie denken, dass ich die Schönheit einer solchen Untersuchung nicht zu schätzen wüsste? Die Betrachtung der formalen Beziehungen in vier Dimensionen erscheint mir als ein Fortschritt wie etwa die Einführung komplexer Funktionen in Hydrodyna[mi]k u[nd] Elektrostatik zweier Dimensionen. Ich habe mich wahrscheinlich Ihnen gegenüber in Salzburg hierüber unrichtig ausgedrückt. Die Bedingungen des Geschehens (Differenzialgleichungen) sind symmetrisch in vier Dimensionen; diese Erkenntnis erleichtert das Auffinden jener Bedingungen. Die Grenze der Bedeutung der vierdimensionalen Betrachtung scheint mir darin zu liegen, dass in den uns interessierenden *Lösungen* jener Gleichungen die vier Dimensionen nicht in gleicher Weise auftreten.[3]

P. S. Nach Prag komme ich nicht.[4] Das Ministerium hat – wie ich aus Prag erfahre – Schwierigkeiten gemacht.

[170] *An Wilhelm Wien*[5]

München, den 11. VII 1910.

Lieber Wien!

Anbei Relativität II, mit der Bitte, sie in die Ann. aufzunehmen.[6] Ob sie die grosse darauf verwendete Mühe eigentlich gelohnt hat, ist mir sehr zweifelhaft. Das Mittenwalder Ms. werden Sie nicht mehr darin wiedererkennen. Die geometrische Systematik ist jetzt hyper-minkowskisch.

Für die schnelle Erledigung der Debye'schen Correktur[7] habe ich Ihnen sehr zu danken. Die Habilitation war letzten Samstag: Röntgen hat an Debye Worte gerichtet, die ihn schamrot machen mussten.

---

[1] Eine geschickte Lösung.

[2] [Sommerfeld 1910b].

[3] Zu Einsteins Reaktion auf die vierdimensionale Formulierung der Relativitätstheorie vgl. auch [Einstein 1993, Dokument 101, Fußnote 12] und [Einstein 1995, Dokument 1]. Der nachfolgende Absatz mit der Schlußfloskel wurde herausgeschnitten.

[4] Entgegen seiner Erwartung kam Einstein doch nach Prag. Siehe dazu [Kleinert 1975].

[5] Brief (4 Seiten, lateinisch), *München, DM, Archiv NL 56, 010.*

[6] [Sommerfeld 1910c], vgl. Brief [168].

[7] [Debye 1910b].

Daß die Jenenser Ebert *vor* Ihrem Vetter beriefen, kann ich nur als geschmacklos bezeichnen.[1]

Was Fischer betrifft,[2] so halte ich sein subjektives Verdienst für sehr groß. Er hörte im Sommer 1909 bei mir sein erstes Colleg über mathem. Physik (Optik) u. machte auch das Seminar sehr emsig mit. Ende des Semesters bat er mich um ein Thema zum Staatsexamen. Ich hörte erst später von Rost, dass er sein mathematisches Thema, in dem eine Kugel gezwungen ist allerlei Gerade zu berühren und so durch den Raum gejagt wird, schon fast fertig hatte. Ich habe damals nur im Allgemeinen mit ihm über das jetzige Thema sprechen können, da die Debye'sche Arbeit noch nicht vorlag.[3] Er bekam diese in den Ferien u. war nach den Ferien zwei Tage hier, wo er mit Debye u. mir sprach. Wir hatten ihn namentlich davon abzuhalten, sich in speciellen Rechnungen zu verlieren, wie aus einer ebenen Welle an einer Linse eine paraboloidartige Welle wird; die Erweiterung, die Debye in der Correktur am Schluß seiner Arbeit mit Rücksicht auf Fischer eingefügt hat, wonach auch für nichtsphärische Wellen eine strenge Lösung hingeschrieben werden kann, hatte Fischer glaube ich wenn auch nicht vollständig selbst gefunden [so doch] wenigstens etwas Ähnliches. Dann war er noch einmal zu Fastnacht einen Tag hier, weil Hilb[4] ihm Angst gemacht hatte wegen des Verschwindens der ersten Glieder in der Potenzentwickelung nach φ, die aber nur erwünscht war. Bei dieser Besprechung galt es nur, diese Befürchtung zu zerstreuen. Schriftliches hat er von Debye und von mir nur in allgemeinen Umrissen (fast ohne Formeln) bekommen. Ich fand, dass er sich schnell in dem nicht ganz leichten Gegenstand zurechtgefunden hat. Von seinen speciellen Resultaten und Figuren weiss ich garnichts. Diese sind also selbständig. Ich zweifle nicht, daß sie etwas dürftig ausgefallen sind, schon deshalb weil F. auf 4 Wochen Verlängerung gehofft hatte, die ihm vom Ministerium nicht bewilligt wurden. Das objektive Verdienst wird also wohl gering sein. Sein geradezu stürmisches Interesse an der Sache verdient aber alle Anerkennung. Sie können sich ja im Grunde nur an das objektiv Vorliegende halten, werden aber die besonderen Umstände (wenig Anleitung wegen Abwesenheit, sehr geringe Vorbildung auf mathem.-physikal. Gebiet) wohl berücksichtigen dürfen. Wenn keine erheblichen Misverständniße bei ihm vorliegen (die ich nicht für ausgeschlossen

---

[1] Es wurde doch Max Wien, bis dahin Ordinarius an der TH Danzig, und nicht Hermann Ebert auf die ordentliche Professur für Experimentalphysik an der Universität Jena berufen.

[2] Johannes Fischer, vgl. Brief [168].

[3] [Debye 1909b].

[4] Emil Hilb war Extraordinarius für Mathematik in Würzburg.

halte) und wenn wenigstens einige Fälle durch ausreichende Figuren dargestellt sind (z. B. Verhalten längs der Axe oder in der Brennebene) würde ich
ihm wohl I geben. Natürlich vorbehaltlich des Colloquiums, das ja dazu da
ist, Zweifel bei der Censur zu beseitigen. Doch haben Sie mehr Erfahrung
in diesen Angelegenheiten wie ich.

Ich würde mich sehr freuen, wenn F. sich entschliesst, die Arbeit als Dissertation auszuführen. Ich bin überzeugt, dass er in zwei Semestern (soviel
wird nötig sein) hier an Ort und Stelle eine sehr gediegene und nützliche
Doctorarbeit zu Wege bringen wird. Ich möchte ihm gern dazu das Lamont-
Stipendium verschaffen, wie ich schon schrieb;[1] leider aber hat Seeliger
einen Candidaten, der F. vorgehen würde. Vielleicht gelingt es später. Was
mir an Fischer besonders angenehm auffiel und was mir ein weiteres Arbeiten mit ihm zur Freude machen würde, ist, dass ich von ihm bei den paar
Besprechungen nie das leidige „es geht nicht" gehört habe, das ich sonst von
meinen Doctoranden oft zu hören bekomme.

Meine Frau geht den 23ten nach Untergrainau, ich wohl etwas später.
Ich komme bald nach Mittenwald.

Beste Grüße!
Ihr A. Sommerfeld.

[171] *An Karl Schwarzschild*[2]

8. XII. 10.

Lieber Herr College!

Schönsten Glückwunsch zum Töchterchen![3] Sie hätten diesen Glückwunsch auch erhalten, wenn Sie nicht so nett gewesen wären, uns das Würm-
chen anzuzeigen, da wir durch Ihre Schwester und die dortigen parallelen
Ereigniße vollständig au courant waren.[4]

Wenn Sie jetzt Ihr grosses Institut[5] und Ihre kleine Kinderstube in

---

[1] Johannes Fischer promovierte erst 1922 bei Sommerfeld über *Die Beugungserscheinungen bei sphärischer Aberration*, er „war von 1913 bis 1914 Lamont-Stipendiat und
erhielt in dieser Zeit von mir das Thema seiner Doktorarbeit", vgl. *Votum von A.
Sommerfeld vom 4. Juli 1922. München, UA, OC I 48p.*

[2] Brief (4 Seiten, lateinisch), *Göttingen, NSUB, Schwarzschild.*

[3] Am 20. November 1910 war Schwarzschilds erstes Kind Agathe geboren worden.

[4] Schwarzschilds Schwester Clara hatte 1907 Robert Emden geheiratet, der im gleichen
Jahr Extraordinarius für Physik und Meteorologie an der TH München wurde; Sommerfelds waren mit der Familie Emden befreundet.

[5] Im Vorjahr war Schwarzschild Direktor des Astrophysikalischen Observatoriums Potsdam geworden.

Gang haben, sollten Sie einmal die Consequenzen der Relativtheorie für die Astronomie ziehen. Denn wer soll es ausser Ihnen tun? Seeliger *hasst* diese neueste Evolution mit der ganzen Aufrichtigkeit und Impulsivität seines Wesens. Auch gehört ein Noch-nicht-Geheimrat und Skiläufer dazu, dessen intellektuelle Sehnen noch biegsam sind.

Zu meinem vorletzten Sproßen haben Sie mir ein schönes Verschen gemacht. Ich lasse mich diesmal gegen meine Gewohnheit lumpen, will Ihnen aber dafür eine ganz nette Auffaßung der Anfänge der geometr. Optik erzählen, die ich im Colleg vorgetragen habe und die mich demnächst auch zu Ihren grossen Arbeiten darüber führen wird.[1]

Durch jeden Raumpunkt gehe ein Strahl, in seiner Richtung werde ein Einheitsvektor $\mathfrak{S}$ aufgetragen. Aus der Bedingung der Geradlinigkeit der Strahlen und aus $\mathfrak{S}^2 = 1$ folgt leicht: a) $\mathfrak{S}$ parallel rot $\mathfrak{S}$ oder $[\mathfrak{S} \operatorname{rot} \mathfrak{S}] = 0$ (etwa so: wegen $\mathfrak{S}^2 = 1$

$$\mathfrak{S}_x \frac{\partial \mathfrak{S}_x}{\partial x} + \mathfrak{S}_y \frac{\partial \mathfrak{S}_y}{\partial y} + \mathfrak{S}_z \frac{\partial \mathfrak{S}_z}{\partial z} = 0$$

wegen $\mathfrak{S}_x = \operatorname{const}$ für $dx : dy : dz = \mathfrak{S}_x : \mathfrak{S}_y : \mathfrak{S}_z$:

$$\frac{\partial \mathfrak{S}_x}{\partial x} \mathfrak{S}_x + \frac{\partial \mathfrak{S}_x}{\partial y} \mathfrak{S}_y + \frac{\partial \mathfrak{S}_z}{\partial z} \mathfrak{S}_z = 0,$$

aus Beidem durch Subtraktion:

$$\mathfrak{S}_y \operatorname{rot}_z \mathfrak{S} - \mathfrak{S}_z \operatorname{rot}_y \mathfrak{S} = 0 \text{ etc.})$$

Andrerseits ist, wenn $\mathfrak{S}$ flächennormal sein, also $\mathfrak{S}_x dx + \mathfrak{S}_y dy + \mathfrak{S}_z dz$ einen Multiplikator haben soll:
b) $(\mathfrak{S} \operatorname{rot} \mathfrak{S}) = 0$ oder $\mathfrak{S} \perp \operatorname{rot} \mathfrak{S}$. Also aus a) und b):

$$\operatorname{rot} \mathfrak{S} = 0 \quad \text{oder} \quad \mathfrak{S} = \operatorname{grad} E$$

($E = $ Eikonal).

Das Brechungsgesetz schreibt man:

$$n\mathfrak{S} - n'\mathfrak{S}' = \mathfrak{N}$$

---

[1] Sommerfeld behandelte in seiner Vorlesung über geometrische Optik im Wintersemester 1910/11 die Eikonal-Methode, mit der vektoranalytische Rechenverfahren einhergingen; Schwarzschild hatte diese Methode zur Berechnung optischer Instrumente eingesetzt [Schwarzschild 1905]. Zur nachfolgenden Ausführung vgl. [Sommerfeld und Runge 1911].

(n und n' Brechungsindices der beiden Medien, $\mathfrak{S}$ einfallender $\mathfrak{S}'$ gebrochener oder mit $n' = n$ reflektirter Strahl, $\mathfrak{N}$ ein auf der brechenden Fläche normaler Vektor, für den also rot $\mathfrak{N} = 0$). Also folgt aus rot $\mathfrak{S} = 0$ direkt rot $\mathfrak{S}' = 0$, Malus'scher Satz. Auch der sog. Sturm'sche Satz ist evident.[1] Hätten die Brennlinien einen von 90° verschiedenen Winkel, so hätte das Strahlenbündel einen pos. oder neg. Schraubungssinn in sich. Das wäre aber mit rot $\mathfrak{S} = 0$ unverträglich. So ein bischen Vektorrechnung, selbst die gemeine dreidimensionale, erleichtert das Leben.

Grüßen Sie Ihre liebe Frau und haben Sie viel Freude an Ihrer Kleinen!

Ihr A. Sommerfeld.

Nach diesem mehr mathematischen Exkurs wandte sich Sommerfeld wieder den Grundfragen der Physik zu. In seiner Arbeit über die Röntgenbremsstrahlung hatte er die „neuesten Lichtquanten-Spekulationen"[2] noch weit von sich gewiesen. Die Debyesche Erklärung des Planckschen Strahlungsgesetzes und die Korrespondenz mit Einstein dürften den Ausschlag gegeben haben, daß er nun die Quantentheorie mit anderen Augen zu betrachten begann. Im Verlauf des Jahres 1911 gelangte er zu der Auffassung,[3] daß bei allen atomaren Emissions- und Absorptionsprozessen der zeitliche Ablauf des Energieaustausches in universeller Weise geregelt werde, und zwar so, daß die Wirkung H (die absorbierte oder emittierte Energie multipliziert mit der Zeitdauer des Energieaustausches) gleich dem Planckschen Wirkungsquantum h sei. Mit dieser „h-Hypothese" trat er auf der Naturforscherversammlung im September 1911 in Karlsruhe und auf dem ersten Solvay-Kongreß im Oktober 1911 in Brüssel als vehementer Vorkämpfer der Quantentheorie auf.

[172] *Von Max Planck*[4]

Grunewald, 6. 4. 11.

Verehrtester Hr. Kollege!

Bei meiner Rückkehr von der kleinen Hochzeitsreise[5] (besten Dank auch für Ihren freundlichen Glückwunsch!) finde ich Ihre Abhandlung über die Struktur der γ-Strahlen,[6] nebst Ihrem liebenswürdigen Schreiben vom 12. März, und habe mich natürlich sogleich in die Lektüre vertieft. Gestatten Sie mir, Ihnen auf der Stelle frischweg von dem Eindruck zu berichten,

---

[1] Die Sätze von Malus und Sturm bezeichnen allgemeine Eigenschaften von Strahlenbündeln in der geometrischen Optik [Sommerfeld 1950b, S. 345-352].

[2] [Sommerfeld 1909d, S. 976].

[3] Siehe Seite 298.

[4] Brief (4 Seiten, deutsch), *München, DM, Archiv HS 1977-28/A,263.*

[5] Nach dem Tod seiner ersten Frau Marie im Jahr 1909 hatte Planck am 14. März 1911 Marga von Hoeßlin geheiratet.

[6] [Sommerfeld 1911a].

den Ihre so interessanten neuen Ergebnisse u. Schlußfolgerungen auf mich machen.

Der bedeutsamste Fortschritt scheint mir zu liegen in der Erweiterung der Bedeutung des h für unperiodische Vorgänge. In meinen seitherigen Untersuchungen habe ich immer nur Oszillatoren von bestimmter Schwingungszahl ν betrachtet, und daraus ergibt sich ein bestimmtes Energieelement $h\nu$. Nimmt man aber einen Oszillator, der keine ausgeprägte Periode besitzt, so existirt für ihn auch kein bestimmtes Energieelement, und man muß auf die primäre Bedeutung von h zurückgehen. Ich wäre eigentlich geneigt gewesen, statt des Ansatzes $h = \tau m_0 c^2 / \sqrt{1-\beta^2}$ den folgenden zu machen:[1] $h = \int_0^\tau dt \, m_0 c^2 \cdot \sqrt{1 - \beta^2}$. ($\beta$ als Funktion von t betrachtet) Dies habe ich wenigstens in meiner „Dynamik bewegter Systeme" (Ann. d. Phys. 26, p. 23, 1908)[2] versucht, war aber nicht im Stande, damit etwas Ordentliches anzufangen.–

Jedenfalls aber ist mir Ihr Vorgehen außerordentlich sympathisch und scheint mir auch für die Zukunft viel zu versprechen.

Nun aber zu der Frage nach dem Verhältnis Ihrer Ergebnisse zu meiner neuen Hypothese der Quantenemission.[3] Einstweilen scheint mir kein Widerspruch vorzuliegen; man muß nur zunächst bedenken, daß Sie immer nur einen einzelnen Emissionsakt betrachten, während meine Hypothese sich auf eine Anzahl von Emissionen bezieht. Damit hängt zusammen, daß Sie mit Zeiten rechnen, die von der Größenordnung der „Beschleunigungszeit" τ sind, während meine Zeiten stets groß sind gegen τ. Sie gehen eben in die Einzelheiten eines Emissionsaktes ein, während für meine Betrachtungen eine einzelne Emission ein singulärer Vorgang von verschwindend kurzer Dauer ist, über dessen nähere Einzelheiten meine Hypothese überhaupt nichts aussagt. Dieselbe erlangt überhaupt erst Bedeutung, wenn es sich um mehrere Emissionen handelt, indem sie behauptet, daß diese Emissionen unabhängig voneinander verlaufen. Das stimmt aber ganz gut mit Ihren Betrachtungen.[4]

---

[1] τ ist die Beschleunigungszeit eines Elektrons (im β-Strahl), m_0 seine Ruhemasse und $\beta = {}^v\!/c$ das Verhältnis seiner Geschwindigkeit v zur Lichtgeschwindigkeit c. Bei der späteren Darstellungen der h-Hypothese folgte Sommerfeld dieser Empfehlung, vgl. [Sommerfeld 1911b]. Hier und an weiteren Stellen des Briefes befinden sich Zusätze von Sommerfeld.

[2] [Planck 1908].

[3] Planck hatte am 3. Februar 1911 in einer Sitzung der Physikalischen Gesellschaft in Berlin „eine neue Strahlungshypothese" vorgetragen, wonach nur die Emission von Strahlung quantenhaft, die Absorption jedoch stetig stattfinden sollte [Planck 1911]; siehe auch [Hermann 1969, S. 129-132] und [Kuhn 1978, S. 235-240].

[4] Die beiden letzten Sätze wurden nachträglich eingefügt.

Daß die Absorption der Energie immer stetig, nicht nach Quanten erfolgt, scheint mir ebenfalls wohl verträglich mit Ihren Rechnungen. Nehmen wir zuerst die Entstehung der *Röntgenstrahlen*. Hier wird die Energie der Kathodenstrahlteilchen absorbirt, die Röntgenwellen emittirt. Der erstere Vorgang verläuft nach meiner Anschauung vollkommen stetig. In der Tat wird ja die Energie der Kathodenstrahlteilchen, die mit deren Geschwindigkeit *stetig* veränderlich ist, stets *vollkommen* absorbirt, was nicht der Fall sein dürfte, wenn die Absorption nach Quanten erfolgte. Denn dann müßte im Allgemeinen ein Rest unabsorbirt bleiben, wofür doch garkeine Anzeichen vorliegen. Auch nach Ihren Rechnungen erfolgt die Absorption (d. h. die Verminderung der Geschwindigkeit bis auf Null) vollkommen stetig. Auf der anderen Seite dagegen findet die Emission der Röntgenstrahlen nach Quanten statt, d. h. die gesammte Wirkungsgröße $\int H\,dt$ (in der Bezeichnung meiner citirten Abhandlung) ist ein ganzes Vielfaches von h, wobei h die Wirkungsgröße einer einzelnen Emission ist.

Bei den γ-*Strahlen* haben wir überhaupt garkeine Absorption, sondern nur Emission. Es wird nämlich emittirt 1.) die Energie der γ-Strahlen, 2.) die Energie der β-Strahlen. (Die Quelle dieser Emission ist natürlich einzig u. allein die innere Energie des Atomes, die enorm groß vorausgesetzt werden muß.) Beide Arten von Emission verlaufen nach meiner Auffassung quantenweise, Sie stellen einen Zusammenhang zwischen ihnen fest, der in meiner Hypothese ganz offen gelassen wird.[1]

Damit möchte ich vorläufig schließen, bin aber selbstverständlich jederzeit zu Diensten. Verzeihen Sie die flüchtige Art des Schreibens, die weder meinem Wunsche, noch der Bedeutung der Sache entspricht; ich wollte Sie aber doch in jedem Falle, nachdem Ihr Brief nun schon fast 4 Wochen hier gelegen hat, von meiner Freude in Kenntnis setzen, die er mir bereitete. Und nun muß ich mich wieder auf den Haufen der minder interessanten Correspondenz stürzen, die mich umgibt.

Hrn. Debye werde ich direkt für seinen freundlichen Brief danken. Natürlich hat er vollkommen Recht. Die betr. Korrektur hatte ich im Auge, als ich die Schlußbemerkung des § 77 (S. 76) in meiner Wärmestrahlung machte.[2] Indessen ist es sicherlich besser, die Korrektur auch wirklich anzubringen, statt hinterher zu sagen, daß sie im Schlußresultat wieder fortfällt.

Seit ich meine Frau habe, ist die physikalische Skigesellschaft, von der mir Wien schon so viel erzählte, vor mir nicht mehr sicher. Hoffentlich haben

---

[1] Zu den zeitgenössischen Vorstellungen vgl. [Wheaton 1983, S. 135-167].

[2] An dieser Stelle in [Planck 1906b] werden Korrekturen für die auftreffende Strahlungsmenge auf einen bewegten Spiegel diskutiert.

Sie recht viel Erfrischung für Ihre weiteren Untersuchungen davon mit nach Haus gebracht. Mit herzlichem Gruß Ihr ergebenster

M. Planck.

[173] *Von Peter Debye*[1]

Zürich Freitag. [12. Mai 1911][2]

Lieber Sommerfeld!

Sie sehen ich wage es schon, wenn ich auch ein etwas unsicheres Gefühl bei der Anrede habe.[3] Von Ehre u.s.w. will ich nicht reden, was ich sagen will vor allem, ist dasz es mich auszerordentlich freut jetzt so zu Ihnen sprechen zu dürfen. Das war das erste was ich zu sagen hatte nun das zweite. Edgar Meyer war heute hier;[4] vom Standpunkt des kritischen Experimentators habe ich ihn ausgehorcht, was er (1) zum lichtelektrischen Potential denkt. Resultat (für mich jetzt auch ohne Rücksicht auf unsre Arbeit bindend): Das Potential ist sicher ein vielfaches von $h\nu$. (2) Wie ist die Geschwindigkeitsverteilung der Secundärstrahlen? Antwort: Nicht recht bestimmt aber sich[er] Geschwindigkeiten viel kleiner wie erzeugende β-Geschw. in überwiegender Mehrzahl. Ich habe hier etwas gerechnet auf Grund unsrer Hypothese; jetzt bin ich überzeugt, dasz auch das stimmen wird. (3) E. M.[eyer] hat seinen Versuch etwas abgeändert; wir konnten aus den Resultaten wieder sehr schön schlieszen: γ-Strahlen sicher nicht quantenweise im Aether verteilt. Und nun zuletzt aber nicht zumindest: Grüszen Sie bitte auch Ihre werte Frau Gemahlin herzlichst.

Hier geht alles ausgezeichnet, darüber schreibe ich bald in einem Brief.

Mit besten Grüszen

Ihr P. Debÿe

---

[1] Postkarte (2 Seiten, lateinisch), *München, DM, Archiv HS 1977-28/A,61.*

[2] Poststempel.

[3] Debye war gerade als Nachfolger Einsteins auf das Extraordinariat für theoretische Physik an der Universität Zürich berufen worden und somit Kollege Sommerfelds, siehe Seite 269.

[4] Edgar Meyer, Privatdozent für Experimentalphysik an der TH Aachen, beschäftigte sich mit dem Welle-Teilchen-Dualismus bei γ-Strahlen [Meyer 1910], vgl. auch [Wheaton 1983, S. 160-163].

[174] *Von William Henry Bragg*[1]

May 17th. [1911][2]

Dear Dr Sommerfeld

Many thanks for the paper which you very kindly send me, and I am very glad to have.[3]

I quite see how the pure electromagnetic theory can give rise to an unsymmetrical distribution of the γ rays supposing it to arise from the starting of a β particle. Your 'hollow cone' is most interesting, and the ring structure of the γ ray.[4]

But this does not meet the real difficulty to my mind. How do you propose to get the energy back again from this everspreading ring to a single electron? In other words how are you going to account for the production of a β ray by a γ ray? For I think it must be concluded on present evidence that only one γ ray is concerned in the making of one β ray, and only one x ray in the making of one cathode ray.[5] The structure of the γ and x ray must be such that the energy does not spread at all, not even in a cone of the finest angle: nor even for the slowest cathode rays. At least, that is how I read the facts: I have tried to state them two or three times in recent years so as to bring out this point, and I have not observed any attempt to explain the facts in any other way than that which leads to a purely corpuscular theory. J J Thomson has sometimes spoken of storing the energy of successive pulses in an atom until a sufficient amount of energy has accumulated to provide enough for one cathode ray. But this has been as often shown to be practically impossible.[6]

I am very far from beeing averse to a reconcilement of a corpuscular and a wave theory: I think that some day it must come. But at present it seems to me that it is right to think of the x or the γ ray as a selfcontained quantum which does not alter in form or any other way as it moves along. I have suggested a neutral pair form myself: But I do not wish to press this unduly or be dogmatic about it. It seems to me to be the best model to be devised at present, and I have no right to claim more. My chief point

---

[1] Brief (2 Seiten, lateinisch), *München, DM, Archiv HS 1977-28/A,37*.

[2] Das Jahr ergibt sich aus der Diskussion über die γ-Strahlen, vgl. auch Brief [166].

[3] [Sommerfeld 1911a].

[4] Aufgrund der Sommerfeldschen Theorie ergab sich eine nach vorne gerichtete kegelförmige Intensitätsverteilung der γ-Strahlung.

[5] Zu den hier und im folgenden Brief angesprochenen Hypothesen („storing up", „neutral pair", „trigger") siehe [Wheaton 1983, S. 71-90] und [Stuewer 1975, S. 6-14].

[6] Vgl. Brief [166].

is that it does not spread: and it seems that spreading is the inevitable accompaniment of the electromagnetic theory.

Have you seen any of C T R Wilson's pictures of the fog formed instantly after the passage of ionizing rays through a gas?[1] The α ray picture is of course like this: – the α rays are not all in one plane so some seem shorter.

The x ray picture is like this: –

and there can be no doubt that the little streaks are the tracks of the cathode particles formed in the gas. There is no visible general fog due to the direct action of the x rays: nor is there any corresponding effect in the γ ray picture. All that is seen is the track of the β ray like a fine hair right across the chamber.

Very sincerely yours
W H Bragg.

[175] *Von William Henry Bragg*[2]

Leeds. July 7[th.] [1911][3]

My dear Sir

Many thanks for your letter, which I was very glad to receive.

The difficulties in the way of the 'storing up' hypothesis are quantitative: so it seems to me. If an electron over which pulses are passing abstracts energy from them through the accelerations which they give it, then (see N R Campbell's Modern Electrical Theory p 223)[4] an x-ray tube must be at work for several days before an electron in an atom can acquire as much energy as a δ ray[5] is said to possess, and it would be years before it would acquire the energy with which a cathode ray is ejected from an atom by the x rays. This requires, moreover, that all the accelerations shall reinforce each other.

---

[1] [Wilson 1911].

[2] Brief (3 Seiten, lateinisch), *München, DM, Archiv HS 1977-28/A,37.*

[3] Im gleichen Jahr wie Brief [174].

[4] [Campbell 1907].

[5] Für langsame Elektronenstrahlen hatte Bragg den Begriff δ-Strahlen eingeführt, vgl. [Wheaton 1983, S. 88].

It might be argued perhaps that it is only those atoms in a gas which happen to contain an electron with nearly enough speed, which are reinforced by the pulses until they emit it. This would be the "trigger" hypothesis again, with all its special difficulties added to those of the "storing up" hypothesis.

I do not see how one can escape the conclusion that *one* secondary cathode ray derives its energy from *one* x ray which up till then carried it along in an unvarying form.

With kind regards, believe me

Yours very sincerely
W H Bragg

[176] *Von Max Planck*[1]

Berlin-Grunewald, 29. 7. 11.

Verehrtester Hr. Kollege!

Mit meiner kleinen Zusendung von Separaten möchte ich Ihnen doch auch gleichzeitig noch meinen Dank ausdrücken für Ihren freundlichen Brief vom 24. April, sowie meine Freude darüber, daß wir im Oktober über alle Fragen, die uns gemeinsam interessiren, in Muße mündlich werden verhandeln können. Auf die Naturforscherversammlung kann ich leider nicht kommen, hoffe aber das Versäumte in Brüssel nachholen zu können.[2]

Für jetzt nur ein paar Worte über die Stellung unserer beiderseitigen Auffassungen zu einander. Die Ihrige formuliren Sie in Ihrem Briefe so: „Ein Molekül emittirt und absorbirt ein Elektron stets nach einem Wirkungsprozeß h; die zugehörige elektromagnetische Ausstrahlung ist dadurch völlig gegeben". Meine Hypothese andererseits lautet:[3]

1.) Die Schwingungsenergie eines mit der Eigenfrequenz ν periodisch schwingenden Moleküls braucht kein ganzes Vielfaches von $h\nu$ zu sein.

2.) Die Emission elektromagnetischer Strahlung durch ein solches Molekül erfolgt nach ganzen Vielfachen des Energiequantums $h\nu$.

3.) Die Absorption elektromagnetischer Strahlung durch ein solches Molekül erfolgt einfach proportional der auffallenden Energie, also nicht nach Energiequanten.

---

[1] Brief (3 Seiten, deutsch), *München, DM, Archiv HS 1977-28/A,263.*

[2] Im September 1911 tagte in Karlsruhe die Naturforscherversammlung, im Oktober in Brüssel der erste Solvaykongreß.

[3] Zur Entwicklung von Plancks Auffassungen über Absorption und Emission von Strahlung 1910–1912 siehe [Kuhn 1978, S. 235-240].

Die beiderseitigen Hypothesen sind deshalb nicht unmittelbar miteinander vergleichbar, weil Sie von beliebigen Molekülen, ich von periodisch schwingenden Molekülen spreche, und weil Sie die Elektronen, ich die elektromagnetische Strahlung betrachte. Was die Emission elektromagnetischer Strahlung betrifft, so habe ich nichts dagegen, daß diese stets durch (emittirte oder absorbirte) Elektronen bewirkt wird; sie muß aber, falls sie monochromatisch ist, nach Energiequanten $h\nu$ erfolgen. Für nichtmonochromatische Strahlung verliert natürlich das Energiequantum seinen Sinn, und man muß auf das Wirkungsquantum h zurückgreifen.

Bei der Absorption frei im Raum fortschreitender elektromagnetischer Strahlung spielen aber, soweit ich sehe, Elektronen keine wesentliche Rolle; namentlich darf man nicht meinen, daß jedesmal, wenn freie elektromagnetische Strahlung absorbirt wird, ein Elektron emittirt werde.

Doch das können wir ja besser später verhandeln. Einstweilen besten Gruß und viel Vergnügen und Erfolg in Karlsruhe!

Ihr aufrichtig ergebener
M. Planck.

[177] *Von Paul Ehrenfest*[1]

Sillamagi 11/24 August 1911.[2]
Hochverehrter Herr Professor!

Gestatten Sie mir, Sie höflichst in der folgenden Angelegenheit zu befragen.

Um mich in Leipzig habilitiren zu können,[3] bedarf ich des *deutschen* Doctor-Titels, da der *oesterreich.* in Leipzig nicht anerkannt wird.– Falls die gesetzliche Möglichkeit dafür besteht, möchte ich versuchen in München den Doctor zu machen. Ich erlaube mir deshalb, Sie um Auskunft zu bitten:

1. Ob ich als Wiener Doctor[4] überhaupt den Münchner Doctor-Titel erwerben kann.

2. Bis auf welche Mindestfrist sich nach den Münchner Promotions-Vorschriften meine Immatrikulationsdauer abkürzen lässt (im Hinblick darauf, dass ich 3 Göttinger und 6 Wiener Semester nachweisen kann)

---

[1] Brief (2 Seiten, lateinisch), *Leiden, MB.*

[2] Julianisches bzw. gregorianisches Datum.

[3] Über Ehrenfests Schwierigkeiten, an einer deutschen Universität eine Stellung zu finden, vgl. [Klein 1970, S. 165-192].

[4] Ehrenfest hatte 1904 bei Boltzmann über ein Thema aus der Hertzschen Mechanik promoviert.

3. Welche *allgemeinen* (äußerlichen) Anforderungen bezüglich der Doctorarbeit bestehen.

Falls rein äußerlich keine unüberwindlichen Schwierigkeiten gegen meine Zulassung zur Promotion bestehen sollten erbitte ich mir Ihre Erlaubnis, in einem folgenden Brief Sie des Näheren befragen zu dürfen, welche
Anforderungen Sie an rein theoretische Arbeit stellen würden, um sie als
Doctorarbeit zuzulassen.

Selbstverständlich würde ich mir nicht erlauben, Sie mit dieser schriftlichen Anfrage zu bemühen, wenn mir nicht die große Entfernung fast unmöglich machte, *zweimal* nach München zu kommen.

In vorzüglicher Verehrung Ihr ergebener
Paul Ehrenfest

[178] *An Paul Ehrenfest*[1]

Unter-Grainau [August/September 1911][2]

Sehr verehrter Herr College!

Es wird mir eine Freude und Genugtuung sein, Ihnen bei der unnützen
Chikane Ihrer Promotion in jeder Weise behilflich zu sein. Ich schreibe
gleichzeitig hiermit auch an unser Sekretariat, das über die Formalitäten
besser unterrichtet ist wie ich. Zu Ihren Anfragen:

1) Ich bin überzeugt, dass keine Münchener Semester von Ihnen verlangt
werden. Wenn Sie sich also Anfang des Winters immatrikuliren lassen (dies
ist glaube ich nötig) so können Sie sofort promoviren.

2) Ein ganz geeignetes Thema für Ihre Doctorarbeit scheint mir eine
deutsche, vielleicht etwas weiter ausgesponnene Bearbeitung Ihrer russischen Abhandlung über das Braun-Lechatelier'sche Princip, die ich in Übersetzung von Dr. Epstein mit grossem Vergnügen gelesen habe.[3] Eine gewisse Ausdehnung wird nun mal gewohnheitsgemäss bei der Doctorarbeit
erwartet. Mir ist natürlich aber jedes andere Thema ebenso recht. Ich sehe
selbstverständlich bei den von Ihnen vorliegenden Leistungen die Arbeit
als reine Formalität an und werde mir ihre Censur sehr bequem machen.[4]

---

[1] Brief (6 Seiten, lateinisch), *Leiden, MB.*

[2] Zwischen den Briefen [177] und [179].

[3] [Ehrenfest 1909a] und [Ehrenfest 1911b] (ein Übersetzer wird nicht erwähnt). Paul
S. Epstein hatte 1906 in Moskau promoviert und kam 1911 an das Sommerfeldsche
Institut, um auch den deutschen Doktorgrad zu erwerben, siehe Seite 441.

[4] Ehrenfest hatte unter anderem zusammen mit seiner Frau Tatjana für den Mechanikband der *Encyklopädie* einen grundlegenden Beitrag zur statistischen Mechanik

Dass eine schon gedruckte Arbeit eingereicht wird, ist wie ich glaube unzulässig; dass Sie aber eine Ihrer früheren Arbeiten in anderer Form oder
Sprache einreichen, ist nicht verboten.

3) Die einzige Schwierigkeit könnte lediglich Ihr Wiener Doctortitel sein.
Hierüber soll mich das Sekretariat unterrichten. Ich schreibe Ihnen baldigst
das Resultat. In jedem Falle glaube ich, dass die Schwierigkeit durch besonderen Fakultätsbeschluß zu überwinden sein wird. Es wäre eine arge
Zwickmühle, wenn der Wiener Doctor Sie in Leipzig an der Habilitation
und in München an der Promotion hindern sollte!

Dass Sie sich in dieser Angelegenheit an mich wenden, giebt mir die mich
sehr erfreuende Versicherung, dass Sie mir meine ablehnende oder richtiger
abwinkende Haltung (denn zu einer Ablehnung wäre ich weder formell noch
sachlich berechtigt gewesen) zu Ihrem Münchener Habilitationsplan nicht
verübelt haben.[1] Sie können überzeugt sein, dass es keine anderen Gründe
als die Debye mitgeteilten waren. Mein jetziger Assistent,[2] der ein wirklicher und voller Nachfolger Debyes zu werden verspricht, soll sich durchaus
habilitiren; er ist wirklicher Physiker mit experimenteller Ader, die mir zu
meinem großen Leidwesen ganz abgeht. Und weitere Habilitationscandida-
ten wachsen in München zahlreich nach. Von Ihrem Genre haben wir schon
Laue in München.[3] Es ist ja in gewissem Sinne eine Torheit, eine so ausgezeichnete Lehrkraft wie Sie sich entgehen zu lassen. Aber es scheint mir eine
Ungerechtigkeit gegen den Nachwuchs zu sein, einen zweiten nicht boden-
ständigen Docenten nach München zu ziehen. Dazu kommt, dass ich kurz
vor Ihnen Dr. Gans aus den gleichen Gründen abgeredet hatte, sich zu uns
umzuhabilitiren.[4]

Sollte ein Antrag an die Fakultät nötig sein, so werde ich ihn für Sie
stellen. Es geht dann vielleicht glatter.

An Ihrem Brief habe ich nur eins auszusetzen, die Idee, dass Sie wegen
dieser Sache extra nach München kommen sollten!!

Dagegen freue ich mich darauf, Sie bei Gelegenheit Ihrer Promotion
einige Wochen in unserem Münchener Kreise zu sehen und so mancherlei

---

verfaßt [Ehrenfest und Ehrenfest 1911].

[1] Ehrenfest hatte sich zunächst an Debye mit der Frage nach einer Habilitationsmöglichkeit bei Sommerfeld gewandt, der dem jedoch ablehnend gegenüberstand, wie Debye
am 30. Mai 1911 an Ehrenfest schrieb [Klein 1970, S. 167]. Im folgenden Jahr bot Sommerfeld jedoch Ehrenfest an, bei ihm zu habilitieren, siehe Seite 304 und Brief [190].

[2] Wilhelm Lenz.

[3] Laue hatte sich 1909 nach München umhabilitiert, siehe Seite 274.

[4] Richard Gans war Privatdozent für Physik in Straßburg. Er folgte 1912 einem Ruf auf
eine Professur für Physik an der Universität von La Plata in Argentinien.

mit Ihnen reden zu können. Dass ich an dem Verkehr mit Dr. Epstein viel
Freude habe, ist Ihnen wohl bekannt. Er hat mir öfters auch von Ihnen
gesprochen.

Mit dem Wunsche, dass in München u. Leipzig alles glatt erledigt werde,
und herzlichen Grüßen

Ihr ergebenster
A. Sommerfeld.

[179] *An Paul Ehrenfest*[1]

[12. September 1911][2]

Lieber Herr College,

Nach einer Mitteilung des Rektors hat Ihre Promotionssache in München keine Schwierigkeit. Um ganz sicher zu sein, tun Sie wohl am besten, trotzdem gleich jetzt eine formelle Anfrage an die Fakultät wegen Se-
mesteranrechnung, Nebenfächern etc. zu richten. Die Promotionsordnung
schicke ich Ihnen als Drucksache gleichzeitig. Ihren heutigen Brief, für den
ich freundlichst danke, habe ich nur zum kleinsten Teil verstehen können,
da ich nichts über Lichtquanten mit roter Markirung weiss.[3] Es muss wohl
etwas verloren gegangen sein. Übrigens ist Immatrikulation zum Dr. nicht
erforderlich. Ich sehe also Ihren Dr.-Themen mit Interesse entgegen und bin
Ihr ergebenster

A. Sommerfeld.

[180] *Von Paul Ehrenfest*[4]

Petersburg $^{17}/_{30}$ IX. 1911.

Hochverehrter Herr Professor!

Verzeihen Sie, dass ich erst heute für die Zusendung der Promotionsordnung danke.

Ich möchte wählen: Physik, Mathematik, Mineralogie. Sobald ich meine
Documente beisammen habe, werde ich das Gesuch durch Vermittlung von
Herrn Epstein einreichen.

---

[1] Postkarte (2 Seiten, lateinisch [Handschrift von Johanna Sommerfeld]), *Leiden, MB.*
[2] Poststempel.
[3] Dieser Brief ist nicht erhalten.
[4] Brief (6 Seiten, lateinisch), *München, DM, Archiv HS 1977-28/A,76.*

Meine Anfrage bezüglich der Doctorarbeit fällt leider complicierter aus, als ich möchte.

Im *Nothfall* würde ich Sie bitten, eine Arbeit über folgendes Thema anzunehmen: Die begrifflichen Beziehungen zwischen den drei Gibbs'schen Entropiedefinitionen u. der *H*-Function nebst hierhergehörigen Ergänzungsfragen.– Dieses Thema überblicke ich[1] und darf hoffen eventuelle Zusatzforderungen im Großen und Ganzen erfüllen zu können.

Ich sage „im Nothfall". Denn es wäre mein Wunsch – wenn das nur möglich ist – ein Thema wesentlich anderer Art *unter Ihrer Führung* bearbeiten zu können.

Ich wünsche nämlich schon seit 2–3 Jahren (wie Herr Epstein weiß) nach München zu gehen, um unter Ihrer persönlichen Leitung – neben vielem anderen – speciell *dieses* zu lernen: wie man eine Arbeit die *wirklichen* Rechenaufwand erfordert zu Ende führt. Ich kann das nicht – ich kann nur solche Dinge machen, die durch eine anschauliche, qualitative Betrachtung oder eventuell noch durch eine „epsilontisch-mathematische" Überlegung zu erledigen sind. Deshalb bin ich verurtheilt immer nur skizzenhaft zu arbeiten und ich sehe, dass ich *an dieser Hemmung zugrunde gehen muss, wenn es mir nicht gelingt sie zu überwinden.* Anderseits fühle ich: Käme ich nur in die rechte Lehre so ließe sich da noch einiges bessern!

Gewiss – Leipzig drängt mich. Aber ich möchte diese wertvolle Lerngelegenheit nicht ungenützt versäumen. Weitaus am liebsten möchte ich geradezu eines der Themata übernehmen, die sie Ihren Schülern zu geben beabsichtigen. Dann allerdings habe ich – z. Th. schon sehr lange – Fragen, die vielleicht jenem Themenkreis nahe liegen. Aber weil es sich da eben gerade nicht um bloßes Überlegen sondern wirkliches Ausrechnen handelt *entzieht es sich vollkommen meiner Beurtheilung, ob die einzelne Frage irgendwie bewältigbar ist.*

Gestatten Sie mir, bitte, immerhin in der Beilage ein Thema zu exponieren – ein Paradoxon – dessen Aufklärung von der angenäherten Lösung dreier Diffractionsaufgaben abhängt.[2]

Vielleicht halten Sie das Thema für bearbeitenswerth und bewältigbar und vielleicht entschließen Sie sich in diesem Falle, mich dieses – *oder ein methodisch verwandtes Thema* – unter Ihrer persönlichen Leitung *in München* bearbeiten zu lassen!

---

[1] [Ehrenfest und Ehrenfest 1911, S. 51-77].

[2] Der Titel der nicht abgedruckten sechsseitigen Beilage lautet: „Transportiert ein Bündel paralleler, circular polarisierter Lichtwellen elektromagnetischen Drehimpuls?" Das Paradoxon ist, daß nach der Maxwellschen Theorie ein solches Bündel den Gesamtdrehimpuls Null hat, aber auf ein $\lambda/4$-Plättchen bei der Transformation in linear polarisiertes Licht Drehimpuls übertragen wird.

Sollte sich dieser Wunsch erfüllen, so würde ich die Pedanterie der Leipziger Statuten als einen sehr wertvollen Glücksfall für mich ansehen denn es ist mir bitter ernst um mein „Nicht-Zuende-Rechnen-Können".

Sollte sich aber mein Thema als utopisch erweisen oder sollten Sie es im Hinblick auf den Leipzig-Termin überhaupt für unmöglich halten, dass ich ein noch ganz unfertiges Thema in Angriff nehme, so bitte ich Sie mir dieses kurz mitzutheilen. In diesem Fall werde ich Ihnen *sofort* eine detaillierte Exposition des „Entropie"-Themas übersenden.

Sollten Sie hingegen eine wenigstens *versuchsweise* Inangriffnahme des in der Beilage exponierten „Drehimpuls"-Themas billigen, so bitte ich Sie um einige *beliebig aphoristische* Äusserungen [sic] betreffs der dort formulierten drei „Aufgaben". Besonders der „Kugel"aufgabe.[1]

Ich empfinde es sehr peinlich, Ihnen jetzt inmitten der Semesterbeginn-Arbeit mit derartigen Anfragen lästig fallen zu müssen. Aber sobald ich nur erst sehe, was ich anpacken soll, werde ich schon alle weiteren Anfragen verschieben können, bis ich nach München komme.

In aufrichtiger Verehrung Ihr ergebener
Paul Ehrenfest

[181] *An Paul Ehrenfest*[2]

München, den 13. X. 1911
Hochgeehrter Herr College!

Ihr Brief ist für mich sehr schmeichelhaft u. die Aussicht, mit Ihnen im kommenden Semester näher zusammenzuarbeiten, sehr verlockend; trotzdem gerade jetzt mehrere Herren herkommen zu wollen scheinen, die von mir Arbeiten haben wollen, möchte ich daher zu dem Vorschlage, mit Ihnen Probleme zu wälzen, Ja sagen, vorbehaltlich der Grenzen, welche meine sonstigen Pflichten meiner Zeit ziehen. Ich kenne den Termin nicht, den die Leipziger Ihnen gestellt haben und weiß nicht, wie viel Zeit Sie auf München verwenden können. Im Allgemeinen dauert ja eine Arbeit immer nochmal so lange, als man denkt. Dies dürfte auf Ihr Problem besonders zutreffen. Ich sage mir aber, dass wir dieses ja jederzeit abbrechen und *als Doctorarbeit irgend eine Ihrer früheren Arbeiten nehmen können* (wenn Sie nicht das Le Chatelier'sche Princip wollen, z. B. die Strahlungsarbeit, die

---

[1] Erfährt eine gegenüber der Wellenlänge sehr große, nicht idealleitende Metallkugel durch die Absorption ebener, zirkularpolarisierter Lichtwellen ein Drehmoment?

[2] Brief (3 Seiten, lateinisch), *Leiden, MB.*

ich hier in Correktur vorgefunden und mit vielem Intereße gelesen habe.)[1]
Einige Zusätze, damit eine neue Arbeit daraus wird, und Vordruck eines
Titelblattes mit „Diss." genügen dann der Form vollauf.

Neulich war Klein hier u. erwähnte, dass er für die Enc. Ihr Imprimatur
nicht erhalten könnte.[2] Wäre es nicht eine gute Vorübung und Vorbedeu-
tung für eine rechtzeitige Abwickelung Ihrer Promotions- und Habilitati-
onsgeschäfte, wenn Sie vorher dieses Onus[3] erledigten, wozu nach Klein
nur eine Postkarte nötig wäre? Entschuldigen Sie diese unmotivirte Einmischung in Privatsachen, die mich nichts angehen! Ich schreibe dies ohne
Auftrag und ohne besondere Hintergedanken, nur weil es mir gerade in die
Feder kommt.

Die Gibbs'schen (nach Hasenöhrl, Vortrag Carlsruhe,[4] Boltzmann'-
schen) Entropiedefinitionen sind mir natürlich als Thema sehr recht. Viel
interessanter, weil nicht so gefährlich allgemein (zu unterscheiden von ge-
meingefährlich), scheint mir das Beugungsthema. Die Poynting'sche These
ist mir ganz neu u. sehr verwunderlich.[5] Die Wirkung auf die $\lambda/4$ Platte
müsste so etwas Ähnliches sein, wie eine Turbine. Können Sie das Drehmoment aus den Maxwell'schen Spannungen deduciren oder nur aus elek-
trontheoretischen Vorstellungen? Ist Ersteres von Sadowsky gemacht?[6]
Da die continuirliche Elektrodynamik aus der Elektronentheorie folgt, müsste sie wohl auch das Drehmoment geben; dann wäre es m. M. n. gesichert,
während mit den Feldern vieler Elektronen und den Mittelungen der Beweis nicht so einwandfrei sein dürfte. Die Sicherstellung dieses Paradoxons[7]
wäre an sich schon ein schönes Doctorthema. Über die Auflösung des Paradoxons habe ich vorläufig keine Meinung; über Ihre 3 Beugungsprobleme
nur sehr ungefähre Mutmaßungen:

1). Beugung an einer (kreisförmigen) Krystallplatte *undurchführbar*. Bisher ist kein Beispiel (ausser Kugel u. Cylinder) von Einfluß eines *isotropen* Materials auf die Beugung ordentlich behandelt.

2.) Drehmoment auf Kugel müsste sich berechnen lassen, cfr. Diss. Debye;
aber böse Formeln![8] Ob es $\neq 0$ ist??

---

[1] [Ehrenfest 1911a].

[2] Siehe Brief [182].

[3] Bürde.

[4] [Hasenöhrl 1911].

[5] Poynting hatte für den Drehimpuls zirkularpolarisierter Lichtwellen als Analogie eine
rotierende Maschinenwelle angeführt [Poynting 1909].

[6] [Sadowsky 1898].

[7] Vgl. Brief [179], Fußnote 2, Seite 403.

[8] [Debye 1908a].

3.) Das kreisförmig begrenzte ebene Strahlenbündel verflüchtigt sich in
grosser Entfernung ganz in Beugung, existirt also nicht mehr. Ob es
einen (von der Entfernung unabhängigen und nicht verschwindenden)
Drehimpuls enthält, müsste sich wohl ohne zu grosse Mühe entscheiden lassen.

Im Ganzen scheint mir also das Problem wohl der Mühe wert, falls die
Existenz des Paradoxons überhaupt gesichert ist; die elektromagn. Maschi-
nenwelle von Poynting scheint mir (so wenig wie Ihnen) eine hinreichende
Grundlage für die Inbetriebsetzung des mathematischen Apparates.

Es grüsst Sie herzlich

Ihr A. Sommerfeld.

[182] *Von Paul Ehrenfest*[1]

Petersburg ³/₁₆ X. 1911.

Hochverehrter Herr Professor!

Empfangen Sie meinen besten Dank für Ihren Brief.

Ich beeile mich, Ihnen mitzutheilen, dass ich am 13. September den Encyklopädieartikel *endgültigst* abgeschlossen an Prof. Müller[2] („eingeschrie-
ben") sammt „eingeschriebenem" Begleitbrief abgesendet habe. Jetzt bin ich
natürlich sehr besorgt[.] Jedenfalls sehen Sie, Herr Professor, dass ich diese
„Vorübung" gewissenhaft vor mehr als einem Monat erledigt habe.– Hier
liegt offenbar ein Missverständnis vor!

Ihr Anerbieten – im Nothfall – die entsprechend erweiterte Strahlungs-
quanten-Arbeit acceptiren zu wollen befreit mich von einer großen Sorge.
Denn natürlich fürchtete ich sehr, was geschehen soll, falls die „Sadowsky"-
Arbeit schief gienge.[3]

Ich habe Material *fertig* um die Strahlungsquanten-Arbeit[4] in zwei
(*mir* wesentlichen!) Punkten zu vervollständigen.

A:) *Vertiefung der Grundlagen:* Dass

a.) $\delta Q/T$ ein vollständiges Differential ist

b.) dass es gleich $\delta \lg W$ (Wahrscheinlichkeit) ist haben ~~Gibbs und~~ Boltzmann und Gibbs nur für „ergodisch" vertheilte Systemscharen bewiesen.–
Die Planckschen Scharen von Resonatorensystemen sind *nicht* ergodische

---

[1] Brief (5 Seiten, lateinisch), *München, DM, Archiv HS 1977-28/A,76.*

[2] Der Kleinschüler Conrad Müller war seit 1901 an der Redaktion des Mechanikbandes
beteiligt. [Ehrenfest und Ehrenfest 1911] erschien am 12. Dezember 1911.

[3] Über den Drehimpuls zirkularpolarisierten Lichts, vgl. Briefe [180] und [181].

[4] [Ehrenfest 1911a].

Scharen. Die Resultate der Nernstschule über specifische Wärme bei tiefen Temperaturen zeigen dass auch in diesem Gebiet durchaus *nicht*-ergodische Scharen herangezogen werden müssen. Meine Lichtquantenarbeit operiert durchaus mit nicht-ergodischen Scharen. Es entsteht die sozusagen acut-gewordene Frage:

Für welche nichtergodisch-vertheilten Scharen bleiben die Analogieen zum Zweiten Hauptsatz bestehen? (Man kann leicht zeigen dass sie nicht für alle bestehen bleiben). *Und ist für sie immer $\frac{\delta Q}{T} = \delta \lg W$?*

Ich habe diese Frage ziemlich weitgehend verarbeiten können. Speciell kann ich leicht zeigen, dass und warum alle in meiner Arbeit behandelten nicht-ergodischen Scharen in der That jene Forderungen erfüllen.

B.) *Ausführungen der Bemerkungen ganz am Ende meiner Arbeit über den Gegensatz zwischen der Planck'schen und Einstein'schen Energieatom-hypothese:* Die Bemerkungen, die kürzlich Nathanson über die combinatorischen Grundlagen der Planckschen Theorie publicierte[1] hatte ich ebenfalls gefunden und vor dem Erscheinen der Arbeit von Nathanson in der hiesigen physikalischen Gesellschaft vorgetragen. Aber *Nathanson hat die Lösung der Schwierigkeit nicht gefunden*: er hat eben nicht bemerkt, dass die Plancksche und Einsteinsche Hypothese *total* verschieden sind.[2] Aus der Einsteinschen Hypothese (d. h. aus der Annahme unabhängig[er] Energieatome in den Resonatoren) folgt nicht das *Plancksche* Strahlungsgesetz sondern entweder das *Wien'sche* oder das *Rayleigh'sche*

$$\alpha \nu^3 \left(\frac{T}{\nu} \right) e^{-\frac{h\nu}{kT}}$$

oder allgemein ein Strahlungsgesetz von der Form

$$\alpha \nu^3 \left(\frac{T}{\nu} \right)^m e^{-\frac{h\nu}{kT}}$$

Um Sie mit keinerlei weiteren Anfragen belästigen zu müssen, werde ich jetzt unmittelbar daran gehen, eine entsprechende Um- und Ausgestaltung der Lichtquanten-Arbeit fertigzustellen. *Vielleicht* gelingt es mir, Ihnen in circa 2 Wochen das fertige (lesbar geschriebene!) Manuscript zu übersenden. Bis dahin werde ich es nach Möglichkeit vermeiden, noch irgendwelche Anfragen an Sie zu richten.– Ist nur erst diese Arbeit in Ihren Händen, so

---

[1] [Natanson 1911]. Ladislaus Natanson war Professor der mathematischen Physik an der Universität Krakau.

[2] In [Klein 1970, S. 253-257] wird Ehrenfests Argumentation rekonstruiert.

kann ich dann schon ruhigeren Gemütes mit der „Sadowsky"-Arbeit nach München fahren.[1]

Empfangen Sie nochmals meinen innigen Dank für Ihr liebenswürdiges Entgegenkommen!

In aufrichtiger Verehrung Ihr sehr ergebener
Paul Ehrenfest.

(Der vorliegende Brief beansprucht natürlich keinerlei Beantwortung!)

[183] *An Wilhelm Wien*[2]

12. XI. 11.

Lieber Wien!

Sehr erfreut über die diesjährige Nobelpreisverteilung, gratulire ich Ihnen herzlich![3] Ebenso Ihrer lieben Frau, die gewiß und mit Recht sehr stolz auf ihren Mann sein wird. Ebenso wie die ganze moderne Strahlungstheorie und die Energiequanten ist wohl auch der Nobelpreis als eine Folge Ihres Verschiebungsgesetzes anzusehen. Dass er nicht in halben Quanten verteilt ist, ist vom theoretischen und praktischen Standpunkt aus auch sehr befriedigend. Hoffentlich wird dann im nächsten Jahr wieder ein ganzes Quantum für die moderne Strahlungstheorie frei. Übrigens wird diese am nächsten Sonnabend auch mit einem Münchener Akademiediplom bedacht.[4]

Hierbei eine geschäftliche Frage betr. die Solvay-Photographien: Ich nehme an, dass wir nach der gemeinsamen Photographie *keine* Einzelphotographien an Goldschmidt zu senden haben.[5] Wenn ich mich darin irre, bitte ich um eine Postkarte.

Ihr A. Sommerfeld.

---

[1] Ehrenfest reiste im Januar 1912 nach München. Es eröffnete sich nun unmittelbar die Möglichkeit einer Habilitation, so daß er [Ehrenfest 1911a] nicht weiterführte, vgl. [Klein 1970, S. 171-175] und Brief [190].

[2] Brief (3 Seiten, lateinisch), *München, DM, Archiv NL 56, 010.*

[3] Wien wurde der Preis für seine Forschungen zur Wärmestrahlung zuerkannt.

[4] Auf Vorschlag von Sommerfeld wurde Planck zum korrespondierenden Mitglied der Bayerischen Akademie der Wissenschaften gewählt, vgl. *Personalakte Max Planck. München, Akademie*; siehe auch Seite 298.

[5] Robert Goldschmidt war Mitarbeiter Ernest Solvays und Mitglied des internationalen wissenschaftlichen Komitees der Solvaystiftung.

[184] *An Hendrik A. Lorentz*[1]

München, 25. II. 12.

Hochverehrter Herr College!

Die Adresse von Ehrenfest ist
Lopuchinskja 7A, Apothekerinsel, Petersburg.
Augenblicklich ist er noch auf Reisen und kehrt Mitte März dorthin zurück.
Er ist im Gespräch fast noch interessanter und packender wie in seinen
Abhandlungen.[2]

Die physikalische Zeitschrift mahnt mich, ihr ein Referat über die erschienen[en] Encyklopädie-Artikel zuzuschicken, wie ich das früher getan
habe. Ich lege Ihnen anbei das vor, was ich über Ihre Magnetooptik sagen möchte. Wenn Sie einverstanden sind, werfen Sie bitte das Blatt in
den Papierkorb. Wenn Sie aber Zusätze oder Veränderungen wünschen, so
schicken Sie es mir bitte mit diesen zurück. Aber halten Sie sich bitte nicht
mit irgend welchen Begründungen derselben auf; solche litterarischen Referate sind nicht so wichtig, dass man viel Zeit daran verlieren soll. Ich habe
mir, wie Sie sehen, die Sache auch leicht gemacht. Wenn ich in den nächsten 14 Tagen das Blatt nicht zurück erhalte, nehme ich Ihr Einverständnis
an.[3]

Ehrenfest erzählte von der mißlichen Situation von Lebedef,[4] der seines
Amtes entsetzt ist und nur spärliche Mittel hat, um seine Arbeit privatim
fortzuführen. Ich wies Ehrenfest auf die fondation Solvay hin. Wenn sich
Lebedef darum bewirbt, so würde bei ihm der Wirkungsgrad der etwa zu
bewilligenden Unterstützung sicher besonders hoch sein.

Ich habe gerade zusammen mit meinem optischen Collegen P. Koch
eine genaue Diskussion der Beugungsaufnahmen von Walter u. Pohl mit
X-Strahlen abgeschlossen.[5] Dabei war es mir eine besondere Genugtuung,

---

[1] Brief (3 Seiten, lateinisch), *Haarlem, RANH, Lorentz inv.nr. 74.*

[2] Seit Anfang Januar erkundete Ehrenfest auf einer Europareise – Anfang Februar in
München – Möglichkeiten für eine Stelle. Lorentz bedankte sich wenig später für die
Übersendung des Encyklopädieartikels der Ehrenfests, von dem er tief beeindruckt
war. Im Hintergrund stand vermutlich bereits die bevorstehende Frage der Nachfolge
Lorentz', vgl. [Klein 1970, S. 171-184] und Brief [189].

[3] [Sommerfeld 1912c].

[4] Nach Eingriffen in die Autonomie der Universität Moskau durch die Polizei im Gefol-
ge von Studentenunruhen war Piotr N. Lebedew mit vielen anderen Professoren im
Februar 1911 zurückgetreten, vgl. *Physikalische Zeitschrift, Band 12, 1911, S. 224.*
Lebedew starb am 14. März 1912.

[5] Peter Paul Koch hatte mit einer photometrischen Präzisionsmethode die von Bernhard Walter und Robert W. Pohl erhaltenen Aufnahmen von Röntgenstrahlen beim

dass die letzte Arbeit unseres armen Wind über die genaue Berechnung der Impulsbeugung voll verwertet wurde.[1]

Zu der Diskußion meines Brüsseler Rapports habe ich einige Zusätze gemacht. H.[err] de Broglie[2] wird so freundlich sein, sie denjenigen Herren zuzuschicken, auf deren Bemerkungen sie sich beziehen. Der Zusatz an Ihre Adresse betrifft den elastischen Stoss bei Hertz.[3] Hier habe ich ausgeführt, dass nach der „h-Hypothese" nicht nur die Zeit sondern auch die Eindringungstiefe beim Zusammenstoss mit der Geschwindigkeit abnehmen soll, während letztere bei Hertz mit ihr zunimmt. Ich bitte Sie, diese Zusendung gerade so zu behandeln wie die beiliegende, d. h. sie mir nur dann zuzuschicken, wenn Sie Änderungen wünschen, u. diese ohne Begründung an den Rand zu schreiben.

Zu Ihrem Einwande, dass man statt $\int H\,dt = +h$ auch $\int H\,dt = -h$ verlangen könnte, habe ich mich im Text meines Rapports so gestellt:[4] Die Analogie zu der Relativtheorie des einzelnen Massenpunktes verlangt $\int H\,dt > 0$, weil hier H notwendig positiv ist. Die Übertragung, einschliesslich des Vorzeichens, auf die Wechselwirkung zwischen Atom und Elektron ist Hypothese. Dagegen ist ein von Ihnen gleichzeitig erhobener Einwand anders zu erledigen: dass von den beiden Wurzeln für den Hin- und Hergang des Elektrons beim lichtelektrischen Effekt nicht notwendig die positive zu nehmen sei. Dies Vorzeichen hat seinen Grund darin, dass beim Hingang das $+h$ *früher* erreicht wird, als beim Hergang. Nachdem ich mich also für das $+h$ entschieden habe, ist in der Wahl dieses Vorzeichens keine Willkür.

Im Ganzen möchte ich zu meinem Brüsseler h-Vortrage mit Cohn-Göthe sagen:

„Da hilft nun weiter kein Bemühn,
Sinds Rosen nun sie werden blühn."[5]

Die Versuche mit Röntgenstrahlen, die mich über die Wahrscheinlichkeit

---

Durchgang durch einen sich verjüngenden Spalt (in denen im Gegensatz zu den Versuchen von Haga und Wind 1899 kein Beugungseffekt festgestellt wurde) vermessen [Koch 1912]. In [Sommerfeld 1912a] wird daraus eine obere Grenze für die Wellenlänge von Röntgenstrahlen abgeleitet.

[1] [Wind 1910]. Cornelis Wind war am 7. August 1911 in Utrecht verstorben.

[2] Maurice de Broglie war wissenschaftlicher Sekretär der ersten Solvaykonferenz.

[3] Heinrich Hertz berechnete die Verhältnisse beim elastischen Stoß fester Körper in [Hertz 1895b]. Sommerfelds Zusatz findet sich in [Sommerfeld 1914a, S. 304].

[4] Vgl. [Sommerfeld 1914a, S. 316].

[5] „Hier hilft nun weiter kein Bemühn! / Sind Rosen, und sie werden blühn." *Kommt Zeit, kommt Rat. Johann Wolfgang von Goethe, Artemis-Gedenkausgabe der Werke, Briefe und Gespräche. Zürich und Stuttgart: 1948, Band 1, S. 462.*

des Blühens näher unterrichten sollten sind, [sic] noch nicht fertig.[1]

Ich fürchte, dass man es in Holland Debye sehr verdenken wird, wenn er in Utrecht ablehnt.[2] Aber er ist ganz unschuldig an der verfahrenen Situation. Diese ist nur durch den Minister verschuldet, der ihn hat ernennen lassen, ohne Debye officiell zu fragen, und ohne dass Debye irgend einem Menschen (auch nicht Prof. Julius[3]) inofficiell gesagt hätte, dass er im Falle seiner Ernennung nach Utrecht gehen würde.

Mit ergebensten Grüssen
Ihr A. Sommerfeld.

[185] *Von Alfred Kleiner*[4]

Zürich 1/IV 1912

Hochgeehrter Herr Kollege!

Nachdem mein lieber Kollege Debye, der unsere Freude u[nd] unser Stolz geworden,[5] sich entschlossen hat, dem Ruf ins Vaterland zu folgen, gelange ich wiederum an Sie mit der Bitte um Rathschläge in der Angelegenheit der Besetzung der Professur für theoretische Physik u[nd] zwar handelt es sich wieder um Berufung wenn möglich schon auf das kommende Semester. (Ende dieser Woche sollte die entscheidende Facultätssitzung sein.)

Wir denken an Laue, ich wäre Ihnen aber sehr verbunden, wenn Sie sich allgemein u. rückhaltlos über die Angelegenheit aussprechen wollten, z. B. auch darüber, ob Sie es gerechtfertigt finden, wenn jetzt der hiesige Privatdocent Dr. Greinacher[6] übergangen wird, gegen dessen Auffassung des Entscheides ich durch objective Voten seitens der Oberbehörde gerechtfertigt sein möchte.

Betreffend Laue wäre uns natürlich sehr erwünscht, etwas zu erfahren über seine Qualitäten als Docent, ferner über seine persönlichen Eigenschaften, u[nd] ev. über die Aussichten, daß er einem Ruf nach Zürich folgen könnte u[nd] möchte.

---

[1] Vermutlich regte Sommerfeld Walther Friedrich an, nach seiner Dissertation [Friedrich 1912] entsprechende Versuche durchzuführen, die aber nicht abgeschlossen wurden.

[2] Debye hatte am 3. Februar 1912 einen Ruf als Professor der mathematischen Physik und der theoretischen Mechanik an die Universität Utrecht erhalten.

[3] Willem Henri Julius war Professor für Physik, physikalische Geographie und Meteorologie an der Universität Utrecht.

[4] Brief (2 Seiten, deutsch), *München, DM, Archiv HS 1977-28/A,171.*

[5] Diese Stelle ist am Rande angestrichen.

[6] Heinrich Greinacher.

Die Angelegenheit ist für uns um so wichtiger, als wir seit Jahren im benachbarten Gebiet der Mathematik keine stabilen u[nd] geordneten Zustände haben herstellen können;[1] einen Ausgleich wie durch Debye wagen wir freilich fast nicht zu erhoffen.

Mit dem Wunsch, daß Sie mir die Beunruhigung in Ihren Ferien verzeihen mögen u[nd] mit bestem Dank zum Voraus wünsche ich Ihnen [?] Ferienaufenthalt u[nd] grüße Sie ergebenst

A. Kleiner.

[186] *An Alfred Kleiner*[2]

Torbole, den 3. April 1912

Hochgeehrter Herr College!

Dass Debye Sie verlassen will, hat mich sehr überrascht, da er doch Weihnachten entschlossen war in Utrecht abzulehnen, und von mir hierin bestärkt wurde. Als ich davon hörte, wollte ich alsbald an Sie schreiben und Sie bitten, sich über seinen Entschluß nicht zu kränken. Aus Ihrem heutigen Brief sehe ich aber, dass Sie ihm Ihre Zuneigung vollständig erhalten haben. Gewiß dürfen Sie ihm sein Fortgehen nicht als Undankbarkeit auslegen. Das große Entgegenkommen, das er bei Ihnen und bei den Züricher Behörden gefunden hat, hat er stets dankbar gefühlt. Offenbar ist ihm etwas bange geworden vor der Vielseitigkeit seiner Züricher Tätigkeit, und er glaubte sich künftig auf sein engeres Gebiet concentriren zu müssen.

Was Laue betrifft, so ist er ohne Frage der tüchtigste der jüngeren Forscher auf dem theoretisch-physikalischen Gebiet. Sein Buch über Relativität war ein grosser Erfolg und wird allseits anerkannt.[3] Er war einer der allerersten, der die Bedeutung der Einstein'schen Entdeckung erkannte; z. B. hat er daraus ~~vor Einstein~~ sogleich den Fresnel'schen Mitführungscoefficienten abgeleitet.[4] Sein Urteil ist von grosser Sicherheit, z. B. als er Fehler in der Arbeit von Kohl über den Michelson-Versuch nachwies.[5] Sehr interessant sind seine früheren Arbeiten über die Thermodynamik cohärenter

---

[1] Den mathematischen Lehrstuhl hatte seit 1910 Ernst Zermelo inne. Bis 1908 besetzte Heinrich Burkhardt diese Stelle.

[2] Brief (12 Seiten, lateinisch), *Zürich, ETH, HS 412.*

[3] [Laue 1911].

[4] [Laue 1907c].

[5] [Laue 1910] widerlegt die in [Kohl 1909] vertretene Auffassung der beim Michelson-Morley-Versuch auftretenden Interferenzen. Emil Kohl, Privatdozent an der Universität Wien, stimmte der Laueschen Kritik zu.

Strahlen, auf die Planck in allgemeinen Aufsätzen wiederholt zu sprechen kommt (Rede in Leiden und Vorlesungen a. d. Columbia-Universität).[1]

Laue hat in München namentlich gelesen über Optik (mit manchen originellen Versuchen), Thermodynamik, Relativität, Elektronentheorie und hat mir bei Übungen über die physikalischen Differentialgl. geholfen. In den beiden letzten Semestern hat er selbst im Anschluß an seine Vorlesungen ein Colloquium abgehalten, in dem die Teilnehmer Vorträge hielten, gern und mit sorgfältiger Präparation über moderne Themata. Dies ist entschieden ein großer Lehrerfolg für einen Privatdocenten angesichts des Umstandes, dass auch der Ordinarius die Studenten nur schwer zum Reden bringt. Laue hat sich bisher immer an einen kleinen Kreis von Studirenden gewandt, die wirklich etwas lernen wollen, und hat diese ausserordentlich gefördert. Sie haben sich es z. B. immer gern gefallen lassen, wenn er Stunden einlegte. Ich schreibe dies, um zu zeigen, dass Laue tatsächlich ein am Unterricht lebhaft interessirter, eindrucksvoller Docent ist. Er stellt an sich und seine Zuhörer hohe Anforderungen. Niemals wird er etwas vortragen, was er nur halb durchgedacht oder nicht auf die einfachste Form gebracht hat. Auch wird er im Interesse sog. populärer Darstellung nicht leicht seinen Zuhörern die principiellen Schwierigkeiten eines Gegenstandes unterschlagen. Im persönlichen Verkehr spricht er etwas schnell und hastig, ex cathedra aber ist sein Vortrag stets wohlgeordnet und wird von mitarbeitenden Zuhörern nur gerühmt. (In seinen ersten Münchener Semestern hat er entschieden zu schwer vorgetragen. In den letzten drei Semestern hat er dies abgelegt). Er ist auch experimentell interessirt und anregend, nicht in so hohem Maaße wie Debye, aber doch so, dass er von den Röntgen'schen Praktikanten und Assistenten wiederholt um Rat gefragt ist, und zwei derselben jetzt zu einer praktischen Arbeit in meinem Institut veranlasst hat.[2] Persönlich ist er tadellos, ich habe in diesen 3 Jahren nie eine Differenz oder eine Schwierigkeit mit ihm gehabt. So befreundet wie mit Debye den ich von seinen ersten wissenschaftlichen Schritten her kenne, bin ich mit Laue natürlich nicht. Seine Natur ist auch zurückhaltender. Laue hat eine nette junge Frau, keine Kinder, ist pekuniär ziemlich unabhängig. Er wird sicher mit Freuden nach Zürich kommen, ist auch sofort abkömmlich. Dass man ihn in Tübingen zu Gunsten von Edgar Meyer übergangen hat, hat ihn recht gekränkt.[3] Es

---

[1] [Laue 1907a], [Laue 1907b], [Planck 1909] und [Planck 1910b].

[2] Paul Knipping und Walter Friedrich; diese Experimente führten zur Entdeckung der Röntgeninterferenz an Kristallen. Siehe dazu Seite 291.

[3] Zum Sommersemester 1912 wurde Edgar Meyer, Privatdozent für Experimentalphysik an der TH Aachen, als Extraordinarius für theoretische Physik an die Universität Tübingen berufen.

war dies auch auffallend, da doch Paschen sich bei Einstein und mir erkundigt hatte u. wir ihm gleichlautend u. unabhängig von einander Laue als den gegebenen Candidaten für ein theoretisches Extraordinariat empfohlen hatten.

Hn. Greinacher möchte ich kein Unrecht tun, bin auch wohl nicht vollständig über ihn unterrichtet. Aber ich habe den Eindruck, als ob er auf mathematisch-physikalischem Gebiet nicht eigentlich aus erster Hand schöpft. Dass er sich als produktiver Forscher auf theoretischem Gebiet mit Laue messen könnte, ist wohl ausgeschlossen. Laue ist eben einer der klarsten Köpfe, die wir überhaupt haben, und gleicht in dieser Hinsicht seinem Lehrer Planck. Wahrscheinlich würde Laue auch gern bereit sein (dass er dazu imstande ist, bezweifle ich nicht) nötigenfalls in dem mathematischen Unterricht mitzuhelfen, über physikalische Differentialgl., Fourier'sche Reihen, Mechanik. Laue hat hier in den letzten Jahren einen ausserordentlichen Eifer im Unterricht entwickelt. Auch darin dürfte er Hn. Greinacher überlegen sein, der soviel ich weiss nur wenige Vorlesungen über ein enges Gebiet gehalten, sich das Leben in dem Punkte ziemlich leicht gemacht und nicht wie Laue nach einer allseitig umfassenden Lehrtätigkeit gestrebt hat, um dabei selbst immer wieder Neues zu lernen.

Ihre Züricher Stelle hat doch durch Einstein einen besonderen Nimbus erhalten. Debye konnte das Einstein'sche Erbe durch engere Fühlung mit den Studirenden und intensivere Lehrtätigkeit noch mehren. Laue gehört theoretisch durchaus in die Interessenrichtung Einstein–Debye und wird in demselben Sinne arbeiten. Dr. Greinacher aber dürfte doch wohl dieser Art Physik ziemlich fern stehn; – ob ich ihm mit dieser Annahme Unrecht tue, werden Sie am besten selbst controlliren können.

Mit meinem allgemeinen Urteil über Laue glaube ich einig zu gehen mit Planck, W. Wien, Einstein.[1] Experimentell hat er kein so grosses Geschick wie Debye, aber auch lebhafte Interessen. Er ist um mehrere Grade theoretischer gerichtet wie Debye. Den besonderen Blick für das physikalisch-Reale und die ausserordentlich schnelle Auffaßung, die Debye auszeichnet, würde ich ihm auch nicht in gleichem Maaße zusprechen.

Nun habe ich Ihnen wohl alles geschrieben, was für Sie von Wert sein kann. Sie werden aus meinem Briefe sehn, dass ich gern gründlich und unparteiisch sein möchte. Auch wenn ich Laue diesen Ruf sehr wünsche, so wünsche ich doch ebenso, dass Sie in diesem Falle mit mir annähernd ebenso zufrieden sein möchten, wie im Falle Debye – annähernd, denn schliesslich

---

[1] Für Einstein war Laue „der bedeutendste der jüngeren deutschen Theoretiker", vgl. [Einstein 1993, Dokument 381].

ist Debye doch noch eine andere menschliche und wissenschaftliche Persönlichkeit.

Mit herzlichem Gruß und in besonderer Hochachtung

Ihr A. Sommerfeld.

[187] *Von David Hilbert*[1]

Alassio, le 5. 4. 1912

Lieber Sommerfeld

Wie Sie wissen, haben wir bisher aus den Zinsen der Fermatstiftung[2] die Kosten für die Einladungen der Herrn Poincaré u. Lorentz bestritten. Wir möchten aber dieses Jahr wo zu allem Sonstigen auch noch der internationale Kongress für Mathematik in England[3] kommt und da diesmal auch Klein nicht dabei sein kann, nicht wieder in derselben Weise zu einer wissenschaftlichen Fermat-Woche einladen. Ich habe mir daher folgenden Ersatz in bescheideneren Dimensionen gedacht: Ich selbst lese dieses Semester Mittwoch u. Sonnabend 9 – 11 Uhr über Principien und Axiome der Physik. Wie wäre es, wenn für die beiden letzten Doppelstunden des Semesters also etwa 29 Juli u. 2 Aug. 9 – 11 Uhr statt meiner Sie eintreten würden? Diese Zeit würde den Göttinger Dozenten u. jüngeren Mathematikern u. Physikern wohl am besten passen, so dass ich für ein gut besuchtes Auditorium bürgen könnte. Der Gegenstand bliebe Ihnen ganz überlassen: Am besten wohl Strahlungsth. und Quantentheorie. Auswärtige würden wir nicht besonders einladen, wenngleich solche, falls Sie kommen, uns natürlich sehr wilkommen sein würden. Ein gutes Honorar (ich denke etwa 1 000 M.) könnte ich Ihnen aus der Fermatstiftung in Aussicht stellen. Wie denken Sie darüber? Es wäre auch eine gute Gelegenheit uns einmal wiederzusehen und ausführlich zu sprechen. Alle Göttinger Kollegen würden sich ausserordentlich freuen, am meisten aber ich.

Sie herzlichst und ebenso Hannchen[4] herzlichst grüssender

D. Hilbert.

Hier bleibe ich noch bis 20 April.

---

[1] Brief (2 Seiten, lateinisch), *München, DM, Archiv HS 1977-28/A,141.*
[2] Vgl. Brief [147].
[3] Er fand im August in Cambridge, England, statt.
[4] Johanna Sommerfeld.

[188] *Von Wilhelm Conrad Röntgen*[1]

Cadenabbia 12 IV. 12.

Verehrter Herr College!

Besten Dank für Ihren Brief vom 8. d. M. Hoffentlich bekommt Ihnen und Ihrer verehrten Frau die ungewohnte Beschäftigung mit dem Nichtsthun sehr gut!

Wenn ich auch hoffen kann, Sie demnächst zu sprechen, so möchte ich doch noch vorher auf den Inhalt Ihres Briefes schriftlich antworten. Sie sind so freundlich mich wiederholt um meine Ansicht über eine Habilitation von Dr. Ehrenfest zu fragen.[2] Wie ich schon sagte habe ich die Ueberzeugung, dass Sie nicht nur allein maassgebend sind mit Ihrem Urtheil, sondern dass Ihr Urtheil auch ein objektives ist. Deshalb wird mir Ihre Wahl immer recht sein, und werden mir meinen eventuellen Bedenken kaum ein Gewicht beizulegen sind [sic].

Das vorausgesetzt, will ich nun doch noch in Bezug auf die event. Habilitation des Hrn. E. an Sie eine Frage stellen; vielleicht nur deshalb damit Sie sehen, dass Ihre Annahme, ich interessiere mich lebhaft für unsere physikalischen Verhältnisse, wirklich richtig war ist. Was Sie über E's Colloquiums-Vortrag[3] schreiben ergänzt den Eindruck, den ich beim Lesen einiger Arbeiten von E. bekam, ganz wesentlich. Sie berührten in Ihrem Brief die Confessionsfrage, und ich darf deshalb wohl sagen, dass ich, nach dem was ich nun über E. erfahren habe, meine, dass seine Befähigung einen ächt jüdischen Typus habe. Geistreich, kritisch, dialektisch. Meine an Sie zu richtende Frage ist nun die: glauben Sie, dass E. unter Ihrer Leitung und durch Ihren Einfluss zum *Physiker* d. h. zu einem auf physikalischem Gebiet produzierenden Menschen sich ausbildet?

Vielleicht ist mein Bedenken ganz überflüssig, was mich natürlich *sehr* freuen würde. Auch handelt es sich nicht um eine Berufung auf eine dauernde Stelle; jedoch sind in dieser Beziehung Beispiele genug da, die auch in dem Fall der Annahme eines Privatdocenten zur Vorsicht mahnen.

Wir fahren nächsten Montag hier ab und hoffen am Dienstag in München zu sein. Für Wien wünsche ich Ihnen alles Erfreuliche.[4] Mit herzlichem Gruss. Ihr ergebener

W. C. Röntgen

---

[1] Brief (3 Seiten, lateinisch), *München, DM, Archiv HS 1977-28/A,288.*

[2] Vgl. die Briefe [178] und [190].

[3] Ehrenfest hatte am 5. Februar 1912 über „Ritz's Relativtheorie" vorgetragen, vgl. *Physikalisches Mittwoch-Colloquium. München, DM, Archiv Zugangsnr. 1997-5115.*

[4] Am 20. April 1912 hielt Sommerfeld einen Vortrag in Wien.

[189] *An Hendrik A. Lorentz*[1]

München, 24. IV. 12

Hochgeehrter Herr College!

Sehr gern will ich Ihre Fragen beantworten.

1) Ehrenfest ist mir *persönlich* nicht näher bekannt. Er war nur kürzlich 8 Tage in München,[2] wobei sowohl meine Frau wie ich den Eindruck eines sehr sympathischen, feinsinnigen Menschen hatten. Von Klein hörte ich gelegentlich,[3] dass er durch Stimmungen und Verstimmungen in der Arbeit gelegentlich gehemmt würde. Von seinen Freunden, deren ich mehrere genau kenne, wird er sehr geschätzt. Ritz war ein intimer Freund von ihm.[4] Ich habe nie etwas nachteiliges über seinen Charakter gehört. Dass er ein Mann von strengen Grundsätzen ist, geht für mich aus folgenden Umständen hervor: Er wollte wegen der jetzigen politischen Verhältniße in Russland nicht Privatdocent werden;[5] er ist confessionslos, also aus der Synagoge ausgetreten und nicht zum Christentum übergetreten. Noch eine Kleinigkeit: Er verwirft den Genuß von Fleisch und ist Vegetarianer.

2) Er trägt *meisterhaft* vor. Ich habe noch kaum einen Menschen so fesselnd und glänzend reden hören. Prägnante Wortbildungen, witzige Pointen, Dialektik steht ihm in ungewöhnlicher Weise zur Verfügung. Charakteristisch ist seine Art, die Tafel zu behandeln. Die ganze Disposition seines Vortrags steht auf das anschaulichste für den Hörer auf der Tafel vermerkt. Er versteht es die schwierigsten Sachen anschaulich und konkret zu machen. Die mathematischen Überlegungen übersetzt er in fassliche Bilder.

3) Aus dem persönlichen Verkehr hatte ich, mehr wie aus seinen Arbeiten, den Eindruck, dass es ihm um die *physikalischen Tatsachen* zu tun ist. In seinen Arbeiten ist er wohl mehr Logiker und Dialektiker. Die Mathematik ist ihm, wie es sein soll, nicht Selbstzweck. Im persönlichen Verkehr giebt er sich vielseitiger wie in seinen Abhandlungen. Die experimentellen Ergebnisse verfolgt er, soweit sie principiell sind. Auch Einstein will ihn in Prag zu seinem Nachfolger haben, wie ich höre. Ich denke aber, dass er Ihre Nachfolge vorziehen würde. In Petersburg ist er Privatmann und ohne Einkommen, er lebt von seinem Vermögen, das nicht sehr gross sein dürfte. Er geht mit der Absicht um, sich in Berlin, München oder Zürich zu

---

[1] Brief (3 Seiten, lateinisch), *Haarlem, RANH, Lorentz inv.nr. 74.*

[2] Am 5. Februar hatte Ehrenfest im Münchner Kolloquium vorgetragen, vgl. Brief [188].

[3] Ehrenfest hatte zeitweise in Göttingen studiert und dort auch das Jahr vor seiner Übersiedlung nach Sankt Petersburg 1908 verbracht.

[4] Walther Ritz und Ehrenfest kannten sich von Göttingen her.

[5] Vgl. Anmerkung zu Brief [184].

habilitiren. Ich würde ihn sehr gern hier haben, nachdem ich durch seinen Besuch belehrt bin, dass er nicht, wie es mir früher aus seinen Abhandlungen schien, abstrakter Dialektiker ist, sondern eine starke physikalische Ader hat. Doch wird das nun wohl durch Prag oder Leiden vereitelt werden. Prag könnte übrigens an seiner Confessionslosigkeit scheitern, wenigstens musste Einstein, um in Österreich Ordinarius werden zu können, wieder in die Synagoge eintreten. Ob Ehrenfest diesen Schritt tun würde, ist mir nach seinen Grundsätzen zweifelhaft.[1]

4) Ehrenfest hat bei Boltzmann in Wien promovirt über nicht-holonome Systeme.[2] Die Arbeit ist nicht gedruckt. Er war mehrere Semester in Göttingen, lernte dort seine Frau kennen, eine russische Studentin, seine Mitarbeiterin (Tatiana Ehrenfest, vgl. Encykl.-Artikel[3]). Planck schätzt ihn als sehr scharfsinnig, wie er mir in Brüssel sagte, hat ihn aber persönlich erst kürzlich und viel flüchtiger wie ich kennen gelernt. Vielleicht wäre eine Vereinbarung zwischen Ihnen und Einstein angebracht.[4]

Sie wissen vielleicht noch nicht, dass Debye erst zum Oktober in Zürich freigelassen wird. Unter diesen Umständen würde es vielleicht doch nicht ausgeschlossen sein, dass er nach Leiden statt nach Utrecht kommt. Ich sähe ihn natürlich lieber dort, obwohl ich weiss, dass Ihre Universitäten officiell gleich gestellt sind. Debye überragt natürlich alle anderen, die nach Einsteins Ablehnung in Frage kommen können, bedeutend. Er ist ein wirklicher Physiker. Sicherlich würden Sie auch Abraham haben können, der in Mailand technische Mechanik vorträgt, sicherlich auch Laue, der – bitte ganz im Vertrauen – als Extraordinarius für Zürich an Debyes Stelle in Aussicht genommen ist.[5]

Diese letzten Bemerkungen sollen natürlich nicht Ehrenfest schaden, dem ich alles Gute wünsche und der meiner Meinung nach auch alles Gute verdient.

Mit herzlichen Grüssen auch von meiner Frau an die Ihrige

Ihr sehr ergebener

A. Sommerfeld.

---

[1] Einstein schrieb an Ehrenfest: „Es wurmt mich geradezu, dass Sie den Spleen der Konfessionslosigkeit haben; lassen Sie ihn ihren Kindern zuliebe fallen. Wenn Sie einmal hier Professor wären, könnten Sie übrigens wieder zu diesem kuriosen Steckenpferd zurückkehren – nur ein kurzes Weilchen braucht es" [Einstein 1993, Dokument 384].

[2] [Ehrenfest 1904].

[3] [Ehrenfest und Ehrenfest 1911].

[4] Einstein, Lorentz' Wunschkandidat, hatte kurz zuvor eine Berufung an die ETH Zürich angenommen und daher in Leiden abgesagt [Einstein 1993, Dokument 360].

[5] Abraham war auch für diese Stelle im Gespräch, vgl. [Einstein 1993, Dokument 382].

[190] *An Paul Ehrenfest*[1]

München, 12. V. 12

Lieber Herr College!

Es ist eine gewisse Aussicht vorhanden, dass Laue nach Zürich berufen wird, an Stelle von Debye. Damit wären die Verhältnisse gegeben, unter denen ich Ihre Habilitation in München herzlich begrüssen würde. Wenn Sie also nicht die Züricher Habilitation vorziehen – was ich sehr begreiflich fände – und sich Ihnen nicht andere bessere Chancen bieten – was ich vermute –, so fassen Sie bitte die Habilitationsschrift und Meldung in München in's Auge.[2] Ich verstehe diese Bitte nicht eventualiter, d. h. für den Fall dass Laue wegkommt (denn damit wäre Ihnen nicht gedient) sondern definitiv. Wenn also Laue doch nicht fortkommt, so müssten Sie sich miteinander und mit etwaigen jüngeren Privatdocenten einrichten. Meldung und Colloquium sollten noch in diesem Semester bewirkt werden, damit Sie für nächstes anzeigen können. Als Habilitationsschrift möchte ich Ihnen gerade so wie für die damalige Dr. Arbeit Ihre erweiterte Strahlungsarbeit vorschlagen.[3] Auf Veranlassung von Laue ist in meinem Laboratorium eine ganz grosse praktische Entdeckung gemacht.[4] Um Ihre Überraschung über die betr. Publikation nicht zu beeinträchtigen, will ich Ihnen nichts weiter darüber sagen. Es ist dies aber ein Grund mehr zu der Annahme, dass Laues Münchener Lebensdauer nicht mehr lang sein wird, auch wenn nichts aus Zürich werden sollte.

Ihre Kritik meines Strahlungsvortrags ist wohl ungeschrieben geblieben.[5] Da ich das betr. Ms. längst abgeschickt habe, so hat Ihr diesbez. Brief[6] kein aktuelles Interesse mehr für mich, sondern nur das allgemeine, das jede Belehrung hat. Sie brauchen sich übrigens nicht zu entschuldigen: wer hätte zu allem Zeit, was er übernimmt?

Übrigens bin ich auch hinter den eigentlichen Witz der Gruppengeschwindigkeit gekommen. Aber auch hier fehlt es an der Zeit, den Witz auszuarbeiten.[7]

---

[1] Brief (2 Seiten, lateinisch), *Leiden, MB.*

[2] Zu Zürich vgl. [Einstein 1993, Dokument 366], zur Lorentznachfolge Brief [189].

[3] Siehe Brief [181].

[4] Zur Entdeckung der Röntgeninterferenz an Kristallen vgl. Seite 291.

[5] Vermutlich Sommerfelds Vortrag bei der Naturforschertagung in Karlsruhe [Sommerfeld 1911b], in dem er auch quantenstatistische Fragen behandelte.

[6] Ein solcher Brief Ehrenfests ist nicht erhalten.

[7] Es dürfte sich um die Aufklärung des von W. Wien vorgebrachten scheinbaren Widerspruchs von Überlichtgeschwindigkeiten bei der anomalen Dispersion handeln, vgl. [Sommerfeld 1912e].

Lassen Sie bald über Ihre Pläne hören! Ihr neulicher Besuch ist uns allen in angenehmster Erinnerung.

Ihr A. Sommerfeld.

[191] *An Alfred Kleiner*[1]

München, den 13. V 1912

Sehr verehrter Herr College!

Die Vorlesungen von Dr. Laue liegen

Dienstag, Donnerstag, Freitag 3–4 Uhr Relativitätstheorie
Samstag 10–12 Uhr Übungen dazu.

Es hören etwa 10 Herren (für dieses Thema eine recht anständige Zahl). Daß Sie unbemerkt bleiben, ist also ausgeschlossen. Wenn ich in einer kleinen Vorlesung, bei der ich alle Gesichter kenne, zwei fremde ältere Herren sehe, würde ich auch etwas aus dem Text kommen, schon deshalb, weil ich mich verpflichtet fühlen würde, für diese weiter auszuholen. Ich besinne mich, dass ich mich in Aachen während einer ganzen Stunde über ein fremdes Gesicht alterirte – es schwebten damals auch bei mir Berufungsdinge.– Ich möchte also sehr empfehlen, dass Sie sich Laue vorher vorstellen, oder direkt mich autorisiren, ihn auf Ihren Besuch im Allgemeinen vorzubereiten. In dieser Woche fällt Donnerstag (Himmelfahrt) aus, Laue hat dafür heute eingelegt. Am Mittwoch d. 16. V Abend 6–8 trägt Laue zufällig in unserem Colloquium vor.[2] Besonders charakteristisch für Laues Unterricht dürften die Übungen am Samstag sein (Aufgaben und Vorträge der Teilnehmer). Laue wird jedenfalls mit Freuden die Gelegenheit wahrnehmen Ihnen die wundervollen Interferenz-Aufnahmen mit Röntgenstrahlen an Krystallen zu zeigen, die jetzt hier auf seine Veranlassung gemacht werden u. die uns alle in Atem halten.[3]

Ich bitte Sie sehr, mir Ihre Ankunft und die Dauer Ihres Aufenthaltes vorher kurz anzuzeigen. Ich werde mich sehr freuen, wenn Sie und Herr Direktor Keller Zeit finden, mich abends oder mittags zu besuchen und

---

[1] Brief (2 Seiten, lateinisch), *Zürich, ETH, HS 412.*

[2] Laut Kolloquiumsbuch trug Laue am 15. Mai (der 16. war ein Donnerstag) über die *Thermodynamische Theorie der Photochemie nach Warburg und Einstein* vor, vgl. *Physikalisches Mittwoch-Colloquium. München, DM, Archiv Zugangsnr. 1997-5115.*

[3] Vgl. Seite 291. Die erste Bekanntmachung über die Entdeckung der Röntgeninterferenz an Kristallen wurde von Sommerfeld am 4. Mai 1912 der Bayerischen Akademie der Wissenschaften vorgelegt, vgl. *Walther Friedrich, Paul Knipping, Max Laue: Schema der Versuchsanordnung, 4. Mai 1912. München, DM, Archiv HS 1951-5.*

würde dazu gern auch Röntgen bitten, den Sie ja von Zürich her kennen.[1]
Vielleicht können Sie mich auch darüber vorher orientiren, desgleichen ob
es Ihnen erwünscht ist, dass ich auch Laue dazu auffordere. Ich vermute,
dass Ihnen Letzteres im Interesse der ungezwungenen Aussprache nicht erwünscht sein wird, und sage selbstverständlich Laue überhaupt nur dann
etwas, wenn Sie mich autorisiren.

Ihr sehr ergebener
A. Sommerfeld.

[192] *Von Alfred Kleiner*[2]

[Juni 1912][3]

Hochgeehrter Herr Kollege!

Für Ihren freundlichen Empfang in München u. die viele Mühe, die Sie
sich in unserer Berufungssache machen spreche ich Ihnen meinen besten
Dank aus. Ich werde Sie über den Gang der Angelegenheit auf dem Laufenden erhalten, da ich wol weiß was für Spannungen mit derartigen Sachen
verbunden sind. Es wird, wegen der Tagung der Bundesversammlung, an
welcher der Erziehungsdirector theilnimmt, wol nicht bald eine E. R. Sitzung stattfinden;[4] ich zweifle aber nicht daran, daß das beschlossen wird,
was die zwei Experten vorschlagen u. in dieser Beziehung theile ich Ihnen
mit, daß wir nur Laue [postiren?] werden, nach reiflicher Ueberlegung u.
trotz [?]licher Bedenken, die wir geäußert haben, z. B. betreffend Mitbethä-
tigung am Laboratoriumsbetrieb, wozu wir seinerzeit Einstein u. dann auch
Debye haben verpflichten können. Wir wissen schon, daß wir Debye nicht
zu ersetzen prätendiren können.

Debye lebt gegenwärtig in höheren Himmeln[,] ich wünsche ihm nur,
daß seine intimen Angelegenheiten bald in glatte Bahnen kommen u. die
holländischen Philosophen in sich gehen.[5]

---

[1] Röntgen hatte 1869 an der Universität Zürich promoviert und zuvor an der ETH sein
Diplom erworben.

[2] Brief (2 Seiten, deutsch), *München, DM, Archiv HS 1977-28/A,171.*

[3] Vgl. *A. Sommerfeld an A. Kleiner, 10. Juni 1912. Zürich, ETH, HS 412.*

[4] E. R. steht für Erziehungsrat, der in der Schweiz zuständigen Instanz für Berufungen;
vgl. auch die entsprechende Korrespondenz in [Einstein 1993]. Laue trat die Stelle an
der Universität Zürich zum Wintersemester 1912/13 an.

[5] Debye heiratete kurz darauf Mathilde (Hilde) Alberer. Er hatte im März die Professur für mathematische Physik und theoretische Mechanik an der Universität Utrecht
angenommen.

Daß München eine famose Gegend ist, habe ich wieder erfahren u. genossen u. möchte nur hoffen, daß einer von dort gefunden wird, der es auch bei uns aushalten kann.

Mit besten Grüßen an Sie u. Empfehlungen an Ihre Frau Gemahlin

z. ergebenst

A. Kleiner.

[193] *An Karl Schwarzschild*[1]

München [Anfang Juni 1912][2]

Lieber Schwarzschild!

Wir gratuliren Ihnen sehr zu dem Kleinen. Möge sein m wachsen und es nicht zu viel e, e schreien.

Die specif. Wärmen von B.[orn] u. K.[ármán] haben mir, wie ich den Verf. geschrieben habe, sehr gefallen.[3] Der Grundgedanke ist sicher der einzig richtige, auf dem die Theorie des festen Körpers aufgebaut werden muß. Die Ausführung geht wohl etwas mehr ins hypothetische Detail als wünschenswert. Debye hat schon etwas früher über denselben Gegenstand in Bern einen Vortrag gehalten (ganz kurzer Auszug in den Archives de Génèves).[4] Er gelangt bis zu der definitiven Formel für $c_v(T)$, die mit den Beobachtungen vorzüglich stimmt. Ich soll 29. Juli und 2. August in Göttingen über Quanten vortragen und werde vor allem die specif. Wärmen auf's Korn nehmen.[5] Vielleicht sehen wir uns dort?

Der Grundgedanke von Debye ist dieser. Man zählt wie beim Jeans'schen Kasten die Freiheitsgrade der verschiedenen Eigenschwingungsmöglichkeiten ab, wobei hier (man nehme zunächst ein Gas statt eines festen Körpers) die Schallgeschwindigkeit an Stelle der Lichtgeschw. tritt. Man findet für die Anzahl der Freiheitsgrade mit Schwingungszahl $< \nu$ ($V =$ Volumen des Kastens, $c =$ Schallgeschw.)

$$Z = \frac{4\pi}{3} V \frac{\nu^3}{c^3}$$

Diese Zahl wächst aber nicht ins Unendliche, da wir nur N Moleküle im Kasten haben. Daraus berechnet sich (etwas kühn) eine maximale Schwin-

---

[1] Brief (2 Seiten, lateinisch), *Göttingen, NSUB, Schwarzschild.*

[2] Kurz nach der Geburt von Martin Schwarzschild am 31. Mai 1912.

[3] Vgl. Seite 300.

[4] [Debye 1912b].

[5] Vgl. Brief [187].

gungszahl ν_m, nämlich

$$3N = \frac{4\pi}{3} V \frac{\nu_m^3}{c^3}.$$

Dies ν_m entspricht ganz der Lindemann'schen Formel, resp. der Einstein'schen.[1] Daher auch

$$Z = 3N \frac{\nu^3}{\nu_m^3}, \ dZ = 9N \frac{\nu^2 d\nu}{\nu_m^3}.$$

Nun kommt Energieverteilung nach Planck,

$$U = \int\limits_{\nu=0}^{\nu=\nu_m} \frac{h\nu}{e^{\frac{h\nu}{kT}} - 1} dZ = \frac{9N}{\nu_m^3} \frac{k^4 T^4}{h^3} \int\limits_{0}^{\Theta/T} \frac{x^3 dx}{e^x - 1}$$

$\Theta = h\nu_m/k$. Also U gegeben durch universelle Curve, wobei nur T im Verhältnis ν_m individuell zu messen ist. Für $T = 0$:

$$U = aT^4, \quad \text{Stefan-Boltzmann'sches Gesetz}$$

mit einem solchen Werte von a, dass darin Lichtgeschw. durch Schallgeschw. zu ersetzen ist! Schön, nicht? Dies ist natürlich vorläufig alles geistiges Eigentum von Debye. Er will aber bald darüber in den Ann. schreiben u. hofft dabei auch die Wärmeleitung zu erschlagen.[2]

Herzlich Ihr
A. Sommerfeld.

[194] *Von Paul Ehrenfest*[3]

23/VI. 1912.

Hochverehrter Herr Professor!

Ich habe endgültig die Hoffnung verloren, Ihnen die Habilitationsarbeit früher als günstigenfalls Beginn August übersenden zu können. Ich

---

[1] [Einstein 1907a], [Nernst und Lindemann 1911].

[2] In [Debye 1912a] wird das Problem der Wärmeleitung nicht behandelt, vgl. aber [Debye 1914]. Einstein hatte kurz zuvor angeregt, das Verhalten der Wärmeleitung bei tiefen Temperaturen zu untersuchen, da hier ein Testfall für die Quantentheorie vorliege, vgl. [Einstein 1993, S. 303-304].

[3] Brief (4 Seiten, lateinisch), *München, DM, Archiv HS 1977-28/A,76*.

schrieb, schrieb und habe immer wieder alles vernichtet in voller Verzweiflung über die Unmöglichkeit der Darstellung. Es bleibt mir nichts übrig als Sie um Entschuldigung für die Verzögerung zu bitten.

Laue hat mir ein Photogramm seiner Röntgen-Interferenzbilder geschickt fast ohne Erklärung. Wenn ich recht verstehe benützt er die Krystallstructur als Beugungsgitter für Röntgenstrahlen. Dann ist das eine wahrhaft wunder*schöne* und enorm *saftige*, folgenreiche [Entdeckung] um die man ihn gründlich beneiden kann. Ich habe ihm sofort gratuliert und bat ihn um ein Separatum (um in unserem russischen Journal referieren zu können) ich erhielt aber bisher keinerlei Antwort von ihm. Ich weiß nicht warum[.]

Von den Berufungsfragen ist die eine (bei der es viel auf Confession und wenig auf Begabung ankam) wie es scheint im Sande verlaufen.[1] Die andere bei der es (leider) *sehr* auf Begabung und (Gott sei dank) wenig auf Confession ankommt ist noch in Schwebe.[2]

Anlässlich des Erscheinens der Gravitationsarbeiten von Einstein[3] habe ich mir folgende Aufgabe überlegt:

Was ist das allgemeinste Weltlinienfeld im x, y, z, t-Raum, das in Bezug auf geometrisch-optisches Verhalten einem stationären Gravitationsfeld aequivalent ist?[4]

Durch rein geometrische Betrachtungen konnte ich zeigen, dass ausser den Weltlinienfeldern der *gleichförmigen Translation* und der Born'schen *Hyperbelbewegung*[5] nur noch physikal.-bedeutungslose degenerierte Felder diese Aequivalenzforderung erfüllen können.

Dieses Resultat klärt auf (wie mir scheint) warum Einstein im dynamischen Theil seiner Arbeiten schließlich auf eigenthümliche Schwierigkeiten

---

[1] Die Nachfolge Einsteins auf das Extraordinariat für theoretische Physik an der deutschen Universität Prag erhielt Philipp Frank, der zuvor Privatdozent an der Universität Wien war. Zu den Berufungshintergründen siehe [Einstein 1993, Dokument 400].

[2] Am 30. Mai 1912 hatte Lorentz in einem Brief an Ehrenfest angefragt, ob er bereit sei, seine Nachfolge zu übernehmen; Ehrenfest erhielt den Ruf, weswegen sich die Münchener Habilitation erübrigte. Vgl. [Klein 1970, S. 184-192] und Sommerfelds Empfehlungsbrief [189].

[3] [Einstein 1912b] und [Einstein 1912c]. Zu den nachfolgenden Ausführungen vgl. auch Ehrenfests Korrespondenz mit Einstein im Mai und Juni 1912 [Einstein 1993, Dokumente 393, 394 und 411].

[4] [Ehrenfest 1913a].

[5] Eine Bewegung bei konstanter Beschleunigung, dargestellt durch Hyperbeln in einem vierdimensionalen Minkowskischen Raum, vgl. [Born 1909a].

stößt (siehe § 4 in „Theorie des stat. Gravitationsfeldes").[1]

Mein geometrisches Schlußverfahren ist sehr lustig: Ich ziehe im x, y, z, t-Raum zunächst die „Lichtlinien" die den Lichtsignalen von Weltlinie a nach Weltlinie b und b nach a entsprechen und beweise, dass sie im vierdimensionalen Raum ein gewöhnliches Rotationshyperboloid bilden, dessen Erzeugende mit der t-Axe 45° einschließen: Zwischen je zwei Weltlinien a und b lässt sich ein „Lichthyperboloid H_{ab}" legen. Als Schnitt von H_{ab}, H_{ac}, H_{ad} ... u.s.w. muss die Weltlinie a eine ebene Curve sein und zwar eine *Hyperbel* (im Grenzfall *Gerade*). Weiter beweise ich dass die Ebenen aller Hyperbeln durch eine und dieselbe Gerade T (im x, y, z, t-Raum) gehen müssen und zuletzt: T muss im Unendlichen liegen; die Ebenen aller Hyperbeln sind parallel u.s.w.

Leider ist das Schlussverfahren sehr lang.

Ich bitte Sie nochmals um Verzeihung für die Verzögerung. Glauben Sie mir bitte dass mich diese Verzögerung *sehr* quält und deprimiert.

In aufrichtiger Verehrung Ihr ergebener

P. Ehrenfest.

Nach den Berufungen von Ehrenfest, Debye und Laue nach Leiden, Utrecht bzw. Zürich traten für Sommerfeld wieder die Alltagsfragen an der Münchner Universität in den Vordergrund wie die Besetzung seiner zweiten Assistentenstelle.
Bei der Frage der Quantentheorie blieb Einstein sein wichtigster Diskussionspartner.[2] Einstein wollte seinerseits, wie er im Juni 1912 an Laue schrieb, Sommerfeld „gerne sprechen wegen der h-Fragen. Vielleicht nehme ich mir ein Herz und fahre bald einmal nach München".[3] Ob der Besuch zustande kam, ist nicht klar. Die weitere Korrespondenz zeigt jedoch, daß Einsteins Interesse bald ganz der allgemeinen Relativitätstheorie galt.

[195] *An Johanna Sommerfeld*[4]

Samstag zwischen 8 u. 9 Uhr, vor dem Colleg! [20. Juli 1912][5]

Liebes!

Füllfeder in der Univers.

Schreibe doch bald nach gründlicher Erkundigung bei Ernst[6] ob die Lenkstange vom Rad (4,50 M) von ihm bezahlt ist resp. ob er nicht bereits

---

[1] [Einstein 1912c].

[2] Brief [196].

[3] [Einstein 1993, Dok. 407].

[4] Brief (2 Seiten, lateinisch), *München, Privatbesitz*.

[5] Von Johanna ergänzt: „nach dem Berghäusl 1912".

[6] Sommerfelds Sohn war 13 Jahre alt.

Geld dafür bekommen hat. Ich erhielt gestern Rechnung darüber.

Wetter auch hier frisch, jetzt regnerisch, bis dahin köstlich frühlingsartig.

Heute nachm. stürmische Rektor- u. Senatorenwahl zu erwarten. Ich fürchte ich komme doch heran, bei der Vorwahl am Mittwoch hatte ich die mittlere Stimmzahl. Bei der Rektorwahl Gareis – Hellmann spielen wieder politische Gegensätze mit.[1]

Gestern bekam ich einen Ruf (zunächst Anfrage) nach Charlottenburg an die schiffsbautechnische Abteilung.[2] Ich werde ihn morgen an Emden weitergeben.

Die Assistentenfrage ist wechselvoll und interessant. 1) Lenz[3] bei den Pionieren genommen, 2) Lenz beschlossen, sich ein Jahr zurückstellen zu lassen. 3) Erfahre, dass mein 2ter Assistent ebenfalls volle 1 800 M bekommt und engagire Friedrich[4] definitiv 4) Angerer von Röntgen zu Ebert[5] 5) Röntgen will Friedrich für sich haben. 6) Friedrich wird von den Assistenten von R.[öntgen] u. S.[ommerfeld] im einen u. anderen Sinne bearbeitet. 7) Da R. so töricht ist, sofortige Entscheidung zu verlangen, in 2 Stunden, lehnt Friedrich ab. Ich freue mich sehr darüber, nicht nur weil ich F. brauche, sondern auch weil man bei einer Kraftprobe nicht gerne unterliegt. Daß R. die umgekehrten Empfindungen haben wird, schadet nichts.

Von den Göttinger Vorträgen ist Nr. 1 fertig u. sehr schön,[6] Nr. 2) beinahe.

Fühle mich vollständig gut. Gestern abend bei Voßlers,[7] sehr nett, ebenfalls Heiglfeier[8] äusserst stimmungsvoll.

Rheuma wie weggeblasen.

---

[1] Der Ordinarius für römisches Recht Friedrich Hellmann unterlag Karl von Gareis, der vor seiner Münchner Professur zeitweise nationalliberaler Reichstagsabgeordneter war.

[2] *Ludwig Gümbel an Arnold Sommerfeld, 15. Juli 1912. München, DM, Archiv NL 89, 019, Mappe 5,3.*

[3] Wilhelm Lenz trat 1910 die Nachfolge Debyes als Sommerfelds Assistent an.

[4] Walther Friedrich hatte gerade bei Röntgen promoviert; er wurde zum Wintersemester 1912/13 der zweite Assistent Sommerfelds.

[5] Ernst von Angerer war seit 1907 Assistent am Röntgenschen Institut und wechselte an die TH München, wo Hermann Ebert 1898 zum Ordinarius für Physik berufen worden war.

[6] Vgl. Brief [187]. Sommerfeld trug über die Versuche zur Röntgeninterferenz an Kristallen vor.

[7] Sommerfeld war mit dem Professor für Romanistik Karl Voßler gut befreundet.

[8] Der Historiker und Akademiepräsident Karl Theodor von Heigel beging seinen 70. Geburtstag.

Visitenkarten von Prutz u. Tochter,[1] Helene Lange u. Petruschky[2] im Kasten.

Es ist garnicht schlimm hier, nur ein bischen unruhig.

Euer A

[196] *Von Albert Einstein*[3]

Dienstag 29. X. [1912][4]

Lieber Herr Kollege!

Ihr freundliches Briefchen[5] setzt mich noch mehr in Verlegenheit. Aber ich versichere Ihnen, dass ich in der Quantensache nichts Neues zu sagen weiss, was Interesse beanspruchen darf. Die Auffassung von Debije–Born[6] teile ich vollständig; ich habe nichts daran zu kritisieren. Die Lösung der prinzipiellen Schwierigkeiten wird aber durch diesen Fortschritt kaum gefördert. Jedenfalls halte ich es für gut, wenn Debije auch einmal bei einer derartigen Gelegenheit zu Worte kommt und Gelegenheit hat, mit den andern Kollegen zu sprechen, die sich mit dem Problem abgeben;[7] ich hoffe sehr viel von ihm, weil er grosses physikalisches Verständnis mit seltenen mathematischen Fähigkeiten vereinigt.

Ich beschäftige mich jetzt ausschliesslich mit dem Gravitationsproblem und glaube nun mit Hilfe eines hiesigen befreundeten Mathematikers[8] aller Schwierigkeiten Herr zu werden. Aber das eine ist sicher, dass ich mich im Leben noch nicht annähernd so geplag[t] habe, und dass ich grosse Hochachtung für die Mathematik eingeflösst bekommen habe, die ich bis jetzt in ihren subtileren Teilen in meiner Einfalt für puren Luxus ansah! Gegen dies Problem ist die ursprüngliche Relativitätstheorie eine Kinderei. Abrahams

---

[1] Der Historiker Hans Prutz, zuvor Professor in Königsberg, lebte seit 1902 mit seiner Tochter Hedwig in München; sie waren Verwandte von Johanna Sommerfeld.

[2] Möglicherweise die Münchner Malerin Helene Petraschek-Lange und der in Königsberg geborene Arzt Johannes Theodor Petruschky.

[3] Brief (3 Seiten, lateinisch), *Jerusalem, AEA.*

[4] Das Jahr ergibt sich aus den im Brief erwähnten Arbeiten.

[5] Ein Brief Sommerfelds an Einstein aus dem Jahre 1912 ist nicht erhalten.

[6] Debye sowie Born und Theodor von Kármán hatten durch Anwendung der Quantentheorie die Temperaturabhängigkeit der spezifischen Wärme fester Körper erklärt, vgl. Seite 300 sowie [Debye 1912b] und [Born und von Kármán 1912].

[7] Sommerfeld hatte den Wunsch ausgesprochen, Debye zur Göttinger Wolfskehltagung 1913 einzuladen, nachdem Einstein seine Teilnahme abgesagt hatte, vgl. [Einstein 1993, Dokument 417] und *P. Debye an A. Sommerfeld, 3. November 1912. München, DM, Archiv HS 1977-28/A,61.*

[8] Marcel Grossmann, vgl. [Einstein 1995, S. 294-301]

neue Theorie[1] ist zwar, soweit ich sehe logisch richtig, aber nur eine Miss-
geburt der Verlegenheit. So falsch, wie Abraham meint, ist die bisherige
Relativitätstheorie sicherlich nicht.

Hoffentlich sehen wir uns bald wieder, aber nicht zu dem ausgesprochenen Zweck, immer aufs neue uns gegenseitig unser Unvermögen mitzuteilen
das Verhalten [d]er Systeme bei tiefen Temperaturen zu begreifen![2]

Mit den besten Grüssen, auch an Ihre Frau Gemahlin und deren Kin-
derchen, auch von meiner Frau verbleibe ich Ihr

A. Einstein.

---

[1] [Abraham 1912c], vgl. auch die öffentliche Kontroverse in den *Annalen der Physik*
[Abraham 1912a], [Abraham 1912b], [Einstein 1912a] und [Einstein 1912d].

[2] Fragen der Tieftemperaturphysik spielten bei den frühen Diskussionen um die Quantentheorie – etwa der Göttinger „Gaswoche" oder zweite Solvaykonferenz 1913 (siehe
Seite 434) – eine herausragende Rolle.

1913–1918

Atomtheorie

Atomtheorie

Das Bohrsche Atommodell[1] markiert den Beginn einer neuen Ära in der Geschichte der Physik. Allerdings wurde seine Tragweite in den ersten Jahren nach der Veröffentlichung kaum wahrgenommen. Der Umschwung setzte erst nach dem Ausbau des Modells zu einer umfassenden Atomtheorie durch Arnold Sommerfeld 1916/17 ein. Die damit erzielte Erklärung der Feinstruktur der Spektrallinien, der Röntgenspektren und des Starkeffekts verschafften den von Bohr begründeten Auffassungen den nötigen Rückhalt, der den weiteren Ausbau der Atomtheorie zu einer vordringlichen Aufgabe der theoretischen Physik werden ließ.[2]

Zeeman- und Starkeffekt I: Klassische Erklärungsversuche

Sommerfeld reagierte auf die Bohrsche Arbeit mit einer Mischung aus Zurückhaltung und Neugier. Er sei zwar „noch etwas skeptisch gegenüber den Atommodellen überhaupt", die Berechnung der Rydbergschen Konstanten sei aber „fraglos eine große Leistung".[3] Daß Sommerfeld sich überhaupt für die Bohrsche Arbeit interessierte, lag vor allem an seiner Beschäftigung mit dem Zeemaneffekt.

Schon vor der Jahrhundertwende konnte Lorentz im Rahmen seiner Elektronentheorie eine Erklärung für den „normalen" Zeemaneffekt geben: Die Aufspaltung *einer* Spektrallinie in eine Gruppe von *drei* Linien (Triplett) im Magnetfeld wurde durch die Zerlegung *einer* Schwingung eines quasielastisch gebundenen Elektrons in *drei* Anteile erklärt: einer ungestörten Schwingung parallel zum Magnetfeld und zwei zirkularen senkrecht dazu mit jeweils entgegengesetztem Umlaufsinn. Allerdings zeigte sich mit

---

[1] [Bohr 1913b], [Bohr 1913c] und [Bohr 1913d]

[2] Zur Entstehung des Bohrschen Atommodells siehe [Heilbron und Kuhn 1969], [Mehra und Rechenberg 1982, Part 1, S. 155-257], [Bohr 1981, S. 336-342]; zu den Anfängen der Sommerfeldschen Feinstrukturtheorie siehe [Benz 1975, S. 129-151] und [Nisio 1973].

[3] Postkarte [202].

verbesserten interferometrischen Beobachtungstechniken bald, daß der „normale" Zeemaneffekt die Ausnahme darstellt. Weit häufiger sind „komplexe Zeemantypen" mit mehr als dreifacher Aufspaltung wie Quartette, Sextette usw. Dieser „anomale" Zeemaneffekt findet sich bei allen Spektrallinien, die bereits ohne Magnetfeld einem Multiplett (Dublett, Triplett usw.) angehören, was schon für die Wasserstofflinien der Fall ist.[1] Zwar konnten die komplexen Zeemantypen nicht erklärt werden, doch wurden Gesetzmäßigkeiten gefunden: Die Spektrallinien verwandter chemischer Elemente (im Periodensystem untereinander angeordnet) zeigen die gleiche Zeemanaufspaltung (Prestonsche Regel 1898); die Differenzen der Schwingungszahlen zwischen den aufgespaltenen Linien im anomalen Zeemaneffekt sind rationale Vielfache der normalen Lorentzschen Aufspaltung (Rungesche Regel); bei sehr starken Magnetfeldern geht der anomale Zeemaneffekt in den normalen über (Paschen-Back-Effekt 1912).

Sommerfeld war schon bei der Redaktion der *Encyklopädie* mit den Problemen des Zeemaneffekts in Berührung gekommen, doch erst die Untersuchungen von Friedrich Paschen und dessen Doktoranden Ernst Back Ende 1912 in Tübingen veranlaßten ihn, selbst auf diesem Gebiet zu forschen.[2] Wie Lorentz ging er von einem quasielastisch gebundenen Elektron aus, setzte aber für die drei möglichen Schwingungsrichtungen des Elektrons geringfügig voneinander abweichende Frequenzen an. Im Magnetfeld ergibt sich dann zunächst ein anomales Aufspaltungsbild, da sich drei normale Zeemaneffekte überlagern; wird die Feldstärke jedoch so groß, daß die Energiedifferenzen zwischen den Grundfrequenzen vernachlässigbar werden, stellt sich das normale Zeemantriplett als Aufspaltungsbild ein.

Sommerfelds Erklärung des Paschen-Back-Effekts fand sogleich einen namhaften Kritiker. Woldemar Voigt, Autor eines Lehrbuches über *Magnetooptik*[3] fühlte sich herausgefordert und sah insbesondere seine Verdienste um die Theorie des anomalen Zeemaneffekts nicht genügend anerkannt:[4]

> Die Idee, dass sich Seriendupletts und -tripletts durch anisotrop gebundene Elektronen erklären ließen, habe ich lange gehegt. Ich entsinne mich genau, so um 1900 herum Ihnen hier in meinem Zimmer die Vorstellung von homogenen *Ellipsoiden* positiver Ladung auseinandergesetzt zu haben, innerhalb deren

---

[1] [Robotti 1992] und [Weaire und O'Connor 1987].

[2] [Sommerfeld 1913] und die Briefe [197] und [198].

[3] [Voigt 1908].

[4] *W. Voigt an A. Sommerfeld, 26. Januar 1913. München, DM, Archiv HS 1977-28/A,347.* Vgl. [Voigt 1899a], [Voigt 1907], [Voigt 1908] und [Voigt 1911].

die Elektronen sich bewegen. Sie findet sich auch in meinem Buch S. 69. Aber sie scheint mir nicht haltbar.

Voigt übersandte Sommerfeld seine einschlägigen früheren Arbeiten sowie seine gerade in den *Annalen der Physik* erschienene neue Behandlung des Themas und drängte auf eine entsprechende Berücksichtigung in einem Nachwort der Sommerfeldschen Arbeit, die sich gerade im Druck befand: „Wenn Sie mir durch eine geeignete Fassung eine öffentliche Erwiderung ersparen wollten, so wäre ich Ihnen *sehr* dankbar.“[1] Sommerfelds erste Nachbesserung stellte Voigt nicht ganz zufrieden, doch einigten sie sich ohne zurückbleibende Verstimmung.[2]

Zum anderen stellte Voigt eine eigene Theorie auf, die nicht nur den Paschen-Back-Effekt, sondern möglichst alle beobachteten Zeemantypen erklären sollte. Er interpretierte die komplexen Aufspaltungsmuster als Ergebnis der durch verschiedene Kopplungskonstanten miteinander verbundenen Schwingungen mehrerer Elektronen. Über diese „Koppelungstheorie" schrieb er Sommerfeld:[3]

Sie hat den Vorzug, präziser Fragestellung, sie führt die sämtlichen durch die Beobachtung geforderten Freiheitsgrade *wirklich* ein und gestattet, zu begreifen, durch welche Beobachtungen Schlüsse auf die Funktion eines jeden einzelnen möglich sind (bei den D-Triplets liegt die Sache so günstig, daß man aus der Erfahrung *alle* Parameter auch wirklich ableiten kann.) Diese Aufklärung scheint mir die unerläßliche Voraussetzung für die Konstruktion eines befriedigenden Modelles. Freilich muß dies bei den D-Linien 12 Freiheitsgrade haben, und damit ist die große Schwierigkeit der definitiven Aufgabe bereits angedeutet. *Ich* verzweifle daran, sie zu lösen und begnüge mich mit der Vorarbeit.

Zur Überprüfung seiner Theorie wandte er sich auch an Paschen, der gegenüber Sommerfeld urteilte:[4]

---

[1] *W. Voigt an A. Sommerfeld, 7. März 1913. München, DM, Archiv HS 1977-28/A,347* und [Voigt 1913a].

[2] *W. Voigt an A. Sommerfeld, 16. März 1913. München, DM, Archiv HS 1977-28/A,347*, Briefe [199] und [200].

[3] *W. Voigt an A. Sommerfeld, 31. März 1913. München, DM, Archiv HS 1977-28/A,347*.

[4] *F. Paschen an A. Sommerfeld, 1. April 1913. München, DM, Archiv HS 1977-28/A,253.* Paschen hielt die Einwände von Voigt gegen Sommerfelds Theorie nicht

Voigt hat mir auch über Ihre Behandlung des Gegenstandes geschrieben. Er beurtheilt besonders wenig günstig, dass Sie auf
die Einzeltypen nicht eingehen und meint, dass es dann leicht
sei, allgemeine Gesetze aufzustellen. Man kann ihm gewiss diesen Standpunkt nicht verdenken. Denn er macht sich das Leben
entsetzlich schwer mit den vielen Parametern.

Am 25. Juni 1913 referierte Sommerfeld im Münchner Kolloquium „Über
komplizierte Zeemaneffekte".[1] Angesichts der Schwierigkeiten, mit klassischen Ansätzen den anomalen Zeemaneffekt zu verstehen, verwundert es
nicht, daß sich Sommerfeld in seiner ersten Reaktion auf das Bohrsche
Atommodell danach erkundigte, ob von der Quantentheorie Hilfe zu erhoffen sei: „Werden Sie Ihr Atom-Modell auch auf den Zeeman-Effekt anwenden?"[2]

Schon zuvor hatte es nicht an quantentheoretischen Anregungen gefehlt.
Ende April veranstaltete die Wolfskehlkommission der Göttinger Gesellschaft der Wissenschaften in Göttingen eine Tagung, die der kinetischen
Theorie der Materie gewidmet war. Während dieser sogenannten „Gaswoche" wurden Quantenfragen im Zusammenhang mit der kinetischen Gastheorie, der spezifischen Wärme fester Körper und der Elektronentheorie
der Metalle diskutiert. Willem Hendrik Keesom korrespondierte mit Sommerfeld aus diesem Anlaß über das Gleichgewicht zwischen schwarzer Strahlung und Molekularbewegung.[3] Die im Zusammenhang mit einer Vorlesung
Sommerfelds über Quantentheorie im Wintersemester 1912/13 vergebene
Doktorarbeit Alfred Landés über *Beiträge zur Methode der Eigenschwingungen in der Quantentheorie*[4] spricht ebenfalls für die Auseinandersetzung mit quantentheoretischen Vorstellungen in dieser Zeit – ohne daß sich
Sommerfeld selbst zur weiteren Erforschung auf diesem Gebiet veranlaßt
sah. Auch der zweite Solvaykongreß Ende Oktober brachte keine Änderung
seiner Einstellung. Tagungsthema war die Struktur der Materie, aber der
Name Bohr fiel nur in einer belanglosen Nebenbemerkung.[5] Wenn etwas
Sommerfeld veranlassen konnte, die Atomtheorie zu einem Schwerpunkt sei-

für stichhaltig, vgl. *F. Paschen an A. Sommerfeld, 18. und 21. März 1913. München,
DM, Archiv HS 1977-28/A,253.*

[1] *Physikalisches Mittwoch-Colloquium. München, DM, Archiv Zugangsnr. 1997-5115.*

[2] Postkarte [202].

[3] *W. H. Keesom an A. Sommerfeld, 29. April 1913. München, DM, Archiv HS 1977-
28/A,164,* siehe auch [Keesom 1914].

[4] *A. Sommerfeld an die Philosophische Fakultät, 2. Sektion, Votum über die Dissertation
Landés, 28. April 1914. München, UA, OC I 40 p.*

[5] [Hermann 1964a, S. 26], [Goldschmidt et al. 1921].

ner·künftigen Forschung zu machen, dann neue experimentelle Entdeckungen, nicht eine – wenn auch sehr interessante – theoretische Spekulation wie die von Bohr.

Ein solcher Anlaß war die Entdeckung des Starkeffekts Ende 1913. Schon 1901 hatte Voigt „das elektrische Analogon zum Zeemaneffekt" theoretisch vorhergesagt,[1] doch dabei eine ganz andere Größenordnung des Effekts errechnet als später von Stark beobachtet wurde. Im November 1913 berichtete Stark, ihm sei es gelungen, „Spektrallinien durch ein elektrisches Feld in scharfe Komponenten aufzuspalten" und bot an, den Versuch in München vorzuführen.[2] Am 10. Dezember war „der neue Stark-Effekt (mit Demonstration)" Thema eines Experimentalvortrags im Kolloquium der Münchener Physiker.[3] Noch im selben Monat präsentierten Emil Warburg – auf der Grundlage des Bohrschen Atommodells – und Karl Schwarzschild – nach dem Muster der klassischen Himmelsmechanik – auf Sitzungen der Deutschen Physikalischen Gesellschaft in Berlin die ersten Theorien des Starkeffekts, aber ohne Übereinstimmung mit den Messungen erzielen zu können.[4]

Im Anschluß daran stellte Schwarzschild auch eine Modifikation der Lorentz–Voigtschen Theorie des Zeemaneffekts vor. Sie bot Sommerfeld die Gelegenheit zu einer neuerlichen Auseinandersetzung mit diesem Thema. Seine Arbeit vom März 1914 zeigt,[5] daß er ausschließlich in den Kategorien der klassischen Theorie dachte und wie alle Vorgänger die Schwingungen der Elektronen als Ursache der Spektrallinien ansah. Bohrs völlig neue Ansicht, die Ursache seien die Energie*differenzen* der möglichen Elektronenbahnen, bewirkte bei Sommerfeld ebensowenig ein Umdenken wie der mit einem Kolloquiumsvortrag am 15. Juli 1914 verbundene Besuch Bohrs in München.[6] Sommerfeld suchte noch bis Ende 1914 die Erklärung für den Zeemaneffekt in einer Modifikation elektronentheoretischer Vorstellungen – ohne jede Bezugnahme auf das Bohrsche Atommodell. Dabei kam Sommerfeld „zu dem Resultat: magn.[etische] und elast.[ische] Bindung sind nur in der Auffaßung nicht in der Sache verschieden", womit die Möglichkeit gegeben sei, „*alles* was Voigt quasielastisch schreibt magnetisch umzuschreiben",[7]

---

[1] [Voigt 1901].

[2] Brief [204].

[3] *Physikalisches Mittwoch-Colloquium. München, DM, Archiv Zugangsnr. 1997-5115.*

[4] [Warburg 1913] und [Schwarzschild 1914b].

[5] [Sommerfeld 1914b].

[6] Brief [203], *Physikalisches Mittwoch-Colloquium. München, DM, Archiv Zugangsnr. 1997-5115.*

[7] *A. Sommerfeld an K. Schwarzschild, 30. November 1914. Göttingen, NSUB, Schwarzschild.*

also statt vieler gekoppelter Elektronen deren einzelne Wechselwirkung mit dem Magnetfeld zu untersuchen. Sommerfeld gelangte zu keinen fertigen Ergebnissen, aber sein Blick für die Schwierigkeiten einer ‚klassischen' Theorie des Zeemaneffekts wurde dadurch zweifellos geschärft. Neben Schwarzschild war Paschen sein Hauptdiskussionspartner. Paschen ging es vor allem darum, von experimenteller Seite die „Grundlagen der complicirten anomalen Zeeman-Typen" herauszuarbeiten: „Es ist bedauerlich, dass Zeeman selber, der fortwährend populäre Bücher darüber schreibt, dies nicht verstanden hat", kritisierte er.[1]

Sommerfelds Feinstrukturtheorie 1915/16

Ende 1914 begann Sommerfeld sich im Rahmen seiner Vorlesung über *Zeeman-Effekt und Spektrallinien* eingehender mit dem Bohrschen Atommodell auseinanderzusetzen. Am 16. Januar 1915 hielt er im Münchner Kolloquium einen Vortrag über *Die Anzahl Zerlegungen beim Starckeffekt* [sic] *des Wasserstoffs*,[2] der ihn wohl endgültig davon überzeugte, daß die klassischen Erklärungsversuche nicht zum Ziel führten. Anfang Februar bestätigte ihm Paschen, daß „Fowler's Linien auch nach unseren Versuchen wahrscheinlich Heliumlinien sind",[3] wie von Bohr gefordert: „we can account naturally for these lines if we ascribe them to helium".[4] Diese Linien waren 1912 von Alfred Fowler in einem Wasserstoff-Helium-Gemisch erzeugt worden. Während er sie selbst drei Heliumserien zuschrieb, wurden sie allgemein mit den von Charles Pickering 1896 im Spektrum des Sterns ζ Puppis beobachteten identifiziert, die – nach einer Erweiterung der Balmerformel – als Wasserstofflinien galten.[5]

Aus den unspezifischen Andeutungen über die Bohrsche Theorie in Sommerfelds Briefen Anfang 1915 geht nicht hervor, wie er sich eine Erweiterung vorstellte. Bohr gelangte ursprünglich durch die Gleichsetzung der Energie E, die frei wird, wenn ein ungebundenes Elektron auf eine Bahn im Wasserstoffatom gezwungen wird, und der Quantenformel für Strahlung $E = h\nu$ (ν Frequenz, h Plancksche Konstante) zu seinen gequantelten Bah-

---

[1] *F. Paschen an A. Sommerfeld, 15. Dezember 1914. München, DM, Archiv HS 1977-28/A,253.*

[2] *Physikalisches Mittwoch-Colloquium. München, DM, Archiv Zugangsnr. 1997-5115.*

[3] *F. Paschen an A. Sommerfeld, 7. Februar 1915. München, DM, Archiv HS 1977-28/A,253.* Vgl. die Briefe [217] und [223].

[4] [Bohr 1913b, S. 10].

[5] [Robotti 1984].

nen. Wie er am Schluß seiner ersten Arbeit feststellte, entsprach dies einer Quantenbedingung für den Drehimpuls. Dabei wurde nur *eine* Quantisierungsbedingung mit *einer* Quantenzahl benutzt. Daß kleinere Korrekturen – relativistische Massenzunahme und Mitbewegung des Kerns – notwendig seien, erkannte Bohr schnell.[1] Obwohl er elliptische Bahnen durchaus in Betracht zog, blieb er bei der einen Quantenzahl; damit konnte das Modell weder die Anzahl aufgespaltener Linien beim Starkeffekt noch die Details in der Feinstruktur der Spektrallinien erklären, deren Vielfalt und Zuordnung jedoch auch experimentell erst allmählich klar wurden. Falls Sommerfeld bereits im Wintersemester 1914/15 die Erweiterung des Bohrschen Modells durch eine relativistische Berechnung der Keplerbewegung durchgeführt hatte, dann sicher nicht wie Bohr, sondern mit Blick auf den Starkeffekt durch die Einführung einer neuen Quantenzahl, d. h. der Quantisierung von Radialbewegung *und* Drehbewegung des Elektrons um den Atomkern. Energieterme, die ohne äußeres elektrisches Feld nur durch die Summe zweier Quantenzahlen (Entartung) charakterisiert waren, zerfielen nach Anlegen eines Feldes in unterschiedliche Terme. Eine solche Aufhebung der Entartung sollte dann auch durch andere Einflüsse bewirkt werden können. Auch ohne Zusatzfeld zerfiel der Summenterm in unterschiedliche Terme, wenn die relativistische Massenzunahme für die verschiedenen elliptischen Bahnen in Rechnung gestellt wurde. Hierin erkannte Sommerfeld das Wesen der Feinstruktur. Im nichtrelativistischen Grenzfall ergab sich die (ursprüngliche) Bohrsche Formel der Balmerserie.

Es gibt Hinweise für die Annahme, daß die Grundzüge der neuen Theorie bereits nach der Vorlesung im Frühjahr 1915 fertig waren. Etwa einen Brief von W. Lenz an Sommerfeld: „Über Ihre Entdeckung zum Bohrmodell u. Starkeffekt habe ich mich sehr gefreut u. bin auf den weiteren Fortgang sehr gespannt."[2] Wilhelm Wien gegenüber erwähnte Sommerfeld Anfang Mai 1915, er habe „einen interessanten Ansatz für den Stark-Effekt aus d. Bohr'schen Theorie der Wasserstofflinien gewonnen".[3] Eine Übereinstimmung mit den gemessenen Starkeffekten erreichte er zwar nicht, aber Paschens Mitteilung, „dass Bohr's Theorie exact richtig ist",[4] sowie „Neuere Arbeiten von Bohr", über die er am 27. November 1915 im Kolloquium vortrug,[5] dürften ihn veranlaßt haben, endlich die vorhandenen Ergebnisse

---

[1] [Bohr 1915a].

[2] *W. Lenz an A. Sommerfeld, 10. April 1915. München, DM, Archiv NL 89, 059.*

[3] Brief [215].

[4] Brief [220].

[5] *Physikalisches Mittwoch-Colloquium. München, DM, Archiv Zugangsnr. 1997-5115.*

zu publizieren. „Gestern habe ich in der Akademie über die Balmer-Serie eine Arbeit vorgelegt", schrieb er am 5. Dezember an Wien. „Ich sprach Ihnen schon neulich in Würzburg von den gequantelten Ellipsenbahnen; ich habe die Sache inzwischen weitergeführt."[1] Ziel dieser Arbeit war, zunächst nur durch Berücksichtigung der nichtrelativistischen Keplerbewegung, das Prinzip der Quantisierung und die Entartung im Bohrschen Modell aufzuzeigen:[2]

> Ich habe diese Dinge bereits vor einem Jahr in einer Vorlesung vorgetragen, ihre Veröffentlichung aber zurückgestellt, da ich beabsichtigte, sie u. a. für die Auffassung des Starkeffektes fruchtbar zu machen. Diese Absicht scheiterte indessen vorläufig an der inzwischen auch von Bohr stark betonten Schwierigkeit, den Quantenansatz anzuwenden auf nicht-periodische Bahnen, in welche ja die Keplerschen Ellipsen durch ein elektrisches Feld auseinander gezogen werden.

Einen Monat später veröffentlichte er die relativistische Berechnung der Keplerbewegung und zeigte, daß durch die so bewirkte Aufhebung der Entartung die „Feinstruktur der Wasserstoff- und Wasserstoff-ähnlichen Linien" erklärt werden könne.[3]

Auch Einstein wurde von Sommerfeld aus erster Hand über seine neue Theorie der Spektrallinien informiert, der war aber mit der allgemeinen Relativitätstheorie zu beschäftigt, um sich darauf tiefer einzulassen.[4] Umgekehrt interessierte sich Sommerfeld jedoch sehr für die Verallgemeinerung der Relativitätstheorie.[5] Er dachte sogar daran, mit ihrer Hilfe die Diskrepanzen zwischen den gemessenen und berechneten Werten für den Starkeffekt zu beseitigen.

Hätte es eines weiteren Anstoßes bedurft, trotz des quantitativ unerklärten Starkeffekts seine Theorie zu veröffentlichen, wären es die Ergebnisse Kossels gewesen. Walther Kossel hatte in Heidelberg bei Lenard studiert, der – nachdem Kossel als Assistent von Zenneck an der TH München Anschluß an den Kreis um Sommerfeld gefunden hatte – in einem Brief an

[1] *A. Sommerfeld an W. Wien, 5. Dezember 1915. München, DM, Archiv NL 56, 010.* Vgl. [Sommerfeld 1915c].

[2] [Sommerfeld 1915c, S. 426].

[3] [Sommerfeld 1915d].

[4] Briefe [221] und [222].

[5] Im Sommersemester 1915 war die Relativitätstheorie das Thema seiner Spezialvorlesung. Am 28. Juli 1915 referierte Sommerfeld im Mittwochskolloquium über „Allgemeine Relativitätstheorie", vgl. *Physikalisches Mittwoch-Colloquium. München, DM, Archiv Zugangsnr. 1997-5115.*

Sommerfeld 1913 von ihm als „unser gemeinsamer Schüler" sprach.[1] Kossels Spezialgebiet war die Röntgenspektroskopie, über deren Fortschritte er des öfteren im Münchner Kolloquium berichtete. Am 22. Dezember 1915 stellte er die „Dissertation von Malmer betr. Röntgenstrahlen" vor.[2] Darin war gezeigt worden, daß bei der sogenannten K-Serie der Röntgenspektren (Übergängen vom zweitniedrigsten auf das niedrigste Niveau) Dubletts auftraten. Kossel hatte empirische Beziehungen für die Schwingungszahldifferenzen dieser Dublettlinien aufgestellt, deren Bedeutung Sommerfeld sogleich erkannte:[3] „Diese Feststellung Kossels ist unabhängig von meiner Theorie erfolgt und hat mich umgekehrt, bei Gelegenheit eines Colloquium-Vortrages von Hrn. Kossel, dazu geführt, meine Theorie auf die Röntgen-Frequenzen anzuwenden." Die Röntgendubletts der verschiedenen chemischen Elemente ließen sich durchwegs in einem gemeinsamen Ausdruck darstellen:[4]

> Hier treten durch das ganze natürliche System der Elemente hindurch von $Z = 34$ bis $Z = 80$ (die Ordnungszahl Z des Elements entspricht seiner Stellenzahl im Periodensystem) Dubletts auf, die denselben Ursprung haben wie die Wasserstoffdubletts, und geradezu als ein um den Betrag $(Z - 1)^4$ vergrößertes Abbild jener anzusehen sind.

Der Anfang Januar 1916 der Bayerischen Akademie der Wissenschaften vorgelegte zweite Teil seiner Spektrallinientheorie zeigt schon ein vertieftes Verständnis der Feinstruktur. Außer den Briefpartnern W. Wien, Einstein, Paschen und Schwarzschild steckte Sommerfeld auch Röntgen mit seiner Begeisterung an:[5]

> Wenn ich auch die Sache noch mit Ihnen besprechen muss, bevor mir die ganze Tragweite zum Bewusstsein kommen wird, so verstehe ich schon jetzt so viel, und merke ich an Ihren begeisterten Worten, dass es sich um etwas ganz Fundamentales handelt. Ich kann Ihnen deshalb mit dem richtigen Empfinden sagen, dass ich mich für Sie ausserordentlich freue, dass Ihnen

---

[1] P. Lenard an A. Sommerfeld, 25. September 1913. München, DM, Archiv HS 1977-28/A,198.

[2] [Malmer 1915] und Physikalisches Mittwoch-Colloquium. München, DM, Archiv Zugangsnr. 1997-5115.

[3] [Sommerfeld 1915d, S. 492].

[4] [Sommerfeld 1915d, S. 460]. Vgl. auch Brief [226] und [Heilbron 1967].

[5] W. C. Röntgen an A. Sommerfeld, 6. Januar 1916. München, DM, Archiv HS 1977-28/A,288.

dieser Wurf gelungen ist; ich kann mir lebhaft vorstellen, wie sehr Sie befriedigt sind. Das sind starke Lichtpunkte in dieser sonst so trüben Zeit.

Die Münchner mathematisch-physikalische Schule ist doch eine der ersten und besten der Welt geworden!

Der weitere Ausbau der Sommerfeldschen Atomtheorie ging trotz des Krieges zügig voran. Auch wenn Sommerfeld die unerwartete Bestätigung seiner Theorie auf dem Gebiet der Röntgenspektren begrüßte, lag ihm zunächst der sichtbare Spektralbereich mehr am Herzen. Hier lieferte ihm Paschen zeitgleich mit der weiteren Verfeinerung der Theorie von Dezember 1915 bis Juni 1916 die schönste Bestätigung: „Also wäre die ‚Unstimmigkeit' theoretisch gefordert! Es geht doch nichts über eine feine Theorie!", freute sich Paschen angesichts einer derart behobenen Diskrepanz von Experiment und Theorie.[1] Er fand es auch „sehr erfreulich, dass Sie mit Ihrer schönen Theorie eine vernünftige Basis legen für die Experimente, die bisher einzelne Zufalls-Funde ergeben."[2] Zur Linie 4686 des einfach ionisierten Heliums schrieb er: „Ihr letzter Brief hat die Lösung des Bilderrätsels von 4686 ermöglicht. [...] Ihre Theorie ist fast ganz richtig [...] Mehr kann man wohl nicht verlangen? Die Zahlen dürften zur spectroscopischen Constantenbestimmung geeignet sein."[3] Ende Mai erklärte Paschen, seine Messungen stünden „überall in schönstem Einklang mit Ihren Feinstructuren",[4] und am 20. Juni 1916, als er seine Ergebnisse für die mit der Sommerfeldschen Arbeit sorgsam abgestimmte Publikation für die *Annalen der Physik* niederschrieb, versicherte er nochmals, sein Material sei jetzt „nach allen Richtungen hin gut durchgearbeitet und stimmt mit der Theorie vollständig. Was noch abweicht, will ich gerne auf Beobachtungsfehler nehmen."[5] Am 30. Juni 1916 berichtete Paschen nach München: „Ich habe heute meine Arbeit an Wien gesandt und werde Ihnen die Correctur senden. Es ist *Alles* recht befriedigend und wie ich glaube, auch überzeugend geklärt."[6] Auf einen Einwand Sommerfelds hin schrieb er eine Woche später noch einmal: „Da alle Zahlen der Berechnung in der letzten Decimalen ge-

---

[1] Brief [228].

[2] Brief [229].

[3] *F. Paschen an A. Sommerfeld, 28. März 1916. München, DM, Archiv HS 1977-28/A,253.*

[4] Brief [256].

[5] Brief [258].

[6] *F. Paschen an A. Sommerfeld, 30. Juni 1916. München, DM, Archiv HS 1977-28/A,253.*

ändert werden müssen, lasse ich mir mein Manuscript wieder kommen und schreibe die Zahlentabellen neu."[1] Solchermaßen aufeinander abgestimmt schickten Paschen und Sommerfeld ihre ausführlichen Publikationen an die *Annalen der Physik.*[2]

Zeeman- und Starkeffekt II:
Testfälle der Bohr-Sommerfeldschen Atomtheorie

Trotz aller Erfolge bei der Erklärung der Feinstrukur hatte Sommerfeld sein ursprüngliches Ziel, die Erklärung des Zeeman- und Starkeffekts, noch nicht erreicht. Er war jedoch zuversichtlich, daß man auf der Grundlage seiner Feinstrukturerklärung auch die Linienaufspaltungen im elektrischen und magnetischen Feld verstehen würde. Als Schwarzschild sich Ende 1915 nach dem Stand der Münchner Forschung erkundigte, antwortete Sommerfeld voller Enthusiasmus: „Was ich mache? Augenblicklich Spektrallinien mit Volldampf u. mit märchenhaften Resultaten. [...] Das bedeutet natürlich auch eine wirkl. Theorie des Zeeman-Effektes. Die Linienzahl im Starkeffekt kommt zweifellos aus derselben Quelle."[3]

Sommerfeld überließ den Starkeffekt seinem Schüler Paul Epstein als Habilitationsthema. Es erforderte einiges an mathematischer Virtuosität, um die von Sommerfeld im ersten Anlauf selbst nicht bewältigten Schwierigkeiten zu meistern. Epstein besaß freilich einschlägige Kenntnisse. Er habe sich bereits „auf verschiedenen Gebieten theoretisch betätigt" und sei „ein reiferer und vielseitig unterrichteter Mensch", hatte Sommerfeld 1914 in seinem Votum zur Doktorarbeit Epsteins ausgeführt. Sie behandelte die Beugung an einem „parabolischen Cylinder, was dem praktischen Falle einer scharfen Schneide gut entspricht". Zweck dieser Rechnung war, erstmals den Einfluß von Materialeigenschaften aufzuzeigen, was für Sommerfeld „einen schon oft angestrebten principiellen Fortschritt in der mathematischen Theorie der Beugungserscheinungen" darstellte.[4] Danach vertraute Sommerfeld Epstein auch die Bearbeitung der Beugungstheorie für die *Encyklopädie der Mathematischen Wissenschaften* an.[5] Die Situation Epsteins in München war während des Krieges schwierig, da er als russischer

---

[1] *F. Paschen an A. Sommerfeld, 8. Juli 1916. München, DM, Archiv HS 1977-28/A,253.*

[2] [Paschen 1916], [Sommerfeld 1916a].

[3] Brief [226].

[4] *A. Sommerfeld an die Philosophische Fakultät, 2. Sektion, 2. März 1914. München, UA, OC I 40p.* Vgl. [Epstein 1914].

[5] [Epstein 1915].

Staatsbürger den Bestimmungen für feindliche Ausländer unterlag und unter Arrest gestellt war; immerhin durfte er weiter im Sommerfeldschen Institut arbeiten.

Epstein kam besonders die in seiner Dissertation erworbene Kenntnis der parabolischen Koordinaten zugute. Wie Schwarzschild schon bei seinem gescheiterten Versuch einer klassischen Erklärung des Starkeffekts 1913 dargelegt hatte, konnte die Konfiguration eines Elektrons im Zentralfeld des Atomkernes mit überlagertem homogenen elektrischen Feld als Grenzfall des sogenannten (himmelsmechanischen) Zweizentrenproblems dargestellt werden. Dabei bewegt sich ein Planet im Schwerefeld zweier festgehaltener Sterne, wobei ein Stern bei Anwachsen seiner Masse ins Unendliche gerückt wird. Die Himmelsmechanik lieferte auch die Berechnungsmethoden auf der Grundlage des Hamilton-Jacobi-Formalismus. Sie waren zwar unter Astronomen bekannt und in einschlägigen Lehrbüchern ausführlich beschrieben,[1] aber auf Atommodelle bisher nicht angewandt worden. Beim Zweizentrenproblem gestattet der Hamilton-Jacobi-Formalismus durch Einführung elliptischer Koordinaten die Separation der Variablen; wird das eine Zentrum ins Unendliche gerückt, gehen die elliptischen Koordinaten in parabolische über – „and parabolic coordinates were old hat to me."[2] Damit fühlte sich Epstein den mathematischen Schwierigkeiten bei der Durchführung der Theorie gewachsen und rechnete sich einen unproblematischen Fortgang seiner Habilitation aus. Da überraschte ihn Sommerfeld mit der Nachricht, daß auch Schwarzschild an diesem Thema arbeite. Schwarzschild hatte die Hamilton-Jacobi-Theorie und die in der Himmelsmechanik gebräuchlichen Winkelwirkungsvariablen mit der Sommerfeldschen Quantisierungsbedingung in Zusammenhang gebracht und gefunden:[3]

> Wendet man diese Vorschrift auf die relativistische Keplerbewegung an, so kriegt man schnurstracks die Resultate Ihrer Nachschrift, die für mich dadurch [erst recht?] zwingend werden. Ferner liefert diese Vorschrift auch einen zwingenden Ansatz für den Starkeffekt und den Zeemaneffekt.

Sommerfeld waren die „Begriffe aus der allgemeinen Himmelsmechanik (die eindeutigen Winkelcoordinaten w_k) nicht geläufig",[4] aber Schwarzschild zeigte ihm gleich ihre Nützlichkeit: „Mit den eindeutigen Winkeln und kano-

---

[1] Etwa [Charlier 1902], [Charlier 1907].
[2] *Interview von J. L. Heilbron mit P. S. Epstein, 25. Mai 1962. AHQP.*
[3] Brief [240].
[4] Brief [243].

nischen Variablen in Ihren Fußstapfen weiter wandernd habe ich den Stark-
effekt ohne jede Schwierigkeit und völlig eindeutig erledigen können."[1] Epstein, der sich zwar ebenfalls des Hamilton-Jacobischen Formalismus bediente, jedoch keine Winkelwirkungsvariablen benutzte und deshalb mit
komplizierteren Integrationen zu kämpfen hatte, wurde zur gleichen Zeit
fertig: „Gestern kommt Ihr interessanter Brief mit der Formel für H_β und
heute kommt Epstein mit der allgemeinen Formel", beantwortete Sommerfeld am 24. März 1916 Schwarzschilds Erfolgsmeldung.[2] Beide Ergebnisse
wurden praktisch zeitgleich publiziert, so daß sich die Frage der Priorität
erübrigte. Epstein erkannte in seiner Theorie des Starkeffekts „einen neuen
schlagenden Beweis für die Richtigkeit des Bohrschen Atommodells", der
auch „die reservierteren Fachgenossen" überzeugen müsse; Schwarzschild
fand es „bemerkenswert, wie außerordentlich nahe man den beobachteten
Verhältnissen bei dieser ersten strengeren Durchführung der Quantentheorie unter Benutzung des Bohrschen Ansatzes" gekommen sei.[3]

Weniger dramatisch, aber mit ähnlicher Dynamik und Parallelität, wurde der Zeemaneffekt quantentheoretisch mit Hilfe des Hamilton-Jacobi-
Formalismus behandelt. Motiviert „durch die kurzen Andeutungen von
P. Epstein[4] und insbesondere durch die schöne Arbeit von K. Schwarzschild" präsentierte Debye am 3. Juni der Göttinger Akademie eine Arbeit
über „Quantenhypothese und Zeeman-Effekt", die kurz darauf unter demselben Titel auch in der *Physikalischen Zeitschrift* gedruckt wurde.[5] Im
gleichen Heft erschien auch Sommerfelds Aufsatz *Zur Theorie des Zeeman-
effektes der Wasserstofflinien mit einem Anhang über den Starkeffekt*, der
„den Standpunkt, den Schwarzschild und Epstein bei der Behandlung des
Starkeffekts mit so großem Erfolg durchgeführt haben", weiter auslotete.
Debye und Sommerfeld erhielten lediglich den normalen Zeemaneffekt beim
Wasserstoff. Sommerfeld fand ein solches Ergebnis, das nur für Singulett-
linien zu erwarten war, „höchst verdächtig".[6] Wenn die Spektrallinien des
Wasserstoffs Dubletts sind, wie er in seiner Feinstrukturtheorie ausgeführt
hatte, mußten sie den anomalen Zeemaneffekt zeigen. Sommerfeld sah „im
Gegensatz zu Debye", wie er an Ehrenfest schrieb, „das Ergebnis der Quan-
tentheorie des Zeeman-Effektes als falsch an."[7]

---

[1] Brief [246].
[2] Brief [247].
[3] [Epstein 1916e, S. 150]; [Schwarzschild 1916b, S. 564].
[4] Die ausführliche Annalenpublikation Epsteins erschien erst am 25. Juli 1916.
[5] [Debye 1916a], [Debye 1916b].
[6] [Sommerfeld 1916d, S. 501].
[7] Brief [265]. Vgl. die kontroversen Bewertungen in [Robotti 1992] und [Kragh 1985].

Erste Reaktionen

Bei aller Begeisterung für die neuen quantentheoretischen Berechnungsmethoden war sich Sommerfeld darüber im Klaren, daß es sich nur um einen verheißungsvollen Auftakt handelte. Seine Feinstrukturtheorie und die darauf aufbauenden Arbeiten von Schwarzschild, Epstein und Debye im Jahr 1916 zeigten aber, daß das anfangs so mißtrauisch aufgenommene Bohrsche Modell tatsächlich ein tragfähiges atomtheoretisches Konzept darstellte. Ehrenfest beglückwünschte die „Münchner Physik" dazu, daß sie „dem vorläufig doch noch so ganz kannibalischen Bohr-Modell zu neuen Triumphen" verhelfe.[1] Er nahm dies zum Anlaß, auf seine Adiabatenhypothese aufmerksam zu machen, die wiederum von keinem so hoch geschätzt wurde wie von Bohr und für die weitere Fundierung der Quantentheorie eine wesentliche Rolle spielte.[2]

Auch die Reaktionen Einsteins und insbesondere Plancks zeigen, welchen Eindruck die Sommerfeldsche Atomtheorie auf die führenden theoretischen Physiker machte. Für Planck war vor allem die Quantisierung mithilfe von Phasenintegralen von Interesse, die sich nun in Verbindung mit dem Hamilton-Jacobi-Formalismus als Schlüssel für die Behandlung atomphysikalischer Probleme erwiesen. Sommerfeld schrieb in seiner Arbeit zum Zeemaneffekt in der *Physikalischen Zeitschrift*:[3]

> Die von Jacobi eingeführte Wirkungsfunktion ist nichts anderes als die Summe der von mir benutzten, aber mit unbestimmter oberer Grenze geschriebenen Phasenintegralen, genommen über alle Freiheitsgrade; die Perodizitätsmoduln der Jacobischen Wirkungsfunktion werden auf diese Weise direkt Vielfache des Planckschen Wirkungsquantums. Wegen dieses naturgemäßen und engen Zusammenhangs zwischen Quantentheorie und Hamilton-Jacobischer Mechanik wird man wünschen, auch die Differentialgleichungen des Zeemaneffekts in kanonischer Form zu schreiben [...]

Planck hatte in seiner Untersuchung ganz analoge Erweiterungsmöglichkeiten der Bohrschen Theorie angedeutet:[4]

---

[1] Brief [254].

[2] Briefe [245] und [257].

[3] [Sommerfeld 1916d, S. 492].

[4] *M. Planck an A. Sommerfeld, 30. Januar 1916. München, DM, Archiv HS 1977-28/A,263.*

Was ich selber in den hiesigen Sitz. Ber. über die Spektrallini-
en veröffentlicht habe,[1] war nur eine kleine Extratour in ein
von mir noch wenig betretenes Gebiet, durch welche ich die
Aufmerksamkeit auf die auffallenden Beziehungen lenken wollte, die sich zwischen der Struktur des Phasenraumes und der
Bohrschen Formel ergeben, und ich hoffe, daß auch die Fassung
meiner Publikation nicht den Anschein erweckt, als wäre darin
mehr behauptet worden als tatsächlich der Fall ist. Jetzt sehe
ich, daß dieselbe nicht nötig war; denn nun ist ja das Problem
bei Ihnen in den besten Händen.

Für Sommerfeld war das Plancksche Ergebnis eine schöne Bestätigung:[2]

Viel Freude hat mir auch die genaue Coincidenz mit Plancks
Strukturtheorie des Phasenraums gemacht. Bei so verschiedenem Ausgangspunkt und so verschiedener Denkweise (Planck
vorsichtig u. abstrakt, ich etwas draufgängerisch und auf die
Beobachtung direkt loszielend) genau die gleichen Resultate!

Planck sorgte dafür, daß Sommerfelds Theorie im Kreis der Berliner Physiker gebührend zur Kenntnis genommen wurde.[3] Einstein war „entzückt. Eine Offenbarung!"[4] Im August 1916 fand er dann: „Ihre Spektral-
Untersuchungen gehören zu meinen schönsten physikalischen Erlebnissen.
Durch sie wird Bohrs Idee erst vollends überzeugend. Wenn ich nur wüsste,
welche Schräubchen der Herrgott dabei anwendet!"[5]

Physik und Krieg

Die intensive Beschäftigung mit der Atomtheorie mitten im Ersten Weltkrieg bedeutet nicht, daß sich Sommerfeld in den Elfenbeinturm der theoretischen Wissenschaft zurückzog und dem Kriegsgeschehen teilnahmslos oder
ablehnend gegenüberstand. Schon den Kriegsausbruch erlebte er sehr ange-
spannt. „In diesen Tagen treten alle persönlichen Fragen und Sorgen zurück
hinter der Frage: Wann wird der Brand, der morgen in Serbien beginnt, nach
Deutschland herüberschlagen?" In dem Brief vom 26. Juli an seine Frau,

---

[1] [Planck 1915a].
[2] Brief [239].
[3] Brief [255].
[4] Brief [235].
[5] Brief [259].

die bereits in das gewöhnlich im Sommer bezogene Feriendomizil bei Berchtesgaden abgereist war, fuhr er fort: „Ich komme mir ganz merkwürdig vor, wenn ich meine kleinen Geschäfte ordne, Examensarbeiten corrigire, gerade so, als ob die Welt nicht im Begriffe stünde aus den Fugen zu gehn."[1] Nach Kriegsausbruch war er unsicher, ob man ihn noch einberufen würde, nachdem er mit 45 Jahren das Grenzalter der Wehrpflicht erreicht hatte. Mit Bezug auf den vier Jahre jüngeren Kollegen Karl Voßler, für den man keine Verwendung beim Militär hatte, stellte er fest: „Man scheint keinen Wert auf alte Leute zu legen."[2] Zwei Tage später berichtete er über eine Unterredung mit Offizieren aus seinem Bekanntenkreis, „die mir rieten mich dem Bezirkskommando für einen *mir genehmen* Dienst zur Verfügung zu stellen. Ich warte aber damit noch."[3] Er habe sich zwar zum „immobilen Dienst" gemeldet, schrieb er im Oktober 1914 an Schwarzschild, was etwa „Rekrutendrillen oder Besatzung in Belgien" bedeuten könne, hoffte jedoch, daß man davon keinen Gebrauch machen würde, „da ich mich militärisch nie stark gefühlt habe."[4]

In seiner Korrespondenz mit ausländischen Kollegen zeigte sich Sommerfeld zunächst um Ausgleich und Vermittlung bemüht. So wandte er sich auf Wunsch seines Münchner Mathematikerkollegen Alfred Pringsheim an Zeeman in den neutralen Niederlanden mit der Bitte:[5]

> Der Sohn Peter Pringsheim meines Collegen, der Ihnen vom lichtelektrischen Effekt her bekannt ist (Pohl und Pringsheim), ist Anfang Juli auf einem englischen Schiff zur British Association nach Australien gefahren und aller Wahrscheinlichkeit nach bei Kriegsausbruch in einer englischen Colonie gefangen gesetzt. Mit ihm zusammen auf dem Schiff war Rutherford. Unsere Bitte an Sie geht nun dahin: Würden Sie die Güte haben, an Rutherford zu schreiben, ob er Ihnen Auskunft über den Aufenthalt und das Ergehen von Dr. P. Pringsheim geben kann, und würden Sie diese ev. Nachricht sodann an mich weitergeben. Wie Sie wissen, ist es mir unmöglich direkt nach England zu schreiben und ebenso umgekehrt; ebenso wenig kann sich Dr. Pringsheim mit seinen Eltern verständigen. Es ist also nicht

---

[1] *A. Sommerfeld an J. Sommerfeld, 26. Juli 1914. München, Privatbesitz.*
[2] *A. Sommerfeld an J. Sommerfeld, 23. August 1914. München, Privatbesitz.*
[3] *A. Sommerfeld an J. Sommerfeld, 25. August 1914. München, Privatbesitz.*
[4] Brief [210].
[5] *A. Sommerfeld an P. Zeeman, 13. September 1914. Haarlem, RANH, Zeeman, inv.nr. 143.*

anders möglich als einen neutralen Staatsangehörigen in dieser
Angelegenheit zu bemühen.

Sommerfeld dankte Zeeman in einem weiteren Brief für seine „wiederholten
Bemühungen. Als ich Ihre Meldung heute an Pringsheim gab, hatte er soeben über eine dänische Vermittelungsstelle Nachricht erhalten, dass sein
Sohn in Australien als Kriegsgefangener wäre."[1] Angesichts der bald ein-
setzenden chauvinistischen Gelehrtenpropaganda ist es bemerkenswert, daß
Sommerfeld auch mit Kollegen im feindlichen Ausland in Kontakt blieb. So
schrieb er im Oktober 1914: „Hoffentlich werden nicht alle internationalen
wissenschaftlichen Zusammenhänge in diesem Jahre zerstört!"[2] Daß dies
kein bloßes Lippenbekenntnis war, zeigt sich im Briefwechsel mit anderen
Kollegen. Schwarzschilds Kriegsbegeisterung und dessen „Vorschlag, Belgi-
en in die Tasche zu stecken", teilte er nicht: „Ich glaube es würde uns arg
bedrücken", antwortete er Ende Oktober 1914.[3]

Dennoch ging der ideologische Propagandakampf im „Krieg der Geister"[4] an Sommerfeld nicht spurlos vorüber. Er setzte seine Unterschrift
unter eine von Johannes Stark und Wilhelm Wien initiierte und an die
deutschsprachigen Physiker gerichtete „Aufforderung zur Bekämpfung des
englischen Einflusses in der Physik", obwohl er einige Bedenken zu überwinden hatte.[5] Nicht alle Physiker kamen der Aufforderung nach. Paschen
verweigerte seine Unterschrift mit dem Argument: „Den Punkt 1 derselben,
dass man die Engländer nicht so stark berücksichtigen solle, finde ich nicht
richtig und fürchte von ihm nachtheilige Folgen."[6]

Während bei Paschen die Zurückhaltung überwog, ließ sich Sommerfeld
von der nationalistischen Stimmung mitreißen.[7] Der Krieg fand selbst in
den Fachorganen der Physik seinen Niederschlag. Die Redaktion der *Physikalischen Zeitschrift* habe beschlossen, „Feststellungen über die Beteiligung
der deutschen Physiker am Kriege zu machen und in der Zeitschrift zu
veröffentlichen", heißt es in einem vermutlich gleichlautend an alle Physik-
institute versandten Schreiben.[8]

---

[1] *A. Sommerfeld an P. Zeeman, 7. Oktober 1914. Haarlem, RANH, Zeeman, inv.nr.
143.*

[2] *A. Sommerfeld an unbekannt, 19. Oktober 1914. Paris, ESPC, Bestand Langevin.*

[3] Brief [210].

[4] [Wolff].

[5] Briefe [211] und [212].

[6] *F. Paschen an A. Sommerfeld, 7. Februar 1915. München, DM, Archiv 1977-
28/A,253.*

[7] Brief [213].

[8] *M. Born an A. Sommerfeld, 2. Februar 1915. München, DM, Archiv NL 89, 059.* Vgl.

Auf eine Anfrage Paul Ehrenfests aus Leiden nach dem Verbleib seiner Schüler und Assistenten antwortete Sommerfeld:[1]

> Von meinen beiden Assistenten ist Lenz kürzlich als Funker ins Feld gerückt, Ewald macht Röntgenaufnahmen in Münchener Lazaretten, ebenso Koßel, ebenso Friedrich in Freiburg. Koch hat Bureaudienst in der Train-Kaserne. Laue, Wagner, Debye militärisch unbeschäftigt.

In Sommerfelds Briefen mischen sich oft unvermittelt taktische Überlegungen, allgemeine Kriegseuphorie und Begeisterung über die Atomtheorie.[2] Von seinen Schülern wurde Sommerfeld durch Feldpostkarten und -briefe regelmäßig über deren Kriegserlebnisse unterrichtet. Umgekehrt hielt er sie über den stark reduzierten Münchener Physikbetrieb auf dem Laufenden.[3] „Nehmen Sie meinen herzlichen Dank für Ihre kürzlichen Zeilen vom Colloquium", schrieb ihm Lenz einmal aus Nordfrankreich, wo ihn die „speciellen Bedürfnisse" seiner Funkertätigkeit dazu brachten, „mich eingehend mit den Antennenschwingungen zu befassen." Später bedankte er sich bei Sommerfeld für die Zusendung der „wunderschönen Arbeit über die Spektrallinien", indem er ihm eine verbesserte Methode zur Ableitung der Feinstrukturformel mitteilte – was Sommerfeld in der ausführlichen Publikation seiner Theorie in den *Annalen der Physik* besonders hervorhob.[4]

Der Krieg brachte auch in anderer Hinsicht Veränderungen für Sommerfeld mit sich. Anfang 1916 erreichte ihn eine Anfrage aus Wien, „ob Sie gegebenfalls geneigt wären, einem Rufe an unsere Fakultät Folge zu leisten."[5] Friedrich Hasenöhrl, Nachfolger Boltzmanns auf dem Lehrstuhl für theoretische Physik an der Universität Wien, war kurz zuvor an der italienischen Front gefallen. Sommerfeld schrieb in einem Antwortentwurf, daß er „einen solchen Ruf in ernsteste Erwägung ziehen werde, zumal nach den Kriegsereignißen, die wie zu beiden Seiten der Reichsgrenzen gewünscht wird Deutschl. u. Österreich in Zukunft noch fester verbinden werden."[6] In seinem offiziellen Schreiben an den österreichischen Kultusminister ließ er jedoch keinen Zweifel daran, daß er im Vergleich zu seiner Münchner

---

die „Übersicht über die Kriegsbeteiligung der Deutschen Physiker" in der *Physikalischen Zeitschrift, Band 16, 1915, S. 142-145, erschienen am 15. April 1915.*

[1] *A. Sommerfeld an P. Ehrenfest, 26. Januar 1915. AHQP/EHR, 25.*

[2] Briefe [214] und [215].

[3] *W. Lenz an A. Sommerfeld, 20. Februar 1915. München, DM, Archiv NL 89, 059.*

[4] Briefe [242] und [264], vgl. [Sommerfeld 1916a, S. 53].

[5] *W. Wirtinger an A. Sommerfeld, 19. Januar 1916. München, DM, Archiv NL 89, 019.*

[6] *A. Sommerfeld, ohne Adressat und Datum. München, DM, Archiv NL 89, 019.*

Professur ein höheres Einkommen anstrebte: „Natürlich müsste ich mich in Wien den teueren Lebensverhältnissen entsprechend [...] merklich verbessern." An die Erfolge Hasenöhrls als „Mittelpunkt eines Kreises erfolgreich forschender Schüler" anknüpfend drückte er seine Zuversicht aus, „dass es mir in Wien ebenso wie in München gelingen würde, ein reges wissenschaftliches Leben unter der jüngeren Generation zu unterhalten."[1] Das Berufungsverfahren zog sich jedoch noch über mehrere Monate hin, bis man Sommerfeld am 11. Januar 1917 beschied, „daß gemäß den mit der Finanzverwaltung geführten Verhandlungen derzeit für die zu besetzende ordentliche Lehrkanzel für theoretische Physik an der Universität in Wien Bezüge nicht in Aussicht gestellt werden können, die eine Erhöhung Ihres amtlichen Einkommens in München herbeiführen würden."[2] Damit schien die Wiener Berufungsangelegenheit für Sommerfeld erledigt. Im März 1917 teilte ihm der Wiener Mathematikprofessor Wilhelm Wirtinger die weiteren Hintergründe mit, wonach in der Berufungskommission ein Streit entstanden sei zwischen einer Minorität, die Sommerfeld, Laue und Einstein vorgeschlagen habe, und einer Majorität, die noch andere Kandidaten (Marian von Smoluchowski und Debye) einbeziehen wollte. Die Verhandlungen des Ministeriums mit Laue seien ohne Ergebnis abgebrochen worden. Auf die polnische Nationalität des von einigen Physikerkollegen favorisierten Smoluchowski anspielend versicherte er Sommerfeld, „dass es mir und auch dem Kollegium eine besondere Freude u. Genugtuung wäre, wenn wir Sie gewinnen könnten, und so die Lehrkanzel Boltzmanns in bewährten *deutschen* Händen bliebe. Es dürfte natürlich noch eine Zeit vergehen, bis die Regierung etwas thut."[3] Im Juni 1917 nahm das Wiener Kultusministerium erneut mit Sommerfeld Verhandlungen auf, nachdem das „Professorenkollegium der philosophischen Fakultät" (dessen Votum nicht mit dem Majoritätsvotum der Berufungskommission übereinstimmte) „abermals Eure Hochwohlgeboren in Vorschlag gebracht" habe.[4] Am 25. Juni 1917 informierte Sommerfeld den Dekan seiner Fakultät in München offiziell darüber, „dass ich einen Ruf an die Universität Wien als Nachfolger des im Kriege gefallenen Prof. Hasenöhrl erhalten habe."[5] Gleichzeitig führte er mit dem Münchener Kultusministerium Bleibeverhandlungen. Man kam seinen Forderungen so weit entgegen, daß er den Wiener Ruf ablehnte. Die Kom-

---

[1] *A. Sommerfeld an den österreichischen Kultusminister, 25. Juli 1916. München, DM, Archiv NL 89, 019.*

[2] *Cwiklinski an A. Sommerfeld, 11. Januar 1917. München, DM, Archiv NL 89, 019.*

[3] *W. Wirtinger an A. Sommerfeld, 14. März 1917. München, DM, Archiv NL 89, 019.*

[4] *Cwiklinski an A. Sommerfeld, 13. Juni 1917. München, DM, Archiv NL 89, 019.*

[5] *A. Sommerfeld an R. Hertwig, 25. Juni 1917. München, UA, OC-N-14.*

pensation dafür bestand in der Verleihung von „Titel und Rang eines K. Geheimen Hofrates" und in einer Erhöhung seines Grundgehalts „um 3000 M jährlich".[1]

Sommerfeld beschäftigte sich in dieser Zeit physikalisch nicht nur mit der Atomtheorie. Als klar war, daß er nicht zum Militärdienst eingezogen würde, sorgte er sich um „Probleme der Kriegsphysik"[2] – zunächst anscheinend ohne offiziellen Auftrag. In diesem Zusammenhang fuhr er im April 1915 nach Berlin:[3]

> Gestern vorm. war ich in der Artillerie Prüfungs-Commißion, den ganzen nachm. von $\frac{1}{2}2$ Uhr ab mit Einstein zusammen, ungeheuer gemütlich u. freundschaftl. morgen. vorm. wollen wir zusammen musiciren. Ich werde überall sehr freundlich aufgenommen. Ein Herr von Siemens u. Halske lud mich ein, ihre Kriegs-Industrie zu besehen, ganz fabelhafte Sache.

In Berlin sprach er auch mit Max Wien, der eine wichtige Rolle bei der Verwendung der drahtlosen Telegraphie im Ersten Weltkrieg spielte; in Göttingen diskutierte er mit Ludwig Prandtl, der aerodynamische Fragen der Ballistik untersuchte.[4]

Ein offizieller Sammelpunkt für die Kriegsforschung wurde die *Kaiser Wilhelm-Stiftung für kriegstechnische Wissenschaft (KWKW)*. Diese vor allem auf Initiative des Berliner Ministerialbeamten Friedrich Schmidt-Ott sowie der physikalischen Chemiker Fritz Haber und Walther Nernst Ende 1916 gegründete und mit privatem Stiftungskapital ausgestattete Organisation hatte sich zum Ziel gesetzt, „durch das Zusammenarbeiten der besten wissenschaftlichen Kräfte des Landes mit den militärischen Kräften die Entwicklung der naturwissenschaftlichen und technischen Hilfsmittel der Kriegsführung zu fördern."[5] Am 22. Februar 1917 richtete Nernst an Sommerfeld die Bitte, der KWKW als Berater des Fachausschusses für Physik beizutreten: „Falls Sie zustimmen, würde ich dem Herrn Minister als Ihr Arbeitsgebiet ‚theoretische Untersuchungen auf dem Gebiete der Funkentelegrafie' namhaft machen."[6] Sommerfeld sagte umgehend zu und bot auch für das Gebiet der Ballistik seine Dienste an. „Ueber die Ballistik der

---

[1] Brief [269]. Siehe dazu auch [Eckert und Pricha 1984].

[2] Brief [215].

[3] *A. Sommerfeld an J. Sommerfeld, 24. April 1915. München, Privatbesitz.*

[4] *A. Sommerfeld an J. Sommerfeld, 18. April 1915. München, Privatbesitz.*

[5] Satzung, abgedruckt in [Rasch 1991, S. 94].

[6] *W. Nernst an A. Sommerfeld, 22. Februar 1917. München, DM, Archiv HS 1977-28/A,241.*

Minenwerfer arbeiten Cranz, Kurlbaum u. ich", antwortete Nernst, nahm das Angebot weiterer Unterstützung aber dankend an, „wenn Sie einmal herkommen, könnten wir uns ja über den Flug der gezogenen Minenwerfergeschosse unterhalten."[1] Neben seiner Mitarbeit in der KWKW bearbeitete Sommerfeld funktechnische und ballistische Fragen, die ihm von der „Tafunk" in Berlin, der „Torpedoinspektion" der Kriegsmarine in Kiel und anderen militärischen Stellen unterbreitet wurden.

Damit waren die Themenbereiche abgesteckt, die vor allem im letzten Kriegsjahr für Sommerfeld vordringlich wurden. „Meine Arbeiten sind sämtlich theoretischer (rechnerischer) Natur", erklärte er in einem Manuskript für einen Jahresbericht der KWKW, in dem er im März 1918 ein Resumée seiner bisherigen „kriegswissenschaftlichen Arbeiten" niederschrieb.[2] Die in Zusammenarbeit mit Fritz Noether durchgeführten ballistischen Berechnungen betrafen den Flug von Granaten, die nach dem Abfeuern aus einem gezogenen Geschützrohr einen Drall aufwiesen, der zwar für eine stabile Flugbahn sorgte, andererseits aber auch unerwünschte „Pendelungen" zur Folge hatte, die sich durch das Wechselspiel von Kreiselwirkung mit aerodynamischen Kräften einstellten. Ziel war, „die konischen Pendelungen der Minen durch ev. Abänderung ihrer Bauart auszuschalten oder zu verringern und eine möglichst glatte Flugbahn zu erzielen." Mit ähnlichen Problemen war Sommerfeld schon während seiner Arbeit an der *Theorie des Kreisels* in Berührung gekommen,[3] aber die mathematischen Schwierigkeiten bei der Berechnung dieses Phänomens waren auch 1918 kaum zu bewältigen. Noethers zusammenfassende Publikation *Über analytische Berechnung der Geschosspendelungen* nach Kriegsende vermittelt einen Eindruck von dieser Problematik.[4] Einige Jahre später bemerkte Carl Cranz in seinem *Lehrbuch der Ballistik:*[5]

> Am weitesten ist das Problem durch A. Sommerfeld und F. Nöther gefördert worden; bemerkt sei, daß die Arbeit zwar in rein mathematischer Hinsicht durch die Wahl der Parameter, die Reihenentwicklungen und die Diskussion mittels komplexer Integration dem Leser einen hohen geistigen Genuß gewährt, daß aber auch hier vom Magnuseffekt ganz abgesehen wird und

---

[1] *W. Nernst an A. Sommerfeld, 2. März 1917. München, DM, Archiv HS 1977-28/A,241.* Siehe auch Brief [276].

[2] Manuskript [278].

[3] Vgl. Brief [29].

[4] [Noether 1919].

[5] [Cranz 1925, S. 358].

daß die schließlichen Linksabweichungen bei Rechtsdrall in der bisher üblichen Weise erklärt und berechnet werden, die wir, wie schon erwähnt, nicht mehr für zutreffend ansehen können.

Auf dem Gebiet der Funktechnik konnte Sommerfeld an seine eigene Pionierarbeit über die Ausbreitung elektromagnetischer Wellen in der drahtlosen Telegraphie anknüpfen.[1] Wie bei den ballistischen Rechnungen war auch hier die Theorie den Anforderungen der Praxis kaum gewachsen. Immerhin konnte die Richtungsabhängigkeit von Funksignalen bei Horizontalantennen, denen das besondere Interesse galt, qualitativ durch die „Mitwirkung des Erdbodens" erklärt werden, doch für die Bedürfnisse der Militärtechnik wie den Entwurf von Antennen scheinen die Rechnungen nicht ausgereicht zu haben. „Mit meiner Arbeit hier bin ich nicht recht zufrieden. Die technischen Schwierigkeiten verhindern die Anwendung der Theorie",[2] schrieb Sommerfeld an seine Frau aus Kiel, wo er bei der Torpedoinspektion der Kriegsmarine den Einsatz der Funktechnik bei der Kommunikation zwischen U-Booten theoretisch begleiten sollte. Auch seine Beratungstätigkeit für die „Flieger-Funker-Versuchsabteilung Döberitz", die im letzten Kriegsjahr auf einem Flugplatz im mecklenburgischen Lärz Richtwirkungs- und Peilversuche mit Flugzeugen durchführte, kam zu keinem für das Militär befriedigenden Abschluß. In einem zusammenfassenden Bericht darüber wird „Herrn Geheimrat Sommerfeld für Anregungen anläßlich einer Durchsprache der ganzen Versuche in Lärz im August 1918" zwar Dank und Anerkennung ausgesprochen, von konkreten Anwendungen der Sommerfeldschen Theorie auf die Peilversuche ist jedoch keine Rede.[3]

Auch außerhalb der Militärtechnik stellte sich Sommerfeld in den Dienst der deutschen Kriegsanstrengungen. Im besetzten Belgien hielt er Vorträge vor der Truppe, und er unterstützte die Flamisierung der Universität Gent. Im Auftrag einer Genter „Studienkommission", die unter dem Vorsitz seines Münchener Kollegen Walther von Dyck seit Mai 1916 mit der praktischen Durchführung dieser ‚Genter Gründung' betraut war, bot Sommerfeld dem niederländischen Physiker Willem Hendrik Keesom eine Professur an. Kamerlingh Onnes antwortete in einem achtseitigen Brief:[4]

Was Herrn Keesom betrifft, so würde derselbe es sich eine hohe Ehre rechnen, einen Ruf nach Deutschland zu erhalten, zumal

[1] Siehe Seite 284.
[2] A. Sommerfeld an J. Sommerfeld, 6. August 1917. München, Privatbesitz.
[3] [Baldus et al. 1920].
[4] H. Kamerlingh Onnes an A. Sommerfeld, 6. Juni 1916. München, DM, Archiv HS 1977-28/A,160.

wenn derselbe von Ihnen veranlasst wäre, er würde bei einigermassen annehmbaren Bedingungen dem Ruf gewiss sehr gerne folgen. Einen Ruf von deutscher Seite, um jetzt an der belgischen Universität Gent vlämische Vorlesungen zu halten würde er aber zu seinem Bedauern ablehnen müssen [...] Bei unserem langjährigen freundschaftlichen Verkehr erwarten Sie darüber gewiss ein Wort der näheren Erörterung. [...]

Die meisten Vlamingen betrachten dann auch die Vervlämung von einer der belgischen Universitäten (Gent) als eine nationale belgische Frage, die sie mit eigener Kraft lösen wollen, ohne dass ein anderes Volk sich darin mischt. [...] Ich glaube, man versteht in Deutschland nicht gut, was der wirkliche Standpunkt der Vlamingen ist. Sie wünschen wohl einmal zur Vervlämung von einer der belgischen Universitäten und zwar von Gent, zu gelangen, wollen aber ihre Angelegenheiten selbst als Belgen regeln und nicht durch einen Fremden regeln lassen. [...] Wir stehen ehrlich neutral zwischen unseren Freunden auf beiden Seiten. [...] Jedenfalls folgt aus unserer Lage, die ich gemeint habe Ihnen ausführlich schildern zu müssen, dass Holländer nicht in Gent vlämische Vorlesungen halten dürfen, welche die Vlamingen wünschen, dass nicht gehalten werden.

Sommerfeld zeigte sich angesichts dieser Reaktion durchaus beeindruckt. Er schickte den Brief an Wilhelm Wien und teilte die darin so deutlich zum Ausdruck gebrachte Auffassung der Kollegen in den neutralen Niederlanden wohl auch anderen Kollegen mit.[1] Das hinderte ihn nicht, im Januar 1918 auf eine „Vortragsspritze" nach Belgien zu reisen.[2] Nach der Besichtigung der Genter Universität äußerte er sich in einem Brief an Dyck sehr optimistisch angesichts der Deutschfreundlichkeit der Flamen. Dyck war „etwas skeptischer", da Sommerfeld „nur die Gruppe der Holländer und eine besondere der Jungflamen gesprochen" habe, doch war es ihm „sehr wertvoll, daß Sie in Gent gewesen sind und daher in der Heimat davon Zeugnis ablegen können, was da geschaffen worden ist."[3]

Sommerfelds Aktivitäten in der Genter Angelegenheit machen mehr als seine unmittelbare Kriegsforschung deutlich, mit welchem Engagement er

---

[1] *A. Sommerfeld an W. Wien, 15. Juni 1916. München, DM, Archiv NL 56, 010.*
[2] Brief [273].
[3] Zitiert nach dem vorläufigen Manuskript [Hashagen in Vorbereitung, S. 479]. Sommerfeld schrieb über seine Genter Erlebnisse mehrere Zeitungsartikel, siehe [Sommerfeld 1918a], [Sommerfeld 1918i].

an den politischen Entwicklungen im Ersten Weltkrieg Anteil nahm. Er
mußte sich – spätestens nach dem Brief von Kamerlingh Onnes – der politischen Rolle seines Auftretens bewußt sein. Daß er angesichts der Flamisierung der Genter Universität den Bedenken seiner niederländischen Kollegen
zum Trotz ein „Hochgefühl" darüber empfand, „auf altgermanischem Boden
eine Stelle zu wissen, an der sonst nur die französische Sprache erklungen
und die nun der deutschen Wissenschaft wiedergewonnen war", zeugt von
seinem nationalistischen Einsatz – um so mehr, als er daran auch die Leser
der *München-Augsburger Abendzeitung* teilnehmen ließ. „Es besteht wohl
kein Zweifel," schrieb er nach seiner Vortragstour durch Belgien, „daß die
Genter Gründung der wirkungsvollste und zukunftsreichste Zug der deutschen Politik in Belgien gewesen ist, der das Problem an der Wurzel gefaßt
hat, an der Wurzel der gemeinsamen germanischen Kultur."[1]

Mit ähnlichem Sendungsbewußtsein unternahm Sommerfeld im April
1918 eine längere Vortragsreise durch Deutschland und Belgien. Vor dem
„Deutschen Frauenverein vom Roten Kreuz für die Kolonien, Landesverband Württemberg" hielt er einen populären Vortrag über „Die Entwicklung
der Physik in Deutschland seit Heinrich Hertz", den er in einer Mischung
aus nationalem Pathos und Euphorie über die Fortschritte in seiner Wissenschaft ausklingen ließ: „Die Grundsätzlichkeit und Kühnheit der Fragestellung in der Relativitätstheorie und Quantentheorie dürfen wir als einen
Ausfluß des deutschen philosophischen Geistes ansprechen, jenes unveräu
ßerlichen Erbes, das sich im Volk der Dichter und Denker fortpflanzt und
das uns keine Nation streitig machen kann."[2] Am Tag darauf schrieb er
seiner Frau: „Der Vortrag ging gestern gut vom Stapel. Viel Auditorium,
wohl 1 000 Leute, keine Kgl. Hoheiten. Sehr befriedigt war ich, dass ich die
Zeit, eine Stunde, auf die Minute eingehalten habe."[3] Wenige Tage später
berichtete er aus Brüssel, wo er einen Vortrag über Ballistik gehalten und
„bei dem ziemlich kleinen Auditorium volle Begeisterung erregt" habe. Er
wollte die Gelegenheit auch zu einem Abstecher zum „Großen Hauptquartier" benutzen, um Lenz einen Besuch abzustatten. „Vielleicht bekomme
ich gar einen Rockzipfel von H.[indenburg] und L.[udendorff] zu sehen!"[4]
Dann reiste er nach Berlin weiter, wo er Fritz Noether und Max Wien traf
– vermutlich um Fragen der Ballistik und der Richtfunktechnik zu erörtern:
„Berlin ist anstrengend aber sonst recht schön", schrieb er seiner Frau. Der

---

[1] *Literaturbeilage der München-Augsburger Abendzeitung vom 26. Februar 1918.*

[2] [Sommerfeld 1918b, S. 132].

[3] *A. Sommerfeld an J. Sommerfeld, 14. April 1918. München, Privatbesitz.*

[4] *A. Sommerfeld an J. und E. Sommerfeld, 17. April 1918. München, Privatbesitz.*

Höhepunkt seines Berlinaufenthalts war seine Festrede zu Plancks 60. Geburtstag. „Die Planckfeier war schön. Er hat mir auch Clavier vorgespielt, prachtvoll."[1]

Sommerfeld wollte auch dem Tübinger Institut Paschens einen Besuch abstatten, was sich dann aus Zeitgründen zerschlug. Paschen wies ihn auf die kriegsbedingten Schwierigkeiten hin:[2]

> Wollen Sie sich die Unbequemlichkeit dieser ungeheizten Bummelzüge machen, so würde ich mich sehr freuen und versuchen, Ihnen das Leben hier wenigstens möglichst zu verschönern, wogegen ich gespannt bin, über die neuesten theoretischen Fortschritte der Quanten-Physik etwas zu hören. Ob Sie hier allerdings für Sie Neues sehen können, ist fraglich. Da das Institut seit 1/2 Jahr ohne jeden Diener ist, kann nicht mehr gearbeitet werden.

Ausbau der Atomtheorie

Das Wechselbad der Gefühle angesichts der politischen Weltlage fand in dem Auf und Ab beim Ausbau der Atomtheorie eine wissenschaftliche Entsprechung. Dem Hochgefühl nach den ersten Erfolgen der Feinstrukturtheorie bei den Spektrallinien des ionisierten Heliums, beim Starkeffekt des Wasserstoffs und bei der Erklärung der Röntgendubletts folgte die Ernüchterung auf dem Fuß. Schon beim Zeemaneffekt sah Sommerfeld das Ergebnis seiner Theorie „als falsch" an, wie er im November 1916 Ehrenfest eingestand,[3] und das war nur der Auftakt für weitere Schwierigkeiten. Sommerfeld versuchte, seine Theorie mit den Vorstellungen über den Atombau in Einklang zu bringen. „Da das Mehrkörper-Problem zu schwierig ist, müssen wir angenähert vorgehen", bemerkte er im November 1916 einleitend zu einer Rechnung, die die Bewegung eines äußeren „Aufelektrons" im Feld eines Atomrumpfes, bestehend aus einem positiv geladenen Kern und inneren Elektronenringen, zum Ziel hatte.[4] Anstelle der Balmerschen Formel beim Wasserstoff ergab sich eine Formel, die der Mannigfaltigkeit der optischen Seriengesetze Rechnung tragen sollte, d. h. die Energie des

---

[1] *A. Sommerfeld an J. Sommerfeld, 29. April 1918. München, Privatbesitz.* Siehe auch [Warburg et al. 1918].

[2] *F. Paschen an A. Sommerfeld, 25. März 1918. München, DM, Archiv HS 1977-28/A,253.*

[3] Brief [265].

[4] [Sommerfeld 1916b, S. 154].

„Aufelektrons" ergab sich in der Form der Terme der sog. Hauptserie, der I. und II. Nebenserie und der Bergmannserie, wenn entsprechende Näherungen und Zusatzannahmen vorgenommen wurden. Bei den Spektren der Alkalien sei zwar qualitativ „alles sehr schön", aber „ob die Theorie quantitativ stimmt, ist Paschen im Begriff zu entscheiden. Meine Note darüber wird Ihnen bald zugehen", schrieb Sommerfeld an Ehrenfest.[1] Paschens Messungen entschieden gegen die Theorie, und die „Note" über die Spektren der Alkalien blieb unveröffentlicht. Enttäuscht schrieb Sommerfeld im März 1917 an Lorentz, es fehle „doch im Einzelnen an der numerischen Übereinstimmung. Dies zeigte mir inzwischen die Berechnung der Serien der Alkalien. Der Grund liegt wohl in der Vernachlässigung der Rückwirkung des äusseren auf die inneren Elektronen."[2]

Ebenso erfolglos waren die Versuche, auf der Grundlage des Bohr-Sommerfeldschen Modells zu einer befriedigenden Dispersionstheorie zu gelangen. Er habe „darüber eine ganze Reihe noch unpublicirter Rechnungen und Resultate", ließ er Bohr im August 1916 wissen. Vorläufig teile er in dieser Frage die schon früher von Debye und ihm selbst vertretene Auffassung, daß die Quantentheorie dabei eine bloße Nebenrolle spiele und „nur die Grösse der Moleküle bestimmt, alles andere ist Mechanik. Aber ich bin gern bereit, mich anders belehren zu lassen."[3] Als grundlegender Mechanismus wurde dabei wie schon in der Drudeschen Dispersionstheorie angenommen, daß die Elektronen im Molekül unter dem Einfluß des einfallenden Lichtes erzwungene Schwingungen ausführen, deren Beschreibung nach dem Muster der klassischen Mechanik und Elektrodynamik erfolgte. Ein Jahr später publizierte Sommerfeld eine etwas modifizierte Dispersionstheorie, wobei er auch neuere Konzepte wie die Ehrenfestsche Adiabatenhypothese einbezog.[4] Darin berechnete er die in der klassischen Dispersionstheorie auftretenden Parameter mithilfe von Modellvorstellungen über zweiatomige Moleküle, die von Ringen aus Elektronen zusammengehalten wurden. Trotz anfänglicher Zuversicht mußte er aber bald einräumen, daß durch neuere Arbeiten die seiner Dispersionstheorie zugrundegelegten Molekülvorstellungen „erschüttert" worden seien.[5]

Auch die Intensitäten der Spektrallinien konnten nicht befriedigend erklärt werden. Schon ihre experimentelle Feststellung war ein von Paschen

---

[1] Brief [265].
[2] Brief [268].
[3] Brief [261]. Vgl. auch [Debye 1915b], [Sommerfeld 1915i] und [Bohr 1981, S. 336-340].
[4] [Sommerfeld 1917a], vgl. die Briefe [270] und [274].
[5] [Sommerfeld 1919a, S. 534].

immer aufs Neue angesprochenes Problem. Sie ließen sich je nach Art der Anregung fast „willkürlich verändern".[1] Das ließ für eine theoretische Interpretation einigen Spielraum, den Sommerfeld nutzte (wobei er diese Aussagen vorsorglich als „hypothetischer" als seine übrigen Aussagen bezüglich der Frequenzen der Spektrallinien bezeichnete): Er postulierte „Quantenungleichungen" zwischen den Quantenzahlen der verschiedenen Elektronenbahnen, die Auswahlregeln für die Übergänge von einer Bahn in eine andere zur Folge hatten; jeder Bahn wurde ein „Häufigkeitsmaß" (die Kreisbahn wurde als die wahrscheinlichste betrachtet) zugemessen, woraus sich auch für die Intensitäten der erlaubten Übergänge quantitative Aussagen ergaben.[2] Im März 1917 unterzog er die „Intensitätsfragen" einer gründlichen Revision, ohne jedoch zu einer weniger hypothetischen und durch experimentelle Befunde eindeutig bestätigten Klärung zu kommen.[3]

Als Kommentar zu der Sommerfeldschen „Note" über die Intensität der Spektrallinien schrieb Paschen im Mai 1917: „Gewiss wäre es schön, die Intensitäten genauer zu messen. Es ist aber sehr schwer und heute noch nicht möglich. [...] Ich werde bald zu anderen Problemen übergehen und hoffe da Wichtiges für Ihre Theorie zu finden."[4] Einige Tage darauf fuhr er mit Bezug auf die Unterschiede bei Gleichstrom- und Funkenanregung fort: „Je unregelmässiger die Anregung, um so wahrscheinlicher ist die Ausbildung *aller* Ihrer Componenten. [...] Ich muss jetzt Ihre Abhandlung eingehend studiren, um zu sehen, ob Sie nicht im Wesentlichen zum gleichen Schluss kommen."[5] Nach einem Monat weiterer Intensitätsmessungen fand er: „Das Gleichstrombild ist sehr variabel mit dem Druck. Es soll, so gut es geht, gemessen und diskutirt werden. Ich habe aber den Eindruck, dass weitere Experimente wichtiger wären".[6] Danach wurde die Debatte über die Intensitäten der Spektrallinien vorerst ad acta gelegt. Sommerfelds Augenmerk galt um diese Zeit den Röntgenspektren (siehe unten). Auch der Ende 1917 wiederaufgenommene Versuch einer Dispersionstheorie hatte eher den Charakter einer halbherzigen Hypothese und stand bei weitem nicht in einer so

---

[1] Brief [260].

[2] [Sommerfeld 1916a, S. 23-28]. Vgl. dazu die Briefe [244] und [252].

[3] [Sommerfeld 1917b], siehe Brief [268]

[4] *F. Paschen an A. Sommerfeld, 11. Mai 1917. München, DM, Archiv HS 1977-28/A,253.*

[5] *F. Paschen an A. Sommerfeld, 21. Mai 1917. München, DM, Archiv HS 1977-28/A,253.*

[6] *F. Paschen an A. Sommerfeld, 22. Juni 1917. München, DM, Archiv HS 1977-28/A,253.*

lebhaften Resonanz mit dem Experiment wie die Feinstrukturtheorie.[1]

Trotz – oder besser wegen – der Diskrepanz zwischen guter Übereinstimmung mit experimentellen Beobachtungen in bislang theoretisch nicht zugänglichen Bereichen (wie dem Starkeffekt), und ihrem offensichtlichen Versagen in anderen Gebieten wurde die Sommerfeldsche Atomtheorie nun zum Ausgangspunkt zahlloser Untersuchungen. Die erste Doktorarbeit, die Sommerfeld auf diesem Gebiet vergab, galt der Frage, ob seine Theorie auch bei Anwendung der älteren Abrahamschen Elektronentheorie (die ja ebenfalls eine Abhängigkeit der Elektronenmasse von der Geschwindigkeit vorhersagte) die Feinstruktur richtig wiedergegeben hätte. Zunächst hatte Sommerfeld angenommen, „selbst Abraham'sche Massenveränderlichkeit würde es tun."[2] Aber die Rechnungen seines Doktoranden Karl Glitscher zeigten in Übereinstimmung mit den Präzisionsmessungen Paschens über die Feinstrukturaufspaltung: „Nach Abraham müsste sie in allen Abständen um 1/5 kleiner sein, als beobachtet. Dies ist nach Paschen auszuschließen. Abraham ist also definitiv zu verwerfen."[3] Die Lorentz-Einsteinsche Formel für die Massenveränderlichkeit fand auf diese Weise eine unerwartete Stütze in der Spektroskopie.

Glitscher, der vom Militärdienst befreit war und deshalb von Sommerfeld als Assistent beschäftigt werden konnte, ging nach Beendigung seiner Dissertation 1917 nach Kiel, wo er bei der Firma von Anschütz-Kaempfe an der Entwicklung von Kreiselkompassen arbeitete. Nachfolger wurde Adalbert Rubinowicz, der bereits 1914 an der Universität Czernowitz eine Assistentenstelle bekleidet hatte und nach Schließung der Universität infolge des Krieges schließlich 1916 nach München ging. „Zur Zeit meines Aufenthalts in München, d. h. 1916–1918, bestand der Sommerfeldkreis nur aus wenigen Teilnehmern", erinnerte er sich viele Jahre später.[4] Aber das Gefühl der Aufbruchstimmung blieb unvergessen, und Rubinowicz war wie „alle, die sich mit dem Ausbau der Quantentheorie damals beschäftigt hatten, davon überzeugt, daß etwas Grundsätzlich Neues geschaffen" werde. Sommerfeld erhoffte sich von Rubinowicz Hilfe bei der Dispersionstheorie. „Um die Dispersionserscheinungen auf Grund der ursprünglichen Bohrschen Annahmen zu verstehen, mußte zunächst das Problem der Ausstrahlung vom Standpunkt der Quantentheorie aus geklärt werden", beschrieb Rubino-

---

[1] [Sommerfeld 1917a], siehe Brief [270].

[2] Brief [239].

[3] *A. Sommerfeld an die Philosophische Fakultät, 2. Sektion, 15. Februar 1917. München, UA, OC I 43 p.* Vgl. [Glitscher 1917].

[4] *A. Rubinowicz an J. L. Heilbron, 12. Juli 1963. AHQP.*

wicz den Ausgangspunkt seiner Arbeit.[1] In seinem Festvortrag zu Plancks 60. Geburtstag am 26. April 1918 schilderte Sommerfeld der versammelten Berliner Physikerprominenz den Kerngedanken für das Verständnis der Lichtausstrahlung, der ihm „kürzlich von Rubinowicz mitgeteilt" worden sei:[2]

> Bei der Emission ist das strahlende System (Atom) mit dem umgebenden Äther gekoppelt. Es ergibt sich also die Aufgabe, das gekoppelte System, Atom + Äther, zu quanteln. Der Äther verhält sich quantentheoretisch wie ein linearer Oszillator, dessen Frequenz jeden beliebigen Wert annehmen kann [...] Wenn wir annehmen, daß vermöge unserer gekoppelten Quantenbedingungen immer nur ein Ätheroszillator mitschwingt, so muß dies derjenige sein, dessen Energie gleich der vom Atom abgegebenen Energiedifferenz zwischen End- und Anfangszustand ist [...] Nicht das Atom schwingt, sondern der Äther. Ebenso wie die Frequenz des Äthers durch den Energiesatz, wird (ebenfalls nach Rubinowicz) die Polarisation des Äthers durch die Erhaltung des Impulses oder vielmehr durch die des Impulsmomentes bestimmt. Immer dann, wenn sich beim Übergange des Elektrons im Atom sein Impulsmoment ändert, muß die Änderung desselben auf den Äther übertragen werden.

Auf ähnliche Weise beschrieb Sommerfeld in einem Brief an Bohr diese „Versöhnung von Quantentheorie und Wellentheorie", mit der jetzt erstmals auch eine Begründung für die erlaubten Übergänge im Atom formuliert werden konnte: „Durch Vergleich von Energie und Impulsmoment findet Rubinowicz eine Bedingung für die azimutale Quantenzahl: sie kann nur um höchstens eine Einheit sich ändern (0, ±1)."[3] Diese „Auswahlregeln" traten nun an die Stelle der Sommerfeldschen „Quantenungleichungen". Anders als diese beruhten sie auf einer soliden physikalischen Grundlage – den Erhaltungssätzen für Energie und Drehimpuls. Bohr kam zur gleichen Zeit auf der Grundlage seines Korrespondenzprinzips zu denselben Schlußfolgerungen, so daß Sommerfeld mit der Präsentation der Rubinowiczschen Ideen auch deren Unabhängigkeit und Originalität sicherstellte. „Ich war sehr stolz darauf", freute sich Rubinowicz, als ihm Sommerfeld von den Reaktionen der Physiker in Berlin berichtete, „daß Einstein den Gedanken, die

---

[1] A. Rubinowicz: Zur Geschichte meiner Entdeckung der Auswahl- und Polarisationsregeln. AHQP, Mikrofilm OHI 1419/4.

[2] [Warburg et al. 1918, S. 20-22].

[3] Brief [281]. Impulsmoment bedeutet Drehimpuls.

Erhaltungssätze zur Ableitung der Auswahl- und Polarisationsregeln zu benutzen, als ‚fein' bewertet hat."[1] Über die Bohrsche Konkurrenzmethode, „Wellenth. u. Quantenth. von den grossen Quantenzahlen her aneinanderzupassen", schrieb Sommerfeld im Juni 1918 an Einstein, sie scheine ihm „sehr wirkungsvoll, wenn sie einen auch innerlich nicht belehrt. Gewisse Schlussbemerkungen bei Bohr decken sich aber mit einer Arbeit von Rubinowicz, die inzwischen an die Phys. Ztschr. abgegangen ist".[2]

„Wann wird man endlich an diese Dinge mit gutem Gewissen gehen können", schrieb Sommerfeld im letzten Kriegssommer an Wilhelm Wien mit Blick auf die vielen offenen Fragen seiner Theorie.[3] Während er das Problem der optischen Serienspektren, die über die äußere Gestalt der Atomhülle Aufschluß geben sollten, bis nach dem Krieg zurückstellte, hegte er bezüglich der inneren Elektronenringe im Atom Hoffnung auf schnelleren Erfolg. Seine Zuversicht rührte von der „Tatsache der genauen Wasserstoffähnlichkeit der Röntgendubletts" her, „die sich mit großer Schärfe durch das ganze System der Elemente hindurch verfolgen läßt."[4].

Bei den Röntgenspektren erhielt Sommerfeld wesentliche Unterstützung durch seinen Münchner Kollegen Ernst Wagner, Röntgenschüler und seit 1915 Extraordinarius im benachbarten Experimentalphysikinstitut, und Zennecks Assistenten Walther Kossel von der Technischen Hochschule. Vor allem die Zuarbeit Kossels war für Sommerfeld von unschätzbarem Wert: „Sie brachten Ihr gesamtes chemisches Kapital in unser gemeinsames Geschäft ein, ich mein wenn auch nur aus der Literatur erworbenes spektroskopisches Kapital", würdigte Sommerfeld im Rückblick diese Zusammenarbeit.[5] Weitere Hilfe kam von Richard Swinne, einem Berliner Physiker, der für das Wintersemester 1916/17 zum Sommerfeldkreis gestoßen war und ein lebhaftes Interesse für die Fragen der Röntgenspektren mitbrachte. „Ich glaube, dass während Ihres leider nicht langen hiesigen Aufenthaltes ich ebenso viel von Ihnen (auf chemischem u. radioaktivem Gebiet) gelernt habe, wie Sie von mir", bedankte sich Sommerfeld 1918 für Swinnes Glückwünsche zum 50. Geburtstag.[6] Als weiteren Gesprächspartner in Sachen

---

[1] A. Rubinowicz: Zur Geschichte meiner Entdeckung der Auswahl- und Polarisationsregeln. AHQP, Mikrofilm OHI 1419/4.

[2] Brief [283]. Zur Rivalität mit Bohr siehe Band 2.

[3] Brief [288].

[4] [Sommerfeld 1918f, S. 297].

[5] [Sommerfeld 1947].

[6] A. Sommerfeld an R. Swinne, 25. Dezember 1918. München, DM, Archiv HS 1952-3. Swinne trug zur Klärung der Frage der Röntgendubletts der L- und M-Serie bei [Swinne 1916] und beteiligte sich während seines Münchenaufenthaltes lebhaft am Kollo-

Röntgenspektren gewann Sommerfeld den Studenten Franz Pauer, der bei ihm 1918 promovierte und dem er die Idee zum „Ellipsenverein" verdankte, einer Anordnung innerer Elektronen, die in einer „kunstreichen Aneinanderpassung" von elliptischen Bahnen mit großer Exzentrizität für Sommerfeld in besonders schöner Weise die „hohe Bewegungsharmonie" zum Ausdruck brachten, „die im Innern des Atoms herrscht".[1] Von diesen Münchner Gesprächspartnern abgesehen, kam die wichtigste Hilfe bei der Aufklärung der inneren Atomstruktur von Manne Siegbahn, der an der Universität Lund in Schweden die Röntgenspektroskopie zu seinem Forschungsschwerpunkt machte. Siegbahn wurde für Sommerfeld auf dem Gebiet der Röntgenspektren ein ähnlich wichtiger Briefpartner wie Paschen bei den Spektrallinien im Bereich des sichtbaren Lichts.[2]

Angesichts dieser Bündelung von Zuarbeit aus ganz verschiedenen Richtungen gewann der Versuch einer Enträtselung der Röntgenspektren bereits im Ersten Weltkrieg den Charakter eines sehr zielgerichteten Forschungsprogramms. An Sommerfelds Publikationen läßt sich dies freilich nur schwer ablesen – ein als Teil 1 veröffentlichter Aufsatz über *Atombau und Röntgenspektren* blieb ohne Fortsetzung, eine Arbeit *Über die Feinstruktur der K_β-Linie* erschien nur als Akademiebericht.[3] Um so deutlicher belegt Sommerfelds Korrespondenz, wie wichtig ihm dieses Thema war. Trotz des Krieges schickte Sommerfeld seine jeweils neuesten Arbeiten auch ins Ausland. Aber wiederum schlug die anfängliche Begeisterung bald in Ernüchterung um. Der Hauptgrund war die anscheinend unausweichliche Erkenntnis, daß sich die Röntgenspektren nicht dem Ritzschen Kombinationsprinzip fügten. So wäre z. B. für die Übergänge zwischen den K-, L- und M-Schalen zu erwarten gewesen, daß die Summe der Wellenzahlen von den Übergängen M $\to$ L (L_α) und L $\to$ K (K_α) gleich der Wellenzahl des Übergangs M $\to$ K (K_β) sei. Tatsächlich fand Sommerfeld bei allen Elementen K_β größer als die Summe aus K_α und L_α. Dieser „Kombinationsdefekt" sei „besonders schwerwiegend", resümierte er im April 1918.[4] Die Auflösung der Schwierigkeit erhoffte er sich von Siegbahn, mit dem er seit 1917 in regem Briefwechsel stand. Nur Präzisionsmessungen an den einzelnen Röntgenlinien konnten darüber Aufschluß geben. (Der „Kombinationsdefekt" entpuppte sich bald als Folge fehlender Kenntnisse über die Feinstruktur der Röntgenterme.)

quium, vgl. *Physikalisches Mittwoch-Colloquium. München, DM, Archiv Zugangsnr. 1997-5115.*

[1] [Sommerfeld 1919a, S. 368]. Vgl. [Heilbron 1967] und [Benz 1975, S. 171-174].

[2] [Kaiserfeld 1993].

[3] [Sommerfeld 1918f] und [Sommerfeld 1918d].

[4] [Sommerfeld 1918f].

Nachdem Sommerfeld 1916 den Dublettcharakter der K_α-Linien noch ganz im Sinn seiner Feinstrukturtheorie der Balmerserie als Folge der „Wasserstoffähnlichkeit" erklärt hatte, die für den innersten Elektronenring gelte, sah er in den K_β-Linien den ersten Testfall für seine weitergehenden Überlegungen zur Feinstruktur der Röntgenlinien. Hierbei sollte der zwischen den K- und M-Ringen angeordnete L-Ring für eine Feinstrukturaufspaltung sorgen, da dessen Elektronen das von M nach K beförderte Elektron stärker von der Kernladung abschirmen würden, was mit einem gewissen Energiebeitrag zu Buche schlage. „Bei den bisherigen Versuchen, K_β aus der Vorstellung mehrfach besetzter Ringe abzuleiten, ist diese Mitwirkung des L-Ringes übersehen worden", argumentierte er in seiner Akademieabhandlung.[1] Von Siegbahn wollte er wissen, ob er „jemals eine Andeutung von einem K_β-Dublett gefunden" habe, denn nach seiner Theorie „sollte eigentlich auch K_β (ebenso wie K_α) ein Dublett sein, weil auch bei K_β der (zwischen dem Anfangs- und Endring gelegene) L-Ring mitspielt."[2] Siegbahn antwortete ihm, daß „die K_β-Linie in der Tat doppelt" sei.[3] Sommerfeld muß diese „hübsche Bestätigung eines zunächst unerwarteten Resultates über Röntgenspektren"[4] eine ähnliche Genugtuung beschert haben wie zwei Jahre früher die Bestätigung seiner Feinstrukturvorhersage beim ionisierten Helium durch Paschen. „Um Ihr Interesse dafür zu erregen, möchte ich Ihnen hier die Theorie dazu kurz auseinandersetzen", bedankte er sich bei Siegbahn; nach einem Exkurs in die Details der Theorie kam er zu dem Schluß:[5]

> Sie sehen hieraus, dass es sich um eine sehr interessante und *sicher nachzuweisende* neue Folgerung der Theorie der Feinstrukturen handelt. [. . .] Man kommt also einen guten Schritt vorwärts in der Erkenntnis des Atombaues. Ich werde Ihnen sehr dankbar sein, wenn Sie mir durch Mitteilung Ihrer Meßungen dazu verhelfen.

Der sich daran anschließende Briefwechsel[6] erinnert in seiner Intensität und dem von Sommerfeld an den Tag gelegten Interesse für die experimentellen Meßergebnisse an den zwei Jahre zuvor geführten Briefwechsel mit

---

[1] [Sommerfeld 1918d, S. 370].

[2] Brief [280].

[3] Aus einem (nicht erhaltenen) Brief Siegbahns an Sommerfeld vom 25. Mai 1918, zitiert in [Sommerfeld 1918d, S. 372].

[4] Brief [283].

[5] Brief [284].

[6] Briefe [285], [286], [287], [290], [292], [294] und [297].

Paschen. Im Unterschied zur Feinstrukturtheorie von 1916 war jedoch dem Sommerfeldschen „Ellipsenverein" und den expandierenden Elektronenringen, mit denen er die Feinstruktur der Röntgenlinien zu erklären hoffte, keine lange Lebensdauer beschieden. Wie die optischen Serienspektren blieben auch die Röntgenspektren ein Forschungsgebiet, für das erst in den zwanziger Jahren befriedigende theoretische Lösungen gefunden wurden.[1]

Atomtheorie populär

Sommerfeld befand sich 1918 auf dem Höhepunkt seiner wissenschaftlichen Karriere. Die Verleihung der „Helmholtz-Prämie" durch die Preußische Akademie der Wissenschaften bildete den Auftakt zahlloser Ehrungen.[2] Kollegen im In- und Ausland bekundeten Sommerfeld ihre Hochachtung.[3] Auch der Nobelpreis schien erreichbar. Auf Bitten des Sekretärs der Bayerischen Akademie der Wissenschaften sandte Sommerfeld ihm 1918 einen Formulierungsvorschlag für die Nominierung. Sich auf diese Weise selbst anzupreisen, fand Sommerfeld „ja etwas ungewöhnlich", doch dann überwand er seine „zarten Bedenken", da der Vorschlag „sachlich nicht ganz unberechtigt" sei, um mit der Nachschrift zu schließen: „Eigentlich ist es doch ein Unfug, dass ich Ihr Schreiben aufsetze! Vielleicht lassen Sie doch lieber die ganze Aktion!"[4] Der Gedanke an den Nobelpreis dürfte auch schon bei seinem Nominierungsvorschlag für Planck im Hinterkopf gewesen sein, als er argumentierte, daß „die gewiss des Nobelpreises würdigen ungeheuer fruchtbaren Bohr'schen Untersuchungen" unmöglich den Preis erhalten könnten, bevor er nicht Planck als dem „Schöpfer des Gesamtgebietes der Quanten" verliehen worden sei.[5]

Zur wissenschaftlichen Anerkennung kam die Bürde repräsentativer Aufgaben. Am 31. Mai 1918 wurde Sommerfeld zum Vorsitzenden der Deutschen Physikalischen Gesellschaft (DPG) gewählt, „und zwar mit sichtlicher Begeisterung", wie ihm Einstein schrieb, der dieses Amt vor ihm bekleidet hatte.[6] Sommerfeld nahm die Wahl an. Die Gesellschaft – erst 1899 aus der Berliner Physikalischen Gesellschaft hervorgegangen – wurde im

---

[1] Siehe Band 2.

[2] *Preußische Akademie der Wissenschaften an A. Sommerfeld, 25. Januar 1917. München, DM, Archiv NL 89, 020.*

[3] Briefe [266] und [267].

[4] Brief [291]. Zu den möglichen Gründen für die Verweigerung des Nobelpreises siehe Band 2.

[5] Brief [272].

[6] Brief [282].

wesentlichen von Berlin aus verwaltet, so daß Sommerfeld bei den Vorstandssitzungen oft von einem dortigen Kollegen vertreten und brieflich über die Beschlüsse informiert wurde. Nur wenn ihn auch andere Verpflichtungen nach Berlin führten, wie die militärischen Forschungsaufträge für die KWKW, fanden die Vorstandssitzungen unter seinem persönlichen Vorsitz statt. Größere Reorganisationsbestrebungen wurden auf die Zeit nach dem Krieg vertagt, doch waren die Spannungen zwischen den Berliner und Nicht-Berliner Physikern unübersehbar und nötigten Sommerfeld einiges Geschick ab.[1]

Trotz aller Aufgaben ließ es sich Sommerfeld nicht nehmen, die während des Krieges erzielten atomphysikalischen Erkenntnisse zusammenzufassen. „Ich schreibe seit 14 Tagen ein populäres Buch über Atombau u. Spektrallinien," teilte er im Juni 1918 Einstein gleichzeitig mit seiner Zusage für den DPG-Vorsitz mit.[2] „Der Plan zu diesem Buche entstand aus einer allgemeinen Vorlesung über Atommodelle an der Münchener Universität im Winter 1916/17, bei der ich die Freude hatte, mehrere chemische und medizinische Kollegen als Zuhörer vor mir zu sehen", erläuterte er im Vorwort des ein Jahr später erschienenen Buches seine Motive.[3] Seit 1916 trug Sommerfeld in seinen Vorlesungen den Kriegsverhältnissen Rechnung, indem er über den zusammengeschmolzenen Kreis der Physikstudenten hinaus auch „für Hörer aller Fakultäten, ohne mathematische Ableitung" las, wie es im Vorlesungsverzeichnis ausdrücklich hieß. Die im Vorwort erwähnte Vorlesung des Wintersemesters 1916/17 über „Neuere experimentelle und theoretische Fortschritte in der Atomistik und Elektronik (populär, ohne mathematische Entwickelungen)" bildete den Auftakt. Im Jahr darauf las er über „Röntgenstrahlen und Kristallstruktur" und im Sommersemester 1918 über „Atomistik". Er sei „von Studierenden und Kollegen, von Physikern, Chemikern und Biologen, bei Hochschulkursen an der Front und von seiten der Technik" immer wieder mit dem Wunsch nach einem „nicht zu schwierigen Lehrbuche" konfrontiert worden, das „auch dem Nichtfachmanne das Eindringen in die neue Welt des Atominnern ermöglichen sollte." Diesem „Imperativ" habe er sich „auf die Dauer nicht entziehen" können.[4]

Sommerfeld sorgte sich auch um die nichtakademische Breitenwirkung. „Ich bin gern erbötig, zur Darstellung des Atombaus mitzuwirken",[5] beant-

---

[1] Brief [288], vgl. auch Brief [216]. Der schwelende Konflikt eskalierte erst 1920 zum offenen Streit (siehe Band 2).

[2] Brief [283].

[3] [Sommerfeld 1919a, Vorwort].

[4] [Sommerfeld 1919a, Vorwort].

[5] *A. Sommerfeld an O. v. Miller, 31. Januar 1918. München, DM, Archiv Reg Chemie 1271.*

wortete er im Januar 1918 eine Anfrage Oskar von Millers, dem Gründer des
Deutschen Museums, der ihm zuvor seine Absicht mitgeteilt hatte, „in unserem Museumsneubau die neueren Theorien über die Zusammensetzung
und den Aufbau der chemischen Elemente [...] durch Tafeln mit Tex-
ten, Zeichnungen evtl. auch durch Modelle zur Darstellung zu bringen."[1]
Entsprechend Sommerfelds Anregung wurde in der Abteilung Chemie ein
eigener Raum für den „Bau der Materie" vorgesehen. Im Dezember 1918
übersandte Sommerfeld dem mit der praktischen Durchführung beauftrag-
ten Konservator im Deutschen Museum seinen ausführlichen Plan für die
Ausstattung dieses Raumes, der einen Querschnitt durch die Fülle neuer
atomphysikalischer Erkenntnisse beinhaltete und von der Beschriftung von
Wandtafeln bis zu Skizzen für die Herstellung von Atommodellen auch für
die konkrete museale Präsentation Vorschläge machte.[2]

Fünf Jahre nach der Bohrschen „Trilogie" war die Atomtheorie zu einem
vielbeachteten und populären Forschungsgebiet geworden – allen Kriegs-
und Nachkriegswirren zum Trotz, die Sommerfeld nicht weniger leiden-
schaftlich kommentierte als seine wissenschaftlichen Arbeiten: „Ich höre von
Kossel," schrieb er am 3. Dezember 1918 an Einstein, „dass Sie an die neue
Zeit glauben und an ihr mitarbeiten wollen – Gott erhalte Ihnen Ihren
Glauben! Ich finde alles unsagbar elend und blödsinnig. Unsere Feinde sind
die grössten Lügner und Hallunken, wir die grössten Schwachköpfe. Nicht
Gott, sondern das Geld regirt die Welt."[3] Einstein vertrat eine völlig andere Auffassung: „Es ist wahr, dass ich von dieser Zeit mir was erhoffe, trotz
der vielen hässlichen Dinge, die sie im Einzelnen bringt. Ich sehe die politische und wirtschaftliche Organisation unseres Planeten vorschreiten."[4] Bezeichnenderweise bildeten diese Passagen bei Einstein wie bei Sommerfeld
den eher beiläufigen Schluß langer Briefe, deren Hauptthema die aktuelle
Physik war.

Das gemeinsame Interesse an der Atomtheorie erleichterte auch die Wie-
deraufnahme der Beziehung zu den Wissenschaftlern im Ausland. „Hoffentlich werden wissenschaftliche Freunde aus den verschiedenen Ländern
im kommenden Jahr einander wieder treffen können", schrieb Niels Bohr
Weihnachten 1918.[5] Vor dem Hintergrund des lebhaften Austauschs mit

---

[1] O. v. Miller an A. Sommerfeld, 28. Januar 1918. München, DM, Archiv Reg Chemie
1271.

[2] A. Sommerfeld an A. Süssenguth, 4. Dezember 1918. München, DM, Archiv HS 1968-
609.

[3] Brief [295].

[4] Brief [296].

[5] Brief [298].

Siegbahn über Röntgenspektren überrascht es nicht, daß Sommerfeld schon 1919 zu einer Konferenz nach Lund sowie im Gefolge davon von Bohr nach Kopenhagen zu Vorträgen eingeladen wurde.[1] Direkt nach dem Ersten Weltkrieg waren diese Einladungen mehr als nur ein Akt kollegialer Wertschätzung unter Atomphysikern; sie demonstrierten allen Boykottmaßnahmen offizieller Wissenschaftsorganisationen zum Trotz den Wunsch nach einer Wiederbelebung der durch den Krieg unterbrochenen internationalen Wissenschaftsbeziehungen. Weitere Einladungen Sommerfelds nach Spanien und in die Vereinigten Staaten zeigen, daß dieser Wunsch nicht nur auf das spezielle Interesse Bohrs und Siegbahns an der Atomtheorie reduziert werden kann, wenngleich dieses Gebiet bei den Auftritten Sommerfelds in den folgenden Jahren immer im Zentrum der Aufmerksamkeit stand.

---

[1] Siehe Band 2.

Briefe 1913–1918

[197] *An Carl Runge*[1]

München, 17. I. 13.

Lieber Runge!

Ich habe dieser Tage eine Arbeit über das Zeeman-Phänomen verbrochen im Anschluß an Paschen–Black[2] u. möchte gern von Ihnen erfahren, ob sie neu ist.

Z. B. das enge Sauerstofftriplet 3947. Ich stelle [es] mir als herrührend von einem „anisotrop gebunden[en]" Elektron vor, das also ohne Magnetfeld nach 3 Axen 1, 2, 3 mit Frequenzen n_1, n_2, n_3 schwingt, die den drei benachbarten Wellenlängen entsprechen. Das einzelne Molekül ist im Dampf wechselnd orientirt, die drei ursprüngl. Schwingungen also unpolarisirt. Im Magnetfeld verschieben und verbreitern sich die Linien, zunächst proportional H^2; wenn aber $\frac{e}{m}H \gg \Delta n$ geworden ist,[3] ($\Delta n = |n_1 - n_2|$ oder $|n_2 - n_3|$ oder $|n_3 - n_1|$) so kommt es auf die ursprüngliche Verschiedenheit nicht mehr an: das bischen verschiedene Bindung ist ohnmächtig gegen das Magnetfeld, die freien Schwingungen orientiren sich nach dem Magnetfeld, die eine in Richtung von H linear, die beiden anderen senkrecht dazu cirkular. Daher normales Triplet mit der bekannten, immer vollkommener werdender Polarisation; aber die Linien behalten eine gewisse Breite von der Grösse Δn. Also:

$$
\begin{array}{ccccl}
\overset{n_3\, n_2\, n_1}{|\ \ |\ \ |} & & \text{ohne Feld} & & n = \frac{n_1+n_2+n_3}{3} \\[2mm]
\| \ \| \ \| & & \text{kleines Feld} & & = \text{mittlere Frequenz} \\[2mm]
\text{\rule{4mm}{2mm}} \ \text{\rule{4mm}{2mm}} \ \text{\rule{4mm}{2mm}} & & \text{starkes Feld} & & \text{der Mittelcomponente} \\[2mm]
n - \frac{e}{m}\frac{H}{2} \quad n \quad n + \frac{e}{m}\frac{H}{2} & & & &
\end{array}
$$

Für das Sauerstofftriplet ergiebt sich $H = 20\,000$ Gauß als Grenze oberhalb deren der Paschen'sche Effekt einsetzt. Man kann z. B. für das D-Linienpaar ($6\,\text{A}°$ Differenz) nach der entsprechenden Grenze fragen u. findet $H = 170\,000$ Gauß. Also oberhalb dieser Grenze sind die *beiden* D-Linien zu *einem* normalen Triplet verschmolzen! Manche von Paschen gegebene Einzelheiten lassen sich gut hiernach verstehen, einzelnes widerspricht, z. B. ist die Mittelcomponente des Sauerstofftriplets bei starken Feldern schärfer als sie es nach meiner Auffaßung sein sollte; auch ist der Abstand der Seitencomponenten nach meiner Theorie $\frac{e}{m}H$ (von Mitte zu

[1] Brief (2 Seiten, lateinisch), *München, DM, Archiv HS 1976-31.*

[2] [Paschen und Back 1912], [Sommerfeld 1913]. Eine Antwort Runges ist nicht erhalten.

[3] H ist das angelegte äußere Magnetfeld, e und m Ladung bzw. Masse des Elektrons. Für das folgende vgl. die ausführliche Berechnung in [Sommerfeld 1913].

Mitte gemeßen), nach Paschen ca. $2\frac{e}{m}H$ (von Rand zu Rand gemeßen). Bei einer Na-Linie stimmt aber auch die Grösse der Zerlegung, bei Wasserstoff liegt die Polarisationsanomalie ganz in meinem Sinne.

Ist dies nun neu? Die Sache ist so selbstverständlich, dass man es schwer glauben kann. Und halten Sie die Auffaßung für fruchtbar? Die complicirteren magnetischen Typen, die bei weiter von einander abstehenden Triplets u. Dublets auftreten, fallen natürlich zunächst aus dem Bilde heraus, aber vielleicht lässt sich auch da etwas machen.

Ich danke Ihnen nochmals schön für Ihr geduldiges Zuhören im Juli.[1] Reden Sie doch Hilbert aus, dass er die Thesen der Gasconferenz schon Anfang Februar verschicken will.[2] 1) sind wir bis dahin nicht fertig, 2) vergißt das Publikum dann alles bis Ende April. M. M. n. wäre es völlig Zeit, die Thesen Ende März oder Anfang April zu verschicken.

Mit einem schönen Gruß an Frau u. Tochter

Ihr A. Sommerfeld

[198] *Von Friedrich Paschen*[3]

Tübingen [um den 10. März 1913][4]

Hochverehrter Herr Kollege.

Es freut mich sehr, dass Sie sich der Sache (Zeeman-Effect und Linienverwandlung) annehmen. So ist zu hoffen, dass neue fruchtbare Gesichtspunkte aufgeworfen werden. Auch Einstein, mit dem ich in den letzten Tagen öfter darüber sprach,[5] interessirt sich für den Fall, meint aber, dass er sehr schwer anzugreifen sei.

Uebrigens haben wir das Sauerstoff-Triplet in stärkeren Feldern (bis

---

[1] Am 31. Juli 1912 hatte Sommerfeld in Göttingen über die Entdeckung der Röntgeninterferenz an Kristallen vorgetragen, vgl. *A. Sommerfeld an K. Schwarzschild, undatiert (Juli 1912). Göttingen, NSUB, Schwarzschild 743.*

[2] Die Kommission der Wolfskehlstiftung veranstaltete in der letzten Aprilwoche 1913 einen Vortragszyklus über die kinetische Theorie der Materie, bei der Sommerfeld im wesentlichen die Ergebnisse seines Doktoranden Wilhelm Lenz vorstellte [Sommerfeld 1914c].

[3] Brief (4 Seiten, lateinisch), *München, DM, Archiv HS 1977-28/A,253.*

[4] Kurz nach der im Brief erwähnten Züricher Tagung. Am oberen Briefrand von Sommerfeld ergänzt: „Briefe u. Zeichnung würde ich mir bei der Gött. Woche zurückerbitten. A. S."

[5] In Zürich fand am 7. und 8. März 1913 die Tagung der Schweizerischen Physikalischen Gesellschaft statt; Paschen referierte dort über neue Spektraluntersuchungen beim Sauerstoff [Paschen 1913].

40 000 g) eingehend studirt[1] und fanden dort bereits eine so eklatante Annäherung an das „normale Triplet", dass man allein auf Grund des Versuchs
sagen kann, der Endeffect in starkem Feld ist das normale Triplet (nach der
Theorie von Lorentz)[.] Die Mittelcomponente ist so scharf wie die übrigen
einfachen Linien des Sauerstoffes in unserer Röhre. Die $\perp$ schwingenden Seitencomponenten sind noch dreimal breiter als die Mittelcomponente, aber
scharfrandig abgesetzt, stärker und von Mitte zu Mitte gemessen exact im
Abstand der Componenten eines normalen Triplets.

Auch die Wasserstofflinien sind bis 40 000 g untersucht und ergeben mit
wachsendem Felde abnehmende specifische Aufspaltungen.[2]

$$
\begin{array}{rl}
H & Z \\
15\,000 - 30\,000 & 5.20 \times 10^{-5} \\
35\,000 & 5.14 \quad " \\
40\,000 & 5.05 \quad "
\end{array}
$$

Es scheint auch hier eine Annäherung an das normale Triplet $Z = 4.70 \times 10^{-5}$ mit wachsendem Felde stattzufinden.– Schliesslich hat H[er]r Fortrat (bei P. Weiss in Zürich)[3] auf meine Bitte mit einem dafür geeigneteren Spectralapparat in hohem Magnetfeld die Natriumlinie 2852 genauer
untersucht und findet, dass sie in schwachen Feldern der Preston-Regel[4]
entsprechend die beiden Typen D_1 und D_2 nebeneinander enthält und bei
47 000 g in ein nahezu normales Triplet verwandelt ist.

Ich meine, dass die Theorie von Ritz[5] gute Ansätze zur Behandlung
enthält, weil in ihr nur ein Electron schwingt, und das Dublet durch 2 Magnetfelder dargestellt wird, die durch ein äusseres Feld wohl zu beeinflussen
sein könnten. Einstein ist auch der Meinung. Allerdings war er erst über die
Theorie von Ritz anderer Meinung und kennt dieselbe nicht genau. Erst als
ich ihm Obiges sagte, meinte er, das eine Electron sei wichtig. Bei Lorentz
und Voigt sind ja mehrere gekoppelte Electronen anzunehmen, um die Anomalie zu deuten.[6]

---

[1] [Paschen und Back 1913]. g bezeichnet die Einheit Gauß. Diese Stelle und der folgende
Absatz sowie die Tabelle sind am Rand angestrichen.

[2] Die Aufspaltung Z berechnet sich zu $\Delta\lambda/\lambda^2 H$ $\mathrm{G^{-1}cm^{-1}}$, vgl. [Paschen und Back 1912,
S. 899].

[3] [Fortrat 1913b]. Pierre Weiss war seit 1902 Professor für Experimentalphysik an der
ETH, sein Schüler René Fortrat promovierte 1914 in Paris.

[4] Vgl. Seite 432.

[5] [Ritz 1908a].

[6] Vgl. [Lorentz 1909] und [Voigt 1911].

Indem ich Ihnen, auch im Namen meines Mitarbeiters[1] für die freundlichen Worte herzlichst danke, die Sie zu unserer Arbeit geäussert haben, bleibe ich mit besten Grüssen Ihr ergebenster

F. Paschen.

In Zürich hat Laue einen brillanten Vortrag über seine Röntgenstrahlbilder an Krystallen gehalten.[2] Aber die Sache ist doch wohl eine ganz andere, als man anfänglich meinte.[3] Jedenfalls war der Vortrag Laues wundervoll durchsichtig und sehr kritisch. Sie hatten Recht, als Sie sagten, er trage jetzt gut vor.

[199] *An Woldemar Voigt*[4]

München, 24. III. 13.

Lieber Herr Geheimrat!

Meine Correctur ist endlich abgeschickt. Ich habe von Ihrer Annalenarbeit nichts gesagt, da mir schien, dass es Ihnen so lieber ist.[5] Ein paar als solche gekennzeichnete „Zusätze bei der Correktur" beziehen sich auf einige inzwischen in Zürich (Schweizer Naturf. Ges.) mitgeteilten Resultate von Paschen u. Fortrat.[6] Von meinen ursprünglich in Aussicht genommenen Zusätzen habe ich dabei nur die angestrichenenen Stellen ||| aufgenommen.

Mit Ihren Bemerkungen[7] α) ... bin ich völlig einverstanden, also insbesondere damit, dass die Einfachheit bei mir nur dadurch erreicht wird, dass die grössere Hälfte des Problems bei Seite gelassen wird. Andererseits werden sie mir zugeben, dass die Koppelungshypothese eigentlich keine Erklärung für das *regelmässige* Auftreten des Paschen-Back-Effektes enthält* Es könnte ja bei anderer Wahl der Parameter auch ganz anders sein! Die Polarisation ist nicht ursächlich sondern künstlich mit der normalen Auf-

---

[1] Ernst Back, er promovierte 1913 bei Paschen.

[2] [Laue 1913].

[3] Vgl. Seite 291.

[4] Brief (4 Seiten, lateinisch), *München, DM, Archiv NL 89, 015.*

[5] Vgl. [Sommerfeld 1913, S. 774]; darin erwähnt er nicht die neueste Arbeit Voigts, sondern nur [Voigt 1912], in der das Modell des anisotrop gebundenen Elektrons „als Erklärung des Zeemaneffektes abgewiesen" worden sei, „weil hier im allgemeinen keine Linienverbreiterung auftritt und weil die komplizierten Zeemaneffekte damit unerklärt bleiben."

[6] [Fortrat 1913a], [Paschen 1913].

[7] *W. Voigt an A. Sommerfeld, 16. März 1913. München, DM, Archiv HS 1977-28/A,347.*

spaltung verknüpft und die Bedingung $\nu r \gg d$ ist bis auf eine Constante unbestimmt, während meine Bedingung $h \gg \Delta n$ auch dem Zahlenwert nach durch die Beobachtungen von Fortrat bei den Na-Linien bestätigt zu werden scheint.[1] (NB. Ich habe nicht übersehen, dass der Koppelungscoeff. r dem Magnetfelde proportional ist; aber dass er gerade *gleich* g gesetzt wird, ist jedenfalls nicht einleuchtend und notwendig.) Der Faktor $\frac{1}{2}$ bei den Seitencomponenten steht auch bei mir (ϱ_1 oder ϱ_3 ist $= \frac{1}{2}((n_1^2 - n^2)\cos^2\alpha + \dots)$ während $\varrho_2 = (n_1^2 - n^2)\cos^2\alpha + \dots$ ist; bei Fig. 2 ist dies ausdrücklich bemerkt;[2] ich habe bei der Correktur dies auch im Text deutlicher hervorgehoben; wo sonst „von gleicher Grösse" stand, habe ich „von gleicher resp. halber Grösse" geschrieben[3]). Dass die Linienbreite bei der Mittelcomponente nach meinen Formeln mit wachsendem Felde nicht abnimmt, (was sie tatsächlich tut) ist für mich der unangenehmste Einwand gegen meine Auffaßung. ~~Wenn man einen Grund hierfür hätte, würde die Discrepanz mit der Seitencompon~~ Der Einwand dass bei mir die Seitencomponenten schmäler sind wie die Mittelcomponente, scheint mir weniger schwer zu wiegen – wenn man einen Grund für die Verschärfung der Mittelcomponente hätte, der nicht zugleich für die Seitencomponenten wirksam wäre, so wäre diese Discrepanz gehoben. Andererseits habe ich auf die Erklärung der complicirten Zeeman-Effekte garnicht gerechnet. Übrigens ist die Linienverbreiterung vor dem Normalwerden des Triplets wohl ein charakteristisches Merkmal des Paschen-Effektes. Meine Auffaßung giebt davon zu viel, die Ihrige zu wenig (soviel ich sehe bleiben Ihre Linien durchweg scharf). Ich schicke meine Niederschrift nur deshalb noch einmal mit, um markiren zu können, was ich davon in den Zusätzen benutzte. Da ich keine weitere Verwendung dafür habe, bitte ich, sie zu vernichten.

Was Ihr Ms. angeht, so ist mir dieses auf 1 700 m Höhe nachgeschickt und hat, da ich inzwischen von dort fort war, einige Schicksale gehabt, die sich in teilweise verwischter Tinte dokumentiren.[4] Ich bitte hierfür sehr um Entschuldigung und will nur hoffen, dass nichts verloren ist!

Sachlich bin ich mit Ihren Einwendungen gegen mein Modell natürlich

---

[1] h ist hier die mit der spezifischen Elektronenladung multiplizierte Stärke des magnetischen Feldes $\frac{e}{m}H$; zu den übrigen Größen und zur „Koppelungshypothese" vgl. [Voigt 1913a].

[2] ϱ ist ein Maß für die Streuung um den Mittelwert der jeweiligen Frequenzen; Fig. 2 in [Sommerfeld 1913, S. 768] zeigt die Intensitätsverteilung innerhalb einer Spektrallinie.

[3] Zu dem an dieser Stelle befindlichen Fußnotenzeichen findet sich kein Text.

[4] Bei dem Manuskript handelt es sich um eine der beiden Folgearbeiten [Voigt 1913d] bzw. [Voigt 1913b]. In der zweiten Märzwoche war Sommerfeld mit W. Wien, Laue und anderen zum Skifahren im Gebiet der Valuga in Südtirol.

völlig einverstanden. Es war gewiss nicht meine Absicht, eine umfassende Theorie des Zeeman-Effektes zu geben. Solange wir keine Theorie der Spektrallinien haben, wird auch jede Theorie der Magnetooptik Stückwerk bleiben. Meine ist das besonders, da sie nur die Hauptzüge bei grossen Feldern und engen Abständen behandelt (und auch in dieser Beschränkung die allmählich zunehmende Verschärfung d. Linien nicht liefert). Im Einzelnen:

α) „gegen seinen Standpunkt" klingt freundlicher wie „gegen diesen Versuch".

β) Vielleicht hier die Einschaltung „worauf H. Sommerfeld in einem Briefe Wert legte" ... Ich habe einen jüngeren Collegen, der die Mittel dazu in der Hand hat, gebeten, die entsprechenden Verhältnisse bei anderen Dublets u. Triplets zu untersuchen.[1]

γ) Zu diesem Einwand gegen die allgemeine Erklärung von Paschen–Back durch die Koppelungshypothese kommt wohl noch der betr. die Polarisation und die Linienverbreiterung.

Im Ganzen halte ich es für sehr richtig und zweckmässig, dass von Ihnen der allgemeine Standpunkt der Theorie dargelegt wird, und mein sehr einseitiger, allein auf P[aschen]–B[ack] zugeschnittener Standpunkt kritisirt wird. Ich hoffe, dass mein einseitiger Standpunkt doch nicht ganz nutzlos und unfruchtbar bleiben wird sondern dass er in der Aufstellung bestimmter zahlenmässiger Behauptungen für die experimentelle Entwicklung gewisse (zu bestätigende oder zu widerlegende) Anhaltspunkte geben kann. Vor allem aber lassen Sie mich hoffen, dass mein (ziemlich dilettantischer und gelegentlicher) Excurs in den Zeeman-Effekt auch nicht die leiseste Verstimmung bei Ihnen zurücklässt. Ihr letzter Brief, der mich in dieser Hinsicht sehr erfreut und beruhigt hat, giebt mir die Gewähr dafür. Da ich durchaus nichts gegen Ihre Darlegungen einwenden kann, werde ich vorläufig sicher nicht das Wort dazu ergreifen. Erst wenn neue Tatsachen vorliegen, könnte dieses eintreten. Dabei würde ich, wie in den eingesandten Zusätzen, keinen Zweifel darüber lassen, dass ich mein Gelegenheitsprodukt auch nicht in die entfernteste Parallele gegen Ihre allgemeine Theorie stellen möchte. Die Schönheit Ihrer allgemeinen Methode ist mir in diesem Winter recht klar geworden, als ich den Faraday-Effekt ganz im Anschluß an Ihr Buch[2] in einer Vorlesung über Optik vortrug.

Vielleicht giebt der Gascongress[3] die nötige Zeit her, dass ich Sie noch über einige Punkte Ihrer Theorie fragen kann, die mir noch nicht ganz

---

[1] In [Sommerfeld 1914b] werden Messungen von Christian Füchtbauer erwähnt.

[2] [Voigt 1908, Kapitel 1].

[3] Ende April, vgl. Seite 434.

klar sind – Einstellung im Magnetfelde, Koppelung zwischen Elektronen
verschiedener Frequenz. Hoffentlich giebt er mir auch Gelegenheit, mich zu
überzeugen, dass Sie mir Ihr so oft bewährtes Wohlwollen ungeschmälert
erhalten haben!!

Immer Ihr A. Sommerfeld.

* an dessen Allgemeingültigkeit Sie daher auch consequenter Weise zweifeln.

[200] *Von Woldemar Voigt*[1]

Göttingen, den 26. 3. 13.

Lieber Herr Kollege!

Eigentlich hatte ich erwartet, daß Sie Ihren „Zusatz", vielleicht mit Aenderung einiger Werte, zum Abdruck bringen würden. Jedenfalls hatte ich
bereits in der definitiven Redaktion meiner neuen Arbeit[2] die Bezugnahme
auf die Ihrige auf einige kurze Bemerkungen reduziert. Die genaue Behandlung der D-Duplets hat ein mich völlig überraschendes Resultat ergeben
und auch für die allgemeine Ausgestaltung der Koppelungstheorie wertvolle Anregung gegeben. Ich hoffe, dies Ihnen in G.[öttingen] bei der wohl
stattfindenden „Festsitzung" der Physik. Gesellsch. vortragen zu können.[3]
Es gelingt, aus dem Verhalten der ([nicht]) getrennten D-Linien in der Tat
das *normale* Triplet enger Duplets in starken Feldern abzuleiten.

In einem Punkt stimme ich noch garnicht mit Ihnen überein. Ich sehe an
keiner Stelle eine Verbreiterung der Linien als Verbreiterung zum normalen
Triplet erwiesen.

Bei dem O-Triplet, über das Beobachtungen vorliegen, ist noch keineswegs wahrscheinlich gemacht, daß die s-Komponenten[4] *überhaupt* das
normale Duplet liefern, und ein ‚diffuser Wischer' brauchte auch keineswegs Verbreiterungen darzustellen. Sie müssen in Betracht ziehen, daß das
O-Triplet zusammen auf jeder Seite *6* Außenkomponenten liefert. Wenn
diese einander nahe rücken, und dabei (nach der Theorie) bei abnehmender
Intensität doch ihre Breite beibehalten, so kann durch ihre Zusammenwir-
kung sehr wohl der Schein eines „diffusen Wisches" entstehen. Bei H_α, wo

---

[1] Brief (4 Seiten, deutsch), *München, DM, Archiv HS 1977-28/A,347.*

[2] [Voigt 1913b, S. 404].

[3] Vermutlich während des „Gaskongresses".

[4] s und p beziehen sich auf Elektronenschwingungen senkrecht bzw. parallel zum Magnetfeld.

wirklich das Triplet erwiesen ist (ich vermute, daß hier der D-Typ vorliegt!) ist von Verbreiterung nicht die Rede.–

Wenn ich irgendwo den Schein einer Empfindlichkeit gegen Sie verursacht habe, so kann ich das nur bedauern. Ich empfinde nichts als große Wertschätzung und Freundschaft gegen Sie. Auch kann ich Ihnen nur danken, daß Sie mir die Anregung gegeben haben, mich nochmals (nach der nur informierenden ersten Bemerkung) in das neue Problem, was der Koppelungstheorie gestellt ist, zu vertiefen. Aber damit ist die Wahrung meiner Ansicht, daß Ihre Behandlung die eigentliche Schwierigkeit umgeht, wohl vereinbar. Und bei Ihrer großen und gerechtfertigten Autorität in theoretischen Dingen mußte ich mich ein Bischen meiner Haut wehren!

Treulich
Ihr W. Voigt.

Welche Autorität sich Sommerfeld in der theoretischen Physik schon vor dem Ersten Weltkrieg erworben hatte, belegen die sich häufenden Anfragen in Berufungsangelegenheiten. Der folgende Brief gibt auch Aufschluß über die Erwartungen, die an einen Theoretiker jener Zeit gestellt wurden. Zu bedenken ist, daß es zwischen den Repräsentanten der Physik in dieser Frage große Auffassungsunterschiede gab, die nicht zuletzt in den lokal sehr unterschiedlich entwickelten universitären Traditionen begründet lagen. Lenard verglich in einem Brief an Sommerfeld die Heidelberger Physik mit der Göttingens, das ihm „wie ein Ameisenhaufen" erschien, „wo es wegen der grossen Zahl nahe gleicher Individuen fortdauernd wimmelt; in Heidelberg dagegen lebt man wie ein Schmetterling, der auch allein gar sehr des Lebens sich freut, gelegentlich aber doch mit Seinesgleichen zusammentrifft, was dann unter Umständen um so intensiveren Effekt giebt (ich denke an Bunsen mit Kirchhoff)."[1]

[201] *Von Philipp Lenard*[2]

Garmisch, 4. Sept. 1913

Hochgeehrter Herr College!

Der Tod von Professor Pockels[3] versetzt mich in die Lage, für Nachfolge sorgen zu müssen, und in dieser Angelegenheit wollte ich in bestimmter Richtung mir Ihre Hilfe erbitten.

Manchmal, früher schon, hatte ich mir gedacht, es könnte vielleicht auch eine ordentliche Professur für theoretische Physik in Heidelberg errichtet

---

[1] *P. Lenard an A. Sommerfeld, 25. September 1913. München, DM, Archiv HS 1977-28/A,198.*

[2] Brief (4 Seiten, lateinisch), *München, DM, Archiv HS 1977-28/A,198.*

[3] Friedrich Pockels, seit 1900 außerordentlicher Professor für theoretische Physik in Heidelberg, war am 29. August gestorben. Sein Nachfolger wurde der Lenardschüler August Becker.

werden, wenn eine Persönlichkeit wie Einstein oder Bjerknes dafür zur Verfügung stünde,[1] was seinerzeit der Fall zu sein schien. Diese Beiden sind nun aber nicht mehr zu haben; so bin ich für den jetzigen Fall nach Erwägung aller Umstände von diesem Projekt abgekommen und es handelt sich demnach um eine etatm.[äßige] *ausserordentliche* Professur, und ich habe vor, die *jüngsten* unter den tüchtigen und *entwicklungsfähigen* habilitierten Physikern herauszusuchen, die bereits Theorie gelesen, Mehreres veröffentlicht haben und von denen ich mir gutes Zusammenarbeiten verspreche.[2] Die Betreffenden sollten sich durch gute Durchbildung in der *ganzen* Physik und durch Talent nach der mathematischen Seite auszeichnen.

Diese herauszufinden ist um so schwerer, da sie auch noch jung sein sollen, so dass nicht so viel Veröffentlichungen zur Verfügung stehen können, die alles Latente zeigen könnten. Es muss da persönliche Bekanntschaft helfen. Deshalb wäre es mir von grösstem Werte, wenn Sie aus dem Kreise Ihrer Schüler oder sonstigen Bekannten nach den obigen Gesichtspunkten mir einige Namen nennen könnten.

Ganz besonders hätte ich auch den Wunsch, solche junge Collegen etwa auf einer Ferienreise in Heidelberg einmal bei mir sehen zu können, sowie auch Abdrucke ihrer sämtlichen Veröffentlichungen so bald wie nur möglich zu haben. Es soll das ja alles gar nicht wie eine Bewerbung aussehen, die vielleicht gerade die Besten scheuen würden; sondern ich freue mich ganz allgemein jederzeit über alle Arbeiten, die mir gesandt werden und über alle Besuche von Collegen, die mich beehren.* Im Besonderen wird es mir jederzeit und abgesehen von jedem Zwecke ein besonderes Vergnügen, ja ein Bedürfnis sein, Ihre vortrefflichen Schüler persönlich kennen zu lernen. Könnte ich nicht Allen jetzt nützlich sein, so könnte mir das in irgend einer Weise vielleicht doch einmal später möglich sein, wenn persönliche Bekanntschaft eine Anknüpfung giebt, und auch dieses wäre mir ein erfreulicher Prospekt.

Ist es Ihnen also möglich, mir in dieser Weise zu helfen, so glaube ich, dass damit etwas Gutes getan wäre, und ich wäre Ihnen besonders dankbar dafür.

---

[1] Einstein war im Vorjahr an die ETH Zürich berufen worden; Vilhelm Bjerknes, 1913 bis 1917 Direktor des geophysikalischen Instituts der Universität Leipzig, hatte vor allem auf dem Gebiet der Elektro- und Hydrodynamik gearbeitet.

[2] Zu Lenards Schwierigkeiten mit Pockels vgl. [Jungnickel und McCormmach 1986, S. 289-292].

Meine Reise ist jetzt bald beendet; vom 15. Sept. an werde ich bis zum Winter Semester dauernd in Heidelberg sein.

In grösster Hochschätzung Ihr ganz ergebener

P. Lenard.

Im gleichen Sinne schreibe ich nun noch an W. Wien und M. Planck.

* Mein Münchener Aufenthalt war nur 1 Stunde; sonst hätte ich mir das besondere Vergnügen nicht versagen können, Sie aufzusuchen. Ich reise jetzt noch nach Ungarn.

[202] *An Niels Bohr*[1]

4. IX. 13.

Sehr verehrter Herr College!

Ich danke Ihnen vielmals für die Übersendung Ihrer hochinteressanten Arbeit, die ich schon im Phil. Mag. studirt hatte.[2] Das Problem, die Rydberg-Ritz'sche Constante durch das Planck'sche h auszudrücken,[3] hat mir schon lange vorgeschwebt. Ich habe davon vor einigen Jahren zu Debye gesprochen. Wenn ich auch vorläufig noch etwas skeptisch bin gegenüber den Atommodellen überhaupt, so liegt in der Berechnung jener Constanten fraglos eine grosse Leistung vor. Übrigens wird die numerische Übereinstimmung mit dem neuen Planck'schen Wert $h = 6,4 \cdot 10^{-27}$ noch besser.– Werden Sie Ihr Atommodell auch auf den Zeeman-Effekt anwenden? Ich wollte mich damit beschäftigen. Von Hn. Rutherford, den ich im Oktober zu sehen hoffe,[4] kann ich vielleicht Näheres über Ihre Pläne erfahren.

Ihr sehr ergebener A. Sommerfeld.

---

[1] Postkarte (2 Seiten, lateinisch), *Kopenhagen, NBA, Bestand Bohr.*

[2] [Bohr 1913b].

[3] Die gewöhnlich nur als Rydbergkonstante bezeichnete Größe N, durch die sich alle Frequenzen ν des Wasserstoffspektrums darstellen lassen als $\nu = N(\frac{1}{n^2} - \frac{1}{m^2})$, $n < m$ natürliche Zahlen, wurde durch die Bohrsche Theorie auf die Ladung e und Masse m des Elektrons sowie das Plancksche Wirkungsquantum h zurückgeführt.

[4] Ernest Rutherford und Sommerfeld nahmen am 2. Solvaykongreß vom 27. bis 31. Oktober 1913 in Brüssel teil. Das Bohrsche Atommodell spielte bei den Diskussionen praktisch keine Rolle, vgl. [Goldschmidt et al. 1921].

[203] *Von Niels Bohr*[1]

Copenhagen, Oct. 23, 1913.[2]

Dear Prof. Sommerfeld,

I thank you very much for your kind card, and beg you to excuse that I have not answered before; but immediately after I got your card I went to Birmingham to the British Association,[3] and after my return to Copenhagen I have been so occupied with university-duties that I have not had time to think of anything.

Enclosed I send a copy of the second part of my paper; it will be concluded with a third part, at press now.[4]

I hope soon to publish a short note on the phenomena of magnetism and the Zeeman-effect.[5] I have been working for long time with this problem, which seems promising on account of the close analogy between the hypothesis of the universal constancy of the angular momentum of the electrons and the theory of magnetons.[6]

In order to explain that diamagnetism – and not paramagnetism – is a general property of atoms, it seems necessary to assume that the angular momentum is an absolute constant, also in the presence of a magnetic field. In the latter case, however, the condition of the constancy of the angular momentum is not equivalent with the condition of a constant ratio between the frequency of revolution and the total energy emitted during the formation of the system.

Any attempt of an explanation of the Zeeman-effect on the basis of the theory must necessarily be essential different from the explanation generally accepted, as according to the theory the frequency of the radiation emitted or absorbed does not coincide with the frequency of vibration of the electrons in the atom. From the above assumption of the absolute constancy of

---

[1] Brief (4 Seiten, lateinisch), *München, DM, Archiv HS 1977-28/A,28.*

[2] Es existiert ein beinahe identischer Briefentwurf vom 22. Oktober 1913 in *Kopenhagen, NBA, Bestand Bohr.*

[3] Am 12. September 1913 referierte Bohr über sein Atommodell bei der 83. Jahrestagung der British Association for the Advancement of Science, vgl. [Bohr 1981, S. 124].

[4] [Bohr 1913c] und [Bohr 1913d].

[5] [Bohr 1914]. Hierin wird hauptsächlich der Starkeffekt behandelt, zum Zeemaneffekt finden sich auf Seite 519 nur allgemeine Bemerkungen.

[6] Die Beziehung zwischen dem magnetischen Moment eines auf kreisförmiger Bahn umlaufenden Elektrons zu dessen gequanteltem Bahndrehimpuls führte Bohr zu einem kleinsten magnetischen Moment, dem „Bohrschen Magneton", dessen Wert jedoch um ein Vielfaches größer als der von P. Weiss experimentell ermittelte war, vgl. [Bohr 1981, S. 129].

the angular momentum, it might be concluded that the explanation of the Zeeman-effect is that the condition $E = h\nu$, which ordinary determines the frequency of the radiation, in a magnetic field is replaced by the condition $E = h(\nu \pm \nu_1)$, where ν_1 refers to the Ze[e]man-effect. This hypothesis can be made plausible in some way by help of considerations similar to Larmors explanation of the Ze[e]man-effect.[1]

Once more thanking you for your kind card and excusing the late answer

Yours very sincerely

N. Bohr.

[204] *Von Johannes Stark*[2]

Aachen, 21. XI. 13.

Sehr geehrter Herr Kollege!

Zunächst möchte ich Ihnen verbindlich danken für die telegraphische Auskunft, die Sie mir gegeben haben. Hätte eine Akademiesitzung in der nächsten Zeit stattgefunden, so hätte ich Sie gebeten, die Mitteilung über eine neue Erscheinung vorzulegen, welche ich aufgefunden habe.

Durch Anwendung eines starken elektrischen Feldes und geeigneter optischer Methoden ist es mir nämlich gelungen, Spektrallinien durch ein elektrisches Feld in scharfe Komponenten aufzuspalten, welche vollständig geradlinig in Bezug auf die Feldaxe polarisiert sind.[3]

Nun bin ich am Sonntag zu einer Besprechung mit Steinheil in München.[4] Diese Gelegenheit möchte ich benützen, Ihnen, Röntgen und Seeliger meine Spektrogramme zu zeigen. Ich habe auch soeben an Röntgen geschrieben. Sollte er nicht in München sein und sollten Sie sich für die neue Erscheinung interessieren, so möchte ich Sie bitten, die Benachrichtigung Seeligers zu übernehmen (er ist wegen der Anwendung des neuen Effektes auf die Sonne interessiert) und mir nach meinem Hotel Grünwald am Bahnhof Nachricht zu senden, wann und wo ich Ihnen meine Spektrogramme vorführen darf. Es wäre hierzu ein Projektionsapparat bei fünffacher Vergrößerung bereit zu halten. Zeit hierfür habe ich am Sonntag

---

[1] Vgl. [Larmor 1897] und [Larmor 1900, S. 341].

[2] Brief (3 Seiten, deutsch), *Berlin, SB, Autogr. I/292.*

[3] Stark hatte seine Entdeckung tags zuvor durch die Berliner Akademie publizieren lassen [Stark 1913], die ausführliche Arbeit [Stark 1914] erschien erst im April 1914.

[4] Der Optiker Rudolf Steinheil leitete die von seinem Großvater, dem Physiker und Astronomen Carl August Steinheil in München 1854 gegründete optische Werkstätte, die zu einem Unternehmen von Weltruf wurde.

zwischen 11 und 2 Uhr. Falls Sie noch weitere Kollegen zur Vorzeigung der Spektrogramme einladen wollen, habe ich nichts einzuwenden.

Mit bestem Gruß Ihr ergebener
J. Stark.

[205] *An Johannes Stark*[1]

München, den 22. XI. 1913

Sehr geehrter Herr College!

Wie Sie bereits durch ein Telegramm von Röntgen erfahren haben, können er und ich am Sonntag Ihrer sehr freundlichen und höchst interessanten Demonstration nicht beiwohnen. Ich wiederhole die Bitte, ob Sie nicht die Demonstration auf Montag 12 Uhr verschieben können. In diesem Falle würde auch Seeliger zugegen sein können. Wenn Sie aber schon Sonntag wieder abreisen müssen, so werden nur die Assistenten sowie Prof. Zenneck[2] anwesend sein. Diese versammeln sich um 11 Uhr im Röntgen'schen Institut; für die gewünschte Vergrösserung ist gesorgt. Wenn Ihnen diese Zeit genehm, bedarf es keiner weiteren Nachricht; sonst wollen Sie an das physikal. Institut telephoniren, wenn Sie die Zeit ändern wollen.[3]

Sehen Sie es nicht als Interesselosigkeit an, wenn ich Sonntag fehle; ich kann es nicht anders einrichten. Was Sie an Röntgen über Ihre Entdeckung schrieben, lautet so ausserordentlich, dass ich es doppelt bedauern würde, wenn ich Sie und Ihre Platten nicht doch noch, wie ich hoffe am Montag, sehen kann.

Ihr sehr ergebener
A. Sommerfeld

---

[1] Brief (2 Seiten, lateinisch), *Berlin, SB, Nachlaß Stark.*

[2] Jonathan Zenneck war gerade als Nachfolger von Hermann Ebert von der TH Danzig an die TH München gewechselt.

[3] Starks Vortrag fand vermutlich am Montag dem 24. November 1913 statt, da Röntgen daran teilnahm [Stark 1987, S. 47]: „Er sagte nur wenig, offenbar aus Mangel an Kenntnis über die behandelten Erscheinungen. Da die Münchener Herren sich Röntgen vollkommen unterordneten, schwiegen auch sie." Daß der Starkeffekt durchaus Eindruck machte, bezeugt der kurz darauf am 10. Dezember 1913 gehaltene Kolloquiumsvortrag von Ernst Wagner: „Der neue Stark-Effekt (mit Demonstrationen)", vgl. *Physikalisches Mittwoch-Colloquium. München, DM, Archiv Zugangsnr. 1997-5115.*

[206] *An Wilhelm Wien*[1]

München, 29. XI. 13.

Lieber Wien!

Lenard war so freundlich, mir seine Liste zu schreiben.[2] Gegen Keesom ist nichts zu sagen (ausser dass er sehr ultramontan ist).[3] Laue habe ich inzwischen (neben Debye u. Mie) auch für Frankfurt vorgeschlagen. Wachsmuth hatte sich bei mir nach Debye erkundigt.[4]

Nach § .. der Senatsstatuten ist den Mitgliedern des Senats Stillschweigen auferlegt. Ich will daher über die Verhandlungen, die an Ministerialerlass 66 701 (Formblatt etc) anschlossen, nur soviel sagen, dass ich mich über Se. Magnificenz und die senatörlichen Geheimräte geärgert habe, die eine gemeinsame Aktion Würzburg–Erlangen–München vereitelt haben.[5]

Über drahtlose Telegraphie hat Poincaré in Göttingen etwas Falsches vorgetragen, was er in den Rendiconti di Palermo berichtigt hat.[6] Hier hat er die exponentielle Abdämpfung richtig und in Übereinstimmung mit Nicholson.[7] Für den Vergleich mit der Erfahrung kommt es auf das Numerische an, was sehr schwierig ist. Rybschinski findet (nach der Methode von March, die aber bei diesem selbst zu einem falschen Resultat, nämlich nicht zu der exponentiellen Dämpfung geführt hatte) einen kleineren Zahlenfaktor für die Dämpfung, wie Nicholson (Poincaré hat keine numerischen Angaben).[8] Dieser kleinere Faktor ist mit Beobachtungen von Austin in guter Übereinstimmung.[9] Aber ich verkenne nicht, dass auch der Rybschinski'sche Zahlenfaktor für ganz große Entfernungen schwer mit den Tatsa-

---

[1] Brief (2 Seiten, lateinisch), *München, DM, Archiv NL 56, 010.*

[2] Für die Nachfolge Pockels, vgl. Brief [201].

[3] Willem Hendrik Keesom war Konservator am von Kamerlingh Onnes geleiteten physikalischen Institut der Universität Leiden.

[4] Richard Wachsmuth, seit 1908 Professor für Experimentalphysik an der Akademie für Handels- und Sozialwissenschaften, war 1913/14 der letzte Rektor der Akademie, bevor sie in der neugegründeten Universität Frankfurt aufging. Es geht hier um den durch Spenden ermöglichten Lehrstuhl für theoretische Physik. Max Laue, der berufen wurde, war zu dieser Zeit Extraordinarius an der Universität Zürich, Peter Debye ordentlicher Professor in Utrecht und Gustav Mie Physikordinarius in Greifswald.

[5] Es handelt sich um die Diskussion über eine Ministerialentschließung betreffend „die Wiederbesetzung erledigter Lehrstühle", bei der es um die Frage der Bevorzugung bayerischer Kandidaten ging. *Senatssitzung, 15. November 1913. München, UA, Senatsprotokolle, Sen. 326/6, S. 171-173.*

[6] [Poincaré 1910b], [Poincaré 1910a]. Vgl. den Kommentar zu Brief [147].

[7] [Nicholson 1910c].

[8] [von Rybczinski 1913] und [March 1912].

[9] [Austin 1910].

chen vereinbar ist. Möglicher Weise muss man doch die schon oft herangezogene Reflexion an gut leitenden höheren Schichten für die Möglichkeit der Telegraphie auf ganz grosse Entfernungen verantwortlich machen.[1] In Summa: Poincaré hat (nach vorangegangenen Fehlversuchen) das im Princip Richtige erkannt; sein negativer Schluß, dass elektrodynamisch die Telegraphie auf grosse Entfernungen unmöglich sei, ist möglicher Weise nicht aufrechtzuhalten und hängt jedenfalls von numerischen Detailfragen ab.[2]

Kürzlich war J. Stark hier und hat über eine ganz grosse Entdeckung vorgetragen. Elektrischer Zeeman-Effekt ganz grosser Ordnung, Zerlegung von H- und He-Linien in vollständig polarisirte Triplets und Dublets, nachgewiesen an Canalstrahlen, die ein starkes Spannungsgefälle (3 000 Volt auf 1 mm) durchlaufen, bei transversaler Beobachtung.

Ich habe wieder einen gesegneten Schlaf und eine weniger pessimistische Stimmung.[3]

Ihr

A Sommerfeld

[207] An Karl Schwarzschild[4]

München, den 11. XII. 13

Lieber Schwarzschild!

Hier Ihr interessantes Manuskript.[5] § 2 habe ich vollkommen verstanden – begreiflicherweise – und finde den Gedanken sehr schön. § 3 und 4 habe ich nicht im Einzelnen controllirt, nur die Absicht aufgefasst. Meine Bemerkungen (besonderes Blatt)[6] beziehen sich hauptsächlich auf § 1.

Sonst hätte ich noch dieses zu sagen:[7] Die Componenten $A_i B_i T_i$ des

---

[1] Vgl. Seite 285.

[2] Auch in einem 1916 verfaßten Bericht „über den gegenwärtigen Stand des Problems" (der Überwindung der Erdkrümmung durch die Wellen der drahtlosen Telegraphie) plädierte Sommerfeld dafür, „die Frage nicht zu früh für erledigt anzusehen und geeignete Beobachtungen sorgsam zu diskutieren" [Sommerfeld 1918c, S. 15].

[3] Insbesondere während der Solvaytagung Ende Oktober fühlte sich Sommerfeld „recht elend", vgl. Brief [209].

[4] Brief (2 Seiten, lateinisch), *Göttingen, NSUB, Schwarzschild.*

[5] Vermutlich zu einer am 19. Dezember 1913 bei einer Sitzung der Deutschen Physikalischen Gesellschaft in Berlin vorgestellten Arbeit, in der Schwarzschild die Frage diskutiert, wie man die Theorie des Zeemaneffekts erweitern könne, „ohne aus dem Rahmen der klassischen Mechanik und Elektrodynamik herauszutreten" [Schwarzschild 1914c, S. 26].

[6] Das Beiblatt greift auf [Voigt 1908] zurück und wird nicht abgedruckt.

[7] Die folgenden Bezeichnungen tauchen in Schwarzschilds Publikation nicht auf.

Magnetfeldes sind bei Ihnen gegen das Magnetfeld (xyz-System) orientirt. Als inneres Magnetfeld sollten sie sich mit dem Molekül drehen, so wie die ganzen Voigt'schen Diff.-Gl! Also brauchen Sie auch hierfür eine Selbsteinstellung. Ebenso steht es mit den Bedingungsgl. (Koppelungsgl.) $\varrho = 0$; auch diese sind eigentlich gegen das Molekül orientirt, bei Ihnen aber gegen xyz. Ich glaube, ein wiederholter Hinweis auf diese grosse Schwierigkeit der Theorie (ausser dem in der Einleitung) wäre erwünscht.

Ich schicke Ihnen zugleich eine Abschrift meiner Bemerkung über den D-Linien-Typus.[1] Sie ist noch nicht vollständig, da die Intensitätsverhältnisse noch nicht behandelt sind. Wenn ich dazu komme sie zu ergänzen, schicke ich sie an Voigt für die Gött. Nachr. Wenn Sie das Ms. brauchen können, können Sie es behalten, sonst schicken Sie es vielleicht zurück.

Mit herzlichen Grüssen
Ihr A. Sommerfeld

[208] *An Karl Schwarzschild*[2]

München, den 10. I. 1914.

Lieber Schwarzschild!

Vielen Dank für die Correkturen! Ich möchte sie noch etwas hier behalten, da ich vielleicht Mittwoch im Colloquium für einen verreisten Vortragenden einspringen muß und dann namentlich Ihren mich sehr interessirenden Stark-Effekt vortragen möchte.[3] Ausserdem eine Bitte: Sie haben (nach Koch) die neue Gravitation entkräftet durch Diskussion der CN-Banden.[4] Macht es Ihnen viel Mühe, mir das etwas genauer zahlenmässig zu schreiben? Zum Zeeman-Effekt hätte ich nur noch Folgendes zu bemerken: Sie sagen „Voigt hätte Lorentz durch Zusatzglieder verallgemeinert". Würde es nicht richtiger heissen: „Voigt behandelt die Lorentz'schen Kop-

---

[1] [Sommerfeld 1914b] bezieht sich auf [Voigt 1913c]. Sommerfelds Arbeit wurde am 7. März 1914 von Voigt der Göttinger Akademie zur Publikation vorgelegt.

[2] Brief (2 Seiten, lateinisch), *Göttingen, NSUB, Schwarzschild.*

[3] [Schwarzschild 1914b]. Am folgenden Mittwoch referierte der Greifswalder Doktorand Hans Rukop, *Physikalisches Mittwoch-Colloquium. München, DM, Archiv Zugangsnr. 1997-5115.* Vgl. auch [Rukop 1913].

[4] P. P. Koch hatte am 15. Dezember im Sohncke-Kolloquium über seine Reise zur „Sonnenwarte" auf dem Mount Wilson berichtet; es handelt sich um die Diskussion über die Gravitationsrotverschiebung von Spektrallinien, die Schwarzschild am Beispiel der im Sonnenspektrum beobachteten, fälschlich dem Cyan zugeordneten, Stickstoffbande bei 3 883 Å durchführen wollte [Schwarzschild 1914a].

pelungscoefficienten als beliebig verfügbare Grössen".[1] Neue Glieder treten
so viel ich sehe bei Voigt nicht auf; denn die Hinzufügung des äusseren Feldes entspricht lediglich der Absorptions-Methode in Gegensatz zur Emißi-
onsmethode.[2] Der Hauptunterschied besteht in der Einführung der festen
z und xy-Richtungen, der die Orientirung der Moleküle implicirt.

Respekt wegen der Valuga! Ich war sehr faul, bin fast nur zu Fuß gewesen, habe aber wegen der fast durchweg scheinenden Sonne jenseits des
Brenners meinen Erholungszweck erreicht.

Herzlich Ihr
A. Sommerfeld

[209] *An Paul Langevin*[3]

München 1. Juni 14.

Lieber Herr Langevin!

Ich muß mich einmal nach dem Encyklopädie-Artikel erkundigen. Sie
hatten mir sagen lassen, dass er zu Ostern fertig sein würde.[4] Wird es möglich sein, ihn in diesem Sommer zum Druck zu geben? Von mir aus steht
nichts im Wege! Ich habe das grösste Interesse daran, die beiden ersten Teile
meines Bandes abzuschließen. Ihr Artikel wäre der wesentliche Schritt dazu.
Nachdem Sie über die Leitungselektronen gelesen haben, bedarf es vielleicht
nur eines äußeren Anstoßes, um Sie zur endgültigen Niederschrift zu bewegen, und diesen Anstoß möchte Ihnen mein Brief geben. Auch möchte ich
hinzufügen, daß Sie sich der Mühe, diesen Brief zu beantworten, dadurch
am leichtesten überheben können, dass Sie mir Ihr Manuskript einsenden.

In einigen Tagen schicke ich Ihnen eine kleine Note über den Zeeman-
Effekt.[5] Wenn sie auch gegenüber Voigt nicht viel Neues enthält, so zeigt
sie doch, dass im Atom eine ungeahnte zahlentheoretische Symmetrie und
Harmonie zu herrschen scheint, wie ja von anderer Seite her Bohr gezeigt
hat. Offenbar ist sehr viel Wahres an Bohr's Modell; und doch meine ich,
dass es noch gründlich umgedeutet werden muß, um zu befriedigen. Beson-

---

[1] [Schwarzschild 1914c, S. 25]; Sommerfelds Formulierung wurde übernommen.
[2] Vgl. die Diskussion in [Sommerfeld 1914b, § 6].
[3] Brief (4 Seiten, lateinisch), *Paris, ESPC, Langevin, L 76/53*.
[4] Langevin hatte Sommerfeld beim Solvaykongreß 1911 einen Artikel über Elektronen-
    theorie der Metalle zugesagt, vgl. *A. Sommerfeld an P. Langevin, August/September
    1912. Paris, ESPC, Bestand Langevin.* Der Artikel wurde später von R. Seeliger ver-
    faßt [Seeliger 1922].
[5] [Sommerfeld 1914b].

ders stört mich zur Zeit daran, dass es einen falschen Wert für das Magneton giebt. Dabei scheint mir durch die neuesten Messungen von Picard und Weiß an O_2 und NO die Existenz des Magnetons definitiv gesichert.[1]

In Brüssel fühlte ich mich das letzte Mal recht elend und war fast nicht im Stande, mich an den Discussionen zu beteiligen.[2] Ich bin inzwischen wieder wohler geworden und hoffe, wenn ich Sie einmal wiederzusehn das Vergnügen haben werde, dieses Wiedersehn besser ausnützen zu können wie das letzte Mal.

Mit besonders herzlichen Grüssen Ihr
A. Sommerfeld

Am 1. August 1914 wurde in Deutschland die allgemeine Mobilmachung angeordnet und Rußland der Krieg erklärt. Am 3. August folgte die deutsche Kriegserklärung an Frankreich und der Einmarsch deutscher Truppen in Belgien.

[210] *An Karl Schwarzschild*[3]

München, 31. X. 14.

Lieber Schwarzschild!

Ihr Brief hat lange Zeit gebraucht um zu mir zu kommen, ich habe mich gleich nach Empfang an Ihr Problem gemacht. Die kleinere Hälfte der Lösung steht umseitig, die physikalische Bedeutung Ihrer verzwickten Koppelungen ist mir aber bisher nicht aufgegangen.[4] Wenn es Ihnen gelingt, so schreiben Sie es mir bitte. Ich lese im nächsten Semester Zeeman-Effekt und Spektrallinien und könnte dergleichen gut brauchen.

Allerdings steht hinter dem Lesen ein grosses Fragezeichen. Ich habe mich beim Generalkommando gemeldet, zu einem „immobilen Dienst", wobei die Definition des Immobilen dem Generalkommando überlassen bleibt, ob es z. B. Rekrutendrillen oder Besatzung in Belgien heissen soll. Nach dem, was ich persönlich auf dem Generalkommando erfuhr, scheint man

---

[1] Bohrs Rechnung ergab für das magnetische Moment eines Elektrons aufgrund seiner Bahnbewegung im Wasserstoffatom einen viel größeren Wert als den von P. Weiss gemessenen [Weiss 1911], [Weiss 1913]. Bohr hatte in unveröffentlichten Manuskripten darauf Bezug genommen, am Ende der „Trilogie" aber nur bemerkt, eine „detailed theory" erfordere „the introduction of additional assumptions about the behaviour of bound electrons" [Bohr 1913d, S. 875], vgl. [Bohr 1981, S. 128-130, 254-265].

[2] Während des Solvaykongresses vom 27. bis 31. Oktober 1913.

[3] Brief (2 Seiten, lateinisch), *Göttingen, NSUB, Schwarzschild*.

[4] Diese unten wiedergegebenen Rechnungen wurden nicht veröffentlicht. Sie betreffen ein System gekoppelter Schwingungen, charakterisiert durch Differentialgleichungen für komplexe Schwingungsamplituden, vgl. [Sommerfeld 1914b].

keinen grossen Wert auf meine Verwendung zu legen. Wenn man mich zu Hause lässt, ist es mir auch recht, da ich mich militärisch nie stark gefühlt habe.

Dass Ihre Tätigkeit so idyllisch ist, freut mich aufrichtig.[1] Für die Front wären *Sie* wirklich zu schade. Die politische Zukunft liegt für mich im tiefsten Dunkel, ich habe nicht den glücklichen Optimismus Ihres Schwagers Emden,[2] an dem ich mich oft auferbaue. Selbst Ihr bescheidener Vorschlag, Belgien in die Tasche zu stecken, leuchtet mir nicht ganz ein. Ich glaube es würde uns arg bedrücken.

Lassen Sie sich's weiter gut gehn und haben Sie vielen Dank für Ihren menschlich u. wissenschaftlich gleich netten Brief!

Herzlich Ihr A. Sommerfeld

Setzt man $x_k + iy_k = z_k$, so lauteten Ihre Bedingungsgl. für die p-Schwingungen $\sum z_k = 0$; statt dessen nehme man jetzt bei s-Schwingungen:[3]

$$\sum \varepsilon^k z_k = 0 \qquad \varepsilon = e^{\frac{2\pi i}{3}}$$

oder aufgelöst

$$\sum c_k x_k - s_k y_k = 0 \qquad s_k = \sin \frac{2\pi k}{3}$$

$$\sum s_k x_k + c_k y_k = 0 \qquad c_k = \cos \frac{2\pi k}{3}$$

Statt Ihres Potentials $U = \frac{m}{2} \sum n_k^2 \{(x_k + \frac{z_4}{\sqrt{3}})^2 + (y_k + \frac{z_5}{\sqrt{3}})^2\}$ nehme man bei s-Schwingungen:

$$U = \frac{m}{2} \sum n_k^2 \left\{ \left(x_k - \frac{c_k z_4 + s_k z_5}{\sqrt{3}} \right)^2 + \left(y_k - \frac{-s_k z_4 + c_k z_5}{\sqrt{3}} \right)^2 \right\}$$

und führe schliesslich als die drei Variabeln des Problems ein:

$$\zeta_k = \varepsilon^k z_k - \frac{z_4 + iz_5}{\sqrt{3}} \qquad \text{statt Ihrer} \qquad \zeta_k = z_k + \frac{z_4 + iz_5}{\sqrt{3}}$$

Für diese ζ_k ergiebt sich dann, wie es sein soll

$$\left(\frac{d^2}{dt^2} + ih\frac{d}{dt} + n_k^2 \right) \zeta_k = \frac{-ih}{3} \frac{d}{dt} (\zeta_1 + \zeta_2 + \zeta_3)$$

[1] Schwarzschild war Kommandant einer Feldwetterstation bei Namur [Voigt 1992, S. 21].
[2] Robert Emden.
[3] Vgl. [Sommerfeld 1914b].

Die eigentlichen physikalischen Variabeln sind übrigens nicht die ζ_k, sondern die $\xi_k = \varepsilon^{-k}\zeta_k = z_k - \varepsilon^{-k}\frac{z_4+iz_5}{\sqrt{3}}$, in denen man die Rechnung auch hätte anstellen können.

Den Beweis der obigen Behauptungen, bei denen ich mich hoffentlich nicht verrechnet hab, überlasse ich Ihnen als Gegenmittel gegen das „Mopsen".[1]

―――――――――

Fast hätte ich vergessen: Wir gratulieren, meine Frau u. ich, zu dem Sohn![2] Mögen Sie sich, gegenseitig gesund und wohlbehalten, in nicht zu ferner Friedenszeit kennen lernen!

[211] Von Wilhelm Wien[3]

Würzburg, 22. Dezember 1914

Sehr geehrter Herr Kollege!

Herr Prof. Stark in Aachen hat mich aufgefordert, die deutschen Physiker zu veranlassen, den Oberhand nehmenden englischen Einfluss in der deutschen Physik zu bekämpfen und er hat dabei bemerkenswerte Gesichtspunkte geltend gemacht. Zu gleicher Zeit ist mir aus der Schweiz die Erklärung der englischen Professoren zu geschickt, die sehr deutschfeindlich abgefasst ist und keine Spur von Verständnis für deutsches Fühlen und Denken zeigt.[4] Von englischen Physikern haben folgende diese Erklärung unterschrieben:

Bragg, Lamb, Lodge, Ramsay, Rayleigh, J. J. Thomson, Crookes, Fleming.[5]

Den ersten sechs, mit denen ich persönlich bekannt war, habe ich geschrieben, dass die ohne alle Kenntnis deutschen Wesens abgefasste Erklärung

―――――――――

[1] In einem späteren Brief bezeichnete Sommerfeld diese Überlegungen als „*Mist*. Ich habe mich leicht überzeugt, dass meine angeblichen Gl. für die *s*-Comp. durch eine einfache Transformation aus denen für die *p*-Comp. erhalten werden", vgl. *A. Sommerfeld an K. Schwarzschild, 18. November 1914. Göttingen, NSUB, Schwarzschild.*

[2] Alfred Schwarzschild, geboren am 24. Oktober 1914.

[3] Brief (2 Seiten, Maschine), *München, DM, Archiv NL 89, 059.*

[4] Kurz zuvor hatte Wien die deutsche Übersetzung einer am 21. Oktober in der *Times* veröffentlichten „Reply to German Professors" von 117 englischen Gelehrten erhalten. In Erwiderung einer „Kundgebung der deutschen Universitäten an die Universitäten des Auslands" betonten sie die Notwendigkeit des Kampfes gegen das militaristische Deutschland, denn „für uns wie für Belgien, ist es ein Verteidigungskrieg, ein Krieg für Freiheit und Frieden." *München, DM, Archiv NL 56, 005.* Vgl. allgemein [Wolff].

[5] Es handelt sich um W. H. Bragg, Horace Lamb, Oliver Lodge, William Ramsay, Lord Rayleigh, J. J. Thomson, William Crookes und John Ambrose Fleming.

mir jede Hoffnung genommen habe, dass die durch den Krieg abgeschnitte-
nen persönlichen Beziehungen zwischen Deutschen und Engländern, die an
den allgemeinen Kulturaufgaben arbeiten, in absehbarer Zeit wieder angeknüpft werden können. Es scheint mir jetzt tatsächlich geboten, dass der
unberechtigte englische Einfluss, der in die deutsche Physik eingedrungen
ist, wieder beseitigt wird.

Es kann sich selbstverständlich nicht darum handeln, die englischen wissenschaftlichen Ideen und Anregungen abzulehnen, aber die so oft getadelte
Ausländerei der Deutschen[ ]hat auch in unserer Wissenschaft sich in sehr
bedenklicher Weise gezeigt. Dazu gehört in erster Linie, dass in unserer
physikalischen Literatur wissenschaftliche Leistungen sehr oft Engländern
zugeschrieben werden, während sie in Wirklichkeit von unseren Landsleu-
ten herrühren. Dass die Engländer gerade umgekehrt handeln, ist bekannt;
durch das deutsche Verhalten werden sie in ihrem Vorgehen natürlich nur
bestärkt. Ebensowenig ist zu billigen, dass deutsche physikalische Abhandlungen in englischen Zeitschriften veröffentlicht werden, wenn es sich nicht
um Erwiderungen handelt. Endlich sind wir in letzter Zeit von unsern Verlegern mit englischen Büchern geradezu überschwemmt. Manche Werke sind
sogar in englischer Sprache bei deutschen Verlegern erschienen. Die in Übersetzungen erschienenen englischen Bücher sind keineswegs alle oder auch
nur zum grösseren Teil besonders bedeutende Werke.

Ich möchte mir daher die Frage erlauben, ob Sie geneigt sind, die bei-
liegende Aufforderung zu unterschreiben, die an sämmtliche Dozenten der
Physik Deutschlands, Österreichs und der deutschen Schweiz, sowie an alle
Mitglieder der deutschen Physik.-Gesellschaft zu verschicken wäre. Wenn
Sie gestatten, Ihren Namen den andern beizufügen, bitte ich um Antwort
bis zum 10[.] Januar 1915.

Mit besten Wünschen zum neuen Jahr
Ihr Wien

[212] *Aufruf*[1]

[22. Dezember 1914][2]

Aufforderung.

Durch den Krieg werden die Beziehungen der wissenschaftlichen physikalischen Kreise zum feindlichen Ausland eine Neuregelung erfahren müs-

---

[1] Aufruf (1 Seite, Maschine), *München, DM, Archiv NL 56, 005.*
[2] Datum des Begleitschreibens.

sen. Sie wird sich besonders auf unser Verhältnis zu England beziehen, nachdem die deutschfeindliche, ohne jedes Verständnis für deutsches Wesen abgefasste Erklärung der englischen Gelehrten auch von acht der bekanntesten Physiker unterschrieben ist: (Bragg, Crookes, Fleming, Lamb, Lodge, Ramsay, Rayleigh, J. J. Thomson.)

Obwohl wir natürlich auch in Zukunft die englischen wissenschaftlichen Ideen und Anregungen gern annehmen werden, wird es doch notwendig sein, den unberechtigten wissenschaftlichen Einfluss der Engländer abzuwehren.

Wir halten es besonders für nötig, dass alle Physiker dahin wirken,

1.) dass bei der Erwähnung der Literatur die Engländer nicht mehr, wie es vielfach vorgekommen ist, eine grössere Berücksichtigung finden als unsere Landsleute,
2.) dass die deutschen Physiker ihre Abhandlungen nicht in englischen Zeitschriften veröffentlichen, abgesehen von den Fällen, in denen es sich um Erwiderungen handelt,
3.) dass die Verleger nur in deutscher Sprache geschriebene wissenschaftliche Werke und nur Übersetzungen bedeutender literarischer Leistungen aufnehmen.[1]

A. Sommerfeld.[2]

[213] *An Wilhelm Wien*[3]

München, 25. XII. [1914][4]

Lieber Wien!

Den Aufruf unterschreibe ich natürlich gern. Ich wüsste aber auch gern, wie die englische Erklärung gelautet hat. Da es auch anderen Unterzeichnern des Aufrufes so gehen wird, möchte ich anregen, dass Sie die englische Erklärung als Rundschreiben uns mitteilen, wobei in einer von Ihnen anzugebenden Reihenfolge immer einer dem nächsten die Erklärung zuschicken würde. Man könnte schliesslich die Erklärung in der Phys. Zeitschr.

---

[1] In der gedruckten Form des Aufrufs wurde als weitere Forderung hinzugefügt, „daß Staatsgelder auf Übersetzungen nicht verwendet werden". Vgl. auch Anmerkung zu Brief [216].

[2] Der gedruckte Aufruf trägt die Unterschriften von Ernst Dorn, Franz Exner, Wilhelm Hallwachs, Franz Himstedt, Walter König, Ernst Lecher, Otto Lummer, Gustav Mie, Franz Richarz, Eduard Riecke, Egon von Schweidler, Arnold Sommerfeld, Johannes Stark, Max Wien, Wilhelm Wien und Otto Wiener.

[3] Brief (2 Seiten, lateinisch), *Berlin, SB, Autogr. I/1253.*

[4] Jahr wegen dem „Aufruf".

abdrucken lassen. Ich habe bereits eine ziemlich saftige Mitteilung über
P. Pringsheim in die Phys. Ztschr. lancirt,[1] der *als Gast der British Assoc.*
in Australien in ein Concentrationslager gebracht ist!

Wen mag wohl Lorentz in Nr. 47 der Naturwissenschaften[2] („Ernest
Solvay") unter den *jüngeren belgischen Physikern* meinen, „von denen viel
zu erwarten wäre"?? Sollte auch Lorentz es mit der Wahrheit nicht genau
nehmen, wenn es gilt, Stimmung gegen die Deutschen und für die Belgier
zu machen?? Sein Schwiegersohn de Haas[3] soll direkt deutschfeindlich sein
und würde besser aus der Reichsanstalt hinausgesetzt werden. Dem Redakteur Berliner der Naturwiss. sollte man ebenfalls begreiflich machen, dass
es sich *nicht schickt*, in einer deutschen Zeitschr. einen Artikel in gloriam
belgicam abzudrucken.

Ich beschäftige mich damit, dem Sanitätscommando aus Akademie-Mit-
teln Röntgenstationen nebst Assistenten zu liefern.[4] Das Sanitätscommando lässt sich noch darum *bitten*! Mein Idealapparat (Solvay-Stiftung) arbeitet bereits seit 2 Monaten in einem Lazarett. (Röntgen gibt den seinigen
nicht her!) Die Röntgenstiftung[5] ist, soweit sie nicht schon angelegt war,
auf Kriegsanleihe gegeben. Es sind im Ganzen 12 000 M eingekommen.

Nernst's ältester, Runge's jüngster Sohn ist gefallen. Ich habe mich Anfang September als ehemaliger Reserve-Officier gemeldet, bin aber bisher
nicht gewünscht worden. Mir ist's recht, da ich mir als Officier nichts zu-
traue. Wissen Sie etwas von unseren Skifreunden Herweg u. Baisch?[6]

Die Arbeit von Seeman hat hier bei Wagner u. Röntgen Widerspruch
hervorgerufen.[7] Sie meinen, dass die Kanellirung von *Unregelmässigkeiten*
im Krystall herrühre, die nur durch Drehen fortgeschafft würden. Glauben

---

[1] Vgl. die zurückhaltende, nicht gezeichnete Note in der *Physikalischen Zeitschrift,*
Band 16, 1915, S. 16.

[2] [Lorentz 1914].

[3] Wander Johannes de Haas hatte 1912 in Leiden promoviert und arbeitete seit 1914 an
der Physikalisch-technischen Reichsanstalt; er war mit Geertruida Luberta verheiratet.

[4] Vgl. dazu den Eintrag vom 5. Dezember 1914 in den *Protokollen der Mathematisch-*
Physikalischen Klasse samt Beilagen, 1910–1915. München, Akademie.

[5] Durch eine „leider nur in bescheidenem Umfange verwirklichte Stiftung" sollten Röntgen an seinem Lebensabend frei verfügbare Mittel zur weiteren Forschung überantwor-
tet werden, vgl. *A. Sommerfeld, undatierter Entwurf einer Festrede vor der Fakultät.*
München, UA, OC-N-14.

[6] Erich Baisch, Assistent am Physikalischen Institut, und Julius Herweg, Professor an
der Universität Greifswald waren beide im Garnisonsdienst tätig.

[7] Wagner bestritt die Realität neuer von Seemann gefundener Linien und erklärte sie
durch Kristallfehler, deren Auswirkung durch Drehen des Kristalls während der Aufnahme ausgeschaltet werden könne, vgl. [Seemann 1914], [Wagner 1915] und [Seemann
1915].

Sie noch an die Seeman'schen Resultate? Und geben verschiedene Krystalle
(z. B. verschiedene Steinsalzstücke oder dasselbe Stück an verschiedenen
Stellen belichtet) *dieselben* Linien? Ich habe ein Ms. liegen,[1] für das ich
mir ein Urteil über Seeman bilden muß.–

Der neue Bezahlungs-Modus der Annalen scheint mehr im Interesse des
armen Hn. Meiner[2] als in dem der Abonnenten zu liegen.– Es war mir eine
grosse Freude, Zenneck wohlbehalten wiederzusehn, der frisch aus Flandern
kam.[3]

Möge das neue Jahr unsere Hoffnungen und Wünsche erfüllen!!

Ihr A. Sommerfeld.

Sehr diskret!
Die Nachfolge Baeyer wird aktuell. Buchner ist wohl kaum zu empfehlen?
Ist Werner deutschfeindlich?[4]

[214] *An Wilhelm Wien*[5]

München, 22. II. 15.

Lieber Wien!

Es tut mir von Herzen leid, dass es Ihrer lieben alten Mutter schlecht
geht. Auch wir haben viel Sorge um meinen Schwiegervater, dessen Zustand
augenblicklich wieder sehr gequält ist, ähnlich wie bei Vater Mehler.[6] Ehe
durch das Rundschreiben eine Art häuslicher Streit entsteht, würde ich es
fast lieber unterdrücken. Viel kommt ja doch nicht dabei heraus. Ich habe
dieser Tage ohnehin an Paschen zu schreiben. Da er in seinem letzten Brief
von der Sache angefangen hat, ~~kann ich versuchen,~~ werde ich ihm schreiben,
dass ich kein Bedenken habe.[7] Ich kann an Skilaufen nicht denken. Da ich
mich beim Militär gemeldet habe, muß ich hier bleiben und warten, ob man
mich braucht.

---

[1] [Sommerfeld 1915a].

[2] Arthur Meiner war Inhaber des Verlags Barth, wo die *Annalen der Physik* erschienen.

[3] J. Zenneck, seit 1913 Professor an der TH München, war in Belgien im Kriegseinsatz,
bevor er mit seinem Lehrer F. Braun nach New York fuhr, um in einem Patentprozeß
um die Schließung einer Sendestation auszusagen, vgl. [Zenneck 1961, S. 252-293, 296].

[4] Die Nobelpreisträger Eduard Buchner und Alfred Werner vertraten die Chemie an den
Universitäten Würzburg bzw. Zürich. Werner war gebürtiger Elsässer.

[5] Brief (2 Seiten, lateinisch), *München, DM, Archiv NL 56, 010.*

[6] Sommerfelds Schwiegervater Ernst Höpfner starb am 28. Februar 1915; Wiens Schwiegervater Carl Mehler war Fabrikant in Aachen.

[7] Paschen lehnte den Aufruf [212] ab.

Meine Arbeit für das Röntgenheft geht morgen vom Institut aus ab.[1] Sie wendet sich im Grunde gegen eine Note von Lorentz, in der er sich m. M. n. gründlich verhauen hat. Ich denke aber, dass die polemische Seite so zart behandelt ist, dass nur Lorentz selbst sie bemerken wird – falls er die Arbeit liest.

Mit der Röntgenstiftung haben wir uns misverstanden. Ich meinte – anschließend an Gädeckes letzten Brief an Boveri[2] –, man solle *an alle Spender* das Geld zurückgeben u. R.[öntgen] nur von der guten Absicht mitteilen. Dann hätte auch die Zurückgabe an die feindlichen Ausländer nichts Peinliches. Dagegen, Solvay z. B. seine 1 000 Fr. ohne Weiteres zurückzuschicken, habe auch ich protestirt und bereits einen Brief an ihn aufgesetzt, um ihn zu fragen, ob er unter jetzigen Verhältnißen das Geld ev. für andere Zwecke bestimmte. Der Brief ist nicht abgeschickt. Gädecke wartet noch auf Antwort von Boveri. Wird Boveri selbst die Mappe überbringen?

Wir stecken in der chemischen Berufung, die natürlich nicht ohne Reibung geht.[3] Röntgen macht sich Gewissensbisse, Knorr nicht auf die Liste zu setzen.[4] Er meint, es sei uncontrollirbares Gerede, das gegen ihn umläuft. Wissen Sie etwas Positives über seine Vernachlässigung des Laboratoriums? R. lässt Sie bitten, in diesem Falle uns etwas mitzuteilen.

Ich habe in diesem Semester über Bohr gelesen und bin äusserst dafür interessirt,[5] soweit der Krieg es zulässt. Die heutigen 100 000 Rußen[6] sind freilich noch schöner wie die Erklärung der Balmer'schen Serie bei Bohr. Ich habe schöne neue Resultate dazu.

Möge Ihre liebe Mutter nicht zu viel leiden!

Ihr

A. Sommerfeld.

Der Brief hat einiges Misgeschick gehabt. Ich besinne mich, dass ich das

---

[1] [Sommerfeld 1915a] im Röntgenfestheft der *Annalen der Physik* behandelt im Anschluß an [Lorentz 1913] die mathematische Darstellung der Röntgenimpulse.

[2] Zu der von Sommerfeld, H. Gaedecke und W. Wien initiierten Röntgenstiftung siehe [Fölsing 1995, S. 308-309]. Der Würzburger Zoologe Theodor Boveri war ein enger Freund Röntgens.

[3] Die Nachfolge Adolf von Baeyers trat im September der Organiker Richard Willstätter an, während Sommerfeld und Röntgen für einen Anorganiker eingetreten waren, vgl. [Willstätter 1958, S. 233-235].

[4] Ludwig Knorr, Professor für Chemie an der Universität Jena, hatte 1910/11 das Ordinariat in Würzburg ausgeschlagen.

[5] Der Titel der Vorlesung lautete: „Zeeman-Effekt und Spektrallinien".

[6] An diesem Tag gab die Oberste Heeresleitung die Zahlen zur Schlacht in Masuren bekannt, mit der die russischen Truppen aus Ostpreußen gedrängt wurden.

„hier" auf der Adresse mit Ärger über meine Zerstreutheit ausstrich. Dann aber habe ich „München" darauf geschrieben.

Röntgen hat jede Deputation abgelehnt, will womöglich auch aus Weilheim verschwinden. Ich soll das als definitive Antwort ansehn u. werde auch unserer Fakultät so berichten. Übrigens fühlt er sehr die gute Meinung.[1] Debyes Arbeit haben Sie wohl inzwischen bekommen.[2]

[215] *An Wilhelm Wien*[3]

München, den 3. V. 1915.

Lieber Wien!

Die Antwort auf den beifolgenden Brief von Wiedemann[4] wollte ich aufschieben, bis ich Sie gesprochen hätte. Jetzt schreiben sie mir vielleicht ein Paar Bemerkungen dazu an den Rand. Meine Bleistiftbemerkungen sind das, was ich darauf antworten würde.

Ich war in Göttingen u. Berlin und habe mehrfach auch über Ihr Rundschreiben mit Collegen gesprochen. Es wird meist nicht als glücklich bezeichnet, weil Punkt 1.) als Aufforderung zum Nicht-Citiren aufgefasst werden könne.[5] Ich bin jedenfalls dafür, das Schreiben als geheime Instruktion anzusehn und nicht in's Ausland durchsickern zu lassen.

Soeben habe ich Colleg begonnen: fast nur Weiber. Ich war in Göttingen u. Berlin. Viel mit Einstein verkehrt; er glaubt fest an seine allgemeine Relativität und hält sie für das Ziel seines Lebens.[6] Er ist Schweizer geblieben, also militärfrei. Daß aus seinem Institut des Krieges wegen nichts wird,[7] freut ihn – mit Recht. Sein Versuch mit de Haas (mechan. Drehmoment der Magnetisirung als Bewegungsgrösse der Elementarströme) liefert e/m auf 6 % genau.[8]

Ich habe im vorigen Semester einen interessanten Ansatz für den Stark-Effekt aus d. Bohr'schen Theorie der Wasserstofflinien gewonnen. Es fehlt

---

[1] Absatz am Rand angestrichen. Röntgens 70. Geburtstag war am 27. März 1915.

[2] [Debye 1915a].

[3] Brief (2 Seiten, lateinisch), *München, DM, Archiv NL 56, 005.*

[4] Der Brief von Eilhard Wiedemann befindet sich nicht im Nachlaß W. Wiens im Deutschen Museum.

[5] Vgl. den Aufruf [212].

[6] Zum Ringen um die allgemeine Relativitätstheorie im Jahr 1915 vgl. [Fölsing 1993, S. 414-440].

[7] Die Gründung eines Kaiser-Wilhelm-Instituts für Physik unter der Leitung Einsteins, die bereits 1914 beantragt worden war, kam erst 1917 zustande, vgl. [Kant 1996].

[8] Vgl. [Galison 1989, S. 34-52].

aber noch an der Durchführung, weil mir teils Probleme der Kriegsphysik, teils ein Beitrag zur Elster-Geitel-Festschrift dazwischen gekommen sind.[1]

Auch mit Ihrem Vetter war ich viel zusammen;[2] er weiss viel Interessantes, sogar über Friedensbedingungen.

Röntgen hat sich riesig über alle unsere Veranstaltungen gefreut, über die Stiftung, das Eiserne, das Hindenburg-Telegramm, auch über meine verschiedenen Artikel[3]

Ihr A. Sommerfeld.

[216] *Von Wilhelm Wien*[4]

den 4. Mai 1915.

Lieber Sommerfeld!

Daß viele Kollegen namentlich in Berlin mit dem Rundschreiben nicht einverstanden sind, ist selbstverständlich. In solchen Dingen ist es unmöglich, es allen recht zu machen. Ich für mein Teil hätte nicht das geringste Bedenken, dieses Rundschreiben jedem Engländer gegenüber zu vertreten. Ich sehe durchaus nicht ein, warum es vor dem Ausland geheim gehalten werden soll, wenn ich auch selbstverständlich nichts dazu tun werde, es im Ausland bekannt werden zu lassen. Es hat übrigens schon in der Frankfurter Zeitung gestanden und ist dort sehr beifällig beurteilt worden.[5]

Zu dem Briefe von Wiedemann möchte ich folgendes bemerken:

Was das Fehlen der Berliner anlangt, so läßt sich ja nicht leugnen, daß eine Spaltung in der deutschen Physik tatsächlich vorhanden ist. Es hat sich das besonders wieder bei den Verhandlungen gezeigt, die ich wegen der Neuorganisation der deutschen physikalischen Gesellschaft geführt habe.[6] Es ist mir dabei nicht gelungen, zu erreichen, daß die Unterscheidung der Physiker in Berliner und Nichtberliner vermieden wurde. Die Be[r]liner unterschreiben eigentlich nur solche Schriftstücke, die von ihnen selbst ausge-

---

[1] [Sommerfeld 1915i]; bei der Kriegsphysik dürfte es sich um Arbeiten zur drahtlosen Telegraphie gehandelt haben.

[2] Max Wien koordinierte die militärische Funktechnik im Rahmen einer als „Tafunk" bezeichneten Forschungsabteilung.

[3] [Sommerfeld 1915a], [Sommerfeld 1915b], [Sommerfeld 1915e], [Sommerfeld 1915f], [Sommerfeld 1915g] und [Sommerfeld 1915h].

[4] Durchschlag (2 Seiten, Maschine), *München, DM, Archiv NL 56, 005, 389.*

[5] In der *Frankfurter Zeitung Nr. 177, Erstes Morgenblatt, 28. April 1915, S. 1-2,* werden unter dem Titel „Die deutschen Physiker und England" die wichtigsten Punkte des Aufrufs im Anschluß an [Auerbach 1915] zitiert.

[6] Vgl. [Hermann 1995].

gangen sind und haben sich sonst noch immer ablehnend verhalten. Was die übrigen Ausländer außer den Engländern anlangt, so ist ja die Bemerkung Wiedemanns zweifellos richtig. Es war aber nun meiner Meinung nach Bedürfnis, gegen die Engländerei in der deutschen Physik vorzugehen, da von den anderen Völkern ein schädlicher Einfluß jetzt nicht zu verspüren ist.

Wegen der referierenden Journale wird in der Tat auch noch etwas geschehen müssen.[1] Ich habe schon von König und Lenard Briefe bekommen,[2] in denen Wünsche ausgesprochen werden, daß die Ausländerei in den Beiblättern beseitigt wird. In Bezug auf die englischen Ausdrücke in der deutschen Physik wie Skineffekt, Equiparti[ti]on und dergl. stimme ich mit Wiedemann überein. Man könnte in der Beziehung vieles vermeiden. Daß die Akademieen die ausländischen Gelehrten allgemein ausschließen, würde ich nich[t] für richtig halten, wohl aber[ ]in einzelnen Fällen, wenn sie sich derartig benehmen wie z. B. Ramsay.[3] Im übrigen wird man vieles bis nach dem Kriege verschieben und gemeinsames Vorgehen in der hoffentlich neu entstehenden deutschen physikalischen Gesellschaft besprechen können.

Mit besten Grüßen [W. Wien]

Im Sommer 1915 trat der Austausch von Paschen und Sommerfeld in ein neues Stadium. Sommerfelds Briefe an Paschen sind – bis auf wenige Entwürfe und Durchschläge – nicht erhalten, doch aus den 92 im Sommerfeldnachlaß aufbewahrten Gegenbriefen Paschens läßt sich die Intensität dieser Theoretiker-Experimentator-Wechselwirkung deutlich ablesen. 1915/16 erreichte sie ihren Höhepunkt: Während sonst pro Jahr selten mehr als 10 Briefe gewechselt wurden, sind 32 Briefe allein aus dem Jahre 1916 erhalten.

[217] *Von Friedrich Paschen*[4]

Tübingen 30. 5. 15.

Sehr geehrter Herr College.

Meinen besten Dank für die freundliche Sendung der interessanten und

---

[1] Es gab drei Referateorgane: die *Fortschritte der Physik*, die *Beiblätter zu den Annalen der Physik* und ein *Halbmonatliches Literaturverzeichnis der Fortschritte der Physik*.

[2] Walter König war Ordinarius für Physik in Gießen, Philipp Lenard in Heidelberg.

[3] Anschließend an den Bericht über den Wienschen Aufruf wurde in der *Frankfurter Zeitung* eine Äußerung des englischen Chemikers William Ramsay gegenüber dem *Svenska Dagbladet* zitiert, wonach „der »moralische Verfall Deutschlands« es unmöglich machen werde, internationale Verbindungen mit Deutschland anzuknüpfen, bevor nicht viel Zeit vergangen sei. Bei internationalen Zusammenkünften müßten deutsche und österreichische Wissenschaftler in Zukunft ausgeschlossen werden."

[4] Brief (3 Seiten, lateinisch), *München, DM, Archiv HS 1977-28/A,253.*

momentan seltenen Abhandlung von Evans.[1] Ich wollte mir einen Auszug
von seinen Resultaten machen. Daher die Verzögerung in der Rücksendung,
die ich Sie bitte, gütigst entschuldigen zu wollen. Die Linien werden wohl
richtig sein, wenn auch der experimentelle Nachweis von Evans bei der
Unzahl zugleich auftretender Verunreinigungen nicht sehr überzeugend ist.
Jetzt will ich meine Versuche von vorigem Sommer zu Ende führen. Bei meiner experimentellen Anordnung treten keine Verunreinigungen auf, sondern
nur die Fowlerschen Linien,[2] deren Zugehörigkeit zu Helium durch 2 neue
Thatsachen bewiesen wird, von denen die eine für Bohr sehr wichtig sein
wird. Ich will jetzt noch nach den Linien 6560 etc. sehen.

Den Zeeman-Effect einiger Bergmann-Serienglieder[3] haben wir hier
studirt, wenn auch wegen der Störungen nur unvollkommen. Die Terme
Δp sind nämlich nicht, wie Sie annehmen, einfache, sondern wahrscheinlich
bei Dublets 2fache und bei Triplets 3fache (für Dublets bei Cäsium und
Barium hier nachgewiesen, für Triplets bei Barium und Strontium schon
durch Saunders und Rydberg bekannt)[.] Selbst bei Ca sieht man an den
magnetischen Verwandlungs-Typen,[4] dass die Linien nicht einfach sind.
Man muss also bei Triplets 3 Bergmann-Terme einführen Δp, $\Delta' p$ $\Delta'' p$.
Daher wird Ihre Idee, die sonst nahe liegt, nicht zum Ziele führen. Auch ist
noch nicht bewiesen, dass der s-Term nichts zur Anomalie des Typs bei-
trägt. Diese Frage habe ich lange im Auge und weiss auch einen Weg ihrer
Beantwortung.

Durch den Krieg ist hier leider ziemlicher Stillstand in wissenschaftlichen Dingen. Es arbeitet nur ein Herr spectroscopisch. Aber ich hoffe, dass
es nachher umso schöner wird, wenn wir einigermaassen siegen, wofür jeder
weitere Monat mehr Garantieen schafft.

Lyman hat übrigens bis 500 ÅE. das Heliumspectrum verfolgt und eine
analoge Serie wie die H-Serie

$$\nu = \frac{N}{1^2} - \frac{N}{m^2} \qquad m = 2, 3, 4$$

gefunden, wie mir neulich von einem amerikanischen Freunde mitgetheilt

---

[1] [Evans 1915]. Darin wird Bohrs Vorhersage bestätigt, daß gewisse zuvor dem Wasserstoff zugeordnete Spektrallinien tatsächlich Heliumlinien sind.

[2] Zu den Fowlerschen Linien vgl. Seite 436. Bohr sagte drei neue Heliumlinien vorher,
von denen eine bei 6560 Å liegen sollte, vgl. [Bohr 1913a] und [Fowler 1913a].

[3] Zur zeitgenössischen Nomenklatur der Spektralserien siehe [Sommerfeld 1919a, S. 233-
234].

[4] D. h. beim Übergang des Aufspaltungsbildes vom anomalen Zeemaneffekt zu dem einfacheren des Paschen-Back-Effekts bei ansteigendem Magnetfeld.

ist.[1] Diese Serie des He gehört zu dem lichtstarken Spectrum des He, welches von Bohr nicht berechnet ist.

Mit freundlichen Grüssen
Ihr F. Paschen.

Abh.[andlung] von Evans folgt zugleich als Drucksache.

[218] *Von Albert Einstein*[2]

Sellin (Rügen) 15. VII [1915][3]

Lieber Sommerfeld!

Ich bin dafür, dass das Bändchen[4] unverändert erscheint, ohne dass die allgemeine Relativitätstheorie mit aufgenommen wird, weil keine der bisherigen Darstellungen der letzteren vollständig ist. Am ehesten ginge [es] an[,] die erste der Annalen-Arbeiten und die Akademie-Arbeit heranzuziehen.[5] Ich habe aber die Absicht, ein besonderes Büchlein als Einführung in die Relativitätstheorie zu schreiben, wobei die Behandlung gleich von Anfang an auf eine allgemeine Rel. Theorie hinzielt.[6]

In Göttingen hatte ich die grosse Freude, alles bis ins Einzelne verstanden zu sehen.[7] Von Hilbert bin ich ganz begeistert. Ein bedeutender Mann! Ich bin auf Ihre Meinung sehr neugierig.

Es freut mich, dass Sie an Freundlichs Arbeit gedacht haben;[8] diese ist sicher fundamental. Grossmann wird niemals darauf Anspruch machen, als Mitentdecker zu gelten.[9] Er half mir nur bei der Orientierung über die

---

[1] Dies wurde erst nach dem Krieg experimentell bestätigt [Lyman 1924]. Theodore Lyman hatte dies bei der Tagung der American Physical Society vom 24.–25. April 1914 in Washington publik gemacht [Lyman 1914].

[2] Postkarte (2 Seiten, lateinisch), *München, DM, Archiv HS 1977-28/A, 78.*

[3] Poststempel.

[4] [Lorentz et al. 1915], vgl. [Minkowski 1915].

[5] [Einstein 1911] und [Einstein 1914].

[6] [Einstein 1917].

[7] Einstein war auf Einladung von Felix Klein und David Hilbert Ende Juni 1915 für eine Woche zu Vorträgen in Göttingen.

[8] Erwin Finlay Freundlich, seit 1910 Assistent an der Berliner Sternwarte, hatte die Rotverschiebung von Spektrallinien am Sonnenrand als experimentellen Test für die Allgemeine Relativitätstheorie propagiert [Freundlich 1915b], vgl. die Darstellung in [Hentschel 1992, S. 39-40.].

[9] Marcel Grossmann war ein früher Studienfreund Einsteins und seit 1907 ordentlicher Professor der Geometrie an der ETH Zürich. Seine Zusammenarbeit mit Einstein wird ausführlich dargestellt in [Pais 1982, Kap. 12, S. 207-227].

mathematische Litteratur, trug aber materiell nichts zu den Ergebnissen [bei].

Wenn Sie nun aber doch daran festhalten, dass die allg. Rel. Theorie in der Neuauflage vertreten sein soll, ist es mir auch recht.

Herzliche Grüsse von Ihrem
Einstein.

Ich habe die magn. Arbeit an Lenz geschickt.[1]

[219] An Karl Schwarzschild[2]

München, 31. VII. 15.

Lieber Schwarzschild!

Ich habe heute an Sie eine Drucksache abgeschickt enthaltend zwei Aufsätze eines Hn. Baumann u. eine Arbeit von mir.[3] Leider liegt in den Aufsätzen von Baumann ein Brief an Sie, den ich hätte herausnehmen u. hier beifügen sollen. Ich will nur hoffen, dass die Post es nicht merkt und Sie nicht schweres Strafporto zu zahlen haben!

H. Baumann besuchte mich und setzte mir seine Ideen über Mars u. Saturn auseinander. Er ist Ingenieur, hat früher in Strassburg bei Christoffel[4] studirt u. machte mir keinen schlechten Eindruck. Natürlich hat er die Selbstsicherheit und Skrupellosigkeit des fanatischen Autodidakten. Mit Seeliger[5] war er – begreiflicher Weise – sehr unzufrieden; auch dieser hat je länger je mehr eine fanatische Selbstsicherheit, die mir z. B. gegenüber der Relativität, classischen und neuesten – sehr wenig angebracht scheint. Es ist nun vielleicht nicht freundschaftlich, dass ich Baumann auf Sie losgelassen habe. Aber, wer soll ihm nützen ausser Ihnen? Ich dachte an Ihr Sich-Mopsen in Namur und meinte, dass Ihnen ein äusserer Anstoss zur Astrophysik vielleicht sogar erwünscht sein könnte. Aber Ihren knappen Urlaub sollen Sie sich nicht durch Baumann stören lassen! Er hat Zeit. Eine

---

[1] [Einstein 1915e]; Wilhelm Lenz hatte in einem Brief an Sommerfeld Interesse am Einstein-de Haas-Effekt bekundet, von dessen Entdeckung er „mittels der Tageszeitungen" erfahren habe, vgl. *W. Lenz an A. Sommerfeld, nach dem 17. Mai 1915. München, DM, Archiv NL 89, 059.*

[2] Brief (2 Seiten, lateinisch), *Göttingen, NSUB, Schwarzschild.*

[3] Vgl. [Baumann 1913].

[4] Elwin Bruno Christoffel war von 1872 bis zu seinem Tod 1900 Professor für Mathematik an der Universität Straßburg.

[5] Der Astronom Hugo von Seeliger.

gelegentliche Antwort ist er jedenfalls wert. Sonst tut er alle Professoren wie Seeliger in den B. V.[1]

Ich habe in diesem Semester Relativität, zuletzt im Sinne der Einstein'schen letzten Berliner Arbeit,[2] gelesen und bin sehr davon begeistert, fast so wie im vorigen Semester von Bohr. Auf den entsetzlichen Einstein'schen Tensorformalismus bin ich aber nicht gekrochen. Was ich brauchte konnte ich nach den bewährten alten Methoden der mathem. Physik haben, indem ich die Divergenz auf ein krummes Linienelement transformirte. Seeliger scheint gegen Freundlich etwas loslassen zu wollen.[3] Wenn er nur nicht dabei leichtsinnig vorgeht! Die Tabelle von Campel[4] über die durchgehende Rotverschiebung bei den verschiedenen Sternklassen und die 4 km bei der B-Classe giebt immerhin zu denken. Ihre Sonnenbeobachtungen stimmen ja nicht damit, sind ja aber auch noch nicht definitiv.[5]

Von Ihrer Schwester hörte ich gerade, dass Sie jetzt auch in's Granatfeuer kommen.[6] Möge der gute Geist der Astronomie über Ihnen wachen, auch damit Sie Gelegenheit finden, Ihre Sonnenbeobachtungen mit der allgemeinen Relativität zu versöhnen.

Herzl. Grüsse von Ihrem
A. Sommerfeld.

[220] *Von Friedrich Paschen*[7]

Tübingen 24. 11. 15

Lieber Herr College

Für Ihren freundlichen Brief vom 22ten besten Dank. Coll. Meyer,[8] der früher in Zürich war, kennt die dortigen Verhältnisse gut und sagte mir, dass die Stelle ganz gut wäre und jedenfalls die Möglichkeit biete, sei-

---

[1] Abkürzung für Bierverschiß bei Burschenschaften (Aberkennung der „Bierehrlichkeit" bei der studentischen Kneipe).

[2] [Einstein 1915a].

[3] Zu Seeligers Polemik gegen Freundlich, die von einer allgemeinen Abneigung gegen die Relativitätstheorie überlagert war, vgl. [Hentschel 1992, S. 42-43].

[4] Freundlich bezog sich auf Daten des Astrophysikers William Wallace Campbell.

[5] [Hentschel 1992, S. 40-41].

[6] Clara Emden. Karl Schwarzschild verbrachte das Kriegsjahr 1915 nach seinem Dienst auf einer Wetterstation bei Namur (Belgien) in der Nähe von Argonne (Frankreich) und später an der russischen Front bei einer Artillerieeinheit [Voigt 1992, S. 23].

[7] Brief (3 Seiten, lateinisch), *München, DM, Archiv HS 1977-28/A,253*.

[8] Edgar Meyer, seit 1912 Extraordinarius für theoretische Physik an der Universität Tübingen, war 1908 Privatdozent in Zürich gewesen.

ne wissenschaftlichen Pläne auch experimentell zu verwirklichen. Das ist
schon etwas. So glaube ich, dass Meyer, der seit Sonntag in Zürich verhandelt, wohl annehmen wird. Er muss annehmen, wenn nicht inzwischen
von G.[öttingen] etwas käme.[1] Aber selbst in diesem, nach Ihrem Briefe ja
unwahrscheinlichen Falle ist es nicht ausgeschlossen, dass eine ernste Wahl
mit Berücksichtigung aller zukünftigen Möglichkeiten zu Gunsten Zürichs
ausfiele. Denn für einen Experimentator ist es wichtig, dass er unbeschränkt
über die Mittel eines Institutes verfügen kann.

Die politische Seite der Sache ist nach der Ablehnung Dießelhorst's von
der wir nichts wussten, wichtig.[2] Es wäre sogar denkbar, dass die preussi-
sche Regierung M.[eyer] den Ruf versagen würde, damit er in die Schweiz
gehe.

Meine Arbeit über Bohr's H und He Serien geht langsam (wegen vieler
Semestergeschäfte) voran. Aber sie macht mir viel Freude. Alle Linien werden auf Normalen von Buisson und Fabry bezogen,[3] sodass man sowohl
die H wie die neuen He-Linien so genau kennt, wie es heute möglich ist.
Schon jetzt sehe ich, dass Bohr's Theorie exact richtig ist[4] abgesehen von
der complicirten Structur der Linien 4686 etc. Das Verhältniss der Masse
des Wasserstoffions zur Masse des Electrons ergiebt sich aus zwei verschiedenen Mess-Anordnungen übereinstimmend und dürfte genauer sein, als
bisher auf dem Wege über e/m bekannt ist. Es ist kein Zweifel, dass Bohr's
Endformeln so genau sind, wie die Messungen gemacht werden können.

Mit besten Grüssen
Ihr F. Paschen.

[221] *Von Albert Einstein*[5]

Berlin 28. XI. [15][6]

Lieber Sommerfeld!

Sie dürfen mir nicht böse sein, dass ich erst heute auf Ihren freundlichen
und interessanten Brief antworte. Aber ich hatte im letzten Monat eine der

---

[1] Am 15. Juni war Eduard Riecke gestorben. Vgl. Brief [233].

[2] Hermann Dießelhorst war seit 1910 Ordinarius für Physik an der TH Braunschweig.

[3] Mit Hilfe der interferometrischen Präzisionsmethoden von Henri Buisson und Charles
Fabry konnten Standards für den Vergleich von Wellenlängen entwickelt werden [Buis-
son und Fabry 1908].

[4] Dies bezieht sich auf Bohrs Identifizierung von Heliumlinien, vgl. Brief [217] und [Pa-
schen 1916].

[5] Brief (4 Seiten, lateinisch), *München, DM, Archiv HS 1977-28/A,78.*

[6] Das Jahr wurde von Sommerfeld ergänzt.

aufregendsten, anstrengendsten Zeiten meines Lebens, allerdings auch der erfolgreichsten. Ans Schreiben konnte ich nicht denken.

Ich erkannte nämlich[,] dass meine bisherigen Feldgleichungen der Gravitation gänzlich haltlos waren![1] Dafür ergaben sich folgende Anhaltspunkte

1) Ich bewies, dass das Gravitationsfeld auf einem gleichförmig rotierenden System den Feldgleichungen nicht genügt.

2) Die Bewegung des Merkur-Perihels ergab sich zu $18''$ statt $45''$ pro Jahrhundert

3) Die Kovarianzbetrachtung in meiner Arbeit vom letzten Jahre[2] liefert die Hamilton-Funktion H nicht. Sie lässt, wenn sie sachgemäss verallgemeinert wird, ein beliebiges H zu. Daraus ergab sich, dass die Kovarianz bezüglich „angepasster" Koordinatensysteme ein Schlag ins Wasser war.

Nachdem so jedes Vertrauen in Resultate und Methode der früheren Theorie gewichen war, sah ich klar, dass nur durch einen Anschluss an die allgemeine Kovariantentheorie, d. h. an Riemanns Kovariante, eine befriedigende Lösung gefunden werden konnte. Die letzten Irrtümer in diesem Kampfe habe ich leider in den Akademie-Arbeiten, die ich Ihnen bald senden kann, verewigt.[3] Das endgültige Ergebnis ist folgendes.

Die Gleichungen des Gravitationsfeldes sind allgemein kovariant. Ist

$$(ik, lm)$$

der Christoffel'sche Tensor vierten Ranges, so ist $G_{im} = \sum_{kl} g^{kl}(ik, lm)$ ein symmetrischer Tensor zweiten Ranges[.] Die Gleichungen lauten

$$G_{im} = -\kappa \left(T_{im} - \frac{1}{2} g_{im} \underbrace{\sum_{\alpha\beta} \left(g^{\alpha\beta} T_{\alpha\beta} \right)}_{} \right)$$

Skalar des Energietensors
der „Materie", für den ich
im Folgenten „T" schreibe.

Es ist natürlich leicht, diese allgemein kovarianten Gleichungen hinzusetzen, schwer aber, einzusehen, dass sie Verallgemeinerungen von Poissons

---

[1] Die endgültigen Feldgleichungen der Gravitation präsentierte Einstein am 25. November 1915 in der Preußischen Akademie der Wissenschaften [Einstein 1915d]. Für das folgende vgl. [Pais 1982, S. 252-260] und die Kommentierung dieses Briefes in [Einstein 1998, Dokument 153].

[2] [Einstein 1914].

[3] [Einstein 1915b] und [Einstein 1915c].

Gleichungen sind, und nicht leicht, einzusehen, dass sie den Erhaltungssätzen Genüge leisten.

Man kann nun die ganze Theorie eminent vereinfachen, indem man das Bezugssystem so wählt, dass $\sqrt{-g} = 1$ wird. Dann nehmen die Gleichungen die Form an,

$$-\sum_l \frac{\partial \left\{ \begin{matrix} im \\ l \end{matrix} \right\}}{\partial x_l} + \sum_{\alpha\beta} \left\{ \begin{matrix} i\alpha \\ \beta \end{matrix} \right\} \left\{ \begin{matrix} m\beta \\ \alpha \end{matrix} \right\} = -\kappa \left(T_{im} - \frac{1}{2} g_{im} T \right)$$

Diese Gleichungen hatte ich schon vor 3 Jahren mit Grossmann[1] erwogen (bis auf das zweite Glied der rechten Seite[)], war aber damals zu dem Ergebnis gelangt, dass sie nicht Newtons Näherung liefere, was irrtümlich war.[2] Den Schlüssel zu dieser Lösung lieferte mir die Erkenntnis, dass nicht

$$\sum g^{l\alpha} \frac{\partial g_{\alpha i}}{\partial x_m}$$

sondern die damit verwandten Christoffel'schen Symbole $\left\{ \begin{matrix} im \\ l \end{matrix} \right\}$ als natürlicher Ausdruck für die „Komponente" des Gravitationsfeldes anzusehen ist. Hat man dies gesehen, so ist die obige Gleichung denkbar einfach, weil man nicht in Versuchung kommt, sie behufs allgemeiner Interpretation umzuformen durch Ausrechnen der Symbole.

Das Herrliche, was ich erlebte, war nun, dass sich nicht nur Newtons Theorie als erste Näherung, sondern auch die Perihelbewegung des Merkur (43″ pro Jahrhundert) als zweite Näherung ergab. Für die Lichtablenkung an der Sonne ergab sich der doppelte Betrag wie früher.

Freundlich hat eine Methode, um die Lichtablenkung an Jupiter zu messen.[3] Nur die Intriguen armseliger Menschen verhindern es,[4] dass diese letzte wichtige Prüfung der Theorie ausgeführt wird. Dies ist mir aber doch nicht so schmerzlich, weil mir die Theorie besonders auch mit Rücksicht auf die qualitative Bestätigung der Verschiebung der Spektrallinien genügend gesichert erscheint.

---

[1] Zu Marcel Grossmann vgl. Brief [218], Fußnote 9 auf Seite 497.

[2] Vgl. [Pais 1982, S. 260].

[3] Freundlich wollte mittels der Kapteynschen Parallaxenmethode die Lichtablenkung bei Sternvorübergängen messen, vgl. [Einstein 1998, Dokument 353]. Die in [Einstein 1911, S. 908] erstmals erwähnte Ablenkung am Jupiter wird in [Einstein 1916a, S. 822] zu 0,02″ berechnet.

[4] Vgl. Brief [226].

Ihre beiden Abhandlungen[1] werde ich jetzt studieren und Ihnen dann wieder zusenden. Herzliche Grüsse

von Ihrem rabiaten
Einstein.

Die Akademie-Arbeiten sende ich dann alle auf einmal.

[222] *Von Albert Einstein*[2]

9. XII. 15.

Lieber Sommerfeld!

Hier bekommen Sie die beiden Manuskripte[3] zurück, die ich mit Interesse durchgesehen habe. Planck arbeitet auch an einem ähnlichen Problem wie Sie (Quantelung des Phasenraumes von Molekularsystemen).[4] Auch er bemüht sich um Spektralfragen. Die allgemeine Relativität kann Ihnen kaum Hilfe bringen, da sie für diese Probleme praktisch mit der Relativitätstheorie im engeren Sinne zusammenfällt. Soviel ich von Hilberts Theorie weiss, bedient sie sich eines Ansatzes für das elektrodynamische Geschehen, der sich – abgesehen von der Behandlung des Gravitationsfeldes – eng an Mie anschliesst.[5] Ein derartiger spezieller Ansatz lässt sich aus dem Gesichtspunkte der allgemeinen Relativität nicht begründen. Letzterer liefert eigentlich nur das Gesetz des Gravitationsfeldes, und zwar ganz eindeutig, wenn man allgemeine Kovarianz fordert. Dies sehen Sie aus den Abhandlungen, welche ich heute Morgen an Sie abschickte. (Sehen Sie sich dieselben ja sicher an; es ist der wertvollste Fund, den ich in meinem Leben gemacht habe). Hingegen lässt sich jede sonstige Theorie, die der Relativität im engeren Sinne entspricht, durch blosse Transformation in die allgemeine Relativ-Theorie herübernehmen, ohne dass letztere irgend ein neues Kriterium lieferte. Sie sehen also, dass ich Ihnen in nichts helfen kann.

Das Resultat von der Perihelbewegung des Merkur erfüllt mich mit grosser Befriedigung.[6] Wie kommt uns da die pedantische Genauigkeit der

---

[1] Vermutlich [Sommerfeld 1915c], [Sommerfeld 1915d].

[2] Brief (3 Seiten, lateinisch), *München, DM, Archiv HS 1977-28/A,78*.

[3] Vermutlich [Sommerfeld 1915c], [Sommerfeld 1915d].

[4] [Planck 1915b] und [Planck 1915c].

[5] In [Hilbert 1915] werden die älteren Ansätze einer einheitlichen Feldtheorie des Elektromagnetismus und der Materie aus [Mie 1912a], [Mie 1912b], [Mie 1912c] erweitert.

[6] Der in [Einstein 1915c] abgeleitete Wert von $45''\pm5''$ stimmte mit dem seit den Messungen von Simon Newcomb aus dem Jahr 1882 akzeptierten Wert von $43''$ überein.

Astronomie zu Hilfe, über die ich mich im Stillen früher oft lustig machte!

Lassen Sie sich nicht dadurch vom genaueren Ansehen der Arbeiten abhalten, dass sich beim Lesen der letzte Teil des Kampfes um die Feldgleichungen vor Ihren Augen abspielt!

Es grüsst Sie bestens
Ihr Einstein.

Sagen Sie Ihrem Kollegen Seliger, dass er ein schauerliches Temperament hat. Ich genoss es neulich in einer Erwiderung, die er an den Astronomen Freundlich richtete.[1]

[223] *Von Friedrich Paschen*[2]

Tübingen 12. 12. 15.

Lieber Herr College.

Besten Dank für Ihre beiden interessanten Briefe betreffs der Structur der Bohr'schen Linien. Sie zu beantworten liess mir die Semester-Arbeit bis heute keine Zeit. Es war auch nöthig, Literatur nachzusehen.

Buisson und Fabry[3] haben zur Verringerung der Doppler-Verbreiterung Wasserstoffröhren in flüssige Luft getaucht und dann interferometrisch untersucht. Das dürften die besten Experimente sein. Sie finden H_α doppelt, die längere Wellenlänge stärker, den Abstand 0.132 A°E.[4] Auch H_β finden sie doppelt, die Componenten im gleichen Intensitätsverhältniss und mit gleicher Schwingungsdifferenz (Zahlen für H_β geben sie nicht.) Ich habe Bilder der Interferenzringe gesehen.

Ich selber habe in letzter Zeit H_α und H_β als Doppellinien photographirt in der II. Ordnung des grossen Concavgitters, H_α auch in der I. Ordnung.

Meine Messungen ergeben:

$$\Delta\lambda_{H_\alpha} \ = \ 0.128 \, \text{A°E.}$$
$$\Delta\lambda_{H_\beta} \ = \ 0.09 \, \text{A°E.}$$

$\Delta\lambda_{H_\beta}$ sollte bei gleicher Schwingungsdifferenz 0.072 A°E sein.

Fabry-Buisson's Experiment ist sicherer. Es ist wohl ausgeschlossen, dass $\Delta\lambda_{H_\alpha}$ grösser ist als 0.15 A°E. Jede der gesehenen Componenten

---

[1] [Seeliger 1915].
[2] Brief (6 Seiten, lateinisch), *München, DM, Archiv HS 1977-28/A,253.*
[3] Vgl. den Kommentar zu Brief [220].
[4] Paschens Abkürzung für Ångströmeinheiten.

kann natürlich wieder mehrfach sein. Fabry-Buisson's Interferenzringe jeder Componenten sehen aber symmetrisch aus, nicht unsymmetrisch, wie es wohl nach Ihrem Resultat sein müsste. Immerhin ist auch bei $-180\,°\mathrm{C}$. die Doppler-Verbreiterung noch sehr stark. Auf meinen Photographieen sind die Linien gerade doppelt zu sehen. Eine Structur der Componenten oder unsym[m]etrische Unschärfe derselben wäre nicht mehr zu erkennen.

Diese Experimente sind indessen sämmtlich unbefriedigend erstens wegen der starken Doppler-Verbreiterung der Componenten, die wohl die Hauptursache für die Verschiedenheit der bisherigen Angaben ist. Zweitens aber ist es noch nicht sicher, dass die Duplicität nicht die Folge irgend welcher bekannter oder unbekannter Effecte (Starkeffect z. B., wie auch Bohr als möglich annimmt)[1] ist. Bei Messungen ihrer absoluten Wellenlängen, welche zur Verwertung im Sinne von Bohr's Theorie versucht wurden, stiess ich auf merkwürdige Unstimmigkeiten, die vorläufig nicht aufzuklären waren, und die nahe legen, dass Bohr's Ansicht betr. des Stark-Effectes als Ursache der Duplicität zutreffen könnte. So viel glaube ich behaupten zu können, dass alle bisherigen Wellenlängenmessungen an 4101, 3970, 3889 falsch sind. Auch 6563, 4861 und 4340 sind bisher wenn auch nicht so stark, fehlerhaft. Wie weit meine eigenen Experimente die richtigen Werte geben, wird erst die theoretische Schluss-Berechnung zeigen, zu der ich bald komme.

Die Helium-Linien von Evans,[2] die neben den Wasserstofflinien liegen (beobachtet für H_α, H_β, H_γ, H_δ) sind auf meinen Photographieen einfach und viel schmaler als die Wasserstofflinien. Sie sehen ebenso aus wie die Fowler'schen Linien 5411, 4542, 4200 etc. mit denen sie nach Bohr die Serie bilden:[3]

$$\nu = \frac{4N}{4^2} - \frac{4N}{m^2} \qquad m = 6,7,8\ldots .$$

Dagegen sind alle Linien der Bohr-Fowler'schen Hauptserie $\nu = \frac{4N}{3^2} - \frac{4N}{n^2}$ $n = 4,5,6,7\ldots$ nämlich 4686, 3203, 2733, 2511 complicirt gebaut. 4686 sieht so aus:

---

[1] In [Bohr 1915b] wird argumentiert, daß im Wasserstoffspektrum bei angelegtem elektrischen Feld jedes Niveau in zwei Zustände aufspalten sollte (Formel 8, S. 403).

[2] [Evans 1915].

[3] N ist die Rydbergkonstante. Vgl. auch Seite 436.

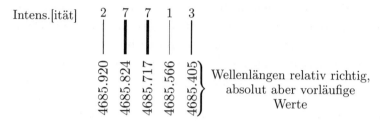

Intens.[ität]   2   7   7   1   3

4685.920 4685.824 4685.717 4685.566 4685.405 } Wellenlängen relativ richtig, absolut aber vorläufige Werte

Bei *3202* sind die Componenten 7, 7, 3 mit Sicherheit gemessen, 2 ist angedeutet. 7, 7 haben dieselbe Schwingungsdifferenz wie bei 4686.

Bei *2733* und *2511* sind 7, 7 mit gleicher Schwingungsdifferenz da, 3 ist noch stark vorhanden, 1, 2 sind nicht mehr zu sehen.

Die Componenten 7, 7, 3 also sind mit Sicherheit bei allen Linien vorhanden, und 7, 7 haben überall dieselbe Schwingungsdifferenz.

Die Bohr'schen Gesetze gelten ungefähr für die Mitte zwischen den Componenten 7, 7. Der genaue Wert folgt erst aus der Schlussrechnung.

Die Linien von Evans und Pickering haben mit Sicherheit nicht Componenten vom Abstand 7, 7 (4686). Ich schliesse, dass die complicirte Structur durch den Term $4N/3^2$ bedingt ist, und nehme dazu an, dass der Bohr'sche Helium-Nucleus räumlich complicirt angeordnet ist, sodass diese 3te Bohr'sche Electronenbahn durch diese Complicirtheit schon merklich afficirt ist, die höher nummerirten Bahnen aber nicht mehr merklich. Das würde dazu führen, dass der Term $4N/2^2$, der der zweiten Bahn entspricht, noch complicirter und weiter aufgespalten sein muss. Danach zu forschen, wäre also sehr interessant. Ohne Krieg wäre das längst in Arbeit.

Mit freundlichen Grüssen
Ihr F. Paschen.

[224] *Von Karl Schwarzschild*[1]

22. XII. 15.

Lieber Sommerfeld!

Da ich nach einem halben Jahr wieder einmal zu etwas wie wissenschaftlichem gekommen bin, muß ich es Ihnen gleich schreiben. Haben Sie Einstein's Arbeit über die Bewegung des Merkurperihels gesehen, wo er den beobachteten Wert richtig aus seiner letzten Gravitationstheorie heraus bekommt?[2] Das ist etwas, was den Astronomen viel tiefer zu Herzen

[1] Brief mit Zusatz (3 Seiten, deutsch), *München, DM, Archiv NL 89, 059.*
[2] [Einstein 1915c], vgl. Brief [222].

geht, als die minimalen Linienverschiebungen und Strahlenkrümmungen. Bei Einstein's Rechnung bleibt die Eindeutigkeit der Lösung noch zweifelhaft. In der ersten Annäherung, die Einstein macht, ist die Lösung sogar, wenn man sie vollständig macht, scheinbar mehrdeutig – man bekommt noch den Anfang einer divergenten Entwicklung herein. Ich habe versucht, eine strenge Lösung abzuleiten, und das ging unerwartet einfach. Das Resultat ist folgendes:[1]

Einstein's Theorie bedeutet, daß sich ein masseloser Punkt um den mit Masse behafteten Nullpunkt bewegt nach dem Prinzip:

$$\delta \int ds = 0$$

mit:
$$ds^2 = \left(1 - \frac{\gamma}{R}\right) dt^2 - \frac{dR^2}{1 - \frac{\gamma}{R}} - R^2 \left(d\vartheta^2 + \sin^2 \vartheta d\varphi^2\right)$$

$R = \left(r^3 + \gamma^3\right)^{\frac{1}{3}}$; r, ϑ, φ gewöhnliche Polarkoordinaten, t Zeit.

γ ist eine der Nullpunktsmasse proportionale Constante. Die Lichtgeschwindigkeit ist gleich 1 gesetzt. Die Planetenbewegung und das Merkursperihel kommen praktisch wie bei Einstein heraus. Es ist eine wunderbare Geschichte, daß das stimmt.

Was macht Zeeman- und Stark-Effekt und Ihre mathematische Physik überhaupt?

Bei starker Böllerei am Hartmannsweiler Kopf[2] existieren wir hier friedlich in der Ebene.

Beste Neujahrsgrüße auch Ihrer Frau
Ihr K. Schwarzschild.

[225] *Von Friedrich Paschen*[3]

Tübingen 27. 12. 15.

Lieber Herr College.

Besten Dank für Ihre sehr interessanten Mittheilungen vom 20. 12.

Zunächst Ihre Frage betr. der von Ihnen als Satelliten angesehenen Componenten mit Intens.[ität] 1, 2 neben den starken 7, 7, 3 (als Triplet). Thatsächlich findet sich bei der Componente 3 der Linie 3203 nach Rot eine

---

[1] [Schwarzschild 1916a], vgl. auch den Briefwechsel mit Einstein in [Einstein 1998].
[2] Heftig umkämpfter Gipfel der Südvogesen.
[3] Brief (4 Seiten, lateinisch), *München, DM, Archiv HS 1977-28/A,253.*

deutliche Abschattirung, die auf einigen Platten sogar als neue Componente losgelöst zu sein scheint. Sie würde also der einen Componenten von 4686 entsprechen können, wäre aber, wie Sie vermuthen, näher heran gezogen.[1]

Für diese Vermuthung spricht noch eine andere, von mir früher nicht erwähnte Thatsache: Es giebt Bedingungen der electrischen Leuchterregung, welche die Serie 4686, 3203, 2733 etc. viel intensiver hervorbringen, dagegen die Serie 6560, 5411[,] 4859, 4541, 4339 kaum bemerkbar.[2] Unter diesen Bedingungen erscheinen bei 4686 nur die 3 Componenten 7, 7, 3, aber die beiden 2, 1 fast nicht mehr. Der Unterschied ist so markant, dass ich 1, 2, anfangs als nicht dazu gehörig ansah. Aber das Parallelgehen der Componenten 1, 2 mit der Serie 6560, 5411[,] 4861 etc. zeigt, dass sie irgend wie mit dieser Serie verknüpft sind. Das aber behaupten Sie.

Die Ergebnisse Ihrer Theorie, welche Sie mittheilen, sind sehr bestechend.[3] Ich halte Ihre Ansicht für wahrscheinlicher als meine. Meine Bemerkungen über die Duplicität der Wasserstofflinien waren nur Andeutungen einer entfernten Möglichkeit. Ich meinte, dass die Duplicität noch nicht so sicher gestellt ist, wie man es wünschen möchte. Ausserdem giebt der von Stark beschriebene Stark-Effect kein Dublet. Ich habe übrigens auf meinen Aufnahmen vielfach Stark-Effecte bei H_α und H_β. Diese bilden enge Triplets mit stärkerer Componenten nach Rot. Die Unstimmigkeit in den Messungen an Linien, die frei von Stark-Effect zu sein scheinen, besteht darin, dass Rydberg's oder Bohr's Formel nicht strenge gilt.[4] Ich erhalte z. B. aus den einzelnen Linien folgende Werte der Rydberg-Constanten N

$$\nu = \frac{N}{2^2} - \frac{N}{m^2} \qquad m = 3, 4, 5, 6$$

aus H_α	H_β	H_γ	H_δ
$N = 109\,679.00$	$109\,678.84$	$109\,678.76$	$109\,678.58$

Der systematische Gang liegt gerade ausserhalb meiner Fehler, obwohl die Abweichung nur im Ganzen von H_α bis H_δ $4 : 10^6$ beträgt. Meine grösstmöglichen Fehler sind $2 : 10^6$ in den Wellenlängen. Nun können die benutzten Normalen von Buisson u. Fabry noch etwas fehlerhaft sein. Ausserdem ist die Wasserstofflinie wegen ihrer Duplicität resp[ective] Unschärfe

---

[1] Die Linien mit den Wellenlängen $4\,686\,\text{Å}$ und $3\,203\,\text{Å}$ entsprechen der Serie des ionisierten Heliums mit der Termdarstellung $\nu = 4N(\frac{1}{3^2} - \frac{1}{n^2})$ und $n = 4$ bzw. $n = 5$. Die Zahlen 1, 2 bzw. 7, 7, 3 bedeuten die relativen Intensitäten der als „Satelliten" bezeichneten Feinstrukturkomponenten. Vgl. Brief [223].

[2] Diese Linien entsprechen der Heliumserie $\nu = 4N(\frac{1}{4^2} - \frac{1}{n^2})$ und $n = 6, 7, \ldots$.

[3] Es dürfte sich um die am 8. Januar 1916 vorgelegte Arbeit [Sommerfeld 1915d] handeln.

[4] Gemeint ist die unten angegebene Formel mit N als Rydbergkonstante.

schlecht definirt. Die Einstellungen geschahen auf das Intensitätsmaximum der breiten Doppellinie. Es kann also wohl sein, dass irgend ein constanter Fehler die Messungen stört. Ihn zu finden, war mir aber bisher unmöglich. Welche der 2 Wasserstofflinien befolgt denn nach Ihrer Theorie obiges Gesetz von Rydberg und Bohr? Und welche der 3 resp. 5 Componenten der Linien 4686, 3203 etc. soll die Formel von Bohr befolgen?

Meine Experimente sind noch nicht so fein, wie man sie unter Heranziehung aller Hülfsmittel machen kann. Es liesse sich gewiss noch Vieles verbessern. So sind die Linien 6560, 5411, 4859 etc. nicht sehr stark auf meinen Platten, sodass eine complicirtere Structur auch dieser Linien unbemerkt bleiben könnte. Wahrscheinlich ist das aber nicht. Denn die Linien 2733, 2511 sind schwächer und trotzdem fein aufgelöst. Nach dem Erscheinen Ihrer Arbeiten werde ich überlegen, ob und wie man den von Ihnen angeregten Fragen nachspüren kann. Die Lichterscheinung liesse sich jedenfalls mit grösseren Mitteln noch intensiver herstellen.

Mit freundlichen Grüssen und Wünschen zum Jahreswechsel

Ihr F. Paschen.

2 Exemplare von Dunz folgen besonders.[1]

[226] *An Karl Schwarzschild*[2]

München, 28. XII. 15.

Lieber Schwarzschild!

Ich wollte Ihnen schon lange schreiben und benutze die Gelegenheit Ihres heutigen freundl. Briefes und die Adresse, um diese Absicht auszuführen.

Im Sommer habe ich über Einsteins allgemeine Relativität gelesen und vieles sehr vereinfacht. Ich hatte den guten Instinkt, die angepassten Systeme und die Gravitation etwas bei Seite zu schieben, die sich ja nun geändert haben. Einstein schrieb mir ganz begeistert: Er habe das Herrliche erlebt, dass das Merkurperihel stimme.[3] Es sei das Wichtigste, was er geleistet. Dass Sie seine Sache noch verbessert haben, ist schön.

Nun aber die Hauptsache: Einstein klagt, dass man Freundlich nicht beobachten lasse. „Armselige Intrigen trauriger Menschen". Seeliger ist Gift und Galle auf Freundlich. Ich appellire nun an Sie, dass Sie in Ihrem Observatorium die Lichtablenkung am Saturn durch Einstein und Freundlich

---

[1] [Dunz 1911].

[2] Brief (3 Seiten, lateinisch), *Göttingen, NSUB, Schwarzschild*.

[3] Vgl. die Briefe [221] und [222].

ausführen lassen.[1] Ob Einstein geneigt ist mitzuwirken, weiss ich nicht. Aber ich finde es gut, um jeden Einspruch von astronomischen Potentaten unmöglich zu machen,[2] seinen Namen dabei zu haben. Sorgen Sie dafür, dass sich die deutsche Astronomie nicht blamirt! Sie hat seit Jahrzehnten keine Gelegenheit gehabt wie diese, um zu zeigen, dass sie auf der Höhe steht. In Göttingen hörte ich mit Kopfschütteln, dass auch Sie in dem Antitrust c[ontr]a. Freundlich wären (??) Mag sein, dass Fr. kein grosser Geist ist. Einstein ist ein um so grösserer, oder vielmehr der grösste, den es seit Gauß und Newton gegeben hat.

Was ich mache? Augenblicklich Spektrallinien mit Volldampf u. mit märchenhaften Resultaten. Indem ich die Excentricität der Ellipsen quantele (ebenso wie den Umlauf), zeige ich, dass einem Balmerterm $1/m^2$ genau m mögliche Bahnen entsprechen; die zugehörigen Schwingungszahlen fallen zusammen nach der gewöhnlichen Mechanik, differiren aber etwas nach der Relativität. Entsprechend dem constanten Term $1/2^2$ bekommt man die Waßerstoff-Dublets mit constanter Schwingungsdifferenz. Bei Helium hat Paschen eine Serie beobachtet mit dem const. Term $1/3^2$; sie zeigt Triplets von constanter Schwingungsdifferenz in dem theoretischen Abstand $\boxed{\substack{\lvert\,\lvert\quad\lvert\\[-2pt]\leftrightarrow\!\longleftrightarrow\\[-2pt]1\quad\;3}}$ $1:3$ und im richtigen Verhältnis zu den Waßerstoff-Dublets. Aber noch mehr: Dieselben Verhältnisse wie beim Waßerstoff liegen bei den K- und L-Serien der X-Strahlen vor; der betr. Term heisst hier $(Z-1)^2/2^2$, Z = Nummer des Elementes im natürl. System der Elemente. Die Dublets sind hier wegen des Faktors $(Z-1)^2$ ausserordentlich vergrössert. Ich zeige, dass für alle Elemente von $Z=20$ bis $Z=60$, wo Beobachtungen vorliegen $\Delta\nu/(Z-1)^4 = \Delta\nu_H$! $\Delta\nu$ = Schwingungsdiff. der Röntgendublets, $\Delta\nu_H$ = Schwingungsdiff. der Waßerstoffdublets. Sie besinnen sich, dass auch im Sichtbaren die Dublets z. B. der Alkalien mit einer Potenz des Atomgewichtes $(Z/2)$ gehen. Ich glaube, in Bälde auch die Serien von Na, etc. genau theoretisch vorausberechnen zu können, insbesondere die Dublettirung und Triplettirung erklären zu können. Das bedeutet natürlich auch eine wirkl. Theorie des Zeeman-Effektes. Die Linienzahl im Starkeffekt kommt zweifellos aus derselben Quelle.[3] Ich schrieb Ihnen hiervon

---

[1] Am Rand doppelt angestrichen; Saturn ist eine Verwechslung mit Jupiter.

[2] Neben Hugo von Seeliger ist der Direktor der Berliner Sternwarte Hermann Struve – wo Freundlich Assistent war – gemeint, der gegenüber dem Kultusministerium die Fähigkeiten Freundlichs in einem sehr schlechten Licht darstellte, vgl. [Wolfschmidt 1997, S. 483] und [Einstein 1998, Dokument 181].

[3] Dies rechnete Sommerfeld zu den Vorzügen seiner Theorie, insbesondere gegenüber Bohrs jüngster Auffassung des Starkeffekts [Bohr 1915b], wonach „eigentlich immer

wohl schon früher; damals hatte ich zuviel Linien, weil ich auch negative Quanten zuließ. Das war ein direkter Fehler. Jetzt ist alles klar (bis auf die Quantengrundlage natürlich). Nur die absolute Grösse von $\Delta\nu_H$ stimmt nicht; sie kommt bei mir etwa 3 mal zu gross heraus. Das liegt vermutlich an einer relativistisch falschen Verallgemeinerung des Quantenansatzes. Ich habe daran gedacht, ob die allgemeine Relativität daran Schuld sei und schrieb deshalb an Einstein[.] Er war aber zu faul sich hereinzudenken. Es handelt sich auch für mich genau um die Perihelbewegung. Kern mit Ladung $+e$, Elektron mit Ladung $-e$, p Flächenconstante, Perihelbewegung nach der gewöhnl. Relativität:

$\Delta\varphi = \pi(e^2/pc)^2$. Ich glaube kaum, dass die Gravitation neben der Coulomb'schen Kraft in Betracht kommt. Möglich aber, dass die Coulomb'sche Kraft selbst nach der allgemeinen Relativität abzuändern ist? Einstein leugnet es.[1]

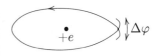

Übrigens genirt mich die Unstimmigkeit der Grösse nicht sehr, da die Verhältnisse gegen H überall genau richtig sind. Hiernach habe ich die Überzeugung, dass meine Theorie der gequantelten Ellipsen den physikalischen Sachverhalt sicher wiedergiebt, und das Rätsel der Spektrallinien definitiv entschleiert.

Wann wird sich aber das politische Rätsel lösen? Wissen Sie dass Hasenöhrl gefallen ist? Im Kampf gegen die Analphabeten-Schufte von Italienern![2]

Ich will Ihnen noch aufzeichnen wie Sauerstoff und Stickstoff aussehen:[3]

Die Kerne O und N sind zu denken als Massen mit engeren Elektronenringen von der Differenzladung +2 resp. +3.

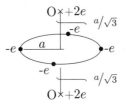

Ring mit 4 Elektr., 2 Kerne im Abstand $a/\sqrt{3}$ vom Ringe

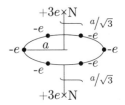

Ring mit 6 Elektr. 2 Kerne im gleichen relativen Abstand

Alles Gute wünscht Ihnen Ihr

A. Sommerfeld.

---

nur zwei p-Komponenten" möglich schienen [Sommerfeld 1915c, S. 450].

[1] Siehe Brief [222].

[2] Friedrich Hasenöhrl, seit 1907 Nachfolger Boltzmanns und Direktor des Instituts für theoretische Physik an der Universität Wien, fiel am 7. Oktober bei Folgaria in Südtirol; Italien hatte Ende Mai 1915 Österreich-Ungarn den Krieg erklärt.

[3] Vgl. dazu [Sommerfeld 1915i, S. 579-584].

[227] *An Friedrich Paschen*[1]

München, 29. XII. 15.

Lieber Herr College!

Es freut mich sehr, dass auch Sie einmal etwas fragen und dass ich etwas antworten kann.[2]

Die Formel für das Balmerspektrum lautet mit Rücksicht auf die Relativität – nach Bohr; meine Theorie stimmt hinsichtlich der Kreisbahnen mit Bohr überein und sagt neues nur hinsichtlich der Ellipsenbahnen aus –

$$\nu = N\left(\frac{1}{2^2} - \frac{1}{m^2}\right)\left(1 + \frac{\pi^2 e^4}{h^2 c^2}\left(\frac{1}{2^2} + \frac{1}{m^2}\right)\right) = N'\left(\frac{1}{2^2} - \frac{1}{m^2}\right)$$

$$N' = N\left(1 + \frac{\pi^2 e^4}{h^2 c^2}\left(\frac{1}{2^2} + \frac{1}{m^2}\right)\right)$$

Hieraus

$$\left.\begin{array}{rclcl} N'_\alpha - N'_\beta &=& N\frac{\pi^2 e^4}{h^2 c^2}\left(\frac{1}{3^2} - \frac{1}{4^2}\right) &=& a\frac{7}{16} \\[2mm] N'_\alpha - N'_\gamma &=& N\frac{\pi^2 e^4}{h^2 c^2}\left(\frac{1}{3^2} - \frac{1}{5^2}\right) &=& a\frac{16}{25} \\[2mm] N'_\alpha - N'_\delta &=& N\frac{\pi^2 e^4}{h^2 c^2}\left(\frac{1}{3^2} - \frac{1}{6^2}\right) &=& a\frac{27}{36} \end{array}\right\} \quad a = \frac{N}{9}\frac{\pi^2 e^4}{h^2 c^2} = \frac{N}{9}\cdot 13\cdot 10^{-6}$$

Sie finden für diese 3 Grössen

$$0,16;\ 0,24;\ 0,26 = 1:1,5:1,62$$

Die theoretischen Werte verhalten sich wie

$$\frac{7}{16} : \frac{16}{25} : \frac{27}{36} = 1 : 1,46 : 1,73\,.$$

Das stimmt vortrefflich. H_δ ist wohl an sich ungenauer wegen des ultravioletten Charakters.

---

[1] Unvollständiger Briefentwurf (2 Seiten, lateinisch), *München, DM, Archiv HS 1977-28/A,253.*

[2] Die folgenden Ausführungen beziehen sich auf [Bohr 1915a]. ν bedeutet die Frequenz der m-ten Spektrallinie der Balmerserie, $N = {}^{2\pi^2 e^4 m_0}/_{h^3}$ die Rydbergkonstante, e und m_0 die Elektronenladung bzw. -masse, c die Lichtgeschwindigkeit und ${}^{2\pi e^2}/_{hc}$ die Feinstrukturkonstante, vgl. [Sommerfeld 1916a, S. 59]. Anstelle von m_0 steht bei Bohr der Ausdruck für die reduzierte Masse ${}^{mM}/_{m+M}$, wobei m die Elektronen- und M die Kernmasse bedeuten.

Dagegen stimmen die Absolutwerte nicht. Es ist nämlich

$$a = \frac{1{,}1 \cdot 10^5}{9} \cdot 13 \cdot 10^{-6} = 0{,}169, \; N'_\alpha - N'_\gamma = 0{,}159 \cdot \frac{16}{25} = 0{,}102$$

während Sie 0,24 finden.

Besser $N' = N \left(1 + 5 \frac{\pi^2 e^4}{h^2 c^2} \left(\frac{1}{2^2} + \frac{1}{m^2} \right) \right).$[1]

Die Bohr'sche Formel gilt – nach meiner Auffassung – für das Maximum der breiteren (höheren) Componente der Doppellinie ↓. Die Intensitätsverteilung sollte m. M. n. etwa so aussehen:

Es ist wohl nicht ausgeschlossen, dass die Art der Messung etwas ausmacht. „Das Intensitätsmaximum der breiten Doppellinie" von dem Sie schreiben ↓ müsste etwas nach Violett verschoben sein gegen das Maximum der röteren Componente, also den Wert von N, also wohl auch

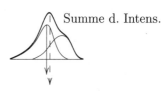
Summe d. Intens.

die Differenzen des N' etwas vergrössern. Dass dies soviel ausmachen könnte ist mir aber verwunderlich. Sie werden dies besser prüfen können wie ich; ich werde natürlich sehr gern in jeder Weise dabei mitwirken.[2]

[228] *Von Friedrich Paschen*[3]

Tübingen 30. 12. 15

Lieber Herr College.

Bei den Linien 5411, 4859, 4339 des Heliums[4] finde ich nach kleinen Wellenlängen eine *ganz schwache, eben angedeutete* Componente[.] Die Messung bei 4859 ergab 0.231 A°E. Abstd von der Hauptlinie. Das wäre ungefähr das 3fache des Abstandes der H_β-Componenten (des Wasserstoffes). Danach könnte diese Componente Ihre 4te schwächste des Quartettes sein. Dann fehlt nur die 3te, die wohl stärker sein müsste, und von der ich vorläufig keine Spur habe.

Mit freundlichen Grüssen Beste Wünsche zum neuen Jahr

Ihr F. Paschen.

Eben erhalte ich mit bestem Dank Ihren hoch interessanten Brief. Also wäre die „Unstimmigkeit" theoretisch gefordert! Es geht doch nichts über

[1] Hinzugefügt: „0,24 = $\frac{1{,}1 \cdot 1{,}3}{9} R$".

[2] Es folgen teilweise durchgestrichene Rechnungen, die hier nicht wiedergegeben werden.

[3] Postkarte (2 Seiten, lateinisch), *München, DM, Archiv HS 1977-28/A,253*.

[4] Diese Linien gehören zur Serie $\nu = 4N \left(\frac{1}{4^2} - \frac{1}{m^2} \right)$ mit $m = 7, 8$ und 10.

eine feine Theorie! Diese kleinen Differenzen experimentell sicher zu stellen, wäre sehr schwer. Es würden immer Zweifel bleiben. Jetzt aber sind sie mit einem Mal sehr wahrscheinlich. Die Zahlen werden übrigens noch etwas andere.

[229] *Von Friedrich Paschen*[1]

Tübingen 9. 1. 16.

Lieber Herr College.

Besten Dank für Ihren letzten sehr interessanten Brief mit der einliegenden Note von Bohr,[2] die mir nicht bekannt war, und für die ich Ihnen besonders dankbar bin. Die Versuche von Kent über Li.[thium] dürften sehr zuverlässig sein:[3] wegen der grossen Dispersion und der Feinheit der von ihm im Vacuum erzeugten Linien. Da uns die Inconstanz der Schwingungsdifferenz in der I. N. S.[4] im Hinblick auf Na und K unwahrscheinlich schien, wurden die Experimente vielfach variirt und verfeinert.

Meine Messung der Wasserstofflinie H_δ war noch mangelhaft, da eine Eisenlinie auf ihren Rand fiel und die Messung störte. Nach Beseitigung dieses Fehlers ergiebt sich[5]

$$\lambda_{\text{Luft } 15°,\, 760\,\text{mm}} \;[=]4101.735 \pm 0.005 \; \textit{noch} \text{ mögl. Fehler}$$
$$(\text{gegen früher} \quad 4101.741 \pm 0.008 \quad " \quad " \quad " \quad)$$

$\lambda_{\text{Vac}} = 4102.891$ und $N' = \frac{4.5}{4102.891} \times 10^8 = 109\,678.74$

Der neue Wert ist in besserer Uebereinstimmung mit der Berechnung in Ihrem vorletzten Briefe[6] nach der N'_{H_δ} sein sollte $109\,677.77 + 0.95 = 109\,678.72$. Die Messungen von Curtis,[7] von denen ich nichts wusste, werden hierdurch sogar quantitativ bestätigt. Trotzdem muss man Bohr wohl Recht geben, dass die im Verhältnis zur Schwingungsdifferenz der Dublet-Componenten kleine Aenderung der Constanten N', wie sie beobachtet ist, nicht viel besagen will. Bei der Messung sieht man einen unscharfen Wisch und stellt nun sein Schwärzungsmaximum ein. Wäre dies der Schwerpunkt

---

[1] Brief (5 Seiten, lateinisch), *München, DM, Archiv HS 1977-28/A,253.*

[2] Vermutlich [Bohr 1915a].

[3] [Kent 1914]; diese Stelle wurde am Briefrand angestrichen.

[4] I. Nebenserie; zu den Serienbezeichnungen siehe [Sommerfeld 1919a].

[5] λ ist die Wellenlänge in Ångström, N' die relativistisch korrigierte Rydbergkonstante, vgl. Briefentwurf [227] und [Bohr 1915a].

[6] Vgl. den Briefentwurf [227]; Zeile am Rand angestrichen.

[7] [Curtis 1913].

der 2 Componenten, so wäre es wohl in Ordnung. Aber die Tendenz, mehr die Mitte einzustellen, wird um so mehr überwiegen, je besser geschwärzt auch die schwächere Componente ist. Das Intensitätsverhältniss mag etwa $3:4$ sein. Bei dem Gesetz der photographischen Schwärzung ist der Schwärzungsunterschied der 2 Componenten bei kleiner Schwärzung grösser als bei starker Schwärzung. Stellt man mehr die Mitte, als den Schwerpunkt ein, so macht man einen Fehler, der für H_α grösser ist als für H_β und für H_β grösser als für H_γ ist und so weiter,[1] und dessen Sinn der beobachteten Veränderung von N' entspricht. Daher dürften weder die Messungen von Curtis noch von mir einen einwandfreien Beweis der Veränderlichkeit von N' darstellen und noch weniger zur Berechnung *des Factors* brauchbar sein. Nun haben wir hier zwar die nötigen Instrumente, aber im Kriege nicht das Personal zur Beschaffung der umfangreichen Veranstaltungen (flüssige Luft), die für eine bessere Messung erforderlich sind. Wir wollen im Laufe der nächsten Zeit sehen, was wir neben dem Unterrichtsbetrieb machen können, da mir die Sache sehr wichtig erscheint.

Was Sie über die Feinstructur der Bergmann-Serienlinien behaupten, ist gewiss wahrscheinlich. Ihre Ergebnisse sind alle sehr plausibel und werden gewiss gefunden werden[.] Nur ist das Experiment noch nicht so weit, um alle Fragen jetzt schon beantworten zu können. Die Linien der Bergmann-Serie sind z. B. schwach und unscharf[.] Für ihre Complexität spricht ihre einseitige Unschärfe und der Zeeman-Typus, der ein Verwandlungs-Typus ist.[2] Der Bergmann-Term ist complicirt, wie ich Ihnen früher einmal schrieb, bei Triplets 3fach Δp, $\Delta'p$, $\Delta''p$, bei Dublets 2fach Δp, $\Delta'p$. Für Triplets bietet Barium ein von Popow und Saunders beobachtetes, für Dublets Cäsium ein von K. Meissner hier beobachtetes Beispiel.[3] Die Feinstructur der einzelnen Linien aber, herrührend von der Complexität der d-Terme hat noch nicht beobachtet werden können.

Ihre Behauptung für die Feinstructur der Heliumlinien 6560, 5411, 4859 etc. ist nach der Andeutung der 3ten Linie Ihres Quartetts auf meinen Platten sehr wahrscheinlich. Die beiden stärksten Linien werden zu eng und die 4te Linie wird zu schwach zur Beobachtung sein. Alles das wird später mit grösseren experimentellen Mitteln gut zu entscheiden sein. Es ist sehr erfreulich, dass Sie mit Ihrer schönen Theorie eine vernünftige Basis legen

---

[1] Zeile am Rand angestrichen.

[2] Drei Zeilen am Rand angestrichen; „Verwandlungs-Typus" bedeutet, daß diese Linien einen anomalen Zeemaneffekt aufweisen und bei Erhöhung des Magnetfeldes in das Aufspaltungsmuster des normalen Zeemaneffekts (Paschen-Back-Effekt) übergehen.

[3] [Popow 1914], [Meissner 1916].

für die Experimente, die bisher einzelne Zufalls-Funde ergaben. Ich freue
mich auf die systematische Forschung an Hand der Theorie, für die hier alle
Hülfsmittel in vollendeter Ausführung zur Verfügung stehen.

Nun noch eine Frage: Bohr giebt leider nicht an, wie er zu seinem Relativitätsglied in der Balmer-Formel kommt.[1] Für mich wäre es wichtig,
das entsprechende Relativitäts-Glied für die entsprechenden Heliumlinien
zu haben. Würde nach Bohr die Heliumformel lauten:

$$\nu = \frac{2\pi^2 e^4 m}{h^3} \frac{4M}{M+m} \left(\frac{1}{n_1^2} - \frac{1}{n_2^2} \right) \left[1 + \frac{\pi^2 e^4}{c^2 h^2} \left(\frac{1}{n_1^2} + \frac{1}{n_2^2} \right) \right]$$

oder muss hier[2] noch der Factor 4 hinein? Welcher Factor muss nach Ihrer
Theorie vor das Relativitätsglied bei Helium? Bei Wasserstoff kommen Sie
zum Factor 5. Da ich leicht und genau die neben einander liegenden Linien
des Heliums und Wasserstoffs messen kann, wäre es mir wichtig, zu wissen,
was die Theorie da verlangt. Vielleicht lässt sich aus der Messung etwas für
oder gegen die Theorie ableiten.

Mit freundlichen Grüssen
Ihr F. Paschen.

Betr. Zürich noch keine Entscheidung.[3] Am 14ten Januar soll sie getroffen
werden. Bor hat nur ein Dublet vom „D" Typus. Sonst ist nichts gefunden.

[230] *Von Friedrich Paschen*[4]

Tübingen 16. 1. 16.

Lieber Herr College.

Nehmen Sie meinen besten Dank für die Mühe, die Sie sich gegeben
haben, um mir klar zu machen, wie das Relativitätsglied in die Formel
von Bohr kommt. Sie haben mir einen grossen Dienst damit geleistet. Das
Resultat, auf das es ankam, ist also, dass das Relativitätsglied für die der
Wasserstoff-Linie benachbarte Heliumlinie von gleicher numerischer Grösse
ist, wie für die daneben liegende Wasserstofflinie. Das folgt auch aus meiner Messung, welche einen recht genauen und mit anderen Bestimmungen

---

[1] Vgl. [Bohr 1915a].

[2] Ein Pfeil verweist an die Stelle vor $\pi^2 e^4 / c^2 h^2$ in der eckigen Klammer der vorstehenden
Formel. Diese Stelle ist am Rand angestrichen.

[3] Vgl. Brief [220].

[4] Brief (4 Seiten, lateinisch), *München, DM, Archiv HS 1977-28/A,253.*

übereinstimmenden Wert von $m_{\text{Wasserstoff}}/\mu_{\text{Electron}}$ ergiebt: unabhängig von der benutzten Linie. Der richtige Wert folgt, wenn ich den Abstand der Helium-linie von demselben Schwerpunkt der Wasserstofflinie messe, auf den sich auch meine Messung der absoluten Wellenlänge der Wasserstofflinie bezog. Die geringe Abweichung der letzteren Messung von der Balmer'schen Formel würde innerhalb der sonstigen Fehler für die Messung von $m_{\text{Wasserstoff}}/\mu_{\text{Electron}}$ liegen. Aber der Absolutwert würde erheblich geändert, wenn man etwa den Abstand von der stärkeren Wasserstofflinie anstatt vom Schwerpunkt des Dublets zu wählen hätte.

Diese Heliumlinien sind nun bei der Gelegenheit genauer untersucht.[1] Sie sehen etwa so aus:

1 ist eine stärkere Linie von der Breite der *ein-fachen* Heliumlinien. z. B. ist 4869 ebenso breit wie ein gleich stark geschwärzter Gitter-Geist von Helium 4922.[2]

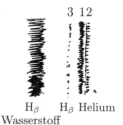

Die Componente 2 ist kaum zu sehen. Nur da, wo die Linie 1 stärker ist, ist 2 messbar. Die Messung des Abstandes $\Delta\lambda$ 1 − 2 ergiebt je als Mittel mehrerer Messungen auf verschiedenen Platten:

für He$_\beta$ 4859 0.231 A°E. 3 × $\Delta\nu_{\text{Wasserst.}}$ wäre hier 0.217 A°E.
für He$_\gamma$ 4339 0.165 ”   ”   ”   ”   ” 0.173 ”

Die Uebereinstimmung mit 3 × $\Delta\nu$ Wasserstoff ist innerhalb der Fehler. Da eine solche Componente 2 neben jeder der Linien 5411, 4859, 4541 und 4340, die genügend stark da sind, zu sehen ist, so ist es wohl eine dazu ge-hörige Componente. Nach Ihrer Behauptung kann es nur die 4te schwächste Componente des erwarteten Quartetts sein. Dann bliebe nur die Möglich-keit, dass die zweite und dritte Componente des Quartetts sehr lichtschwach sind. Eine dazwischen liegende 3te Componente von grösserer Stärke als 2 würde auf einigen Platten in höherer Ordnung, auf denen der Zwischen-raum zwischen 1 und 2 grösser ist, nicht zu übersehen sein. Immerhin wäre für die endgültige Entscheidung die lichtstärkere Erzeugung dieser Linien nöthig sein [sic]. Auf den meisten Platten *scheint* noch eine sehr schwache Componente 3 da zu sein. Aber diese wäre noch schwächer als 2 und ist wohl nicht sicher. Mehr ist aus meinen Platten nicht herauszuholen.

---

[1] Vgl. dazu [Paschen 1916].

[2] Aufgrund periodischer Teilungsfehler treten bei einem Beugungsgitter Linien an falschen Stellen auf, die dann als Geister bezeichnet werden.

Im Berylliumspectrum hat Popow nur je einen Repräsentanten der verschiedenen Serien magnetisch gefunden.[1] Zur Aufstellung der Serien genügt das nicht. Man kann nichts über die Grösse der Terme sagen. Eine Extrapolation aus den Spectren von Mg, Ca, Sr, wo Alles genügend bekannt ist, wäre ganz unsicher. Fowler hat übrigens für Mg einige neue Serien einfacher Linien und Dublets gefunden,[2] welche unter ähnlichen Bedingungen auftreten, wie die Bohr'schen Heliumlinien, für die z. B. auch als Rydberg-Constante $4N$ besser passt, als N. Die Arbeit hat er mir vor dem Krieg im Manuscript in London gezeigt. Gedruckt ist sie nicht mehr hergelangt.

Meyer hat jetzt den Züricher Ruf endgültig. Er wird wohl annehmen.[3] Bei der Besetzung des hiesigen Extraordinariates durch einen *tüchtigen* Theoretiker hoffe ich auf Ihre gütige Hülfe. Dr. Lenz[4] habe ich schon hiesigen Collegen genannt. Wie ist es mit Bohr? Kann man den haben? Er ist noch jung und ohne Stelle.[5]

Mit freundlichen Grüssen
Ihr F. Paschen.

[231] *An Karl Schwarzschild*[6]

München, [Januar/Februar 1916][7]

Lieber Schwarzschild!

Ich habe das Gefühl, dass ich Sie wegen der vielen Ausrufungszeichen in meinem letzten Briefe um Entschuldigung bitten muß. Ich habe nämlich nach mehrfacher Rücksprache mit Seeliger die Überzeugung, dass ich im Unrecht war. Das Verhalten Freundlichs bei der Linienverschiebung der B- und A-Sterne ist so zweideutig und unkritisch, wenn nicht gar unwahr, dass ich mich verpflichtet fühlte, Einstein vor diesem astronomischen Gewährsmann zu warnen (ebenso energisch, wie ich ihn Ihnen empfehlen wollte).[8]

---

[1] Hierauf wird in [Popow 1914] kaum eingegangen.

[2] [Fowler 1914].

[3] Vgl. Brief [233].

[4] Wilhelm Lenz war von 1911 bis zum Beginn des 1. Weltkrieges Sommerfelds Assistent.

[5] Niels Bohr, zuvor Lecturer an der Universität Manchester, wurde 1916 Professor für theoretische Physik an der Universität Kopenhagen.

[6] Brief (1 Seite, lateinisch), *Göttingen, NSUB, Schwarzschild 743*.

[7] Nach Brief [226], vor Brief [239].

[8] Freundlich hatte die bei Fixsternen der wasserstoffdominierten Spektralklassen B und A beobachteten Rotverschiebungen als Gravitationseffekt gedeutet; die ihm dabei unterlaufenen Fehler gab er später zu, vgl. [Freundlich 1916] und [Hentschel 1992, S. 43].

Sie haben offenbar das Klügste getan, indem Sie meine Apostrophen ganz unbeantwortet ließen. Böse sind Sie mir ja deshalb nicht?

Wie traurig für Sie, um Ihre liebe Mutter in Sorge zu sein und nicht zu ihr zu können! Hat ein Lt. Keller Sie besucht?[1] Ich empfahl es ihm wegen ballistischer Probleme. Er ist einer der Klügsten meiner Schüler. Sie werden an ihm Ihre Freude haben.

Bald werde ich Ihnen meine Spektrallinien schicken. Es ist ein grosser Wurf.

Herzlich Ihr A. Sommerfeld.

[232] *Von Albert Einstein*[2]

2. II. 16.

Lieber Sommerfeld!

Ihr Brief hat mir viel Kopfzerbrechen gemacht, zumal ich gar manches, was Sie sagen, als richtig anerkennen muss.[3] Fr.[eundlich] gehört mehr oder weniger zu der Spezies, die ein guter Bekannter von mir als „Windhund" bezeichnet. Auch die Art und Weise des Auskneifens ist nicht gerade nobel. Ich kenne die Schwächen dieses Menschen seit langem – habe mich auch schon mehr oder weniger darüber aufgehalten. Es ist wohl berechtigt, die Frage aufzuwerfen: Hat Einstein Recht, wenn er sich bemüht, diesem Menschen die Arbeitshindernisse aus dem Wege zu räumen? Sie verneinen die Frage. Ich überlegte eingehend und besprach die Sache auch mit einem intelligenten und wohlwollenden Menschen, dem ich das „Material" unterbreitete, und dessen Objektivität in der Sache über jeden Zweifel erhaben ist.[4]

Zuerst die Charaktereigenschaften. Ich würde mir Fr.[eundlich] *nicht* zum intimen Freunde auserwählen sondern ihn stets so und so weit vom Leibe halten. Und doch komme ich zum Urteil: Wenn der Teufel alle Kollegen von den Lehrkanzeln holte, deren Selbstkritik und Anständigkeit nicht höher steht, als die Freundlichs, dann würden die Reihen der Getreuen bedenklich gelichtet werden. Ja – horribile dictu – auch für Ihren Gewährs-

---

[1] Ernst Keller, bei einer Artillerieeinheit an der Westfront, hatte Sommerfeld kurz zuvor um Bücher über Ballistik gebeten, vgl. *E. Keller an A. Sommerfeld, 26. Dezember 1915. München, DM, Archiv NL 89, 059.*

[2] Brief (4 Seiten, lateinisch), *München, DM, Archiv HS 1977-28/A, 78.*

[3] Dieser Brief ist nicht erhalten, dürfte aber eine heftige Kritik an Freundlich im Verlauf von dessen Kontroverse mit Seeliger zum Inhalt gehabt haben, vgl. Brief [231].

[4] Nach [Einstein 1998, S. 257] möglicherweise Michele Besso.

mann S.[eeliger] würde ich fürchten! Andererseits hat Freundl. etwas auf-
zuweisen, was goldeswert ist – eine begeisterte Hingabe an die Sache; das
ist eine seltene Eigenschaft, die er nicht mit sehr vielen teilt.

Nun die sachlichen Qualitäten. Freundl[lich] ist nicht gerade schöpfe-
risch begabt, aber intelligent und findig. Seine oben erwähnte Windhund-
Qualität kommt zum grossen Teil von dem Herzklopfen, in das ihn eine
wissenschaftlich wichtige Sache versetzt, wenn er ihr nachgeht. Es darf Fr.
nicht vergessen werden, dass er die statistische Methode erdacht hat, die
gestattet, Fixsterne heranzuziehen bei der Beantwortung der Frage der Linienverschiebung.[1] Wenn ihm auch der üble Rechenfehler unterlaufen ist,
und auch sonst manches dabei windhündlich ist (Dichtebestimmung), so
darf deshalb der Wert der ganzen Sache nicht vergessen werden. Fehler
können berichtigt werden und werden stets mit der Zeit berichtigt. Die
That liegt darin, dass man einen Weg entdeckt und soweit ebnet, dass er
passierbar wird.

Von meinem Standpunkt aus betrachtet sieht die Angelegenheit so aus.
Freundl. war der einzige Fachgenosse, der mich bis jetzt in meinen Bestrebungen auf dem Gebiete der allgemeinen Relativität wirksam unterstützte.
Er hat dem Problem Jahre des Nachdenkens und auch der Arbeit gewidmet, soweit dies neben dem anstrengenden und stumpfsinnigen Dienst an
der Sternwarte möglich war. Was wäre ich für ein trauriger Wicht, wenn ich
jetzt, nachdem die Idee durchgedrungen ist, den Mann fallen liesse in der
Erwägung, nun nicht mehr auf ihn angewiesen zu sein? Versetzen Sie sich
einmal in meine Haut! Dann werden Sie das Wort „Landgraf, werde hart"[2]
nicht mehr anwenden.

Fr. hat noch ein zweites Verdienst. Ich will nicht von der Widerlegung
von Se[e]ligers Theorie der Perihelbewegung des Merkur reden,[3] da diese
That vielleicht als Einrennen einer offenen Thür zu bezeichnen ist. Aber Fr.
hat gezeigt, dass die modernen astronomischen Hilfsmittel ausreichen, um
die Lichtablenkung am Jupiter nachzuweisen,[4] was *ich* nicht für möglich
gehalten hätte, trotzdem ich schon vor Jahren den Fall überlegt habe. Mir
fehlt eben der Kontakt mit der Astronomie.

Nun will ich gern zugeben, dass es die Schwächen Fr.'s durchaus nicht
als wünschbar erscheinen lassen, dass er allein die Ausführung der wichtigen

---

[1] Siehe dazu [Hentschel 1992, S. 38-50].

[2] Sprichwörtlich nach einer mittelalterlichen Sage über Landgraf Ludwig den Eisernen
   von Thüringen in einem Gedicht von Wilhelm Gerhard.

[3] Seeliger hatte die Ursache der Periheldrehung in der Störung durch den Staub gesucht,
   der das Zodiakallicht verursacht, vgl. [Seeliger 1906], [Freundlich 1915a].

[4] Vgl. Brief [221].

Angelegenheit in die Hand nimmt. Bis jetzt hat aber niemand sich um die Beteiligung an dem Unternehmen bemüht, sodass ich de facto nolens volens auf Freundlich allein angewiesen bin in dem Streben, die Beantwortung der eminent wichtigen Frage zu fördern.

Zusammenfassung 1) Fr. hat es verdient, dass ich mich bemühe, ihm die Möglichkeit der Mitarbeit in den hier in Betracht kommenden Unternehmungen zu erwirken.

2) Es wäre höchst wünschenswert, dass noch andere sich der Probleme annähmen, sei es mit Fr. zusammen, sei es allein, ohne Zusammenwirken.

Es grüsst Sie herzlich
Ihr Einstein.

[233] Von Friedrich Paschen[1]

Tübingen 3. 2. 16.

Lieber Herr College.

Hr. College E. Meyer hat sich nun, nachdem er in Berlin und Zürich war, endgültig für Zürich entschieden,[2] und zwar aus den von Ihnen mit Recht hervorgehobenen politischen Gründen. Er hat in Berlin die Zusicherung erhalten, dass man im Ministerium diese Gründe billige, und dass ihm Preussen in Folge dessen für später nicht verschlossen wird. Er wäre thatsächlich lieber nach Göttingen gegangen,[3] was in der jetzigen Zeit mit Rücksicht auf die deutschfeindliche Stimmung in der Schweiz verständlich ist. Auch wegen seiner Frau und Kinder wäre ihm Göttingen lieber gewesen. Aber das Züricher Institut soll jetzt verbessert werden, und Meyer wird es sich für seine Zwecke gut einrichten, sodass er wissenschaftlich nicht schlecht stehen wird.

Betreffs des Nachfolgers ist die Auswahl an Theoretikern wohl nur klein.[4] Die freundliche Auskunft in Ihrem letzten Brief nennt ja die hauptsächlichsten. Ich habe an Abraham geschrieben, ob er zeitweise oder für

---

[1] Brief (4 Seiten, lateinisch), *München, DM, Archiv HS 1977-28/A,253.*

[2] Edgar Meyer wurde Professor für Experimentalphysik an der Universität Zürich, vgl. Brief [220].

[3] Es handelt sich um die Nachfolge Rieckes in Göttingen. Die Institutsleitung wurde Peter Debye übertragen, der 1914 als Direktor der Abteilung für mathematische Physik nach Göttingen berufen worden war. Gleichzeitig wurde R. W. Pohl, bislang Privatdozent an der Universität Berlin, als Extraordinarius für Experimentalphysik an die Universität Göttingen berufen.

[4] Es handelte sich um ein Extraordinariat für theoretische Physik.

länger hierher kommen würde.[1] Bejahenden Falles wäre es wohl möglich, ihm die hiesige Stelle übertragen zu lassen, bis Klärung über seine Stelle in Italien eintritt. Sollte Abraham nicht wollen oder können, so bleiben mit Ausnahme von Bohr, der doch wohl ausser Betracht bleiben muss, an deutschen Theoretikern wohl nur übrig: Cl. Schäfer, P. Hertz, E. Madelung, F. Reiche und W. Lenz.[2] Wie diese, hier dem wissenschaftlichen Alter nach gereihten Herren zu lociren wären, und welche von ihnen als zu wenig theoretisch geschult auszuschliessen wären, darüber das Urtheil der competenten Herren zu haben, wäre für die Fakultät wichtig. Cl. Schäfer z. B. ist doch wohl nicht eigentlich ein Theoretiker. P. Hertz und W. Lenz scheinen mir und E. Meyer jedenfalls besser.

Ob die Fakultät schliesslich nicht mit Rücksicht auf die Bethätigung im Institut doch wieder einen Physiker wünscht, der eigentlich Experimentator ist, aber genügend theoretische Bildung besitzt, um die Vorlesungen über theoretische Physik für Schulamtscandidaten zu halten, ist eine weitere Frage. In diesem Falle dachte ich an H. Zahn und Ch. Füchtbauer, die beide sehr tüchtige Physiker sind.[3] P. P. Koch ist leider wohl zu wenig Theoretiker, um in Betracht kommen zu können.[4]

Dann ist hier noch Hr. Happel,[5] der sich in den letzten Jahren mit reiner Mathematik beschäftigt hat, früher aber über kinetische Gastheorie gearbeitet hat. Er ist aber nicht besonders gewandt und kann wohl mit den oben Genannten kaum concurriren. Auch der hiesige Dr. Magnus, ein Schüler von Nernst, ist in der Thermodynamik sehr beschlagen und ein guter Mathematiker, hat aber noch wenig geleistet.[6]

Dass die Heliumlinien 6560 etc. sehr wohl Quartette sein können,[7] und dass meine Beobachtungen damit nicht im Widerspruch zu sein brauchen,

---

[1] Max Abraham arbeitete während des Krieges im Auftrag von Telefunken an Problemen der drahtlosen Telegraphie.

[2] Clemens Schäfer war Extraordinarius in Breslau, Paul Hertz und Erwin Madelung Privatdozenten in Göttingen, Fritz Reiche Privatdozent in Berlin.

[3] Christian Füchtbauer, der 1918 die Stelle bekommen sollte, war seit 1908 Privatdozent und Assistent an der Universität Leipzig, Hermann Zahn war seit 1913 Titularprofessor in Kiel.

[4] Peter Paul Koch war Privatdozent in München.

[5] Hans Happel bekleidete seit 1913 eine außerordentliche Professur für angewandte Mathematik an der Universität Tübingen.

[6] Alfred Magnus war seit 1910 Privatdozent für physikalische Chemie an der Universität Tübingen.

[7] Diese Linie gehörte der Serie $\nu = 4N(\frac{1}{4^2} - \frac{1}{m^2})$ mit $m = 6$ an; wegen des Terms $1/4^2$ erwartete Sommerfeld für jede Linie in dieser Serie eine Feinstruktur von der Form eines Quartetts, vgl. [Sommerfeld 1915d, S. 484-485].

ist zuzugeben. Sobald die Diener wieder im Institut sind, will ich diese Frage aufklären. Ohne grössere Veranstaltungen ist das nicht möglich. Zugleich soll dann die Balmer-Serie des Wasserstoffes interferometrisch in Componenten zerlegt gemessen werden. Letztere Arbeit kann ich sogar ohne Diener mit einem Mitarbeiter machen und hoffe, dass es in den Osterferien dazu kommt. Diese Messungen werden über die Grösse des Relativitätsgliedes entscheiden, da sie mit einer Genauigkeit von $2/1000$ A°E. gemacht werden können.

Mit den besten Grüssen
Ihr F. Paschen.

[234] *Von Friedrich Paschen*[1]

Tübingen 6. Februar 1916.

Lieber Herr College.

Mit dem besten Danke für die freundliche Sendung Ihrer interessanten Arbeit[2] beeile ich mich, Ihnen mein völliges Einverständnis mit allen Erwähnungen meiner Messungen zu sagen. Der passus p. 485. könnte sogar so lauten: „Einstweilen meint aber P. selber, dass seine bisherigen Beobachtungen noch nicht gegen die Existenz dieser 2 Componenten entscheiden. Die Linien sind nur schwach photographirt. Dabei kann eine so feine Structur unbemerkt bleiben".[3]

Die nöthige Auflösungskraft nämlich zum Absondern der 3ten Componente hat meine Anordnung. Aber sie kommt nicht zur Geltung, sobald unterexponirt ist. Die 4te Componente ist nur spurenweise da und würde nicht bemerkt werden, wenn sie noch näher läge.

Ich würde aber auch mit Ihrer kürzeren Fassung im Brief einverstanden sein, da ja schliesslich die Auflösung fehlt, einerlei aus welchem Grunde.

Meine Arbeit geht augenblicklich wegen vieler Geschäfte nur langsam voran. Sie wird jedenfalls erst viel später zum Druck gelangen, als Ihre Theorie, und es wird daher nöthig, dass ich auf Ihre Theorie Rücksicht nehme, was umso schöner ist als ja z. B. die Andeutung des Quartetts ohne

---

[1] Brief (4 Seiten, lateinisch), *München, DM, Archiv HS 1977-28/A,253.*
[2] [Sommerfeld 1915d].
[3] Sommerfeld hatte an dieser Stelle ausgeführt, daß von der erwarteten Quartettstruktur bislang jeweils nur eine Linie im richtigen Abstand von der Hauptlinie gefunden worden sei. Später konstatierte er, „daß auch diese Serie eine schöne Bestätigung der Theorie geliefert" habe [Sommerfeld 1916a, S. 85].

Ihre Theorie nicht gefunden wäre. Es ist auch möglich, dass auf Grund Ihrer Theorie noch mehr aus den Platten herausgeholt werden kann.

Es war ursprünglich meine Absicht, die Mittheilung in den Annalen zu veröffentlichen. Nun zeigt sich aber, dass Vieles noch weiter experimentell bearbeitet werden sollte. So bin ich schwankend geworden, ob das, was in etwa 6 Wochen als Resultat der bisherigen Beobachtungen vorliegen wird, nicht besser als vorläufige Mittheilung in der physikal. Zeitschrift erscheinen sollte und erst, wenn neue Beobachtungen gemacht und verwerthet sind, eine endgültige zusammengefasste Arbeit in den Annalen.[1] Ich könnte aber auch eine I. Mittheilung über das Bisherige an die Annalen geben und etwaiges Weitere als II. Mittheilung folgen lassen. Jedenfalls wird früher oder später eine Mittheilung über diesen Gegenstand in den Annalen erscheinen, schon weil dann gute Bilder von den Liniengebilden beigegeben werden können.

Abraham geht vielleicht im Herbst wieder nach Italien,[2] wäre aber bereit, im Sommer hier zu lesen. Nun will ich sehen, was Fakultät und Senat zu solchem Plane sagen. Eine Schwierigkeit besteht darin, dass er noch militärpflichtig ist. Auch er hält viel von Lenz, wenn er auch noch sehr jung (wissenschaftlich!) sei. P. Hertz lobt er sehr.[3]

Die Correctur sende ich wieder, da Sie dieselbe wohl gebrauchen, und hoffe, bald einen Abzug dieser Arbeit von Ihnen zu erhalten.

Mit freundlichen Grüssen
Ihr F. Paschen.

[235] *Von Albert Einstein*[4]

[8. 2. 16][5]

Lieber Sommerfeld!

Ihr Brief hat mich sehr gefreut, Ihre Mitteilung über die Theorie der Spektrallinien *entzückt*.[6] Eine Offenbarung! Nur eines habe ich noch nicht

---

[1] Es wurde 1916 keine Arbeit von Paschen in der *Physikalischen Zeitschrift* publiziert. Die ausführliche Veröffentlichung reichte Paschen im Juli bei den *Annalen der Physik* ein [Paschen 1916].

[2] Max Abraham hatte bis Kriegsausbruch an der TH Mailand gelehrt.

[3] Abraham hatte die Dissertation von Paul Hertz in Göttingen angeregt.

[4] Postkarte (2 Seiten, lateinisch), *München, DM, Archiv HS 1977-28/A,78.*

[5] Datierung in eckigen Klammern von fremder Hand.

[6] [Sommerfeld 1915d].

erfasst. Wenn in

$$\nu = N \left(\frac{1}{n^2} - \frac{1}{m^2} \right)$$
$$|$$
$$n = 2$$

$n = 2$ Zweiteilung bewirkt, so sollte doch $m = m$ auch m-Teilung bewirken, sodass man im Allgemeinen $n \cdot m$-Teilung erwarten müsste. Das soll aber kein Einwand sein. Ich bin vielmehr überzeugt, dass Sie Recht haben.– Ich habe einen Vorlesungsversuch gefunden zum bequemen Nachweis der Ampère'schen Ströme (bereits erprobt).[1]

Von der allgemeinen Rel. Theorie werden Sie überzeugt sein, wenn Sie dieselbe studiert haben werden. Deshalb verteidige ich sie Ihnen mit keinem Wort.

Herzliche Gratulation zu Ihrer schönen Entdeckung und beste Grüsse

von Ihrem
Einstein.

[236] *An Wilhelm Wien*[2]

München, 10. II. 16.

Lieber Wien!

Ich bitte Sie um Nachricht, was Sie für den März vorhaben. Ich werde am 3ten voraussichtlich schliessen und bin dann bereit zu Ihnen zu stossen. Hoffentlich kommt Mie und hoffentlich kommt Laue nicht.[3] Ich fürchte, dass mein Behagen sehr unter seiner Anwesenheit leiden würde. Ich bin etwas überarbeitet und möchte mich nicht anstrengen. Deshalb wäre mir Mittenwald am liebsten. Arlberg ist wohl wegen Krieg ausgeschlossen, wie überhaupt Österreich. Auch für Mittenwald muss man Pass haben. Zu empfehlen ist für kürzeren Aufenthalt Rotwandhaus. Lassen Sie bitte von sich hören.

Ich hätte Ihnen gern gleichzeitig eine Arbeit für die Annalen geschickt, da ich sehr viel auf Lager habe. Aber es fehlt überall noch etwas, und es wäre schade, die schönen Dinge unvollkommen in die Welt zu setzen.

---

[1] Vgl. [Einstein 1916c].

[2] Brief (1 Seite, lateinisch), *München, DM, Archiv NL 56, 010.*

[3] Gustav Mie gehörte zum Kreis der regelmäßigen Skiausflügler. Zum Zerwürfnis mit Laue siehe Seite 276.

Meine Spektrallinien sind endlich in der Akademie in's Unreine gedruckt.[1] In den Annalen werden sie in geläuterter Form erscheinen.[2] Es wird Sie interessiren, dass Plancks Quantelung des Phasenraums *genau* mit meinen Ansätzen stimmt. Aber Plancks Erklärung der Balmer-Serie ist scheusslich und grundverschieden von meiner.[3]

Ihr A Sommerfeld

[237] *Von Max Planck*[4]

Berlin-Grunewald, 11. 2. 16.

Verehrtester Hr. Kollege!

Ihr freundlicher Brief vom 7. d. M. hat mich natürlich ungemein interessirt. Daß auch die relativistische Mechanik sich nicht nur ganz zwanglos in die Quantentheorie einfügt, sondern auch den Tatsachen merklich besser gerecht wird als die klassische Mechanik, ist wirklich alles, was man verlangen und wünschen kann.

Die Antwort auf die von Ihnen gestellte Frage haben Sie eigentlich schon selber auf Ihrem Zusatzzettl gegeben, und mir bleibt nur übrig, dieselbe zu bestätigen und vielleicht etwas näher zu begründen. Ich erlaube mir dabei wieder die Bezeichnungen meiner Arbeit in der Deutschen Phys. Gesellschaft (Seite 445 f.) zu benutzen.[5]

Daß die Integration über den Winkl χ von 0 bis 2π, und nicht von 0 bis $2\pi/\Theta$, zu erstrecken ist, folgt daraus, daß χ mit der Form der Bahnkurve garnichts zu tun hat, sondern einfach als unabhängige Raumkoordinate definirt ist. ($\chi = 0$ bedeutet eine *im Raume* feste Richtung) Würde man die Integration bis $2\pi/\Theta$ erstrecken, so würde man diejenigen Phasenpunkte, deren χ zwischen 2π und $2\pi/\Theta$ liegt, doppelt zählen.

Die Bedeutung der unabhängigen Phasenvariabeln $u, v, \vartheta', \varphi', r, \chi$ ist doch diese.

ϑ' und φ' bestimmen die Ebene der Bahn, einschließlich des Umlaufsinnes. u und v bestimmen die *Form* der Bahnkurve und die Geschwindigkeit mit der sie durchlaufen wird.

r und χ bestimmen die Lage, aber nicht auf der Kurve (was bei nichtperiodischen Kurven seine Schwierigkeiten haben würde) sondern im Raum.

---

[1] [Sommerfeld 1915d].

[2] [Sommerfeld 1916a].

[3] Vgl. [Planck 1916a, S. 398-404].

[4] Brief (3 Seiten, deutsch), *München, DM, Archiv HS 1977-28/A,263*.

[5] [Planck 1915c].

Daher ist die Integration über χ von 0 bis 2π, über r von r_{min} bis r_{max} (bei bestimmtem u und v) zu erstrecken.

Die Schwierigkeit bei der weiteren Ausgestaltung meiner Sätze, von der ich Ihnen in meinem letzten Briefe schrieb[1] und mit der ich damals nicht fertig zu werden wußte, hat sich inzwischen gelöst, wenigstens grundsätzlich, so daß ich nunmehr (bis auf weiteres) keinen Zweifel an der Zuverlässigkeit meiner Formeln habe.

Dagegen muß ich meine briefliche Bemerkung über die Beziehung $u = f(g) + f'(g')$, die Sie auch schon gerügt haben, einschränken.[2] Dieselbe trifft nämlich nur bei den harmonischen Schwingungen und auch bei den Rotationen starrer Molekeln, nicht aber bei denen nach dem Coulombschen Gesetz zu, was damit zusammenhängt, daß nur bei den ersteren die Energie bei Annäherung an das Kraftcentrum endlich bleibt.

Ich bin jetzt dabei, einen zusammenfassenden Aufsatz über die physikalische Struktur des Phasenraumes für die Annalen auszuarbeiten.[3] Freue mich sehr auf das Studium Ihrer Aufsätze!

Mit bestem Gruß Ihr
Planck.

[238] *Von Karl Schwarzschild*[4]

17. II. [1916][5]

Lieber Sommerfeld!

Bei meinem letzten Schreiben wußte ich noch nichts von der letzten Controverse zwischen Seeliger und Freundlich in den A. N.,[6] von der ich aus Potsdam höre. Ich bin daher inkompetent, glaube aber doch, daß man niemanden zu rasch für einen schlechten Kerl halten soll.

Nach einer Zeitungsnotiz haben Sie Ihre Spektrallinien bereits vorgelegt.[7] Hoffentlich bringt sie die Post bald hierher.

[1] *M. Planck an A. Sommerfeld, 30. Januar 1916. München, DM, Archiv HS 1977-28/A,263.*

[2] u ist die Energie, g und g' bedeuten Hyperflächen im Phasenraum, vgl. [Planck 1916a, S. 386].

[3] [Planck 1916a].

[4] Brief (2 Seiten, deutsch), *München, DM, Archiv NL 89, 059.*

[5] Datierung von Schwarzschild: 17. II. 15. Korrektur wegen Antwortbrief [239].

[6] [Freundlich 1915a] und [Seeliger 1915] in den *Astronomischen Nachrichten*, vgl. auch die Briefe [231] und [232].

[7] [Sommerfeld 1915c], [Sommerfeld 1915d].

Ich wühle weiter in Einstein's Feldgleichungen. Heute bin ich ganz ver-
blüfft. Beim Ansetzen des Problems der ebenen Gravitations-Welle nach
Einstein ergiebt sich die Differentialgleichung:[1]

$$\frac{d^2 f}{dx^2} = \frac{d^2}{d\tau^2}\left(\frac{1}{f}\right)$$

$f = g_{44}$ in Einstein's Bezeichnung.
In erster Näherung:

$$f = 1 + \varphi \qquad \frac{1}{f} = 1 - \varphi$$

$$\frac{d^2\varphi}{dx^2} + \frac{d^2\varphi}{d\tau^2} = 0.$$

Also keine Wellenbewegung, sondern unendliche Fortpflanzungsgeschwindigkeit. Gleichberechtigung der *reellen* Zeit mit der x-Coordinate.

Bestens grüßend
Ihr K. Schwarzschild.

[239] *An Karl Schwarzschild*[2]

19. II. 16.

Lieber Schwarzschild!

Sie werden von meiner Arbeit enttäuscht sein:[3] Nichts von allgemeiner
Relativität, im II. Teil nur gemeine Rel., selbst Abraham'sche Massenveränderlichkeit würde es tun.[4] Trotzdem sind die Resultate sehr wichtig, da
sie einen bündigen Schluß auf die quantenmässige Bestimmung aller elementaren Atomvorgänge gestatten. Es wird mich sehr freuen, wenn Sie sich
dazu äussern. Schön wird die Sache eigentlich erst von II § 5 ab, wo die
empirischen Beweise Schlag auf Schlag kommen.[5] Ist übrigens die einfache
Behandlung der Kepler-Bewegung (die ich seit Jahren im Colleg vortrage) in
I § 2 neu?[6] Paschens Beobachtungen, auf die ich mich stütze, sind von grosser Schärfe. Auch will ich Ihnen verraten, dass die Triplets 1 : 3 sich – vorbehaltlich genauerer Ausmeßung – dem Augenschein nach im Pt-Spektrum

---

[1] Vgl. [Einstein 1916b] (ebenfalls fehlerbehaftet) und [Einstein 1918].
[2] Brief (2 Seiten, lateinisch), *Göttingen, NSUB, Schwarzschild 743*.
[3] [Sommerfeld 1915c] und [Sommerfeld 1915d].
[4] Die Dissertation [Glitscher 1917] entschied gegen die Abrahamsche Massenveränderlichkeit, vgl. Seite 458.
[5] [Sommerfeld 1915d, S. 472].
[6] [Sommerfeld 1915c, S. 432].

der L-Serie (X Strahlung) finden, mit dem bewussten klotzigen Vergrößerungsfaktor versehen.[1] Viel Freude hat mir auch die genaue Coincidenz mit Plancks Strukturtheorie des Phasenraums gemacht. Bei so verschiedenem Ausgangspunkt und so verschiedener Denkweise (Planck vorsichtig u. abstrakt, ich etwas draufgängerisch und auf die Beobachtung direkt loszielend) genau die gleichen Resultate!

Ihre Schwierigkeit mit Einsteins Gravitationswelle kann ich nicht im Augenblick nachprüfen. Wenn ich etwas dazu weiß, schreibe ich es.

Ich schicke Ihnen den letzten Brief des Marsmenschen Baumann mit.[2] Zerreissen Sie ihn – gelesen oder ungelesen. Zu helfen ist ihm nicht. Er fühlt sich überall verfolgt. Ihre Adresse erfährt B. nicht von mir.

Möchte Ihre Andeutung von der Annäherung der Entscheidung wahr sein. Mein Schüler Keller[3] hat sich offenbar noch nicht bei Ihnen sehen lassen. Es ist ein selten begabter Mensch.

Herzlich grüsst Ihr
A. Sommerfeld

[240] *Von Karl Schwarzschild*[4]

1. III. 16.

Lieber Sommerfeld!

Ihre Spektrallinienarbeit ist ein gewaltiger Schritt vorwärts, zu dem man Ihnen von Herzen gratulieren kann. Es ist eine kühne Idee, die Quantentheorie auf solche komplizierten Fälle anzuwenden, wo sie im einfachsten noch kaum verständlich ist, und sie mit der mysteriösen Bohr'schen Gleichung $h\nu = W_n - W_{n'}$ zu verbinden. Aber ich lasse mich durch den Erfolg bekehren, und vor allem an der Duplettheorie vom Wasserstoff bis zu den Roentgenspektren ist nicht zu deuten.

Wissen Sie, wie ich vorschlagen würde, die Quantentheorie über den linearen Resonator hinaus zu erweitern? Folgendermaßen: Ich verallgemeinere nicht so weit wie Planck,[5] sondern beschränke mich auf die *inte-*

---

[1] Für Elemente der Kernladungszahl Z ergab die Sommerfeldsche Theorie eine Vergrößerung der Feinstrukturaufspaltung mit dem Faktor $(Z - 1)^4$ gegenüber Wasserstoff, vgl. [Sommerfeld 1915d, S. 493] und Brief [226].

[2] *A. Baumann an A. Sommerfeld, 14. Februar 1916. Göttingen, NSUB, Schwarzschild 743.* Vgl. Brief [219].

[3] Ernst Keller, vgl. Brief [231].

[4] Brief (4 Seiten, deutsch), *München, DM, Archiv HS 1977-23/A,318.*

[5] Planck behandelte Systeme mit f Freiheitsgraden, die er durch Einschränkung der Bewegungen im Phasenraum quantisierte, vgl. [Planck 1915b] und [Planck 1915c].

grierbaren mechanischen Probleme. Darunter gehören alle bisher in Frage kommenden Fälle. Die Bewegungsgleichungen mögen in kanonischer Form lauten:[1]

$$p_i = \frac{\partial H}{\partial q_i}, \ q_i = -\frac{\partial H}{\partial p_i}, \ H \ \text{Energie.}$$
$$i = 1, \ldots n$$

Die Integrale in allen bekannten Problemen sind, von singulären Lösungen abgesehen, von der Form:

$$p_i = p_i[a_1, a_2, \ldots a_n, w_1, w_2, \ldots w_n]$$
$$q_i = q_i[\qquad\qquad\qquad\qquad\qquad]$$

Dabei sind $a_1, a_2, \ldots a_n$ Integrationskonstanten. Die w sind der Zeit proportionale Winkel: $w_k = n_k t + \beta_k$ (β_k die anderen Integrationskonstanten).* Ich denke mir die Integration nach Jacobi ausgeführt,[2] sodaß die a_k, w_k ein neues System kanonischer Variablen werden:

$$\frac{da_k}{d\tau} = -\frac{\partial H}{\partial w_k} = 0 \qquad\qquad \frac{dw_k}{d\tau} = \frac{\partial H}{\partial a_k} = n_k$$

Das Phasenintegral für jedes Variablenpaar a_k, w_k wird:

$$\int_{(a_k)_0}^{(a_k)_n} da_k dw_k = hn$$

Über jedes w_k ist selbstverständlich von null bis 2π zu integrieren. Also:

$$(a_k)_n = \frac{hn}{2\pi} \quad n = 1, 2, 3, \ldots \infty.$$

Oder anders ausgedrückt: „Ich nehme als *eine* Reihe Variabler die der Zeit proportionalen Winkel, die in der „eindeutigen" Lösung des Problems vorkommen. Ich bestimme die Variablen a_k, die zu den Winkelvariablen kanonisch konjugiert sind. Diese Variablen a_k haben als ausgezeichnete Werte Vielfache des Wirkungsquantums $h/2\pi$."]

---

[1] q_i ~~und p_i sind die kanonisch~~ konjugierten Orts- bzw. Impulskoordinaten, H die Hamiltonfunktion.

[2] Eine zeitgenössische Darstellung des Hamilton-Jacobi-Formalismus findet sich in [Charlier 1902, S. 56-85].

Wendet man diese Vorschrift auf die relativistische Keplerbewegung an, so kriegt man schnurstracks die Resultate Ihrer Nachschrift, die für mich dadurch [erst recht?] zwingend werden. Ferner liefert diese Vorschrift auch einen zwingenden Ansatz für den Starkeffekt[1] und für den Zeemaneffekt.–

Ich bin auf einer Dienstreise nach Brüssel, habe gerade in der Bahn Anwendung auf Zeemaneffekt versucht und finde für Wasserstofftypus, soviel ich sehe

Ob das stimmt? Ich weiß nicht mehr wie es wirklich ist.

Entschuldigen Sie Geschmier und mangelnde Präzision, es geht in Eile.

Viele Grüße Ihr
K. Schwarzschild.

* Die räumlichen Coordinaten der Körper sind *eindeutig (von der Periode 2π)* in den Winkeln $w_1, w_2 \ldots w_n$.

[241] *Von Karl Schwarzschild*[2]

5. III. 1916.

Lieber Sommerfeld!

Auf der Rückfahrt von Brüssel glaube ich mich überzeugt zu haben, daß mein Quantenansatz auch allgemein mit Planck stimmt und, wie mir scheint, die eigentliche Formulierung dessen, was er will, ist. Haben Sie sich schon überzeugt, wie es mit Zeeman- und Starkeffekt geht?– Der Quantenhimmel hängt voller Geigen. Schreiben Sie mir bitte nach Potsdam, ich habe eine kleine Hautgeschichte und fahre heute in Urlaub.[3]

Viele Grüsse Ihr
K. Schwarzschild

---

[1] Vgl. die Briefe [246] und [247].

[2] Feldpostkarte (1 Seite, deutsch), *München, DM, Archiv NL 89, 059.*

[3] Schwarzschild litt an Pemphigus, einer damals unheilbaren Hautkrankheit.

[242] *Von Wilhelm Lenz*[1]

Nordfrankreich d. 7. III. 16.

Lieber Herr Professor!

Nehmen Sie meinen herzlichen Dank für die Zusendung Ihrer wunderschönen Arbeit über Spektrallinien.[2] Ich hatte mich sofort eingehend damit beschäftigt und wollte Ihnen schon seit beinahe 14 Tagen das Nachstehende mitteilen. Eine militärische Veränderung (Umzug nach einer nicht sehr weit entfernten Stelle, Herrichtung des neuen Quartiers usw.) hatte mich bisher daran verhindert. Immerhin hatte ich jetzt sehr gute Gelegenheit mit Rau[3] über Ihre Arbeit zu sprechen, mit dem ich jetzt bei der gleichen Station zusammen bin. Wir fanden den Gedanken ebenso schön wie einfach. Dies war übrigens mein erster Eindruck davon auf Grund dessen ich mir sagte, dass das Resultat, das Seriengesetzt [sic], dann doch wohl ebenfalls wieder eine einfache Gestalt annehmen müsse. Da dies Gesetz nicht explizit in Ihrer Arbeit angegeben ist, so habe ich es selbst errechnet u. zwar auf dem folgenden Weg. S. 464 findet man:[4]

$$1 + \frac{W}{m_0 c^2} = \left\{ 1 + \left(1 - E^2 \right) \frac{b^2}{\gamma^2} \right\}^{-\frac{1}{2}}$$

$$b = \frac{eE}{pc}, \ \ \gamma^2 = 1 - b^2$$

Nun ergibt die Quantentheorie:

$$p = \frac{nh\gamma}{2\pi} \qquad\qquad 1 - E^2 = \frac{n^2 \gamma^4}{(n' + n\gamma^2)^2} \qquad\qquad \text{A)}$$

$$p = \frac{nh}{2\pi} \qquad\qquad 1 - E^2 = \frac{n^2 \gamma^2}{(n' + n\gamma)^2} \qquad\qquad \text{B)}$$

Je nachdem man vom ruhenden oder sich drehenden System aus integriert. Eingesetzt erhält man:

$$1 + \frac{W}{m_0 c^2} = \left\{ 1 + \frac{n^2 \gamma^4}{(n' + n\gamma^2)^2} \cdot \left(\frac{2\pi eE}{nhc\gamma^2} \right)^2 \right\}^{-\frac{1}{2}}$$

$$= \left\{ 1 + \frac{a^2}{(n' + n\gamma^2)^2} \right\}^{-\frac{1}{2}} \qquad\qquad \text{A)}$$

---

[1] Brief (4 Seiten, lateinisch), *München, DM, Archiv NL 89, 059.*
[2] [Sommerfeld 1915c] und [Sommerfeld 1915d].
[3] Hans Rau war Assistent am Physikalischen Institut in Würzburg.
[4] Zur Bedeutung der nachfolgenden Bezeichnungen vgl. [Sommerfeld 1915d].

mit

$$a = \frac{2\pi eE}{hc}; \quad 1 - \gamma^2 = \left(\frac{a}{\gamma}\right)^2 \cdot \frac{1}{n^2}$$

$$1 + \frac{W}{m_0 c^2} = \left\{ 1 + \frac{n^2\gamma^2}{(n'+n\gamma)^2} \cdot \left(\frac{2\pi eE}{nhc\gamma}\right)^2 \right\}^{-\frac{1}{2}} \hspace{2cm} \text{B)}$$

$$= \left\{ 1 + \frac{a^2}{(n'+n\gamma)^2} \right\}^{-\frac{1}{2}}$$

$$a = \frac{2\pi eE}{hc}; \quad \gamma^2 = 1 - \left(\frac{a}{n}\right)^2$$

Im Falle A) kommt also die folgende Serienformel heraus:

$$\nu = \frac{W_1 - W_2}{h} = \frac{m_0 c^2}{h} \left\{ \frac{1}{\sqrt{1 + \frac{a^2}{(n'+n\gamma^2)^2}}} - \frac{1}{\sqrt{1 + \frac{a^2}{(m'+m\gamma^2)^2}}} \right\}$$

und im Falle B):

$$\nu = \frac{m_0 c^2}{h} \left\{ \frac{1}{\sqrt{1 + \frac{a^2}{(n'+n\gamma)^2}}} - \frac{1}{\sqrt{1 + \frac{a^2}{(m'+m\gamma)^2}}} \right\}.$$

In dieser Form hat uns Ihr schönes Ergebnis besonders imponiert.[1] Nur verstehe ich das positive Vorzeichen unter der Wurzel noch nicht; ich hätte mir das negative gewünscht (was man, soweit ich sehe, auch unschwer einführen kann), denn dann ist die Analogie mit der Einsteinschen Massen, bezw. Energieformel vollkommen. Man hat es dann einfach mit ausgewählten Geschwindigkeiten zu tun $\beta = \frac{a}{n'+n\gamma}$ genau so wie im nichtrelativistischen ursprünglichen Bohr'schen Modell. Durch Entwicklung der Wurzeln kommt man in erster Näherung zur Balmerschen Formel. Ich habe kein rechtes Urteil, ob Ihre Formel nicht schon die Richtigkeit der Einsteinschen Massenformel zu erweisen gestattet; man sollte meinen, dass die feinen optischen Hilfsmittel dazu ausreichten. Dann hätte Ihre Formel einen ganz unerwarteten wunderschönen Nebeneffekt.[2]

---

[1] Sommerfeld verwendete diese Darstellung mit dem Hinweis: „Auf die vorstehende geschlossene Form der Spektralgleichung bin ich durch einen Feldpostbrief von W. Lenz aufmerksam gemacht worden" [Sommerfeld 1916a, S. 53].

[2] Dies bestätigte sich in der von Sommerfeld angeregten Doktorarbeit [Glitscher 1917].

Ich bin gespannt auf die Neuerungen, die Ihre demnächst erscheinende Annalenarbeit bringen wird.

Mit Hüters Versetzung zur V. P. K.[1] ist es leider bisher nichts geworden. Er schrieb mir, dass ihm wegen seiner Felddiensttauglichkeit Schwierigkeiten gemacht wurden. Daraufhin hatte er sich garnisondiensttauglich schreiben lassen, wurde aus Versehen aber nur zeitweise garnisondiensttauglich geschrieben u. scheint hiernach nun auch bei der V. P. K. noch kein Glück zu haben. Er tut mir sehr leid, insbesondere weil bei der kommenden Frühjahrsoffensive sehr zu fürchten ist, dass er wieder in's Feld kommt. Er glaubt, dass er gegenwärtig in Berlin keinen Fürsprecher hat u. daher nach u. nach ganz in Vergessenheit gerät. Ich weiss nicht, ob es Ihnen möglich ist, etwas für ihn zu tun. Ich wünschte dies sehr, denn wenn überhaupt in der Hüter'schen Angelegenheit noch etwas zu retten ist, so scheint mir, könnte es jetzt gerade noch geschehen.

Rau u. Hoffmann[2] bitten mich Sie bestens zu grüssen. Mit herzlichen Grüssen

Ihr sehr ergebener
W. Lenz.

N. B. Bitte die geänderte Adresse am Kopf dieses Briefes zu beachten.[3]

[243] *An Karl Schwarzschild*[4]

München, 9. III. 16

Lieber Schwarzschild!

Zu unserem letzten Colloquium habe ich Ihre Merkur-Arbeit genau präpariert und durchgerechnet.[5] Wunderschön; das erste völlig durchsichtige Beispiel zu Einsteins deformirtem Weltlinienelement.

Dass Sie sich gleichzeitig in Belgien und im Quantenhimmel tummeln, imponirt mir sehr. Wenn mir auch Ihre Begriffe aus der allgemeinen Him-

---

[1] Verkehrstechnische Prüfungskommission in Berlin; Wilhelm Hüter hatte 1911 bei Sommerfeld promoviert. Nach dessen Verwundung setzte sich Lenz dafür ein, daß er nicht als Infanterist an die Front zurück mußte; Sommerfeld empfahl daraufhin die Versetzung nach Berlin, vgl. *W. Lenz an A. Sommerfeld, 8. Dezember 1915. W. Hüter an A. Sommerfeld, 24. Dezember 1915. München, DM, Archiv NL 89, 059.*

[2] Hoffmann konnte nicht identifiziert werden.

[3] „Funkerkommando 6 beim AOK 6, Feldpoststation 406."

[4] Brief (4 Seiten, lateinisch), *Göttingen, NSUB, Schwarzschild 743.*

[5] [Schwarzschild 1916a]. Es findet sich kein entsprechender Vortrag in *Physikalisches Mittwoch-Colloquium. München, DM, Archiv Zugangsnr. 1997-5115.*

melsmechanik (die eindeutigen Winkelcoordinaten w_k) nicht geläufig sind,
so glaube ich doch, dass unsere Auffaßungen nicht weit auseinander gehen.
Das was ich neulich ~~geschrieben~~ gedruckt habe, ist natürlich nicht mehr
ganz auf der Höhe. Ich will Ihnen daher zwei Dinge schreiben die ich kürzlich im Colleg (!) vorgetragen habe:[1]

I). *Liouville'scher Satz*, als einzige Grundlage der Statistik.

a) *gewöhnliche Auffaßung*, q_i, p_i Lagen- u. Impuls-Coord., $\Delta q_i, \Delta p_i$
Spielräume derselben für die verschiedenen betrachteten Systeme zur Zeit
t. Wie ändert sich $\Delta\Omega = \prod\limits_{1,2,..n} (\Delta q_i \Delta p_i)$? So, dass

$$\frac{1}{\Delta\Omega}\frac{d}{dt}\Delta\Omega = \sum_{(i)}\left(\frac{\Delta\dot{q}_i}{\Delta q_i} + \frac{\Delta\dot{p}_i}{\Delta p_i}\right)$$

$$= \sum_{(i)}\left\{\frac{\Delta\frac{\partial H}{\partial p_i}}{\Delta q_i} - \frac{\Delta\frac{\partial H}{\partial q_i}}{\Delta p_i}\right\}$$

$$= \sum_{(i)}\left\{\frac{\frac{\partial^2 H}{\partial p_i\partial q_i}\Delta q_i}{\Delta q_i} - \frac{\frac{\partial^2 H}{\partial q_i\partial p_i}\Delta p_i}{\Delta p_i}\right\} = 0.$$

Daher die Annahme der Statistik, dass alle $\Delta\Omega$ gleichwahrscheinlich sind,
insbesondere bei Planck $\Delta\Omega = h^n$. (Beachte, dass in Δq_i und Δp_i die Δ je
etwas anderes bedeuten, was bei der Taylor'schen Entwickelung von $\Delta\frac{\partial H}{\partial p_i}$
etc zur Geltung kommt).

b) *verfeinerte Auffaßung*. Betrachte $\Delta\Omega_i = \Delta q_i \cdot \Delta p_i$. Dann ist z. B.

$$\frac{1}{\Delta\Omega_1}\frac{d}{dt}\Delta\Omega_1 = \frac{\Delta\frac{\partial H}{\partial p_1}}{\Delta q_1} - \frac{\Delta\frac{\partial H}{\partial q_1}}{\Delta p_1}$$

$$= \frac{\partial^2 H}{\partial p_1\partial q_1} - \frac{\partial^2 H}{\partial q_1\partial p_1} = 0.$$

Der Liouville'sche Satz hat also gewissermassen Vektor-Charakter und lässt
sich für jedes Coordinatenpaar einzeln beweisen, genau so wie für das Produkt aller; mit demselben Recht wie Planck $\Delta\Omega = h^n$ kann ich also postuliren

$$\Delta\Omega_1 = \Delta\Omega_2 = \cdots = \Delta\Omega_n = h$$

---

[1] Sommerfelds einstündige Spezialvorlesung im Wintersemester 1915/16 war angekündigt mit *Probleme der Atomistik*. Für das folgende vgl. [Sommerfeld 1916a, S. 5-8].

Wie müssen nun die $\Delta\Omega$ abgegrenzt sein? Z. B. $\Delta\Omega_1$. Man nehme alle möglichen „Anfangslagen" q_1 bei gleichem $q_2, \ldots q_n$ und gleichem $p_1 \ldots p_n$ und alle
möglichen „Anfangsimpulse" p_1 bei gleichem $p_2 \ldots p_n$ und gleichem $q_1 \ldots q_n$.
Dadurch entsteht ein Curvenrechteck als Schnittfigur im Raum der $q_i p_i$,
wenn entweder die Ausdehnung der q_1 oder die der p_1 natürliche Grenzen
hat. Dies ist der Fall, wenn q_1 cyklisch ist; bei Normierung der Periode
des Cykluses auf 2π erhält man $2\pi p_1$. Es war also ein Fehler, wenn ich
ursprünglich φ über die *Bahn* integrirte und die Periode zu $2\pi/\gamma$ nahm,
statt zu 2π.[1] Im Liouville'schen Satz handelt es sich zunächst nicht um
die Bahnen eines Systems sondern um die Anfangslagen der verschiedenen
möglichen Systeme. Nachdem ich nun ein p_1 ausgesucht habe, handelt es
sich weiter um die verschiedenen Anfangslagen von q_2, die bei dem Werte
von $q_1 p_1$ noch möglich sind. Nehme ich für die Kepler-Bahnen $q_2 = r$, so
wird der Spielraum der r gleich dem Intervall von r_{min} bis r_{max} doppelt
gezählt, und

$$\Delta\Omega_2 = \int\int dp_r \, dr = 2 \int\limits_{r_{min}}^{r_{max}} m\dot{r} \, dr = \int\limits_{\text{Über die \textit{Bahn}}} m\dot{r} \, dr.$$

Treten mehr physikalisch bestimmte Coordinaten auf (beim Starkeffekt,
Zeemaneffekt die Neigung der Bahn gegen das Feld, s. u.), so kommen neue
Quantengl. hinzu.

Ihr Ansatz mit den eindeutigen Winkelparametern, der mir wie gesagt
nicht geläufig ist, scheint die Zwangläufigkeit [sic] in der Bestimmung der
Spielräume zu erhöhen. Meine Überlegung mit Liouville hat den grossen
Vorteil, die Quantenforderung a priori zu begründen, soweit man in der
Statistik von einer Begründung der Gleichwahrscheinlichkeit und der Einführung des h reden kann. Die Hauptsache ist dieses: Der Phasenraum für
das stationäre Geschehen ist nicht ein Kontinuum sondern ein Netzwerk.

II. Die Lage der Bahnebenen im Raum.[2] Ist wie beim H-Atom keine
Richtung im Raum ausgezeichnet (bei einem Atom mit Atomfeld kann das
schon anders sein), so bleibt die Bahnebene unbestimmt. Haben wir aber
z. B. durch ein Feld eine z-Axe ausgezeichnet, so haben wir 3 Coordinaten

---

[1] Vgl. auch die Nachschrift zu [Sommerfeld 1915d, S. 499], die das Datum 10. Februar
    1916 trägt.

[2] In [Sommerfeld 1915d, S. 499] war diese räumliche Quantelung noch nicht enthalten;
    vgl. aber [Sommerfeld 1916a, S. 28–33].

r, ϑ, φ und 3 Impulse $p_r, p_\vartheta, p_\varphi$ und 3 Phasenintegrale:

$$(\mathrm{I}) \int p_r dr = n'h, \quad (\mathrm{II}) \int p_\vartheta d\vartheta = n_1 h, \quad (\mathrm{III}) \int p_\varphi d\varphi = n_2 h.$$

Mit ψ bezeichne ich das Azimuth in der Bahnebene, etwa von der Knoten-linie aus gemeßen, mit $p = p_\psi$ den Flächenimpuls in der Bahnebene. Ich will aber keine eigentliche Theorie des Stark- oder Zeeman-Effektes geben, sondern nur allgemein zeigen, wie die Polarisationen quantenhaft zustande kommen. Ich rechne daher ohne Feld, und berücksichtige nur die Feldaxe z als physikalische Bezugslinie.[1] Dann ist p_φ und $p = mr^2\dot\psi$ constant, und nach (III) $2\pi p_\varphi = 2\pi p \cos\alpha = n_2 h.$

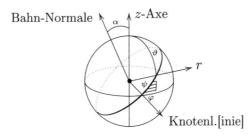

Aus (II) folgt ferner, wegen der Beziehungen

$$p_\vartheta = mr^2\dot\vartheta = mr^2\dot\psi \frac{d\vartheta}{d\psi} = p\frac{d\vartheta}{d\psi}, \quad \cos\vartheta = \sin\psi \sin\alpha :$$

$$\int p_\vartheta d\vartheta = p\sin^2\alpha \int \frac{\cos^2\psi}{\sin^2\vartheta} d\psi = p\sin^2\alpha \int \frac{\cos^2\psi}{1 - \sin^2\psi \sin^2\alpha} d\psi$$

$$= p \int \frac{1 - \cos^2\alpha - \sin^2\alpha \sin^2\psi}{1 - \sin^2\psi \sin^2\alpha} d\psi$$

$$= p\left(2\pi - \cos^2\alpha \underbrace{\int \frac{d\psi}{1 - \sin^2\psi \sin^2\alpha}}_{} \right)$$

ist unschwer auf die Form

zu bringen

$$\int \frac{d\chi}{1 + \varepsilon\cos\chi} = \frac{2\pi}{\sqrt{1 - \varepsilon^2}}$$

$$= 2\pi p \left(1 - \cos\alpha\right)$$

Der Spielraum für die verschiedenen ϑ ist gegeben durch das Intervall $\psi = 0$ bis $\psi = 2\pi$, wodurch also die Integrationsgrenzen gegeben sind. Die Gl. (II)

---

[1] Für eine klarere Skizze vgl. [Sommerfeld 1916a, S. 29].

und (III) verlangen also zusammen:

$$\text{(II) } 2\pi\, p\, \cos\alpha = n_2 h, \quad \text{(III) } 2\pi\, p\,(1 - \cos\alpha) = n_1 h,$$

$2\pi\, p = (n_1 + n_2)\, h = nh$ wie früher und ausserdem $\cos\alpha = n_2/n =$ rational!
Die Bahn ist scharf gerichtet!

Z. B. $\quad n = 1 \begin{cases} n_2 = 0 & \cos\alpha = 0 \\ n_2 = 1 & \cos\alpha = 1 \end{cases}$

Eine parallele
u. eine senkrechte
Bahn

$n = 2 \begin{cases} n_2 = 0 & \cos\alpha = 0 \\ n_2 = 1 & \cos\alpha = \frac{1}{2} \\ n_2 = 2 & \cos\alpha = 1 \end{cases}$

Eine parallele,
eine Bahn unter
60°, eine senkrechte

$n = 3, \ \cos\alpha = 0, 1/3, \ 2/3, \ 1 \quad$ etc.

Das lässt Mancherlei ahnen. Z. B. für den Zeeman-Effekt. Da der Unterschied in der Energie mit u. ohne Feld ist

$$W_f - W_o = \frac{pf}{2}\cos\alpha = \frac{nhf}{4\pi}\frac{n_2}{n} = hfn_2 \quad \left(f = \frac{e}{m}\frac{H}{c} \right)$$

so würde sich in der Tat bei $n = 1$, je nachdem man parallele oder senkrechte oder parallele u. senkrechte Bahnen construirt, einfache oder doppelte oder keine Aufspaltung ergeben. Die Runge'sche Regel erhalte ich aber so nicht; deshalb habe ich unter Hinweis auf Bohr Phil. Mag. 1914, p. 519 im Colleg gesagt, dass der Zeeman-Effekt so nicht zu haben ist.[1] Anders wahrscheinlich der Stark-Effekt. Ich glaube fast, dass Bohr recht hat, wenn er den Zeeman-Effekt in die Gl. $W_1 - W_2 = h\nu$ verlegt. Dann aber sind wir noch weit von seinem Verständnis entfernt, da diese Gl. trotz allem noch Mystik höherer Ordnung ist.

Experimentell ist über den Zeeman-Effekt bei H direkt nichts bekannt. Es ist zu vermuten, dass er dem D-Typus angehört. Das nächste Analogon ist das Li-Dublett, vgl. Kent, Astroph. Journal 1914.[2]

Gute Beßerung für Ihre Haut u. vielen Dank für Ihr aufmunterndes Interesse. Ich hoffe auf weitere interessante Briefe. Grüssen Sie Ihre Frau!

Ihr getreuer
A. Sommerfeld.

---

[1] Vgl. [Bohr 1914]. Die Rungesche Regel bezieht sich auf einen zahlenmäßigen Zusammenhang zwischen den normalen und anomalen Zeemanaufspaltungen [Runge 1907].
[2] [Kent 1914].

[244] *Von Friedrich Paschen*[1]

Tübingen 10. III. 16.

Lieber Herr College.

Ihr freundlicher Brief vom 2ten hat mich angeregt, die Heliumlinie 4686 genauer zu studiren, auch noch neue Versuche zu machen, soweit das augenblicklich bei beschränkten Hülfskräften geht. Eine Entscheidung über die Zugehörigkeit der schwächeren Linien war noch nicht möglich. Aber es hat sich folgende merkwürdige Thatsache ergeben:

Das Bild, was ich Ihnen früher sandte,[2] ist die Feinstructur der Linie, wenn sie mit constantem Strome erregt wird. Nun kann man sie aber auch erregen, indem man grössere Electricitätsmengen stossweise durch die Gasschicht sendet. Dann sieht das Bild, wie ich früher schon mittheilte, anders aus.[3] Mit denselben Zahlen, die ich früher angab, sind die beiden Feinstructur-Bilder folgende:

Geschätzte Int.	2	7	7	1		3	
I							Gleichstrom

4685.920 4685.824 4685.717 4685.566 4685.405

Geschätzte Intens.	8	6	00	0.5	4	
II						Stoßweise (Funken)

4685.824 4685.710 4685.57 4685.405 4685.321

Es sieht so aus, als wenn II das reine Triplet mit äusserst geringer Beimischung der Satelliten (die dem negativen Term entsprechen) darstellt. I aber enthält den Einfluss des negativen Terms so stark, dass Ihre Linien (a_3) (b_3) verschwunden sind. Die Linie Int. 4 Bild II ist eine neue, von der in I keine Spur ist*. Die schwachen Componenten II Int. 0.5 und 00, welche eben zu sehen sind, sind noch Reste von I Int. 3 und 1.

Mir scheint das im Lichte Ihrer Theorie sehr interessant. Ihre 4 dem negativen Term $m = 4$ entsprechende Bahnen sind bei II nicht mehr definirt.

---

[1] Brief (3 Seiten, lateinisch), *München, DM, Archiv HS 1977-28/A,253.*

[2] Vgl. Brief [223].

[3] Wegen der Unterschiede von Funken- und Gleichstromanregung der Spektren vgl. [Paschen 1916].

Die unwahrscheinlichste Bahn kann zwar nicht existiren.[1] Aber das Gesammtresultat der fehlenden Definition ist dasselbe, als wenn gerade diese Bahn existirte. Damit ist im Einklang, dass auch die Serie $4N'/4^2 - 4N'/m^2$ nämlich die Linien 6560, 5411 etc. bei der Versuchs-Bedingung II fast ganz fehlt. Nur von der stärksten Linie 6560 findet sich eine geringe Spur. Bei der Versuchsbedingung I ist diese Serie mit 7 Gliedern da.

Können Sie diese Thatsache erklären?

Besten Dank für die Daten über Lenz. Die Berufungsangelegenheit wird erst nach den Ferien erledigt.[2]

Mit den besten Grüssen
Ihr F. Paschen.

* Ich halte sie für Ihre Comp. (a_3) (b_3), was auch der Lage nach stimmt.

[245] *Von Niels Bohr*[3]

København [19. März 1916][4]

Übersetzung eines Briefes von meinem Bruder Niels Bohr.[5]

Lieber Professor Sommerfeld,

Ich danke Ihnen so sehr für Ihre so ausserordentlich schöne und interessante Abhandlung.[6] Ich glaube nicht, dass ich je etwas gelesen habe, welches mich so viel Freude gemacht hat, und ich brauche nicht zu sagen, dass nicht nur ich, sondern alle hier die grösste Interesse für Ihre bedeutungsvolle und schöne Resultaten gehabt haben. Gleichzeitig mit diesem Briefe sende ich ein Exemplar von Nature, welches einen kurzen Brief von Evans enthällt,[7] der an dem Struktur von den Helium „spark Linien" gearbeitet hat mit Hinblick auf der theoretischen Bedeutung der Resultate. Obgleich er nicht im Stande gewesen ist etwas so vollständiges wie die interessanten Resultaten von Paschen, von welchen Sie in Ihrer Abhandlung

---

[1] Sommerfeld bestimmte die Übergänge durch „Häufigkeitsmaße", die den Ellipsenbahnen entsprechend ihrer Exzentrizität zugeordnet wurden, vgl. [Sommerfeld 1916a, S. 23-28]. Die überzähligen Linien waren Folge von Störfeldern, vgl. [Bohr 1921, Geleitwort S. XII].

[2] Vgl. die Briefe [230] und [233].

[3] Brief (4 Seiten, lateinisch), *München, DM, Archiv HS 1977-28/A,28.*

[4] Datierung nach dem englischen Original im Niels Bohr-Archiv Kopenhagen.

[5] Brief in der Handschrift von Harald Bohr.

[6] [Sommerfeld 1915c] und [Sommerfeld 1915d].

[7] [Evans und Croxson 1916].

sprechen, zu erhalten hat er eben die Bedingungen gefunden um die Linien scharf zu bekommen, und hat gesehen, dass die Linie 4686 jedenfalls
doppelt war. Wir waren beide in den Experimenten sehr interessiert und
waren eben beim Diskutieren von der möglichen Erklärung der Resultaten, als Ihre Abhandlung kam. Sie werden daher verstehen, wie wilkommen
sie war und wie froh wir darüber waren. Auch Prof. Rutherford war so
sehr interessiert in Ihrer Arbeit und war natürlich so froh über die grosse Stütze, welche Ihre Resultaten zu seinen eignen Werke geben. Ich habe
selbst in diesem Winter recht viel mit der Quantum Theorie gearbeitet,
und hatte eben eine Abhandlung für Publication fertig gemacht, in welcher ich versucht hatte zu zeigen, dass es möglich war die Theori[e] eine
logisch zusammenhängende Form zu geben, die alle die verschiedenartige
Anwendungen umfasste. Darin hatte ich von Ehrenfest's Idee über adiabatische transformation viel Gebrauch gemacht,[1] welche Idee scheint mir
sehr bedeutungsvoll und fundamental, und ich hatte eine grosse Zahl verschiedener Phanomenen diskutiert, auch die Disperson. Die letzte jedoch
von einem Gesichtspunkte sehr verschieden von derjenigen in den schönen
Abhandlungen von Debye und Ihnen,[2] die ich vorigen Sommer bekam, und
für die ich Ihnen vielmals danke. Es scheint mir aber, dass die Experimente
über die Dispersion in Sodium und Potassium von Wood und Bevan daran
deutete,[3] dass die Dispersion nicht mit Hilfe der gewöhnlichen Mechanik
und Elektrodynamik von der Konstitution der Systemen in den stationären
Zuständen bestimmt werden kann, sondern dass sie wesentlich von derselben Mekanismus wie die Übergang zwischen den verschieden[en] Zuständen
abhängen muss. In allen diesen Betrachtungen hatte ich nur die Bedingung,
$T/\omega = \frac{1}{2}h\nu$, für die stationären Zuständen von periodischen Systemen gebraucht,[4] und hatte versucht zu zeigen, dass es notwendig war, obwohl die
Argumente natürlich nicht sagen konnte ob es hinreichend war. Ich schreibe
all dieses nur um Ihnen zu sagen, wie ganz ausserordentlich froh ich war
über die Erhaltung Ihrer Abhandlung vor der Publication meiner Abhandlung. Ich beschloss sogleich mit der Publication zu warten und dass Ganze
nochmals zu betrachten mit Hinblick auf alles, wofür Ihre Abhandlung meine Augen geöffnet hat.[5] Ich freue mich sehr dies in wenigen Wochen zu

---

[1] Zur Bedeutung der Ehrenfestschen Adiabatenhypothese siehe [Klein 1970, S. 264-292].

[2] [Debye 1915b] und [Sommerfeld 1915i]. Zur Diskussion um die Dispersionstheorie vgl.
[Bohr 1981, S. 336-340].

[3] [Wood 1904] und [Bevan 1910].

[4] T ist die mittlere kinetische Energie und ω die Umlauffrequenz eines Elektrons.

[5] Diese Arbeit erschien erst in [Bohr 1921, S. 123-151], wieder abgedruckt in [Bohr 1981,
S. 431-461].

machen, sobald ich mit meinen Vorlesungen fertig bin, und hoffe bald Ihnen die Resultaten zu senden. Es scheint mir, dass mein Gesichtspunkt, obwohl nur formalerweise, etwas neues Licht und Stütze zu Ihrer Annahmen gibt z. B. in Ihrer schönen Anwendung der Relativitätstheorie. Ich hoffe auch Ihnen bald eine Abhandlung über die statistische Anwendungen der Quantentheorie zu senden;[1] ich habe recht viel damit gearbeitet und habe z. B. nahe Übereinstimmung mit den Messungen über die specifi[sch]en Wärme von Wasserstoff gefunden.

Ich weiss garnicht zu ausdrücken, wie [sehr][2] ich wünsche, dass die jetzige furchtbar traurige Weltzustand sich bald ändern wird. Ich hoffe es sehr Sie bald wieder zu treffen und sende die freundlichsten Grüsse an Ihnen und allen die anderen Physikern in Ihrem Laboratorium nicht nur von mir selbst aber auch von allem hier.

Ihr sehr ergebener
N. Bohr

[246] *Von Karl Schwarzschild*[3]

21. III. 16

Lieber Sommerfeld!

Mit den eindeutigen Winkeln und kanonischen Variabeln in Ihren Fuß-stapfen weiter wandernd habe ich den Starkeffekt ohne jede Schwierigkeit und völlig eindeutig erledigen können.[4]

Resultat:

$$\Delta\nu = \frac{3}{4}\frac{F}{em_0}\frac{h}{4\pi^2}\left[\left(n_1^2 - n_2^2\right) - \left(n_3^2 - n_4^2\right)\right]$$

F äußeres elektrisches Feld. Für die Balmerserie: $n_1 + n_2 = 2$, $\quad n_3 + n_4 = 3, 4, 5, \cdots$

Für Starks 104 000 Volt folgt in A.[ngström] E.[inheiten]

ΔH_α	1,52 n	$n = 0, 1, 3, 4, 5, 7, 9, 13$
ΔH_β	0.84 n	$n = 0, 4, 8, 12, 16, 20$
ΔH_γ	0.68 n	$n = 1, 5, 9, 11, 15, 19, 21, 25, 29$
ΔH_δ	0.58 n	$n = 0, 4, 8, \ldots \quad 36, 40$

[1] Diese Arbeit kam nicht zustande, vgl. [Bohr 1921, Geleitwort].
[2] Lochung.
[3] Brief (4 Seiten, deutsch), *München, DM, Archiv HS 1977-23/A,318.*
[4] [Schwarzschild 1916b].

Der Vergleich mit Stark stellt sich höchst sonderbar.

Für H_β

	Beobachtung.			Theorie[1]	
par.	senkr.	Intensität			
19.4	19.3	1?	1	–	
16.4	16.4	12	1	16.8	20
13.2	13.2	9	(1)	13.5	16
10.0	9.7	5	10	10.1	12
6.7	6.6	1	13	6[.]7	8
3.3	3.4	1	3	3.4	4
0.0	0.0	1	1	0.0	0

Also eine ganz unwahrscheinliche Übereinstimmung.

Für die anderen Linien giebt Stark für p- und s-Komponenten[2] lauter verschiedene Wellenlängen.[3] Es ist sonderbar, daß sie gerade für H_β alle gleich sind. Für die anderen Linien stimmt nichts mehr. Die theoretische Maximalverschiebu[ng] wird für H_α, H_γ, H_δ 19.8, 19.6, 29.2 A. E. Stark findet für die gleichen Componenten 11,5 23.9, 33.4 AE.

Was soll man von diesem Gemisch von Übereinstimmung und Widerspruch halten?

In Bezug auf Zeemaneffekt stimmen wir überein.[4] Ist es sicher, daß Wasserstoff diese Art der Aufspaltung *nicht* hat?

Daß man den Liouville'schen Satz allgemein auf jedes Paar von Coordinaten und Impuls anwenden könnte, kommt mir unwahrscheinlich vor. Sie wählen in Praxis immer solche Variable aus, wo es geht. Darunter gehören auch meine kanonischen Variablen.

Eine Bemerkung zur relativistischen Keplerbewegung: Da die untere Grenze von p nicht null, sondern eE/c ist, so scheint mir, daß die ausgezeichneten Werte von p gleich $\frac{eE}{c} + \frac{h}{2\pi}n$ ($n = 1, 2, 3, \ldots$) zu setzen sind. Das ändert die Dupletts nicht, verdirbt aber die Balmer'sche Formel.[5]

Ein Versuch zu den Bandenspektren:[6] Elektronen umkreisen ein *rotierendes* Molekül vom Trägheitsmoment J. Energie der Elektronenbewegung

---

[1] Die letzte Spalte mit Bleistift in fremder Handschrift (möglicherweise Sommerfeld oder Epstein) ergänzt.

[2] Parallel bzw. senkrecht zum elektrischen Feld.

[3] Vgl. [Stark 1914].

[4] Siehe Brief [243].

[5] Vgl. die Briefe [237], [243] und [Sommerfeld 1916a, S. 56-59].

[6] Vgl. [Schwarzschild 1916b, S. 564-568].

A, der Rotation nach Planck $\frac{h^2}{8\pi^2 J} n^2 (n = 1, 2, 3..)$. Daraus nach Bohr die Frequenzserie:[1]

$$\nu = \frac{A}{h} + \frac{h}{8\pi^2 J} n^2$$

Das ist Deslandres'-Formel.[2] Für die N-Bande bei 3883 folgt $J = 4 \cdot 10^{-38}$, das ist ein wenig groß, aber nicht unmöglich. Also wieder giebt die Quantentheorie richtige Größenordnung.

Meine Hautgeschichte ist lästig und langwierig, aber ich kann wenigstens in Ruhe bei der Arbeit bleiben.

Viele Grüße Ihr
K. Schwarzschild

[247] An Karl Schwarzschild[3]

[München][4] 24. III. 16

L. Schwarzschild!

Gestern kommt Ihr interessanter Brief mit der Formel für H_β und heute kommt Epstein mit der allgemeinen Formel, die auch H_α genau wiedergiebt, bei H_β die bei Ihnen noch fehlende Linie enthält u. für H_γ, H_δ nur noch nicht nachgeprüft ist. Ihre Formel ist bei H_β natürlich ein specieller Fall der Epstein'schen. Es fehlt bei Ihnen noch ein wesentlicher Gesichtspunkt. E. wird alsbald eine vorläufige Notiz in der Phys. Ztschr. bringen.[5] Er will sich später auf diese Arbeit in Zürich habilitiren.[6] Er soll Ihnen selbst schreiben. Er hat natürlich meine Vorlesungen über Spektrall. etc. gehört. Ich hoffe sehr, dass Sie Ihre Methode, die besonders einfach zu sein scheint, auch alsbald publiciren.[7] Dass Sie meinen Liouville ablehnen, wundert

---

[1] In Sommerfelds Handschrift in Bleistift neben die Formeln hinzugefügt: „$\frac{J}{2}(2\pi\nu)^2 = nh\nu$. $\nu = {}^{nh}/_{\pi^2 J}$ $E = {}^{4\pi^2 n^2 h^2}/_{2\pi^4 \cdot J}$".

[2] Henri Deslandres, seit 1907 Direktor des Observatoriums in Meudon bei Paris, hatte 1886/7 dieses Seriengesetz für Molekülspektren gefunden, vgl. [Mehra und Rechenberg 1982, S. 164].

[3] Postkarte (2 Seiten, lateinisch), *Göttingen, NSUB, Schwarzschild 743.*

[4] Poststempel.

[5] [Epstein 1916e].

[6] Für Epsteins Arbeit in München vgl. Seite 441; für die Habilitation an der ETH Zürich benutzte er 1919 eine andere Arbeit, vgl. *Interview von John L. Heilbron mit Paul S. Epstein, 25. Mai 1962. AHQP.* Die Ausarbeitung der Theorie des Starkeffekts wurde im Mai 1916 zur Publikation eingereicht [Epstein 1916b].

[7] [Schwarzschild 1916b].

mich; ich habe seinen Vektor-Charakter doch bewiesen. Natürlich müssen
die Coordinaten, auf die ich ihn anwende, physikal. definirt sein. Auf die
Entwickelung Ihres Banden-Spektr. bin ich gespannt.

Herzl. gute Besserung!

Ihr A. Sommerfeld

[248] *Von Karl Schwarzschild*[1]

Potsdam. 26. III. 16.

Lieber Sommerfeld!

Das ist aufregend! Ihre Schule trägt Früchte: Ich gratuliere Herrn Epstein. Ich wollte meinen Aufsatz zur Quantenhypothese nebst Anwendung
auf Starkeffekt und Bandenspektren nächsten Donnerstag der Akademie
vorlegen. Es wäre jedenfalls wünschenswert, daß Herr Epstein seine Mitteilung vor dem Erscheinen meiner zum Druck abschickt, damit er in Bezug
auf das, was wir gemeinsam haben, nicht behindert ist.[2]

Auf seinen Gesichtspunkt, der die Sache stimmig macht, bin ich um so
neugieriger, als mir alles zwangsläufig gegeben schien.

Den verfeinerten Liouville habe ich vielleicht noch nicht richtig verstanden, ich will ihn mir noch genauer ansehen.

Herzlichen Gruß Ihr sich weiter entblätternder

Schwarzschild.

[249] *An Karl Schwarzschild*[3]

München, 29. III. 16.

Lieber Schwarzschild!

Als mir Epstein seine Resultate zeigte, riet ich ihm, wegen Ihrer drohenden Konkurrenz, eine Note für die Physikal. Ztschr. zu verfassen. Diese
ist auch bereits vorgestern abgegangen.[4] Sie enthält aber nur die Schluß-
formeln, nicht die Ableitung. Die Schlußformel sieht natürlich der Ihrigen
ganz ähnlich, nur kommt noch – und das ist der wesentliche Gedanke, der
bei Ihnen fehlt – eine dritte Quantenzahl darin vor, die mit der Lage der
Bahn zusammenhängt. Näheres soll Ihnen Epstein schreiben.

---

[1] Brief (2 Seiten, deutsch), *München, DM, Archiv HS 1977-23/A,318.*

[2] Schwarzschild legte seine Arbeit am 30. März vor, Epsteins Mitteilung ging am 29.
März 1916 bei der *Physikalischen Zeitschrift* ein.

[3] Brief (2 Seiten, lateinisch), *Göttingen, NSUB, Schwarzschild 743.*

[4] [Epstein 1916e].

Ihre Bandenformel ist ja sehr merkwürdig. Hier nehmen Sie, soviel ich sehe, die ganze Energie zur Bestimmung des ν, nicht den Energie-Übergang aus einer Bahn in eine andere.[1] Ist das nicht vom Bohr'schen Standpunkt eine Inconsequenz?

Dass Sie auch auf das universelle Momment $p_0 = eE/c$ aufmerksam geworden sind, hat mich sehr interessirt.[2] Ich habe mich viel damit beschäftigt im Zusammenhang mit dem Viellinien-Spektrum (Bandenspektrum trotz Kayser)[3] des Wasserstoffes. Die höchst mannigfaltigen Spiralbewegungen, die das Elektron bei der Annäherung des p an das p_0 beschreibt, scheinen mir die Erklärung des Viellinienspektrums zu enthalten. Leider aber ist durch die Quantenbedingung $2\pi p = nh$ der Wert $p = p_0$ und seine Nachbarschaft ausgeschlossen. Wenn Sie nun $2\pi(p - p_0) = nh$ setzen, so ist mir das an sich sehr sympathisch, zumal wie ich mich ebenfalls überzeugt habe, die Feinstruktur dadurch nicht geändert wird. Es scheint, dass die Balmer-Serie gegen die Balmer'sche Formel eine kleine Differenz zeigt, die nicht ganz durch mein Relativitätsglied (mit dem Faktor $A = 1$) gedeckt wird. Aber die Differenz, die sich mit $2\pi(p - p_0) = nh$ ergiebt, ist 200 mal zu gross und liegt nach der falschen Seite. Was die zweite Quantenbedingung betrifft, so lassen Sie diese doch auch ungeändert, in der Formel $\int p_r\, dr = 2\pi \sqrt{p^2 - p_0^2}(\frac{1}{\sqrt{1-\varepsilon^2}} - 1) = n'h$? Wollte man an dieser auch herumdoktern, so könnte man wieder gut machen, was die andere Quantenbedingung schlecht gemacht hat.

Sie schicken uns doch Ihre Akademiearbeit möglichst früh?!

Nun noch eins, weshalb ich hauptsächlich schreibe: Emden ist in Strassburg für Meteorologie vorgeschlagen, Conkurrent Wegner.[4] Ich wünsche es ihm sehr, dass er berufen wird, da ich weiss, dass er hier an der Techn. Hochsch. nicht vorwärts kommen wird, und da Ihre Schwester zweifellos unter seinem äusseren Miserfolg leidet. Können Sie nicht etwas für ihn tun, bei Naumann oder Hergesell?[5] Wenn N. es wünscht, will ich ihm gern über

---

[1] Vgl. Brief [246]; in seiner Publikation korrigierte Schwarzschild diesen Flüchtigkeitsfehler, vgl. [Schwarzschild 1916b, S. 566-567].

[2] Vgl. dazu [Sommerfeld 1916a, S. 56-59].

[3] Zu den frühen Auffassungen [Kayser 1894].

[4] Alfred Wegener schrieb Anfang 1917 von der „Möglichkeit, an die Universität Straßburg zu kommen", vgl. *A. Wegener an W. Köppen, 20. Januar 1917. München, DM, Archiv HS 1968-601/2, N 1/73* (wir danken C. Lüdecke für diesen Hinweis). Wegener hatte sich 1909 in Marburg habilitiert und war zu dieser Zeit beim Militär. 1917 wurde er in Marburg Professor für Meteorologie und Praktische Astronomie.

[5] Otto Naumann war Referent im preußischen Kultusministerium, Hugo Hergesell seit 1900 Professor der Geophysik und Meteorologie in Straßburg.

E.'s wissenschaftliche Leistungen ein Gutachten schreiben. Seeliger wollte sich bei Bauschinger[1] für E. verwenden.–

Über den Zeeman-Effekt bei den H-Linien giebt es soviel ich weiss nur eine Bemerkung bei Paschen–Back, dass er scheinbar nicht normal sei. Ich habe an Paschen dieserhalb geschrieben.[2]

Alles Gute bei der Haut u. der Arbeit! Ich gehe nächste Woche nach Mittenwald. Da werden Sie mir wohl mit Zeeman-Effekt etc um ein Beträchtliches vorankommen, bei der unglaublichen Fixigkeit Ihrer Arbeitsweise.

Ihr A. Sommerfeld.

[250] Von Friedrich Paschen[3]

Tübingen 1. 4. 16.

Lieber Herr College.

Besten Dank für die Sendung von Bohr's Brief, der mich sehr interessirt.[4] Ich brauche wohl nicht besonders zu betonen, dass seine lobenden Worte über Ihre glänzende Arbeit durchaus gerechtfertigt sind. Sie werden sehen, dass diese Arbeit die Spectroscopie auf eine neue Basis gestellt hat. Die Note von Evans u. Croxson in der Nature[5] ist mir natürlich wichtig, und ich werde sie citiren müssen. Aber Thatsache ist, dass Hr. H. Bartels[6] und ich im Juni 1914 gerade so weit waren, es aber nicht für richtig fanden derart unfertige Resultate zu veröffentlichen. Das Stufengitter fanden wir ganz unge[e]ignet zur Analyse der Feinstructur von 4686, trotzdem wir das richtige Triplet mit ihm schon herausfanden. Evans u[nd] C. haben nicht die richtige 3te Linie gefunden. Denn sie fanden eine 3te Linie *nach längeren Wellen* mit falschem Abstand. Also trotzdem Ihre Theorie die richtige dritte Linie ihnen angiebt, finden sie doch eine falsche. Auch die frühere Arbeit von Evans ist experimentell minder.[7] Denn er hat Wasserstoff nicht ausgeschlossen. Seine Wellenlängen liegen zwischen den Wasserstofflinien und

---

[1] Hugo von Seeliger war der Münchner, Julius Bauschinger der Berliner Ordinarius für Astronomie.

[2] Vgl. dazu Brief [243] und [Sommerfeld 1916d, S. 502]; eine Stellungnahme Paschens liegt nicht vor. Die Diskussion über die Frage des anomalen Zeemaneffektes bei Wasserstoff wird zusammenfassend erörtert in [Robotti 1992].

[3] Brief (3 Seiten, lateinisch), *München, DM, Archiv HS 1977-28/A,253*.

[4] Brief [245].

[5] [Evans und Croxson 1916].

[6] Hans Bartels promovierte 1921 an der Universität Tübingen.

[7] [Evans 1915].

den Heliumlinien. Ausserdem ist sein Spectrum zu unrein und seine Dispersion zu klein, um überhaupt die Heliumlinien nachweisen zu können. Die Arbeit würde nichts erbracht haben, wenn nicht Bohr's Theorie ihm gesagt hätte, wie es sein muss. Fowler's Arbeiten stehen unendlichviel höher.[1] Er hat entdeckt, ohne zu wissen, wie es sein sollte.

Ich weiss nicht, ob Planck's Constante anderweitig so sicher bestimmt ist, dass man zwischen 6.41 und 6.54×10^{-27} entscheiden könnte.[2] Die Strahlungsmessungen jedenfalls sind dafür nicht genau genug. Die Uebereinstimmung zwischen H_α, den Lithiumlinien und jetzt 4686 nach Ihrer Theorie ist doch eine sehr gute. $\Delta\nu_{Dublet} = 0.340$ sollte bis auf 1% sicher sein. Die Dispersion von H und He will nichts besagen, da hierbei andere Electronenbewegungen Statt finden, nicht die, welche Bohr's Linien ausstrahlen.

Ich bin jetzt fast entschlossen, eine kurze Mittheilung über meine bisherigen Resultate an die Physikal. Zeitschrift zu senden,[3] obwohl die gesammte Arbeit bald beendet sein wird. Es scheint mir nur etwas überflüssig, weil die Herren in England, die das hauptsächlich interessiren wird, die Zeitschrift jetzt doch nicht erhalten.

Mit bestem Dank und Gruss
Ihr F. Paschen.

[251] *Von Max Planck*[4]

Grunewald, 4. April 1916.

Verehrtester Hr. Kollege!

Im Begriffe, meinen zusammenfassenden Aufsatz über die physikalische Struktur des Phasenraumes* der Annalen-Redaktion zuzusenden,[5] möchte ich Ihnen doch schon jetzt von einer Abweichung Mitteilung machen, die sich in meinen für den Phasenraum der relativistischen Mechanik eines Elektrons erhaltenen Resultaten von den in Ihrer Nachschrift v. 10. Febr. 1916 mitgeteilten[6] noch findet.

[1] [Fowler 1912], [Fowler 1913b] und [Fowler 1913a].
[2] Vgl. den Abschnitt *Universelle spektroskopische Einheiten* in [Sommerfeld 1916a, S. 89-93].
[3] In der *Physikalischen Zeitschrift* findet sich keine entsprechende Arbeit.
[4] Brief (4 Seiten, deutsch), *München, DM, Archiv HS 1977-28/A,263*.
[5] [Planck 1916a].
[6] [Sommerfeld 1915d, S. 498-500].

Statt Ihrer Gleichung $p = {}^{nh}/2\pi$ erhalte ich nämlich (in Ihrer Bezeichnung)[1]

$$p - \frac{eE}{c} = \frac{nh}{2\pi}.$$

Der Unterschied rührt davon her, daß Sie als Grenze des Phasenraumes die Bedingung $p = 0$ benutzen (geradlinige Bewegung des Elektrons) ich dagegen die Bedingung $p = {}^{eE}/c$. Dieser Wert von p ist nämlich die untere Grenze von p für alle quasiperiodischen Bewegungen. Denn wenn $p < {}^{eE}/c$, so stürzt das Elektron in den positiven Kern hinein. Der Grenzfall $p = {}^{eE}/c$ entspricht einer spiralförmig vom Kern ausgehenden und wieder im Kern endigenden Bahn des Elektrons.

Quantitativ ist der Unterschied unserer Resultate nicht beträchtlich, da e^2/c fast 1 000 mal kleiner ist als h. Aber prinzipiell hat es doch eine gewisse Bedeutung. Ob und inwieweit es einen praktischen Einfluß auf ihre Rechnungen hat, habe ich nicht untersucht, das können Sie jedenfalls schneller und vollständiger machen; deshalb schreibe ich Ihnen darüber, und würde mich sehr interessiren, Ihre Meinung zu hören.

Mit bestem Gruß Ihr ergebener
M. Planck.

* Ich habe darin auch den Fall eines starren Körpers mit 3 ungleichen Trägheitsmomenten behandelt, ferner den eines Atoms in einer Hohlkugel, letzteren wegen seiner Bedeutung für die Entropiekonstanten idealer Gase.

[252] *Von Friedrich Paschen*[2]

Tübingen 20. April 16.

Lieber Herr College.

Es ist sehr interessant, dass noch irgend etwas falsch sein muss. Wenn ich Sie richtig verstehe, hängt die Discrepanz mit der Unstimmigkeit im Werte der Rydberg-Constanten zusammen. Bohr hatte sich in seiner II Arbeit allerdings darüber beruhigt.[3] Die Exponentialconstante im Strahlungsgesetz

---

[1] Vgl. die Briefe [246], [249] sowie [Sommerfeld 1916a, S. 56-60] und [Sommerfeld 1916b].
[2] Brief (6 Seiten, lateinisch), *München, DM, Archiv HS 1977-28/A,253.*
[3] [Bohr 1913c, Fußnote S. 487].

ist 1.44±0.02. 1.35 ist unmöglich.[1] Man muss also $\Delta\nu_\mathrm{H} = 0.340$ beargwöhnen.[2] Nun liegt die Sache so, dass Ihre Feinstructuren theoretisch gegeben waren, und es fand sich die beste Uebereinstimmung mit ihnen, bei obigem Werte $\Delta\nu_\mathrm{H}$. Dass die dabei gefundene Uebereinstimmung eine sehr gute ist, scheint einen Zufall auszuschliessen. Aber es sind immer nur einzelne Componenten beobachtet, die hervortreten, oder die genügend separirt liegen. Ferner wäre es unmöglich, Ihre Feinstructuren aus den Experimenten abzuleiten, wenn man von ihnen nichts wüsste. Auch die Linie 2733 fügt sich Ihrer Theorie. Man bemerkt noch den Einfluss des Sextettes und der Relativitäts-Correction. Eine Abweichung von der Erwartung in Ihrer Abhandlung ist ja Folgendes: Uebereinstimmung mit dem Experiment ist nur dann da, wenn beim Electronensprung der Parameter n alle möglichen Aenderungen macht, einerlei, ob dabei Energievermehrung statt hat. n' dagegen verhält sich, wie Sie erwarten. $m' \geq n'$ ist für ihn Bedingung. Es kann aber $m < n$ sein.[3] Sollte dies theoretisch unmöglich sein, so wäre Alles falsch!

Wie ist es mit der Kernbewegung bei den neuen Modellen (von Debye, Wolfke)?[4] Wenn 2 Electronen an den Enden eines Durchmessers herumlaufen, bleibt der Kern in Ruhe. Wie kommt dann der experimentell so schön bestätigte Factor $M/{M+\mu}$ in die Formel hinein?

Ferner ist das magnetische Feld nicht berücksichtigt, welches beim Electronen-Umlauf da ist. Die magnetische Energie ändert sich beim Electronensprung. Es ist nur die Aenderung der kinetischen und electrostatischen potentiellen angesetzt. Steckt die magnetische Energie in der Masse μ?

Schliesslich strahlt ein im Kreise umlaufendes Electron und braucht also entsprechende Energiezufuhr. Im Helium-Modell Bohrs[5] entspricht die Electronenbahn $n = 3$ der Ausstrahlung der Wellenzahl $\nu_3 = \frac{4N'}{3^2}\frac{2}{3}$, was $\lambda_\mathrm{vac} = 3075.919$ entspricht. Die ausgestrahlte Energie sollte nach J. J. Thomson merklich sein, wenn die Umlaufsbewegung eine endliche Zeit währt. Es giebt aber dort keine Spur einer Linie. Dazu der Hauptein-

---

[1] Die Exponentialkonstante ist ch/k (c Lichtgeschwindigkeit, h Plancksches Wirkungsquantum, k Boltzmannkonstante), zeitgenössische Daten in [Warburg und Müller 1916].

[2] Der Abstand der beiden Feinstrukturkomponenten des Wasserstoffdubletts der Balmerserie $\Delta\nu_\mathrm{H}$ ist nach Sommerfelds Theorie $N\alpha^2/2^4$ (N Rydbergkonstante, α Feinstrukturkonstante), vgl. [Sommerfeld 1916a, S. 67].

[3] In [Sommerfeld 1916a, S. 22-27] werden die später durch Auswahlregeln ersetzten Ungleichungen zwischen den Quantenzahlen n, n', m, m' als hypothetisch bewertet.

[4] [Wolfke 1916]. Darin wird die Bohrsche „Strahlungsannahme" $h\nu = E_n - E_m$ auf das Debyesche Wasserstoffmolekülmodell angewandt, vgl. [Sommerfeld 1916a, S. 35-40]. Der Satz ist am Rand angestrichen.

[5] [Bohr 1913c, S. 488-490].

wand, dass der Electronen-Uebergang Bohr's unmöglich die wohldefinirte
Schwingungszahl geben kann. Da muss am Modell irgendetwas ganz anders
sein, als Bohr annimmt.

Bezüglich e/m geben die Experimente vorläufig keine Discrepanz. Die
Messungen, welche $e/m = 1.74$ ergaben, sind nicht einwandfrei und werden
bald geklärt sein.

Meine Wellenlängenmessungen sind zurückgeführt auf die Normalen von
Buisson und Fabry. Die Methode ist aber anders.[1] Ich arbeite mit der für
Feinstructur des Zeeman-Effectes geeigneten Aufstellung des grossen Con-
cavgitters und benutze dessen II, III und IV Ordnung. Die Bohr'schen Heliumlinien werden gegen die mit erscheinenden anderen Heliumlinien und ihre
Gittergeister[2] gemessen. Diese gewöhnlichen Heliumlinien sind gegen die
Eisennormalen in besonderen Experimenten photographirt und gemessen.
Das Verfahren ist mühsam, aber im vorliegenden Falle das einzig mögliche,
falls man eine Genauigkeit von $1/1000$ A°E. erreichen will. Die relativen Werte der Wellenlängen eines Gebildes sind 10mal genauer. Die Auflösungskraft
des Gitters in III Ordnung ist fast dieselbe wie die des besten Stufengitters.
Ausserdem hält meine Gitteranordnung bis zu 8 Tagen absolut stille, wenn
die Temperatur constant bleibt. Es sind Aufnahmen von 5 Tagen und Näch-
ten da, bei denen alle Linien in hoher Ordnung ganz scharf geblieben sind.
Die Genauigkeit ist übrigens nicht besonders bemerkenswert. Bei Kayser
werden alle Spectren so genau gemessen. Hier war nur die Schwierigkeit der
doppelten Uebertragung der Wellenlängen, weil die Bohr-Lampe[3] nicht
gut direct gegen Eisen gemessen werden kann. Ich habe den ganzen Winter
daran gearbeitet. Es scheint, dass diese Mühe sich gelohnt hat. Selbst 2511
wird noch genau genug zur Prüfung der Relativitäts-Correction, weil diese
Linie direct auf 2 in der Bohr-Lampe emittirte Siliciumlinien bezogen werden kann, die Normalen von Buisson u. Fabry sind. 2511 zeigt noch soeben
das Triplet.

Wenn meine Vorschläge angenommen werden, wird Füchtbauer als erster und Lenz als zweiter vorgeschlagen.[4] Den dritten überlasse ich Hrn
Brill,[5] der auch gerne etwas mitbestimmen will. Jaffé möge den Leipzigern
erhalten bleiben. Uebrigens hat sich Wiener sehr lobend über F. geäussert.
Er meint nur, dass Jaffé ihm für ein theoretisches Extraordinariat vorzu-

---

[1] Siehe dazu [Paschen 1916].

[2] Zu den Gittergeistern vgl. Fußnote 2, Seite 517.

[3] Vermutlich handelt es sich um die in [Paschen 1916, Fig. 1] beschriebene „Heliumlam-
pe" zur Identifikation der Fowlerschen Linien.

[4] Vgl. Brief [233]. Füchtbauer erhielt die Stelle erst 1918.

[5] Alexander von Brill war der Mathematikordinarius in Tübingen.

ziehen sei.[1] Aber wir müssen jetzt unbedingt die Leute fördern, die etwas Gründliches geleistet haben und die Gewähr bieten, tüchtige Repräsentanten der Physik in Deutschland zu werden. Da ist F. unbedingt der bessere.

Mit den besten Grüssen Ihr F. Paschen

[253] *An Karl Schwarzschild*[2]

München, 25. IV. 16.

Lieber Schwarzschild!

Es tut mir furchtbar leid, dass Sie mit Ihrer dummen Hautkrankheit so gequält sind. Ich erkundige mich oft nach Ihnen bei Emden;[3] augenblicklich höre ich zu meiner Freude, dass es besser geht.

Für Ihre Correktur vielen Dank.[4] Sie wird hier fleissig studirt. Die ausführliche Darstellung Epsteins habe ich zwar noch nicht gesehen. Es scheint mir aber das Verhältnis Ihrer und der Epstein'schen Arbeit richtig bezeichnet zu werden, wenn Sie schreiben, „dass E. durch Behandlung eines weniger entarteten Problems die Übereinstimmung mit der Erfahrung verbessert ist".[5]

Etwas Genaueres möchte ich über den Oscillator in der Ebene sagen.[6] Es scheint mir nicht richtig, wenn Sie sagen, dass der Limes Ihres nicht-entarteten Falles mit Planck und mir übereinstimmt. Ich will Ihnen die Rechnung nach meinem Schema hinsetzen, bei isotroper elastischer Kraft:

$$\ddot{x} = -\omega^2 x \ \left| \ x = a\cos\omega t \ \right\} \ \text{falls für } t = 0 \text{ verlangt wird}$$
$$\ddot{y} = -\omega^2 y \ \left| \ y = b\sin\omega t \ \right\} \ y = 0, \quad \dot{x} = 0$$
$$p = mab\omega = m(x\dot{y} - y\dot{x}).$$

---

[1] Otto Wiener war seit 1899 ordentlicher Professor, George Jaffé seit 1908 Privatdozent für Physik an der Universität Leipzig.

[2] Brief (2 Seiten, lateinisch), *Göttingen, NSUB, Schwarzschild 743*.

[3] Robert Emden war Schwager Schwarzschilds.

[4] [Schwarzschild 1916b].

[5] Vgl. [Epstein 1916d, S. 183].

[6] Schwarzschild vergleicht am Beispiel der Bewegung eines Massenpunktes unter der Wirkung eines anisotropen Potentials $\frac{1}{2}(A_1 x_1^2 + A_2 x_2^2)$, wobei x_1, x_2 kartesische Koordinaten, A_1, A_2 Konstanten sind, die Quantisierung nach Planck und nach seiner eigenen Theorie, vgl. [Schwarzschild 1916b, S. 553]. Nachfolgend modifiziert Sommerfeld diese Überlegung unter Verwendung der Bezeichnungen seiner eigenen Theorie, vgl. [Sommerfeld 1916a, S. 32-35].

$$2\pi p = nh \tag{I}$$

$$m \int_0^{\pi/\omega} \dot{r}^2 dt = n'h \tag{II}$$

Die Periode ist $\tau = 2\pi/\omega$; ich muß aber in dem Phasenintegral für die r-Coordinate nur von 0 bis $\tau/2$ integriren, nachdem ich in dem Phasenintegral für φ von 0 bis 2π integrirt habe, um keine Zustände doppelt zu rechnen.

Nun ist $\quad r\dot{r} = x\dot{x} + y\dot{y} = \left(-a^2 + b^2\right)\omega\cos\omega t\sin\omega t,$

$$\int \dot{r}^2 dt = \left(a^2 - b^2\right)^2 \omega^2 \int \frac{\cos^2\omega t\sin^2\omega t\, dt}{a^2\cos^2\omega t + b^2\sin^2\omega t}$$

$$= \frac{1}{4}\frac{\left(a^2 - b^2\right)^2}{a^2 + b^2} 2\omega^2 \int_0^{\pi/\omega} \frac{\sin^2 2\omega t\, dt}{1 + \varepsilon\cos 2\omega t}$$

$$= \frac{\omega}{4}\frac{\left(a^2 - b^2\right)^2}{a^2 + b^2} \int_0^{2\pi} \frac{\sin^2\varphi\, d\varphi}{1 + \varepsilon\cos\varphi}$$

$$\varphi = 2\omega t \qquad \varepsilon = \frac{a^2 - b^2}{a^2 + b^2}$$

Aber $\quad \displaystyle\int \frac{\sin^2\varphi\, d\varphi}{1 + \varepsilon\cos\varphi} =$

$$\int \left\{ 1 - \frac{\cos\varphi}{\varepsilon}\left[\varepsilon\cos\varphi + 1\right] + \frac{\varepsilon\cos\varphi + 1}{\varepsilon^2} - \frac{1}{\varepsilon^2}\right\} \frac{d\varphi}{1 + \varepsilon\cos\varphi}$$

$$\int \frac{d\varphi}{1 + \varepsilon\cos\varphi} - \int \frac{\cos\varphi}{\varepsilon} + \frac{1}{\varepsilon^2}\int d\varphi - \frac{1}{\varepsilon^2}\int \frac{d\varphi}{1 + \varepsilon\cos\varphi} =$$

$$\frac{2\pi}{\sqrt{1 - \varepsilon^2}}\left(1 - \frac{1}{\varepsilon^2}\right) + \frac{2\pi}{\varepsilon^2} = \frac{2\pi}{\varepsilon^2}\left(1 - \sqrt{1 - \varepsilon^2}\right)$$

Nun ist $\quad \sqrt{1 - \varepsilon^2} = \dfrac{2ab}{a^2 + b^2},$

also $\quad \dfrac{2\pi}{\varepsilon^2}\left(1 - \sqrt{1 - \varepsilon^2}\right) = 2\pi\left(a - b\right)^2 \dfrac{a^2 + b^2}{\left(a^2 - b^2\right)^2};$

also giebt (II):

(II) $\quad m\dfrac{\pi}{2}\omega\left(a - b\right)^2 = n'h \qquad$ und $\quad$ (I) $\quad m2\pi ab = nh.$

Dies stimmt genau überein mit Planck pag. 448, Deutsche Physik. Ges.,[1] nur dass bei Planck steht n statt n' und q statt n. Aus (II) und (I) folgt:

$$m\pi\omega\left(a^2 + b^2\right) = \left(n + 2n'\right)h. \tag{III}$$

Dagegen ist nach Ihnen pag. 9:[2]

$$(\mathrm{I}') \quad \pi A_1\gamma_1^2 = hm_1, \qquad (\mathrm{II}') \quad \pi A_2\gamma_2^2 = hm_2.$$

Bilde ich die Summe beider Gl. und gehe zum Limes $A_1 = A_2 = \omega$ über, berücksichtige, dass bei Ihnen $m = 1$ und $\gamma_1 = a, \gamma_2 = b$ ist, *so stimmt diese mit (III) überein.* Aber die Gl. (I′) und (II′) lassen sich im Einzelnen nicht mit (I) und (II) in Einklang bringen.

Es scheint mir also, dass Ihr Verfahren von dem unseren stärker abweicht, als Sie annehmen. Welches von beiden richtig ist, ist damit nicht entschieden.

Planck hat in einer im Druck befindlichen Annalen-Arbeit den relativistischen Quantenansatz ganz so, wie Sie wollten, abgeändert in $2\pi(p-p_0) = nh$, $p_0 = e^2/c$ für Wasserstoff.[3]

Dies ist merkwürdiger Weise und leider mit der Balmer-Serie nicht verträglich.

Sehr interessant ist es, dass sich aus den Absolutwerten von N (Rydberg–Ritz) und $\Delta\nu_\mathrm{H}$ (Waßerstoffdublett nach den genauen Meßungen von Paschen) die Werte von e und h *falsch* ergeben, nämlich $e = 4,3.10^{-10}$, $h = 5,5.10^{-27}$. Es muß also noch ein Fehler in meiner Darstellung von $\Delta\nu_\mathrm{H}$ liegen.[4] Ich vermute einen Einfluß der Mitbewegung des Kernes, kann aber noch nichts Bestimmtes sagen.

Wenn es Ihnen zu mühsam ist, jetzt das Vorstehende genau zu lesen, so schlage ich vor, Sie machen eine Anm. auf pag. 20:[5]

„Herr P. Epstein hat, wie ich höre, indem er ein weniger entartetes Problem betrachtet, eine fast vollkommene Übereinstimmung mit der Erfahrrung erzielt (Physik. Ztschr., im Erscheinen begriffen) und auch eine Regel für die Polarisation gefunden".

und auf pag. 10 unten:

---

[1] [Planck 1915c].

[2] γ_1, γ_2 gehen aus einer Variablentransformation aus x_1, x_2 hervor, m_1, m_2 bedeuten ganze Zahlen, vgl. [Schwarzschild 1916b, S. 554].

[3] Vgl. den Kommentar zu Brief [251] und [Planck 1916a, S. 401–404].

[4] Vgl. Brief [252].

[5] Vgl. dazu und zum folgenden Absatz die Formulierungen in [Schwarzschild 1916b, S. 556 und 564].

„Nach Mitteilung von Hn. Sommerfeld ist die Übereinstimmung meiner
Einteilung mit der von Planck und Sommerfeld auch in diesem Falle keine
vollständige".

Alle guten Wünsche für Ihre Gesundheit! Schonen Sie sich ja!

Ihr

A. Sommerfeld

[254] Von Paul Ehrenfest[1]

[April/Mai 1916][2]

Hochverehrter Herr Sommerfeld!

Begreiflicherweise hat meinen Freunden und mir Ihre Arbeit und der
daran anschließende Erfolg von Epstein sehr große Freude bereitet. So entsetzlich ich es auch finde, dass dieser Erfolg ~~vorläufig~~ wieder dem vorläufig
doch noch so ganz kanibalischem Bohr-Modell zu neuen Triumphen verhilft
– dennoch wünsche ich der Münchner Physik herzlich weitere Erfolge auf
diesem Weg!

Darf ich Sie fragen ob Sie nicht auch schon daran gedacht haben nunmehr *experimentell* den Stark-Effect bei charakteristischen Röntgenstrahlen
zu suchen. Wo Sie nun gezeigt haben, dass die Veränderlichkeit der Elektronenmasse bei charakterist. Röntgenstrahlen so große Spaltungen liefert
ist das doch wohl auch für den Einfluss des elektrischen Feldes zu erhoffen.
Oder begehe ich einen Irrthum?–

Nur um deutlicher zu formulieren was ich eigentlich meine erlaube ich
mir schematisch die Versuchsanordnung zu skizzieren an die ich denke: [vgl.
Abbildung auf der nächsten Seite.]

Falls Sie, wie ich erwarte, diese Frage schon ins Auge gefasst haben
würde ich mich sehr freuen gelegentlich zu erfahren wie Sie darüber denken.

Darf ich Sie bei dieser Gelegenheit noch darauf aufmerksam machen,
wie Ihre Quantelung der Bohr-Ellipsen mit der „*Adiabatenhypothese*" zusammenhängt von der ich mich seinerzeit bei der Berechnung der specif. Wärme von H_2-Molekülen leiten ließ (Siehe: A mechanical theorem of
Boltzmann and its relation to the theory of energy quanta Amsterd. Akad.
27. XII 1913)[3] Gegeben ein System mit der kinet[ischen] Energie $T(q, p, a)$

---

[1] Brief (7 Seiten, lateinisch), *München, DM, Archiv HS 1977-28/A, 76*.

[2] Nach dem 15. April 1916, dem Erscheinungstermin von [Epstein 1916e] und vor
Brief [257].

[3] [Ehrenfest 1913b].

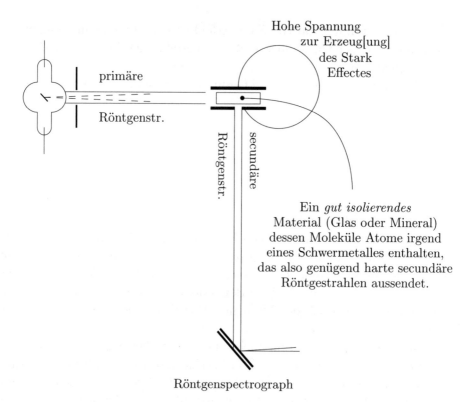

Hohe Spannung
zur Erzeug[ung]
des Stark
Effectes

primäre

Röntgenstr.

Röntgenstr.

secundäre

Ein *gut isolierendes*
Material (Glas oder Mineral)
dessen Moleküle Atome irgend
eines Schwermetalles enthalten,
das also genügend harte secundäre
Röntgestrahlen aussendet.

Röntgenspectrograph

und der potentiellen Energie $V(q, p, a)$ wo a ein „langsam veränderlicher
Parameter" ist. Man lasse das System erst (Beweg[ung] I) bei constantem
$a = a_I$ laufen, dann lasse man *unendlich langsam* a von a_I zu a_{II} anwachsen
weiterhin laufe dann das System bei constantem $a = a_{II}$

Das möge ein „*reversibel-adiabatischer*" Übergang heißen.

Auf Grund des leuchtenden Vorbildes der Ableitung des W. Wienschen
Verschiebungsgesetzes stellte ich dann folgende „*Adiabatenhypothese*" auf:
„Jede quantenmäßig erlaubte (respectieve verbotene) Bewegungsform der
Beweg[ung] I geht bei adiabatisch reversibler Beeinflussung über in eine
quantenmäßig erlaubte (respective verbotene) Bewegung II." So fand ich
z. B. die erlaubten gleichförmigen Rotationsbewegungen des H_2-Moleküles
indem ich es erst (durch eine Directionskraft) auf unendlich kleine *Schwin-*
gungen beschränkt denke die nach *Planck* quantisiert wurden dann lasse
ich diese Schwingungen adiabatisch reversibel in endliche Schwingungen
übergehen* und schließlich in Rotationen

Ihre Ellipsenquantisierung ist nun auch so dass sie bei adiabatischer

Vergrößerung der Centralkraft erlaubte Bewegungen in erlaubte übergehen lässt. Das lässt sich unmittelbar aus dem Theorem

$$\delta' \left(\frac{\overline{T}}{\nu} \right) = 0$$

ableiten das Sie in meiner oben citierten Arbeit finden.

Ach wenn ich Ihnen doch nur mündlich noch über diese ganze Adiabatenfrage erzählen könnte und ihre Combination mit meiner armen unlesbaren Note in der physikal. Zeitschrift (Zum Boltzmann'schen Entropie Wahrscheinl. Theorem – 1914 pag. 657)[1] aber schreiben oder vollends drucken, so dass man es lesen kann – unmöglich!

Ich bemühe mich festzustellen welche Quantelung bei veränderlicher Elektronenmasse (ich meine Ihre Rechnung über Feinzerlegung der Wasserstofflinien) gegenüber adiabatisch-reversibler Beeinflussung invariant ist, die erste oder zweite Weise von Quantelung die Sie gewählt haben.[2]

Nordström kommt Ende Mai hierher um circa ein Jahr hier zu bleiben.[3]

In aufrichtiger Wertschätzung

Ihr P. Ehrenfest.

* Das liefert die Debyesche Wolfskehlquantisierung[4]

[255] *Von Max Planck*[5]

Grunewald, 17. 5. 16.

Lieber Hr. Kollege!

Ihren freundlichen Brief vom 13., den ich gestern erhielt, will ich gleich beantworten, um Ihnen wenigstens meinen guten Willen zu zeigen. Denn leider kann das schöne Wort bis dat, qui cito dat,[6] in diesem Falle nichts

---

[1] [Ehrenfest 1914].
[2] Vgl. die Briefe [246], [249] und [251].
[3] Gunnar Nordström.
[4] [Debye 1914].
[5] Brief (4 Seiten, deutsch), *München, DM, Archiv HS 1977-28/A,263*.
[6] Doppelt gibt, der schnell gibt.

nützen, weil 2×0 immer noch Null bleibt. Und ich bin mir doppelt lebhaft bewußt, mit leeren Händen vor Ihnen zu erscheinen, weil ich mich inzwischen auch von der Unhaltbarkeit einiger weiterer Versuche überzeugt habe, das $p - p_0 = \frac{nh}{2\pi}$ mit der Balmerschen Formel zu versöhnen.[1] Und an dem heiligen Balmer zu rütteln ist wohl verboten? Man wird in seiner Verzweiflung manchmal ketzerisch.

Uebrigens habe ich mich in letzter Zeit mit diesen Dingen garnicht mehr beschäftigen können (womit ich nicht sagen will, daß sonst etwas besseres herausgekommen wäre), da ich jetzt an der Entropie idealer Gase arbeite, berechnet auf Grund der Quanteneinteilung des Phasenraums.[2] Es stimmt alles ganz schön, leider reicht die Genauigkeit der Messungen nicht aus, um viele interessante Folgerungen zu prüfen. Vielleicht einmal später.

Ja, daß Schwarzschild ausgeschieden, ist ein wahrer Jammer.[3] Er wäre gerade der rechte Mann gewesen, um mit seinen astronomischen Kenntnissen hier helfend einzugreifen. Letzten Sonntag haben wir seinen sterblichen Resten in Potsdam die letzte Ehre erwiesen, ehe sie zur Bestattung nach Göttingen überführt wurden. An einen Ersatz in richtigem vollwertigen Sinne ist nicht zu denken. Aber ich wäre froh, wenn ich Jemanden wüßte, für den ich mit gutem Gewissen eintreten könnte. Jedenfalls wird die Erledigung dieser Angelegenheit sich noch lange hinziehen.

Heute Nachmittag trage ich im Colloquium über Ihre beiden Arbeiten vor[4] und freue mich, das wirklich imposante Gebäude Ihrer Serienlinientheorie vor den Zuhörern zu entwickeln. Ich habe mir zur Erleichterung der Uebersicht ein kleines Schema gemacht, welches die Spaltungsmöglichkeiten einer Serienlinie darstellt. Die umstehende Zeichnung gilt für die Linie H_β.

Beispiel: *Linie H_β*
Ganze Zahlen m, n (Rotationsmomente)

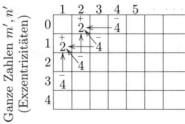

---

[1] Vgl. Brief [249] und [253].

[2] [Planck 1916b].

[3] Karl Schwarzschild, Direktor des Astrophysikalischen Observatoriums in Potsdam, war am 11. Mai 1916 seiner Hautkrankheit erlegen.

[4] [Sommerfeld 1915c] und [Sommerfeld 1915d].

Jede *Ziffer* bedeutet einen *Term*, (positiv oder negativ). Jeder *Pfeil* bedeutet eine *Einzellinie*. Die Pfeile dürfen *weder nach rechts noch nach unten gehen*. *Sonst* sind *alle* Combinationen von einem negativen zu einem positiven Term möglich[.] Pfeile, die in einem Term *zusammenstoßen*, entsprechen der Spaltung des negativen Balmer-Terms. Der zu *oberst* gelegene von ihnen gibt die Linie der kleinsten Wellenlänge und der größten Intensität. Pfeile, die von einem Term *ausgehen*, entsprechen der Spaltung des positiven Balmer-Terms. Der zu *oberst* gelegene von ihnen gibt die Linie der größten Wellenlänge und der größten Intensität. Die größte Intensität ist immer oben, weil die oberste Reihe die kreisförmigen Schwingungen darstellt.

Entschuldigen Sie diese Auslassungen, die mehr zu meiner eigenen Freude als zu der Ihrigen dienen werden, u. nehmen Sie einen freundlichen Gruß von Ihrem ergebenen

Planck.

[256] *Von Friedrich Paschen*[1]

Tübingen 21. 5. 16.

Lieber Herr College.

Meine Messungen sind nun beendet und stehen überall in schönstem Einklang mit Ihren Feinstructuren, aber mit dem Werte $\Delta\nu_H = {}^{NaB}/2^4 = 0.340$.[2] Auch die Nichtübereinstimmung der Linien in der Nebenserie ist behoben. Die schwachen Componenten, welche genügend isolirt liegen, sind genau gemessen und entsprechen der Theorie. Die starken Componenten sind das Gemisch der 3 anderen Quartettlinien. Bei ihnen wird dieselbe Erscheinung beobachtet, wie in der Hauptserie, dass die maximale Intensität nicht, wie Sie meinen, bei der ersten Componenten [sic] (Kreisbahn-Componenten) sondern bei der zweiten, in den höheren Seriengliedern vielleicht sogar bei der dritten beobachtet wird. Im Folgenden setze ich nebeneinander: 1) die aus 4686 und 3203 berechneten Quartetts und das was beobachtet ist.[3]

---

[1] Brief (4 Seiten, lateinisch), *München, DM, Archiv HS 1977-28/A,253.*

[2] Die Formel ist unklar; in [Paschen 1916, S. 910] wird statt dessen der Ausdruck ${}^{N\alpha^2}/2^4$ verwendet, wobei N die Rydberg- und α die Feinstrukturkonstante sind; vgl. auch Brief [258].

[3] „$\frac{1}{4^2} - \frac{1}{7^2}$" vermutlich von Sommerfeld eingefügt; er hat auch in der letzten Spalte mehrere Zahlen notiert, deren Zuordnung unklar ist und die hier nicht abgedruckt werden.

berechnet $\frac{1}{4^2} - \frac{1}{7^2}$	beobachtet meistens	einmal	
5411.5922			einzelne
5411.5590	5411.551 stark	1.581	Componenten
5411.4925		1.510	in der starken
5411.2931	*5411.291* schwach aber isoliert		Linie.
$H_\beta = 4862.683$			
4859.3750			
9.3482	4859.342 stark		
9.2946			
9.1336	*4859.135* schwach		
4541.6431	4541.615		
1.6197	bis 1.600	je nach Intensität	
1.5729		*und Gitterordnung*	
1.4325	*4541.434* bei allen Intensitäten und in allen Ordnungen		
$H_\gamma = 4341{,}683$			
4338.7222			
8.7018	4338.694	38.703	einz. Comp.
8.6610		38.661	zu sehen.
8.5386	*4338.537*		

Auch 4199.8 und 4100.0 sind in guter Uebereinstimmung. Ich habe hier aber noch keine endgültigen Mittelwerte. Die obigen Zahlen sind Mittelwerte und auf wenige $1/1000$ A°E. sicher. Es scheint kaum möglich, dass für dieses He-Spectrum ein anderer Wert als $\Delta\nu_H = 0.340$ anzunehmen ist. Mit 0.360 wird die Uebereinstimmung mit Ihren Typen verloren. Als Endresultat meiner Messungen folgt also:

1) Rydbergs Constante für $M = \infty$ $2\pi e^4 \mu / h^3 = 109782.09$
2) $e/m = 1.758 \pm 0.002$
3) $\Delta\nu_H$ gefolgert nach Ihrer Theorie
   aus den Feinstructuren von 4686 und 3203 und in Uebereinstimmung
   mit allen anderen Linien … $\Delta\nu_H = 0.340$.

Mit diesen Constanten werden die Linien nach Bohr's Theorie und Ihrer Ergänzung bis auf wenige $1/1000$ A°E. genau so berechnet, wie sie beobachtet sind.

Ohne Ihre Theorie wären diese Resultate nicht gefunden worden, weil man die stärksten Linien als Componenten-Gemische nicht deuten und verwerthen kann, während die schwachen isolirt liegenden scharf definirt sind.

Wenn Sie jetzt in den Annalen Ihre Theorie veröffentlichen, könnte ich darauf Bezug nehmen.[1] Sonst müsste ich wohl das, was ich davon meinen Rechnungen zu Grunde lege, auseinandersetzen. Es ist nöthig, die Gebilde der Hauptserie mit allen Componenten auszurechnen. Sogar für 2511 und 2385 sind die Componenten des negativen Terms merklich für die beobachteten Triplet-Componenten, eben wegen des Wanderns der Intensität nach den Componenten der el[l]iptischen Bahnen bei höheren Seriennummern.

Mit den besten Grüssen
Ihr F. Paschen.

[257] *An Paul Ehrenfest*[2]

[München 30. 5. 16][3]

Lieber Herr College!

Besten Dank für Brief und Karte! Epstein wollte Ihnen das Nähere über Stark-Effekt bei Röntgenstrahlen schreiben.[4] Es ist, wie Sie jetzt selbst gesehen haben, aussichtslos. Auch soll uns Epstein über Ihre Adiabaten-Hypothese vortragen; über sie schrieb mir Bohr sehr beifällig.[5] Beim Bohrmodell ist $h\nu = W_1 - W_2$ kanibalisch, aber ebenso kanibalisch ist dann das Ritz'sche Combinationsprincip. $\int p\, dq = nh$ finde ich dagegen garnicht kanibalisch. Sie können sich noch auf weitere Quantenüberraschungen aus München gefasst machen. Für Ihr Interesse an meiner Arbeit besten Dank, ebenso für Sonderdruck Ihrer Frau[6]

von Ihrem
A. Sommerfeld

---

[1] [Paschen 1916] erschien vor der Sommerfeldschen Arbeit, der darin die „genaue Bestätigung der Feinstruktur an den Heliumlinien von Paschen" konstatierte [Sommerfeld 1916a, S. 3].

[2] Postkarte (2 Seiten, lateinisch), *Leiden, MB*.

[3] Poststempel.

[4] Vgl. Brief [254].

[5] Vgl. Brief [245].

[6] Es kommen mehrere Arbeiten von Tatjana Ehrenfest in Frage.

[258] *Von Friedrich Paschen*[1]

Tübingen 20. 6. 16.

Lieber Herr College.

Die Sache ist nun entschieden. Auch das Gleichstrombild[2] fügt sich *genügend* dem Wert $\Delta\nu_H = 0.3607$, (Dieser ist besser als 0.3644) der entspricht $e = 4.77 \times 10^{-10} \quad h = 6.57 \times 10^{-27} \quad \alpha^2 = 5.26 \times 10^{-5} \ (a = \alpha^2/4 = 13.15 \times 10^{-6})$. Meine Componenten haben eben doch grössere Fehler, als ich bisher annahm, oder besser gesagt: ihre bisherige Genauigkeit hatte keine Bedeutung, weil mehrere Componenten zusammenfliessen. Das Gleichstrombild unterscheidet sich nur durch die Intensität, nicht durch die Lage der Componenten vom Funkenbild (wobei allerdings die Componente III a im Funkenb. stark ist und im Gleichstrombild verschwindet[)]. Mit dem Werte $\lambda_{I\,a} = 4685.808$, der zu dem Werte $N_{H_\alpha} = 109\,722.185$ führt, werden die Fehler, die man zugeben darf, nirgends überschritten. Man erhält für e/m den Wert 1.765×10^7 etwa.

Ich werde die Veröffentlichung jetzt schnell zusammenschreiben[3] und zwar erst die Beobachtungen und dann einfach ihren Vergleich mit den durch obige Constantenwerte berechneten Linien und Feinstructuren. Sämtliche Beobachtungen kürze ich auf Tausendstel A°E. ab. Die Relativitäts-Correction ist noch soeben bemerkbar. Man kann nicht davon reden, dass durch die Beobachtungen Constanten bestimmt werden. Dazu ist die Feinstructur nicht genügend fein analysirt. Aber es ist doch so, dass sowohl der theoret. Wert $\Delta\nu_H$, wie auch e/m und die Relativitäts-Correction eine gute Bestätigung erfahren. Auch könnte man Grenzen angeben für die verwendeten Werte. Z. B. geht die Uebereinstimmung völlig verloren, wenn die Relativitäts-Correction auch nur 2 mal grösser genommen wird, oder mit dem Wert $\Delta\nu_H = 0.35$ oder 0.37. Die frühere Uebereinstimmung des Wertes 0.34 mit dem Gleichstrombild ist aufzugeben. Die Componenten waren z. T. falsch gedeutet, vor allem die 4685.905. Diese ist nicht II d, sondern das Mittel aus II d und I e. Das ist durch die neue Funkenaufnahme bewiesen.

Ich denke, jetzt in 2 bis 3 Wochen mit dem Manuscript druckfertig zu werden. Da Sie sich nach mir richten wollten,[4] theile ich dies Ihnen mit. Aber es ist nicht nöthig, dass Sie sich durch mich aufhalten lassen, besonders, da Ihre Arbeit doch sehr viel weitere Phänomene umfasst. Mit den Experimentalarbeiten ist es eben anders als mit den theoretischen. Da

---

[1] Brief (4 Seiten, lateinisch), *München, DM, Archiv HS 1977-28/A,253.*

[2] Zum Vergleich von Gleichstrom- und Funkenspektren siehe [Paschen 1916].

[3] [Paschen 1916] ging am 1. Juli 1916 bei der Annalenredaktion ein.

[4] [Sommerfeld 1916a] ging am 5. Juli 1916 bei der Annalenredaktion ein.

muss Alles 100mal kritisch durchgearbeitet werden, weil es ja ganz willkürlich gedeutet werden kann, und jede Deutung erst mal wieder zu vielen neuen Experimenten Anlass giebt. Jetzt ist es aber nach allen Richtungen hin gut durchgearbeitet und stimmt mit der Theorie vollständig. Was noch abweicht, will ich gerne auf Beobachtungsfehler nehmen.

Mit freundlichen Grüssen
Ihr F. Paschen.

Meine Arbeit wird übrigens doch längere Zeit für den Druck erfordern wegen der Reproduction. Das verzögert den Druck manchmal um 8 Wochen.

[259] *Von Albert Einstein*[1]

[3. August 1916][2]

Lieber Sommerfeld!

Ich werde gerne Herrn Lenz ein Exemplar meiner zusammenfassenden Arbeit über allgemeine Relativität senden.[3] Schwarzschilds Rechnungen sind richtig. Die vom Punkt habe ich genau durchgesehen.[4] h ist die Konstante der Energie, muss also willkürlich bleiben. Ihre Spektral-Untersuchungen gehören zu meinen schönsten physikalischen Erlebnissen. Durch sie wird Bohrs Idee erst vollends überzeugend. Wenn ich nur wüsste, welche Schräubchen der Herrgott dabei anwendet!

Mit den besten Wünschen für die Ferien

Ihr A. Einstein.

[260] *Von Friedrich Paschen*[5]

Tübingen 17. 8. 16.

Lieber Herr Kollege.

Besten Dank für Ihren freundlichen Brief vom 14ten, dessen Anregungen betr. der Correctur befolgt sind. Nur die Klammern um die Parameter (n, n') etc. habe ich nicht mehr gewagt anzubringen, da das zu viel Correcturen in dem II. Bürstenabzug veranlasst hätte.

---

[1] Postkarte (1 Seite, lateinisch), *München, DM, Archiv HS 1977-28/A,78.*

[2] Poststempel.

[3] [Einstein 1916a]. Wilhelm Lenz hatte sich mit dieser Bitte am 25. Mai 1916 an Sommerfeld gewandt, *München, DM, Archiv NL 89, 059.*

[4] [Schwarzschild 1916a].

[5] Brief (4 Seiten, lateinisch), *München, DM, Archiv HS 1977-28/A,253.*

Ich hatte Wien geschrieben, dass ich im Einverständnis mit Ihnen dafür sei, die Arbeit zugleich mit Ihrer zu veröffentlichen, vorausgesetzt, dass die Ihrige dadurch nicht unbillig verzögert würde. Nun werde ich die Druckerei bitten, meine Arbeit hinter Ihre zu setzen.[1]

Die Intensitäten in der 4686-Gruppe lassen sich willkürlich verändern. Je ungestörter durch Electronen- oder Molekül-Zusammenstösse der Schwingungsvorgang ist, um so vollkommener kommen die k-Komponenten höherer Werte m' heraus. Das Bild habe ich mit einem improvisirten Photometer, dessen Empfindlichkeit eine hohe ist, ausgemessen und bekomme so Intensitätskurven und objectiven Nachweis der kaum sichtbaren Komponenten. Schade, dass ich das nicht früher gemacht habe! Wenn noch etwas dabei herauskommt, was weiter führt, werde ich einen Nachtrag zur Arbeit machen.[2]

Mit Lithium sind die ersten Versuche gemacht – bisher ohne Erfolg. Aber es ist noch viel zu versuchen übrig.

Eine andere Möglichkeit besteht darin, in den bekannten Spectren Gebilde Ihrer Feinstructuren zu finden. Ihr Triplett sieht ja so characteristisch aus, dass es erkannt werden muss.

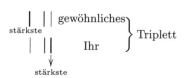

Ich erinnere mehrere Tripletts, welche das Aussehen Ihrer Feinstructur haben, und dadurch schon lange auffielen.

Nun muss ich noch auf Ihre Widmung pg. 3 zurückkommen, welche mir wirklich unrichtig erscheint. Diesmal kann nur von einer Förderung unverständlicher Experimente durch Ihre Theorie die Rede sein. Daher habe ich mich veranlasst gesehen, diesen Absatz Ihrer Einleitung in einem Schlusssatze richtig zu stellen und möchte nochmals betonen, wie ausserordentlich dankbar ich bin für Ihre freundliche unermüdliche Hülfe, ohne die meine Experimente im Stadium unverstandenen Widerspruches mit Bohr's Theorie stecken geblieben und daher vergeblich gewesen wären. Hoffentlich haben weitere Versuche mehr Erfolg, sodass mir das Glück zu Theil wird, Ihre schöne Theorie fest zu fundiren und damit die universellen Constanten mit grosser Genauigkeit festzulegen. Dazu gehört allerdings mehr als der Wille, Fleiss und gute Apparate, vor Allem nämlich Glück oder ein Zufalls-Fund. Es ist ja mit der Theorie wohl ähnlich, wie der Fall Bohr lehrt.

Mit dem Wunsche angenehmer Ferien grüsst Sie bestens

Ihr F. Paschen.

---

[1] [Paschen 1916] wurde vor [Sommerfeld 1916a] gedruckt.

[2] Paschen publizierte keinen Nachtrag. Vgl. zur Problematik der je nach Anregung unterschiedlichen Intensitäten [Sommerfeld 1917b, S. 103-108].

[261] *An Niels Bohr*[1]

Berchtesgaden 20. August 1916.

Lieber Herr College Niels Bohr!

Ihren freundlichen Brief sowie die Arbeit von Evans erhielt ich durch die liebenswürdige Vermittelung Ihres Hn. Bruders, dem ich schönstens hierfür danke.[2] Es hat mich sehr gefreut, dass Sie meine Resultate so lebhaft begrüsst haben. Sie scheinen in der Tat wichtig zu sein: Paschen hat die Feinstrukturen bei He$_+$ bis in alle Einzelheiten nachweisen können, für $\frac{\nu}{N} = \frac{1}{3^2} - \frac{1}{4^2}$ nicht nur das Triplett sondern auch das Quartett des zweiten Gliedes. Vor allem hat sich der Stark-Effekt ganz genau dem Schema $\int p\, dq$ gefügt. Und die Radioaktivität scheint nach Epstein, den Sie wohl auch in München kennen gelernt haben, mit gequantelten Hyperbelbahnen zu tun zu haben. (Vgl. Physikal. Ztschr. 1916 und Annalen 1916).[3] Ich habe gerade einen Aufsatz über Zeeman-Effekt beendet, in dem wenigstens das normale Triplet auf Ihrem allgemeinen Wege $h\nu = W_2 - W_1$ (entgegen Ihren Erwartungen) abgeleitet wird.[4]

Ich hätte Ihnen früher geschrieben, wenn ich nicht gehofft hätte, dies gleichzeitig mit der Übersendung meiner ausführlicheren und verbesserten Annalenarbeit tun zu können.[5] Ich erhalte aber jetzt erst die Correctur derselben und muß Sie daher auf ihre Sendung noch mehrere Wochen warten lassen. Sehr gespannt bin ich auf Ihre Kritik der Dispersionstheorie.[6] Ich habe darüber eine ganze Reihe noch unpublicirter Rechnungen und Resultate. Vorläufig halte ich den Standpunkt von Debyes und meiner Arbeit für ganz richtig: Quantentheoretisch ist nur die Grösse der Moleküle bestimmt, alles andere ist Mechanik. Aber ich bin gern bereit, mich anders belehren zu lassen.

Ich habe den Verdacht, dass in der Note von Evans in der Nature[7] die dritte Componente meines Triplett 1 : 3 auf der falschen Seite gesucht ist.

---

[1] Brief (2 Seiten, lateinisch), *Kopenhagen, NBA, Bohr.*

[2] Brief [245].

[3] [Epstein 1916a] und [Epstein 1916c]. Bohr hatte am 15. Juli 1914 im Münchner Kolloquium vorgetragen und wohl bei dieser Gelegenheit Epstein kennengelernt, der bereits am 26. Januar 1914 an gleicher Stelle über das Bohrsche Atommodell gesprochen hatte, vgl. *Physikalisches Mittwoch-Colloquium. München, DM, Archiv Zugangsnr. 1997-5115.*

[4] [Sommerfeld 1916d].

[5] [Sommerfeld 1916a] erschien in zwei Teilen am 22. September und am 10. Oktober 1916.

[6] Vgl. dazu [Bohr 1981, S. 336-340] und [Sommerfeld 1917a].

[7] [Evans und Croxson 1916].

Sie liegt nach Violett, während Verf. sie, wenn ich recht verstanden habe, auf der roten Seite gesucht und angeblich gefunden haben.

Hoffentlich können Sie mir bald wieder einen inter-
essanten Fortschritt Ihrer Theorie mitteilen. Die Sepa-   Rot $\longleftarrow \overset{\|}{} \overset{|}{} \longrightarrow$ Violett
rata von Epstein sind wohl in Ihre Hände gekommen.

Es grüsst Sie und Ihren Bruder auf's Beste
stets Ihr A. Sommerfeld.

[262] *An Carl Runge*[1]

Obersalzberg bei Berchtesgaden. 6. IX. 16

Lieber Runge!

Von Klein höre ich, dass Sie geneigt sind, die Spektrallinien zu schreiben, u. zw. ohne meine Mitwirkung, was mir natürlich noch angenehmer ist.[2] Mein Vorschlag der Cooperation rührte nur daher, dass ich den Eindruck hatte, Sie ständen der Bohr'schen Theorie noch etwas fremd gegenüber. Das wird sich wohl inzwischen geändert haben. An der absoluten Richtigkeit dieser Theorie kann man nicht mehr zweifeln, nachdem Paschen meine Formeln bei He$_+$ $\frac{\nu}{N} = \frac{1}{3^2} - \frac{1}{4^2}$ etc absolut genau bestätigt hat. Überhaupt wird jetzt die Theorie der Spektren rapide fortschreiten. Das, was ich über das Gedruckte hinaus weiss oder vermute, werde ich Ihnen natürlich gern zur Verfügung stellen und Sie werden es vermutlich gern berücksichtigen. Also schreiben Sie bald darauf los: I Teil Experimentelles einschl. Correctionen der Wellenlängenskalen. II Teil Empirische Gesetze (Balmer, Rydberg, Ritz, Deslandre, Combinations-Princip). III Teil Bohr. Die beiden Arbeiten von Debye enthalten eigentlich nichts Neues.[3] Die allgemeinen, aus Schwarzschild herausdestillirten Quantenbedingungen stehen schon bei Epstein genau so in der Arbeit über den Starkeffekt (datirt vom 9. V) und die geschlossene Spektralformel für die Balmerserie steckt implicite in meiner ersten Arbeit; ich habe dort nur etwas zu früh nach Potenzen entwickelt; in meiner Annalenarbeit, die in diesen Tagen erscheinen muß, kommt sie explicite vor, unter Citirung eines Feldpostbriefes meines Assistenten W. Lenz.[4]

Ist es denn wahr und möglich, dass Sie schon 60 Jahre alt sind? Ich beglückwünsche Sie, dass Sie dabei so jung geblieben sind. Ihre arme Schwe-

[1] Brief (2 Seiten, lateinisch), *München, DM, Archiv HS 1976-31.*
[2] Vgl. die Briefe [112] und [114].
[3] [Debye 1916b] und [Debye 1916c].
[4] Vgl. Brief [242]. Zu den Arbeiten Schwarzschilds und Epsteins siehe die Briefe [246] bis [249].

ster tut uns namenlos leid. Der letzte Rest ihrer einstigen geistigen Energie wird wohl mit Roland in's Grab gegangen sein!

Darf ich Sie bitten, den einen Nachruf auf Schwarzschild an Klein zu geben?![1]

Ihr A. Sommerfeld

ab 15. IX wieder in München

[263] *Von Wilhelm Lenz*[2]

Gr.[oßes] H.[aupt-]Qu.[artier] 25. 9. 16.

Lieber Herr Professor!

Mit dem herzlichen Dank für Ihren liebenswürdigen Brief und den schönen wissenschaftlichen Nachruf auf Schwarzschild muss ich sogleich eine Entschuldigung für mein langes Schweigen verbinden.

Ich war vom 3.–18. Sept. auf Urlaub in Berlin und Frankfurt a/M und habe mich leider durch das stetige Drängen meiner Angehörigen von meinem Vorhaben, auf ein paar Tage nach München zu kommen, abbringen lassen. Ich tat das z. T. in der Hoffnung, bei dem in Erwartung stehenden und jetzt auch tatsächlich angeordneten Umzug meiner Behörde nach dem Osten, dieses Versäumnis nachholen zu können. Da nun meine Versetzung zu meinem alten Truppenteil in einigen Tagen zu erwarten ist, so werde ich nicht erst die Reise nach dem Osten mitmachen und bedaure deshalb doppelt, nicht ein paar Urlaubstage zu einem wissenschaftlich erfrischenden Münchener Besuch verwendet zu haben.

Für dieses Versäumnis habe ich mich wenigstens einigermaßen zu entschädigen gesucht durch einen mehrfachen Besuch bei Laue in Frankfurt,[3] der mich sehr liebenswürdig aufgenommen hat und sehr zugänglich war. Nach so langem vollkommnen Abschluss von aller lebendigen Wissenschaft waren mir diese Stunden unsagbar genussreich, wie überhaupt nach so langer Dienstzeit im Felde ein Urlaub etwas unsagbar Schönes und Angenehmes ist.

Wir sprachen natürlich über Einstein's neue Relativität, in deren Beurteilung Laue einen merkwürdig hartnäckigen phänomänologischen Standpunkt einnimmt.

---

[1] [Sommerfeld 1916c].

[2] Unvollständiger Brief (2 Seiten, lateinisch), *München, DM, Archiv NL 89, 059.*

[3] Max von Laue war seit 1914 Ordinarius für Physik in Frankfurt am Main, der Geburtsstadt von Lenz.

Er fasst seinen und den Einstein'schen Standpunkt sehr prägnant zusammen, indem er sagt, bei Einstein richte sich das Bezugssystem nach den Körpern und nach seiner Auffassung sollten sich, wie das früher immer gewesen sei, die Körper nach den [sic] Bezugssystem richten, das wir als etwas Gegebenes hinnehmen müssten. Die Perihelbewegung des Merkur imponiert ihm garnicht, darüber seien schon unzählige Theorieen gemacht. Ausserdem versteht er nicht, warum man sich nicht mit der Nordström'schen Theorie zufrieden gebe.[1] Mein Gefühl neigt mehr dem Einsteinschen Standpunkt zu; nur die Erfahrung wird lehren, wer recht hat.

Die Quanten standen natürlich im Mittelpunkt des Gesprächs. Auch hier hatte Laue [sehr?] interessante, mehr phanomanologische Gesichtspunkte. Aus seinen Beugungsversuchen an Lykopodium[2] zieht er den Schluss, dass die gewöhnliche Optik hier schon nicht ausreicht. Die Wirkung der Quanten vermutet er in einer Ausschaltung gewisser Freiheitsgrade, sodass der Grad der Abhängigkeit benachbarter Intensitäten des Beugungsbildes abnimmt, wie ihm dies im Sinne der Versuche zu liegen scheint. Daraus legt er sich die Frage vor: besteht die Wirkung der Quanten nicht vielleicht überall in einer derartigen Ausschaltung, die eine Verteilung der Energie in der bisherigen Auffassung vortäuschen könnte?

Ich wollte von ihm wissen, wie denn die etwa zu fordernde vierte Quantenbedingung aussehen mag, die die drei $\int p \, dq$ relativistisch ergänzt, doch kamen wir darin zu keiner Klarheit; er stimmte zu dass die Form $\int$ Energie dt sein müsste. Ich habe das Gefühl, als ob die $h\nu$-Bedingung des Bohrmodells auf eine solche vierte Bedingung hinweist.

Muss man nicht übrigens aus relativistischen Gründen fordern, dass die Quantenbedingung nur für die *Differenzen* der $\int p \, dq$-Werte zweier Bahnen gilt? Macht man diese Annahme, so fällt bei einem vom ruhenden Beobachter aus betrachteten Bohrmodell[3]

[264] *Von Friedrich Paschen*[4]

Tübingen 9. 11. 16.

Lieber Herr College.

Die Fragen Ihres sehr interessanten Briefes vom 5ten kann ich leider

---

[1] [Nordström 1912] und [Nordström 1913], vgl. [Pais 1982, S. 233-237].

[2] Darüber wurde nichts publiziert.

[3] Hier bricht der Brief ab; am Seitenrand befinden sich einige Formeln in der Handschrift von Sommerfeld.

[4] Brief (4 Seiten, lateinisch), *München, DM, Archiv HS 1977-28/A,253*.

nur sehr unvollkommen beantworten, wie gerne ich sie sobald wie möglich klar gestellt hätte. Denn wenn Ihre Serienformel zutrifft, bedeutet sie die Lösung des alten Problems.[1]

Die besten Beobachtungen führt Dunz.[2] Nur in sehr wenigen Fällen sind bessere seitdem veröffentlicht. Betreffs der Bergmann-Serie hat nur K. Meissner in den Annalen betr. Cäsium's und Thalliums Neues gebracht: Die Duplicität des Bergmann-Terms bei Dublet-Serien. (Ann. d. Phys. *1916*).[3] Die Zahlen von Dunz sind nach Rowland's A°E. und nicht nach internationalen A°E. gemessen.[4] Seine Werte ν aber bedeuten $1/\lambda_{\mathrm{vac}}$. Seine Grenzen hat Dunz nach irgend einer angepassten Serien-Formel gefunden unter Annahme von $N = 109\,675.0$ (nach Rydberg, Ritz u. anderen).[5] Diese Grenzen bei Dunz und damit sämmtliche Terme des zugehörigen Serien-Systems können um eine *additive Constante* falsch sein, bei Helium um 3–4 Einheiten, bei Li um mehr.

Zur Prüfung Ihrer Gesetze wäre es nöthig, möglichst die implicite Formel (nicht eine abgekürzte Reihe) genau anzuwenden (wegen der niederen m-Werte), den theoretisch richtigen Wert von N einzusetzen und nun möglichst genau die Grenzen zu berechnen.[6] Denn alle bisherigen Berechnungen sind zur Prüfung ungenügend. 1) wegen des Wertes $N = 109\,675.0$, der einfach constant angenommen ist. 2) Weil die Formeln sämmtlich nicht genau stimmen. Es sind versucht zur Darstellung des Term's (mp)

$$(mp) = \frac{N}{(m + p + \pi f(m))^2}$$

$$\underbrace{1)\, f(m) = (m, p), \quad 2)\, f(m) = \frac{1}{m^2}}_{\text{Ritz}} \quad 3)\, f(m) = \sqrt{(mp)} \quad \underbrace{4)\, f(m) = \frac{1}{m}}_{\text{Hicks}}$$

Einige Serien folgen nicht 1) und 2) sondern nur 3) und 4) Alle Serien folgen nach W. M. Hicks* 3) und 4) besser als 1) und 2).[7] Die Grenzen

---

[1] Das folgende betrifft die Problematik der wasserstoffunähnlichen Atome. Sommerfeld legte am 4. November 1916 der Münchner Akademie eine Arbeit vor, in der er dafür den allgemeinen „Typus der Spektralformeln" entwickelte [Sommerfeld 1916b, § 3].

[2] [Dunz 1911].

[3] [Meissner 1916]; diese Stelle ist am Rand angestrichen.

[4] Zur Problematik der Wellenlängennormalen vgl. die Bemerkungen von K. Hentschel in [Kayser 1996, S. XXXII-XLIII].

[5] N ist die der Rydbergkonstante entsprechende Konstante des Serienterms.

[6] Vgl. [Sommerfeld 1916b, S. 159-162]; die unten angegebenen Termzahlen m und p gehören zur sog. Hauptserie und werden in der Sommerfeldschen Notation durch n und n' ausgedrückt.

[7] [Hicks 1911], [Hicks 1913] und [Hicks 1914].

sind allerdings nicht sehr beeinflusst von der Form des Ausdrucks, wenn höhere Werte m gut beobachtet sind, wie bei Helium. Für Helium und Lithium dürfte ein ziemlich genauer Anschluss an 1) und 2) zu erzielen sein, womit Ihre Theorie bestätigt wäre. Mit dem richtigen Werte von N würde dann die Beziehung zwischen den Coefficienten q zu prüfen sein.[1] Ihre Bedenken wegen des falschen Vorzeichens von q_n sind vorläufig *unbegründet*. Thatsächlich sind die Vorzeichen nach der Berechnung von Hicks für Lithium mit Helium *positiv*, ebenso für Helium nach der Berechnung von R. T. Birge (Astrophys. Journ. 32. 1910 p. 112)[2] der die λ auf internat. Einheiten umgerechnet hat und dann $N = 109\,678$ nimmt.

Die Bergmann-Serie ist sehr diffus und im Bogen nicht genau zu messen. Die Lithium-Linien sind wohl sämmtlich eingeordnet.

Die von mir in der Helium-Kathode (im Glimmlicht) gefundenen neuen Triplets sind ganz unbekannt. Ich weiss nicht, welchem Element sie zuzuschreiben sind. Es sind noch mehr unbekannter Linien dort.

Würde nicht eine Kugelschalen-Schicht die wahrscheinlichere Anordnung des vom Kern absorbirten Electrons sein? Das Resultat würde dann wohl in Bezug auf den Zahlenwert von a anders werden.[3]

Ich habe versucht, für Helium Ihre Formel zu prüfen, sehe aber, dass die Entscheidung nur dann zu treffen ist, wenn man ganz exact vorgeht. Man muss die Linien nach internat. Einheiten neu messen. Die Arbeit erfordert einige Wochen oder Monate mühsamste Mess- und Rechen-Arbeit. Daher will ich Ihnen auch nichts über die kurzen Rechnungen mittheilen, welche diesen Brief verzögert haben, aber doch das sagen, dass die Beobachtungen, welche vorliegen, Ihrer Formel nicht widersprechen. Zur scharfen Bestimmung der Werte q_n sind die vorliegenden Werte bei Lithium und auch bei Helium noch nicht sicher genug.[4] Mein Platten-Material ermöglicht die exacte Messung, und ich werde, soweit ich die Zeit finde, für eine H.[aupt-]S.[erie] und zugehörige I N.[eben-]S[erie] die Messungen und Rechnungen machen. Man könnte mit dem vorliegenden Material die Rechnungen durchführen, würde dann aber auf grosse Unsicherheiten stossen und z. B. die Zahlenwerte $q_2 = {}^9/8$[,] $q_3 = {}^9/27$ nicht exact herausbekommen. Damit wäre die Beweiskraft gering. Besser ist es, neu exact zu messen. Man könnte aber auch die theoretischen Werte von N und q_ν einsetzen und k_n allein empirisch bestimmen und sehen, wie gut der Anschluss wird. Am lieb-

---

[1] [Sommerfeld 1916b, S. 162, Formel (30a)].

[2] [Birge 1910].

[3] a ist der Radius des innersten Elektronenringes, vgl. [Sommerfeld 1916b, Formel (13)].

[4] Zur Bedeutung der q_n in den Serienformeln vgl. [Sommerfeld 1916b, Formel (30a)].

sten würde ich dabei die implicite Form nehmen, damit die Glieder $m = 2$ und $m = 3$ mit verwerthet werden können.

Ich habe bei Lithium nichts Neues finden können, will aber noch weitere Versuche machen. Die Feinstructur von Hel.[ium] 4686 ist jetzt objectiv photometrisch sehr schön durchgemessen und enthält Alles Wissenswerte, auch Andeutungen von Ueberlagerungen, wo solche theoretisch zu erwarten sind. Es ist Alles bestätigt, was früher nur auf dem Comparator gemessen war.

Mit bestem Gruss\
Ihr F. Paschen

* W. M. Hicks. Philos. Trans. Roy. Soc. London A. Vol. 210 p. 57 Vol. 212 p. 33, Volum 213 p 322.

[265] *An Paul Ehrenfest*[1]

München, 16. XI. 16

Lieber Herr College!

Vor längerer Zeit schrieben Sie mir über die Adiabaten-Hypothese. Da Sie sie jetzt übersichtlich dargestellt haben,[2] kann ich endlich antworten. Allerdings werde ich nichts sagen, was nicht in meiner Annalenarbeit drin stände, die Sie wohl erhalten haben.[3]

Die Energiestufen-Hypothese als Fundament der Quanth. ist mir an sich nicht sympathisch; viel einleuchtender ist mir die Einteilung der Phasenebene nach Wirkungsquanten bei einem Freiheitsgrade. Zum Glück ist zwischen beiden kein Unterschied, so dass Sie ebensogut auch die letztere als Ausgang nehmen könnten.

Der Hinweis auf Wien[4] scheint auch mir schwerwiegend und fordert zu dem Versuch heraus, die erforderliche Quantelung mit der Adiabaten-Hyp. zu vergleichen. Welche Quantelung erforderlich ist, können und müssen die

---

[1] Brief (2 Seiten, lateinisch), *Leiden, MB.*

[2] [Ehrenfest 1916].

[3] In [Sommerfeld 1916a] wird die Adiabatenhypothese nicht erwähnt. [Ehrenfest 1913c] wird auf S. 11 als Begründung dafür zitiert, daß die Quantisierung nach „Energiestufen" für die Bewegung eines rotierenden Massenpunktes ($p = {}^{nh}/_{2\pi}$, p Drehimpuls, h Plancksches Wirkungsquantum, $n = 1, 2, \ldots$) entsprechend dem geradlinig schwingenden Massenpunkt erfolge.

[4] Vgl. Brief [254].

Spektrallinien zeigen; sie allein haben die nötige Distink[t]heit und Sicherheit.

Die Spektrallinien zwangen mich, die Integration in $\int p\,dq$ über die Periode τ fallen zu lassen und durch die Integration über den Phasenbereich zu ersetzen. (Sie zwingen mich auch, den Planck'schen Ansatz $\int (p - p_0)dq$ abzulehnen, vgl. Ann. II §6; theoret. Begründung in einer im Druck befindlichen Akademie-Note[1]). Daraus folgt aber weiter:

1) Ich muß den hübschen Satz $2\overline{T}\tau = (n + n' + ..)h$ fallen lassen, weil ja rechts garnicht mehr über dasselbe τ in den verschiedenen Coordinaten integrirt wird. Infolgedessen ist in den Ann.[alen] jener Satz unterdrückt.

2) Ich komme bei dem isotropen Oscillator (vgl. Ann. I §8) zu den Planck'schen Werten von a und b, nicht zu denen, die Sie als die Sommerfeld'schen Werte bezeichnen. Dass der Übergang vom anisotropen zum isotropen Oscillator kitzlich ist, ist mir klar.[2] Da die Spektrallinien hierüber nichts aussagen tue ich es auch nicht.

Ich fühle mich auf dem in den Ann. eingenommenen Standpunkt der Quantelung, welcher eigentlich der Epstein'sche ist, aber auch mit Planck durchweg übereinstimmt, sicher, zumal ja auch die Unsicherheit in der Coordinatenwahl beseitigt ist. Nur im Punkte des Zeeman-Effektes herrscht Unsicherheit. Ich sehe nämlich, im Gegensatz zu Debye, das Ergebnis der Quantentheorie des Zeeman-Effektes als falsch an.[3] Wenn Sie hier mit der Adiabaten-Hyp. Klarheit schaffen könnten, wäre das sehr dankenswert. Also allgemein das Problem: Quantelung, wenn die Kräfte kein Potential haben!

Es wird Sie interessiren, dass ich auch die Spektren der Alkalien zu haben glaube, durch Ausbau des Bohr'schen Modelles. Qualitativ ist alles sehr schön; ob die Theorie quantitativ stimmt, ist Paschen im Begriff zu entscheiden. Meine Note darüber[4] wird Ihnen bald zugehen. Neue principielle Schwierigkeiten treten hier nicht auf. Schade, dass Ritz diese neue Entwickelung nicht erlebt hat.[5] Für seine reiche Fantasie und seinen zu-

---

[1] [Sommerfeld 1916b, S. 137-140].

[2] Vgl. Brief [253].

[3] Debye und Sommerfeld hatten gleichzeitig und unabhängig voneinander nach dem Muster der Schwarzschild-Epsteinschen Theorie des Starkeffekts eine Theorie des Zeemaneffekts für Einelektronenatome (wie Wasserstoff) gegeben, siehe [Debye 1916b] und [Sommerfeld 1916d]; Sommerfelds Skepsis rührte von seiner Überzeugung her, daß es sich bei Wasserstoff um einen anomalen Zeemaneffekt handeln sollte, während die Theorie jedoch nur den normalen Zeemaneffekt beschreiben konnte, vgl. Brief [243].

[4] [Sommerfeld 1916b].

[5] Vgl. dazu Sommerfelds Würdigung der Verdienste von Walther Ritz um die Auffindung

greifenden, durch Kritik wenig beschwerten Sanguinismus wäre dies das richtige Fahrwasser gewesen.

Mit besten Grüssen
Ihr A. Sommerfeld.

[266] *Von Woldemar Voigt*[1]

Göttingen, den 11. 2. 17.

Lieber und verehrter Herr Kollege!

Mit aufrichtiger Freude habe ich von der Ihnen gewordenen Ehrung gelesen und kann nicht umhin, Ihnen zu derselben meinen herzlichen Glückwunsch zu senden.[2] Ich verfolge Ihre schönen Untersuchungen mit dem größten Interesse, und, – so sehr sich in mancher Hinsicht mein physikalisches Empfinden gegen die moderne Phänomenologie wehrt, die sich begnügt, einen einzelnen Teil einer Naturerscheinung (Schwingungszahlen) zu deuten, und größere Teile derselben (z. B. [Schwingungs]formen) leichtherzig gänzlich außer Betracht zu lassen, – mit aufrichtiger Bewunderung. Mehr noch: in dieser furchtbaren Zeit, wo so viele Physiker teils innerlich, teils äußerlich in ihrer Tätigkeit gelähmt sind, retten Ihre Arbeiten zu einem beträchtlichen Teile die wissenschaftliche Ehre Deutschlands im Gebiete der Physik. Das empfinde ich tief und möchte ich Ihnen dankend aussprechen.–

Mancherlei Fragen wecken mir Ihre neuen Resultate. Verstehe ich recht, so lassen dieselben eine Koppelung der Zeeman-Effekte bei den Konstituenten der H-Dupletts nicht zu. Aber eine solche Koppelung ist meiner Ansicht nach einwandfrei festgestellt (z. B. hier in G.[öttingen] durch Erochin 1913).[3] Da liegt ein Problem[.]

Ferner folgere ich aus den Erfolgen des Bohrschen Modelles, daß das Elektron kaum die Einfachheit haben könne, die wir ihm nach Lorentz-Einstein beilegen. Es muß doch in ihm *irgend etwas* sein, was, durch äußere Einwirkung veränderlich, das Elektron in die oder jene definierte Bahn hineinzwingt, wenn es aus einer andern herausgeworfen ist. Vielleicht ist aber

---

der Seriengesetze bei den Alkalien [Sommerfeld 1916b, S. 162].

[1] Brief (2 Seiten, deutsch), *München, DM, Archiv HS 1977-28/A,347.*

[2] Sommerfeld hatte als Anerkennung für seine Arbeit *Zur Quantentheorie der Spektrallinien* die „Helmholtz-Prämie", einen Geldpreis der Preußischen Akademie der Wissenschaften, erhalten, vgl. *Preußische Akademie der Wissenschaften an A. Sommerfeld, 25. Januar 1917. München, DM, Archiv NL 89, 020.*

[3] In [Erochin 1913] wurde festgestellt, daß die Aufspaltung der H_α-Linie nicht als normaler Zeemaneffekt gedeutet werden kann. Die Stichhaltigkeit von Erochins Experiment war jedoch umstritten, vgl. [Robotti 1992].

dieses „Etwas" – sagen wir eine innere Rotation – auch die Ursache, daß es in jenen speziellen Bahnen *nicht* ausstrahlt, *wohl aber* bei dem Übergang von der einen zur andern. Und dann muß dieses „Etwas" mit den „Elementarquanten" in engster Beziehung stehen. Ob wohl Ihre Gedanken in einer ähnlichen Richtung gehen? –

Hier sind ja Hilbert und Debye durch geringe innere Anteilnahme an den Weltereignissen zum Glück in voller Schaffensfrische erhalten, und ich nehme freudig Teil an dem, *was* sie schaffen. Ich meinesteils bin – ganz abgesehen von der geringeren Begabung und dem näher den 70 als den 60 Jahren liegenden Alter – von der Qual der letzten $2\frac{1}{2}$ Jahre mit ihren verzehrenden Sorgen zermürbt und arbeite mühsam, mit gewaltsamer Konzentration der Gedanken, die trotz allem leicht [verflattern?]. Betrübt fühle ich mich immer rückständiger werden und der Nachsicht immer bedürftiger. Doppelt freue ich mich aber Ihres [tüchtigen?] Vordringens.

Treulich
Ihr W. Voigt.

[267] *Von Hendrik A. Lorentz*[1]

Haarlem, den 14 Februar 1917.

Lieber Herr Kollege,

Ich lese in der Physikalischen Zeitschrift, dass die Berliner Akademie Ihnen die Helmholtz-Prämie verliehen hat und möchte Ihnen nun zu dieser hohen Auszeichnung meine herzlichen Glückwünsche aussprechen. Ich benutze die Gelegenheit um Ihnen zu sagen, wie sehr ich Ihre Arbeiten über die Theorie der Spektrallinien und der Röntgenstrahlen bewundere. Ihre Resultate gehören zu dem Schönsten, das je in der theoretischen Physik erreicht worden ist. Wer hätte noch vor wenigen Jahren daran denken können, dass die Relativitätsmechanik uns den Schlüssel zur Enträtselung so mancher Geheimnisse liefern würde.

Ich hoffe sehr, dass es Ihnen und den Ihrigen in diesen traurigen Zeiten gut gehen möge.

Mit freundlichem Gruss Ihr ergebener
H. A. Lorentz

---

[1] Brief (2 Seiten, lateinisch), *München, DM, Archiv HS 1977-28/A,208.*

[268] *An Hendrik A. Lorentz*[1]

München, 5. III. 17.

Lieber und verehrter Herr College!

Nehmen Sie meinen allerherzlichsten Dank für Ihren gütigen und ehrenvollen Brief! Nachdem mir Planck und Einstein durch die Berliner Akademie ihre Anerkennung ausgedrückt hatten, konnte mir nichts Erfreulicheres geschehen, als dass auch Sie Ihr Interesse an meinen Resultaten so warm und spontan bekundeten.

Als wir uns das letzte Mal in Brüssel sahen, war ich recht deprimirt und nervös herunter.[2] Vielleicht besinnen Sie sich noch darauf, dass ich mich ziemlich mutlos von Ihnen verabschiedete. Ich hätte es damals nicht für möglich gehalten, dass mir wenige Jahre später ein so erfreulicher wissenschaftlicher Erfolg beschieden sein würde. Um so dankbarer bin ich für diese Wendung.

Die Deutung der gewöhnlichen Spektren liegt noch recht im Argen. Wenn auch die Ritz'sche Formel, wie Sie vielleicht aus meiner letzten Publikation gesehen haben,[3] überraschend glatt herauskommt, fehlt es doch im Einzelnen an der numerischen Übereinstimmung. Dies zeigte mir inzwischen die Berechnung der Serien der Alkalien. Der Grund liegt wohl in der Vernachlässigung der Rückwirkung des äusseren auf die inneren Elektronen.

Sehr schön ist es, dass die Inconstanz der Schwingungsdifferenzen in der I. N. S., die ich bei Li bemerkt hatte, inzwischen von Paschen auch für He nachgewiesen ist.

Gestern habe ich in der Akademie eine Note über die Intensität der wasserstoffähnlichen Spektrallinien vorgelegt.[4] Resultat: Nur bei Funkenanregung lässt sich die Intensität statistisch, d. h. aus der Wahrscheinlichkeit von Anfangs- und Endbahn berechnen; bei Gleichstromanregung dagegen kommen dynamische Umstände nach Art meiner Quantenungleichungen in's Spiel.[5] Ich hätte die letzteren gerne ausgeschaltet, aber es ist unmöglich.

Meine engere Familie ist von den Kriegsereignissen im Wesentlichen ver-

---

[1] Brief (2 Seiten, lateinisch), *Haarlem, RANH, Lorentz inv.nr. 74.*

[2] Während des 2. Solvaykongresses im Oktober 1913, vgl. auch den letzten Absatz von Brief [209].

[3] [Sommerfeld 1916b, S. 162]. Als Ritzsche Formel bezeichnet Sommerfeld den Serienterm der Form $N/n+q+\kappa$ (N Rydbergkonstante, $n = 2, 3, \ldots$ q, κ Parameter).

[4] [Sommerfeld 1917b].

[5] Dabei stellte Sommerfeld auch Diskrepanzen zu seinen früher angenommenen Quantenungleichungen fest, vgl. [Sommerfeld 1916a, S. 21-27].

schont geblieben. Für Ihre Nachfrage auch hierüber bin ich Ihnen dankbar.

Es grüsst Sie herzlichst Ihr stets ergebener

A. Sommerfeld.

Die Anerkennung durch Planck, Einstein und Lorentz, den von Sommerfeld am meisten geschätzten Kollegen, bedeutete einen Höhepunkt in seiner wissenschaftlichen Karriere. Praktisch gleichzeitig wurde ihm die Nachfolge Hasenöhrls in Wien angeboten (vgl. Seite 448). Bei den Bleibeverhandlungen konnte er seine Stellung deutlich aufwerten.

[269] *Von Eugen Ritter von Knilling*[1]

München, den 13. Juli 1917.

Hochgeehrter Herr Geheimer Hofrat!

Seine Majestät der König haben allergnädigst geruht,

1.) Ihnen den Titel und Rang eines K. Geheimen Hofrates zu verleihen,
2.) zu genehmigen, daß mit Wirkung vom 1. Oktober lfd. Js. an der Ihnen zukommende Grundgehalt um 3000 M jährlich erhöht werde.

Im Vollzuge der Allerhöchsten Verfügung freue ich mich Euer Hochwohlgeboren die Urkunde über Verleihung des Titels und Ranges eines Kgl. Geheimen Hofrates übermitteln und zu dieser Auszeichnung meinen herzlichsten Glückwunsch aussprechen zu können.

Mögen Euer Hochwohlgeboren in diesem Allerhöchsten Gnadenbeweis ein äußeres Zeichen dafür erblicken, daß Bayern Ihre Kraft zu schätzen weiß und Sie gerne dem einheitlichen Hochschuldienst erhalten sieht.

Mit der wiederholten Versicherung, daß mich Ihr Entschluß, der Universität München treu zu bleiben, aufrichtig gefreut hat, verbleibe ich in ausgezeichneter Hochschätzung

Euer Hochwohlgeboren sehr ergebener

Dr. v. Knilling[2]

[270] *An Paul Ehrenfest*[3]

München, 10. Oktober 17

Verehrter Herr College!

Die Annalendruckerei soll Ihnen demnächst auf meine Bitte eine Correktur zuschicken von einer Arbeit, die sich u. a. mit Ihrer Adiabatenhy-

---

[1] Brief (1 Seite, Maschine), *München, DM, Archiv NL 89, 019.*
[2] Eugen von Knilling war Minister des Inneren für Kirchen- und Schulangelegenheiten.
[3] Brief (2 Seiten, lateinisch), *Leiden, MB.*

pothese befasst.[1] Vielleicht haben Sie die Güte, mir in Randbemerkungen Ihre Meinung dazu zu sagen. Es handelt sich um die Dispersion der Molekeln, wie ich sie in der Elster-Geitel-Festschrift behandelt habe, jetzt aber vollständiger u. mit Einbeziehung der magnetischen Drehung.[2]

Die Adiabatenhyp. dient mir u. a. dazu, den Widerspruch bei der Behandlung der Spektren und der Dispersion zu heben. Im einen Fall: gequantelte Bahnen, Ausstrahlung nur zwischen zwei Bahnen, Aufhebung der Mechanik für diesen Übergang. Im anderen Falle: Nur der ursprüngliche Zustand gequantelt, die Störung von der Mechanik beherrscht und ausstrahlend. Die Hebung des Widerspruchs: Die Lichtschwingung ist ∞ langsam gegen die Umlaufszeit. Der Schwingungsvorgang besteht aus aneinander gereihten gequantelten Gleichgewichtszuständen. Die Adiab. Hyp. bekräftigt uns in der Zuversicht, dass mit der ursprünglichen Bahn auch die anschliessenden deformirten Bahnen quantentheoretisch richtig sind. Die Ausstrahlung wird sozusagen kontinuirlich zwischen zwei unendlich benachbarten Bahnen ausgegeben, also scheinbar (wenn auch nicht ganz) in Übereinstimmung mit Bohr.

Mit dieser Auffaßung werden Sie sich gern einverstanden erklären, ebenso mit meiner Behandlung des Magnetfeldes.

Wissen möchte ich aber von Ihnen Folgendes. Wie kommen Sie (oder Einstein) auf den unglücklichen Namen Adiabatenhypothese? Es wird doch auch bei ∞ langsamen Zustandsänderungen Arbeit in das System hineingesteckt, u. zw. nicht nur in die Parametern, sondern ev. auch in die schnell umlaufenden Coordinaten. Ich würde lieber von einer Reversibilitäts-Hyp. sprechen, um das ∞ Langsame zu betonen, oder auch von einer Verständigungs-Hyp., weil ich glaube, dass auf diesem Boden Quantenth. u. Mechanik Frieden schließen können.

Die andere[n] Fragen. Wir haben 2 H-Atome mit dem Umlaufsmoment $p = h/2\pi$. Sie werden einander ∞ langsam genähert. Es entsteht ein neues System H_2, bei dem wegen des Flächensatzes das gesamte Umlaufsmoment $2p$ wird. Dadurch wird die Debye'sche Annahme erklärt, dass das Umlaufsmoment auch im H_2-Molekül für das einzelne Elektron $p = h/2\pi$ bleibt.[3] Halten Sie dies für eine legitime Anwendung der Adiabaten-Hyp.?

Nun eine schwierigere Frage, auf die Sie keine Antwort wissen werden, ebenso wenig wie ich. Ich finde empirisch, dass in einem Elektronenring

---

[1] [Sommerfeld 1917a], die Adiabatenhypothese wird auf S. 501-503 behandelt.

[2] Im Unterschied zu [Sommerfeld 1915i] berücksichtigt Sommerfeld nun die verschiedenen Orientierungsmöglichkeiten des Elektronenrings in einem Magnetfeld.

[3] Vgl. [Debye 1915b, S. 23].

mit n Elektronen um einen Kern im ersten (Kreis-)Ringe $p \neq {}^h/2\pi$, sondern $p = \frac{h}{2\pi} \cdot \sqrt{n}$ ist. Können Sie das „adiabatisch" erklären? Ich nicht!

Geben Sie zu, dass wenn man zwei solche Atome mit einem m- und einem n-Ring langsam koppelt, ein Molekül entsteht, in dem[,] wieder nach dem Flächensatz, jedes einzelne Elektron das Impulsmoment hat:

$$p = \frac{h}{2\pi} \frac{n\sqrt{n} + m\sqrt{m}}{n + m}?$$

Diese letzten Fragen sind in meiner Correktur noch nicht ausdrücklich berührt, beschäftigen mich aber stark.

Ich wundere mich, dass Bohr völlig verstummt ist. Ist er noch in Manchester?[1]

Vielleicht höre ich nach Übersendung der Correktur bald etwas von Ihnen.

Mit besten Grüssen Ihr
A. Sommerfeld.

[271] *An Wilhelm Wien*[2]

München, den 24. Oktober 1917.

Lieber Wien!

Ewald bittet mich, Ihnen seine Habil.-Schrift zu schicken mit der Bitte, sie in die Annalen aufzunehmen.[3] Es ist eine etwas mühsame Arbeit; ob dabei viel für die Beobachtung herauskommen wird, bleibt offen. Sie stellt aber dem Verf. ein gutes Zeugnis aus hinsichtlich consequenter Begriffsbildung und selbständigen Denkens, so dass ich keinen Zweifel hatte, sie als Hab. Schrift anzunehmen.[4]

---

[1] Bohr war im Sommer 1916 nach einem längeren Aufenthalt bei Ernest Rutherford an der University of Manchester als Professor der theoretischen Physik an die Universität Kopenhagen zurückgekehrt und mit dem Aufbau seines Instituts beschäftigt. Siehe [Pais 1991, S. 166-175], vgl. auch Brief [279].

[2] Brief (2 Seiten, lateinisch), *München, DM, Archiv NL 56, 010*.

[3] [Ewald 1917]. Darin wurde die sog. „dynamische Theorie" der Ausbreitung von Röntgenstrahlen in Kristallen begründet, vgl. [Ewald 1962, S. 250].

[4] Sommerfeld hatte am 14. Juli 1917 Ewalds Habilitationsgesuch der Fakultät vorgelegt und gebeten, „dass die Habilitation noch während des Krieges stattfinden könne, damit Herr Ewald nach Friedensschluß mir beim Unterricht helfen kann." *A. Sommerfeld an das Dekanat, Philosophische Fakultät, 2. Sektion, 14. Juli 1917. München, UA, E II N Ewald.*

Von meiner Disp[ersions]-Arbeit fehlen leider noch die Correkturen.[1] Viel weiter bin ich inzwischen nicht gekommen; einen kurzen Nachtrag möchte ich aber doch gleich bei der Correktur schreiben.

Die Polemik Epstein–Schachenmeier[2] möchte ich gern durch einen Brief an Sch. schlichten oder mildern. Ich denke schon, dass Epstein recht hat.

Letzten Montag musste ich über die Atommodelle im polytechn. Verein in Gegenwart des Königs [vortragen]!

Ich bin recht froh, dass wir Fajans hier haben.[3] Er ist angenehm und sehr gescheid.

Viele Grüsse von Ihrem
A. Sommerfeld

[272] *An das Nobelkomitee*[4]

München, 20. December 1917.[5]

An das Nobelkomitee für Physik.

Die Königl. Akademie der Wissenschaften zu Stockholm hat mir die Ehre erwiesen, mich zu einem Vorschlage über die Verteilung des physikalischen Nobelpreises für 1918 einzuladen. Indem ich dieser Einladung nachkomme, erlaube ich mir, als die zu krönende Entdeckung vorzuschlagen: *die Quantentheorie von Max Planck*, Professor der theoretischen Physik an der Universität Berlin.

Die Entdeckung der Quanten fällt in das Jahr 1900. Die Schriften Plancks, welche diese Entdeckung vorbereiten und dieselbe zu immer grösserer Klarheit ausgearbeitet haben, erstrecken sich von 1896 bis in die Gegenwart. Sie sind zusammengestellt im Anhange zu seiner Theorie der Wärmestrahlung, 2. Aufl. Leipzig 1906 bei Joh. Ambr. Barth.[6] Da dieses Werk allgemein zugänglich ist, darf ich von einem genaueren Nachweise jener Abhandlungen absehen.

---

[1] [Sommerfeld 1917a].

[2] In [Epstein 1917] wird der Behauptung von Richard Schachenmeier widersprochen, eine Beugungstheorie für „Schirme von beliebiger Form" vorgestellt zu haben. P. Epsteins Einwände werden in [Schachenmeier 1917] als „völlig unhaltbar" zurückgewiesen. Ein Briefwechsel zwischen Sommerfeld und Schachenmeier ist nicht erhalten.

[3] Kasimir Fajans war 1917 als Extraordinarius für physikalische Chemie an die Universität München berufen worden.

[4] Abschrift (2 Seiten, Maschine), *Stockholm, Akademie, Nobelarchiv.*

[5] Aufschrift am Briefkopf: „Inkom den 3. 1. 1918."

[6] [Planck 1906b].

Unter dem Einfluss dieser Entdeckung ist die Physik des 20. Jahrhunderts mehr und mehr zu einer Physik der Quanten geworden. Ursprünglich für das besondere Gebiet der Wärmestrahlung erdacht, haben sich die Energiequanten überall bewährt, wo es die Erforschung der physikalischen Erscheinungen bei tiefen Temperaturen galt. Das nächste Anwendungsgebiet boten die spezifischen Wärmen der festen Körper und die Entartung der zweiatomigen zu einatomigen Gasen (Wasserstoff). Aber auch die Entartung des elektrischen Widerstandes (Hyperconduktibilität der Metalle) und die Aenderung der magnetischen Eigenschaften der Körper bei tiefsten Temperaturen weisen die Wirksamkeit der Quanten auf.[1]

Die universelle Bedeutung der Quanten wurde deutlicher, als weiterhin auch die reinen Strahlungsphänomene, unabhängig von jeder Temperaturskala, ihren Zusammenhang mit den Planck'schen Quanten zeigten und zur Berechnung der Fundamental-Constanten h, des Planck'schen Wirkungsquantums, führten. Das erste Beispiel lieferte der licht-elektrische Effekt und, im Gebiete der Röntgenstrahlen, die sekundären Kathodenstrahlen. Auch in der Ausbeute der photochemischen Reaktionen zeigen sich die Energiequanten an. Dass die Härte der Röntgenstrahlen durch Quantengesetze geregelt wird, ist lange vermutet und heutzutage dadurch sichergestellt, dass man die Planck'sche Constante h mit grosser Schärfe aus der kurzwelligen Grenze des Röntgenspektrums experimentell bestimmen kann.

Die ganze Bedeutung der Quantentheorie für die Grundtatsachen der Physik und Chemie wurde aber erst 1913 klar, als Niels Bohr seine Theorie der Spektren und der Atome veröffentlichte. Dass diese Theorie ohne die Planck'sche Grundlage unmöglich war, findet einen äusseren Ausdruck in der Ueberschrift der letzten Arbeit von Bohr: „on the quantum theory of spectral lines".[2] Durch die Bohr'schen Untersuchungen ist die bisher rätselhafte Rydberg'sche Constante zahlenmässig aufgeklärt und auf das Planck'sche h zurückgeführt, ist der Aufbau der Atome begründet und das natürliche System der Elemente beleuchtet; vor allem ist nunmehr das ungeheure Material der Spektroskopie dem physikalischen Verständnis erschlossen, sowohl dasjenige der sichtbaren Spektren wie dasjenige der Röntgenspektren.

Ueber Bohr hinausgehend hat dann u. A. Planck selbst (Annalen der

[1] Zur Rolle der Quantenvorstellungen bei frühen Theorien der Supraleitung und anderen Tieftemperaturphänomenen fester Körper vgl. [Hoddeson et al. 1992, Kapitel 1, 2].
[2] Der Titel von [Bohr 1915b] lautet: „On the quantum theory of radiation and the structure of the atom."

Physik 50, p. 385, 1916)[1] diejenige allgemeine Formulierung der Quantengesetze für Systeme von mehreren Freiheitsgraden entwickelt, die zur feineren Theorie der Spektren erforderlich ist. Seitdem hat sich das Anwendungsgebiet der Quanten noch erweitert. Es genüge an die elektrische Zerlegung der Spektrallinien (Stark-Effekt) und an die diskontinuierlich auftretenden Geschwindigkeiten der β-Strahlen zu erinnern, die ohne die Quantentheorie unverständlich bleiben, durch diese aber bis in alle numerischen Einzelheiten wiedergegeben werden.[2]

Planck hat die Quantentheorie zwar nur theoretisch begründet, auch sind die meisten der genannten Anwendungsgebieten nicht von ihm selbst erschlossen worden. Aber ohne sein Gesetz der Wärmestrahlung wäre das ganze Gebiet unzugänglich geblieben. Es scheint mir unmöglich, eine Folgerung der Quantentheorie, z. B. die gewiss des Nobelpreises würdigen, ungeheuer fruchtbaren Bohr'schen Untersuchungen zu krönen, bevor nicht der Schöpfer des Gesamtgebietes der Quanten mit dem Nobelpreise geehrt ist. Dass diese Ehrung gerade jetzt geschieht, ist vollauf begründet, da durch die Quantentheorie der Spektren und der Atome die Fundamentalität des Planck'schen Gedankens über jeden Zweifel sichergestellt ist.[3]

Prof. A. Sommerfeld

Für Sommerfeld begann das letzte Kriegsjahr mit einer Reise nach Belgien „zu Vorlesungen an der Front in Tournay", für die er sich vom 7. bis 15. Januar 1918 von der Münchener Universität beurlauben ließ.[4]

[273] *An Johanna Sommerfeld*[5]

9. I. 18.

Liebe Frau u. Kinder!

Heute habe ich keinen Vortrag zu halten, höre aber die Vorträge der Collegen, über Anthropologie, Physiologie, Ernährungsfragen etc. Meine

---

[1] [Planck 1916a].

[2] Vermutlich dachte Sommerfeld an die Theorie Epsteins, der das beim Starkeffekt erarbeitete Konzept der Quantisierung auch auf die Bewegung eines ungebundenen Elektrons anwandte, das auf einer Hyperbelbahn den Atomkern passiert; die dabei erhaltenen diskreten Geschwindigkeitswerte verglich er mit Meßwerten von β-Strahlen, vgl. [Epstein 1916c].

[3] Das Nobelkomitee folgte dieser auch von anderen vorgebrachten Empfehlung und vergab den Nobelpreis für Physik des Jahres 1918 an Planck, vgl. [Heilbron 1986, S. 85].

[4] *A. Sommerfeld an das Rektorat, 22. Dezember 1917. München, UA, E-II-N Sommerfeld.*

[5] Brief (4 Seiten, lateinisch), *München, Privatbesitz.*

4 Vorträge über Friedensphysik gehen von morgen Donnerst. bis Sonntag 9–10. Am Montag werde ich mit Auto nach Roubaix gefahren u. dort über drahtlose Telegr. reden, wozu auch von hier einige Herren mitfahren werde[n]. Ich habe diese Vortragsspritze um so lieber angeregt, als ich dadurch den ev. Ort von Ernst's Tätigkeit[1] kennen lerne u. ihm den Boden bereite, so dass er später erst recht als Sohn seines Vaters gehen kann. Auch werde ich dort eine R. E. Station[2] sehen. Dann fahre ich Dienstag–Mittwoch nach Gent, vielleicht nach Brügge. Brüssel werde ich ganz schneiden u. von Gent nochmals nach Tournai am Donnerstag zurückkommen. Donnerstag per Schlafw.[agen] hier ab bis Strassburg u. Freitag nach München. Ich habe noch nichts von Euch bekommen. Ich vermute fast Briefsperre.

Zu Mittag sind wir heute zum Etappen-Commandeur v. Gyßling eingeladen, einem Verwandten von dem Schwager W. Meyer-Lübens.

Auch hier ist es kalt u. schneeig. Verpflegung vorzüglich. Gute Weine.

Du hast mir viel zu viel Butter mitgegeben, für die ich jetzt gar keine Verwendung habe.

Die Kathedrale von T.[ournai] ist imposant. Auch giebt es hier *romanische* Wohnhäuser, schöne Stadtbefestigungen, einen prächtigen Belfried,[3] einen dreieckigen Markt ...

In Brüssel hatte ich 3 Stunden Aufenthalt, ging nach der Gudula-Kirche, trank einen Cafe mit idealen Kuchen. Preise entspr. der Qualität.

Herzlich Euer
Vater

Politische Nachr. kommen hier wenig u. spät an. Wir sind äusserst gespannt wegen Russland u. besonders Ludendorf, der natürl. nicht geht.[4]

---

[1] Ernst Sommerfeld tat zu dieser Zeit Dienst bei einer Funkerkompanie in Nürnberg, wo er bis zum Sommer blieb.

[2] Richtempfangsstation.

[3] Bergfried: Besonders starker Befestigungsturm; in Tournai Ende des 19. Jahrhunderts renoviert.

[4] Nach der Oktoberrevolution hatten am 22. Dezember in Brest-Litowsk Friedensverhandlungen zwischen den Mittelmächten und Rußland begonnen. In deren Verlauf drohten Paul Hindenburg und Erich Ludendorff (Oberste Heeresleitung) mehrfach gegenüber der politischen Führung mit ihrem Rücktritt. Hauptstreitpunkt war die Frage eines Verständigungs oder eines „Siegfriedens", wobei sich das Militär durchsetzte. Vgl. [Nipperdey 1993, S. 828-831].

[274] *Von Albert Einstein*[1]

1. II. 18.

Lieber Sommerfeld!

Ich habe mich sehr mit Ihrem herzlichen Briefe gefreut, wenn auch meine Krankheit keineswegs so lästig ist, dass ich so viel Mitgefühl verdiente. Es ist ein dank meiner Nachlässigkeit antiquiertes Magengeschwür, das jetzt durch langes Liegen bekämpft werden soll. Nicht minder danke ich Ihnen für die freundliche Sendung, bestehend aus jener selten gewordenen Materie.

Das Bestreben, der Dispersion Herr zu werden,[2] leuchtet mir für langsame Wellen ein, das Übrige ist mir aus den Andeutungen nicht klar geworden. Das Auffallende ist, wie viel man mit klassischer Mechanik befriedigend machen kann. Wenn es nur einmal gelänge, das Prinzipielle an den Quanten einigermassen zu klären! Aber meine Hoffnung, das zu erleben, wird immer kleiner.

Ende April haben wir eine Festsitzung zu Planck's 60. Geburtstag.[3] Sie würden uns allen eine grosse Freude machen, wenn Sie zu dieser Gelegenheit einen Vortrag zur Entwicklung der Strahlungs- und Quantentheorie halten wollten in der Festsitzung der Deutschen phys. Gesellschaft. Es ist noch nichts Genaueres darüber ausgemacht; aber ich sage es Ihnen jetzt schon, damit Sie möglichst bald davon hören. Es ist niemand da, der das annähernd so könnte wie Sie; und ich glaube, dass alles geschehen soll, um Planck eine Freude zu machen.

Hinter der allgemeinen Relativität kann nichts Neues mehr gefunden werden: Identität von Trägheit und Schwere. Das metrische Verhalten der Materie (Geometrie u[nd] Kinematik) wird durch Wechselwirkungen der Körper bestimmt;[4] selbständige Eigenschaften des „Raumes" gibt es nicht. Damit ist im Prinzip alles gesagt. Ich bin auch überzeugt, dass eine konsequente Theorie ohne die Hypothese von der räumlichen Geschlossenheit nicht möglich ist.[5] Wie der Weltradius durch die Weltmasse bestimmt wird, sieht man oberflächlich daran, dass[6]

---

[1] Brief (3 Seiten, lateinisch), *München, DM, Archiv HS 1977-28/A,78.*

[2] [Sommerfeld 1917a].

[3] Plancks Geburtstag war der 23. April, die Festsitzung der Deutschen Physikalischen Gesellschaft fand am 26. April 1918 statt [Warburg et al. 1918].

[4] Teilweise durchgestrichen, ursprünglich: „Die metrischen Gesetze der Materie (Geometrie u. Kinematik) werden durch die Materie selbst bedingt".

[5] Vgl. Kommentar in [Einstein 1998, S. 351-357].

[6] Über dem Gleichheitszeichen wurde in fremder Handschrift „∼ 1" hinzugefügt.

$$\underbrace{\frac{K}{c^2}}_{\sim 10^{-28}} \cdot \frac{M}{R} = \text{Zahl (von der Grössenordnung 1)}$$

K gew.[öhnliche] Gravitationskonstante

c Lichtgeschwindigkeit

M Weltmasse

R Weltradius

Die Schlick'sche Darlegung[1] ist meisterhaft. Das muss doch auch ein begnadeter *Lehrer* sein. Hoffentlich bleibt er nicht zu lange in dem verlassenen Rostock sitzen.–

Ich freue mich sehr bis Sie kommen. Es ist zu bewundern, wie viel Schönes Ihnen einfällt. Vielleicht kann ich bis dahin wieder ausgehen. Wenn aber nicht, dann bitte ich um ein kleines Privatissimum.

Indem ich Ihnen nochmals für Ihre rührende Freundlichkeit und Fürsorge herzlich danke, bin ich mit besten Grüssen

Ihr
A. Einstein.

[275] *An Albert Einstein*[2]

München, den 16. II. 1918

Lieber Einstein!

Eine so freundliche wiederholte Aufforderung[3] verlangt ein rundes Ja! Ich will also mein Bestes tun. Trotzdem Sie natürlich viel mehr über Quanten u. Strahlung zu sagen hätten wie ich, und trotzdem Ihre Beredsamkeit viel höher steht wie die meine. Ich will aber annehmen, dass Sie sich schonen sollen und vielleicht das Persönliche zum Schluß sprechen werden. Eine gewisse Schwierigkeit liegt für mich darin, dass ich schon für die „Naturwiss." einen Festartikel über Planck geschrieben habe, der bis dahin gedruckt sein wird;[4] ich habe mir also das Wasser des Redestroms schon selbst etwas abgegraben.

---

[1] [Schlick 1917]. Moritz Schlick war seit 1911 Professor für Naturphilosophie in Rostock.

[2] Brief (2 Seiten, lateinisch), *Jerusalem, AEA.*

[3] Einstein hatte als Vorsitzender der DPG die Einladung von Brief [274] wiederholt, *A. Einstein an A. Sommerfeld, undatiert. München, DM, Archiv HS 1977-28/A,78.*

[4] [Sommerfeld 1918e] erschien am 26. April 1918.

Sie schreiben nichts von Ihrem Befinden; in Ihrem vorigen Briefe hieß es nur, Sie verdienten kein Mitgefühl. Hoffentlich sind Sie bald über den Berg und dann gesünder und arbeitsfroher als früher!

Also auf Wiedersehn spätestens im April

Ihr A. Sommerfeld

[276] *Von Walther Nernst*[1]

Berlin, den 7/III 1918

Lieber Freund Sommerfeld!

Da ich erst kommenden Dienstag reise, so erhielt ich Ihren freundl. Brief vom 4/III, aus dem ich zu meiner Freude ersehe, dass Sie in der besprochenen Richtung weiterarbeiten werden.[2] Die Besprechung wird wohl erst im April sein können.

Mit Bezug auf die Anlage möchte ich um die Referate Ihrer KWKW-Arbeiten bitten;[3] ich besitze die Berichte:

1. Richtwirkung einer Horizontal-Antenne in anschaulicher Darstellung.
2. Ballistik der *gezogenen* Minenwerfer nebst Nachtrag.*
3. Stromlinientelegraphie in flachem Wasser

Bitte um Mitteilung, ob diese Berichte ins Archiv der KWKW sollen.

Soviel ich weiss, haben Sie noch mehr Untersuchungen durchgeführt; bitte auch hiervon ein Referat für den Jahresbericht und womöglich auch einen ausführl. Bericht für das Archiv.

Mit bestem Gruss

Ihr W. Nernst.

Nach dem 12/III bitte Alles an meinen Vertreter, Rittmeister Müller,[4] Bunsenstr. 1ᴵ, NW 45, zu senden.

d.[er] O.[bere]

* Im Referat erwähnen Sie wohl auch die *Göttinger Besprechung*, speciell auch die Anregungen von Koch.[5]

---

[1] Brief (1 Seite, lateinisch), *München, DM, Archiv HS 1977-28/A,241*.

[2] Nernst hatte Sommerfeld im Vorjahr als Mitarbeiter für die *Kaiser Wilhelm Stiftung für kriegstechnische Wissenschaft (KWKW)* gewonnen, siehe Seite 450.

[3] Eine Beilage zu diesem Brief ist nicht erhalten, vgl. aber Sommerfelds Entwurf [278].

[4] Heinrich Müller-Breslau.

[5] Oberstleutnant Koch von der Artillerieprüfungskommission.

[277] *An Albert Einstein*[1]

[München, 8. März 1918][2]

Lieber Einstein!

Ich bin sehr erfreut, dass Sie sich allmählich erholen. Wie ich höre, hat auch Lenz einen kleinen Beitrag zu Ihrer Ernährung geliefert. Lenz steht mir wissenschaftl. und persönlich besonders nahe.[3]

Zu der Planck-Feier folgende Anregung, die von Laue ausgeht u. die ich als offenbar zweckmässig unterstütze: Nehmen Sie die Reihenfolge Warburg, *Laue, Sommerfeld,* Einstein. Die Thermodynamik geht den Quanten bei Planck zeitlich u. sachlich voran.[4] Was ich sagen werde, weiss ich allerdings noch garnicht.– Augenblicklich bin ich dabei, die Lothar Meyer'sche Curve der Atomvolumina aus dem Bohr'schen Modell zu construiren.[5]

Schönste Grüsse von
Ihrem A. Sommerfeld

[278] *An die K. W. K. W.*[6]

[März 1918][7]

FÜR DEN JAHRESBERICHT DER K. W. K. W.

Meine kriegswissenschaftlichen Arbeiten sind veranlasst teils von der V.[erkehrs-]P.[rüfungs-]K[ommission] jetzt Tafunk (Rittmeister Prof. Max Wien), teils von der Torpedoinspektion Kiel (Capitän v. Voigt und Prof. Barkhausen), teils von der A.[rtillerie] P.[rüfungs] K.[ommission] (Oberstleutnant Koch). Gewisse Fragen, die mir von der Arendt-Abteilung gestellt waren (Leutnant Courant) sind noch nicht erledigt.[8] Meine Arbeiten

---

[1] Postkarte (2 Seiten, lateinisch), *Jerusalem, AEA.*

[2] Poststempel.

[3] Vgl. dazu Sommerfelds Würdigung von Wilhelm Lenz in [Sommerfeld 1948b].

[4] Laues und Sommerfelds Anregung wurde befolgt, vgl. [Warburg et al. 1918].

[5] Sommerfeld brachte die Atomgröße, insbesondere die steilen Maxima bei den Alkalien, in Zusammenhang mit der Vorstellung der Elektronenringe, die er anhand der Röntgenspektren entwickelte, vgl. [Sommerfeld 1918f] und [Warburg et al. 1918, S. 24-28].

[6] Unvollständiger Entwurf (6 Seiten, lateinisch), *München, DM, Archiv NL 89, 019, Mappe 5,6.*

[7] Vgl. Brief [276] und Seite 450.

[8] Richard Courant war Mitglied einer von Otto Arendt geleiteten Funkerabteilung, die sich mit „Erdtelefonie" beschäftigte, vgl. [Reid 1986, S. 288-292].

sind sämtlich theoretischer (rechnerischer) Natur. Sie haben mich mehrmals nach Berlin, Kiel und einmal nach Göttingen zu einer Besprechung im Prandtl'schen Institut geführt.[1] Sie zerfallen entsprechend den genannten Stellen, die dieselben veranlasst haben, in drei Gruppen.

I. ÜBER GERICHTETE DRAHTLOSE TELEGRAPHIE.

1. Zur Theorie des Empfängers,
Februar 1917, Auszug bei den Akten der K. W. K. W.[2]

Die Untersuchung bezweckt die Wirkungsweise der an allen Fronten eingerichteten R.[icht-] E[mpfangs]-Stationen aufzuklären. Diese bestehen bekanntlich aus einem Paar zu einander senkrechter, im Wesentlichen horizontal gespannter Drähte mit Peilvorrichtung und bezwecken mittels Compasspeilung die Richtung ankommender Wellenzüge festzustellen.

Es ergiebt sich hier, wie überhaupt bei den Horizontalantennen, folgender zunächst paradoxer Sachverhalt. Die ankommenden Wellen werden von Kraftlinien gebildet, die ihre Hauptcomponente senkrecht zum Erdboden haben. Die Horizontalantenne spricht aber nur auf elektrische Kräfte an, die horizontal gerichtet sind. Die Erklärung liegt darin, dass durch die Mitwirkung des Erdbodens die ankommenden elektrischen Kraftlinien stets vorgeneigt werden, in einem Maaße, das von der Leitfähigkeit des Erdbodens abhängt. Die so sich ergebende horizontale Componente ist zwar kleiner als die vertikale, aber – ausser auf Seewasser – durchaus nicht zu vernachlässigen. Die Horizontalantenne kann nur durch diese Componente erregt werden; da sie aber auf Resonanz eingestellt ist, genügt die verhältnismässig geringe Stärke der Anregung.

Es wird die Möglichkeit besprochen, durch andere Anordnung der vertikalen Teile der Empfänger-Antennen die stärkere vertikale Componente der Wellen auszunutzen. Überdies wird ausführlich die Frage diskutirt, ob nicht doch durch eine Art indirekter Wirkung die vertikale Componente irgendwie

---

[1] Ludwig Prandtl leitete die 1912 gegründete *Modellversuchsanstalt für Aerodynamik* in Göttingen, die im Ersten Weltkrieg für das Reichsmarineamt und das Kriegsministerium Forschungsaufträge durchführte, siehe [Trischler 1992, S. 89-108].

[2] Nach Auskunft des Bundesarchiv-Militärarchiv (Freiburg i. Br.), des Geheimen Staatsarchivs Preußischer Kulturbesitz (Berlin), des Archivs der Max-Planck-Gesellschaft (Berlin) und des Militärgeschichtlichen Forschungsamts (Potsdam) sind weder diese Jahresberichte noch sonstige Unterlagen über die Kriegsforschung Sommerfelds erhalten.

den horizontalen Draht anregen könne: Wenn eine solche indirekte Wirkung überhaupt vorhanden ist, so könnte sie nur gering sein und nur durch eine vom Erdboden bewirkte Unsymmetrie der Ladungen zustande kommen.

Den Schluß des Berichtes bildet die Kritik einer Empfänger-Theorie von Bellini und Tosi.[1]

2. Die Richtwirkung einer Horizontalantenne in anschaulicher Darstellung. April 1917. Abschrift bei den Akten der K. W. K. W.

Hier handelt es sich um das gerichtete Senden mittels einer Horizontalantenne, insbesondere um die Frage, ob das Feld einer Horizontalantenne ausser der vertikalen und der von der Antenne fortgerichteten radialen Componente auch eine zu beiden senkrechte Seitencomponente besitzt, welche beim Anpeilen der Horizontalantenne zu Misweisungen führt.

Der Behandlung wird eine Vorstellung zu Grunde gelegt, welche in der Münchener Dissertation von v. Hörschelmann[2] entwickelt ist: dass man für die Fernwirkung die Horizontalantenne ersetzen kann durch zwei Vertikalantennen, die an den Enden der Horizontalantenne mit entgegengesetzten Phasen schwingen und die Zu- und Abführung der Erdströme in die oder von der Horizontalantenne verkörpern. Diese Vertikalantennen interferiren miteinander u. zw. nach den verschiedenen Richtungen in verschiedener Weise. Sie verstärken sich in ihrer Verbindungslinie (am vollkommensten, wenn ihr Abstand eine halbe Wellenlänge beträgt), sie heben sich auf in der dazu senkrechten Richtung. Dadurch entsteht die bekannte Verteilungscurve der Intensität (Charakteristik) für die vertikale und radiale Feldcomponente. Die Zusammensetzung der Wirkungen beider Vertikalantennen führt aber gleichzeitig noch auf eine Seitencomponente. Diese ist am stärksten in der Richtung senkrecht gegen die Horizontalantenne (also senkrecht gegen die Verbindungslinie der Vertikalantennen), sie verschwindet in Richtung der Horizontalantenne (in der Verbindungslinie der Vertikalantennen.) Bei kleiner „numerischer Entfernung" (Definition dieses Begriffes in meiner ursprünglichen Arbeit, Annalen der Physik 1909)[3] führt diese Seitencomponente nur zu einer Unschärfe der Einstellung, bei grosser numerischer Entfernung aber zu einer Misweisung, die je nach Beschaffenheit des Erdbodens mehrere Grad betragen kann.

---

[1] Bei der Peilantenne nach E. Bellini und A. Tosi wurde durch Drehen einer Spule zwischen zwei zueinander senkrecht stehenden Spulen die Richtung des Senders festgestellt.

[2] [Hoerschelmann 1911], siehe Seite 286.

[3] [Sommerfeld 1909a, S. 670].

Die Misweisung verschwindet über Seewasser, wo wir es stets nur mit „kleinen numerischen Entfernungen" zu tun haben, und ist am stärksten ausgeprägt über trockenem, schlecht leitendem Erdboden[.]

Fast gleichzeitig mit meinem Bericht war in der Tafunk ein Bericht über Strassburger Meßungen eingetroffen, welcher die von mir berechnete Art und ungefähre Grösse der Misweisungen bestätigte.

Stromlinientelegraphie.

Die fraglichen Probleme wurden in einer Besprechung mit Prof. Barkhausen, Kiel im Mai 1917, formulirt. Es handelt sich [darum,] ein Verständigungsmittel von U-Boot zu U-Boot oder von Land zu U-Boot durch langsamen Wechselstrom zu schaffen. Von vornherein war klar, dass die verhältnismässig hohe Leitfähigkeit von Seewasser eine starke Absorption der Wechselstromsignale im Wasser bewirken muß, eine um so stärkere je höher die Frequenz ist. Die Versuche waren mit 500 Wechseln ausgeführt und sollten auf 50 Wechsel ausgedehnt werden. Die charakteristische Länge, auf der eine Abnahme auf $1/e$ in der Amplitude zu erwarten war, ist

$$\lambda = \frac{1}{\sqrt{\sigma\nu}}$$

$\sigma =$ Leitfähigkeit des Wassers in elektromagn. Maaß

$\nu =$ Zahl der vollen Wechsel

Die Beobachtung hatte aber ergeben, dass unter günstigen Umständen die Signale bis auf 10 km Entfernung reichten, was ein hohes Vielfaches der berechneten kritischen Länge λ bedeuten würde. Es wurde deshalb vermutet, dass die grossen Reichweiten erzielt werden nicht durch Leitung im Wasser sondern durch Leitung durch den (viel weniger absorbirenden) Erdboden.

1. Stromlinien-Telegraphie in flachem Wasser.

Der Untersuchung dieser Vermutung ist der erste einschlägige Bericht (bei den Akten der K. W. K. W.) gewidmet. Es war nötig, die ~~Wellenfort~~ Stromlinien-Fortpflanzung in dem aus Wasser und Erdboden gebildeten Doppelmedium zu berechnen, was nach dem Vorbilde meiner Arbeit über drahtlose Telegraphie ~~(Luft-Erdboden)~~ ~~(Erdboden-Luft)~~ geschehen konnte, wobei der Luft dort der Boden hier, dem Erdboden dort das Wasser hier entspricht. So wie sich dort die Wellen in Luft ausbreiten und im Erdboden versickern, so werden sich hier die Wechselströme im Boden ausbreiten und nur durch eine Art Skineffekt in das Wasser hineingelangen. Letzterer Umstand schränkt die Anwendbarkeit der Methode auf geringe Tiefen des Oceans ein: bei Tiefen von mehreren hundert Metern würde die Absorption im Wasser bei der Überwindung der vertikalen Abstände, also beim Übergang vom Senderboot zum Meeresboden und beim Übergang vom Meeresboden zum Empfängerboot die Wellenenergie zu sehr verbrauchen, selbst wenn die Fortpflanzung im Meeresboden in horizontaler Richtung mit hinreichend geringem Energieverlust vor sich ginge.

2. Stromlinientelegraphie mit grosser Basis
(Bericht bei den Akten der K. W. K. W.)

Wenn die Basis, von der aus der Wechselstrom in's Wasser gegeben wird, nicht mehr klein ist gegen die Wellenlänge des Wechselstroms (in Wasser gemeßen), so hat die Rechnung nicht mehr von einem idealen Dipol sondern von einer Aneinanderreihung solcher auszugehn. Das Problem hat Interesse für den sog. Wechselstromcompaß, bei dem die U-Boote sich durch ein wechselstrom-führendes Kabel orientiren sollen und für die Aufsuchung feindlicher Kabelleitungen. Deshalb wird das elektromagnetische Feld in der Nähe eines langen Kabels untersucht, sei es dass in demselben periodischer Wechselstrom oder unperiodische Stromimpulse fliessen.

In einem Nachtrag, welcher durch eine Mitteilung aus Kiel über Unstimmigkeiten zwischen Rechnung und Beobachtung hervorgerufen wurde, wurde die Fortpflanzung der Phase des Wechselstroms längs des Kabels berücksichtigt. Nach neuerer Mitteilung sind die Unstimmigkeiten dadurch noch nicht ganz behoben.[1]

3. Stromlinientelegraphie mit magnetischem Dipol.

Während man eine Schleppantenne als einen elektrischen Dipol auffassen kann, stellt eine geschlossene horizontale Drahtschleife einen magnetischen Dipol von vertikaler Axe dar. Es entsteht die Frage, bei welcher von beiden Anordnungen die Ausbreitung im Wasser sich günstiger stellt. Auch bei der Behandlung des magnetischen Dipols handelt es sich um ein Doppel-Medium, nämlich um das Zusammenwirken von Wasser und Luft. Wegen der für den elektrischen und magnetischen Fall verschiedenen Grenzbedingungen zwischen Wasser und Luft wird der sonst vollständige Dualismus beider Probleme gestört. In praktischer Hinsicht ergiebt sich: Auf kleine

---

[1] Falls die Paginierung von Sommerfeld richtig ist, fehlt hier ein Blatt.

Entfernungen ($r < \lambda$) ist das Senden mit Schleife günstiger wie mit Antenne, auf grössere Entfernungen ungünstiger.

Die letzte Untersuchung kommt auch in Betracht für eine Frage, die
mir unterm 9. November 1917 vom Reichsmarineamt gestellt ist: Durch
welche Anordnungen kann man die Schärfe der Richtung drahtloser Signale verbessern, d. h. den Winkelraum, in den merkliche Intensität gelangt,
verkleinern. Meine diesbezüglichen Bemühungen sind zur Zeit noch nicht
abgeschlossen.

Ballistik der Minenwerfer.

In der erwähnten Göttinger Besprechung stellte Herr Oberstleutnant
Koch die Aufgabe, die konischen Pendelungen der Minen durch ev. Abänderung ihrer Bauart auszuschalten oder zu verringern und eine möglichst
glatte Flugbahn zu erzielen. Meine diesbezüglichen Rechnungen (Bericht
und Nachtrag bei den Akten der K. W. K. W.)[1]

[279] Von Niels Bohr[2]

Köbenhavn 7-5-1918.

Lieber Professor Sommerfeld!

Ich danke Ihnen vielmals für die freundliche Zusendung Ihrer vielen
hochinteressanten Abhandlungen. Ich wollte Ihnen schon lange schreiben,
aber wollte Ihnen gern gleichzeitig etwas von meinen eigenen Untersuchungen mittheilen können. Wie ich Ihnen geschrieben, habe ich seit mehreren
Jahren an einer grösseren zusammenfassende Abhandlung über die Quantentheorie gearbeitet, in welcher ich beabsichtigte die verschiedenen Gebiete
der Anwendungen dieser Theorie auf den Spektren zu behandlen. Wegen
den zahlreichen Arbeiten und dem grossen ununterbrochenen Fortschritt in
der Theorie ist es mir aber sehr schwierig gewesen die Arbeit abzuschliessen, und vor kurzem habe ich mich deshalb dazu beschlossen die Arbeit in
mehreren Teilen zu publizieren, je nachdem die einzelnen Teilen von der
Druckerei fertig sind. Ich habe Ihnen eben den ersten Teil zugeschickt, welcher von den allgemeinen Prinzipien der Theorie handelt.[3] Wie Sie sehen

[1] Hier bricht der Text ab. Sommerfelds Arbeiten zur Ballistik werden zusammengefaßt
dargestellt in [Noether 1919]. Noether hat diese Arbeit mit „Benützung eines unveröffentlichten Manuskripts von A. Sommerfeld" nach Kriegsende zusammengestellt.

[2] Brief (3 Seiten, lateinisch), *München, DM, Archiv HS 1977-28/A,28.*

[3] [Bohr 1918a], zur Entstehungsgeschichte siehe [Bohr 1976, S. 3-13].

werden habe ich versucht eine Darstellung der früheren Resultaten zu geben und zugleich gewisse neue Gesichtspunkte darin hineinzuarbeiten, wobei ich hoffe etwas neues Licht über verschiedenen Anwendungen der Theorie zu werfen, u. a. auf die Frage nach der Intensität und Polarisation der Spektren. Die verschiedenen Anwendungen werden in den folgenden Teilen näher besprochen. Ich hoffe Ihnen recht bald den zweiten Teil senden zu können, den ich schon in Korrektur habe.[1]

Mit vielen herzlichen Grüssen an Ihnen, und allen gemeinsamen Freunden, von meiner Bruder und mir

Ihr sehr ergebner
Niels Bohr.

[280] *An Manne Siegbahn*[2]

München, den 8. V 1918

Sehr geehrter Herr College!

Von Hn. Wingardt höre ich, dass Sie nach Göttingen kommen.[3] Es tut mir leid, dass ich, eben erst von Berlin zurückgekommen, die Göttinger Woche nicht besuchen kann; ich hätte gern einige Fragen der Röntgenspektren mit Ihnen besprochen und Ihre persönliche Bekanntschaft gemacht.[4]

Ich habe eine vorläufige Note in die Physikal. Ztschr. zum Druck gegeben, in der ich versuche, die Besetzung der Ringe mit Elektronen aus den Röntgenspektren zu bestimmen, ähnlich wie das Vegard (aber wohl etwas leichtsinnig) tut.[5] Dabei suche ich vor allem die Wechselwirkung zwischen den verschiedenen Ringen exakt zu fassen. Wenn Sie den Aufsatz bald zu sehen wünschen, so sagen Sie bitte Debye,* dass er Ihnen einen Correkturabzug schicken lassen möge.[6]

Natürlich kommt es bei diesem Problem sehr an auf genaue Meßungen.

---

[1] [Bohr 1918b].

[2] Brief (2 Seiten, lateinisch), *Stockholm, Akademie, Siegbahn*.

[3] In Göttingen fanden auf Einladung der Wolfskehlstiftung vom 13. bis 17. Mai 1918 Vorträge von Max Planck über die Quantentheorie statt. K. A. Wingårdh war ein Mitarbeiter von Siegbahn.

[4] Siegbahn hatte 1909 Vorlesungen bei Sommerfeld gehört, vgl. *A. Sommerfeld an M. Sommerfeld, 9. September 1919. München, Privatbesitz.*

[5] [Sommerfeld 1918f]. Lars Vegard, Professor der Physik an der Universität Oslo, hatte die von Debye begründete Vorstellung der Elektronenringe [Debye 1917] verallgemeinert, [Vegard 1917a] und [Vegard 1917b]; vgl. [Heilbron 1967].

[6] Peter Debye und Hermann Simon redigierten die *Physikalische Zeitschrift*.

In dieser Hinsicht möchte ich Ihnen einige Fragen vorlegen:[1]

1) K_β ist bis herab zu Mg ($Z = 12$), K_γ bis zu Ca ($Z = 20$) beobachtet. Die Differenz ist $\Delta Z = 8$ und würde für 8 Elektronen im 3ten (M-Ring) sprechen. Glauben Sie, dass ich mit Recht annehme, dass die Grenzen Mg für K_β und Ca für K_γ real sind, d. h. dass keine Elemente mit kleineren Ordnungszahlen K_β bez[iehungsweise] K_γ zeigen werden?

2) Ihre Meßungen[2] von K_α liegen sehr schön und regelmässig bis etwa As, von da ab treten offenbar Fehler auf. Nehme ich mit Recht an, dass die Meßungen für $Z < 33$ genauer sind, als die Meßungen für $Z > 33$?

3) Wie ich schon früher behauptet habe, stimmt das Combinationsprincip nicht genau. Es ist

$$\Delta = K_\alpha + L_\alpha - K_\beta > 0, \text{ ebenso } \Delta = L_\alpha + M_\alpha - L_\gamma > 0 \text{ etc}$$

Merkwürdiger Weise zeigt sich nun, dass Δ bei Zunahme von Z um eine Einheit stets um dieselbe constante Grösse zunimmt, etwa *0,8*, wenn man die betr. Schwingungszahlen mit N dividirt hat.[3] Der theoretische Grund hierfür ist gänzlich unklar. Die experimentelle Tatsache halte ich aber für sicher. Glauben Sie, dass dieselbe irgendwie durch *systematische* Beobachtungsfehler vorgetäuscht werden könnte? Wie Sie hieraus sehen, ist eine Nachprüfung gerade dieser Combinationsdefecte für die Theorie des Atominnern von grösster Bedeutung.

4) Nach der Theorie sollte eigentlich auch K_β (ebenso wie K_α) ein Dublett sein, weil auch bei K_β der (zwischen dem Anfangs- und Endring gelegene) L-Ring mitspielt. Ich habe bereits Debye gebeten, K_β daraufhin mit seiner Pulver-Methode genau zu untersuchen.[4] Haben Sie jemals eine Andeutung von einem K_β-Dublett gefunden? Vermutlich nicht! Dieser Umstand ebenso wie die Combinationsdefecte bringt mich zu der Überzeugung, dass unsere bisherigen Vorstellungen über die Theorie der Röntgenspektren noch ungenügend sind. Ich will dies alsbald in einer Fortsetzung der Note in der Physikal. Ztschr. ausführen.[5]

Mit besonderer Hochachtung
Ihr A. Sommerfeld

* oder besser *Simon*

---

[1] Zur Notation bei der Bezeichnung der Röntgenterme siehe [Sommerfeld 1918f].

[2] Sommerfeld bezieht sich auf [Siegbahn 1916].

[3] N ist die Rydbergkonstante.

[4] Vgl. Brief [285].

[5] Die Arbeit [Sommerfeld 1918f] wurde als Teil 1 publiziert, ein Teil 2 erschien nicht. Siehe [Heilbron 1967], zur Frage des K_β-Dubletts vgl. Seite 462.

[281] *An Niels Bohr*[1]

München, den 18. Mai 1918

Lieber College Bohr!

Recht vielen Dank für Ihre Arbeit und Ihren freundlichen Brief![2] Ihre Arbeit ist schon lange mit Spannung erwartet und wurde sofort von allen Seiten mit Eifer studirt. Da gerade Herr Flamm aus Wien hier zu Besuch war, trug uns Epstein über Ihre Arbeit im Colloquium vor.[3] Eine etwas gemischte Freude hatte über Ihre Arbeit Dr. Rubinowicz (er ist bei mir Assistent, aber nur bis zum nächsten Monat; ab 15 Juni kehrt er* nach seiner Heimat Czernowitz zurück, wo er Assistent am physikal. Institut ist).[4] Zur Feier von Plancks 60ten Geburtstag am 23. IV hatte ich in Berlin einen Vortrag gehalten,[5] in dem ich auch die Frage streifte: Versöhnung von Quantentheorie und Wellentheorie. Ich stützte mich dabei teils auf den Artikel von Flamm in der Physikal. Ztschr. 1918, Nr. 6, teils auf eine Arbeit von Rubinowicz, die ebenfalls in der Physikal. Ztschr. erscheinen wird.[6] Mein Standpunkt bei jenem Vortrage (bez. der von Rubinowicz in seiner Arbeit) ist Folgender: Der *Wellenvorgang* liegt allein im *Äther*, der den Maxwell'schen Gleichungen gehorcht und quantentheoretisch wie ein linearer Oscillator wirkt, mit unbestimmter Eigenfrequenz ν. Das *Atom* liefert zu dem Wellenvorgang nur eine bestimmte Menge *Energie* und *Impulsmoment* als Material für den Wellenvorgang. Es hat aber mit der Schwingung direkt nichts zu tun. Aus der Energie entnimmt der Äther nach Ihrem $h\nu$-Gesetz seine Frequenz, aus dem Impulsmoment seine Polarisation. Durch Vergleich von Energie und Impulsmoment findet Rubinowicz eine Bedingung für die azimutale Quantenzahl: sie kann nur um höchstens eine Ein-

[1] Brief (2 Seiten, lateinisch), *Kopenhagen, NBA, Bohr.*

[2] Brief [279], [Bohr 1918a].

[3] Ludwig Flamm war seit 1910 Assistent von Gustav Jäger an der TH Wien. Er referierte am 10. Mai 1918 im Münchner Kolloquium „Über aktuelle Probleme der Quantentheorie". Am folgenden Tag berichtete Epstein über „Intensitätsfragen und Auswahlprinzip nach Bohr", vgl. *Physikalisches Mittwoch-Colloquium. München, DM, Archiv Zugangsnr. 1997-5115.*

[4] Adalbert Rubinowicz war 1917 bis 1918 als Nachfolger Karl Glitschers Assistent bei Sommerfeld; er hatte bereits zuvor eine Assistentenstelle an der Universität Czernowitz, die jedoch nach Kriegsausbruch geschlossen worden war, vgl. *A. Rubinowicz an J. L. Heilbron, 12. Juli 1963. AHQP.*

[5] [Warburg et al. 1918, S. 16–32].

[6] [Flamm 1918], [Rubinowicz 1918a] und [Rubinowicz 1918b]. Rubinowicz berichtete am 23. Mai 1918 auch im Münchner Kolloquium über „Die Bohrsche Frequenzbedingung und der Satz von der Erhaltung des Impulsmomentes", vgl. *Physikalisches Mittwoch-Colloquium. München, DM, Archiv Zugangsnr. 1997-5115.*

heit sich ändern (0, ±1). Dadurch werden die überzähligen Componenten beim Zeeman-Effekt ausgeschaltet und meine „Quantenungleichungen" berichtigt. Sie kommen zu denselben Resultaten durch Ihren interessanten Vergleich zwischen klassischer und quantentheoretischer Emission für grosse Quantenzahlen. Ihre Methode reicht wohl noch weiter, aber die oben angedeutete Auffassung scheint mir physikalisch lehrreicher. Ich entnehme aus pag. 34 Ihrer Arbeit, dass Ihnen unsere Auffassung nicht fremd ist, dass Sie sie aber nicht so betonen, wie wir.[1]

Ich habe eine Arbeit (Teil I) über Röntgenspektren im Druck. Ich finde hier viele Schwierigkeiten, besonders mit dem Combinationsprincip.[2] Das Ziel, die Zahl der Elektronen in jedem Ringe zu bestimmen, scheint mir noch in weiter Ferne zu liegen.

Von Ehrenfest höre ich, dass Sie jung verheiratet sind[3] und dass es Ihnen gut geht. Das freut mich aufrichtig. Es wäre schön, wenn wir uns einmal wiedersehen könnten! Schönste Grüsse, auch an Ihren Bruder,

von Ihrem

A. Sommerfeld.

* Er wird Ihnen sehr dankbar sein, wenn Sie ihm ein Exemplar Ihrer Arbeit dorthin schicken würden, desgl. die Fortsetzungen.

[282] Von Albert Einstein[4]

1. VI. 18.

Lieber Sommerfeld!

Gestern Abend sind Sie vom Vorstand u[nd] Beirat sowie vom Plenum der Deutschen physikalischen Gesellschaft zum Vorsitzenden gewählt worden, und zwar mit sichtlicher Begeisterung. Im Interesse der Gesellschaft bitte ich Sie dringend, die Wahl anzunehmen. Es erwachsen Ihnen hieraus sozusagen keine Verpflichtungen. Wenn Sie einmal bei einer Sitzung der Gesellschaft sowieso in Berlin sind, führen Sie den Vorsitz; sonst werden Sie durch eines der hier wohnenden Vorstandsmitglieder (in erster Linie Ru-

---

[1] Zur Entwicklung des Bohrschen Korrespondenzprinzips und seiner Formulierung in [Bohr 1918a] siehe [Bohr 1976, S. 4-7].

[2] [Sommerfeld 1918f, S. 300].

[3] Niels Bohr und Margrethe Norlund hatten bereits am 1. August 1912 geheiratet.

[4] Brief (1 Seite, lateinisch), München, DM, Archiv HS 1977-28/A,78.

bens)[1] ersetzt. Ihre eventuellen Bedenken gegen die Annahme der Wahl werden vielleicht durch Folgendes vermindert. Wir waren alle der Ansicht, dass ein Nicht-Berliner Vorsitzender werden solle. Da fiel zuerst die Wahl auf Herrn Max Wien,[2] weil dieser gegenwärtig viel in Berlin ist. Da dieser wegen Überbürdung mit Militärgeschäften ablehnte, kam niemand mehr in Betracht, von dem wir hoffen durften, dass er oft bei den Sitzungen anwesend sei. Da fiel die Wahl spontan auf Sie, ohne dass sonst ein anderer in Betracht gezogen worden wäre. Diese Einhelligkeit verdient Anerkennung, und diese der Gesellschaft bald zukommen zu lassen in Gestalt eines erquickenden

Ja

bittet Sie Ihr

A. Einstein

Ausserdem herzliche Privatgrüsse.

[283] *An Albert Einstein*[3]

[Juni 1918][4]

L. E.!

Dieser Zettel enthält zwar durchaus keine Geheimnisse, sein Inhalt passt aber doch wohl nicht recht in den officiellen Brief.

Die neue Arbeit von Bohr haben Sie wohl gelesen.[5] Seine Methode, Wellenth. u. Quantenth. von den grossen Quantenzahlen her aneinanderzupassen, scheint mir sehr wirkungsvoll, wenn sie einen auch innerlich nicht belehrt. Gewisse Schlussbemerkungen bei Bohr decken sich aber mit einer Arbeit von Rubinowicz, die inzwischen an die Phys. Ztschr. abgegangen ist[6] u. von der ich Ihnen neulich schon sprach. Ich habe in dem Ms. zu meinem Planckvortrag* die Sache etwas weiter ausgeführt, als ich es im Vortrag tun konnte. Etwa so: Nicht das Atom schwingt, sondern der Äther,

---

[1] Heinrich Rubens war seit 1906 Ordinarius für Experimentalphysik an der Universität Berlin.

[2] Max Wien war seit 1911 Ordinarius für Physik an der Universität Jena. Während des Krieges bekleidete er in Berlin bei der Tafunk eine hochrangige Position.

[3] Brief (2 Seiten, lateinisch), *Jerusalem, AEA.*

[4] Vermutlich kurz nach dem vorangehenden Brief [282]; es dürfte sich um die Beilage zu Sommerfelds offiziellem Antwortschreiben handeln, in dem er die Wahl zum Vorsitzenden der DPG annahm.

[5] [Bohr 1918a].

[6] Vgl. Brief [281].

dessen Metier es ist zu schwingen. Er tut dies ganz Maxwellisch, so wie er es nach dem vom Atom gelieferten Energie- und Impuls-Betrage tun muß. Es fehlt noch der Nachweis, dass durch Energie- und Impuls-Daten die Äther-schwingung eindeutig festgelegt ist. Aber schon jetzt sind soviel Bestäti-gungen der Auffaßung, in der Polarisation bei Zeeman- und Stark-Effekt, und in den (nunmehr präcisirten) Quantenungleichungen vorhanden, dass ich nicht an ihrer Richtigkeit zweifle.

Ich schreibe seit 14 Tagen ein populäres Buch über „Atombau u. Spek-trallinien", im Text für Chemiker, in den Zusätzen auch für Physiker.[1]

Von Siegbahn erfuhr ich eine hübsche Bestätigung eines zunächst uner-warteten Resultates über Röntgenspektren.[2] K_β ist eine Doppellinie; der L-Ring expandirt beim Übergang eines Elektrons aus dem M-Ring in den K-Ring und zeigt dabei seine doppelte Natur.

Können Sie nicht von einem Berliner Gönner eine besondere Stiftung zur Abhaltung von Vorträgen in der D. Ph. Ges. erhalten? Als erste Vortragende schlage ich z. B. Siegbahn oder Bohr vor. Sie sehen, ich fange schon an, mich in die Angelegenheiten der Gesellschaft einzumischen.

Ihr A. Sommerfeld.

* Laue's Idee mit der Broschüre ist hübsch, besonders hübsch, dass dadurch auch Pl.[anck]'s Erwiderung und Ihr Forscher-Dithyrambus festgehalten wird.[3]

[284] *An Manne Siegbahn*[4]

München 4. Juni 1918.

Sehr geehrter Herr College!

Ich danke Ihnen sehr für Ihre freundliche Mitteilung, insbesondere über das K_β-Dublett. Um Ihr Interesse dafür zu erregen, möchte ich Ihnen hier die Theorie dazu kurz auseinandersetzen.[5]

Wenn ein Elektron aus dem M-Ring in den K-Ring übergeht, so nimmt die effektive Kernladung* ab. War sie anfangs $Z - p - s_q$ (p Elektronen im

---

[1] Siehe Seite 464.

[2] [Sommerfeld 1918d, S. 372].

[3] [Warburg et al. 1918]. Dithyrambus: Loblied.

[4] Brief (2 Seiten, lateinisch), *Stockholm, Akademie, Siegbahn*.

[5] Die folgenden Ausführungen geben in Kurzform den Inhalt von [Sommerfeld 1918d] und [Sommerfeld 1918f] wieder. Anstelle des Terms $(Z - p - \frac{1}{2} - s_q)$ in den Formeln unten steht in [Sommerfeld 1918d] $(Z - p + \frac{1}{2} - s_q)$.

K-Ring, q im L-Ring, s_q die Bohr'sche Grösse[1] $s_q = \frac{1}{4} \sum_{(k)} 1/\sin \frac{\pi k}{q})$ so ist sie nach dem Elektronenübergang nur noch: $Z - p - 1 - s_q$. Die Kernanziehung wird also vermindert und der L-Ring *expandirt* daher. Berechnet man also die Energiebilanz zwischen Anfangs- und Endzustand, so geht in diese auch ein Beitrag von der Energie des L-Termes ein, trotzdem an seiner Elektronenzahl q nichts geändert wird. Dieser Beitrag ist

$$\frac{W}{N} = \frac{q}{4} \left((Z - p - 1 - s_q)^2 - (Z - p - s_q)^2 \right)$$
$$= -\frac{q}{2} \left(Z - p - \frac{1}{2} - s_q \right).$$

1)

Er geht mit Z, während die Beiträge vom K- und M-Ringe mit Z^2 gehen, ist aber trotzdem nicht zu vernachlässigen, besonders bei kleinem Z.

Nun ist aber der L-Ring doppelt: kreisförmig oder elliptisch: und daher in seinen relativistischen Beiträgen verschieden. Der Unterschied in den relativistischen Beiträgen zwischen Anfangs- und Endlage ist

$$\frac{\Delta \nu}{N} = q \frac{\alpha^2}{2^4} \left((Z - p - 1 - s_q)^4 - (Z - p - s_q)^4 \right)$$
$$= -\frac{q\alpha^2}{4} \left(Z - p - \frac{1}{2} - s_q \right)^3.$$

2)

Dieses Dublett geht mit Z^3, das Dublett $(\alpha\alpha')$ mit Z^4. Es ist im Allgemeinen klein gegen dieses; indessen kann der Faktor q (ich vermute etwa $q = 8$) besonders bei kleinem Z compensiren. Das Dublett $(\alpha\alpha')$ lautet, in derselben Weise geschrieben:

$$\frac{\Delta \nu}{N} = -\frac{\alpha^2}{2^4} \left(Z - p - \frac{1}{2} - s_q \right)^4.$$

3)

Das Dublett von K_β hat also dieselbe Lage wie das Dublett $(\alpha\alpha')$, d. h. die *schwächere* (elliptische) *Linie* liegt nach der Seite der *grösseren Wellenlängen*. Das Verhältnis wird

$$\frac{\Delta \nu_\beta}{\Delta \nu_\alpha} = \frac{4q}{Z - p - \frac{1}{2} - s_q}$$

4)

Während das Dublett $\alpha\alpha'$ in Wellenlängen gemessen *constant* ist im System der Elemente (bei wachsendem Z), *nimmt das Dublett K_β ab mit wachsendem Z*[.]

---

[1] Zur Berechnung des Durchmessers der Elektronenringe vgl. [Bohr 1913b, S. 20].

Am günstigsten sind also *kleine Z.*
Sehen Sie doch vor allem Ihre Platten für
Mg, Al etc nach! Es müsste sich *überall*
finden.

K_β	| |	| |	| |	| |	
K_α	| |	| |	| |	| |	etc.
	$Z=20$	$Z=30$	$Z=40$	$Z=50$	

Sie sehen hieraus, dass es sich um eine sehr interessante und *sicher nach-zuweisende* neue Folgerung der Theorie der Feinstrukturen handelt. Das besondere Interesse liegt darin, dass die relative Dublettgrösse nach Gl. 4) die *Besetzungszahl q* des L-Ringes *sehr genau und direkt* zu bestimmen gestattet. Man kommt also einen guten Schritt vorwärts in der Erkenntnis des Atombaues. Ich werde Ihnen sehr dankbar sein, wenn Sie mir durch Mitteilung Ihrer Meßungen dazu verhelfen.

Ich habe in unserer letzten Akademie-Sitzung eine kurze Note über den Gegenstand zum Druck gegeben und habe dabei auch Ihren Brief citirt.[1] Ich hoffe, Sie haben nichts dagegen.

Ganz unverständlich sind mir noch die Abweichungen vom Combinationsprincip! Sie halten diese doch auch für real?

Nochmals vielen Dank für Ihre bereitwillige Auskunft!.

Ihr sehr ergebener
A. Sommerfeld.

* für den L-Ring

[285] *An Manne Siegbahn*[2]

München, den 27. Juni 1918.

Sehr geehrter Herr College!

Ihr Hinweis auf die beiden Linien 5,029 und 5,853 bei S und P war mir sehr interessant.[3] Die Linie bei S könnte gut das gesuchte $K_{\beta'}$ sein. Die Linie bei P liegt aber viel zu weit von K_β ab. Wenn also 5,853 nicht etwa ein Druckfehler ist, so muß diese Linie wohl einen anderen Ursprung haben, vielleicht gar nicht zu P gehören. Ich hoffe sehr auf eine kontinuirliche Folge von Paaren K_β, $K_{\beta'}$, die sich experimentell selbst kontrollirt und auch die nötige theoretische Sicherheit giebt.

---

[1] [Sommerfeld 1918d, S. 372], vgl. auch Seite 462.

[2] Brief (2 Seiten, lateinisch), *Stockholm, Akademie, Siegbahn.*

[3] S und P bezeichnen Schwefel und Phosphor. Zur Nomenklatur der Feinstruktur der Röntgenlinien K_β, $K_{\beta'}$ usw. vgl. [Sommerfeld 1921].

Nach der Debye'schen Pulver-Methode hat Dr. Holtzmark in Göttingen kein $K_{\beta'}$ gefunden.[1] Vermutlich ist die Auflösungskraft dieser Methode besonders bei geringen Intensitäten doch zu klein.

Die Barkla'sche J-Absorption[2] wird man wohl nur als eine Umlagerung im Kern auffassen können. Sie schrieben mir einmal, dass Sie in Emission nichts gefunden haben. Soviel ich weiss hat Niemand anders als Barkla die J-Linie bisher erhalten.

Die Revision meiner Arbeit aus der Physikal. Ztschr. geht gleichzeitig an Sie ab.[3] Hoffentl. lässt sie der Censor durch!

Mit besten Grüssen Ihr
A. Sommerfeld

[286] *Von Manne Siegbahn*[4]

~~Lund~~ z Zt Seebad Bästad den 9/7 1918.

Sehr geehrter Herr College!

Besten Dank für Ihren Brief von 27 juni. Leider ist bis jetzt das Korr. der Phys Zs nicht hier eingetroffen;[5] hoffentlich kommt es noch. Die K_{β}-Dublette habe ich noch bei einige Elemente aufgenommen allerdings ist ihre Ausmessung schwierig. Bei meiner Rückkehr nach Lund werde ich damit fortsetzen. So weit ich aus den Platten beurteilen kann dürfte der Frequenzdiff. bei β und α etwa bei Mn (25) einander gleich sind:[6] Das würde nach Ihre Formel 4) $\Delta\nu_\beta/\Delta\nu_\alpha = {}^{4}q/Z_{-p-\frac{1}{2}-s_q}$ mit $p = 3$: $q = 5$ entsprechen?[7] – Die P-linie 5,853 ist verhältnismässig stark und rührt wahrscheinlich von einer bisher unbekannte Reihe (einer anderen Elemente) her.

Die J-Reihe Barklas habe ich auch noch in *Absorption* nachgesucht ebenso ohne Erfolg.–

---

[1] Vgl. Brief [280]. Johan Holtsmark scheint die Ergebnisse nicht veröffentlich zu haben.

[2] Charles Barkla hatte 1917 eine noch härtere charakteristische Röntgenstrahlung als die K-Strahlung beobachtet, die er J-Strahlung nannte; diese Beobachtung stellte sich als Irrtum heraus, vgl. [Gerlach 1926, S. 195].

[3] [Sommerfeld 1918f].

[4] Brief (1 Seite, lateinisch), *München, DM, Archiv NL 89, 013.*

[5] [Sommerfeld 1918f].

[6] Randnotiz von Siegbahn: „unverantwortlich!", also: ohne Gewähr! (25) bezeichnet die Ordnungszahl.

[7] Siehe Brief [284]; die Zahlen p und q bedeuten Besetzungszahlen von Elektronenringen. Auf der Rückseite notierte Sommerfeld Auswertungen dieser Formel für andere Zahlenwerte.

Haben Sie keine Idee wie die α_3 α_4 Linien zu erklären sind[?] Diese Duplette löst sich etwa bei (27–29) von K_α ab[1]

Mit bestem Gruss
Ihr Manne Siegbahn

[287] *An Manne Siegbahn*[2]

München, den 17. Juli 1918.

Sehr geehrter Herr College!

Ihre Mitteilungen über K_β interessiren mich sehr. Ich bin überzeugt und rechne dabei auf Ihre Zustimmung, dass das K_β Dublett zur Klärung unserer Anschauungen über das Atom-Innere ebenso viel beitragen wird, wie das K_α- und L-Dublett. Ihre früher mitgeteilte Meßung über S liefert $q = 8$;[3] nämlich

$$\Delta\lambda_\beta = 0,011 \cdot 10^{-8}$$
$$\Delta\lambda_\alpha = 0,004 \cdot 10^{-8}$$
$$\lambda_\beta = 5,02 \cdot 10^{-8} \qquad \frac{\Delta\nu_\beta}{\Delta\nu_\alpha} = \frac{0,011}{0,004} \cdot \frac{28,6}{25,2} = 3,1.$$
$$\lambda_\alpha = 5,36 \cdot 10^{-8}$$

Andererseits

$$\left(\frac{4q}{Z - p + \frac{1}{2} - s_q}\right)_{\substack{q = 8 \\ p = 3 \\ Z = 16}} = \frac{32}{10,6} = 3,0.$$

Natürlich beweist die einzelne Messung noch nichts; aber die Aufeinanderfolge mehrerer Meßungen sollte die Zahl q sehr sicher liefern.

Die Bedeutung von (α_3 α_4) erregt schon lange meine Neugier. Ich werde bald im Zusammenhang mit anderen Dingen darauf eingehen.[4] Dass Sie die Loslösung in die Nähe der Triade Fe Co Ni legen, erinnert mich an einen Gedanken, den Sie in der Phys. Ztschr. angedeutet finden (das Heft erscheint in dieser Woche,[5] so dass Sie das Separatum ehestens erhalten werden): Elemente von gleichen chemischen Eigenschaften sind äusserlich gleich gebaut. Das bei jedem nächsten Element hinzukommende Elektron

---

[1] Siehe Brief [290]. Die Elemente 27–29 sind Kobalt, Nickel und Kupfer.
[2] Brief (2 Seiten, lateinisch), *Stockholm, Akademie, Siegbahn.*
[3] Siehe Brief [285].
[4] Siehe Brief [290].
[5] [Sommerfeld 1918f] erschien am 15. Juli 1918.

wird also bei den Triaden (u. den seltenen Erden) nicht aussen angesetzt sondern innen eingebaut. Hier ist also eine gewisse Diskontinuität in den Besetzungszahlen der inneren Ringe zu erwarten.

Man sieht auch hieraus, wie wichtig *genaue* Beobachtungen für alle feineren Fragen sind. Besten Dank für Ihre Mitteilung über die J-Serie! Ich hoffe gelegentlich einmal auch Ihre Meinung über die Genauigkeit der „Combinationsdefekte" zu hören.[1]

Mit bestem Gruß
Ihr A. Sommerfeld.

Auf Cu-Platten von Wagner glaubte ich das K_β-Dublett auch zu erkennen.[2] Holtzmark hat mit der Debye'schen Methode (Krystallpulver) nichts gefunden.[3] Sollte diese Methode doch unempfindlicher sein, wie die übliche Methode (Drehkrystall)? Zweifellos werden Sie nach Möglichkeit solche Krystalle wählen, für die der Reflexionswinkel von K_β möglichst $\pi/2$ wird.

[288] *An Wilhelm Wien*[4]

Berghäusl, Obersalzberg bei Berchtesgaden. [August 1918][5]

Lieber Wien!

Besten Dank für Ihre Sendung, die ich mit viel Interesse durchgesehen habe! Ich schicke Ihnen die ganzen Papiere erst im September nach Würzburg, damit Sie sie nicht von Mittenwald aus mitschleppen müssen. Ich komme voraussichtlich am 8. IX nach München zurück, wo Sie voraussichtlich schon hindurchpassirt sein werden. Wenn wir uns doch noch sehen könnten, wäre es mir sehr lieb.

In der Vorstands-Sitzung der D. Phys. Ges. war wesentlich nur von der Decentralisation der Fortschritte die Rede, für die Haber grössere Geldmittel flüssig machen will.[6] Die Statuten-Beratung sollte bis nach dem Kriege

---

[1] Vgl. [Sommerfeld 1918f, S. 300] und Brief [290].

[2] Der Röntgenschüler Ernst Wagner war seit 1915 Extraordinarius in München. Er hatte 1917 einen zusammenfassenden Bericht über Röntgenspektroskopie publiziert, in dem er Sommerfelds Theorie diskutierte [Wagner 1917, S. 491-493].

[3] Vgl. Brief [285].

[4] Brief (4 Seiten, lateinisch), *München, DM, Archiv NL 56, 010.*

[5] Sommerfeld hatte am 26. Juli 1918 eine Vorstandssitzung der Deutschen Physikalischen Gesellschaft geleitet und wollte eine Woche später in Berchtesgaden sein, vgl. *A. Sommerfeld an J. Sommerfeld, 27. Juli 1918. München, Privatbesitz.*

[6] Fritz Haber spielte dank seiner Beziehungen zu möglichen industriellen Geldgebern eine führende Rolle bei der Reorganisation des Zeitschriftenwesens. Die *Fortschritte*

vertagt werden. Dass die Fortschritte weiterhin nicht eine Angelegenheit Berliner Oberlehrer bleiben dürfen, habe ich selbst stark befürwortet. Am nächsten Tage hatte ich noch eine Besprechung mit Haber und Scheel über die Fortschritte, bei der Haber lebhaft befürwortete, ich sollte zu Pfingsten 1919 einen kleinen Physiker-Congress nach München zur Unter-Dach-Bringung der Statuten berufen, wobei z. B. Siegbahn für den wissenschaftlichen Teil gewonnen werden könnte. Haber und Scheel schien der Münchener Vorsitzende für diese Aufgabe besonders erwünscht. Ich sprach dann noch telephonisch mit Rubens über diesen Plan, der aber während des Krieges nichts davon wissen wollte und an der Meinung der Vorstands-Sitzung festhielt. Es wird also wohl nichts daraus werden, was mir persönlich auch viel angenehmer ist, da bei dem Fehlen aller jungen Leute in München die ganzen Vorbereitungsarbeiten auf mir allein lasten würden. Sie können hieraus aber sehen, dass die Berliner nicht so schlimm sind, wie Sie annehmen. Ich habe den Eindruck, dass sie den Nicht-Berlinern gern und aus Überzeugung weitgehend entgegenkommen würden.[1] Wir müssten uns einmal zu zweit in Muße über die einzelnen Punkte unterhalten. Ein Schisma scheint mir ganz undenkbar und ganz unangezeigt. Wenn Aussicht ist, dass Sie im Herbst oder Winter nach München kommen, würde ich Ihre Akten lieber sogleich dort behalten, als Unterlage für unsere Besprechung.

In Berlin hatte ich ausserdem in der Tafunk zu tun, sowie auf dem neu angelegten Flugplatz Lärz am Myritz-See in Mecklenburg.[2]

Ich habe mancherlei wissenschaftl. Pläne, bin aber für's Erste mit Kriegsproblemen voll beschäftigt. Wo sich neuerdings der militärische Horizont wieder zu bewölken scheint, ist diese Beschäftigung auch befriedigender wie die rein-wissenschaftliche.

Sehr aussichtsvoll scheint mir die Betrachtung von Rubinowicz über die Polarisation der Spektren, über die Sie in meiner Planck-Rede einige Andeutungen gelesen haben werden.[3] Ferner beschäftigen mich nach wie vor die Röntgen-Dubletts und die Dubletts der Alkalien. Wann wird man endlich an diese Dinge mit gutem Gewissen gehen können?!

Auf der Rückreise von Berlin habe ich Mies einen Tag besucht.[4] Schubert-Abend. Mie hat ein schönes Resultat über Strahlung, die durch Hin-

---

der *Physik* waren das Referateorgan der Gesellschaft. Zur Reorganisation des physikalischen Zeitschriftenwesens nach dem Ersten Weltkrieg siehe [Forman 1967, S. 171-205].

[1] Vgl. dazu [Richter 1973] und [Forman 1974].

[2] Es handelte sich dabei um „Richtwirkungs- und Peilversuche" der „Flieger-Funker-Versuchsabteilung Döberitz" [Baldus et al. 1920].

[3] Siehe die Briefe [281] und [283].

[4] Gustav Mie war seit 1917 Ordinarius in Halle an der Saale.

zutreten der Kern-Gravitation aufgehoben wird.[1]

Viele Grüsse, auch an Ihre liebe Frau, und gute Erholung!

Ihr A. Sommerfeld

[289] *Von Albert Einstein*[2]

[September 1918][3]

Lieber Sommerfeld!

Es freut mich, dass Sie an Herrn Usners historischer Darstellung die verdiente Kritik geübt haben.[4] An seiner mala fides ist gar nicht zu zweifeln. Ich weiss darüber genau Bescheid, weil ich für Herrn Anschütz ein kleines Privatgutachten zu machen hatte, in dem Usners Darstellung des Verhältnisses der Patente Van den Boos–Anschütz zu berücksichtigen war.[5] Usner war früher bei Anschütz angestellt und ist jetzt bei der Konkurrenz beteiligt.[6] In sehr geschickter Weise hat er sich in dem Buch als Unbeteiligter aufgespielt, es aber darauf abgesehen, Anschütz' Verdienste herunterzusetzen. Sie müssen sich die Einzelheiten von Anschütz mitteilen lassen; ich war recht empört über den Kerl! Es ist gut, dass Sie Ihre Aussage im Wesentlichen aufrecht erhalten. Neu ist mir, dass Martienssen als erster auf die Verwendung grosser Schwingungsdauern hingewiesen habe.[7] War dies wirklich vor Anschütz' erstem Patent?

Mein Korrekturvorschlag am Schlusse Ihrer Notiz ist schlecht geraten. Ich glaube aber, dass – selbst wenn die grosse Schwingungsdauer an sich schon durch Ma[r]tienssen vorgeschlagen war, sie doch an dieser Stelle figu-

---

[1] Dies war Gegenstand der Wolfskehltagung in Göttingen vom 5. bis 8. Juni 1917 gewesen, vgl. [Mie 1917].

[2] Brief (4 Seiten, lateinisch), *München, DM, Archiv HS 1977-28/A, 78.*

[3] Datierung wegen der Kontroverse mit Usener. Allgemein zur geschichte des Kreiselkompasses vgl. [Schuler 1962].

[4] Das Buch [Usener 1917] über den Kreiselkompaß wird in [Sommerfeld 1918g] kritisch rezensiert, vgl. [Broelmann 2000].

[5] Martinus Gerardus van den Bos. Zu den Patentstreitigkeiten siehe [Lohmeyer und Schell 1992].

[6] Usener war Mitinhaber der Firma Neufeldt und Kuhnke.

[7] Oscar Martienssen, ein ehemaliger Mitarbeiter von Anschütz-Kaempfe, besaß eine eigene Firma und bekleidete ein Extraordinariat für Physik an der Universität Kiel. Die langen Schwingungsdauern ermöglichten den Ausgleich von äußeren Störbewegungen, vgl. [Schuler 1962].

rieren muss, weil (nach meiner Ansicht wenigstens) erst die *Kombination*

$$\left\{\begin{array}{l} \text{wirksame Dämpfung} \\ \text{hohe Eigenfrequenz}^{[1]} \end{array}\right.$$

den Erfolg ermöglichte. Wer weiss, wann die Sache ohne Anschütz gekommen wäre.–

Auch mir hat die Weyl'sche Arbeit gut gefallen, wenn ich auch überzeugt bin, dass die zugrunde liegende Annahme physikalisch nicht zutreffen kann.[2] Das Buch ist glänzend; Weyl ist ein hoch begabter und noch dazu vielseitiger Mensch, auch persönlich sehr fein und sympathisch. Von ihm dürfen wir noch *Grosses* erwarten. Dass Sie sich noch mehr für die Spektren interessieren, ist ganz natürlich; es ist gewiss heute das hoffnungsvollste Gebiet geworden. Mit der Feinstruktur haben Sie es erst erschlossen. Es ist schon eine Lust, so was mitzuerleben! Hoffentlich sehen wir uns bald wieder hier. Einstweilen grüsst Sie herzlich

Ihr Einstein.

S. g. H. Dr! [3]

Anbei übersende ich wie verabredet einen Durchschlag meiner Note für die Phys. Ztschr.[4] Den zweiten Durchschlag, den ich beilege, darf ich Sie wohl bitten, Hn. Collegen Martienßen zu übermitteln, dem ich von dem Ergebnis unserer Aussprache Kenntnis zu geben versprochen hatte. Was die Kieler Vergleichsversuche betrifft, so sind diese nicht nur auf dem Versuchsstand sondern auch auf einem Torpedoboot gemacht; sie betrafen ausserdem nicht nur, wie ich inzwischen gesehen habe, die Schlingerfehler sondern auch die gesetzmässigen Fahrtfehler. Inf.[olge] d.[essen] habe ich eine diesbez.[] einschränkende Bemerkung, die Sie anregten, unterdrückt.

Wenn Sie sich entschloßen haben, selbst noch eine Erklärung der meinigen anzuschließen,[5] so würde ich es für richtig halten und würde es begrüßen, wenn Sie mir dieselbe gleichfalls zur vorherigen Kenntnisnahme freundlichst zusenden wollten. Ich würde mich dann sofort dazu äussern,

---

[1] Es muß Schwingungsdauer heißen.

[2] [Weyl 1918a]. Streitpunkt war die Interpretation des Linienelements ds^2, vgl. [Einstein 1998, Dokument 512, 526]. Das im folgenden genannte Buch ist [Weyl 1918b].

[3] Arnold Sommerfeld an Hans Usener; Briefentwurf in Sommerfelds Handschrift auf der letzten Seite des vorstehenden Briefes.

[4] [Sommerfeld 1918h]. Usener und Sommerfeld waren übereingekommen, noch einmal ihre jeweilige Sicht öffentlich darzulegen.

[5] [Usener 1918].

da ihre [sic] etwaige Erklärung in diesem Falle ebenso wie die meinige als
Ergebnis unserer Besprechung sich darstellt. Eine ausserhalb dieses Rah-
mens erscheinende Äußerung von Ihnen maße ich mir selbstverständlich
nicht an, irgend wie beeinflussen zu wollen. Mit der Absendung meiner Note warte ich daher noch, bis ich in diesem Sinne etwas Weiteres von Ihnen
hören.

   Indem ich Ihnen nochmals für die entgegenkommende Behandlung unserer Differenz ~~ergebenst~~ verbindl. danke, bin ich hochachtg

Ihr s. erg. AS

[290] *An Manne Siegbahn*[1]

München, 10. IX. 18.

Sehr geehrter Herr College!

   In Ihrem letzten Brief teilten Sie mir sehr genaue Meßungen von K_α
mit, die mich sehr interessiren.[2] Ich hoffe sie demnächst in einer genauen
Rechnung zu verwerten. Heute möchte ich auf eine Be-
merkung Ihres vorletzten Briefes zurückkommen, betreffend das Dublett $\alpha_3 \alpha_4$ der K-Serie.[3] Man kann es
kaum anders wie so deuten: Ausserhalb des L-Ringes
(Elektronenzahl q) liegt ein zweiter Ring von derselben
Quantenzahl 2, sagen wir der L′-Ring (Elektronenzahl
q'). Die zugehörigen Energien sind:

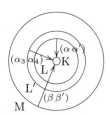

$$-\frac{W}{Nh} = q\frac{(Z-p-s_q)^2}{2^2} \text{ bez. } = q'\frac{(Z-p-q-s_{q'})^2}{2^2}$$

Die Möglichkeit des L′ Ringes beruht darauf, dass die effektive Kernladung
für diesen kleiner ist (um die q Elektronen des L-Ringes) und sein Radius
daher grösser ist, wie für den L-Ring. Die Schwingungszahl, die dem Übergange aus dem L′-Ring in den K-Ring entspricht, sei α_4. Offenbar muß in
Schwingungszahlen sein $\beta > \alpha_4 > \alpha$.

   Da aber der L-Ring doppelt ist (Kreis- oder Ellipsenring), und beim
Übergange L′ → K expandirt, so wird α_3 ein Dublett sein müssen von
derselben Art und Grösse wie β. Die zweite Linie des α_4-Dubletts möchte ich
mit Ihrer Linie α_3 identifiziren, wobei also in Schwingungszahlen $\beta > \beta' >$

---

[1] Brief (4 Seiten, lateinisch), *Stockholm, Akademie, Siegbahn.*
[2] Dieser Brief ist nicht erhalten.
[3] Siehe Brief [286] und [Sommerfeld 1919a, S. 171].

$\alpha_4 > \alpha_3 > \alpha > \alpha'$. Es müssten die Schwingungsdifferenzen $\beta - \beta'$ und $\alpha_4 - \alpha_3$ einander gleich sein, wenn nicht durch die Wechselwirkungscorrectionen mit dem benachbarten L-Ring das Dublett ($\alpha_4 > \alpha_3$) eventuell stark gestört würde. Jedenfalls muß das Dublett ($\alpha_3\alpha_4$) mit Z stark abnehmen, wie es der Fall ist. *Zeigen Ihre Meßungen im Wesentlichen die Gleichheit von $\beta\,\beta'$ und $\alpha_3\,\alpha_4$?*

Schwierigkeiten macht Ihre Angabe, dass α_3 und α_4 gleich stark sein sollen (Intensität 1); nach meiner Deutung müsste α_3 schwächer sein als α_4. *Ist auf Ihren Aufnahmen ein Intensitäts-Unterschied zwischen α_3 und α_4 zu bemerken?*

Was Sie über das Sich-Ablösen des Dubletts $\alpha_3\,\alpha_4$ von α bei $Z = 27$ bis $Z = 29$ schreiben, stimmt qualitativ gut mit meiner Vorstellung. Stellt man nämlich das Rechenergebnis bezüglich der gegenseitigen Lage von $\alpha_4\,\alpha_3\,\alpha\,\alpha'$ in einer Figur dar, wobei die *Wellenlängen*unterschiede gegen α dargestellt werden mögen, so ergibt sich: Weil α durch eine horizontale Linie, die Nullinie der Figur, dargestellt ist, wird auch α' horizontal und gerade ($\Delta\lambda_{\alpha\alpha'}$ von Z unabhängig $= \alpha^2 c_0 Z^0$). Dagegen rückt α_4 mit wachsendem Z stark an α heran ($\Delta\lambda_{\alpha_4\alpha} = c_1/Z^3$); ferner rückt α_3 an α_4 heran, aber weniger schnell ($\Delta\lambda_{\alpha_4\alpha_3} = c_2\alpha^2/Z$; α^2 bedeutet den bekannten kleinen Feinstrukturfaktor $5 \cdot 10^{-5}$; c_0, c_1, c_2 sind Constante *mässiger* Grösse, 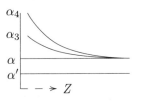 die von den Elektronenzahlen q, q' etc abhängen). α_3 würde schliesslich sogar ein wenig unterhalb α fallen, doch wird dieser Fall nicht praktisch, da er erst für $Z > 100$ eintreten könnte. *Wir haben also wirklich praktisch eine Ablösung des Dubletts $\alpha_3\,\alpha_4$ von α* und können es so einrichten, dass diese etwa bei $Z = 28$ erfolgt, durch Wahl der Elektronenzahlen $q, q', ..$ und der daraus folgenden c_1, c_2.

Dieser äussere L'-Ring erinnert an Vegards l-Ring;[1] ich selbst habe in der Planck-Rede (das Heft ist Ihnen wohl zugegangen) wegen der ansteigenden Äste der Atomvolumina ebenfalls eine Zweiteilung des l-Ringes angenommen. Jedenfalls verdient diese Erklärung des ($\alpha_3\,\alpha_4$)-Dubletts weiter verfolgt zu werden; Ihre Meinung darüber wird mich sehr interessiren.

Schliesslich komme ich noch auf eine Frage zurück, die ich schon einmal an Sie richtete, die Frage der „Combinationsdefekte":[2] $K_\beta - K_\alpha - L_\alpha$, $L_\gamma - L_\alpha - M_\alpha$ etc. Diese sind nach Ihren Meßungen systematisch > 0 und mit

---

[1] Siehe Brief [297].

[2] Vgl. Brief [287]. Die Klärung dieser Frage gelang erst 1921 in parallelen Arbeiten von Dirk Coster und Gregor Wentzel, siehe Band 2.

Z zunehmend. *Sind diese Unterschiede reell?* Kossel erzählte mir kürzlich
von einer Arbeit im Physical Review eines Amerikaners,[1] der an ~~Ihren~~ den
Messungen eine Correktion wegen der Eindringungstiefe anbringt; er glaubt
dadurch, die Relativitätskrümmung in den Absorptionsgrenzen wegschaffen
zu können. Dieses Ziel ist natürlich an sich verfehlt, da der Relativitäts-
Einfluß sicher vorhanden sein muß. Es würde mich aber äusserst interessiren
zu erfahren, *ob Sie eine erhebliche Correktion wegen der Eindringungstiefe
für möglich halten.* So genaue Zahlen, wie Sie sie geben, würden dadurch
völlig illusorisch werden. Leider haben wir in München die Physical Review
jetzt nicht mehr bekommen. Wenn Sie die betr. Arbeit im Separatabdruck
besitzen *und für wichtig halten,* wäre ich Ihnen sehr dankbar, wenn Sie sie
mir etwa zuschicken könnten. Für sichere Rückbeförderung, etwa durch die
schwedische Gesandtschaft, würde ich Sorge tragen.

Daß ich Ihren Zahlenangaben des Dubletts $K_\beta - K_{\beta'}$ mit Spannung
entgegensehe, brauche ich Ihnen kaum zu sagen.

Nun habe ich Sie aber wieder genug gefragt und Ihre Freundlichkeit auf
eine neue harte Probe gestellt.

Ergebene Grüße von Ihrem
A. Sommerfeld.

[291] *An Karl Ritter von Goebel*[2]

8. X. 18.

Lieber Herr College!

Ihre Absicht ist sehr freundlich[.][3] Das Verfahren, mich selbst anzupreisen, ist ja etwas ungewöhnlich, da Ihr Vorschlag aber sachlich nicht ganz
unberechtigt ist und Sie ihn von sich aus kaum werden begründen können,
will ich meine zarten Bedenken überwinden. Ich schicke Ihnen also anbei
das erforderliche Druckmaterial, (meine letzte Note aus der Akademie, die
ebenfalls hierher gehört, werde ich baldmöglichst nachliefern, wenn Straub
sie abgedruckt hat, Correktur ist längst erledigt),[4] ferner mein vorjähriges
Votum für Planck[5] (bitte um gelegentliche Rückgabe) und einen Entwurf

---

[1] Möglicherweise eine der Arbeiten von Duane in *Physical Review* Band 11, die er mit
Mitarbeitern verfaßte.

[2] Brief (2 Seiten, lateinisch), *München, Akademie Nachlaß von Goebel.*

[3] Karl Ritter von Goebel gehörte als amtierender Sekretär der Bayerischen Akademie der
Wissenschaften zum Kreis der Vorschlagsberechtigten für den Nobelpreis und wollte
Sommerfeld nominieren.

[4] [Sommerfeld 1918d]; die Akademieberichte wurden in der Druckerei Straub hergestellt.

[5] Siehe Brief [272].

des Begleitschreibens, aber noch nicht in definitiver Schreibmaschinenform, damit Sie, und nicht ich, Verfasser sind. Ungerecht wäre die Verleihung des Preises an mich, wenn er nicht vorher an Bohr gegeben ist. Da mehrere Preise zu verteilen sind, wäre dies keine Schwierigkeit. Eigentlich sollte auch, wie ich das in meinem Vorschlage für 1918 ausgeführt habe, Planck vorhergehen.[1]

> Mit schönstem Gruß und Dank
> Ihr A. Sommerfeld.

Eigentlich ist es doch ein Unfug, dass ich Ihr Schreiben aufsetze! Vielleicht lassen Sie doch lieber die ganze Aktion!

[292] *Von Manne Siegbahn*[2]

> Lund den 22/10 1918

Sehr geehrter Herr College!

Für Ihren letzten interessanten und freundlichen Brief danke ich Ihnen ganz besonders.[3] An einige dort gestellten Fragen werde ich zunächst zurückkommen. Für heute möchte ich aber auf ihre Anfrage betreffend der amerikanischen Arbeit eingehen. Der Verf. meint gefunden zu haben dass bei photographieren eines X-*absorptions*spektrum die Eindringungstiefe im Kristall die Messungen fälschen. Um diese Frage experimentell zu entscheiden habe ich eine Reihe Versuche im Gange und werde Ihnen später die Resultate davon mitteilen.– Für die Linienspektren ist eine solche Effekte leicht zu sehen ob er vorhanden wäre da dies in eine Verbreiterung der Linien resultieren würde[.] Bei den *langen Wellen* die meine jetzige genaue Messungen betreffen ist eine Fälschung durch diese Effekte ganz ausgeschlossen. (In der amerikanischen Arbeit werden auch nur bei die kürzesten Absorptionswellenlängen eine Korr. angebracht.)– Abgesehen von der verkehrten Ausgangspunkt, die Geradlinigkeit der $\sqrt{\nu} - N$-Kurve herstellen zu wollen,[4] scheint mir der experimentelle Befund nicht ganz sichergestellt zu sein.

---

[1] Max Planck (1918) und Niels Bohr (1922) erhielten den Nobelpreis ungeteilt. Sommerfeld, obwohl seit 1917 fast jedes Jahr vorgeschlagen, wurde nicht mit dem Preis ausgezeichnet, vgl. *Nominierungen 1917-1940. Stockholm, Akademie, Nobelarchiv.*

[2] Brief (2 Seiten, lateinisch), *München, DM, Archiv NL 89, 012.*

[3] Brief [290].

[4] Die Werte $\sqrt{\nu/N}$, wobei ν die Wellenzahl der K_α-Linie und N die Rydbergkonstante bedeuten, wachsen proportional mit der Kernladung, vgl. [Sommerfeld 1919a, S. 175].

Einen Separat dieser Arbeit habe ich nicht, da ferner ausser den schon mitgeteilten Inhalt nicht wesentlich zu lesen ist, sehe ich von einer Abschrift ab.

Erst in den letzten Tagen ist mir eine passende Optik zum Komparator zugegangen so dass die genaue Ausmessung der β-Linjen in Angriff genommen werden kann

Ich bin mit vorzüglicher Hochachtung, Ihr sehr ergebener

Manne Siegbahn

[293] *An Wilhelm Wien*[1]

München, den 12. XI 1918.

Lieber Wien!

Ich höre, Sie haben einen Ruf nach Upsala. Ich möchte Sie fragen, ob eine Entscheidung zu Gunsten Deutschlands dadurch herbeigeführt werden kann, dass wir Ihnen sofort die Nachfolge Röntgens anbieten. Ich würde sogleich nach Eingang Ihrer Antwort mit Röntgen sprechen und dafür sorgen, dass die Fakultäts-Sitzung sofort stattfindet. Dass Sie an erster Stelle oder unico loco vorgeschlagen werden, glaube ich garantiren zu können. Um Ihnen die Münchener Stelle begehrenswerter zu machen, teile ich Ihnen mit, dass wir für das physikalische Institut zur freien Verfügung des Vorstandes für Forschungs- Unterrichts- u. Assistentenzwecke etc eine Summe von 200 000 M durch Stiftung von Dr. Anschütz erhalten haben, von der auch das Capital angegriffen werden kann.

Die Versuchung, Deutschland zu verlassen, ist ja nicht gering. Sie werden es aber, ebenso wie ich es würde, als eine gewisse Demütigung empfinden. Wenn ich Ihnen und uns diese ersparen könnte, würde es mich freuen. *Schreiben Sie bitte umgehend.*

Herzlich Ihr A. Sommerfeld.

[294] *Von Manne Siegbahn*[2]

Lund den 20/11 1918

Sehr geehrter Herr College.

Besten Dank für Separate: Mit Ihre gef. Genhemigung habe ich dieselbe

---

[1] Brief (2 Seiten, lateinisch), *München, DM, Archiv NL 56, 010.*
[2] Brief (2 Seiten, lateinisch), *München, DM, Archiv NL 89, 012.*

so verteilt:[1] Hrn. Stenström, Stensson, Fricke.– Meinen hochgeschätzten
Lehrer und Freund Prof Rydberg, der in 1912 von einer ersten Schlaganfall
getroffen wurde ist seitdem immer schlechter geworden. Seit ein paar Jahre
liegt er zu Bett und ist geistlich[2] vollkommen untergegangen. Auf eine
Wiederholung[3] ist leider nicht zu hoffen.–

Bei den jetzt ausgeführten Messungen der β-Dublette hat sich ergeben
dass neue Aufnahmen nötig sind[.] Trotzdem teile ich Ihnen einige erhaltene
Werten mit die aber ausdrücklich nur provisorischen Karakter haben.[4]

$$\Delta\lambda \cdot 10^{-11}$$
$$26 \ \text{Fe} \ 3,55$$
$$25 \ \text{Mn} \ 4,55$$
$$24 \ \text{Cr} \ 4,87$$

Das giebt für $\Delta\nu$ einen beinahe konstanten Wert 115, 126, 113 resp.[5]

Ferner bin ich in der Lage Ihnen mitteilen zu können dass die in meinem
letzten Briefe besprochenen de Broglie'sche Messung von Absorptionskan-
ten mit ziemlich grosse Fehlern behaftet sind und zwar in der Richtung wie
die Amerikanische Verfassern behaupten.[6] Dagegen bin ich nicht davon
überzeugt dass dies durch Eindringungstiefe im Kristalle bedingt ist. Vielmehr glaube ich dass eine fehlerhafte Justierung des Kristalles die Fehler
verursacht haben können. Eine Durchmessung des ganzen Gebietes werde
ich baldigst mitteilen, nach einer Methode die von dieser Einwendung nicht
getroffen wird.

Ihr sehr ergebener
Manne Siegbahn

P. S. Vielleicht ist es Ihnen noch nicht bekannt dass den Nobelpreis für 1917
C. G. Barkla zuerteilt worden ist![7]

---

[1] Wilhelm Stenström, Hugo Fricke und N. Stensson waren Mitarbeiter an Manne Siegbahns Institut.

[2] Geistig.

[3] Erholung. Rydberg starb am 28. Dezember 1919.

[4] Von Sommerfeld eine Skizze und Formeln hinzugefügt: „$\Delta\nu_\beta/\Delta\nu_\alpha$ $\Delta\nu_\alpha = Z^4$ $\Delta\nu_\beta = Z^3$." Zur Bedeutung der Meßwerte vgl. die Briefe [284] und [287].

[5] Von Sommerfeld hinzugefügt: „$(26/24)^3 = (1 + 1/\nu^2)^3 = 1 + 1/4$."

[6] [Broglie 1916b], [Broglie 1916a]. Vgl. auch Brief [290].

[7] Der Preis wurde ihm für die Entdeckung der charakteristischen Röntgenstrahlung der
Elemente zuerkannt.

[295] *An Albert Einstein*[1]

3. XII. 18.

Lieber Einstein!

Für einen besonderen Zweck (populäres Buch über Atommodelle) brauche ich eine einfache Darstellung der Grundlagen der Quanten-Statistik.[2] Dazu muß ich plausibel machen, daß $\prod_1^f dq_k dp_k$ (*f*-Freiheitsgrade des Systems) die apriorische Wahrscheinlichkeit der Phase $q\,p$ misst.[3] Apriorische W. soll heissen: ich weiss nichts über die Bewegung, kenne auch nicht ihre Energie. Man beruft sich dabei auf den Liouville'schen Satz, aber mit Unrecht. Der L-Satz sagt nur aus, dass Phasenausdehnungen, *die bei der Bewegung in einander übergeführt werden*, gleiche Wahrscheinlichkeit haben (gleich viel Systempunkte tragen). Wenn man das Resultat auf *irgend* zwei Phasenausdehnungen von gleicher Grösse ausdehnt, so erweitert man den Satz in einer Weise, dass von der ursprünglichen Meinung nichts mehr übrig bleibt. Was man aber braucht, ist gerade diese Erweiterung.

Nehmen wir z. B. den Planck'schen Resonator. Der L-Satz bezieht sich auf zwei Gebiete wie *A* u. *B*. Die sind mir aber ganz gleichgültig, weil ich sie ja ohnehin zu demselben Elementarbereich *h* zusammenfasse. Was ich vielmehr brauche sind zwei Bereiche wie 3 und 1. Die werden aber durch die Bewegung niemals in einander übergeführt, über sie sagt also Liouville garnichts.

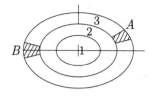

Wenn man also nicht schwindeln will, kann man eigentlich nur Folgendes sagen: Der L-Satz sagt einem, dass gewisse gleich grosse Phasenausdehnungen *von specieller Lage* gleiche Wahrscheinlichkeit bedeuten. Man erweitert diese Aussage *ohne zwingenden Grund* auf Phasenausdehnungen gleicher Grösse *von allgemeiner Lage*. Soviel ich sehe hat Niemand versucht, diese Erweiterung zu begründen – wohl deshalb, weil sie grundlos ist. Die Ergodenhypothese nutzt einem garnichts dazu, denn sie bezieht sich nur auf die Punkte der *Energiefläche* im Phasenraum, also beileibe nicht auf *alle* Punkte des Phasenraumes. Ehrenfest u. Gibbs sagen einem nichts über die apriorische Wahrscheinlichkeit im obigen Sinne.[4] Und doch braucht man sie bei der Ableitung des *H*-Theorems sowohl wie bei der Darstellung der Quantentheorie. Bei letzterer wäre es ehrlicher, Liouville ganz draussen zu

---

[1] Brief (4 Seiten, lateinisch), *Jerusalem, AEA*.

[2] Vgl. [Sommerfeld 1919a, S. 217-225]; zu *Atombau und Spektrallinien* siehe Seite 464.

[3] Vgl. die Korrespondenz mit Schwarzschild, die Briefe [243], [247] und [248].

[4] Vermutlich [Ehrenfest und Ehrenfest 1911], [Ehrenfest 1914] und [Gibbs 1905].

laßen und einfach mit den Elementargebieten h in der (q, p) Ebene loszulegen.

Billigen Sie dieses? Oder giebt es Jemanden, der meine Bedenken zerstreuen kann? Über diese allgemeinen Dinge ist soviel geschrieben, dass man meinen sollte, sie sind irgendwo auseinander gepellt.

Ich höre von Koßel[1], dass Sie an die neue Zeit glauben und an ihr mitarbeiten wollen – Gott erhalte Ihnen Ihren Glauben! Ich finde alles unsagbar elend und blödsinnig. Unsere Feinde sind die grössten Lügner und Hallunken, wir die grössten Schwachköpfe. Nicht Gott sondern das Geld regirt die Welt.

Hoffentlich sind Sie wenigstens gesund.

Für eine Antwort wäre ich Ihnen recht dankbar.

Herzlich Ihr
A. Sommerfeld.

[296] *Von Albert Einstein*[2]

6. XII. 18

Lieber Sommerfeld!

Es ist nach meiner Ansicht gar nicht willkürlich, dass man die Elementargebiete gleicher Grösse als a priori gleich wahrscheinlich behandelt. Denn es ist ja folgendes eine saubere Konsequenz aus der Mechanik. Wenn ein System S mit einem zweiten System von relativ unendlich grosser Energie in Berührung (Wechselwirkung der Systeme bei additivem Verhalten der Energie) ist, so gilt für die elementare Wahrscheinlichkeit (Häufigkeit) des Zustandes von S

$$dW = \text{konst.} \; e^{-\frac{E}{kT}} dq_1 \cdots dp_n$$

Wesentlich ist dabei, dass der Faktor „konst" von $q_1 \cdots p_n$ unabhängig ist. Abgesehen vom Temperaturfaktor sind also gleich grosse Elementargebiete gleich wahrscheinlich (gleich häufig). (Im Grenzfalle $T = \infty$ sind gleich grosse Phasengebiete thatsächlich gleich wahrscheinlich, während es doch a priori denkbar wäre, dass noch ein Faktor $\varphi(q_1 \cdots p_n)$, z. B. $\varphi(E)$ hinzuträte). Rechnerisch wird man dann diesem Sachverhalt gewöhnlich dadurch gerecht, dass man gleich grossen Gebieten gleich grosse Wahrscheinlichkeit a priorie zuschreibt. Es muss noch gesagt werden, dass die Gleichung für

---

[1] Walther Kossel.

[2] Brief (2 Seiten, lateinisch), *München, DM, Archiv HS 1977-28/A,78.*

dW aus der Liouville'schen Gleichung für das (∞ grosse) Gesamtsystem gefolgert wird, so dass die übliche Ausdrucksweise zwar ungenau aber nicht gerade falsch ist.–

Es ist wahr, dass ich von dieser Zeit mir was erhoffe,[1] trotz der vielen hässlichen Dinge, die sie im Einzelnen bringt. Ich sehe die politische und wirtschaftliche Organisation unseres Planeten vorschreiten. Wenn England und Amerika besonnen genug sind, um sich zu einigen, kann es Kriege von einiger Wichtigkeit überhaupt nicht mehr geben. Auch die mir so widerwärtige Militärwirtschaft wird so ziemlich verschwinden. Wenn nun die Übergangszeit gerade für uns ziemlich drückend wird, so ist es nach meiner Meinung – offen seis gesagt – nicht ganz unverdient. Ich bin aber der festen Überzeugung, dass kulturliebende Deutsche auf ihr Vaterland bald wieder so stolz sein dürfen wie je – mit mehr Grund als *vor* 1914. Ich glaube nicht, dass die gegenwärtige Desorganisation dauernde Schäden zurücklassen wird.

Herzliche Grüsse von Ihrem
Einstein.

[297] *An Manne Siegbahn*[2]

München 17. XII. 18.

Sehr geehrter Herr College!

Besten Dank für Ihren Brief vom 20. November, der unter Anderem die traurige Nachricht über Prof. Rydberg enthielt.[3]

Es freut mich sehr, dass Sie sich weiter um das K_β-Dublett bemühen. Sie werden mir recht geben, dass die Deutung eines Dubletts leichter und sicherer ist, als die Deutung einzelner Linien. Ihr endgültiges Ergebnis warte ich mit Geduld ab. Die Hauptsache ist für mich, dass dieses Dublett auch nach Ihren letzten Angaben sicher existirt. Ich schließe daraus, dass der L-Ring bei der Erzeugung von K_β expandirt, wie in meiner letzten Note begründet wurde,[4] und dass es bei der Berechnung der Röntgenlinien auf die Configurations-Änderung des *ganzen* Atoms ankommt. Die genauen Zahlen sind mir aber natürlich auch sehr wertvoll, um daraus die Elektronenzahlen berechnen zu können.

---

[1] Zu Einsteins Haltung gegenüber der Novemberrevolution 1918 siehe [Nathan und Norden 1975].

[2] Brief (4 Seiten, lateinisch), *Stockholm, Akademie, Siegbahn.*

[3] Brief [294].

[4] [Sommerfeld 1918d].

Auf eine andere Frage, die die Linien α_3 und α_4 der K-Serie betreffen, haben Sie sich noch nicht geäussert.[1] Da ich glaube, dass Sie dies ohne neue Meßungen tun könnten, so wiederhole ich diese Frage: Das Vorhandensein von Linien zwischen α und β lässt auf einen Ring zwischen dem L-Ring und dem M-Ring schließen. Ich nenne ihn den l-Ring, da Vegard auf diesen Ring die Entstehung Ihrer Linie l zurückführen zu können glaubt. Aus demselben Grunde, aus dem β doppelt ist, würde auch diese Linie doppelt sein, mit einem Begleiter auf der weichen Seite. Ich muß also Ihre Linie α_4 für die Hauptlinie ansehen (Übergang von l nach K bei kreisförmigem L-Ring); α_3 müsste dann schwächer sein (Übergang von l nach K bei elliptischem L-Ring). Nach Ihren Intensitätsangaben sollen aber α_3 und α_4 gleiche Intensität 1 haben. Das lässt sich schwer mit meiner Auffaßung vereinigen. Meine Frage ist nun, ob etwa doch α_4 merklich stärker ist als α_3?

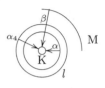

Natürlich würde die Existenz eines l-Ringes auch die Berechnung von K_β und schliesslich die von K_α beeinflußen, da die Wechselwirkung zwischen dem L-Ring und dem benachbarten l-Ring nicht zu vernachlässigen wäre.

Neue Resultate über Röntgenspektren kann ich Ihnen nicht mitteilen. Dass Herr Stenström das zweite M-Dublett nicht bestätigen konnte, ist schade – ich meine das Dublett $(M_\gamma\, M_\delta)$ = dem Dublett $(M_\alpha\, M_\beta)$ = Dublett $(L_\alpha\, L_{\alpha'})$. Auch wundert es mich, dass die Anzahl der M-Linien abgenommen und nicht zugenommen hat. Mit der nach aussen hin zunehmenden Complikation des Atoms stimmt es gut, dass die L-Serie soviel complicirter ist, wie die K-Serie. Ich hätte deshalb die M-Serie noch complicirter erwartet wie die L-Serie.

Mit bestem Dank für Ihre bisherigen und etwa folgenden Mitteilungen

Ihr sehr ergebener

A. Sommerfeld

[298] *Von Niels Bohr*[2]

Kopenhagen, 26-12-1918.

Lieber Professor Sommerfeld!

Gleichzeitig mit dieser Karte sende ich Ihnen einen Separatabdruck des zweiten Teil meiner Abhandlung über die Quantentheorie.[3] Ich bitte Sie zu

---

[1] Siehe Brief [290].

[2] Postkarte (2 Seiten, lateinisch), *Kopenhagen, NBA, Bohr.*

[3] [Bohr 1918b].

entschuldigen dass es nicht geheftet ist; wegen den Weihnachtsferien wird es aber noch eine Zeit dauern bevor ich die eingebundenen Exemplare erhalte und ich habe jetzt nur dies eine Exemplar von Druckerei bekommen, das ich mich sehr freue sofort an Ihnen zu senden. Es hat mir leid getan dass es schon so lange gedauert hat, aber die Arbeit mit den Korrekturen hat sich sehr verzögert, teilweise auch weil ich eine Zeit von Grippe krank war, wovon ich aber jetzt wieder hergestellt bin; und ich freute mich jetzt wieder an die Fertigstellung des anderen Teil meiner Arbeit gehen zu können. Ich werde Ihnen sehr dankbar sein, wenn Sie Dr. Epstein vielmals von mir grüssen wollen, und ihm viel[l]eicht die Arbeit zeigen werden; er hat in mehreren freundlichen Briefen seine Interesse dafür ausgesprochen;[1] ich werde natürlich, wenn ich die gehefteten Exemplare bekomme, solche sofort an Ihnen und Dr Epstein schicken.

Ich dachte in diesen Zeiten sehr viel an Ihnen und meinen anderen deutschen Freunden, und sende Ihnen die besten Wünsche für das neue Jahr. Hoffentlich werden wissenschaftliche Freunde aus den verschiedenen Ländern im kommenden Jahr einander wieder treffen können.[2]

Mit den besten Grüssen von meinem Bruder und mir
Ihr sehr ergebener
Niels Bohr.

---

[1] Abgedruckt in [Bohr 1976, S. 636-642].
[2] Zu Sommerfelds Skandinavienreise im folgenden Jahr siehe Band 2.

Abkürzungsverzeichnis der Archive

Aachen, HA Hochschularchiv der Rheinisch-Westfälischen Technischen Hochschule

AHQP Archive for the History of Quantum Physics

AHQP/EHR Archive for the History of Quantum Physics, Ehrenfest Papers

AHQP/LTZ Archive for the History of Quantum Physics, Lorentz Papers

Berlin, GSA Geheimes Staatsarchiv Preußischer Kulturbesitz

Berlin, SB Staatsbibliothek zu Berlin – Preußischer Kulturbesitz, Handschriftenabteilung

Göttingen, NSUB Niedersächsische Staats- und Universitätsbibliothek Göttingen, Abteilung Handschriften und seltene Drucke

Haarlem, RANH Rijksarchief in Noord-Holland in Haarlem

Jerusalem, AEA Albert Einstein Archives, Department of Manuscripts and Archives, Jewish National and University Library, The Hebrew University of Jerusalem

Kopenhagen, NBA Niels Bohr Archive

Leiden, MB Museum Boerhaave

München, Akademie Archiv der Bayerischen Akademie der Wissenschaften

München, DM Deutsches Museum

München, UA Universitätsarchiv der Ludwig-Maximilians-Universität

Paris, ESPC École Supérieure de Physique et de Chimie Industrielle de la Ville de Paris, Centre de ressources historiques

Rom, BANL Biblioteca dell'Accademia Nazionale dei Lincei e Corsiniana

Stockholm, Akademie The Royal Swedish Academy of Sciences

Washington, NMAH National Museum of American History, Smithsonian Institution Libraries

Zürich, ETH Wissenschaftshistorische Sammlungen, ETH-Bibliothek

Zürich, StAZ Staatsarchiv des Kantons Zürich

Verzeichnis der gedruckten Briefe

	1892–1899: „Physikalische Mathematik"			
[1]	An Adolf Hurwitz		September	1892
[2]	Von Ludwig Boltzmann	17.	November	1892
[3]	An die Mutter	7.	November	1893
[4]	An die Mutter	19.	November	1893
[5]	An den Vater	1.	März	1894
[6]	An die Mutter	4.	März	1894
[7]	An die Mutter	29.	Juli	1894
[8]	Von Felix Klein	5.	Oktober	1894
[9]	An die Eltern	12.	März	1895
[10]	An Felix Klein	25.	März	1895
[11]	Von Émile Picard	12.	Juni	1896
[12]	An Felix Klein	18.	März	1897
[13]	An Johanna Höpfner	20.	September	1897
[14]	An Johanna Höpfner	22.	September	1897
[15]	An Friedrich Althoff	29.	September	1897
[16]	Von Ludwig Boltzmann	10.	Oktober	1897
[17]	Von Wilhelm Wien	19.	Oktober	1897
[18]	An Felix Klein	25.	Oktober	1897
[19]	An David Hilbert	13.	Dezember	1897
[20]	Von David Hilbert	16.	Dezember	1897
[21]	Von Wilhelm Wien	23.	Dezember	1897
[22]	Von Carl Cranz	3.	April	1898
[23]	An Wilhelm Wien	2.	Juni	1898
[24]	Von Wilhelm Wien	11.	Juni	1898
[25]	Von Heinrich Weber	18.	Juni	1898
[26]	An Carl Runge	3.	November	1898
[27]	Von Alfred Ackermann-Teubner	12.	November	1898
[28]	An Felix Klein	16.	November	1898
[29]	Von Carl Diegel	7.	Dezember	1898
[30]	Von S. Hirzel	8.	Dezember	1898
[31]	Von Walther Dyck	29.	Dezember	1898
[32]	Von Tullio Levi-Civita	22.	März	1899
[33]	An Tullio Levi-Civita	27.	März	1899
[34]	An Felix Klein	10.	Juli	1899

[35]	An Hendrik A. Lorentz	2.	September	1899
[36]	Von Hendrik A. Lorentz	12.	September	1899
[37]	An Hendrik A. Lorentz	30.	September	1899
[38]	Von Paul Volkmann	3.	Oktober	1899
[39]	Von Ludwig Boltzmann	7.	Oktober	1899
[40]	Von Hendrik A. Lorentz	4.	November	1899
[41]	An Hendrik A. Lorentz	6.	November	1899
[42]	An Wilhelm Wien	6.	November	1899
[43]	An Tullio Levi-Civita	7.	November	1899
[44]	Von Ludwig Boltzmann	13.	November	1899
[45]	Von Woldemar Voigt	3.	Dezember	1899

1900–1906: Technik

[46]	Von Carl Cranz	24.	Januar	1900
[47]	Von Sebastian Finsterwalder	29.	Januar	1900
[48]	Von Felix Klein	25.	April	1900
[49]	An Felix Klein	13.	Juni	1900
[50]	Von Felix Klein	21.	Juni	1900
[51]	Von Karl Schwarzschild	15.	Juli	1900
[52]	An Karl Schwarzschild	16.	Juli	1900
[53]	Von Karl Schwarzschild	19.	Juli	1900
[54]	Von Hendrik A. Lorentz	6.	Oktober	1900
[55]	An Hendrik A. Lorentz	8.	Oktober	1900
[56]	An Felix Klein	8.	November	1900
[57]	An Carl Runge	14.	November	1900
[58]	Von Ludwig Prandtl	11.	Februar	1901
[59]	Von Max Abraham	23.	Februar	1901
[60]	Von Hendrik A. Lorentz	11.	März	1901
[61]	An Hendrik A. Lorentz	21.	März	1901
[62]	An Wilhelm Wien	29.	Mai	1901
[63]	Von Karl Schwarzschild	15.	Juni	1901
[64]	An Karl Schwarzschild	18.	Juni	1901
[65]	An Karl Schwarzschild	29.	Oktober	1901
[66]	An Carl Runge	31.	Oktober	1901
[67]	Von Wilhelm Wirtinger	18.	Dezember	1901
[68]	Von Otto Schlick	15.	Mai	1902
[69]	Von Otto Schlick	29.	Mai	1902
[70]	An Felix Klein	27.	Juni	1902

[71]	An Karl Schwarzschild	26.	Juli	1902
[72]	An Karl Schwarzschild	12.	August	1902
[73]	Von Max Abraham	9.	Dezember	1902
[74]	An Hendrik A. Lorentz	6.	Januar	1903
[75]	Von Hendrik A. Lorentz	24.	Januar	1903
[76]	An Hendrik A. Lorentz	24.	Februar	1903
[77]	Von Karl Schwarzschild	29.	März	1903
[78]	An Karl Schwarzschild	31.	März	1903
[79]	Von Ernst Becker	3.	April	1903
[80]	An Karl Schwarzschild	30.	Januar	1904
[81]	An Wilhelm Wien	18.	Februar	1904
[82]	An Hendrik A. Lorentz	29.	Mai	1904
[83]	An Karl Schwarzschild	12.	Juni	1904
[84]	An Carl Runge	12.	Juni	1904
[85]	Von Friedrich Paschen	9.	Oktober	1904
[86]	Von Max Abraham	14.	Oktober	1904
[87]	Von Friedrich Paschen	26.	Oktober	1904
[88]	An Felix Klein	8.	November	1904
[89]	Von Friedrich Paschen	11.	Januar	1905
[90]	An Wilhelm Wien	15.	April	1905
[91]	An Wilhelm Wien	13.	Mai	1905
[92]	Von Friedrich Paschen	12.	Juni	1905
[93]	Von Wilhelm Conrad Röntgen	29.	Juni	1905
[94]	An Wilhelm Wien	4.	Juli	1905
[95]	Von Ferdinand Lindemann	8.	Juli	1905
[96]	An Wilhelm Wien	5.	November	1905
[97]	An Wilhelm Wien	14.	Dezember	1905
[98]	An Wilhelm Wien	5.	Juli	1906
[99]	Von Wilhelm Conrad Röntgen	17.	Juli	1906
[100]	Von David Hilbert	29.	Juli	1906
[101]	Von Kurt Rummel	3.	August	1906
[102]	An Wilhelm Wien	23.	November	1906
[103]	An Hendrik A. Lorentz	12.	Dezember	1906

1907–1912: Die Anfänge der Sommerfeldschule

[104]	An Wilhelm Wien	15.	Januar	1907
[105]	Von Ferdinand Lindemann	24.	April	1907
[106]	Von Stefan Meyer	13.	Mai	1907

[147]	Von David Hilbert	10.	April	1909
[148]	An Karl Schwarzschild	16.	April	1909
[149]	Von Karl Schwarzschild	19.	April	1909
	An Wilhelm Wien		April	1909
[150]	An Wilhelm Wien	21.	April	1909
[151]	Von Wilhelm Wien	17.	Mai	1909
[152]	Von Albert Einstein	29.	September	1909
[153]	An Paul Ehrenfest	1.	Oktober	1909
[154]	An Wilhelm Wien	9.	November	1909
[155]	An Johannes Stark	4.	Dezember	1909
[156]	An Wilhelm Wien	5.	Dezember	1909
[157]	Von Johannes Stark	6.	Dezember	1909
[158]	An Johannes Stark		Dezember	1909
[159]	Von Johannes Stark	10.	Dezember	1909
[160]	Von Johannes Stark	12.	Dezember	1909
[161]	An Johannes Stark	16.	Dezember	1909
[162]	Von Johannes Stark	18.	Dezember	1909
[163]	An Hendrik A. Lorentz	9.	Januar	1910
[164]	An Wilhelm Wien	16.	Januar	1910
[165]	Von Albert Einstein	19.	Januar	1910
[166]	Von William Henry Bragg	7.	Februar	1910
[167]	Von Peter Debye	2.	März	1910
[168]	An Wilhelm Wien	30.	Mai	1910
[169]	Von Albert Einstein		Juli	1910
[170]	An Wilhelm Wien	11.	Juli	1910
[171]	An Karl Schwarzschild	8.	Dezember	1910
[172]	Von Max Planck	6.	April	1911
[173]	Von Peter Debye	12.	Mai	1911
[174]	Von William Henry Bragg	17.	Mai	1911
[175]	Von William Henry Bragg	7.	Juli	1911
[176]	Von Max Planck	29.	Juli	1911
[177]	Von Paul Ehrenfest	24.	August	1911
[178]	An Paul Ehrenfest		August/September	1911
[179]	An Paul Ehrenfest	12.	September	1911
[180]	Von Paul Ehrenfest	30.	September	1911
[181]	An Paul Ehrenfest	13.	Oktober	1911
[182]	Von Paul Ehrenfest	16.	Oktober	1911
[183]	An Wilhelm Wien	12.	November	1911
[184]	An Hendrik A. Lorentz	25.	Februar	1912
[185]	Von Alfred Kleiner	1.	April	1912

[186]	An Alfred Kleiner	3.	April	1912
[187]	Von David Hilbert	5.	April	1912
[188]	Von Wilhelm Conrad Röntgen	12.	April	1912
[189]	An Hendrik A. Lorentz	24.	April	1912
[190]	An Paul Ehrenfest	12.	Mai	1912
[191]	An Alfred Kleiner	13.	Mai	1912
[192]	Von Alfred Kleiner	13.	Mai	1912
[193]	An Karl Schwarzschild		Juni	1912
[194]	Von Paul Ehrenfest	23.	Juni	1912
[195]	An Johanna Sommerfeld	20.	Juli	1912
[196]	Von Albert Einstein	29.	Oktober	1912

1913–1918: Atomtheorie

[197]	An Carl Runge	17.	Januar	1913
[198]	Von Friedrich Paschen		März	1913
[199]	An Woldemar Voigt	24.	März	1913
[200]	Von Woldemar Voigt	26.	März	1913
[201]	Von Philipp Lenard	4.	September	1913
[202]	An Niels Bohr	4.	September	1913
[203]	Von Niels Bohr	23.	Oktober	1913
[204]	Von Johannes Stark	21.	November	1913
[205]	An Johannes Stark	22.	November	1913
[206]	An Wilhelm Wien	29.	November	1913
[207]	An Karl Schwarzschild	11.	Dezember	1913
[208]	An Karl Schwarzschild	10.	Januar	1914
[209]	An Paul Langevin	1.	Juni	1914
[210]	An Karl Schwarzschild	31.	Oktober	1914
[211]	Von Wilhelm Wien	22.	Dezember	1914
[212]	Aufruf	22.	Dezember	1914
[213]	An Wilhelm Wien	25.	Dezember	1914
[214]	An Wilhelm Wien	22.	Februar	1915
[215]	An Wilhelm Wien	3.	Mai	1915
[216]	Von Wilhelm Wien	4.	Mai	1915
[217]	Von Friedrich Paschen	30.	Mai	1915
[218]	Von Albert Einstein	15.	Juli	1915
[219]	An Karl Schwarzschild	31.	Juli	1915
[220]	Von Friedrich Paschen	24.	November	1915
[221]	Von Albert Einstein	28.	November	1915

[222]	Von Albert Einstein	9.	Dezember	1915
[223]	Von Friedrich Paschen	12.	Dezember	1915
[224]	Von Karl Schwarzschild	22.	Dezember	1915
[225]	Von Friedrich Paschen	27.	Dezember	1915
[226]	An Karl Schwarzschild	28.	Dezember	1915
[227]	An Friedrich Paschen	29.	Dezember	1915
[228]	Von Friedrich Paschen	30.	Dezember	1915
[229]	Von Friedrich Paschen	9.	Januar	1916
[230]	Von Friedrich Paschen	16.	Januar	1916
[231]	An Karl Schwarzschild		Januar/Februar	1916
[232]	Von Albert Einstein	2.	Februar	1916
[233]	Von Friedrich Paschen	3.	Februar	1916
[234]	Von Friedrich Paschen	6.	Februar	1916
[235]	Von Albert Einstein	8.	Februar	1916
[236]	An Wilhelm Wien	10.	Februar	1916
[237]	Von Max Planck	11.	Februar	1916
[238]	Von Karl Schwarzschild	17.	Februar	1916
[239]	An Karl Schwarzschild	19.	Februar	1916
[240]	Von Karl Schwarzschild	1.	März	1916
[241]	Von Karl Schwarzschild	5.	März	1916
[242]	Von Wilhelm Lenz	7.	März	1916
[243]	An Karl Schwarzschild	9.	März	1916
[244]	Von Friedrich Paschen	10.	März	1916
[245]	Von Niels Bohr	19.	März	1916
[246]	Von Karl Schwarzschild	21.	März	1916
[247]	An Karl Schwarzschild	24.	März	1916
[248]	Von Karl Schwarzschild	26.	März	1916
[249]	An Karl Schwarzschild	29.	März	1916
[250]	Von Friedrich Paschen	1.	April	1916
[251]	Von Max Planck	4.	April	1916
[252]	Von Friedrich Paschen	20.	April	1916
[253]	An Karl Schwarzschild	25.	April	1916
[254]	Von Paul Ehrenfest		April/Mai	1916
[255]	Von Max Planck	17.	Mai	1916
[256]	Von Friedrich Paschen	21.	Mai	1916
[257]	An Paul Ehrenfest	30.	Mai	1916
[258]	Von Friedrich Paschen	20.	Juni	1916
[259]	Von Albert Einstein	3.	August	1916
[260]	Von Friedrich Paschen	17.	August	1916
[261]	An Niels Bohr	20.	August	1916

[262]	An Carl Runge	6.	September	1916
[263]	Von Wilhelm Lenz	25.	September	1916
[264]	Von Friedrich Paschen	9.	November	1916
[265]	An Paul Ehrenfest	16.	November	1916
[266]	Von Woldemar Voigt	11.	Februar	1917
[267]	Von Hendrik A. Lorentz	14.	Februar	1917
[268]	An Hendrik A. Lorentz	5.	März	1917
[269]	Von Eugen von Knilling	13.	Juli	1917
[270]	An Paul Ehrenfest	10.	Oktober	1917
[271]	An Wilhelm Wien	24.	Oktober	1917
[272]	An das Nobelkomitee	20.	Dezember	1917
[273]	An Johanna Sommerfeld	9.	Januar	1918
[274]	Von Albert Einstein	1.	Februar	1918
[275]	An Albert Einstein	16.	Februar	1918
[276]	Von Walther Nernst	7.	März	1918
[277]	An Albert Einstein	8.	März	1918
[278]	An die K. W. K. W.		März	1918
[279]	Von Niels Bohr	7.	Mai	1918
[280]	An Manne Siegbahn	8.	Mai	1918
[281]	An Niels Bohr	18.	Mai	1918
[282]	Von Albert Einstein	1.	Juni	1918
[283]	An Albert Einstein		Juni	1918
[284]	An Manne Siegbahn	4.	Juni	1918
[285]	An Manne Siegbahn	27.	Juni	1918
[286]	Von Manne Siegbahn	9.	Juli	1918
[287]	An Manne Siegbahn	17.	Juli	1918
[288]	An Wilhelm Wien		August	1918
[289]	Von Albert Einstein		September	1918
	An Hans Usener		September	1918
[290]	An Manne Siegbahn	10.	September	1918
[291]	An Karl Ritter von Goebel	8.	Oktober	1918
[292]	Von Manne Siegbahn	22.	Oktober	1918
[293]	An Wilhelm Wien	12.	November	1918
[294]	Von Manne Siegbahn	20.	November	1918
[295]	An Albert Einstein	3.	Dezember	1918
[296]	Von Albert Einstein	6.	Dezember	1918
[297]	An Manne Siegbahn	17.	Dezember	1918
[298]	Von Niels Bohr	26.	Dezember	1918

Literaturverzeichnis

Abkürzungen

AdP	Annalen der Physik
AHES	Archive for History of Exact Sciences
DMV	Jahresberichte der Deutschen Mathematiker-Vereinigung
Encyklopädie	Encyklopädie der mathematischen Wissenschaften
	Leipzig: Teubner
GN	Göttinger Nachrichten
HSPS	Historical Studies in the Physical Sciences
JRE	Jahrbuch der Radioaktivität und Elektronik
MA	Mathematische Annalen
PhilTrans	Philosophical Transactions of the Royal Society London
PhZ	Physikalische Zeitschrift
PLMS	Proceedings of the London Mathematical Society
PM	Philosophical Magazine
PRS	Proceedings of the Royal Society London
SB A	Verslag van de Gewone Vergaderingen der Wis- en Natuurkundige Afdeeling, Akademie van Wetenschappen te Amsterdam
SB B	Sitzungsberichte der Preußischen Akademie der Wissenschaften Berlin
SB M	Sitzungsberichte der Bayerischen Akademie der Wissenschaften München
VDPG	Verhandlungen der Deutschen Physikalischen Gesellschaft
VGDN	Verhandlungen der Gesellschaft Deutscher Naturforscher und Ärzte
ZVDI	Zeitschrift des Vereins Deutscher Ingenieure

Abraham, Max 1898: Elektrische Schwingungen um einen stabförmigen Leiter, behandelt nach Maxwell's Theorie. *AdP* 66, S. 435–472.

— 1900: *Elektrische Schwingungen in einem frei endigenden Drahte.* Habilitationsarbeit Universität Göttingen.

— 1901: Funkentelegraphie und Elektrodynamik. *PhZ* 2, S. 270–272.

— 1902: Dynamik des Electrons. *GN*, S. 20–41.

— 1903a: Prinzipien der Dynamik des Elektrons. *AdP* 10, S. 105–179.

— 1903b: H. M. Macdonald, Elektrische Wellen. *PhZ* 4, S. 422–424.

— 1904: Geometrische Grundbegriffe. In: *Encyklopädie* Bd. IV, Kap. 14, S. 3–47.

— 1905: *Elektromagnetische Theorie der Strahlung.* Bd. 2 von *Theorie der Elektrizität.* Leipzig: Teubner.

— 1907: Franz Fuchs. Beiträge zur Theorie der elektrischen Schwingungen eines leitenden Rotationsellipsoides. *DMV* 16, S. 84–86.

— 1910: Elektromagnetische Wellen. In: *Encyklopädie* Bd. V, Kap. 18, S. 483–538.

— 1912a: Relativität und Gravitation. Erwiderung auf eine Bemerkung des Hrn. A. Einstein. *AdP* 38, S. 1056–1058.

— 1912b: Nochmals Relativität und Gravitation. Bemerkungen zu A. Einsteins Erwiderung. *AdP* 39, S. 444–448.

— 1912c: Das Gravitationsfeld. *PhZ* 12, S. 793–797.

Afanasiev, G. N.; Kh. M. Beshtoev und Yu. P. Stepanovsky 1996: Vavilov-Cerenkov Radiation in a Finite Region of Space. *Helvetica Physica Acta* 69, S. 111–129.

Albrecht, Helmuth (Hg.) 1993: *Naturwissenschaft und Technik in der Geschichte*. Stuttgart: GNT-Verlag.

Arrhenius, Svante 1900: Über die Ursache der Nordlichter. *PhZ* 2, S. 81–87, 97–105.

Auerbach, Felix 1915: Der Anteil der Nationen an der Elektrizitätswissenschaft. *Die Naturwissenschaften* 3, S. 153–157.

Austin, Louis W. 1910: Some quantitative experiments in long distance radio telegraphy. *Bulletin of the Bureau of Standards* 7, S. 315.

Baldus, Richard; Eberhard Buchwald und Rudolf Hase 1920: Zur Geschichte der Richtwirkungs- und Peilversuche auf den Flugplätzen Döberitz und Lärz. *Jahrbuch der drahtlosen Telegraphie und Telephonie* 15, S. 99–122.

Barkla, Charles G. 1909: Phenomena of X-Ray Transmission. (Preliminary Paper.) *Proceedings of the Cambridge Phililosophical Society* 15, S. 257–268.

Bassler, E. 1909: Polarisation der X-Strahlen, nachgewiesen mittels Sekundärstrahlung. *AdP* 28, S. 808–884.

Baule, Albert 1890: Note sur la toupie du commandant Fleuriais. *Revue Maritime et Coloniale* 105, S. 516–563.

Baumann, Adrian 1913: *Der Planet Mars*. Zürich: Müller, Werder und Cie.

Baumgart, Peter (Hg.) 1980: *Bildungspolitik in Preußen zur Zeit des Kaiserreichs*. Stuttgart: Klett-Cotta.

Benischke, Gustav 1902: Über den Parallelbetrieb von Wechselstrommaschinen. *Elektrotechnische Zeitschrift* 23(43), S. 948–949.

Benz, Ulrich-Walter 1975: *Arnold Sommerfeld, Lehrer und Forscher an der Schwelle zum Atomzeitalter, 1868-1951*. Stuttgart: Wissenschaftliche Verlagsgesellschaft, Reihe Große Naturforscher Bd. 38.

Bethe, Hans A. 1944: Theory of Diffraction by Small Holes. *Physical Review* 66, S. 163–182.

Bevan, P. V. 1910: Dispersion of Light by Potassium Vapour. *PRS* 84, S. 209–225.

Bezold, Wilhelm von 1895: *Hermann von Helmholtz. Gedächtnisrede gehalten in der Singakademie zu Berlin am 14. Dezember 1894*. Leipzig: Barth.

Birge, Raymond T. 1910: Formulae for the Spectral Series for the Alkali Metals and Helium. *Astrophysical Journal* 32, S. 112–124.

Bjerknes, Vilhelm 1900, 1902: *Vorlesungen über hydrodynamische Fernkräfte nach C. A. Bjernes' Theorie. 2 Bände*. Leipzig: Barth.

Blum, Walter; Hans-Peter Dürr und Helmut Rechenberg (Hg.) 1985: *Werner Heisenberg. Gesammelte Werke*. Serie A, Part 1. Berlin, Heidelberg, New York, Tokyo: Springer.

Bohlmann, Georg 1897: Die wichtigsten Lehrbücher der Differential- und Integralrechnung von Euler bis auf die neueste Zeit. *VGDN* 69, S. 6–7.

Bohr, Niels 1913a: The Spectra of Helium and Hydrogen. *Nature* 92, S. 231–232.

— 1913b: On the Constitution of Atoms and Molecules. (Part I). *PM* 26, S. 1–25.

— 1913c: On the Constitution of Atoms and Molecules. Part II. Systems Containing Only a Single Nucleus. *PM* 26, S. 476–502.

— 1913d: On the Constitution of Atoms and Molecules. Part III. Systems Containing Several Nuclei. *PM* 26, S. 857–875.

— 1914: On the Effect of Electric and Magnetic Fields on Spectral Lines. *PM* 27, S. 506–527.

— 1915a: On the Series Spectrum of Hydrogen and the Structure of the Atom. *PM* 29, S. 332–335.

— 1915b: On the Quantum Theory of Radiation and the Structure of the Atom. *PM* 30, S. 394–415.

— 1918a: On the Quantum Theory of Line-Spectra. Part I. On the general theory. *D. Kgl. Danske Vidensk. Selsk. Skrifter, Naturvidensk. og Mathem. Afd.* 8, Raekke, IV. 1, S. 1–36.

— 1918b: On the Quantum Theory of Line-Spectra. Part II. On the hydrogen spectrum. *D. Kgl. Danske Vidensk. Selsk. Skrifter, Naturvidensk. og Mathem. Afd.* 8, Raekke, IV. 1, S. 37–100.

— 1921: *Abhandlungen über den Atombau aus den Jahren 1913 bis 1916. Autorisierte deutsche Übersetzung von Dr. Hugo Stintzing.* Braunschweig: Vieweg.

— 1976: *The Correspondence Principle (1918–1923). Edited by J. Rud Nielsen.* Bd. 3 von *Collected Works.* Amsterdam, New York, Oxford: North-Holland.

— 1981: *Work on Atomic Physics (1912–1917). Edited by Ulrich Hoyer.* Bd. 2 von *Collected Works.* Amsterdam, New York, Oxford: North-Holland.

Boltzmann, Ludwig 1870: Über die Ableitung der Grundgleichungen der Capillarität aus dem Principe der virtuellen Geschwindigkeiten. *AdP* 141, S. 582–590.

— 1891: *Vorlesungen über Maxwells Theorie der Elektricität und des Lichtes, 1. Theil.* Leipzig: Barth.

— 1893: Ueber ein Medium, dessen mechanische Eigenschaften auf die von Maxwell für den Electromagnetismus aufgestellten Gleichungen führen. *AdP* 48, S. 78–99.

— 1897: Kleinigkeiten aus dem Gebiete der Mechanik. *VGDN* 69, S. 26–29.

— 1904: *Vorlesungen über die Principe der Mechanik. 2. Theil, enthaltend die Wirkungsprincipe, die Lagrangeschen Gleichungen und deren Anwendungen.* Leipzig: Barth.

Boltzmann, Ludwig und J. Nabl 1907: Kinetische Theorie der Materie. In: *Encyklopädie* Bd. V, Kap. 8, S. 493–557.

Born, Max 1909a: Die Theorie des starren Elektrons in der Kinematik des Relativitätsprinzips. *AdP* 30, S. 1–56.

— 1909b: Über die Dynamik des Elektrons in der Kinematik des Relativitätsprinzips. *PhZ* 10, S. 814–817.

Born, Max und Theodor von Kármán 1912: Über Schwingungen in Raumgittern. *PhZ* 13, S. 297–309.

Bosscha, Johannes (Hg.) 1900: *Recueil de travaux offerts par les auteurs à H. A. Lorentz*. Bd. 5 von *Archives Néerlandaises des Sciences Exactes et Naturelles, Serie II*. La Haye: Martinus Nijhoff.

Boussinesq, Valentin 1870: Essai théorique sur les lois trouvées expérimentalement par M. Bazin pour l'écoulement uniforme de l'eau dans les canaux découverts. *Comptes Rendus* 71, S. 389–393.

— 1871: Sur le mouvement permanent varié de l'eau dans les tuyaux de conduite et dans les canaux découverts. *Comptes Rendus* 73, S. 34–38, 101–105.

Brocke, Bernhard vom 1980: Hochschul- und Wissenschaftspolitik in Preußen und im Deutschen Kaiserreich 1882-1907: das »System Althoff«. In: Baumgart [1980] S. 9–118.

Brocke, Bernhard vom (Hg.) 1991: *Wissenschaftsgeschichte und Wissenschaftspolitik im Industriezeitalter*. Hildesheim: Lax.

Brocke, Bernhard vom und Hubert Laitko (Hg.) 1996: *Die Kaiser-Wilhelm-/Max-Planck-Gesellschaft und ihre Institute. Studien zu ihrer Geschichte: Das Harnack-Prinzip*. Berlin, New York: de Gruyter.

Broelmann, Jobst 2000: „ ... und ein Kapitel muß Wissenschaft sein". Wissens- und Kommunikationsformen in den Wechselbeziehungen zwischen Naturwissenschaften und Technik am Beispiel von Anschütz-Kaempfe, Einstein und Sommerfeld. In: Schneider et al. [2000].

— in Vorbereitung: *Geschichte der Kreiselgeräte (Arbeitstitel)*. Dissertation TU München.

Broglie, Maurice de 1916a: Sur un système de bandes d'absorption correspondant aux rayons L des spectres de rayons X. *Comptes Rendus* 163, S. 352.

— 1916b: Sur la bande d'absorption K des éléments pour les rayons X suivie du brom au bismuth et l'émission d'un tube Coolidge vers les très courtes longuer d'onde. *Comptes Rendus* 163, S. 87.

Bryan, George Hartley 1903: Allgemeine Grundlegung der Thermodynamik. In: *Encyklopädie* Bd. V, Kap. 3, S. 71–160.

Bucherer, Alfred 1905: Das deformierte Elektron und die Theorie des Elektromagnetismus. *PhZ* 6, S. 833–834.

— 1908: Messungen an Becquerelstrahlen. Die experimentelle Bestätigung der Lorentz-Einsteinschen Theorie. *PhZ* 9, S. 755–762.

Buchwald, Jed Z. (Hg.) 1995: *Scientific Practice: Theories and Stories of Doing Physics*. Chicago: University of Chicago Press.

Buisson, Henri und Charles Fabry 1908: Spectre du fer. *Annales de la Faculté des Sciences de Marseille* 17, fasc. III, S. 111–119.

Burchfield, Joe D. 1975: *Lord Kelvin and the Age of the Earth*. London: Macmillan Press.

Busch, Georg 1985: Peter Debye (1884 – 1966). Werden und Wirken eines großen Naturforschers. *Vierteljahreshefte der Naturforschenden Gesellschaft in Zürich* 130/1, S. 19–34.

Campbell, Norman: *Modern electrical theory*. Cambridge: Cambridge University Press.

Cantor, Georg 1895: Beiträge zur Begründung der transfiniten Mengenlehre. *MA* 46, S. 481–512.

Carslaw, Horatio S. 1899: Some Multiform Solutions of the Partial Differential Equations of Physical Mathematics and their Applications. *PLMS* 30, S. 121–161.

Chamberlain, Houston S. 1899: *Die Grundlagen des neunzehnten Jahrhunderts.* München: Bruckmann.

Chandrasekhar, Subrahamanyan 1985: Hydrodynamic Stability and Turbulence (1922–1948). In: Blum et al. [1985] S. 19–24.

Charlier, Carl Ludwig 1902: *Die Mechanik des Himmels. Vorlesungen.* Bd. 1. Leipzig: Veit.

— 1907: *Die Mechanik des Himmels. Vorlesungen.* Bd. 2. Leipzig: Veit.

Clausius, Rudolph 1877: Ueber die Ableitung eines neuen elektronischen Grundgesetzes. *Journal für die reine und angewandte Mathematik* 82, S. 85–130.

Clebsch, Alfred 1863: Ueber die Reflexion an einer Kugelfläche. *Journal für die reine und angewandte Mathematik* 61, S. 195–262.

Cochrane, Rexmond C. 1966: *Measures for Progress. A History of the National Bureau of Standards.* Washington, D.C.: National Bureau of Standards, US Department of Commerce.

Cohn, Emil 1900: *Das Elektromagnetische Feld. Vorlesungen über die Maxwell'sche Theorie.* Leipzig: Hirzel.

Corry, Leo 1997: David Hilbert and the axiomatization of physics (1894-1905). *AHES* 51, S. 83–198.

Cranz, Carl 1897: Ueber die constanten Geschossabweichungen, insbesondere die konische Pendelung der Geschossaxe. *VGDN* 69, S. 6.

— 1898: Theoretische und experimentelle Untersuchungen über die Kreiselbewegungen der rotierenden Langgeschosse während ihres Fluges. *Zeitschrift für Mathematik und Physik* 43, S. 133–162, 169–215.

— 1903: Ballistik. In: *Encyklopädie* Bd. IV, Kap. 18, S. 185–279.

— 1925: *Äussere Ballistik. 5. Aufl.* Bd. 1 von *Lehrbuch der Ballistik.* Berlin: Springer.

Cranz, Carl und Karl Richard Koch 1899: Untersuchungen über die Vibration des Gewehrlaufs. *Münchner Akademische Abhandlungen* 19, S. 745–775.

Crowe, Michael J. 1967: *A history of vector analysis.* Notre Dame, London: University of Notre Dame Press.

Curtis, William E. 1913: A New Band Spectrum Associated with Helium. *PRS* 89, S. 146–149.

Darboux, Gaston 1896: *Déformation infiniment petite et représentation sphérique.* Bd. 4 von *Cours de la Géométrie de la Faculté des Sciences. Leçons sur la théorie générale des surfaces et les applications géométrique du calcul infinitésimal.* Paris: Gauthier-Villars.

Darrigol, Olivier 1996: The electrodynamic origins of relativity theory. *HSPS* 26(2), S. 241–312.

Darwin, George Howard 1898: *The Tides and Kindred Phenomena in the Solar-System. The Substance of Lectures delivered in 1897 at Lowell Institute Boston, Massachusetts.* London: John Murray.

Darwin, George Howard und S. S. Hough 1908: Bewegung der Hydrosphäre. In: *Encyklopädie* Bd. VI, Kap. 6, S. 3–83.

Dauben, Joseph W. (Hg.) 1996: *History of mathematics: States of the art.* San Diego: Academic Press.

Debye, Peter 1908a: *Der Lichtdruck auf Kugeln von beliebigem Material.* Dissertation Universität München.

— 1908b: Diskussionsbemerkung. *PhZ* 9, S. 773.

— 1908c: Das elektromagnetische Feld um einen Zylinder und die Theorie des Regenbogens. *PhZ* 9, S. 775–778.

— 1908d: Das elektromagnetische Feld um die Kugel und die Theorie des Regenbogens. *VGDN* 80, S. 53.

— 1909a: Der Lichtdruck auf Kugeln von beliebigem Material. *AdP* 30, S. 57–136.

— 1909b: Das Verhalten von Lichtwellen in der Nähe eines Brennpunktes oder einer Brennlinie. *AdP* 30, S. 755–776.

— 1909c: Näherungsformeln für die Zylinderfunktionen für grosse Werte des Arguments und unbeschränkt veränderliche Werte des Index. *MA* 67, S. 535–558.

— 1910a: Der Wahrscheinlichkeitsbegriff in der Theorie der Strahlung. *AdP* 33, S. 1427–1434.

— 1910b: Zur Theorie der Elektronen in Metallen. *AdP* 33, S. 441–489.

— 1910c: Stationäre und quasistationäre Felder. In: *Encyklopädie* Bd. V, Kap. 17, S. 393–482.

— 1910d: Semikonvergente Entwicklungen für die Zylinderfunktionen und ihre Ausdehnung ins Komplexe. 5. Abhandlung. *SB M,* S. 1–29.

— 1912a: Zur Theorie der spezifischen Wärmen. *AdP* 39, S. 789–839.

— 1912b: Les particularités des chaleurs spécifiques à basse température. *Archives des sciences physiques et naturelles* 33, S. 256–258.

— 1912c: Einige Resultate einer kinetischen Theorie der Isolatoren. *PhZ* 13, S. 97–100.

— 1914: Zustandsgleichung und Quantenhypothese mit einem Anhang über Wärmeleitung. In: Planck et al. [1914] S. 17–60.

— 1915a: Zerstreuung von Röntgenstrahlen. *AdP* 46, S. 809–823.

— 1915b: Die Konstitution des Wasserstoffmoleküls. *SB M,* S. 1–26.

— 1916a: Quantenhypothese und Zeeman-Effekt. *GN,* S. 142–153.

— 1916b: Quantenhypothese und Zeeman-Effekt. *PhZ* 17, S. 507–512.

— 1916c: Die Feinstruktur wasserstoffähnlicher Spektren. *PhZ* 17, S. 512–516.

— 1917: Der erste Elektronenring der Atome. *PhZ* 18, S. 276–284.

— 1960: Sommerfeld und die Überlichtgeschwindigkeit. *Physikalische Blätter* 16, S. 568–570.

Debye, Peter und Arnold Sommerfeld 1913: Theorie des lichtelektrischen Effektes vom Standpunkt des Wirkungsquantums. *AdP* 41, S. 873–930.

Deltete, R. J. 1983: *The energetics controversy in late 19th century Germany: Helm, Ostwald and their critics.* Dissertation Yale University New Haven.

Des Coudres, Theodor 1900: Zur Theorie des Kraftfeldes elektrischer Ladungen, die sich mit Überlichtgeschwindigkeit bewegen. *Archives Néerlandaises des Sciences Exactes et Naturelles* 5, S. 652–664.

Diegel, Carl 1899: Selbstthätige Steuerung der Torpedos durch den Geradlaufapparat. *Marine-Rundschau* 10, S. 517–551.

Drazin, P. G. und William H. Reid 1981: *Hydrodynamic Stability.* Cambridge: Cambridge University Press.

Drecker, Jos. 1900: Über den Nachweis einer optischen Täuschung. *PhZ* 2, S. 145–146.

Drude, Paul 1897: Ueber Fernewirkungen. *VGDN* 69, S. 7–8.

Dunz, Berthold 1911: *Bearbeitung unserer Kenntnisse von den Serien.* Dissertation Universität Tübingen.

Dyck, Walther (Hg.) 1892: *Katalog mathematischer und mathematisch-physikalischer Modelle, Apparate und Instrumente.* Königsberg: Deutsche Mathematiker-Vereinigung.

— 1893: *Deutsche Unterrichtsausstellung in Chicago.*

Dyck, Walther 1894: Einleitender Bericht über die mathematische Ausstellung in München. *DMV* 3, S. 39–56.

— 1904: Einleitender Bericht über das Encyklopädieunternehmen. In: *Encyklopädie* Bd. I, Kap. 1, S. V–XX.

Eckert, Michael 1993: *Die Atomphysiker. Eine Geschichte der theoretischen Physik am Beispiel der Sommerfeldschule.* Braunschweig, Wiesbaden: Vieweg.

— 1996: Der ‚Sommerfeld-Effekt': Theorie und Geschichte eines bemerkenswerten Resonanzphänomens. *European Journal of Physics* 17, S. 285–289.

— 1997: Mathematik auf Abwegen: Ferdinand Lindemann und die Elektronentheorie. *Centaurus* 39, S. 121–140.

Eckert, Michael und Willibald Pricha 1984: Boltzmann, Sommerfeld und die Berufungen auf die Lehrstühle für Theoretische Physik in München und Wien, 1890-1917. *Mitteilungen der Österreichischen Gesellschaft für Wissenschaftsgeschichte* 4, S. 101–119.

Eckert, Michael; Willibald Pricha; Helmut Schubert und Gisela Torkar 1984: *Geheimrat Sommerfeld – Theoretischer Physiker. Eine Dokumentation aus seinem Nachlaß.* München: Deutsches Museum.

Edlund, Erik 1874: Bemerkungen die Theorie der Elektricität betreffend. *AdP* 3, S. 612–616.

van Eeden, Frederik Willem 1909: *Die Nachtbraut.* Berlin: Concordia Deutsche Verlags-Anstalt.

Ehrenfest, Paul 1904: *Die Bewegung starrer Körper in Flüssigkeiten und die Mechanik von Hertz.* Dissertation Universität Wien.

— 1909a: [Le Chatelier und Reziprozitätsgesetze der Thermodynamik.] *Journal der russischen physikalisch-chemischen Gesellschaft* 41, S. 347–366.

— 1909b: Gleichförmige Rotation starrer Körper und Relativitätstheorie. *PhZ* 10, S. 918.

— 1911a: Welche Züge der Lichtquantenhypothese spielen in der Theorie der Wärmestrahlung eine wesentliche Rolle? *AdP* 36, S. 91–118.

— 1911b: Das Prinzip von Le Chatelier-Braun und die Reziprozitätssätze der Thermodynamik. *Zeitschrift für physikalische Chemie* 77, S. 227–244.

— 1913a: Over Einstein's theorie van het stationaire gravitatieveld. *SB A* 21, S. 1234–1239.

— 1913b: A mechanical theorem of Boltzmann and its relation to the theory of quanta. *Amsterdamer Proceedings* 16, S. 591–597.

— 1913c: Bemerkung betreffs der spezifischen Wärme zweiatomiger Gase. *VDPG* 15, S. 451–457.

— 1914: Zum Boltzmannschen Entropie-Wahrscheinlichkeits-Theorem. I. *PhZ* 15, S. 657–663.

— 1916: Adiabatische Invarianten und Quantentheorie. *AdP* 51, S. 327–352.

Ehrenfest, Paul und Tatjana Ehrenfest 1911: Begriffliche Grundlagen der statistischen Auffassung in der Mechanik. In: *Encyklopädie* Bd. IV, 4. Teilband, Kap. 32.

Einstein, Albert 1905a: Über einen die Erzeugung und Verwandlung des Lichtes betreffenden heuristischen Gesichtspunkt. *AdP* 17, S. 132–148.

— 1905b: Zur Elektrodynamik bewegter Körper. *AdP* 17, S. 891–921.

— 1907a: Die Plancksche Theorie der Strahlung und die Theorie der spezifischen Wärme. *AdP* 22, S. 180–190.

— 1907b: Über die vom Relativitätsprinzip geforderte Trägheit der Energie. *AdP* 23, S. 371–379.

— 1907c: Über das Relativitätsprinzip und die aus demselben gezogenen Folgerungen. *Jahrbuch der Radioaktivität* 4, S. 411–462.

— 1908: Neue elektrostatische Methode zur Messung kleiner Elektrizitätsmengen. *PhZ* 9, S. 216–217.

— 1909: Zum gegenwärtigen Stand des Strahlungsproblems. *PhZ* 10, S. 185–193.

— 1910: Sur la théorie des quantités lumineuses et la question de la localisation de l'énergie électromagnétique. *Archives des sciences physiques et naturelles* 29, S. 525–528.

— 1911: Über den Einfluß der Schwerkraft auf die Ausbreitung des Lichts. *AdP* 35, S. 898–908.

— 1912a: Relativität und Gravitation. Erwiderung auf eine Bemerkung von M. Abraham. *AdP* 38, S. 1059–1064.

— 1912b: Lichtgeschwindigkeit und Statik des Gravitationsfeldes. *AdP* 38, S. 355–369.

— 1912c: Zur Theorie des statischen Gravitationsfeldes. *AdP* 38, S. 443–458.

— 1912d: Bemerkung zu Abrahams vorangehender Auseinandersetzung. Nochmals Relativität und Gravitation. *AdP* 39, S. 704.

— 1914: Formale Grundlagen der allgemeinen Relativitätstheorie. *SB B*, S. 1030–1085.

— 1915a: Grundgedanken der allgemeinen Relativitätstheorie und Anwendung dieser Theorie in der Astronomie. *SB B*, S. 315.

— 1915b: Zur allgemeinen Relativitätstheorie. *SB B*, S. 778–786, 799–801.

— 1915c: Erklärung der Perihelbewegung des Merkur aus der allgemeinen Relativitätstheorie. *SB B*, S. 831–839.

— 1915d: Die Feldgleichungen der Gravitation. *SB B*, S. 844–847.
— 1915e: Experimenteller Nachweis der Ampèreschen Molekularströme. *Die Naturwissenschaften* 3, S. 237–238.
— 1916a: Grundlage der allgemeinen Relativitätstheorie. *AdP* 49, S. 769–822.
— 1916b: Näherungsweise Integration der Feldgleichungen der Gravitation. *SB B*, S. 688–696.
— 1916c: Einfaches Experiment zum Nachweis der Ampèreschen Molekularströme. *VDPG* 18, S. 173–177.
— 1917: *Über die spezielle und allgemeine Relativitätstheorie, gemeinverständlich.* Braunschweig: Vieweg.
— 1918: Über Gravitationswellen. *SB B*, S. 154–167.
— 1989: *The Swiss Years: Writings, 1900-1909. John Stachel, editor.* Bd. 2 von *The Collected Papers of Albert Einstein.* Princeton: Princeton University Press.
— 1993: *The Swiss Years: Correspondence, 1902-1914. Ed.: Martin J. Klein, A. J. Kox, and Robert Schulmann.* Bd. 5 von *The Collected Papers of Albert Einstein.* Princeton: Princeton University Press.
— 1995: *The Swiss Years/Die Schweizer Jahre: Writings/Schriften, 1912-1914. Martin J. Klein, A. J. Kox, Jürgen Renn, and Robert Schulmann, editors.* Bd. 4 von *The Collected Papers of Albert Einstein.* Princeton: Princeton University Press.
— 1998: *The Berlin Years: Correspondence, 1914–1918. Part A: 1914–1917. Part B: 1918. Robert Schulmann, A. J. Kox, Michel Janssen, and József Illy Editors.* Bd. 8 von *The Collected Papers of Albert Einstein.* Princeton: Princeton University Press.
Einstein, Albert und Ludwig Hopf 1910a: Über einen Satz der Wahrscheinlichkeitsrechnung und seine Anwendung in der Strahlungstheorie. *AdP* 33, S. 1096–1104.
— 1910b: Statistische Untersuchung der Bewegung eines Resonators in einem Strahlungsfeld. *AdP* 33, S. 1105–1115.
Emden, Robert 1899: Über die Ausströmungserscheinungen permanenter Gase. *AdP* 69, S. 246–289, 426–453.
Epstein, Paul S. 1914: *Über die Beugung an einem ebenen Schirm unter Berücksichtigung des Materialeinflusses.* Leipzig: Barth.
— 1915: Spezielle Beugungsprobleme. In: *Encyklopädie* Bd. V, Kap. 24, S. 488–525.
— 1916a: Über den lichtelektrischen Effekt und die β-Strahlung radioaktiver Substanzen. *AdP* 50, S. 313–316.
— 1916b: Zur Theorie des Starkeffektes. *AdP* 50, S. 489–521.
— 1916c: Versuch einer Anwendung der Quantenlehre auf die Theorie des lichtelektrischen Effekts und der β-Strahlung radioaktiver Substanzen. *AdP* 50, S. 815–840.
— 1916d: Zur Quantentheorie. *AdP* 51, S. 168–188.
— 1916e: Zur Theorie des Starkeffekts. *PhZ* 17, S. 148–150.
— 1917: Zur Theorie der Beugung an metallischen Schirmen. *AdP* 53, S. 33–42.
Erochin, Peter 1913: Über die Zeemaneffekte der Wasserstofflinie H_α in schwachen Magnetfeldern. *AdP* 42, S. 1054–1060.

Evans, Evan Jenkin 1915: The Spectra of Helium and Hydrogen. *PM* 29, S. 284–297.

Evans, Evan Jenkin und C. Croxson 1916: The structure of the line of wave length 4686 A.U. *Nature* 97, S. 56–57.

Eve, Arthur S. 1904: On the Secondary Radiation due to the γ Rays of Radium. *Nature* 70, S. 454.

Ewald, Paul P. 1912: *Dispersion und Doppelbrechung von Elektronengittern (Kristallen)*. Dissertation Universität München.

— 1917: Zur Begründung der Kristalloptik. *AdP* 54, S. 519–556, 557–597.

Ewald, Paul P. (Hg.) 1962: *Fifty Years of X-Ray Diffraction*. Utrecht: International Union of Crystallography.

Ewald, Paul P. 1969: The Myth of the Myths; Comments on P. Forman's paper. *AHES* 6, S. 72–81.

Faraday, Michael 1859: *Experimental Researches in Electricity. 3 Vol. Reprinted from the Philosophical Transactions 1821–1857*. London: Taylor & William.

Finsterwalder, Sebastian 1897a: Ueber Photogrammetrie. *VGDN* 69, S. 32.

— 1897b: Ueber mechanische Beziehungen bei der Flächenbiegung. *VGDN* 69, S. 33.

Flamm, Ludwig 1918: Zum gegenwärtigen Stand der Quantentheorie. *PhZ* 19, S. 116–128.

Fölsing, Albrecht 1993: *Albert Einstein. Eine Biographie*. Frankfurt a. M.: Suhrkamp.

— 1995: *Wilhelm Conrad Röntgen. Aufbruch ins Innere der Materie*. München: Carl Hanser.

Föppl, August 1897: Ueber Ziele und Methoden der technischen Mechanik. *VGDN* 69, S. 6.

— 1899: *Dynamik*. Bd. IV von *Vorlesungen über Technische Mechanik*. Leipzig: Teubner.

— 1902: Das Pendeln parallel geschalteter Maschinen. *Elektrotechnische Zeitschrift* 23(4), S. 59–64.

— 1904a: *Einführung in die Maxwellsche Theorie der Elektrizität. Mit einem einleitenden Abschnitte über das Rechnen mit Vektorgrößen in der Physik. Zweite, vollständig umgearbeitete Auflage herausgegeben von M. Abraham. Bd. 1 von Theorie der Elektrizität*. Leipzig: Teubner.

— 1904b: Die Theorie des Schlickschen Schiffskreisels. *ZVDI* 48(14), S. 478–483.

— 1914: *Festigkeitslehre. 5. Aufl.* Bd. III von *Vorlesungen über Technische Mechanik*. Leipzig, Berlin: Teubner.

Forman, Paul 1967: *The environment and practice of atomic physics in Weimar Germany: a study*. PhD Thesis University of California Berkeley.

— 1969: The Discovery of the Diffraction of X-Rays by Crystals; A Critique of the Myths. *AHES* 6, S. 38–71.

— 1974: The Financial Support and Political Alignment of Physicists in Weimar Germany. *Minerva* 12, S. 39–66.

Forman, Paul; Spencer Weart und John Heilbron 1975: Physics ca. 1900. *HSPS* 5, S. 1–185.

Fortrat, René 1913a: Phénomène de Zeeman dans des champs très intenses. *Extrait des Archives des sciences physiques et naturelles* 35, S. 22.

— 1913b: Le triplet magnétique normale et la règle de Preston. *Comptes Rendus* 156, S. 1607–1609.

Fowler, Alfred 1912: Observations of the principal and other series in the spectrum of hydrogen. *Monthly Notices of the Royal Astronomical Society* 73, S. 62–71.

— 1913a: The spectra of helium and hydrogen. *Nature* 92, S. 232–233.

— 1913b: The spectra of helium and hydrogen. *Nature* 92, S. 95–96.

— 1914: Series Lines in Sparc Spectra. *PRS* A90, S. 426–430.

Frahm, Hermann 1901: Neuere Untersuchungen im Schiffs- und Schiffsmaschinenbau auf der Werft von Blohm & Voss. *VGDN* 73, S. 101.

Frank, Philipp und Richard von Mises 1925: *Die Differential- und Integralgleichungen der Mechanik und Physik.* Braunschweig: Vieweg.

— 1935: *Die Differential- und Integralgleichungen der Mechanik und Physik. Zweiter physikalischer Teil.* Braunschweig: Vieweg.

Fredenhagen, Carl 1906: Spektralanalytische Studien. *AdP* 20, S. 133–173.

Freundlich, Erwin Finlay 1915a: Über die Erklärung der Anomalien im Planeten-System durch die Gravitationswirkung interplanetarer Massen. *Astronomische Nachrichten* 201(4803), S. 48–55.

— 1915b: Über die Gravitationsverschiebung der Spektrallinien bei Fixsternen. *PhZ* 16, S. 115–117.

— 1916: Über die Gravitationsverschiebung der Spektrallinien bei Fixsternen. *Astronomische Nachrichten* 202(4826), S. 18–24.

Frewer, Magdalene 1979: *Das mathematische Lesezimmer der Universität Göttingen unter der Leitung von Felix Klein.* Hausarbeit zur Prüfung für den höheren Bibliotheksdienst. Bibliothekar-Lehrinstitut des Landes Nordrhein-Westfalen Köln.

Friedrich, Walther 1912: Räumliche Verteilung der X-Strahlen, die von einer Platinantikathode ausgehen. *AdP* 39, S. 377–430.

Friedrich, Walther; Paul Knipping und Max Laue 1912: Interferenz-Erscheinungen bei Röntgenstrahlen. *SB M*, S. 303–322.

Fuchs, Franz 1906: *Beiträge zur Theorie der elektrischen Schwingungen eines leitenden Rotationsellipsoides.* Inauguraldissertation Universität München.

Furtwängler, Philipp 1904: Die Mechanik der einfachsten physikalischen Apparate und Versuchsanordnungen. In: *Encyklopädie* Bd. IV, Kap. 7, S. 1–61.

Galison, Peter 1989: *How Experiments End.* Chicago, London: The University of Chicago Press.

Garbasso, Antonio 1906: *Vorlesungen über Theoretische Spectroscopie.* Leipzig: Barth.

Gauß, Carl Friedrich 1830: Principia generalia theoriae figurae fluidorum in statu aequilibrii. *Commentationes Recentiores Societatis Regiae Scientarum Göttingensis* 7, S. 39–88.

Geison, Gerald L. (Hg.) 1993: *Research Schools. Historical Reappraisals.* Bd. 8 von *Osiris. Second Series.* Chicago: University of Chicago Press.

Gerlach, Walther 1926: *Materie, Elektrizität, Energie. 2. Aufl.* Dresden: Steinkopf.

Gibbs, J. Willard 1905: *Elementare Grundlagen der statistischen Mechanik. Entwickelt besonders im Hinblick auf eine rationelle Begründung der Thermodynamik. Deutsch bearbeitet von E. Zermelo.* Leipzig: Barth.

Glauner, Theodor 1894: *Ueber den Verlauf von Potentialfunktionen im Raume.* Dissertation Philosophische Fakultät der Universität Göttingen.

Glitscher, Karl 1917: Spektroskopischer Vergleich zwischen den Theorien des starren und des deformierbaren Elektrons. *AdP* 52, S. 608–630.

Goldberg, Stanley 1970: The Abraham Theory of the Electron: The Symbiosis of Experiment and Theory. *AHES* 7, S. 7–25.

Goldschmidt, Robert B.; Maurice de Broglie und Frederick A. Lindemann (Hg.) 1921: *La Structure de la Matière. Rapports et discussions du Conseil de Physique tenu à Bruxelles du 27 au 31 octobre 1913 sous les auspices de l'Institut international de Physique Solvay.* Paris.

Goldstein, Eugen 1907: Über zweifache Linienspektra chemischer Elemente. (Vorläufige Mitteilung.) *VDPG* 9, S. 321–332.

Götz, Norbert und Clementine Schack-Simitzis (Hg.) 1988: *Die Prinzregentenzeit. Katalog der Ausstellung im Stadtmuseum.* München: Stadtmuseum München, C. H. Beck.

Gouy, Léon 1883: Polarisation de lumière diffractée. *Comptes Rendus* 96, S. 697–698.

— 1884: Diffusion dans l'ombre d'un écran à bord rectiligne. *Comptes Rendus* 98, S. 1573–1574.

— 1885: Diffraction par un écran à bord rectiligne. *Comptes Rendus* 100, S. 977–978.

— 1886: Recherches expérimentales sur la diffraction. *Annales de Chimie et Physique* 8, S. 145–192.

Graßmann, Hermann 1845: Neue Theorie der Electrodynamik. *AdP* 64, S. 1–17.

— 1902: *Die Abhandlungen zur Mechanik und zur mathematischen Physik. Herausgegeben von Jacob Lüroth und Friedrich Engel.* Bd. II, 2 von *Gesammelte mathematische und physikalische Werke.* Leipzig: Teubner.

Green, George 1842: On the Laws of Reflexion and Refraction of Light at the Common Surface of Two Non-Crystallized Media. *Transactions of the Cambridge Philosophical Society* 7, S. 1–24, 113–120.

Greenhill, A. George 1899: Mathematics of the spinning top. *Nature* 60(1553, 1554), S. 319–322, 346–349.

Großmann, Siegfried 1995: Wie entsteht eigentlich Turbulenz? *Physikalische Blätter* 51, S. 641–646.

Grover, Frederick Warren 1908: *Über die Wirbelströme in einem Blech oder Zylinder mit Rücksicht auf die Theorie der Induktionswage untersucht.* Dissertation Universität München.

Grüning, M. 1907: Theorie der Baukonstruktionen I: Allgemeine Theorie des Fachwerks und der vollwandigen Systeme. In: *Encyklopädie* Bd. IV, Kap. 29a, S. 424–537.

Gümbel, Ludwig 1901a: Ebene Transversalschwingungen. *Jahrbuch der Schiffbautechnischen Gesellschaft* 2, S. 211–294.

— 1901b: Der transversal belastete Stab mit unverrückbaren oder nach bestimmtem Gesetze in Richtung der Axe nachgiebigen Auflagern. *VGDN* 73, S. 86–98.

Häfner, Reinhold 1990: Die Zeit Johann von Lamonts an der Königlichen Sternwarte zu Bogenhausen. *Sterne und Weltraum* 29, S. 13–18.

Haga, Hermanus und Cornelis Wind 1903: Die Beugung der Röntgenstrahlen. *AdP* 10, S. 305–312.

Hankel, Wilhelm Gottlieb 1865: Neue Theorie der elektrischen Erscheinungen. I. *AdP* 126, S. 440–466.

— 1867: Neue Theorie der elektrischen Erscheinungen. II. *AdP* 131, S. 607–621.

Hartmann, Robert 1892: Der Einsturz der Brücke über die Birs bei Mönchenstein. *ZVDI* 36, S. 197–204, 250–256, 274–278.

Hasenöhrl, Friedrich 1911: Über die Grundlagen der mechanischen Theorie der Wärme. *PhZ* 12, S. 931–935.

Hashagen, Ulf 1998: Mathematik und Technik im letzten Drittel des neunzehnten Jahrhunderts – Eine bayrische Perspektive. In: Naumann [1998] S. 169–184.

— in Vorbereitung: *Walther von Dyck (1856-1934). Mathematik, Technik und Wissenschaftsorganisation an der TH München.* Dissertation Ludwig-Maximilians-Universität München.

Hayward, Robert Baldwin 1870: An interpretation and proof of Lagrange's equations of motion referred to generalized coordinates. *Quarterly Journal of Pure and Applied Mathematics* 10, S. 369–375.

Heaviside, Oliver 1892: *Electrical Papers. Volume II.* London: Macmillan.

— 1903: Telegraph Theory. *Encyclopaedia Britannica* 33, S. 215.

Heilbron, John L. 1967: The Kossel-Sommerfeld Theory and the Ring Atom. *Isis* 58, S. 451–485.

— 1986: *The Dilemmas of an Upright Man. Max Planck as Spokesman for German Science.* Berkeley: University of California Press.

Heilbron, John L. und Thomas S. Kuhn 1969: The Genesis of the Bohr Atom. *HSPS* 1, S. 211–290.

Heine, Eduard 1861: *Handbuch der Kugelfunktionen. 1. Aufl.* Berlin: G. Reimer.

Helm, Georg 1894: *Grundzüge der mathematische Chemie. Energetik der chemischen Erscheinungen.* Leipzig: Wilhelm Engelmann.

Helmert, F. Robert 1910: Die Schwerkraft und die Massenverteilung der Erde. In: *Encyklopädie* Bd. VI, Kap. 7, S. 85–177.

Helmholtz, Hermann von 1854: Rechtfertigung seiner Schrift „Über die Erhaltung der Kraft" gegen Clausius. *AdP* 91, S. 241–260.

— 1897: *Elektromagnetische Theorie des Lichts. Herausgegeben von Arthur König und Carl Runge.* Bd. 5 von *Vorlesungen über theoretische Physik.* Leipzig, Hamburg: L. Voss.

— 1898: *Vorlesungen über die Principien der Akustik. Herausgegeben von Arthur König und Carl Runge.* Bd. 3 von *Vorlesungen über theoretische Physik.* Leipzig: Barth.

— 1902: *Dynamik continuirlich verbreiteter Massen. Herausgegeben von Otto Krigar-Menzel.* Bd. 2 von *Vorlesungen über theoretische Physik.* Leipzig: Barth.

Henrici, Olaus 1894: Ueber einen neuen harmonischen Analysator. *GN,* S. 30–32.

Hensel, Susan; Karl-Norbert Ihmig und Michael Otte 1989: *Mathematik und Technik im 19. Jahrhundert in Deutschland. Soziale Auseinandersetzung und philosophische Problematik.* Göttingen: Vandenhoeck.

Hentschel, Klaus 1992: *Der Einsteinturm.* Heidelberg: Springer.

Herglotz, Gustav 1903: Zur Elektronentheorie. *GN,* S. 357–382.

Hermann, Armin 1964a: Die Entwicklung der Atomtheorie bis Niels Bohr. In: Hermann [1964b] S. 7–32.

Hermann, Armin (Hg.) 1964b: *Niels Bohr. Das Bohrsche Atommodell.* Bd. 5 von *Dokumente der Naturwissenschaft, Abteilung Physik.* Stuttgart: Ernst Battenberg Verlag.

Hermann, Armin 1966: Albert Einstein und Johannes Stark. Briefwechsel und Verhältnis der beiden Nobelpreisträger. *Sudhoffs Archiv* 50, S. 267–285.

— 1967: Die frühe Diskussion zwischen Stark und Sommerfeld über die Quantenhypothese. *Centaurus* 12, S. 38–59.

— 1969: *Frühgeschichte der Quantentheorie.* Mosbach: Physik-Verlag.

— 1995: Die Deutsche Physikalische Gesellschaft 1899 – 1945. *Physikalische Blätter* 51, S. F61–F105.

Hertz, Heinrich 1895a: *Schriften vermischten Inhalts.* Bd. 1 von *Gesammelte Werke. Herausgegeben von Philipp Lenard.* Leipzig: Barth.

— 1895b: Über die Berührung fester elastischer Körper. In: Hertz [1895a] S. 172.

Hertz, Paul 1903: Über Energie und Impuls der Röntgenstrahlen. *PhZ* 4, S. 848–852.

— 1904a: *Untersuchungen über unstetige Bewegungen eines Elektrons.* Dissertation Universität Göttingen.

— 1904b: Kann sich ein Elektron mit Lichtgeschwindigkeit bewegen? *PhZ* 5, S. 109–113.

— 1906: Bewegung eines Elektrons unter dem Einfluß einer longitudinal wirkenden Kraft. *GN,* S. 229–268.

Heydenreich, Willy 1898: *Die Lehre vom Schuß und die Schußtafeln. 2 Bde.* Berlin: E. S. Mittler & Sohn.

Hicks, William M. 1911: A Critical Study of Spectral Series.— Part I. The Alkalies H and He. *PhilTrans* A 210, S. 57–111.

— 1913: A Critical Study of Spectral Series.— Part II. The p and s Sequences and the Atomic Volume Term. *PhilTrans* A 212, S. 33–73.

— 1914: A Critical Study of Spectral Series.— Part III. The Atomic Weight Term and its Import in the Constitution of Spectra. *PhilTrans* A 213, S. 323–420.

Hiebert, Erwin N. 1971: The Energetics Controversy and the New Thermodynamics. In: Roller [1971] S. 67–86.

Hilbert, David 1915: Die Grundlagen der Physik. Erste Mitteilung. *GN,* S. 395–407.

Hinrichsen, Friedrich Wilhelm; Leonhard Mamlock und Eduard Study 1906: Chemische Atomistik. In: *Encyklopädie* Bd. V, Kap. 6, S. 323–390.

Hoddeson, Lillian; Ernest Braun; Jürgen Teichmann und Spencer Weart (Hg.) 1992: *Out of the Crystal Maze. Chapters from the History of Solid-State Physics.* New York, Oxford: Oxford University Press.

Hoerschelmann, Harald von 1911: Über die Wirkungsweise des geknickten Marconischen Senders in der drahtlosen Telegraphie. (Auszug aus der Münchener Dissertation.) *Jahrbuch der drahtlosen Telegraphie und Telephonie* 5, S. 14–34, 188–211.

Holton, Gerald 1981: *Thematische Analyse der Wissenschaft. Die Physik Einsteins und seiner Zeit.* Frankfurt a. M.: Suhrkamp.

Hon, Giora 1995: Is the Identification of Experimental Error Contextual Dependent? The Case of Kaufmann's Experiments and Its Varied Reception. In: Buchwald [1995] S. 170–223.

Hondros, Demetrios 1909: Über elektromagnetische Drahtwellen. *AdP* 30, S. 905–950.

Hondros, Demetrios und Peter Debye 1910: Elektromagnetische Wellen, an dielektrischen Drähten. *AdP* 32, S. 465–476.

Hopf, Ludwig 1910a: Turbulenz bei einem Flusse. *AdP* 32, S. 777–808.

— 1910b: *Hydrodynamische Untersuchungen: Turbulenz bei einem Flusse. Über Schiffswellen.* Leipzig: Barth.

— 1914: Der Verlauf kleiner Schwingungen auf einer Strömung reibender Flüssigkeit. *AdP* 44, S. 1–60.

Hopf, Ludwig (Hg.) 1927: *Abhandlungen über die hydrodynamische Theorie der Schmiermittelreibung.* Bd. 218 von *Ostwald's Klassiker.* Leipzig: Akademische Verlagsgesellschaft.

Hopf, Ludwig und Arnold Sommerfeld 1911: Über komplexe Integraldarstellungen der Zylinderfunktionen. *Archiv für Mathematik und Physik* 18, S. 1–16.

Horton, C. W. und R. B. Watson 1950: On the Diffraction of Radar Waves by a Semi-Infinite Conducting Screen. *Journal of Applied Physics* 21, S. 16–21.

Hüter, Wilhelm 1912: Kapazitätsmessungen an Spulen. *AdP* 39, S. 1350–1380.

Inhetveen, Heide 1976: *Die Reform des gymnasialen Mathematikunterrichts zwischen 1890 und 1914. Eine sozioökonomische Analyse.* Bad Heilbrunn/Obb.: Verlag Julius Klinkhardt.

Joffe, Abraham F. 1967: *Begegnungen mit Physikern. 2. Aufl.* Leipzig: Teubner.

Julius, V. A. 1889: Sur les spectres de lignes des éléments. *Annales de l'école Polytechnique de Delft* 99.

Jungnickel, Christa und Russell McCormmach 1986: *Intellectual Mastery of Nature. Theoretical Physics from Ohm to Einstein. Volume 2: The Now Mighty Theoretical Physics 1870 – 1925.* Chicago, London: The University of Chicago Press.

Kaiser, Walter 1981: *Theorien der Elektrodynamik im 19. Jahrhundert.* Hildesheim: Gerstenberg.

Kaiserfeld, Thomas 1993: When Theory Addresses Experiment. The Siegbahn-Sommerfeld Correspondence, 1917-1940. In: Lindqvist [1993] S. 306–324.

Kamerlingh Onnes, Heike und Willem Hendrik Keesom 1912: Die Zustandsgleichung. In: *Encyklopädie* Bd. V, Kap. 10, S. 615–945.

Kant, Horst 1996: Albert Einstein, Max von Laue, Peter Debye und das Kaiser-Wilhelm-Institut für Physik in Berlin (1917-1939). In: Brocke und Laitko [1996] S. 227–243.

Kayser, Heinrich 1894: Spectralanalyse. Band 2. Erste Abtheilung In: Winkelmann, A. (Hg.), *Handbuch der Physik.* S. 390–450. Breslau: Eduard Trewendt.

— 1900: *Handbuch der Spectroscopie, Band 1.* Leipzig: Hirzel.

— 1996: *Erinnerungen aus meinem Leben. Annotierte wissenschaftshistorische Edition des Originaltyposkriptes aus dem Jahr 1936 herausgegeben von Matthias Dörries und Klaus Hentschel.* Bd. 18 von *Algorismus.* München: Institut für Geschichte der Naturwissenschaften.

Keesom, Willem Hendrik 1914: Über die Anwendung der Quantentheorie auf die Theorie der freien Elektronen in Metallen. In: Planck et al. [1914] S. 194–196.

Kennelly, Arthur Edwin 1902: On the elevation of the electrically-conducting strata of the earth's atmosphere. *Electrical World and Engineer* 39, S. 473.

Kent, Norton A. 1914: Five Lithium Lines and the Magnetic Separation. *Astrophysical Journal* 40, S. 337–355.

Kirchhoff, Gustav 1857a: Ueber die Bewegung der Elektricität in Drähten. *AdP* 100, S. 193–217.

— 1857b: Ueber die Bewegung der Elektricität in Leitern. *AdP* 102, S. 529–544.

— 1891: *Vorlesungen über mathematische Optik.* Leipzig: Teubner.

— 1897: *Mechanik. Herausgegeben von W. Wien. 4. Aufl.* Bd. 1 von *Vorlesungen über mathematische Physik.* Leipzig: Teubner.

Klein, Felix 1895: *Vorträge über ausgewählte Fragen der Elementargeometrie.* Leipzig: Teubner.

— 1900: Ueber die Encyklopädie der mathematischen Wissenschaften mit besonderer Rücksicht auf den Band 4 derselben (Mechanik). *VGDN* 72, S. 161–169.

Klein, Felix (Hg.) 1912-1914: *Kultur der Gegenwart. III. Teil, Abt. 1: Die mathematischen Wissenschaften. Lieferung 1 bis 3.* Leipzig, Berlin: Teubner.

Klein, Felix 1922a: Zur Entstehung meiner Beiträge zur mathematischen Physik. In: Klein [1922c] S. 507–511.

— 1922b: The mathematical Theory of the Top. In: Klein [1922c] S. 618–654.

— 1922c: *Anschauliche Geometrie, Substitutionsgruppen und Gleichungstheorie, zur mathematischen Physik. Herausgegeben von R. Fricke und H. Vermeil. (Von F. Klein mit ergänzenden Zusätzen versehen.)* Bd. 2 von *Gesammelte mathematische Abhandlungen.* Berlin: Springer.

— 1923a: Riemann und seine Bedeutung für die Entwicklung der modernen Mathematik. (Vortrag bei der Naturforscherversammlung in Wien am 26. September 1894). In: Klein [1923b] S. 482–497.

— 1923b: *Elliptische Funktionen, insbesondere Modulfunktionen, hyperelliptische und Abelsche Funktionen, Riemannsche Funktionentheorie und automorphe Funktionen. Herausgegeben von R. Fricke, H. Vermeil und E. Bessel-Hagen. (Von F. Klein mit ergänzenden Zusätzen versehen.)* Bd. 3 von *Gesammelte mathematische Abhandlungen.* Berlin: Springer.

— 1926: *Vorlesungen über die Entwicklung der Mathematik im 19. Jahrhundert. Herausgegeben von R. Courant und O. Neugebauer.* Berlin: Springer.

— 1977: *Handschriftlicher Nachlaß. Herausgegeben von Konrad Jacobs*. Erlangen: Universität Erlangen.

— 1985: *Riemannsche Flächen. Vorlesungen, gehalten in Göttingen 1891/92. Herausgegeben von Günter Eisenreich und Walter Purkert*. Leipzig: Teubner.

Klein, Felix und Eduard Riecke (Hg.) 1904: *Neue Beiträge zur Frage des mathematischen und physikalischen Unterrichts an den höheren Schulen. Vorträge gehalten bei Gelegenheit des Ferienkurses für Oberlehrer der Mathematik und Physik Göttingen, Ostern 1904*. Leipzig, Berlin: Teubner.

Klein, Felix und Arnold Sommerfeld 1897: *Über die Theorie des Kreisels. Heft 1: Die kinematischen und kinetischen Grundlagen der Theorie*. Leipzig: Teubner.

— 1898: *Über die Theorie des Kreisels. Heft 2: Durchführung der Theorie im Falle des schweren symmetrischen Kreisels*. Leipzig: Teubner.

— 1903: *Über die Theorie des Kreisels. Heft 3: Die störenden Einflüsse. Astronomische und geophysikalische Anwendungen*. Leipzig: Teubner.

— 1910: *Über die Theorie des Kreisels. Heft 4: Die technischen Anwendungen der Kreiseltheorie. Bearbeitet und ergänzt von Fritz Noether*. Leipzig: Teubner.

Klein, Martin J. 1970: *Paul Ehrenfest. Vol. 1: The Making of a Theoretical Physicist*. Amsterdam: North-Holland.

Kleinert, Andreas 1975: Anton Lampa und Albert Einstein. Die Neubesetzung der physikalischen Lehrstühle an der deutschen Universität Prag 1909 und 1910. *Gesnerus* 32, S. 285–292.

Kline, Mary-Jo 1987: *A Guide to Documentary Editing*. Baltimore, London: Johns Hopkins University Press.

Kneser, Adolf 1897: Zur Theorie der zweiten Variation. *VGDN* 69, S. 5–6.

Koch, Ernst-Eckhard 1967: Das Konservatorenamt und die mathematisch-physikalische Sammlung der Bayerischen Akademie der Wissenschaften. Arbeitsbericht aus dem Institut für Geschichte der Naturwissenschaften der Universität München, Mai 1967. Als Manuskript gedruckt.

Koch, Peter Paul 1909: Über Methoden der photographischen Spektralphotometrie. *AdP* 30, S. 841–872.

— 1912: Über die Messung der Schwärzung photographischer Platten in sehr schmalen Bereichen. Mit Anwendung auf die Messung der Schwärzungsverteilung in einigen mit Röntgenstrahlen aufgenommenen Spaltphotogrammen von Walter und Pohl. *AdP* 38, S. 507–522.

Kohl, Emil 1909: Über den Michelsonschen Versuch. *AdP* 28, S. 259–307.

Korn, Arthur 1892: *Gravitation und Elektrostatik*. Bd. 1 von *Eine Theorie der Gravitation und der elektrischen Erscheinungen auf Grundlage der Hydrodynamik*. Berlin: Ferdinand Dümmler.

— 1894: *Elektrodynamik*. Bd. 2 von *Eine Theorie der Gravitation und der elektrischen Erscheinungen auf Grundlage der Hydrodynamik*. Berlin: Ferdinand Dümmler.

Korteweg, Diederik J. 1898: Sur certaines vibrations d'ordre supérieur et d'intensité anomale, – vibrations de relation,– dans les mécanismes à plusieurs degrés de liberté. *Archives Néerlandaises des Sciences Exactes et Naturelles* 1, S. 229–260.

Kox, A. J. 1993: Einstein and Lorentz: More Than Just Good Colleagues. *Science in Context* 6, S. 181–194.

Kragh, Helge 1985: The fine structure of hydrogen and the gross structure of the physics community, 1916-26. *HSPS* 15(2), S. 67–125.

Kuhn, Thomas S. 1978: *Black-body Theory and the Quantum Discontinuity, 1894–1912.* Oxford: Clarendon Press.

Ladenburg, R. 1909: Die neueren Forschungen über die durch Licht- und Röntgenstrahlen hervorgerufene Emission negativer Elektronen. *JRE* 6, S. 425–484.

Lagrange, Joseph Louis 1890: *Mécanique analytique. Herausgegeben von Joseph-Alfred Serret und G. Darboux.* Bd. 11-12 von *Œuvres de Lagrange.* Paris: Gauthier-Villars.

Lamb, Horace 1898: On the Reflection and Transmission of Electric Waves by a Metallic Grating. *PLMS* 29, S. 523–544.

— 1907: Schwingungen elastischer Systeme, insbesondere Akustik. In: *Encyklopädie* Bd. IV, Kap. 26, S. 215–310.

Lanchester, F. W. 1909: *Aërodynamik. Ein Gesamtwerk über das Fliegen. Band 1. Deutsch von C. und A. Runge.* Leipzig, Berlin: Teubner.

Langevin, Paul 1986: The Relations of Physics of Electrons to other Branches of Science. In: Sopka [1986] S. 195–230.

Langevin, Paul und Maurice de Broglie (Hg.) 1912: *La théorie du rayonnement et les quantas. Rapports et discussions de la réunion tenue à Bruxelles, du 30 octobre au 3 novembre 1911, sous les auspices de M. E. Solvay.* Paris: Gauthier-Villars.

Laporte, Otto 1923: Zur Theorie der Ausbreitung elektromagnetischer Wellen auf der Erdkugel. *AdP* 70, S. 595–616.

Larmor, Joseph 1897: On the Theory of the Magnetic Influence on Spectra; and on the Radiation from Moving Ions. *PM* 44, S. 503–512.

— 1900: *Aether and Matter. A development of the dynamical relations of the aether to material systems on the basis of atomic constitution of matter.* Cambridge: Cambridge University Press.

— 1929: *Mathematical and physical papers. 2 Vol.* Cambridge: Cambridge University Press.

Laub, J. 1909: Über den Einfluß der molekularen Bewegung auf die Dispersionserscheinungen in Gasen. *AdP* 28, S. 131–141.

Laue, Max von 1907a: Die Entropie von partiell kohärenten Strahlenbündeln. *AdP* 23, S. 1–43.

— 1907b: Die Entropie von partiell kohärenten Strahlenbündeln. Nachtrag. *AdP* 23, S. 795–797.

— 1907c: Die Mitführung des Lichtes durch bewegte Körper nach dem Relativitätsprinzip. *AdP* 23, S. 989–990.

— 1910: Ist der Michelsonversuch beweisend? *AdP* 33, S. 186–191.

— 1911: *Das Relativitätsprinzip.* Braunschweig: Vieweg.

— 1912: Eine quantitative Prüfung der Theorie für die Interferenz-Erscheinungen bei Röntgenstrahlen. *SB M*, S. 363–373.

— 1913: Interférences de rayons Röntgen produites par les réseaux cristallins. *Extrait des Archives des sciences physiques et naturelles* 35, S. 10.

— 1915: Wellenoptik. Mit einem Beitrag über spezielle Beugungsprobleme von P. S. Epstein. In: *Encyklopädie* Bd. V, Kap. 24, S. 359–525.

Lauriol, M. P. 1895: Les expériences de M. Lilienthal. *Revue de l'aéronautique théorique et appliquée* S. 1–11.

Lebedew, Peter N. 1901: Untersuchungen über die Druckkräfte des Lichtes. *AdP* 6, S. 433–458.

Lenz, Wilhelm 1912: Über die Kapazität der Spulen und deren Widerstand und Selbstinduktion bei Wechselstrom. *AdP* 37, S. 923–974.

Levi-Civita, Tullio 1896: Sul moto di un corpo rigido ad un punto fisso. *Rendiconti Real Accademia dei Lincei* 5, S. 3–9, 122–127.

— 1897: Sulla riducibilità delle equazioni elettrodinamiche di Helmholtz alla forma Hertziana. *Il Nuovo Cimento* 6, S. 93–108.

Ley, Willy s. a.: *Die Himmelskunde. Eine Geschichte der Astronomie von Babylon bis zum Raumzeitalter.* Herrsching: Manfred Pawlak Verlagsgesellschaft.

Liebisch, Theodor 1896: *Grundriss der physikalischen Krystallographie.* Leipzig: Veit.

Lindemann, Ferdinand 1901: Zur Theorie der Spectrallinien. *SB M* 31, S. 441–494.

— 1903: Zur Theorie der Spectrallinien II. *SB M* 33, S. 27–100.

— 1905: Über Gestalt und Spektrum der Atome. *Süddeutsche Monatshefte* 2, S. 241–250.

— 1907a: Ueber die Bewegung der Elektronen. Erster Teil: Die translatorische Bewegung. *Münchner Akademische Abhandlungen* 23, II, S. 235–335.

— 1907b: Ueber die Bewegung der Elektronen. Zweiter Teil: Stationäre Bewegung. *Münchner Akademische Abhandlungen* 23, II, S. 339–375.

— 1907c: Zur Elektronentheorie. *SB M,* S. 177–209.

— 1907d: Über das sogenannte letzte Fermatsche Theorem. *SB M* 37, S. 287–352.

— 1907e: Zur Elektronentheorie II. *SB M* 37, S. 353–380.

— 1927: Olaus Henrici. *DMV* 36, S. 157–162.

Lindqvist, Svante (Hg.) 1993: *Center on the Periphery. Historical Aspects of 20th-Century Swedish Physics.* Canton, MA: Science History Publications.

Litten, Freddy 1993: „Vielleicht hilft uns Professor Röntgen mit der Zeit?" Die Korn–Röntgen-Affäre. *Kultur und Technik* (4), S. 42–49.

Livingston, Dorothy Michelson 1973: *The Mastery of Light. A Biography of Albert A. Michelson.* New York: Charles Scribner's Sons.

Lohmeyer, Dieter und B. Schell (Hg.) 1992: *Einstein, Anschütz und der Kieler Kreiselkompaß.* Heide in Holstein: Westholsteinische Verlagsanstalt, Boyens.

Lorentz, Hendrik Antoon 1898: On the Resistance Experienced By a Flow of Liquid in a Cylindrical Tube. *SB A* 6, S. 28.

— 1904a: Maxwells elektromagnetische Theorie. In: *Encyklopädie* Bd. V, Kap. 13, S. 63–144.

— 1904b: Weiterbildung der Maxwellschen Theorie. Elektronentheorie. In: *Encyklopädie* Bd. V, Kap. 14, S. 145–280.

— 1907: *Abhandlungen über theoretische Physik.* Leipzig, Berlin: Teubner.

— 1909: Theorie der magneto-optischen Phänomene. In: *Encyklopädie* Bd. V, Kap. 22, S. 199–281.

— 1910a: Alte und neue Fragen der Physik. *PhZ* 11, S. 1234–1257.

— 1910b: Die Hypothese der Lichtquanten. *PhZ* 11, S. 349–354.

— 1913: Over de aardt van Röntgenstralen. *SB A* 21, S. 911.

— 1914: Ernest Solvay. *Die Naturwissenschaften* 2, S. 997–998.

— 1934: Le partage de l'énergie entre la matière pondérable et l'éther. (Vortrag auf dem 4. Internationalen Mathematiker-Kongreß in Rom am 8. April 1908). In: *H. A. Lorentz: Collected Papers.* Bd. VII, S. 317–343. The Hague: Martinus Nijhoff.

Lorentz, Hendrik Antoon; Albert Einstein und Hermann Minkowski 1915: *Das Relativitätsprinzip. Eine Sammlung von Abhandlungen. Redigiert von A. Sommerfeld. 2. Aufl.* Leipzig: Teubner.

Lorenz, Hans 1901: Schwingungen rotirender Wellen. *VGDN* 73, S. 102–103.

— 1904: Die Wirkung eines Kreisels auf die Rollbewegung von Schiffen. *PhZ* 5, S. 27–32.

Lorey, Wilhelm 1916: *Das Studium der Mathematik an den deutschen Universitäten seit Anfang des 19. Jahrhunderts.* Leipzig: Teubner.

Love, Augustus Edward Hough 1901a: Hydrodynamik: Physikalische Grundlegung. In: *Encyklopädie* Bd. IV, Kap. 15, S. 48–83.

— 1901b: Hydrodynamik: Theoretische Ausführungen. In: *Encyklopädie* Bd. IV, Kap. 16, S. 84–147.

— 1915: The Transmission of Electric Waves over the Surface of the Earth. *PhilTrans* A215, S. 105–131.

Lyman, Theodore 1914: An extension of the line spectra to the extreme violet. *Physical Review* 3, S. 504–505.

— 1924: The Spectrum of Helium in the Extreme Ultra-violet. *Astrophysical Journal* 60, S. 1–14.

MacCullagh, James 1848: On the dynamical theory of crystalline reflexion and refraction. *Transactions of the Royal Irish Academy* 21, S. 17–50.

— 1939: On the dynamical theory of crystalline reflexion and refraction. *Proceedings of the Royal Irish Academy* 1, S. 374–379.

Macdonald, Hector Monroe 1902: *Electric Waves. Being an Adams Prize Essay in the University of Cambridge.* Cambridge: Cambridge University Press.

Malmer, Ivar 1915: *Untersuchungen über die Hochfrequenzspektra der Elemente.* Dissertation Universität Lund.

Manegold, Karl-Heinz 1970: *Universität, Technische Hochschule und Industrie: Ein Beitrag zur Emanzipation der Technik im 19. Jahrhundert unter besonderer Berücksichtigung der Bestrebungen Felix Kleins.* Berlin: Duncker u. Humblot.

March, Herman W. 1912: Über die Ausbreitung der Wellen der drahtlosen Telegraphie auf der Erdkugel. *AdP* 37, S. 29–50.

Markowski, Frank (Hg.) 1997: *Der letzte Schliff. 150 Jahre Arbeit und Alltag bei Carl Zeiss.* Berlin: Aufbau-Verlag.

McClelland, John A. 1904: The Penetrating Ra Rays. *PM* 8, S. 77–87.

McCormmach, Russell 1970: Einstein, Lorentz, and the Electron Theory. *HSPS* 2, S. 41–87.

Mehra, Jegdish und Helmut Rechenberg 1982: *The Quantum Theory of Planck, Einstein, Bohr, and Sommerfeld: Its Foundation and the Rise of its Difficulties.* Bd. 1 (in zwei Teilen) von *The Historical Development of Quantum Theory.* New York: Springer.

Mehrtens, Herbert und Steffen Richter (Hg.) 1980: *Naturwissenschaft, Technik und NS-Ideologie.* Frankfurt a. M.: Suhrkamp.

Meissner, Karl Wilhelm 1916: Untersuchungen und Wellenlängenbestimmungen im roten und infraroten Spektralbereich. *AdP* 50, S. 713–728.

Meister, Richard 1947: *Geschichte der Akademie der Wissenschaften in Wien 1847 – 1947.* Österreichische Akademie der Wissenschaften, Denkschriften der Gesamtakademie, Band 1. Wien: Adolf Holzhausens Nfg.

Meyer, Edgar 1910: Über die Struktur der γ-Strahlen. *JRE* 7, S. 279–295.

Michael, Eva 1997: Streiten und Schenken. Die Entstehung des Volkshauses und seine Nutzung bis 1914. In: Markowski [1997] S. 232–243.

Michalka, Wolfgang (Hg.) 1994: *Der Erste Weltkrieg. Wirkung, Wahrnehmung, Analyse.* München: Piper.

Mie, Gustav 1912a: Grundlagen einer Theorie der Materie. *AdP* 37, S. 511–534.

— 1912b: Grundlagen einer Theorie der Materie. (Zweite Mitteilung.) *AdP* 39, S. 1–40.

— 1912c: Grundlagen einer Theorie der Materie. *AdP* 40, S. 1–66.

— 1917: Die Einsteinsche Gravitationstheorie und das Problem der Materie. *PhZ* 18, S. 551–556, 574–580, 596–602.

Miles, J. W. 1949: On the Diffraction of an Electromagnetic Wave through a Plane Screen. *Journal of Applied Physics* 20, S. 760–771.

Miller, Arthur I. 1981: *Albert Einstein's Special Theory of Relativity: Emergence (1905) and Early Interpretation (1905-1911).* Reading, Mass.: Addison-Wesley.

Minkowski, Hermann 1888: Bewegung eines festen Körpers in einer Flüssigkeit. *SB B,* S. 1095–1110.

— 1907: Kapillarität. In: *Encyklopädie* Bd. V, Kap. 9, S. 558–613.

— 1908: Die Grundgleichungen für die elektromagnetischen Vorgänge in bewegten Körpern. *GN,* S. 53–111.

— 1909: Raum und Zeit. *PhZ* 10, S. 104–111.

— 1915: Das Relativitätsprinzip. (Aus den von H. Minkowski nachgelassenen Papieren veröffentlicht von Herrn Sommerfeld). *AdP* 47, S. 927–938.

Morse, Philip M. und Pearl J. Rubenstein 1938: The Diffraction of Waves by Ribbons and by Slits. *Physical Review* 54, S. 895–898.

Müller, Conrad Heinrich und A. Timpe 1907: Die Grundgleichungen der mathematischen Elastizitätstheorie. In: *Encyklopädie* Bd. IV, Kap. 23, S. 1–56.

von Müller, Karl Alexander (Hg.) 1926: *Die wissenschaftlichen Anstalten der Ludwig-Maximilians-Universität zu München.* München: Oldenbourg.

Natanson, Ladislas 1911: Über die statistische Theorie der Strahlung. *PhZ* 12, S. 659–666.

Nathan, Otto und Heinz Norden (Hg.) 1975: *Albert Einstein. Über den Frieden.* Bern: Lang.

Naumann, Friedrich (Hg.) 1998: *Carl Julius von Bach: (1847–1931); Pionier – Gestalter – Forscher – Lehrer – Visionär. Wissenschaftliche Konferenz, Stadt Stollberg/E. – Technische Universität Chemnitz-Zwickau am 7. und 8. März 1997, akademische Feier, Universität Stuttgart am 4. Juli 1997 aus Anlaß des 150. Geburtstages.* Stuttgart: Wittwer.

Nernst, Walther 1910: Untersuchungen über die spezifische Wärme bei tiefen Temperaturen. II. *SB B,* S. 262–282.

Nernst, Walther und Frederick Lindemann 1911: Spezifische Wärme und Quantentheorie. *Zeitschrift für Elektrochemie und angewandte physikalische Chemie* 17, S. 817–827.

Neumann, Carl 1869: Notizen zu einer kürzlich erschienenen Schrift über die Principien der Electrodynamik. *MA 1,* S. 317–324.

Neumann, Franz 1845: Allgemeine Gesetze der inducirten electrischen Ströme. *Berliner Abhandlungen* S. 1–88.

— 1847: Ueber ein allgemeines Princip der mathematischen Theorie inducirter electrischer Ströme. *Berliner Abhandlungen* S. 1–72.

Newcomb, Simon 1892: On the dynamics of the Earth's rotation with respect to the periodic variations of Latitude. *Monthly Notices of the Royal Astronomical Society* 52, S. 336–341.

— 1893: Remarks on Mr. Chandlers Law of Variation of Terrestrial Latitudes. *Astronomical Journal Boston* 12, S. 49–50.

— 1895: *The elements of the four inner planets and the fundamental constants of astronomy.* Supplement of the American Ephemeris and Nautical Almanac for 1897. Washington: Govt. Print. Office.

Nicholson, J. W. 1910a: On the Bending o Electric Waves round the Earth. I. II. III. *PM* 19, S. 276–278, 435–437, 757–760.

— 1910b: On the Bending of Electric Waves round a Large Sphere: I. *PM* 19, S. 516–537.

— 1910c: On the Bending of Electric Waves round a Large Sphere: II. *PM* 20, S. 157–172.

Nipperdey, Thomas 1993: *Machtstaat vor der Demokratie. 2. Aufl.* Bd. 2 von *Deutsche Geschichte 1866-1918.* München: Beck.

Nisio, Sigeko 1973: The Formation of the Sommerfeld Quantum Theory of 1916. *Japanese Studies in the History of Science* 12, S. 39–78.

Noether, Fritz 1910: Zur Kinematik des starren Körpers in der Relativtheorie. *AdP* 31, S. 919–944.

— 1919: Über analytische Berechnung der Geschosspendelungen. *GN,* S. 373–391.

Nordström, Gunnar 1912: Relativitätsprinzip und Gravitation. *PhZ* 13, S. 1126–1129.

— 1913: Zur Theorie der Gravitation vom Standpunkt des Relativitätsprinzips. *AdP* 42, S. 533–544.

Obermayer, Albert von 1899: Kreiselbewegung der Langgeschosse. *Mitteilungen über Gegenstände des Artillerie und Geniewesens* S. 869–897.

Olesko, Kathrin 1991: *Physics as a Calling. Discipline and Practice in the Königsberg Seminar for Physics.* Ithaca: Cornell University Press.

Oppenheim, Samuel 1922a: Die Theorie der Gleichgewichtsfiguren der Himmelskörper. In: *Encyklopädie* Bd. VI, Kap. 21, S. 1–79.

— 1922b: Kritik des Newtonschen Gravitationsgesetzes. In: *Encyklopädie* Bd. VI, Kap. 22, S. 80–158.

Orr, W. M. F. 1907: The Stability Or Instability of the Steady Motions of a Perfect Liquid And of a Viscuous Liquid. *Proceedings of the Royal Irish Academy* A 27, S. 9–68, 69–138.

Ostwald, Wilhelm 1961: *Aus dem Wissenschaftlichen Briefwechsel Wilhelm Ostwalds. 1. Teil. Herausgegeben von Hans-Günther Körber.* Berlin: Akademie-Verlag.

Pais, Abraham 1982: *»Raffiniert ist der Herrgott ... «. Albert Einstein. Eine wissenschaftliche Biographie.* Braunschweig, Wiesbaden: Vieweg.

— 1991: *Niels Bohr's Times, In Physics, Philosophy, and Polity.* Oxford: Clarendon Press.

Parshall, Karen Hunger und David E. Rowe 1994: *The Emergence of the American Mathematical Research Community, 1876-1900: J. J. Sylvester, Felix Klein, and E. H. Moore.* Bd. 8 von *History of Mathematics.* Providence, Rhode Island: American Mathematical Society.

Paschen, Friedrich 1904a: Über die Kathodenstrahlen des Radiums. *AdP* 14, S. 389–405.

— 1904b: Über eine von den Kathodenstrahlen des Radiums erzeugte Sekundärstrahlung. *PhZ* 5, S. 502–504.

— 1904c: Über die Gamma-Strahlen des Radiums. *PhZ* 5, S. 563–568.

— 1913: Sur le triplet de série 3947,5 U.A. de l'oxygène. *Extrait des Archives des sciences physiques et naturelles* 35, S. 22.

— 1916: Bohrs Heliumlinien. *AdP* 50, S. 901–940.

Paschen, Friedrich und Ernst Back 1912: Normale und anomale Zeemaneffekte. *AdP* 39, S. 897–932.

— 1913: Normale und anomale Zeemaneffekte. Nachtrag. *AdP* 40, S. 960–970.

Pauli, Wolfgang 1995: *Wissenschaftlicher Briefwechsel mit Bohr, Einstein, Heisenberg u. a., Vol. IV, 1. Teil: 1950-1952, Hrsg.: Karl von Meyenn.* Berlin: Springer.

Picard, Émile 1888: Sur une proposition générale concernant les équations linéaires aux dérivées partielles du second ordre. *Comptes Rendus* 107, S. 939–941.

— 1890: Sur la détermination des intégrales de certaines équations aux dérivées partielles du second ordre par leur valeurs le long d'un contour fermé. *Journal de l' Ecole Polytechnique* 60, S. 89–105.

— 1893a: Sur l'application aux équations différentielles ordinaires des certaines méthodes d'approximations successives. *Journal de Mathématiques pures et appliqués* 9, S. 217–271.

— 1893b: De l'équation $\Delta u = ke^u$ sur une surface de Riemann fermée. *Journal de Mathématiques pures et appliqués* 9, S. 273–291.

— 1895: Sur une classe étendues d'équations linéaires aux dérivées partielles dont tout les intégrales sont analytiques. *Comptes Rendus* 121, S. 12–14.

— 1896: Sur les équations aux dérivées partielles du second ordre à caractéristique imaginaires. *Comptes Rendus* 122, S. 417–420.

Planck, Max 1899a: Über irreversible Strahlungsvorgänge. 5. Mittheilung. *SB B,* S. 440–480.

— 1899b: Die Maxwellsche Theorie der Elektrizität von der mathematischen Seite betrachtet. *DMV* 7, S. 77–89.

— 1902a: Ueber die Verteilung der Energie zwischen Aether und Materie. *AdP* 9, S. 629–641.

— 1902b: Zur elektromagnetischen Theorie der Dispersion in isotropen Nichtleitern. *SB B,* S. 470–494.

— 1906a: Die Kaufmannschen Messungen der Ablenkbarkeit der β-Strahlen in ihrer Bedeutung für die Dynamik der Elektronen. *PhZ* 7, S. 753–761.

— 1906b: *Vorlesungen über die Theorie der Wärmestrahlung.* Leipzig: Barth.

— 1908: Zur Dynamik bewegter Systeme. *AdP* 26, S. 1–34.

— 1909: *Die Einheit des physikalischen Weltbildes. Vortrag, gehalten am 9. Dez. 1908 in der Naturwissenschaftlichen Fakultät des Studentenkorps an der Universität Leiden.* Leipzig: Hirzel.

— 1910a: Zur Theorie der Wärmestrahlung. *AdP* 31, S. 758–768.

— 1910b: *Acht Vorlesungen über theoretische Physik gehalten an der Columbia University in the City of New York im Frühjahr 1909.* Leipzig: Hirzel.

— 1911: Eine neue Strahlungshypothese. *VDPG* 13, S. 138–148.

— 1915a: Bemerkungen über die Emission von Spektrallinien. *SB B,* S. 909–913.

— 1915b: Die Quantenhypothese für Molekeln mit mehreren Freiheitsgraden. *VDPG* 17, S. 407–418.

— 1915c: Die Quantenhypothese für Molekeln mit mehreren Freiheitsgraden. Zweite Mitteilung (Schluß). *VDPG* 17, S. 438–451.

— 1916a: Die physikalische Struktur des Phasenraumes. *AdP* 50, S. 385–418.

— 1916b: Über die Entropie einatomiger Körper. *SB B,* S. 653–667.

— 1958: *Physikalische Abhandlungen und Vorträge. 3 Bde.* Braunschweig: Vieweg.

Planck, Max; Peter Debye; Walther Nernst; Marian von Smoluchowski und Arnold Sommerfeld 1914: *Vorträge über die kinetische Theorie der Materie und der Elektrizität.* Bd. VI von *Mathematische Vorlesungen an der Universität Göttingen.* Leipzig: Teubner.

Pockels, Friedrich 1907: Beziehungen zwischen elektrostatischen und magnetostatischen Zustandsänderungen einerseits und elastischen und thermischen andererseits. In: *Encyklopädie* Bd. V, Kap. 16, S. 350–392.

Poincaré, Henri 1897: Sur la Polarisation par Diffraction. *Acta Mathematica* 20, S. 313–355.

— 1908: La diffraction des ondes Hertziennes. In: *Conférence sur la Télégraphie sans fil.* S. 15 Paris.

— 1910a: Sur la diffraction des ondes hertziennes. *Rendiconti del circolo matematico di Palermo* 29, S. 169–260.

— 1910b: Dritter Vortrag: Anwendung der Integralgleichungen auf Hertzsche Wellen. In: Poincaré [1910c] S. 21–31.

— 1910c: *Sechs Vorträge über ausgewählte Gegenstände der reinen Mathematik und der mathematischen Physik.* Leipzig: Teubner.

— 1986: The Principles of Mathematical Physics. In: Sopka [1986] S. 281–299.

Popow, Sergius 1914: Über eine Gesetzmäßigkeit in den Linienspektren. *AdP* 45, S. 147–175.

Poynting, John H. 1909: The Wave Motion of a Revolving Shaft, and a Suggestion as to the Angular Momentum in a Beam of Circulary Polarized Light. *PRS* A 82, S. 560–567.

Prandtl, Ludwig 1901a: Die richtige Knickformel. *ZVDI* 45, S. 900.

— 1901b: *Kipperscheinungen, ein Fall von instabilem elastischem Gleichgewicht.* Dissertation TH München.

Pyenson, Lewis 1983: *Neohumanism and the Persistence of Pure Mathematics in Wilhelmian Germany.* Philadelphia: American Philosophical Society.

— 1985: *The Young Einstein. The advent of relativity.* Bristol, Boston: Adam Hilger Ltd.

Radakovic, Michael 1903: Über die Bewegung eines Motors unter Berücksichtigung der Elastizität seines Fundamentes. *Zeitschrift für Mathematik und Physik* 48, S. 28–39.

Rasch, Manfred 1991: Wissenschaft und Militär: Die Kaiser Wilhelm Stiftung für kriegstechnische Wissenschaft. *Militärgeschichtliche Mitteilungen* 1, S. 73–120.

Rayleigh, Lord 1886: On the self-induction and resistance of straight conductors. *PM* 21, S. 381–394.

— 1888: Wave Theory. *Encyclopedia Britannica* 24, S. 421–459.

Reddy, Satish C. und Dan S. Henningson 1993: Energy growth in viscuous channel flows. *Journal of Fluid Mechanics* 252, S. 209–238.

Redtenbacher, Ferdinand 1855: *Die Gesetze des Lokomotiv-Baues.* Mannheim: Friedrich Bassermann.

Reich, Karin 1996: Die Rolle Arnold Sommerfelds bei der Diskussion und die Vektorrechnung, dargestellt anhand der Quellen im Nachlass des Mathematikers Rudolf Mehmke. In: Dauben [1996] S. 319–341.

Reid, Constance 1986: *Hilbert – Courant.* New York, Berlin, Heidelberg, Tokyo: Springer.

Reiff, Richard 1893: *Elasticität und Elektricität.* Freiburg i. Br., Leipzig: J. C. B. Mohr.

Reiff, Richard und Arnold Sommerfeld 1904: Standpunkt der Fernwirkung. Die Elementargesetze. In: *Encyklopädie* Bd. V, Kap. 12, S. 2–62.

Reynolds, Osborne 1894: *Syllabus of the Lectures in Engineering at the Owens College. Edited by J. B. Millar.* Manchester: J. E. Cornish. 3 Aufl.

— 1895: On the dynamical theory of incompressible viscous fluids and the determination of the criterion. *PhilTrans* A 186:I, S. 123–164.

Richenhagen, Gottfried 1985: *Carl Runge (1856-1927): Von der reinen Mathematik zur Numerik.* Bd. 1 von *Studien zur Wissenschafts-, Sozial- und Bildungsgeschichte der Mathematik.* Göttingen: Vandenhoeck & Ruprecht.

Richter, Steffen 1973: Die Kämpfe innerhalb der Physik in Deutschland nach dem Ersten Weltkrieg. *Sudhoffs Archiv* 57, S. 195–207.

Riemann, Bernhard 1867: Ein Beitrag zur Electrodynamik. *AdP* 131, S. 237–243.

— 1876: *Schwere, Electricität und Magnetismus. Herausgegeben von K. Hattendorff.* Hannover: Karl Rümpler.

Ritz, Walter 1903: Zur Theorie der Serienspektren. (Auszug aus der Inaugural-Dissertation des Verfassers.) *AdP* 12, S. 264–310.

— 1908a: Magnetische Atomfelder und Serienspektren. *AdP* 25, S. 660–696.

— 1908b: Über ein neues Gesetz der Serienspektren. *PhZ* 9, S. 521–529.

— 1908c: Über die Grundlagen der Elektrodynamik und die Theorie der schwarzen Strahlung. *PhZ* 9, S. 903–907.

Robotti, Nadia 1984: The spectrum of ζ Puppis and the historical evolution of empirical data. *HSPS* 14, S. 123–145.

— 1992: The Zeeman Effect in Hydrogen and the Old Quantum Theory. *Physics: Rivista Internazionale di Storia della Scienza* 29, S. 809–831.

Rohrlich, F. 1997: The dynamics of a charged sphere and the electron. *American Journal of Physics* 65, S. 1051–1056.

Roller, Duane H. D. (Hg.) 1971: *Perspectives in the History of Science and Technology.* Norman, Oklahoma: University Oklahama Press.

Röntgen, Wilhelm Conrad 1935: *Briefe an L. Zehnder. Herausgegeben von Ludwig Zehnder.* Zürich: Rascher u. Cie.

Routh, Edward John 1877: *A treatise on the stability of a given state of motion, particularly steady state motion.* London: Macmillan.

— 1898: *Die Dynamik der Systeme starrer Körper in zwei Bänden, mit zahlreichen Beispielen. Band 1: Die Elemente. Band 2: Die höhere Dynamik. Autorisierte deutsche Ausgabe von Adolf Schepp; mit Anmerkungen von Felix Klein.* Leipzig: Teubner.

Rowe, David E. 1985: Felix Klein's "Erlanger Antrittsrede". A Transcription with English Translation and Commentary. *Historia Mathematica* 12, S. 123–141.

Rowland, Henry Augustus 1883: On concave gratings for optical purposes. *PM* 16, S. 197–210.

Royds, Thomas S. 1909: The Doppler Effect in Positive Rays of Hydrogen. *PM* 18, S. 895–900.

Rubinowicz, Adalbert 1918a: Bohrsche Frequenzbedingung und Erhaltung des Impulsmomentes. I. Teil. *PhZ* 19, S. 441–445.

— 1918b: Bohrsche Frequenzbedingung und Erhaltung des Impulsmomentes. II. Teil. *PhZ* 19, S. 465–474.

— 1966: *Die Beugungswelle in der Kirchhoffschen Theorie der Beugung. 2. Aufl.* Berlin: Springer.

Ruhmer, Ernst 1901: Slabys Mehrfach-Funkentelegraphie. *PhZ* 2, S. 270–272.

Rukop, Hans 1913: Messungen im elektromagnetischen Spektrum des Wassers mit wenig gedämpften, durch Stoßerregung hervorgebrachten Schwingungen von 55 bis 20 cm Wellenlänge. *AdP* 42, S. 489–532.

Runge, Carl 1903: Maß und Messen. In: *Encyklopädie* Bd. V, Kap. 1, S. 3–24.

— 1907: Über die Zerlegung von Spektrallinien im magnetischen Felde. *PhZ* 8, S. 232–237.

— 1908: *Analytische Geometrie der Ebene.* Leipzig, Berlin: Teubner.

— 1925: Die Seriengesetze in den Spektren der Elemente. In: *Encyklopädie* Bd. V, Kap. 26, S. 783–820.

Runge, Iris 1949: *Carl Runge und sein wissenschaftliches Werk.* Göttingen: Vandenhoeck & Ruprecht.

von Rybczinski, Witold 1913: Über die Ausbreitung der Wellen in der drahtlosen Telegraphie auf der Erdkugel. *AdP* 41, S. 191–208.

Rydberg, Johannes Robert 1890: Recherches sur la constitution des spectres d'émission des éléments chimiques. *Kungliga Vetenskaps Akademiens Handlinger* 23(11), S. 1–155.

Saalschütz, Louis 1880: *Der belastete Stab unter Einwirkung einer seitlichen Kraft. Auf Grundlage der strengen Ausdrucks für den Krümmungsradius.* Leipzig: Teubner.

Sadowsky, A. 1898: *Die ponderomotorischen Wirkungen elektromagnetischer und optischer Wellen auf Krystalle.* Dorpat-Universitätsschriften.

Schachenmeier, R. 1917: Zur Theorie der Beugung an metallischen Schirmen. Erwiderung auf die gleichnamige Veröffentlichung von P. Epstein. *AdP* 53, S. 43–46.

Schiaparelli, Giovanni 1878: *Osservazioni astronomiche e fisiche sull'asse di rotazione e sulla topografia del planeta Marte.* Denkschrift der königlichen Akademie der Wissenschaften Rom.

Schläfli, Ludwig 1881: Über die zwei Heineschen Kugelfunktionen mit beliebigem Parameter und ihre ausnahmslose Darstellung durch bestimmte Integrale. In: *Gesammelte Mathematische Abhandlungen von Ludwig Schläfli.* Bd. 3, S. 317–391. Basel: Birkhäuser.

Schlichting, Hermann 1982: *Grenzschicht-Theorie. 8. Aufl.* Karlsruhe: G. Braun.

Schlick, Moritz 1917: *Raum und Zeit in der gegenwärtigen Physik.* Berlin: Springer.

Schlick, Otto 1906: Versuche mit dem Schiffskreisel. *ZVDI* 50(48), S. 1929–1934.

— 1909: Der Schiffskreisel. *Jahrbuch der Schiffbautechnischen Gesellschaft.* 10, S. 111–148.

Schmidt, August 1886: Die elementare Behandlung des Kreiselproblems. *Mathematisch-naturwissenschaftliche Mittheilungen, herausgegeben von Otto Boeklen* (3), S. 255–269.

Schneider, Ivo; Helmuth Trischler und Ulrich Wengenroth (Hg.) 2000: *Akteure aus Naturwissenschaft und Technik.* Bd. 13 von *Abhandlungen und Berichte des Deutschen Museums.* München: Oldenbourg.

Schott, George A. 1906: On the Electron Theory of Matter and the Explanation of Fine Spectrum Lines and of Gravitation. *PM* 12, S. 21–29.

— 1907: Über den Einfluß von Unstetigkeiten bei der Bewegung von Elektronen. *AdP* 25, S. 63–91.

Schuler, Max 1962: Die geschichtliche Entwicklung des Kreiselkompasses in Deutschland. *ZVDI* 104, S. 469–508, 593–599.

Schulz, Karl 1922: Theodor Liebisch †. *Centralblatt für Mineralogie, Geologie und Paläontologie* S. 417–434.

Schütz, Ignaz Robert 1894: *Allgemeine Lösung der Magnetisirungs-Gleichungen für den Ring. (Gekrönte Preis-Schrift 1893.)* Inaugural-Dissertation Universität München.

— 1897: Demonstration eines analytischen Modells für das erdmagnetische Feld und seine Variationen. *VGDN* 69, S. 29.

Schwarzschild, Karl 1901: Der Druck des Lichts auf kleine Kugeln und die Arrhenius'sche Theorie der Cometenschweife. *SB M* 31, S. 293–338.

— 1902: Die Beugung und Polarisation des Lichts an einem Spalt. I. *MA* 55, S. 177–247.

— 1903a: Zur Elektrodynamik. I. Zwei Formen des Princips der kleinsten Action in der Elektronentheorie. *GN*, (3), S. 126–131.

— 1903b: Zur Elektrodynamik. II. Die elementare elektrodynamische Kraft. *GN*, (3), S. 132–141.

— 1903c: Zur Elektrodynamik. III. Ueber die Bewegung des Elektrons. *GN*, (5), S. 245–278.

— 1903d: Bemerkung zur Elektrodynamik. *PhZ* 4, S. 431–432.

— 1905: Untersuchungen zur geometrischen Optik I. Einleitung in die Fehlertheorie optischer Instrumente auf Grund des Eikonalbegriffs. *Astronomische Mitteilungen der Kgl. Sternwarte zu Göttingen* 9, S. 3–31.

— 1914a: Über die Verschiebungen der Bande bei 3883 im Sonnenspektrum. *SB B*, S. 1201–1213.

— 1914b: Bemerkung zur Aufspaltung der Spektrallinien im elektrischen Feld. *VDPG* 16, S. 20–24.

— 1914c: Über die maximale Aufspaltung beim Zeemaneffekt. *VDPG* 16, S. 24–40.

— 1916a: Über das Gravitationsfeld eines Massenpunktes nach der Einsteinschen Theorie. *SB B*, S. 189–196.

— 1916b: Zur Quantenhypothese. *SB B*, S. 548–568.

Sears, W. J. 1898: The Whitehead Torpedo. *Engineering* 66, S. 89–91.

Seeliger, Hugo von 1906: Das Zodiakallicht und die empirischen Glieder in der Bewegung der inneren Planeten. *SB M* 36, S. 595–622.

— 1915: Über die Anomalien in der Bewegung der innern Planeten. *Astronomische Nachrichten* 202(4815), S. 273–280.

Seeliger, Rudolf 1922: Elektronentheorie der Metalle. In: *Encyklopädie* Bd. V, Kap. 20, S. 777–878.

Seemann, Hugo 1914: Das Röntgenspektrum des Platins. *PhZ* 15, S. 794–797.

— 1915: Zur Röntgenspektroskopie. Bemerkung zur vorstehenden Arbeit von E. Wagner. *PhZ* 16, S. 32–33.

Seitz, Wilhelm 1905a: Die Wirkung eines unendlich langen Metallzylinders auf Hertzsche Wellen. *AdP* 6, S. 746–772.

— 1905b: Über eine neue Art sehr weicher Röntgenstrahlen. *PhZ* 6, S. 756–758.

Serret, Joseph-Alfred 1897: *Differentialrechnung. 2. Aufl. Herausgegeben von Georg Bohlmann.* Bd. 1 von *Lehrbuch der Differential- und Integralrechnung.* Leipzig: Teubner.

Shot, Steven H. 1982: Eighty Years of Sommerfeld's Radiation Condition. *Historia Mathematica* 19, S. 385–401.

Siegbahn, Manne 1916: Bericht über die Röntgenspektren der chemischen Elemente. (Experimentelle Methoden und Ergebnisse). *JRE* 13, S. 296–341.

Sieger, Bruno 1908: Die Beugung einer ebenen elektrischen Welle an einem Schirm von elliptischem Querschnitt. *AdP* 27, S. 626–664.

Silberstein, Ludwig 1910: Zur Frage nach der freien Beweglichkeit der Elektronen. *AdP* 31, S. 436–442.

Slaby, Adolf 1901: Abgestimmte und mehrfache Funkentelegraphie. *Elektrotechnische Zeitschrift* 22(2), S. 38–42.

Smith, Crosbie und M. Norton Wise 1989: *Energy and Empire. A biographical study of Lord Kelvin.* Cambridge u. a.: Cambridge University Press.

Sommerfeld, Arnold 1891a: *Die Willkürlichen Functionen in der Mathematischen Physik.* Dissertation Universität Königsberg, Philosophische Fakultät.

— 1891b: Eine Maschine zur Entwickelung einer willkürlichen Function in Fourier'sche Reihen. *Schriften der physikalisch-ökonomischen Gesellschaft zu Königsberg* 32, S. 28–33.

— 1892: Mechanische Darstellung der electromagnetischen Erscheinungen in ruhenden Körpern. *AdP* 46, S. 139–151.

— 1894a: Zur mathematischen Theorie der Beugungserscheinungen. *GN*, S. 338–342.

— 1894b: Zur analytischen Theorie der Wärmeleitung. *MA* 45, S. 263–277.

— 1895a: Diffractionsprobleme in exacter Behandlung. *DMV* 4, S. 172–174.

— 1895b: Zur Integration der partiellen Differentialgleichung $\Delta u + k^2 u = 0$ auf Riemann'schen Flächen. *GN*, S. 267–274.

— 1895c: Diffractionsprobleme in exacter Behandlung. *VGDN* 67, S. 34–35.

— 1896: Mathematische Theorie der Diffraction. *MA* 47, S. 317–374.

— 1897a: Über verzweigte Potentiale im Raume. *PLMS* 28, S. 395–429.

— 1897b: Geometrischer Beweis des Dupinschen Theorems und seiner Umkehrung. *VGDN* 69, S. 34.

— 1898a: Über das Problem der elektrodynamischen Drahtwellen. *DMV* 7, S. 112–113.

— 1898b: Ueber die numerische Auflösung transcendenter Gleichungen durch successive Approximation. *GN,* S. 360–369.

— 1898c: Bemerkungen zum Hess'schen Falle der Kreiselbewegung. (Vorgelegt von F. Klein). *GN*, S. 83–86.

— 1898d: *Mathematische Annalen. Generalregister zu den Bänden 1-50.* Leipzig: Teubner.

— 1898e: Ueber einige mathematische Aufgaben aus der Elektrodynamik. *VGDN* 70, S. 14.

— 1899a: Ueber die Fortpflanzung elektrodynamischer Wellen längs eines Drahtes. *AdP* 67, S. 233–290.

— 1899b: Theoretisches über die Beugung der Röntgenstrahlen. (Vorläufige Mitteilung.) *PhZ* 1, S. 105–111.

— 1899c: Note to a paper of Mr. Carslaw. *PLMS* 30, S. 161–163.

— 1900a: Theoretisches über die Beugung der Röntgenstrahlen. (Zweite Mitteilung.) *PhZ* 2, S. 55–60.

— 1900b: Die Beugung der Röntgenstrahlen unter der Annahme von Ätherstössen. Diskussion mit W. Wien, M. Reinganum, G. Quincke und C. Wind. *PhZ* 2, S. 88–90.

— 1900c: Die Beugung der Röntgenstrahlen unter der Annahme von Aetherstössen. *VGDN* 72, S. 24.

— 1900d: Neuere Untersuchungen zur Hydraulik. *VGDN* 72, S. 56.

— 1901: Theoretisches über die Beugung der Röntgenstrahlen. *Zeitschrift für Mathematik und Physik* 46, S. 11–97.

— 1902a: Zur Theorie der Eisenbahnbremsen. *Denkschrift der Königlich Technischen Hochschule Aachen, Aachener Verlag und Dresdner Gesellschaft* S. 58–71.

— 1902b: Beiträge zum dynamischen Ausbau der Festigkeitslehre. Vortrag, gehalten im Aachener Bezirksverein deutscher Ingenieure. *PhZ* 3, S. 266–271.

— 1903: Die naturwissenschaftlichen Ergebnisse und die Ziele der modernen technischen Mechanik. *PhZ* 4, S. 773–782.

— 1904a: Vereenvoudigte afleiding van het veldan, en de krachten werkende op een elektren bij willekeurige beweging. *Amsterdamer Berichte* 13, S. 431–452.

— 1904b: Randwertaufgaben in der Theorie der partiellen Differentialgleichungen. In: *Encyklopädie* Bd. II, Kap. A7c, S. 504–570.

— 1904c: Das Pendeln parallel geschalteter Wechselstrommaschinen. *Elektrotechnische Zeitschrift* 25, S. 273–276, 291–195.

— 1904d: Zur Elektronentheorie. I. Allgemeine Untersuchung des Feldes eines beliebig bewegten Elektrons. *GN*, S. 99–130.

— 1904e: Zur Elektronentheorie. II. Grundlagen für eine allgemeine Dynamik des Elektrons. *GN*, S. 363–439.

— 1904f: Bezeichnung und Benennung der elektromagnetischen Grössen in der Enzyklopädie der mathematischen Wissenschaften V. *PhZ* 5, S. 467–470.

— 1904g: Besprechungen: Enzyklopädie der Mathematischen Wissenschaften mit Einschluß ihrer Anwendungen. Bd. 5. *PhZ* 5, S. 470–473.

— 1904h: Simplified deduction of the field and the forces of an electron, moving in a given way. *Proceedings of the Amsterdam Academy* 7, S. 346.

— 1904i: Zur hydrodynamischen Theorie der Schmiermittelreibung. *Zeitschrift für Mathematik und Physik* 50, S. 97–155.

Sommerfeld, Arnold (Hg.) 1904-1926: *Encyklopädie der mathematischen Wissenschaften mit Einschluß ihrer Anwendungen.* Bd. V. Leipzig: Teubner.

Sommerfeld, Arnold 1905a: Zur Elektronentheorie. III. Ueber Lichtgeschwindigkeits- und Ueberlichtgeschwindigkeits-Elektronen. *GN*, S. 201–235.

— 1905b: Über die Mechanik der Elektronen. *Verhandlungen des 3. Internationalen Mathematiker-Kongress Heidelberg, August 1904* S. 417–432.

— 1905c: Über die partiellen Differentialgleichungen der Physik. Diskussion. *VGDN* 77, S. 16–19.

— 1905d: Lissajous-Figuren und Resonanzwirkungen bei schwingenden Schraubenfedern; ihre Verwertung zur Bestimmung des Poissonschen Verhältnisses. In: *Wüllner-Festschrift,* S. 162–193. Leipzig: Teubner.

— 1906a: Bemerkungen zur Elektronentheorie bei der Diskussion zu vorstehendem Vortrage des Herrn W. Wien über die partiellen Differentialgleichungen der Physik. *DMV* 15, S. 51–55.

— 1906b: Die Knicksicherheit der Stege von Walzwerkprofilen. *ZVDI* 50, S. 1104–1107.

— 1907a: Einwand gegen die Relativtheorie der Elektrodynamik und seine Beseitigung. *PhZ* 8, S. 841–842.

— 1907b: Über den Wechselstromwiderstand der Spulen. *AdP* 24, S. 609–634.

— 1907c: Über die Bewegung der Elektronen. *SB M* 37, S. 155–171.

— 1907d: Zur Diskussion über die Elektronentheorie. *SB M* 37, S. 281.

— 1907e: Ein Einwand gegen die Relativtheorie der Elektrodynamik und seine Beseitigung. *VDPG* 9, S. 642–643.

— 1907f: Ein Einwand gegen die Relativtheorie der Elektrodynamik und seine Beseitigung. *VGDN* 79, S. 36–37.

— 1907g: Über die Knicksicherheit der Stege von Walzwerkprofilen. *Zeitschrift für Mathematik und Physik* 54, S. 113–153.

— 1909a: Über die Ausbreitung der Wellen in der drahtlosen Telegraphie. *AdP* 28, S. 665–736.

— 1909b: Über die Ausbreitung der Wellen in der drahtlosen Telegraphie. *SB M* (2), S. 1–19.

— 1909c: Über die Zusammensetzung der Geschwindigkeiten in der Relativtheorie. *PhZ* 10, S. 826–829.

— 1909d: Über die Verteilung der Intensität bei der Emission von Röntgenstrahlen. *PhZ* 10, S. 969–976.

— 1909e: Ein Beitrag zur hydrodynamischen Erklärung der turbulenten Flüssigkeitsbewegung. *4. Intern. Mathemat. Congress, Rome* 3, S. 116–124.

— 1909f: Über die Zusammensetzung der Geschwindigkeiten in der Relativtheorie. *VGDN* 81, S. 41.

— 1910a: Zur Beurteilung der Kompatibilitätsbedingungen. *AdP* 31, S. 443–444.

— 1910b: Zur Relativitätstheorie. I. Vierdimensionale Vektoralgebra. *AdP* 32, S. 749–776.

— 1910c: Zur Relativitätstheorie. II. Vierdimensionale Vektoranalysis. *AdP* 33, S. 649–689.

— 1910d: Über die Verteilung der Intensität bei der Emission von Röntgenstrahlen. *PhZ* 11, S. 99–101.

— 1911a: Über die Struktur der γ-Strahlen. *SB M,* S. 1–60.

— 1911b: Das Plancksche Wirkungsquantum und seine allgemeine Bedeutung für die Molekularphysik. *PhZ* 12, S. 1057–1069.

— 1911c: Das Plancksche Wirkungsquantum und seine allgemeine Bedeutung für die Molekularphysik. *VGDN* 83, S. 31–50.

— 1912a: Über die Beugung der Röntgenstrahlung. *AdP* 38, S. 473–506.

— 1912b: Die Greensche Funktion der Schwingungsgleichung. *DMV* 21, S. 309–353.

— 1912c: Encyklopädie der mathematischen Wissenschaften. Bd. V: Physik. 3. Teil, Heft 1 und 2. Leipzig, B. G. Teubner. *PhZ* 13, S. 407–408.

— 1912d: Sur l'application de la Théorie de l'élément d'action aux phénomènes moléculaires non périodiques. In: Langevin und de Broglie [1912].

— 1912e: Über die Fortpflanzung des Lichts in dispergierenden Medien. *Heinrich Weber-Festschrift* S. 338–374.

— 1913: Der Zeeman-Effekt eines anisotrop gebundenen Elektrons und die Beobachtungen von Paschen-Back. *AdP* 40, S. 748–774.

— 1914a: Die Bedeutung des Wirkungsquantums für unperiodische Molekularprozesse in der Physik. *Abhandlungen der Deutschen Bunsen-Gesellschaft für angewandte physikalische Chemie* 7, S. 252–317.

— 1914b: Zur Voigtschen Theorie des Zeeman-Effektes. *GN*, S. 207–229.

— 1914c: Probleme der freien Weglänge. *Mathematische Vorlesungen an der Universität Göttingen* 6, S. 123–166.

— 1915a: Über das Spektrum der Röntgenstrahlung. *AdP* 46, S. 721–748.

— 1915b: Zu Röntgens siebzigsten Geburtstag. *Deutsche Revue* S. 85–92.

— 1915c: Zur Theorie der Balmer'schen Serie. *SB M*, S. 425–458.

— 1915d: Die Feinstruktur der Wasserstoff- und der Wasserstoff-ähnlichen Linien. *SB M*, S. 459–500.

— 1915e: Die neueren Fortschritte in der Physik der Röntgenstrahlung. *Münchner medizinische Wochenschrift* 62, S. 1424–1430.

— 1915f: Die Physik der Röntgenstrahlen. *Natur und Kultur* 13, S. 193–203.

— 1915g: Zu Röntgens siebzigsten Geburtstag. *PhZ* 16, S. 89–93.

— 1915h: Zu Röntgens siebzigsten Geburtstag. *ZVDI* 59, S. 293–295.

— 1915i: Die allgemeine Dispersionsformel nach dem Bohr'schen Modell. (Elster-Geitel-Festschrift). In: *Arbeiten aus den Gebieten der Physik, Mathematik, Chemie.* S. 549–584. Braunschweig: Vieweg.

— 1916a: Zur Quantentheorie der Spektrallinien. *AdP* 51, S. 1–94, 125–167.

— 1916b: Zur Quantentheorie der Spektrallinien. Ergänzungen und Erweiterungen *SB M*, S. 131–182.

— 1916c: Karl Schwarzschild. Nekrolog. *Die Naturwissenschaften* 4, S. 453–457.

— 1916d: Zur Theorie des Zeemaneffektes der Wasserstofflinien, mit einem Anhang über den Starkeffekt. *PhZ* 17, S. 491–507.

— 1917a: Die Drude'sche Dispersionstheorie vom Standpunkte des Bohr'schen Modells und die Konstitution von H_2, O_2 und N_2. *AdP* 53, S. 497–550.

— 1917b: Zur Quantentheorie der Spektrallinien. Intensitätsfragen. *SB M*, S. 83–109.

— 1918a: Besuch an der Universität Gent. *Monatshefte für den naturwissenschaftlichen Unterricht aller Schulgattungen* 11, S. 57–61.

— 1918b: Die Entwicklung der Physik in Deutschland seit H. Hertz. *Deutsche Revue* S. 122–132.

— 1918c: Die Überwindung der Erdkrümmung durch die Wellen der drahtlosen Telegraphie. *Jahrbuch der drahtlosen Telegraphie und Telephonie* 12, S. 2–15.

— 1918d: Über die Feinstruktur der K$_\beta$-Linie. *SB M,* S. 367–372.

— 1918e: Max Planck zum 60. Geburtstag. *Die Naturwissenschaften* 6, S. 195–199.

— 1918f: Atombau und Röntgenspektren (Teil 1). *PhZ* 19, S. 297–307.

— 1918g: Buchbesprechungen: H. Us[e]ner, Der Kreisel als Richtungsweiser, seine Entwickelung, Theorie und Eigenschaften. *PhZ* 19, S. 343–344.

— 1918h: Zu der Besprechung: H. Usener, Der Kreisel als Richtungsweiser usw. (mit einer Erwiderung von H. Usener). *PhZ* 19, S. 487.

— 1918i: Ein Besuch in Gent. *Süddeutsche Monatshefte* 15, S. 2, 44–46.

— 1919a: *Atombau und Spektrallinien. 1. Aufl.* Braunschweig: Vieweg.

— 1919b: Klein, Riemann und die mathematische Physik. Zu Kleins 70. Geburtstag. *Die Naturwissenschaften* 7, S. 300–303.

— 1921: Bemerkungen zur Feinstruktur der Röntgenspektren, II. *Zeitschrift für Physik* 5, S. 1–16.

— 1943: *Mechanik.* Bd. I von *Vorlesungen über theoretische Physik.* Leipzig: Akademische Verlagsgesellschaft.

— 1944: Ludwig Boltzmann zum Gedächtnis. Zur hundertsten Wiederkehr seines Geburtstages (20. 2. 1944). *Wiener Chemiker-Zeitung* 47, S. 25–28.

— 1945: *Mechanik der deformierbaren Medien.* Bd. II von *Vorlesungen über theoretische Physik.* Leipzig: Akademische Verlagsgesellschaft.

— 1947: Zum 60. Geburtstag von Walter Kossel am 4. Januar 1948. *Zeitschrift für Naturforschung* 2a, S. 595.

— 1948a: *Elektrodynamik.* Bd. III von *Vorlesungen über theoretische Physik.* Wiesbaden: Dieterich.

— 1948b: Wilhelm Lenz zum 60. Geburtstag am 8. Februar 1948. *Zeitschrift für Naturforschung* 3a, S. 186.

— 1949: Zum hundertsten Geburtstag von Felix Klein. *Die Naturwissenschaften* 36, S. 289–291.

— 1950a: Aus den Lehrjahren von Walter Rogowski. *Archiv für Elektrotechnik* 40, S. 3.

— 1950b: *Optik.* Bd. IV von *Vorlesungen über theoretische Physik.* Wiesbaden: Dieterich'sche Verlagsbuchhandlung.

— 1950c: Überreichung der Planck-Medaille für Peter Debye. *Physikalische Blätter* 6, S. 509–512.

— 1952: Ludwig Hopf zum Gedächtnis. *Jahrbuch der RWTH Aachen* 5, S. 24–25.

— 1964: *Elektrodynamik. 4. Auflage, bearbeitet und ergänzt von Fritz Bopp und Josef Meixner.* Bd. III von *Vorlesungen über theoretische Physik.* Leipzig: Akademische Verlagsgesellschaft.

— 1968a: Autobiographische Skizze. In: Sommerfeld [1968c] S. 673–682.

— 1968b: *Gesammelte Schriften. 4 Bände.* Braunschweig: Vieweg.

— 1968c: *Gesammelte Schriften, Band IV.* Braunschweig: Vieweg.

Sommerfeld, Arnold und J. [Iris] Runge 1911: Anwendung der Vektorrechnung auf die Grundlagen der geometrischen Optik. *AdP* 35, S. 277–298.

Sopka, Katherine R. (Hg.) 1986: *Physics for a New Century. Papers presented at the 1904 St. Louis Congress.* Bd. 5 von *The History of Modern Physics, 1800-1950.* Tomash Publishers, American Institute of Physics.

Stäckel, Paul 1897: Neuere Untersuchungen über allgemeine Dynamik. *VGDN* 69, S. 4.

Staley, Richard 1998: On the Histories of Relativity. The Propagation and Elaboration of Relativity Theory in Participant Histories in Germany, 1905–1911. *Isis* 89, S. 263–299.

Stark, Johannes 1907a: Bedingungen für die photographische Beobachtung des Doppler-Effektes bei Kanalstrahlen. *PhZ* 8, S. 397–402.

— 1907b: Über Absorption und Fluoreszenz im Bandenspektrum und über ultraviolette Fluoreszenz des Benzols. *PhZ* 8, S. 81–85.

— 1907c: Elementarquantum der Energie, Modell der negativen und positiven Elektrizität. *PhZ* 8, S. 881–884.

— 1908: Neue Beobachtungen an Kanalstrahlen in Beziehung zur Lichtquantenhypothese. *PhZ* 9, S. 767–773.

— 1909a: Über Röntgenstrahlen und die atomistische Konstitution der Strahlung. *PhZ* 10, S. 579–586.

— 1909b: Zur experimentellen Entscheidung zwischen Ätherwellen- und Lichtquantenhypothese I. Röntgenstrahlung. *PhZ* 10, S. 902–913.

— 1910: Zur experimentellen Entscheidung zwischen der Lichtquantenhypothese und der Ätherimpulstheorie der Röntgenstrahlen. *PhZ* 11, S. 24–31.

— 1913: Beobachtungen über den Effekt des elektrischen Feldes auf Spektrallinien. *SB B,* S. 932–946.

— 1914: Beobachtungen über den Effekt des elektrischen Feldes auf Spektrallinien. *AdP* 43, S. 965–982.

— 1987: *Erinnerungen eines deutschen Naturforschers. Hrsg. Andreas Kleinert.* Mannheim: Bionomica-Verlag.

Stark, Johannes und Walter Steubing 1909: Spektralanalytische Beobachtungen an Kanalstrahlen mit Hilfe großer Dispersion. *AdP* 28, S. 974–998.

Stieda, L. 1890: Zur Geschichte der physikalisch-ökonomischen Gesellschaft, Festrede. *Schriften der physikalisch-ökonomischen Gesellschaft zu Königsberg* 31, S. 38–82.

Stokes, George Gabriel 1880-1905: *Mathematical and physical papers. Reprinted from the original journals and transactions with additional notes by the author. 5 Vol. Edited by J. Larmor.* Cambridge: Cambridge University Press.

Strutt, Maximilian J. O. 1931: Beugung einer ebenen Welle an einem Spalt von endlicher Breite. *Zeitschrift für Physik* 69, S. 597–617.

Stuewer, Roger H. 1975: *The Compton Effect. Turning Point in Physics.* New York: Science History Publications.

Swinne, Richard 1916: Zum Ursprung der γ-Strahlenspektren und Röntgenstrahlenserien. *PhZ* 17, S. 481–488.

Tait, Peter Guthrie 1869: On the rotation of a body about a fixed point. *Transactions of the Royal Society of Edinburgh* 25, S. 261–304.

— 1895: On the Intrinsic Nature of the Quaternion Method. *Proceedings of the Royal Society of Edinburgh* 20, S. 276–284.

— 1897a: On the linear and vector function. *Proceedings of the Royal Society of Edinburgh* 21, S. 160–164.

— 1897b: Note on the solution of equation in linear and vector functions. *Proceedings of the Royal Society of Edinburgh* 21, S. 497–505.

Tedone, Orazio 1907: Allgemeine Theoreme der mathematischen Elastizitätslehre (Integrationstheorie). In: *Encyklopädie* Bd. IV, Kap. 24, S. 55–124.

Thomson, J. J. 1903: *Electricity and Matter.* New Haven: Yale University Press.

— 1904: *Elektrizität und Materie. Autorisierte Übersetzung von G. Siebert.* Bd. 3 von *Die Wissenschaft.* Braunschweig: Vieweg.

— 1910: On the Theory of Radiation. *PM* 20, S. 238–247.

Thomson, William 1855: On the Theory of the Electric Telegraph. *PRS* 7, S. 382–399.

— 1886: On stationary waves in flowing water. *PM* 22, S. 353–357, 445–452, 517–530.

— 1887: On stationary waves in flowing water. *PM* 23, S. 52–58.

— 1890: *Mathematical and Physical Papers. 3 Vol.* London: Cambridge University Press.

Thomson, William und Peter Guthrie Tait 1871-1874: *Handbuch der theoretischen Physik.* Braunschweig: Vieweg.

Tisserand, Félix 1891: *Théorie de la figure des corps céleste et leur mouvement de rotation.* Bd. 2 von *Traité de Mécanique céleste.* Paris: Gauthier-Villars.

Tobies, Renate 1986: Zu Veränderungen im deutschen mathematischen Zeitschriftenwesen um die Wende vom 19. zum 20. Jahrhundert (I). *NTM* 23, S. 19–33.

— 1987: Zu Veränderungen im deutschen mathematischen Zeitschriftenwesen um die Wende vom 19. zum 20. Jahrhundert (II). *NTM* 24, S. 31–49.

— 1991: Wissenschaftliche Schwerpunktbildung: Der Ausbau Göttingens zum Zentrum der Mathematik und Naturwissenschaften. In: Brocke [1991] S. 87–108.

— 1994: Mathematik als Bestandteil der Kultur – Zur Geschichte des Unternehmens „Encyklopädie der mathematischen Wissenschaften mit Einschluß ihrer Anwendungen". *Mitteilungen der Österreichischen Gesellschaft für Wissenschaftsgeschichte* 14, S. 1–91.

Trischler, Helmuth 1992: *Luft- und Raumfahrtforschung in Deutschland 1900-1970. Politische Geschichte einer Wissenschaft.* Frankfurt am Main: Campus.

Tscherenkow, Pawel A. 1960: Radiation from High-Speed Particles. *Science* 131, S. 136–142.

Usener, Hans 1917: *Der Kreisel als Richtungsweiser. Seine Entwicklung, Theorie und Eigenschaften.* München: Militärische Verlagsanstalt.

— 1918: Zur Besprechung: H. Usener, der Kreisel als Richtungsweiser usw. *PhZ* 19, S. 487.

Vegard, L. 1917a: Über die Erklärung der Röntgenspektren. *VDPG* 19, S. 328–343.

— 1917b: Der Atombau auf Grund der Röntgenspektren. *VDPG* 19, S. 343–353.

Voigt, Hans-Heinrich 1992: Biography of Karl Schwarzschild (1873-1916). In: Voigt, H. H. (Hg.), *Karl Schwarzschild: Gesammelte Werke/Collected Works Volume 1.* S. 1–28. Berlin u. a.: Springer.

Voigt, Woldemar 1899a: Zur Theorie der magneto-optischen Erscheinungen. *AdP* 67, S. 345–365.

— 1899b: Zur Theorie der Beugung ebener inhomogener Wellen an einem geradlinig begrenzten unendlichen und absolut schwarzen Schirm. *GN*, S. 1–33.

— 1901: Über das elektrische Analogon des Zeemaneffektes. *AdP* 4, S. 197–208.

— 1907: Betrachtungen über die komplizierten Formen des Zeemaneffektes. *AdP* 24, S. 193–224.

— 1908: *Magneto- und Elektrooptik*. Leipzig: Teubner.

— 1911: Zur Theorie der komplizierten Zeemaneffekte. *AdP* 36, S. 873–906.

— 1912: Ueber elektrische und magnetische Doppelbrechung. III. *GN*, S. 861–878.

— 1913a: Über die anomalen Zeemaneffekte. *AdP* 40, S. 368–380.

— 1913b: Weiteres zum Ausbau der Kopplungstheorie der Zeemaneffekte. *AdP* 41, S. 403–440.

— 1913c: Die anomalen Zeemaneffekte der Spektrallinien vom D-Typus. *AdP* 42, S. 210–230.

— 1913d: Über die Intensitätsverteilung innerhalb einer Spektrallinie. *PhZ* 14, S. 377–381.

Voissel, Peter 1911: Resonanzerscheinungen in der Saugleitung von Kompressoren und Gasmotoren. *Mitteilungen über Forschungsarbeiten auf dem Gebiete des Ingenieurwesens* (106), S. 27–59.

Volkmann, Paul 1900: *Einführung in das Studium der theoretischen Physik, insbesondere in das der analytischen Mechanik, mit einer Einleitung in die Theorie der physikalischen Erkenntnis*. Leipzig: Teubner.

van der Waals, Johannes Diederik 1894: Thermodynamische Theorie der Kapillarität unter Voraussetzung stetiger Dichteänderung. Übersetzt aus den „Verhandelingen der Koninkl. Akademie van Wetenschappen te Amsterdam" (Eerste Sectie), Deel I, Nr. 8, von J. J. van Laar. *Zeitschrift für physikalische Chemie* 13, S. 657–725.

— 1905: [Elektronentheorie.] *SB A* 14, S. 477.

Wagner, Ernst 1915: Das Röntgenspektrum des Platins. *PhZ* 16, S. 30–32.

— 1917: Über Röntgenspektroskopie. *PhZ* 18, S. 405–419, 432–443, 461–466, 488–494.

Walker, Gilbert Thomas 1900: *Aberration and some other problems connected with the electromagnetic field*. Cambridge: Cambridge University Press.

— 1904: Spiel und Sport. In: *Encyklopädie* Bd. IV, Kap. 9, S. 127–152.

Wangerin, Albert 1909: Optik. Ältere Theorie. In: *Encyklopädie* Bd. V, Kap. 21, S. 1–94.

Warburg, Emil 1913: Bemerkungen zu der Aufspaltung der Spektrallinien im elektrischen Feld. *VDPG* 15, S. 1259–1266.

Warburg, Emil; Max von Laue; Arnold Sommerfeld und Albert Einstein (Hg.) 1918: *Zu Plancks sechzigstem Geburtstag. Ansprachen, gehalten am 26. April 1918 in der Deutschen Physikalischen Gesellschaft*. Karlsruhe: C. F. Müller.

Warburg, Emil und C. Müller 1916: Über die Konstante *c* des Wien-Planckschen Strahlungsgesetzes. *AdP* 48, S. 410–432.

Weaire, D. und S. O'Connor 1987: Unfulfilled renown: Thomas Preston (1860–1900) and the Anomalous Zeeman Effect. *Annals of Science* 44, S. 617–644.

Weber, Heinrich (Hg.) 1900–1901: *Die partiellen Differential-Gleichungen der mathematischen Physik. Nach Riemann's Vorlesungen in 4. Auflage bearbeitet.* Braunschweig: Vieweg.

Weierstraß, Karl 1885: Ueber Functionen einer reellen Veränderlichen. *SB B,* S. 803.

Weiss, Pierre 1911: Über die rationalen Verhältnisse der magnetischen Moleküle und das Magneton. *PhZ* 12, S. 935–952.

— 1913: L'état actuel de la question du magnéton. *Extrait des Archives des sciences physiques et naturelles* 35, S. 25–27.

Weyl, Hermann 1918a: Gravitation und Elektrizität. *SB B,* S. 465–480.

— 1918b: *Raum, Zeit, Materie. Vorlesungen über allgemeine Relativitätstheorie.* Berlin: Springer.

Weyrauch, Jakob I. 1873: *Allgemeine Theorie und Berechnung der continuirlichen und einfachen Träger. Für den akademischen Unterricht und zum Gebrauch der Ingenieure.* Leipzig: Teubner.

Wheaton, Bruce 1983: *The Tiger and the Shark. Empirical Roots of Wave-Particle Dualism.* Cambridge, England: Cambridge University Press.

Wiechert, Emil 1889: *Über elastische Nachwirkung.* Inaugural-Dissertation Universität Königsberg.

— 1893: Gesetz der elastischen Nachwirkung für constante Temperatur. *AdP* 50, S. 335–348, 546–570.

— 1899: *Grundlagen der Elektrodynamik.* Leipzig: Teubner.

— 1900: Elektrodynamische Elementargesetze. *Archives Néerlandaises des Sciences Exactes et Naturelles* 5, S. 549–573.

Wieghardt, Karl 1907: Theorie der Baukonstruktionen II: Speziellere Ausführungen. In: *Encyklopädie* Bd. IV, Kap. 29b, S. 537–601.

Wien, Max 1893: Eine neue Form der Inductionswaage. *AdP* 49, S. 306–346.

Wien, Wilhelm 1898: Über die Fragen, welche die translatorische Bewegung des Lichtäthers betreffen. *VGDN* 70, S. 49–56.

— 1900a: Ueber die Möglichkeit einer elektromagnetischen Begründung der Mechanik. *Archives Néerlandaises des Sciences Exactes et Naturelles* 5, S. 96–107.

— 1900b: *Lehrbuch der Hydrodynamik.* Leipzig: Hirzel.

— 1904: Über die Theorie der Röntgenstrahlen. *JRE* 1, S. 215–220.

— 1905a: Über Elektronen. *VGDN* 77, S. 23–38.

— 1905b: Über die partiellen Differentialgleichungen der Physik. *VGDN* 77, S. 9–16.

— 1905c: Über die Energie der Kathodenstrahlen im Verhältnis zur Energie der Röntgen- und Sekundärstahlen. In: *Festschrift für Adolph Wüllner.* S. 1–14. Leipzig: Teubner.

— 1906a: Über die partiellen Differentialgleichungen der Physik. *DMV* 15, S. 42–51.

— 1906b: Über die partiellen Differentialgleichungen der Physik. *PhZ* 7, S. 16–23.

— 1907: Ueber eine Berechnung der Wellenlänge der Röntgenstrahlen aus dem Planckschen Energie-Element. *GN,* S. 598–601.

— 1908a: Über positive Strahlen. *AdP* 27, S. 1025–1042.

— 1908b: Über die Natur der positiven Strahlen. *SB M* 38, S. 55–65.

— 1909a: Elektromagnetische Lichttheorie. Mit einem Beitrag über magneto-optische Phänomene von H. A. Lorentz. In: *Encyklopädie* Bd. V, Kap. 22, S. 95–281.

— 1909b: Theorie der Strahlung. In: *Encyklopädie* Bd. V, Kap. 23, S. 282–357.

— 1909c: Zu den Beobachtungen an den positiven Strahlen des Quecksilbers. *PhZ* 10, S. 826.

Willstätter, Richard 1958: *Aus meinem Leben. 2. Aufl.* Weinheim: Verlag Chemie.

Wilson, C. T. R. 1911: On a Method of making Visible the Paths of Ionising Particles through a Gas. *PRS* A 85, S. 285–288.

Wind, Cornelis H. 1899: Zur Demonstration einer von E. Mach entdeckten optischen Täuschung. *PhZ* 1, S. 112–113.

— 1900a: Zur Beugung der Röntgenstrahlen. *VGDN* 72, S. 24–26.

— 1900b: Demonstration einer optischen Täuschung, betreffend Beugungserscheinungen. *VGDN* 72, S. 40.

— 1901: Zur Beugung der Röntgenstrahlen. *PhZ* 2, S. 292–298.

— 1910: Zur Beugung der Röntgenstrahlen. *SB A* S. 394.

Wolff, Stefan L.: Physiker im Krieg der Geister – Die Aufforderung von Wilhelm Wien. Veröffentlichung in Vorbereitung.

Wolfke, Mieczyslaw 1916: Strahlungseigenschaften des Debyeschen Modells eines Wasserstoff-Moleküls. *PhZ* 17, S. 71–72.

Wolfschmidt, Gudrun 1997: *Genese der Astrophysik.* Habilitationsschrift Ludwig-Maximilians-Universität München.

Wood, R. W. 1904: A Quantitative Determination of the Anomalous Dispersion of Sodium Vapour in the Visible and Ultra-violet Regions. *PM* 8, S. 293–324.

— 1907: Eine Interferenzmethode zur Auffindung von Gesetzmäßigkeiten in linienreichen Spektren. *PhZ* 8, S. 607–608.

Zenneck, Jonathan 1903: Gravitation. In: *Encyklopädie* Bd. V, Kap. 2, S. 25–67.

— 1907: Über die Fortpflanzung ebener elektromagnetischer Wellen längs einer ebenen Leiterfläche und ihre Beziehung zur drahtlosen Telegraphie. *AdP* 23, S. 846–866.

— 1909: *Leitfaden der drahtlosen Telegraphie.* Stuttgart: Ferdinand Enke.

— 1961: *Erinnerungen eines Physikers.* Selbstverlag.

Kurzbiographien

Abraham, Max (1875–1922) Nach seiner Promotion 1897 bei Planck wurde er Assistent an dessen Institut. Bevor er eine Professur für Mechanik an der TH Mailand annahm, hatte er an der University of Illinois in Urbana gelehrt. Durch den 1. Weltkrieg verlor er seine Stelle in Italien. Erst 1922 hätte sich ihm die Möglichkeit eines Rufes in Deutschland an die TH Aachen geboten.

Ackermann-Teubner, Alfred (1857–1941) Der Schwiegersohn des Gründers des Teubner Verlages leitete die Gebiete Mathematik und Physik; darüberhinaus wirkte er auch seit 1901 als Kassenwart der Deutschen Mathematiker-Vereinigung.

Althoff, Friedrich (1839–1908) Nur kurze Zeit Juraprofessor an der Universität Straßburg, war er von 1882 bis 1907 als Leiter der Hochschulabteilung im preußischen Kultusministerium die bestimmende Figur bei der Besetzung aller akademischen Stellen im mit Abstand größten Land des Deutschen Reiches.

Becker, Ernst Er studierte bei Sommerfeld in Aachen, wobei er sich auch an gemeinsamen Freizeitaktivitäten wie Fahrradtouren beteiligte. Kurz darauf berichtete er über den Abrieb von Lokomotivachsen, was Sommerfeld für seine Untersuchungen zur Schmiermittelreibung verwenden konnte.

Bohr, Niels (1885–1962) Das Studium absolvierte er z. T. in England bei Rutherford. 1916 erhielt er eine Professur in Kopenhagen, später übernahm er die Leitung eines neuen Instituts, das bei der Entwicklung der Quantenmechanik eine wichtige Rolle spielen sollte. Für sein Atommodell wurde ihm der Nobelpreis für das Jahr 1922 verliehen.

Boltzmann, Ludwig (1844–1906) Nach dem Studium der Physik in Wien wurde er 1866 Assistent bei Stefan. 1869 nahm er einen Ruf auf die neue Lehrkanzel für mathematische Physik nach Graz an; weitere Stationen führten ihn nach München (1890 bis 1894 Ordinarius für theoretische Physik), Wien und Leipzig (1900 bis 1902, auf Drängen seines wissenschaftlichen Widersachers Ostwald) wieder nach Wien, wo er seine eigene Nachfolge antreten konnte.

Bragg, William Henry (1862–1942) In England geboren lehrte er 1885 bis 1909 in Adelaide, bevor er 1909 einem Ruf nach Leeds folgte. 1915 wechselte er an die University of London. Im gleichen Jahr wurde er mit seinem Sohn William Lawrence mit dem Physiknobelpreis ausgezeichnet. 1923 bis zu seinem Tode wirkte er an der *Royal Institution* in London.

Cranz, Carl (1858–1945) In Tübingen promoviert, war er 1884 bis 1891 Assistent für Mathematik und Mechanik an der TH Stuttgart, bevor er Professor für Physik und Chemie an der Friedrich-Eugen-Realschule zu Stuttgart wurde. Ab 1904 Professor an der militärischen Akademie Charlottenburg und Vorstand des ballistischen Laboratoriums, wechselte er 1920 als Professor für technische Physik an die TH Charlottenburg.

Debye, Peter (1884–1966) Noch während seines Studiums der Elektrotechnik wurde er Assistent von Sommerfeld in Aachen. Er folgte ihm nach München, wo er sich 1910 habilitierte. Ab 1911 hatte er Professuren in Zürich, Utrecht, Göttingen und Leipzig inne. 1935 kam er als Direktor des Kaiser-Wilhelm-Instituts für Physik nach Berlin. 1940 nahm er ein Angebot aus Ithaca an, wo er bis 1952 Professor der Chemie an der Cornell University war.

Diegel, Carl Nach dem Militärdienst bei der Marine arbeitete der Ingenieur seit 1891 in der Torpedowerkstatt Friedrichsort bei Kiel, wo er sich insbesondere mit der Kreiselsteuerung von Torpedos beschäftigte.

Dyck, Walther (1856–1934) Von einem zweijährigen Aufenthalt in Leipzig als Privatdozent abgesehen, verbrachte er sein wissenschaftliche Leben in München, seit 1884 als Ordinarius für Mathematik an der TH München. Wichtig war er insbesondere in organisatorischer Hinsicht: 1887 Redakteur der *Mathematischen Annalen*, 1901 Direktor der TH München, führende Aufgaben in der Notgemeinschaft.

Ehrenfest, Paul (1880–1933) Nach dem Studium in Wien und Göttingen promovierte Ehrenfest 1904 bei Boltzmann in Wien. 1907 zog er mit seiner Frau Tatjana nach Sankt Petersburg, bevor er 1911 die Nachfolge von H. A. Lorentz in Leiden antreten konnte.

Einstein, Albert (1879–1955) Nach dem Studium in Zürich wurde er Angestellter des Schweizer Patentamtes. Sein Weg führte ihn über die Universitäten Zürich und Prag 1914 nach Berlin, wo er das neue Kaiser-Wilhelm-Institut für Physik leitete. Nach seiner Emigration 1933 wirkte er am Institute for Advanced Studies in Princeton.

Finsterwalder, Sebastian (1862–1951) Nach der Promotion in Tübingen habilitierte er sich 1888 an der TH München. Bis zu seiner Emeritierung 1931 war er ab 1891 Ordinarius an der TH München.

Goebel, Karl Ritter von (1855–1932) Neben seiner Professur für Botanik an der Universität München war er Vorsteher des Botanischen Gartens in Nymphenburg. Von 1908 bis 1930 leitete er als Sektretär die naturwissenschaftliche Klasse der Münchner Akademie, in den Jahren 1930 bis 1932 als Präsident die Gesamtakademie.

Hirzel, S. Der Verlag S. Hirzel brachte viele naturwissenschaftliche Werke heraus, etwa die von Max Planck.

Hilbert, David (1862–1943) Der Königsberger studierte an der heimatlichen Universität, wo er 1892 zum außerordentlichen Professor (als Nachfolger von Hurwitz) ernannt wurde. 1895 trat er in Göttingen die Nachfolge von Heinrich Weber an. Hier lehrte er bis zu seiner Emeritierung im Jahre 1930.

Hurwitz, Adolf (1859–1919) Nach dem Besuch des Realgymnasiums seiner Heimatstadt Hildesheim studierte er ab 1877 bei Klein, Weierstraß und Kronecker in München, Berlin und Leipzig Mathematik. Nach der Promotion in Leipzig habilitierte er sich 1882 in Göttingen, wurde 1884 nach Königsberg berufen und war ab Herbst 1892 Professor für höhere Mathematik an der ETH Zürich.

Klein, Felix (1849–1925) Schüler von Plücker in Bonn, habilitierte er sich 1871 in Göttingen und wurde schon im folgenden Jahr Ordinarius in Erlangen. Nach Positionen an der TH München (1875) und in Leipzig (1880), wurde er 1886 Ordinarius an der Universität Göttingen. Neben seinen mathematischen Erfolgen wirkte er insbesondere als Wissenschaftsorganisator.

Kleiner, Alfred (1849–1916) Er verbrachte seine akademische Karriere in Zürich. Erst Privatdozent, war er ab 1879 außerordentlicher und 1885 bis 1915 ordentlicher Professor der Physik an der Universität und von 1908 bis 1910 deren Rektor. Einer seiner Doktoranden war Einstein.

Knilling, Eugen von (1865–1927) Gelernter Jurist, war er 1912 bis 1918 bayrischer Kultusminister. Von 1922 bis 1924 war er bayrischer Ministerpräsident.

Langevin, Paul (1872–1946) Nach der Promotion 1902 an der Sorbonne bekleidete Langevin mehrere Professuren in Paris, z. T. gleichzeitig, so 1905 bis 1946 an der *l'École municipale de Physique et Chimie industrielle*, die er seit 1926 auch leitete. Von 1928 bis zu seinem Tode war er auch Präsident des wissenschaftlichen Komitees des *Institut International de Physique Solvay.*

Lenard, Philipp (1862–1947) Er wurde 1892 Assistent von H. Hertz in Bonn. Über Breslau, Aachen und Heidelberg kam er 1897 nach Kiel. 1905 erhielt er für seine Experimente an Kanalstrahlen den Physiknobelpreis. 1907 bis zur Emeritierung 1930 vertrat er die Physik in Heidelberg. Neben Stark war er der Hauptvertreter der „Deutschen Physik".

Lenz, Wilhelm (1888–1957) Nach der Promotion 1911 bei Sommerfeld wurde er dessen Assistent. 1920 folgte er einem Ruf als Extraordinarius für theoretische Physik nach Rostock, wofür ihn Sommerfeld empfohlen hatte, und erhielt schon im folgenden Jahr den Lehrstuhl an der Universität Hamburg, den er bis 1956 inne hatte.

Levi-Civita, Tullio (1873–1941) Der gebürtige Römer studierte bei Ricci-Curbastro in Padua, wo er 1894 promovierte. Nach Assistentenzeit und Dozententätigkeit erhielt er 1902 eine Professur für analytische Mechanik in Rom. In seiner Geburtstadt bekleidete er noch Professuren für höhere Analysis und Mechanik, bevor er 1938 vom Dienst suspendiert wurde.

Lindemann, Ferdinand (1852–1939) Der Hannoveraner Kleinschüler habilitierte sich 1877 in Würzburg. Über Freiburg im Breisgau kam er 1879 als Ordinarius nach Königsberg. 1893 wurde er an die Universität München berufen. Berühmt wurde er durch seinen Beweis der Transzendenz von π.

Lorentz, Hendrik Antoon (1853–1928) Nach der Promotion über die Maxwellsche Lichttheorie 1875 wurde er zwei Jahre später Ordinarius für theoretische Physik an der Universität Leiden. 1912 wechselte er als Kurator für Physik zur Teyler Stiftung und wurde Sekretär der *Hollandsche Maatschappij van Wetenschappen*, hielt aber weiter Vorlesungen.

Meyer, Stefan (1872–1949) Seine akademische Laufbahn spielte sich in Wien ab. 1900 habilitierte er sich, übernahm für kurze Zeit nach Boltzmanns Tod die kommissarische Leitung des theoretischen Instituts der Universität Wien und wurde 1910 Leiter des Radiuminstituts. Nach dem Anschluß Österreichs wurde er 1938 emeritiert.

Nernst, Walther (1864–1941) Nach der Promotion bei Kohlrausch in Würzburg wurde er 1891 außerordentlicher Professor an der Universität Göttingen, bevor er 1894 die Leitung des dortigen Instituts für physikalische Chemie und Elektrochemie übernahm. Seine Tätigkeit als Ordinarius an der Universität Berlin von 1905 bis 1933 war nur von seiner zweijährigen Präsidentschaft der Physikalisch-technischen Reichsanstalt ab 1922 unterbrochen.

Paschen, Friedrich (1865–1947) 1895 wurde er Dozent für Physik und Photographie an der TH Hannover, wo er sich zuvor habilitiert hatte. 1901 folgte er einem Ruf als Ordinarius für Experimentalphysik an die Universität Tübingen. Nach einem Zwischenspiel in Bonn von 1920 bis 1924 war er bis 1933 Präsident der Physikalisch-technischen Reichsanstalt in Berlin.

Picard, Émile (1856–1941) Nach seiner Promotion 1879 in Paris lehrte er zwei Jahre in Toulouse, bevor er nach Paris zurückkehrte. 1885 wurde er Professor an der Sorbonne, 1889 Mitglied der *Académie des sciences*, deren *sécrétaire perpétuelle* er ab 1917 war.

Planck, Max (1858–1947) Schulzeit und Studium verbrachte er in München. 1885 erhielt er ein Extraordinariat für theoretische Physik an der Universität Kiel. Vier Jahre später wechselte er nach Berlin, wo er 1892 als Ordinarius die Nachfolge Kirchhoffs antrat. Nach seiner Emeritierung 1927 war er von 1930 bis 1937 Präsident der Kaiser-Wilhelm-Gesellschaft. Für seine Entdeckung der Energiequanten erhielt er 1919 den Nobelpreis für das Vorjahr.

Prandtl, Ludwig (1875–1953) 1904 erhielt der gelernte Ingenieur die Professur für angewandte Mechanik an der Universität Göttingen, 1925 wurde er zusätzlich Direktor des Kaiser-Wilhelm-Instituts für Strömungsforschung. Beide Positionen bekleidete er bis 1946.

Röntgen, Wilhelm Conrad (1845–1923) Nach dem Studium in Zürich (wegen fehlendem Abitur) habilitierte er sich 1874 in Straßburg. Über die Stationen Hohenheim, Straßburg und Gießen kam er 1888 auf den Physiklehrstuhl der Würzburger Universität; hier entdeckte er 1895 die nach ihm benannten X-Strahlen, wofür er 1901 den ersten Physiknobelpreis erhielt. Von 1899 bis zu seiner Emeritierung 1920 lehrte er an der Universität München.

Rosa, Edward B. (1861–1921) Er leitete am National Bureau of Standards seit 1904 die Abteilung 2 (Elektrizität), zu der auch Frederick W. Grover gehörte.

Rummel, Kurt (1878–1953) 1905 promovierte er zum Dr.-Ing. an der TH Aachen. Nach anschließendem Auslandsaufenthalt wurde er für mehrere Jahre Assistent an der TH Aachen. Nach dem Wechsel in die Wirtschaft stieg er bald zu Leitungspositionen auf. Im Ersten Weltkrieg leitete er die sogenannte „Wärmestelle" der eisenschaffenden Industrie. Später entwickelte er eine neue betriebswirtschaftliche Kostenrechnung.

Runge, Carl (1856–1927) In Havanna aufgewachsen, studierte er in München und Berlin, wo er sich 1883 habilitierte. 1886 bis 1904 war er ordentlicher Professor für Mathematik an der TH Hannover, bevor er auf den neu geschaffenen Lehrstuhl für angewandte Mathematik an die Universität Göttingen berufen wurde.

Schlick, Otto (1840–1913) Nach dem Studium am Polytechnikum Dresden gründete er an der Dresdner Elbe eine Werft. Auslandsaufenthalte führten ihn für mehrere Jahre nach Ungarn und England. Ab 1875 leitete er die Norddeutsche Werft in Kiel. Über Hamburg kam er 1892 zum Germanischen Lloyd, wo er bis 1908 Direktor war. Neben dem Schiffskreisel zur Dämpfung der Schlingerbewegungen des Schiffes erfand er auch den Massenausgleich für Schiffsmaschinen zur Verringerung störender Vibrationen.

Schwarzschild, Karl (1873–1916) Nach der Promotion bei Hugo von Seeliger 1896 habilitierte er sich drei Jahre später in München. 1901 erhielt er in Göttingen seine erste Professur. Den Höhepunkt seiner kurzen Karriere erreichte er 1909 als Direktor des Astrophysikalischen Observatoriums in Potsdam.

Siegbahn, Manne (1886–1978) Lange Jahre Professor in Lund, erhielt er 1924 den Physiknobelpreis für seine röntgenspektroskopischen Arbeiten. 1937 wurde er Direktor des Physikinstitutes der schwedischen Akademie der Wissenschaften in Stockholm.

Stark, Johannes (1874–1957) Er studierte in München und habilitierte sich in Göttingen. 1906 wurde er physikalischer Dozent an der TH Hannover, im folgenden Jahr Professor in Greifswald. 1909 nahm er den Ruf nach Aachen an, bevor er 1917 nach Greifswald zurückkehrte. Den Nobelpreis für Physik erhielt er 1919. 1922 legte er die zwei Jahre zuvor angetretene Professur in Würzburg nieder. Von 1933 bis 1939 war er Präsident der Physikalisch-technischen Reichsanstalt. Neben Lenard war er der Hauptvertreter der sogenannten „Deutschen Physik".

Voigt, Woldemar (1850–1919) Nach dem Studium in seiner Heimatstadt Leipzig promovierte er in Königsberg, wo er sich auf Drängen von Franz Neumann 1875 habilitierte. Nach längerer Vertretung von Neumann erhielt er 1883 den Ruf an die Universität Göttingen auf den Lehrstuhl für mathematische Physik.

Volkmann, Paul (1856–1938) Seine akademische Heimat war die Universität Königsberg. Hier studierte er bei Voigt, promovierte 1880, wurde zwei Jahre später Privatdozent. Die Ernennung zum außerordentlichen Professor erfolgte 1886 und acht Jahre später konnte er die Nachfolge von Franz Neumann als Direktor des physikalisch-mathematischen Laboratoriums antreten.

Weber, Heinrich (1842–1913) Der Heidelberger promovierte und habilitierte sich an der Alma mater seiner Geburtsstadt. Über Zürich kam er 1875 als Ordinarius für Mathematik nach Königsberg. Nach weiteren Stationen kam er 1892 nach Göttingen und 1895 nach Straßburg.

Wien, Wilhelm (1864–1928) Der Ostpreuße besuchte das Altstädtische Gymnasium in Königsberg, promovierte und habilitierte sich in Berlin. Seine erste Professur erhielt er 1896 in Aachen. Sowohl in Würzburg (1900) wie in München (1920) trat er die Nachfolge Röntgens an.

Wirtinger, Wilhelm (1865–1945) Nach dem Studium in Wien, Berlin und Göttingen promovierte er 1887 in Wien. Drei Jahre später habilitierte er sich hier und wurde 1895 Ordinarius für Mathematik in Innsbruck. Von 1903 bis 1935 lehrte er an der Universität Wien.

Personen- und Sachregister

Normale Seitenzahlen verweisen auf Briefstellen (auch in Zitaten).
Kursive Seitenzahlen verweisen auf die Essays und Zwischentexte.
Mit „n" versehene Seitenzahlen verweisen auf Fußnoten zu den Briefen.

In vielen Fällen werden vereinfachte Indexeinträge vorgenommen; so werden Ministerien, denen die Universitäten unterstanden, als „Kultusministerium" geführt, auch wenn etwa in Bayern die vollständige Bezeichnung „Ministerium des Innern für Kirchen- und Schulangelegenheiten" lautete. Auch bei Namensänderungen – TH Charlottenburg zu TH Berlin – wird nur eine Variante verwendet. Nicht aufgenommen sind Absendeorte, Quellenangaben in den Fußnoten sowie die zitierte Literatur. Briefschreiber bzw. -empfänger werden nur mit der Seitenzahl des Briefbeginns aufgeführt.

Aachen, 74, 91, 109, 113n, 116n, 126, *131, 132*, 140, *150*, 168, 176n, 179, 185n, 196n, 207, 208, 228n, 242, 487
 Kolloquium, 185, 368
 Oberrealschule, 185n
 TH, 123n, *127–129, 131, 139, 156*, 158, *161*, 167n, 168, 195, 196, 210n, 225n, 231n, 240, 244n, 247, 254, *265, 268*, 270, 273, *274*, 328, *334*, 347, 364, 395n, 413n, 420
  Berufung, *39*, 43, *45*, 108, *127, 155*, 164, 231, 232, 252, *266*, 333n, 346, 347, 351
Aberration, 117, 120, 193
Aberystwyth, University College, 325n
Abraham, Max (1875–1922), *33, 134, 145–147, 151, 153*, 187, 210, 226, 229, 231, 234, 240, 242–244, 249, 256, 257, *262, 294*, 308, 309, 312, 366, 369, 371, 427, 458, 524
 Berufung, 418, 521
 Elektronentheorie, 230, *281*, 528
 Encyklopädie, *145*, 187, 188, 192, 194, 195, 210, 211, 313
 Vorlesung, 210

Ach, Narziß (1871–1946), 224, 356
Ackermann-Teubner, Alfred (1857–1941), 94, 96, 103, *105*
Adiabatenhypothese, *444, 456*, 541, 555–557, 561, 571, 572, 577, 578
AEG, *139*
Aerodynamik, *273, 450*
Akademien, Kartell, 89, 91, 116n, 324, 326, 330, 331
Akustik, 116, *121, 140*
Alassio, 357
Alpen, 16
Alphastrahlen, 233, 397
Althoff, Friedrich (1839–1908), *35*, 36, 76, *130, 132*, 168
Aluminium, 599
Ampèresche Ströme, 525
Ampèresches Gesetz, 215n, 216
Amsterdam
 Akademie, 148, 252
 Kunstakademie, 189n
 Universität, 252n
Angerer, Ernst (1881–1951), 426
Annalen der Physik, *20*, 38, 49, 61, 105, 179, 210, 273, *286*, 363, 367, 372, 385, 387, 388, 428n, *433, 440, 448*, 471, 491, 497, 524–